ANÁLISIS DE CIRCUITOS EN INGENIERÍA

ANÁLISIS DE CIRCUITOS EN INGENIERÍA

QUINTA EDICIÓN

Tercera edición en español

William H. Hayt, Jr.

Profesor Emérito de Ingeniería Eléctrica
Purdue University

Jack E. Kemmerly

Profesor Emérito de Ingeniería
California State University, Fullerton

Traducción:
Ing. Rodolfo Bravo
Jefe del Área Eléctrica y Electrónica
Escuela de Ingeniería
Universidad Panamericana

Traducción:
M en C Marcia González Osuna
Profesor de Asignatura
Facultad de Ingeniería
U. N. A. M.

Revisión Técnica:
Ing. Víctor Manuel Sánchez Esquivel
Profesor de Carrera, Depto. de Control
Facultad de Ingeniería
U.N.A.M.

McGRAW-HILL

MÉXICO • BUENOS AIRES • CARACAS • GUATEMALA • LISBOA • MADRID
NUEVA YORK • PANAMÁ • SAN JUAN • SANTAFÉ DE BOGOTÁ • SANTIAGO • SÃO PAULO
AUCKLAND • HAMBURGO • LONDRES • MILÁN • MONTREAL • NUEVA DELHI
PARÍS • SAN FRANCISCO • SINGAPUR • ST. LOUIS
SIDNEY • TOKIO • TORONTO

Gerente de producto: Alfonso García Bada
Supervisor de edición: Mateo Miguel García
Supervisor de producción: Zeferino García García

Sobre los autores

WILLIAM H. HAYT, JR. es profesor emérito de Ingeniería Eléctrica en la Purdue University, en donde recibió los grados de B.S. y M.S. El grado de Ph. D. le fue otorgado en la University of Illinois. Después de haber trabajado durante cuatro años en la industria, el profesor Hayt se unió al personal académico de la Purdue University, donde desempeñó los cargos de profesor y director de la Escuela de Ingeniería Eléctrica. Además de este libro el profesor Hayt ha escrito otros libros, entre los que se encuentra *Engineering Electromagnetics*, quinta edición, 1989, McGraw-Hill. Por otro lado es miembro de muchas sociedades profesionales, incluyendo Eta Kappa Nu, Tau Beta Pi, Sigma Xi y Sigma Delta Chi; además, es *Fellow* de la IEEE, la ASEE y la NAEB, y se le menciona en *Who's Who in America*. Durante su estancia en Purdue recibió numerosos reconocimientos por su labor educativa , entre los que se destaca el *Best Teacher Award* otorgado por la universidad.

JACK E. KEMMERLY es profesor emérito de Ingeniería Eléctrica en la California State University en Fullerton. Recibió su grado de B.S. *magna cum laude* de The Catholic University of America, el M.S. de la University of Denver y el Ph. D. de la Purdue University. El profesor Kemmerly se inició dando clases en la Purdue University, y más tarde trabajó como ingeniero principal de la Aeronautic Division de Ford Motor Company. Posteriormente trabajó en California State University en Fullerton, donde fue profesor, jefe de la Facultad de Ingeniería Eléctrica y jefe de la División de Ingeniería. Actualmente es miembro de Eta Kappa Nu, Tau Beta Pi, Sigma Xi y la ASEE, así como Senior Member de la IEEE. También aparece en *Who's Who in the West*. Fuera del ámbito académico, ha sido oficial en la liga pequeña de beisbol y guía de los boy scouts.

Contenido

Primera
parte:
El circuito
resistivo

Segunda parte: El circuito transitorio

Tercera parte: Análisis senoidal

16 Análisis mediante variables de estado

17 Análisis de Fourier

18 La transformada de Fourier

19 El uso de las técnicas de la transformada de Laplace

Sexta
parte:
Análisis de
señales

Séptima parte: Apéndices

Prólogo

El deseo de los autores es que la lectura de este libro sea amena, a pesar de que el texto ha sido escrito con rigor científico y algo de matemáticas. Las personas a quienes va dirigida esta obra tienen alrededor de veinte años de edad, están llenas de entusiasmo y en el inicio del estudio de la ingeniería, en particular de la ingeniería *eléctrica*.

Lo que se pretende es convencer al estudiante de que el análisis de circuitos es algo divertido. No sólo es útil y absolutamente esencial para el estudio de la ingeniería, sino que además es un entrenamiento maravilloso de razonamiento lógico, bueno aun para aquellos que quizá nunca vuelvan a analizar un circuito en toda su vida profesional. Los estudiantes realmente se asombran por todas las excelentes herramientas analíticas que se pueden deducir de sólo tres leyes, a saber, la ley de Ohm y las leyes de Kirchhoff de las corrientes y voltajes.

En muchas universidades, el curso introductorio de ingeniería eléctrica va precedido, o en algunos casos acompañado, por un curso elemental de física en el que se presentan los conceptos básicos de la electricidad y el magnetismo, a menudo desde el punto de vista del concepto de campo. Sin embargo, no se requiere ese antecedente, ya que en el primer capítulo se estudian (o se repasan) las ideas básicas requeridas de la electricidad y el magnetismo. A fin de poder leer el libro sólo se necesita un curso introductorio de cálculo. En el texto, los elementos de circuito se introducen y definen en términos de sus ecuaciones de circuito; respecto a las relaciones de campo correspondientes, sólo se hace mención en forma incidental. En el pasado los autores intentaron iniciar el curso básico de análisis de circuitos con tres o cuatro semanas de la teoría de los campos electromagnéticos, de manera que fuese posible definir los elementos de circuitos con más precisión en términos de las ecuaciones de Maxwell. Los resultados, sin embargo, no fueron satisfactorios, sobre todo en la aceptación por parte del estudiante.

Se espera que con este texto los estudiantes puedan aprender por sí mismos la ciencia del análisis de circuitos. Está escrito para los alumnos y no para los profesores, ya que son los primeros quienes tendrán más necesidad de leerlo. Hasta donde es posible, cada término nuevo se define claramente al aparecer por primera vez. Al principio de cada capítulo aparece el material básico y se explica cuidadosamente y con detalle; para introducir y sugerir resultados generales, a menudo se usan ejemplos numéricos. Al final de la mayor parte de las secciones aparecen ejercicios casi siempre simples, cuyas respuestas se dan en orden. Los problemas más difíciles aparecen al final de cada capítulo y siguen el orden general de presentación del material en el texto. Ocasionalmente, estos problemas se usan para introducir temas menos importantes o más avanzados, por medio de un procedimiento guiado paso a paso, así como para introducir temas que aparecerán en el capítulo siguiente. La introducción y la repetición resultante son importantes en el proceso de aprendizaje. En total hay 860 problemas: 231 ejercicios, cada uno de los cuales consta de varias partes, y 629 problemas adicionales al final de los capítulos. La mayor parte de los problemas son nuevos en esta edición y, desafortunadamente para los autores, cada problema tuvo que ser resuelto por ambos en forma independiente. Luego se analizaron los desacuerdos en las respuestas hasta llegar a una solución.

El orden general del material se ha seleccionado para que el alumno pueda aprender tantas técnicas de análisis de circuitos como sea posible en el contexto más simple, es decir, usando el circuito resistivo, que constituye el objeto de la primera parte del libro. Casi todas las técnicas analíticas básicas se desarrollan a partir de leyes fundamentales, unos pocos teoremas y algo de la topología elemental de las redes. Como las soluciones no son matemáticamente complicadas, ha sido posible incluir numerosos ejemplos y problemas. Por medio de muchos ejemplos se ha recalcado el empleo del teorema de Thévenin, tema que por tradición causa problemas a los estudiantes. La extensión de estas técnicas a circuitos más avanzados en partes subsecuentes del texto ofrece la oportunidad de repaso y generalización. La primera parte del texto puede cubrirse en un periodo de cuatro a seis semanas, dependiendo de las bases y habilidad de los alumnos, y de la intensidad del curso.

La segunda parte del libro está dedicada a las respuestas natural y completa debidas a la excitación con corriente directa de los circuitos *RL*, *RC* y *RLC* más simples. Por supuesto es necesaria una facilidad de manejo del cálculo diferencial e integral, pero no se requieren antecedentes en ecuaciones diferenciales. La función escalón unitario se presenta como una importante función singular en esta parte, pero la introducción del impulso unitario se pospone hasta la aparición de las técnicas de transformadas que se estudian en el capítulo 18.

La tercera parte del libro introduce el dominio de la frecuencia e inicia las operaciones con los números complejos, concentrándose en el análisis en estado senoidal permanente. La tercera parte también incluye un análisis de la potencia promedio, valores rms y circuitos polifásicos, todos los cuales están asociados con el estado senoidal permanente.

En la cuarta parte se introduce el concepto de frecuencia compleja y se resalta su utilidad al relacionar la respuesta forzada con la respuesta natural. Con la determinación de la respuesta completa de circuitos excitados senoidalmente comienza a enlazarse el material de las tres primeras partes del libro.

La quinta parte comienza con una consideración del acoplamiento magnético, que es básicamente un fenómeno de dos puertos y guía lógicamente al análisis de redes de dos puertos y a los modelos lineales de varios dispositivos electrónicos, en particular los transistores.

En la sexta parte se presentan técnicas más poderosas para el análisis de redes. Algunos profesores prefieren introducir estas técnicas, en particular la transformada de Laplace, bastante antes en algún curso básico de análisis de circuitos. Sin embargo, los autores prefieren no hacerlo, ya que sienten que presentarlas en una etapa tan temprana tiende a evitar que el estudiante se familiarice con los circuitos más sencillos que encuentre. La primera de estas técnicas es el análisis de las variables de estado. Luego viene la descripción por series de Fourier de las formas de onda periódicas. El tratamiento de las series de Fourier se extiende después a las funciones de excitación no periódicas y a la respuesta mediante el uso de la transformada de

Fourier, en el capítulo 18. En este capítulo se incluyen numerosos ejemplos con los que se ilustra la técnica de la convolución de las funciones del tiempo, tema que por cierto no es fácil y que quitará horas de sueño al estudiante. El capítulo final cubre las técnicas de la transformada de Laplace más importantes y su uso para obtener la respuesta completa de circuitos más complicados.

El material de este libro es más que suficiente para un curso de dos semestres, aunque se puede hacer alguna selección de los últimos cuatro o cinco capítulos. En el texto no se ha incluido material que no vaya a ser de utilidad en los cursos siguientes; por lo tanto, se han dejado para cursos posteriores temas tales como gráficas de flujo de señales, la relación de la teoría de circuitos con la teoría de campos y los conceptos topológicos avanzados.

En esta edición se han hecho varios cambios: los capítulos 1 y 2 de la edición anterior se han fundido en un nuevo capítulo 1. Llegamos a la conclusión de que el anterior capítulo 1 contenía algunas partes muy repetitivas, por lo que con un suspiro de tristeza, tuvimos que recortarlo. Se ha añadido el tema del análisis mediante variables de estado, a petición de un considerable número de profesores y revisores. Los ejemplos de problemas –que son 126, de ellos la mayor parte nuevos– se han incluido en un formato diferente. Es decir, se han destacado un poco en el cuerpo del texto de manera que se puedan identificar o localizar con facilidad. También se han incluido muchos otros ejemplos, pero están mezclados en el texto con propósito ilustrativo.

En esta edición ya se incluye el análisis auxiliado por computadora. Algunos profesores prácticamente *exigieron* que se incluyera este tema; otros, en proporción casi igual, se oponen inflexiblemente a que el tema se trate en un texto introductorio. Los autores esperan haber llegado a un compromiso adecuado. Los problemas diseñados específicamente para analizarse con los programas SPICE (o PSpice®) se hallan al *final* de muchos de los conjuntos de problemas de final de capítulo, y se identifican con la leyenda (SPICE). Además, en el apéndice 5 se presenta un programa tutorial sencillo acerca del uso del SPICE, adecuado para la solución de la mayor parte de los problemas de análisis que el lector pueda encontrar en el libro. Para aquellos que deseen un estudio más detallado se recomienda como complemento el libro *Engineering Circuit Analysis with PSpice and PROBE*, de Roger C. Conant (disponible en versiones para PC y Macintosh), McGraw Hill Inc., 1993. La conveniencia de esta forma de manejar el análisis auxiliado por computadora es que permite que los profesores que no deseen usarlo en este nivel de instrucción lo puedan omitir con facilidad y que aquellos que sí deseen aplicarlo lo hagan de inmediato.

Se da un tratamiento más o menos extenso al amplificador operacional por considerarse uno de los dispositivos más importantes en la actualidad, y se le emplea para proporcionar ejemplos de circuitos que contengan fuentes dependientes, tales como el seguidor de voltaje, el integrador y el derivador, el multiplicador, el amplificador inversor y aquellos que simulan circuitos *LC* sin pérdidas y con funciones de transferencia de ganancia de voltaje.

También existe apoyo adicional tanto para alumnos como para profesores: el apéndice 6 que contiene las respuestas a todos los problemas con número impar, y el *Solutions Manual*, en el que se dan las soluciones detalladas de los ejercicios y de los problemas de fin de capítulo; este último puede proporcionarse a los profesores. Además, también se dispone de un *Student's Solutions Manual*, en el que se dan los enunciados y las soluciones de 800 problemas *similares* a los del texto. Hasta aquí por lo que respecta al material nuevo de esta edición.

A lo largo del libro hay un camino lógico que va desde la definición, la explicación, descripción, ilustración y ejemplos numéricos, hasta habilitar al alumno para resolver problemas; y esta habilidad recién adquirida a menudo hace que los estudiantes se emocionen, llevándolos a preguntarse "¿por qué sucede esto? ¿cómo se relaciona con lo que vimos la semana pasada? ¿cuál es el siguiente paso lógico?" En un estudiante de ingeniería que comienza su carrera puede encontrarse mucho entusiasmo, el cual debe conservarse dándole a resolver frecuentemente problemas cuya solución exitosa confirme un avance en sus conocimientos, integrando las diferentes secciones en un todo coherente, mencionando las aplicaciones futuras y técnicas más avanzadas, y manteniendo en ellos una actitud de interés y cuestionamiento.

Si ocasionalmente el libro aparenta ser informal, o aun falto de rigor, es porque los autores creen que no es necesario ser árido o pomposo para enseñar bien. Las sonrisas divertidas en los rostros de los alumnos rara vez representan obstáculos en su aprendizaje. Si al escribir el libro hubo momentos entretenidos, ¿por qué no habría de haberlos también al leerlo?

Gran parte del material del texto está basado en cursos dados en la Purdue University en Fullerton y en el Fort Lewis College de Durango.

Los autores expresan su agradecimiento por los muchos comentarios y sugerencias útiles provenientes de los colegas que revisaron este texto durante su desarrollo, en particular a Roger H. Baumann de la University of Massachusetts, Lowell; a Richard B. Brown de la Michigan Technological University; a Roger C. Conant de la University of Illinois en Chicago; a James F. Delansky de The Pennsylvania State University; a John A. Fleming de la Texas A&M University; a Yusuf Leblebici de la University of Illinois en Urbana-Champaign; a William Oliver de la Boston University; a Sheila Prasad de la Northeastern University, y a Rolf Schaumann de la Portland State University.

Por otra parte, los autores están agradecidos el uno al otro por sus invaluables contribuciones. La modestia les impide abundar sobre este tema.

William H. Hayt, Jr.
Jack E. Kemmerly

ANÁLISIS DE CIRCUITOS EN INGENIERÍA

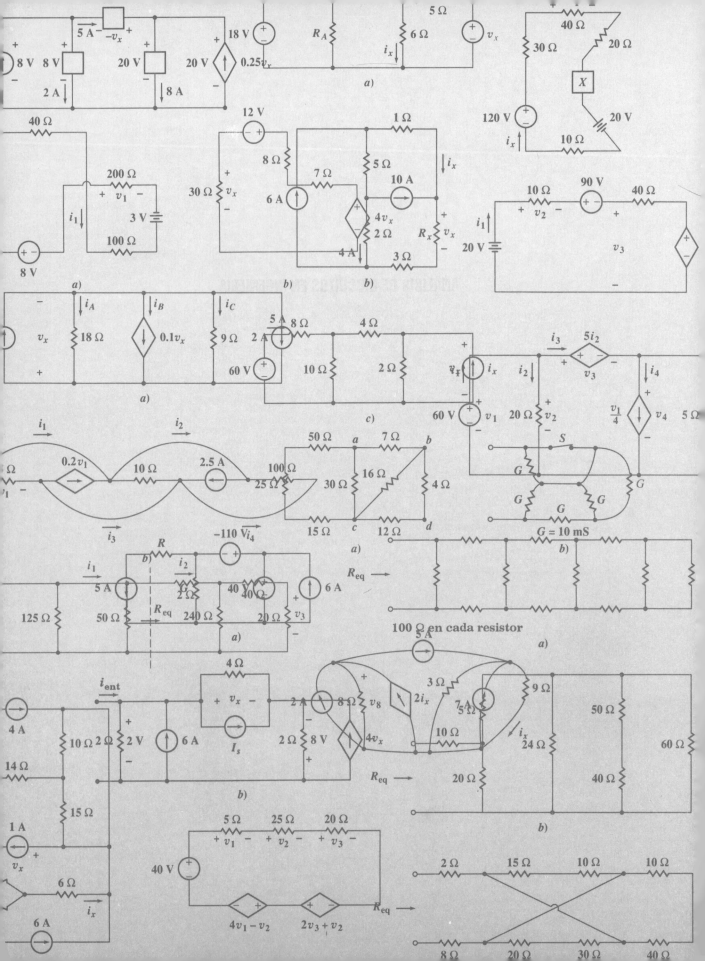

Primera parte:
El circuito resistivo

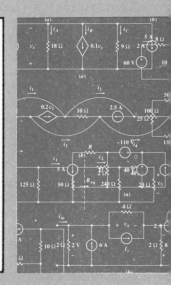

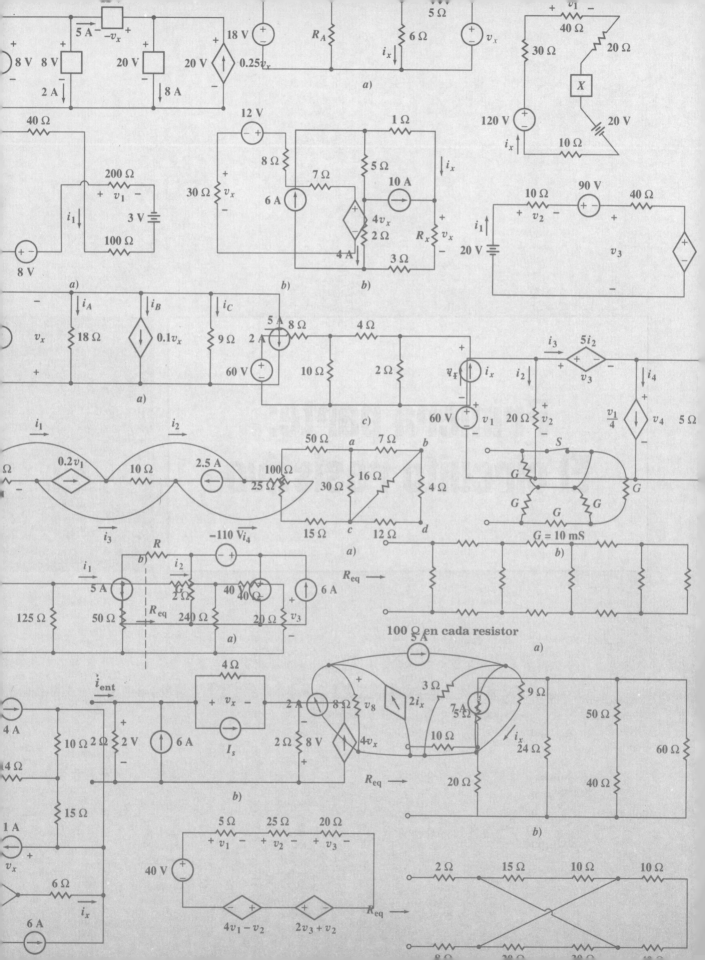

Unidades, definiciones, leyes experimentales y circuitos simples

El propósito de este libro, como su nombre lo indica, es el de proporcionar material que facilite el manejo y la comprensión de la materia de análisis de circuitos en ingeniería. Este tema es muy útil y sirve para prácticamente cualquier tipo de ingeniero, así como para muchos físicos y estudiantes de matemáticas aplicadas; también es estimulante, desafiante y sumamente placentero. El lego podría preguntar de manera inmediata: "¿qué *es* el análisis de circuitos en ingeniería?" La pregunta es válida, y puede contestarse echando un vistazo a algunos diccionarios y publicaciones profesionales, los cuales revelan lo siguiente, incluyendo una definición "oficial" un tanto complicada de lo que es la ingeniería:

ingeniería   profesión en la que los conocimientos de las ciencias matemáticas, naturales y sociales adquiridos por medio del estudio, la experiencia y la práctica, se aplican juiciosamente con el fin de emplear con eficiencia los materiales y las fuerzas de la naturaleza en beneficio de la sociedad.

circuito   una interconexión de dispositivos eléctricos simples en la cual hay por lo menos una trayectoria cerrada a través de la cual puede fluir la corriente.

análisis   un estudio (matemático) de una entidad compleja y de la interrelación de sus partes.

Esto hace suponer que el "análisis de circuitos en ingeniería" es un estudio matemático de alguna interconexión útil de dispositivos eléctricos simples en la cual hay por lo menos una trayectoria cerrada para la corriente. Esencialmente, esta definición es correcta, aunque no puede comprenderse sino hasta que se aclare lo que se entiende por "corriente" y "dispositivos eléctricos", tarea que comenzará en breve.

No hace mucho,[1] un libro de texto de esta clase se habría visto estrictamente como un libro de ingeniería *eléctrica*. Sin embargo, en la actualidad se ha hecho muy común que los estudiantes de ingeniería civil, ingeniería mecánica, y de las otras disciplinas de ingeniería, así como algún estudiante ocasional de matemáticas aplicadas, ciencias de la computación, biología o física, tomen cursos introductorios de análisis de circuitos junto con los ingenieros electricistas; es más, los estudiantes de ingeniería toman cursos basados sobre todo en esta materia, aún antes de decidirse por alguna rama particular de la ingeniería.

Quien ya se ha inscrito o piensa inscribirse en un programa de ingeniería eléctrica, encontrará que el análisis de circuitos puede representar el curso introductorio para el campo elegido. Si se está asociado con alguna otra rama de la ingeniería,

[1] Por lo menos así les parece a los dos viejos y joviales autores de este libro.

el análisis de circuitos puede representar una gran parte del estudio total de ingeniería eléctrica, pero también permite continuar en la parte de electrónica, instrumentación y otras áreas. Sin embargo, lo más importante es la oportunidad que brinda de ampliar la base educativa de las personas interesadas para que sean integrantes mejor informados de un equipo que puede estar primordialmente ocupado con el desarrollo de algún dispositivo o sistema eléctrico. En tales equipos, la comunicación será efectiva sólo si el lenguaje y las definiciones son familiares a todos.

En la actualidad no se emplea a todos los ingenieros sólo para trabajar en los aspectos del diseño técnico de los problemas ingenieriles. Sus esfuerzos ya no se dirigen sólo a la creación de mejores computadoras (ordenadores) y sistemas de radar, sino que también deben resolver problemas socioeconómicos como la contaminación tanto del agua como del aire, la planeación urbana, la transportación masiva, el descubrimiento de nuevas fuentes de energía y la conservación de los recursos naturales existentes, especialmente el petróleo y el gas natural.

Con el objeto de contribuir a la solución de estos problemas, un ingeniero debe adquirir muchas habilidades, una de las cuales es el conocimiento del análisis de circuitos.

Comienza este estudio considerando los sistemas de unidades y varias definiciones y convenciones básicas. Para quienes tienen conocimientos elementales de electricidad y magnetismo, el material de este capítulo debe ser de fácil lectura. Después de haber dominado estos conceptos, puede enfocarse la atención hacia un circuito eléctrico simple.

1-2

Sistemas de unidades

En primer lugar se establecerá un lenguaje común. Los ingenieros no podrían comunicarse entre ellos en forma provechosa si los términos que usan no fueran claros y con significado definido. También es cierto que poco es lo que se puede aprender de un libro que no define cuidadosamente cada nueva cantidad que usa. Si se habla con el vago lenguaje de los comerciales de televisión, como en la frase "deja su ropa 40% más blanca", y no existe la preocupación por definir la blancura o por dar unidades en las cuales se pueda medir, entonces ciertamente no habrá éxito en ingeniería, aunque, eso sí, se venderán muchos detergentes.

Para indicar el valor de alguna cantidad medible debe proporcionarse tanto un *número* como una *unidad*, como por ejemplo "3 pulgadas". Afortunadamente todos usan el mismo sistema de numeración y lo conocen bien. Como esto no es válido para las unidades, se deberá emplear cierto tiempo en familiarizarse con un sistema de unidades adecuado. Debe llegarse a un acuerdo sobre una unidad estándar, y cerciorarse de su permanencia y de su aceptación general. La unidad estándar de longitud, por ejemplo, no debe definirse como la distancia entre dos marcas sobre una cierta tira de hule; ésta no es permanente y además cualquier otra persona podría usar su propio estándar.

También se necesita definir cada término técnico al ser usado por primera vez, estableciendo la definición en términos de unidades y cantidades definidas con anterioridad. Estas definiciones no siempre podrán ser tan generales como lo exigirían los más teóricos. Por ejemplo, pronto será necesario definir *voltaje*. Por tanto debe aceptarse una definición muy completa y general, que por el momento no se puede apreciar ni entender, o bien adoptar una definición más simple y menos general, pero que será suficientemente buena para los propósitos presentes. Cuando sea necesaria una definición más general, el familiarizarse con los conceptos más simples resultará una gran ayuda.

También se hará evidente que muchas cantidades están tan estrechamente relacionadas unas con otras, que la primera cantidad definida necesitará unas cuantas definiciones adicionales para ser comprendida totalmente. Como un ejemplo, cuando se defina el *elemento de un circuito*, será más conveniente definirlo en términos de *corriente* y *voltaje*, y cuando se definan la corriente y el voltaje, ayudará mucho hacerlo en términos del elemento de un circuito. Ninguna de estas tres definiciones se puede entender bien a menos que todas se hayan establecido. Esto significa que la primera definición de elemento de circuito puede ser un poco inadecuada, pero luego se definirá corriente y voltaje en términos del elemento de un circuito, y finalmente, se regresará a definir con más cuidado lo que es un elemento de circuito.

En cuanto al sistema de unidades, hay poco de dónde elegir; el que se usará fue adoptado por el National Bureau of Standards en 1964; es el usado por todas las sociedades de ingeniería más importantes y es el lenguaje en el cual están escritos los libros de texto actuales. Éste es el *Sistema Internacional de Unidades* (abreviado SI en todos los idiomas) adoptado por la Conferencia General de Pesas y Medidas en 1960. El SI tiene seis unidades básicas: metro, kilogramo, segundo, ampere, kelvin y candela. Éste, por supuesto, es un "sistema métrico"; la mayor parte de los países con tecnología avanzada usan ya alguna forma de este sistema; ya es urgente que se establezca su uso en Estados Unidos.

A continuación se verán las definiciones de metro, kilogramo, segundo y ampere. En la contraportada posterior se enlistan las abreviaturas estándar para ellas y otras unidades SI que se usarán a lo largo del libro.

A finales del siglo XVIII el metro se definió exactamente como una diezmillonésima parte de la distancia desde el polo terrestre hasta el ecuador. La distancia se marcó por medio de dos rayas finísimas en una barra de platino e iridio que había sido enfriada a cero grados celsius (°C) (anteriormente centígrados). A pesar de que medidas más precisas han demostrado que dichas marcas en la barra no representan exactamente esa fracción del meridiano terrestre, hasta 1960 se aceptó internacionalmente que esas marcas definieran el metro patrón. En ese año, la Conferencia General basó una definición más precisa del metro (m) en un múltiplo de la longitud de onda de la radiación de la línea naranja del kriptón 86. En 1983, el metro se definió aún con más precisión como la distancia a la que viaja la luz en el vacío en 1/299 792 458 de segundo (que se definirá en uno o dos segundos).

La unidad patrón de masa, el kilogramo (kg), se definió en 1901 como la masa de un bloque de platino guardado junto con el metro patrón en la Oficina Internacional de Pesas y Medidas, en Sèvres, Francia. Esta definición fue confirmada en 1960. La masa de este bloque es de aproximadamente 0.001 veces la masa de 1 m^3 de agua pura a 4°C.

La tercera unidad básica, el segundo (s), se definía antes de 1956 como 1/86 400 de un día solar medio. En ese entonces se definió como 1/31 556 925.9747 del año trópico de 1900. Ocho años después, el segundo se definió más cuidadosamente como 9 192 631 770 periodos de la frecuencia de transición entre los niveles hiperfinos $F = 4$, $m_F = 0$ y $F = 3$, $m_F = 0$ del estado base $^2S_{1/2}$ del átomo de cesio 133, sin campos perturbadores externos. Esta última definición es permanente y más reproducible que la anterior; y sólo es comprensible para los estudiosos de la física atómica. Sin embargo, cualquiera de estas definiciones describe adecuadamente al segundo común y corriente que todos conocen.

La definición de la cuarta unidad básica, el ampere (A), aparecerá más adelante en este capítulo, cuando el estudiante se familiarice con las propiedades básicas de la electricidad. Las dos unidades básicas restantes, el kelvin (K) y la candela (cd), no son de uso inmediato en análisis de circuitos.[2]

El SI usa el sistema decimal para relacionar unidades mayores y menores que la unidad patrón y prefijos estándares para identificar varias potencias de diez:

atto- (a-, 10^{-18})	deci- (d-, 10^{-1})
femto- (f-, 10^{-15})	deka- (da-, 10^{1})
pico- (p-, 10^{-12})	hecto- (h-, 10^{2})
nano- (n-, 10^{-9})	kilo- (k-, 10^{3})
micro- (μ-, 10^{-6})	mega- (M-, 10^{6})
mili- (m-, 10^{-3})	giga- (G-, 10^{9})
centi- (c-, 10^{-2})	tera- (T-, 10^{12})

Los prefijos encerrados en el recuadro anterior son los que usan con más frecuencia los estudiantes de la teoría de circuitos eléctricos.

Es muy conveniente memorizar estos prefijos porque aparecerán con mucha frecuencia, ya sea en este libro o en otros de carácter científico. Así, un milisegundo (ms) es 0.001 segundo, y un kilómetro (km) es 1000 m. Ahora se ve que fue el gramo (g) lo que al inicio se definió como la unidad de masa, y el kilogramo respresentaba simplemente 1000 g. En la actualidad, el kilogramo es nuestra unidad de masa, y si quisiéramos enredar las cosas podríamos decir que un gramo es un milikilogramo. Las combinaciones de varios prefijos, tales como milimicrosegundo, son inaceptables; lo que debe usarse es el término *nanosegundo*. Algo que también es oficialmente mal visto es el uso del término *micra* para 10^{-6} m; el término correcto es *micrómetro* (μm). Sin embargo, el angstrom (Å) sí se puede usar para 10^{-10} m.

Desafortunadamente, esta relación de potencias de 10 no está presente en el *Sistema Británico de Unidades,* que es el de uso común en Estados Unidos. Las unidades británicas fundamentales se definen en términos de las unidades SI como sigue: 1 pulgada es exactamente 0.0254 m, 1 libra-masa (lbm) es justo 0.453 592 37 kg, y el segundo es común a ambos sistemas.

Para finalizar el estudio de las unidades, se mencionarán las tres unidades derivadas usadas para medir fuerza, trabajo o energía, y potencia. El newton (N) es la unidad fundamental de fuerza,[3] y es la fuerza que se requiere para imprimir una aceleración de un metro por segundo cada segundo (1 m/s^2) a una masa de 1 kg. Una fuerza de 1 N equivale a 0.224 81 libras de fuerza (lbf), y un hombre promedio de 19 años de edad y 68 kg de masa, ejerce una fuerza de 667 N sobre la báscula.

La unidad fundamental de trabajo o energía es el joule (J), definido como un newton-metro (N-m). La aplicación de una fuerza constante de 1 N a lo largo de una distancia de un metro requiere un gasto de energía de 1 J. La misma cantidad de energía es la que se requiere para levantar este libro, que pesa alrededor de 10 N, a una altura de aproximadamente 10 cm. El joule es equivalente a 0.737 56 libra fuerza-pie (lbf-ft). Otras unidades de energía son la caloría[4] (cal), igual a 4.1868 J; la unidad térmica Británica (Btu), que es igual a 1055.1 J, y el kilowatt-hora (kWh), igual a 3.6×10^6 J.

---

[2] En el artículo "Volts and amps are not what they used to be", de Paul Wallich, *IEEE Spectrum*, marzo de 1987, se halla un análisis interesante sobre las definiciones de las unidades básicas y las técnicas de medición.

[3] Es importante observar que todas las unidades denominadas en honor a científicos famosos tienen *abreviaturas* que comienzan con letras mayúsculas.

[4] La caloría usada en la comida, las bebidas y el ejercicio, es realmente una kilocaloría, 4186.8 J.

La última cantidad derivada que se definirá es la potencia, la *rapidez* con la que se realiza un trabajo o con la que se gasta energía. La unidad fundamental de potencia es el watt (W), definido como 1 J/s. Un watt equivale a 0.737 56 lbf-ft/s. También equivale a 1/745.7 caballos de potencia (hp), unidad que está cayendo en desuso en ingeniería.

> NOTA: A lo largo del libro, al final de las secciones en las que se ha presentado un nuevo principio, aparecen ejercicios concebidos para dar al estudiante la oportunidad de comprobar su comprensión de los hechos básicos. Los problemas son útiles porque facilitan la familiarización con los nuevos términos e ideas, y deberán resolverse todos. Al final de cada capítulo aparecen problemas más generales. Las respuestas a los ejercicios de final de sección están dadas en orden. Las respuestas se calcularon con cuatro cifras significativas si el primer dígito significativo es 1 y con tres si el primer dígito está entre 2 y 9, inclusive.

1-1. *a*) Calcule el área total de un paralelepípedo cuyas dimensiones son 0.6 mm $\times$ 200 μm $\times$ 10^5 nm. *b*) La carne de una hamburguesa contiene 562 kcal. ¿Cuántas Btu se obtendrían si toda la energía se convirtiera en calor? *c*) ¿Qué aceleración, en ft/s^2, imprime una fuerza de 1.5 N a una masa de 0.5 kg?

Resp: 0.4 mm^2; 2230 Btu; 9.84 ft/s^2

Ejercicio

Carga

1-3

Carga, corriente, voltaje y potencia

A continuación se presentarán algunas definiciones preliminares de las cantidades eléctricas básicas. Se comenzará con la *carga eléctrica*, concepto que se puede introducir visualizando el siguiente experimento sencillo.

Supóngase que se toma un trocito de algún material ligero, como médula, y se suspende de un hilo muy delgado. Si ahora se frota un peine de hule con una prenda de lana y luego se pone en contacto con la bolita de médula, se observa que la bolita tiende a alejarse del peine; entre la bolita y el peine existe una fuerza de repulsión. Si se deja el peine y ahora se acerca la bolita a la prenda de lana, se observa que entre la bolita y la lana hay una fuerza de atracción.

La explicación que se da de estas fuerzas es que hay fuerzas *eléctricas* causadas por la presencia de *cargas eléctricas* en la bolita, la lana y el peine. El experimento muestra claramente que las fuerzas eléctricas pueden ser de atracción o de repulsión.

Para explicar la existencia de fuerzas eléctricas tanto de atracción como de repulsión, se ha planteado la hipótesis de que existen dos tipos de carga, y que cargas iguales se repelen y cargas contrarias se atraen. Estas dos clases de carga reciben los nombres de positiva y negativa, aunque igualmente podrían haberse llamado oro y negro, o vítrea y resinosa (como se les llamaba hace ya mucho tiempo). De manera totalmente arbitraria, Benjamín Franklin llamó carga negativa a la que estaba presente en el peine, y a la que estaba presente en la lana la llamó positiva.

Ahora puede describirse este experimento usando los nuevos términos. Al frotar el peine con la lana, en el peine se produce una carga negativa y en la lana una carga positiva. Tocando la bolita de médula con el peine, éste transfiere algo de su carga negativa a la bolita, y la fuerza de repulsión existente entre las dos cargas de la misma clase en la bolita y el peine los obliga a separarse. Cuando se acerca la lana cargada positivamente a la bolita cargada negativamente, se hace evidente la existencia de una fuerza de atracción entre ellas.

En la actualidad se sabe que toda la materia está formada por piezas fundamentales llamadas átomos, y que los átomos a su vez están formados por diferentes clases de partículas elementales. Las tres partículas más importantes son el electrón, el protón y el neutrón. El electrón tiene una carga negativa, el protón tiene una carga igual en magnitud a la del electrón, pero positiva, y el neutrón es neutro, es decir, no tiene carga. Cuando se frota el peine de hule con la lana, el peine adquiere una carga negativa porque algunos de los electrones de la lana se pasan al peine; en esas condiciones, la lana no tiene la cantidad suficiente de electrones para mantener su neutralidad, y se comporta como una carga positiva.

Experimentalmente se ha podido calcular la masa de cada una de las tres partículas mencionadas con anterioridad: $9.109\,56 \times 10^{-31}$ kg para el electrón, y aproximadamente 1840 veces este valor para el protón y el neutrón.

Ahora puede definirse la unidad fundamental de carga, llamada *coulomb* en honor de Charles Coulomb, quien fue el primer hombre en hacer medidas cuantitativas cuidadosas de la fuerza entre dos cargas. El coulomb puede definirse como se quiera mientras su definición sea conveniente, universalmente aceptada y permanente, y no contradiga ninguna definición previa. De nuevo, esto no da ninguna libertad, porque la definición que ya está universalmente aceptada es la siguiente: dos partículas pequeñas, idénticamente cargadas, cuya separación en el vacío es de un metro y que se repelen una a la otra con una fuerza de $10^{-7}c^2$ N, tienen cargas idénticas de más o menos un coulomb (C). El símbolo c representa la velocidad de la luz, $2.997\,925 \times 10^8$ m/s. En términos de esta unidad, la carga del electrón es menos $1.602\,18 \times 10^{-19}$ C y, por lo tanto, un coulomb negativo representa la carga conjunta de alrededor de 6.24×10^{18} electrones.

Para representar la carga se usarán las letras Q o q; la letra Q mayúscula se usará para cargas constantes, es decir, que no cambian con el tiempo, mientras que la q minúscula representará el caso general de una carga que puede variar con el tiempo. A este último por lo común se le llama el valor *instantáneo* de la carga, y se puede recalcar su dependencia del tiempo escribiendo $q(t)$. Debe observarse que $q(t)$ puede representar una constante como un caso especial. Esta misma convención para el uso de las letras mayúsculas y minúsculas será válida para todas las cantidades eléctricas que se manejen.

Al escribir, muchos estudiantes[5] no hacen la distinción entre letras mayúsculas y minúsculas. Esto puede acarrear serias consecuencias, pocas de ellas benéficas. Por ejemplo, en electrónica, las siguientes cuatro corrientes de colector tienen diferentes significados: i_c, i_C, I_c y I_C. La confusión es evidente.

Corriente

El experimento descrito en los párrafos anteriores pertenece al campo de la electrostática, que se ocupa del comportamiento de las cargas eléctricas en reposo. El único interés que tiene es que es un punto de partida y resulta una forma útil para definir la carga.

Sin embargo, una parte del experimento, el proceso de transferir carga de la lana al peine o del peine a la bolita, se aparta del dominio de la electrostática. Esta idea de la "transferencia de carga" o "carga en movimiento" es de vital importancia en el

---

5   Los profesores son perfectos.

estudio de los circuitos eléctricos, porque, al mover una carga de un lugar a otro, también se puede transferir energía de un punto a otro. Las familiares líneas de transmisión de potencia que se ven en el campo son un ejemplo de un dispositivo que transporta energía.

De igual importancia es la posibilidad de variar la *rapidez* a la cual se puede transferir la carga con el fin de comunicar o transmitir inteligencia. Este proceso es la base de los sistemas de comunicación tales como la radio, la televisión y la telemetría.

La carga en movimiento representa una *corriente,* la cual se definirá más cuidadosamente enseguida. La corriente presente en una trayectoria cualquiera, como un alambre metálico, tiene asociadas a ella tanto una dirección como una magnitud; es una medida de la rapidez con que la carga se está moviendo al pasar por un punto dado de referencia en una dirección específica.

Una vez que se ha especificado la dirección de referencia, sea $q(t)$ la carga total que ha pasado por el punto de referencia desde un tiempo arbitrario $t = 0$, moviéndose en una dirección definida. La contribución a esta carga total puede ser negativa si una carga negativa se mueve en la dirección de referencia, o bien si una carga positiva se mueve en dirección opuesta.

Una gráfica del valor instantáneo de la carga total puede ser similar a la que se muestra en la figura 1-1.

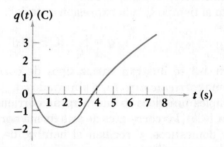

Figura 1-1

Gráfica del valor instantáneo de la carga total $q(t)$ que ha pasado por un punto de referencia desde $t = 0$.

Ahora puede calcularse la *rapidez* con la cual se transfiere la carga. En el intervalo que va desde t hasta $(t + \Delta t)$, la carga transferida a través del punto de referencia ha aumentado desde q hasta $(q + \Delta q)$. Si la gráfica es decreciente en este intervalo, entonces Δq es una cantidad negativa. La rapidez con la que la carga está pasando por el punto de referencia en el tiempo t es entonces casi igual a $\Delta q/\Delta t$, y conforme el intervalo Δt decrece, el valor exacto de la rapidez está dado por la derivada

$$\frac{dq}{dt} = \lim_{\Delta t \to 0} \frac{q(t + \Delta t) - q(t)}{\Delta t} = \lim_{\Delta t \to 0} \frac{\Delta q}{\Delta t}$$

Se define la corriente en un punto específico y que fluye en una dirección específica como la rapidez instantánea a la cual la carga neta positiva se mueve a través de ese punto en la dirección específica. La corriente se representa por I o i, entonces,

$$i = \frac{dq}{dt} \tag{1}$$

La unidad de corriente es el ampere (A) y 1 A corresponde a una carga que se mueve con una rapidez de 1 C/s.[6] El ampere fue llamado así en honor a A. M. Ampère,

---

[6] La definición de ampere en el SI es "aquella corriente constante que, si se mantiene en dos conductores rectos y paralelos de longitud infinita, de sección transversal circular despreciable, y separados un metro en el vacío, producirá entre ellos una fuerza de 2×10^{-7} newton/metro". Esta definición es equivalente a la oficial, y es más fácil de entender desde el punto de vista de circuitos.

físico francés de principios del siglo XIX. Con frecuencia se le llama "amp", pero es informal y no oficial. El uso de la letra i minúscula está asociado con un valor instantáneo. Al utilizar los datos de la figura 1-1, el valor instantáneo de la corriente está dado por la pendiente de la curva en cada punto. Esta corriente está graficada en la figura 1-2.

Figura 1-2

La corriente instantánea $i = dq/dt$, donde q está dada en la figura 1-1.

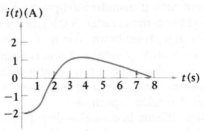

La carga transferida entre el tiempo t_0 y t puede expresarse como una integral definida,

$$q \Big|_{t_0}^{t} = \int_{t_0}^{t} i \, dt$$

La carga total transferida durante todo el tiempo se obtiene sumando $q(t_0)$, la carga transferida hasta el tiempo t_0, a la expresión anterior:

$$q = \int_{t_0}^{t} i \, dt + q(t_0) \tag{2}$$

En la figura 1-3 se ilustran varios tipos de corriente. Una corriente que es constante se llama *corriente directa*, o abreviado cd, y se muestra en la figura 1-3a. En muchos ejemplos prácticos se encontrarán corrientes con variación senoidal en el tiempo (figura 1-3b); las corrientes de esta forma normalmente se hayan presentes en los circuitos domésticos, y reciben el nombre de *corriente alterna*, o ca. Más adelante también se estudiarán las corrientes exponenciales y corrientes senoidales amortiguadas, como las que se muestran en las figuras 1-3c y d.

Figura 1-3

Varios tipos de corriente: *a*) Corriente directa o cd. *b*) Corriente senoidal o ca. *c*) Corriente exponencial. *d*) Corriente senoidal amortiguada.

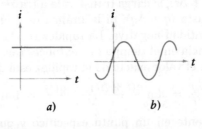

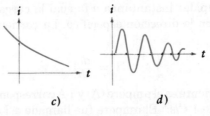

Se adoptará un símbolo gráfico para la corriente colocando una flecha junto al conductor. Así, en la figura 1-4a la dirección de la flecha y el valor "3 A" indican *ya sea* que una carga neta positiva de 3 C/s se mueve hacia la derecha *o* que una carga neta negativa de –3 C/s se mueve hacia la izquierda cada segundo. En la figura 1-4b

Figura 1-4

Dos formas de representar la misma corriente.

de nuevo hay dos posibilidades: o bien –3 A fluye hacia la izquierda o +3 A fluye hacia la derecha. Ambas figuras y cualquiera de estos cuatro enunciados representan corrientes que son equivalentes en cuanto a sus efectos eléctricos, y se dice que son iguales.

Al hablar de la corriente, es conveniente imaginar que se produce por el movimiento de cargas positivas, aun cuando se sabe que en los conductores metálicos el flujo de corriente es el resultado del movimiento de los electrones. En los gases ionizados, en las soluciones electrolíticas y en algunos materiales semiconductores, son las partículas cargadas positivamente las que constituyen una parte o toda de la corriente. Esto significa que cualquier definición de corriente estará de acuerdo con la naturaleza física de la conducción sólo parte del tiempo. La definición y simbolismo que se han adoptado son estándares.

Es esencial darse cuenta de que la flecha de la corriente no indica la dirección "real" del flujo de corriente, sino que simplemente es parte de una convención que permite hablar acerca de "la corriente en el conductor" sin ambigüedad. ¡La flecha es una parte fundamental de la *definición* de una corriente! Entonces, si se da el valor de una corriente $i_1(t)$ sin dar la flecha se estará hablando de una cantidad indefinida.

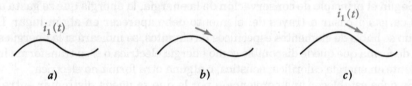

Figura 1-5

a) y *b*) Definiciones incompletas, incorrectas e inapropiadas de una corriente. *c*) La definición correcta de $i_1(t)$.

Esto quiere decir que las figuras 1-5*a* y *b* son representaciones sin sentido de $i_1(t)$, mientras que la figura 1-5*c* usa la simbología apropiada y definitiva. Recuérdese:

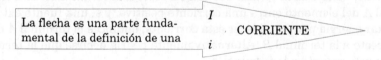

La flecha es una parte fundamental de la definición de una I CORRIENTE
                                                                     i

Voltaje

Ahora se hará referencia a un elemento del circuito, y se definirá en términos muy generales. Dispositivos eléctricos tales como fusibles, focos, resistores, baterías, capacitores, generadores y bobinas de inducción pueden representarse como combi-

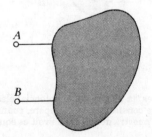

Figura 1-6

El elemento general de un circuito se caracteriza por un par de terminales a las cuales pueden conectarse otros elementos generales del circuito.

naciones de elementos simples de un circuito. Se comenzará mostrando un elemento de circuito muy general, como un objeto de cualquier forma con dos terminales, a las cuales se pueden conectar otros elementos (figura 1-6). Esta sencilla figura puede tomarse como la definición de un elemento general del circuito. Hay dos caminos por donde la corriente puede entrar o salir del elemento. Más adelante se definirán los elementos de circuitos específicos describiendo las características eléctricas que se observan entre sus terminales.

Supóngase que por la terminal A de la figura 1-6 entra una corriente directa, pasa a través del elemento y sale por la terminal B. Supóngase también que el paso de esta carga a través del elemento requiere un gasto de energía. Entonces se dirá que entre las dos terminales existe un *voltaje* eléctrico o una *diferencia de potencial*, o que hay un voltaje o diferencia de potencial "entre los extremos" del elemento. Por lo tanto, el voltaje entre un par de terminales es una medida del trabajo requerido para mover carga eléctrica a través del elemento. Específicamente se define el voltaje entre los extremos del elemento como el trabajo requerido para mover una carga positiva de 1 C de una terminal a la otra a través del dispositivo.[7] Más adelante se hablará sobre el signo del voltaje. La unidad del voltaje es el *volt* (V), que es igual a 1 J/C y se representa por V o v. Es una suerte que no se use el nombre completo del físico italiano del siglo XVIII, Alessandro Giuseppe Antonio Anastasio Volta, para la unidad de diferencia de potencial.

Entre un par de terminales eléctricas puede existir una diferencia de potencial o voltaje, fluya o no fluya corriente entre ellas. Por ejemplo, una batería de automóvil tiene un voltaje de 12 V entre sus terminales, aunque no haya nada conectado a ellas.

Según el principio de conservación de la energía, la energía que se gasta al forzar a las cargas a pasar a través del elemento debe aparecer en algún lugar. Después, cuando se hable de elementos específicos de circuitos, se indicará si la energía se almacena de forma que quede disponible como energía eléctrica o si se transforma irreversiblemente en energía calorífica, acústica, o alguna otra forma no eléctrica.

Se debe establecer una convención por la que se pueda distinguir entre energía suministrada a un elemento por algún agente externo y energía suministrada por el elemento mismo a algún dispositivo externo. Se hará esto por medio de la elección del signo del voltaje de la terminal A con respecto a la terminal B. Si a través de la terminal A del elemento entra una corriente positiva, y si una fuente externa tiene que gastar energía para establecer esta corriente, entonces la terminal A es positiva con respecto a la terminal B. Alternativamente podría decirse que la terminal B es negativa con respecto a la terminal A.

La polaridad del voltaje se indica por medio de un par de signos más-menos. Por

Figura 1-7

a) y *b*) La terminal B es 5 V positiva con respecto a la terminal A. *c*) y *d*) La terminal A es 5 V positiva con respecto a la terminal B.

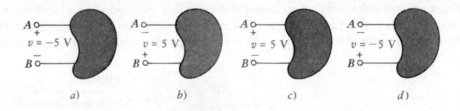

a)   *b*)   *c*)   *d*)

[7] La definición de volt en el SI es "la diferencia de potencial eléctrico entre dos puntos de un alambre conductor que lleva una corriente constante de un ampere, cuando la potencia disipada entre esos dos puntos es de un watt". De nuevo, nuestra definición de volt es equivalente, pero más sencilla.

ejemplo, en la figura 1-7a, la colocación del signo más en la terminal A indica que ésta es v volts positiva con respecto a la terminal B. Si después resulta que v tiene un valor numérico de –5 V, entonces puede decirse que A es –5 V positiva con respecto a B, o bien que B es 5 V positiva con respecto a la terminal A. En las figuras 1-7b, c y d se ilustran otros casos.

Tal como se recalcó en la definición de corriente, es esencial darse cuenta de que el par de signos más-menos no indican la polaridad "real" del voltaje, simplemente son parte de una convención que permite hablar sin ambigüedad del "voltaje entre un par de terminales". ¡La definición de todo voltaje debe incluir un par de signos más-menos! Usar una cantidad $v_1(t)$ sin especificar la colocación de los signos

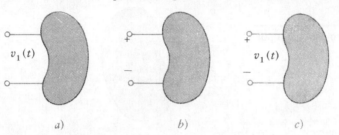

a) b) c)

Figura 1-8

a) y b) Definiciones inadecuadas de un voltaje. c) Una definición correcta que incluye tanto un símbolo para la variable, como un par de signos más-menos.

más-menos, es usar una cantidad no definida. Las figuras 1-8a y b no sirven para definir $v_1(t)$; la figura 1-8c sí sirve. Recuérdese:

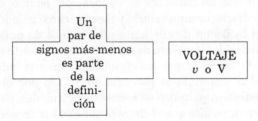

Un par de signos más-menos es parte de la definición

VOLTAJE v o V

Potencia

Ahora es necesario encontrar una expresión para la potencia absorbida por cualquier elemento de un circuito en términos del voltaje entre sus terminales y de la corriente a través de él. Ya se definió el voltaje en términos de un gasto de energía, y la potencia es la *rapidez* con la cual se gasta la energía. Sin embargo, nada puede decirse acerca de la transferencia de energía en ninguno de los cuatro casos mostrados en la figura 1-7, por ejemplo, mientras no se especifique la dirección de la corriente. Supóngase que se coloca una flecha dirigida hacia la derecha a lo largo de las terminales superiores, con el valor "+2 A"; entonces, como en los dos casos c y d, la terminal A es 5 V positiva con respecto a la terminal B, y como una corriente positiva está entrando por A, se le está suministrando energía al elemento. En los otros dos casos, es el elemento el que está entregando energía a algún dispositivo externo.

Ya se ha definido la potencia, y se representará por P o p. Si para transportar un coulomb de carga a través del dispositivo se gasta un joule de energía, entonces la tasa a la que se gasta la energía para transferir un coulomb de carga por segundo por el dispositivo es un watt. Esta potencia absorbida debe ser proporcional tanto al número de coulombs transferidos por segundo, o corriente, como a la energía requerida para transportar un coulomb a través del elemento, o voltaje. Así,

$$p = vi \qquad (3)$$

Dimensionalmente, el segundo miembro de esta ecuación es el producto de joule/coulomb y coulombs/segundo, lo cual produce las dimensiones esperadas de joules/segundo, o watts.

Al colocar las flechas superiores en cada terminal de la figura 1-7, dirigidas hacia la derecha y con un valor de "2 A", los elementos en c y d absorben 10 W, y los de a y b absorben −10 W (o bien generan 10 W).

Las convenciones para corriente, voltaje y potencia se resumen en la figura 1-9. Ahí se muestra que si una terminal del elemento es v volts positiva con respecto a la otra, y si una corriente i entra al elemento por la primera terminal, entonces el

Figura 1-9

La potencia absorbida por el elemento está dada por el producto $p = vi$.

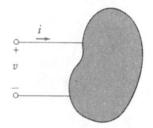

elemento está *absorbiendo* una potencia $p = vi$; también es correcto decir que se le está *entregando* una potencia $p = vi$. Cuando la flecha de corriente entra al elemento por la terminal positiva, se satisface la *convención pasiva de los signos*. Esta convención debe estudiarse, comprenderse y memorizarse cuidadosamente. En otras palabras, dice que si la flecha de corriente y los signos de polaridad del voltaje se colocan en las terminales del elemento de forma que la corriente entre por la terminal positiva, y si tanto la flecha como los signos más-menos indican las cantidades algebraicas apropiadas, entonces la potencia *absorbida por* el elemento se puede expresar como el producto algebraico de estas dos cantidades. Si el valor numérico de este producto es negativo, se dice que el elemento absorbe potencia negativa o, lo que es lo mismo, que genera potencia y la entrega a algún elemento externo. Por ejemplo, en la figura 1-9 con $v = 5$ V e $i = -4$ A, puede decirse que el elemento absorbe −20 W, o bien que genera 20 W.

Los ejemplos de la figura 1-10 amplían la ilustración de estas convenciones.

Figura 1-10

a) El elemento absorbe una potencia $p = (2)(3) = 6$ W. b) El elemento absorbe una potencia $p = (-2)(-3) = 6$ W. c) El elemento absorbe una potencia $p = (4)(-5) = -20$ W, o el elemento genera 20 W.

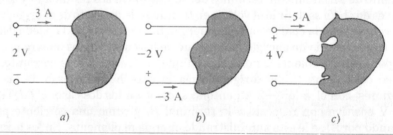

Ejercicios

1-2. La corriente $i_1(t)$ en la figura 1-5c está dada por $-2t$ A si $t \leq 0$, y $3t$ A si $t \geq 0$. Calcule: *a*) $i_1(-2.2)$; *b*) $i_1(2.2)$; *c*) la carga total que ha pasado a lo largo del conductor de izquierda a derecha en el intervalo $-2 \leq t \leq 3$ s; *d*) el valor promedio de $i_1(t)$ en el intervalo $-2 \leq t \leq 3$ s. *Resp:* 4.4 A; 6.6 A; 17.5 C; 3.5 A

1-3. En la figura 1-8c, sea $v_1(t) = 0.5 + \text{sen } 400t$ V. Determine: *a*) $v_1(1$ ms$)$; *b*) $v_1(10$ ms$)$; *c*) la energía que se requiere para mover 3 C desde la terminal inferior a la superior en $t = 2$ ms. *Resp:* 0.889 V; −0.257 V; − 3.65 J

1-4. Encuentre la potencia: *a*) entregada al elemento de circuito de la figura 1-11a en $t = 5$ ms; *b*) absorbida por el elemento de circuito en la figura 1-11b; *c*) generada por el elemento de circuito de la figura 1-11c *Resp:* −15.53 W; 1.012 W; 6.65 W

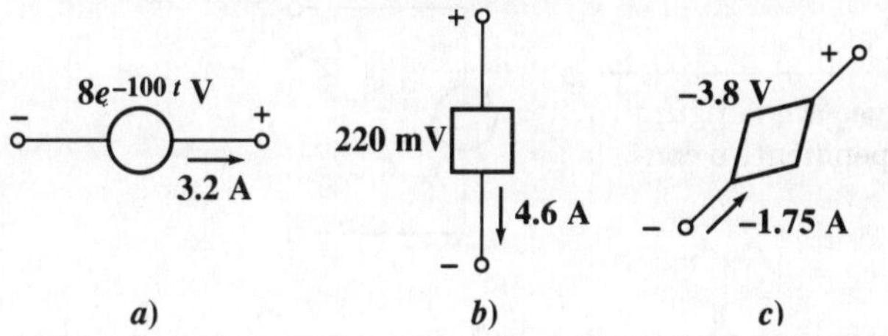

Figura 1-11

Para el ejercicio 1-4.

$8e^{-100\,t}$ V

3.2 A

220 mV

4.6 A

−3.8 V

−1.75 A

a)   b)   c)

1-4

Tipos de circuitos y elementos de circuitos

Al usar los conceptos de corriente y voltaje, se puede ser más específico cuando se define un elemento del circuito.

Es importante establecer la diferencia entre un dispositivo físico en sí y el modelo matemático que lo representa y que se usará para analizar su comportamiento en un circuito. A partir de este momento debe entenderse que la expresión *elemento de circuito* se refiere al modelo matemático. La elección de un modelo particular para cualquier dispositivo real debe basarse en datos experimentales, o en la experiencia; en general se supondrá que esta elección ya ha sido hecha. Primero es necesario aprender los métodos para analizar circuitos ideales.

La diferencia entre un *elemento general de un circuito* y un *elemento simple de un circuito*, es que un elemento general del circuito puede componerse de más de un elemento simple de un circuito, pero un elemento simple de circuito ya no puede ser subdividido en otros elementos simples. Por brevedad, se establece que el término *elemento de un circuito* en general se refiere a un elemento simple de un circuito. Todos los elementos simples de circuitos que se consideran pueden clasificarse de acuerdo con la forma en que se relaciona la corriente que circula a través de ellos, con el voltaje existente entre sus terminales. Por ejemplo, si el voltaje entre las terminales del elemento es directamente proporcional a la corriente que pasa a través de él, o sea $v = ki$, este elemento se denomina *resistor*. Otros tipos de elementos simples de circuitos tienen en sus terminales voltajes proporcionales a la derivada de la corriente con respecto al tiempo, o a la integral de la corriente con respecto al tiempo. También hay elementos en los cuales el voltaje es completamente independiente de la corriente, o la corriente es completamente independiente del voltaje; éstas son las llamadas *fuentes independientes*. Más aún, habrá que definir tipos especiales de fuentes, en las cuales el voltaje o la corriente dependen del voltaje o la corriente presentes en otra parte del circuito; éstas se llaman *fuentes dependientes* o *fuentes controladas*.

Por definición, un elemento simple de un circuito es el modelo matemático de un dispositivo eléctrico de dos terminales, y se puede caracterizar completamente por su relación voltaje-corriente pero no puede subdividirse en otros dispositivos de dos terminales.

El primer elemento que se necesita es una *fuente independiente de voltaje*. Se caracteriza porque el voltaje entre sus terminales es completamente independiente de la corriente que pasa a través de ellas. Así, si se tiene una fuente independiente de voltaje y se dice que el voltaje entre sus terminales es $50t^2$ V, puede tenerse la seguridad de que en $t = 2$ s, por lo tanto el voltaje será 200 V, sin importar la corriente que haya fluido, esté fluyendo o vaya a fluir. La figura 1-12 muestra cómo se representa una fuente independiente de voltaje. El subíndice s indentifica simplemente al voltaje como una "fuente" de voltaje (la s es la primera letra de "source", "fuente" en inglés).

Algo que vale la pena repetir es que la presencia del signo más en el extremo superior del símbolo para la fuente independiente de voltaje de la figura 1-12 no

Figura 1-12

Símbolo de una fuente independiente de voltaje. (En la figura 1-15*a* se muestra el símbolo de una fuente dependiente o controlada de voltaje.)

necesariamente significa que la terminal superior siempre es positiva respecto a la inferior. Más bien significa que la terminal superior es v_s volts positiva respecto a la inferior. Si en algún instante v_s toma un valor negativo, entonces la terminal superior es en realidad negativa respecto a la inferior, en ese instante.

Si una flecha de corriente "i", que apunta hacia la izquierda, se coloca junto al conductor superior de esta fuente, entonces la corriente i está entrando por la terminal con signo positivo, se satisface la convención pasiva de los signos y la fuente absorbe una potencia $p = v_s i$. En general, se espera que una fuente entregue potencia a una red y no que la absorba. En consecuencia, podría dirigirse la flecha hacia la derecha para que $v_s i$ represente la potencia entregada por la fuente. Puede usarse cualquier dirección.

La fuente independiente de voltaje es una fuente *ideal* y no representa con exactitud ningún dispositivo físico real, ya que teóricamente la fuente ideal podría entregar una cantidad infinita de energía. Cada coulomb que pasa a través de ella recibe una energía de v_s joules, y el número de coulombs por segundo es ilimitado. Sin embargo, esta fuente ideal de voltaje proporciona una aproximación aceptable de varias fuentes prácticas de voltaje. Una batería de automóvil, por ejemplo, tiene una terminal de voltaje de 12-V que permanece esencialmente constante mientras la corriente que pasa no exceda de unos cuantos amperes. Esta pequeña corriente puede fluir en cualquier dirección; si es positiva y está *saliendo* de la terminal positiva, la batería está suministrando potencia a las luces, por ejemplo, y se está descargando. Pero si la corriente es positiva y está *entrando* a la terminal positiva, entonces la batería se está cargando o está absorbiendo energía del generador, o posiblemente de un cargador de baterías. Un contacto eléctrico doméstico también se aproxima a una fuente independiente de voltaje, que proporciona el voltaje $v_s = 115\sqrt{2} \cos 2\pi 60t$ V; la representación es válida para corrientes menores que 20 A, aproximadamente.

A una fuente independiente de voltaje que tiene un voltaje constante entre sus terminales, se le llama comúnmente una fuente independiente de voltaje[8] y se representa por cualquiera de los símbolos mostrados en la figura 1-13. Nótese en la figura 1-13*b*, donde se sugiere una estructura física de placas para la batería, que la

Figura 1-13

Representaciones alternas de una fuente independiente de voltaje constante o cd: *a*) La fuente entrega 12 W. *b*) La batería absorbe 12 W.

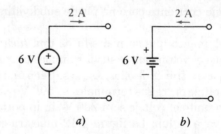

a)   *b)*

[8] Expresiones como *fuente de voltaje de cd* y *fuente de corriente de cd* se usan por lo general. Literalmente, significan "fuente de voltaje de corriente directa" y "fuente de corriente de corriente directa", respectivamente. Aunque estas expresiones pueden ser redundantes o confusas, la terminología se acepta de manera tan amplia que no se intentará cambiarla aquí.

terminal positiva está colocada junto a la placa más larga; entonces, la notación de signos más-menos es redundante, pero de todas maneras se incluyen.

Otra fuente ideal necesaria es la *fuente independiente de corriente*. La corriente que circula a través de ella es completamente independiente del voltaje entre sus terminales. La figura 1-14 muestra el símbolo usado para una fuente independiente de corriente. Si i_s es constante, la fuente recibe el nombre de fuente independiente de corriente cd.

Figura 1-14

Símbolo para una fuente independiente de corriente. (El símbolo de circuito de una fuente de corriente dependiente o controlada se muestra en la figura 1-15*b*.)

Al igual que la fuente independiente de voltaje, la fuente independiente de corriente es, a lo más, una aproximación aceptable de un elemento físico. En teoría, puede entregar una potencia infinita, debido a que produce la misma corriente finita para cualquier voltaje entre sus terminales, no importa qué tan grande pueda ser este voltaje. A pesar de todo, es una buena aproximación para muchas fuentes prácticas, sobre todo en circuitos electrónicos. Asimismo, la fuente independiente de cd representa de manera fiel el haz de protones de un ciclotrón que opera a una corriente constante de haz de aproximadamente 1 μA, y seguirá entregando 1 μA a casi cualquier dispositivo colocado entre sus "terminales" (el haz y la tierra).

Las dos clases de fuentes ideales descritas hasta aquí se llaman fuentes *independientes,* porque lo que pasa en el resto del circuito no afecta los valores asignados a dichas fuentes. Esto no ocurre con otra clase de fuente ideal, la fuente controlada o *dependiente,* en la que el valor está determinado por un voltaje o corriente presente en algún otro lugar del sistema eléctrico en consideración. Para distinguir entre fuentes dependientes e independientes, se usarán los símbolos en forma de rombo que se muestran en la figura 1-15. Fuentes como éstas aparecerán en modelos eléctricos equivalentes a muchos dispositivos electrónicos, como transistores, amplificadores operacionales y circuitos integrados que se verán en los capítulos siguientes.

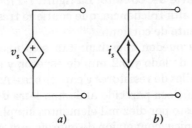

a)   *b)*

Figura 1-15

La forma de rombo caracteriza a los símbolos para: *a*) La fuente dependiente de voltaje. *b*) La fuente dependiente de corriente.

Las fuentes de voltaje y de corriente dependientes e independientes son elementos *activos*; tienen la capacidad de entregar potencia a algún dispositivo externo. Por el momento, se considerará que un elemento es *pasivo* si sólo es capaz de recibir potencia. Sin embargo, más adelante se verá que existen varios elementos pasivos capaces de almacenar cantidades finitas de energía para luego regresarla a diversos dispositivos externos; como aún se querrá llamar pasivos a estos elementos, habrá que mejorar las dos definiciones.

La interconexión de dos o más elementos simples de un circuito se llama *red* eléctrica. Si la red contiene por lo menos una trayectoria cerrada, entonces también es un *circuito* eléctrico. Todo circuito es una red, pero no toda red es un circuito. La figura

Figura 1-16

a) Una red eléctrica que no es un circuito. *b*) Una red eléctrica que sí es un circuito.

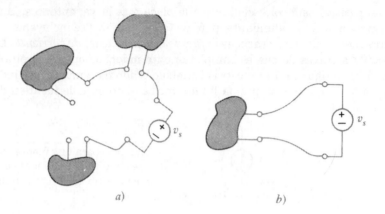

a)   *b*)

1-16*a* muestra una red que no es un circuito, y la figura 1-16*b* muestra una que sí lo es.

Una red que contiene por lo menos un elemento activo, como una fuente independiente de corriente o de voltaje, se llama *red activa*. Una red que no contiene ningún elemento activo es una *red pasiva*.

Ya se ha establecido lo que se entiende por *elemento de un circuito*, y se han dado las definiciones de varios elementos específicos de circuitos, las fuentes de voltaje y de corriente dependientes e independientes. En el resto del libro se definirán sólo cuatro elementos más, todos pasivos, y ellos son el *resistor*, el *inductor*, el *capacitor* y un par de *inductores mutuamente acoplados*. Todos ellos son elementos ideales. Son importantes porque pueden combinarse en redes y circuitos que representen dispositivos reales con tanta precisión como se desee. El transistor, por ejemplo, cuya estructura física se sugiere en la figura 1-17*a* y cuyo símbolo eléctrico se muestra en la figura 1-17*b*, se puede modelar por un solo resistor y una sola fuente de corriente dependiente como en la figura 1-17*c* si sólo se necesita conocer su comportamiento a frecuencias que no sean ni extremadamente altas ni extremadamente bajas. Nótese que la fuente dependiente de *corriente* produce una corriente que depende de un *voltaje* localizado en otra parte del circuito. La figura 1-17*d* ilustra un modelo más exacto para aplicaciones de alta frecuencia, que contiene tres resistores, dos capacitores y una fuente dependiente de corriente.[9]

Transistores como éste pueden constituir tan sólo una pequeña parte de un circuito integrado de 2 mm de lado y 0.2 mm de espesor, y aun así contiene varios miles de transistores más miles de resistores y capacitores. Así que puede tenerse un dispositivo físico cuyo tamaño sea parecido al de una letra de esta página, pero que requiera un modelo compuesto por diez mil elementos simples de circuitos.

En los cursos de electrónica, conversión de energía, antenas y otras materias de ingeniería, se estudian los modelos adecuados para los diversos dispositivos físicos de importancia práctica.

Ejercicio

1-5. Encuentre la potencia absorbida por cada elemento del circuito de la figura 1-18.

Resp: (de izquierda a derecha) –56 W; 16 W; –60 W; 160 W; –60 W

---

[9] Debe quedar claro que el transistor no contiene *en realidad* una fuente dependiente. Si se abre uno de ellos, se buscará en vano la fuente; no obstante, el transistor *actúa como si* tuviese una fuente dependiente, lo que justifica que se le haya incluido como parte del modelo.

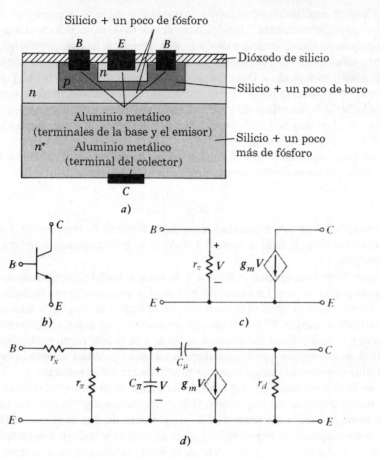

Silicio + un poco de fósforo

Figura 1-17

a) Posible configuración física para un transistor bipolar de silicio *npn* (no dibujado a escala). *b*) Símbolo para el transistor bipolar *npn*. *c*) Un modelo simple de un circuito que es útil en el rango de frecuencias medias. *d*) Un modelo más preciso para frecuencias altas.

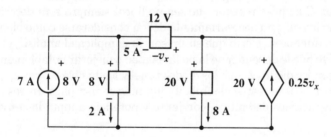

Figura 1-18

Para el ejercicio 1-5.

En las secciones anteriores el lector se familiarizó con fuentes de voltaje y de corriente tanto independientes como dependientes, con la advertencia de que eran elementos idealizados cuyo comportamiento sólo podía aproximarse a un circuito real. Ahora se presentará otro elemento ideal, el resistor lineal. Se trata del elemento pasivo más simple y se comenzará considerando el trabajo de Georg Simon Ohm, un oscuro físico alemán que en 1827 publicó un artículo titulado "Die galvanische Kette mathematisch bearbeitet".[10] En dicho artículo están contenidos los resultados de uno de los

1-5
Ley de Ohm

---

[10] "El circuito galvánico investigado matemáticamente."

primeros esfuerzos realizados para medir corrientes y voltajes, y para describirlos y relacionarlos matemáticamente. Uno de los resultados fue el enunciado de la relación fundamental que ahora se conoce como ley de Ohm, aun cuando se ha demostrado que esta ley fue descubierta 46 años antes en Inglaterra por Henry Cavendish, un brillante semirrecluso. Sin embargo, nadie, incluyendo a Ohm (es de desear), sabía del trabajo hecho por Cavendish, porque esto se descubrió y publicó hasta mucho tiempo después que ambos murieran.

El artículo de Ohm fue criticado y ridiculizado, sin merecerlo, durante varios años después de su publicación original, pero después fue aceptado y sirvió para remover la oscuridad asociada con su nombre.

La ley de Ohm establece que el voltaje entre los extremos de muchos tipos de materiales conductores es directamente proporcional a la corriente que fluye a través del material, es decir,

$$v = Ri \tag{4}$$

donde la constante de proporcionalidad R recibe el nombre de *resistencia*. La unidad de resistencia es el *ohm*, el cual es igual a 1 V/A y generalmente se simboliza por una omega mayúscula, Ω.

Cuando se hace una gráfica v contra i de esta ecuación, se obtiene una línea recta que pasa por el origen. La ecuación es lineal, y se considerará la definición de *resistencia lineal*. De aquí que, si el cociente del voltaje y la corriente asociados con cualquier elemento simple de corriente es constante, entonces el elemento es un resistor lineal y el valor de su resistencia es igual a la razón voltaje sobre corriente. Normalmente se considera que la resistencia es una cantidad positiva, aunque se pueden simular resistencias negativas por medio de circuitos especiales.

De nuevo debe recalcarse que un resistor lineal es un elemento idealizado; es sólo un modelo matemático de un dispositivo físico. Los "resistores" se pueden fabricar o comprar de manera fácil, pero pronto se da uno cuenta de que la razón voltaje sobre corriente de estos dispositivos es razonablemente constante sólo dentro de ciertos rangos de corriente, voltaje o potencia, y depende también de la temperatura y otros factores ambientales. Por lo general, a los resistores lineales se les llama simplemente resistores, reservando el nombre más largo para cuando sea necesario recalcar la naturaleza lineal del elemento. Cualquier resistor que sea no lineal siempre será descrito como tal. Los resistores no lineales no necesariamente deben considerarse como elementos no deseables, ya que, aunque es cierto que su presencia complica el análisis, el funcionamiento del dispositivo puede depender de la no linealidad o mejorar notablemente por ella. Estos elementos son los diodos Zener, los diodos túnel y los fusibles.

La figura 1-19 muestra el símbolo que más se usa para un resistor. De acuerdo con las convenciones de voltaje, corriente y potencia adoptadas en el capítulo ante-

Figura 1-19

El símbolo de circuito para un resistor; $R = v/i$ y $p = vi = i^2 R = v^2/R$.

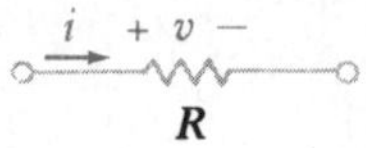

rior, el producto de v e i representa la potencia absorbida por el resistor; es decir, v e i se seleccionan para satisfacer la convención pasiva de los signos. La potencia absorbida aparece físicamente como calor y siempre es positiva; un resistor (positivo) es un elemento pasivo que no puede entregar potencia ni almacenar energía. Otras expresiones para la potencia absorbida son

$$p = vi = i^2 R = \frac{v^2}{R} \tag{5}$$

Uno de los autores (quien prefiere no ser identificado)[11] tuvo la dolorosa experiencia de conectar inadvertidamente un resistor de carbón de 100-Ω, 2-W entre las terminales de una fuente de 110-V. Las llamas, el humo y la fragmentación consiguientes fueron desconcertantes, demostrando claramente que un resistor práctico tiene límites definidos en su habilidad para comportarse como el modelo lineal ideal. En este caso, al desafortunado resistor se le exigió absorber 121 W; como estaba diseñado para manejar sólo 2 W, su reacción fue comprensiblemente violenta.

La razón de la corriente al voltaje es también una constante,

$$\frac{i}{v} = \frac{1}{R} = G \qquad (6)$$

donde G recibe el nombre de *conductancia*. En el SI la unidad de conductancia es el *siemens* (S), igual a 1 A/V. Una unidad no oficial más antigua de conductancia es el *mho*, que se representa por una omega mayúscula invertida, $\mho$. Es probable que el lector la encuentre en algunos diagramas de circuito, en algunos catálogos y en algunos libros. Para representar resistencias y conductancias se usa el mismo símbolo. La potencia absorbida es de nuevo necesariamente positiva y se puede expresar en términos de la conductancia por

$$p = vi = v^2 G = \frac{i^2}{G} \qquad (7)$$

Así, una resistencia de 2-Ω tiene una conductancia de $\frac{1}{2}$ S, y si una corriente de 5 A está fluyendo a través de ella, se tiene un voltaje de 10 V entre sus terminales y se está absorbiendo una potencia de 50 W.

Todas las expresiones que hasta ahora se han dado en esta sección, han sido escritas en términos de los valores instantáneos de la corriente, el voltaje y la potencia, como $v = Ri$ y $p = vi$. Es evidente que la corriente y el voltaje en un resistor varían con el tiempo en la misma forma. Esto es, si $R = 10\ \Omega$ y $v = 2$ sen $100t$ V, entonces $i = 0.2$ sen $100t$ A; sin embargo, la potencia es 0.4 sen^2 $100t$ W, y una gráfica simple mostrará la naturaleza distinta de su variación con el tiempo. ¡Aunque la corriente y el voltaje son negativos en ciertos intervalos, la potencia absorbida *nunca* es negativa!

La resistencia se puede usar como base para definir dos términos de uso común: el *cortocircuito* y el *circuito abierto*. Definimos un cortocircuito como una resistencia de cero ohms; entonces, como $v = Ri$, el voltaje en un cortocircuito debe ser cero, aun cuando la corriente puede tener cualquier valor. De forma parecida, se define el circuito abierto como una resistencia infinita. De esto se sigue que la corriente debe ser cero, independientemente del valor del voltaje entre las terminales del circuito abierto.

Recuérdese que en cualquier fórmula cuando aparezcan v's e i's, todas estas cantidades deben definirse en un diagrama de circuito junto con sus polaridades de referencia y direcciones respectivas. De otra forma, $v = -Ri$ se podría aplicar a algunas resistencias como $v = Ri$.

1-6. Según v e i definidos en la figura 1-19, encuentre: *a*) R si $i = -1.6$ mA y $v = -6.3$ V; *b*) la potencia absorbida si $v = -6.3$ V y $R = 21\ \Omega$; *c*) i si $v = -8$ V y R absorbe 0.24 W; *d*) G si $v = -8$ V y R absorbe 3 mW.

Ejercicio

Resp: 3.94 kΩ; 1.890 W; –30.0 mA; 46.9 μS

---

11 El nombre se proporcionará con gusto bajo petición por escrito a W.H.H.

1-6

Leyes de Kirchhoff

Ahora se pueden considerar las relaciones de corriente y voltaje en redes simples que resultan de la interconexión de dos o más elementos simples de un circuito. Los elementos se conectan entre sí por medio de conductores eléctricos, o alambres, los cuales tienen resistencia cero, o son *conductores perfectos*. Como la apariencia de la red es la de cierto número de elementos simples y un conjunto de alambres que los conectan, recibe el nombre de red de *elementos de parámetros concentrados*. Un problema de mayor dificultad para el análisis surge cuando uno se encuentra ante una red de *elementos de parámetros distribuidos*, la cual contiene esencialmente un número infinito de elementos tan pequeños como se quiera. La consideración de este último tipo de redes está piadosamente relegado a cursos posteriores.

Se llama *nodo* al punto en el cual dos o más elementos tienen una conexión común. La figura 1-20*a* muestra un circuito que contiene tres nodos. A veces las redes se dibujan para hacer creer a algún estudiante despistado que hay más nodos que los que realmente se tienen. Esto ocurre cuando un nodo, como el nodo 1 en la figura 1-20*a*, se muestra como dos uniones distintas conectadas por un conductor (de resistencia cero), como en la figura 1-20*b*. Sin embargo, todo lo que se hizo fue convertir el punto común en una línea común de resistencia cero. Entonces, necesariamente deben considerarse como parte del nodo todos los alambres perfectamente conductores, o las porciones de ellos conectadas a un nodo. Nótese también que cada elemento tiene un nodo en cada una de sus terminales.

Figura 1-20

a)Un circuito que contiene tres nodos y cinco ramas. *b*) El nodo 1 se redibujó para que *parezca* que son dos nodos, aunque sigue siendo uno.

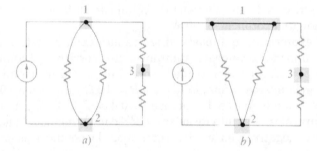

Supóngase que el proceso empieza en uno de los nodos de una red y se mueve a través de un elemento simple al otro nodo terminal, luego, a partir de ese nodo continúa a través de un elemento diferente al nodo siguiente, y sigue de esta forma hasta recorrer tantos elementos como se desee. Si no pasa a través de ningún nodo más de una vez, entonces se dice que el conjunto de nodos y elementos a través de los cuales pasa constituye una *trayectoria*. Si comienza y termina en el mismo nodo, entonces por definición, la trayectoria se llama *trayectoria cerrada* o *lazo*.

Por ejemplo, si en la figura 1-20*a* uno se mueve del nodo 2 al nodo 1 a través de la fuente de corriente, y luego a través del resistor superior derecho al nodo 3, se ha establecido una trayectoria; como no se llega al nodo 2 de nuevo, no se tiene una trayectoria cerrada o lazo. Al seguir del nodo 2 al nodo 1 por la fuente de corriente, luego al nodo 2 a través del resistor izquierdo, y luego hacia arriba de nuevo al nodo 1 a través del resistor central, no se tendrá una trayectoria, ya que uno de los nodos (en realidad dos) fue atravesado más de una vez; tampoco se tendrá un lazo, porque un lazo debe ser también una trayectoria.

Otro término cuyo uso es conveniente es el de *rama*. Una rama se define como una trayectoria simple en una red, compuesta por un elemento simple y por los nodos situados en cada uno de sus extremos. Por lo tanto, una trayectoria es una colección específica de ramas. El circuito que se muestra en las figuras 1-20*a* y 1-20*b* contiene cinco ramas.

Ahora se puede presentar la primera de las dos leyes que deben su nombre a Gustav Robert Kirchhoff (dos h's y dos f's), profesor universitario alemán nacido por la época en que Ohm realizaba su trabajo experimental.[12] Esta ley axiomática recibe el nombre de *ley de corrientes de Kirchhoff* (o LCK, para abreviar), y establece que

> la suma algebraica de las corrientes que entran a cualquier nodo es cero.

No se demuestra esta ley aquí. Sin embargo, representa simplemente el enunciado matemático del hecho de que la carga no puede acumularse en ningún nodo. Es decir, si *hubiera* una corriente neta hacia un nodo, entonces la razón a la que los coulombs se estarían acumulando en el nodo no sería cero; pero un nodo no es un elemento de circuito, y no puede almacenar, destruir o generar carga. Entonces, la suma de las corrientes debe ser cero.

Considérese el nodo mostrado en la figura 1-21. La suma algebraica de las cuatro corrientes que entran al nodo debe ser cero:

$$i_A + i_B - i_C - i_D = 0$$

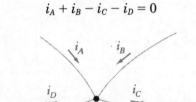

Figura 1-21

La ley de corrientes de Kirchhoff (LCK) permite escribir $i_A + i_B - i_C - i_D = 0$, $i_C + i_D - i_A - i_B = 0$, o $i_A + i_B = i_C + i_D$.

Es evidente que la ley se puede aplicar al igual a la suma algebraica de las corrientes que *salen* de cualquier nodo:

$$- i_A - i_B + i_C + i_D = 0$$

También se puede igualar la suma de las corrientes que tienen flechas apuntando hacia el nodo, a la suma de las corrientes dirigidas hacia afuera del nodo:

$$i_A + i_B = i_C + i_D$$

Una expresión compacta para la ley de corrientes de Kirchhoff es

$$\sum_{n=1}^{N} i_n = 0 \tag{8}$$

y esto no es más que una abreviatura de

$$i_1 + i_2 + i_3 + \ldots + i_N = 0 \tag{9}$$

Ya sea que se use la ecuación (8) o la (9), se entiende que las N flechas de corrientes apuntan todas hacia el nodo en cuestión, o bien todas se alejan de él.

A veces es útil interpretar la ley de corrientes de Kirchhoff en términos de una analogía hidráulica. El agua, al igual que la carga, no puede acumularse en un punto, así que si se identifica la unión de varios tubos como un nodo, es evidente que el número de galones de agua que entran al nodo cada segundo debe ser igual al número de galones que salen del nodo cada segundo.

Ahora se verá la *ley de voltajes de Kirchhoff* (LVK) que establece:

---

[12] Kirchhoff inició su carrera docente como *Privat-Dozent*, o profesor con estatus oficial, pero sin sueldo, en la universidad de Berlín. Ésta no es una opción popular entre los jóvenes profesores de hoy.

| la suma algebraica de los voltajes alrededor de cualquier trayectoria cerrada en un circuito es cero. |

De nuevo, se debe aceptar esta ley como un axioma, aun cuando se desarrolla dentro de la teoría electromagnética básica.

La corriente es una variable que está relacionada con la carga que fluye *a través* de un elemento, mientras que el voltaje es una medida de la diferencia de energía potencial *entre* las terminales del elemento. En la teoría de circuitos, esta cantidad tiene un solo valor. Por lo tanto, la energía requerida para mover una unidad de carga del punto A al punto B en un circuito debe tener un valor que sea independiente de la trayectoria escogida para ir de A a B.

En la figura 1-22, si se transporta una carga de 1 C de A a B a través del elemento 1, los signos de referencia de la polaridad para v_1 muestran que se realiza un trabajo de v_1 joules. Pero si se elige ir de A a B pasando por C, entonces se gasta una energía de

Figura 1-22

La diferencia de potencial entre los puntos A y B es independiente de la trayectoria seleccionada, o $v_1 = v_2 - v_3$.

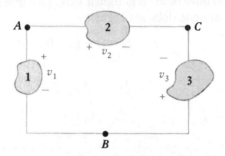

$v_2 - v_3$ joules. Pero el trabajo realizado es independiente de la trayectoria, y estos valores deben ser iguales. Cualquier ruta lleva al mismo valor del voltaje. Así,

$$v_1 = v_2 - v_3 \qquad (10)$$

Entonces, si se recorre una trayectoria cerrada, la suma algebraica de los voltajes de los elementos individuales que la componen debe ser cero, y se puede escribir así:

$$\sum_{n=1}^{N} v_n = 0 \qquad \text{o} \qquad v_1 + v_2 + v_3 + \ldots + v_N = 0 \qquad (11)$$

La ley de voltajes de Kirchhoff es una consecuencia de la conservación de la energía y la propiedad conservativa del circuito eléctrico. Esta ley también se puede interpretar como una analogía gravitacional. Si se mueve una masa a lo largo de una trayectoria *cerrada* en un campo gravitacional conservativo, el trabajo total realizado sobre la masa es cero.

Se puede aplicar la LVK a un circuito en varias formas diferentes. Un método que es útil para evitar los errores al escribir las ecuaciones consiste en recorrer mentalmente la trayectoria cerrada en el sentido de las manecillas del reloj y escribir directamente el voltaje de cada elemento con terminal (+), y escribir el negativo de cada voltaje cuya terminal (−) se encuentre primero. Aplicando esto al lazo único de la figura 1-22, se tiene

$$-v_1 + v_2 - v_3 = 0$$

lo cual ciertamente está de acuerdo con el resultado anterior de la ecuación (10).

Ejemplo 1-1 Como un último ejemplo del uso de la LVK, se trabajará con el circuito de la figura 1-23. Hay ocho elementos de circuito, y entre las terminales de cada uno se muestran sus respectivos pares de signos más-menos. Supóngase que se quiere calcular v_{R2}, el voltaje entre las terminales de R_2.

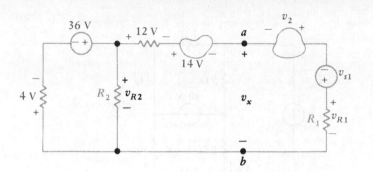

Figura 1-23

Un circuito para el que la LVK muestra que $v_x = 6$ V y $v_{R2} = 32$ V.

Solución: Esto puede lograrse escribiendo una ecuación de LVK alrededor del lazo izquierdo:

$$4 - 36 + v_{R2} = 0$$

resultando que

$$v_{R2} = 32 \text{ V}$$

Por último, supóngase que se desea calcular·el valor de v_x. Esto podría pensarse como la suma (algebraica) de los voltajes que pasan por los tres elementos de la derecha, o podría considerarse como el voltaje medido por un voltímetro ideal conectado entre los puntos a y b; pero es igual de sencillo tomarlo como el voltaje entre los puntos a y b. Se aplica LVK comenzando en la esquina inferior izquierda, se sube y se avanza por toda la parte superior hasta a, pasando por v_x hasta b, y por el alambre conductor hasta el punto inicial:

$$4 - 36 + 12 + 14 + v_x = 0$$

de manera que

$$v_x = 6 \text{ V}$$

Conociendo v_{R2}, también se pudo haber tomado el camino corto a través de R_2,

$$- 32 + 12 + 14 + v_x = 0$$

o

$$v_x = 6 \text{ V}$$

una vez más.

1-7. Determine el número de ramas y nodos en cada uno de los circuitos de la figura 1-24.   *Resp:* 5, 3; 7, 5; 6, 4

1-8. Determine i_x en cada uno de los circuitos de la figura 1-24.   *Resp:* 3 A; –8 A; 1 A

1-9. Determine v_x en cada uno de los circuitos de la figura 1-24.   *Resp:* 78 V; 80 V; 8 V

Ejercicios

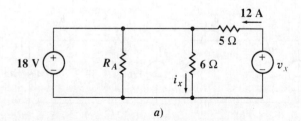

a)

Figura 1-24

Para los ejercicios 1-7, 1-8 y 1-9. (*continúa*)

Figura 1-24

(*continuación*)

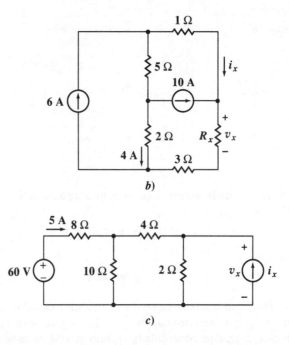

b)

c)

1-7

Análisis del circuito de un solo lazo

Habiendo establecido las leyes de Ohm y de Kirchhoff, el lector puede ejercitar sus músculos analíticos aplicando estas herramientas al análisis de un circuito resistivo simple. La figura 1-25*a* ilustra cómo la conexión en serie de dos baterías y dos resistores puede parecer obra de un principiante usando un cautín por primera vez. Nótese que un cable se ha conectado a la terminal positiva de la batería izquierda, y el otro extremo del alambre se ha soldado a uno de los extremos de los resistores. Se supone que la terminal, los alambres de conexión y la pasta para soldar tienen resistencia cero, y ellos constituyen el nodo de la esquina superior izquierda del diagrama del circuito de la figura 1-25*b*. Ambas baterías se han remplazado por fuentes ideales de voltaje; por lo que cualquier resistencia que pudieran tener se

Figura 1-25

a) Ilustración del aspecto físico de un circuito de un solo lazo que contiene cuatro elementos. Se muestran las soldaduras en las uniones y los alambres de conexión. *b*) Modelo del circuito con valores indicados para las fuentes de voltaje y las resistencias. *c*) Ahora se han añadido al circuito los signos de referencia para la corriente y el voltaje.

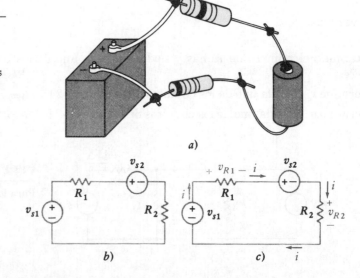

a)

b)

c)

considera despreciable; de no ser así, podrían incluirse en R_1 y R_2. Se supone que ambos resistores son resistores lineales ideales.

Suponiendo conocidos los valores de las resistencias y de las fuentes de voltaje en la figura 1-25b, se tratará de calcular la corriente a través de cada elemento, el voltaje entre sus terminales y la potencia que absorbe cada uno de ellos. El primer paso en el análisis será la asignación de una dirección de referencia para las corrientes desconocidas. Se selecciona arbitrariamente una corriente i que avanza en sentido de las manecillas del reloj, saliendo de la terminal superior de la fuente de voltaje de la izquierda. Esta elección se indica con una flecha marcada con una i en ese punto del circuito, como se muestra en la figura 1-25c. Una aplicación trivial de la ley de corrientes de Kirchhoff asegura que esta corriente es la misma que pasa a través de todos los otros elementos del circuito. Por esta ocasión se recalcará esto colocando varios símbolos más de la corriente en otras partes del circuito.

Por definición, se dice que todos los elementos a través de los cuales circula la *misma* corriente están conectados en *serie*. Nótese que puede haber elementos que lleven corrientes *iguales* y no estar en serie; dos focos de 100 W en casas vecinas muy bien puede tener corrientes iguales, pero no llevan la *misma* corriente y no están en serie.

El segundo paso en el análisis es la elección de un voltaje de referencia para cada uno de los dos resistores. Ya se ha visto que la aplicación de la ley de Ohm sin un signo menos, $v = Ri$, requiere que el sentido del voltaje y la corriente se seleccionen de tal forma que la corriente entre por la terminal marcada con el signo positivo del voltaje. Ésta es la convención pasiva de los signos. Si la elección del sentido de la corriente es arbitrario, entonces el sentido de la convención del voltaje queda determinado si vamos a usar la ley de Ohm en la forma $v = Ri$. Los voltajes v_{R1} y v_{R2} se muestran en la figura 1-25c.

El tercer paso es la aplicación de la ley de voltajes de Kirchhoff a la trayectoria cerrada del circuito. El movimiento por el circuito se hace en el sentido de las manecillas del reloj, comenzando en la esquina inferior izquierda; se escribe cada voltaje que se encuentre por primera vez en la terminal positiva, y el negativo de cada voltaje al que se encuentre en la terminal negativa. Entonces,

$$-v_{s1} + v_{R1} + v_{s2} + v_{R2} = 0$$

Finalmente, se aplica la ley de Ohm a los elementos resistivos

$$v_{R1} = R_1 i \quad \text{y} \quad v_{R2} = R_2 i$$

y se obtiene

$$-v_{s1} + R_1 i + v_{s2} + R_2 i = 0$$

Al despejar i de esta ecuación,

$$i = \frac{v_{s1} - v_{s2}}{R_1 + R_2}$$

donde todas las cantidades del lado derecho son conocidas y permiten calcular i. Ahora se puede evaluar el voltaje o la potencia asociados con cualquier elemento si se aplica $v = Ri$, $p = vi$ o $p = i^2 R$.

Ejemplo 1-2 Considérese el ejemplo numérico ilustrado en la figura 1-26a; determine la potencia que absorbe cada uno de los elementos simples del circuito.

Solución: Dos baterías y dos resistores en serie. Se asigna al circuito una corriente en sentido de las manecillas del reloj y los voltajes en los dos resistores

Figura 1-26

a) Circuito en serie. *b*) El mismo circuito con corriente y voltajes asignados.

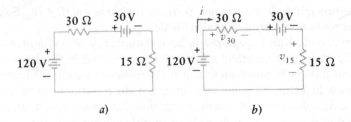

a)   b)

como se indica en la figura 1-26*b*, y la la ley de voltajes de Kirchhoff lleva a

$$-120 + v_{30} + 30 + v_{15} = 0$$

Una aplicación de la ley de Ohm a cada resistor permite escribir

$$-120 + 30i + 30 + 15i = 0$$

de donde

$$i = \frac{120 - 30}{30 + 15} = 2 \text{ A}$$

Por lo tanto, los voltajes de los resistores son

$$v_{30} = 2(30) = 60 \text{ V} \qquad\qquad v_{15} = 2(15) = 30 \text{ V}$$

La potencia absorbida por cada elemento está dada por el producto del voltaje entre sus terminales y la corriente que entra al elemento por su terminal positiva. Es decir, para la batería de 120-V, la potencia absorbida es

$$p_{120v} = 120(-2) = -240 \text{ W}$$

y, por lo tanto, esta fuente *entrega* 240 W a otros elementos del circuito. De forma análoga,

$$p_{30v} = 30(2) = 60 \text{ W}$$

y vemos que este elemento, supuestamente activo, en realidad está absorbiendo la potencia entregada por otra batería (se está cargando).

La potencia absorbida por cada resistor (positivo) es necesariamente positiva y se puede calcular mediante

$$p_{30} = v_{30}i = 60(2) = 120 \text{ W}$$

o por

$$p_{30} = i^2 R = 2^2(30) = 120 \text{ W}$$

y

$$p_{15} = v_{15}i = i^2 R = 60 \text{ W}$$

Los resultados concuerdan porque la potencia total absorbida debe ser cero, en otras palabras, la potencia entregada por la batería de 120-V es exactamente igual a la suma de las potencias absorbidas por los otros tres elementos. Con frecuencia es útil hacer un balance de energía para verificar si se cometió algún error.

Antes de dejar este ejemplo, es importante que el lector se convenza de que la suposición inicial acerca de la dirección de referencia de la corriente no afectó en nada a las respuestas finales. Supóngase que se tiene una corriente i_x en sentido *contrario* al de las manecillas del reloj. Entonces, $i_x = -i$. Ahora se tendrían que invertir las polaridades de los voltajes de ambos resistores, y se obtendría

$$-120 - 30i_x + 30 - 15i_x = 0$$

e $i_x = -2$ A, $v_{x30} = -60$ V y $v_{x15} = -30$ V. Como cada voltaje y corriente están invertidos y cada cantidad es el negativo de las que se calcularon antes, es evidente que se llega a los mismos resultados. Cada potencia absorbida es la misma.   ●

Puede hacerse cualquier elección para la dirección de la corriente, al azar o por ser más conveniente, aunque se escoge más a menudo el sentido de las manecillas del reloj. Aquellos que insisten en respuestas con signo positivo siempre tienen la opción de ir hacia atrás, invertir el sentido de la flecha de la corriente y rehacer el problema.

Ejemplo 1-3 Ahora se hará el análisis ligeramente más complicado haciendo que una de las fuentes de voltaje sea una fuente dependiente, como se ve en la figura 1-27. Una vez más se determinará la potencia que absorbe cada elemento simple del circuito.

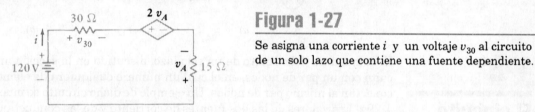

Figura 1-27

Se asigna una corriente i y un voltaje v_{30} al circuito de un solo lazo que contiene una fuente dependiente.

Solución: De nuevo, se asigna una dirección de referencia a la corriente i y una polaridad de referencia al voltaje v_{30}. No hay necesidad de asignar un voltaje al resistor de 15 Ω, porque ya se tiene el voltaje v_A que controla a la fuente dependiente. Sin embargo, vale la pena observar que los signos de referencia para v_A están invertidos con respecto a los que se han asignado y que, por lo tanto, la ley de Ohm se expresa como $v_A = -15i$ para este elemento. Al aplicar la ley de voltajes de Kirchhoff alrededor de lazo,

$$-120 + v_{30} + 2v_A - v_A = 0$$

si se utiliza la ley de Ohm dos veces,

$$v_{30} = 30i$$

$$v_A = -15i$$

se obtiene

$$-120 + 30i - 30i + 15i = 0$$

y así,

$$i = 8 \text{ A}$$

Las relaciones de la potencia muestran que la batería de 120 V entrega 960 W, la fuente dependiente entrega 1920 W y los dos resistores juntos disipan 2880 W.   ●

En el capítulo siguiente comenzarán a estudiarse aplicaciones prácticas de las fuentes dependientes en circuitos equivalentes para el amplificador operacional y el transistor.

Ejercicios

1-10. Para el circuito que se muestra en la figura 1-28a, encuentre: *a*) i_1; *b*) v_1; *c*) la potencia suministrada por la batería de 3-V.   *Resp*: 12.5 mA; –2.5 V; –37.5 mW

1-11. Calcule la potencia absorbida por cada uno de los cinco elementos del circuito de la figura 1-28b.   *Resp*: (En sentido de las manecillas del reloj, desde la izquierda)
0.768 W; 1.920 W; 0.205 W; 0.1792 W; –3.07 W

Figura 1-28

Para los ejercicios 1-10 y 1-11.

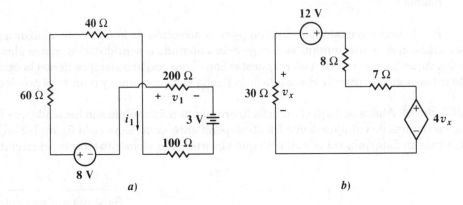

1-8

El circuito con un solo par de nodos

El compañero del circuito de un solo lazo, discutido en la sección anterior, es el circuito con un par de nodos, en el cual un número cualquiera de elementos simples se conectan al mismo par de nodos. Un ejemplo de dicho circuito se muestra en la figura 1-29a. Los valores de las dos fuentes de corriente y de las conductancias se conocen.

Ejemplo 1-4 Encuentre el voltaje, la corriente y la potencia asociados a cada elemento del circuito de la figura 1-29a.

Solución: Ahora, el primer paso consistirá en suponer un voltaje entre las terminales de cada elemento, asignando una polaridad de referencia arbitraria. La LVK implica que a través de cada rama existe el mismo voltaje, porque cualquier trayectoria cerrada va de un nodo a otro a través de cualquier rama, y luego regresa al nodo original a través de cualquier otra rama. Un voltaje total de cero requiere un voltaje idéntico para todos los elementos. Se dice que los elementos que tienen un voltaje común, están conectados en *paralelo*. Llámese v a este voltaje y selecciónese arbitrariamente como se ve en la figura 1-29b.

De acuerdo con la convención pasiva de los signos, se selecciona una corriente para cada resistor. Estas corrientes también se muestran en la figura 1-29b.

Figura 1-29

a) Ciruito con un par de nodos.
b) Se asigna un voltaje y dos corrientes.

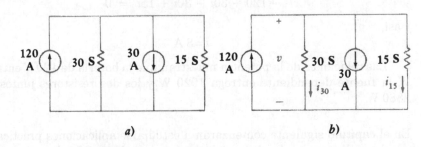

El tercer paso en el análisis de este circuito con dos nodos es la aplicación de la LCK a cualquiera de los nodos del circuito. Casi siempre es más claro aplicarla al nodo en el que se localiza el signo positivo del voltaje; así, se igualará a cero la suma algebraica de las corrientes que salen del nodo superior:

$$-120 + i_{30} + 30 + i_{15} = 0$$

Por último, la corriente en cada resistor se calcula en términos de v y de la conductancia del resistor usando la ley de Ohm,

$$i_{30} = 30v \qquad e \qquad i_{15} = 15v$$

y se obtiene

$$-120 + 30v + 30 + 15v = 0$$

Así,

$$v = 2 \text{ V}$$

y

$$i_{30} = 60 \text{ A} \qquad e \qquad i_{15} = 30 \text{ A}$$

Ahora se pueden calcular fácilmente las potencias absorbidas. En los dos resistores,

$$p_{30} = 30(2)^2 = 120 \text{ W} \qquad p_{15} = 15(2)^2 = 60 \text{ W}$$

y para las dos fuentes,

$$p_{120A} = 120(-2) = -240 \text{ W} \qquad p_{30A} = 30(2) = 60 \text{ W}$$

Por lo tanto, la fuente de corriente mayor entrega 240 W a los otros tres elementos del circuito, y de nuevo se verifica la conservación de la energía. ●

El parecido de este ejemplo con el que se resolvió anteriormente, ilustrando la solución del circuito en serie que sólo contenía fuentes independientes, no debe pasarse por alto. Todos los números son los mismos, pero corrientes y voltajes, resistencias y conductancias, y "en serie" y "en paralelo" están intercambiados. Éste es un ejemplo de *dualidad,* y se dice que cada circuito es un *dual exacto* del otro. Si en cualquiera de los circuitos se cambiaran los valores de los elementos o los valores de las fuentes, sin cambiar la configuración de la red, los dos circuitos serían duales, aunque no duales exactos. Más adelante se estudiará y usará la dualidad; por el momento, el lector sólo debe sospechar que cualquier resultado que se obtenga en términos de corriente, voltaje y resistencia en un circuito en serie, tendrá su contraparte en términos de voltaje, corriente y conductancia para un circuito en paralelo.

Ahora se pueden probar las habilidades trabajando con un circuito de dos nodos que contiene una fuente dependiente. En la figura 1-30 la fuente dependiente de corriente se controla por la corriente i_x en el resistor de 2 kΩ.

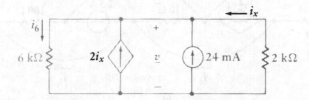

Figura 1-30

Se asignan un voltaje v y una corriente i_6 en un circuito de dos nodos con una fuente dependiente.

Ejemplo 1-5 Determine los valores de v y de la potencia absorbida por la fuente de corriente independiente de la figura 1-30.

Solución: Se definió el voltaje v de manera arbitraria, con signo positivo en la parte superior y una corriente i_6 en el resistor de 6-kΩ. La suma de las corrientes que salen del nodo superior es cero, de manera que

$$i_6 - 2i_x - 0.024 - i_x = 0$$

A continuación se aplica la ley de Ohm a cada resistor, observando que se tienen los valores de las resistencias y no de las conductancias:

$$i_6 = \frac{v}{6000} \qquad e \qquad i_x = \frac{-v}{2000}$$

Por lo tanto,

$$\frac{v}{6000} - 2\left(\frac{-v}{2000}\right) - 0.024 - \left(\frac{-v}{2000}\right) = 0$$

y
$$v = 600 \times 0.024 = 14.4 \text{ V}$$

Cualquier información deseada sobre este circuito se puede obtener generalmente en un solo paso. Por ejemplo, la potencia entregada por la fuente independiente es $p_{24} = 14.4(0.024) = 0.346$ W, y la corriente que fluye hacia la derecha en el conductor central superior es $i = -0.024 + (14.4/2000) = -0.0168$ A, o -16.8 mA.

●

Ejercicios

1-12. Para el circuito de dos nodos de la figura 1-31a, encuentre: a) i_A; b) i_B; c) i_C.

Resp: 3 A; –5.4 A; 6 A

1-13. Para el circuito de dos nodos de la figura 1.31b, encuentre a) i_1; b) i_2; c) i_3; d) i_4.

Resp: –2 A; 3 A; –8 A; –0.5 A

Figura 1-31

Para los ejercicios 1-12 y 1-13.

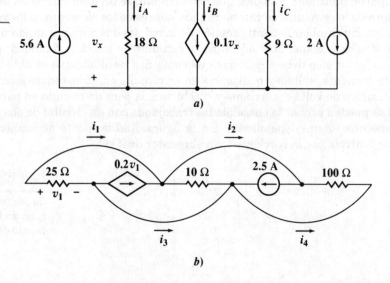

a)

b)

Pueden evitarse algunas de las ecuaciones que se han escrito para los circuitos simples en serie y en paralelo. Esto se logra remplazando combinaciones de resistores un tanto complicadas por un solo resistor equivalente, siempre y cuando no se esté específicamente interesado en la corriente, el voltaje o la potencia asociados con cualquiera de los resistores individuales en esas combinaciones. Todos los valores de corriente, voltaje y potencia en el resto del circuito permanecen inalterados.

Primero considérese el arreglo de N resistores en serie, mostrado esquemáticamente en la figura 1-32a. Con el sombreado que rodea a los resistores se intenta sugerir que están encerrados en una "caja negra", o quizás en otra habitación, y queremos remplazar los N resistores por un solo resistor con una resistencia R_{eq} de tal forma que el resto del circuito, en este caso sólo la fuente de voltaje, no se percate del cambio. La corriente, la potencia y por supuesto el voltaje son los mismos antes y después del remplazo.

1-9

Arreglos de fuentes y resistencias

Figura 1-32

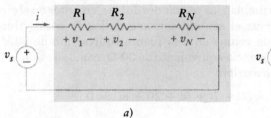 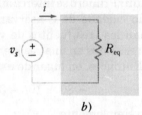

a) Circuito que contiene un arreglo en serie de N resistores. b) Un circuito equivalente simplificado: $R_{eq} = R_1 + R_2 + \ldots + R_N$.

Se aplican la ley de voltajes de Kirchhoff

$$v_s = v_1 + v_2 + \ldots + v_N$$

y la ley de Ohm

$$v_s = R_1 i + R_2 i + \ldots + R_N i = (R_1 + R_2 + \ldots + R_N)\, i$$

y luego se compara este resultado con la ecuación simple correspondiente al circuito equivalente mostrado en la figura 1-32b,

$$v_s = R_{eq}\, i$$

Por lo tanto, el valor de la resistencia equivalente a N resistores en serie es

$$R_{eq} = R_1 + R_2 + \ldots + R_N \tag{12}$$

Así, se puede remplazar una *red de dos terminales* consistente en N resistores en serie con un solo *elemento de dos terminales* R_{eq} que tiene la misma relación v-i. Ninguna medición que se haga fuera de la "caja negra" podrá indicar de cuál red se trata.

Debe recalcarse de nuevo que se podría tener interés particularmente en la corriente, el voltaje o la potencia de alguno de los elementos originales, como sería el caso si el voltaje de una fuente dependiente de voltaje estuviera controlado, por ejemplo, por el voltaje de R_3. Una vez que R_3 se combina con algunos otros resistores en serie para formar una resistencia equivalente, se pierde y el voltaje entre sus terminales no se puede calcular a menos que se identifique R_3 fuera del arreglo. Sería mucho mejor prever esto y no incluir a R_3 en la combinación inicial.

Una inspección a la ecuación de voltaje de Kirchhoff para un circuito en serie muestra otras dos simplificaciones posibles. El orden en el cual se colocan los elementos en un circuito en serie no es importante, y varias fuentes de voltaje en serie pueden sustituirse por una fuente de voltaje equivalente cuyo voltaje sea igual a la suma algebraica de las fuentes individuales. Por lo general no se gana mucho al incluir una fuente dependiente de voltaje en una combinación en serie.

Estas simplificaciones pueden ilustrarse con el circuito de la figura 1-33.

Figura 1-33

a) Un circuito en serie dado.
b) Un circuito equivalente simplificado.

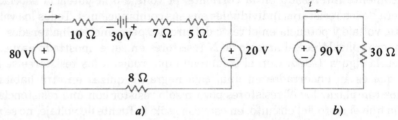

a)   *b*)

Ejemplo 1-6 Utilice combinaciones de fuente y resistencia para simplificar el cálculo de la corriente independiente i de la figura 1-33*a*.

Solución: Primero se intercambian las posiciones de los elementos en el circuito, teniendo cuidado de conservar el sentido correcto de las fuentes, y luego se combinan las tres fuentes de voltaje en una fuente equivalente de 90-V y los cuatro resistores en una resistencia equivalente de 30-Ω, como se ve en la figura 1-33*b*. Entonces, en lugar de escribir

$$- 80 + 10i - 30 + 7i + 5i + 20 + 8i = 0$$

se tiene simplemente

$$- 90 + 30i = 0$$

e
$$i = 3 \text{ A}$$

Para calcular la potencia que la fuente de 80-V entrega al circuito dado, es necesario regresar a ese circuito sabiendo que la corriente es 3 A. La potencia deseada es 240 W.

Es interesante notar que ningún elemento del circuito original queda en el circuito equivalente, a menos que se quiera considerar como elementos a los alambres de conexión.   •

Simplificaciones similares se pueden aplicar a circuitos en paralelo.[13] Un circuito que contiene N conductancias en paralelo, como en la figura 1–34*a*, lleva a la ecuación de la LCK

$$i_s = i_1 + i_2 + \ldots + i_N$$

o
$$i_s = G_1 v + G_2 v + \ldots + G_N v = (G_1 + G_2 + \ldots + G_N)v$$

mientras que su equivalente en la figura 1-34*b* da

$$i_s = G_{eq} v$$

y por lo tanto
$$G_{eq} = G_1 + G_2 + \ldots + G_N$$

En términos de resistencia en vez de conductancia,

$$\frac{1}{R_{eq}} = \frac{1}{R_1} + \frac{1}{R_2} + \ldots + \frac{1}{R_N}$$

o
$$R_{eq} = \frac{1}{1/R_1 + 1/R_2 + \ldots + 1/R_N} \tag{13}$$

---

[13] Por el principio de dualidad.

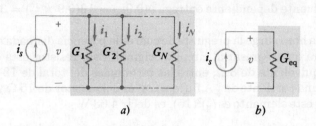

Figura 1-34

a) Un circuito con *N* resistores en paralelo cuyas conductancias son $G_1, G_2, \ldots, G_N$.
b) Un circuito equivalente simplificado:
$G_{eq} = G_1 + G_2 + \ldots + G_N$.

Esta última ecuación es probablemente el medio más usado para combinar elementos resistivos en paralelo. A menudo la reducción en paralelo se indica escribiendo por ejemplo $R_{eq} = R_1 \| R_2 \| R_3$.

El caso especial de sólo dos resistores en paralelo

$$R_{eq} = R_1 \| R_2 = \frac{1}{1/R_1 + 1/R_2} = \frac{R_1 R_2}{R_1 + R_2} \qquad (14)$$

se necesita con frecuencia. Vale la pena memorizar la última expresión.

Las fuentes de corriente en paralelo también se pueden reducir sumando algebraicamente las corrientes individuales, y el orden de los elementos en paralelo se puede volver a arreglar como se desee.

Las diversas combinaciones descritas en esta sección se usan para simplificar el circuito de la figura 1-35*a*.

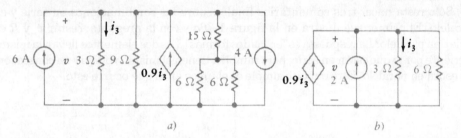

Figura 1-35

a) Un circuito dado.
b) Un circuito equivalente simplificado.

Ejemplo 1-7 Supóngase que se quieren conocer la potencia y el voltaje de la fuente dependiente de la figura 1-35*a*.

Solución: Es lo mismo si se deja la fuente dependiente y se reducen las dos fuentes restantes en una sola de 2 A. Las resistencias se reducen comenzando con la combinación en paralelo de los dos resistores de 6 Ω en uno solo de 3 Ω, seguido del arreglo en serie de 3 Ω y 15 Ω. Los elementos de 18 Ω y 9 Ω se reducen en paralelo para producir 6 Ω, y hasta aquí se puede llegar provechosamente. Cierto que 6 Ω en paralelo con 3 Ω da 2 Ω, pero desaparece la corriente i_3 de la cual depende la fuente.[14]

Del circuito equivalente de la figura 1-35*b* se tiene

$$-0.9i_3 - 2 + i_3 + \frac{v}{6} = 0$$

y
$$v = 3i_3$$
dando
$$i_3 = \tfrac{10}{3} \text{ A}$$
y
$$v = 10 \text{ V}$$

[14] Claro que pudo haberse conservado usando el circuito dado para escribir $i_3 = v/3$, expresando i_3 en términos de las variables que aparecen en el circuito final.

Entonces, la fuente dependiente entrega $v(0.9i_3) = 10(0.9 \times \frac{10}{3}) = 30$ W al resto del circuito.

Si a última hora surge la pregunta de cuál es la potencia disipada en el resistor de 15 Ω, habrá que regresar al circuito original. Este resistor está en serie con un resistor equivalente de 3 Ω; entre las terminales del total de 18 Ω hay 10 V; por lo tanto, una corriente de $\frac{5}{9}$ A fluye a través del resistor de 15 Ω y la potencia absorbida por este elemento es $(\frac{5}{9})^2(15)$, es decir 4.63 W.   •

Para concluir el análisis de las combinaciones de elementos en serie y en paralelo, ha de considerarse el arreglo en paralelo de dos fuentes de voltaje y el arreglo en serie de dos fuentes de corriente. Por ejemplo, ¿cuál es el equivalente de una fuente de 5 V en paralelo con otra de 10 V? Según la definición de fuente de voltaje, el voltaje entre las terminales de la fuente no puede cambiar; entonces, la ley de voltajes de Kirchhoff dice que 5 es igual a 10, o sea, que se ha supuesto una situación físicamente imposible. Entonces, las fuentes de voltaje *ideales* en paralelo sólo son permisibles cuando sus voltajes son idénticos a cada instante. Más adelante se verá que las fuentes de voltaje *prácticas* pueden conectarse en paralelo sin ninguna dificultad teórica.

En forma similar, dos fuentes de corriente no pueden colocarse en serie a menos que tengan exactamente la misma corriente, incluyendo el signo, en cada momento.

Una fuente de voltaje en paralelo o en serie con una fuente de corriente presenta algo de diversión intelectual. Los dos casos posibles están ilustrados en el problema 43 al final del capítulo.

Sólo resta hacer tres comentarios finales sobre las combinaciones en serie y en paralelo. El primero se ilustra en la figura 1-36a y con la pregunta: ¿están v_s y R en serie o en paralelo? La respuesta es "en las dos formas". Los dos elementos llevan la misma corriente por lo que están en serie; pero también tienen el mismo voltaje y en consecuencia están en paralelo. Este circuito simple es el único en el que ocurre esto.

Figura 1-36

a) Dos elementos de circuito conectados tanto en serie como en paralelo. *b*) R_2 y R_3 están en paralelo, y R_1 y R_8 están en serie. *c*) No hay elementos en serie ni en paralelo.

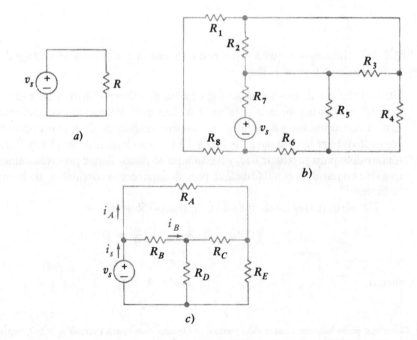

El segundo comentario es una advertencia. Los estudiantes inexpertos y algunos profesores poco cuidadosos dibujan los circuitos de tal forma que es difícil detectar las combinaciones en serie o en paralelo. Por ejemplo, en la figura 1-36*b*, R_2 y R_3 son los dos únicos resistores en paralelo, mientras que R_1 y R_8 son los dos únicos resistores en serie. Por supuesto, v_s y R_7 también están en serie.

El último comentario es que no necesariamente todo elemento del circuito tiene que estar en serie o en paralelo con algún otro elemento simple del circuito. Por ejemplo, en la figura 1-36*b*, R_4 y R_5 no están ni en serie ni en paralelo con ningún otro elemento del circuito, y en la figura 1-36*c* no hay elementos simples que estén en serie o en paralelo con otro elemento simple del circuito.

Ejercicios

1-14. Un óhmetro es un instrumento que indica el valor de la resistencia vista entre sus terminales. ¿Cuál será la lectura correcta si el instrumento se conecta a la red de la figura 1-37*a* en los puntos: *a*) *ac*; *b*) *ab*; *c*) *cd*? *Resp:* $9\,\Omega$; $5.69\,\Omega$; $6.54\,\Omega$

1-15. ¿Qué resistencia se mide en las terminales de la red de la figura 1-37*b* si el conmutador S está: *a*) abierto; *b*) cerrado; *c*) se remplaza por una conductancia de 10 mS? *Resp:* $160\,\Omega$; $60\,\Omega$; $110\,\Omega$

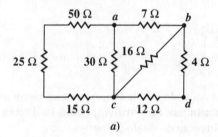

a)

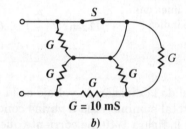

b)

Figura 1-37

Para los ejercicios 1-14 y 1-15.

Al combinar fuentes y resistencias se ha encontrado una forma de acortar el trabajo al analizar un circuito. Otro atajo útil es la idea de la división del voltaje y la corriente. La división de voltaje se usa para calcular el voltaje que hay en uno de los tantos resistores en serie en términos del voltaje en la combinación. En la figura 1-38 el voltaje de R_2 es, obviamente,

$$v_2 = R_2 i = R_2 \frac{v}{R_1 + R_2}$$

es decir

$$\boxed{v_2 = \frac{R_2}{R_1 + R_2} v}$$

1-10

División de voltaje y de corriente

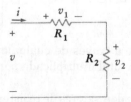

Figura 1-38

Ilustración de la división de voltaje, $v_2 = \dfrac{R_2}{R_1 + R_2} v$.

y el voltaje de R_1 es, de manera similar,

$$v_1 = \frac{R_1}{R_1 + R_2} v$$

Si la red de la figura 1-38 se generaliza sustituyendo R_2 por la combinación en serie de $R_2, R_3, \ldots, R_N$, entonces se obtiene el resultado general para la división de voltaje a través de los N resistores en serie,

$$v_1 = \frac{R_1}{R_1 + R_2 + \ldots + R_N} v \qquad (15)$$

El voltaje presente en uno de los resistores en serie es igual al voltaje total multiplicado por la razón de su resistencia a la resistencia total. La división del voltaje y la reducción de resistencias pueden aplicarse simultáneamente, tal como se ve en el circuito de la figura 1-39. Si se combinan mentalmente los resistores de 3 y de 6 Ω, se obtienen 2 Ω, entonces, v_x es $\frac{2}{6}$ de 12 sen t, o 4 sen t V.

Figura 1-39

Ejemplo numérico que ilustra la reducción de resistencias y la división de voltaje. La línea ondulada dentro del símbolo de la fuente indica una variación senoidal en el tiempo.

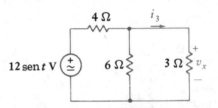

El dual de la división de voltaje es la división de corriente. Ahora se tiene una corriente total suministrada a varias conductancias en paralelo, como lo ilustra el circuito de la figura 1-40. La corriente que fluye a través de G_2 es

$$i_2 = G_2 v = G_2 \frac{i}{G_1 + G_2}$$

o

$$i_2 = \frac{G_2}{G_1 + G_2} i$$

y de manera similar,

$$i_1 = \frac{G_1}{G_1 + G_2} i$$

Figura 1-40

Ilustración de la división de corriente, $i_2 = \dfrac{G_2}{G_1 + G_2} i = \dfrac{R_1}{R_1 + R_2} i$.

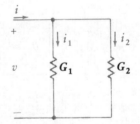

Así, la corriente que fluye a través de cualquiera de las dos conductancias en paralelo es igual a la corriente total multiplicada por la razón de esa conductancia a la conductancia total.

Como es más común que se den valores de resistencias y no de conductancias, una forma más útil del último resultado se obtiene sustituyendo G_1 por $1/R_1$ y G_2 por $1/R_2$,

$$i_2 = \frac{R_1}{R_1 + R_2} i \qquad e \qquad i_1 = \frac{R_2}{R_1 + R_2} i$$

En este caso la Naturaleza no sonrió, ya que las dos últimas ecuaciones tienen un factor que difiere sutilmente del factor usado con la división de voltaje, y se necesitará cierto esfuerzo para no cometer errores. Muchos estudiantes piensan que la fórmula para la división de voltaje es "obvia" y que la fórmula para la división de corriente es "diferente". También ayuda observar que el mayor de dos resistores en paralelo, lleva la corriente menor.

También se pueden generalizar estos resultados sustituyendo G_2 en la figura 1-40 por el arreglo en paralelo de $G_2, G_3, \ldots, G_N$. Así, para N conductancias en paralelo,

$$i_1 = \frac{G_1}{G_1 + G_2 + \ldots + G_N} i \tag{16}$$

En términos de valores de resistencias, el resultado es

$$i_1 = \frac{1/R_1}{1/R_1 + 1/R_2 + \ldots + 1/R_N} i \tag{17}$$

Ejemplo 1-8 Como un ejemplo del uso simultáneo de la división de corriente y de la reducción de resistencias, se regresará al ejemplo de la figura 1-39. Se quiere escribir una expresión para la corriente que pasa por el resistor de 3 Ω.

Solución: La corriente total que llega al arreglo de 3 y 6 Ω es

$$i = \frac{12 \operatorname{sen} t}{4 + 6 \parallel 3}$$

por lo que la corriente deseada es

$$i_3 = \frac{12 \operatorname{sen} t}{4 + (6)(3)/(6+3)} \frac{6}{6+3} = \tfrac{4}{3} \operatorname{sen} t \qquad \bullet$$

Desafortunadamente, a veces se aplica la división de corriente cuando no se puede. Como ejemplo, considérese de nuevo el circuito mostrado en la figura 1-36c, un circuito que, como ya se vio, no contiene ninguna conexión de elementos en serie o en paralelo. Si no hay resistores en paralelo, no hay forma de aplicar la división de corriente. Aún así, hay muchos estudiantes que le dan un ligero vistazo a los resistores R_A y R_B y tratan de aplicar la división de corriente, escribiendo una ecuación tan incorrecta como

$$i_A = i_s \frac{R_B}{R_A + R_B}$$

Recuérdese: los resistores en paralelo deben ser ramas entre el mismo par de nodos.

1-16. En el circuito de la figura 1-41: *a)* use los métodos de reducción de resistencias para hallar R_{eq}; *b)* use la división de corriente para calcular i_1; *c)* encuentre i_2; *d)* encuentre v_3.   *Resp:* 50 Ω; 100 mA; 50 mA; 0.8 V

Ejercicio

Figura 1-41

Para el ejercicio 1-16.

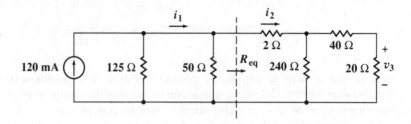

1-11

Ejemplo práctico: el amplificador operacional

Ya se han introducido suficientes leyes básicas y técnicas analíticas sencillas y deben poderse aplicar con éxito a algunos circuitos prácticos de interés. En esta sección se comenzará a estudiar un dispositivo eléctrico llamado *amplificador operacional* u *op-amp* abreviado (con frecuencia se usa en español *op-amp*).

Los primeros amplificadores operacionales fueron fabricados en los años 40 usando tubos de vacío para llevar a cabo eléctricamente las operaciones matemáticas de suma, resta, multiplicación, división, derivación e integración, permitiendo así la solución eléctrica de ecuaciones diferenciales en las primeras computadoras analógicas.

En esencia, un op-amp es sólo una fuente dependiente de voltaje, controlada por un voltaje. La fuente dependiente de voltaje aparece en las terminales de salida del op-amp, y el voltaje que lo controla se aplica en las terminales de entrada.

En la figura 1-42a se muestra el símbolo que más se usa para el op-amp. A la izquierda se muestran dos terminales de entrada, y una sola terminal de salida a la derecha. También hay una terminal común o nodo llamado *tierra* que generalmente no se muestra de manera explícita como una terminal del op-amp mismo. En los circuitos prácticos hay numerosos elementos conectados al soporte metálico o chasis sobre el que se arma el circuito, y luego este chasis se conecta a la tierra por medio de un buen conductor. Por lo tanto, el soporte metálico viene a ser el nodo de tierra. El símbolo para el nodo de tierra aparece varias veces en la parte inferior de la figura 1-42b.

Figura 1-42

a) Símbolo de circuito para un amplificador operacional. b) Se definen voltajes de entrada v_1 y v_2, su diferencia v_i y la salida v_o.

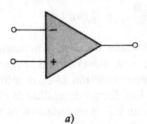

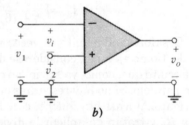

a)   b)

Aunque puede considerarse que se aplica una sola señal de voltaje o fuente de voltaje directamente entre el par de terminales de entrada, puede obtenerse un mayor número de aplicaciones estableciendo un voltaje entre cada terminal de entrada y la tierra. La terminal marcada con el signo (–) es la *terminal inversora*, y el voltaje v_1 se define entre la terminal inversora y la tierra, como se ve en la figura 1-42b. El voltaje v_2 se define entre la *terminal no inversora* y la tierra. Pronto se verá que el voltaje $(v_1 - v_2)$ se amplifica mucho e invierte su polaridad entre la terminal de salida y la tierra. Si $v_2 = 0$, entonces v_1 aparece amplificado e invertido en la salida; si $v_1 = 0$, entonces v_2 aparece amplificado, sin cambio de signo, entre la terminal de salida y la tierra. El factor de amplificación varía entre 10^4 y 10^7 para diferentes op-amps; un valor común es 10^5. La diferencia entre v_1 y v_2 es el voltaje de entrada $v_i = v_1 - v_2$.

Un op-amp puede costar hasta 20 centavos de dólar; por este precio se obtiene un chip de circuito integrado (CI) que contiene alrededor de 25 transistores y una docena de resistores, todo empacado en un pequeño envase o pastilla de cerámica con 8 o 10 patitas terminales para conectarlo al circuito externo. En algunos casos, el chip del CI puede contener varios op-amps. Además de las terminales de salida y de entrada, las terminales adicionales permiten que se apliquen voltajes a los transistores y se hagan ajustes externos, para balancear y compensar el op-amp. Sin embargo, de momento no son de interés los circuitos internos del op-amp ni el CI, sino sólo las relaciones de voltaje y corriente que hay en las terminales externas. Así, basta con las conexiones que se muestran en la figura 1-42a.

La figura 1-43 muestra un modelo útil para un op-amp. La resistencia entre las terminales de entrada es tan grande (10^5 a 10^{15} Ω) que se puede representar con confianza como un circuito abierto. En ejemplos posteriores se conectará dicha *resistencia de entrada* R_i entre las dos terminales de entrada, pero en este momento se trabajará con un modelo que se parece más al ideal. Una fuente dependiente de voltaje, controlada por un voltaje, proporciona un voltaje de salida igual a A veces la diferencia de los dos voltajes de entrada. Los modelos más exactos de un op-amp incluyen una *resistencia de salida* R_o, que varía entre 1 y 1000 Ω, en serie con la fuente dependiente y la terminal de salida.

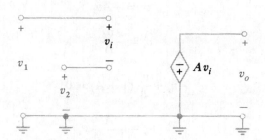

Figura 1-43

Un modelo sencillo para un amplificador operacional tiene una fuente dependiente y varias terminales.

Supóngase que $v_1 = 1\,\mu V$, $v_2 = 0.6\,\mu V$ y $A = 10^5$. Entonces, $v_i = 10^{-6} - 0.6 \times 10^{-6} = 0.4 \times 10^{-6}$ V y $v_o = -10^5 \times 0.4 \times 10^{-6} = -0.04$ V. Obsérvense los signos de la polaridad en la fuente dependiente. Si ahora se conecta la entrada no inversa a la tierra, entonces $v_2 = 0$, $v_i = 10^{-6}$ V y $v_o = -10^5 \times 10^{-6} = -0.1$V; con la entrada inversora puesta a tierra, $v_1 = 0$, $v_i = -0.6 \times 10^{-6}$ V y $v_o = -10^5(-0.6 \times 10^{-6}) = 0.06$ V.

El amplificador operacional se usa rara vez en la forma tan sencilla que sugieren estos ejemplos. Casi siempre hay varios elementos conectados en serie o en paralelo con la entrada o la salida o entre la entrada y la salida. En los capítulos que siguen se usarán muchos de estos circuitos prácticos, *op-amps*, como ejemplos. La mayor parte de ellos tienen nombres descriptivos. Por conveniencia, en el índice al final del libro se da una lista, bajo "op-amp" de todos estos circuitos.

El primer ejemplo es el *seguidor de voltaje* que se muestra en la figura 1-44a. En él se conecta una señal de entrada v_s, entre la entrada no inversora y la tierra, de forma que $v_2 = v_s$. Un cortocircuito se conecta directamente desde la salida hasta la entrada inversora, y $v_1 = v_o$. La figura 1-44b muestra un circuito equivalente y se ve que es un circuito de un lazo aunque tiene un circuito abierto entre las terminales de entrada. De hecho, la corriente del lazo debe ser cero y, por lo tanto, no hay corriente en ninguna parte del circuito. De aquí, la LCK no proporciona información adicional, la ley de Ohm no sirve si no hay resistores, y sólo queda esperar que la LVK dé alguna

Figura 1-44

a) Un op-amp conectado como seguidor de voltaje. *b*) El circuito equivalente se maneja como un circuito de un solo lazo con un circuito abierto y una corriente de lazo igual a cero.

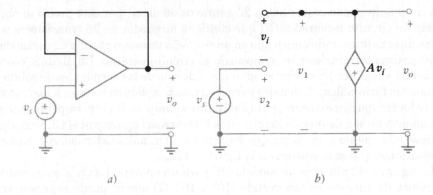

a)   *b*)

información acerca de la relación entre el voltaje de salida v_o y el voltaje de entrada v_s. Alrededor del lazo se ve

$$- v_s - v_i - A v_i = 0$$

Además,

$$v_o = -A v_i$$

es decir,

$$v_i = -\frac{v_o}{A}$$

Por lo tanto,

$$-v_s + \frac{v_o}{A}(1 + A) = 0$$

y

$$v_o = \frac{A}{1 + A} v_s \tag{18}$$

Si $A = 10^5$, entonces $v_o = 0.999\,990\,v_s$. Es decir que para todos los efectos prácticos $v_o = v_s$ y el voltaje de salida "sigue" al voltaje de entrada. La ventaja de un amplificador como éste, de ganancia unitaria, es que la entrada jala una corriente y una potencia despreciables de la fuente, mientras que la salida puede proporcionar corrientes (10 a 20 mA) y potencias (100 a 500 mW) razonables a una carga conectada entre las terminales de salida. Así, la carga tiene poco efecto sobre la fuente, es por esto que el seguidor de voltaje también se conoce como *buffer amplificador*.

Algunos valores numéricos específicos para los voltajes pueden ser útiles. Si $v_s = 1$ V y $A = 10^5$, entonces $v_o = 0.999\,990$ V, y la diferencia entre los voltajes de entrada se determina como $v_i = -9.9999\,\mu$V.

La magnitud de v_i es muy pequeña y con frecuencia se hace un análisis aproximado de un circuito con un op-amp suponiendo que su valor es cero, lo mismo que la corriente de entrada. Si se hace esto para el seguidor de voltaje, se puede concluir de inmediato que $v_o = v_s$. Este resultado se obtiene en forma más rigurosa haciendo que la ganancia A tienda a infinito en la ecuación (18).

Ejercicio

1-17. Un seguidor de voltaje se encuentra operando con un voltaje $v_s = 1.8$ mV. Determine A si *a*) $v_o = 1.7999$ mV; *b*) $v_1 = 1.799\,926$ mV; *c*) $v_i = -0.12\,\mu$V.

Resp: 17 999; 24 323; 14 999

Problemas

1 Un famoso reportero, ligeramente tímido, tiene una masa de 170 lbm, puede brincar un edificio alto (400 ft) de un solo salto, y es tan rápido como una bala (1200 ft/s). *a*) ¿Cuál es su velocidad máxima en km/h? *b*) ¿Qué energía en joules debe imprimir a su salto para librar la altura del edificio? *c*) ¿Cuántos días podría esta energía alimentar una calculadora electrónica que consume 80 mW? *d*) ¿Dónde nació el reportero?

2 La potencia suministrada por una cierta batería es 6 W constantes en los primeros 5 min, cero durante los siguientes 2 min, un valor que aumenta linealmente desde cero hasta 10 W durante los siguientes 10 min y una potencia que disminuye linealmente desde 10 W hasta cero en los siguientes 7 min. *a*) ¿Cuál es la energía total en joules que se gasta durante este intervalo de 24 minutos? *b*) ¿Cuál es la potencia promedio en Btu/h durante este tiempo?

3 La carga total acumulada por un cierto dispositivo se da como una función de tiempo como $q = 18t^2 - 2t^4$ (en unidades SI). *a*) ¿Cuál es la carga acumulada en $t = 2\ s$? *b*) ¿Cuál es la máxima carga acumulada en el intervalo $0 \le t \le 3$ s, y cuándo ocurre este máximo? *c*) ¿A qué razón está siendo acumulada la carga en el tiempo $t = 0.8\ s$? *d*) Grafique las curvas de q contra t y de i contra t en el intervalo $0 \le t \le 3$ s.

4 La corriente $i_1(t)$ en la figura 1-5c está dada como $-2 + 3e^{-5t}$ A para $t < 0$, y $-2 + 3e^{3t}$ A para $t > 0$. Calcule *a*) $i_1(-0.2)$; *b*) $i_1(0.2)$; *c*) aquellos instantes en los que $i_1 = 0$; *d*) la carga total que ha atravesado de izquierda a derecha a lo largo del conductor en el intervalo $-0.08 < t < 0.1$ s.

5 La forma de onda mostrada en la figura 1-45 tiene un periodo de 10 s. *a*) ¿Cuál es el valor promedio de la corriente en un periodo? *b*) ¿Cuánta carga se transfiere en el intervalo $1 < t < 12$ s? *c*) Si $q(0) = 0$, grafique $q(t)$, $0 < t < 16$ s.

Figura 1-45

Para el problema 5.

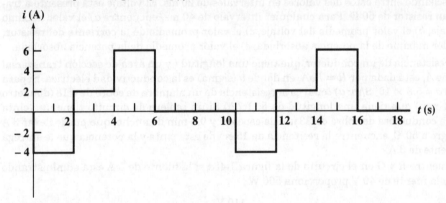

6 Determine la potencia que está absorbiendo cada uno de los elementos del circuito mostrado en la figura 1-46.

Figura 1-46

Para el problema 6.

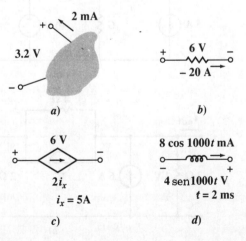

7 Sea $i = 3te^{-100t}$ mA y $v = (0.006 - 0.6t)e^{-100t}$ V para el elemento del circuito de la figura 1-9. *a*) ¿Cuánta potencia está absorbiendo el elemento del circuito en $t = 5$ ms? *b*) ¿Cuánta energía está entregando al elemento en el intervalo $0 < t < \infty$?

8 Determine cuáles de las cinco fuentes en la figura 1-47 se están cargando (absorben potencia positiva) y muestre que la suma algebraica de los cinco valores de potencias absorbidas es cero.

Figura 1-47

Para el problema 8.

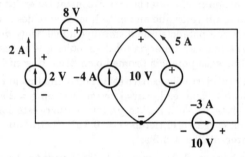

9 En la figura 1-9, sea $i = 3e^{-100t}$ A. Encuentre la potencia que está absorbiendo el elemento del circuito en $t = 8$ ms si v es igual a *a*) $40i$; *b*) $0.2\, di/dt$; *c*) $30\int_0^t i\, dt + 20$ V.

10 Sea $R = 1200\ \Omega$ para el resistor mostrado en la figura 1-19. Encuentre la potencia que está absorbiendo R en $t = 0.1$ s si *a*) $i = 20e^{-12t}$ mA; *b*) $v = 40 \cos 20t$ V; *c*) $vi = 8t^{1.5}$ VA.

11 El valor de cierto voltaje es de $+10$ V en 20 ms y de -10 V para los siguientes 20 ms y continúa oscilando entre estos dos valores en intervalos de 20 ms. El voltaje está presente a través de un resistor de 50 Ω. Para cualquier intervalo de 40 ms, encuentre *a*) el valor máximo del voltaje; *b*) el valor promedio del voltaje; *c*) el valor promedio de la corriente del resistor; *d*) el valor máximo de la potencia absorbida; *e*) el valor promedio de la potencia absorbida.

12 La resistencia de un conductor, que tiene una longitud l y un área de sección transversal uniforme A, está dada por $R = l/\sigma A$, en donde σ (sigma) es la conductividad eléctrica. Si para el cobre $\sigma = 5.8 \times 10^7$ S/m: *a*) ¿cuál es la resistencia de un alambre de cobre de #18 (diámetro $= 1.024$ mm) que tiene una longitud de 50 ft? *b*) Si un tablero de circuito tiene una cinta metálica conductora de cobre de 33 μm de espesor y 0.5 mm de ancho, que puede llevar 3 A sin peligro a 50°C, encuentre la resitencia de 15 cm de esta cinta y la potencia que le entrega la corriente de 3 A.

13 Encuentre R y G en el circuito de la figura 1-48a si la fuente de 5 A está suministrando 100 W y la fuente de 40 V proporciona 500 W.

Figura 1-48

a) Para el problema 13.
b) Para el problema 14.

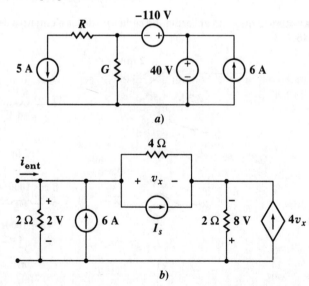

14 Utilice las leyes de Ohm y de Kirchhoff en el circuito de la figura 1-48b para determinar a) v_x; b) i_{ent}; c) I_s; d) la potencia proporcionada por la fuente dependiente..

15 a) Utilice las leyes de Ohm y de Kichhoff en un procedimiento ordenado para evaluar todas las corrientes y voltajes en el circuito de la figura 1-49. b) Calcule la potencia absorbida para cada uno de los cinco elementos del circuito y muestre que la suma es cero.

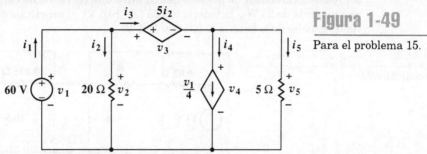

Figura 1-49

Para el problema 15.

16 Según el circuito de la figura 1-50, determine la potencia absorbida por cada uno de los elementos de circuito.

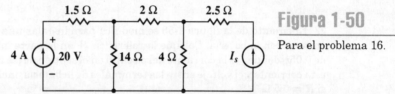

Figura 1-50

Para el problema 16.

17 Cierto circuito contiene seis elementos y cuatro nodos numerados del 1, 2, 3 y 4. Cada elemento del circuito está conectado entre un par diferente de nodos. El voltaje v_{12} (con referencia + en el primer nodo nombrado) es de 12 V y $v_{34} = -8$ V. Encuentre v_{13}, v_{23} y v_{24} si v_{14} es igual a a) 0; b) 6 V; c) –6 V.

18 Calcule la potencia que está absorbiendo el elemento X en la figura 1-51 si dicho elemento es a) resistor de 100 Ω; b) fuente independiente de voltaje de 40 V, con referencia + en la parte superior; c) fuente dependiente de voltaje con valor de $25i_x$, con referencia + en la parte superior; d) fuente dependiente de voltaje cuyo valor es $0.8v_1$, con referencia + en la parte superior; e) fuente independiente de corriente de 2 A, con la flecha dirigida hacia arriba.

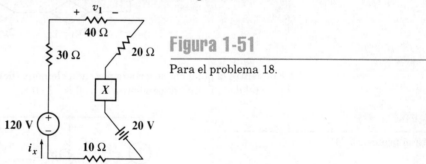

Figura 1-51

Para el problema 18.

19 Encuentre i_1 en el circuito de la figura 1-52 si la fuente dependiente de voltaje tiene valor: a) $2v_2$; b) $1.5v_3$; c) $-15i_1$.

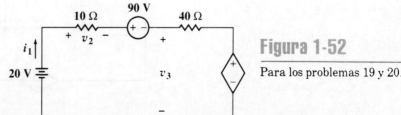

Figura 1-52

Para los problemas 19 y 20.

20 En el circuito de la figura 1-52, dé un valor de $1.8v_3$ a la fuente dependiente. Calcule v_3 si *a*) la fuente de 90 V genera 180 W; *b*) la fuente de 90 V absorbe 180 W; *c*) la fuente dependiente genera 100 W; *d*) la fuente dependiente absorbe 180 W.

21 Para el cargador de batería modelado por el circuito de la figura 1-53, determine el valor del resistor variable R de manera que *a*) fluye una corriente de carga de 4 A; *b*) se entrega una potencia de 25 W a la batería (0.035 Ω y 10.5 V); *c*) un voltaje de 11 V está presente en las terminales de la batería (0.035 Ω y 10.5 V).

Figura 1-53

Para los problemas 21 y 22.

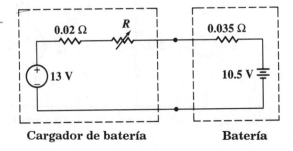

Cargador de batería   **Batería**

22 El circuito de la figura 1-53 se modifica para instalar una fuente dependiente de voltaje en serie con la batería. Coloque la referencia + en la parte inferior, con un valor de control de $0.05i$, donde i es la corriente del circuito en el sentido de las manecillas del reloj. Determine esta corriente y el voltaje entre las terminales de la batería, incluyendo la fuente dependiente, si $R = 0.5$ Ω.

23 Encuentre la potencia absorbida por cada uno de los seis elementos del circuito de la figura 1-54.

Figura 1-54

Para el problema 23.

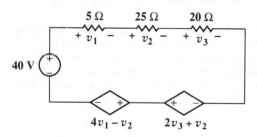

24 Encuentre la potencia absorbida por cada elemento del circuito de la figura 1-55 si el valor del control de la fuente dependiente es *a*) $0.8i_x$; *b*) $0.8i_y$.

Figura 1-55

Para el problema 24.

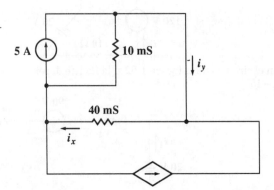

25 Determine i_x en el circuito de la figura 1-56.

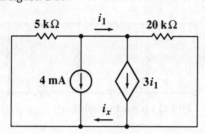

Figura 1-56

Para el problema 25.

26 Encuentre la potencia absorbida por cada elemento en el circuito de un par de nodos sencillos de la figura 1-57.

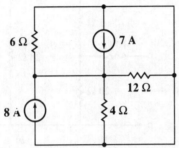

Figura 1-57

Para el problema 26.

27 Encuentre la potencia absorbida por el elemento X en el circuito de la figura 1-58 si se trata de un a) resistor de 4 kΩ; b) fuente independiente de corriente de 20 mA, con la flecha dirigida hacia abajo; c) fuente dependiente de corriente, con la flecha dirigida hacia abajo y con valor de control de $2i_x$; d) fuente independiente de voltaje de 60 V, con referencia + en la parte superior.

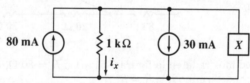

Figura 1-58

Para los problemas 27 y 28.

28 a) Sea el elemento X en la figura 1-58 una fuente independiente de corriente, con su flecha dirigida hacia arriba, de valor i_s. ¿Cuál es el valor de i_s si ninguno de los cuatro elementos del circuito absorbe potencia? b) Sea el elemento X una fuente independiente de voltaje, con referencia + en la parte superior, de valor v_s. ¿Cuál es el valor de v_s si la fuente de voltaje no absorbe potencia?

29 a) Aplique las técnicas de análisis de un par de nodos sencillos al nodo superior derecho en la figura 1.59 y encuentre i_x. b) Ahora trabaje con el nodo superior izquierdo y encuentre v_8. c) ¿Cuánta potencia está generando la fuente de 5 A?

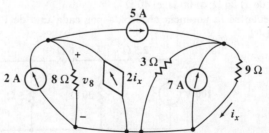

Figura 1-59

Para el problema 29.

30 Calcule R_{eq} para cada una de las redes resistivas mostradas en la figura 1-60.

Figura 1-60

Para el problema 30.

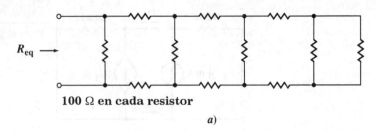

100 Ω en cada resistor

a)

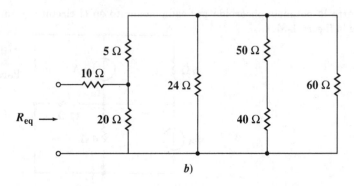

b)

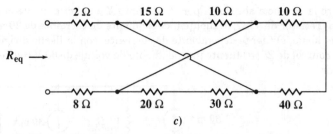

c)

31 En la red mostrada en la figura 1-61: *a)* si $R = 80\ \Omega$, encuentre R_{eq}; *b)* determine R si $R_{eq} = 80\ \Omega$; *c)* determine R si $R = R_{eq}$.

Figura 1-61

Para el problema 31.

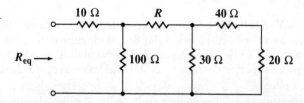

32 Muestre cómo combinar cuatro resistores de 100 Ω para obtener una resistencia equivalente de *a)* 25 Ω; *b)* 60 Ω; *c)* 40 Ω.

33 Encuentre la potencia absorbida por cada uno de los resistores en el circuito de la figura 1-62.

Figura 1-62

Para el problema 33.

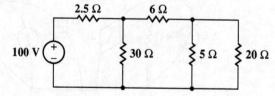

34 Utilice las técnicas de combinaciones de fuentes y de resistencias como ayuda para determinar v_x e i_x en el circuito de la figura 1-63.

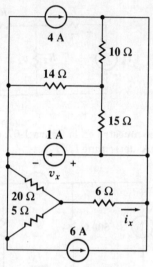

Figura 1-63

Para el problema 34.

35 Determine G_{ent} para cada red de la figura 1-64. Todos los valores están dados en milisiemens.

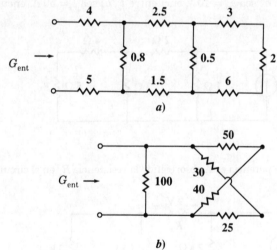

a)

Figura 1-64

Para el problema 35.

b)

36 Utilice las combinaciones de fuentes y resistencias y la división de corriente en el circuito de la figura 1-65 para encontrar la potencia absorbida por los resistores de 1 Ω, 10 Ω y 13 Ω.

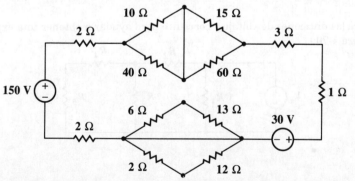

Figura 1-65

Para el problema 36.

37 Utilice las divisiones de voltaje y de corriente en el circuito de la figura 1-66 para encontrar una expresión para $a)$ v_2; $b)$ v_1; $c)$ i_4.

Figura 1-66

Para el problema 37.

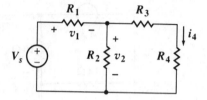

38 En el circuito que se muestra en la figura 1-67: $a)$ sea $v_s = 40$ V e $i_s = 0$, determine v_1 ; $b)$ sea $v_s = 0$ e $i_s = 3$ mA, determine i_2 e i_3 .

Figura 1-67

Para el problema 38.

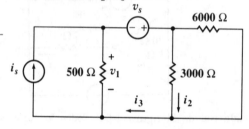

39 En la figura 1-68: $a)$ sea $v_x = 10$ V, encuentre I_s ; $b)$ sea $I_s = 50$ A, encuentre v_x ; $c)$ calcule la razón v_x / I_s .

Figura 1-68

Para el problema 39.

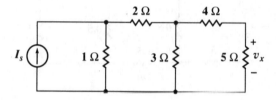

40 Determine cuánta potencia está absorbiendo la resistencia R_x en el circuito de la figura 1-69.

Figura 1-69

Para el problema 40.

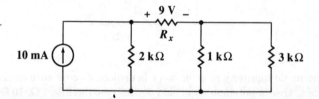

41 Utilice las divisiones de voltaje y corriente para ayudar a obtener una expresión para v_5 en la figura 1-70.

Figura 1-70

Para el problema 41.

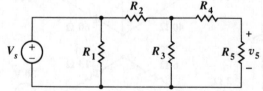

42 Refiriéndose al circuito de la figura 1-71, encuentre a) I_x si $I_1 = 12$ mA; b) I_1 si $I_x = 12$ mA; c) I_x si $I_2 = 15$ mA; d) I_x si $I_s = 60$ mA.

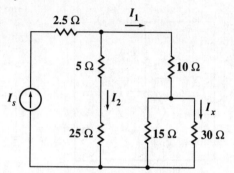

Figura 1-71

Para el problema 42.

43 El circuito que se muestra en la figura 1-72 contiene varios ejemplos de fuentes independientes de voltaje y de corriente conectados en serie y en paralelo. a) Encuentre la potencia absorbida por cada fuente. b) ¿A qué valor debe cambiarse la fuente de 4 V para reducir a cero la potencia suministrada por la fuente de –5 A?

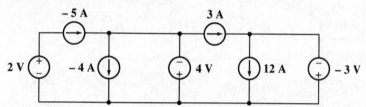

Figura 1-72

Para el problema 43.

44 Encuentre v_o para el op-amp mostrado en la figura 1-73 si $A = 10^5$ y a) $R_i = \infty$ y $R_o = 20\ \Omega$; b) $R_i = 1$ MΩ y $R_o = 0$.

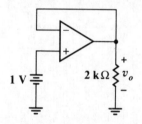

Figura 1-73

Para el problema 44.

45 Para determinar el efecto de invertir las conexiones de entrada a un seguidor de voltaje, se conecta la terminal de entrada no inversora directamente a la terminal de salida y se instala una fuente independiente de voltaje V_s entre las terminales de la entrada inversora y la tierra. El valor de la resistencia de entrada del op-amp es infinito, la resistencia de salida, cero, y A es 10^5. Encuentre en términos de V_s: a) v_o; b) v_i; c) v_2; d) v_1.

46 Sea $A = \infty$, $R_i = \infty$ y $R_o = 0$ para el op-amp de la figura 1-74. a) Encuentre v_L. b) Encuentre v_L si se elimina el op-amp y los puntos a y b se conectan directamente.

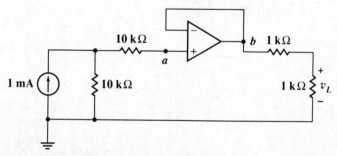

Figura 1-74

Para el problema 46.

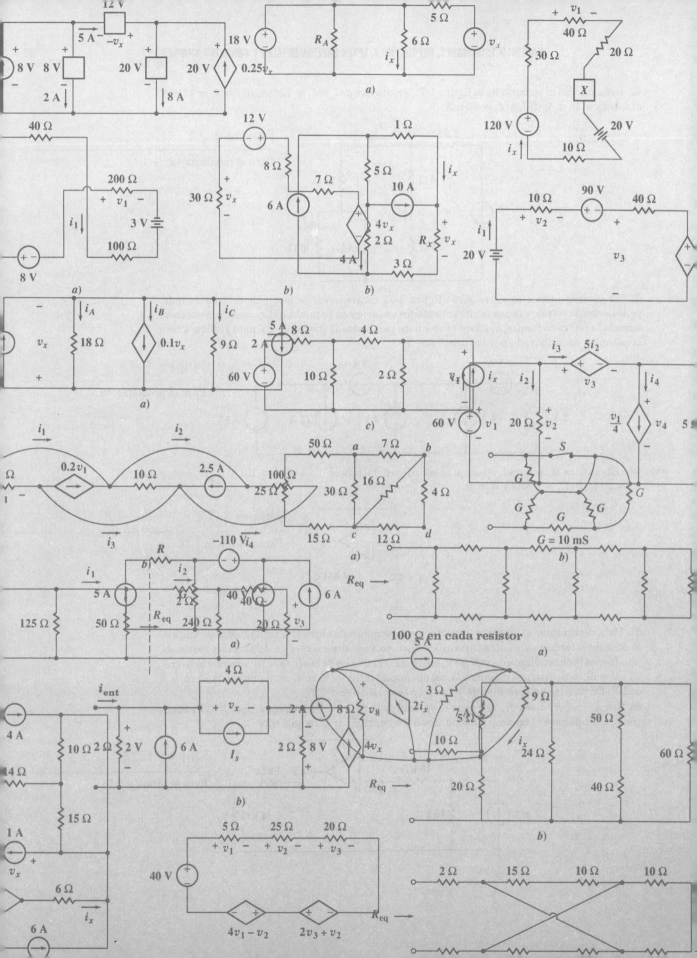

Algunas técnicas útiles para el análisis de circuitos

2-1

Introducción

Para este momento el lector ya debe estar familiarizado con las leyes de Ohm y de Kirchhoff y con su aplicación en el análisis de circuitos resistivos sencillos en serie y en paralelo. Los resultados se obtienen más fácilmente cuando se sabe reducir resistores o fuentes en serie o en paralelo, y cuando se conoce bien la aplicación de los principios de la división de voltaje y de corriente. La mayor parte de los circuitos con los cuales se ha estado practicando son simples, y su importancia práctica es cuestionable; su utilidad reside en que ayudan a entender cómo aplicar las leyes fundamentales. Ahora conviene comenzar a analizar circuitos más complicados.

Estos circuitos más elaborados pueden representar circuitos de control, sistemas de comunicación, motores y generadores, redes de distribución de potencia o sistemas electrónicos que contienen circuitos integrados disponibles en el mercado. También puede tratarse de un circuito eléctrico que modele un sistema no eléctrico.

Es evidente que uno de los objetivos fundamentales de este capítulo será el aprender métodos para simplificar el análisis de circuitos más complicados. Entre éstos se verá el método de superposición y el análisis de lazos, mallas y nodos. También se intentará desarrollar la habilidad para escoger el método más *adecuado* para llevar a cabo el análisis. Con frecuencia, sólo interesa conocer el comportamiento detallado de una porción aislada de un circuito complicado; entonces será muy conveniente disponer de un método para sustituir el resto del circuito, por uno equivalente muy simplificado. Muchas veces el circuito equivalente consta de un solo resistor en serie o en paralelo con una fuente ideal; los teoremas de Thévenin y de Norton permiten hacer este remplazo.

Se comenzará el estudio de la simplificación del análisis de circuitos considerando un poderoso método general, que es el del análisis de nodos.

2-2

Análisis de nodos

En el capítulo anterior se consideró el análisis de un circuito simple que contenía sólo dos nodos. Entonces se vio que el paso principal del análisis consistía en obtener una sola ecuación en términos de una sola incógnita, el voltaje entre el par de nodos. Ahora se dejará que aumente el número de nodos, por lo cual es necesario obtener una incógnita adicional y también una ecuación adicional por cada nodo que se le agregue al circuito. Así, un circuito con tres nodos debe tener dos voltajes desconocidos y dos ecuaciones; un circuito con diez nodos tendrá nueve voltajes desconocidos y nueve ecuaciones, y en general, si un circuito tiene N nodos, debe haber $(N-1)$ voltajes desconocidos y $(N-1)$ ecuaciones.

En esta sección se desarrollará la técnica del análisis de nodos, pero la justificación de los métodos se hará más adelante en este mismo capítulo. Como ejemplo, considérese el circuito con tres nodos que se muestra en la figura 2-1a.

Figura 2-1

a) Un circuito de tres nodos. *b*) El circuito se ha redibujado para hacer resaltar los tres nodos, y cada uno de ellos se numera. *c*) Entre cada nodo y el nodo de referencia se define un voltaje, incluyendo la polaridad de referencia. *d*) La asignación de voltajes se simplifica eliminando las polaridades de referencia, entendiéndose que cada voltaje tiene el signo positivo con respecto al nodo de referencia.

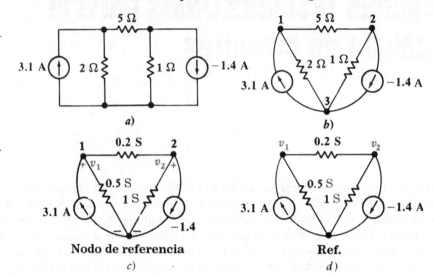

Ejemplo 2-1 Se desea obtener valores de los voltajes desconocidos en los distintos elementos sencillos de la figura 2-1a.

Solución: Puede recalcarse la localización de los tres nodos redibujando el circuito, como se ve en la figura 2-1b, donde cada nodo se identifica con un número. Ahora podría quererse asignar un voltaje a cada nodo, pero debe recordarse que, en una red, los voltajes se definen como existentes entre dos nodos. Entonces, se elige un nodo como el nodo de referencia, y luego se define un voltaje entre cada nodo restante y el nodo de referencia. De esto se observa de nuevo que sólo habrá $(N - 1)$ voltajes definidos en un circuito de N nodos.

Se elige el nodo 3 como nodo de referencia. *Pudo* haberse seleccionado cualquiera de los otros nodos, pero las ecuaciones que se obtienen se simplifican un poco si se identifica como nodo de referencia el que está conectado con el mayor número de ramas. Si hay un nodo de tierra, es conveniente que sea ése el que se seleccione como nodo de referencia. Casi siempre el nodo de tierra se dibuja como una línea común a lo largo de la parte inferior del diagrama del circuito.

El voltaje del nodo 1 respecto al nodo de referencia 3 se define como v_1, y v_2 se define como el voltaje del nodo 2 respecto al nodo de referencia. Estos dos voltajes son suficientes, y el voltaje entre cualquier otro par de nodos se puede expresar en términos de v_1 y v_2. Por ejemplo, el voltaje del nodo 1 con respecto al nodo 2 es $(v_1 - v_2)$. En la figura 2-1c se muestran los voltajes v_1 y v_2 y sus signos de referencia. En esta figura, los valores de las resistencias se han sustituido por valores de conductancias.

El diagrama del circuito se simplifica finalmente en la figura 2-1d al eliminar todos los símbolos de referencia de los voltajes. Se marca el nodo de referencia y se entiende que el voltaje colocado en cada uno de los nodos restantes es el voltaje de ese nodo con respecto al nodo de referencia. Ésta es la única situación en la que se deben usar símbolos de voltaje sin el par de signos más-menos, excepto el símbolo de batería que se definió en la figura 1-13b.

Ahora conviene aplicar la ley de corrientes de Kirchhoff a los nodos 1 y 2. Esto se hace igualando la corriente total que sale del nodo a través de todas las conductancias, con la corriente total de las fuentes que entran al nodo. Así,

$$0.5v_1 + 0.2(v_1 - v_2) = 3.1$$

o
$$0.7v_1 - 0.2v_2 = 3.1 \qquad (1)$$

En el nodo 2 se obtiene

$$1v_2 + 0.2(v_2 - v_1) = 1.4$$

o
$$-0.2v_1 + 1.2v_2 = 1.4 \qquad (2)$$

Las ecuaciones (1) y (2) son las dos ecuaciones con dos incógnitas que se necesitan, y se pueden resolver fácilmente. Los resultados son:

$$v_1 = 5 \text{ V} \qquad v_2 = 2 \text{ V}$$

Además, el voltaje del nodo 1 con respecto al nodo 2 es $(v_1 - v_2)$, o 3 V, y cualquier corriente o potencia en el circuito se puede calcular en un solo paso. Por ejemplo, la corriente dirigida hacia abajo a través de la conductancia de 0.5 S es 0.5 v_1, es decir, 2.5 A.

Ahora se aumentará un nodo y se trabajará un problema un poco más complicado.

Ejemplo 2-2 Se quieren determinar los tres voltajes de nodo del circuito de la figura 2-2*a*, dicho circuito se redibuja en la figura 2-2*b* con los nodos identificados, un nodo de referencia conveniente seleccionado y los voltajes de nodos especificados.

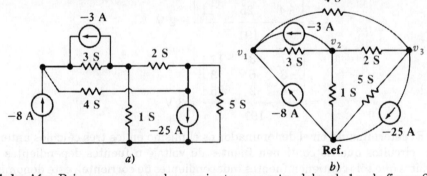

Figura 2-2

a) Un circuito con cuatro nodos y ocho ramas.
b) El mismo circuito redibujado con voltajes de nodo asignados.

Solución: Primero se suman las corrientes que salen del nodo 1 en la figura 2-2*b*:

$$3(v_1 - v_2) + 4(v_1 - v_3) - (-8) - (-3) = 0$$

o
$$7v_1 - 3v_2 - 4v_3 = -11 \qquad (3)$$

En el nodo 2:

$$3(v_2 - v_1) + 1v_2 + 2(v_2 - v_3) - 3 = 0$$

o
$$-3v_1 + 6v_2 - 2v_3 = 3 \qquad (4)$$

y en el nodo 3:

$$4(v_3 - v_1) + 2(v_3 - v_2) + 5v_3 - 25 = 0$$

o
$$-4v_1 - 2v_2 + 11v_3 = 25 \qquad (5)$$

Las ecuaciones de la (3) a la (5) se pueden resolver por un simple proceso de eliminación, o por la regla de Cramer y determinantes.[1] Al usar este último método, se tiene

$$v_1 = \frac{\begin{vmatrix} -11 & -3 & -4 \\ 3 & 6 & -2 \\ 25 & -2 & 11 \end{vmatrix}}{\begin{vmatrix} 7 & -3 & -4 \\ -3 & 6 & -2 \\ -4 & -2 & 11 \end{vmatrix}}$$

Si se expanden los determinantes del numerador y del denominador por menores a lo largo de las primeras columnas, se llega a

$$v_1 = \frac{-11\begin{vmatrix} 6 & -2 \\ -2 & 11 \end{vmatrix} - 3\begin{vmatrix} -3 & -4 \\ -2 & 11 \end{vmatrix} + 25\begin{vmatrix} -3 & -4 \\ 6 & -2 \end{vmatrix}}{7\begin{vmatrix} 6 & -2 \\ -2 & 11 \end{vmatrix} - (-3)\begin{vmatrix} -3 & -4 \\ -2 & 11 \end{vmatrix} + (-4)\begin{vmatrix} -3 & -4 \\ 6 & -2 \end{vmatrix}}$$

$$= \frac{-11(62) - 3(-41) + 25(30)}{7(62) + 3(-41) - 4(30)}$$

$$= \frac{-682 + 123 + 750}{434 - 123 - 120} = \frac{191}{191} = 1 \text{ V}$$

Similarmente,

$$v_2 = \frac{\begin{vmatrix} 7 & -11 & -4 \\ -3 & 3 & -2 \\ -4 & 25 & 11 \end{vmatrix}}{191} = 2 \text{ V}$$

y

$$v_3 = \frac{\begin{vmatrix} 7 & -3 & -11 \\ -3 & 6 & 3 \\ -4 & -2 & 25 \end{vmatrix}}{191} = 3 \text{ V}$$

El determinante en el denominador es el mismo en los tres cálculos anteriores. Para circuitos que no contienen fuentes de voltaje o fuentes dependientes (p.ej., circuitos que sólo contienen fuentes independientes de corriente), este denominador es el determinante de una matriz[2] que se define como la *matriz de conductancias* del circuito:

$$\mathbf{G} = \begin{bmatrix} 7 & -3 & -4 \\ -3 & 6 & -2 \\ -4 & -2 & 11 \end{bmatrix}$$

Debe notarse que los nueve elementos de la matriz son el arreglo ordenado de los coeficientes de las ecuaciones (3), (4) y (5), cada uno de los cuales es un valor de

[1] En el apéndice 1 se da un breve repaso a los determinantes y se da la solución a un sistema de ecuaciones lineales simultáneas con la regla de Cramer.
[2] Las matrices se manejarán matemáticamente hasta el capítulo 15; un conocimiento elemental del álgebra lineal es necesario para esto.

conductancia. El primer renglón se compone de los coeficientes de la LCK en el primer nodo, donde los coeficientes se dan en el orden: v_1, v_2 y v_3. El segundo renglón se aplica al segundo nodo, y así sucesivamente.

La matriz de conductancias es simétrica con respecto a la diagonal principal (de la esquina superior izquierda a la inferior derecha), y todos los elementos fuera de esta diagonal son negativos, mientras que los elementos que están sobre ella son positivos. Ésta es una consecuencia general de la forma sistemática en la que se asignaron las variables, se aplicó la LCK y se ordenaron las ecuaciones, así como del teorema de reciprocidad, que se estudiará en el capítulo 15. Por el momento, simplemente se reconoce la simetría en aquellos circuitos que sólo tienen fuentes independientes de corriente y se acepta como una forma de verificar si han cometido errores al escribir las ecuaciones del circuito.

Todavía falta ver en qué forma afectará a esta estrategia de análisis de nodos la inclusión de fuentes de voltaje y fuentes dependientes. A continuación, se investigarán las consecuencias de incluir una fuente de voltaje.

Como un ejemplo característico, considérese el circuito mostrado en la figura 2-3. El circuito anterior de cuatro nodos cambió al sustituir la conductancia de 2 S entre los nodos 2 y 3 por una fuente de voltaje de 22 V. Aún se asignan los mismos voltajes con respecto al nodo de referencia v_1, v_2 y v_3. En el caso anterior, el siguiente paso era la aplicación de la LCK a todos los nodos excepto el de referencia. Si se intenta hacer lo mismo en este caso, se encuentran algunos problemas en los nodos 2 y 3, ya que se desconoce la corriente que circula en esa rama con la fuente de voltaje. No hay forma de expresar la corriente en función del voltaje, ya que precisamente la definición de una fuente de voltaje es que su valor es *independiente* de la corriente que la atraviesa.

Figura 2-3

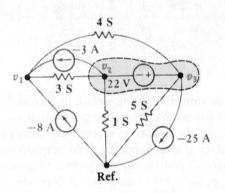

En el circuito de la figura 2-2, la conductancia de 2 S se sustituye por una fuente independiente de voltaje. Se usa la ley de corrientes de Kirchhoff en el supernodo encerrado por la línea punteada, y el voltaje de la fuente se iguala a $v_3 - v_2$.

Hay dos formas de resolver este problema. La más difícil consiste en asignar una corriente desconocida a la rama que contiene la fuente de voltaje, aplicar la LCK tres veces, y luego aplicar la LVK una vez entre los nodos 2 y 3; el resultado serían cuatro ecuaciones con cuatro incógnitas para este ejemplo.

El método más fácil es reconocer que el mayor interés está en los voltajes de los nodos, así que se puede evitar la consideración de la corriente en la rama que contiene a la fuente de voltaje y que está causando problemas. Para esto se trata al nodo 2, al nodo 3 y a la fuente de voltaje juntos, como una especie de supernodo, y se aplica la LCK a ambos nodos simultáneamente. Esto se puede hacer, porque si la corriente total que sale del nodo 2 es cero y lo mismo pasa con el nodo 3, entonces la corriente total que sale de ambos nodos también es cero.

La región sombreada dentro de la línea punteada en la figura 2-3 indica el supernodo.

Ejemplo 2-3 Determine el valor del voltaje del nodo desconocido v_1 en el circuito de la figura 2-3.

Solución: Primero se iguala a cero la suma de las seis corrientes que salen del supernodo. Comenzando con la rama de conductancia 3-S y avanzando en sentido de las manecillas del reloj, se tiene

$$3(v_2 - v_1) - 3 + 4(v_3 - v_1) - 25 + 5v_3 + 1v_2 = 0$$

o

$$-7v_1 + 4v_2 + 9v_3 = 28$$

La ecuación de la LCK en el nodo 1 no cambia de la ecuación (3):

$$7v_1 - 3v_2 - 4v_3 = -11$$

Como hay tres incógnitas, se necesita otra ecuación, y ésta debe usar el hecho de que hay una fuente de 22 V entre los nodos 2 y 3,

$$v_3 - v_2 = 22$$

Rescribiendo las últimas tres ecuaciones,

$$7v_1 - 3v_2 - 4v_3 = -11$$
$$-7v_1 + 4v_2 + 9v_3 = 28$$
$$-v_2 + v_3 = 22$$

la solución por determinantes para v_1 es

$$v_1 = \frac{\begin{vmatrix} -11 & -3 & -4 \\ 28 & 4 & 9 \\ 22 & -1 & 1 \end{vmatrix}}{\begin{vmatrix} 7 & -3 & -4 \\ -7 & 4 & 9 \\ 0 & -1 & 1 \end{vmatrix}} = \frac{-189}{42} = -4.5 \text{ V}$$

Obsérvese la falta de simetría con respecto a la diagonal principal en el determinante del denominador, así como el hecho de que no todos los elementos fuera de la diagonal principal son negativos. Éste es el resultado de la presencia de la fuente de voltaje. Obsérvese también que no tendría mucho sentido llamar al denominador el determinante de la matriz de *conductancias,* pues el renglón de hasta abajo surge de la ecuación $-v_2 + v_3 = 22$, y esta ecuación no depende en forma alguna de las conductancias.

Entonces, la presencia de una fuente de voltaje reduce en uno el número de nodos a los cuales se puede aplicar la LCK, independientemente de si la fuente de voltaje se encuentra entre dos nodos cualesquiera, o si está conectada entre un nodo y la referencia.

Ahora, considérese un circuito que contenga una fuente dependiente.

Ejemplo 2-4 Determine el valor del voltaje de salida v_o en el circuito de la figura 2-4a, en el cual se conecta un op-amp como seguidor de voltaje. Supóngase que el voltaje de entrada v_2 es 1 V.

Solución: Éste es el mismo circuito que se estudió en la última sección del capítulo 1, excepto que ahora, entre la terminal de salida y la tierra, aparece una resistencia de carga finita $R_L = 1 \text{ k}\Omega$. Un op-amp se representa por un modelo

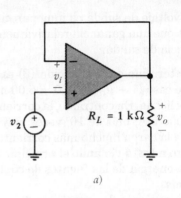

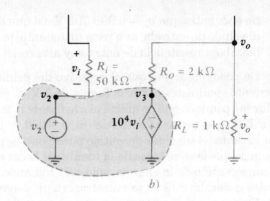

Figura 2-4

a) Un seguidor de voltaje que alimenta a una carga finita R_L. *b*) El op-amp se sustituye por un circuito equivalente que incluye una R_i no infinita y una R_o diferente de cero. Se asignan tres voltajes de nodo y se indica un supernodo.

que incluye una resistencia de entrada no infinita, $R_i = 50$ kΩ, y una resistencia de salida diferente de cero, $R_o = 2$ kΩ, como se ve en el circuito de la figura 2-4*b*; se supone un valor característico de $A = 10^4$.

La tierra se selecciona como el nodo de referencia, y se asignan los voltajes v_2, v_o y v_3 a los tres nodos restantes. Se observa que la fuente independiente de voltaje v_2 ocasiona que el nodo v_2 y el de referencia formen un supernodo; es más, la fuente dependiente de voltaje obliga a considerar también como un supernodo al nodo v_3 con el de referencia. Así, los nodos v_2, v_3 y el de referencia forman un gran supernodo, mostrado por el área sombreada delimitada por la línea punteada de la figura 2-4*b*. Como el supernodo incluye al nodo de referencia, no se escribirá una ecuación de la LCK para él. La única ecuación de la LCK que se escribe es la del nodo v_o. Ésta es

$$\frac{v_o - v_2}{50\,000} + \frac{v_o - v_3}{2000} + \frac{v_o}{1000} = 0 \tag{6}$$

Como $v_2 = 1$ V, sólo hay dos voltajes de nodo desconocidos, v_o y v_3, en la ecuación (6), y ya no pueden escribirse otras ecuaciones (independientes) aplicando la LCK. Pero de todas maneras se debe expresar el voltaje de cada fuente de voltaje que se extiende de nodo a nodo (dentro del área encerrada por la línea punteada) en términos de los voltajes de nodos, y también se debe poder expresar el control de la fuente dependiente (en este caso, el voltaje v_i) en términos de los voltajes de nodos.

Primero se observan todas las fuentes de voltaje dentro del supernodo. La fuente v_2 se ha igualado a 1 V, y además el voltaje de nodo mismo se ha designado como v_2. Si se hubiese cometido el error de llamarlo v_A, por ejemplo, entonces se tendría que escribir la ecuación trivial $v_A = v_2$. Luego se tiene la fuente Av_i. Como está conectada entre el nodo 3 y la tierra, resulta

$$v_3 = -10^4 v_i$$

Por último, se deben relacionar las corrientes o voltajes de los cuales dependen las fuentes controladas, con los voltajes de nodos. Aquí, v_i se define a través de R_i, y

$$v_i = v_o - v_2 = v_o - 1$$

Para despejar v_o de la ecuación (6), sea $v_3 = -10^4(v_o - 1)$ y se obtiene una ecuación con una incógnita,

$$\frac{v_o - 1}{50\,000} + \frac{v_o + 10^4(v_o - 1)}{2000} + \frac{v_o}{1000} = 0$$

Se encuentra que $v_o = 0.999\ 700$ V, así que el voltaje de salida es muy parecido al voltaje de entrada, aun para un op-amp que tiene una ganancia relativamente baja, baja resistencia de entrada y alta resistencia de salida. ●

De paso, obsérvese que el negativo del primer término en la ecuación (6) es la corriente suministrada por la fuente de 1 V, en este caso $(1 - v_o)/50\ 000 = 6.00$ nA, valor tan pequeño que no afecta ni a la fuente más delicada. En contraste, la corriente de salida es el tercer término de (6), $v_o/1000 = 1.000$ mA, más de 10^5 veces mayor. Por lo tanto, el seguidor de voltaje puede entregar a la carga mucho más corriente y potencia que las que toma de la fuente. Al hacer esto no está violando el principio de la conservación de la energía, sólo está tomando la energía de las fuentes de cd, las cuales generalmente no se muestran en un diagrama.

En resumen, el método que permite obtener un conjunto de ecuaciones de nodo para cualquier circuito resistivo es:

1 Hacer un diagrama de circuito simple y claro. Indicar todos los valores de los elementos y las fuentes. Cada fuente debe tener su símbolo de referencia.

2 Suponiendo que el circuito tiene N nodos, escoger uno de ellos como el nodo de referencia. Luego, escribir los voltajes de nodos $v_1, v_2, \ldots, v_{N-1}$ en sus nodos respectivos, recordando que se entiende que cada voltaje de nodo está medido con respecto al voltaje del nodo de referencia.

3 Si el circuito contiene sólo fuentes de corriente, aplicar la ley de corrientes de Kirchhoff a todos los nodos excepto el de frecuencia. Para obtener la matriz de conductancia si un circuito contiene sólo fuentes independientes de corriente, igualar la corriente total que sale de cada nodo a través de todas las conductancias, a la corriente total de las fuentes que entran a ese nodo, y ordenar los términos de v_1 a v_{N-1}. Para cada fuente dependiente de corriente que se tiene, relacionar la corriente de la fuente y la cantidad que la controla con las variables $v_1, v_2, \ldots, v_{N-1}$, si es que no están ya en esa forma.

4 Si el circuito contiene fuentes de voltaje, formar un supernodo alrededor de cada fuente, dentro de un área con línea punteada junto con sus dos terminales, esto reduce en uno el número de nodos por cada fuente de voltaje presente. Los voltajes de nodos asignados no deben cambiarse. Al usar estos voltajes asignados con respecto al de referencia, aplicar la LCK a cada nodo y a cada supernodo (que no contenga al de referencia) en este circuito modificado. Relacionar cada fuente de voltaje a las variables $v_1, v_2, \ldots, v_{N-1}$, si aún no están en esta forma.

Con estas sugerencias en mente, se estudiará el circuito mostrado en la figura 2-5, el cual contiene los cuatro tipos de fuentes y cinco nodos.

Ejemplo 2-5 Determine los valores de los voltajes de nodo respecto al punto de referencia en el circuito de la figura 2-5.

Solución: Se selecciona el nodo central como referencia, y se asigna v_1 a v_4 en el sentido de las manecillas del reloj, comenzando con el nodo de la izquierda.

Después de indicar un supernodo para cada fuente de voltaje, se ve que es necesario escribir las ecuaciones de la LCK sólo en el nodo 2 y en el supernodo que contiene a los nodos 3 y 4 y la fuente dependiente de voltaje. Para el supernodo que contiene al nodo 1 y la fuente independiente de voltaje, no se necesita escribir una ecuación extra; es obvio que $v_1 = -12$ V. En el nodo 2,

$$\frac{v_2 - v_1}{0.5} + \frac{v_2 - v_3}{2} = 14$$

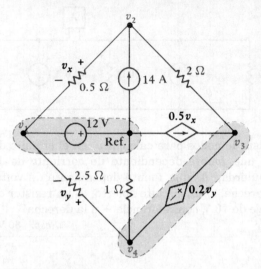

Figura 2-5

Un circuito con cinco nodos que contiene los cuatro tipos distintos de fuentes.

mientras que, en el supernodo 3-4,

$$\frac{v_3 - v_2}{2} - 0.5v_x + \frac{v_4}{1} + \frac{v_4 - v_1}{2.5} = 0$$

Ahora, se relacionan los voltajes de las fuentes con los voltajes de los nodos:

$$v_1 = 12$$
$$v_3 - v_4 = 0.2v_y = 0.2(v_4 - v_1)$$

Y por último, se expresa la fuente dependiente de corriente en términos de las variables asignadas:

$$0.5v_x = 0.5(v_2 - v_1)$$

Por lo tanto, se obtiene un conjunto de cuatro ecuaciones para los cuatro voltajes de nodo:

$$-2v_1 + 2.5v_2 - 0.5v_3 = 14$$

$$v_1 = -12$$

$$0.1v_1 - v_2 + 0.5v_3 + 1.4v_4 = 0$$

$$0.2v_1 + v_3 - 1.2v_4 = 0$$

Para el que las soluciones son:

$$v_1 = -12 \, \text{V}$$

$$v_2 = -4 \, \text{V}$$

$$v_3 = 0$$

$$v_4 = -2 \, \text{V}$$

2-1. Use el análisis de nodos para calcular v_x en el circuito mostrado en la figura 2-6, si el elemento A es: *a)* un resistor de 25 Ω; *b)*una fuente de corriente de 5 A con su flecha apuntando hacia la derecha; *c)* una fuente de voltaje de 10 V con su referencia + en la derecha; *d)* un cortocircuito.   *Resp:* 10.91 V;–10 V; 16.67 V; –13.33 V

Ejercicios

Figura 2-6

Para los ejercicios 2-1 y 2-2.

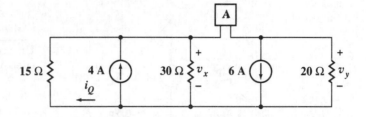

2-2. Utilice el análisis de nodos para calcular v_y en el circuito de la figura 2-6 si el elemento A es: *a*) una fuente dependiente de corriente de $1.5i_Q$, con la flecha apuntando a la izquierda; *b*) una fuente dependiente de voltaje de $0.5v_y$, con la referencia $+$ a la derecha; *c*) un circuito abierto; *d*) un resistor de $10\ \Omega$ en serie con una fuente de voltaje de 10 V, con referencia $+$ a la derecha.

Resp: -80 V; -20 V; -120 V; -35 V

2-3

Análisis de mallas

La técnica del análisis de nodos descrita en la sección anterior es completamente general y siempre se puede aplicar a cualquier red eléctrica. Sin embargo, éste no es el único método del cual se puede decir eso. En particular, se verá un método generalizado de análisis de nodos y una técnica conocida como *análisis de lazos*, en las secciones finales de este capítulo.

Pero antes se analizará un método conocido como *análisis de mallas*. Aun cuando esta técnica no es aplicable a todas las redes eléctricas, sí se puede aplicar a la mayoría de las que se van a estudiar aquí, y quizá se use más de lo que se debiera; a veces otros métodos son más sencillos. El análisis de mallas se puede usar sólo en aquellas redes que son planas, término que se definirá enseguida.

Si es posible dibujar el diagrama de un circuito en una superficie plana de tal forma que ninguna rama quede por debajo o por arriba de ninguna otra, se dice que ése es un *circuito plano*. Según esto, la figura 2-7*a* muestra una red plana, la figura 2-7*b* muestra una red que no es plana, y la figura 2-7*c* también muestra una red plana, aunque está dibujada de manera que a primera vista *parezca* no plana.

Figura 2-7

a) Una red plana se puede dibujar sobre una superficie plana sin yuxtaposiciones. *b*) Una red no plana no se puede dibujar sobre una superficie plana sin, por lo menos, una yuxtaposición. *c*) Una red plana puede dibujarse de tal forma que parezca que no es plana.

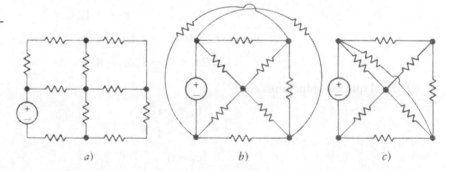

a)   *b*)   *c*)

Los términos *trayectoria, trayectoria cerrada* y *lazo* se definieron ya en el capítulo uno. Antes de definir una malla, considérese el conjunto de ramas trazadas con líneas gruesas en la figura 2-8. El primer conjunto de ramas no es una trayectoria, porque hay cuatro ramas conectadas al nodo central y, por supuesto, tampoco es un lazo. El segundo conjunto de ramas no es una trayectoria, ya que sólo es posible recorrerlo si se pasa por el nodo central dos veces. Las cuatro trayectorias restantes son lazos. El circuito contiene 11 ramas.

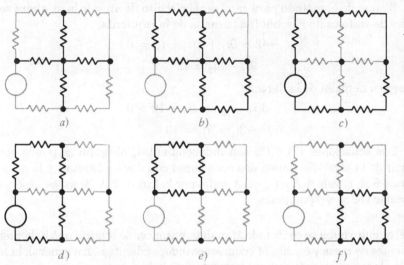

Figura 2-8

a) El conjunto de ramas identificadas por el trazo grueso no forma una trayectoria y tampoco
un lazo. *b*) Aquí el conjunto de
ramas no es una trayectoria porque sólo puede recorrerse pasando dos veces a través del nodo
central. *c*) Esta trayectoria es un
lazo pero no una malla, porque
encierra a otros lazos. *d*) Esta
trayectoria es también un lazo
pero no una malla. *e*) y *f*) Cada
una de estas trayectorias es tanto un lazo como una malla.

Una malla es una propiedad de un circuito plano y no existe en un circuito no
plano. Se define una *malla* como un lazo que no contiene ningún otro lazo dentro de
él. Entonces, los lazos indicados en las figuras 2-8*c* y *d* no son mallas, mientras que
las de *e* y *f* sí lo son. Una vez que un circuito se ha dibujado claramente en forma
plana, con frecuencia tiene el aspecto de un vitral con muchas ventanas; el área de
cada marco puede considerarse una malla.

Si una red es plana, se puede usar el análisis de mallas para estudiarla. Esta técnica usa el concepto de *corriente de malla*, el cual se presentará haciendo el análisis
del circuito con dos mallas de la figura 2-9.

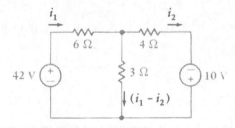

Figura 2-9

En un circuito de dos mallas se definen dos
corrientes i_1 e i_2.

Ejemplo 2-6 Determine los valores de las dos corrientes i_1 e i_2 en el circuito de la
figura 2-9.

Solución: Tal como se hizo con el circuito de un solo lazo, se comenzará asignando una corriente a través de una de las ramas. Sea i_1 la corriente que fluye
hacia la derecha a través del resistor de 6 Ω. Lo que se pretende es aplicar la ley
de voltajes de Kirchhoff alrededor de cada una de las dos mallas, y las dos
ecuaciones resultantes serán suficientes para calcular las dos corrientes desconocidas. Por esto, se selecciona una segunda corriente i_2 que fluye hacia la derecha
en el resistor de 4 Ω. También se puede llamar i_3 a la corriente que fluye hacia
abajo a través de la rama central, pero es evidente, de la LCK, que i_3 se puede
expresar en términos de las dos corrientes supuestas antes, como ($i_1 - i_2$). En la
figura 2-9 se muestran las corrientes asignadas.

Siguiendo el método para resolver el circuito de un solo lazo, ahora se aplica la ley de voltajes de Kirchhoff a la malla de la izquierda,

$$-42 + 6i_1 + 3(i_1 - i_2) = 0$$

o

$$9i_1 - 3i_2 = 42 \qquad (7)$$

y luego a la malla de la derecha,

$$-3(i_1 - i_2) + 4i_2 - 10 = 0$$

o

$$-3i_1 + 7i_2 = 10 \qquad (8)$$

Las ecuaciones (7) y (8) son independientes; ninguna se puede obtener a partir de la otra.[3] Se tienen dos ecuaciones con dos incógnitas, y la solución es: i_1 vale 6 A, i_2 vale 4 A e $(i_1 - i_2)$ vale, por lo tanto, 2 A. Si así se desea, **es fácil** calcular voltajes o potencias.   •

Si el circuito hubiese contenido M mallas, entonces se tendría que haber asignado M corrientes de rama y escrito M ecuaciones independientes.[4] En general, la solución se puede obtener sistemáticamente usando determinantes.

Ahora, contémplese este mismo problema desde un punto de vista ligeramente diferente, usando corrientes de malla. Se define una *corriente de malla* como aquella que circula sólo alrededor del perímetro de una malla.

Ejemplo 2-7 Repita el problema del ejemplo 2-6, pero utilice ahora la técnica de análisis de mallas para determinar los valores de las dos corrientes desconocidas i_1 e i_2 en el circuito de la figura 2-10.

Figura 2-10

A cada malla de un circuito plano se asigna una corriente de malla en el sentido de las manecillas del reloj.

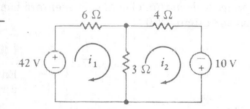

Solución: Si a la malla de la izquierda en este problema se le llama malla 1 entonces se puede definir una corriente de malla i_1 que circula en sentido de las manecillas del reloj alrededor de esta malla. Una corriente de malla se indica por una flecha curva, que casi se cierra sobre sí misma, y se dibuja dentro de la malla correspondiente, como en la figura 2-10. En la malla que queda se define la corriente i_2, de nuevo en sentido de las manecillas del reloj. Aunque las direcciones son arbitrarias, es recomendable elegir siempre corrientes de malla que circulen en sentido de las manecillas del reloj, porque esto da cierta simetría que ayuda a evitar errores al escribir las ecuaciones resultantes.

Ahora ya no hay una flecha de corriente colocada junto a cada rama del circuito. La corriente a través de cada rama se debe calcular considerando las corrientes de malla que circulan en todas las mallas de las cuales esa rama forma

---

[3] En la sección 2-8 se demostrará que las ecuaciones de malla siempre son independientes.
[4] La demostración de este enunciado se puede hallar en la sección 2-8.

parte. Esto no es difícil pues es obvio que ninguna rama puede formar parte de más de dos mallas. Por ejemplo, el resistor de 3 Ω aparece en ambas mallas, y la corriente que fluye hacia abajo a través de él es $(i_1 - i_2)$. El resistor de 6 Ω sólo aparece en la malla 1, y la corriente que circula hacia la derecha en esa rama es igual a la corriente de malla i_1. Sucede con frecuencia que una corriente de malla se puede identificar como una corriente de rama, tal como i_1 e i_2 en este ejemplo. Sin embargo, esto no siempre es cierto, si se considera una red cuadrada de nueve mallas, se ve que la corriente de la malla central no se puede identificar como la corriente en *cualquier* rama.

Una de las ventajas más grandes en el uso de las corrientes de malla es el hecho de que la ley de corrientes de Kirchhoff se satisface automáticamente. Si una corriente de malla fluye hacia un cierto nodo, es obvio que también fluye alejándose de él.

Esto permite a los lectores centrar su atención en la aplicación de la LVK a cada malla. Para la malla izquierda,

$$-42 + 6i_1 + 3(i_1 - i_2) = 0$$

mientras que para la malla derecha,

$$3(i_2 - i_1) + 4i_2 - 10 = 0$$

y estas dos ecuaciones son equivalentes a (7) y (8). •

Ahora considérese el circuito de tres mallas, cinco nodos y siete ramas que se muestra en la figura 2-11. Éste es un problema ligeramente más complicado puesto que se agrega una malla.

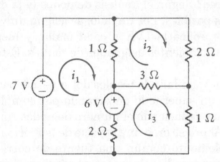

Figura 2-11

En un circuito con cinco nodos, siete ramas y tres mallas se definen las corrientes de malla i_1, i_2 e i_3.

Ejemplo 2-8 Utilice el análisis de mallas para determinar las tres corrientes de mallas desconocidas en el circuito de la figura 2-11.

Solución: Las tres corrientes de malla requeridas se asignan como se indica en la figura y luego se aplica metódicamente la LVK alrededor de cada malla:

$$-7 + 1(i_1 - i_2) + 6 + 2(i_1 - i_3) = 0$$
$$1(i_2 - i_1) + 2i_2 + 3(i_2 - i_3) = 0$$
$$2(i_3 - i_1) - 6 + 3(i_3 - i_2) + 1i_3 = 0$$

Simplificando

$$3i_1 - i_2 - 2i_3 = 1$$
$$-i_1 + 6i_2 - 3i_3 = 0$$
$$-2i_1 - 3i_2 + 6i_3 = 6$$

y la regla de Cramer lleva a la formulación de i_3:

$$i_3 = \frac{\begin{vmatrix} 3 & -1 & 1 \\ -1 & 6 & 0 \\ -2 & -3 & 6 \end{vmatrix}}{\begin{vmatrix} 3 & -1 & -2 \\ -1 & 6 & -3 \\ -2 & -3 & 6 \end{vmatrix}} = \frac{117}{39} = 3 \text{ A}$$

Las otras corrientes de malla son $i_1 = 3$ A e $i_2 = 2$ A.   ●

De nuevo se observa que el determinante del denominador es simétrico respecto a la diagonal principal, que sobre dicha diagonal los elementos son positivos, y fuera de ella son negativos o cero. Esto ocurre en circuitos que contienen sólo fuentes independientes de voltaje cuando las corrientes de malla se toman en sentido de las manecillas del reloj, donde los elementos que aparecen en el primer renglón del determinante son los coeficientes en orden de $i_1, i_2, \ldots, i_M$ de la ecuación que resulta al aplicar la LVK alrededor de la primera malla, el segundo renglón corresponde a la segunda malla, y así sucesivamente. Este arreglo simétrico que aparece en el denominador es el determinante de la *matriz de resistencias* de la red

$$\mathbf{R} = \begin{bmatrix} 3 & -1 & -2 \\ -1 & 6 & -3 \\ -2 & -3 & 6 \end{bmatrix}$$

¿Cómo debe modificarse este procedimiento directo cuando una fuente de corriente está presente en la red? Según el análisis de nodos (y la dualidad), se puede pensar que hay dos métodos posibles. Por un lado, se asigna un voltaje desconocido a la fuente de corriente, se aplica la LVK a cada malla, y luego se relaciona la corriente de la fuente con las corrientes asignadas de mallas. Éste es generalmente el enfoque más difícil.

Una técnica mejor es muy similar a la técnica del supernodo usada en el análisis de nodos. En ella se formó un supernodo encerrando por completo a la fuente de voltaje dentro del supernodo y reduciendo el número de nodos sin referencia en uno por cada fuente de voltaje. Ahora se crea una especie de "supermalla" a partir de dos mallas que tengan como elemento común una fuente de corriente; la fuente de corriente está dentro de la supermalla. Entonces, el número de mallas se reduce en uno por cada fuente de corriente presente en el circuito. Si la fuente de corriente se encuentra en el perímetro del circuito, entonces se ignora la malla sencilla en la que se encuentra.[5] La ley de voltajes de Kirchhoff se aplica sólo a aquellas mallas o supermallas que quedan en la red modificada. Ahora considérese la red de la figura 2-12 como ejemplo de este procedimiento.

Ejemplo 2-9 Utilice la técnica de análisis de mallas para evaluar las tres corrientes de mallas desconocidas en la figura 2-12.

Solución: Aquí se observa que una fuente independiente de corriente de 7 A está en la frontera común de dos mallas. Se asignan las corrientes de mallas i_1, i_2 e i_3 y la fuente de corriente obliga a crear una supermalla formada por las mallas

---

5   Tal fuente de corriente es un elemento común para la malla que incluye el exterior de todo el circuito. Así como no se escribe una ecuación de nodo para un nodo de referencia, no se escribe la ecuación de la LVK para esta malla externa.

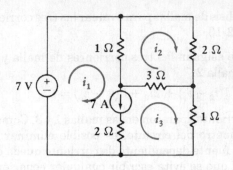

Figura 2-12

El análisis de mallas se aplica a este circuito que contiene una fuente de corriente; se escribe la ecuación de la LVK alrededor del lazo 7 V, 1 Ω, 3 Ω, 1 Ω.

1 y 3. Al aplicar la LVK alrededor de este lazo,

$$-7 + 1(i_1 - i_2) + 3(i_3 - i_2) + 1i_3 = 0$$

o

$$i_1 - 4i_2 + 4i_3 = 7 \tag{9}$$

y alrededor de la malla 2,

$$1(i_2 - i_1) + 2i_2 + 3(i_2 - i_3) = 0$$

o

$$-i_1 + 6i_2 - 3i_3 = 0 \tag{10}$$

Finalmente, la corriente de la fuente independiente se relaciona con la corriente de la malla,

$$i_1 - i_3 = 7 \tag{11}$$

Al resolver (9) a (11), se obtiene

$$i_3 = \frac{\begin{vmatrix} -1 & 6 & 0 \\ 1 & -4 & 7 \\ 1 & 0 & 7 \end{vmatrix}}{\begin{vmatrix} -1 & 6 & -3 \\ 1 & -4 & 4 \\ 1 & 0 & -1 \end{vmatrix}} = \frac{28}{14} = 2 \text{ A}$$

También se obtiene que $i_1 = 9$ A e $i_2 = 2.5$ A.

La presencia de una o más fuentes dependientes requiere simplemente que cada una de las cantidades de las fuentes y las variables de las cuales dependen se expresen en función de las corrientes de mallas que se asignaron. En la figura 2-13, por ejemplo, se observa que en la red se han incluido tanto una fuente dependiente como una independiente. Se verá cómo afecta su presencia al análisis de circuitos y de hecho cómo lo simplifica.

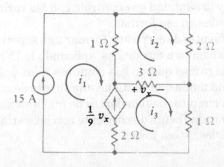

Figura 2-13

La presencia de dos fuentes de corriente en este circuito de tres mallas hace necesario aplicar la LVK una sola vez, alrededor de la malla 2.

Ejemplo 2-10 Utilice el análisis de mallas para evaluar las tres corrientes desconocidas en el circuito de la figura 2-13.

Solución: Primero se asignan las tres corrienres de malla y luego se aplica la LVK alrededor de la malla 2:

$$1(i_2 - i_1) + 2i_2 + 3(i_2 - i_3) = 0$$

Las fuentes de corriente aparecen en las mallas 1 y 3. Como la fuente de 15 A se localiza en el perímetro del circuito, es posible eliminar la malla 1 de los cálculos. Entonces, la fuente dependiente de corriente queda en el perímetro de la red modificada, así que se evita escribir cualquier ecuación para la malla 3. Sólo queda la malla 2, y ya se obtuvo una ecuación para ella. Por lo tanto, la atención debe centrarse en los valores de las fuentes, obteniendo

$$i_1 = 15$$

y
$$\tfrac{1}{9} v_x = i_3 - i_1 = \tfrac{1}{9}[3(i_3 - i_2)]$$
Entonces,

$$-i_1 + 6i_2 - 3i_3 = 0$$

$$i_1 = 15$$

$$-i_1 + \tfrac{1}{3} i_2 + \tfrac{2}{3} i_3 = 0$$

de donde se tiene $i_1 = 15$, $i_2 = 11$ e $i_3 = 17$ A. Debe observarse que se desperdició algo de tiempo al asignar una corriente de malla i_1 a la malla izquierda; bastaba con haber indicado una corriente de malla de 15 A. •

Se hará un resumen del método que permite obtener un conjunto de ecuaciones de malla para un circuito resistivo:

1 Cerciorarse de que la red es una red plana. Si no es plana, el análisis de mallas no es aplicable.
2 Hacer un diagrama claro y sencillo del circuito. Indicar los valores de todos los elementos y las fuentes; es preferible usar valores de resistencia que valores de conductancia. Cada fuente debe tener su símbolo de referencia.
3 Suponiendo que el circuito tiene M mallas, definir en cada una de ellas una corriente de malla, $i_1, i_2, \ldots, i_M$.
4 Si el circuito sólo contiene fuentes de voltaje, aplicar la LVK alrededor de cada malla. Si el circuito sólo contiene fuentes independientes de voltaje, para obtener la matriz de resistencias se debe igualar la suma de los voltajes de todos los resistores en el sentido de las manecillas del reloj, a la suma de todos los voltajes de las fuentes en sentido contrario a las manecillas del reloj, y ordenar los términos de i_1 a i_M. Para cada fuente dependiente de voltaje presente, relacionar el voltaje de la fuente y la cantidad que controla con las variables $i_1, i_2, \ldots, i_M$ si aún no están relacionadas en esa forma.
5 Si el circuito contiene fuentes de corriente, formar una supermalla por cada fuente de corriente que sea común a dos mallas, aplicando la LVK alrededor del lazo mayor formado por las ramas que no son comunes a las dos mallas; la LVK no necesita aplicarse a una malla que contiene una fuente de corriente que esté en el perímetro de todo el circuito. Las corrientes de malla ya asignadas no deberán cambiarse. Relacionar cada fuente de corriente con las variables $i_1, i_2, \ldots, i_M$ si aún no están relacionadas de esa forma.

2-3. Utilice el análisis de mallas para encontrar i_1 en el circuito de la figura 2-14, si el elemento A es a) un circuito abierto; b) una fuente independiente de corriente de 5 A, con la flecha dirigida a la derecha; c) un resistor de 5 Ω.

Ejercicios

Resp: 3.00 A; 1.621 A; 3.76 A

2-4. Utilice el análisis de mallas para encontrar v_3 en el circuito de la figura 2-14, si el elemento A es a) un cortocircuito; b) una fuente independiente de voltaje de 20 V, con referencia positiva a la derecha; c) una fuente dependiente de voltaje, con referencia positiva a la derecha, con valor $15i_1$.   *Resp:* 69.5 V; 73.7 V; 79.2 V

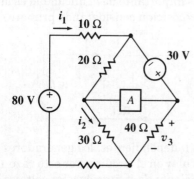

Figura 2-14

Para los ejercicios 2-3 y 2-4.

Todos los circuitos que se han analizado hasta ahora (y aun los que se analizarán más adelante) son circuitos lineales. Ahora se deberá ser más específico al definir un circuito lineal. Habiendo hecho esto, se podrá considerar la consecuencia más importante de la linealidad: el principio de superposición. Este principio es fundamental y aparecerá en repetidas ocasiones a lo largo del estudio del análisis de los circuitos lineales. De hecho, el no poder aplicar la superposición a los circuitos no lineales es lo que los hace tan difíciles de analizar.

El principio de superposición establece que la respuesta (una corriente o un voltaje) en cualquier punto de un circuito lineal que tenga más de una fuente independiente, se puede obtener como la suma de las respuestas causadas por las fuentes independientes separadas que actúan en forma individual. En el análisis siguiente se investigará el significado de "lineal" y "actuar en forma individual". También se verá una formulación más amplia del teorema.

Primero se define un *elemento lineal* como un elemento pasivo que tiene una relación lineal de voltaje contra corriente. Por "relación lineal de voltaje-corriente" se entenderá simplemente que, si se multiplica la corriente (dependiente del tiempo) que fluye a través de un elemento, por una constante K, entonces el voltaje entre las terminales de ese elemento queda a su vez multiplicado por la misma constante K. Hasta ahora sólo se ha definido un elemento pasivo, el resistor, y es obvio que su relación voltaje-corriente

$$v(t) \ = \ Ri(t)$$

es lineal. De hecho, si $v(t)$ se grafica como una función de $i(t)$, el resultado es una *línea recta*. En el capítulo 3 se verá que las ecuaciones que definen la relación corriente-voltaje en el inductor y el capacitor también son lineales, lo mismo que la ecuación que define la inductancia mutua, que se verá en el capítulo 14.

También debe definirse una *fuente dependiente lineal* como una fuente dependiente, ya sea de corriente o de voltaje, cuya corriente o voltaje de salida son proporcionales sólo a la primera potencia de alguna corriente o voltaje variable en el

2-4

Linealidad y superposición

circuito, o a la suma de esas cantidades. Esto es, una fuente dependiente de voltaje $v_s = 0.6i_1 - 14v_2$ es lineal, pero $v_s = 0.6\,i_1^2$ y $v_s = 0.6i_1v_2$ no lo son.

Ahora se puede definir un *circuito lineal* como aquel que se compone únicamente de fuentes independientes, fuentes dependientes lineales y elementos lineales. A partir de esta definición, es posible demostrar[6] que "la respuesta es proporcional a la fuente", o bien que la multiplicación de todas las fuentes *independientes* de corriente y de voltaje por una constante K aumenta todas las respuestas de corriente y voltaje en el mismo factor K (incluyendo a las salidas de las fuentes dependientes de voltaje o corriente).

La consecuencia más importante de la linealidad es la superposición. Se desarrollará el principio de superposición considerando primero el circuito de la figura 2-15,

Figura 2-15

Para ilustrar el principio de superposición se usa un circuito de tres nodos que contiene dos funciones de excitación.

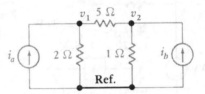

el cual tiene dos fuentes independientes, los generadores de corriente que fuerzan a las corrientes i_a e i_b a circular en el circuito. Por esta razón, con frecuencia las fuentes reciben el nombre de *funciones de excitación* y los voltajes que producen entre el nodo 1 o 2 y el nodo de referencia se llaman *funciones de respuesta*, o simplemente *respuestas*. Tanto las funciones de excitación como las de respuesta pueden ser funciones del tiempo. Las dos ecuaciones de nodos para este circuito son

$$0.7v_1 - 0.2v_2 = i_a \tag{12}$$
$$-0.2v_1 + 1.2v_2 = i_b \tag{13}$$

Para hacer un experimento x se cambian las dos funciones de excitación a i_{ax} e i_{bx}; los dos voltajes desconocidos serán ahora diferentes y se denotarán por v_{1x} y v_{2x}. Entonces,

$$0.7v_{1x} - 0.2v_{2x} = i_{ax} \tag{14}$$
$$-0.2v_{1x} + 1.2v_{2x} = i_{bx} \tag{15}$$

Ahora se hace el experimento y cambiando las fuentes de corriente a i_{ay}, e i_{by}, y designando a las respuestas por v_{1y} y v_{2y}:

$$0.7v_{1y} - 0.2v_{2y} = i_{ay} \tag{16}$$
$$-0.2v_{1y} + 1.2v_{2y} = i_{by} \tag{17}$$

Estos tres conjuntos de ecuaciones describen al mismo circuito con diferentes fuentes de corriente. Ahora *súmense* o *superpónganse* los dos últimos conjuntos de ecuacio-

[6] Para la demostración, primero se requiere hacer ver que el uso del análisis de nodos en el circuito lineal sólo puede producir ecuaciones lineales de la forma

$$a_1v_1 + a_2v_2 + \ldots + a_Nv_N = b$$

donde las a_i son constantes (combinaciones de valores de resistencia o conductancia, constantes que aparecen en expresiones relativas a fuentes dependientes, 0 o ±1), los v_i son los voltajes de nodo desconocidos (respuestas), y b es el valor de una fuente independiente o la suma de los valores de fuentes independientes. Dado un conjunto de tales ecuaciones, si se multiplican todas las b por K, entonces es evidente que la solución de este nuevo conjunto de ecuaciones serán los voltajes de nodo $Kv_1, Kv_2, \ldots, Kv_N$.

nes. Sumando (14) y (16),

$$(0.7v_{1x} + 0.7v_{1y}) - (0.2v_{2x} + 0.2v_{2y}) = i_{ax} + i_{ay} \qquad (18)$$

$$0.7v_1 \quad - \quad 0.2v_2 \quad = \quad i_a \qquad (12)$$

y sumando (15) y (17),

$$-(0.2v_{1x} + 0.2v_{1y}) + (1.2v_{2x} + 1.2v_{2y}) = i_{bx} + i_{by} \qquad (19)$$

$$-0.2v_1 \quad + \quad 1.2v_2 \quad = \quad i_b \qquad (13)$$

donde la ecuación (12) se ha escrito inmediatamente debajo de la (18), y la ecuación (13) debajo de la (l9) para poder compararlas mejor.

La linealidad de todas estas ecuaciones permite comparar (18) con (12) y (19) con (13) y extraer una interesante conclusión. Si se escoge i_{ax} e i_{ay} tales que su suma sea i_a, y se escoge i_{bx} e i_{by} tales que su suma sea i_b, entonces las respuestas deseadas v_1 y v_2 se pueden obtener *sumando* v_{1x} con v_{1y} y v_{2x} con v_{2y}, respectivamente. En otras palabras, se efectúa el experimento x y se anotan las respuestas; se efectúa el experimento y y se anotan las respuestas, después se suman las respuestas correspondientes. Éstas son las respuestas del circuito original a fuentes independientes, que son las sumas de las fuentes independientes usadas en los experimentos x y y. Éste es el concepto fundamental relacionado con el principio de superposición.

Es evidente que estos resultados pueden extenderse descomponiendo a cada fuente de corriente en tantas piezas como se desee; no hay razón alguna que nos impida llevar a cabo también los experimentos z y q. Lo único que se necesita es que la suma algebraica de las partes sea igual a la corriente original.

El *teorema de superposición* se enuncia generalmente como:

> En cualquier red resistiva lineal que contenga varias fuentes, el voltaje entre terminales o la corriente a través de cualquier resistor o fuente se puede calcular sumando algebraicamente todos los voltajes o corrientes individuales causados por las fuentes independientes separadas, actuando individualmente, es decir, con todas las demás fuentes independientes de voltaje sustituidas por cortocircuitos, y con todas las demás fuentes independientes de corriente sustituidas por circuitos abiertos.

Así que, si hay N fuentes independientes, se efectúan N experimentos. Cada fuente independiente se activa en un solo experimento, y en cada experimento sólo hay activa una fuente independiente. Una fuente independiente de voltaje inactiva es equivalente a un cortocircuito, y una fuente independiente de corriente inactiva es equivalente a un circuito abierto. Obsérvese que las fuentes *dependientes* en general se activan en *todos* los experimentos.

Sin embargo, el circuito que se usó como ejemplo indica que puede enunciarse un teorema aún más general; un grupo de fuentes independientes puede presentarlas activas o inactivas, en forma colectiva, como se quiera. Supóngase, por ejemplo, que hay tres fuentes independientes. El teorema afirma que se puede encontrar una respuesta dada si se considera cada una de las tres fuentes actuando sola y luego sumando los resultados. De otra manera, se puede calcular la respuesta debida a la primera y segunda fuentes activas, con la tercera fuente inactiva, y luego a este resultado sumarle la respuesta debida a la tercera fuente que actúa sola. Esto equivale a tratar colectivamente a varias fuentes como una especie de superfuente.

Tampoco hay razón para que una fuente sólo pueda tomar su valor dado o un valor de cero en los diversos experimentos; lo único que se necesita es que la suma de todos sus valores sea igual a su valor original. Sin embargo, por lo general el circuito más simple se obtiene cuando una fuente está completamente inactiva.

Ahora se ilustrará la aplicación del principio de superposición con un ejemplo en el que se tienen ambos tipos de fuentes independientes.

Ejemplo 2-11 En el circuito de la figura 2-16, utilice el principio de superposición para escribir una expresión para la corriente desconocida i_x en una rama.

Figura 2-16

Un circuito que contiene tanto una fuente independiente de corriente como una fuente independiente de voltaje, se analiza fácilmente mediante el principio de superposición.

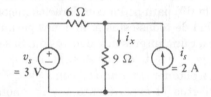

Solución: Primero se iguala a cero la fuente de corriente y se obtiene la parte de i_x que se debe a la fuente de voltaje; resulta de 0.2 A. Si ahora se hace la fuente de voltaje igual a cero y se aplica la división de corriente, se encuentra que la parte restante de i_x es 0.8 A. Puede escribirse la respuesta detallada como

$$i_x = i_x \mid_{i_s=0} + i_x \mid_{v_s=0}$$

$$= \frac{3}{6+9} + 2\left(\frac{6}{6+9}\right) = 0.2 + 0.8 = 1.0\,\text{A}$$

Como un ejemplo de la aplicación del principio de superposición a un circuito que contiene una fuente dependiente, considérese la figura 2–17.

Ejemplo 2-12 En el circuito de la figura 2-17, utilice el principio de superposición para determinar el valor de i_x.

Figura 2-17

La superposición se puede usar para analizar este circuito sustituyendo primero la fuente de 3 A por un circuito abierto y después la de 10 V por un cortocircuito. La fuente independiente de voltaje siempre está activa (a menos que $i_x = 0$).

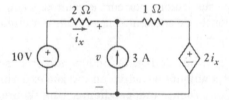

Solución: Primero se hace circuito abierto la fuente de 3 A. La ecuación de una sola malla es
$$-10 + 2i'_x + 1i'_x + 2i'_x = 0$$

así que
$$i'_x = 2\,\text{A}$$

Ahora se hace cortocircuito la fuente de 10 V; se escribe la ecuación de nodo

$$\frac{v''}{2} + \frac{v'' - 2i''_x}{1} = 3$$

y se relaciona la cantidad que controla a la fuente dependiente, con v'':

$$v'' = -2i_x''$$

Entonces,

$$i_x'' = -0.6 \, \text{A}$$

y por lo tanto,

$$i_x = i_x' + i_x'' = 2 - 0.6 = 1.4 \, \text{A}$$

Casi siempre resulta que *se ahorra muy poco tiempo o nada al analizar un circuito que contiene una o más fuentes dependientes usando el principio de superposición*, ya que siempre habrá por lo menos dos fuentes en operación: una fuente independiente y todas las fuentes dependientes.

Deben tenerse siempre presentes las limitaciones de la superposición. Se aplica únicamente a respuestas lineales, y por esto la respuesta no lineal más común –la potencia– no esta sujeta a la superposición. Considérense, por ejemplo, dos pilas de 1 V en serie con un resistor de 1 Ω. La potencia entregada al resistor es obviamente de 4 W, pero si erróneamente se quisiera aplicar superposición, se diría que cada pila sólo entrega 1 W, por lo que la potencia total sería de 2 W. Esto es incorrecto.

2-5. Utilice superposición para evaluar v_x en cada uno de los circuitos mostrados en la figura 2-18. *Resp:* 0 V; 96 V; –38.5 V

Ejercicio

Figura 2-18

Para el ejercicio 2-5.

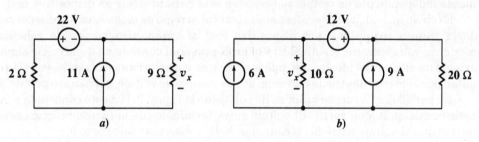

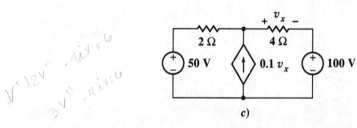

En todo el trabajo anterior se han venido usando continuamente las fuentes *ideales* de voltaje y de corriente; ahora es el momento oportuno para acercarse un poco a la realidad al considerar las fuentes *prácticas*. Estas fuentes permitirán representar dispositivos físicos en forma más real. Una vez definidas las fuentes prácticas, se estudiarán métodos mediante los cuales puedan intercambiarse fuentes práctidas de voltaje o corriente sin afectar al resto del circuito. Tales fuentes recibirán el nombre de fuentes *equivalentes*. Estos métodos serán aplicables tanto a fuentes dependientes como a fuentes independientes, aunque después se verá que no son tan útiles cuando se trata de fuentes dependientes.

2-5

Transformaciones de fuentes

La fuente ideal de voltaje se definió como un dispositivo cuyo voltaje entre terminales es independiente de la corriente que circula a través de él. Una fuente de cd de 1 V produce una corriente de 1 A a través de un resistor de 1 Ω y una corriente de 1 000 000 A a través de un resistor de 1 $\mu\Omega$; es decir, puede proporcionar una cantidad ilimitada de potencia. Por supuesto que en la realidad no existe un dispositivo así, y se acordó que una fuente de voltaje física real podría representarse por una fuente ideal de voltaje sólo mientras las corrientes o potencias que suministrara fueran pequeñas. Por ejemplo, la batería de automóvil se puede aproximar por una fuente ideal de voltaje de cd si su corriente se limita a unos cuantos amperes. Sin embargo, cualquiera que haya puesto en marcha un automóvil con las luces encendidas se habrá dado cuenta de que la intensidad disminuye perceptiblemente cuando se exige a la batería que suministre la fuerte corriente de encendido, 100 A o más, además de la corriente de las luces. En estas condiciones, una fuente ideal de voltaje puede ser una representación muy mala de la batería.

Para aproximar el dispositivo real, debe modificarse la fuente ideal de voltaje para tomar en cuenta la disminución de voltaje entre sus terminales cuando se le extraen grandes corrientes. Supóngase que experimentalmente se observa que una batería tiene un voltaje entre terminales de 12 V cuando no circula corriente, y que se reduce a 11 V cuando circula una corriente de 100 A. Entonces, un modelo más exacto sería una fuente ideal de 12 V en serie con un resistor entre cuyas terminales hay un voltaje de 1 V cuando circula una corriente de 100 A. El resistor debe tener valor de 0.01 Ω, y la fuente ideal de voltaje en serie con este resistor forman una *fuente práctica de voltaje*. Es decir, se está usando un arreglo en serie de dos elementos ideales: la fuente independiente de voltaje y el resistor, esto para modelar un dispositivo real.

Es obvio que no debe esperarse encontrar tal arreglo de elementos ideales dentro de la batería real. Cualquier dispositivo real se caracteriza por cierta relación corriente-voltaje en sus terminales, y el problema aquí consiste en desarrollar algún arreglo de elementos ideales que puedan dar una característica corriente-voltaje similar, por lo menos dentro de un rango útil de valores de voltaje, corriente o potencia.

En particular, la fuente práctica de voltaje de la figura 2-19a está conectada a un resistor cualquiera de carga. El voltaje entre terminales de la fuente práctica es el mismo que el voltaje entre las terminales de R_L y está marcado como v_L.

Figura 2-19

a) Una fuente práctica, cuyo comportamiento se aproxima al de una batería de 12 V, se muestra conectada a un resistor de carga R_L. b) La relación entre i_L y v_L es lineal.

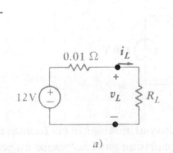
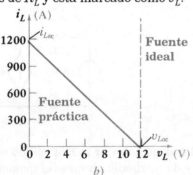

La figura 2-19b muestra una gráfica de la corriente de carga i_L como una función del voltaje de carga v_L para esta fuente práctica. La ecuación de la LVK para el circuito de la figura 2-19a puede escribirse en términos de i_L y v_L:

$$12 = 0.01i_L + v_L$$

y, por lo tanto,

$$i_L = 1200 - 100v_L$$

Ésta es una ecuación lineal en i_L y v_L, y su gráfica en la figura 2-19b es una línea recta. Cada punto sobre la línea corresponde a un valor diferente de R_L.

Por ejemplo, el punto medio de la línea recta se obtiene cuando la resistencia de carga es igual a la resistencia interna de la fuente práctica, o sea, $R_L = 0.01\ \Omega$. En este caso, el voltaje de carga es sólo la mitad del de la fuente ideal.

Cuando $R_L = \infty$ y no circula ninguna corriente a través de la carga, la fuente práctica está en circuito abierto y el voltaje entre terminales, o voltaje de circuito abierto, es $v_{Loc} = 12$ V. Si, por otra parte, $R_L = 0$, poniendo así en cortocircuito las terminales de carga, entonces fluirá una corriente de carga o corriente de cortocircuito $i_{Lsc} = 1200$ A. En la práctica, es probable que un experimento así terminara con la destrucción del cortocircuito, de la batería y de cualquier instrumento de medición incorporado al circuito.

Debe observarse que, como la gráfica de i_L contra v_L es una línea recta para esta fuente práctica de voltaje, los valores de v_{Loc} e i_{Lsc} determinan en forma única toda la curva i_L-v_L.

La línea vertical punteada muestra la gráfica i_L-v_L para una fuente ideal de voltaje; el voltaje entre terminales permanece constante para cualquier valor de la corriente en la carga. Para la fuente práctica de voltaje, el voltaje entre terminales tiene un valor cercano al de la fuente ideal sólo cuando la corriente de carga es relativamente pequeña.

Considérese ahora una fuente práctica de voltaje general, como la de la figura 2-20a. El voltaje de la fuente ideal es v_s, y se ha colocado en serie una resistencia R_{sv}, llamada *resistencia interna* o *resistencia de salida*. De nuevo debe observarse que no es que el resistor realmente esté presente, o que se debería conectar o soldar al circuito, sino que simplemente sirve para tomar en cuenta que el voltaje entre terminales disminuye cuando la corriente en la carga aumenta. Su presencia permite modelar de manera más fiel el comportamiento de una fuente de voltaje física.

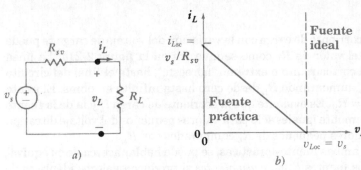

Figura 2-20

a) Una fuente práctica de voltaje conectada a un resistor de carga R_L. b) El voltaje entre terminales disminuye conforme i_L aumenta, y $R_L = v_L / i_L$ disminuye.

La relación lineal entre v_L e i_L es

$$v_L = v_s - R_{sv} i_L \qquad (20)$$

y su gráfica se muestra en la figura 2-20b. El voltaje de circuito abierto y la corriente de cortocircuito son

$$v_{Loc} = v_s \qquad (21)$$

$$i_{Lsc} = \frac{v_s}{R_{sv}} \qquad (22)$$

Otra vez, estos valores son las intersecciones con los ejes de la recta de la figura 2-20b, y la definen por completo.

La fuente ideal de corriente tampoco existe en el mundo real; no hay un dispositivo físico que pueda entregar una corriente constante independientemente de la resistencia de la carga a la cual está conectada, o del voltaje entre sus terminales. Ciertos circuitos de transistores entregarán una corriente constante para un amplio rango de resistencias de carga, pero la resistencia de carga siempre se puede hacer lo suficientemente grande, para que la corriente a través de ella se haga muy pequeña. La obtención de una potencia infinita es algo inalcanzable.

Una fuente práctica de corriente se define como una fuente ideal de corriente en paralelo con una resistencia interna R_{si}. En la figura 2-21a se muestra una fuente de este tipo y se indican la corriente i_L y el voltaje v_L asociados con una resistencia de carga R_L. Es obvio que

$$i_L = i_s - \frac{v_L}{R_{si}} \tag{23}$$

la cual es de nuevo una relación lineal. El voltaje de circuito abierto y la corriente de cortocircuito son

$$v_{Loc} = R_{si}\, i_s \tag{24}$$

$$i_{Lsc} = i_s \tag{25}$$

Figura 2-21

a) Una fuente práctica de corriente cualquiera conectada a un resistor de carga R_L. *b)* La corriente de carga suministrada por la fuente práctica de corriente se muestra como función del voltaje de carga.

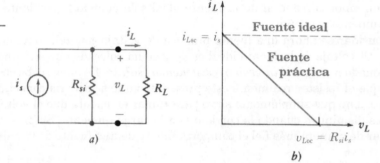

La variación de la corriente de carga con la variación del voltaje de carga se puede investigar cambiando el valor de R_L como se muestra en la figura 2-21b. La línea recta se traza desde el cortocircuito o extremo "noroeste", hasta el final del circuito abierto en el "sureste", aumentando R_L desde cero hasta infinito en ohms. El punto medio ocurre para $R_L = R_{si}$. Es evidente que la corriente de carga i_L y la de la fuente ideal i_s son aproximadamente iguales sólo para valores pequeños del voltaje de carga, que se obtienen con valores pequeños de R_L comparados con R_{si}.

Una vez definidas ambas fuentes prácticas, se puede hablar acerca de su equivalencia. Se definirán dos fuentes como *equivalentes* si producen valores idénticos de i_L y v_L cuando se conectan a valores idénticos de R_L sin importar cuál sea el valor de R_L. Como $R_L = 0$ y $R_L = \infty$ son dos de esos valores, fuentes equivalentes producen el mismo voltaje de circuito abierto y la misma corriente de cortocircuito. En otras palabras, si se tienen dos fuentes equivalentes, de las cuales una de ellas es una fuente práctica de voltaje, y la otra una fuente práctica de corriente, cada una encerrada en una caja negra, que sólo tiene un par de terminales, entonces no hay forma de diferenciar entre las cajas, ya sea que se midan voltajes o corrientes en una carga resistiva.

Las condiciones de equivalencia se establecen como sigue. Como los voltajes de circuito abierto deben ser iguales, de las ecuaciones (21) y (24) se tiene

$$v_{Loc} = v_s = R_{si}\, i_s \tag{26}$$

Las corrientes de cortocircuito también son iguales, y (22) y (25) dan

$$i_{Lsc} = \frac{v_s}{R_{sv}} = R_s$$

Se sigue entonces que

$$R_{sv} = R_{si} = R_s \tag{27}$$

y

$$v_s = R_s i_s \tag{28}$$

donde R_s representa la resistencia interna de cualquiera de las dos fuentes prácticas.

Como ejemplo considérese la fuente práctica de corriente mostrada en la figura 2-22a. Como su resistencia interna es de 2 Ω, la resistencia interna de la fuente práctica de voltaje equivalente también es de 2 Ω; el valor de la fuente ideal de voltaje contenida dentro de la fuente práctica de voltaje es $(2)(3) = 6$ V. La fuente práctica de voltaje equivalente se muestra en la figura 2-22b.

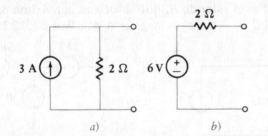

Figura 2-22

a) Una fuente práctica de corriente. b) La fuente práctica de voltaje equivalente: $R_{sv} = R_{si} = R_s$; $v_s = R_s i_s$.

a)   b)

Para comprobar la equivalencia, imagínese un resistor de 4 Ω conectado a cada fuente. En ambos casos hay una corriente de 1 A, un voltaje de 4 V y una potencia de 4 W asociados con la carga de 4 Ω. Sin embargo, el lector debe observar con atención que la fuente ideal de corriente entrega una potencia total de 12 W, mientras que la fuente ideal de voltaje entrega sólo 6 W. Es más, la resistencia interna de la fuente práctica de corriente absorbe 8 W, mientras que la resistencia interna de la fuente práctica de voltaje absorbe sólo 2 W. Entonces se ve que las dos fuentes prácticas son equivalentes sólo respecto a lo que pasa de las terminales de carga hacia afuera; ¡internamente *no* son equivalentes!

Se puede deducir un teorema de potencia muy útil respecto a una fuente práctica dada de voltaje o de corriente. Para una fuente práctica de voltaje (figura 2-20a con $R_{sv} = R_s$) la potencia entregada a la carga R_L es

$$p_L = i_L^2 R_L = \frac{v_s^2 R_L}{(R_s + R_L)^2}$$

Para encontrar el valor de R_L que absorbe la máxima potencia de la fuente práctica dada, se deriva con respecto a R_L:

$$\frac{dp_L}{dR_L} = \frac{(R_s + R_L)^2 v_s^2 - v_s^2 R_L (2)(R_s + R_L)}{(R_s + R_L)^4}$$

y se iguala la derivada a cero, obteniendo

$$2R_L(R_s + R_L) = (R_s + R_L)^2$$

o sea,

$$R_s = R_L$$

Como los valores $R_s = 0$ y $R_L = \infty$ dan un mínimo ($p_L = 0$), y como ya se obtuvo la equivalencia entre fuentes prácticas de voltaje y de corriente, se ha demostrado entonces el siguiente *teorema de máxima transferencia de potencia*:

> Una fuente de voltaje independiente en serie con una resistencia R_s o una
> fuente independiente de corriente en paralelo con una resistencia R_s entre-
> ga una potencia máxima a aquella resistencia de carga R_L para la cual
> $R_L = R_s$.

Así, el teorema de máxima transferencia de potencia dice que un resistor de
2 Ω disipa la máxima potencia (4.5 W) de cualquiera de las dos fuentes prácticas de
la figura 2-22, mientras que una resistencia de 0.01 Ω recibe la máxima potencia
(3.6 kW) en la figura 2-19.

Ejercicios

2-6. *a)* Si $R_L = 2$ Ω en la figura 2-23*a*, encuentre i_L y la potencia suministrada por
la fuente de 4 A. *b)* Transforme la fuente práctica de corriente (8 Ω, 4 A) en una
fuente práctica de voltaje, determine i_L y la potencia suministrada por la nueva fuente
de voltaje ideal. *c)* ¿Cuál es el valor de R_L que absorberá la máxima potencia y cuál
es el valor de esa potencia?   *Resp:* 2.6 A, 44.8 W; 2.6 A, 83.2 W; 8 Ω, 21.1 W

Figura 2-23

Para los problemas 2-6 y 2-7.

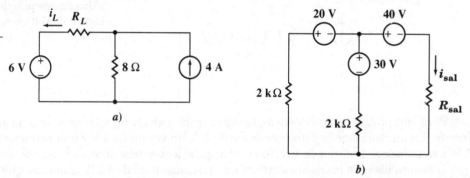

a)

b)

2-7. Transforme las dos fuentes prácticas a la izquierda de la figura 2-23*b* en fuentes
prácticas de corriente; combine los resistores y fuentes ideales de corriente, luego
transforme las fuentes prácticas de corriente resultantes en una fuente práctica de
voltaje y combine las tres fuentes ideales de voltaje. *a)* Si $R_{salida} = 3$ kΩ, encuentre la
potencia entregada a R_{salida}. *b)* ¿Cuál es la máxima potencia que puede entregar para
cualquier valor de R_{salida}? *c)* ¿Cuáles son los dos valores distintos de R_{salida} que
absorberán exactamente 20 mW?   *Resp:* 230 mW; 306 mW; 59.2 kΩ y 16.88 Ω

2-6

Teoremas de Thévenin y Norton

Ahora que se conoce el principio de superposición, pueden desarrollarse dos
teoremas más que simplificarán bastante el análisis de muchos circuitos lineales. El
primero de estos teoremas debe su nombre a M. L. Thévenin, ingeniero francés que
trabajaba en telegrafía, y que fue el primero en publicar un enunciado del teorema
en 1883; el segundo puede considerarse como un corolario del primero y se da el
crédito a E. L. Norton, científico que trabajó en los laboratorios de la Bell Telephone.[7]

Supóngase que se necesita hacer sólo un análisis parcial de un circuito; probablemente sólo es necesario calcular la corriente, el voltaje y la potencia que el resto
del circuito entrega a un resistor específico, el circuito puede constar de un gran

---

[7] Han surgido algunos cuestionamientos respecto a la verdadera autoría de estos teoremas. Se ha
insinuado que el teorema atribuido a Thévenin realmente fue desarrollado por Hermann von Helmholtz,
un brillante físico alemán, en 1853, y que el teorema que lleva el nombre de Norton originalmente fue
desarrollado por Hans Mayer, un profesor de ingeniería eléctrica en la universidad de Cornell, en 1926.
De cualquier manera, teorema de "Thévenin" y teorema de "Norton" son nombres que se han usado mucho
tiempo y sería presuntuoso y atrevido cambiarlos en este libro. Se conservarán los viejos nombres con las
disculpas respectivas a Helmholtz y Mayer, si fueran necesarias.

número de fuentes y resistores; o quizás se desea calcular la respuesta para diferentes valores de la resistencia de carga. El teorema de Thévenin dice que es posible sustituir todo, excepto el resistor de carga, por un circuito equivalente con sólo una fuente independiente de voltaje en serie con un resistor; la respuesta medida en el resistor de carga no resultará afectada. Usando el teorema de Norton, se obtiene un circuito equivalente con una fuente independiente de corriente en paralelo con un resistor.

De esto se deduce que uno de los usos principales de los teoremas de Thévenin y Norton es la sustitución de una gran parte de una red, a menudo una parte complicada y de poco interés, por un equivalente muy simple. El circuito nuevo y más sencillo permite llevar a cabo cálculos rápidos del voltaje, la corriente o la potencia que el circuito original es capaz de entregar a la carga; también ayuda a elegir el mejor valor para esta resistencia de carga. En un amplificador de potencia de transistores, por ejemplo, los equivalentes de Thévenin o Norton permiten calcular la potencia máxima que se puede tomar del amplificador y el tipo de carga que se requiere para llevar a cabo una transferencia máxima de potencia, o para obtener la máxima amplificación práctica de voltaje o de corriente.

Ejemplo 2-13 Como un ejemplo introductorio, considere el circuito mostrado en la figura 2-24. Se quieren determinar los circuitos equivalentes de Thévenin y Norton para aquella parte del circuito que está a la izquierda de R_L.

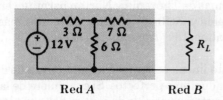

Red A   Red B

Figura 2-24

Un circuito resistivo sencillo se divide en la red A, de poco interés, y en la red B, un resistor de carga con el que los autores están fascinados.

Solución: Las regiones sombreadas separan al circuito en las redes A y B; se supondrá qué interés se centra en la red B, que sólo contiene al resistor de carga R_L. La red A se puede simplificar por medio de transformaciones sucesivas de la fuente. Primero se trata la fuente de 12 V y el resistor de 3 Ω como una fuente práctica de voltaje, y se sustituye por una fuente práctica de corriente de 4 A en paralelo con un resistor de 3 Ω. Las resistencias en paralelo se combinan ahora para dar 2 Ω, y la fuente práctica de corriente que resulta se transforma de nuevo en una fuente práctica de voltaje. Estos pasos se indican en la figura 2-25, el resultado final aparece en la figura 2-25d. Desde el punto de vista del resistor de carga R_L, este circuito (el equivalente de Thévenin) es equivalente al circuito original; desde el punto de vista del que analiza el circuito parece mucho más sencillo y ahora se puede calcular fácilmente la potencia entregada a la carga. Ésta es

$$p_L = \left(\frac{8}{9 + R_L} \right)^2 R_L$$

Aún más, del circuito equivalente se observa que el voltaje máximo que se puede tener entre las terminales de R_L es 8 V cuando $R_L = \infty$; una rápida transformación de la red A a una fuente práctica de corriente (el equivalente de Norton) indica que la corriente máxima que puede circular por la carga es $\frac{8}{9}$ A para $R_L = 0$; y el teorema de máxima transferencia de potencia muestra que se entrega a R_L una potencia máxima de $\frac{16}{9}$ W cuando $R_L = 9$ Ω. Ninguno de estos resultados se ve sólo a partir del circuito original. ●

Figura 2-25

Las transformaciones de fuentes y las combinaciones de resistencias usadas al simplificar la red A se muestran en orden. El resultado, mostrado en *d*, es el equivalente de Thévenin.

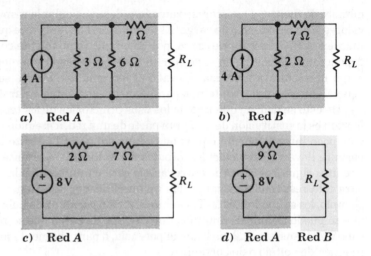

a) Red A

b) Red B

c) Red A

d) Red A   Red B

Si la red A es más complicada, el número de transformaciones de fuentes y de combinaciones de resistencias necesarias para obtener a los equivalentes de Thévenin o de Norton puede, con facilidad, volverse prohibitivo; además, cuando se tienen fuentes dependientes presentes, el método de transformación de fuentes generalmente no es aplicable. Los teoremas de Thévenin y Norton permiten encontrar el circuito equivalente mucho más rápida y fácilmente, aun en circuitos más complicados.

Ahora se enuncia formalmente el *teorema de Thévenin:*

> Dado cualquier circuito lineal, se rearregla en la forma de dos redes A y B conectadas por dos conductores perfectos. Si cualquiera de las redes contiene una fuente dependiente, su variable de control debe quedar en esa misma red. Se define un voltaje v_{oc}, como el voltaje de circuito abierto que aparecería entre las terminales de A si se desconectara B, de tal forma que no fluya corriente de A. Entonces todas las corrientes y voltajes en B permanecen inalteradas si A se mata (todas las fuentes independientes de voltaje y de corriente se sustituyen por cortocircuitos y circuitos abiertos, respectivamente) y se conecta una fuente independiente de voltaje v_{oc}, con la polaridad adecuada, en serie con la red A muerta (inactiva).

Los términos *matar* y *muerta* son un poco sangrientos, pero son descriptivos y concisos, además de que se usarán en un sentido amigable. Lo que es más, es posible que la red A sólo esté durmiendo, ya que puede contener fuentes *dependientes* que revivan siempre que sus corrientes o voltajes de control sean diferentes de cero.

Se verá si se puede aplicar el teorema de Thévenin al circuito que se muestra en la figura 2-24. Ya se ha encontrado el equivalente de Thévenin del circuito de la izquierda de R_L en el ejemplo 2-13, pero ahora se verá si hay una forma más fácil de obtener el mismo resultado.

Ejemplo 2-14 Utilice el teorema de Thévenin en la figura 2-24 para determinar el circuito equivalente de Thévenin para la parte del circuito que está a la izquierda de R_L.

Solución: Si se desconecta R_L, la división de voltaje permite determinar que v_{oc} es 8 V. Si se mata la red A, esto es, se remplaza la fuente de 12 V por un cortocircuito, se ve en la red A muerta un resistor de 7 Ω conectado en serie con el arreglo en paralelo de 6 Ω y 3 Ω. Entonces la red A muerta se puede representar simplemente por un resistor de 9 Ω. Esto concuerda con el resultado anterior. •

El circuito equivalente así obtenido es completamente independiente de la red B, ya que primero se eliminó la red B y se midió el voltaje de circuito abierto producido por la red A, operación que definitivamente no depende de ninguna forma de la red B, y luego la red inactiva A se conectó en serie con una fuente de voltaje v_{oc}. La red B se menciona en el teorema sólo para indicar que se puede obtener un equivalente de A, *sin importar cuál sea el arreglo de elementos que está conectado a A*; la red B representa a esta red general.

La demostración del teorema de Thévenin, según el enunciado, es bastante larga, por lo que se incluyó en el apéndice 3, donde los curiosos o rigurosos pueden leerla de principio a fin.

Hay varios puntos del teorema que merecen resaltarse. Primero, la única restricción que debe haber sobre A o B, además del requisito de que todo el circuito original formado por A y B sea lineal, es que todas las fuentes dependientes que estén en A tengan sus variables de control en A, y lo mismo para B. Sobre la complejidad de A o B no hay restricciones; cualquiera de ellas puede contener cualquier arreglo de fuentes independientes de voltaje o de corriente, fuentes dependientes lineales de voltaje o de corriente, resistores o cualquier otro elemento de circuito que sea lineal. La naturaleza general del teorema (y su demostración) permitirán aplicarlo a redes que contengan inductores y capacitores, los cuales son elementos pasivos lineales, y que se definirán en el capítulo siguiente. Por el momento, sin embargo, los resistores son los únicos elementos pasivos que se han definido, y la aplicación del teorema de Thévenin a redes resistivas es un caso especial particularmente sencillo. La red muerta A se puede representar por un solo resistor equivalente R_{th}. Si A es una red activa *resistiva*, es obvio que la red inactiva A se puede sustituir por una sola resistencia equivalente, a la que también se llamará *resistencia de Thévenin*, ya que de nuevo es la resistencia "vista" desde las terminales de la red A inactiva.

El teorema de Norton tiene un gran parecido con el teorema de Thévenin, otra consecuencia de la dualidad. De hecho, ambos enunciados se usarán como un ejemplo de lenguaje dual cuando se discuta el principio de dualidad en el capítulo siguiente.

El teorema de Norton se puede enunciar como sigue:

Dado cualquier circuito lineal, se rearregla en la forma de dos redes A y B conectadas por dos conductores perfectos. Si cualquiera de las redes contiene una fuente dependiente, su variable de control debe quedar en esa misma red. Se define una corriente i_{sc}, como la corriente de cortocircuito que aparecería en las terminales de A, si B se pusiese en cortocircuito de tal forma que A no proporcione voltaje. Entonces todas las corrientes y voltajes en B permanecerán inalterados si se mata A (todas las fuentes independientes de voltaje y de corriente se sustituyen por cortocircuitos y circuitos abiertos, respectivamente) y se conecta una fuente independiente de corriente i_{sc}, con la polaridad adecuada, en paralelo con la red A muerta (inactiva).

El equivalente de Norton de una red resistiva activa es la fuente de corriente Norton i_{sc}, en paralelo con la resistencia de Thévenin R_{th}.

Existe una relación importante entre los equivalentes de Thévenin y Norton de una red resistiva activa. Esta relación se puede obtener al aplicar una transformación de fuentes en cualquiera de las redes equivalentes. Por ejemplo, si se transforma el equivalente de Norton, se obtiene una fuente de voltaje $R_{th}i_{sc}$, en serie con la resistencia R_{th}; esta red está en la forma equivalente de Thévenin, y por lo tanto

$$v_{oc} = R_{th}i_{sc} \tag{29}$$

En circuitos resistivos que contienen fuentes *dependientes* y fuentes independientes, se encontrará que a menudo es más conveniente calcular el equivalente de Thévenin o bien el de Norton, obteniendo el voltaje de circuito abierto y la corriente de cortocircuito, y luego calculando el valor de R_{th} como el cociente de esas dos cantidades. Por esto es recomendable acostumbrarse a calcular tanto voltajes de circuito abierto como corrientes de cortocircuito, aun en los problemas sencillos que se verán a continuación. Si los equivalentes de Thévenin y Norton se calculan por separado, la ecuación (29) puede ser una forma útil de comprobar resultados.

Considérense cuatro ejemplos de cómo determinar un circuito equivalente de Thévenin o de Norton.

Ejemplo 2-15 Como primer ejemplo, encuentre los circuitos equivalentes de Thévenin y Norton de la red frente al resistor de 1 kΩ de la figura 2-26a. Es decir, la red *B* es el resistor, y la red *A* es el resto del circuito dado.

Figura 2-26

a) Circuito en el cual el resistor de 1 kΩ se identifica como la red *B*. *b*) Equivalente de Thévenin para la red *A*. *c*) Equivalente de Norton para la red *A*.

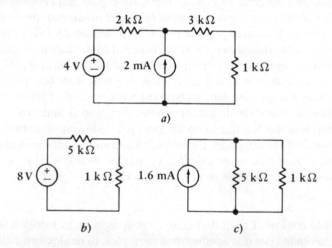

Solución: Este circuito no tiene fuentes dependientes, y la forma más fácil de encontrar el equivalente de Thévenin es calcular R_{th} directamente para la red muerta, después calcular ya sea v_{oc} o bien i_{sc}. Primero se eliminan ambas fuentes independientes para determinar la forma de la red muerta *A*. Con la fuente de 4 V en cortocircuito y la fuente de 2 mA en circuito abierto, el resultado es la combinación en serie de los resistores de 2 kΩ y 3 kΩ, o su equivalente, un resistor de 5 kΩ. El voltaje de circuito abierto se calcula fácilmente por superposición; con sólo la fuente de 4 V operando, el voltaje de circuito abierto es de 4 V; cuando sólo actúa la fuente de 2 mA, el voltaje de circuito abierto también es de 4 V; con ambas fuentes independientes operando, se ve que $v_{oc} = 4 + 4 = 8$ V. Esto determina el equivalente de Thévenin, mostrado en la figura 2-26*b*, y de éste puede obtenerse fácilmente el equivalente de Norton de la figura 2-26c. Como comprobación, se puede calcular i_{sc} para el circuito dado. Se usa superposición y división de corriente:

$$i_{sc} = i_{sc}|_{4\,V} + i_{sc}|_{2\,mA} = \frac{4}{2+3} + (2)\frac{2}{2+3}$$

$$= 0.8 + 0.8 = 1.6 \text{ mA}$$

lo cual completa la prueba.

Como segundo ejemplo, se considera la red A que se muestra en la figura 2-27a, la cual contiene tanto fuentes dependientes como independientes.

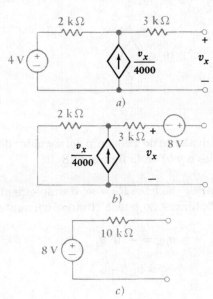

a)

b)

c)

Figura 2-27

a) Red para la que se quiere encontrar su equivalente de Thévenin. b) Una forma posible, pero poco útil, del equivalente de Thévenin. c) La mejor forma del equivalente de Thévenin para esta red resistiva lineal.

Ejemplo 2-16 Determine el equivalente de Thévenin del circuito mostrado en la figura 2-27a.

Solución: La presencia de la fuente dependiente impide calcular directamente R_{th} para la red inactiva por medio de la combinación de resistencias; en vez de eso, se calcularán v_{oc} e i_{sc}.

Para encontrar v_{oc} se observa que $v_x = v_{oc}$, y que la corriente de la fuente dependiente debe pasar por el resistor de 2 kΩ, ya que hay un circuito abierto a la derecha. Sumando los voltajes alrededor del lazo externo:

$$-4 + 2 \times 10^3 \left(\frac{-v_x}{4000}\right) + 3 \times 10^3(0) + v_x = 0$$

y

$$v_x = 8 = v_{oc}$$

Entonces, según el teorema de Thévenin, el circuito equivalente se podría formar con la red muerta A en serie con la fuente de 8 V, como se ve en la figura 2-27b. Esto es correcto, pero no muy sencillo ni útil; en el caso de redes resistivas lineales, se mostrará un equivalente mucho más sencillo para la red inactiva A, a saber, R_{th}. Entonces, se busca i_{sc}. Después de poner en cortocircuito las terminales de salida en la figura 2-27a, se ve que $v_x = 0$ y que la fuente dependiente de corriente vale cero. Por tanto, $i_{sc} = 4/(5 \times 10^3) = 0.8$ mA. Así, $R_{th} = v_{oc}/i_{sc}$ $= 8/(0.8 \times 10^{-3}) = 10$ kΩ, y se obtiene el equivalente de Thévenin aceptable de la figura 2-27c.

Otro ejemplo para el cual se deben calcular v_{oc} y i_{sc} aparece en la figura 2-28. El circuito es un op-amp conectado como un seguidor de voltaje con $v_s = 5$ V, $R_i = \infty$, $A = 10^4$ y $R_o = 2$ kΩ.

Figura 2-28

Se desea encontrar el equivalente de Thévenin entre las terminales a y b de este seguidor de voltaje.

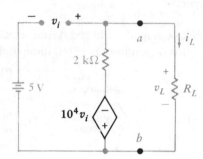

Ejemplo 2-17 Encuentre el equivalente de Thévenin del seguidor de voltaje (el circuito a la izquierda de las terminales a y b) en la figura 2-28.

Solución: Para encontrar v_{Loc} se hace $R_L = \infty$, o simplemente se considera que se elimina del circuito. Entonces no puede circular corriente por el resistor de 2 kΩ, y por lo tanto,

$$v_{Loc} = -10^4\, v_i$$

donde

$$v_i = v_{Loc} - 5$$

Por lo tanto,

$$v_{Loc} = \frac{10^4\,(5)}{10\,001} = 5.00 \text{ V}$$

Ahora se necesita un valor para i_{Lsc}, por lo que se sustituye R_L por un cortocircuito. Alrededor de la malla derecha, la LVK da

$$10^4 v_i + 2000 i_{Lsc} = 0$$

mientras que la aplicación de la LVK alrededor del perímetro del circuito da

$$-5 - v_i = 0$$

Por lo tanto,

$$10^4(-5) + 2000 i_{Lsc} = 0$$

e

$$i_{Lsc} = 25.0 \text{ A}$$

Se calcula R_{th} tomando el cociente,

$$R_{th} = \frac{v_{Loc}}{i_{Lsc}} = \frac{5.00}{25.0} = 0.200 \ \Omega$$

Entonces, el equivalente de Thévenin que el seguidor de voltaje presenta a R_L en a y b es 5.00 V en serie con una resistencia de valor muy bajo, 0.200 Ω.

Como ejemplo final, se considera una red que contiene una fuente dependiente pero ninguna fuente independiente, como la que se muestra en la figura 2-29a.

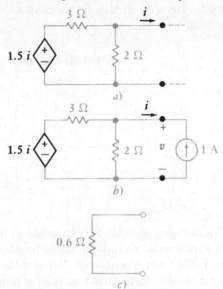

a)

b)

c)

Figura 2-29

a) Una red que no contiene fuentes independientes, cuyo equivalente Thévenin se quiere calcular. *b*) R_{th} es numéricamente igual a *v*. *c*) El equivalente de Thévenin para el inciso *a*.

Ejemplo 2-18 Encuentre el equivalente de Thévenin del circuito mostrado en la figura 2-29a.

Solución: La red se puede identificar como la red muerta *A*, y $v_{oc} = 0$. Se busca entonces el valor de R_{th} representado por esta red de dos terminales. Sin embargo, no se pueden calcular v_{oc} e i_{sc}, y calcular su cociente, pues no hay ninguna fuente independiente en la red y tanto v_{oc} como i_{sc} son cero. Se hará entonces un pequeño truco. Se aplica una fuente de 1 A externamente, se mide el voltaje resultante y luego se hace $R_{th} = v/1$. Según la figura 2-29b, se ve que $i = -1$ y

$$\frac{v - 1.5(-1)}{3} + \frac{v}{2} = 1$$

así que

$$v = 0.6 \text{ V}$$

y $$R_{th} = 0.6 \ \Omega$$

El equivalente de Thévenin se muestra en la figura 2-29c.   ●

Se han visto cuatro ejemplos en los cuales se ha determinado un circuito equivalente de Thévenin o de Norton. El primer ejemplo (figura 2-26), contenía sólo fuentes independientes y resistores, y fue posible usar varios métodos. Uno de ellos incluyó calcular R_{th} para la red muerta y luego v_{oc} para la red activa. También pudo haberse calculado R_{th} e i_{sc}, o bien v_{oc} e i_{sc}.

En el segundo y tercer ejemplos (figuras 2-27 y 2-28) se tenían ambas fuentes, dependientes e independientes, y el único método que se usó requirió encontrar v_{oc} e i_{sc}. No se pudo haber hallado R_{th} fácilmente para la red muerta, ya que la fuente dependiente no se podía hacer inactiva.

En el último ejemplo no había ninguna fuente independiente, y se halló R_{th} aplicando una fuente de 1 A y luego calculando $v = 1 \times R_{th}$. También se pudo aplicar una fuente de 1 V y calcular $i = 1/R_{th}$. Estos equivalentes Thévenin y Norton no contienen fuentes independientes.

Estas importantes técnicas y los tipos de circuitos a los cuales se pueden aplicar se indican en la tabla 2-1.

Tabla 2-1

Métodos recomendados para encontrar los equivalentes de Thévenin o Norton.

Métodos	El circuito contiene		
R_{th} y d v_{oc} o i_{sc}	✔	—	—
v_{oc} y d i_{sc}	Posible	✔	—
$i = 1$ A o $v = 1$ V	—	—	✔

Esta tabla no incluye todos los métodos posibles. Se han usado en forma repetitiva transformaciones de fuentes en varias redes cuando no había fuentes dependientes; ésta es una técnica sencilla para redes que no contienen demasiados elementos.

Existen otros dos métodos que tienen cierto atractivo porque pueden aplicarse a cualquiera de los tres tipos de redes mencionados en la tabla. En el primero, simplemente se sustituye la red B por una fuente de voltaje v_s, se define la corriente que sale de su terminal positiva como i, después se analiza la red A para obtener i, y se escribe una ecuación en la forma $v_s = ai + b$. Evidentemente, $a = R_{th}$ y $b = v_{oc}$.

También se puede aplicar una fuente de corriente i_s, llamar v a su voltaje, y luego determinar $v = ai_s + b$. Estos dos últimos procedimientos son aplicables en todos los casos, pero por lo general se puede encontrar otro método más fácil y rápido.

Aunque toda la atención está centrada casi por completo en el análisis de circuitos *lineales*, es bueno saber que los teoremas de Thévenin y Norton son válidos aun si la red B es no lineal; sólo la red A *debe* ser lineal.

Ejercicios

2-8. Encuentre el equivalente de Thévenin para la red de *a*) la figura 2-30*a*; *b*) la figura 2-30*b*.   *Resp:* 130 V, 30 Ω; 125 V, 25 Ω

2-9. Encuentre el equivalente de Norton para la red de *a*) la figura 2-30*c*; *b*) la figura 2-30*d*.   *Resp:* no existe (Thévenin es 100 V, 0 Ω); a0 V, 20 Ω

2-7

Árboles y análisis general de nodos [8]

En esta sección se generalizará el método de análisis de nodos que el lector ha llegado a conocer y querer. Como el análisis de nodos se aplica a cualquier red, no es posible comprometerse a resolver una clase más amplia de problemas de circuitos. Se puede, sin embargo, intentar seleccionar un método general de análisis de nodos para cualquier problema en particular que garantice menos ecuaciones y menos trabajo.

Primero hay que extender la lista de definiciones relacionada con la topología de redes. Se comenzará definiendo a la *topología* como una rama de la geometría que

---

[8] Si se desea, esta sección y la siguiente se pueden posponer. En ellas se introducen métodos de análisis que son un poco más generales que los que usan voltajes referidos a un nodo común y corrientes de malla. Su uso puede significar menos ecuaciones o variables de corriente y voltaje más útiles.

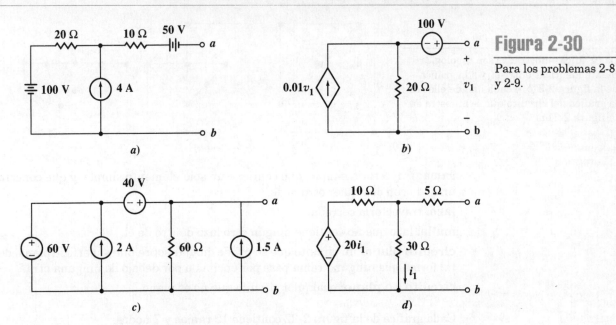

Figura 2-30

Para los problemas 2-8 y 2-9.

se ocupa de aquellas propiedades de una figura geométrica que no cambian cuando la figura se gira, dobla, flexiona, estira, comprime o se hace nudo, con la condición de que ninguna parte de la figura se corte o se una a otra. Una esfera y un tetraedro son topológicamente iguales como también lo son un cuadrado y un círculo. Por lo tanto, en términos de circuitos eléctricos, ahora no se estudiarán los tipos particulares de elementos que aparecen en el circuito, sino sólo la forma en la que se acomodan las ramas y los nodos. De hecho, generalmente se prescinde de la naturaleza de los elementos y se simplifica el dibujo del circuito mostrando a los elementos como líneas. El dibujo resultante recibe el nombre de *gráfica lineal*, o simplemente *gráfica*. En la figura 2-31 se muestran un circuito y su gráfica. Obsérvese que los nodos se identifican por puntos gruesos en la gráfica.

Como las propiedades topológicas del circuito o su gráfica no se alteran al distorsionarlo, las tres gráficas mostradas en la figura 2-32 son topológicamente idénticas a las del circuito y su gráfica, en la figura 2-31.

Los términos topológicos que ahora se conocen y que se han estado usando correctamente son

nodo: punto en el cual dos o más elementos tienen una conexión común.

trayectoria: conjunto de elementos que pueden ser atravesados en orden sin pasar a través del mismo nodo dos veces.

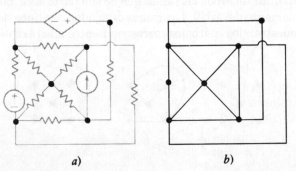

Figura 2-31

a) Un circuito dado. *b*) La grafica lineal de este circuito.

Figura 2-32

Las gráficas mostradas son topológicamente idénticas entre sí, y a la gráfica
de la figura 2-31b, y cada una de ellas es
la gráfica del circuito que se muestra en
la figura 2-31a.

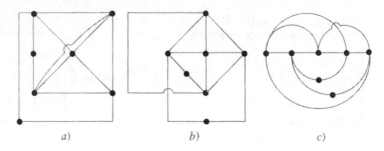

a)   b)   c)

rama: trayectoria simple, que contiene un solo elemento simple, y que conecta
un nodo con cualquier otro nodo.

lazo: trayectoria cerrada.

malla: lazo que no contiene ningún otro lazo dentro de él.

circuito plano: un circuito que se puede dibujar sobre una superficie plana, de
tal forma que ninguna rama pase por encima o por debajo de ninguna otra.

circuito no plano: cualquier circuito que no es plano.

Cada gráfica de la figura 2-32 contiene 12 ramas y 7 nodos.

Ahora se definirán tres nuevas propiedades de una gráfica lineal –un árbol, un
coárbol y un eslabón. Un *árbol* se define como cualquier conjunto de ramas que no
contiene ningún lazo, pero que conecta todos los nodos con cualquier otro nodo, no
necesariamente en forma directa. Casi siempre se pueden dibujar varios árboles
diferentes en una red, y su número aumenta rápidamente al aumentar la complejidad
de la red. La gráfica sencilla de la figura 2-33a tiene ocho árboles posibles, cuatro de
los cuales se muestran con líneas gruesas en las figuras 2-33b, c, d y e.

Figura 2-33

a) La gráfica lineal de una red de tres
nodos. b), c), d) y e) Con líneas de trazo
grueso se indican cuatro de los ocho árboles diferentes que se pueden dibujar
para esta gráfica.

a)   b)   c)   d)   e)

En la figura 2-34a se muestra una gráfica más compleja. La figura 2-34b muestra
un posible árbol, y las figuras 2-34c y d muestran conjuntos de ramas que no son
árboles porque ninguno satisface la definición.

Después de definir un árbol, las ramas que no son parte del árbol se conocen como
coárbol, o complemento del árbol. Las ramas dibujadas con línea delgada en las figuras 2-33b a e, muestran los coárboles correspondientes a los árboles más gruesos.

Figura 2-34

a) Una gráfica lineal. b) Un árbol posible
para esta gráfica. c) y d) Estos conjuntos
de ramas no satisfacen la definición de
árbol.

a)   b)   c)   d)

Una vez que se ha entendido la construcción de un árbol y su coárbol, el concepto de eslabón es muy sencillo, un *eslabón* es cualquier rama que pertenezca al coárbol. Es evidente que una rama en particular puede o no ser un eslabón, dependiendo del árbol epecífico que se elija.

El número de eslabones en una gráfica se puede relacionar fácilmente con el número de nodos y ramas. Si la gráfica tiene N nodos, entonces se necesitan exactamente $(N-1)$ ramas para construir un árbol, porque la primera rama elegida conecta dos nodos y cada rama adicional incluye un nodo más. Entonces, dadas B ramas, el número de eslabones o enlaces L debe ser

$$L = B - (N-1)$$

o $$L = B - N + 1 \tag{30}$$

Hay L ramas en el coárbol y $(N-1)$ ramas en el árbol.

En cualquiera de las gráficas de la figura 2-33, se observa que $3 = 5 - 3 + 1$, y en la gráfica de la figura 2-34b, $6 = 10 - 5 + 1$. Una red puede constar de varias partes desconectadas, y la ecuación (30) se puede generalizar sustituyendo el $+1$ con un $+S$, donde S es el número de partes separadas. Sin embargo, también es posible conectar dos partes separadas por medio de un solo conductor, convirtiendo así dos nodos en uno; a través de este conductor no puede fluir corriente. Este proceso se puede usar para unir cualquier número de partes separadas, así que no habrá pérdida de generalidad si se dedica la atención a circuitos para los cuales $S = 1$.

Se cuenta ya con las herramientas para analizar un método por el que se puede escribir un conjunto de ecuaciones de nodo que son independientes y suficientes. El método permitirá obtener muchos conjuntos diferentes de ecuaciones para la misma red, y todos ellos serán válidos. Sin embargo, el método no proporciona todos los conjuntos posibles. Primero se describirá el procedimiento, se darán tres ejemplos, y luego se señalará la razón por la que las ecuaciones son independientes y suficientes.

Dada una red, se debe:

1. Dibujar una gráfica y luego identificar un árbol.
2. Colocar todas las fuentes de voltaje en el árbol.
3. Colocar todas las fuentes de corriente en el coárbol.
4. Colocar todas las ramas de control de voltaje para las fuentes dependientes controladas por voltaje en el árbol, si es posible.
5. Colocar todas las ramas de control de corriente para las fuentes dependientes controladas por corriente en el coárbol, si es posible.

Los últimos cuatro pasos efectivamente asocian los voltajes con el árbol y las corrientes con el coárbol.

Ahora se asigna una variable de voltaje (con sus signos más-menos) entre los extremos de cada una de las $(N-1)$ ramas en el árbol. Una rama que contiene una fuente de voltaje (dependiente o independiente) debe tener el voltaje de la fuente asignada, y a una rama que contenga un voltaje de control se le debe asignar ese voltaje de control. Por lo tanto, el número de nuevas variables que se introduce es igual al número de ramas en el árbol, $(N-1)$, menos el número de fuentes de voltaje en el árbol, y también menos el número de voltajes de control que se pudieron colocar en el árbol. En el ejemplo 2-21 se verá que el número de nuevas variables requeridas *puede* inclusive ser cero.

Teniendo un conjunto de variables, se necesita ahora escribir un conjunto de ecuaciones que sean suficientes para determinar estas variables. Las ecuaciones se obtienen por medio de la aplicación de la LCK. Las fuentes de voltaje se manejan de la misma forma en la que se trataron antes en el análisis de nodos; cada fuente de voltaje y los dos nodos de sus terminales forman un supernodo o parte de un supernodo. La ley de corrientes de Kirchhoff se aplica después a todos (excepto uno de los nodos restantes) y a los supernodos. Se iguala a cero la suma de las corrientes que salen del nodo por todas las ramas conectadas a él. Cada corriente se expresa en términos de las variables de voltaje que se acaban de asignar. Uno de los nodos puede ignorarse, como se hizo para el nodo de referencia. Por último, en caso de que haya fuentes dependientes controladas por corriente, se debe escribir una ecuación por cada corriente de control que la relacione con las variables de voltaje; esto tampoco difiere del procedimiento usado en el análisis de nodos.

Ahora se aplicará este proceso en el circuito mostrado en la figura 2-35a. Se tienen cuatro nodos y cinco ramas, y su gráfica se muestra en la figura 2-35b.

Figura 2-35

a) Un circuito usado como ejemplo del análisis de nodos generalizado. b) La gráfica del circuito dado. c) La fuente de voltaje y el voltaje de control se colocan en el árbol, mientras que la fuente de corriente va en el coárbol.
d) El árbol se completa y se asigna un voltaje a cada rama de árbol.

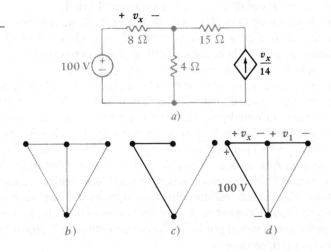

Ejemplo 2-19 Encuentre el valor de v_x en el circuito de la figura 2-35a.

Solución: Según los pasos 2 y 3 del procedimiento de trazado de árboles, se coloca la fuente de voltaje en el árbol y la fuente de corriente en el coárbol. Siguiendo el paso 4, se ve que la rama v_x también se puede colocar en el árbol, ya que no forma ningún lazo que pudiera violar la definición de árbol. Ahora se ha llegado a las dos ramas del árbol y el eslabón sencillo que se muestra en la figura 2-35c, y se observa que aún no se tiene un árbol, ya que el nodo de la derecha no está conectado a los otros por una trayectoria que pase a través de las ramas del árbol. La única forma posible de completar el árbol se muestra en la figura 2-35d. La fuente de 100 V, el voltaje de control v_x y una nueva variable de voltaje v_1, se asignan ahora a las tres ramas del árbol, como se puede ver.

Por lo tanto, se tienen dos incógnitas, v_x y v_1, y es obvio que se necesitan dos ecuaciones en términos de ellas. Hay cuatro nodos, pero la presencia de la fuente de voltaje hace que dos de ellos formen un solo supernodo. La ley de corrientes de Kirchhoff se puede aplicar a dos cualesquiera de los tres nodos restantes o supernodos. Primero se ve el nodo de la derecha. La corriente que sale hacia la izquierda es $-v_1/15$, mientras que la corriente que baja es $-v_x/14$. Por lo tanto, la primera ecuación es

$$-\frac{v_1}{15} - \frac{v_x}{14} = 0$$

El nodo central de arriba se ve más fácil que el supernodo, así que se iguala a cero la suma de la corriente hacia la izquierda ($-v_x/8$), la corriente hacia la derecha ($v_1/15$) y la corriente hacia abajo a través del resistor de 4 Ω. Esta última corriente está dada por el voltaje del resistor dividida entre 4 Ω, pero no hay ningún voltaje definido en ese eslabón. Sin embargo, cuando un árbol se construye de acuerdo con la definición, existe una trayectoria en él de cualquier nodo a cualquier otro nodo. Entonces, como a cada rama en el árbol se le ha asignado un voltaje, el voltaje en cualquier eslabón se puede expresar en términos de los voltajes de las ramas del árbol. Por lo tanto, esta corriente hacia abajo es ($-v_x$ + 100)/4, y se tiene la segunda ecuación,

$$\frac{v_x}{8} + \frac{v_1}{15} + \frac{-v_x + 100}{4} = 0$$

La solución simultánea de estas dos ecuaciones de nodos es

$$v_1 = -60\text{ V} \qquad v_x = 56\text{ V}$$

Como segundo ejemplo, se considerará un circuito más complejo que ya se había analizado, definiendo todos los voltajes de los nodos con respecto a uno de referencia. El circuito es el de la figura 2-5, repetido en la figura 2-36a.

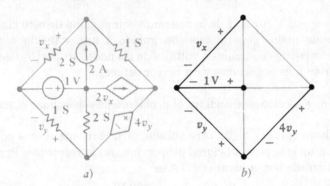

Figura 2-36

a) El circuito de la figura 2-5 repetido. b) Se escoge un árbol tal que ambas fuentes de voltaje y ambos voltajes de control sean ramas del árbol.

Ejemplo 2-20 Encuentre los valores de v_x y v_y en el circuito de la figura 2-36a.

Solución: Se dibuja el árbol de tal forma que ambas fuentes de voltaje y ambos voltajes de control aparezcan como voltajes de rama, y así, como variables ya asignadas. Como se ve, estas cuatro ramas constituyen un árbol, figura 2-36b; se escogen los voltajes de ramas v_x, 1, v_y y $4v_y$ como se muestra.

Ambas fuentes de voltaje definen supernodos; la LCK se aplica dos veces, una al nodo superior,

$$2v_x + 1(v_x - v_y - 4v_y) = 2$$

otra al supernodo formado por el nodo de la derecha, el nodo de abajo y la fuente dependiente de voltaje,

$$1v_y + 2(v_y - 1) + 1(4v_y + v_y - v_x) = 2v_x$$

En lugar de las cuatro ecuaciones que se tenían, ahora sólo hay dos, y se encuentra fácilmente que $v_x = \frac{26}{9}$ V y $v_y = \frac{4}{3}$ V, ambos valores de acuerdo con la solución anterior.

Como ejemplo final, se considera el circuito de la figura 2-37a.

Figura 2-37

a) Un circuito para el que sólo se necesita una ecuación general de nodos. *b*) El árbol y los voltajes de rama del árbol que se usaron.

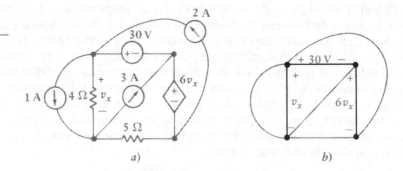

a)   *b)*

Ejemplo 2-21 Encuentre el valor de v_x en el circuito de la figura 2-37*a*.

Solución: Las dos fuentes de voltaje y el voltaje de control definen el árbol de tres ramas que se muestra en la figura 2-37*b*. Como los dos nodos superiores y el nodo inferior derecho, juntos, forman un solo supernodo, sólo se necesita escribir una ecuación de la LCK. Seleccionando el nodo inferior izquierdo, se tiene

$$-1 - \frac{v_x}{4} + 3 + \frac{-v_x + 30 + 6v_x}{5} = 0$$

de donde $v_x = -\frac{32}{3}$ V. A pesar de la aparente complejidad de este circuito, el uso del análisis de nodos generalizado ha guiado a una solución sencilla. Si se emplearan corrientes de mallas o voltajes de los nodos respecto al de referencia, se necesitarían más ecuaciones y un mayor esfuerzo.   •

En la siguiente sección se estudiará el problema de seleccionar el mejor método de análisis.

Si se necesitara conocer algún otro voltaje, otra corriente u otra potencia en el ejemplo anterior, un solo paso adicional proporcionaría la respuesta. Por ejemplo, la potencia suministrada por la fuente de 3 A es

$$3(-30 - \tfrac{32}{3}) = -122 \text{ W}$$

Para terminar se analizará la suficiencia del conjunto de voltajes de rama asignados y la independencia de las ecuaciones de nodo. Si estos voltajes de rama son *suficientes*, entonces el voltaje de cada rama, ya esté en el árbol o en el coárbol, debe poder obtenerse si se conocen todos los valores de los voltajes de rama. Esto es evidentemente cierto para las ramas que están en el árbol. En cuanto a los eslabones, se sabe que cada uno de ellos se extiende entre dos nodos, y por definición, el árbol también debe conectar a estos dos nodos. Por lo tanto, cada voltaje de eslabón también se puede calcular en términos de los voltajes de ramas.

Una vez conocidos todos los voltajes de rama, se pueden hallar todas las corrientes usando ya sea un valor dado de la corriente si la rama consiste en una fuente de corriente, la ley de Ohm si se trata de una rama resistiva, o bien la ley de corrientes de Kirchhoff y los valores de estas corrientes si la rama es una fuente de voltaje. Así, todos los voltajes y las corrientes están determinados, y así se demuestra la suficiencia.

Para demostrar la independencia, se facilitará la tarea suponiendo una situación en la cual las únicas fuentes en la red son fuentes independientes de corriente. Tal como se vio, se obtienen menos ecuaciones cuando hay fuentes independientes de voltaje en el circuito, mientras que, generalmente, con las fuentes dependientes el número de ecuaciones es mayor. Para el caso de tener sólo fuentes independientes de corriente, habrá precisamente $(N - 1)$ ecuaciones de nodo escritas en términos de los $(N - 1)$ voltajes de rama. Para demostrar que estas $(N - 1)$ ecuaciones son *independientes*, visualícese la aplicación de la LCK a los $(N - 1)$ nodos diferentes. Cada vez que se escribe una ecuación de la LCK, se involucra una nueva rama –la que conecta a ese nodo con el resto del árbol. Como ese elemento del circuito no ha aparecido en ninguna ecuación anterior, debe resultar una ecuación independiente. Esto es cierto para cada uno de los $(N - 1)$ nodos, y por lo tanto se tienen $(N - 1)$ ecuaciones independientes.

2-10. *a*) ¿Cuántos árboles se pueden construir para el circuito de la figura 2-38 si se siguen los cinco pasos sugeridos para hacer las gráficas de árboles? *b*) Dibuje un árbol adecuado, escriba dos ecuaciones con dos incógnitas y encuentre i_3. *c*) ¿Qué potencia suministra la fuente dependiente?   *Resp:* 1; 7.2 A; 547 W

Ejercicio

Figura 2-38

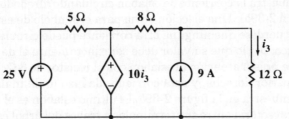

Para el ejercicio 2-10.

Ahora considérese el uso de un árbol para obtener un conjunto adecuado de ecuaciones de lazo. En algunos aspectos, esto es el dual de escribir ecuaciones de nodo. Debe señalarse de nuevo que, aunque es posible garantizar que cualquier conjunto de ecuaciones que se escriba será suficiente e independiente, no debe esperarse que el método dé directamente todas las posibles ecuaciones .

De nuevo se empieza con la construcción de un árbol, y se usa el mismo conjunto de reglas que se usó para el análisis de nodos generalizado. Tanto en el análisis de nodos como en el de lazos, el objetivo es colocar voltajes en el árbol y corrientes en el coárbol; ésta es una regla *obligatoria* para fuentes y es deseable para las cantidades de control.

Sin embargo, en vez de asignar un voltaje a cada rama del árbol, ahora se asigna una corriente (que incluye la flecha de referencia, por supuesto) a cada elemento en el coárbol o a cada eslabón. Si hubiera 10 eslabones, se asignarían justo 10 corrientes de eslabón. A cualquier eslabón que contenga una fuente de corriente se le asigna esa corriente como la del eslabón. Obsérvese que cada corriente de eslabón puede verse también como una corriente de lazo, ya que el eslabón debe extenderse entre dos nodos específicos, además debe haber una trayectoria entre esos mismos nodos a través del árbol. Por lo tanto, a cada eslabón se asocia un lazo único que incluye sólo ese eslabón y una trayectoria única a través del árbol. Es evidente que la corriente asignada puede verse como una corriente de lazo o como una corriente de eslabón. La connotación de eslabón es más útil cuando se definen las corrientes, ya que debe definirse una por cada eslabón; la interpretación en términos de lazos es más conveniente cuando se escriben las ecuaciones, ya que se aplicará la LVK alrededor de cada lazo.

Se ilustrará este proceso de definir corrientes de eslabón reconsiderando un ejemplo anterior en el que se usó el análisis de mallas. El circuito se muestra en la figura 2-12 y se ha redibujado en la figura 2-39*a*. El árbol seleccionado es uno de los que se pueden construir y para el cual la fuente de voltaje está en una rama del árbol, y la fuente de corriente en un eslabón. Primero se considera el eslabón que contiene

2-8

Eslabones y análisis de lazos

Figura 2-39

a) El circuito de la figura 2-12 de nuevo.
b) Se escoge un árbol de forma que la fuente de corriente esté en un eslabón y la fuente de voltaje en una rama del árbol.

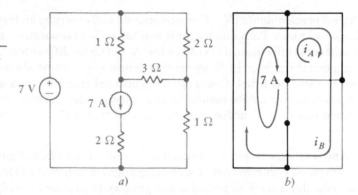

a)   b)

a la fuente de corriente. El lazo asociado con este eslabón es la malla de la izquierda, así que se muestra la corriente de eslabón circulando alrededor del perímetro de esta malla (figura 2-39*b*). Una elección obvia para el símbolo de esta corriente de eslabón es "7 A". Recuérdese que ninguna otra corriente puede circular a través de este eslabón específico, por lo que su valor debe ser exactamente el de la fuente de corriente.

Ahora se presta atención al eslabón con el resistor de 3 Ω. El lazo asociado a él es la malla superior derecha, y esta corriente de lazo (o de malla) se define como i_A y también se muestra en la figura 2-39*b*. El último eslabón es el resistor inferior de 1 Ω y la única trayectoria entre sus terminales a través del árbol es alrededor del perímetro del circuito. Esa corriente de eslabón se llama i_B y la flecha que indica su trayectoria y su dirección aparece en la figura 2-39*b*. Esta no es una corriente de malla.

Obsérvese que a cada eslabón le corresponde una sola corriente, pero una rama puede tener un número cualquiera de corrientes, desde uno hasta el número total de corrientes de eslabón definidas. El uso de flechas largas y casi cerradas para indicar los lazos ayuda a indicar qué corrientes de lazo fluyen a través de qué rama de árbol, y cuáles son sus direcciones de referencia.

Ahora debe escribirse una ecuación de la LVK alrededor de cada uno de estos lazos. Las variables que se usan son las corrientes de eslabón asignadas. El voltaje de una fuente de corriente no se puede expresar en términos de la corriente de la fuente; dado que ya se ha usado el valor de la corriente de la fuente como la corriente de eslabón, se descarta cualquier lazo que contenga una fuente de corriente.

Ejemplo 2-22 En el ejemplo de la figura 2-39, encuentre los valores de i_A e i_B.

Solución: Se recorre primero el lazo i_A, en el sentido de las manecillas del reloj a partir de la esquina inferior izquierda. La corriente en esa dirección en el resistor de 1 Ω es $(i_A - 7)$, en el elemento de 2 Ω es $(i_A + i_B)$ y en el eslabón es simplemente i_B. Entonces

$$1(i_A - 7) + 2(i_A + i_B) + 3i_A = 0$$

Para el eslabón i_B, el recorrido en sentido de las manecillas del reloj a partir de la esquina inferior izquierda da

$$-7 + 2(i_A + i_B) + 1i_B = 0$$

No es necesario recorrer el lazo definido por el eslabón de 7 A. Al resolver se tiene $i_A = 0.5$ A e $i_B = 2$ A de nuevo. ¡La solución se obtuvo con una ecuación menos que con el método anterior!   ●

En la figura 2-40*a* se muestra un ejemplo con una fuente dependiente.

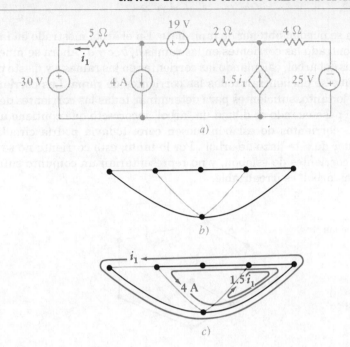

Figura 2-40

a) Circuito en el que i_1 se puede calcular con una sola ecuación usando el análisis de lazos generalizado. *b)* El único árbol que satisface las reglas dadas en la sección 2-7. *c)* Las tres corrientes de eslabón se muestran con sus lazos.

Ejemplo 2-23 Evalúe i_1 en el circuito que se muestra en la figura 2-40*a*.

Solución: Este circuito contiene seis nodos, por lo que su árbol debe tener cinco ramas. Como hay ocho elementos en la red, hay tres eslabones en el coárbol. Si se colocan las tres fuentes de voltaje en el árbol y el control de la corriente en el coárbol, se llega al árbol mostrado en la figura 2-40*b*. La corriente de la fuente de 4 A define un lazo como se ve en la figura 2-40*c*. La fuente dependiente establece la corriente de lazo $1.5i_1$ alrededor de la malla derecha, y la corriente de control i_1 da la corriente de lazo restante alrededor del perímetro del circuito. Obsérvese que las tres corrientes circulan a través del resistor de 4 Ω.

Sólo hay una cantidad desconocida, i_1, y después de descartar los lazos definidos por las dos fuentes de corriente, se aplica la LVK alrededor del perímetro del circuito.

$$-30 + 5(-i_1) + 19 + 2(-i_1 - 4) + 4(-i_1 - 4 + 1.5i_1) - 25 = 0$$

Además de las tres fuentes de voltaje, hay tres resistores en este lazo. El resistor de 5 Ω tiene una corriente de lazo porque también es un eslabón; el resistor de 2 Ω contiene dos corrientes de lazo, y el resistor de 4 Ω tiene tres. Si se quieren evitar errores por omitir corrientes, por utilizar corrientes de más o por elegir la dirección es necesario hacer un dibujo cuidadoso del conjunto de corrientes de lazo. La ecuación anterior, sin embargo, está garantizada y conduce a $i_1 = -12$ A

¿Cómo se puede demostrar la suficiencia? Visualícese un árbol. No contiene lazos, y por lo tanto contiene al menos dos nodos, a cada uno de los cuales solo una rama del árbol está conectada. La corriente en cada una de estas dos ramas se encuentra fácilmente a partir de las corrientes de eslabón conocidas, aplicando la LCK. Si hay otros nodos a cada uno de los cuales sólo una rama está conectada, estas corrientes de rama también se pueden obtener de inmediato. En el árbol mostrado en la figura 2-41, se han encontrado las corrientes en las ramas *a*, *b*, *c* y *d*. Ahora se mueve a lo largo de las ramas del árbol, calculando las corrientes en las ramas *e* y *f*; este proceso continúa hasta que se encuentran todas las corrientes de rama. Las corrientes de eslabón son, por lo tanto, suficientes para determinar todas las corrientes de rama. Será útil ver qué pasa cuando se dibuja un "árbol" incorrecto que contiene un lazo. Aun si todas las corrientes de eslabón fuesen cero, todavía podría circular una corriente alrededor de este "lazo de árbol". Por lo tanto, esta corriente no se podría calcular con las corrientes de eslabón, y no representarían un conjunto suficiente. Por definición, tal "árbol" es irrealizable.

Figura 2-41

Árbol usado para ejemplificar la suficiencia de las corrientes de eslabón.

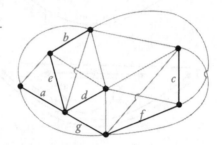

Para demostrar la independencia, se facilitarán las cosas suponiendo que las únicas fuentes en la red son fuentes independientes de voltaje. Como se hizo notar, se obtienen menos ecuaciones cuando hay fuentes independientes de corriente en el circuito, mientras que generalmente las fuentes dependientes necesitan un mayor número de ecuaciones. Si sólo se tienen fuentes independientes de voltaje, habrá precisamente $(B - N + 1)$ ecuaciones de lazo escritas en términos de las $(B - N + 1)$ corrientes de eslabón. Para demostrar que estas $(B - N + 1)$ ecuaciones de lazo son independientes, sólo se necesita señalar que cada una de ellas representa la aplicación de la LVK alrededor de un lazo que contiene un eslabón que no aparece en ninguna otra ecuación. Podría uno imaginar que hay una resistencia diferente R_1, $R_2, \ldots, R_{B-N+1}$, en cada uno de estos eslabones, y entonces es evidente que ninguna ecuación puede obtenerse a partir de las otras, ya que cada una contiene un coeficiente que no aparece en las demás.

Por lo tanto, las corrientes de eslabón son suficientes para permitir la obtención de una solución completa, y el conjunto de ecuaciones de lazo que se usa para calcular las corrientes de eslabón es un conjunto de ecuaciones independientes.

Habiendo visto ya el análisis de nodos generalizado y el análisis de lazos, se deben tomar en cuenta las ventajas y desventajas de cada método para poder tomar una decisión inteligente respecto al plan de ataque sobre el análisis de un problema dado.

El método de nodos en general requiere $(N - 1)$ ecuaciones, pero este número se reduce en uno por cada fuente de voltaje dependiente o independiente que haya en una rama del árbol, y aumenta en uno por cada fuente dependiente controlada por un voltaje de eslabón o controlada por corriente.

El método de lazos requiere básicamente $(B - N + 1)$ ecuaciones. Sin embargo, cada fuente de corriente dependiente o independiente en un lazo reduce este número en uno, mientras que cada fuente dependiente controlada por una corriente de rama del árbol, o por un voltaje, aumenta este número en uno.

Como *grand finale* para este análisis, se inspeccionará el modelo de circuito equivalente en T para un transistor, mostrado en la figura 2-42, al cual están conectadas una fuente senoidal, 4 sen 1000*t* mV, y una carga de 10 kΩ.

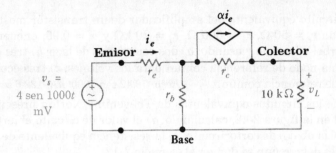

Figura 2-42

Una fuente de voltaje senoidal y una carga de 10 kΩ, se conectan al circuito equivalente T de un transistor. La conexión común entre la entrada y la salida está en la terminal de la base del transistor, y todo el arreglo recibe el nombre de configuración en *base común*.

Ejemplo 2-24 Encuentre la corriente de entrada (emisor) i_e y el voltaje de carga v_L en el circuito de la figura 2-42, suponiendo que se seleccionan valores característicos para las resistencias del emisor $r_e = 50\ \Omega$, de la base $r_b = 500\ \Omega$, el colector $r_c = 20$ kΩ; para la polarización directa en base común, se toma la razón de transferencia como $\alpha = 0.99$.

Solución: Aunque los detalles se piden en los ejercicos 2-12 y 2-13, debe poder observarse que el análisis de este circuito se podría llevar a cabo dibujando árboles que requieran tres ecuaciones generales de nodos $(N - 1 - 1 + 1)$ o dos ecuaciones de lazo $(B - N + 1 - 1)$. También debe notarse que se requieren tres ecuaciones en términos de voltajes respecto a una referencia común, o bien tres ecuaciones de mallas.

Sin importar qué método se escoge, para este circuito específico se obtiene el siguiente resultado:

$$i_e = 18.42 \text{ sen } 1000t \quad \mu A$$
$$v_L = 122.6 \text{ sen } 1000t \quad mV$$

y por lo tanto, se observa que este transistor da una ganancia de voltaje (v_L/v_s) de 30.6, una ganancia de corriente $(v_L/10\,000i_e)$ de 0.666, y una ganancia de potencia igual al producto, $30.6(0.666) = 20.4$. Se pueden asegurar mayores ganancias operando este transistor en una configuración de emisor común como lo ilustra el circuito equivalente del problema 43.   •

2-11. Dibuje un árbol adecuado y utilice el análisis general de lazos para calcular i_{10} en el circuito de *a*) la figura 2-43*a*, escribiendo sólo una ecuación con i_{10} como variable; *b*) la figura 2-43*b*, escribiendo sólo dos ecuaciones con i_{10} e i_3 como variables.

Resp: –4.00 mA; 4.69 A

Figura 2-43

Para el ejercico 2-11.

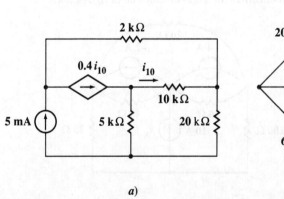

a)

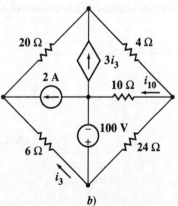

b)

2-12. Para el circuito equivalente del amplificador de un transistor mostrado en la figura 2-42, sean $r_e = 50\ \Omega$, $r_b = 500\ \Omega$, $r_c = 20\ k\Omega$ y $\alpha = 0.99$; encuentre i_e y v_L dibujando un árbol adecuado y usando: a) dos ecuaciones de lazo; b) tres ecuaciones de nodos con una nodo de referencia común para los voltajes; c) tres ecuaciones de nodo sin nodo de referencia común.   *Resp:* 18.42 sen 1000t μA; 122.6 sen 1000t mV

2-13. Determine los circuitos equivalentes de Thévenin y Norton presentadas a la carga de 10 kΩ en la figura 2-42, calculando: a) el valor de circuito abierto de v_L; b) la corriente (hacia abajo) de cortocircuito; c) la resistencia equivalente de Thévenin. Todos los valores del circuito se dan en el ejercicio 2-12.

Resp: 147.6 sen 1000t mV; 72.2 sen 1000t μA; 2.05 kΩ

Problemas

1 a) Encuentre v_2 si $0.1v_1 - 0.3v_2 - 0.4v_3 = 0$, $-0.5v_1 + 0.1v_2 = 4$ y $-0.2v_1 - 0.3v_2 + 0.4v_3 = 6$. b) Evalúe el determinante:

$$\begin{vmatrix} 2 & 3 & 4 & 1 \\ 3 & 4 & 1 & 2 \\ 4 & 1 & 2 & 3 \\ 1 & -2 & 3 & 0 \end{vmatrix}$$

2 Utilice análisis de nodos para encontrar v_p en el circuito de la figura 2-44.

Figura 2-44

Para el problema 2.

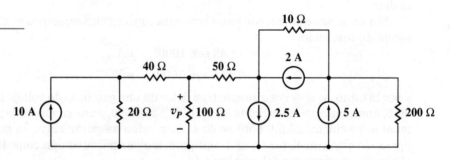

3 a) Encuentre v_A, v_B y v_C si $v_A + v_B + v_C = 27$, $2v_B + 16 = v_A - 3v_C$ y $4v_C + 2v_A + 6 = 0$. b) Evalúe el determinante:

$$\begin{vmatrix} 0 & 1 & 2 & 3 \\ 1 & 2 & 3 & 4 \\ 2 & 3 & 4 & 1 \\ 3 & 4 & 1 & 2 \end{vmatrix}$$

4 Utilice análisis de nodos para encontrar v_x en el circuito de la figura 2-45.

Figura 2-45

Para el problema 4.

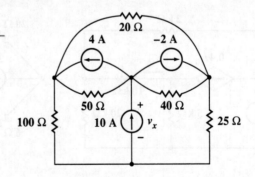

5 Utilice el análisis de nodos para encontrar v_4 en el circuito de la figura 2-46.

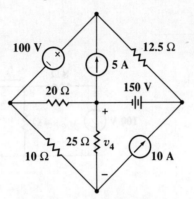

Figura 2-46

Para el problema 5.

6 Con la ayuda del análisis de nodos en el circuito de la figura 2-47 encuentre *a*) v_A; *b*) la potencia disipada en el resistor de 2.5 Ω.

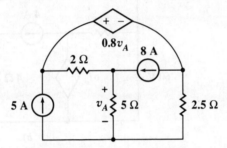

Figura 2-47

Para el problema 6.

7 Utilice análisis de nodos para determinar v_1 y la potencia que suministra la fuente de corriente en el circuito mostrado en la figura 2-48.

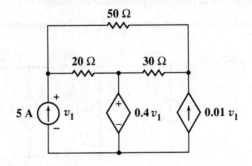

Figura 2-48

Para los problemas 7 y 11.

8 En la figura 2-49, use el análisis de nodos para determinar el valor de k que provocará que el voltaje v_y sea cero.

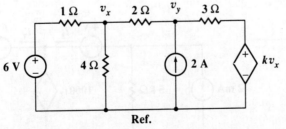

Figura 2-49

Para el problema 8.

9 Utilice análisis de mallas para encontrar i_x en el circuito de la figura 2-50a.

Figura 2-50

Para los problemas 9 y 10.

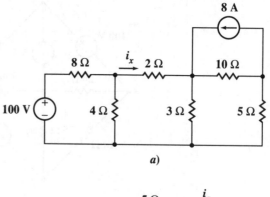

a)

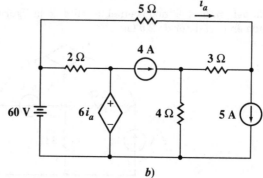

b)

10 Calcule la potencia disipada en el resistor de 2 Ω en el circuito de la figura 2-50b.

11 Utilice análisis de mallas en el circuito mostrado en la figura 2-48 para encontrar la potencia que suministra la fuente dependiente de voltaje.

12 Utilice análisis de mallas para encontrar i_x en el circuito de la figura 2-51.

Figura 2-51

Para el problema 12.

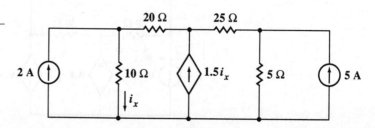

13 Utilice análisis de mallas para encontrar la potencia generada por cada una de las cinco fuentes en la figura 2-52.

Figura 2-52

Para el problema 13.

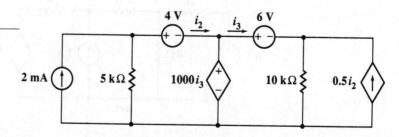

14 Encuentre i_A en el circuito de la figura 2-53.

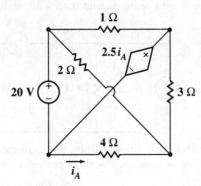

Figura 2-53

Para el problema 14.

15 Con las fuentes i_A y v_B encendidas en el circuito de la figura 2-54 y $v_C = 0$, $i_x = 20$ A; con i_A y v_C encendidas y $v_B = 0$, $i_x = -5$ A; por último, con las tres fuentes encendidas, la corriente $i_x = 12$ A. Encuentre i_x si la única fuente que está operando es *a*) i_A; *b*) v_B; *c*) v_C. *d*) Encuentre i_x si la corriente i_A y el voltaje v_C se duplican en amplitud y el voltaje v_B se invierte.

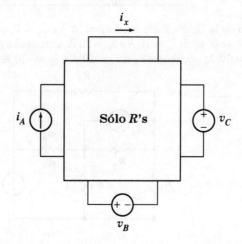

Figura 2-54

Para el problema 15.

16 Utilice superposición para determinar el valor de v_x en el circuito de la figura 2-55.

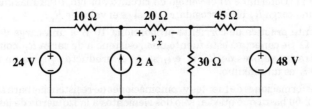

Figura 2-55

Para el problema 16.

17 Aplique superposición al circutio de la figura 2.56 para encontrar i_3.

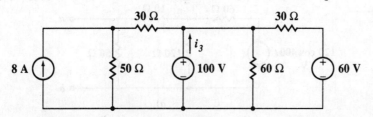

Figura 2-56

Para el problema 17.

18 Utilice superposición en el circuito que se muestra en la figura 2-57 para encontrar el voltaje V. Observe que está presente una fuente dependiente.

Figura 2-57

Para el problema 18.

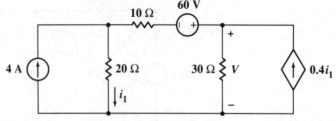

19 *a*) Utilice el teorema de superposición para encontrar i_2 en el circuito mostrado en la figura 2-58. *b*) Calcule la potencia absorbida por cada uno de los cinco elementos del circuito.

Figura 2-58

Para el problema 19.

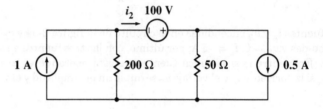

20 En el circuito de la figura 2-59: *a*) si $i_A = 10$ A e $i_B = 0$, entonces $v_3 = 80$ V; encuentre v_3 si $i_A = 25$ A y $v_B = 0$. *b*) Si $i_A = 10$ A e $i_B = 25$ A, entonces $v_4 = 100$ V, en donde $v_4 = -50$ V si $i_A = 25$ A e $i_B = 10$ A; encuentre v_4 si $i_A = 20$ A e $i_B = -10$ A.

Figura 2-59

Para el problema 20.

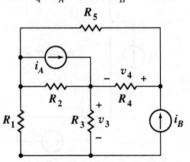

21 Cierta fuente práctica de voltaje de cd puede proporcionar una corriente de 2.5 A cuando está en cortocircuito (momentáneamente) y puede proporcionar una potencia de 80 W a una carga de 20 Ω. Determine *a*) el voltaje de circuito abierto, *b*) la máxima potencia que podría entregar a una carga R_L bien escogida. *c*) ¿Cuál es el valor de R_L?

22 Una fuente práctica de corriente proporciona 10 W a una carga de 250 Ω y 20 W a una carga de 80 Ω. Se conecta a esta fuente una resistencia de carga R_L, con voltaje v_L y corriente i_L. Encuentre los valores de R_L, v_L e i_L si *a*) el producto $v_L i_L$ es un máximo; *b*) v_L es un máximo; *c*) i_L es un máximo.

23 Use transformaciones de fuentes y combinaciones de resistencias para simplificar las dos redes de la figura 2-60 hasta que queden sólo dos elementos a la izquierda de las terminales *a* y *b*.

Figura 2-60

Para el problema 23.

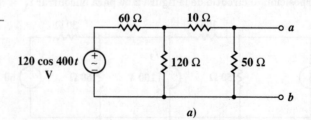

a)

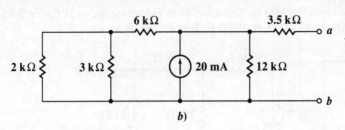

Figura 2-60

Para el problema 23.

b)

24 Si en el circuito de la figura 2-61 se puede seleccionar cualquier valor para R_L, ¿cuál es la potencia máxima que puede disiparse en R_L?

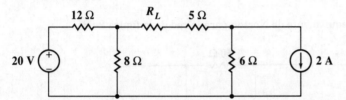

Figura 2-61

Para el problema 24.

25 *a)* Encuentre el equivalente de Thévenin entre las terminales *a* y *b* para la red que se muestra en la figura 2-62. ¿Cuánta potencia entregaría a un resistor conectado a *a* y *b* si R_{ab} es igual a *b)* 50 Ω; *c)* 12.5 Ω?

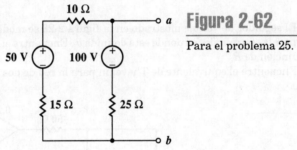

Figura 2-62

Para el problema 25.

26 Para la red de la figura 2-63: *a)* elimine la terminal *c* y encuentre el equivalente de Norton visto desde las terminales *a* y *b*; *b)* repita esto para las terminales *b* y *c* eliminando *a*.

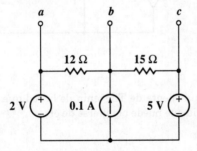

Figura 2-63

Para el problema 26.

27 Encuentre el equivalente de Thévenin de la red de la figura 2-64 visto desde las terminales: *a)* *x* y *x'*; *b)* *y* y *y'*.

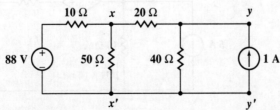

Figura 2-64

Para el problema 27.

28 *a)* Encuentre el equivalente de Thévenin de la red mostrada en la figura 2-65. *b)* ¿Qué potencia entregará a una carga de 100 Ω en las terminales *a* y *b*?

Figura 2-65

Para el problema 28.

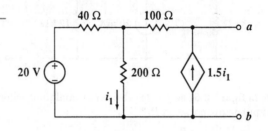

29 Encuentre el equivalente de Norton para la red de la figura 2-66.

Figura 2-66

Para el problema 29.

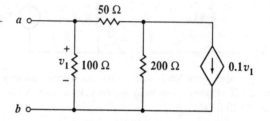

30 El seguidor de voltaje mostrado en la figura 2-28 se modifica al insertar una resistencia R_i entre las terminales en donde está definida v_i. Encuentre el nuevo equivalente de Thévenin en función de R_i.

31 Encuentre el equivalente de Thévenin para la red de dos terminales de la figura 2-67.

Figura 2-67

Para el problema 31.

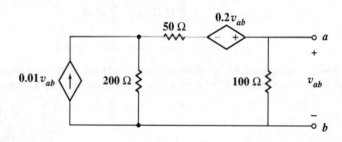

32 *a)* Determine el equivalente de Thévenin de la red que se muestra en la figura 2-68, y *b)* encuentre la potencia que puede obtenerse de él.

Figura 2-68

Para el problema 32.

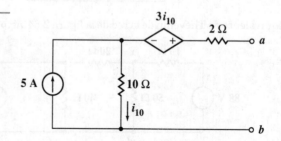

33 Considere el circuito de la figura 2-69: *a*) determine el valor de R_L para el que puede entregarse la máxima potencia, y *b*) calcule el voltaje a través de R_L (con referencia positiva en la parte superior).

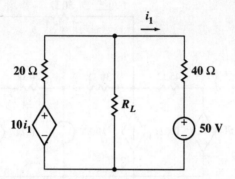

Figura 2-69

Para el problema 33.

34 *a*) Encuentre el equivalente de Thévenin de la red de la figura 2-70. *b*) Repita el inciso anterior si la fuente de 10 A se fija en cero.

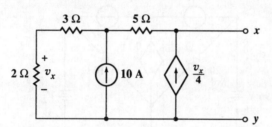

Figura 2-70

Para el problema 34.

35 *a*) Construya todos los árboles posibles para la gráfica lineal en la figura 2-71. *b*) Si las ramas 1 y 2 son fuentes de corriente y la rama 3 es una fuente de voltaje, muestre todos los árboles posibles.

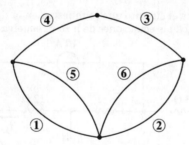

Figura 2-71

Para el problema 35.

36 Construya un árbol para el circuito de la figura 2-72 en donde v_1 y v_2 son voltajes de rama, escriba las ecuaciones de nodos y obtenga el valor de v_1.

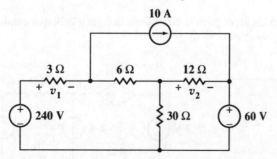

Figura 2-72

Para el problema 36.

37 Construya un árbol adecuado para el circuito de la figura 2-73, asignando voltajes de rama, escriba la LCK y las ecuaciones de control; encuentre la corriente i_2.

Figura 2-73

Para el problema 37.

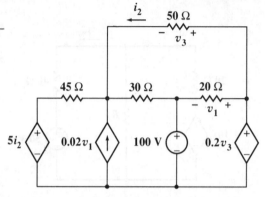

38 Construyendo el árbol adecuado y utilizando el análisis de nodos generalizado para el circuito de la figura 2-74, determine el valor de V_2 que da como resultado $v_1 = 0$.

Figura 2-74

Para el problema 38.

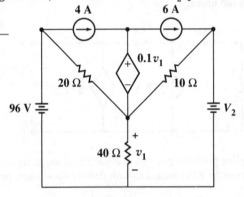

39 Construya un árbol para el circuito que se muestra en la figura 2-75 en el que i_1 e i_2 son corrientes de eslabón, escriba las ecuaciones de lazo y resuelva para obtener i_1.

Figura 2-75

Para el problema 39.

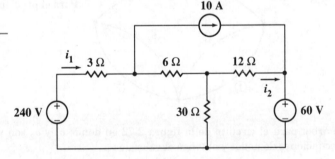

40 Seleccione un árbol para el circuito de la figura 2-76 que conduzca a una ecuación de lazo en términos de i_1 y encuentre el valor de i_1.

Figura 2-76

Para el problema 40.

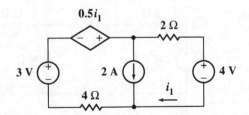

41 *a*) Construya un árbol para el circuito que se muestra en la figura 2-77 de manera que todas las corrientes de lazo fluyan a través del resistor de 7 Ω. *b*) Encuentre i_5.

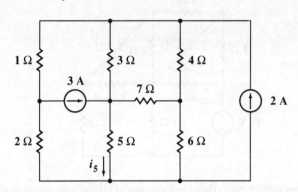

Figura 2-77

Para el problema 41.

42 Utilice el análisis de lazo generalizado en el circuito de la figura 2-78 para encontrar i_{40}.

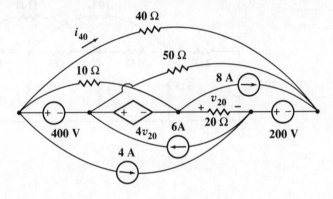

Figura 2-78

Para el problema 42.

43 La figura 2-79 muestra una forma del circuito equivalente para el amplificador de un transistor. Determine el valor del voltaje de circuito abierto, v_2, y la resistencia de salida (R_{th}) del amplificador.

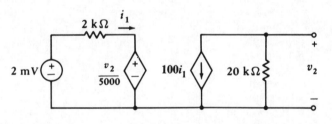

Figura 2-79

Para el problema 43.

44 (SPICE) Utilice SPICE para encontrar v_3 en el circuito mostrado en la figura 2-80.

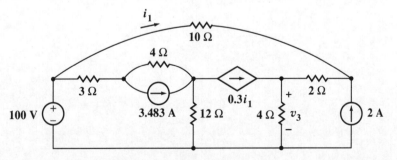

Figura 2-80

Para el problema 44.

45 (SPICE) Utilice SPICE para determinar i_5 en el circuito mostrado en la figura 2-81.

Figura 2-81

Para el problema 45.

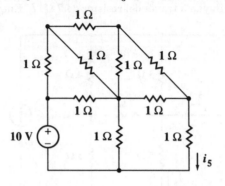

46 (SPICE) Utilice SPICE para determinar v_5 en el circuito mostrado en la figura 2-82.

Figura 2-82

Para el problema 46.

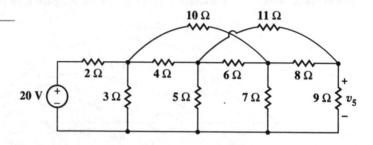

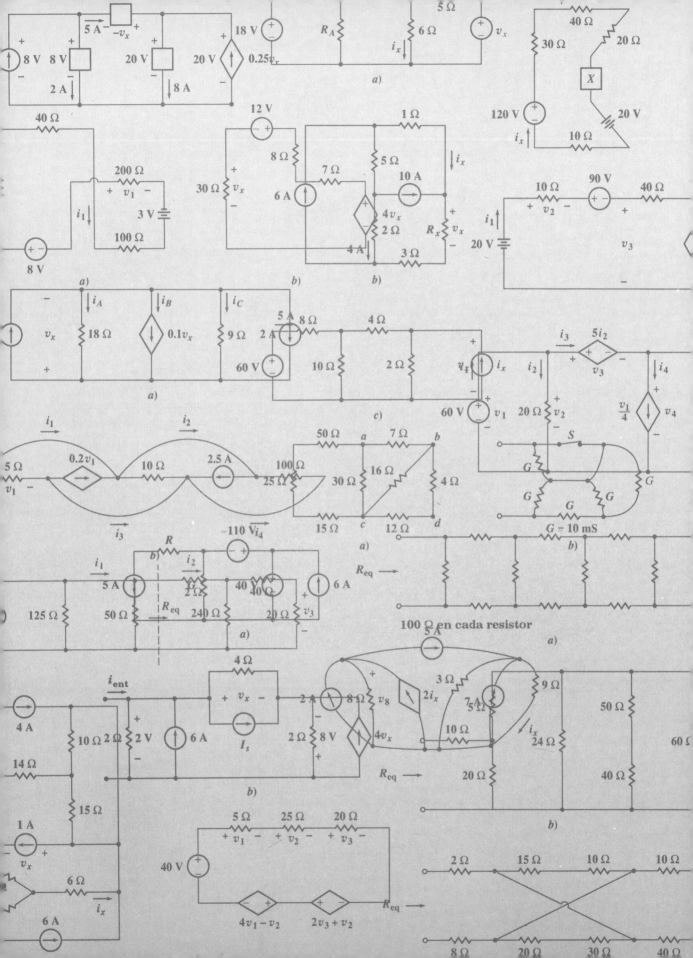

Segunda parte:
El circuito transitorio

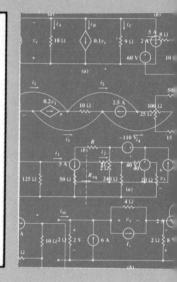

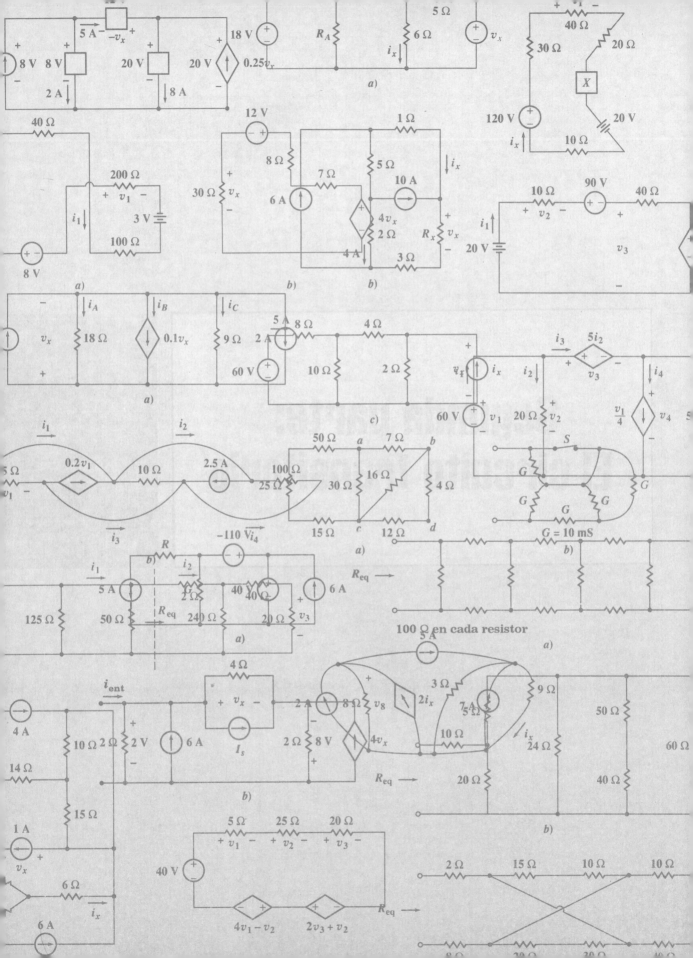

Inductancia y capacitancia

Ahora se puede comenzar con la segunda parte del estudio de circuitos. En este capítulo se introducen dos nuevos elementos de circuitos, cuyas relaciones voltaje-corriente están dadas en términos de la tasa de cambio de un voltaje o una corriente. Antes de comenzar este nuevo estudio, es conveniente hacer una pausa para echar un vistazo a lo que ya se ha estudiado del análisis de circuitos resistivos. Un poco de retrospección filosófica ayudará a comprender el trabajo que sigue.

3-1 Introducción

Después de seleccionar un sistema de unidades adecuado, se comenzó el estudio de los circuitos eléctricos definiendo corriente, voltaje y cinco elementos de circuitos sencillos. A las fuentes dependientes e independientes, tanto de corriente como de voltaje, se les llamó *elementos activos* mientras que al resistor lineal se le conoció como *elemento pasivo* (aunque las definiciones de "activo" y "pasivo" son todavía ambiguas y necesitan precisarse más). Un *elemento activo* se define ahora como aquel que es capaz de proporcionar a algún dispositivo externo una potencia promedio mayor que cero, donde el promedio se toma sobre un intervalo de duración infinita. Las fuentes ideales son elementos activos, y el amplificador operacional también lo es. Un *elemento pasivo,* por consiguiente, se define como aquel que no puede suministrar una potencia promedio que sea mayor que cero, en un intervalo de duración infinita. En esta última categoría está el resistor, y la energía que recibe generalmente se transforma en calor.

Cada uno de estos elementos se definió en términos de las restricciones puestas sobre su relación voltaje-corriente. En el caso de la fuente independiente de voltaje, por ejemplo, el voltaje en las terminales debe ser totalmente independiente de la corriente que circula a través de ellas. Luego se consideraron los circuitos compuestos por diferentes partes. En general, sólo se usaron voltajes y corrientes constantes, pero se obtuvo alguna familiaridad con las técnicas analíticas básicas al tratar sólo al circuito resistivo; ahora se pueden considerar circuitos prácticos mucho más interesantes que contienen inductancia y capacitancia, y en los cuales tanto las funciones de excitación como las respuestas casi siempre varían con el tiempo.

3-2 El inductor

Tanto el inductor, que es el objeto de estudio de esta sección y la siguiente, como el capacitor, que se analiza más adelante en este capítulo, son elementos pasivos capaces de almacenar y entregar cantidades finitas de energía. A diferencia de una fuente ideal, estos elementos no pueden suministrar una cantidad ilimitada de energía o una potencia promedio finita en un intervalo de tiempo de duración infinita.

Aunque el inductor y la inductancia se definirán desde un punto de vista estrictamente de circuitos, es decir, por medio de una ecuación corriente-voltaje, se tendrá una mejor comprensión de la definición si se hacen unos pocos comentarios acerca del desarrollo histórico del campo magnético. A principios del siglo XIX, el científico danés Oersted demostró que un conductor con corriente producía un campo magnético, haciendo ver que el movimiento de la aguja de una brújula se veía afectado en presencia de un conductor con corriente. Poco después, en Francia, Ampère hizo algunas mediciones cuidadosas que mostraron que este campo magnético estaba relacionado linealmente con la corriente que lo producía. El siguiente paso se dio unos veinte años después, cuando el experimentador inglés Michael Faraday y el inventor norteamericano Joseph Henry descubrieron casi simultáneamente[1] que un campo magnético variable podía inducir un voltaje en un circuito cercano. Ellos mostraron que este voltaje era proporcional a la tasa de cambio en el tiempo, de la corriente que producía el campo magnético. A la constante de proporcionalidad ahora se le llama *inductancia* y se denota por L, entonces,

$$v = L \frac{di}{dt} \tag{1}$$

donde debe observarse que v e i son ambas funciones del tiempo. Cuando se quiera hacer hincapié en esto, se usarán los símbolos $v(t)$ e $i(t)$.

En la figura 3-1 se muestra el símbolo para el inductor, y se debe notar que se ha usado la convención pasiva de signos, igual que como se hizo con el resistor. La unidad de inductancia es el *henry*[2] (H), y la ecuación de definición muestra que el henry es sólo una expresión corta para un volt-segundo/ampere.

Figura 3-1

Los signos de referencia para el voltaje y la corriente se muestran en el símbolo para un inductor $v = L\ di/dt$.

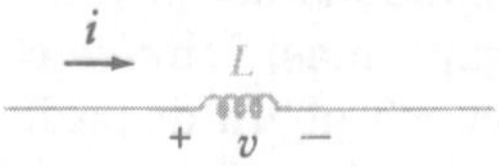

El inductor cuya inductancia está definida en (1) es un modelo matemático; es un elemento ideal que se puede usar para aproximar el comportamiento de un dispositivo real. Un inductor físico se puede hacer enrollando cierta cantidad de alambre en forma de bobina. Esto es muy efectivo para aumentar la corriente que origina el campo magnético, y también para aumentar el "número" de circuitos vecinos en donde se puede inducir un voltaje de Faraday. El resultado de este efecto doble es que la inductancia de una bobina es aproximadamente proporcional al cuadrado del número de vueltas completas del conductor que la forma. Por ejemplo, un inductor, o "bobina", que tenga la forma de una hélice larga de paso muy pequeño, tiene una inductancia de $\mu N^2 A/s$, donde A es el área de la sección transversal, s es la longitud axial de la hélice, N es el número de vueltas del alambre, y μ (mu) es una constante del material que hay dentro de la hélice llamada *permeabilidad*. Para el espacio libre (y muy aproximadamente para el aire), $\mu = \mu_0 = 4\pi \times 10^{-7}$ H/m.

Los inductores físicos deben verse en un curso simultáneo de laboratorio. Los temas relativos al flujo magnético, permeabilidad, y los métodos para usar las características de la bobina física para calcular una inductancia adecuada para el modelo matemático, se tratan en los cursos de física y en los de teoría de campos electromagnéticos.

[1] Faraday ganó.
[2] Una victoria vana.

También es posible armar redes electrónicas que no contengan inductores pero que puedan proporcionar la relación v-i dada por (1) en sus terminales de entrada. Se verá un ejemplo de esto en la sección 6-8.

Ahora se analizará la ecuación (1) para deducir algunas de las características eléctricas de este modelo matemático. Esta ecuación muestra que el voltaje en un inductor es proporcional a la tasa de cambio (en el tiempo) de la corriente que pasa a través de él. En particular, muestra que no hay voltaje en un inductor que lleva una corriente constante, independientemente de la magnitud de esta corriente. De acuerdo con esto, se puede ver a un inductor como un "cortocircuito para cd".

Otro hecho que esta ecuación pone en evidencia está relacionado con una tasa de cambio infinita en la corriente del inductor, tal como la que causa un cambio abrupto en la corriente, de un valor finito a otro valor finito. Este cambio súbito o discontinuo en la corriente debe estar asociado con un voltaje infinito en el inductor. En otras palabras, si se desea producir un cambio abrupto en la corriente del inductor, se debe aplicar un voltaje infinito. Aunque teóricamente puede ser aceptable una función de excitación con voltaje infinito, nunca podrá llegar a ser parte de un fenómeno mostrado por un dispositivo real. Como pronto se verá, un cambio abrupto en la corriente del inductor requiere un cambio abrupto en su energía almacenada, y este cambio repentino en energía requiere una potencia infinita en ese instante; de nuevo, una potencia infinita no es parte del mundo físico real. Para evitar voltajes y potencias infinitas, no debe permitirse que la corriente en un inductor cambie bruscamente de un valor a otro.

Si se intenta poner en circuito abierto un inductor físico a través del cual circula una corriente finita, puede aparecer un arco en el interruptor. La energía almacenada se disipa al ionizar el aire que hay en la trayectoria del arco. Esto es útil en los sistemas de encendido de los automóviles, donde la corriente en la bobina se interrumpe por el distribuidor y el arco aparece en la bujía.

Por el momento no se considerarán circuitos que se abran bruscamente. Cabe señalar, sin embargo, que esta restricción se eliminará más adelante cuando se haga la hipótesis de la existencia de una función de excitación de voltaje o de una respuesta que se vuelva infinita instantáneamente.

La ecuación (1) también se puede interpretar (y resolver, si es necesario) por métodos gráficos.Un ejemplo de esta técnica se basará en la figura 3-2a.

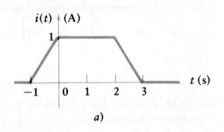

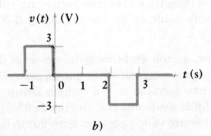

Figura 3-2

a) Forma de onda de la corriente en un inductor de 3 H. b) Forma de onda del voltaje correspondiente $v = 3\, di/dt$.

Ejemplo 3-1 Dada la forma de onda de la corriente en un inductor de 3 H, como se muestra en la figura 3-2a, determine el voltaje del inductor y grafíquelo.

Solución: La corriente es cero antes de $t = -1$ s, aumenta linealmente hasta 1 A en el siguiente segundo, se queda en 1 A durante 2 s y después disminuye hasta cero en el siguiente segundo y permanece en cero después. Si esta corriente está en un inductor de 3 H, y si el voltaje y la corriente se asignan para satisfacer la convención pasiva de signos, entonces se puede usar la ecuación (1) para hallar la forma de onda del voltaje. Como la corriente es cero y constante para $t < -1$ el voltaje es cero en este intervalo. Luego, la corriente comienza a aumentar a la razón lineal de 1 A/s, por lo que se produce un voltaje constante de 3 V. Durante el siguiente intervalo de 2 s, la corriente es constante, por lo que el voltaje es cero. La disminución final de la corriente causa un voltaje negativo de 3 V y ninguna respuesta después de eso. En la figura 3-2b se bosqueja la forma de la onda del voltaje en la misma escala de tiempo.   •

Ahora se investigará el efecto de un aumento y caída más rápidos de la corriente entre los valores de cero y 1 A.

Ejemplo 3-2 Encuentre el voltaje del inductor que resulta al aplicar la forma de onda de corriente mostrada en la figura 3-3a

Figura 3-3

a) El tiempo requerido por la corriente de la figura 3-2a para cambiar desde 0 hasta 1 y desde 1 a 0 disminuye en un factor de 10. *b*) Forma de onda del voltaje resultante. Nótese que el ancho de los pulsos se ha exagerado un poco para que sea más claro.

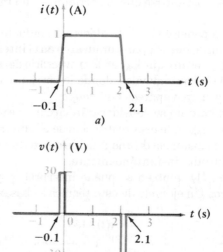

Solución: Nótese que los intervalos requeridos para el aumento y caída disminuyeron a 0.1 s. Entonces la derivada va a ser diez veces mayor en magnitud. Esta condición se muestra en las gráficas de corriente y voltaje de las figuras 3-3a y b. Es interesante notar, en las figuras 3-2b y 3-3b, que el área bajo cada onda del voltaje es 3 V-s.   •

Una mayor disminución en la longitud de estos dos intervalos producirá una magnitud del voltaje proporcionalmente mayor, pero sólo dentro del intervalo donde la corriente aumenta o disminuye. Un cambio abrupto en la corriente causará los "picos" de voltaje infinito (cada una con un área de 3 V-s) sugeridos en las figuras 3-4a y b, o desde el igualmente válido pero opuesto punto de vista, estos picos de voltaje

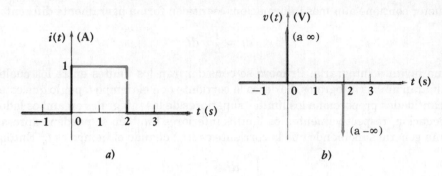

Figura 3-4

a) El tiempo empleado por la corriente de la figura 3-2*a* para cambiar de 0 a 1 y de 1 a 0 se disminuye hasta cero; el aumento y la caída son abruptos. *b*) El voltaje asociado al inductor de 3 H consiste en dos picos infinitos, uno positivo y uno negativo.

infinito se necesitan para producir los cambios abruptos en la corriente. Más tarde será conveniente proporcionar tales voltajes (y corrientes) infinitos, y se les dará el nombre de *impulsos*; por el momento, sin embargo, se intentará estar más cerca de la realidad al no permitir que la corriente, el voltaje o la potencia tomen valores infinitos. Esto significa que por el momento queda proscrito cualquier cambio abrupto en la corriente del inductor.

3-1. Para el circuito de la figura 3-5*a*, encuentre: *a*) i_1; *b*) i_2; *c*) i_3. *Resp:* 5 A; –2 A; 2.1 A

3-2. La corriente a través de un inductor de 0.2 H se muestra como una función del tiempo en la figura 3-5*b*. Suponga la convención pasiva de signos y encuentre v_L en *t* igual a: *a*) 0; *b*) 2 ms; *c*) 6 ms. *Resp:* 0.4 V; 0.2 V; –0.267 V

Ejercicios

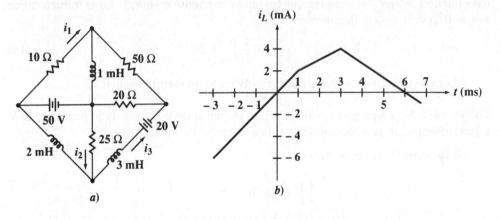

Figura 3-5

Para los problemas 3-1 y 3-2.

La inductancia se definió por medio de una sencilla ecuación diferencial,

$$v = L\frac{di}{dt} \qquad (2)$$

y, a partir de ella, se pudieron deducir varias conclusiones acerca de las características de un inductor. Por ejemplo, se vio que un inductor se puede considerar como un cortocircuito para corriente directa, y también se acordó que no se puede permitir que la corriente de un inductor cambie abruptamente de un valor a otro porque esto requiere asociarle un voltaje y una potencia infinitos. La ecuación de definición del

3-3

Relaciones integrales para el inductor

inductor contiene aún más información; escrita en forma ligeramente diferente,

$$di = \frac{1}{L} v \, dt$$

y que invita a integrarla. Primero se considerarán los límites entre los cuales se evaluarán ambas integrales. Se desea la corriente i en el tiempo t, por lo que este par de cantidades proporciona los límites superiores de las integrales en ambos lados de la ecuación, respectivamente; los límites inferiores también se pueden expresar en forma general suponiendo que la corriente es $i(t_0)$ cuando el tiempo es t_0. Entonces

$$\int_{i(t_0)}^{i(t)} di = \frac{1}{L} \int_{t_0}^{t} v \, dt$$

o

$$i(t) - i(t_0) = \frac{1}{L} \int_{t_0}^{t} v \, dt$$

y

$$i(t) = \frac{1}{L} \int_{t_0}^{t} v \, dt + i(t_0) \qquad (3)$$

La ecuación (2) expresa el voltaje del inductor en términos de la corriente, mientras que la ecuación (3) da la corriente en términos del voltaje. Hay otras formas posibles para esta última ecuación. Se puede escribir la integral como una integral indefinida incluyendo una constante de integración k:

$$i(t) = \frac{1}{L} \int v \, dt + k \qquad (4)$$

También se puede suponer que se está resolviendo un problema real en el cual la elección de t_0 como $-\infty$ asegura que no había corriente o energía en el inductor. Por eso, si $i(t_0) = i(-\infty) = 0$, entonces

$$i(t) = \frac{1}{L} \int_{-\infty}^{t} v \, dt \qquad (5)$$

Ahora se usarán estas integrales, resolviendo un ejemplo sencillo.

Ejemplo 3-3 Suponga que el voltaje en un inductor de 2 H está dado por $6 \cos 5t$ V. ¿Qué información se puede obtener sobre la corriente del inductor?

Solución: De la ecuación (3)

$$i(t) = \frac{1}{2} \int_{t_0}^{t} 6 \cos 5t \, dt + i(t_0)$$

o

$$i(t) = \tfrac{1}{2}(\tfrac{6}{5}) \operatorname{sen} 5t - \tfrac{1}{2}(\tfrac{6}{5}) \operatorname{sen} 5t_0 + i(t_0)$$

$$= 0.6 \operatorname{sen} 5t - 0.6 \operatorname{sen} 5t_0 + i(t_0)$$

El primer término indica que la corriente del inductor varía senoidalmente; el segundo y tercer términos juntos representan tan solo una constante que llega a ser conocida cuando la corriente se especifica numéricamente en un instante dado del tiempo. Supóngase que el enunciado de nuestro ejemplo también indica que la corriente es 1 A en $t = -\pi/2$ s. Entonces se identifica t_0 como $-\pi/2$ con $i(t_0) = 1$, y se encuentra que

$$i(t) = 0.6 \operatorname{sen} 5t - 0.6 \operatorname{sen} (-2.5\pi) + 1$$

o $$i(t) = 0.6 \text{ sen } 5t + 1.6$$

Se puede obtener el mismo resultado a partir de (4). Se tiene

$$i(t) = 0.6 \text{ sen } 5t + k$$

y el valor numérico de k se establece forzando la corriente a 1 A en $t = -\pi/2$:

$$1 = 0.6 \text{ sen } (-2.5\pi) + k$$

o $$k = 1 + 0.6 = 1.6$$

e $$i(t) = 0.6 \text{ sen } 5t + 1.6$$

una vez más.

La ecuación (5) va a causar problemas con este voltaje en particular. La ecuación se basó en la suposición de que la corriente era cero cuando $t = -\infty$. Esto debe ser cierto en el mundo físico real, pero se está trabajando en el terreno del modelo matemático; los elementos y las funciones de excitación son todos ideales. La dificultad surge después de integrar, pues se obtiene

$$i(t) = 0.6 \text{ sen } 5t \Big|_{-\infty}^{t}$$

y al tratar de evaluar la integral en el límite inferior,

$$i(t) = 0.6 \text{ sen } 5t - 0.6 \text{ sen } (-\infty)$$

El seno de $\pm\infty$ no está definido; lo mismo podría representarse por una constante desconocida:

$$i(t) = 0.6 \text{ sen } 5t + k$$

y se ve que este resultado es idéntico al obtenido cuando se supuso una constante arbitraria de integración en la ecuación (4).   ●

No debe hacerse un juicio a la ligera, con base en en este ejemplo, acerca de qué método se usará para siempre; cada uno tiene sus ventajas, dependiendo del problema en particular y de la aplicación. La ecuación (3) representa un método largo y general, pero muestra claramente que la constante de integración es una corriente. La ecuación (4) es una expresión más concisa de (3), pero la naturaleza de la constante de integración está suprimida. Por último, (5) es una excelente expresión ya que no requiere la constante; sin embargo, sólo se aplica cuando la corriente es cero en $t = -\infty$ y cuando la expresión analítica para la corriente no está indeterminada ahí.

Ahora se prestará atención a la potencia y la energía. La potencia absorbida está dada por el producto de la corriente y el voltaje

$$p = vi = Li\frac{di}{dt} \qquad \text{W}$$

La energía w_L aceptada por el inductor se almacena en el campo magnético alrededor de la bobina y se expresa como la integral de la potencia sobre el intervalo de tiempo deseado,

$$\int_{t_0}^{t} p \, dt = L \int_{t_0}^{t} i\frac{di}{dt} \, dt = L \int_{i(t_0)}^{i(t)} i \, di = \frac{1}{2}L\{[i(t)]^2 - [i(t_0)]^2\}$$

y por lo tanto

$$w_L(t) - w_L(t_0) = \tfrac{1}{2}L\{[i(t)]^2 - [i(t_0)]^2\} \qquad \text{J} \tag{6}$$

donde de nuevo se ha supuesto que en t_0 la corriente es $i(t_0)$. Al usar esta expresión para la energía, se acostumbra suponer que se elige un valor de t_0 para el que la corriente es cero; también se acostumbra suponer que en ese instante la energía vale cero. Entonces se tiene simplemente que

$$w_L(t) = \tfrac{1}{2}Li^2 \tag{7}$$

en la cual se sobrentiende que nuestra referencia para energía cero es cualquier instante en el que la corriente en el inductor vale cero. En cualquier tiempo subsecuente para el que la corriente sea cero, tampoco habrá energía almacenada; siempre que la corriente sea diferente a cero, independientemente de su dirección o signo, se almacena energía en el inductor. De esto se infiere que en algún momento deberá entregarse energía al inductor para recuperarla después. Toda la energía almacenada puede recuperarse de un inductor ideal; en el modelo matemático no hay cargos de almacén o comisiones para los agentes. Pero una bobina física debe fabricarse con alambre real, por lo que siempre tendrá una resistencia asociada a ella. Entonces la energía ya no se podrá almacenar y recuperar sin pérdidas.

Las ideas anteriores pueden ilustrarse con un ejemplo sencillo. En la figura 3-6 se muestra un inductor de 3 H en serie con un resistor de 0.1 Ω y una fuente de corriente senoidal $i_s = 12 \operatorname{sen}(\pi t/6)$ A. El resistor puede interpretarse, si se quiere, como la resistencia del alambre que debe asociarse a la bobina física.

Figura 3-6

Una corriente senoidal se usa como función de excitación en un circuito RL en serie.

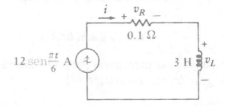

Ejemplo 3-4 Encuentre primero la máxima energía almacenada en el inductor de la figura 3-6 y después calcule cuánta energía se disipa en el resistor, en el tiempo en que la energía se almacena y se recupera en el inductor.

Solución: El voltaje en el resistor está dado por

$$v_R = Ri = 1.2 \operatorname{sen} \frac{\pi}{6} t$$

y el voltaje en el inductor se calcula aplicando la ecuación de definición para la inductancia,

$$v_L = L\frac{di}{dt} = 3\frac{d}{dt}\left(12 \operatorname{sen}\frac{\pi}{6} t\right) = 6\pi \cos \frac{\pi}{6} t$$

La energía almacenada en el inductor es

$$w_L = \frac{1}{2}Li^2 = 216 \operatorname{sen}^2 \frac{\pi}{6} t \qquad \text{J}$$

y es evidente que esta energía aumenta desde cero en $t = 0$ hasta 216 J en $t = 3$ s. Así, la máxima energía almacenada en el conductor es 216 J.

Durante los siguientes 3 s la energía abandona el inductor completamente. Se verá cuál es el precio pagado en esta bobina por el privilegio de almacenar y recuperar 216 J en esos 6 s. La potencia disipada en el resistor se encuentra como sigue:

$$p_R = i^2 R = 14.4 \, \text{sen}^2 \frac{\pi}{6} t$$

por lo que la energía convertida en calor por el resistor durante este intervalo de 6 s es

$$w_R = \int_0^6 p_R \, dt = \int_0^6 14.4 \, \text{sen}^2 \frac{\pi}{6} t \, dt$$

o

$$w_R = \int_0^6 14.4 \left(\frac{1}{2} \right) \left(1 - \cos \frac{\pi}{3} t \right) dt = 43.2 \, \text{J}$$

Por lo tanto, se gastaron 43.2 J en el proceso de almacenamiento y recuperación de 216 J en un intervalo de 6 s. Esto representa el 20% de la energía máxima almacenada, pero es un valor razonable para muchas bobinas con una inductancia tan grande. Para bobinas con inductancias de alrededor de $100 \, \mu\text{H}$ debe esperarse una cantidad cercana al 2 o 3%. En el capítulo 13 se formalizará este concepto al definir un factor de calidad Q, proporcional a la razón de la energía máxima almacenada a la energía perdida por periodo.

Ahora se hará una recapitulación, enumerando las características de un inductor que resultan de su ecuación de definición:

1 Si la corriente que circula en un inductor no está cambiando con el tiempo, entonces el voltaje entre sus terminales es cero. Por lo tanto, un inductor se comporta como cortocircuito para cd.
2 Puede almacenarse una cantidad finita de energía en un inductor aun cuando el voltaje entre sus terminales sea cero, por ejemplo, cuando la corriente es constante.
3 Es imposible poder cambiar la corriente de un inductor en una cantidad finita en un tiempo cero, ya que esto requiere un voltaje infinito en el inductor. Aunque más adelante será ventajoso plantear la *hipótesis* de que tal voltaje puede ser generado y aplicado a un inductor, pero por el momento se evitarán tales funciones de excitación, o tales respuestas. Un inductor resiste un cambio abrupto en la corriente que circula a través de él en forma similar a como una masa resiste un cambio abrupto en su velocidad.
4 El inductor nunca disipa energía, sólo la almacena. Aunque esto es cierto para el modelo matemático, no lo es para un inductor real

---

3-3. Sea $L = 25 \, \text{mH}$ para el inductor de la figura 3-1. *a*) Encuentre v en $t = 12$ ms, si $i = 10te^{-100t}$ A. *b*) Encuentre i en $t = 0.1$ s si $v = 6e^{-12t}$ V e $i(0) = 10$ A. Si $i = 8(1 - e^{-40t})$ mA, encuentre *c*) la potencia que se está entregando al inductor en $t = 50$ ms y *d*) la energía almacenada en el inductor en $t = 40$ ms.

Ejercicio

Resp: −15.06 mV; 24.0 A; 7.49 μW; 0.510 μJ

3-4
El capacitor

El elemento pasivo que sigue es el capacitor. La *capacitancia* C se define por la relación voltaje-corriente

$$i = C \frac{dv}{dt} \tag{8}$$

donde v e i satisfacen las convenciones para un elemento pasivo, como se ve en la figura 3-7. A partir de la ecuación (8) se puede calcular la unidad de capacitancia, como un ampere-segundo sobre volt, o coulomb sobre volt, y ahora se define el *farad* (F) como un coulomb sobre volt.

Figura 3-7

Las marcas de referencia para el voltaje y la corriente se muestran en el símbolo de un capacitor de manera que $i = C\, dv/dt$.

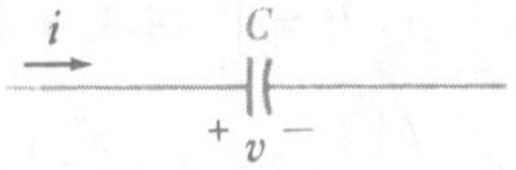

De nuevo, el capacitor cuya capacitancia se define por medio de la ecuación (8) es un modelo matemático de un dispositivo real. La construcción del dispositivo físico la sugiere el símbolo mostrado en la figura 3-7, casi de la misma forma en que el símbolo helicoidal usado para el inductor representa al alambre embobinado en ese elemento físico. Un capacitor físicamente consiste en dos superficies conductoras sobre las cuales puede almacenarse la carga, separadas por una fina capa de aislante que tiene una resistencia muy grande. Si se supone que esta resistencia es lo suficientemente grande para ser considerada infinita, entonces las cargas iguales y de signos opuestos colocadas en las "placas" nunca se recombinarán, por lo menos a través de ninguna trayectoria *dentro* del elemento. Imagínese ahora algún dispositivo externo, tal como una fuente de corriente, conectado a este capacitor y ocasionando que una corriente fluya entrando por una de las placas y saliendo por la otra. Corrientes iguales están entrando y saliendo de las terminales del elemento, y esto no es más que lo que se espera de cualquier elemento de circuito. Ahora se examinará el interior del capacitor. La corriente positiva que entra a una de las placas representa carga positiva que se mueve hacia esa placa a través de su terminal; esta carga no puede pasar al interior del capacitor, por lo cual se acumula en la placa. De hecho, la corriente y la carga en aumento están relacionadas por la familiar ecuación

$$i = \frac{dq}{dt}$$

Ahora se plantea un problema complicado suponiendo que esta placa es un nodo muy grande, y aplicando la LCK. Aparentemente no se cumple; la corriente está llegando a la placa desde el circuito externo, pero no está saliendo de ella hacia el "circuito interno". Esta paradoja molestó a un famoso científico escocés, James Clerk Maxwell hace cerca de un siglo, y la teoría electromagnética unificada que desarrolló en ese entonces propone una corriente de desplazamiento que está presente siempre que un campo eléctrico o voltaje varíe con el tiempo. La corriente de desplazamiento que fluye internamente entre las placas del capacitor es exactamente igual a la corriente de conducción que fluye por las terminales del capacitor; por lo tanto, la ley de corrientes de Kirchhoff se satisface si se incluyen tanto la corriente de conducción como la de desplazamiento. Sin embargo, el análisis de los circuitos no se ocupa de esta corriente interna de desplazamiento, y como afortunadamente es igual a la corriente de conducción, se puede suponer que la hipótesis de Maxwell relaciona la corriente de conducción con el voltaje cambiante en el capacitor. La relación es lineal, y la constante de proporcionalidad es, obviamente, la capacitancia C:

$$i_{\text{disp}} = i = C\,\frac{dv}{dt}$$

Un capacitor fabricado con dos placas conductoras paralelas de área A, separadas una distancia d, tiene una capacitancia $C = \varepsilon A/d$, donde ε es la *permitividad*, una constante del material aislante entre las placas, y donde las dimensiones lineales de las placas conductoras son mucho mayores que d. Para el aire o el vacío, $\varepsilon = \varepsilon_0 = 8.854$ pF/m.

Los conceptos de campo eléctrico y corriente de desplazamiento y la forma generalizada de la ley de corrientes de Kirchhoff son temas más apropiados para cursos de física y de teoría electromagnética, como lo es también la determinación de un modelo matemático adecuado para representar a un capacitor físico en particular.

Se pueden descubrir varias características importantes del nuevo modelo matemático a partir de su ecuación de definición (8). Un voltaje constante en el capacitor requiere que la corriente a través de él sea cero; por lo tanto, un capacitor es un "circuito abierto para la cd". El símbolo del capacitor, de hecho, representa esto. También es evidente que un salto súbito en el voltaje requiere una corriente infinita. Así como se proscribieron los cambios abruptos en la corriente del inductor y los voltajes infinitos asociados, usando argumentos físicos, no se permitirán cambios abruptos en el voltaje del capacitor; la corriente (y potencia) infinitas que resultarían no son físicas. (Esta restricción se eliminará cuando se suponga la existencia de una corriente impulsiva.)

El voltaje del capacitor se puede expresar en términos de la corriente, integrando (8). Primero se obtiene

$$dv = \frac{1}{C}\,i\,dt$$

y luego se integra entre los instantes t_0 y t y entre los voltajes correspondientes $v(t_0)$ y $v(t)$:

$$v(t) = \frac{1}{C}\int_{t_0}^{t} i\,dt + v(t_0) \tag{9}$$

La ecuación (9) también se puede escribir como una integral indefinida más una constante de integración:

$$v(t) = \frac{1}{C}\int i\,dt + k \tag{10}$$

Finalmente, en muchos problemas reales, t_0 se puede seleccionar como $-\infty$ y $v(-\infty)$ como cero:

$$v(t) = \frac{1}{C}\int_{-\infty}^{t} i\,dt \tag{11}$$

Como la integral de la corriente sobre cualquier periodo de tiempo es la carga acumulada en ese periodo en la placa del capacitor hacia la cual fluye la corriente, es obvio que la capacitancia podría haberse definido como

$$q = Cv$$

La similitud entre las diversas ecuaciones integrales introducidas en esta sección y las que aparecen en el análisis de la inductancia es impresionante, y sugiere que la dualidad que se observó entre las ecuaciones de mallas y de nodos en las redes resistivas puede extenderse para incluir también a la inductancia y la capacitancia. El principio de dualidad se presentará y discutirá más adelante en este capítulo.

Ejemplo 3-5 Para ilustrar la utilidad de las distintas ecuaciones integrales que se acaban de presentar, se va a calcular el voltaje del capacitor, asociado con la corriente que se muestra gráficamente en la figura 3-8a. Se supondrá que el pulso rectangular de 20 mA y 2 ms de duración se aplica a un capacitor de 5 μF.

Figura 3-8

a) Gráfica de la corriente aplicada a un capacitor de 5 μF. *b*)Forma de onda del voltaje resultante obtenido fácilmente por integración gráfica.

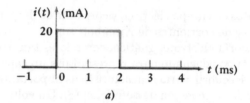

a)

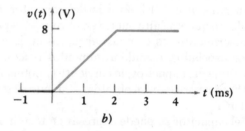

b)

Solución: Al interpretar la ecuación (9) gráficamente, se sabe que la diferencia entre los valores del voltaje en t y t_0 es proporcional al área bajo la curva de la corriente entre esos dos mismos instantes. La constante de proporcionalidad es l/C. El área se puede obtener por inspección de la figura 3-8a para valores de t_0 y t, por tanto, si $t_0 = -0.5$ y $t = 0.5$ (en ms),

$$v(0.5) = 2 + v(-0.5)$$

o, si $t_0 = 0$ y $t = 3$,

$$v(3) = 8 + v(0)$$

Los resultados anteriores se pueden expresar en forma más general dividiendo el tiempo en varios intervalos. Escójase el punto inicial t_0 anterior al tiempo cero Entonces, el primer intervalo de t se escoge entre t_0 y cero:

$$v(t) = 0 + v(t_0) \qquad t_0 \leq t \leq 0$$

y como la forma de onda implica que nunca ha circulado corriente por este capacitor desde la Creación,

$$v(t_0) = 0$$

y por lo tanto,

$$v(t) = 0 \qquad t \leq 0$$

Si ahora se considera el intervalo representado por el pulso rectangular, se obtiene

$$v(t) = 4000t \qquad 0 \le t \le 2 \text{ ms}$$

Para el intervalo semi-infinito que sigue al pulso, se tiene

$$v(t) = 8 \qquad t \ge 2 \text{ ms}$$

Los resultados para estos tres intervalos proporcionan expresiones analíticas para el voltaje del capacitor en cualquier instante después de $t = t_0$; sin embargo, el tiempo t_0 puede escogerse tan anterior como se desee. Los resultados se expresan en forma mucho más sencilla mediante una gráfica que con las expresiones analíticas, como se ve en la figura 3-8b.

La potencia entregada al capacitor es

$$p = vi = Cv \frac{dv}{dt}$$

por lo que la energía almacenada en su campo eléctrico es

$$\int_{t_0}^{t} p \, dt = C \int_{t_0}^{t} v \frac{dv}{dt} dt = C \int_{v(t_0)}^{v(t)} v \, dv = \frac{1}{2} C\{[v(t)]^2 - [v(t_0)]^2\}$$

y así
$$w_C(t) - w_C(t_0) = \tfrac{1}{2}C\{[v(t)]^2 - [v(t_0)]^2\} \qquad \text{J} \tag{12}$$

donde la energía almacenada es $w_C(t_0)$ y el voltaje es $v(t_0)$ en t_0. Si se selecciona la referencia de energía cero en t_0, lo que implica que el voltaje del capacitor también es cero en este instante, entonces

$$w_C(t) = \tfrac{1}{2} Cv^2 \tag{13}$$

Considérese un ejemplo numérico sencillo. Según el dibujo de la figura 3-9, se supone una fuente de voltaje senoidal en paralelo con un resistor de 1 MΩ y un capacitor de 20 μF. Puede suponerse que el resistor en paralelo representa la resistencia del aislante o dieléctrico entre las placas del capacitor físico.

Figura 3-9

Una fuente de voltaje senoidal se aplica a una red RC en paralelo.

Ejemplo 3-6 Determine la máxima energía almacenada en el capacitor de la figura 3-9 y la energía disipada en el resistor, en el intervalo $0 \le t \le 0.5$ s.

Solución: La corriente a través del resistor es

$$i_R = \frac{v}{R} = 10^{-4} \operatorname{sen} 2\pi t \qquad \text{A}$$

y la corriente en el capacitor es

$$i_C = C \frac{dv}{dt} = 20 \times 10^{-6} \frac{d}{dt} (100 \operatorname{sen} 2\pi t)$$
$$= 4\pi \times 10^{-3} \cos 2\pi t \qquad \text{A}$$

A continuación se obtiene la energía almacenada en el capacitor,

$$w_C(t) = \tfrac{1}{2} Cv^2 = 0.1 \operatorname{sen}^2 2\pi t \qquad \text{J}$$

y se ve que aumenta desde cero en $t = 0$ hasta un máximo de 0.1 J en $t = \tfrac{1}{4}$ s, y luego decrece hasta cero en otro $\tfrac{1}{4}$ s. Durante este intervalo de $\tfrac{1}{2}$ s , la energía disipada en el resistor es

$$w_R = \int_0^{0.5} p_R \, dt = \int_0^{0.5} 10^{-2} \operatorname{sen}^2 2\pi t \, dt = 2.5 \text{ mJ}$$

Se concluye que $w_{C,\,\text{máx}} = 0.1$ J y $w_R = 2.5$ mJ. Por lo tanto, en el proceso de almacenar y eliminar la energia del capacitor ideal, se pierde un 2.5 % de máxima energía almacenada. Es posible obtener valores más pequeños en capacitores de "baja pérdida", pero estos porcentajes más pequeños generalmente están asociados a capacitores mucho más pequeños.   •

Algunas características importantes de un capacitor ahora son evidentes:

1 No hay corriente a través de un capacitor si el voltaje no cambia con el tiempo. Por lo tanto, un capacitor se comporta como circuito abierto para la cd.

2 Puede almacenarse una cantidad finita de energía en un capacitor aun cuando la corriente a través de él sea cero, como cuando el voltaje del capacitor es constante.

3 Es imposible poder cambiar, en una cantidad finita, el voltaje en un capacitor en un tiempo de cero, ya que esto requiere una corriente infinita a través del capacitor. Más adelante será útil estudiar la *hipótesis* de que se puede generar una corriente así y aplicarla a un capacitor, por el momento se evitarán tales funciones de excitación, o tales respuestas. Un capacitor resiste un cambio abrupto en su voltaje en forma similar a como un resorte resiste un cambio abrupto en su desplazamiento.

4 Un capacitor nunca disipa energía, sólo la almacena. Aunque esto es cierto para el modelo matemático, no lo es para un capacitor físico.

Es interesante anticipar el estudio sobre la dualidad releyendo los cuatro enunciados anteriores, con ciertas palabras remplazadas por sus "duales". Si se intercambian capacitor e inductor, capacitancia e inductancia, voltaje y corriente, entre terminales y a través de las terminales, circuito abierto y cortocircuito, resorte y masa, y desplazamiento y velocidad (en cualquiera de las dos direcciones), se obtienen los cuatro enunciados que se acaban de dar para inductores.

Se concluye la presentación del capacitor ideal viendo cómo se podría usar junto con un op-amp ideal. Hasta ahora el op-amp sólo se ha estudiado según su uso, como seguidor de voltaje, es decir, como un dispositivo con una resistencia de salida muy baja y un voltaje de salida que prácticamente es *igual* al voltaje de entrada. Ahora se mostrará que un capacitor ideal y un resistor ideal pueden combinarse con un op-amp para formar un dispositivo con un voltaje de salida proporcional a la *integral respecto al tiempo* de la entrada.

Para crear este integrador, se aterriza la entrada no inversora de un op-amp que tiene una resistencia de entrada infinita y una resistencia de salida igual a cero, se instala un capacitor ideal como elemento de realimentación desde la salida hasta la

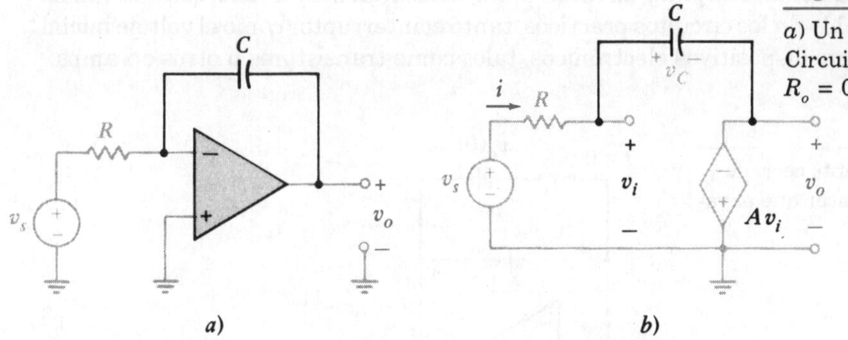

Figura 3-10

a) Un op-amp conectado como integrador. *b*) Circuito equivalente, suponiendo que $R_i = \infty$ y $R_o = 0$.

entrada inversora, y se conecta una fuente de señal v_s a la entrada inversora a través de un resistor ideal, como se ve en la figura 3-10*a*. Con $R_i = \infty$ y $R_o = 0$, se obtiene el circuito equivalente de la figura 3-10*b*.

El voltaje de salida se relaciona con el voltaje v_i por

$$v_o = -Av_i$$

así que

$$v_i = \frac{-v_0}{A} \tag{14}$$

Ahora se relacionará la salida v_o con la señal de voltaje v_s suponiendo que A es infinita. De la ecuación (14) se tiene entonces que $v_i = 0$. Por lo tanto, de la figura 3-10*b* se observa que

$$i = \frac{v_s}{R}$$

También, con $v_i = 0$, el voltaje del capacitor v_C es igual a $(-v_0)$, y

$$v_C = -v_o = \frac{1}{C}\int_0^t i\,dt + v_C(0) = \frac{1}{C}\int_0^t \frac{v_s}{R}\,dt + v_C(0)$$

o

$$v_o = -\frac{1}{RC}\int_0^t v_s\,dt - v_C(0) \tag{15}$$

Entonces, se han combinado un resistor, un capacitor y un op-amp para formar un *integrador*. Nótese que el primer término de la salida es $1/RC$ multiplicado por el *negativo* de la integral de la entrada desde $t = 0$ hasta t, y el segundo término es el negativo del valor inicial de v_c. Si se desea, el valor de $(RC)^{-1}$ se puede hacer igual a 1 escogiendo $R = 1\ M\Omega$ y $C = 1\ \mu F$, por ejemplo; o se pueden hacer otras selecciones que aumentarán o disminuirán el voltaje de salida. A menudo es conveniente el cambio de signo cuando el integrador se usa para la simulación de sistemas en ingeniería. Sin embargo, el signo de la salida también se puede cambiar usando el amplificador inversor cuyo circuito aparece en el capítulo 6.

Debe observarse de pasada que cuando se supone que el valor de A aumenta sin límite y tiende a infinito, el voltaje de la terminal inversora relativo a la tierra, se aproxima a cero. Esto es, v_i se vuelve virtualmente cero, como se concluyó a partir de la ecuación (14). Se dice con frecuencia que la terminal inversora del op-amp es entonces una *tierra virtual*.

El voltaje inicial $v_C(0)$ que aparece en (15) se puede incluir en el circuito integrador añadiendo una pila y un interruptor normalmente cerrado, como se indica en la figura 3-11. En los circuitos prácticos, tanto el interruptor como el voltaje inicial son casi siempre dispositivos electrónicos, tales como transistores u otros op-amps.

Figura 3-11

La inclusión de un interruptor normalmente cerrado y de una fuente ideal de voltaje permiten hacer que el valor de $v_0(0^+)$ sea igual a $-v_C(0^-)$.

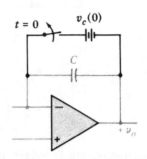

Si no se hace la suposición de que A es infinita, entonces se puede escribir una ecuación de la LVK alrededor del perímetro del circuito en la figura 3-10b,

$$-v_s + Ri + \frac{1}{C}\int_0^t i\,dt + v_C(0) + v_o = 0$$

se usa $i = (v_s - v_i)/R$ para eliminar a i, y luego se usa la ecuación (14) para eliminar a v_i. El resultado es

$$\left(1 + \frac{1}{A}\right) v_o = -\frac{1}{RC}\int_0^t \left(v_s + \frac{v_o}{A}\right)dt - v_C(0) \qquad (16)$$

Cuando $A \to \infty$, el resultado es una ecuación idéntica a la ecuación (15).

Antes de dejar el circuito integrador, se puede adelantar una pregunta de un lector sagaz: "¿Podría usarse un inductor en vez de un capacitor y tener así un diferenciador?" Claro que se podría, pero por lo general los diseñadores de circuitos evitan, hasta donde es posible, el uso de inductores debido a su tamaño, peso, costo y la resistencia y la capacitancia asociadas a él. En su lugar, es posible intercambiar las posiciones del resistor y el capacitor en la figura 3-10a para obtener un diferenciador. El análisis de este circuito es el tema del problema 10.

Ejercicios

3-4. Suponga que v e i satisfacen la convención pasiva de signos para un capacitor de $2.5\ \mu$F. En el tiempo $t = 2$ ms, encuentre a) i si $v = 20e^{-500t}$ V; b) v si $i = 20e^{-500t}$ mA y $v(0) = 4$ V; c) i si la energía almacenada es $w = 20e^{-500t}\ \mu$J para $t > 0$.

Resp: -9.17 mA; 14.11 V; ±1.516 mA

3-5. En el circuito de la figura 3-10a, sea v_s un único pulso triangular, que aumenta linealmente a partir de 0 en $t = 0$ hasta 12 mV en $t = 1$ s, y después desminuye linealmente hasta 0 en $t = 2$ s. Sea $C = 0.5\ \mu$F y $R = 100$ kΩ y suponga que $v_C(0) = 0$. Encuentre el valor de v_o en t igual a a) 0.5 s; b) 1 s; c) 1.5 s; d) 2 s; e) 2.5 s.

Resp: -30 mV; -120 mV; -210 mV; -240 mV; -240 mV

3-5
Arreglos de inductancias y capacitancias

Ahora que ya se han añadido el inductor y el capacitor a la lista de elementos de circuitos pasivos, es necesario decidir si los métodos que se han desarrollado para los circuitos resistivos son aún válidos. También será conveniente aprender cómo sustituir arreglos en serie y en paralelo de esos elementos por equivalentes más simples, tal como se hizo con los resistores en el capítulo 1.

Primero hay que ver qué pasa con las dos leyes de Kirchhoff, que son axiomáticas. Cuando se enunciaron esas leyes, se hizo sin imponer ninguna restricción al tipo de elementos a los cuales eran aplicables, por lo que ambas leyes siguen siendo válidas.

Ahora se pueden extender los procedimientos usados para reducir arreglos de varios resistores en un solo resistor equivalente, a los casos análogos de inductores y capacitores. Primero se considerará la aplicación de una fuente ideal de voltaje al arreglo en serie de N inductores, como se ve en la figura 3-12a. Se desea que un solo

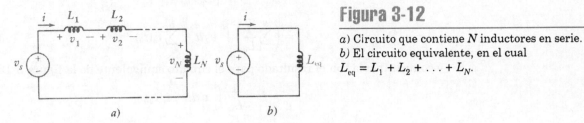

Figura 3-12

a) Circuito que contiene N inductores en serie.
b) El circuito equivalente, en el cual $L_{eq} = L_1 + L_2 + \ldots + L_N$.

inductor equivalente, con inductancia L_{eq}, pueda remplazar al arreglo en serie sin alterar la corriente de la fuente $i(t)$. El circuito equivalente se muestra en la figura 3-12b. Para el circuito original,

$$v_s = v_1 + v_2 + \cdots + v_N$$

$$= L_1 \frac{di}{dt} + L_2 \frac{di}{dt} + \cdots + L_N \frac{di}{dt}$$

$$= (L_1 + L_2 + \cdots + L_N) \frac{di}{dt}$$

o, en forma más concisa,

$$v_s = \sum_{n=1}^{N} v_n = \sum_{n=1}^{N} L_n \frac{di}{dt} = \frac{di}{dt} \sum_{n=1}^{N} L_n$$

Pero para el circuito equivalente se tiene

$$v_s = L_{eq} \frac{di}{dt}$$

por lo que la inductancia equivalente es

$$L_{eq} = (L_1 + L_2 + \cdots + L_N)$$

o

$$L_{eq} = \sum_{n=1}^{N} L_n$$

El inductor equivalente a varios inductores conectados en serie tiene una inductancia igual a la suma de cada una de las inductancias individuales en el circuito original. Éste es justo el mismo resultado obtenido para resistores en serie.

Figura 3-13

a) Arreglo en paralelo de N inductores.
b) Circuito equivalente, donde $L_{eq} = 1/[\,(1/L_1) + (1/L_2) + \ldots + (1/L_N)\,]$.

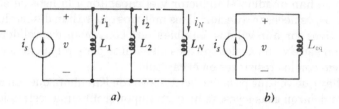

a)　　　　　　　　　*b*)

La combinación de inductores conectados en paralelo se logra escribiendo una sola ecuación de nodos para el circuito original, mostrado en la figura 3-13*a*,

$$i_s = \sum_{n=1}^{N} i_n = \sum_{n=1}^{N} \left[\frac{1}{L_n} \int_{t_0}^{t} v \, dt + i_n(t_0) \right]$$

$$= \left(\sum_{n=1}^{N} \frac{1}{L_n} \right) \int_{t_0}^{t} v \, dt + \sum_{n=1}^{N} i_n(t_0)$$

y comparándola con el resultado para el circuito equivalente de la figura 3-13*b*,

$$i_s = \frac{1}{L_{eq}} \int_{t_0}^{t} v \, dt + i_s(t_0)$$

Como la ley de corrientes de Kirchhof exige que $i_s(t_0)$ sea igual a la suma de las corrientes de las ramas en t_0 los dos términos integrales deben ser iguales; por tanto,

$$L_{eq} = \frac{1}{1/L_1 + 1/L_2 + \cdots + 1/L_N}$$

Para el caso especial de dos inductores conectados en paralelo,

$$L_{eq} = \frac{L_1 L_2}{L_1 + L_2}$$

y se observa que los inductores en paralelo se reducen exactamente igual que los resistores en paralelo.

Para calcular un capacitor equivalente a N capacitores en serie, se usan el circuito de la figura 3-14*a* y su equivalente de la figura 3-14*b* para escribir

$$v_s = \sum_{n=1}^{N} v_n = \sum_{n=1}^{N} \left[\frac{1}{C_n} \int_{t_0}^{t} i \, dt + v_n(t_0) \right]$$

$$= \left(\sum_{n=1}^{N} \frac{1}{C_n} \right) \int_{t_0}^{t} i \, dt + \sum_{n=1}^{N} v_n(t_0)$$

y

$$v_s = \frac{1}{C_{eq}} \int_{t_0}^{t} i \, dt + v_s(t_0)$$

Figura 3-14

a) Circuito que contiene N capacitores en serie. *b*) Capacitancia equivalente, $C_{eq} = 1/[\,(1/C_1) + (1/C_2) + \ldots + (1/C_N)\,]$.

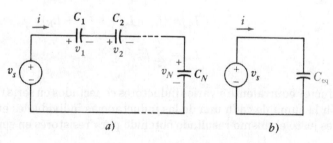

a)　　　　　　　　　*b*)

Pero la ley de voltajes de Kirchhoff establece la igualdad entre $v_s(t_0)$ y la suma de los voltajes de los capacitores en t_0; por tanto,

$$C_{eq} = \frac{1}{1/C_1 + 1/C_2 + \cdots + 1/C_N}$$

y los capcitores en serie se reducen como las conductancias en serie, o bien como los resistores en *paralelo*. El caso especial de dos capacitores en serie, por supuesto lleva a

$$C_{eq} = \frac{C_1 C_2}{C_1 + C_2}$$

Por último, los circuitos de la figura 3-15 permiten calcular el valor de la capacitancia del capacitor equivalente a N capacitores en paralelo como

$$C_{eq} = C_1 + C_2 + \cdots + C_N$$

y no es causa de asombro observar que los capacitores en paralelo se reducen en la misma forma que los resistores en serie, esto es, sumando todas las capacitancias individuales.

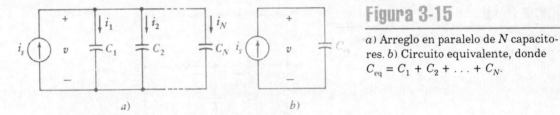

Figura 3-15

a) Arreglo en paralelo de N capacitores. *b*) Circuito equivalente, donde $C_{eq} = C_1 + C_2 + \ldots + C_N$.

Ejemplo 3-7 Como un ejemplo en el que se puede lograr algo de la simplificación al reducir elementos semejantes, considere la red de la figura 3-16*a*.

Solución: Primero se combinan los capacitores en serie de 6 y 3 μF en uno equivalente de 2 μF, y este capacitor se combina con el elemento de 1 μF con el cual está en paralelo, para dar una capacitancia equivalente de 3 μF. Además, los inductores de 3 y 2 H se sustituyen por un inductor equivalente de 1.2 H, que luego se suma al elemento de 0.8 H para dar una inductancia equivalente total de 2 H. La red equivalente mucho más sencilla (y probablemente más barata) se muestra en la figura 3-16*b*. ●

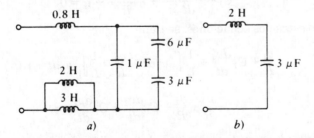

Figura 3-16

a) Una red LC dada. *b*) Un circuito equivalente más sencillo.

La red mostrada en la figura 3-17 contiene tres inductores y tres capacitores, pero no se pueden lograr arreglos en serie ni en paralelo de inductores o capacitores. Por el momento no se puede simplificar.

Ahora se revisará el análisis de mallas, lazos y nodos. Como ya se ha visto que las leyes de Kirchhoff se pueden aplicar con toda confianza, no deberá haber problemas

Figura 3-17

Una red *LC* en la que no se pueden hacer arreglos en serie ni en paralelo de los inductores de los capacitores.

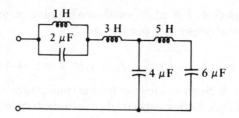

para escribir un conjunto de ecuaciones que sean suficientes e independientes. Serán ecuaciones integrodiferenciales lineales con coeficientes constantes, que si su nombre es difícil, ni qué decir de resolverlas. Por el momento se escribirán con el objeto de familiarizarse con el uso de las leyes de Kirchhoff en circuitos *RLC*, y la solución de los casos más sencillos se verá en los capítulos que siguen.

Ejemplo 3-8 Intente escribir las ecuaciones de nodo para el circuito de la figura 3-18.

Figura 3-18

Circuito *RLC* con cuatro nodos y voltajes de nodos asignados.

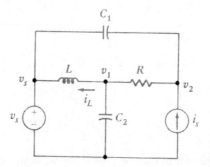

Solución: Se eligen los voltajes de nodos como se indica, y se suman las corrientes que salen del nodo central:

$$\frac{1}{L}\int_{t_0}^{t}(v_1 - v_s)\,dt + i_L(t_0) + \frac{v_1 - v_2}{R} + C_2\frac{dv_1}{dt} = 0$$

donde $i_L(t_0)$ es el valor de la corriente del inductor en el tiempo en el que se inicia la integración, es decir, el valor inicial. En el nodo derecho,

$$C_1\frac{d(v_2 - v_s)}{dt} + \frac{v_2 - v_1}{R} - i_s = 0$$

Rescribiendo estas dos ecuaciones, se tiene

$$\frac{v_1}{R} + C_2\frac{dv_1}{dt} + \frac{1}{L}\int_{t_0}^{t}v_1\,dt - \frac{v_2}{R} = \frac{1}{L}\int_{t_0}^{t}v_s\,dt - i_L(t_0)$$

$$-\frac{v_1}{R} + \frac{v_2}{R} + C_1\frac{dv_2}{dt} = C_1\frac{dv_s}{dt} + i_s$$

Éstas son las prometidas ecuaciones integrodiferenciales, y pueden señalarse varias cosas interesantes acerca de ellas. Primero, que la fuente de voltaje v_s aparece en las ecuaciones como una integral y como una derivada, y no sólo como v_s. Ya que ambas fuentes están definidas para cualquier tiempo, sus derivadas e integrales se pueden evaluar. Segundo, el valor inicial de la corriente del inductor, $i_L(t_0)$, actúa como una fuente de corriente (constante) en el nodo central. ●

Por el momento no se intentará resolver ecuaciones de este tipo. Sin embargo, vale la pena señalar que cuando las dos funciones de excitación de voltaje son funciones senoidales del tiempo, se puede definir una razón voltaje-corriente (llamada *impedancia*) o una razón corriente-voltaje (llamada *admitancia*) para cada uno de los tres elementos pasivos. Los factores que operan en los dos voltajes de nodo en las ecuaciones anteriores serán simples factores multiplicativos, y las ecuaciones serán ecuaciones lineales *algebraicas* de nuevo, las cuales se pueden resolver por medio de determinantes o por una simple eliminación de variables, como antes.

3-6. *a*) Encuentre L_{eq} para la red de la figura 3-19*a*. *b*) Encuentre C_{eq} para la red de la figura 3-19*b*. *c*) Si $v_C(t) = 4\cos 10^5 t$ V en el circuito de la figura 3-19*c*, encuentre $v_s(t)$. *Resp:* $4\,\mu$H; $3.18\,\mu$F; $-2.4\cos 10^5 t$ V

Ejercicio

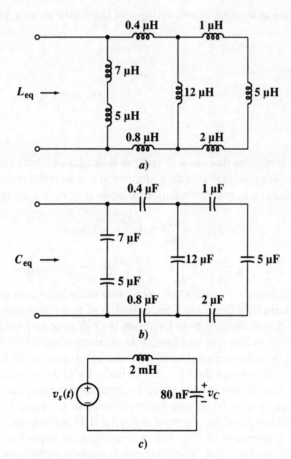

Figura 3-19

Para el ejercicio 3-6

La dualidad se mencionó antes en relación con los circuitos resistivos, y después en el estudio de la inductancia y la capacitancia; los comentarios hechos fueron introductorios y, como el hombre que quiso acariciar al lagarto, sólo por encima. Ahora se puede dar una definición exacta y luego usarla para reconocer o construir circuitos duales, evitando la tarea de analizar ambos, el circuito y su dual.

La dualidad se define en términos de las ecuaciones del circuito. Dos circuitos son *duales* si las ecuaciones de malla que caracterizan a uno de ellos tienen la misma

3-6

Dualidad

forma matemática que las ecuaciones de nodo que caraterizan al otro. Se dice que son *duales exactos* si cada una de las ecuaciones de malla de uno de ellos es numéricamente idéntica a la ecuación de nodos correspondiente del otro; por supuesto, las variables de corriente y voltaje no pueden ser idénticas. La *dualidad* sólo se refiere a cualquiera de las propiedades exhibidas por los circuitos duales.

Se interpretará y usará la definición para construir un circuito dual exacto escribiendo las dos ecuacones de malla para el circuito mostrado en la figura 3-20. Se asignan las dos corriente de malla i_1 e i_2, y las ecuaciones de malla son

$$3i_1 + 4\frac{di_1}{dt} - 4\frac{di_2}{dt} = 2\cos 6t \tag{17}$$

$$-4\frac{di_1}{dt} + 4\frac{di_2}{dt} + \frac{1}{8}\int_0^t i_2\,dt + 5i_2 = -10 \tag{18}$$

Debe observarse que se supone que el voltaje del capacitor v_C vale 10 V en $t = 0$.

Figura 3-20

Un circuito dado, al cual se aplica la definición de dualidad para determinar su circuito dual.

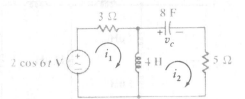

Se pueden construir las dos ecuaciones que describan el dual exacto del circuito dado. Se quiere que sean ecuaciones de nodo, por lo que se comienza por sustituir las corrientes de mallas i_1 e i_2 por los voltajes de nodo v_1 y v_2, en las ecuaciones (17) y (18). Se obtiene

$$3v_1 + 4\frac{dv_1}{dt} - 4\frac{dv_2}{dt} = 2\cos 6t \tag{19}$$

$$-4\frac{dv_1}{dt} + 4\frac{dv_2}{dt} + \frac{1}{8}\int_0^t v_2\,dt + 5v_1 = -10 \tag{20}$$

y ahora se busca el circuito representado por estas dos ecuaciones de nodo.

Primero se dibuja una línea para representar el nodo de referencia, y luego se pueden establecer dos nodos donde se localicen las referencias positivas para v_1 y v_2. En la ecuación (19) se indica que una fuente de corriente de $2\cos 6t$ A está conectada entre el nodo 1 y el de referencia entrando al nodo 1. Esta ecuación también muestra que aparece una conductancia de 3 S entre el nodo 1 y el de referencia. Regresando a (20), primero se consideran los términos no mutuos, es decir, los que no aparecen en la ecuación (19), que indican que debe conectarse un inductor de 8 H y una conductancia de 5 S (en paralelo), entre el nodo 2 y el de referencia. Los dos términos semejantes en las ecuaciones (19) y (20) representan un capacitor de 4 F presente mutuamente en los nodos 1 y 2; el circuito se completa conectando este capacitor entre los dos nodos. El término constante en el lado derecho de (20) es el valor de la corriente en el inductor en $t = 0$; por lo tanto, $i_L(0) = 10$ A. El circuito dual se muestra en la figura 3-21; como los dos conjuntos de ecuaciones son numéricamente idénticos, los circuitos son duales exactos.

Hay un camino más rápido que este método para obtener los circuitos duales, pues no es necesario escribir las ecuaciones. Para construir el dual de un circuito dado, se ve al circuito en términos de sus ecuaciones de malla. A cada malla se asocia un nodo sin referencia, y además, se da el nodo de referencia. En un diagrama del circuito

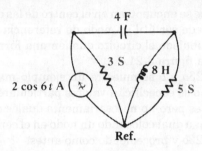

Figura 3-21

El dual exacto del circuito de la figura 3-20.

dado se coloca un nodo en el centro de cada malla, y se indica el nodo de referencia con una línea cerca del diagrama o con un lazo que encierre al diagrama. Cada elemento que aparece compartido por dos mallas es un elemento *mutuo* y da origen a términos idénticos, excepto por el signo, en las dos ecuaciones de malla correspondientes. Debe sustituirse por un elemento que suministre el término dual en las dos ecuaciones de nodo correspondientes. Por lo tanto, este elemento dual debe conectarse directamente entre los dos nodos que están dentro de las mallas en las cuales aparece el elemento mutuo en cuestión. La naturaleza del elemento dual en sí se determina fácilmente; la forma matemática de las ecuaciones será la misma si la inductancia se sustituye por capacitancia, capacitancia por inductancia, conductancia por resistencia y resistencia por conductancia. Por esto el inductor de 4 H, común a las mallas 1 y 2 en el circuito de la figura 3-20, aparece como un capacitor de 4 F conectado directamente entre los nodos 1 y 2 en el circuito dual.

Los elementos que sólo se encuentran en una malla deben tener duales que aparezcan entre el nodo correspondiente y el de referencia. De nuevo según la figura 3-20, la fuente de voltaje de $2 \cos 6t$ V aparece sólo en la malla 1; su dual es la fuente de corriente de $2 \cos 6t$ A que está conectada sólo entre el nodo 1 y el nodo de referencia. Como la fuente de voltaje está orientada en el sentido de las manecillas del reloj, la fuente de corriente debe tener la flecha saliendo del nodo de referencia. Finalmente, debe tenerse en cuenta el dual del voltaje inicial presente en el capacitor de 8 F en el circuito dado. Las ecuaciones han mostrado que el dual de este voltaje inicial en el capacitor es una corriente inicial en el inductor en el circuito dual; los valores numéricos son los mismos, y es más rápido determinar el sentido correcto de la corriente inicial si se toma el voltaje inicial en el circuito dado y la corriente inicial en el circuito dual como si fueran fuentes. Por tanto, si v_C en el circuito dado se trata como si fuese una fuente, aparecerá como $-v_C$ en el lado derecho de la ecuación de malla; en el circuito dual, al tratar a la corriente i_L como una fuente, se obtiene un término $-i_L$ en el lado derecho de la ecuación de nodo. Como cada uno tiene el mismo signo cuando se le trata como una fuente, entonces si $v_C(0) = 10$ V, $i_L(0)$ debe ser 10 A.

En la figura 3-22 se repite el circuito de la figura 3-20, y su dual exacto se ha construido sobre el mismo diagrama simplemente dibujando el dual de cada elemento

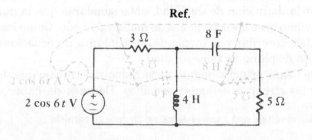

Figura 3-22

El dual del circuito de la figura 3-20 se construyó directamente sobre el diagrama del circuito.

entre los dos nodos que se encuentran en el centro de las dos mallas que son comunes al elemento dado. Puede ser útil un nodo de referencia que rodee al circuito dado. Después de haber redibujado el circuito dual en una forma más convencional, se ve como se muestra en la figura 3-21.

En las figuras 3-23*a* y *b* se muestra un ejemplo más de la construcción de un circuito dual. Como no se especifican valores particulares para los elementos, estos dos circuitos son duales pero no necesariamente duales exactos. El circuito original se puede recuperar de su dual colocando un nodo en el centro de cada una de las cinco mallas de la figura 3-23*b* y procediendo como antes.

Figura 3-23

a) El dual (en otro tono) de un circuito dado (en negro) se construye sobre el circuito dado. *b*) El circuito dual dibujado en forma más convencional.

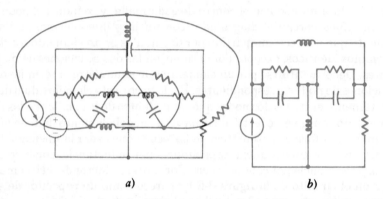

a)   *b*)

El concepto de dualidad puede extenderse al lenguaje por medio del cual se describe el análisis o la operación de circuitos. Un ejemplo de esto se vio en la sección 3-4, donde aparecieron los duales de varias palabras. La mayoría de estos pares de palabras son obvios; cuando se tenga duda acerca del dual de alguna palabra o frase, siempre se puede dibujar el circuito dual o visualizarse y luego describirse en un lenguaje similar. Por ejemplo, si se da una fuente de voltaje en serie con un capacitor, se podría querer hacer la importante afirmación "la fuente de voltaje ocasiona que una corriente fluya a través del capacitor"; el enunciado dual es "la fuente de corriente ocasiona un voltaje entre las terminales del inductor". El dual de una frase enunciada con menos cuidado, como "la corriente da vueltas y vueltas en el circuito en serie", a menudo requiere un poco de inventiva.[3]

Se puede practicar el uso del lenguaje dual leyendo el teorema de Thévenin con este propósito; el resultado debe ser el teorema de Norton.

Se ha hablado de elementos duales, lenguaje dual y circuitos duales. ¿Qué se puede decir de a una *red* dual? Considérese un resistor *R* y un inductor *L* en serie. El dual de esta red de dos terminales existe y se encuentra facílmente conectando alguna fuente ideal a la red dada. Entonces se obtiene el circuito dual como la fuente dual en paralelo con una conductancia *G*, *G* = *R*, y una capacitancia *C*, *C* = *L*. La red dual se considera como la red de dos terminales que está conectada a la fuente dual; en este caso es un par de terminales entre las cuales *G* y *C* están conectados en paralelo.

Antes de dejar la definición de dualidad, debe señalarse que la dualidad se ha definido teniendo como base las ecuaciones de malla y de nodo. Como los circuitos no planos no se pueden describir por medio de un conjunto de ecuaciones de malla, entonces un circuito no plano no tiene un dual.

La dualidad se usará principalmente para reducir el trabajo que debe desarrollarse al analizar los circuitos estándar sencillos. Después de haber estudiado el

---

[3]   Alguien ha sugerido: "el voltaje está a través de todo el circuito en paralelo".

circuito RL en serie, el circuito RC en paralelo requiere menos atención, no porque sea menos importante, sino porque el análisis de su red dual ya se conoce. Como no es muy probable que se conozca el análisis de algún circuito complicado, generalmente la dualidad no proporciona soluciones rápidas.

3-7. Escriba la ecuación de nodo para el circuito de la figura 3-24a y muestre, por sustitución directa, que $v = -80e^{-10^6 t}$ mV es una solución. Con este resultado y la figura 3-24b encuentre $a)$ v_1; $b)$ v_2; $c)$ i.

Ejercicio

$Resp:$ $-8e^{-10^6 t}$ mV; $16 \times 10^{-3}e^{-10^6 t}$ V; $-80e^{-10^6 t}$ mA

Figura 3-24

Para el ejercicio 3-7.

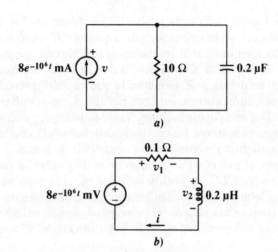

$a)$

$b)$

En el capítulo anterior se vio que el principio de superposición es una consecuencia necesaria de la naturaleza lineal de los circuitos resistivos que se analizaron ahí. Los circuitos resistivos son lineales porque la relación voltaje-corriente para el resistor es lineal y porque las leyes de Kirchhoff son lineales.

Ahora se desea mostrar que los beneficios de la linealidad también se aplican a los circuitos RLC. De acuerdo a la definición previa de un circuito lineal, estos circuitos también son lineales porque las relaciones voltaje-corriente para el inductor y el capacitor son relaciones lineales. Para el inductor se tiene

$$v = L \frac{di}{dt}$$

y la multiplicación de la corriente por una constante K da por resultado un voltaje que es mayor también por un factor K. En la formulación integral,

$$i = \frac{1}{L} \int_{t_0}^{t} v\, dt + i_L(t_0)$$

se puede ver que si cada término se aumenta en un factor K, entonces el valor de la corriente inicial también aumentará en el mismo factor. Es decir, el factor K se aplica no sólo a la corriente y el voltaje en el instante t, sino también a sus valores pasados.

Una investigación similar para el capacitor muestra que también es lineal. Por lo tanto, un circuito compuesto por fuentes independientes, fuentes dependientes lineales, y resistores lineales, inductores y capacitores, es un circuito lineal.

3-7

Linealidad y sus consecuencias de nuevo

En este circuito lineal, la respuesta es una vez más proporcional a la función de excitación. La prueba de esta afirmación se lleva a cabo escribiendo primero un sistema de ecuaciones integrodiferenciales, digamos, en términos de las corrientes de lazo. Todos los términos de la forma Ri, $L \, di/dt$ y $(1/C) \int i \, dt$ se colocan en el lado izquierdo de cada ecuación, y los voltajes de las fuentes independientes se colocan en el lado derecho. Como un ejemplo sencillo, una de las ecuaciones podría tener la forma

$$Ri + L \frac{di}{dt} + \frac{1}{C} \int_{t_0}^{t} i \, dt + v_C(t_0) = v_s$$

Si ahora cada fuente independiente se aumenta en un factor K, entonces el lado derecho de cada ecuación es mayor por un factor K. Pero cada término en el lado izquierdo es un término lineal relacionado con alguna corriente de lazo, o bien un voltaje inicial de capacitor. Con el objeto de que todas las respuestas (corrientes de lazo) aumenten en un factor K, es evidente que los voltajes iniciales de los capacitores también deberán aumentar en un factor K. Es decir, *el voltaje inicial del capacitor debe tratarse como una fuente independiente de voltaje,* y aumentarse también en un factor K. De manera análoga, las corrientes iniciales del inductor deben tratarse como fuentes independientes de corriente en el análisis de nodos.

Por lo tanto, el principio de proporcionalidad entre la fuente y la respuesta se extiende al circuito RLC general, y se tiene que también se aplica el principio de superposición. Debe recalcarse que las corrientes iniciales de inductor y los voltajes iniciales de capacitor, al aplicarse el principio de superposición, deben tratarse como si fuesen fuentes independientes; cada valor inicial debe tomar su turno al pasar a ser inactivo.

Sin embargo, antes de poder aplicar el principio de superposición a los circuitos *RLC,* es necesario desarrollar primero los métodos de solución de las ecuaciones que describen a estos circuitos cuando sólo está presente una fuente independiente. Por ahora, se debe tener el convencimiento de que un circuito lineal tendrá una respuesta cuya amplitud es proporcional a la amplitud de la excitación. Se debe estar preparado para aplicar la superposición más adelante, considerando una corriente de inductor o un voltaje de capacitor especificados en $t = t_0$ como una fuente que debe eliminarse cuando le llegue su turno.

Los teoremas de Thévenin y Norton se basan en la linealidad del circuito original, en la aplicabilidad de las leyes de Kirchhoff y en el principio de superposición. El circuito general RLC se ajusta perfectamente a estos requisitos, por lo que puede asegurarse que todos los circuitos lineales que contengan cualquier arreglo de fuentes independientes de corriente y de voltaje, fuentes dependientes lineales de corriente y de voltaje, resistores lineales, inductores y capacitores, pueden analizarse con el uso de estos teoremas, si así se desea. No es necesario repetirlos aquí, ya que se enunciaron antes en una forma que es igualmente aplicable al circuito general RLC.

Problemas

1 Según la figura 3-25: *a)* grafique v_L como una función del tiempo, $0 < t < 60$ ms; *b)* encuentre el valor del tiempo en el que el inductor está absorbiendo una potencia máxima; *c)* encuentre el valor del tiempo en el que proporciona una potencia máxima, y *d)* encuentre la energía almacenada en el inductor en $t = 40$ ms.

2 En la figura 3-1, sea $L = 50$ mH, con $i = 0$ para $t < 0$ y $80te^{-100t}$ mA para $t > 0$. Encuentre los valores máximos de $|i|$ y $|v|$, y el tiempo en el que ocurre cada máximo.

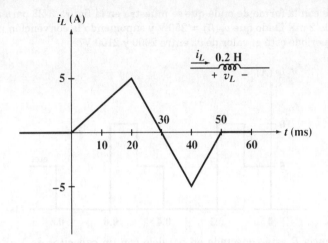

Figura 3-25

Para el problema 1.

3 *a*) Si $i_s = 0.4t^2$ A para $t > 0$ en el circuito de la figura 3-26*a*, encuentre y grafique $v_{ent}(t)$ para $t > 0$. *b*) Si $v_s = 40t$ V para $t > 0$ e $i_L(0) = 5$ A, encuentre y grafique $i_{ent}(t)$ para $t > 0$ en el circuito de la figura 3-26*b*.

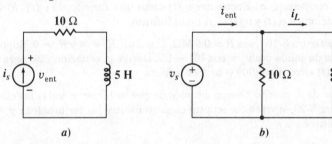

Figura 3-26

Para el problema 3.

a) *b*)

4 Se aplica un voltaje de 20 cos 1000t V a un inductor de 25 mH. Si la corriente del inductor es cero en $t = 0$, encuentre y grafique (para $0 \leq t \leq 2\pi$ ms): *a*) la potencia que está absorbiendo el inductor; *b*) la energía almacenada en el inductor.

5 El voltaje v_L a través de un inductor de 0.2 H es 100 V para $0 < t \leq 10$ ms; disminuye linealmente hasta cero en el intervalo $10 < t < 20$ ms; es 0 para $20 \leq t < 30$ ms; 100 V para $30 < t < 40$ ms, y cero de ahí en adelante. Suponga la convención pasiva de signos para v_L e i_L. *a*) Calcule i_L en $t = 8$ ms si $i_L(0) = -2$ A. *b*) Determine la energía almacenada en $t = 22$ ms si $i_L(0) = 0$. *c*) Encuentre i_x si el circuito que se muestra en la figura 3-27 ha estado conectado por mucho tiempo.

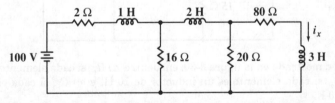

Figura 3-27

Para el problema 5.

6 El voltaje a través de un inductor de 5 H es $v_L = 10\left(e^{-t} - e^{-2t}\right)$ V. Si $i_L(0) = 80$ mA y v_L e i_L satisfacen la convención pasiva de signos, encuentre: *a*) $v_L(1\ s)$; *b*) $i_L(1\ s)$, y *c*) $i_L(\infty)$.

7 *a*) Si el capacitor mostrado en la figura 3-7 tiene una capacitancia de 0.2 μF, sea $v_C = 5 + 3\cos^2 200t$ V, encuentre $i_C(t)$. *b*) ¿Cuál es la energía almacenada en el capacitor? *c*) Si $i_C = 0$ para $t < 0$ e $i_C = 8e^{-100t}$ mA para $t > 0$, encuentre $v_C(t)$ para $t > 0$. *d*) Si $i_C = 8e^{-100t}$ mA para $t > 0$ y $v_C(0) = 100$ V, encuentre $v_C(t)$ para $t > 0$.

8 La corriente con la forma de onda que se muestra en la figura 3-28 para $t > 0$ se aplica a un capacitor de 2 mF. Dado que $v_C(0) = 250$ V y suponiendo la convención pasiva de signos, ¿durante qué periodo está el valor de v_C entre 2000 y 2100 V?

Figura 3-28

Para el problema 8.

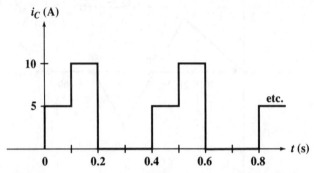

9 Una resistencia R está conectada en paralelo con un capacitor de 1 μF. Para cualquier tiempo $t \geq 0$, la energía almacenada en el capacitor es $20e^{-1000t}$ mJ. *a*) Encuentre R. *b*) Use integración para demostrar que la energía disipada en R en el intervalo $0 \leq t < \infty$ es 0.02 J.

10 Intercambie la posición de R y C en el circuito de la figura 3-10*a* y suponga que $R_i = \infty$, $R_o = 0$ y $A = \infty$ para el op-amp. *a*) Encuentre $v_o(t)$ como una función de $v_s(t)$. *b*) Obtenga una ecuación que relacione a $v_o(t)$ y $v_s(t)$ si A no es infinita.

11 En el circuito de la figura 3-10*a*, sea $R = 0.5$ MΩ, $C = 2\,\mu$F, $R_i = \infty$ y $R_o = 0$. Suponga que se desea que el voltaje de salida sea $v_o = \cos 10t - 1$ V. Derive la ecuación (16) para obtener el voltaje necesario $v_s(t)$ si *a*) $A = 2000$ y *b*) A es infinita.

12 Encuentre el valor de v_x mucho tiempo después de que se hicieron todas las conexiones del circuito de la figura 3-29, si *a*) se conecta un capacitor entre las terminales x y y, y *b*) se conecta un inductor entre x y y.

Figura 3-29

Para los problemas 12 y 22.

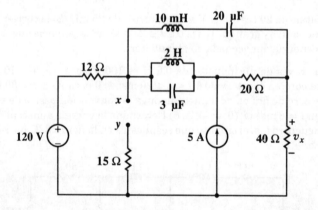

13 Según la red mostrada en la figura 3-30, encuentre *a*) R_{eq} si cada elemento es un resistor de 10 Ω; *b*) L_{eq} si cada elemento es un inductor de 10 H, y *c*) C_{eq} si cada elemento es un capacitor de 10 F.

14 En la figura 3-31 los elementos A, B, C y D son: *a*) inductores de 1 H, 2 H, 3 H y 4 H, respectivamente; encuentre la inductancia de entrada con $x-x'$ primero en circuito abierto y después en cortocircuito; *b*) capacitores de 1 F, 2 F, 3 F y 4 F, respectivamente; encuentre la capacitancia de entrada con $x-x'$ primero en circuito abierto y después en cortocircuito.

15 Dada una caja llena de capacitores de 1 nF y usando tan pocos capacitores como sea posible, muestre cómo obtener una capacitancia equivalente de *a*) 2.25 nF; *b*) 0.75 nF; *c*) 0.45 nF.

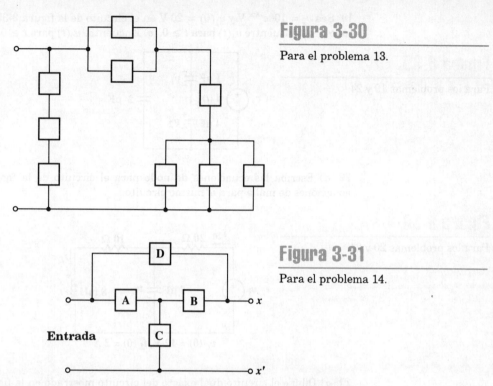

Figura 3-30

Para el problema 13.

Figura 3-31

Para el problema 14.

16 Según el circuito que se muestra en la figura 3-32, encuentre a) w_L; b) w_C; c) el voltaje a través de cada elemento del circuito; d) la corriente en cada elemento del circuito.

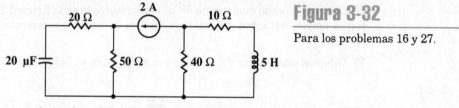

Figura 3-32

Para los problemas 16 y 27.

17 Sea $v_s = 400t^2$ V para $t > 0$ e $i_L(0) = 0.5$ A en el circuito de la figura 3-33. En $t = 0.4$ s, encuentre los valores de la energía: a) almacenada en el capacitor; b) almacenada en el inductor, y c) disipada por el resistor, desde $t = 0$.

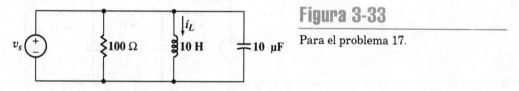

Figura 3-33

Para el problema 17.

18 En el circuito que se muestra en la figura 3-34, sea $i_s = 60e^{-200t}$ mA con $i_1(0) = 20$ mA; a) encuentre $v(t)$ para toda t; b) encuentre $i_1(t)$ para $t \geq 0$; c) encuentre $i_2(t)$ para $t \geq 0$.

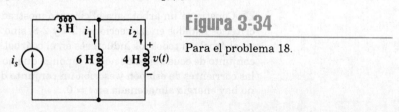

Figura 3-34

Para el problema 18.

19 Sea $v_s = 100e^{-80t}$ V y $v_1(0) = 20$ V en el circuito de la figura 3-35. *a*) Encuentre $i(t)$ para todo t. *b*) Encuentre $v_1(t)$ para $t \geq 0$. *c*) Encuentre $v_2(t)$ para $t \geq 0$.

Figura 3-35

Para los problemas 19 y 24.

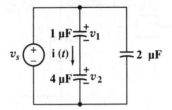

20 *a*) Escriba las ecuaciones de nodo para el circuito de la figura 3-36. *b*) Escriba las ecuaciones de malla para el mismo circuito.

Figura 3-36

Para los problemas 20 y 21.

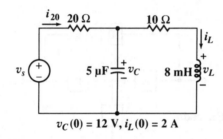

21 *a*) Dibuje el circuito dual exacto del circuito mostrado en la figura 3-36. Especifique las variables duales y las condiciones iniciales duales. *b*) Escriba las ecuaciones de nodo para el circuito dual. *c*) Escriba las ecuaciones de malla para el circuito dual.

22 Dibuje el circuito dual exacto del circuito mostrado en la figura 3-29. Dibuje el circuito en forma limpia, clara, con esquinas cuadradas, un nodo de referencia que se reconozca y sin cruces.

23 Dibuje el dual exacto del circuito que se muestra en la figura 3-37. ¡Hágalo en limpio!

Figura 3-37

Para el problema 23.

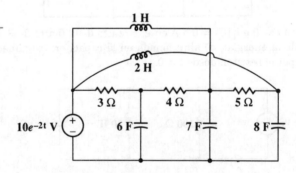

24 *a*) Dibuje el circuito dual exacto del circuito dado para el problema 19, incluyendo las variables. *b*) Escriba el dual del enunciado del problema 19. *c*) Resuelva el nuevo problema 19.

25 Construya un árbol para el circuito mostrado en la figura 3-38 que no sólo satisfaga los criterios listados en las secciones 2-7 y 2-8, sino que además coloque a todos los capacitores en el árbol y a todos los inductores en el coárbol. *a*) Asigne los voltajes de rama y escriba un conjunto de ecuaciones de nodo. Suponga que no hay energía almacenada en $t = 0$. *b*) Asigne las corrientes de eslabón y escriba un conjunto de ecuaciones de lazo, de nuevo suponga que no hay energía almacenada en $t = 0$.

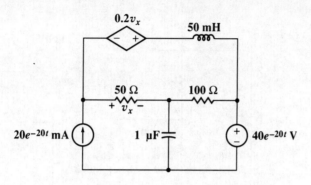

Figura 3-38

Para el problema 25.

26 Suponga que todas las fuentes en el circuito de la figura 3-39 han estado conectadas y operando durante mucho tiempo; utilice el principio de superposición para determinar $v_C(t)$ y $v_L(t)$.

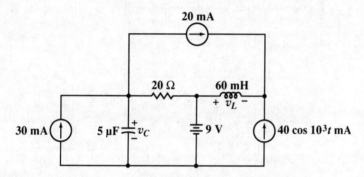

Figura 3-39

Para el problema 26.

27 (SPICE) Repita el problema 16*a* y *b* si se conecta un resistor de 30 Ω entre las terminales superiores del capacitor y el inductor en el circuito de la figura 3-32. Utilice SPICE para determinar el voltaje del capacitor y la corriente del inductor.

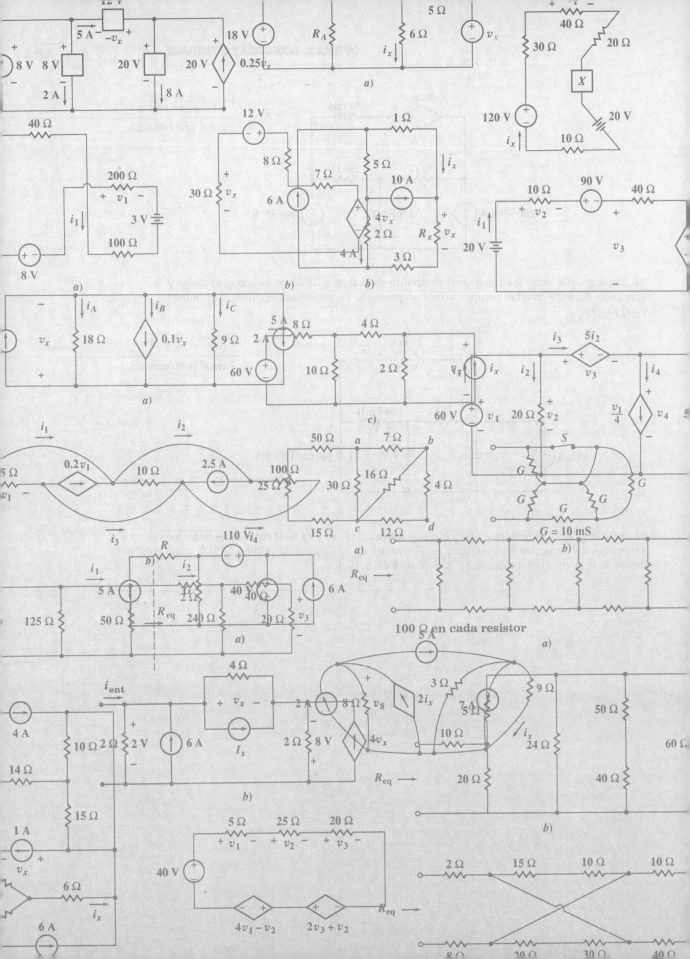

Circuitos *RL* y *RC* sin fuentes

En el capítulo anterior se escribieron las ecuaciones que gobiernan la respuesta de varios circuitos que contienen inductancias y capacitancias, pero no se resolvió ninguna de ellas. Ahora se procederá a encontrar la solución para los circuitos más simples. Se restringirá el estudio a ciertos circuitos que contienen sólo resistores e inductores, o sólo resistores y capacitores, y que además no contengan ninguna fuente. Sin embargo, se permitirá que haya energía almacenada en los inductores o en los capacitadores, ya que sin esa energía la respuesta sería cero.

Aunque los circuitos que se van a analizar a continuación tienen una apariencia muy elemental, tienen importancia práctica. Dichos circuitos se encuentran como redes de acoplamiento en amplificadores electrónicos, como redes compensadoras en sistemas automáticos de control y amplificadores operacionales, como redes ecualizadoras en canales de comunicación, y en muchas otras formas. El conocimiento del comportamiento de estos circuitos simples permitirá predecir la precisión con la que la salida de un amplificador puede seguir una entrada que esté cambiando rápidamente con el tiempo, o precedir qué tan rápido cambiará la velocidad de un motor como respuesta a un cambio en su corriente de campo. El conocimiento del comportamiento de los circuitos *RL* y *RC* simples también permitirá sugerir modificaciones al amplificador o al motor con el objeto de obtener una respuesta más adecuada.

El análisis de los circuitos mencionados depende de la formulación y solución de las ecuaciones integrodiferenciales que los caracterizan. Al tipo especial de ecuaciones que se obtendrán se les da el nombre de *ecuaciones diferenciales lineales homogéneas*, que es simplemente una ecuación diferencial en la que todos los términos son de primer grado en la variable dependiente o en una de sus derivadas. Se obtiene una *solución* cuando se ha encontrado una expresión para la variable dependiente en función del tiempo, que satisface a la ecuación diferencial y también satisface la distribución prescrita de la energía en los inductores o capacitores en un instante dado, generalmente en $t = 0$.

La solución de la ecuación diferencial representa una respuesta del circuito, y se le conoce por varios nombres. Como esta respuesta depende de la "naturaleza" general del circuito (el tipo de elementos que lo forman, sus tamaños, la forma en que están interconectados), a menudo se le llama *respuesta natural*. También es obvio que cualquier circuito real que se construya no podrá almacenar la energía para siempre; con el tiempo, las resistencias forzosamente asociadas con los inductores y capacitores reales convertirán en calor toda la energía almacenada. La respuesta finalmente desaparecerá, por lo que se le conoce como *respuesta transitoria*. Por último, también el estudiante debe familiarizarse con la contribución de los matemáticos a la nomenclatura; a la solución de una ecuación diferencial lineal homogénea ellos le llaman

4-1
Introducción

función complementaria. Cuando se consideran fuentes independientes que actúan sobre un circuito, parte de la respuesta compartirá la naturaleza de la fuente específica que se use (función de excitación); esta parte de la respuesta, llamada *solución particular* o *respuesta forzada*, será "complementada" por la respuesta complementaria producida en el circuito sin fuentes, y la suma de la función complementaria y la solución particular constituirá la respuesta completa. Es decir, la respuesta completa es la suma de la respuesta natural estudiada en este capítulo, y la respuesta forzada que se estudiará en el capítulo 5. La respuesta sin fuentes puede llamarse *respuesta transitoria, respuesta libre,* o *función complementaria,* pero debido a su naturaleza más descriptiva, casi siempre se le llamará *respuesta natural.*

Para resolver estas ecuaciones diferenciales se presentarán varios métodos; sin embargo, esas matemáticas no son análisis de circuitos. El mayor interés reside en las soluciones mismas, su significado y su interpretación, y el objetivo será familiarizarse lo suficiente con la forma de la respuesta para que sea posible escribir los resultados para nuevos circuitos por medio de razonamientos simples. Si bien es cierto que cuando los métodos más sencillos fallan es necesario usar métodos analíticos complicados, un ingeniero siempre debe tener presente que estas complicadas técnicas son tan sólo herramientas con las cuales es posible obtener respuestas significativas, pero que no son ingeniería por sí mismas.

4-2
El circuito *RL* simple

Se comenzará el estudio del análisis transitorio considerando el circuito *RL* en serie mostrado en la figura 4-1. La corriente que varía con el tiempo se denota por $i(t)$; el valor de $i(t)$ en $t = 0$ se denota por I_0. Es decir, $i(0) = I_0$. Entonces se tiene

$$v_R + v_L = Ri + L\frac{di}{dt} = 0$$

o

$$\frac{di}{dt} + \frac{R}{L}i = 0 \tag{1}$$

y ahora hay que encontrar una expresión para $i(t)$ que satisfaga esta ecuación y que tenga además el valor I_0 en $t = 0$. Hay varios métodos con los que se puede obtener la solución.

Figura 4-1

Un circuito *RL* en serie para el que se quiere encontrar $i(t)$, sujeto a la condición inicial $i(0) = I_0$.

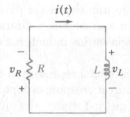

Un método muy directo para resolver una ecuación diferencial consiste en escribir la ecuación de tal forma que las variables queden separadas, para luego integrar cada miembro de la ecuación. Las variables en la ecuación (1) son i y t, y es evidente que esta ecuación se puede multiplicar por dt, dividirse entre i, y arreglarse ya con las variables separadas:

$$\frac{di}{i} = -\frac{R}{L}\, dt \qquad (2)$$

Como la corriente vale I_0 en $t = 0$ y vale $i(t)$ en el tiempo t, se pueden igualar las dos integrales definidas que se obtienen al integrar cada miembro entre los límites correspondientes:

$$\int_{I_0}^{i(t)} \frac{di}{i} = \int_0^t -\frac{R}{L}\, dt$$

y por tanto,

$$\ln i \,\bigg|_{I_0}^{i} = -\frac{R}{L}\, t \,\bigg|_0^t$$

o

$$\ln i - \ln I_0 = -\frac{R}{L}(t - 0)$$

Por lo que

$$i(t) = I_0 e^{-Rt/L} \qquad (3)$$

Esta solución se verifica mostrando primero que la sustitución de (3) en (1) lleva a la identidad $0 \equiv 0$, y luego que la sustitución de $t = 0$ en (3) produce $i(0) = I_0$. Los dos pasos son necesarios; la solución debe satisfacer a la ecuación diferencial que caracteriza al circuito y además la condición inicial.

La solución también puede obtenerse mediante una ligera variante del método descrito antes. Después de separar las variables, puede obtenerse la integral *indefinida* de cada lado de la ecuación (2) si se incluye una constante de integración. Así,

$$\int \frac{di}{i} = -\int \frac{R}{L}\, dt + K$$

y la integración da

$$\ln i = -\frac{R}{L}\, t + K \qquad (4)$$

La constante K no se puede evaluar sustituyendo la ecuación (4) en la ecuación diferencial original (1); en ese caso se obtendría la identidad $0 \equiv 0$, porque (4) es una solución de (1) para *cualquier* valor de K. La constante de integración se elige de manera que satisfaga la condición inicial $i(0) = I_0$. Entonces, en $t = 0$, (4) se convierte en

$$\ln I_0 = K$$

y se usa este valor de K en (4) para obtener la respuesta deseada

$$\ln i = -\frac{R}{L}\, t + \ln I_0$$

o

$$i(t) = I_0\, e^{-Rt/L}$$

como antes.

Puede usarse cualquiera de estos dos métodos cuando las variables se pueden separar, pero esto pocas veces es posible. En los demás casos se tendrá que confiar en un método muy poderoso cuyo éxito dependerá de la intuición y la experiencia.

Simplemente se adivina o supone una forma para la solución, y luego se prueba dicha suposición, primero sustituyendo en la ecuación diferencial y luego aplicando las condiciones iniciales dadas. Como no es de esperarse que se adivine la expresión numérica exacta para la solución, habrá que suponer una solución que contenga varias constantes desconocidas y seleccionar valores para ellas que satisfagan la ecuación diferencial y las condiciones iniciales. Muchas de las ecuaciones diferenciales que se encuentran en el análisis de circuitos tienen soluciones que se pueden representar por una función exponencial o bien por la suma de varias funciones exponenciales. Supóngase que una solución de (1) en forma exponencial es

$$i(t) = Ae^{s_1 t} \qquad (5)$$

donde A y s_1 son constantes que deben calcularse. Después de sustituir esta solución supuesta en la ecuación (1), se tiene

$$As_1 e^{s_1 t} + \frac{R}{L} Ae^{s_1 t} = 0$$

o

$$\left(s_1 + \frac{R}{L}\right) A\, e^{s_1 t} = 0$$

Para que esta ecuación se satisfaga en cualquier tiempo t es necesario que $A = 0$, $s_1 = -\infty$ o $s_1 = -R/L$. Pero si $A = 0$ o $s_1 = -\infty$, entonces todas las respuestas serían cero, y ninguna puede ser una solución del problema. Por lo tanto, tiene que escogerse

$$s_1 = -\frac{R}{L}$$

y la solución supuesta toma la forma

$$i(t) = Ae^{-Rt/L}$$

La otra constante debe evaluarse aplicando la condición inicial $i = I_0$ en $t = 0$. Así,

$$I_0 = A$$

la forma final de la solución es

$$i(t) = I_0\, e^{-Rt/L}$$

otra vez.

No se considerarán otros métodos para resolver la ecuación (1), aunque pueden usarse muchas otras técnicas. Téngase cuidado de aprenderlas en un curso de ecuaciones diferenciales.

Antes de prestar atención a la interpretación de la respuesta, se verificarán las relaciones de potencia y energía en este circuito. La potencia disipada en el resistor es

$$p_R = i^2 R = I_0^2 Re^{-2Rt/L}$$

y la energía total convertida en calor en el resistor puede calcularse integrando la potencia instantánea desde un tiempo cero hasta un tiempo infinito:

$$W_R = \int_0^\infty p_R dt = I_0^2 R \int_0^\infty e^{-2Rt/L}\, dt$$

$$= I_0^2 R \left(\frac{-L}{2R}\right) e^{-2Rt/L} \Big|_0^\infty = \frac{1}{2} L I_0^2$$

Éste es el resultado que se esperaba, porque la energía total almacenada inicialmente en el inductor es $\frac{1}{2}LI_0^2$ y no hay energía almacenada en el inductor en un tiempo infinito. Toda la energía inicial se disipa en el resistor.

4-1. Cada uno de los circuitos mostrados en la figura 4-2 ha estado en la forma que se muestra durante un tiempo largo. Los interruptores en *a*) y *b*) se abren cuando *t* = 0. El interruptor en *c*) es un interruptor de un polo y dos tiros que se ha dibujado para indicar que cierra un circuito antes de abrir el otro. Se le conoce como interruptor *hacer antes de interrumpir*. Repase las características de un inductor dadas al final de la sección 3-3 y determine i_L en cada circuito, justo un instante *antes* de conmutar el interruptor.   *Resp:* 2 A; 2.4 A; 4 A

4-2. Encuentre el valor de i_L en cada uno de los circuitos de la figura 4-2 justo un instante *después* de conmutar el interruptor.   *Resp:* 2 A; 2.4 A; 4 A

4-3. Encuentre *v* en cada uno de los circuitos de la figura 4-2 justo un instante *después* de conmutar el interruptor.   *Resp:* 40 V; –96 V; –48 V

4-4. Sea $R = 40\ \Omega$, $L = 20$ mH e $I_0 = 30$ mA en el circuito que se muestra en la figura 4-1. Encuentre *a*) *i*(1 ms); *b*) v_L(0.8 ms); *c*) w_L(0.4 ms).
                     Resp: 4.06 mA; –0.242 V; 1.817 μJ

Ejercicios

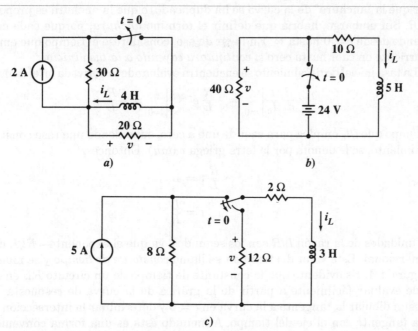

a)

b)

c)

Figura 4-2

Para los problemas 4-1, 4-2, 4-3 y 4-6.

Considérese la naturaleza de la respuesta del circuito *RL* en serie. Ya se vio que la corriente está dada por

$$i(t) = I_0\,e^{-Rt/L} \tag{6}$$

Se supone que en el tiempo cero, la corriente tiene el valor supuesto I_0, y conforme transcurre el tiempo la corriente disminuye y tiende a cero. Puede apreciarse la forma de esta exponencial decreciente graficando $i(t)/I_0$ contra *t*, como se ve en la figura 4-3. Como la función que se está graficando es $e^{-Rt/L}$, la curva no cambiará si R/L no cambia. Así, debe obtenerse la misma curva para todo circuito *RL* en serie que tenga la misma relación R/L o L/R. Ahora se verá cómo afecta esto a la forma de la curva.

4-3

Propiedades de la respuesta exponencial

Figura 4-3

Una gráfica de $e^{-Rt/L}$ contra t.

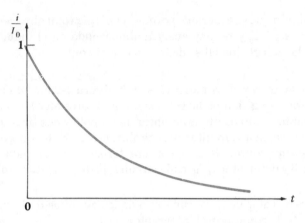

Si se duplica la razón de L a R, entonces el exponente no cambiará si t también se duplica, o en otras palabras, la respuesta original ocurrirá en un tiempo posterior, y la nueva curva se obtiene colocando cada punto de la curva original dos veces más lejano hacia la derecha. Con esta razón L/R más grande, la corriente tardará más en decaer a cualquier fracción dada de su valor original. Podría sentirse la inclinación a decir que la "anchura" de la curva se ha duplicado, o que la anchura es proporcional a L/R. Sin embargo, habría que definir el término *anchura*, porque cada curva se extiende desde $t = 0$ hasta ∞. En lugar de eso, considérese el tiempo que emplearía la corriente en caer hasta cero *si continuara cayendo a la tasa inicial*.

La tasa inicial de decaimiento se encuentra evaluando la derivada en el tiempo cero,

$$\frac{d}{dt} \frac{i}{I_0} \bigg|_{t=0} = -\frac{R}{L} e^{-Rt/L} \bigg|_{t=0} = -\frac{R}{L}$$

El tiempo que i/I_0 emplea para caer de uno a cero, suponiendo una tasa constante de decaimiento, se le denota por la letra griega τ (*tau*). Entonces,

$$\frac{R}{L} \tau = 1$$

o

$$\tau = \frac{L}{R} \qquad (7)$$

Las unidades de la razón L/R son los segundos, ya que el exponente $-Rt/L$ debe ser adimensional. Este valor del tiempo τ se llama *constante de tiempo* y se muestra en la figura 4-4. Es evidente que la constante de tiempo de un circuito RL en serie se puede evaluar fácilmente a partir de la gráfica de la curva de respuesta; sólo se necesita dibujar la tangente a la curva en $t = 0$ y determinar la intersección de esta línea tangente con el eje del tiempo. A menudo ésta es una forma conveniente de calcular el valor aproximado de la constante de tiempo cuando se trabaja en la pantalla de un osciloscopio.

Una interpretación igualmente importante de la constante de tiempo se obtiene calculando el valor de $i(t)/I_0$ cuando $t = \tau$. Se tiene

$$\frac{i(\tau)}{I_0} = e^{-1} = 0.368 \qquad o \qquad i(\tau) = 0.368 I_0$$

Por lo tanto, al transcurrir una constante de tiempo la respuesta ha caído a 36.8 % de su valor original; el valor de τ también se puede calcular gráficamente tomando en cuenta este hecho, como se indica en la figura 4-5. Es conveniente medir el de-

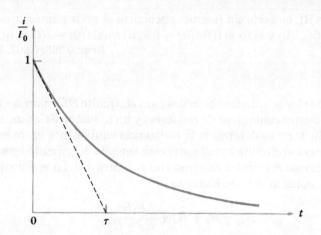

Figura 4-4

La constante de tiempo τ es L/R para un circuito *RL* en serie. Es el tiempo requerido para que la curva de respuesta llegue a cero si decae a una tasa constante igual a la tasa inicial de decaimiento.

caimiento de la corriente en intervalos iguales a una constante de tiempo, y una calculadora de bolsillo o una tabla de valores exponenciales negativos muestra que $i(t)/I_0$ vale 0.368 en $t = \tau$, 0.135 en $t = 2\tau$, 0.0498 en $t = 3\tau$, 0.0183 en $t = 4\tau$, y 0.0067 en $t = 5\tau$. Se puede decir que, en algún punto entre tres y cinco constantes de tiempo después de $t = 0$, la corriente es ya una fracción despreciable de su valor inicial. Así, si se pregunta "¿cuánto tiempo tarda la corriente en llegar a cero?" la respuesta podría ser "alrededor de cinco constantes de tiempo". Al final de ese intervalo, la corriente vale ya menos del 1% de su valor inicial.

¿Por qué un valor mayor de la constante de tiempo L/R produce una respuesta que decae más lentamente? Considérese el efecto de cada elemento. Un aumento en L permite un mayor almacenamiento de energía con la misma corriente inicial, y esta energía mayor requiere más tiempo para disiparse en el resistor. También se puede aumentar L/R disminuyendo el valor de R. En este caso, con la misma corriente inicial, la potencia transferida al resistor es menor; de nuevo, se requiere más tiempo para disipar la energía almacenada.

En términos de la constante de tiempo τ, la respuesta del circuito *RL* en serie puede escribirse simplemente como

$$i(t) = I_0 e^{-t/\tau}$$

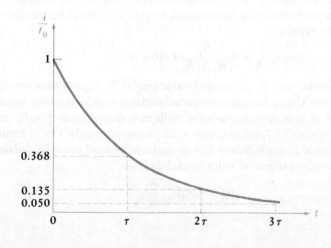

Figura 4-5

La corriente en un circuito *RL* en serie es igual al 36.8, 13.5 y 5% de su valor inicial en τ, 2τ y 3τ, respectivamente.

4-5. En un circuito RL en serie sin fuentes, encuentre el valor numérico de la razón: $a)i(2\tau)/i(\tau)$, $b)$ $i(0.5\tau)/i(0)$ y $c)$ t/τ si $i(t)/i(0) = 0.2$; $d)$ t/τ si $i(0) - i(t) = i(0) \ln 2$.

Resp: 0.368; 0.607; 1.609; 1.181

4-4

Un circuito *RL* más general

No es difícil extender los resultados obtenidos para el circuito *RL* en serie a un circuito que contiene un número cualquiera de resistores y un inductor. Se examinan las dos terminales del inductor y se determina la resistencia equivalente entre estas terminales. De esta manera el circuito se reduce al caso sencillo del circuito en serie. Como un ejemplo, considérese el circuito mostrado en la figura 4-6. La resistencia equivalente con la que se conecta el introductor es

$$R_{eq} = R_3 + R_4 + \frac{R_1 R_2}{R_1 + R_2}$$

y la constante de tiempo es entonces

$$\tau = \frac{L}{R_{eq}}$$

La corriente del inductor i_L es

$$i_L = i_L(0)\, e^{-t/\tau} \qquad (8)$$

Un circuito sin fuentes que contiene un inductor y varios resistores se analiza determinando la constante de tiempo $\tau = L/R_{eq}$.

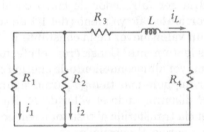

y la ecuación (8) representa lo que podría llamarse la *solución básica* del problema. Es muy probable que se necesite alguna otra corriente o voltaje aparte de i_L tal como la corriente i_2 en R_2. Siempre pueden aplicarse sin problemas las leyes de Kirchhoff y la ley de Ohm a la parte resistiva del circuito, en este circuito el divisor de corriente da la respuesta más rápida:

$$i_2 = -\frac{R_1}{R_1 + R_2} i_L(0)\, e^{-t/\tau}$$

También puede suceder que se conozca el valor inicial de alguna otra corriente que no sea la del inductor. Como la corriente en un resistor puede cambiar instantáneamente, se indicará el instante *después* de cualquier cambio que pueda ocurrir en $t = 0$ mediante el símbolo 0^+; en lenguaje más matemático, $i(0^+)$ es el límite por la derecha de $i_1(t)$ cuando t tiende a cero. Por lo tanto, si se da el valor inicial de i_1 como $i_1(0^+)$, entonces es evidente que el valor inicial de i_2 es

$$i_2(0^+) = i_1(0^+) \frac{R_1}{R_2}$$

De estos valores se obtiene el valor inicial necesario de $i_L(0)$ [o $i_L(0^-)$ o $i_L(0^+)$]:

$$i_L(0^+) = -\left[i_1(0^+) + i_2(0^+)\right] = -\frac{R_1 + R_2}{R_2} i_1(0^+)$$

y la expresión para i_2 se convierte en

$$i_2 = i_1(0^+) \frac{R_1}{R_2} e^{-t/\tau}$$

Véase si esta última expresión se puede obtener más directamente. Debido a que la corriente del inductor decae exponencialmente según $e^{-t/\tau}$, entonces toda corriente en el circuito debe tener el mismo comportamiento funcional. Esto se ve más claramente al considerar la corriente del inductor como una fuente de corriente que se aplica a una red resistiva. Toda corriente y voltaje en la red resistiva debe tener la misma dependencia del tiempo. Siguiendo estas ideas, se puede expresar a i_2 como

$$i_2 = Ae^{-t/\tau}$$

donde

$$\tau = \frac{L}{R_{eq}}$$

y A debe calcularse una vez que se conoce el valor inicial de i_2. Como $i_1(0^+)$ se conoce, entonces los voltajes de R_1 y R_2 también se conocen, así

$$i_2(0^+) = i_1(0^+) \frac{R_1}{R_2}$$

Por lo tanto,

$$i_2 = i_1(0^+)\frac{R_1}{R_2} e^{-t/\tau}$$

Una secuencia análoga de pasos dará una solución rápida para una gran cantidad de problemas. Primero se reconoce la dependencia del tiempo de la respuesta como un decaimiento exponencial, se calcula la constante de tiempo adecuada reduciendo resistencias, se escribe la solución con una amplitud desconocida, y luego se calcula la amplitud a partir de la condición inicial dada.

Esta misma técnica también se puede aplicar a un circuito que contenga un resistor y cualquier número de inductores, así como a aquellos circuitos especiales que contengan dos o más inductores y también dos o más resistores que pueden simplificarse combinando resistencias o inductancias hasta que el circuito simplificado tenga sólo un inductor o un resistor.

Ejemplo 4-1 Como ejemplo de un circuito de este tipo, determine las corrientes i_1 e i_2 en el circuito que se muestra en la figura 4-7.

Solución: Después de $t = 0$, cuando se desconecta la fuente de voltaje, es fácil calcular una inductancia equivalente,

$$L_{eq} = \frac{2 \times 3}{2 + 3} + 1 = 2.2 \text{ mH}$$

la resistencia equivalente,

$$R_{eq} = \frac{90(60 + 120)}{90 + 180} + 50 = 110 \ \Omega$$

Figura 4-7

Después de $t = 0$, este circuito se simplifica a una resistencia equivalente de 110 Ω en serie con $L_{eq} = 2.2$ mH.

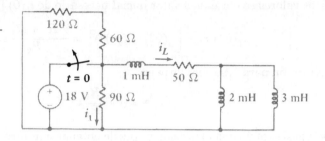

y la constante de tiempo,

$$\tau = \frac{L_{eq}}{R_{eq}} = \frac{2.2 \times 10^{-3}}{110} = 20\ \mu s$$

Por lo cual la forma de la respuesta natural es $Ae^{-50\ 000\ t}$. Con la fuente independiente conectada ($t < 0$), i_L vale $\frac{18}{50}$, o 0.36 A, mientras que i_1 es $\frac{18}{90}$ o 0.2 A. En $t = 0^+$, i_L debe valer aún 0.36 A, pero i_1 saltará a un nuevo valor determinado por $i_L(0^+)$. Entonces,

$$i_1(0^+) = -i_L(0^+)\tfrac{180}{270} = -0.24\ A$$

Así

$$i_L = \begin{cases} 0.36\ A & (t < 0) \\ 0.36e^{-50\ 000\ t}\ A & (t > 0) \end{cases}$$

y tenemos

$$i_1 = \begin{cases} 0.2\ A & (t < 0) \\ -0.24e^{-50\ 000\ t}\ A & (t > 0) \end{cases}$$

En circuitos idealizados en los cuales hay lazos que contienen sólo inductancias, como el de los inductores de 2 y 3 mH de la figura 4-7, una corriente constante puede continuar circulando conforme $t \rightarrow \infty$. La corriente en cualquiera de estos dos inductores no necesariamente es de la forma $Ae^{-t/\tau}$ sino que toma la forma más general $A_1 + A_2 e^{-t/\tau}$. Este caso especial sin importancia se ilustra en el problema 14 al final de este capítulo.

Se ha llevado a cabo la tarea de encontrar la respuesta natural de cualquier circuito que pueda representarse por un inductor equivalente en serie con un resistor equivalente. Un circuito que contenga varios resistores y varios inductores, en general no tiene una forma que permita combinar resistores o inductores en elementos equivalentes sencillos. En ese caso no hay un solo término exponencial negativo o una sola constante de tiempo asociada al circuito. En vez de eso, habrá varios términos exponenciales negativos, el número de términos será igual al número de inductores que quedan después de hacer todas las reducciones posibles. La respuesta natural de estos circuitos más complejos se obtiene usando técnicas que se estudiarán más adelante. Uno de esos métodos se ve al final del capítulo 12, y se basa en el concepto de la frecuencia compleja. Los métodos más poderosos se basan en el uso de las transformadas de Fourier o de Laplace, y se verán en los capítulos 18 y 19.

4-6. Después de $t = 0$, cada parte de los circuitos de la figura 4-2 que contiene el inductor no tiene fuentes. Encuentre los valores de i_L y v en $t = 0.2$ s en a) en la figura 4-2a; b) en la figura 4-2b; c) en la figura 4-2c.

Resp: 0.736 A, 14.72 V; 0.325 A, –12.99 V; 1.573 A, –18.88 V

Ejercicios

4-7. En $t = 0.15$ s en el circuito de la figura 4-8, encuentre el valor de a) i_L; b) i_1; c) i_2.

Resp: 0.756 A; 0; 1.244 A

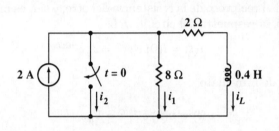

Figura 4-8

Para el problema 4-7.

El arreglo en serie de un resistor y un capacitor tiene una mayor importancia práctica que el arreglo de un resistor y un inductor. Cuando un ingeniero tiene la libertad de elegir entre usar un capacitor y usar un inductor en la red de acoplamiento de un amplificador electrónico, en las redes de compensación de un sistema de control automático o en la síntesis de una red ecualizadora, por ejemplo, elegirá una red *RC* en lugar de una red *RL* siempre que le sea posible. Las razones de esta preferencia son las menores pérdidas presentes en un capacitor físico, su costo más bajo, la mejor aproximación que el modelo matemático hace del elemento físico que pretende representar y el menor tamaño y peso como lo ejemplifican los capacitores en los circuitos híbridos e integrados.

Se estudiará la correspondencia tan estrecha que existe entre el análisis de un circuito *RC* en paralelo (¿o es en serie?) y el circuito *RL*. El circuito *RC* se muestra en la figura 4-9. Se supondrá que hay una cantidad inicial de energía almacenada en el capacitor tomando

$$v(0) = V_0$$

La corriente total que sale del nodo en la parte superior del circuito debe ser cero, por lo cual

$$C \frac{dv}{dt} + \frac{v}{R} = 0$$

Al dividir entre C se obtiene

$$\frac{dv}{dt} + \frac{v}{RC} = 0 \tag{9}$$

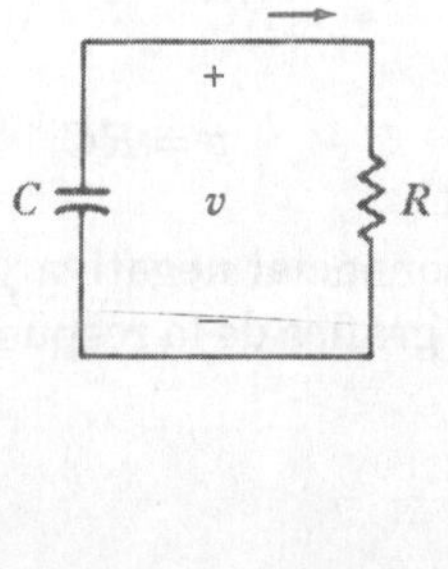

4-5

Un circuito *RC* simple

Figura 4-9

Un circuito *RC* en paralelo para el que se quiere determinar $v(t)$, sujeta a la condición inicial $v(0) = V_0$.

La ecuación (9) tiene una forma familiar; la comparación con la ecuación (1),

$$\frac{di}{dt} + \frac{R}{L} i = 0 \qquad (1)$$

muestra que la sustitución de i por v y L/R por RC produce la ecuación idéntica que ya se consideró. Así debe ser, pues el circuito RC que se está analizando es el dual del circuito RL que se estudió primero. Esta dualidad hace que $v(t)$ en el circuito RC e $i(t)$ en el circuito RL tengan expresiones idénticas si la resistencia de uno de los circuitos es igual al recíproco de la resistencia del otro, y si L es numéricamente igual a C. Por lo tanto, la respuesta del circuito RL,

$$i(t) = i(0) \, e^{-Rt/L} = I_0 \, e^{-Rt/L}$$

permite escribir de inmediato

$$v(t) = v(0) \, e^{-t/RC} = V_0 \, e^{-t/RC} \qquad (10)$$

para el circuito RC.

Ahora supóngase que se ha seleccionado la corriente i como variable en el circuito RC, en lugar del voltaje v. Aplicando la ley de voltajes de Kirchhoff,

$$\frac{1}{C} \int_{t_0}^{t} i \, dt - v(t_0) + Ri = 0$$

se obtiene una ecuación integral y no una ecuación diferencial. Sin embargo, si se deriva con respecto al tiempo en ambos lados de esta ecuación,

$$\frac{i}{C} + R \frac{di}{dt} = 0 \qquad (11)$$

y se sustituye i por v/R se obtiene de nuevo la ecuación (9):

$$\frac{v}{RC} + \frac{dv}{dt} = 0$$

Podría haberse utilizado a la ecuación (11) como punto de partida, pero la dualidad no se hubiese presentado en forma tan natural.

Ahora se discutirá la naturaleza física del voltaje de respuesta en el circuito RC, según se expresa en la ecuación (10). En $t = 0$ se obtiene la condición inicial correcta, y conforme t tiende a infinito el voltaje tiende a cero. Este último resultado está de acuerdo con la idea de que si todavía hubiera voltaje en el capacitor, entonces seguiría fluyendo energía hacia el resistor para disiparse en forma de calor. Por lo tanto, es necesario que el voltaje final valga cero. La constante de tiempo del circuito RC se puede hallar usando las relaciones de dualidad en la expresión para la constante de tiempo del circuito RL, o simplemente se puede encontrar observando el tiempo en el que la respuesta cae al 36.8% de su valor inicial:

$$\frac{\tau}{RC} = 1$$

y

$$\tau = RC \qquad (12)$$

La familiaridad con la exponencial negativa y el significado de la constante de tiempo τ permiten bosquejar la gráfica de la respuesta (figura 4-10). Valores mayores

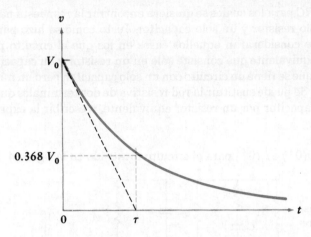

Figura 4-10

El voltaje del capacitor $v(t)$ en el circuito RC en paralelo se grafica como una función del tiempo. Se supone que el valor inicial de $v(t)$ es V_0.

de R o C producen constantes de tiempo más grandes y una disipación más lenta de la energía almacenada. Una resistencia mayor disipará una potencia menor[1] con un voltaje dado, y por lo tanto requerirá más tiempo para convertir la energía almacenada en calor; una capacitancia mayor almacena una energía mayor con un voltaje dado, y de nuevo requiere más tiempo para transferir esa energía inicial.

4-8. Determine $v(0^+)$ para cada uno de los circuitos en la figura 4-11.

Resp: 40 V; 50 V; 20 V

4-9. Encuentre $i(0^+)$ y $v(2\text{ ms})$ para cada uno de los circuitos en la figura 4-11.

Resp: 16 mA, 17.97 V; 62.5 mA, 14.33 V; 0, 2.71 V

Ejercicios

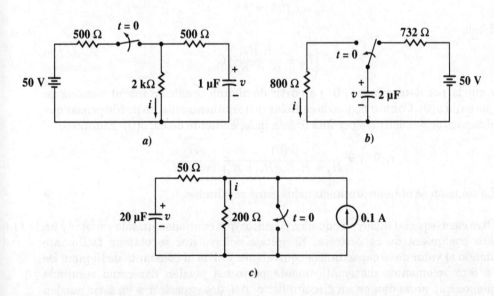

Figura 4-11

Para los ejercicios 4-8 y 4-9

---

[1] El lema de los estudiantes podría ser "a mayor resistencia, menor disipación".

4-6

Un circuito RC más general

Muchos de los circuitos RC para los cuales se quisiera encontrar la respuesta natural contienen más de un solo resistor y un solo capacitor. Justo como se hizo para los circuitos RL, primero se considerarán aquellos casos en los que el circuito puede reducirse a un circuito equivalente que consiste sólo en un resistor y un capacitor.

Supóngase primero que se tiene un circuito con un solo capacitor, pero un número cualquiera de resistores. Se puede sustituir la red resistiva de dos terminales que hay entre los extremos del capacitor por un resistor equivalente, y escribir la expresión para el voltaje.

Ejemplo 4-2 Encuentre $v(0^+)$ e $i_1(0^+)$ para el circuito mostrado en la figura 4-12a.

Figura 4-12

a) Un circuito que contiene un capacitor y varios resistores. b) Los resistores se han sustituido por un solo resistor equivalente; la constante de tiempo ahora es obvia.

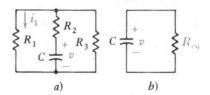

a)　　　　b)

Solución: Primero, el circuito de la figura 4-12a, se simplifica al que se muestra en la figura 4-12b, lo que permite escribir

$$v = V_0\, e^{-t/R_{eq}C}$$

en donde

$$v(0) = V_0 \qquad y \qquad R_{eq} = R_2 + \frac{R_1 R_3}{R_1 + R_3}$$

Todas las corrientes y voltajes en la parte resistiva de la red deben ser de la forma $Ae^{-t/R_{eq}C}$, donde A es el valor inicial de la corriente o el voltaje. Así, por ejemplo, la corriente en R_1 se puede expresar como

$$i_1 = i_1(0^+)\, e^{-t/\tau}$$

donde

$$\tau = \left(R_2 + \frac{R_1 R_3}{R_1 + R_3} \right) C$$

y queda por determinar $i_1(0^+)$ a partir de alguna condición inicial. Supóngase que se da $v(0)$. Como v no puede cambiar instantáneamente, se puede pensar que el capacitor se sustituye por una fuente independiente de cd, $v(0)$. Entonces,

$$i_1(0^+) = \frac{v(0)}{R_2 + R_1 R_3/(R_1 + R_3)} \frac{R_3}{R_1 + R_3}$$

La solución se obtiene juntando todos estos resultados.　　●

Otro caso especial incluye a aquellos circuitos que contienen un solo resistor y un número cualquiera de capacitores. El voltaje del resistor se obtiene fácilmente calculando el valor de la capacitancia equivalente y el de la constante de tiempo. De nuevo estos elementos matemáticamente perfectos pueden dar como resultado fenómenos que no se dan en un circuito físico. Así, dos capacitores en serie pueden tener voltajes iguales y opuestos cada uno, y tener un voltaje cero en todo el arreglo. Por tanto la forma general del voltaje en cualquiera de ellos es $A_1 + A_2\, e^{-t/\tau}$, mientras que el voltaje para el arreglo en serie sigue siendo $Ae^{-t/\tau}$. En el problema 27 al final de este capítulo se da un ejemplo de una situación de este tipo.

Algunos circuitos que contienen varios resistores y varios capacitores pueden sustituirse por un circuito equivalente que tenga sólo un resistor y un capacitor; en ese caso es necesario que el circuito original pueda separarse en dos partes, una de ellas con todos los resistores y la otra con todos los capacitores, de tal manera que esas dos partes estén conectadas sólo por dos conductores ideales. En general, esta situación no es muy probable.

Más adelante, en los capítulos 12, 18 y 19 se considerarán circuitos más complicados que no puedan reducirse a un circuito simple *RC* en serie.

4-10. Encuentre los valores de v_C y v_o en el circuito de la figura 4-13 en t igual a *a*) 0^-; *b*) 0^+; *c*) 1.3 ms.   *Resp:* 100 V, 38.4 V; 100 V, 25.6 V; 59.5 V, 15.22 V

Ejercicio

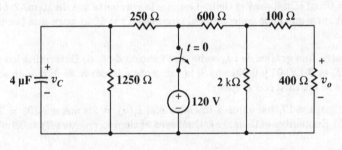

Figura 4-13

Para el ejercicio 4-10.

---

1 Después de permanecer cerrado por mucho tiempo, el interruptor en el circuito de la figura 4-14*a* se abre en $t = 0$. *a*) Encuentre $i_L(t)$ para $t > 0$. *b*) Evalúe $i_L(10\text{ ms})$. *c*) Encuentre t_1 si $i_L(t_1) = 0.5 i_L(0)$.

Problemas

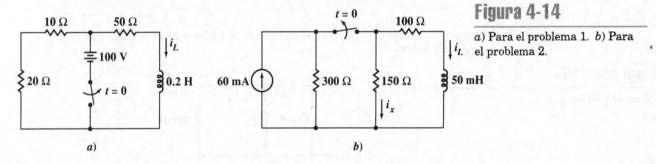

a)   *b*)

Figura 4-14

a) Para el problema 1. *b*) Para el problema 2.

---

2 El interruptor en la figura 4-14*b* se abre en $t = 0$ después de estar cerrado por un largo tiempo. Encuentre i_L e i_x en *a*) $t = 0^-$; *b*) $t = 0^+$; *c*) $t = 0.3$ ms.

3 Después de permanecer unas horas en la configuración mostrada en la figura 4-15, el interruptor del circuito se cierra en $t = 0$. En $t = 5\,\mu$s, calcule: *a*) i_L; *b*) i_{sw}

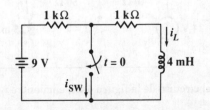

Figura 4-15

Para el problema 3.

4 El interruptor de la figura 4-16 ha estado abierto durante mucho tiempo antes de cerrarse en $t = 0$. Para el intervalo $-5 < t < 5 \mu$s, bosqueje: a) $i_L(t)$; b) $i_x(t)$.

Figura 4-16

Para el problema 4

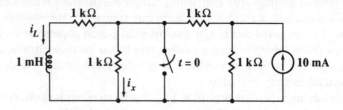

5 Un inductor de 0.2 H está en paralelo con un resistor de 100 Ω. La corriente del inductor es de 4 A en $t = 0$. a) Encuentre $i_L(t)$ en $t = 0.8$ ms. b) Si se conecta otro resistor de 100 Ω en paralelo con el inductor en $t = 1$ ms, calcule i_L en $t = 2$ ms.

6 Un inductor de 20 mH está en paralelo con un resistor de 1 kΩ. El valor de la corriente de lazo es 40 mA en $t = 0$. a) ¿Cuál será el tiempo en que la corriente sea de 10 mA? b) ¿Cuál será la resistencia en serie que debe conectarse al circuito en $t = 10 \mu$s para que la corriente sea 10 mA en $t = 15 \mu$s?

7 La figura 4-3 muestra una gráfica de i/I_0 como una función de t. a) Determine los valores de t/τ para los que i/I_0 es 0.1, 0.01 y 0.001. b) Si la tangente a la curva se dibuja en el punto donde $t/\tau = 1$, ¿dónde se cruzará con el eje t/τ?

8 En la red de la figura 4-17, los valores iniciales son $i_1(0) = 20$ mA e $i_2(0) = 15$ mA. a) Determine $v(0)$. b) Encuentre $v(15 \mu$s). c) ¿Cuál será el tiempo en que $v(t) = 0.1v(0)$?

Figura 4-17

Para el problema 8.

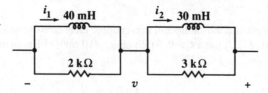

9 Seleccione los valores de R_1 y R_2 en el circuito de la figura 4-18 de manera que $v_R(0^+) = 10$ V y $v_R(1$ ms$) = 5$ V.

Figura 4-18

Para el problema 9.

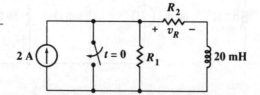

10 El interruptor del circuito que se muestra en la figura 4-19 permanece abierto durante mucho tiempo antes de cerrarse en $t = 0$. a) Encuentre $i_L(t)$ para $t > 0$. b) Bosqueje $v_x(t)$ para $-4 < t < 4$ ms.

Figura 4-19

Para el problema 10.

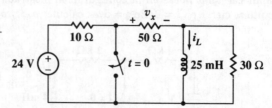

11 Si $i_L(0) = 10$ A en el circuito de la figura 4-20, encuentre $i_L(t)$ para $t > 0$.

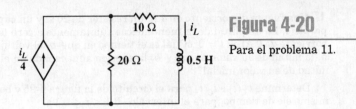

Figura 4-20

Para el problema 11.

12 Según el circuito de la figura 4-21, determine i_1 en $t = -0.1, 0.03$ y 0.1 s. Realice un bosquejo de i_1 contra t, $-0.1 < t < 1$ s.

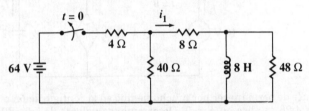

Figura 4-21

Para el problema 12.

13 Un circuito consiste en un inductor de 0.5 H, un resistor de 10 Ω y un resistor de 40 Ω conectados en serie. La corriente del inductor es 4 A en $t = 0$. *a*) Determine $i_L(15 \text{ ms})$. *b*) El resistor de 40 Ω se coloca en cortocircuito en $t = 15$ ms. Determine $i_L(30 \text{ ms})$.

14 El circuito que se muestra en la figura 4-22 contiene dos inductores en paralelo; esto proporciona la oportunidad de que haya una corriente atrapada circulando en el lazo inductivo. Sea $i_1(0^-) = 10$ A e $i_2(0^-) = 20$ A. *a*) Encuentre $i_1(0^+)$, $i_2(0^+)$ e $i(0^+)$. *b*) Determine la constante de tiempo τ para $i(t)$. *c*) Encuentre $i(t)$, $t > 0$. *d*) Encuentre $v(t)$. *e*) Encuentre $i_1(t)$ e $i_2(t)$ a partir de $v(t)$ y los valores iniciales. *f*) Muestre que la energía almacenada en $t = 0$ es igual a la suma de la energía disipada en la red resistiva entre $t = 0$ y $t = \infty$, más la energía almacenada en los inductores en $t = \infty$.

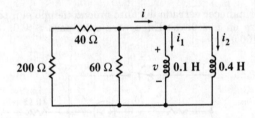

Figura 4-22

Para el problema 14.

15 *a*) Encuentre $v_C(t)$ para cualquier tiempo, en el circuito de la figura 4-23. *b*) ¿En qué tiempo $v_C = 0.1v_C(0)$?

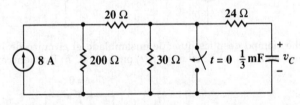

Figura 4-23

Para el problema 15.

16 El circuito de la figura 4-24 está en la forma en que se muestra, desde ayer a las 12. El interruptor se abre justo a las 10:00 a.m. Encuentre i_1 y v_C a las *a*) 9:59 a.m.; *b*) 10:05 a.m.

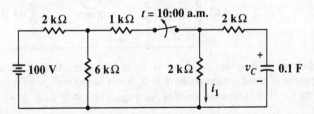

Figura 4-24

Para el problema 16.

17 Una fuente de corriente de 4 A, un resistor de 20 Ω y un capacitor de 5 μF están todos en paralelo. La amplitud de la fuente decae súbitamente a cero (se convierte en una fuente de corriente de 0 A) en $t = 0$. ¿Cuál es el tiempo en que a) el voltaje del capacitor ha disminuido a la mitad de su valor inicial y b) la energía almacenada en el capacitor ha disminuido a la mitad de su valor inicial?

18 Determine $v_C(t)$ e $i_C(t)$ para el circuito de la figura 4-25 y bosqueje ambas curvas sobre el mismo eje de tiempo, para el intervalo $-0.1 < t < 0.1$ s.

Figura 4-25

Para el problema 18.

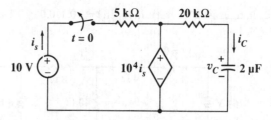

19 Después de permanecer por mucho tiempo en la configuración mostrada, el interruptor en la figura 4-26 se abre en $t = 0$. Determine los valores de a) $i_s(0^-)$; b) $i_x(0^-)$; c) $i_x(0^+)$; d) $i_s(0^+)$; e) $i_x(0.4$ s).

Figura 4-26

Para el problema 19.

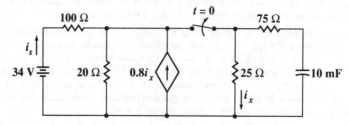

20 Después de permanecer cerrado durante mucho tiempo el interruptor del circuito de la figura 4-27 se abre en $t = 0$. a) Encuentre $v_C(t)$ para $t > 0$. b) Calcule los valores de $i_A(-100 \,\mu s)$ e i_A $(100 \,\mu s)$.

Figura 4-27

Para el problema 20.

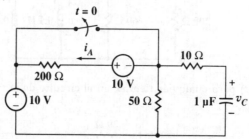

21 Mucho tiempo después que fue ensamblado el circuito de la figura 4-28, se cierra el interruptor en $t = 0$. a) Encuentre $i_1(t)$ para $t < 0$. b) Encuentre $i_1(t)$ para $t > 0$.

Figura 4-28

Para el problema 21.

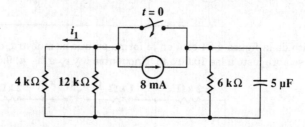

22 Mucho tiempo después que fue ensamblado el circuito de la figura 4-29, se abren ambos interruptores al mismo tiempo en $t = 0$, como se indica . a) Obtenga una expresión para v_{salida}, para $t > 0$. b) Obtenga valores para v_{salida} en $t = 0^+$, $1\,\mu s$ y $5\,\mu s$.

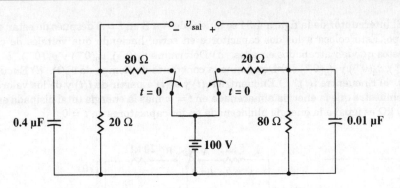

Figura 4-29

Para el problema 22.

23 Suponga que el circuito que se muestra en la figura 4-30 se encuentra en esa forma desde hace mucho tiempo. Encuentre $v_C(t)$ para toda t una vez que el interruptor se abre.

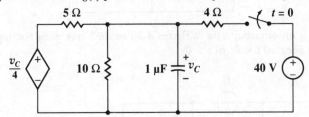

Figura 4-30

Para el problema 23.

24 Determine los valores de R_0 y R_1 en el circuito de la figura 4-31 de manera que $v_C = 50$ V en $t = 0.5$ ms y $v_C = 25$ V en $t = 2$ ms.

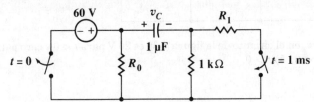

Figura 4-31

Para el problema 24.

25 Para el circuito de la figura 4-32, determine $v_C(t)$ para *a*) $t < 0$; *b*) $t > 0$.

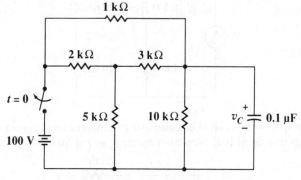

Figura 4-32

Para el problema 25.

26 Encuentre $i_1(t)$ para $t < 0$ y $t > 0$ en el circuito de la figura 4-33.

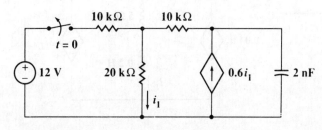

Figura 4-33

Para el problema 26.

27 El interruptor de la figura 4-34 se mueve de A a B en $t = 0$ después de estar en A mucho tiempo. Esto coloca a los dos capacitores en serie, haciendo que voltajes de cd iguales y opuestos queden atrapados en ellos. a) Determine $v_1(0^-)$, $v_2(0^-)$ y $v_R(0^-)$. b) Encuentre $v_1(0^+)$, $v_2(0^+)$ y $v_R(0^+)$. c) Determine la constante de tiempo de $v_R(t)$. d) Encuentre $v_R(t)$, $t > 0$. e) Encuentre $i(t)$. f) Encuentre $v_1(t)$ y $v_2(t)$ a partir de $i(t)$ y de los valores iniciales. g) Demuestre que la energía almacenada en $t = \infty$ más la energía total disipada en el resistor de 20 kΩ es igual a la energía almacenada en los capacitores en $t = 0$.

Figura 4-34

Para el problema 27.

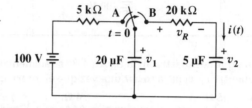

28 El valor de i_s en el circuito de la figura 4-35 es de 1 mA para $t < 0$ y cero para $t > 0$. Encuentre $v_x(t)$ para a) $t < 0$; b) $t > 0$.

Figura 4-35

Para el problema 28.

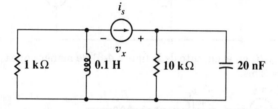

29 El valor de v_s en el circuito de la figura 4-36 es 20 V para $t < 0$ y cero para $t > 0$. Encuentre $i_x(t)$ para a) $t < 0$; b) $t > 0$.

Figura 4-36

Para el problema 29.

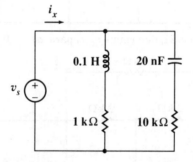

30 (SPICE) Sea $i_L(0) = 20$ A en el circuito que se muestra en la figura 4-37. Use TSTEP = 1 ms en un programa de SPICE para determinar i_L en $t = 20$ ms.

Figura 4-37

Para el problema 30.

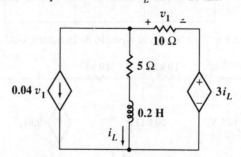

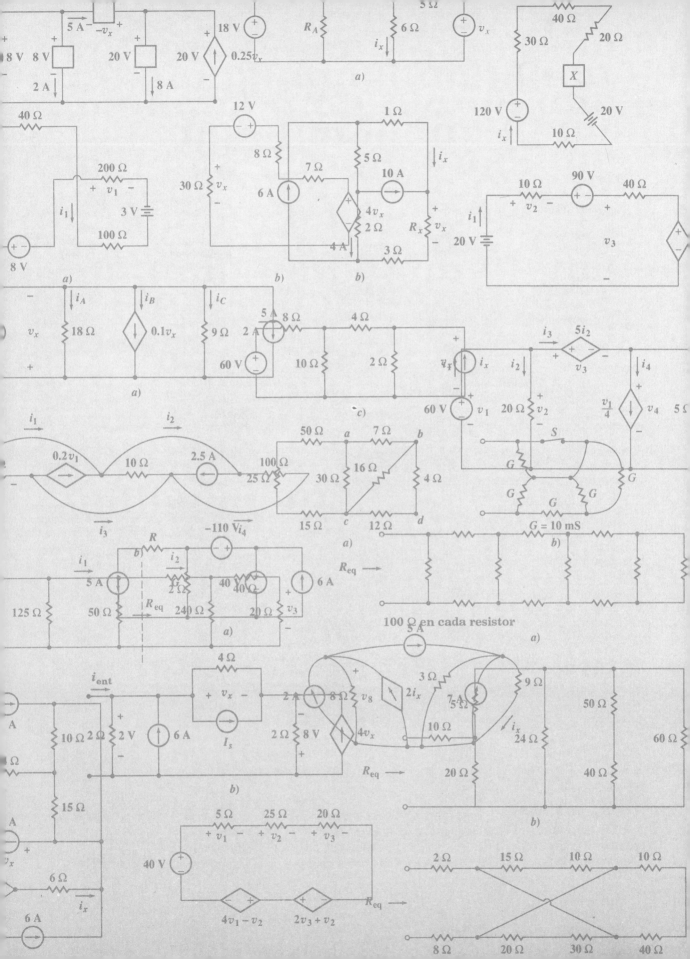

La aplicación de la función de excitación escalón unitario

Se dedicó todo el capítulo anterior al estudio de la respuesta de los circuitos RL y RC cuando no hay fuentes o funciones de excitación presentes. Se llamó a ésta una *respuesta natural* porque su forma depende sólo de la naturaleza del circuito. La razón por la que es posible que se obtenga una respuesta es la presencia de una energía inicial almacenada en los elementos inductivos o capacitivos del circuito. En muchos de los ejemplos y problemas, se trabajó con circuitos que contenían fuentes e interruptores; se afirmó que, con el fin de eliminar todas las fuentes del circuito, se llevaban a cabo ciertas operaciones de conmutación en $t = 0$, al mismo tiempo que cantidades conocidas de energía quedaban almacenadas en varias partes del circuito. En otras palabras, se han resuelto problemas en los cuales en un momento dado se *eliminan* las fuentes de energía del circuito; ahora se considerará el tipo de respuesta que se obtiene cuando las fuentes de energía se *aplican* o *incluyen* en el circuito.

Este capítulo se dedicará al estudio de la respuesta que se obtiene cuando las fuentes de energía que se aplican súbitamente son fuentes de cd. Después de estudiar las fuentes senoidales y exponenciales, se podrá considerar el problema general de la aplicación brusca de una fuente más general. Como se supone que todo dispositivo eléctrico se encenderá por lo menos una vez, y como muchos aparatos se encienden y se apagan muchas veces a lo largo de su vida útil, es evidente que lo que aquí se estudia será aplicable a muchos casos prácticos. Aunque por el momento este estudio se está restringiendo a las fuentes de cd, hay incontables casos en los cuales estos ejemplos sencillos corresponden a la operación de dispositivos físicos. Por ejemplo, puede considerarse que el primer circuito que se analizará representa el crecimiento de la corriente de campo cuando se enciende un motor de cd. La generación y el uso de los pulsos rectangulares de voltaje que se necesitan para representar un número o una instrucción en una computadora digital dan muchos ejemplos en el campo de los circuitos electrónicos o de transistores. Se encuentran circuitos similares en los circuitos de barrido y sincronización de los receptores de televisión, en sistemas de comunicaciones que usan modulación de pulsos y en sistemas de radar, sólo para mencionar unos cuantos. Además, una parte importante del análisis de servomecanismos es el cálculo de sus respuestas a entradas constantes aplicadas súbitamente.

Se ha hablado de la "aplicación súbita o brusca" de una fuente de energía, y por esa frase se entiende su aplicación en el tiempo cero. La operación de un interruptor en serie con una batería es entonces equivalente a una función de excitación que vale cero hasta el instante en el que se cierra el interruptor, y después es igual al voltaje de la batería. La función de excitación tiene una discontinuidad en el instante en el

5-1

Introducción

5-2

La función de excitación escalón unitario

que se cierra el interruptor. Ciertas funciones de excitación especiales que son discontinuas, o que tienen derivadas discontinuas, se llaman *funciones singulares*; las dos más importantes son la función escalón unitario y la función impulso unitario. La función escalón unitario es el tema de este capítulo; el impulso unitario se estudia hasta los capítulos 18 y 19.

La *función de excitación escalón unitario* se define como una función del tiempo que vale cero cuando su argumento es negativo, y vale uno cuando su argumento es positivo. Sea u la función escalón unitario y $(t - t_0)$ su argumento, entonces $u(t - t_0)$ debe ser cero para todos los valores de t menores que t_0 y debe valer uno para todos los valores de t mayores que t_0. En $t = t_0$, $u(t - t_0)$ cambia en forma abrupta de 0 a 1. Su valor en $t = t_0$ no está definido, pero sí se conoce su valor para todos los instantes arbitrariamente cercanos a $t = t_0$. Con frecuenica se indica esto escribiendo $u(t_0-) = 0$ y $u(t_0+) = 1$. La definición matemática concisa de la función de excitación escalón unitario es

$$u(t - t_0) = \begin{cases} 0 & t < t_0 \\ 1 & t > t_0 \end{cases}$$

y su gráfica se muestra en la figura 5-1. Nótese que en $t = t_0$ se muestra una línea

Figura 5-1

Función de excitación escalón unitario, $u(t - t_0)$.

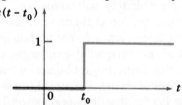

vertical de longitud unitaria. Aunque esta "subida" no es estrictamente parte de la definición del escalón unitario, generalmente se incluye en la gráfica.

También debe observarse que el escalón unitario no tiene que ser una función del *tiempo*, aunque en este capítulo se prestará atención sólo a funciones del tiempo. Por ejemplo, $u(x - x_0)$ podría usarse para representar una *función escalón unitario* que no es una función de *excitación* escalón unitario porque no es una función de t. Esta es una función de x, en donde x puede ser, por ejemplo, una distancia en metros o una frecuencia, como se verá en el capítulo 18.

Con frecuencia, en el análisis de circuitos, tiene lugar una discontinuidad, o una acción de conmutación en un instante que se define como $t = 0$. En ese caso, $t_0 = 0$ y la función de excitación escalón unitario correspondiente es $u(t - 0)$, o simplemente

Figura 5-2

La función de excitación escalón unitario $u(t)$ se muestra como una función de t.

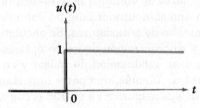

$u(t)$. Esto se muestra en la figura 5-2. Así,

$$u(t) = \begin{cases} 0 & t < 0 \\ 1 & t > 0 \end{cases}$$

La función de excitación escalón unitario es en sí adimensional. Si se quiere que represente un voltaje, es necesario multiplicar $u(t - t_0)$ por algún voltaje constante, como V_0. Así, $v(t) = V_0\, u(t - t_0)$ representa una fuente ideal de voltaje que vale cero antes de $t = t_0$ y tiene un valor constante V_0 después de $t = t_0$. En la figura 5-3a se muestra esta función de excitación conectada a una red cualquiera.

Figura 5-3

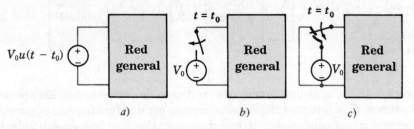

a)

b)

c)

a) Una función de excitación de voltaje escalón se muestra como la fuente de una red general. b) Circuito simple que, a pesar de no ser el equivalente exacto a a), se puede usar como su equivalente en muchos casos. c) Un equivalente exacto de a.

La pregunta lógica ahora es qué fuente física es equivalente a esta funcion de excitación discontinua. Por *equivalente* se entiende simplemente que las características voltaje-corriente de las dos redes son idénticas. Para la fuente de voltaje escalón de la figura 5-3a, la característica voltaje-corriente es muy simple; el voltaje vale cero antes de $t = t_0$ y vale V_0 después de $t = t_0$; la corriente puede tomar cualquier valor (finito) en cualquiera de los dos intervalos. En un primer intento podría obtenerse un equivalente como el mostrado en la figura 5-3b, una fuente de cd V_0 en serie con un interruptor que se cierra en $t = t_0$. Sin embargo, esta red no es equivalente para $t < t_0$ porque el voltaje entre la batería y el interruptor está totalmente indefinido en ese intervalo. La fuente "equivalente" es un circuito abierto, y su voltaje puede ser cualquiera. Después de $t = t_0$ las redes son equivalentes, y si éste es el único intervalo en el que se tiene interés, y si las corrientes iniciales que fluyen de las dos redes son idénticas en $t = t_0$, entonces la figura 5-3b se convierte en un equivalente útil de la figura 5-3a.

Para obtener un equivalente exacto de la función de excitación de voltaje escalón, se puede usar un interruptor de un polo y dos tiros. Antes de $t = t_0$ el interruptor sirve para asegurar que el voltaje es cero en las terminales de entrada de la red general. Después de $t = t_0$ se dispara el interruptor para proporcionar un voltaje constante de entrada V_0. En $t = t_0$ el voltaje está indeterminado (al igual que la función de excitación escalón), y la batería está momentáneamente en cortocircuito (por fortuna se trata sólo de modelos matemáticos). Este equivalente exacto de la figura 5-3a se muestra en la figura 5-3c.

Antes de concluir este análisis de equivalencia, será muy ilustrativo considerar el equivalente exacto de una batería y un interruptor. ¿Cuál es la función de excitación de voltaje escalón que es equivalente a la figura 5-3b? Se busca algún arreglo que cambie bruscamente de un circuito abierto a un voltaje constante; hay un cambio en la resistencia y en eso estriba la dificultad del problema. La función escalón permite un cambio discontinuo de un voltaje (o corriente), pero en este caso también se necesita un cambio en la resistencia. Por lo tanto el equivalente debe contener una función escalón de resistencia o conductancia, elemento pasivo dependiente del tiempo. Aunque podría construirse un elemento así con la función escalón unitario, es obvio que el producto final será un interruptor; un interruptor es simplemente una resistencia que cambia instantáneamente de cero ohms a infinito, o viceversa. Entonces, se concluye que el equivalente exacto de una batería en serie con un interruptor debe ser una batería en serie con una representación de una resistencia dependiente del tiempo; ningún arreglo de funciones de excitación de voltaje escalón o corriente escalón puede dar el equivalente exacto.[1]

---

[1] Siempre podrá determinarse un equivalente exacto *si se dispone de alguna información sobre la red general* (el voltaje en el interruptor para $t < t_0$); se supone que no hay conocimiento previo sobre ella.

Figura 5-4

a) Se aplica una función de excitación de corriente escalón a una red general.
b) Circuito sencillo que, aunque no es el equivalente exacto de *a*), se puede usar como tal en muchos casos.

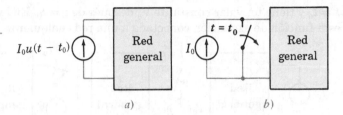

a)   *b*)

La figura 5-4*a* muestra una función de excitación de corriente escalón aplicada a una red general. Si se intenta sustituir este circuito por una fuente de cd en paralelo con un interruptor (que se *abre* en $t = t_0$), se observa que los circuitos son equivalentes después de $t = t_0$ pero las respuestas son iguales después de $t = t_0$ sólo si las condiciones iniciales son las mismas. Entonces se pueden usar juiciosamente en forma indistinta los circuitos de las figuras 5-4*a* y *b*. El equivalente exacto de la figura 5-4*a* es el dual del circuito de la figura 5-3*c*; el equivalente exacto de la figura 5-4*b* no puede construirse sólo con funciones de excitación de corriente escalón y voltaje escalón.[2]

Se pueden obtener algunas funciones de excitación muy útiles manipulando la función de excitación escalón unitario. Se definirá un pulso rectangular de voltaje por las siguientes condiciones:

$$v(t) = \begin{cases} 0 & t < t_0 \\ V_0 & t_0 < t < t_1 \\ 0 & t_1 < t \end{cases}$$

El pulso se ha dibujado en la figura 5-5. ¿Puede usarse la función escalón unitario

Figura 5-5

Una función de excitación útil, el pulso rectangular de voltaje.

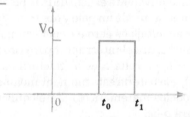

para representar este pulso? Considérese la diferencia de dos funciones escalón: $u(t - t_0) - u(t - t_1)$. Las dos funciones escalón se muestran en la figura 5-6*a*, y su

Figura 5-6

a) Funciones escalón $u(t - t_0)$ y $-u(t - t_1)$.
b) Una fuente que da el pulso rectangular de voltaje de la figura 5-5.

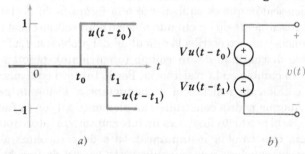

a)   *b*)

diferencia obviamente es un pulso rectangular. En la figura 5-6*b* se indica la fuente $V_0\, u(t - t_0) - V_0\, u(t - t_1)$, que proporcionará el voltaje deseado.

Si se tiene una fuente de voltaje senoidal V_m sen ωt, que se conecta repentinamente a una red en $t = t_0$, entonces la función de excitación de voltaje apropiada sería

---

[2] Se puede obtener el equivalente si se conoce la corriente a través del interruptor antes de $t = t_0$.

$u(t) = V_m\, u(t - t_0)$ sen ωt. Si se desea representar la energía emitida por un transmisor de radar, se podría apagar la fuente senoidal $\frac{1}{10}$ μs después mediante una segunda función de excitación escalón. Entonces el voltaje es

$$u(t) = V_m\, [\, u(t - t_0) - u(t - t_0 - 10^{-7})]\ \text{sen}\ \omega t$$

Esta función de excitación se grafica en la figura 5-7.

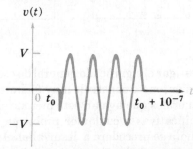

Figura 5-7

Pulso de radiofrecuencia descrito por $v(t) = V_m\, [\, u(t - t_0) - u(t - t_0 - 10^{-7})]$ sen ωt. La frecuencia senoidal del pulso mostrado es de alrededor de 36 MHz, valor demasiado bajo para el radar, pero justo el necesario para formar imágenes distinguibles.

Como una observación final a esta introducción debe notarse que la función de excitación escalón unitario es sólo un modelo matemático de una operación real de un interruptor. Ningún resistor, inductor o capacitor físico se comporta exactamente como su elemento de circuito idealizado; tampoco puede llevarse a cabo una operación de conmutación en un tiempo cero. Sin embargo, en muchos circuitos, es común un tiempo de conmutación menor que 1 ns, y este tiempo con frecuencia es lo suficientemente corto, comparado con las constantes de tiempo en el resto del circuito, como para que pueda ignorársele.

5-1. Evalúe cada una de las siguientes funciones en $t = 0.8$: *a*) $3u(t) - 2u(-t) + 0.8u(1 - t)$; *b*) $[\, 4u(t)]^{\,u(-t)}$; *c*) $2u(t)$ sen πt *Resp:* 3.8; 1; 1.176

Ejercicios

5-2. Para el circuito de la figura 5-8 encuentre i_1 en t igual a *a*) −2 s; *b*) −0.5 s; *c*) 0.5 s; *d*) 2 s.   *Resp:* 2 A; 5 A; 4.33 A; 3 A

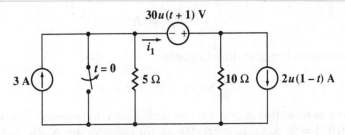

Figura 5-8

Para el problema 5-2.

5-3

Un primer vistazo al circuito *RL* con excitación

Ahora es posible analizar una red sencilla cuando se le aplica repentinamente una fuente de cd. El circuito consiste en una batería de voltaje V_0 en serie con un interruptor, un resistor R y un inductor L. El interruptor se cierra en $t = 0$ como se indica en el diagrama de circuito de la figura 5-9*a*. Es evidente que la corriente $i(t)$ vale cero antes de $t = 0$ por lo que se pueden sustituir la batería y el interruptor por una función de excitación de voltaje escalón $V_0\, u(t)$, la cual tampoco produce respuesta antes de $t = 0$. Es obvio que después de $t = 0$ ambos circuitos son idénticos. Entonces, la corriente $i(t)$ se busca ya sea en el circuito dado de la figura 5-9*a*, o en el circuito equivalente de la figura 5-9*b*.

Por el momento se calculará $i(t)$ escribiendo la ecuación de circuito apropiada, y luego resolviéndola por separación de variables e integración. Después de obtener la respuesta y analizar las dos partes de las que se compone, se dedicará un espacio (la

Figura 5-9

a) El circuito dado. *b*) Un circuito equivalente que posee la misma respuesta $i(t)$ para todo tiempo.

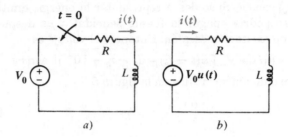

a)   b)

sección que sigue) a investigar el significado general de esos dos términos. La solución a este problema se podrá entonces construir muy fácilmente; es más, el lector podrá aplicar los principios generales que avalan este método simple para obtener soluciones más rápidas y significativas a cualquier problema que requiera la aplicación súbita de una fuente. Ahora se procederá a desarrollar el método formal de solución.

Al aplicar la ley de voltajes de Kirchhoff al circuito de la figura 5-9*b*, se tiene

$$Ri + L\frac{di}{dt} = V_0\, u(t)$$

Como la función de excitación escalón unitario es discontinua en $t = 0$, primero se encontrará la solución para $t < 0$ y luego para $t > 0$. Es evidente que la aplicación de un voltaje cero desde $t = -\infty$ no ha producido ninguna respuesta y, por lo tanto,

$$i(t) = 0 \qquad t < 0$$

Sin embargo, para un tiempo positivo, $u(t)$ es igual a uno, por lo que hay que resolver la ecuación

$$Ri + L\frac{di}{dt} = V_0 \qquad t > 0$$

Las variables se pueden separar en varios pasos algebraicos sencillos, lo que lleva a

$$\frac{L\, di}{V_0 - Ri} = dt$$

y cada lado se puede integrar directamente:

$$-\frac{L}{R}\ln(V_0 - Ri) = t + k$$

Para evaluar k se necesita conocer una condición inicial. Antes de $t = 0$, $i(t)$ vale cero, por lo que $i(0^-) = 0$; como la corriente en un inductor no puede cambiar en una cantidad finita en un intervalo de tiempo cero sin asociarse con un voltaje infinito, debe tenerse $i(0^+) = 0$. Haciendo $i = 0$ en $t = 0$ se obtiene

$$-\frac{L}{R}\ln V_0 = k$$

y, entonces,

$$-\frac{L}{R}\left[\ln(V_0 - Ri) - \ln V_0\right] = t$$

Al reordenar,

$$\frac{V_0 - Ri}{V_0} = e^{-Rt/L}$$

es decir,
$$i = \frac{V_0}{R} - \frac{V_0}{R} e^{-Rt/L} \qquad t > 0$$

Así pues, una expresión para la respuesta válida para todo t sería

$$i = \left(\frac{V_0}{R} - \frac{V_0}{R} e^{-Rt/L} \right) u(t) \qquad\qquad (1)$$

Ésta es la solución buscada, pero no se ha obtenido de la manera más simple. Para establecer un método más directo, se intentará interpretar los dos términos que aparecen en la ecuación (1). El término exponencial tiene la forma funcional que corresponde a la respuesta natural del circuito RL; es una exponencial negativa, tiende a cero cuando el tiempo aumenta, y está caracterizado por la constante de tiempo L/R. Por tanto, la *forma funcional* de esta parte de la respuesta es idéntica a la que se obtiene en el circuito sin fuentes. Sin embargo, la amplitud de este término exponencial depende de V_0. Podría entonces generalizarse diciendo que la respuesta será la suma de dos términos, donde uno de ellos tiene una forma funcional idéntica a la de la respuesta cuando no hay fuentes, pero cuya amplitud depende de la función de excitación. Ahora se analizará la naturaleza de la segunda parte de la respuesta.

La ecuación (1) también contiene un término constante V_0/R. ¿Por qué está presente? La respuesta es simple: la respuesta natural tiende a cero conforme la energía se disipa gradualmente, aunque la respuesta total no debe tender a cero. A la larga, el circuito se comporta como un resistor y un inductor en serie con una batería, por lo que fluye una corriente directa V_0/R. Esta corriente es parte de la respuesta que puede atribuirse directamente a la función de excitación, y recibe el nombre de *respuesta forzada*. Es la respuesta que aparece mucho tiempo después que se ha cerrado el interruptor.

La respuesta completa se compone de dos partes: la respuesta natural y la respuesta forzada. La respuesta natural es una característica del circuito y no de las fuentes. Su forma puede encontrarse tomando en cuenta sólo el circuito sin fuentes, y su amplitud depende de la amplitud inicial de la fuente y de la energía inicial almacenada. La respuesta forzada tiene las características de la función de excitación; se calcula suponiendo que todos los interruptores fueron accionados desde hace mucho tiempo. Como por el momento sólo interesan los interruptores y las fuentes de cd, la respuesta forzada es meramente la solución a un problema sencillo de un circuito de cd.

La razón para que haya dos respuestas, forzada y natural, puede explicarse también con argumentos físicos. Se sabe que a la larga el circuito sólo tendrá la respuesta forzada. Sin embargo, en el momento de accionar los interruptores, las corrientes iniciales de los inductores (o, en otros circuitos, los voltajes de los capacitores) tendrán valores que dependerán solamente de la energía almacenada en esos elementos. No puede esperarse que esas corrientes o voltajes sean las mismas que las producidas por la respuesta forzada. Así, deberá haber un periodo transitorio, durante el cual las corrientes y voltajes cambien de sus valores iniciales dados a sus valores finales requeridos. La parte de la respuesta que proporciona la transición de los valores iniciales a los finales es la respuesta natural (a menudo llamada respuesta *transitoria*, como se vio antes). Si se describe en estos términos la respuesta del circuito sencillo *RL sin fuentes*, deberá decirse que la respuesta forzada vale cero y que la respuesta natural sirve para enlazar la respuesta inicial producida por la energía almacenada, con el valor cero de la respuesta forzada. Esta descripción sólo es apropiada para aquellos circuitos en los que la respuesta natural se hace cero a la larga. Esto siempre ocurre en circuitos físicos donde cada elemento tiene asociada alguna resistencia, pero hay algunos casos "patológicos" de circuitos en los que la respuesta natural no se hace cero conforme el tiempo tiende a infinito. Algunos ejemplos son esos circuitos en los cuales circulan corrientes atrapadas alrededor de lazos inductivos, o en los que los voltajes se encuentran atrapados en cadenas en serie de capacitores.

Ahora se buscará la base matemática para dividir la respuesta en una respuesta natural y una respuesta forzada.

Ejercicio

5-3. La fuente de voltaje de $60 - 40u(t)$ V está en serie con un resistor de 10 Ω y un inductor de 50 mH. Utilice la superposición para encontrar las magnitudes de la corriente y el voltaje del inductor en t igual a *a)* 0^-; *b)* 0^+; *c)* ∞; *d)* 3 ms.

Resp: 6 A, 0 V; 6 A, 40 V; 2 A, 0 V; 4.20 A, 22.0 V

5-4

Las respuestas natural y forzada

Existe una excelente razón matemática para considerar que la respuesta completa se compone de dos partes —la respuesta forzada y la respuesta natural. La razón se basa en el hecho de que la solución de toda ecuación diferencial lineal puede expresarse como la suma de dos partes: la solución complementaria (respuesta natural), y la solución particular (respuesta forzada). Sin profundizar en la teoría general de las ecuaciones diferenciales, considérese una ecuación general del tipo encontrado en la sección anterior:

$$\frac{di}{dt} + Pi = Q$$

o
$$di + Pi\,dt = Q\,dt \tag{2}$$

Se puede identificar Q como una función de excitación y escribirla como $Q(t)$ para recalcar su dependencia general del tiempo. En todos los circuitos que se estudian aquí, P es una constante positiva, pero las observaciones que siguen sobre la solución de la ecuación (2) son igualmente válidas, para los casos en los que P es una función cualquiera del tiempo. El asunto puede simplificarse suponiendo que P es una constante positiva. Más adelante también se supondrá que Q es constante, restringiendo el análisis a las funciones de excitación de cd.

En cualquier texto sobre ecuaciones diferenciales elementales se muestra que, si ambos lados de la ecuación (2) se multiplican por lo que se conoce como factor de integración, cada lado se convierte en una diferencial exacta que puede integrarse directamente para obtener la solución. No se trata de separar las variables, sino sólo de reordenarlas de tal forma que sea posible la integración. Para esta ecuación, el factor de integración es $e^{\int P\,dt}$ o e^{Pt}, ya que P es una constante. Si se multiplica cada lado de la ecuación por su factor de integración, se obtiene

$$e^{Pt}\,di + iPe^{Pt}\,dt = Qe^{Pt}\,dt$$

La forma del lado izquierdo puede mejorarse si se reconoce como la diferencial exacta de ie^{Pt}:

$$d(ie^{Pt}) = e^{Pt}\,di + iPe^{Pt}\,dt$$

y así
$$d(ie^{Pt}) = Qe^{Pt}\,dt$$

Ahora se puede integrar en los dos lados para obtener

$$ie^{Pt} = \int Qe^{Pt}\,dt + A$$

donde A es una constante de integración. Como esta constante está escrita explícitamente, deberá recordarse que no se necesita una constante de integración adicional cuando se evalúe el resto de la integral. La solución para $i(t)$ se obtiene al mutiplicar por e^{-Pt},

$$i = e^{-Pt}\int Qe^{Pt}dt + Ae^{-Pt} \tag{3}$$

Si se conoce la función de excitación, $Q(t)$, entonces sólo falta evaluar la integral indicada para obtener la forma funcional exacta de $i(t)$. Sin embargo, aquí no se evaluará una integral así para cada problema, ya que el interés está más bien dirigido a usar la ecuación (3) como ejemplo de cuya solución se obtendrán varias conclusiones muy generales.

Primero debe observarse que, para un circuito sin fuentes, Q debe ser cero, y la solución es la respuesta natural

$$i_n = A\,e^{-Pt} \tag{4}$$

Se verá que la constante P excepcionalmente es negativa; su valor sólo depende de los elementos pasivos de circuito[3] y de su interconexión en el circuito. Por lo tanto, la respuesta natural tiende a cero conforme el tiempo aumenta sin límite. Por supuesto que en el circuito sencillo RL en serie esto debe ser así, ya que la energía inicial se disipa lentamente en el resistor. También hay circuitos no físicos, idealizados, en los que P vale cero; en esos circuitos, la respuesta natural no desaparece, sino que se acerca a un valor constante, como sucede con las corrientes o los voltajes atrapados.

Entonces se ve que uno de los dos términos que forman la respuesta completa tiene la forma de la respuesta natural; tiene una amplitud que dependerá del valor inicial de la respuesta completa (pero que en general no es igual a dicho valor), y en consecuencia, también dependerá del valor inicial de la función de excitación.

Enseguida se observa que el primer término de la ecuación (3) depende de la forma funcional de la función de excitación $Q(t)$. Siempre que se tenga un circuito en el que la respuesta natural desaparezca conforme t tiende a infinito, el primer término debe describir por completo la forma de la respuesta una vez que la respuesta natural desaparece. A este término se le llamará *respuesta forzada*; también recibe el nombre de *respuesta en estado estable o permanente, solución particular* o *integral particular*.

Por el momento, se ha decidido tomar en cuenta sólo aquellos problemas que incluyan la aplicación repentina de fuentes de cd, por lo que $Q(t)$ es una constante para cualquier valor del tiempo después de que se ha cerrado el interruptor de la figura 5-9a. Si se desea ya se puede evaluar la integral en la ecuación (3); la respuesta forzada que se obtiene es

$$i_f = \frac{Q}{P}$$

o la respuesta completa

$$i(t) = \frac{Q}{P} + Ae^{-Pt}$$

Para el circuito RL en serie, Q/P es la corriente constante V_0/R, y $1/P$ es la constante de tiempo τ. Debe observarse que la respuesta forzada podría haberse obtenido sin necesidad de evaluar la integral, ya que ésta debe ser la respuesta completa cuando el tiempo vale infinito; es simplemente el voltaje de la fuente dividido entre la resistencia en serie. De esta manera se obtiene la respuesta forzada, por inspección.

[3] Si el circuito contiene una fuente dependiente o una resistencia negativa, P puede ser negativa.

En la sección que sigue se considerarán varios ejemplos en los que se intentará encontrar la respuesta completa para varios circuitos RL obteniendo las respuestas natural y forzada, y luego sumándolas.

Ejercicio

5-4. Una fuente de voltaje, $v_s = 20\, e^{-100t}\, u(t)$ V está en serie con un resistor de 200 Ω y un inductor de 4 H. Después de sustituir las cantidades correctas en la ecuación (3), encuentre la magnitud de la corriente del inductor en t igual a: *a*) 0^-; *b*) 0^+; *c*) 8 ms; *d*) 15 ms.   *Resp*: 0; 0; 22.1 mA; 24.9 mA

5-5

Circuitos *RL*

Ahora se usará el circuito RL en serie para mostrar cómo se determina la respuesta completa sumando las respuestas natural y forzada. Este circuito, mostrado en la figura 5-10, ya se analizó, pero usando un método más largo. La respuesta deseada es la corriente $i(t)$; primero se expresa como la suma de la corriente forzada y la corriente natural,

$$i = i_n + i_f$$

La forma funcional de la respuesta natural debe ser la misma que la que se obtuvo sin fuentes, por lo que se remplaza la fuente de voltaje escalón por un cortocircuito, y se reconoce al viejo lazo RL en serie. Entonces,

$$i_n = Ae^{-Rt/L}$$

donde todavía tiene que determinarse la amplitud A.

A continuación se considera la respuesta forzada, es decir, la parte de la respuesta que depende de la naturaleza misma de la función de excitación. En este problema en particular, la respuesta forzada debe ser constante, ya que la fuente es un voltaje constante V_0 para todos los valores positivos del tiempo. Por lo tanto, después de que la respuesta natural ha desaparecido, no puede haber voltaje en el inductor; entonces aparece un voltaje V_0 entre las terminales de R, y la respuesta forzada es simplemente

$$i_f = \frac{V_0}{R}$$

Obsérvese que la respuesta forzada está completamente determinada; no hay amplitud desconocida. A continuación se combinan las dos respuestas:

$$i = Ae^{-Rt/L} + \frac{V_0}{R}$$

y se aplican las condiciones iniciales para evaluar A. La corriente vale cero antes de $t = 0$, y no puede cambiar instantáneamente, ya que se trata de una corriente que fluye en un inductor. Entonces, la corriente vale cero inmediatamente después de $t = 0$, y

$$0 = A + \frac{V_0}{R}$$

Figura 5-10

Un circuito RL en serie que se usa para ilustrar el método para obtener la respuesta completa como la suma de las respuestas natural y forzada.

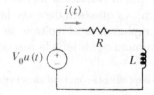

y
$$i = \frac{V_0}{R}(1 - e^{-Rt/L})$$
(5)

Obsérvese cuidadosamente que A no es el valor inicial de i, ya que $A = -V_0/R$, mientras que $i(0)=0$. En el capítulo 4, donde se tenían circuitos sin fuentes, A era ciertamente el valor inicial de la respuesta. Sin embargo, cuando se tienen funciones de excitación primero debe encontrarse el valor inicial de la respuesta y luego sustituirlo en la ecuación de la respuesta completa para encontrar A.

Esta respuesta se grafica en la figura 5-11, donde puede verse la forma en que la

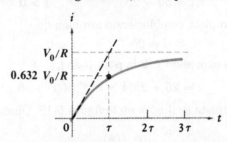

Figura 5-11

Gráfica de la corriente expresada por la ecuación (5). Una línea que se extiende con la pendiente inicial se encuentra con la respuesta forzada constante en $t = \tau$.

corriente crece desde su valor inicial cero, hasta su valor final V_0/R. La transición se lleva a cabo en un tiempo de 3τ. Si el circuito representa el devanado de campo de un motor grande de cd, podría tomarse $L = 10$ H y $R = 20\ \Omega$ obteniéndose $\tau = 0.5$ s. Entonces, la corriente de campo se establece alrededor de 1.5 s. En una constante de tiempo, la corriente alcanza el 63.2% de su valor final.

Ahora se aplicará este método a un circuito más complicado.

Ejemplo 5-1 Determine $i(t)$ para cualquier valor del tiempo en el circuito de la figura 5-12.

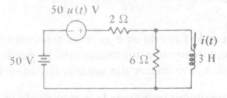

Figura 5-12

Circuito del ejemplo 5-1.

Solución: El circuito contiene una fuente de voltaje de cd, así como una fuente de voltaje escalón. Podría sustituirse todo lo que hay a la izquierda del inductor por su equivalente de Thévenin, pero en este caso sólo se reconocerá la forma de ese equivalente como un resistor en serie con alguna fuente de voltaje. El circuito contiene un solo elemento capaz de almacenar energía, el inductor. Primero se observa que

$$\tau = \frac{L}{R_{eq}} = \frac{3}{1.5} = 2 \text{ s}$$

y se recuerda que

$$i = i_f + i_n$$

Igual que antes, la respuesta natural es una exponencial negativa, es decir,

$$i_n = Ae^{-t/2} \qquad t > 0$$

La respuesta forzada es la producida por un voltaje constante de 100 V. La respuesta forzada es constante y en el inductor no hay ningún voltaje, porque se comporta como un cortocircuito y, por lo tanto,

$$i_f = \frac{100}{2} = 50$$

Entonces,

$$i = 50 + Ae^{-0.5t} \qquad t > 0$$

Para poder evaluar A, debe encontrarse el valor inicial de la corriente del inductor. Antes de $t = 0$, esta corriente vale 25 A y no puede cambiar instantáneamente. Así,

$$25 = 50 + A \qquad o \qquad A = -25$$

De ahí que

$$i = 50 - 25e^{-0.5t} \qquad t > 0$$

La solución se completa estableciendo también que

$$i = 25 \qquad t < 0$$

o escribiendo una expresión válida para todo t,

$$i = 25 + 25(1 - e^{-0.5t})u(t) \qquad A$$

La respuesta completa se ilustra en la figura 5-13. Obsérvese cómo la respuesta

Figura 5-13

Gráfica de la respuesta $i(t)$ del circuito que se muestra en la figura 5-12, para valores de tiempo menores y mayores que cero.

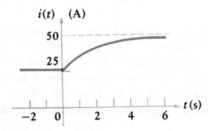

natural sirve para enlazar la respuesta para $t < 0$ con la respuesta forzada constante.

Como ejemplo final de este método, mediante el cual la respuesta completa de cualquier circuito sujeto a un transitorio se puede escribir casi por inspección, se considerará de nuevo un circuito sencillo RL en serie.

Ejemplo 5-2 Se quiere encontrar la respuesta de la corriente en un circuito sencillo RL en serie, si la función de excitación es un pulso rectangular de voltaje con amplitud V_0 y duración t_0.

Solución: La función de excitación se representa como la suma de dos fuentes de voltaje escalón, $V_0 u(t)$ y $V_0 u(t - t_0)$, como se indica en las figuras 5-14a y b,

Figura 5-14

a) Un pulso rectangular de voltaje que se usará como función de excitación en un circuito RL sencillo. b) Circuito RL en serie con la representación de la función de excitación mediante un arreglo en serie de dos fuentes escalón independientes. Se quiere determinar la corriente $i(t)$.

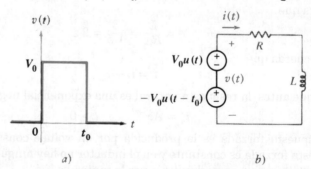

y se planea obtener la respuesta usando el principio de superposición. Supóngase que la parte de $i(t)$ que se debe a la fuente superior $V_0 u(t)$ actuando sola se denota por $i_1(t)$ y que, por otra parte, $i_2(t)$ representa la parte de $i(t)$ debida $-V_0\,u(t - t_0)$, actuando sola. Entonces,

$$i(t) = i_1(t) + i_2(t)$$

El objetivo ahora es expresar cada una de las respuestas parciales i_1 e i_2 como la suma de una respuesta natural y una respuesta forzada. La respuesta $i_1(t)$ es una antigua conocida, ya que ese problema se resolvió en la ecuación (5):

$$i_1(t) = \frac{V_0}{R}(1 - e^{-Rt/L}) \qquad t > 0$$

Obsérvese que se indica el dominio de t para el que esta solución es válida, esto es, $t > 0$.

Ahora se presta atención a la fuente inferior y su respuesta $i_2(t)$. Sólo la polaridad de la fuente y el instante de su aplicación son diferentes, por lo tanto, no hay necesidad de calcular la forma de la respuesta natural y la respuesta forzada; la solución para $i_1(t)$ permite escribir

$$i_2(t) = -\frac{V_0}{R}[1 - e^{-R(t-t_0)/L}] \qquad t > t_0$$

en donde el intervalo de aplicación de t, $t > t_0$, debe indicarse de nuevo.

Ahora se suman las dos soluciones, pero con cuidado, ya que cada una de ellas es válida para un intervalo diferente. Así,

$$i(t) = \frac{V_0}{R}(1 - e^{-Rt/L}) \qquad 0 < t < t_0$$

$$i(t) = \frac{V_0}{R}(1 - e^{-Rt/L}) - \frac{V_0}{R}(1 - e^{-R(t-t_0)/L}) \qquad t > t_0$$

o $\qquad i(t) = \frac{V_0}{R}e^{-Rt/L}(e^{Rt_0/L} - 1) \qquad t > t_0$

La solución queda completa aclarando que $i(t)$ es cero para t negativo y graficando la respuesta en función del tiempo. El tipo de curva que se obtiene depende de los valores relativos de t_0 y de la constante de tiempo τ. La figura 5-15 muestra dos curvas posibles. La curva de la izquierda se ha dibujado para el caso en que

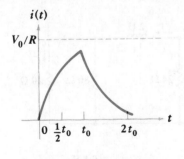
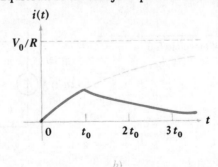

Figura 5-15

Dos curvas de respuesta posibles para el circuito de la figura 5-14b. a) τ se elige como $t_0/2$. b) τ se elige como $2t_0$.

la constante de tiempo es sólo la mitad de la longitud del pulso aplicado; por ello, la parte de la exponencial que se eleva casi llega hasta V_0/R antes de que comience la exponencial decreciente. A la derecha se muestra la situación opuesta; ahí, la constante de tiempo es dos veces t_0 y la respuesta nunca tiene la oportunidad de llegar a amplitudes grandes.

A continuación se resume el procedimiento que se ha estado usando para encontrar la respuesta de un circuito RL después de encender o apagar, conectar o desconectar del circuito las fuentes de cd en algún instante (por ejemplo, $t = 0$). Se supone que el circuito se puede reducir a una sola resistencia equivalente R_{eq} en serie con una sola inductancia equivalente L_{eq} si todas las fuentes independientes se igualan a cero. La respuesta buscada se representa por $f(t)$.

---

1 Con todas las fuentes independientes inactivas, se simplifica el circuito para determinar R_{eq}, L_{eq} y la constante de tiempo $\tau = L_{eq}/R_{eq}$.

2 Tomando L_{eq} como un cortocircuito, se usan los métodos de análisis de cd para encontrar $i_L(0^-)$, la corriente en el inductor justo antes de que se produzca la discontinuidad.

3 Tomando de nuevo L_{eq} como un cortocircuito, se usan los métodos de análisis de cd para encontrar la respuesta forzada. Éste es el valor al que se acerca $f(t)$ cuando $t \to \infty$; se representa por $f(\infty)$.

4 Se expresa la respuesta total como la suma de las respuestas natural y forzada: $f(t) = f(\infty) + Ae^{-t/\tau}$.

5 Se calcula $f(0^+)$ usando la condición $i_L(0^+) = i_L(0^-)$. Si se desea, L_{eq} se puede sustituir por una fuente de corriente $i_L(0^+)$ [un circuito abierto si $i_L(0^+) = 0$] para este cálculo. Con la excepción de corrientes de inductor (y voltajes de capacitor), las demás corrientes y voltajes en el circuito pueden cambiar abruptamente.

6 Entonces $f(0^+) = f(\infty) + A$, y $f(t) = f(\infty) + [\,f(0^+) - f(\infty)\,]\,e^{-t/\tau}$, o bien, respuesta total = valor final + (valor inicial – valor final)$e^{-t/\tau}$.

Ejercicios

5-5. Para el circuito que se muestra en la figura 5-16a, encuentre i_1, v_1 e i_2 en t igual a a) 0^-; b) 0^+; c) ∞; d) 50 ms.

Resp: 0, 0, 0; 0, 228 V, 0; 7.2 A, 0, 5.76 A; 4.55 A, 105.9 V, 3.64 A

5-6. El circuito de la figura 5-16b se encuentra en la forma que se muestra desde hace mucho tiempo. El interruptor se abre en $t = 0$. Encuentre i_R en t igual a a) 0^-; b) 0^+; c) ∞; d) 1.5 ms.   *Resp:* 0; 10 mA; 4 mA; 5.34 mA

Figura 5-16

a) Para el ejercicio 5-5, b) Para el ejercicio 5-6.

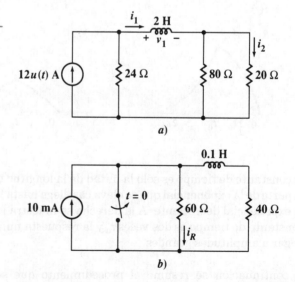

a)

b)

La respuesta completa de cualquier circuito RC también se puede obtener como la suma de la respuesta natural y la respuesta forzada. Esto se ilustra trabajando con un ejemplo.

5-6

Circuitos *RC*

Ejemplo 5-3 La figura 5-17 muestra un pequeño y amigable circuito que contiene dos

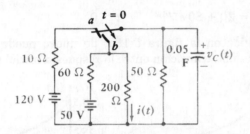

Figura 5-17

Circuito RC en el que las respuestas completas v_C e i se obtienen sumando una respuesta forzada y una respuesta natural.

baterías, cuatro resistores, un capacitor y un interruptor que se supone que ha estado en la posición a durante mucho tiempo. Se debe encontrar el voltaje del capacitor $v_C(t)$ y la corriente $i(t)$ en el resistor de 200 Ω, para cualquier tiempo.

Solución: Primero se decide que cualquier respuesta transitoria que surge del movimiento original del interruptor a a desaparece, dejando sólo la respuesta forzada debida a la fuente de 120 V. Se quiere calcular $v_C(t)$, por lo que se comenzará por encontrar esa respuesta forzada anterior a $t = 0$, con el interruptor en la posición a. Todos los voltajes en el circuito son constantes, por lo que no circula corriente a través del capacitor. Una sencilla división de voltaje da el voltaje inicial,

$$v_C(0) = \frac{50}{50 + 10}(120) = 100 \text{ V}$$

Como el voltaje en el capacitor no puede cambiar instantáneamente, este voltaje es válido tanto para $t = 0^-$ como para $t = 0^+$.

El interruptor se mueve ahora a la posición b, y la respuesta completa es

$$v_C = v_{Cf} + v_{Cn}$$

La forma de la respuesta natural se obtiene sustituyendo la fuente de 50 V por un cortocircuito, y evaluando la resistencia equivalente, para encontrar la constante de tiempo:

$$v_{Cn} = Ae^{-t/R_{eq}C}$$

donde

$$R_{eq} = \frac{1}{\frac{1}{50} + \frac{1}{200} + \frac{1}{60}} = 24 \text{ Ω}$$

o sea

$$v_{Cn} = Ae^{-t/1.2}$$

Con el fin de evaluar la respuesta forzada con el interruptor en la posición b, se espera hasta que todos los voltajes y corrientes hayan dejado de cambiar, tomando así el capacitor como un circuito abierto; se usa el divisor de voltaje una vez más,

$$v_{Cf} = \frac{(50)(200)/(50 + 200)}{60 + (50)(200)/(50 + 200)}(50) = 20$$

Entonces,

$$v_C = 20 + Ae^{-t/1.2}$$

y de la condición inicial ya obtenida,

$$100 = 20 + A$$

o
$$v_C = 20 + 80\, e^{-t/1.2} \qquad t > 0$$

Esta respuesta se grafica en la figura 5-18a; de nuevo puede verse que la respuesta natural forma una transición entre la respuesta inicial y la final.

Figura 5-18

Las respuestas *a*) v_C y *b*) *i* están grafi-cadas como funciones del tiempo para el circuito de la figura 5-17.

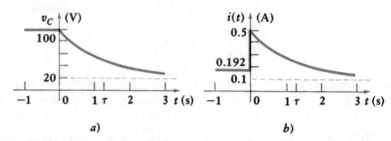

a)   *b)*

Enseguida se calcula $i(t)$. Esta respuesta no tiene que permanecer constante en el momento de mover el interruptor. Con el contacto en *a*, es evidente que $i = \frac{50}{260} = 0.1923$ A. Cuando se mueve el interruptor a la posición *b*, la respuesta forzada para esta corriente se convierte en

$$i_f = \frac{50}{60 + (50)(200)/(50 + 200)} \left(\frac{50}{50 + 200} \right) = 0.1\text{ A}$$

La forma de la respuesta natural es la misma que la determinada para el voltaje de capacitor:

$$i_n = Ae^{-t/1.2}$$

Al combinar las respuestas forzada y natural, se obtiene

$$i = 0.1 + Ae^{-t/1.2}$$

Para evaluar a A, se necesita conocer $i(0^+)$. Esto se encuentra poniendo atención en el elemento que almacena de energía, en este caso el capacitor; como v_C debe permanecer con un valor de 100 V durante el intervalo de conmutación, ésta es la condición que gobierna los valores de las demás corrientes y voltajes en $t = 0^+$. Como $v_C(0^+) = 100$ V, y como el capacitor está en paralelo con el resistor de 200 Ω, se ve que $i(0^+) = 0.5$ A, $A = 0.4$ y por lo tanto,

$$i(t) = 0.1923 \qquad t < 0$$

$$i(t) = 0.1 + 0.4e^{-t/1.2} \qquad t > 0$$

o
$$i(t) = 0.1923 + (-0.0923 + 0.4e^{-t/1.2})\, u(t) \quad \text{A}$$

donde la última expresión es correcta para todo t.

La respuesta completa para todo el valor de t también se puede escribir en forma compacta usando $u(-t)$, que vale uno para $t < 0$, y 0 para $t > 0$. Así,

$$i(t) = 0.1923\, u(-t) + (0.1 + 0.4e^{-t/1.2})\, u(t) \quad \text{A}$$

La figura 5-18b muestra una gráfica de esta respuesta. Obsérvese que sólo se necesitan cuatro números para describir la forma funcional de la respuesta para este circuito de un solo elemento que almacena energía, o para hacer la gráfica: el valor constante antes del cambio del interruptor (0.1923 A), el valor instantáneo justo después de mover el interruptor (0.5 A), la respuesta forzada constante (0.1 A) y la constante de tiempo (1.2 s). Con estos valores, la función exponencial negativa apropiada se puede escribir o dibujar fácilmente. ●

Se concluye esta sección con la mención de los duales de los enunciados dados al final de la sección 5-5.

Enseguida se resume el procedimiento que se ha venido usando para encontrar la respuesta de un circuito RC después que las fuentes de cd en el circuito se han encendido o apagado, conectado o desconectado, en algún instante (por ejemplo, en $t = 0$). Se supone que el circuito se puede reducir a una sola resistencia equivalente R_{eq} en paralelo con una sola capacitancia equivalente C_{eq} cuando todas las fuentes independientes se igualan a cero. La respuesta buscada se representa por $f(t)$.

---

1 Con todas las fuentes independientes inactivas, se simplifica el circuito para calcular R_{eq}, C_{eq} y la constante de tiempo $\tau = R_{eq} C_{eq}$.

2 Tomando C_{eq} como un circuito abierto, se usa el análisis de cd para encontrar $v_C(0^-)$, el voltaje en el capacitor justo antes de que se produzca la discontinuidad.

3 Tomando de nuevo C_{eq} como un circuito abierto, se usa el análisis de cd para calcular la respuesta forzada. Éste es el valor al que se acerca $f(t)$ cuando $t \to \infty$, y se representa por $f(\infty)$.

4 Se expresa la respuesta total como la suma de las respuestas natural y forzada: $f(t) = f(\infty) + Ae^{-t/\tau}$.

5 Se calcula $f(0^+)$ usando la condición $v_C(0^+) = v_C(0^-)$. Si se desea, C_{eq} se puede remplazar por una fuente de voltaje $v_C(0^+)$ [un cortocircuito si $v_C(0^+) = 0$] para este cálculo. Con la excepción de los voltajes de capacitor (y corrientes de inductor), las demás corrientes y voltajes en el circuito pueden cambiar abruptamente.

6 Por último, $f(0^+) = f(\infty) + A$, y $f(t) = f(\infty) + [f(0^+) - f(\infty)] e^{-t/\tau}$, o sea, respuesta total = valor final + (valor inicial – valor final)$e^{-t/\tau}$.

5-7. Para el circuito de la figura 5-19, encuentre $v_C(t)$ en t igual a a) 0^-; b) 0^+; c) ∞; d) 0.08 s.   *Resp:* 20 V; 20 V; 28 V; 24.4 V

5-8. Para el circuito de la figura 5-19, encuentre $i_R(t)$ para t igual a a) 0^-; b) 0^+; c) ∞; d) 0.08 s.   *Resp:* –0.8 mA; –0.4 mA; –0.72 mA; –0.576 mA

Ejercicios

Figura 5-19

Para los ejercicios 5-7 y 5-8.

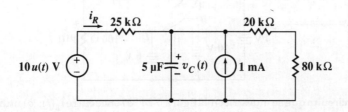

Problemas

Figura 5-20

Para los problemas 1 y 2.

1   Los valores de la fuente en el circuito de la figura 5-20 son $v_A = 300\,u(t-1)$ V, $v_B = -120\,u(t+1)$ V e $i_C = 3u(-t)$ A. Encuentre i_1 en $t = -1.5, -0.5, 0.5$ y 1.5 s.

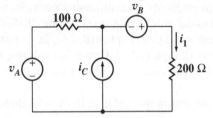

2   Los valores de la fuente en la figura 5-20 son $v_A = 600tu(t+1)$ V, $v_B = 600(t+1)u(t)$ V e $i_C = 6(t-1)u(t-1)$ A. a) Encuentre i_1 en $t = -1.5, -0.5, 0.5$ y 1.5 s. b) Bosqueje i_1 contra t, $-2.5 < t < 2.5$ s.

3   En $t = 2$, encuentre el valor de a) $2u(1-t) - 3u(t-1) + 4u(t+1)$; b) $[5 - u(t)][2 + u(3-t)][1 - u(1-t)]$; c) $4e^{-u(3-t)}u(3-t)$.

4   Encuentre i_x para $t < 0$ y para $t > 0$ en el circuito de la figura 5-21 si la rama no conocida contiene: a) un interruptor normalmente abierto que se cierra en $t = 0$, en serie con una batería de 60 V y la referencia positiva en la parte superior; b) una fuente de voltaje de $60u(t)$ V, y referencia positiva en la parte superior.

Figura 5-21

Para el problema 4.

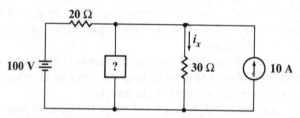

5   Encuentre i_x en el circuito de la figura 5-22 en intervalos de 1 s, de $t = -0.5$ s a $t = 3.5$ s.

Figura 5-22

Para el problema 5.

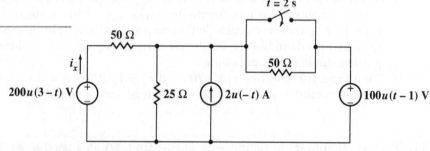

6   El interruptor de la figura 5-23 está en la posición A para $t < 0$. En $t = 0$ se mueve a B y después a C en $t = 4$ s, y a D en $t = 6$ s, y ahí se queda. Bosqueje $v(t)$ como una función del tiempo y exprésela como la suma de funciones de excitación escalón.

Figura 5-23

Para el problema 6.

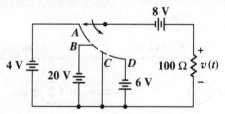

7   Según el circuito que se muestra en la figura 5-24, a) encuentre $i_L(t)$; b) utilice la expresión para $i_L(t)$ y encuentre $v_L(t)$.

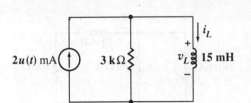

Figura 5-24

Para el problema 7.

8 Encuentre $i_L(t)$ en el circuito de la figura 5-25, en t igual a a) –0.5 s; b) 0.5 s; c) 1.5 s.

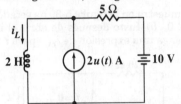

Figura 5-25

Para el problema 8.

9 El interruptor que se muestra en la figura 5-26 ha estado cerrado durante mucho tiempo. a) Encuentre $i_L(t)$ para $t < 0$. b) Encuentre $i_L(t)$ para todo t después que se abrió el interruptor en $t = 0$.

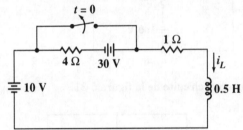

Figura 5-26

Para el problema 9.

10 El interruptor de la figura 5-27 ha estado abierto durante mucho tiempo. a) Encuentre $i_L(t)$ para $t < 0$. b) Encuentre $i_L(t)$ para todo t después de cerrar el interruptor en $t = 0$.

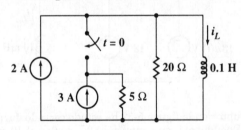

Figura 5-27

Para el problema 10.

11 La ecuación (3) de la sección 5-4 representa la solución general del circuito RL en serie, en donde Q es una función cuaquiera del tiempo y A y P son constantes. Sea $R = 125 \ \Omega$ y $L = 5$ H; encuentre $i(t)$ para $t > 0$ si la función de excitación de voltaje $LQ(t)$ es a) 10 V; b) $10u(t)$ V; c) $10 + 10u(t)$ V; d) $10u(t) \cos 50t$ V.

12 Según el circuito que se muestra en la figura 5-28, encuentre una expresión algebraica y grafique a) $i_L(t)$; b) $v_1(t)$.

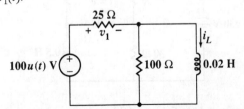

Figura 5-28

Para el problema 12.

13 Para el circuito que se muestra en la figura 5-29, encuentre valores para i_L y v_1 en t igual a a) 0^-; b) 0^+; c) ∞; d) 0.2 ms.

Figura 5-29

Para el problema 13.

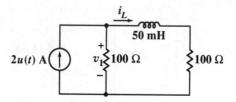

14 El interruptor que se muestra en la figura 5-30 ha estado cerrado durante mucho tiempo. *a*) Encuentre i_L para $t < 0$. *b*) Justo después de abrir el interruptor encuentre $i_L(0^+)$. *c*) Encuentre $i_L(\infty)$. *d*) Obtenga una expresión de $i_L(t)$ para $t > 0$.

Figura 5-30

Para el problema 14.

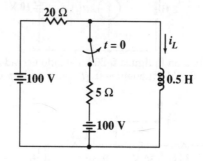

15 Encuentre i_L para todo t en el circuito de la figura 5-31.

Figura 5-31

Para el problema 15.

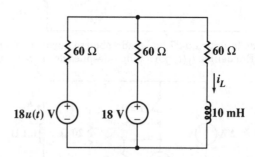

16 Suponga que el interruptor en la figura 5-32 ha estado cerrado durante mucho tiempo y después se abre en $t = 0$. Encuentre i_x en t igual a *a*) 0^-; *b*) 0^+; *c*) 40 ms.

Figura 5-32

Para los problemas 16 y 17.

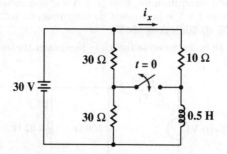

17 Suponga que el interruptor de la figura 5-32 ha estado abierto durante mucho tiempo y luego se cierra en $t = 0$. Encuentre i_x en t igual a *a*) 0^-; *b*) 0^+; *c*) 40 ms.

18 Encuentre $v_x(t)$ para todo t en el circuito de la figura 5-33.

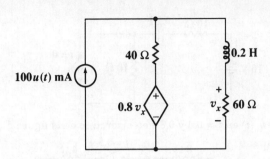

Figura 5-33

Para el problema 18.

19 Según el circuito que se muestra en la figura 5-34, encuentre $a)\ i_L(t);\ b)\ i_1(t)$.

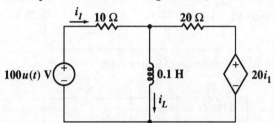

Figura 5-34

Para el problema 19.

20 Encuentre v_C en el circuito que se muestra en la figura 5-35 para $t = -2\,\mu$s y $t = +2\,\mu$s.

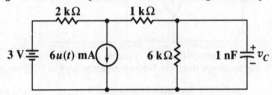

Figura 5-35

Para el problema 20.

21 Después de permanecer abierto durante mucho tiempo, el interruptor que se muestra en la figura 5-36 se cierra en $t = 0$. Encuentre i_A para todo tiempo.

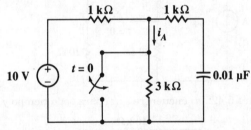

Figura 5-36

Para los problemas 21 y 22.

22 Después de permanecer cerrado durante mucho tiempo, el interruptor que se muestra en la figura 5-36 se abre en $t = 0$. Encuentre i_A para todo tiempo.

23 Sea $v_s = -12u(-t) + 24u(t)$ V en el circuito de la figura 5-37. Para el intervalo -5 ms $< t < 5$ ms, encuentre una expresión algebraica para $a)\ v_C(t);\ b)\ i_{\text{entrada}}(t)$, y haga un bosquejo en ambos casos.

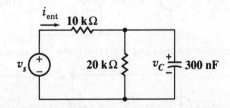

Figura 5-37

Para el problema 23.

24 El interruptor en el circuito de la figura 5-38 ha permanecido abierto por mucho tiempo. De repente se cierra en $t = 0$. Encuentre i_{entrada} en t igual a $a)\ -1.5$ s; $b)\ 1.5$ s.

Figura 5-38

Para el problema 24.

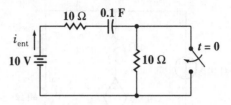

25 Encuentre el valor de $v_C(t)$ en $t = 0.4$ y 0.8 s en el circuito de la figura 5-39.

Figura 5-39

Para el problema 25.

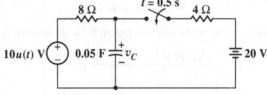

26 Encuentre v_C para $t > 0$ en el circuito de la figura 5-40.

Figura 5-40

Para el problema 26.

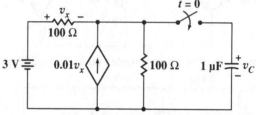

27 En el circuito de la figura 5-41, encuentre $v_R(t)$ para *a*) $t < 0$; *b*) $t > 0$. Ahora suponga que el interruptor se *cierra* durante un periodo largo y se abre en $t = 0$. Encuentre $v_R(t)$ para *c*) $t < 0$; *d*) $t > 0$.

Figura 5-41

Pàra el problema 27.

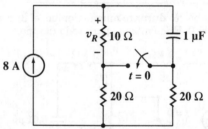

28 En el circuito de la figura 5-42: *a*) encuentre $v_C(t)$ para todo tiempo y *b*) bosqueje $v_C(t)$ para $-1 < t < 2$ s.

Figura 5-42

Para el problema 28.

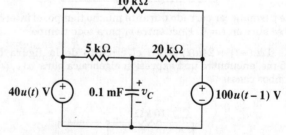

29 Encuentre el primer instante después de $t = 0$ en el que $v_x = 0$ en el circuito de la figura 5-43.

Figura 5-43

Para el problema 29.

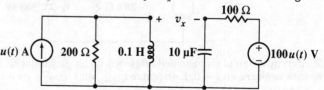

30 El interruptor de la figura 5-44 ha permanecido en la posición A durante mucho tiempo. Se mueve a B en $t = 0$ y de regreso a A en $t = 1$ ms. Encuentre R_1 y R_2 de manera que $v_C(1$ ms$) = 8$ V y $v_C(2$ ms$) = 1$ V.

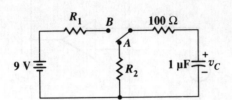

Figura 5-44

Para el problema 30.

31 Suponga que el op-amp que se muestra en la figura 5-45 es ideal, encuentre $v_o(t)$ para todo t.

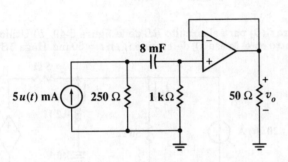

Figura 5-45

Para el problema 31.

32 Suponga que el op-amp que se muestra en la figura 5-46 es ideal, encuentre $v_x(t)$ para todo t.

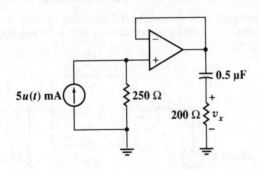

Figura 5-46

Para el problema 32.

33 Suponga que el op-amp que se muestra en la figura 5-47 es ideal, encuentre $v_o(t)$ para todo t.

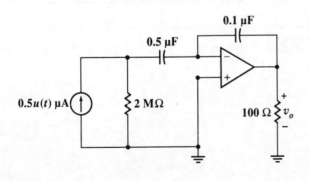

Figura 5-47

Para el problema 33.

34 Suponga que el op-amp que se muestra en el figura 5-48 es ideal y que $v_C(0) = 0$. Encuentre $v_o(t)$ para todo t.

Figura 5-48

Para el problema 34.

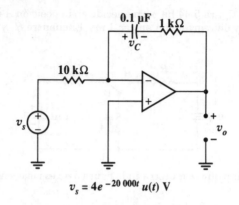

$$v_s = 4e^{-20\,000t}\,u(t)\,\text{V}$$

35 (SPICE) *a*) Encuentre $i_L(0)$ para el circuito *RL* de la figura 5-49. *b*) Utilice SPICE y el valor inicial que se encontró en el inciso *a*), determine i_L en $t = 50$ ms. Haga TSTEP = 2 ms.

Figura 5-49

Para el problema 35.

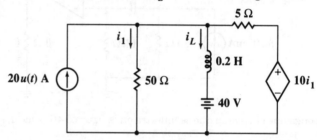

36 (SPICE) *a*) Encuentre $v_C(0)$ para el circuito *RC* de la figura 5-50. *b*) Utilice SPICE y el valor inicial que se encontró en el inciso *a*, determine v_C en $t = 50$ ms. Haga TSTEP = 2 ms.

Figura 5-50

Para el problema 36.

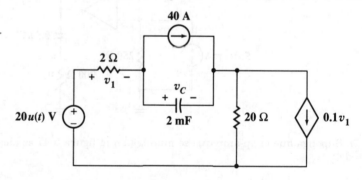

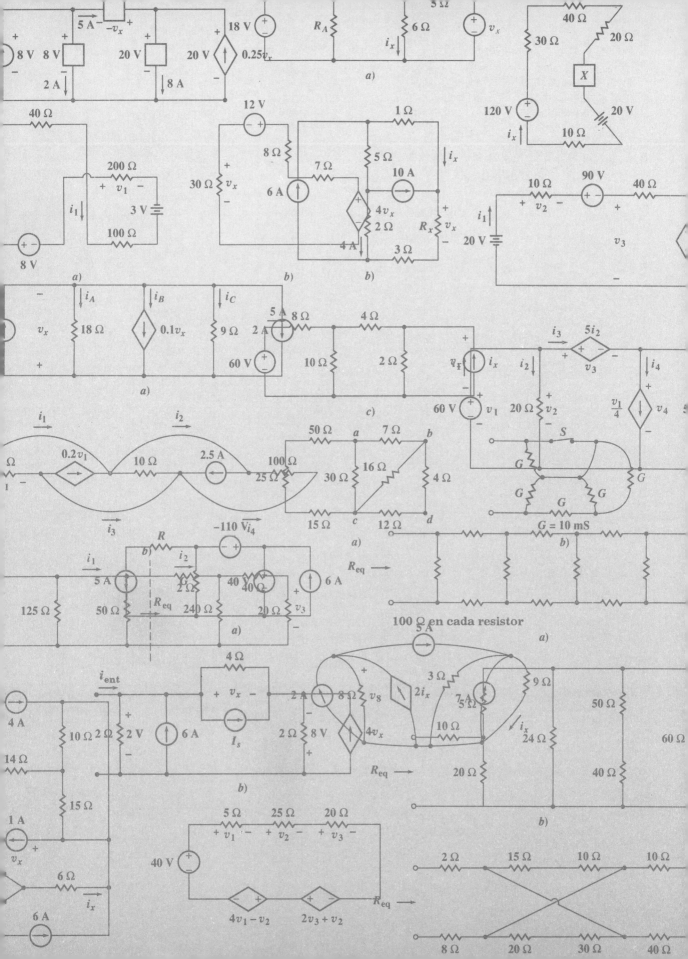

El circuito *RLC*

6-1

Introducción

Sería muy agradable enterarse que el estudio detallado que se ha hecho en los capítulos anteriores acerca de los circuitos *RL* y *RC* hará que el análisis de los circuitos *RLC* sea una tarea fácil; desafortunadamente no es así. La presencia de inductancias y capacitancias en el mismo circuito produce por lo menos un *sistema de segundo orden*, es decir, un sistema caracterizado por una ecuación diferencial lineal que incluye una derivada de segundo orden, o bien por dos ecuaciones diferenciales lineales de primer orden. Este aumento en el orden hará necesario que se evalúen dos constantes arbitrarias. Es más, será necesario determinar condiciones iniciales para las derivadas. Por último, se verá que la presencia de inductancias y capacitancias en el mismo circuito da como resultado una respuesta que toma diferentes formas funcionales para circuitos que tienen la misma configuración, pero diferentes valores de sus elementos. Con estas gratas noticias, se hará un repaso rápido de los métodos y resultados útiles para los sistemas de primer orden, con el objeto de poder extender esta información, tanto como se pueda, a los sistemas de segundo orden.

Primero se estudió el sistema de primer orden sin fuentes. La respuesta recibió el nombre de *respuesta natural* y estaba completamente determinada por los tipos de elementos pasivos presentes en la red, por la forma en que estaban interconectados y por las condiciones iniciales debidas a la energía almacenada. La respuesta era invariablemente una función exponencial decreciente con el tiempo, y esta respuesta alcanzaba un valor constante conforme el tiempo tendía a infinito. La constante era generalmente cero, excepto en aquellos circuitos donde inductores en paralelo o capacitores en serie permitían la presencia de corrientes o voltajes atrapados.

La inclusión de fuentes en el sistema de primer orden dio como resultado una respuesta en dos partes, la familiar respuesta natural, y un término al que se llamó la *respuesta forzada*. Este último término estaba íntimamente relacionado con la función de excitación; su forma funcional era la de la función de excitación misma, más la integral y la primera derivada de la función de excitación.[1] Como se estudió sólo una función de excitación constante, no se puso mucha atención a la forma correspondiente de la respuesta forzada; este problema no surgirá sino hasta el próximo capítulo, en el que se considerarán las funciones de excitación senoidales. A la respuesta forzada conocida se le sumó la expresión correcta de la respuesta natural,

---

[1] En sistemas de orden superior, aparecerán derivadas de orden superior y, hablando estrictamente, debería decirse que todas las derivadas están presentes, aunque con amplitud cero. Las funciones de excitación que no tengan un número finito de derivadas diferentes son excepciones que no se considerarán aquí; las funciones singulares son excepciones de las excepciones.

completa excepto por una constante multiplicativa. Esta constante se evaluó para hacer que la respuesta total se ajustara a las condiciones iniciales prescritas.

Ahora se considerarán los circuitos caracterizados por ecuaciones diferenciales lineales de segundo orden. El primer paso consiste en calcular la respuesta natural. Esto se hace en forma más conveniente si se considera el circuito sin fuentes. Luego se podrán incluir fuentes de cd, interruptores o fuentes que den funciones escalón, expresándose de nuevo la respuesta total como la suma de la respuesta natural y la respuesta forzada (por lo general, constante). El sistema de segundo orden que se va a analizar es, en esencia, el mismo que cualquier sistema mecánico con elementos de parámetros concentrados de segundo orden. Los resultados que se obtengan aquí, por ejemplo, serán de utilidad directa para un ingeniero mecánico que esté interesado en conocer el desplazamiento de una masa sujeta a un resorte, con amortiguamiento viscoso, es decir, un sistema que describe aproximadamente el movimiento vertical de un automóvil, con los amortiguadores como elementos disipativos; o para alguien interesado en el movimiento de un péndulo simple o de un péndulo de torsión. Estos resultados son aún aplicables, aunque menos directamente, a cualquier sistema de segundo orden de parámetros distribuidos, como una línea de transmisión en corto-circuito, un trampolín, una flauta, o la ecología de los roedores del ártico.

6-2

El circuito *RLC* en paralelo sin fuentes

El primer objetivo es calcular la respuesta natural de un circuito sencillo al conectar *R*, *L* y *C* en paralelo; este modesto objetivo se alcanzará cuando se hayan estudiado ésta y las próximas tres secciones. Esta combinación particular de elementos ideales es un modelo adecuado para algunas partes de muchas redes de comunicaciones. Representa, por ejemplo, una parte importante de algunos de los amplificadores electrónicos usados en todo receptor de radio, y permite que los amplificadores produzcan una gran amplificación de voltaje en una estrecha banda de señales de frecuencia, y una amplificación casi nula fuera de esa banda. La selectividad de frecuencia de esta clase es la que nos permite escuchar la emisión de una estación e ignorar la de cualquier otra. Otras aplicaciones incluyen el uso de circuitos *RLC* en paralelo en filtros multiplexores, filtros supresores de armónicas, etcétera. Pero incluso un estudio sencillo de estos principios requiere el conocimiento de términos tales como *resonancia*, *respuesta de frecuencia* e *impedancia* (que aún no se han visto). Baste decir, entonces, que la comprensión del comportamiento natural del circuito *RLC* en paralelo es de importancia fundamental en los estudios futuros sobre redes de comunicación y diseño de filtros.

Cuando un inductor físico se conecta en paralelo con un capacitor, y el inductor tiene asociada a él una resistencia óhmica no nula, puede probarse que la red resultante tendrá un circuito equivalente como el que se muestra en la figura 6-1. Las pérdidas de energía en el inductor físico se toman en cuenta por la presencia del

Figura 6-1

Circuito *RLC* en paralelo sin fuentes.

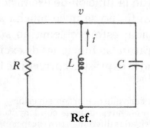

resistor ideal, cuya resistencia R depende de la resistencia óhmica del inductor (pero no es igual a ella).

En el análisis que sigue, se supondrá que la energía puede almacenarse inicialmente tanto en el inductor como en el capacitor, por lo que la corriente del inductor y el voltaje del capacitor podrán tener valores iniciales diferentes de cero. Con respecto al circuito de la figura 6-1, se puede escribir la ecuación de nodos:

$$\frac{v}{R} + \frac{1}{L} \int_{t_0}^{t} v \, dt - i(t_0) + C \frac{dv}{dt} = 0 \tag{1}$$

Obsérvese que el signo menos es una consecuencia de la dirección asignada a i. Ahora debe resolverse (1) sujeta a las condiciones iniciales,

$$i(0^+) = I_0 \tag{2}$$

$$v(0^+) = V_0 \tag{3}$$

Cuando ambos lados de la ecuación (1) se derivan con respecto al tiempo, el resultado es la ecuación diferencial lineal homogénea de segundo orden:

$$C \frac{d^2v}{dt^2} + \frac{1}{R} \frac{dv}{dt} + \frac{1}{L} v = 0 \tag{4}$$

cuya solución $v(t)$ es la respuesta natural buscada.

Hay varias formas interesantes en las que se puede resolver la ecuación (4). Esos métodos se reservarán para un curso de ecuaciones diferenciales, y aquí se usará el método más simple y rápido. Se supondrá una solución, confiando en la intuición y en la modesta experiencia adquirida para elegir una de las formas posibles que puedan ser adecuadas. La experiencia con la ecuación de primer orden sugiere intentar por lo menos una vez más con la forma exponencial. Es más, la forma de la ecuación (4) sugiere que podría resultar adecuada, ya que deben sumarse tres términos —la segunda derivada, la primera derivada y la función misma, cada una multiplicada por un factor constante— y su suma debe ser cero. Una función cuyas derivadas tienen la misma forma que la función en sí es obviamente una buena elección. Con toda esperanza de éxito se supone, entonces, que

$$v = Ae^{st} \tag{5}$$

que se mantendrá tan general como sea posible, permitiendo que A y s sean números complejos[2] si fuera necesario. Al sustituir (5) en (4) se obtiene

$$CAs^2e^{st} + \frac{1}{R} Ase^{st} + \frac{1}{L} Ae^{st} = 0$$

o

$$Ae^{st} \left(Cs^2 + \frac{1}{R} s + \frac{1}{L} \right) = 0$$

Para satisfacer esta ecuación en cualquier tiempo, por lo menos uno de los tres factores debe ser cero. Si cualquiera de los dos primeros factores se iguala a cero, entonces $v(t) = 0$. Ésta es una solución trivial de la ecuación diferencial que no puede satisfacer las condiciones iniciales dadas. Por lo tanto, hay que igualar a cero el factor que queda:

---

[2] No hay por qué asustarse. Los números complejos aparecerán en este capítulo sólo de manera introductoria en las derivadas. Su uso como herramienta será necesario en el capítulo 8.

$$Cs^2 + \frac{1}{R}s + \frac{1}{L} = 0 \tag{6}$$

Esta ecuación se conoce, entre los matemáticos, como *ecuación auxiliar* o *ecuación característica*. Si puede satisfacerse, entonces la solución supuesta es correcta. Como la ecuación (6) es una ecuación cuadrática, hay dos soluciones, identificadas por s_1 y s_2:

$$s_1 = -\frac{1}{2RC} + \sqrt{\left(\frac{1}{2RC}\right)^2 - \frac{1}{LC}} \tag{7}$$

y

$$s_2 = -\frac{1}{2RC} - \sqrt{\left(\frac{1}{2RC}\right)^2 - \frac{1}{LC}} \tag{8}$$

Si se usa cualquiera de estos dos valores para s en la solución supuesta, entonces esa solución satisface a la ecuación diferencial dada; se convierte así en una solución válida para la ecuación diferencial.

Supóngase que se sustituye s por s_1 en la ecuación (5) y se obitene

$$v_1 = A_1 e^{s_1 t}$$

y, de igual manera,

$$v_2 = A_2 e^{s_2 t}$$

La primera satisface a la ecuación diferencial

$$C\frac{d^2 v_1}{dt^2} + \frac{1}{R}\frac{dv_1}{dt} + \frac{1}{L}v_1 = 0$$

y la última satisface a

$$C\frac{d^2 v_2}{dt^2} + \frac{1}{R}\frac{dv_2}{dt} + \frac{1}{L}v_2 = 0$$

Al sumar estas dos ecuaciones diferenciales y combinar los términos semejantes,

$$C\frac{d^2(v_1 + v_2)}{dt^2} + \frac{1}{R}\frac{d(v_1 + v_2)}{dt} + \frac{1}{L}(v_1 + v_2) = 0$$

La linealidad triunfa, y se ve que la suma de las dos soluciones es también una solucion. Por tanto, se tiene la forma de la respuesta natural

$$v = A_1 e^{s_1 t} + A_2 e^{s_2 t} \tag{9}$$

donde s_1 y s_2 están dados por (7) y (8), A_1 y A_2 son dos constantes arbitrarias que deben elegirse tales que satisfagan las dos condiciónes iniciales especificadas.

Difícilmente puede esperarse que la forma de la respuesta natural según la ecuación (9) pueda conducir a expresiones de interés extraordinario, ya que, en su forma actual, revela poco acerca de la naturaleza de la curva que se obtendría si $v(t)$ se graficara como una función del tiempo. Las amplitudes relativas de A_1 y A_2, por ejemplo, serán definitivamente importantes al determinar la forma de la curva de respuesta. Aún más, las constantes s_1 y s_2 pueden ser números reales o números complejos conjugados, dependiendo de cuáles sean los valores de R, L y C en la red dada. Estos dos casos producirán respuestas fundamentalmente diferentes, por lo que será útil hacer algunas sustituciones en la ecuación (9) para simplificar, en aras de la claridad conceptual.

Como los exponentes $s_1 t$ y $s_2 t$ deben ser adimensionales, s_1 y s_2 deben tener las unidades de alguna cantidad adimensional "por segundo". De (7) y (8) es evidente que las unidades de $1/2RC$ y $1/\sqrt{LC}$ también deben ser s^{-1}. Las unidades de este tipo reciben el nombre de *frecuencias*. Aunque este concepto se tratará con mucho más detalle en el capítulo 12, se introducirán varios términos ahora.

Si $1/\sqrt{LC}$ se representa por ω_0 (omega):

$$\omega_0 = \frac{1}{\sqrt{LC}} \tag{10}$$

y se le reservará el nombre de *frecuencia de resonancia*.[3] Por otra parte, a $1/2RC$ se le llamará la *frecuencia neperiana* o *coeficiente de amortiguamiento exponencial*, y se representará por el símbolo α (alfa),

$$\alpha = \frac{1}{2RC} \tag{11}$$

Esta última expresión descriptiva se usa porque α es una medida de qué tan rápidamente decae o se amortigua la respuesta natural hacia su estado final permanente (generalmente cero).[4] Por último s, s_1, y s_2, cantidades que constituirán la base de parte del trabajo posterior, se llamarán *frecuencias complejas*.

Debe observarse que s_1, s_2, α y ω_0 son solamente símbolos usados para simplificar el estudio de los circuitos RLC, y no nuevas propiedades misteriosas de ninguna clase. Por ejemplo, es más fácil decir "alfa" que decir "el recíproco de $2RC$".

Ahora se reunirán estos resultados. La respuesta natural del circuito RLC en paralelo es

$$v = A_1 e^{s_1 t} + A_2 e^{s_2 t} \tag{9}$$

donde

$$s_1 = -\alpha + \sqrt{\alpha^2 - \omega_0^2} \tag{12}$$

$$s_2 = -\alpha - \sqrt{\alpha^2 - \omega_0^2} \tag{13}$$

$$\alpha = \frac{1}{2RC} \tag{11}$$

$$\omega_0 = \frac{1}{\sqrt{LC}} \tag{10}$$

y A_1 y A_2 deben encontrarse aplicando las condiciones iniciales dadas.

La respuesta descrita por las ecuaciones anteriores se aplica no sólo al voltaje $v(t)$, sino también a la corriente que circula en cada uno de los tres elementos del circuito. Obviamente, los valores de las constantes A_1 y A_2 para $v(t)$ serán diferentes para las corrientes.

Ahora sí se ve claro que la naturaleza de la respuesta depende de las magnitudes relativas de α y ω_0. El radical que aparece en las expresiones para s_1 y s_2 será real

---

3   En forma más precisa, la frecuencia de resonancia en *radianes*.

4   En ingeniería de control se da el nombre de *factor de amortiguamiento relativo* a la razón de α entre w_0 y se le representa por la letra ζ (zeta). Se encontrará de nuevo en el capítulo 13.

cuando α sea mayor que ω_0, imaginario cuando α sea menor que ω_0 y cero cuando α y ω_0 sean iguales. Cada uno de estos tres casos se considerará por separado en las tres secciones que siguen.

Ejercicio

6-1. Un circuito RLC en paralelo contiene un resistor de 100 Ω, y los parámetros tienen los valores $\alpha = 1000\ s^{-1}$, $\omega_0 = 800$ rad/s. Encuentre *a)* C; *b)* L; *c)* s_1; *d)* s_2.
Resp: 5 μF; 0.3125 H; $-400\ s^{-1}$; $-1600\ s^{-1}$

6-3

El circuito *RLC* en paralelo sobreamortiguado

Una comparación de las ecuaciones (10) y (11) de la sección 6-2 muestra que α será mayor que ω_0 si $LC > 4R^2C^2$. En este caso, el radical usado para calcular s_1 y s_2 será real, y ambos, s_1 y s_2, serán reales. Es más, las desigualdades siguientes,

$$\sqrt{\alpha^2 - \omega_0^2} < \alpha$$

$$(-\alpha - \sqrt{\alpha^2 - \omega_0^2}) < (-\alpha + \sqrt{\alpha^2 - \omega_0^2}) < 0$$

pueden aplicarse a las ecuaciones (12) y (13) para mostrar que, tanto s_1 como s_2, son números reales negativos. Así, la respuesta $v(t)$ puede expresarse como la suma (algebraica) de dos términos exponenciales decrecientes, los cuales tienden a cero conforme el tiempo aumenta sin límite. De hecho, como el valor absoluto de s_2 es mayor que el de s_1, el término que contiene a s_2 decrece más rápidamente, y para valores grandes del tiempo, puede escribirse la expresión límite

$$v(t) \to A_1 e^{s_1 t} \to 0 \qquad t \to \infty$$

Se usará un ejemplo numérico para analizar el método que se usa para elegir las constantes arbitrarias A_1 y A_2 que satisfacen las condiciones iniciales, y también para dar un ejemplo característico de una curva de respuesta. Se tomará un circuito RLC en paralelo, para el cual $R = 6\ \Omega$, $L = 7$ H y, para facilitar los cálculos, el impráctico gran valor de $C = \frac{1}{42}$ F; la energía inicial almacenada se especifica eligiendo un voltaje inicial en el circuito $v(0) = 0$, y una corriente inicial en el inductor $i(0) = 10$ A, donde v e i están definidos en la figura 6-2.

Figura 6-2

Circuito RLC en paralelo usado como ejemplo numérico. El circuito es sobreamortiguado.

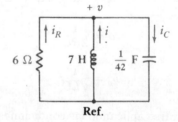

Los valores de algunos parámetros se calculan fácilmente,

$$\alpha = 3.5 \qquad \omega_0 = \sqrt{6}$$

$$\text{(todos s}^{-1}\text{)}$$

$$s_1 = -1 \qquad s_2 = -6$$

e inmediatamente se escribe la forma general de la respuesta natural

$$v(t) = A_1 e^{-t} + A_2 e^{-6t} \qquad (14)$$

Sólo falta evaluar las dos constantes A_1 y A_2. Si se conociera el valor de $v(t)$ en dos instantes diferentes, este par de valores podría sustituirse en la ecuación (14) y se encontrarían A_1 y A_2 fácilmente. Sin embargo, sólo se conoce un valor instantáneo de $v(t)$,

$$v(0) = 0$$

y, por tanto,

$$0 = A_1 + A_2 \tag{15}$$

Se obtendrá una segunda ecuación que relacione a A_1 y A_2 tomando la derivada de $v(t)$ con respecto al t en la ecuación (14), calculando el valor inicial de esta derivada por medio del uso de la condición inicial que queda $i(0) = 10$, e igualando los resultados. La derivada en ambos lados de (14) da,

$$\frac{dv}{dt} = -A_1 e^{-t} - 6A_2 e^{-6t}$$

y al evaluarla en t = 0,

$$\left.\frac{dv}{dt}\right|_{t=0} = -A_1 - 6A_2$$

puede hacerse una pausa para considerar cómo puede calcularse el valor numérico de la derivada. El siguiente paso lo sugiere la derivada misma; dv/dt sugiere una corriente de capacitor ya que

$$i_C = C\frac{dv}{dt}$$

Así,

$$\left.\frac{dv}{dt}\right|_{t=0} = \frac{i_C(0)}{C} = \frac{i(0) + i_R(0)}{C} = \frac{i(0)}{C} = 420 \text{ V/s}$$

ya que un voltaje inicial cero en el resistor requiere una corriente inicial de cero a través de él. Por tanto, ya se tiene la segunda ecuación:

$$420 = -A_1 - 6A_2 \tag{16}$$

y la solución simultánea de (15) y (16) da los valores $A_1 = 84$ y $A_2 = -84$. Por lo tanto, la solución numérica final para la respuesta natural es

$$v(t) = 84(e^{-t} - e^{-6t}) \tag{17}$$

Enseguida se verá este resultado con más detalle, pero primero se considerará la evaluación de A_1 y A_2 para otras condiciones iniciales de la energía almacenada, incluyendo la energía inicial almacenada en el capacitor.

Ejemplo 6-1 Encuentre $v_C(t)$ después de $t = 0$ en el circuito de la figura 6-3*a*.

Solución: Primero se encuentran los valores de los parámetros α, ω_0, s_1 y s_2. Los valores de los elementos se identifican al considerar el circuito sin fuentes después de $t = 0$. Se tiene que $L = 5$ mH, $R = 200\ \Omega$ y $C = 20$ nF. Por lo tanto, $\alpha = 1/2RC$ $= 125\,000$ s^{-1}, $\omega_0 = 1/\sqrt{LC} = 100\,000$ rad/s, y $s_{1,2} = -\alpha \pm \sqrt{\alpha^2 - \omega_0^2}$, que con-

Figura 6-3

a) Circuito *RLC* analizado en el ejemplo 6-1. *b*) Circuito equivalente en $t = 0^-$ nos habilita a encontrar $i_L(0^-) = -0.3$ A y $v_C(0^-) = 60$ V. *c*) El circuito equivalente en $t = 0^+$.

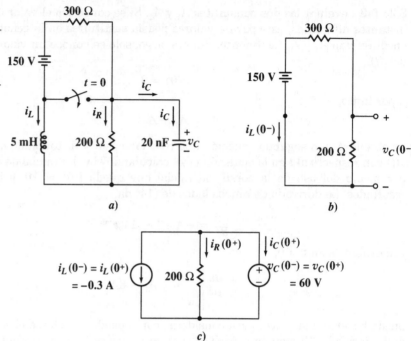

a)

b)

c)

duce a $s_1 = -50\ 000$ s^{-1} y $s_2 = -200\ 000$ s^{-1}. La forma de la solución es entonces,

$$v_C(t) = A_1 e^{-50\ 000t} + A_2 e^{-200\ 000t}$$

Ahora se necesitan dos condiciones iniciales, $v_C(0^+)$ y $dv_C/dt\,|_{t=0^+}$. La forma de manejar los valores iniciales siempre comienza con los elementos que almacenan energía un instante antes de que ocurra la discontinuidad —aquí, el capacitor y el inductor en $t = 0^-$. La corriente del inductor y el voltaje del capacitor mantienen el mismo valor durante el intervalo de conmutación $0^- < t < 0^+$. Para mayor comprensión, se muestran dos circuitos equivalentes, el primero en $t = 0^-$ en la figura 6-3*b* y el segundo en $t = 0^+$ en la figura 6-3*c*. El primero se utiliza para determinar los valores de $i_L(0^-)$ y $v_C(0^-)$, y el segundo muestra estos dos valores representados como fuentes independientes.

A partir de la figura 6-3*b*, un pequeño circuito resistivo de un solo lazo se puede observar que $i_L(0^-) = -150/(200 + 300) = -0.3$ A, donde $v_C(0^-) = 200(0.3)$ = 60 V. Estos dos valores aparecen entonces como valores de las dos fuentes en la figura 6-3*c*. Nótese que el interruptor se ha cerrado en el intervalo de $t = 0^-$ a $t = 0^+$, sin considerar ya el resistor de 300 Ω. Este circuito identifica también los valores de la corriente $i_R(0^+)$ e $i_C(0^+)$.

De este modo, se tiene $v_C(0^+) = 60$ V y se necesita sólo el valor de $dv_C/dt\,|_{t=0^+}$. Esto se relaciona con la corriente del capacitor, de manera que

$$\left.\frac{dv_C}{dt}\right|_{t=0^+} = \frac{1}{C}\,i_C(0^+) = \frac{1}{C}\left[-i_L(0^+) - i_R(0^+)\right]$$

o

$$\left.\frac{dv_C}{dt}\right|_{t=0^+} = \frac{10^9}{20}\left(0.3 - \frac{60}{200}\right) = 0$$

Ahora se usarán estos valores de i_C y dv_C/dt en la ecuación de $v_C(t)$:

$$v_C(0^+) = 60 = A_1 + A_2$$

y

$$dv_C/dt \big|_{t=0^+} = 0 = -50\ 000A_1 - 200\ 000A_2$$

Por lo tanto $A_1 = -4A_2$, de tal manera que se obtiene $A_1 = 80$ y $A_2 = -20$. La solución al problema es

$$v_C(t) = 80e^{-50\ 000t} - 20e^{-200\ 000t}\ \text{V} \qquad t > 0$$

Ahora regresando a la ecuación (17) se verá qué más información se puede obtener sin hacer cálculos innecesarios. Se observa que $v(t)$ vale cero en $t = 0$, reconfortante confirmación de la suposición original. También puede interpretarse como que el primer término exponencial tiene una constante de tiempo de 1 s y que la del otro término exponencial vale $\frac{1}{6}$ s. Cada uno comienza con una amplitud unitaria, pero la última decae más rápidamente; entonces $v(t)$ nunca es negativa. Cuando el tiempo tiende a infinito, cada término se acerca a cero, y la respuesta misma va desapareciendo, como debe. Se tiene así una curva de respuesta que vale cero en $t = 0$, cero en $t = \infty$ y nunca es negativa; como no es cero en todas partes, debe tener por lo menos un máximo que no es difícil determinar con exactitud. Se deriva la respuesta

$$\frac{dv}{dt} = 84(-e^{-t} + 6e^{-6t})$$

se iguala a cero la derivada para calcular el instante t_m en el cual el voltaje es máximo,

$$0 = -e^{-t_m} + 6e^{-6t_m}$$

se manipula una vez más,

$$e^{5t_m} = 6$$

y se obtiene

$$t_m = 0.358\ \text{s}$$

y

$$v(t_m) = 48.9\ \text{V}$$

Puede obtenerse una gráfica razonable de la respuesta dibujando los términos exponenciales $84e^{-t}$ y $84e^{-6t}$ y después obteniendo su diferencia. Las curvas de la figura 6-4 muestran la utilidad de esta técnica; las dos exponenciales se muestran con trazos claros, y su diferencia, la respuesta total $v(t)$, en otro tono. Las curvas también confirman la predicción anterior que el comportamiento funcional de $v(t)$ para t muy grande es $84e^{-t}$, donde el término exponencial contiene la magnitud menor de s_1 y s_2.

Otra pregunta que surge frecuentemente con respecto a la respuesta de la red, es qué tanto tiempo se necesita para que desaparezca la parte transitoria de la respuesta. En la práctica, es deseable que esta respuesta transitoria tienda a cero tan rápidamente como sea posible, es decir, es deseable minimizar el *tiempo de asentamiento* t_s. Teóricamente, por supuesto, t_s es infinito, ya que $v(t)$ nunca llega a valer cero en un tiempo finito. Sin embargo, la respuesta es despreciable después de que la magnitud de $v(t)$ ha alcanzado valores menores que el 1% de su valor máximo absoluto

Figura 6-4

Respuesta $v(t) = 84(e^{-t} - e^{-6t})$ de la red que se muestra en la figura 6-2.

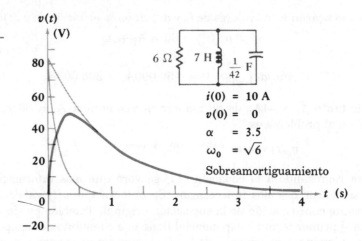

$v(t)$ (V)

$i(0) = 10$ A
$v(0) = 0$
$\alpha = 3.5$
$\omega_0 = \sqrt{6}$

Sobreamortiguamiento

$|v_m|$. Al tiempo requerido para que esto suceda se le define como el tiempo de asentamiento.[5] Como $|v_m| = v_m = 48.9$ V en este ejemplo, el tiempo de asentamiento es el tiempo necesario para que la respuesta caiga hasta 0.489 V. Sustituyendo este valor para $v(t)$ en la ecuación (17) y despreciando el segundo término exponencial, que se sabe que es despreciable en este caso, se encuentra que el tiempo de asentamiento es de 5.15 s.

En comparación con las respuestas que se obtendrán en las dos secciones siguientes, el que se acaba de calcular es un tiempo de asentamiento relativamente grande; el tiempo de amortiguamiento es excesivamente largo, y la respuesta se llama *sobreamortiguada*. En caso de que α sea mayor que ω_0 se le llamará caso *sobreamortiguado*. Ahora se verá qué sucede cuando el valor de α disminuye.

Ejercicios

6-2. Considere el circuito que se muestra en la figura 6-2. Sea $v(0) = 50$ V e $i(0) = -10$ A. En la expresión para $v(t)$ encuentre: *a)* A_1; *b)* A_2; *c)* $v(0.2, \text{s})$.

Resp: –94 V; 144 V; –33.6 V

6-3. Después de permanecer abierto por un largo tiempo, el interruptor de la figura 6-5 se cierra en $t = 0$. Encuentre *a)* $i_L(0^-)$; *b)* $v_C(0^-)$; *c)* $i_R(0^+)$; *d)* $i_C(0^+)$; *e)* $v_C(0.2)$.

Resp: 1 A; 48 V; 2 A; –3 A; –17.54 V

Figura 6-5

Para el ejercicio 6-3.

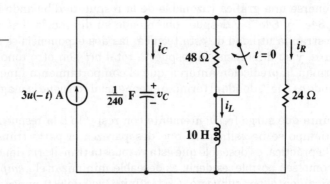

---

5   El nivel del 1% es más o menos arbitrario. Algunas personas prefieren 2 o 5%.

El caso sobreamortiguado se caracteriza por

$$\alpha > \omega_0$$

o

$$LC > 4R^2C^2$$

y lleva a valores reales negativos para s_1 y s_2 y a una respuesta expresada como la suma algebraica de dos exponenciales negativas. Las formas típicas de la respuesta $v(t)$ se obtendrán a través de ejemplos numéricos en la última sección y de los ejercicios que les siguen.

Ahora se ajustarán los valores de los elementos para que α y ω_0 sean iguales. Éste es un caso muy especial que recibe el nombre de *amortiguamiento crítico*. Si se intentara armar un circuito *RLC* en paralelo con amortigaumiento crítico, se estaría intentando una tarea imposible; no se puede hacer que α sea exactamente igual a ω_0. El resultado de tal intento siempre será o un circuito sobreamortiguado, o uno subamortiguado, que se verán en la sección siguiente. Sin embargo, para no dejar las cosas incompletas, se estudiará ahora el circuito con amortiguamiento crítico, el cual constituye una interesante transición entre el sobre y el subamortiguamiento.

El amortiguamiento crítico se alcanza cuando

o

o

$$\left.\begin{array}{c} \alpha = \omega_0 \\ LC = 4R^2C^2 \\ L = 4R^2C \end{array}\right\} \quad \text{amortiguamiento crítico}$$

Es obvio que el amortiguamiento crítico se puede producir cambiando el valor de cualquiera de los tres elementos en el ejemplo numérico que se presentó al principio de la sección 6-3. Se seleccionará R aumentando su valor hasta que se obtenga el amortiguamiento crítico, dejando ω_0 inalterada. El valor necesario de R es $7\sqrt{6}/2\ \Omega$; L aún vale 7 H y C se queda como $\frac{1}{42}$ F. Por tanto, se obtiene

$$\alpha = \omega_0 = \sqrt{6}$$

$$s_1 = s_2 = -\sqrt{6}$$

y la respuesta puede construirse como la suma de dos exponenciales,

$$v(t) \overset{?}{=} A_1 e^{-\sqrt{6}t} + A_2 e^{-\sqrt{6}t}$$

que puede escribirse como

$$v(t) \overset{?}{=} A_3 e^{-\sqrt{6}t}$$

En este punto, el lector podría sentirse perdido, pero no es así. Se tiene una respuesta con una sola constante arbitraria, pero hay dos condiciones iniciales, $v(0) = 0$ e $i(0) = 10$, que deben satisfacerse por esta única constante. Esto en general es imposible. En este caso, por ejemplo, la primera condición requiere que A_3 sea cero, y entonces es imposible satisfacer la segunda condición inicial.

Las matemáticas y la electricidad han sido impecables; por esto, si las dificultades no han surgido por algún error, es probable que se haya comenzado con una suposición incorrecta, y sólo se ha hecho una suposición. Originalmente se estableció la hipótesis de que podría resolverse la ecuación diferencial suponiendo una solución exponencial, y esto resulta ser incorrecto para este caso especial de amortiguamiento crítico.

Cuando $\alpha = \omega_0$, la ecuación diferencial (4) se convierte en

$$\frac{d^2v}{dt^2} + 2\alpha \frac{dv}{dt} + \alpha^2 v = 0$$

La solución de esta ecuación no es un proceso muy difícil, pero se evitará desarrollarlo aquí, porque la ecuación es de un tipo estándar que se encuentra en los textos comunes sobre ecuaciones diferenciales. La solución es

$$v = e^{-\alpha t}(A_1 t + A_2) \tag{18}$$

Debe notarse que la solución puede expresarse como la suma de dos términos, donde uno de ellos es la familiar exponencial negativa, pero el otro es t multiplicado por la exponencial negativa. También debe observarse que la solución contiene las *dos* constantes arbitrarias esperadas.

Ahora se completará el ejemplo numérico. Después de sustituir el valor conocido de α en (18), se obtiene

$$v = A_1 t e^{-\sqrt{6}t} + A_2 e^{-\sqrt{6}t}$$

se establecen los valores de A_1 y A_2 imponiendo primero la condición inicial sobre la misma $v(t)$, $v(0) = 0$. Por tanto, $A_2 = 0$. Se obtiene este resultado sencillo porque el valor inicial de la respuesta se eligió como cero; el caso más general, que lleva a una ecuación para calcular A_2, aparecerá en los ejercicios. La segunda condición inicial debe aplicarse a la derivada dv/dt, como en el caso sobreamortiguado. Por lo tanto se deriva, recordando que $A_2 = 0$:

$$\frac{dv}{dt} = A_1 t(-\sqrt{6})e^{-\sqrt{6}t} + A_1 e^{-\sqrt{6}t}$$

se evalúa en $t = 0$:

$$\left.\frac{dv}{dt}\right|_{t=0} = A_1$$

se expresa la derivada en términos de la corriente inicial del capacitor,

$$\left.\frac{dv}{dt}\right|_{t=0} = \frac{i_C(0)}{C} = \frac{i_R(0)}{C} + \frac{i(0)}{C}$$

donde las direcciones de referencia para i_C, i_R e i se definen en la figura 6-2. Así,

$$A_1 = 420$$

La respuesta es, entonces,

$$v(t) = 420te^{-2.45t} \tag{19}$$

Antes de graficar con detalle esta respuesta, se tratará de nuevo de anticipar cuál será su forma, con un razonamiento cualitativo. El valor inicial especificado es cero, y la ecuación (19) cumple con ello. No es evidente que la respuesta también tienda a cero si t se hace infinitamente grande, porque $te^{-2.45t}$ es una forma indeterminada. Sin embargo, este pequeño obstáculo se salva usando la regla de L'Hôpital. Así,

$$\lim_{t\to\infty} v(t) = 420 \lim_{t\to\infty} \frac{t}{e^{2.45t}} = 420 \lim_{t\to\infty} \frac{1}{2.45e^{2.45t}} = 0$$

y de nuevo se tiene una respuesta que comienza y termina con un valor cero, y que tiene valores positivos todo el tiempo. De nuevo ocurre un valor máximo v_m, en el instante t_m en este ejemplo,

$$t_m = 0.408 \text{ s} \qquad \text{y} \qquad v_m = 63.1 \text{ V}$$

Este máximo es mayor que el que se obtuvo en el caso sobreamortiguado y es una consecuencia de las pérdidas menores que ocurren en un resistor más grande; el tiempo en el que ocurre el máximo es ligeramente mayor que en el caso sobreamortiguado. También puede calcularse el tiempo de asentamiento resolviendo

$$\frac{v_m}{100} = 420 t_s e^{-2.45 t_s}$$

para t_s (por un método de prueba y error, o usando una rutina SOLVE de calculadora),

$$t_s = 3.12 \text{ s}$$

el cual es un valor considerablemente menor que el obtenido en el caso sobreamortiguado (5.15 s). De hecho, puede demostrarse que, para valores dados de L y C, la elección del valor de R que dé un amortiguamiento crítico siempre dará un tiempo de asentamiento menor que cualquier elección de R que produzca una respuesta sobreamortiguada. Sin embargo, puede obtenerse una ligera mejoría (reducción) en el tiempo de asentamiento con un ligero incremento en la resistencia; una respuesta ligeramente subamortiguada que caiga bajo el eje del tiempo antes de desaparecer, dará el tiempo de asentamiento más corto.

La curva de la respuesta para el amortiguamiento crítico se ha dibujado en la

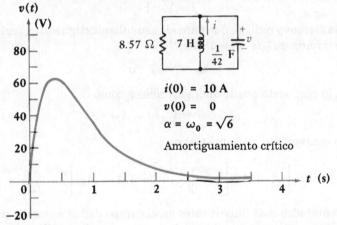

Figura 6-6

La respuesta $v(t) = 420 t e^{-2.45 t}$ de la red mostrada en la figura 6-2 con R cambiada para obtener amortiguamiento crítico.

figura 6-6; puede compararse con el caso sobreamortiguado (y con el subamortiguado) refiriéndose a la figura 6-9.

6-4. *a*) En el circuito de la figura 6-7 seleccione R_1 de manera que la respuesta para después de $t = 0$ sea críticamente amortiguada. *b*) Ahora seleccione R_2 para obtener $v(0) = 100 \text{ V}$. *c*) Encuentre $v(t)$ en $t = 1$ ms.   *Resp:* 1 kΩ; 250 Ω; −212 V

Ejercicio

Figura 6-7

Para el ejercicio 6-4.

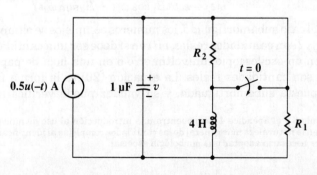

6-5

El circuito *RLC* en paralelo subamortiguado

Se continuará el proceso iniciado en la sección anterior aumentando el valor de R una vez más. Así, el coeficiente de amortiguamiento α disminuye mientras que ω_0 permanece constante, α^2 se hace más pequeño que ω_0^2 y el radicando que aparece en las expresiones para s_1 y s_2 se vuelve negativo. Esto hace que la respuesta tome un carácter ligeramente diferente, pero afortunadamente no es necesario referirse de nuevo a la ecuación diferencial original. Usando números complejos, la respuesta exponencial se transforma en una respuesta senoidal amortiguada; esta respuesta se compone por completo de cantidades reales, siendo necesarias las cantidades complejas sólo para la derivación.[6]

Por tanto, se comienza con la forma exponencial

$$v(t) = A_1 e^{s_1 t} + A_2 e^{s_2 t}$$

donde

$$s_{1,2} = -\alpha \pm \sqrt{\alpha^2 - \omega_0^2}$$

y luego sea

$$\sqrt{\alpha^2 - \omega_0^2} = \sqrt{-1}\sqrt{\omega_0^2 - \alpha^2} = j\sqrt{\omega_0^2 - \alpha^2}$$

donde

$$j = \sqrt{-1}$$

Ahora se toma el nuevo radical, que para el caso subamortiguado es real, y se le llama ω_d, la *frecuencia natural de resonancia*:

$$\omega_d = \sqrt{\omega_0^2 - \alpha^2}$$

Resumiendo, la respuesta puede ahora escribirse como

$$v(t) = e^{-\alpha t}(A_1 e^{j\omega_d t} + A_2 e^{-j\omega_d t})$$

o en la forma equivalente, pero más larga,

$$v(t) = e^{-\alpha t}\left\{(A_1 + A_2)\left[\frac{e^{j\omega_d t} + e^{-j\omega_d t}}{2}\right] + j(A_1 - A_2)\left[\frac{e^{j\omega_d t} - e^{-j\omega_d t}}{j2}\right]\right\}$$

Dos de las identidades más importantes en el campo de los números complejos, que se demuestran en el apéndice 4, pueden aplicarse ahora. El primer paréntesis cuadrado en la ecuación anterior es igual a $\cos \omega_d t$ y el segundo es idéntico a $\operatorname{sen} \omega_d t$. Entonces,

$$v(t) = e^{-\alpha t}[(A_1 + A_2)\cos \omega_d t + j(A_1 - A_2)\operatorname{sen}\omega_d t]$$

y pueden asignarse nuevos símbolos a los coeficientes,

$$v(t) = e^{-\alpha t}(B_1 \cos \omega_d t + B_2 \operatorname{sen} \omega_d t) \tag{20}$$

Si se trata del caso subamortiguado, los números complejos se eliminan. Esto es cierto porque α, ω_d y t son cantidades reales, $v(t)$ en sí debe ser una cantidad real (que podría mostrarse en un osciloscopio, un voltímetro o en una hoja de papel milimétrico), y así, B_1 y B_2 son cantidades reales. La ecuación (20) es la forma funcional buscada para la respuesta subamortiguada, y su validez puede verificarse por sustitución

---

[6]   En el capítulo 8 y el apéndice 4 se encuentra una introducción al uso de números complejos. Ahí se hace hincapié en la naturaleza más general de las cantidades complejas al identificarlas con letras negras; por ahora no es necesario adoptar una simbología especial.

directa en la ecuación diferencial original; este ejercicio se deja a los incrédulos. Las dos constantes reales B_1 y B_2 de nuevo se eligen para satisfacer las condiciones iniciales dadas.

Ahora se aumentará el valor de la resistencia en el ejemplo de $7\sqrt{6}/2$ u $8.57\ \Omega$, a $10.5\ \Omega$; L y C siguen sin cambios. Entonces,

$$\alpha = \frac{1}{2RC} = 2$$

$$\omega_0 = \frac{1}{\sqrt{LC}} = \sqrt{6}$$

y

$$\omega_d = \sqrt{\omega_0^2 - \alpha^2} = \sqrt{2}\ \text{rad/s}$$

Excepto por la evaluación de las constantes arbitrarias, la respuesta ya es conocida,

$$v(t) = e^{-2t}(B_1 \cos \sqrt{2}t + B_2 \operatorname{sen} \sqrt{2}t)$$

El cálculo de las dos constantes se hace como sigue: si de nuevo se supone que $v(0) = 0$ e $i(0) = 10$, entonces B_1 debe ser cero. Así,

$$v(t) = B_2 e^{-2t} \operatorname{sen} \sqrt{2}t$$

La derivada es

$$\frac{dv}{dt} = \sqrt{2}B_2 e^{-2t} \cos \sqrt{2}t - 2B_2 e^{-2t} \operatorname{sen} \sqrt{2}t$$

y en $t = 0$ se convierte en

$$\left.\frac{dv}{dt}\right|_{t=0} = \sqrt{2}B_2 = \frac{i_C(0)}{C} = 420$$

donde i_C está definida en la figura 6-2. Por lo tanto,

$$v(t) = 210\sqrt{2}e^{-2t} \operatorname{sen} \sqrt{2}t$$

Puede observarse que, igual que antes, esta función de respuesta tiene un valor inicial de cero a causa de la condición inicial del voltaje, y de un valor final de cero, ya que el término exponencial se anula para valores grandes de t. Conforme t aumenta desde cero tomando valores positivos pequeños, $v(t)$ aumenta según $210\sqrt{2} \operatorname{sen} \sqrt{2}t$ porque el término exponencial permanece esencialmente igual a uno. Pero en un tiempo t_m la función exponencial comienza a decrecer más rápidamente que lo que crece sen $\sqrt{2}t$; así, $v(t)$ alcanza el valor máximo v_m y luego comienza a decrecer. Debe quedar claro que t_m no es el valor de t para el cual sen $\sqrt{2}t$ tiene un máximo, sino que ocurre un poco antes de que sen $\sqrt{2}t$ alcance su máximo.

Cuando $t = \pi/\sqrt{2}$, $v(t)$ vale cero; la respuesta tiene valores negativos en el intervalo $\pi/\sqrt{2} < t < \sqrt{2}\pi$, haciéndose cero de nuevo en $t = \sqrt{2}\pi$. Por tanto $v(t)$ es una función *oscilatoria* del tiempo y cruza el eje de las t un número infinito de veces en $t = n\pi/\sqrt{2}$, donde n es cualquier entero positivo. En este ejemplo, sin embargo, la respuesta está sólo ligeramente subamortiguada, y el término exponencial hace que la función decaiga tan rápidamente que la mayor parte de los cruces por cero no son evidentes en la gráfica.

La naturaleza oscilatoria de la respuesta se hace más notoria conforme α decrece. Si α vale cero, lo cual corresponde a una resistencia infinitamente grande, $v(t)$ se transforma en una senoide no amortiguada que oscila con amplitud constante. Nunca se alcanza un tiempo en el cual $v(t)$ disminuya y permanezca abajo del 1% de su valor máximo, por lo que el tiempo de asentamiento es infinito. Esto no es el movimiento perpetuo; simplemente se supuso que había una cierta cantidad inicial de energía almacenada en el circuito, y no se consideró ningún medio para disiparla. Se traslada de su depósito original en el inductor al capacitor, luego regresa al inductor, luego de nuevo al capacitor, y así sucesivamente para siempre.

Un valor finito de R en el circuito RLC en paralelo actúa como un agente eléctrico de transferencia. Cada vez que se transfiere energía de L a C o de C a L, el agente cobra su comisión. Al poco tiempo, el agente se ha adueñado de toda la energía, disipando caprichosamente hasta el último joule. L y C se quedan sin una pizca de energía, *sin* voltaje y *sin* corriente .

Es posible construir circuitos RLC en paralelo reales con valores tan grandes de R que pueden mantenerse por años respuestas naturales senoidales no amortiguadas sin necesidad de suministrar energía adicional. También pueden fabricarse redes activas que a cada oscilación de $v(t)$ introduzcan la cantidad suficiente de energía para que pueda mantenerse una respuesta senoidal casi perfecta durante todo el tiempo que se desee. Este circuito es un oscilador senoidal, o generador de señales, y es un importante instrumento de laboratorio. En la sección 6-8 se desarrolla una versión con amplificadores operacionales de un oscilador senoidal.

Regresando al ejemplo numérico específico, la derivación indica dónde se encuentra el primer máximo de $v(t)$,

$$v_{m1} = 71.8 \text{ V} \qquad \text{en} \qquad t_{m1} = 0.435 \text{ s}$$

el mínimo siguiente,

$$v_{m2} = -0.845 \text{ V} \qquad \text{en} \qquad t_{m2} = 2.657 \text{ s}$$

y así sucesivamente. La curva de la respuesta se muestra en la figura 6-8.

Figura 6-8

La respuesta $v(t) = 210\sqrt{2}e^{-2t} \operatorname{sen}\sqrt{2}t$ de la red que se muestra en la figura 6-2 con el valor de R aumentado para producir una respuesta subamortiguada.

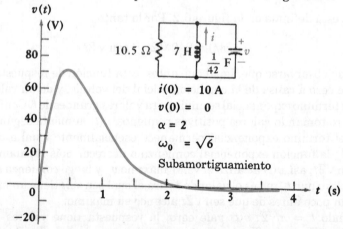

El tiempo de asentamiento puede obtenerse por prueba y error, y resulta ser 2.92 s, un poco menor que para el amortiguamiento crítico. Obsérvese que t_s es *mayor* que t_{m2}, ya que la magnitud de v_{m2} es mayor que el 1% de la magnitud de v_{m1}. Esto sugiere que una ligera disminución en el valor de R reducirá la magnitud de la parte negativa y permitirá que t_s sea menor que t_{m2}. El problema 31 al final de este capítulo está concebido para que todo estudiante pueda satisfacer la curiosidad inevitable despertada por estas observaciones y para que determine el valor numérico del mínimo tiempo posible de estabilización o asentamiento para este circuito, así como el valor de R que lo produce.

Las respuestas sobreamortiguada, críticamente amortiguada y subamortiguada

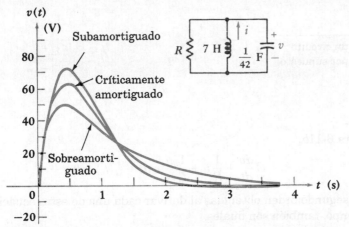

Figura 6-9

Tres curvas de la respuesta del circuito *RLC* en paralelo para el cual $\omega_0 = \sqrt{6}$ $v(0)=0$, $i(0)=10$ A y α vale 3.5 (sobreamortiguado), 2.45 (críticamente amortiguado), y 2 (subamortiguado).

para esta red se muestran en la misma gráfica en la figura 6-9. Una comparación de las tres curvas hace posibles las siguientes conclusiones generales:

1   Cuando el amortiguamiento se cambia ajustando el valor de la resistencia en paralelo, la magnitud máxima de la respuesta es mayor cuando el amortiguamiento es menor.

2   La respuesta es oscilatoria cuando se tiene el caso subamortiguado, y el tiempo mínimo de asentamiento se obtiene para un subamortiguamiento ligero.

6-5. El interruptor en la figura 6-10 ha permanecido hacia la izquierda mucho tiempo; se mueve a la derecha en $t = 0$. Encuentre *a*) dv/dt en $t = 0^+$; *b*) v en $t = 1$ ms; *c*) t_0, el primer valor de *t* mayor que cero en el que $v = 0$.

Resp: –1400 V/s; 0.695 V; 1.609 ms

Ejercicio

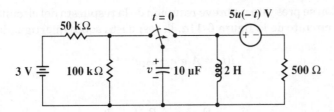

Figura 6-10

Para el ejercicio 6-5.

6-6

El circuito *RLC* en serie sin fuentes

Ahora se encontrará la respuesta natural de un modelo que representa un circuito formado por un resistor ideal, un inductor ideal y un capacitor ideal conectados en serie. El resistor ideal puede representar un resistor físico conectado a un circuito *LC* o a un circuito *RLC* en serie; puede representar las pérdidas óhmicas y las pérdidas en el núcleo ferromagnético del inductor; o puede usarse para representar todos estos y otros dispositivos que absorben energía. En un caso especial, la resistencia del resistor ideal puede inclusive ser exactamente igual a la resistencia del alambre del que está hecha la bobina del inductor.

El circuito *RLC* en serie es el dual del circuito *RLC* en paralelo, y este único hecho es suficiente para que su análisis se vuelva trivial. La figura 6-11*a* muestra el circuito en serie. La ecuación integrodiferencial fundamental es

$$L\frac{di}{dt} + Ri + \frac{1}{C}\int_{t_0}^{t} i\, dt - v_C(t_0) = 0$$

y debe compararse con la ecuación análoga para el circuito *RLC* en paralelo, dibujado

Figura 6-11

a) El circuito *RLC* en serie que es el dual de *b*) un circuito
RLC en paralelo. Los valores de los elementos, por supuesto,
no son idénticos en los dos circuitos.

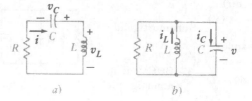

también en la figura 6-11*b*,

$$C\frac{dv}{dt} + \frac{1}{R}v + \frac{1}{L}\int_{t_0}^{t} v\,dt - i_L(t_0) = 0$$

Las ecuaciones de segundo orden obtenidas al derivar cada una de estas ecuaciones
con respecto al tiempo, también son duales,

$$L\frac{d^2i}{dt^2} + R\frac{di}{dt} + \frac{1}{C}i = 0 \tag{21}$$

$$C\frac{d^2v}{dt^2} + \frac{1}{R}\frac{dv}{dt} + \frac{1}{L}v = 0 \tag{22}$$

Es evidente que toda la información anterior sobre el circuito *RLC* en paralelo
es directamente aplicable al circuito *RLC* en serie; las condiciones iniciales sobre el
voltaje del capacitor y la corriente del inductor son equivalentes a las condiciones
iniciales sobre la corriente del inductor y el voltaje del capacitor; la respuesta de
voltaje se transforma en una respuesta de corriente. Es muy posible que, al releerse
las cuatro secciones anteriores (incluyendo los ejercicios), usando el lenguaje dual, se
obtenga una descripción completa del circuito *RLC* en serie.[7] Sin embargo, este
proceso podría producir cierta neurosis en cuanto se leen unos párrafos, y realmente
no hay necesidad de llegar a eso.

A continuación se presenta un breve resumen de la respuesta del circuito en serie.
En términos del circuito de la figura 6-11*a*, la respuesta sobreamortiguada es

$$i(t) = A_1 e^{s_1 t} + A_2 e^{s_2 t}$$

donde

$$s_{1,2} = -\frac{R}{2L} \pm \sqrt{\left(\frac{R}{2L}\right)^2 - \frac{1}{LC}}$$

$$= -\alpha \pm \sqrt{\alpha^2 - \omega_0^2}$$

y así

$$\alpha = \frac{R}{2L}$$

$$\omega_0 = \frac{1}{\sqrt{LC}}$$

[7]   De hecho, al escribir la primera edición de este texto, los autores esbozaron estas primeras secciones
describiendo el circuito *RLC* en serie. Después, decidieron que sería mejor presentar primero el análisis
de los circuitos *RLC* en paralelo más prácticos; fue fácil regresar al manuscrito original y sustituirlo por
su dual. Se aplicó una escala a los valores numéricos de varios elementos, procedimiento que se describirá
en el capítulo 13.

La forma de la respuesta críticamente amortiguada es

$$i(t) = e^{-\alpha t}(A_1 t + A_2)$$

y el caso subamortiguado puede escribirse como

$$i(t) = e^{-\alpha t}(B_1 \cos \omega_d t + B_2 \operatorname{sen} \omega_d t)$$

donde

$$\omega_d = \sqrt{\omega_0^2 - \alpha^2}$$

Es evidente que, si se trabaja en términos de los parámetros α, ω_0 y ω_d, las formas matemáticas de las respuestas para las situaciones duales son idénticas. Un incremento en α, ya sea en el circuito en serie o en el circuito en paralelo, manteniendo a ω_0 constante, lleva a una respuesta sobreamortiguada. El único cuidado que debe tenerse es en el cálculo de α, que vale $1/2RC$ para el circuito en paralelo y $R/2L$ para el circuito en serie; por tanto, α aumenta al aumentar la resistencia en serie, o bien al disminuir la resistencia en paralelo. Para no olvidarlo,

$$\alpha = \frac{1}{2RC} \qquad \alpha = \frac{R}{2L}$$
$$\text{(en paralelo)} \qquad \text{(en serie)}$$

Se considerará ahora un ejemplo numérico.

Ejemplo 6-2 Dado un circuito *RLC* en serie para el cual $L = 1$ H, $R = 2$ kΩ, $C = \frac{1}{401} \mu$F, $i(0) = 2$ mA y $v_C(0) = 2$ V, encuentre y grafique $i(t)$.

Solución: Se calcula $\alpha = R/2L = 1000$ s^{-1} y $\omega_0 = 1/\sqrt{LC} = 20\,025$ s^{-1}. Entonces, se indica una respuesta subamortiguada; se calcula el valor de ω_d y se obtiene 20 000. Excepto por las dos constantes arbitrarias, ya se tiene la respuesta:

$$i(t) = e^{-1000t}(B_1 \cos 20\,000t + B_2 \operatorname{sen} 20\,000t)$$

Al aplicar el valor inicial de la corriente, se encuentra

$$B_1 = 0.002$$

y así,

$$i(t) = e^{-1000t}(0.002 \cos 20\,000t + B_2 \operatorname{sen} 20\,000t)$$

La condición inicial restante puede aplicarse a la derivada; entonces,

$$\frac{di}{dt} = e^{-1000t}(-40 \operatorname{sen} 20\,000t + 20\,000B_2 \cos 20\,000t$$

$$-2 \cos 20\,000t - 1000B_2 \operatorname{sen} 20\,000t)$$

y

$$\left.\frac{di}{dt}\right|_{t=0} = 20\,000B_2 - 2 = \frac{v_L(0)}{L} = \frac{v_C(0) - Ri(0)}{L}$$

$$= \frac{2 - 2000(0.002)}{1} = -2 \text{ A/s}$$

o

$$B_2 = 0$$

La respuesta deseada es, por tanto,

$$i(t) = 2e^{-1000t} \cos 20\,000t \qquad \text{mA}$$

Esta respuesta es más oscilatoria, o tiene un amortiguamiento menor, que cualquiera de las que se han considerado hasta ahora, y el cálculo directo del número suficiente de puntos para trazar una curva suave es una tarea tediosa. Puede hacerse un buen bosquejo dibujando primero las dos porciones de la *envolvente* exponencial, $0.002e^{-1000t}$ y $-0.002e^{-1000t}$, como se muestra con las líneas punteadas de la figura 6-12.

Figura 6-12

Respuesta de corriente en un circuito *RLC* en serie, subamortiguado, para el que $\alpha = 1000$ s^{-1}, $\omega_0 = 20\,000$ s^{-1}, $i(0) = 2$ mA y $v_C(0) = 2$ V. La construcción gráfica se simplifica si se dibuja la envolvente, que se muestra como un par de líneas punteadas.

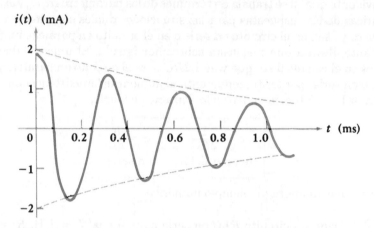

La localización de los puntos de un cuarto de ciclo de la onda senoidal en $20\,000t = 0$, $\pi/2$, π, etc., o $t = 0.078\,54k$ ms, $k = 0, 1, 2, \ldots$, por medio de marcas suaves en el eje del tiempo, permiten bosquejar la curva oscilatoria.

El tiempo de asentamiento puede calcularse fácilmente usando la parte superior de la envolvente. Es decir, se hace $0.002e^{-1000t_s}$ igual al 1% de su valor máximo, 0.002. Así, $e^{-1000t_s} = 0.01$ y $t_s = 461$ μs es el valor aproximado que se usa por lo general.

Ejercicios

6-6. Según el circuito que se muestra en la figura 6-13, encuentre *a)* α; *b)* ω_0; *c)* $i(0^+)$; *d)* $di/dt\big|_{t=0^+}$; *e)* $i(12$ ms$)$.   *Resp:* 100 s^{-1}; 224 rad/s; 1 A; 0; –0.1204 A

6-7. Cambie el valor del capacitor en la figura 6-13 a $\frac{1}{3200}$ F, y repita el ejercicio 6-6.
    Resp: 100 s^{-1}; 80 rad/s; 1 A; 0; 0.776 A

Figura 6-13

Para los ejercicios 6-6 y 6-7.

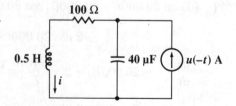

Ahora se considerarán aquellos circuitos *RLC* en los que las fuentes de cd se conmutan dentro de la red y producen respuestas forzadas que no necesariamente se anulan cuando el tiempo tiende a infinito. La solución general se obtiene siguiendo el mismo procedimiento que se siguió en los circuitos *RL* y *RC*: se determina por completo la respuesta forzada, la respuesta natural se obtiene como una forma funcional adecuada que contiene el número apropiado de constantes arbitrarias, la respuesta completa se expresa como la suma de las respuestas forzada y natural, y, finalmente, se calculan las condiciones iniciales y se aplican a la respuesta completa para encontrar los valores de las constantes. El último paso es el que con más frecuencia presenta problemas al estudiante. Por consiguiente, aunque básicamente no existe diferencia entre el cálculo de las condiciones iniciales para un circuito que contenga fuentes de cd y un circuito sin fuentes que ya se ha visto con algún detalle, este tema recibirá especial atención en los ejemplos que siguen.

Casi toda la confusión al calcular y aplicar las condiciones iniciales surge por la sencilla razón de que no se establece un conjunto riguroso de reglas a seguir. En algún punto de todo análisis, generalmente surge una situación que requiere un razonamiento más o menos particular para el problema bajo consideración. Esta originalidad y flexibilidad de pensamiento, aunque sencilla de adquirir después de resolver varios problemas, es el origen de todas las dificultades.

La respuesta completa (que arbitrariamente se supone que es un voltaje) de un sistema de segundo orden, consiste en una respuesta forzada,

$$v_f(t) = V_f$$

que es una constante de excitación de cd, y una respuesta natural,

$$v_n(t) = Ae^{s_1 t} + Be^{s_2 t}$$

Así,

$$v(t) = V_f + Ae^{s_1 t} + Be^{s_2 t}$$

Ahora se supondrá que s_1, s_2 y V_f ya se han calculado a partir del circuito y las funciones de excitación dadas; falta encontrar A y B. La última ecuación muestra la interdependencia funcional de A, B, v y t, y la sustitución del valor conocido de v en $t = 0^+$ proporciona una sola ecuación que relaciona A y B, $v(0^+) = V_f + A + B$. Ésta es la parte fácil. Desafortunadamente, se necesita otra relación entre A y B, y normalmente se obtiene tomando la derivada de la respuesta,

$$\frac{dv}{dt} = 0 + s_1 Ae^{s_1 t} + s_2 Be^{s_2 t}$$

y sustituyendo en ella el valor conocido de dv/dt en $t = 0^+$. No hay ninguna razón que impida continuar este proceso; podría tomarse una segunda derivada, y obtenerse una tercera relación entre A y B si se usara el valor de d^2v/dt^2 en $t = 0^+$. Sin embargo, este valor por lo general *no* se conoce en un sistema de segundo orden; de hecho, sería más probable que este método se usara para calcular el valor inicial de la segunda derivada, si éste se necesitara. Por tanto, sólo se tienen dos ecuaciones que relacionan a A y B, las cuales pueden resolverse simultáneamente para calcular los valores de las dos constantes.

El único problema que queda es el de determinar los valores de v y dv/dt en $t = 0^+$. Supóngase que v es un voltaje de capacitor, v_C. Como $i_C = C\, dv_C/dt$, debe reconocerse la relación entre el valor inicial de dv/dt y el valor inicial de alguna corriente de capacitor. Si puede establecerse un valor para esta corriente inicial de capacitor, entonces se habrá establecido automáticamente el valor de dv/dt. El estudiante casi siempre encuentra fácilmente el valor de $v(0^+)$, pero tiende a confundirse un poco al intentar hallar el valor inicial de dv/dt. Si se hubiera seleccionado una corriente de inductor i_L como respuesta, entonces el valor inicial de di_L/dt debería relacionarse estrechamente con algún voltaje de inductor. Las variables que no sean voltajes de capacitor o corrientes de inductor se calculan expresando sus valores iniciales y los valores iniciales de sus derivadas en términos de los valores correspondientes para v_C e i_L.

Por medio del análisis cuidadoso del circuito mostrado en la figura 6-14, se ilustrará el procedimiento y se encontrarán los valores indicados. Para simplificar el análisis, otra vez se usará un valor muy grande para la capacitancia.

Figura 6-14

Un circuito RLC que se usa para ilustrar varios procedimientos para obtener las condiciones iniciales. La respuesta deseada se toma nominalmente como $v_C(t)$.

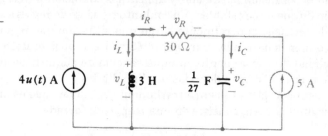

Ejemplo 6-3 Hay tres elementos pasivos en el circuito mostrado en la figura 6-14, y se definen con un voltaje y una corriente para cada uno. Encuentre los valores de estas seis cantidades tanto en $t = 0^-$ como en $t = 0^+$. Resuelva este problema por dos método diferentes.

Primera solución: La finalidad es encontrar el valor de todas las corrientes y voltajes en $t = 0^-$ y $t = 0^+$; una vez conocidas estas cantidades, podrán calcularse los valores iniciales de las derivadas. Primero se empleará un método lógico paso por paso.

En $t = 0^-$ sólo está activa la fuente de corriente de la derecha. Se supone que el circuito ha estado así siempre, y todas las corrientes y voltajes son constantes. Así, una corriente constante a través del inductor requiere un voltaje de cero entre sus terminales:

$$v_L(0^-) = 0$$

y un voltaje constante en el capacitor requiere una corriente cero a través de él,

$$i_C(0^-) = 0$$

Luego se aplica la LCK al nodo de la derecha para obtener

$$i_R(0^-) = -5\,\text{A}$$

que también da

$$v_R(0^-) = -150\,\text{V}$$

Ahora se puede usar la LVK en la malla central, para encontrar

$$v_C(0^-) = 150\,\text{V}$$

mientras que la LCK permite encontrar la corriente del inductor,

$$i_L(0^-) = 5\,\text{A}$$

Aunque las derivadas en $t = 0^-$ son de muy poco interés por ahora, es evidente que todas valen cero.

Ahora se permitirá que el tiempo aumente en una cantidad muy pequeña. Durante el intervalo que va de $t = 0^-$ a $t = 0^+$, la fuente de corriente de la izquierda se activa y la mayor parte de los valores del voltaje y la corriente en $t = 0^-$ cambiarán abruptamente. Sin embargo, *debe comenzarse por centrar la atención en aquellas cantidades que no cambian, es decir, la corriente del inductor y el voltaje del capacitor*. Ambas cantidades deben permanecer constantes durante el intervalo de conmutación. Entonces,

$$i_L(0^+) = 5\,\text{A} \qquad \text{y} \qquad v_C(0^+) = 150\,\text{V}$$

Como ahora se conocen dos corrientes en el nodo de la izquierda, se obtiene[8]

$$i_R(0^+) = -1\,\text{A} \qquad \text{y} \qquad v_R(0^+) = -30\,\text{V}$$

Entonces,

$$i_C(0^+) = 4\,\text{A} \qquad \text{y} \qquad v_L(0^+) = 120\,\text{V}$$

y se tienen seis valores iniciales en $t = 0^-$ y seis más en $t = 0^+$. Entre estos seis últimos valores, sólo el voltaje del capacitor y la corriente del inductor permanecen iguales a los valores en $t = 0^-$.

Segunda solución: Se prueba ahora con un método ligeramente diferente, mediante el cual todos los voltajes y todas las corrientes pueden evaluarse en $t = 0^-$ y en $t = 0^+$. Como se hizo al resolver el ejemplo 6-1 para el circuito sobreamortiguado, se construyen dos circuitos equivalentes, uno de los cuales es válido para la condición de estado permanente que se alcanza en $t = 0^-$ y otro válido durante el intervalo de conmutación. El análisis que sigue está basado en parte del razonamiento que se hizo en la primera solución, por lo que aparece más corto de lo que sería de haberse presentado primero.

Antes de la operación de conmutación sólo existen los voltajes y corrientes directos en el circuito, y el inductor puede por lo tanto remplazarse por un corto circuito (su equivalente en cd) mientras que el capacitor se sustituye por un circuito abierto. Al volver a dibujar de esta manera el circuito de la figura 6-14, aparece como se muestra en la figura 6-15a. Sólo está activa la fuente de corriente de la derecha y sus 5 A fluyen a través del resistor y del inductor. Así, se tiene $i_R(0^-) = -5\,\text{A}$ y $v_R(0^-) = -150\,\text{V}$, $i_L(0^-) = 5\,\text{A}$ y $v_L(0^-) = 0$, $i_C(0^-) = 0$ y $v_C(0^-) = 150\,\text{V}$, como antes.

Ahora se atenderá el problema de dibujar un circuito equivalente que ayudará a determinar varios voltajes y corrientes en $t = 0^+$. Cada voltaje de capacitor y cada corriente de inductor deben permanecer constantes durante el intervalo de conmutación. Estas condiciones se cumplen al remplazar el inductor por una fuente de corriente y el capacitor por una fuente de voltaje. Cada fuente sirve para mantener una respuesta constante durante la discontinuidad. El circuito equivalente se muestra en la figura 6-15b; debe observarse que la corriente del lado izquierdo es ahora 4 A.

---

[8] Esta corriente es la única de las cuatro cantidades restantes que puede obtenerse en un solo paso. En circuitos más complicados, es muy posible que ninguno de los valores iniciales restantes pueda obtenerse en un solo paso; ya sea que haya que escribir las ecuaciones de circuito, o dibujar un circuito resistivo equivalente más sencillo que pueda analizarse escribiendo un sistema de ecuaciones. Pronto se describirá este último método.

Figura 6-15

a) Un circuito sencillo equivalente al circuito de la figura 6-14 para $t = 0^-$. *b*) Otro circuito equivalente al circuito de la figura 6-14, válido durante el intervalo de conmutación, de $t = 0^-$ a $t = 0^+$.

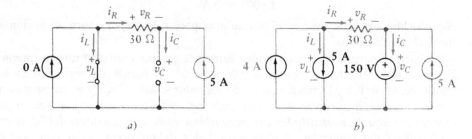

a)   b)

Los voltajes y corrientes en $t = 0^+$ se obtienen al analizar este circuito de cd. La solución no es difícil, pero el número relativamente grande de fuentes presente en la red produce un panorama un poco extraño. Sin embargo, los problemas de este tipo se resolvieron en el capítulo 2, y no hay nada nuevo en ellos. Considerando primero las corrientes se comienza en el nodo superior izquierdo para el que $i_R(0^+) = 4 - 5 = -1$ A. Al moverse al nodo superior derecho, se encuentra que $i_C(0^+) = -1 + 5 = 4$ A. Y, por supuesto, $i_L(0^+) = 5$ A.

Ahora se consideran los voltajes. Por la ley de Ohm se ve que $v_R(0^+) = 30(-1) = -30$ V. Para el inductor, la LVK proporciona $v_L(0^+) = -30 + 150 = 120$ V. Por último, incluyendo $v_C(0^+) = 150$ V, se tienen todos los valores en $t = 0^+$. •

Ejemplo 6-4 Termine el cálculo de las condiciones iniciales en el circuito de la figura 6-14 encontrando los valores en $t = 0^+$ de las primeras derivadas respecto a las tres variables de voltaje y las tres variables de corriente definidas en el diagrama del circuito.

Solución: Se comienza con los dos elementos que almacenan energía. Para el inductor,

$$v_L = L \frac{di_L}{dt}$$

y específicamente,

$$v_L(0^+) = L \frac{di_L}{dt}\bigg|_{t=0^+}$$

Así,

$$\frac{di_L}{dt}\bigg|_{t=0^+} = \frac{v_L(0^+)}{L} = \frac{120}{3} = 40 \text{ A/s}$$

De igual manera,

$$\frac{dv_C}{dt}\bigg|_{t=0^+} = \frac{i_C(0^+)}{C} = \frac{4}{\frac{1}{27}} = 108 \text{ V/s}$$

Las otras cuatro derivadas se pueden calcular observando que la LCK y la LVK quedan ambas satisfechas también por las derivadas. Por ejemplo, en el nodo de la izquierda en la figura 6-14,

$$4 - i_L - i_R = 0 \qquad t > 0$$

y así

$$0 - \frac{di_L}{dt} - \frac{di_R}{dt} = 0 \qquad t > 0$$

por lo cual,

$$\left.\frac{di_R}{dt}\right|_{t=0^+} = -40 \text{ A/s}$$

Los tres valores iniciales restantes de las derivadas son

$$\left.\frac{dv_R}{dt}\right|_{t=0^+} = -1200 \text{ V/s}$$

$$\left.\frac{dv_L}{dt}\right|_{t=0^+} = -1092 \text{ V/s}$$

y

$$\left.\frac{di_C}{dt}\right|_{t=0^+} = -40 \text{ A/s}$$

Antes de dejar el problema de la determinación de los valores iniciales necesarios, debe señalarse que se ha omitido por lo menos otro método muy útil para calcular dichos valores: podrían haberse escrito ecuaciones generales de nodos o ecuaciones de lazos para el circuito original; luego la sustitución de los valores nulos conocidos del voltaje en el inductor y la corriente en el capacitor en $t = 0^-$ revelarían algunos otros valores de las respuestas en $t = 0^-$, y permitirían calcular fácilmente el resto. Luego debe hacerse un análisis similar para $t = 0^+$. Éste es un método importante y se hace necesario en circuitos más complicados que no se pueden analizar por los sencillos métodos cuyos pasos se han seguido. Sin embargo, se dejarán unos cuantos conceptos que se cubrirán cuando se introduzcan los métodos operacionales del análisis de circuitos.

Ahora se completará brevemente el cálculo de la respuesta $v_C(t)$ para el circuito original de la figura 6-14. Con ambas fuentes anuladas, lo que se tiene es un circuito RLC en serie, y se puede encontrar que s_1 y s_2 valen –1 y –9, respectivamente. La respuesta forzada se puede encontrar por inspección o, si es necesario, puede dibujarse el equivalente de cd que es similar al de la figura 6-15a, con la adición de una fuente de corriente de 4 A. La respuesta forzada vale 150 V. Así,

$$v_C(t) = 150 + Ae^{-t} + Be^{-9t}$$

y
$$v_C(0^+) = 150 = 150 + A + B$$
o
$$A + B = 0$$

Entonces,

$$\frac{dv_C}{dt} = -Ae^{-t} - 9Be^{-9t}$$

y

$$\left.\frac{dv_C}{dt}\right|_{t=0^+} = 108 = -A - 9B$$

Finalmente,

$$A = 13.5 \quad B = -13.5$$

y
$$v_C(t) = 150 + 13.5(e^{-t} - e^{-9t})$$

En resumen, siempre que se desee determinar el comportamiento transitorio de un circuito RLC simple de tres elementos, debe decidirse primero si se trata de un circuito en serie o en paralelo, para poder usar la fórmula correcta para α. Las dos ecuaciones son:

$$\alpha = \frac{1}{2RC} \qquad (RLC \text{ en paralelo})$$

$$\alpha = \frac{R}{2L} \qquad (RLC \text{ en serie})$$

La segunda decisión se toma después de comparar α con ω_0, que está dada para cualquiera de los dos circuitos por

$$\omega_0 = \frac{1}{\sqrt{LC}}$$

Si $\alpha > \omega_0$, el circuito es sobreamortiguado, y la respuesta natural tiene la forma

$$f_n(t) = A_1 e^{s_1 t} + A_2 e^{s_2 t}$$

donde

$$s_{1,2} = -\alpha \pm \sqrt{\alpha^2 - \omega_0^2}$$

Si $\alpha = \omega_0$, entonces se trata de un circuito críticamente amortiguado y

$$f_n(t) = e^{-\alpha t}(A_1 t + A_2)$$

Por último, si $\alpha < \omega_0$, se tiene una respuesta subamortiguada,

$$f_n(t) = e^{-\alpha t}(A_1 \cos \omega_d t + A_2 \operatorname{sen} \omega_d t)$$

donde

$$\omega_d = \sqrt{\omega_0^2 - \alpha^2}$$

La última decisión depende de las fuentes independientes. Si no hay ninguna actuando en el circuito una vez que terminó la conmutación o discontinuidad, entonces el circuito está libre de fuentes y la respuesta natural es la respuesta completa. Pero si quedan fuentes independientes, el circuito está excitado y debe calcularse una respuesta forzada. Entonces la respuesta completa es la suma

$$f(t) = f_f(t) + f_n(t)$$

Esto es aplicable a cualquier corriente o voltaje en el circuito.

Ejercicios

6-8. Sea $i_s = 10u(-t) - 20u(t)$ A en la figura 6-16a. Encuentre a) $i_L(0^+)$; b) $v_C(0^+)$; c) $v_R(0^+)$; d) $i_{L,f}$; e) $i_L(0.1$ ms). *Resp*: 10 A; 200 V; 200 V; –20 A; 2.07 A

6-9. Sea $v_s = 10 + 20u(t)$ V en el circuito de la figura 6-16b. Encuentre a) $i_L(0)$; b) $v_C(0)$; c) $i_{L,f}$; d) $i_L(0.1$ s). *Resp*: 0.2 A; 10 V; 0.6 A; 0.319 A

Figura 6-16

Para los ejercicios 6-8 y 6-9.

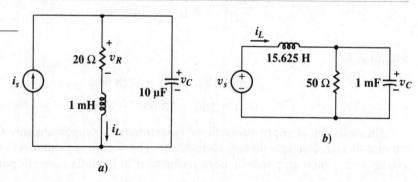

a)

b)

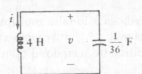

Figura 6-17

Este circuito no tiene pérdidas y proporciona la respuesta no amortiguada $v = 2$ sen $3t$ V, si $v(0) = 0$ e $i(0) = -\frac{1}{6}$ A.

Si el valor de la resistencia en un circuito *RLC* en paralelo se hace infinito, o si el de un circuito *RLC* en serie se hace cero, se obtiene un solo lazo *LC* en el que puede establecerse una respuesta oscilatoria para siempre. Se examinará brevemente un ejemplo de un circuito como ése, y luego se verán otros medios para obtener exactamente la misma respuesta sin necesidad de usar un inductor.

Considérese el circuito de la figura 6-17, en el cual se usan los valores grandes $L = 4$ H y $C = \frac{1}{36}$ F para simplificar los cálculos. Sean $i(0) = -\frac{1}{6}$ A y $v(0) = 0$. El circuito no tiene fuentes ($\alpha = 0$ y $\omega_0^2 = 9$. Por tanto, $\omega_d = \omega_0 = 3$, y el voltaje es

$$v = A \cos 3t + B \text{ sen } 3t$$

Como $v(0) = 0$, se ve que $A = 0$. A continuación,

$$\left. \frac{dv}{dt} \right|_{t=0} = 3B = -\frac{i(0)}{C}$$

Pero $i(0) = -\frac{1}{6}$ A, $C = \frac{1}{36}$ F, por lo que $dv/dt = 6$ V/s en $t = 0$ y $B = 2$ V, y

$$v = 2 \text{ sen } 3t \qquad \text{V}$$

que es una respuesta senoidal no amortiguada.

Ahora se mostrará cómo puede obtenerse este voltaje sin usar un circuito *LC*. La intención es escribir la ecuación diferencial que satisface v, y luego desarrollar una configuración con op-amps que dé la solución de la ecuación. Aunque se está trabajando con un ejemplo en particular, se trata de una técnica general que puede usarse para resolver cualquier ecuación diferencial lineal homogénea.

Para el circuito *LC* de la figura 6-17, se elige v como la variable, y se iguala a cero la suma de las corrientes en el inductor y en el capacitor,

$$\frac{1}{4} \int_{t_0}^{t} v \, dt - \frac{1}{6} + \frac{1}{36} \frac{dv}{dt} = 0$$

Derivando una vez, se tiene

$$\frac{1}{4} v + \frac{1}{36} \frac{d^2v}{dt^2} = 0$$

o

$$\frac{d^2v}{dt^2} = -9v$$

Para resolver esta ecuación, se usará dos veces el amplificador operacional como integrador. Se supondrá que la derivada de mayor orden que aparece en la ecuación diferencial —en este caso d^2v/dt^2— se encuentra en algún punto de la configuración de op-amps, por ejemplo, en un punto arbitrario *A*. Ahora se usa el integrador con $RC = 1$, tal como se vio al final de la sección 3-4. La entrada es d^2v/dt^2, y la salida debe ser $-dv/dt$, donde se supone que hay un cambio de signo en el integrador. El valor inicial de dv/dt es 6 V/s, como se mostró en el análisis inicial del circuito, entonces debe asignarse un valor inicial de –6 V al integrador. El negativo de la primera derivada es ahora la entrada para un segundo integrador. Por lo tanto, su salida es

6-8

El circuito *LC* sin pérdidas

$v(t)$ y el valor inicial es $v(0) = 0$. Ahora sólo falta multiplicar v por -9 para obtener la segunda derivada supuesta en el punto A. Ésta es una amplificación de 9 veces con cambio de signo, y se obtiene fácilmente usando al op-amp como un amplificador inversor.

La figura 6-18 muestra el circuito de un amplificador inversor. Para un op-amp ideal, tanto la corriente como el voltaje de entrada valen cero. Por lo tanto, la corriente

Figura 6-18

El amplificador operacional inversor tiene una ganancia $v_0/v_s = -R_f/R_1$, con un op-amp ideal.

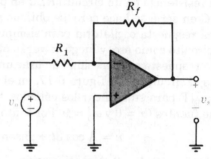

que fluye hacia la derecha a través de R_1 es v_s/R_1, mientras que la que circula hacia la izquierda a través de R_f es v_0/R_f. Como su suma es cero, se tiene

$$\frac{v_o}{v_s} = -\frac{R_f}{R_1}$$

Por tanto, puede lograrse una ganancia de -9 haciendo $R_f = 90$ kΩ y $R_1 = 10$ kΩ, por ejemplo.

Si R vale 1 MΩ y C vale 1 μF en cada uno de los integradores, entonces

$$v_o = -\int_0^t v_s\, dt + v_o(0)$$

en cada caso. Ahora la salida del amplificador inversor forma la entrada supuesta en el punto A, llevando a la configuración de op-amps mostrada en la figura 6-19. Si el interruptor de la izquierda se cierra en $t = 0$, mientras que los dos interruptores de

Figura 6-19

Dos amplificadores integradores y uno inversor conectados para proporcionar la solución de la ecuación diferencial $d^2v/dt^2 = -9v$.

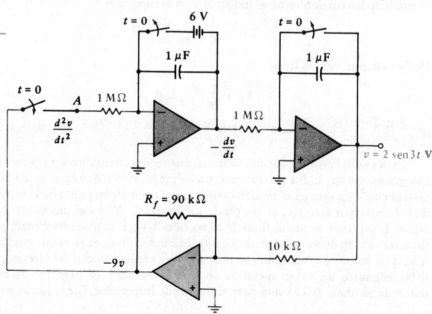

las condiciones iniciales se abren al mismo tiempo, la salida del segundo integrador será la onda senoidal no amortiguada $v = 2\operatorname{sen} 3t$ V.

Obsérvese que, tanto el circuito LC de la figura 6-17 como el circuito con op-amp de la figura 6-19 tienen la misma salida, pero el circuito con op-amp no contiene ni un solo inductor; simplemente actúa como si tuviera un inductor, suministrando el voltaje senoidal apropiado entre su terminal de salida y la tierra. Esto puede ser una gran ventaja económica o práctica en el diseño de circuitos.

6-10. Proporcione nuevos valores para R_f y los dos voltajes iniciales en el circuito de la figura 6-19 si la salida representa el voltaje $v(t)$ en el circuito de la figura 6-20.

Ejercicio

Resp: 250 kΩ; 400 V; 10 V

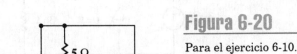

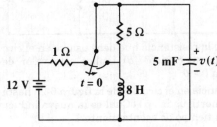

Figura 6-20

Para el ejercicio 6-10.

Problemas

1 Un circuito *RLC* sin fuentes contiene un inductor en donde el producto $\omega_0 L$ es 10 Ω. Si $s_1 = -6\ \text{s}^{-1}$ y $s_2 = -8\ \text{s}^{-1}$, encuentre R, L y C.

2 La corriente de capacitor en el circuito de la figura 6-21 es $i_C = 40e^{-100t} - 30e^{-200t}$ mA. Si $C = 1$ mF y $v(0) = -0.5$ V, encuentre *a)* $v(t)$; *b)* $i_R(t)$; *c)* $i(t)$.

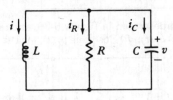

Figura 6-21

Para los problemas 2, 3, 4 y 10.

3 En el circuito de la figura 6-21, sea $L = 5$ H, $R = 8$ Ω, $C = 12.5$ mF y $v(0^+) = 40$ V. Encuentre *a)* $v(t)$ si $i(0^+) = 8$ A; *b)* $i(t)$ si $i_C(0^+) = 8$ A.

4 Según el circuito de la figura 6-21, sea $i(0) = 40$ A y $v(0) = 40$ V. Si $L = 12.5$ mH, $R = 0.1$ Ω y $C = 0.2$ F *a)* Encuentre $v(t)$ y *b)* bosqueje la función para $0 < t < 0.3$ s.

5 Obtenga una expresión para $i_L(t)$ en el circuito de la figura 6-22 que sea válido para todo t.

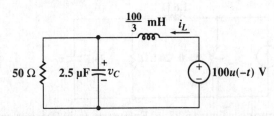

Figura 6-22

Para los problemas 5, 8, y19.

6 Encuentre $i_L(t)$ para $t \geq 0$ en el circuito que se muestra en la figura 6-23.

Figura 6-23

Para los problemas 6 y 9.

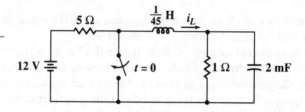

7 El circuito de la figura 6-24 ha permanecido durante mucho tiempo en las condiciones que se muestran. Después, el interruptor se cierra en $t = 0$, encuentre $a)\, v(t)$; $b)\, i(t)$; $c)$ el tiempo de asentamiento para $v(t)$.

Figura 6-24

Para el problema 7.

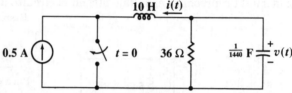

8 $a)$ ¿Cuál es el nuevo valor de la resistencia que debe usarse en el circuito de la figura 6-22 para alcanzar el amortiguamiento crítico? $b)$ Utilice este valor de la resistencia para determinar el voltaje $v_C(t)$ para $t > 0$.

9 Cambie el valor de la inductancia en el circuito de la figura 6-23 hasta que el circuito tenga una respuesta críticamente amortiguada. $a)$ ¿Cuál es la nueva inductancia? $b)$ Determine i_L en $t = 5$ ms. $c)$ Encuentre el tiempo de asentamiento.

10 En el circuito de la figura 6-21, sea $v(0) = -400$ V e $i(0) = 0.1$ A. Si $L = 5$ mH, $C = 10$ nF y el circuito tiene una respuesta críticamente amortiguada: $a)$ encuentre R; $b)$ encuentre $|i|_{\text{máx}}$; $c)$ encuentre $i_{\text{máx}}$.

11 Encuentre $i_C(t)$ para $t > 0$ en el circuito de la figura 6-25.

Figura 6-25

Para los problemas 11 y 25.

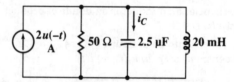

12 Para el circuito que se muestra en la figura 6-26, encuentre $a)\, i_L(0^+)$; $b)\, v_C(0^+)$; $c)$ $di_L/dt|_{t=0^+}$; $d)\, dv_C/dt|_{t=0^+}$; $e)\, v_C(t)$; $f)$ Bosqueje $v_C(t)$, $-0.1 < t < 2$ s.

Figura 6-26

Para el problema 12.

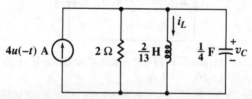

13 Después de estar abierto por mucho tiempo, el interruptor en el circuito de la figura 6-27 se cierra en $t = 0$. Para $t > 0$, encuentre $a)\, v_C(t)$; $b)\, i_{\text{sw}}(t)$.

Figura 6-27

Para el problema 13.

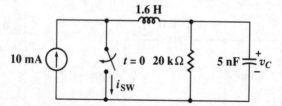

14 Sea $\omega_d = 6$ rad/s en el circuito de la figura 6-28. $a)$ Encuentre L. $b)$ Obtenga una expresión para $i_L(t)$ válida para todo t. $c)$ Bosqueje $i_L(t)$, $-0.1 < t < 0.6$ s.

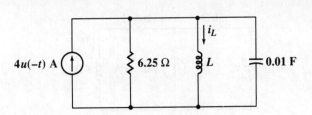

Figura 6-28

Para el problema 14.

15 Encuentre $i_1(t)$ para $t > 0$ en el circuito de la figura 6-29.

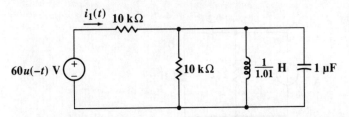

Figura 6-29

Para el problema 15.

16 *a*) Encuentre $v(t)$ para $t > 0$ para el circuito que se muestra en la figura 6-30. *b*) Haga un bosquejo de $v(t)$ para el intervalo $0 < t < 0.1$ s.

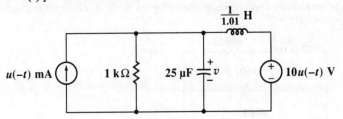

Figura 6-30

Para el problema 16.

17 Encuentre $i_L(t)$ para $t > 0$ en el circuito de la figura 6-31.

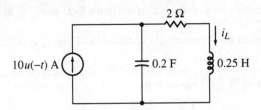

Figura 6-31

Para los problemas 17 y 23.

18 Encuentre v_C, v_R y v_L en $t = 40$ ms para el circuito que se muestra en la figura 6-32.

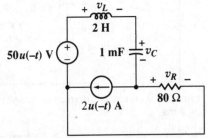

Figura 6-32

Para el problema 18.

19 Escriba el dual del problema 5, incluyendo el dual del circuito que se muestra en la figura 6-22. Resuelva el problema dual.

20 En el circuito que se muestra en la figura 6-11*a*, sea $R = 200$ Ω y $C = 1$ μF con el circuito críticamente amortiguado. Si $v_C(0) = -10$ V e $i_L(0) = -150$ mA, encuentre *a*) $v_C(t)$; *b*) $|v_C|_{máx}$; *c*) $v_{C,máx}$.

21 Para el circuito de la figura 6-33, en $t > 0$, encuentre *a*) $i_L(t)$; *b*) $v_C(t)$.

Figura 6-33

Para los problemas 21 y 26.

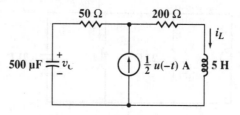

22 *a*) Encuentre $i_L(t)$ para $t > 0$ en el circuito que se muestra en la figura 6-34. *b*) Encuentre $|i_L|_{\text{máx}}$ e $i_{L,\text{máx}}$.

Figura 6-34

Para el problema 22.

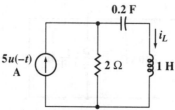

23 La fuente en el circuito que se muestra en la figura 6-31 se cambia a $10u(t)$ A. Encuentre $i_L(t)$.

24 *a*) Encuentre $i_L(t)$ para todo t en el circuito de la figura 6-35. *b*) ¿En qué instante después de $t = 0$, es la corriente $i_L(t) = 0$?

Figura 6-35

Para el problema 24.

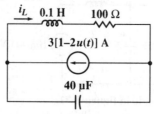

25 Sustituya la fuente que se muestra en la figura 6-25 por $i_s = 2[1 + u(t)]$ A, y encuentre $i_C(t)$ para $t > 0$.

26 Remplace la fuente en el circuito de la figura 6-33 con $i_s = 0.5[1 - 2u(t)]$ A, y encuentre $i_L(t)$.

27 El interruptor en el circuito de la figura 6-36 ha permanecido cerrado mucho tiempo. Se abre en $t = 0$. Encuentre $v_C(t)$ para $t > 0$.

Figura 6-36

Para el problema 27.

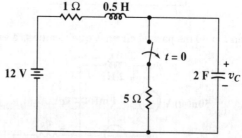

28 *a*) Encuentre $v_C(t)$ para $t > 0$ en el circuito que se muestra en la figura 6-37. *b*) Bosqueje $v_C(t)$ contra t, $-0.1 < t < 2$ ms.

Figura 6-37

Para el problema 28.

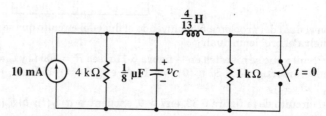

29 Encuentre $i_s(t)$ para $t > 0$ en el circuito de la figura 6-38 si $v_s(t)$ es igual a *a*) $10u(-t)$ V; *b*) $10u(t)$ V.

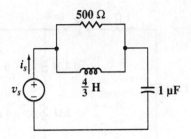

Figura 6-38

Para el problema 29.

30 Encuentre $i_R(t)$ para $t > 0$ en el circuito de la figura 6-39 si $v_s(t)$ es igual a *a*) $10u(-t)$ V; *b*) $10u(t)$ V.

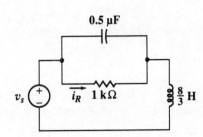

Figura 6-39

Para el problema 30.

31 Determine el valor de R para el circuito subamortiguado de la sección 6-5 ($L = 7$ H, $C = \frac{1}{42}$ F, $i(0) = 10$ A, $v(0) = 0$) que conduce a un tiempo de asentamiento mínimo t_s. ¿Cuál es el valor de t_s?

32 Un circuito *RL* sin fuentes contiene un resistor de 20 Ω y un inductor de 5 H. Si el valor inicial de la corriente del inductor es 2 A *a*) Escriba la ecuación diferencial de *i* para $t > 0$ y *b*) diseñe un op-amp integrador que proporcione $i(t)$ como la salida, utilice para ello $R_1 = 1$ MΩ y $C_f = 1\,\mu$F.

33 Según la figura 6-40 diseñe un circuito op-amp cuya salida sea $i(t)$ para $t > 0$.

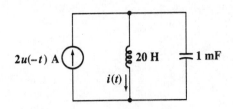

Figura 6-40

Para el problema 33.

34 (SPICE) Dadas las condiciones iniciales $i(0) = 10$ A y $v(0) = 0$, en el circuito de la figura 6-2 se encontró que la solución para $v(t) = 84(e^{-t} - e^{-6t})$ V para $t > 0$. Utilice SPICE para encontrar $v(t)$ en $t = 0.5$ y 2 s si TSTEP se elige como 0.01 s.

35 (SPICE) Modifique el problema 34 instalando un resistor de 0.1 Ω entre la parte inferior del inductor y el nodo de referencia. Sea $v(0) = 0$ e $i(0) = 10$ A. *a*) Utilice SPICE con TSTEP = 0.01 s para encontrar valores de $v(t)$ en $t = 0.5$ y 2 s. *b*) Compare estos resultados con los que se obtuvieron de la ecuación (17) cuando el resistor de 0.1 Ω no está presente.

36 (SPICE) Utilice los métodos de análisis SPICE para encontrar valores razonables para v_C en el circuito de la figura 6-41 en $t = 0.1$, 0.4 y 1 s.

Figura 6-41

Para el problema 36.

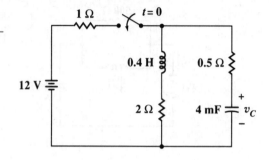

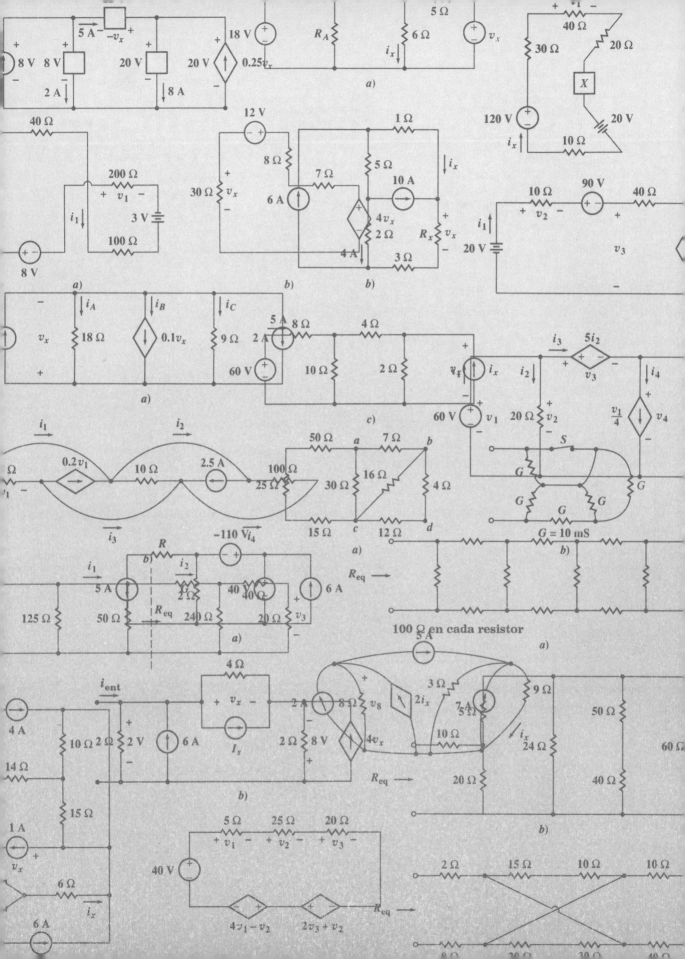

Tercera parte:
Análisis senoidal

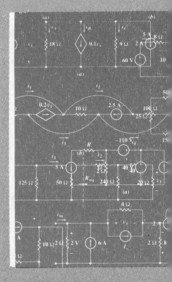

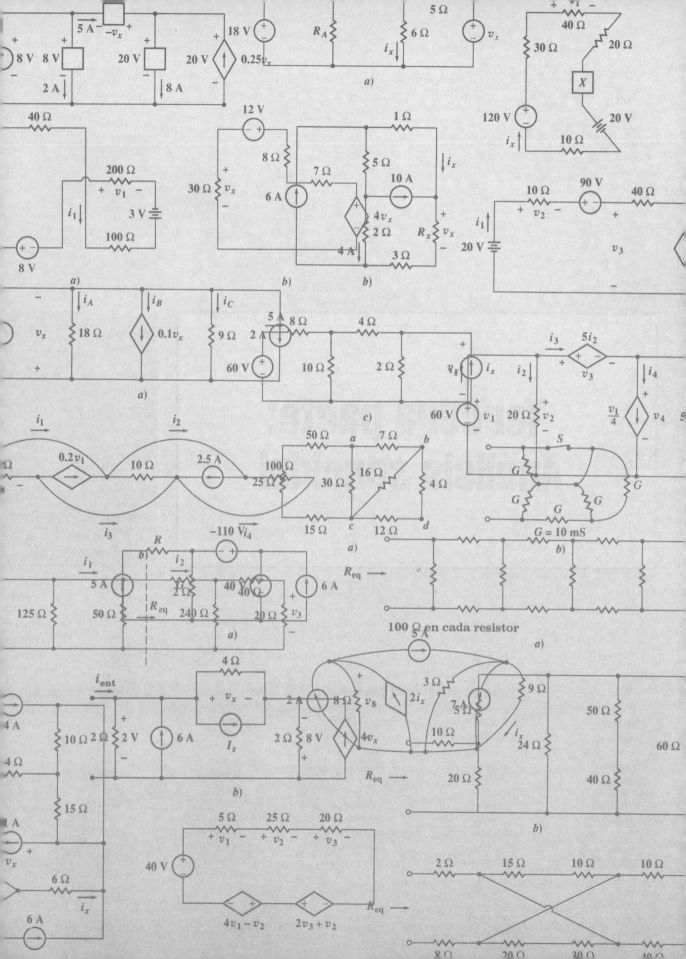

La función de excitación senoidal

7-1
___

Introducción

La respuesta completa de un circuito eléctrico lineal se compone de dos partes: la respuesta natural y la respuesta forzada. La primera parte de este texto se dedicó al estudio del circuito resistivo, en la cual sólo se buscaba o estaba presente la respuesta forzada. Por simplicidad, se trabajó sólo con fuentes de cd, con lo que se logró la familiarización con las diversas técnicas útiles para encontrar la respuesta forzada de cd. Luego se pasó al estudio de la respuesta natural de varios circuitos diferentes que contenían uno o dos elementos que almacenan energía. Luego fue posible, sin mucho esfuerzo, encontrar la respuesta completa de estos circuitos sumando la respuesta natural, que es característica del circuito y no de la función de excitación, a la respuesta forzada producida por las funciones de excitación de cd, la única respuesta forzada que el lector conoce hasta ahora, por lo cual se encuentra en una posición en la que su dominio de la respuesta natural es mayor que su conocimiento de la respuesta forzada.

En esta tercera parte se ampliará el conocimiento de lo que es la respuesta forzada al considerar la función de excitación senoidal.

¿Por qué se ha elegido la función de excitación senoidal como la segunda forma funcional para estudiarse? ¿Por qué no la función lineal, la función exponencial, o una función modificada de Bessel de segunda clase? Hay muchas razones para justificar la elección de la senoidal, y probablemente cualquiera de ellas es suficiente por sí sola.

Una de estas razones es evidente a partir de los resultados del capítulo anterior, ya que la respuesta natural de un sistema subamortiguado de segundo orden es una senoidal amortiguada y, si no hay pérdidas, se tiene una senoidal pura. La senoidal, entonces, aparece en forma natural (igual que la exponencial negativa). De hecho, la naturaleza parece tener decididamente un carácter senoidal: el movimiento de un péndulo, el rebote de una pelota, la vibración de una cuerda de guitarra, la variación en las tendencias políticas de cualquier país y las ondas en la superficie de un vaso con malteada de chocolate siempre tendrán un carácter razonablemente senoidal.

Quizá fue la observación de estos fenómenos naturales lo que llevó al gran matemático francés Fourier a su descubrimiento del importante método analítico contenido en el teorema de Fourier. En el capítulo 17 se verá que este teorema permite representar la mayor parte de las funciones matemáticas del tiempo que se repiten f_0 veces por segundo, mediante la suma de un número infinito de funciones senoidales del tiempo cuyas frecuencias son múltiplos enteros de f_0; la función periódica dada

$f(t)$ también puede aproximarse con tanta exactitud como se requiere con la suma de un número finito de tales términos, aun cuando la gráfica de $f(t)$ definitivamente no sea senoidal. La precisión de una aproximación como la mencionada se ilustra en el ejercicio 7-1.

Esta descomposición de una función de excitación periódica en varias funciones de excitación senoidales escogidas adecuadamente constituye un método analítico muy poderoso, ya que permite superponer las respuestas parciales producidas por las componentes senoidales respectivas en cualquier circuito lineal, y así obtener la respuesta total causada por la función de excitación periódica dada. La dependencia de otras funciones de excitación respecto al análisis senoidal es otra razón para estudiar la respuesta de una función de excitación senoidal.

Una tercera razón se basa en una propiedad matemática importante de la función senoidal: sus derivadas e integrales son todas senoidales.[1] Como la respuesta forzada toma la forma de la función de excitación, su integral y sus derivadas, la función de excitación senoidal producirá una respuesta forzada senoidal a través del circuito lineal. La función de excitación senoidal permite hacer un análisis matemático mucho más fácil que lo que permite casi cualquier otra función de excitación.

Por último, la función de excitación senoidal tiene importantes aplicaciones prácticas. Resulta fácil generarla y su uso predomina en la industria eléctrica; en todo laboratorio de esta industria se cuenta con varios generadores senoidales que operan en un amplio rango de frecuencias útiles.

Ejercicio

7-1. El teorema de Fourier, que se estudiará en el capítulo 17, demuestra que la forma de onda periódica triangular dibujada en la figura 7-1 y la suma infinita de funciones seno

$$v_1(t) = \frac{8}{\pi^2}\left(\text{sen } \pi t - \frac{1}{3^2} \text{sen } 3\pi t + \frac{1}{5^2} \text{sen } 5\pi t - \frac{1}{7^2} \text{sen } 7\pi t + \dots\right)$$

son iguales. En $t = 0.4$ s: *a)* calcule el valor exacto de $v_1(t)$. Calcule el valor aproximado que se obtiene a partir de la suma infinita de funciones seno si los únicos términos usados son *b)* los primeros tres; *c)* los primeros cuatro; *d)* los primeros cinco.   *Resp:* 0.800; 0.824; 0.814; 0.805

Figura 7-1

Para el ejercicio 7-1.

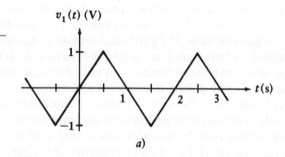

a)

---

[1] El término *senoidal* se usa aquí en forma colectiva, la cual incluye también las funciones cosenoidales del tiempo. Después de todo, la función coseno se puede escribir como un seno si se suman 90° al ángulo.

En esta sección se definirá la nomenclatura trigonométrica que se usa para describir las funciones senoidales (o cosenoidales). Las definiciones deberán ser ya familiares y, si se recuerda un poco de trigonometría, esta sección puede leerse muy rápido.

Considérese un voltaje que varíe senoidalmente

$$v(t) = V_m \operatorname{sen} \omega t$$

cuya gráfica se muestra en las figuras 7-2a y b. La *amplitud* de la onda seno es V_m y su *argumento* es ωt. La *frecuencia en radianes* o *frecuencia angular* es ω. En la figura 7-2a se ha graficado $V_m \operatorname{sen} \omega t$ como función del argumento ωt y la naturaleza periódica de la onda seno es evidente. La función se repite cada 2π radianes, por lo que su *periodo* es 2π radianes. En la figura 7-2b se tiene la gráfica de $V_m \operatorname{sen} \omega t$ como una función del tiempo, y ahora el *periodo* es T. El periodo también se puede expresar en grados, y ocasionalmente también en otras unidades, tales como centímetros o pulgadas. Una onda seno con un periodo T debe completar l/T periodos cada segundo; *su frecuencia f* es l/T hertz, abreviado Hz. Por lo tanto, un hertz es idéntico a un ciclo por segundo; término que ya no se usa mucho, puesto que mucha gente usaba (incorrectamente) "ciclo" en lugar de "ciclo por segundo". Entonces,

$$f = \frac{1}{T}$$

y como

$$\omega T = 2\pi$$

se obtiene la conocida relación entre la frecuencia y la frecuencia angular,

$$\omega = 2\pi f$$

Una forma más general de la senoidal,

$$v(t) = V_m \operatorname{sen} (\omega t + \theta) \tag{1}$$

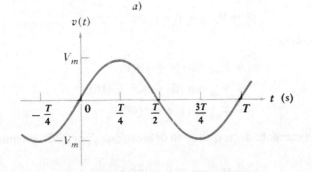

a)

b)

Figura 7-2

La funcion senoidal $v(t) = V_m \operatorname{sen} \omega t$ se ha graficado a) contra ωt, y b) contra t.

incluye un *ángulo de fase* θ en su argumento $(\omega t + \theta)$. La ecuación (1) se ha graficado en la figura 7-3 en función de ωt, y el ángulo de fase aparece como el número de radianes que la onda seno original, indicada por la línea punteada, se ha desplazado hacia la izquierda, o se ha adelantado en el tiempo. Como puntos correspondientes en la senoidal V_m sen $(\omega t + \theta)$ ocurren θ radianes o θ/ω segundos antes, se dice que V_m sen $(\omega t + \theta)$ va *adelante* de V_m sen ωt por θ radianes. Recíprocamente, es correcto decir que sen ωt está *atrasada* θ radianes respecto a sen $(\omega t + \theta)$, que está *adelantada* $-\theta$ radianes respecto a sen $(\omega t + \theta)$, o que está adelantada θ radianes respecto a sen $(\omega t - \theta)$.

Figura 7-3

La onda seno V_m sen $(\omega t + \theta)$ está θ radianes adelante de V_m sen ωt.

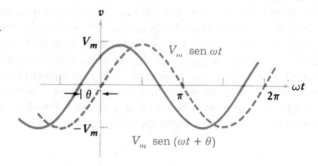

En cualquiera de los dos casos, ya sea de adelanto o de atraso, se dice que las senoidales están *fuera de fase*. Si los ángulos de fase son iguales, se dice que están *en fase*.

En ingeniería eléctrica, el ángulo de fase se da en grados, no en radianes, y no habrá confusión si siempre se usa el símbolo de grados. Entonces, en vez de escribir

$$v = 100 \text{ sen} \left(2\pi 1000t - \frac{\pi}{6} \right)$$

generalmente se usa

$$v = 100 \text{ sen} \left(2\pi 1000t - 30° \right)$$

Al evaluar esta expresión en un instante específico, por ejemplo $t = 10^{-4}$ s, $2\pi 1000t$ se convierte en 0.2π *radianes*, y debe expresarse como $36°$ antes de que se le resten $30°$. No se puede restar peras a las manzanas.

Si se va a comparar la fase de dos ondas senoidales, entonces ambas deben escribirse como ondas seno o ambas como ondas coseno; las dos ondas deben escribirse con amplitudes positivas, y la frecuencia de las dos debe ser la misma. También es evidente que pueden sumarse o restarse múltiplos de $360°$ del argumento de cualquier función senoidal sin alterar el valor de la función. Por lo tanto, puede decirse que

$$v_1 = V_{m1} \text{ sen} (5t - 30°)$$

está atrasada con respecto a

$$v_2 = V_{m2} \cos (5t + 10°)$$
$$= V_{m2} \text{ sen} (5t + 90° + 10°)$$
$$= V_{m2} \text{ sen} (5t + 100°)$$

por $130°$, y también es correcto decir que v_1 va delante de v_2 por $230°$, ya que v_2 puede escribirse como

$$v_2 = V_{m2} \text{ sen} (5t - 260°)$$

Se supone que V_{m1} y V_{m2} son ambas cantidades positivas. Normalmente, la diferencia de fase entre dos senoidales se expresa como un ángulo cuya magnitud es menor que o igual a 180°.

Los conceptos de adelanto y atraso entre dos senoidales se usarán ampliamente y la relación debe reconocerse tanto matemática como gráficamente.

Ejercicios

7-2. Obtenga el ángulo de atraso de i_1 respecto a v_1 si $v_1 = 120 \cos (120\pi t - 40°)$ V e i_1 es igual a: *a*) $2.5 \cos (120\pi t + 20°)$ A; *b*)$1.4 \operatorname{sen} (120\pi t - 70°)$ A; *c*) $-0.8 \cos (120\pi t - 110°)$ A.   *Resp:* –60°; 120°; –110°

7-3. Encuentre A, B, C y ϕ si $40 \cos (100t - 40°) - 20 \operatorname{sen} (100t + 170°) = A \cos 100t + B \operatorname{sen} 100t = C \cos (100t + \phi)$.   *Resp:* 27.2; 45.4; 52.9; –59.1°

7-3

Respuesta forzada a las funciones de excitación senoidal

Ahora que ya se está familiarizado con las características matemáticas de las senoidales, y que pueden describirse y compararse racionalmente, se está en la posibilidad de aplicar una función de excitación senoidal a un circuito simple y obtener la respuesta forzada. Primero se escribirá la ecuación diferencial aplicable al circuito dado. La solución completa de esta ecuación se compone de dos partes, la solución complementaria (a la cual se llama la *respuesta natural*), y la integral particular (o *respuesta forzada*). La respuesta natural es independiente de la forma matemática de la función de excitación y sólo depende del tipo de circuito, de los valores de los elementos y de las condiciones iniciales. Se encuentra igualando a cero todas las funciones de excitación, reduciendo con esto la ecuación a una ecuación diferencial lineal *homogénea* más sencilla. Ya se ha calculado la respuesta natural de muchos circuitos *RL*, *RC*, y *RLC*.

La respuesta forzada tiene la forma matemática de la función de excitación más todas sus derivadas y su primera integral. A partir de esto, es evidente que uno de los métodos para encontrar la respuesta forzada consiste en suponer una solución compuesta por una suma de tales funciones, donde cada función tiene una amplitud desconocida que debe evaluarse por sustitución directa en la ecuación diferencial. Este último es un método largo, pero es el que se usará en este capítulo para introducir el análisis senoidal, ya que incluye un mínimo de conceptos nuevos. Sin embargo, si no existiera el método más sencillo que se describirá en los capítulos que siguen, el análisis de circuitos sería algo impráctico e inútil.

El término *respuesta en estado permanente o estable* se usa como un sinónimo de *respuesta forzada*, y los circuitos que se van a analizar se dice que se encuentran en una condición de "estado senoidal permanente o estable". Desafortunadamente, *estado estable* trae a la mente la idea de que "no varía con el tiempo". Esto es cierto para funciones de excitación de cd, pero la respuesta en estado senoidal estable definitivamente cambia con el tiempo. Estado estable se refiere simplemente a la condición alcanzada después de que ha desaparecido la respuesta transitoria o natural.

Ahora considérese el circuito *RL* en serie mostrado en la figura 7-4. El voltaje senoidal de la fuente $v_s = V_m \cos \omega t$ se conectó al circuito en algún instante muy lejano del pasado, y la respuesta natural ha desaparecido por completo. Se busca la respuesta forzada, o respuesta en estado permanente o estable, la cual debe satisfacer la ecuación diferencial

$$L \frac{di}{dt} + Ri = V_m \cos \omega t$$

Figura 7-4

Circuito RL en serie para el que se quiere encontrar la respuesta forzada.

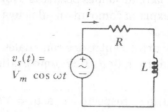

A continuación se obtiene la forma funcional de la respuesta forzada por integración y derivación repetida de la función de excitación. Sólo se obtienen dos formas diferentes, sen ωt y cos ωt. La respuesta forzada debe, por lo tanto, tener la forma general

$$i(t) = I_1 \cos \omega t + I_2 \operatorname{sen} \omega t$$

en donde I_1 e I_2 son constantes reales cuyos valores dependen de V_m, R, L y ω. No pueden estar presentes la función exponencial ni la constante. Al sustituir la forma supuesta de la solución en la ecuación diferencial se obtiene

$$L(-I_1\omega \operatorname{sen} \omega t + I_2\omega \cos \omega t) + R(I_1 \cos \omega t + I_2 \operatorname{sen} \omega t) = V_m \cos \omega t$$

Sumando términos semejantes se obtiene

$$(-LI_1\omega + RI_2) \operatorname{sen} \omega t + (LI_2\omega + RI_1 - V_m) \cos \omega t = 0$$

Esta ecuación debe ser válida para cualquier valor de t y esto sólo puede lograrse si los coeficientes de cos ωt y sen ωt son iguales a cero. Entonces,

$$-\omega LI_1 + RI_2 = 0 \qquad \text{y} \qquad \omega LI_2 + RI_1 - V_m = 0$$

y la solución de estas dos ecuaciones simultáneas lleva a

$$I_1 = \frac{RV_m}{R^2 + \omega^2 L^2} \qquad\qquad I_2 = \frac{\omega LV_m}{R^2 + \omega^2 L^2}$$

Entonces, se obtiene la respuesta forzada:

$$i(t) = \frac{RV_m}{R^2 + \omega^2 L^2} \cos \omega t + \frac{\omega LV_m}{R^2 + \omega^2 L^2} \operatorname{sen} \omega t \qquad (2)$$

Sin embargo, esta expresión es algo complicada y se puede obtener una visión más clara de la respuesta forzada si se expresa como una sola senoidal o una sola cosenoidal con un ángulo fase. Como adelanto del método que se usará en el capítulo siguiente, se optará por la función coseno:

$$i(t) = A \cos (\omega t - \theta) \qquad (3)$$

Pueden usarse por lo menos dos métodos para obtener los valores de A y θ. Se puede sustituir directamente la ecuación (3) en la ecuación diferencial original, o simplemente pueden igualarse las dos soluciones, ecuaciones (2) y (3). Se utilizará este último, ya que el primero resulta ser un excelente problema para el final del capítulo. Después de expandir la función cos $(\omega t - \theta)$, se igualan las ecuaciones (2) y (3), (3),

$$A \cos \theta \cos \omega t + A \operatorname{sen} \theta \operatorname{sen} \omega t = \frac{RV_m}{R^2 + \omega^2 L^2} \cos \omega t + \frac{\omega LV_m}{R^2 + \omega^2 L^2} \operatorname{sen} \omega t$$

Así, otra vez factorizando e igualando a cero los coeficientes de cos ωt y sen ωt, se encuentra que

$$A \cos \theta = \frac{RV_m}{R^2 + \omega^2 L^2} \qquad A \,\mathrm{sen}\, \theta = \frac{\omega L V_m}{R^2 + \omega^2 L^2}$$

Para encontrar A y θ, se divide una ecuación por la otra:

$$\frac{A \,\mathrm{sen}\, \theta}{A \cos \theta} = \tan \theta = \frac{\omega L}{R}$$

Después se elevan al cuadrado ambas ecuaciones y se suman los resultados:

$$A^2 \cos^2 \theta + A^2 \,\mathrm{sen}^2\, \theta = A^2 = \frac{R^2 V_m^2}{(R^2 + \omega^2 L^2)^2} + \frac{\omega^2 L^2 V_m^2}{(R^2 + \omega^2 L^2)^2} = \frac{V_m^2}{R^2 + \omega^2 L^2}$$

Entonces,

$$\theta = \tan^{-1} \frac{\omega L}{R}$$

y

$$A = \frac{V_m}{\sqrt{R^2 + \omega^2 L^2}}$$

Y la forma alternativa de la respuesta forzada se convierte en

$$i(t) = \frac{V_m}{\sqrt{R^2 + \omega^2 L^2}} \cos \left(\omega t - \tan^{-1} \frac{\omega L}{R} \right) \tag{4}$$

Ahora se analizarán las características eléctricas de la respuesta $i(t)$. La amplitud de la respuesta es proporcional a la amplitud de la función de excitación; si no fuera así, habría que desechar el concepto de linealidad. La amplitud de la respuesta disminuye si R, L u ω aumentan, pero no proporcionalmente. Esto lo confirma la ecuación diferencial, ya que un aumento en R, L o di/dt requieren una disminución en la amplitud de la corriente, si la amplitud del voltaje de la fuente no cambia. Se observa que la corriente está atrasada con respecto al voltaje aplicado por $\tan^{-1}$ $(\omega L/R)$, un ángulo entre 0 y 90°. Cuando $\omega = 0$ o $L = 0$, la corriente estará en fase con el voltaje; como la primera situación corresponde a corriente directa y la última a un circuito resistivo, el resultado es el esperado. Si $R = 0$, la corriente se atrasa 90° respecto al voltaje; entonces $v_s = L(di/dt)$ y la relación integrodiferencial entre el seno y el coseno confirma la validez de la diferencia de fase de 90°. Entonces, en un solo inductor, la corriente está atrasada exactamente 90° respecto al voltaje, si se satisface la convención pasiva de los signos. Puede demostrarse en forma similar que la corriente en un capacitor se *adelanta* 90° respecto al voltaje.

Tanto el voltaje aplicado como la corriente resultante se grafican en el mismo eje ωt en la figura 7-5, donde se toman escalas arbitrarias para la corriente y el voltaje. Se puede observar ahí que la corriente está atrasada con respecto al voltaje en el circuito RL simple bajo consideración. Más adelante será fácil mostrar que esta relación de fase se encuentra a la entrada de todo circuito compuesto únicamente por inductores y resistores[2].

2   Érase una vez el símbolo E (por fuerza electromotriz) que se usaba para designar un voltaje. En aquel entonces todos los estudiantes aprendieron la frase (en inglés) "ELI the ICE man" para acordarse que el voltaje adelanta a la corriente en circuito inductivo, mientras que la corriente adelanta al voltaje en un circuito capacitivo, y todos vivieron muy felices para siempre.

Figura 7-5

Funcion de excitación senoidal (en claro) aplicada, y la respuesta de corriente senoidal resultante (en negro) del circuito RL en serie mostrado en la figura 7-4.

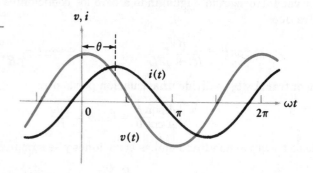

La diferencia de fase entre la corriente y el voltaje depende de la razón entre ωL y R. Se llama a ωL la *reactancia inductiva* del inductor; se mide en ohms, y es una medida de la oposición que el inductor presenta al paso de una corriente senoidal. En el capítulo siguiente se dirá mucho más acerca de la reactancia.

Se verá cómo pueden aplicarse los resultados de este análisis general a un circuito específico que no es sólo un lazo en serie.

Ejemplo 7-1 Encuentre la corriente i_L en el circuito que se muestra en la figura 7-6a.

Figura 7-6

a) El circuito para el ejemplo 7-1. Se requiere determinar i_L. b) Se quiere encontrar el equivalente de Thévenin visto desde las terminales a y b.

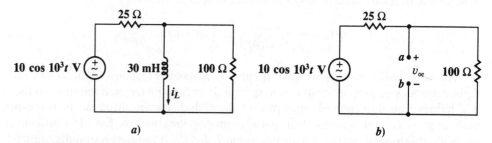

Solución: Aunque este circuito tiene una fuente senoidal y un solo inductor, contiene dos resistores y no consiste de un solo lazo. Para aplicar los resultados del análisis anterior, primero se necesita observar el resto del circuito a partir de las terminales del inductor. Por lo tanto, se busca el equivalente de Thévenin visto desde las terminales a y b en la figura 7-6b.

El voltaje de circuito abierto v_{oc} es

$$v_{oc} = (10 \cos 10^3 t) \frac{100}{100 + 25} = 8 \cos 10^3 t \quad \text{V}$$

Como no hay fuentes dependientes a la vista, se encuentra la R_{th} eliminando la fuente independiente y calculando la resistencia de la red pasiva, $R_{th} = (25 \times 100)/(25 + 100) = 20 \ \Omega$.

Ahora sí se tiene un circuito RL en serie con $L = 30$ mH, $R_{th} = 20 \ \Omega$ y una fuente de voltaje de $8 \cos 10^3 t$ V. Así,

$$i_L = \frac{8}{\sqrt{20^2 + (10^3 \times 30 \times 10^{-3})^2}} \cos \left(10^3 t - \tan^{-1} \frac{30}{20} \right)$$

$$= 0.222 \cos (10^3 t - 56.3°) \quad \text{A} \qquad \bullet$$

El método mediante el cual se encontró la respuesta de estado permanente senoidal para este circuito RL en serie no fue un problema. Podría pensarse que las complicaciones analíticas surgen por la presencia del inductor; si ambos elementos pasivos hubieran sido resistores, el análisis hubiese sido ridículamente fácil, aun teniendo en cuenta la función de excitación senoidal. La razón de tal sencillez estriba en la relación voltaje-corriente especificada por la ley de Ohm. Sin embargo, en un inductor, la relación voltaje-corriente no es tan simple; en lugar de resolver una ecuación algebraica, se tuvo que trabajar con una ecuación diferencial no homogénea. Sería muy impráctico analizar todos los circuitos con el método descrito, por lo que en el capítulo siguiente se verá cómo simplificar el análisis. El resultado será una ecuación algebraica entre la corriente senoidal y el voltaje senoidal para inductores y capacitores, así como para resistores, y podrá generarse un conjunto de ecuaciones *algebraicas* para un circuito de cualquier grado de complejidad. Las constantes y las variables en las ecuaciones algebraicas serán números complejos, más que números reales, pero eso hace el análisis de cualquier circuito en el estado senoidal permanente casi tan fácil como el análisis de un circuito resistivo similar.

7-4. Los valores de los elementos en el circuito de la figura 7-4 son $R = 30\ \Omega$ y $L = 0.5$ H. Si el voltaje de la fuente es $v_s = 100 \cos 50t$ V, encuentre *a*) $i(t)$; *b*) $v_L(t)$, el voltaje a través de L, con referencia positiva en la parte superior; *c*) $v_R(t)$, el voltaje a través de R, con la referencia positiva en el lado izquierdo; *d*) la potencia suministrada por la fuente en $t = 0.5$ s. **Ejercicios**

Resp: 2.56 cos (50t – 39.8°) A; 64.0 cos (50t + 50.2°) V; 76.8 cos (50t – 39.8°) V; 171.8 W

7-5. Sea $v_s = 40 \cos 8000t$ V en el circuito de la figura 7-7. Utilice el teorema de Thévenin en donde se puede aplicar mejor y encuentre el valor en $t = 0$ para *a*) i_L; *b*) v_L; *c*) i_R; *d*) i_s.   *Resp:* 18.71 mA; 15.97 V; 5.32 mA; 24.0 mA

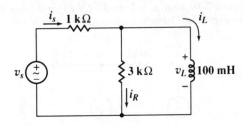

Figura 7-7

Para el ejercicio 7-5.

1 Una onda senoidal, $f(t)$, es cero y va aumentando en $t = 2.1$ ms, y el siguiente máximo positivo de 8.5 ocurre en $t = 7.5$ ms. Exprese la onda en la forma $f(t)$ igual a *a*) C_1 sen $(\omega t + \phi)$ donde ϕ es positivo, tan pequeño como sea posible, y en grados; *b*) $C_2 \cos(\omega t + \beta)$, en donde β tiene la magnitud más pequeña posible y está en grados; *c*) $C_3 \cos \omega t + C_4$ sen ωt. **Problemas**

2 *a*) Si $-10 \cos \omega t + 4$ sen $\omega t = A \cos(\omega t + \phi)$ donde $A > 0$ y $-180° < \phi \leq 180°$, encuentre A y ϕ. *b*) Si $200 \cos(5t + 130°) = F \cos 5t + G$ sen $5t$, encuentre F y G. *c*) Encuentre tres valores de t en el intervalo $0 \leq t \leq 1$ s, en el cual $i(t) = 5 \cos 10t - 3$ sen $10t = 0$. *d*) ¿En qué intervalo entre $t = 0$ y $t = 10$ ms, se cumple que $10 \cos 100\pi t \geq 12$ sen $100\pi t$?

3 Dadas dos formas de ondas senoidales, $f(t) = -50 \cos \omega t - 30$ sen ωt y $g(t) = 55 \cos \omega t - 15$ sen ωt, encuentre *a*) la magnitud de cada una de las funciones y *b*) el ángulo de fase en que $f(t)$ adelanta a $g(t)$.

4 Realice el ejercicio en el cual se hicieron amenazas sustituyendo la respuesta de corriente supuesta de la ecuación (3), $i(t) = A \cos(\omega t - \theta)$, directamente en la ecuación diferencial,

$L(di/dt) + Ri = V_m \cos \omega t$, para demostrar que los valores de A y θ que se obtienen están de acuerdo con la ecuación (4).

5 Sea $v_s = 20 \cos 500t$ V en el circuito de la figura 7-8. Después de simplificar un poco el circuito, encuentre $i_L(t)$.

Figura 7-8

Para el problema 5.

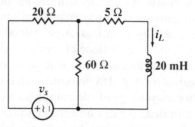

6 Si $i_s = 0.4 \cos 500t$ A en el circuito que se muestra en la figura 7-9, simplifíquelo hasta llegar a la forma de la figura 7-4 y después encuentre a) $i_L(t)$; b) $i_x(t)$.

Figura 7-9

Para el problema 6.

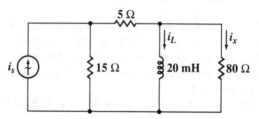

7 Una fuente de voltaje senoidal $v_s = 100 \cos 10^5 t$ V, un resistor de 500 Ω y un inductor de 8 mH se encuentran conectados en serie. Determine aquellos instantes en el intervalo $0 \le t < \frac{1}{2}T$ en el que una potencia de cero se está a) entregando al resistor; b) entregando al inductor; c) generando por la fuente.

8 En el circuito de la figura 7-10, sean $v_s = 3 \cos 10^5 t$ V e $i_s = 0.1 \cos 10^5 t$ A. Después de aplicar la superposición y el teorema de Thévenin, encuentre los valores instantáneos de i_L y v_L en $t = 10 \,\mu s$.

Figura 7-10

Para el problema 8.

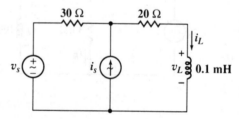

9 Encuentre $i_L(t)$ en el circuito que se muestra en el figura 7-11.

Figura 7-11

Para el problema 9.

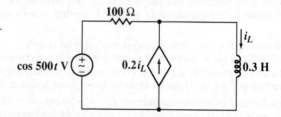

10 Ambas fuentes de voltaje del circuito de la figura 7-12 están dadas como $120 \cos 120\pi t$ V. a) Encuentre una expresión para la energía instantánea almacenada en el inductor y b) utilícela para encontrar el valor promedio de la energía almacenada.

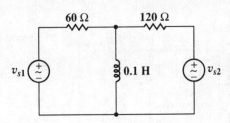

Figura 7-12

Para los problemas 10 y 11.

11 En el circuito de la figura 7-12, las fuentes de voltaje son $v_{s1} = 120 \cos 400t$ V y $v_{s2} = 180 \cos 200t$ V. Encuentre la corriente descendente del inductor.

12 Suponga que el op-amp de la figura 7-13 es ideal ($R_i = \infty$, $R_o = 0$ y $A = \infty$). Observe también que la entrada del integrador tiene dos señales aplicadas a él, $-V_m \cos \omega t$ y v_{salida}. Si el producto $R_1 C_1$ se hace igual a la razón L/R en el circuito de la figura 7-4, muestre que v_{salida} es igual al voltaje a través de la resistencia (con referencia positiva en el lado izquierdo) en la figura 7-4.

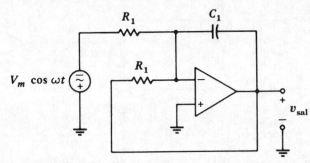

Figura 7-13

Para el problema 12.

13 Una fuente de voltaje $V_m \cos \omega t$, un resistor R y un capacitor C están todos en serie. *a*) Escriba una ecuación integrodiferencial en términos de la corriente de lazo i y después desarrolle su derivada para obtener la ecuación diferencial del circuito. *b*) Suponga una forma general adecuada para la respuesta forzada $i(t)$, sustitúyala en la ecuación diferencial y determine la forma exacta de la respuesta forzada.

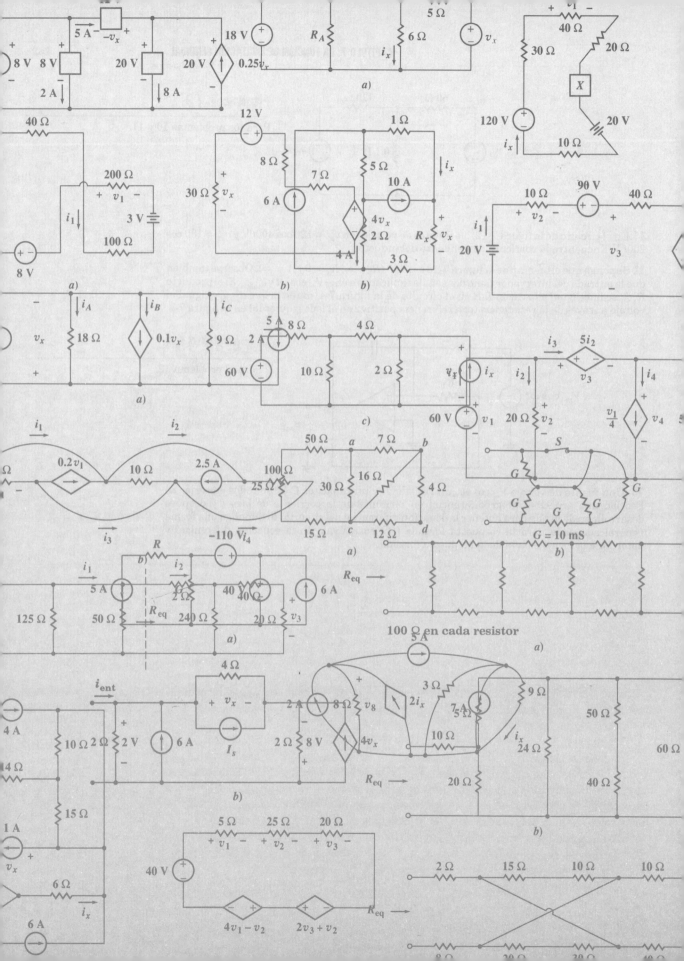

El concepto de fasor

En todas las partes anteriores del análisis de circuitos se dedicó la atención al circuito resistivo. Sin embargo, debe recordarse que con frecuencia se prometió que aquellos métodos que se estaban aplicando a los circuitos resistivos, más adelante serían aplicables a circuitos que tuviesen también inductores y capacitores. En este capítulo se sentarán las bases que hagan realidad esa promesa. Se desarrollará un método para representar una función de excitación senoidal o una respuesta senoidal por medio de simbolismo con números complejos, llamado *transformación fasorial*, o simplemente *fasor*. Éste no es más que un número, que al especificar la amplitud y el ángulo de fase de una senoidal, la determina en forma tan completa como si fuera descrita por una función analítica del tiempo. Al trabajar con fasores, en vez de hacerlo con derivadas e integrales de senoidales como se hizo en el capítulo anterior, se obtendrá una simplificación notable en el análisis senoidal de estado permanente o estable para los circuitos *RLC* en general. Dicha simplificación deberá ser evidente hacia el final del capítulo.

El uso de una transformación matemática para simplificar un problema no debe ser una idea nueva. Por ejemplo, se está familiarizado con el uso de los logaritmos para simplificar las operaciones aritméticas de multiplicación y división. Para multiplicar varios números juntos, se calcula primero el logaritmo de cada número; es decir, el número se "transforma" en una descripción matemática alternativa. Esta operación puede describirse como la obtención de la "transformada logarítmica". Después se suman todos los logaritmos para obtener el logaritmo del producto buscado. Y por último se calcula el antilogaritmo, proceso que puede ser descrito como la "transformación inversa"; la respuesta buscada es el antilogaritmo. La solución requirió pasar del dominio de los números comunes al dominio de los logaritmos, y luego regresar.

Otros ejemplos conocidos de operaciones de transformación pueden encontrarse en las representaciones alternativas de un círculo como una ecuación matemática, como una figura geométrica en un plano coordenado rectangular, o simplemente como un conjunto de tres números, donde se sobrentiende que el primero representa el valor de la coordenada en x del centro, el segundo el valor de la coordenada y el tercero es el valor del radio. Cada una de las tres representaciones contiene exactamente la misma información, y una vez que las reglas de transformación se establecen por medio de la geometría analítica, no hay dificultad para pasar del dominio algebraico al dominio geométrico, o al dominio de la "terna ordenada".

Muy pocas de las demás transformaciones que se manejan dan la simplificación que se obtiene con el concepto de fasor.

8-2
La Función de excitación compleja

Ahora ya puede pensarse en aplicar una función de excitación compleja (es decir, una que tiene una parte real y una parte imaginaria) a una red eléctrica.[1] Puede parecer extraño, pero luego se verá que el uso de cantidades complejas en el análisis senoidal de estado permanente lleva a métodos que son mucho más simples que los que utilizan sólo cantidades reales. Se espera que una función de excitación compleja produzca una respuesta compleja; es más, puede sospecharse, y correctamente, que la parte real de la excitación producirá la parte real de la respuesta, mientras que la parte imaginaria de la excitación producirá la parte imaginaria de la respuesta. En esta sección el objetivo es demostrar, o por lo menos mostrar, que esas sospechas son correctas.

Primero se observará el problema en términos generales, indicando el método con el que se podrían demostrar las afirmaciones anteriores si se fuera a construir una red general y analizarla por medio de un conjunto de ecuaciones simultáneas. En la figura 8-1, una fuente senoidal

$$V_m \cos (\omega t + \theta) \tag{1}$$

se conecta a una red general, la cual arbitrariamente se supondrá que es pasiva, para evitar complicaciones posteriores en el uso del principio de superposición. Se calculará una respuesta de corriente en alguna otra rama de la red. Todos los parámetros que aparecen en (1) son cantidades reales.

Figura 8-1

La función de excitación senoidal $V_m \cos (\omega t + \theta)$ produce la respuesta senoidal de estado permanente $I_m \cos (\omega t + \phi)$.

El análisis del capítulo 7 sobre el método por el cual puede encontrarse la respuesta a una excitación senoidal, suponiendo una forma senoidal con amplitud y ángulo de fase arbitrarios, muestra que la respuesta puede representarse por

$$I_m \cos (\omega t + \phi) \tag{2}$$

En cualquier circuito lineal, una función de excitación senoidal siempre producirá una respuesta de excitación senoidal de la misma frecuencia.

Ahora se cambiará la referencia para el tiempo desplazando la fase de la función de excitación en 90°, es decir, cambiando el instante al que se llama $t = 0$. Por tanto, cuando la función de excitación

$$V_m \cos (\omega t + \theta - 90°) = V_m \text{ sen } (\omega t + \theta) \tag{3}$$

se aplique a la misma red, producirá la respuesta correspondiente

$$I_m \cos (\omega t + \phi - 90°) = I_m \text{ sen } (\omega t + \phi) \tag{4}$$

Ahora habrá que separarse de la realidad física aplicando una excitación imaginaria, una que no puede aplicarse en el laboratorio, pero que sí puede aplicarse matemáticamente.

[1] En el apéndice 4 se definen números complejos y términos relacionados, se describen operaciones aritméticas con números complejos y se desarrollan la identidad de Euler y las formas polar y exponencial.

Es muy fácil construir una fuente imaginaria; sólo se necesita multiplicar la fuente, tal como aparece en (3), por el operador imaginario j. Entonces se aplica

$$jV_m \operatorname{sen} (\omega t + \theta) \tag{5}$$

¿Cuál es la respuesta? Si la fuente se hubiese duplicado, el principio de linealidad requeriría que la respuesta se duplicara; la multiplicación de la excitación por una constante k provocaría la multiplicación de la respuesta por la misma constante k. El hecho de que esa constante sea el operador imaginario j no destruye esa relación, aun cuando en la definición y en el análisis anterior de la linealidad no se incluyeron específicamente constantes imaginarias. Ahora es más realista inferir que de hecho no se *excluyeron* específicamente, ya que todo el estudio es igualmente aplicable si todas las constantes de las ecuaciones son complejas. Por tanto, la respuesta a la fuente imaginaria de (5) es

$$jI_m \operatorname{sen} (\omega t + \phi) \tag{6}$$

La fuente y la respuesta imaginarias se indican en la figura 8-2.

Se ha aplicado una fuente real y se ha obtenido una respuesta real; también se

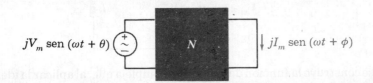

Figura 8-2

La excitación senoidal imaginaria $jV_m \operatorname{sen} (\omega t + \theta)$ produce la respuesta senoidal imaginaria $jI_m \operatorname{sen} (\omega t + \phi)$ en la red de la figura 8-1.

ha aplicado una fuente imaginaria y se ha obtenido una respuesta imaginaria. Ahora puede usarse el teorema de superposición para encontrar la respuesta debida a una excitación compleja que sea la suma de las excitaciones real e imaginaria. La aplicabilidad de la superposición está garantizada, por supuesto, debido a la linealidad del circuito y no depende de la forma de las funciones de excitación. Por lo tanto, la suma de las funciones de excitación de (1) y (5),

$$V_m \cos (\omega t + \theta) + jV_m \operatorname{sen} (\omega t + \theta) \tag{7}$$

debe necesariamente producir una respuesta que sea la suma de (2) y (6),

$$I_m \cos (\omega t + \phi) + jI_m \operatorname{sen} (\omega t + \phi) \tag{8}$$

La fuente y respuesta complejas se pueden representar en forma más sencilla aplicando la identidad de Euler. Por esto, la fuente de (7) se transforma en

$$V_m e^{j(\omega t + \theta)} \tag{9}$$

y la respuesta de (8) es

$$I_m e^{j(\omega t + \phi)} \tag{10}$$

La fuente y respuesta complejas se ilustran en la figura 8-3.

Hay varias conclusiones importantes que pueden obtenerse de este ejemplo general. Una excitación real, imaginaria o compleja producirá una respuesta real,

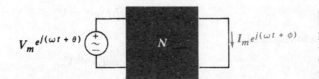

Figura 8-3

La excitación compleja $V_m e^{j(\omega t + \theta)}$ produce la respuesta compleja $I_m e^{j(\omega t + \phi)}$ en la red de la figura 8-1.

imaginaria o compleja, respectivamente. Además, usando la identidad de Euler y el teorema de superposición, una excitación compleja puede considerarse como la suma de una excitación real y una imaginaria; por lo tanto, la parte real de la respuesta compleja es producida por la parte real de la excitación compleja, mientras que la parte imaginaria de la respuesta se debe a la parte imaginaria de la excitación compleja.

En vez de aplicar una excitación real para obtener la respuesta real deseada, se aplica una excitación compleja cuya parte real es la excitación real dada, y se obtiene una respuesta compleja cuya parte real es la respuesta real deseada. Por medio de este procedimiento, las ecuaciones integrodiferenciales que describen la respuesta en estado permanente de un circuito se convertirán en simples ecuaciones algebraicas.

Se ilustrará esta idea en el circuito RL en serie mostrado en la figura 8-4. Se aplica la fuente real $V_m \cos \omega t$, y se busca la respuesta real $i(t)$.

Figura 8-4

Un circuito simple en el estado senoidal permanente se va a analizar mediante la aplicación de una función de excitación compleja.

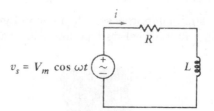

$$v_s = V_m \cos \omega t$$

Primero se construye la función de excitación compleja que, al aplicar la identidad de Euler, lleva a la función de excitación real dada. Como

$$\cos \omega t = \text{Re } e^{j\omega t}$$

la fuente compleja necesaria es

$$V_m e^{j\omega t}$$

La respuesta compleja resultante se expresa en términos de una amplitud desconocida I_m y un ángulo de fase desconocido ϕ:

$$I_m e^{j(\omega t + \phi)}$$

Al escribir la ecuación diferencial para este circuito en particular,

$$Ri + L\frac{di}{dt} = v_s$$

se insertan las expresiones complejas para v_s e i:

$$RI_m e^{j(\omega t + \phi)} + L\frac{d}{dt}(I_m e^{j(\omega t + \phi)}) = V_m e^{j\omega t}$$

se toma la derivada indicada:

$$RI_m e^{j(\omega t + \phi)} + j\omega L I_m e^{j(\omega t + \phi)} = V_m e^{j\omega t}$$

y se obtiene una ecuación *algebraica* compleja. Para calcular los valores de I_m y ϕ se divide todo entre el factor común $e^{j\omega t}$:

$$RI_m e^{j\phi} + j\omega L I_m e^{j\phi} = V_m \tag{11}$$

se factoriza el lado izquierdo

$$I_m e^{j\phi}(R + j\omega L) = V_m$$

se vuelve a arreglar:

$$I_m e^{j\phi} = \frac{V_m}{R + j\omega L}$$

y se identifican I_m y ϕ expresando el lado derecho de la ecuación en forma polar o exponencial,

$$I_m e^{j\phi} = \frac{V_m}{\sqrt{R^2 + \omega^2 L^2}} e^{j[-\tan^{-1}(\omega L/R)]} \qquad (12)$$

Por tanto,

$$I_m = \frac{V_m}{\sqrt{R^2 + \omega^2 L^2}}$$

y

$$\phi = -\tan^{-1}\frac{\omega L}{R}$$

La respuesta compleja está dada por la ecuación (12). Como I_m y ϕ se identifican fácilmente, la expresión para $i(t)$ puede escribirse de inmediato.Sin embargo, si se usa un enfoque más riguroso, puede obtenerse la respuesta real $i(t)$ reinsertando el factor $e^{j\omega t}$ en ambos lados de (12) y tomando la parte real, obtenida al aplicar la omnipotente fórmula de Euler. Así,

$$i(t) = I_m \cos(\omega t + \phi)$$

$$= \frac{V_m}{\sqrt{R^2 + \omega^2 L^2}} \cos\left(\omega t - \tan^{-1}\frac{\omega L}{R}\right)$$

que coincide con la respuesta obtenida para este mismo circuito en la ecuación (4) del capítulo anterior.

Ahora se probarán estas ideas con un ejemplo numérico.

Ejemplo 8-1 Encuentre el voltaje complejo a través de la combinación en serie de un resistor de 500 Ω y un inductor de 95 mH si una corriente compleja de $8e^{j3000t}$ mA fluye hacia los dos elementos en serie.

Solución: El resultado se puede determinar simplemente insertando los datos dados en los resultados que se obtuvieron en los párrafos anteriores, pero en lugar de eso se trabajará todo el ejemplo usando los valores numéricos específicos. Si se deja que el voltaje complejo desconocido tenga una amplitud desconocida V_m y un ángulo de fase desconocido ϕ, entonces, a la frecuencia dada de 3000 rad/s, este voltaje puede expresarse como

$$V_m e^{j(3000t+\phi)}$$

e igualarlo a la suma de los voltajes del inductor y del resistor:

$$V_m e^{j(3000t+\phi)} = (500)0.008e^{j3000t} + (0.095)\frac{d(0.008e^{j3000t})}{dt}$$

Tomando la derivada se tiene

$$V_m e^{j(3000t+\phi)} = 4e^{j3000t} + j2.28e^{j3000t}$$

Al unir estas expresiones y factorizar el término exponencial, resulta

$$V_m e^{j\phi} = 4 + j2.28$$

Pero como

$$4 + j2.28 = 4.60e^{j29.7°}$$

se ve que $V_m = 4.60$ V y $\phi = 29.7°$, de manera que el voltaje deseado es

$$4.60e^{j(3000t+29.7°)}   V$$

Si se pregunta la respuesta de la parte real, sólo se necesita tomar la parte real de la respuesta compleja:

$$\text{Re } (4.60e^{j(3000t+29.7°)}) = 4.60 \cos (3000t + 29.7°)   V$$

Aunque se ha trabajado con éxito un problema de estado senoidal permanente aplicando una función de excitación compleja y obteniendo una respuesta compleja, no se ha sacado provecho de todo el poder de la representación compleja. Para lograrlo, hay que llevar un paso adelante el concepto de fuente o respuesta complejas, y definir la cantidad llamada *fasor*. Esto se hará en la siguiente sección.

Ejercicios

8-1. (Si se tienen dificultades para resolver este ejercicio, debe estudiarse el apéndice 4.) Evalúe y exprese el resultado en forma rectangular: *a)* $[(2/\underline{30°})(5/\underline{-110°})](1 + j2)$; *b)* $(5/\underline{-200°}) + 4/\underline{20°}$. Evalúe y exprese el resultado en forma polar: *c)* $(2-j7)/(3-j1)$; *d)* $8-j4 + [(5/\underline{80°})/(2/\underline{20°})]$.

Resp: $21.4 - j6.38$; $-0.940 + j3.08$; $2.30/\underline{-55.6°}$; $9.43/\underline{-11.22°}$

8-2. Si se especifica el uso de la convención pasiva de los signos, encuentre: *a)* el voltaje complejo que resulta si se aplica una corriente compleja de $4e^{j800t}$ A a la combinación en serie de un capacitor de 1 mF y un resistor de 2 Ω; *b)* la corriente compleja que resulta cuando se aplica un voltaje complejo de $100e^{j2000t}$ V a la combinación en paralelo de un inductor de 10 mH y un resistor de 50 Ω.

Resp: $9.43e^{j(800t-32.0°)}$ V; $5.39e^{j(2000t-68.2°)}$ A

8-3

El fasor

Una corriente o voltaje senoidal *a una frecuencia dada* se caracteriza únicamente por dos parámetros, una amplitud y un ángulo de fase. La representación compleja del voltaje o la corriente también se caracteriza por estos mismos dos parámetros. Por ejemplo, la forma senoidal supuesta para la respuesta de corriente en la sección anterior fue

$$I_m \cos (\omega t + \phi)$$

y la representación correspondiente de esa corriente en forma compleja es

$$I_m e^{j(\omega t + \phi)}$$

Una vez que I_m y ϕ se han especificado, la corriente está determinada con exactitud. En cualquier circuito lineal que esté operando en el estado senoidal permanente a una sola frecuencia ω, toda corriente o voltaje puede caracterizarse completamente conociendo su amplitud y su ángulo de fase. Además, la representación compleja de toda corriente y voltaje contendrá el mismo factor $e^{j\omega t}$. El factor en realidad es superfluo; como es el mismo para todas las cantidades, no contiene información útil. Por supuesto, el valor de la frecuencia puede reconocerse inspeccionando uno de estos factores, pero resulta más sencillo anotar el valor de la frecuencia cerca del diagrama de circuito una sola vez, y evitar estar acarreando información redundante durante la solución. Por lo tanto, el voltaje de la fuente y la respuesta de la corriente del ejemplo pueden simplificarse representándolos concisamente como

$$V_m \quad \text{o} \quad V_m e^{j0°}$$

e
$$I_m e^{j\phi}$$

Casi siempre estas cantidades complejas se escriben en forma polar más que en forma exponencial para lograr un ahorro adicional de tiempo y esfuerzo. Así, el voltaje de la fuente

$$v(t) = V_m \cos \omega t$$

se expresa en forma polar como

$$V_m \underline{/0°}$$

y la respuesta de corriente

$$i(t) = I_m \cos (\omega t + \phi)$$

se convierte en

$$I_m \underline{/\phi}$$

Esta representación compleja abreviada se llama *fasor*[2]. Se examinarán los pasos mediante los cuales un voltaje o corriente senoidales reales se transforman en un fasor, y luego será posible definir un fasor de manera que tenga más significado y entonces poder asignarle un símbolo para representarlo.

Una corriente senoidal real

$$i(t) = I_m \cos (\omega t + \phi)$$

se expresa como la parte real de una cantidad compleja por medio de una forma equivalente de la identidad de Euler

$$i(t) = \text{Re} (I_m e^{j(\omega t + \phi)})$$

Luego se representa la corriente como una cantidad compleja eliminando la instrucción Re, esto añade una componente imaginaria a la corriente sin afectar la parte real; se logra una mayor simplificación al suprimir el factor $e^{j\omega t}$:

$$\mathbf{I} = I_m e^{j\phi}$$

y escribiendo el resultado en forma polar,

$$\mathbf{I} = I_m \underline{/\phi}$$

Esta representación compleja abreviada es la *representación fasorial;* los fasores son cantidades complejas, por lo que se representan con negritas. Se usan letras mayúsculas para la representación fasorial de una cantidad eléctrica porque el fasor no es una función instantánea del tiempo; sólo contiene información de amplitud y fase. Esta diferencia se establece al referirse a $i(t)$ como la *representación en el dominio del tiempo*, y llamando al fasor **I** una *representación en el dominio de la frecuencia*. Debe observarse que la expresión "en el dominio de la frecuencia" de una corriente o

[2] Contrariamente a la creencia popular, el fasor no fue inventado por el capitán Kirk de la serie *Star Trek*.

voltaje no incluye explícitamente la frecuencia; sin embargo, puede pensarse que la frecuencia es fundamental en el dominio de la frecuencia, y que se le da importancia al omitirla.[3]

El proceso por el cual $i(t)$ se transforma en **I** recibe el nombre de *transformación fasorial*, del dominio del tiempo al dominio de la frecuencia. Los pasos matemáticos de esta transformación son los siguientes:

1 Dada la función senoidal $i(t)$ en el dominio del tiempo, se escribe como un coseno con un ángulo de fase. Por ejemplo, sen ωt debe escribirse como cos $(\omega t - 90°)$.
2 Se expresa la onda de coseno como la parte real de una cantidad compleja usando la identidad de Euler.
3 Se suprime Re.
4 Se suprime $e^{j\omega t}$.

En la práctica, es muy fácil saltar directamente del primer paso a la respuesta extrayendo la amplitud y el ángulo de fase de la onda del coseno, de su expresión en el dominio del tiempo. Los cuatro pasos anteriores se enlistaron sólo por requerimiento técnico.

Se considerará un ejemplo.

Ejemplo 8-2 Transforme el voltaje en el dominio del tiempo $v(t) = 100 \cos (400t - 30°)$ en el dominio de la frecuencia.

Solución: La expresión en el dominio del tiempo tiene ya la forma de una onda de coseno con un ángulo de fase, y la transformación rigurosa del dominio del tiempo al dominio de la frecuencia se lleva a cabo tomando la parte real de la representación compleja,

$$v(t) = \text{Re} \left(100 e^{j(400t - 30°)}\right)$$

y suprimiendo Re y $e^{j\omega t} = e^{j400t}$:

$$\mathbf{V} = 100 \underline{/-30°}$$

Sin embargo, es mucho más simple identificar el 100 y los $-30°$ en la representación coseno en el dominio del tiempo, y escribir directamente $\mathbf{V} = 100\underline{/-30°}$

En forma similar, la corriente en el dominio del tiempo

$$i(t) = 5 \sin (377t + 150°)$$

se transforma en el fasor

$$\mathbf{I} = 5 \underline{/60°}$$

después de escribirla como un coseno restando 90° del argumento. ●

Antes de considerar el análisis de circuitos en el estado senoidal permanente usando fasores, es necesario saber cómo efectuar la transformación inversa para regresar del dominio de la frecuencia al dominio del tiempo. El proceso es exactamente el contrario de la secuencia que se acaba de dar. Entonces, los pasos necesarios para la transformación del dominio de la frecuencia al dominio del tiempo son:

1 Dado el fasor de corriente **I** en forma polar en el dominio de la frecuencia, se escribe la expresión compleja en forma exponencial.

---

[3] Es poca la correspondencia que en este país incluye "USA" en la dirección.

2 Se reinserta (multiplica por) el factor $e^{j\omega t}$.

3 Se restituye la parte real del operador Re.

4 Se obtiene la representación en el dominio del tiempo usando la identidad de Euler. La expresión resultante de onda de coseno puede cambiarse a una onda seno, si se desea, aumentando el argumento en 90°.

De nuevo, el lector debe ser capaz de evitar las matemáticas y escribir la expresión deseada en el dominio del tiempo utilizando la amplitud y el ángulo de fase de la forma polar. Así, dado el voltaje fasorial

$$\mathbf{V} = 115 \; \underline{/-45°}$$

se escribe el equivalente en el dominio del tiempo:

$$v(t) = 115 \cos (\omega t - 45°)$$

También puede expresarse $v(t)$ como una onda seno,

$$v(t) = 115 \operatorname{sen} (\omega t + 45°)$$

Como anticipo de los métodos de aplicación de fasores en el análisis del circuito en estado senoidal estable, puede ponerse a prueba lo aprendido dando un rápido repaso al ejemplo del circuito RL en serie. Varios pasos después de escribir la ecuación diferencial aplicable, se llegó a la ecuación (11), rescrita a continuación,

$$RI_m e^{j\phi} + j\omega L I_m e^{j\phi} = V_m$$

Si se sustituyen los fasores para la corriente:

$$\mathbf{I} = I_m \; \underline{/\phi}$$

y el voltaje:

$$\mathbf{V} = V_m \; \underline{/0°}$$

se obtiene

$$R\mathbf{I} + j\omega L\mathbf{I} = \mathbf{V}$$

o

$$(R + j\omega L)\mathbf{I} = \mathbf{V} \tag{13}$$

una ecuación algebraica compleja en la cual la corriente y el voltaje están expresados en forma fasorial. Esta ecuación es apenas un poco más complicada que la ley de Ohm para un resistor. La próxima vez que se analice este circuito, se comenzará con la ecuación (13).

Ejercicios

8-3. Transfome cada una de las siguientes funciones de tiempo a la forma fasorial: $a)$ $-5 \operatorname{sen} (580t - 110°)$; $b)$ $3 \cos 600t - 5 \operatorname{sen} (600t + 110°)$; $c)$ $8 \cos (4t - 30°) + 4 \operatorname{sen} (4t - 100°)$. *Resp:* $5\underline{/-20°}$; $2.41\underline{/-134.8°}$; $4.46\underline{/-47.9°}$

8-4. Sean $\omega = 2000$ rad/s y $t = 1$ ms. Encuentre el valor instantáneo de cada una de las corrientes dadas aquí en forma fasorial: $a)$ $j10$ A; $b)$ $20 + j10$ A; $c)$ $20 + j(10\underline{/20°})$ A. *Resp:* -9.09 A; -17.42 A; -15.44 A

8-4

Relaciones fasoriales para R, L y C

Ahora que ya es posible hacer transformaciones hacia y desde el dominio de la frecuencia, puede continuarse con la simplificación del análisis senoidal de estado permanente, dando la relación entre el voltaje fasorial y la corriente fasorial para cada uno de los tres elementos pasivos. Se partirá de la ecuación de definición de cada uno de los tres elementos —relación en el dominio del tiempo— y luego se permitirá que la corriente y el voltaje sean cantidades complejas. Después de eliminar $e^{j\omega t}$ en la ecuación, se verá cuáles son las relaciones buscadas entre la corriente fasorial y el voltaje fasorial.

El resistor es el caso más simple. En el dominio del tiempo, como lo indica la figura 8-5a, la ecuación de definición es

$$v(t) = Ri(t) \tag{14}$$

Figura 8-5

Resistor con su voltaje y corriente asociados en: a) el dominio del tiempo, $v = Ri$; b) el dominio de la frecuencia, $\mathbf{V} = R\mathbf{I}$.

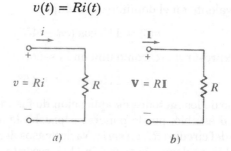

Ahora se aplica el voltaje complejo

$$V_m e^{j(\omega t+\theta)} = V_m \cos(\omega t + \theta) + jV_m \operatorname{sen}(\omega t + \theta) \tag{15}$$

y se supone de la corriente su respuesta compleja

$$I_m e^{j(\omega t+\theta)} = I_m \cos(\omega t + \phi) + jI_m \operatorname{sen}(\omega t + \theta) \tag{16}$$

se obtiene

$$V_m e^{j(\omega t+\theta)} = RI_m e^{j(\omega t+\phi)}$$

Dividiendo todo entre $e^{j\omega t}$ (o eliminando $e^{j\omega t}$ en ambos lados de la ecuación) se tiene

$$V_m e^{j\theta} = RI_m e^{j\phi}$$

o, en forma polar,

$$V_m\underline{/\theta} = RI_m\underline{/\phi}$$

Pero $V_m\underline{/\theta}$ e $I_m\underline{/\phi}$ representan simplemente a los fasores generales de voltaje y corriente $\mathbf{V}$ e $\mathbf{I}$. Por lo tanto,

$$\mathbf{V} = R\mathbf{I} \tag{17}$$

La relación voltaje-corriente en forma fasorial para un resistor tiene la misma forma que la relación voltaje-corriente en el dominio del tiempo. La ecuación de definición en forma fasorial se ilustra en la figura 8-5b. La igualdad de los ángulos θ y ϕ es evidente, por lo que la corriente y el voltaje están en fase.

Como ejemplo del uso de las relaciones tanto en el dominio del tiempo como en el dominio de la frecuencia, supóngase que un voltaje $8\cos(100t - 50°)$ V se aplica a un resistor de 4 Ω. Trabajando en el dominio del tiempo, la corriente debe ser

$$i(t) = \frac{v(t)}{R} = 2\cos(100t - 50°) \quad \text{A}$$

La forma fasorial del mismo voltaje es $8\underline{/-50°}$ V y por lo tanto

$$\mathbf{I} = \frac{\mathbf{V}}{R} = 2\underline{/-50°}\ \text{A}$$

Si este resultado se transforma al dominio del tiempo, es evidente que se obtendrá la misma expresión para la corriente.

Es obvio que, cuando un circuito resistivo se analiza en el dominio de la frecuencia, no hay ahorro de tiempo o esfuerzo. De hecho, si es necesario transformar una fuente dada en el dominio del tiempo al dominio de la frecuencia, y luego transformar otra vez la respuesta buscada al dominio del tiempo, sería mucho mejor trabajar únicamente en el dominio del tiempo. Definitivamente, esto no es aplicable a ningún circuito que contenga resistencias e inductancias o capacitancias, a menos que la complejidad del problema sea tal que exija el uso de una computadora digital, máquina que es bastante indiferente a los cálculos aburridos.

Ahora se prestará atención al inductor. En la figura 8-6a se muestra la red en el dominio del tiempo y la ecuación de definición; la expresión en el dominio del tiempo es

$$v(t) = L\frac{di(t)}{dt} \tag{18}$$

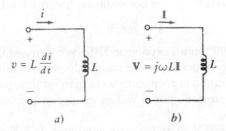

Figura 8-6

Un inductor con su voltaje y corriente asociados en: a) el dominio del tiempo, $v = L\,di/dt$; b) el dominio de la frecuencia, $\mathbf{V} = j\omega L\mathbf{I}$.

Después de sustituir la ecuación (15) del voltaje complejo, y la ecuación (16) de la corriente compleja, en la ecuación (18), se tiene

$$V_m e^{j(\omega t + \theta)} = L\frac{d}{dt}I_m e^{j(\omega t + \phi)}$$

Tomando la derivada indicada:

$$V_m e^{j(\omega t + \theta)} = j\omega L I_m e^{j(\omega t + \phi)}$$

y eliminando $e^{j\omega t}$:

$$V_m e^{j\theta} = j\omega L I_m e^{j\phi}$$

se obtiene la relación fasorial deseada

$$\mathbf{V} = j\omega L\mathbf{I} \tag{19}$$

La ecuación diferencial (18) en el dominio del tiempo se ha transformado en una ecuación algebraica (19) en el dominio de la frecuencia. La relación fasorial se indica en la figura 8-6b. Obsérvese que el ángulo del factor $j\omega L$ es exactamente $+90°$ y que por lo tanto, en un inductor, $\mathbf{I}$ debe estar atrasada $90°$ respecto al voltaje $\mathbf{V}$.

Ejemplo 8-3 Para ilustrar la relación fasorial, se aplicará el voltaje $8\underline{/-50°}$ V, a una frecuencia $\omega = 100$ rad/s, a un inductor de 4 H, y se determinará la corriente fasorial.

Solución: Utilizando la expresión que se acaba de obtener para el inductor,

$$\mathbf{I} = \frac{\mathbf{V}}{j\omega L} = \frac{8\underline{/-50°}}{j100(4)} = -j0.02 \underline{/-50°}$$

o

$$\mathbf{I} = 0.02\underline{/-140°} \quad \text{A}$$

Si esta corriente se expresa en el dominio del tiempo, se transforma en

$$i(t) = 0.02 \cos (100t - 140°) \quad \text{A}$$

Esta respuesta también puede obtenerse fácilmente trabajando por completo en el dominio del tiempo; no se obtiene tan fácilmente si hay alguna resistencia o capacitancia combinada con la inductancia.

El último elemento que se considerará es el capacitor. La definición de capacitancia, expresión conocida en el dominio del tiempo, es

$$i(t) = C\frac{dv(t)}{dt} \tag{20}$$

La expresión equivalente en el dominio de la frecuencia se obtiene, una vez más, dejando que $v(t)$ e $i(t)$ sean las cantidades complejas de (15) y (16), tomando la derivada indicada, eliminando $e^{j\omega t}$ y reconociendo los fasores $\mathbf{V}$ e $\mathbf{I}$. La expresión es

$$\mathbf{I} = j\omega C\mathbf{V} \tag{21}$$

Por lo tanto, $\mathbf{I}$ adelanta a $\mathbf{V}$ 90° en un capacitor. Esto, por supuesto, no significa que la respuesta de la corriente esté presente ¡un cuarto de periodo antes que el voltaje que la produjo! Se está estudiando la respuesta en estado estable, y se encuentra que el máximo de la corriente es causado por el voltaje creciente que ocurre 90° antes de que ocurra el máximo voltaje.

Si el voltaje fasorial $8\underline{/-50°}$ V se aplica a un capacitor de 4 F en $\omega = 100$ rad/s, la corriente fasorial es

$$\mathbf{I} = j100(4)(8\underline{/-50°}) = 3200\underline{/40°} \quad \text{A}$$

La amplitud de la corriente es enorme, pero el tamaño supuesto del capacitor también es irreal. Si se construyera un capacitor de 4 F con dos placas paralelas separadas por 1 mm de aire, cada placa tendría el área de casi 85 000 canchas de futbol americano.[4]

Las representaciones en el dominio del tiempo y en el dominio de la frecuencia se comparan en las figuras 8-7a y b. Ahora ya se han obtenido las relaciones $\mathbf{V}$-$\mathbf{I}$ para los tres elementos pasivos. Estos resultados se sintetizan en la tabla 8-1, donde las expresiones v-i en el dominio del tiempo y las relaciones $\mathbf{V}$-$\mathbf{I}$ en el dominio de la frecuencia se muestran en columnas adyacentes para los tres elementos del circuito. Todas las ecuaciones fasoriales son algebraicas. También son todas lineales, y las ecuaciones para la inductancia y la capacitancia guardan una gran semejanza con las de la ley de Ohm. De hecho se *usarán* en igual forma en que se manejan las ecuaciones de la ley de Ohm.

Antes de hacerlo, es preciso demostrar que los fasores obedecen las dos leyes de Kirchhoff. La ley de voltajes de Kirchhoff, en el dominio del tiempo, es

$$v_1(t) + v_2(t) + \cdots + v_N(t) = 0$$

---

[4] Incluyendo las zonas de gol.

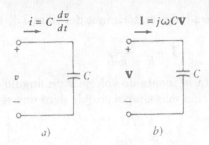

Figura 8-7

Relaciones a) en el dominio del tiempo y b) en el dominio de la frecuencia, entre la corriente y el voltaje en un capacitor.

Dominio del tiempo		Dominio de la frecuencia	
$v = Ri$	$\mathbf{V} = \mathbf{RI}$		
$v = L\dfrac{di}{dt}$	$\mathbf{V} = j\omega L\mathbf{I}$		
$v = \dfrac{1}{C}\displaystyle\int i\,dt$	$\mathbf{V} = \dfrac{1}{j\omega C}\mathbf{I}$		

Tabla 8-1

Comparación y resumen de las relaciones entre v e i en el dominio del tiempo, y entre $\mathbf{V}$ e $\mathbf{I}$ en el dominio de la frecuencia para R, L y C.

Ahora se usa la identidad de Euler para sustituir cada voltaje real por un voltaje complejo que tenga la misma parte real, se elimina $e^{j\omega t}$ en toda la ecuación, y se tiene

$$\mathbf{V}_1 + \mathbf{V}_2 + \cdots + \mathbf{V}_N = 0$$

Con un argumento similar se demuestra que la ley de corrientes de Kirchhoff también es válida para corrientes fasoriales.

Ahora se dará un vistazo al circuito RL en serie con el que se ha trabajado tantas veces antes. El circuito se muestra en la figura 8-8, y se indican una corriente y varios voltajes fasoriales. Puede obtenerse la respuesta deseada, una corriente en el dominio del tiempo, encontrando primero la corriente fasorial. El método es similar al que se usó al analizar en este texto el primer circuito resistivo de un solo lazo. De la ley de voltajes de Kirchhoff,

$$\mathbf{V}_R + \mathbf{V}_L = \mathbf{V}_s$$

y las relaciones **V-I** para los elementos que se acaban de obtener dan

$$R\mathbf{I} + j\omega L\mathbf{I} = \mathbf{V}_s$$

Figura 8-8

Circuito RL en serie con un voltaje fasorial aplicado.

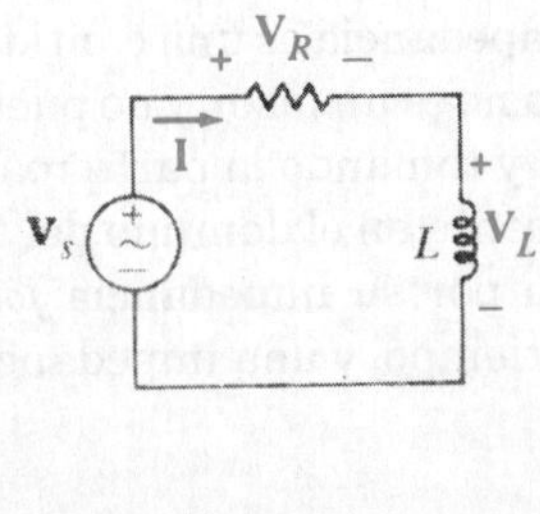

La corriente fasorial se expresa luego en términos del voltaje de la fuente $\mathbf{V}_s$:

$$\mathbf{I} = \frac{\mathbf{V}_s}{R + j\omega L}$$

Se elige una amplitud V_m para la fuente de voltaje y un ángulo de fase de 0°; este último representa sólo la elección más simple posible para una referencia. Así,

$$\mathbf{I} = \frac{V_m \underline{/0°}}{R + j\omega L}$$

La corriente puede transformarse al dominio del tiempo escribiéndola primero en forma polar,

$$\mathbf{I} = \frac{V_m}{\sqrt{R^2 + \omega^2 L^2}} \; \underline{/-\tan^{-1}(\omega L/R)}$$

siguiendo la serie de pasos conocidos para obtener, en una forma muy sencilla, el mismo resultado obtenido por el "camino difícil" en la ecuación (4) de la sección 7-3.

Ejercicio

8-5. En la figura 8-9, sean $\omega = 1200$ rad/s, $\mathbf{I}_C = 1.2\underline{/28°}$ A e $\mathbf{I}_L = 3\underline{/53°}$ A. Encuentre a) $\mathbf{I}_s$; b) $\mathbf{V}_s$; c) $i_R(t)$.   *Resp:* $2.33\underline{/-31.0°}$ A; $34.9\underline{/74.5°}$ V; $3.99\cos(1200t + 17.42°)$ A

Figura 8-9

Para el ejercicio 8-5.

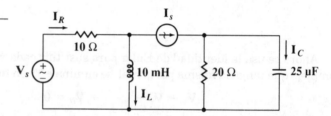

8-5

Impedancia

Las relaciones corriente-voltaje para los tres elementos pasivos en el dominio de la frecuencia son (suponiendo que se satisface la convención pasiva de los signos):

$$\mathbf{V} = R\mathbf{I} \qquad \mathbf{V} = j\omega L\mathbf{I} \qquad \mathbf{V} = \frac{\mathbf{I}}{j\omega C}$$

Si estas ecuaciones se escriben como razones del voltaje fasorial a la corriente fasorial

$$\frac{\mathbf{V}}{\mathbf{I}} = R \qquad \frac{\mathbf{V}}{\mathbf{I}} = j\omega L \qquad \frac{\mathbf{V}}{\mathbf{I}} = \frac{1}{j\omega C}$$

se ve que estas razones son simples funciones de los valores de los elementos y también de la frecuencia en el caso de la inductancia y la capacitancia. Estas razones se tratan de la misma forma como se tratan las resistencias, con la salvedad de que son cantidades complejas, por lo que todas las operaciones que se realicen con ellas deben hacerse de acuerdo al álgebra de los números complejos.

La *impedancia* se define como la razón del voltaje fasorial a la corriente fasorial, y se simboliza con la letra $\mathbf{Z}$. La impedancia es una cantidad compleja cuya dimensión está dada en ohms. La impedancia no es un fasor, y no puede transformarse al dominio del tiempo multiplicando por $e^{j\omega t}$ y tomando la parte real. En vez de eso, debe considerarse que un inductor se representa en el dominio del tiempo por su inductancia L y en el dominio de la frecuencia por su impedancia $j\omega L$. Un capacitor tiene una capacitancia C en el dominio del tiempo, y una impedancia $1/j\omega C$ en el dominio de la frecuencia. La impedancia es una parte del dominio de la frecuencia y no un concepto que forme parte del dominio del tiempo.

La validez de las dos leyes de Kirchhoff en el dominio de la frecuencia permite demostrar fácilmente que las impedancias pueden conectarse en serie y en paralelo mediante las mismas reglas que las que ya se han establecido para las resistencias. Por ejemplo con $\omega = 10^4$ rad/s y un inductor de 5 mH en serie con un capacitor de 100 μF puede remplazarse por una sola impedancia que sea la suma de las dos impedancias. La impedancia del inductor es

$$\mathbf{Z}_L = j\omega L = j50\ \Omega$$

y la impedancia del capacitor es

$$\mathbf{Z}_C = \frac{1}{j\omega C} = -j1\ \Omega$$

por lo que la impedancia del arreglo en serie es

$$\mathbf{Z}_{eq} = j50 - j1 = j49\ \Omega$$

La impedancia de los inductores y capacitores es una función de la frecuencia, por lo que esta impedancia equivalente sólo es válida para la frecuencia a la cual se calculó, $\omega = 10\ 000$. Si $\omega = 5000$, $\mathbf{Z}_{eq} = j23\ \Omega$.

El arreglo en *paralelo* de esos mismos dos elementos para $\omega = 10^4$ da una impedancia que es igual al producto dividido entre la suma,

$$\mathbf{Z}_{eq} = \frac{(j50)(-j1)}{j50 - j1} = \frac{50}{j49} = -j1.020\ \Omega$$

En $\omega = 5000$, el equivalente en paralelo es $-j2.17\ \Omega$.

El número complejo que representa a la impedancia puede expresarse ya sea en forma polar, o rectangular. En forma polar, una impedancia tal como $\mathbf{Z} = 100/\underline{-60^\circ}$, se describe diciendo que tiene una magnitud de impedancia de 100 Ω y un ángulo de fase de -60°. Se dice que la misma impedancia en forma rectangular $50 - j86.6$, tiene una *componente resistiva*, o *resistencia*, de 50 Ω y una *componente reactiva*, o *reactancia*, de $-86.6\ \Omega$. La componente resistiva es la parte real de la impedancia, y la componente reactiva es la parte imaginaria de la impedancia, incluyendo el signo, pero obviamente excluyendo el operador imaginario.

Es importante observar que la componente resistiva de la impedancia no necesariamente es igual a la resistencia del resistor presente en la red. Por ejemplo, un resistor de 10 Ω en serie con un inductor de 5 H con $\omega = 4$, tienen una impedancia equivalente $\mathbf{Z} = 10 + j20\ \Omega$ o, en forma polar, $22.4/\underline{63.4^\circ}\ \Omega$. En este caso, la componente resistiva de la impedancia es igual a la resistencia del resistor en serie, ya que la red es una red en serie simple. Sin embargo, si esos mismos dos elementos se colocan en paralelo, la impedancia equivalente es 10 $(j20)/(10 + j20)$, o bien $8 + j4\ \Omega$. Ahora la componente resistiva de la impedancia vale 8 Ω.

No existe un símbolo especial para la magnitud de la impedancia o su ángulo de fase. Una forma general para una impedancia en forma polar podría ser

$$\mathbf{Z} = |\mathbf{Z}|/\underline{\theta}$$

En forma rectangular, la componente resistiva se representa por R y la componente reactiva por X. Así,

$$\mathbf{Z} = R + jX$$

Ahora se usará el concepto de impedancia para analizar un circuito RLC.

Ejemplo 8-4 Encuentre la corriente $i(t)$ en el circuito mostrado en la figura 8-10a.

Solución: El circuito se muestra en el dominio del tiempo, y lo que se busca es la respuesta de corriente $i(t)$ en el dominio del tiempo. Sin embargo, el análisis se hará en el dominio de la frecuencia. Entonces, lo primero que se debe hacer es dibujar el circuito en el dominio de la frecuencia; la fuente se transforma al dominio de la frecuencia convirtiéndose en $40\underline{/-90°}$ V; la respuesta se transforma al dominio de la frecuencia respresentándose por **I**, y las impedancias del inductor y el capacitor calculadas para $\omega = 3000$ son $j1$ y $-j2$ kΩ, respectivamente. El circuito en el dominio de la frecuencia se muestra en la figura 8-10b.

Figura 8-10

a) Circuito RLC para el que se busca $i(t)$, la respuesta forzada senoidal. b) Equivalente en el dominio de la frecuencia del circuito dado con $\omega = 3000$ rad/s.

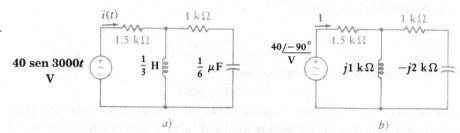

$a)$ $b)$

Ahora se calcula la impedancia equivalente presentada a la fuente:

$$\mathbf{Z}_{eq} = 1.5 + \frac{(j1)(1 - j2)}{j1 + 1 - j2} = 1.5 + \frac{2 + j1}{1 - j1}$$

$$= 1.5 + \frac{2 + j1}{1 - j1}\,\frac{1 + j1}{1 + j1} = 1.5 + \frac{1 + j3}{2}$$

$$= 2 + j1.5 = 2.5\,\underline{/36.9°}\ \text{kΩ}$$

Por lo tanto, la corriente fasorial es

$$\mathbf{I} = \frac{\mathbf{V}_s}{\mathbf{Z}_{eq}} = \frac{40\underline{/-90°}}{2.5\,\underline{/36.9°}} = 16\,\underline{/-126.9°}\ \text{mA}$$

Después de transformar la corriente al dominio del tiempo, se obtiene la respuesta:

$$i(t) = 16\cos{(3000t - 126.9°)} \qquad \text{mA}$$

Si lo que se desea es la corriente en el capacitor, entonces puede aplicarse una división de corriente en el dominio de la frecuencia.   •

Antes de empezar a escribir muchas ecuaciones en el dominio del tiempo o en el dominio de la frecuencia, es más importante evitar la construcción de ecuaciones que estén expresadas parte en un dominio y parte en otro y, por lo tanto, totalmente incorrectas. Una pista para saber que se ha cometido un error de este tipo es observar si en la misma expresión aparecen tanto un número complejo como una t, excepto cuando el factor $e^{j\omega t}$ también esté presente. Como $e^{j\omega t}$ juega un papel más importante en los desarrollos que en las aplicaciones, se puede afirmar que un estudiante que se dé cuenta de que ha creado una ecuación que contiene j y t o $\underline{/\quad}$ y t, ha creado un monstruo sin el cual él y el mundo estarían mejor.

Por ejemplo, en la penúltima ecuación se vio que

$$\mathbf{I} = \frac{\mathbf{V}_s}{\mathbf{Z}_{eq}} = \frac{40\underline{/-90°}}{2.5\,\underline{/36.9°}} = 16\underline{/-126.9°}\ \text{mA}$$

Se ruega no hacer algo como lo que sigue:

$$i(t) = \frac{40 \text{ sen } 3000t}{2.5 / 36.9°} \qquad \text{(¡No! ¡No! ¡No!)}$$

o

$$i(t) = \frac{40 \text{ sen } 3000t}{2 + j1.5} \qquad \text{(tampoco, ¡No!)}$$

8-6. Según la red mostrada en la figura 8-11*a*, encuentre la impedancia de entrada Z_{entrada} que se mediría entre las terminales: *a*) *a* y *g*; *b*) *b* y *g*; *c*) *a* y *b*

Resp: 2.81 + *j*4.49 Ω; 1.798 − *j*1.124 Ω; 0.1124 − *j*3.82 Ω

8-7. En el dominio de la frecuencia de la figura 8-11*b*, encuentre *a*) I_1; *b*) I_2; *c*) I_3.

Resp: 28.3/ 45° A; 20/ 90° A; 20/ 0° A

Figura 8-11

a) Para el ejercicio 8-6. *b*) Para el ejercicio 8-7

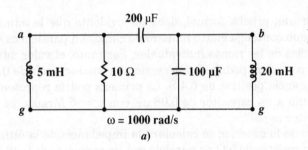

a)

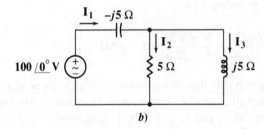

b)

Así como la conductancia, que es el recíproco de la resistencia, demostró ser una cantidad útil en el análisis de circuitos resistivos, el recíproco de la impedancia tiene algunas ventajas en el análisis de estado senoidal estable de un circuito *RLC* general. La *admitancia* **Y** de un elemento de circuito se define como la razón de la corriente fasorial al voltaje fasorial (suponiendo que se satisface la convención pasiva de los signos):

8-6

Admitancia

$$\mathbf{Y} = \frac{\mathbf{I}}{\mathbf{V}}$$

y así

$$\mathbf{Y} = \frac{1}{\mathbf{Z}}$$

La parte real de la admitancia es la *conductancia G*, y la parte imaginaria de la admitancia es la *susceptancia B*. Por lo tanto,

$$\mathbf{Y} = G + jB = \frac{1}{\mathbf{Z}} = \frac{1}{R + jX} \tag{22}$$

La ecuación (22) debe estudiarse cuidadosamente; *no* establece que la parte real de la admitancia sea igual al recíproco de la parte real de la impedancia, o que la parte imaginaria de la admitancia sea igual al recíproco de la parte imaginaria de la impedancia.

Tanto la admitancia, como la conductancia y la susceptancia se miden en siemens. Una impedancia

$$\mathbf{Z} = 1 - j2 \ \Omega$$

que podría representar, por ejemplo, un resistor de 1 Ω en serie con un capacitor de 0.1 μF con $\omega = 5$ Mrad/s, tiene una admitancia

$$\mathbf{Y} = \frac{1}{\mathbf{Z}} = \frac{1}{1 - j2} = \frac{1}{1 - j2} \frac{1 + j2}{1 + j2} = 0.2 + j0.4 \ \mathrm{S}$$

Sin tener que hacer una prueba formal, debe ser evidente que la admitancia equivalente de una red que contenga cierto número de ramas en paralelo es igual a la suma de las admitancias de las ramas individuales. Por tanto, el valor numérico de la admitancia que se consideró podría obtenerse de una conductancia de 0.2 S en paralelo con una susceptancia positiva de 0.4 S. La primera podría representar un resistor de 5 Ω y la última a un capacitor de 0.08 μF con $\omega = 5$ Mrad/s, ya que la admitancia de un capacitor es $j\omega C$.

Como comprobación de lo anterior, se calculará la impedancia de la última red mencionada, es decir, un resistor de 5 Ω en paralelo con un capacitor de 0.08 μF con $\omega = 5$ Mrad/s. La impedancia equivalente es

$$\mathbf{Z} = \frac{5(1/j\omega C)}{5 + 1/j\omega C} = \frac{5(-j2.5)}{5 - j2.5} = 1 - j2 \ \Omega$$

igual que antes. Estas dos redes son sólo dos de un número infinito de posibles redes que tienen la misma impedancia y admitancia a esta misma frecuencia. Sin embargo, son las únicas con sólo dos elementos, por lo que deben considerarse como las dos redes más sencillas con una impedancia de $1 - j2 \ \Omega$ y una admitancia de $0.2 + j0.4$ S a $\omega = 5 \times 10^6$ rad/s.

El término *inmitancia*, formado por la combinación de las palabras *impedancia* y *admitancia*, se usa a veces para designar en general tanto a la impedancia como a la admitancia. Por ejemplo, es evidente que un conocimiento del voltaje fasorial en una inmitancia conocida permite calcular la corriente en esa inmitancia.

Ejercicios

8-8. Determine la admitancia (en forma rectangular) de *a*) una impedancia $\mathbf{Z} = 1000 + j400 \ \Omega$; *b*) una red que resulta de la combinación en paralelo de un resistor de 800 Ω, un inductor de 1 mH y un capacitor de 2 nF, si $\omega = 1$ Mrads/s; *c*) una red que resulta de la combinación en serie de un resistor de 800 Ω, un inductor de 1 mH y un capacitor de 2 nF, si $\omega = 1$ Mrad/s.

Resp: $0.862 - j0.345$ mS; $1.125 + j1$ mS; $0.899 - j0.562$ mS

8-9. Un capacitor de 20 μF está en serie con la combinación en paralelo de un resistor R y un inductor de 15 mH con $\omega = 1$ krad/s. *a*) Encuentre la admitancia de la red si $R = 80 \ \Omega$　*b*) Si $\mathbf{Y} = G + j25$ mS, encuentre R.　　*Resp:* $2.14 + j28.0$ mS; $25.4 \ \Omega$

1 Convierta estos números complejos a la forma rectangular: $a)$ $5/\underline{-110°}$; $b)$ $6e^{j160°}$; $c)$ $(3 + j6)(2/\underline{50°})$. Convierta a la forma polar: $d)$ $-100 - j40$; $e)$ $2/\underline{50°} + 3/\underline{-120°}$.

Problemas

2 Realice los cálculos indicados y exprese el resultado en forma polar: $a)$ $40/\underline{-50°} - 18/\underline{25°}$; $b)$ $3 + \dfrac{2}{j} + \dfrac{2 - j5}{1 + j2}$. Exprese en forma rectangular: $c)$ $(2.1/\underline{25°})^3$; $d)$ $0.7e^{j0.3}$.

3 En el circuito de la figura 8-12a sea i_C expresado como la respuesta compleja $20e^{j(40t+30°)}$ A, exprese una v_s como una función de excitación compleja.

Figura 8-12

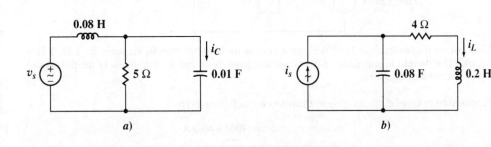

$a)$ Para el problema 3.
$b)$ Para el problema 4.

4 En el circuito de la figura 8-12b sea i_L expresado como la respuesta compleja $20e^{j(10t+25°)}$ A, exprese la corriente de la fuente $i_s(t)$ como una función de excitación compleja.

5 En una red lineal como la que se muestra en la figura 8-1, una fuente de voltaje senoidal $v_s = 80 \cos (500t - 20°)$ V, produce una corriente de salida $i_{salida} = 5 \cos (500t + 12°)$ A. Encuentre i_{salida} si v_s es igual a: $a)$ $40 \cos (500t + 10°)$ V; $b)$ $40 \sen (500t +10°)$ V; $c)$ $40e^{j(500t+10°)}$ V; $d)$ $(50 + j20)e^{j500t}$ V.

6 Exprese cada una de las siguientes corrientes como un fasor: $a)$ $12 \sen (400t + 110°)$ A; $b)$ $-7 \sen 800t - 3 \cos 800t$ A; $c)$ $4 \cos (200t - 30°) - 5 \cos (200t + 20°)$ A. Si $\omega = 600$ rad/s, encuentre el valor instantáneo de cada uno de estos voltajes en $t = 5$ ms: $d)$ $70/\underline{30°}$ V; $e)$ $-60 + j40$ V.

7 Sea $\omega = 4$ krad/s, determine el valor instantáneo de i_x en $t = 1$ ms si $\mathbf{I}_x$ es igual a: $a)$ $5/\underline{-80°}$ A; $b)$ $-4 + j1.5$ A. Exprese en forma polar el voltaje del fasor $\mathbf{V}_x$ si $v_x(t)$ es igual a $c)$ $50 \sen (250t - 40°)$ V; $d)$ $20 \cos 108t - 30 \sen 108t$ V; $e)$ $33 \cos (80t - 50°) + 41 \cos (80t - 75°)$ V.

8 Los voltaje fasoriales $\mathbf{V}_1 = 10/\underline{90°}$ mV con $\omega = 500$ rad/s y $\mathbf{V}_2 = 8/\underline{90°}$ mV con $\omega = 1200$ rad/s se suman en un op-amp. Si el op-amp multiplica esta entrada por un factor de -5, encuentre la salida en $t = 0.5$ ms.

9 Si $\omega = 500$ rad/s e $\mathbf{I}_L = 2.5/\underline{40°}$ A en el circuito de la figura 8-13, encuentre $v_s(t)$.

Figura 8-13

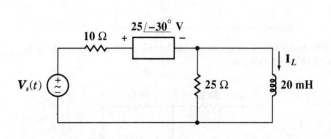

Para el problema 9.

10 Sea $\omega = 5$ krad/s en el circuito de la figura 8-14. Encuentre a) $v_1(t)$; b) $v_2(t)$; c) $v_3(t)$.

Figura 8-14

Para el problema 10.

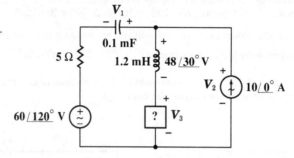

11 Una corriente fasorial de $1/\underline{0°}$ A fluye a través de la combinación en serie de 1 Ω, 1 H y 1F. ¿A qué frecuencia la amplitud del voltaje a través de la red es dos veces la amplitud del voltaje a través del resistor?

12 Encuentre v_x en el circuito que se muestra en la figura 8-15.

Figura 8-15

Para los problemas 12 y 20.

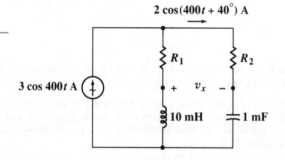

13 Una caja negra con franjas amarillas contiene dos fuentes de corriente, $\mathbf{I}_{s1}$ e $\mathbf{I}_{s2}$. El voltaje de salida se identifica como $\mathbf{V}_{salida}$. Si $\mathbf{I}_{s1} = 2/\underline{20°}$ A e $\mathbf{I}_{s2} = 3/\underline{-30°}$ A, entonces $\mathbf{V}_{salida} = 80/\underline{10°}$ V. Sin embargo, si $\mathbf{I}_{s1} = \mathbf{I}_{s2} = 4/\underline{40°}$ A, entonces $\mathbf{V}_{salida} = 90 - j30$ V. Encuentre $\mathbf{V}_{salida}$ si $\mathbf{I}_{s1} = 2.5/\underline{-60°}$ A e $\mathbf{I}_{s2} = 2.5/\underline{60°}$ A.

14 Encuentre $\mathbf{Z}_{entrada}$ en las terminales a y b en la figura 8-16, si ω es igual a: a) 800 rad/s; b) 1600 rad/s.

Figura 8-16

Para los problemas 14 y 16.

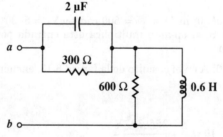

15 Sea $\omega = 100$ rad/s en el circuito de la figura 8-17. Encuentre a) $\mathbf{Z}_{entrada}$; b) $\mathbf{Z}_{entrada}$ si se conecta en corto circuito de x a y.

Figura 8-17

Para el problema 15.

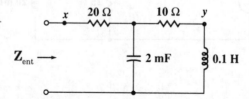

16 Si una fuente de voltaje $v_s = 120 \cos 800t$ V se conecta a las terminales a y b en la figura 8-16 (con referencia positiva en la parte superior), ¿cuál es la corriente que fluye hacia la derecha en la resistencia de 300 Ω?

17 Encuentre **V** en la figura 8-18 si la caja contiene a) 3 Ω en serie con 2 mH; b) 3 Ω en serie con 125 μF; c) 3 Ω, 2 mH y 125 μF en serie; d) 3 Ω, 2 mH y 125 μF en serie pero con $\omega = 4$ krad/s.

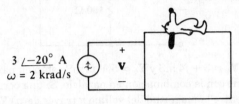

Figura 8-18

Para el problema 17.

18 Un inductor de 10 H, un resistor de 200 Ω y un capacitor C están en paralelo. a) Encuentre la impedancia de la combinación en paralelo en $\omega = 100$ rad/s si $C = 20\,\mu$F. b) Si la magnitud de la impedancia es de 125 Ω en $\omega = 100$ rad/s, encuentre C. c) ¿Cuáles son los dos valores de ω en donde la magnitud de la impedancia es igual a 100 Ω si $C = 20\,\mu$F?

19 Un inductor de 20 mH y un resistor de 30 Ω están en paralelo. Encuentre la frecuencia ω en que: a) $|\mathbf{Z}_{\text{entrada}}| = 25$ Ω; b) ángulo $(\mathbf{Z}_{\text{entrada}}) = 25°$; c) Re $(\mathbf{Z}_{\text{entrada}}) = 25$ Ω; d) Im $(\mathbf{Z}_{\text{entrada}}) = 10$ Ω.

20 Encuentre R_1 y R_2 en el circuito de la figura 8-15.

21 Una red de dos elementos tiene una impedancia de entrada de $200 + j80$ Ω con $\omega = 1200$ rad/s. ¿Qué capacitancia C debe colocarse en paralelo con la red para proporcionar una impedancia de entrada con a) reactancia de cero, b) una magnitud de 100 Ω?

22 Para la red de la figura 8-19, encuentre $\mathbf{Z}_{\text{entrada}}$ con $\omega = 4$ rad/s si las terminales a y b están a) en circuito abierto; b) en corto circuito.

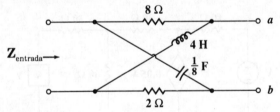

Figura 8-19

Para el problema 22.

23 Encuentre la admitancia de entrada $\mathbf{Y}_{ab}$ de la red mostrada en la figura 8-20 y dibújela como la combinación en paralelo de una resistencia R y una inductancia L, dando los valores de R y L si $\omega = 1$ rad/s.

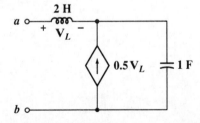

Figura 8-20

Para el problema 23.

24 Una resistencia de 5 Ω, una inductancia de 20 mH y una capacitancia de 2 mF forman una red en serie con terminales a y b. a) Trabaje con admitancias para determinar cuál debe ser el tamaño de la capacitancia que se conecta entre a y b de tal manera que $\mathbf{Z}_{\text{entrada},ab} = R_{\text{entrada},ab} + j0$ con $\omega = 500$ rad/s. b) ¿Cuánto vale $R_{\text{entrada},ab}$? c) Con C en su lugar, ¿cuánto vale $\mathbf{Y}_{\text{entrada},ab}$ con $\omega = 1000$ rad/s?

25 En la red mostrada en la figura 8-21, encuentre la frecuencia en que *a*) $R_{entrada} = 550 \ \Omega$; *b*) $X_{entrada} = 50 \ \Omega$; *c*) $G_{entrada} = 1.8$ mS; *d*) $B_{entrada} = -150 \ \mu$S.

Figura 8-21

Para el problema 25.

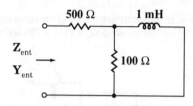

26 Dos admitancias $\mathbf{Y}_1 = 3 + j4$ mS y $\mathbf{Y}_2 = 5 + j2$ mS están en paralelo, y una tercera, $\mathbf{Y}_3 = 2 - j4$ mS, está en serie con la combinación en paralelo. Si una corriente $\mathbf{I}_1 = 0.1\underline{/30^\circ}$ A fluye a través de $\mathbf{Y}_1$, encuentre la magnitud del voltaje a través de *a*) $\mathbf{Y}_1$; *b*) $\mathbf{Y}_2$; *c*) $\mathbf{Y}_3$; *d*) toda la red.

27 La admitancia de la combinación en paralelo de una resistencia de 10 Ω y una capacitancia de 50 μF con $\omega = 1$ krad/s es la misma que la admitancia de R_1 y C_1 en serie a esa frecuencia. *a*) Encuentre R_1 y C_1 *b*) Repita el inciso anterior para $\omega = 2$ krad/s.

28   Un plano de coordenadas cartesianas contiene un eje horizontal sobre el cual se da $G_{entrada}$ en siemens, y un eje vertical en donde se mide $B_{entrada}$, también en siemens. Sea $\mathbf{Y}_{entrada}$ la combinación en serie de un resistor de 1 Ω y un capacitor de 0.1 F. *a*) Encuentre $\mathbf{Y}_{entrada}, G_{entrada}$ y $B_{entrada}$ como funciones de ω. *b*) Localice sobre el plano los pares coordenados $(G_{entrada}, B_{entrada})$, en los valores de frecuencia $\omega = 0, 1, 2, 5, 10, 20$ y 10^6 rad/s.

29   (SPICE) Sea $\mathbf{V}_s = 100\underline{/0^\circ}$ V en $f = 50$ Hz en el circuito que se muestra en la figura 8-22. Utilice el análisis SPICE para encontrar el voltaje fasorial $\mathbf{V}_x$ si el elemento X es un *a*) resistor de 30 Ω; *b*) inductor de 0.5 H; *c*) capacitor de 50 μF.

Figura 8-22

Para el problema 29.

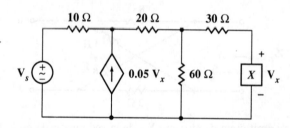

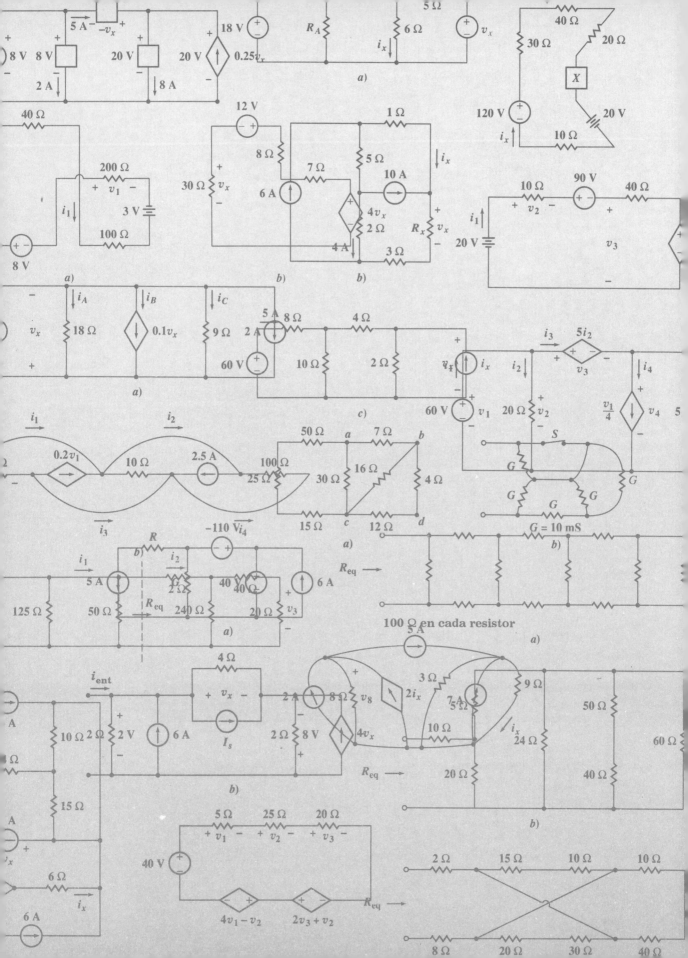

La respuesta en estado senoidal permanente

En el capítulo 1, y particularmente en el capítulo 2, se aprendieron varios métodos útiles para el análisis de circuitos resistivos. Sin importar la complejidad del circuito, es posible hallar cualquier respuesta deseada usando análisis de mallas, nodos o lazos, superposición, transformación de fuentes o los teoremas de Thévenin y Norton. A veces es suficiente un solo método, pero con frecuencia resulta útil combinar varios métodos para obtener la respuesta de la forma más directa posible. Ahora se desea extender estas técnicas al análisis de circuitos en estado senoidal permanente, y ya se ha visto que las impedancias se conectan en la misma forma que las resistencias. La extensión de las técnicas del análisis de circuitos resistivos se ha prometido muchas veces, y ahora se dará una justificación de tal extensión, y se practicará el uso de dichas técnicas.

9-1
Introducción

Primero se repasarán los argumentos por medio de los cuales se aceptó el análisis de nodos para un circuito puramente resistivo que contiene N nodos. Después de elegir un nodo de referencia, y asignar variables de voltaje entre cada uno de los $N-1$ nodos restantes y el de referencia, se aplicaba la ley de corrientes de Kirchhoff a cada uno de estos $N-1$ nodos. Entonces, la aplicación de la ley de Ohm a todos los resistores daba $N-1$ ecuaciones con $N-1$ incógnitas si no había fuentes de voltaje o fuentes dependientes; si las había, se escribían ecuaciones adicionales de acuerdo a las definiciones de cada uno de los tipos de fuentes presentes.

La pregunta ahora es ¿existe un procedimiento similar válido en términos de fasores e impedancias para el estado senoidal permanente? Por el momento, ya se sabe que las dos leyes de Kirchhoff son válidas para los fasores; también se cuenta ya con una ley parecida a la de Ohm, para elementos pasivos, $\mathbf{V} = \mathbf{ZI}$. En otras palabras, las leyes sobre las que descansa el análisis de nodos son válidas para los fasores, por lo que el análisis de nodos es aplicable a circuitos en el estado senoidal permanente. Es evidente que los métodos de mallas y lazos también son válidos.

Considérese un ejemplo de análisis de nodos.

9-2
Análisis de nodos, mallas y lazos

Ejemplo 9-1 Se quiere determinar los voltajes de nodo en el dominio del tiempo $v_1(t)$ y $v_2(t)$ en el circuito de la figura 9-1.

Solución: en este circuito, cada elemento pasivo está caracterizado por su impedancia, aunque podría simplificarse un poco el análisis usando valores de

Figura 9-1

Circuito en el dominio de la frecuencia en el que se identifican los voltajes de nodo V_1 y V_2.

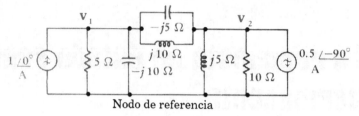

Nodo de referencia

admitancia. Dos fuentes de corriente se dan como fasores, y se indican los voltajes de nodos V_1 y V_2. En el nodo de la izquierda se aplica LCK e $I = V/Z$:

$$\frac{V_1}{5} + \frac{V_1}{-j10} + \frac{V_1 - V_2}{-j5} + \frac{V_1 - V_2}{j10} = 1 + j0$$

En el nodo de la derecha,

$$\frac{V_2 - V_1}{-j5} + \frac{V_2 - V_1}{j10} + \frac{V_2}{j5} + \frac{V_2}{10} = -(-j0.5)$$

combinando términos, se tiene

$$(0.2 + j0.2)V_1 - j0.1V_2 = 1 \tag{1}$$

y $$-j0.1V_1 + (0.1 - j0.1)V_2 = j0.5 \tag{2}$$

Usando determinantes para resolver las ecuaciones (1) y (2) se obtiene

$$V_1 = \frac{\begin{vmatrix} 1 & -j0.1 \\ j0.5 & (0.1 - j0.1) \end{vmatrix}}{\begin{vmatrix} (0.2 + j0.2) & -j0.1 \\ -j0.1 & (0.1 - j0.1) \end{vmatrix}}$$

$$= \frac{0.1 - j0.1 - 0.05}{0.02 - j0.02 + j0.02 + 0.02 + 0.01}$$

$$= \frac{0.05 - j0.1}{0.05} = 1 - j2 \text{ V}$$

y $$V_2 = \frac{\begin{vmatrix} 0.2 + j0.2 & 1 \\ -j0.1 & j0.5 \end{vmatrix}}{0.05} = \frac{-0.1 + j0.1 + j0.1}{0.05}$$

$$= -2 + j4 \text{ V}$$

Las soluciones en el dominio del tiempo se obtienen expresando V_1 y V_2 en forma polar:

$$V_1 = 2.24\underline{/-63.4°} \qquad V_2 = 4.47\underline{/116.6°}$$

y pasando al dominio del tiempo:

$$v_1(t) = 2.24 \cos(\omega t - 63.4°) \qquad \text{V}$$

$$v_2(t) = 4.47 \cos(\omega t + 116.6°) \qquad \text{V}$$

Obsérvese que el valor de ω debería ser conocido para poder calcular los valores de impedancia dados en el diagrama de circuito. Se supone que las dos fuentes también operan a la misma frecuencia.   ●

Ahora se estudiará un ejemplo de lazo o análisis de malla.

Ejemplo 9-2 Se busca la expresión de las corrientes i_1 e i_2 en el dominio del tiempo para el circuito dado en la figura 9-2*a*.

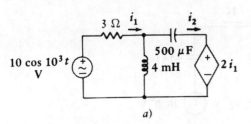
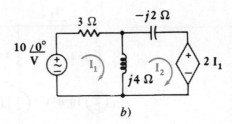

a)   *b)*

Figura 9-2

a) Circuito en el dominio del tiempo con una fuente dependiente. *b*) Circuito correspondiente en el dominio de la frecuencia, en el que se indican las corrientes de malla $\mathbf{I}_1$ e $\mathbf{I}_2$.

Solución: Observando en la fuente de la izquierda que $\omega = 10^3$ rad/s, se dibuja el circuito en el dominio de la frecuencia en la figura 9-2*b* y se asignan las corrientes de mallas $\mathbf{I}_1$ e $\mathbf{I}_2$. Alrededor de la malla 1,

$$3\mathbf{I}_1 + j4(\mathbf{I}_1 - \mathbf{I}_2) = 10\underline{/0°}$$

o

$$(3 + j4)\mathbf{I}_1 - j4\mathbf{I}_2 = 10$$

mientras que la malla 2 lleva a

$$j4(\mathbf{I}_2 - \mathbf{I}_1) - j2\mathbf{I}_2 + 2\mathbf{I}_1 = 0$$

o

$$(2 - j4)\mathbf{I}_1 + j2\mathbf{I}_2 = 0$$

Resolviendo,

$$\mathbf{I}_1 = \frac{14 + j8}{13} = 1.240\underline{/29.7°}\,\text{A}$$

$$\mathbf{I}_2 = \frac{20 + j30}{13} = 2.77\underline{/56.3°}\,\text{A}$$

Así,

$$i_1(t) = 1.240 \cos(10^3 t + 29.7°)\qquad\text{A}$$

$$i_2(t) = 2.77 \cos(10^3 t + 56.3°)\qquad\text{A}$$

Las soluciones de cualquiera de los dos problemas anteriores pueden verificarse trabajando todo en el dominio del tiempo, pero sería una tarea laboriosa, una de tantas que se prefiere no hacer, ya que afortunadamente existe el método fasorial.

9-1. Utilice el análisis de nodos en el circuito que se muestra en la figura 9-3 para encontrar *a*) $\mathbf{V}_1$; *b*) $\mathbf{V}_2$ *Resp:* 1.062$\underline{/23.3°}$ V; 1.593$\underline{/-50.0°}$ V

Ejercicios

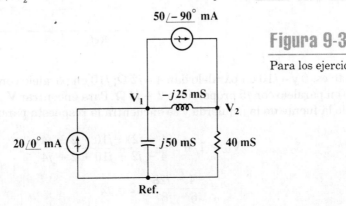

Figura 9-3

Para los ejercicios 9-1 y 9-3.

9-2. Utilice el análisis de malla en el circuito de la figura 9-4 para determinar *a*) $\mathbf{I}_1$;
b) $\mathbf{I}_2$.   *Resp:* 4.87$\underline{/-164.6°}$ A; 7.17$\underline{/-144.9°}$ A

Figura 9-4

Para el problema 9-2.

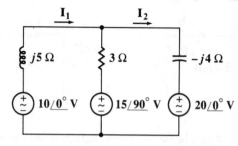

9-3

Superposi-
ción, trans-
formaciones
de fuentes y
el teorema
de Thévenin

Después de introducir los inductores y los capacitores en el capítulo 3, se vio que los circuitos en los que se hallaban estos elementos seguían siendo lineales, y que seguían obteniéndose los beneficios de la linealidad. Entre estos últimos se encontraban el principio de superposición y los teoremas de Thévenin y Norton; ahora se ve que la transformación de fuentes es un caso especial de estos dos teoremas. Por eso, se ve que estos métodos pueden usarse en los circuitos que ahora se están considerando; el hecho de que se estén aplicando fuentes senoidales y se busque sólo la respuesta forzada es intrascendente; siguen siendo circuitos lineales. Debe recordarse también que se hizo uso de la linealidad y la superposición cuando se combinaron fuentes reales e imaginarias para obtener una fuente compleja.

Se considerarán varios ejemplos en los que las respuestas se obtienen más fácilmente aplicando superposición, transformación de fuentes o los teoremas de Thévenin o Norton.

Ejemplo 9-3 Regrese al circuito de la figura 9-1; esta vez intente utilizar superposición para determinar $\mathbf{V}_1$.

Solución: primero se vuelve a dibujar el circuito de la figura 9-1 en la figura 9-5, donde cada par de impedancias paralelas se remplaza por una sola impedancia equivalente.

Figura 9-5

$\mathbf{V}_1$ y $\mathbf{V}_2$ se pueden encontrar usando superposición de las respuestas fasoriales separadas.

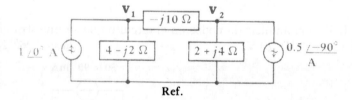

Esto es, 5 y $-j10$ en paralelo dan $4 - j2$ Ω; $j10$ en paralelo con $-j5$ da $-j10$ Ω, y 10 en paralelo con $j5$ proporciona $2 + j4$ Ω. Para encontrar $\mathbf{V}_1$, primero se activa sólo la fuente de la izquierda y se encuentra la respuesta parcial:

$$\mathbf{V}_{1L} = 1\underline{/0°} \; \frac{(4 - j2)(-j10 + 2 + j4)}{4 - j2 - j10 + 2 + j4}$$

$$= \frac{-4 - j28}{6 - j8} = 2 - j2$$

Activando sólo la fuente de la derecha, el divisor de corriente ayuda a obtener

$$\mathbf{V}_{1R} = (-0.5\underline{/-90°})\left(\frac{2+j4}{4-j2-j10+2+j4}\right)(4-j2) = -1$$

Sumando,

$$\mathbf{V}_1 = 2 - j2 - 1 = 1 - j2 \text{ V}$$

que coincide con el resultado anterior.

Puede investigarse también si el teorema de Thévenin es de utilidad o no en el análisis de este circuito (Fig. 9-5).

Ejemplo 9-4 Determine el equivalente de Thévenin visto por la impedancia de $-j10\ \Omega$.

Solución: el voltaje de circuito abierto (con referencia positiva a la izquierda) es

$$\mathbf{V}_{oc} = (1\underline{/0°})(4-j2) + (0.5\underline{/-90°})(2+j4)$$

$$= 4 - j2 + 2 - j1 = 6 - j3 \text{ V}$$

La impedancia del circuito inactivo, vista desde las terminales de la carga, es simplemente la suma de las dos impedancias restantes. Por tanto,

$$\mathbf{Z}_{th} = 6 + j2\ \Omega$$

Entonces, cuando se reconecta el circuito, la corriente dirigida del nodo 1 al nodo 2 a través de la carga de $-j10\ \Omega$ es

$$\mathbf{I}_{12} = \frac{6-j3}{6+j2-j10} = 0.6 + j0.3 \text{ A}$$

Restando ésta de la fuente de circuito de la izquierda, la corriente hacia abajo a través de la rama $(4-j2)\ \Omega$ es:

$$\mathbf{I}_1 = 1 - 0.6 - j0.3 = 0.4 - j0.3 \text{ A}$$

y así,

$$\mathbf{V}_1 = (0.4 - j0.3)(4 - j2) = 1 - j2 \text{ V}$$

Se pudo haber sido más astuto y haber empleado el teorema de Norton en los tres elementos de la derecha, suponiendo que el interés principal estaba en $\mathbf{V}_1$. También puede usarse repetidamente la transformación de fuentes para simplificar el circuito. Es decir, todos los trucos que surgieron en los capítulos 1 y 2 son aplicables también en el análisis de circuitos en el dominio de la frecuencia. La pequeña complejidad adicional que surge se debe sólo a la necesidad de usar números complejos y no a las consideraciones teóricas.

Finalmente, debe ser agradable saber que estas mismas técnicas se aplicarán a la respuesta forzada de circuitos excitados por funciones senoidales amortiguadas, funciones exponenciales y funciones que tengan en general una *frecuencia compleja*. Entonces, estas mismas técnicas se verán de nuevo en el capítulo 12.

Ejercicios

9-3. Si se usa superposición en el circuito de la figura 9-3, encuentre $\mathbf{V}_1$ con a) sólo la fuente de $20\underline{/\,0^\circ}$ mA operando; b) sólo la fuente de $50\underline{/\,-90^\circ}$ mA operando.

Resp: $0.1951 - j0.556$ V; $0.780 + j0.976$ V

9-4. Para el circuito mostrado en la figura 9-6, encuentre a) el voltaje del circuito abierto $\mathbf{V}_{ab}$; b) la corriente hacia abajo en un corto circuito entre las terminales a y b; c) la impedancia equivalente de Thévenin, $\mathbf{Z}_{ab}$.

Resp: $16.77\underline{/\,-33.4^\circ}$ V; $2.60 + j1.500$ A; $2.5 - j5$ Ω

Figura 9-6

Para el ejercicio 9-4.

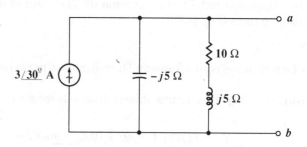

9-4

Diagramas fasoriales

El *diagrama fasorial* es un nombre dado a un bosquejo, en el plano complejo, que muestra las relaciones de los voltajes y las corrientes fasoriales a través de un circuito específico. También proporciona un método gráfico para resolver ciertos problemas y se puede usar para verificar métodos analíticos más exactos. Además, simplifica considerablemente el trabajo analítico en ciertos problemas simétricos de muchas fases (capítulo 11), permitiendo identificar la simetría y aplicarla provechosamente. En el capítulo siguiente se encontrarán diagramas similares que muestran las relaciones de la potencia compleja en el estado senoidal permanente. El uso de otros planos complejos surge con relación a la frecuencia compleja en el capítulo 12.

El uso del plano complejo para la identificación gráfica de números complejos y su suma y resta ya es familiar. Como los voltajes y corrientes fasoriales son números complejos, pueden representarse también como puntos en el plano complejo. Por ejemplo, el voltaje fasorial $\mathbf{V}_1 = 6 + j8 = 10\underline{/\,53.1^\circ}$ V se identifica en el plano complejo de voltaje mostrado en la figura 9-7. Los ejes son el eje real del voltaje y el eje

Figura 9-7

Un diagrama fasorial simple que muestra el voltaje fasorial $\mathbf{V}_1 = 6 + j8 = 10\underline{/\,53.1^\circ}$ V.

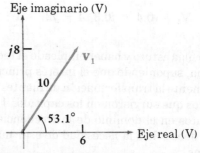

imaginario del voltaje; el voltaje $\mathbf{V}_1$ se localiza por medio de una flecha dibujada desde el origen. Como la suma y la resta son particularmente fáciles de efectuar y mostrar en un plano complejo, es obvio que los fasores pueden sumarse y restarse fácilmente en un diagrama fasorial. La multiplicación y la división producen la suma y resta de ángulos y un cambio de amplitud; esta última no se visualiza tan claramente, ya que el cambio de amplitud depende de la amplitud de cada fasor y de la escala del diagrama. La figura 9-8a muestra la suma de V_1 y un segundo fasor de voltaje $V_2 = 3 - j4 = 5\underline{/-53.1°}$ V, y la figura 9-8b muestra la corriente I_1, que es el producto de V_1 y la admitancia $Y = 1 + j1$ S.

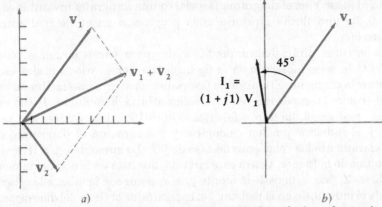

Figura 9-8

a) Un diagrama fasorial que muestra la suma de $V_1 = 6 + j8$ V y $V_2 = 3 - j4$ V, $V_1 + V_2 = 9 + j4 = 9.85\underline{/24.0°}$ V.
b) El diagrama fasorial muestra V_1 e I_1, donde $I_1 = YV_1$ y $Y = 1 + j1$ S.

Este último diagrama fasorial muestra fasores de voltaje y de corriente en el mismo plano complejo; se entiende que cada uno tiene su propia escala de amplitud, pero una escala común para los ángulos. Por ejemplo, un fasor de voltaje de 1 cm de largo puede representar 100 V, mientras que un fasor de corriente de 1 cm podría indicar 3 mA.

El diagrama fasorial también ofrece una interpretación interesante de la transformación del dominio del tiempo al dominio de la frecuencia, ya que puede ser interpretado desde el punto de vista de cualquiera de los dos. Es obvio que hasta ahora sólo se ha usado la interpretación en el dominio de la frecuencia, puesto que se han mostrado los fasores directamente sobre el diagrama fasorial. Sin embargo, puede adoptarse el punto de vista del dominio del tiempo empezando por mostrar el voltaje fasorial $V = V_m\underline{/\alpha}$ como se muestra en la figura 9-9a. Con el objeto de transformar V al dominio del tiempo, el próximo paso necesario es la multiplicación del fasor por

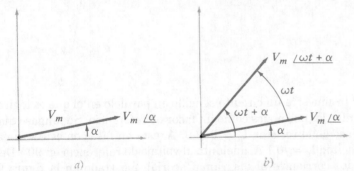

Figura 9-9

a) Voltaje fasorial $V_m\underline{/\alpha}$. b) El voltaje complejo $V_m\underline{/\omega t + \alpha}$ se muestra como un fasor en un instante particular. Este fasor adelanta a $V_m\underline{/\alpha}$ por ωt rad.

$e^{j\omega t}$; por tanto, ahora se tiene el voltaje complejo $V_m e^{j\alpha} e^{j\omega t} = V_m\underline{/\omega t + \alpha}$. Este voltaje también puede ser considerado como un fasor que tiene un ángulo que aumenta linealmente con el tiempo. Por lo tanto, en un diagrama fasorial, representa un segmento de recta giratorio, donde su posición instantánea está adelantada ωt radianes (en el sentido contrario a las manecillas del reloj) de $V_m\underline{/\alpha}$. Tanto $V_m\underline{/\alpha}$ como $V_m\underline{/\omega t + \alpha}$ se muestran en el diagrama fasorial de la figura 9-9b.

El paso al dominio del tiempo se completa tomando la parte real de $V_m\underline{/\omega t + \alpha}$. Sin embargo, la parte real de esta cantidad compleja es simplemente la proyección de $V_m\underline{/\omega t + \alpha}$ sobre el eje real.

En resumen, el fasor en el dominio de la frecuencia aparece en el diagrama fasorial, y la transformación al dominio del tiempo se efectúa dejando que el fasor gire en sentido contrario al de las manecillas del reloj, con una velocidad angular de ω rad/s y tomando la proyección sobre el eje real. Ayuda pensar que la flecha que representa al fasor $\mathbf{V}$ en el diagrama fasorial es una fotografía instantánea, tomada en $\omega t = 0$, de una flecha giratoria cuya proyección en el eje real es el voltaje instantáneo $v(t)$.

Ahora se construirán diagramas fasoriales para varios circuitos sencillos. El circuito RLC en serie mostrado en la figura 9-10a tiene varios voltajes asociados a él, pero una sola corriente. El diagrama fasorial se construye más fácilmente tomando la corriente como el fasor de referencia. Se elige arbitrariamente $\mathbf{I} = I_m \underline{/0^\circ}$ y se coloca sobre el eje real en el diagrama fasorial (Fig. 9-10b). Los voltajes del resistor, el capacitor y el inductor pueden calcularse y colocarse en el diagrama, donde se aprecian claramente las relaciones de fase de 90°. La suma de estos tres voltajes es igual al voltaje de la fuente, y para este circuito, que está en la condición de resonancia[1] con $\mathbf{Z}_C = -\mathbf{Z}_L$, los voltajes de la fuente y del resistor son iguales. El voltaje total en el resistor y el inductor, o en el resistor y el capacitor, se obtiene del diagrama fasorial.

Figura 9-10

a) Circuito RLC en serie en el dominio de la frecuencia. b) Diagrama fasorial asociado, dibujado con la corriente de malla como el fasor de referencia.

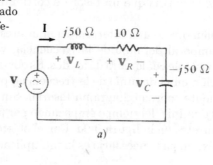

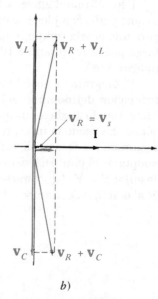

b)

La figura 9-11a muestra un circuito sencillo en paralelo en el que es lógico usar el voltaje único entre los dos nodos como un fasor de referencia. Supóngase que $\mathbf{V} = 1\underline{/0^\circ}$ V. La corriente en el resistor, $\mathbf{I}_R = 0.2\underline{/0^\circ}$ A, está en fase con este voltaje, y la corriente del capacitor, $\mathbf{I}_C = j0.1$ A, adelanta al voltaje de referencia en 90°. Después de añadir estas dos corrientes al diagrama fasorial, mostrado en la figura 9-11b, pueden sumarse para obtener la corriente de la fuente. El resultado es $\mathbf{I}_s = 0.2 + j0.1$ A.

Si la corriente de la fuente se hubiera indicado al principio, por ejemplo, como $1\underline{/0^\circ}$ A, y el voltaje de nodo no se conociera al inicio, aun así sería conveniente comenzar la construcción del diagrama fasorial suponiendo un voltaje de nodo —por decir algo $\mathbf{V} = 1\underline{/0^\circ}$ V— y usarlo como el fasor de referencia. El diagrama se completaría igual que antes, y se encontraría que la corriente de la fuente que fluye como resultado del voltaje de nodo supuesto, sería de nuevo $0.2 + j0.1$ A. Sin embargo, la verdadera

---

[1] La resonancia se definirá en el capítulo 13.

Figura 9-11

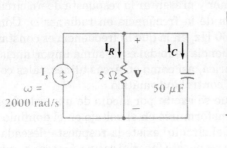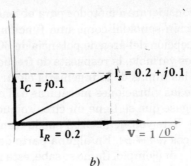

a) Circuito *RC* en paralelo. *b)* Diagrama fasorial para este circuito; el voltaje de nodo **V** se usa como un fasor de referencia conveniente.

corriente de la fuente es $1/0°$ A, y el verdadero voltaje de nodo se obtiene multiplicando por $1/0°/(0.2 + j0.1)$; entonces, el verdadero voltaje de nodo es $4 - j2$ V $= \sqrt{20}/-26.6°$. El voltaje supuesto conduce a un diagrama fasorial que difiere del verdadero por un cambio de escala (el diagrama supuesto es menor por un factor de $1/\sqrt{20}$) y una rotación angular (el diagrama supuesto está girado 26.6° en contra de las manecillas del reloj).

Generalmente, es muy fácil construir los diagramas fasoriales, y la mayor parte de los análisis del estado senoidal permanente serán más significativos si se incluyen dichos diagramas. En lo que resta de este libro, aparecerán con frecuencia ejemplos adicionales del uso de los diagramas fasoriales.

Ejercicios

9-5. Seleccione un valor conveniente para **V**, como $10/0°$ V en el circuito de la figura 9-12*a*, y construya un diagrama fasorial que muestre $\mathbf{I}_R$, $\mathbf{I}_L$ e $\mathbf{I}_C$. Combinando estas corrientes, determine el ángulo por el cual $\mathbf{I}_s$ adelanta a: *a*) $\mathbf{I}_R$; *b*) $\mathbf{I}_C$; *c*) $\mathbf{I}_x$.

Resp: 45°; −45°; 71.6°

9-6. Elija un valor de referencia conveniente para $\mathbf{I}_C$ en la figura 9-12*b*; construya un diagrama fasorial que muestre $\mathbf{V}_R$, $\mathbf{V}_2$, $\mathbf{V}_1$ y $\mathbf{V}_s$, y calcule la razón de las longitudes de: *a*) $\mathbf{V}_s$ a $\mathbf{V}_1$; *b*) $\mathbf{V}_1$ a $\mathbf{V}_2$; *c*) $\mathbf{V}_s$ a $\mathbf{V}_R$.

Resp: 1.90; 1.00; 2.12

Figura 9-12

a) Para el ejercicio 9-5. *b*) Para el ejercicio 9-6.

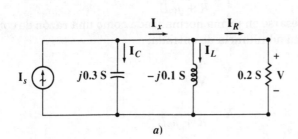

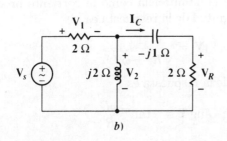

9-5

La respuesta como función de ω

Ahora se considerarán métodos para obtener y presentar la respuesta de un circuito con excitación senoidal como una función de la frecuencia en radianes ω. Con la posible excepción del área de potencia de 60 Hz, en la que la frecuencia es constante y la carga es variable, la respuesta de frecuencia senoidal es de suma importancia en casi todas las ramas de la ingeniería eléctrica, así como en áreas afines, tales como la teoría de las vibraciones mecánicas o el control automático.

Supóngase que se tiene un circuito que se excita por medio de una sola fuente $\mathbf{V}_s = V_s \underline{/\theta}$. Este voltaje fasorial puede transformarse en el voltaje en el dominio del tiempo $V_s \cos{(\omega t + \theta)}$. En alguna parte del circuito existe la respuesta deseada, la corriente $\mathbf{I}$, por ejemplo. Como se sabe, esta respuesta fasorial es un número complejo, y en general se necesitan dos cantidades para especificar completamente su valor: pueden ser una parte real y una imaginaria, o bien una amplitud y un ángulo de fase. El último par de cantidades es más útil y su cálculo experimental es más fácil, y es la información que se obtendrá analíticamente como una función de la frecuencia. Los datos pueden presentarse como dos curvas, la magnitud de la respuesta en función de ω y el ángulo fase de la respuesta en función de ω. Generalmente se normalizan las curvas graficando la magnitud de la razón corriente-voltaje, y el ángulo fase de la razón corriente-voltaje contra ω. Es evidente que una descripción alternativa de las curvas resultantes es la magnitud y el ángulo fase de una admitancia como una función de la frecuencia. La admitancia puede ser una admitancia de entrada o, si la corriente y el voltaje se miden en distintos lugares del circuito, una admitancia de *transferencia*. Una respuesta normalizada de voltaje a una fuente de corriente puede presentarse como la magnitud y el ángulo de fase de una impedancia de entrada o de transferencia, contra ω. Otras posibilidades son las razones voltaje-voltaje (ganancias de voltaje) o corriente-corriente (ganancias de corriente). Se considerarán los detalles de este proceso analizando ampliamente varios ejemplos.

Para el primer ejemplo, se elige el circuito RL en serie. Se aplica el voltaje $\mathbf{V}_s$ a este circuito y se elige la corriente $\mathbf{I}$ (que sale del extremo marcado positivo de la fuente de voltaje), como la respuesta deseada. Como sólo se está tratando con la respuesta forzada, y los métodos fasoriales conocidos permiten obtener la corriente:

$$\mathbf{I} = \frac{\mathbf{V}_s}{R + j\omega L}$$

Este resultado puede expresarse en forma normalizada como una razón de corriente a voltaje, es decir, como una admitancia de entrada:

$$\mathbf{Y} = \frac{\mathbf{I}}{\mathbf{V}_s}$$

o

$$\mathbf{Y} = \frac{1}{R + j\omega L} \qquad (3)$$

Si se desea, puede considerarse la admitancia como la corriente producida por la fuente de voltaje $1\underline{/0°}$ V. La magnitud de la respuesta es

$$|\mathbf{Y}| = \frac{1}{\sqrt{R^2 + \omega^2 L^2}} \qquad (4)$$

mientras que el ángulo de fase de la respuesta es

$$\text{áng } \mathbf{Y} = -\tan^{-1}\frac{\omega L}{R} \qquad (5)$$

Las ecuaciones (4) y (5) son las expresiones analíticas para la magnitud y el ángulo fase de la respuesta en función de ω; ahora se desea presentar esta misma información en una gráfica.

Primero considérese la curva de la magnitud. Es importante observar que se está graficando el valor absoluto de alguna cantidad, contra ω, por lo que toda la curva debe estar *arriba* del eje de ω. La curva de respuesta se construye notando que su valor para una frecuencia igual a cero es $1/R$, la pendiente inicial es cero y la respuesta tiende a cero conforme la frecuencia tiende a infinito; la gráfica de la magnitud de la respuesta en función de ω se muestra en la figura 9-13a.

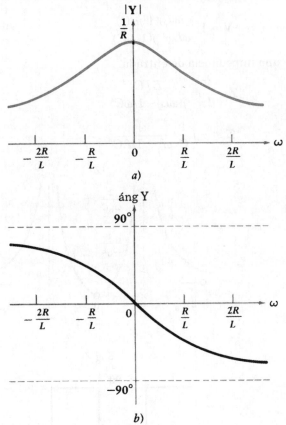

a)

b)

Figura 9-13

a) La magnitud de $\mathbf{Y} = \mathbf{I}/\mathbf{V}_s$ y b) el ángulo de $\mathbf{Y}$ graficados como funciones de ω para un circuito RL en serie con excitación senoidal.

Para no perder la generalidad del caso y que este análisis quede completo, la respuesta se muestra tanto para valores positivos como negativos de la frecuencia; la simetría resulta de la ecuación (4) que indica que $|\mathbf{Y}|$ no cambia cuando ω se sustituye por $(-\omega)$. La interpretación física de una frecuencia negativa en radianes, como $\omega = -100$ rad/s, depende de la función en el dominio del tiempo, y siempre es posible obtenerla por inspección de la expresión en el dominio del tiempo. Supóngase, por ejemplo, que se considera el voltaje $v(t) = 50 \cos(\omega t + 30°)$. Si $\omega = 100$, el voltaje es $v(t) = 50 \cos(100t + 30°)$; pero si $\omega = -100$, $v(t) = 50 \cos(-100t + 30°)$ o $50 \cos(100t - 30°)$. Estos voltajes tienen valores diferentes en $t = 1$ ms, por ejemplo. Cualquier respuesta senoidal puede tratarse en forma similar.

La segunda parte de la respuesta, el ángulo fase de $\mathbf{Y}$ contra ω, es una función tangente inversa. La función tangente es muy conocida, y no debe haber dificultad para colocarla horizontal; las asíntotas en $+ 90°$ y $- 90°$ son útiles. La curva de la respuesta se muestra en la figura 9-13b. Los puntos en los que $\omega = \pm R/L$ se han indicado tanto en la curva de magnitud como en la del ángulo fase. A esas frecuencias la magnitud es 0.707 veces el valor de la magnitud máxima a la frecuencia cero y el ángulo de fase tiene una magnitud de 45°. A la frecuencia a la que la magnitud de la admitancia es 0.707 veces su valor máximo, la magnitud de la corriente es 0.707 veces su valor máximo, y la potencia promedio suministrada por la fuente es 0.707^2 o 0.5 veces su máximo valor. No es raro que a $\omega = R/L$ se le llame *frecuencia de potencia media*.

Como segundo ejemplo, se tomará un circuito LC en paralelo excitado por una fuente de corriente senoidal, como se ilustra en la figura 9-14a. La respuesta de voltaje $\mathbf{V}$ se obtiene fácilmente:

$$\mathbf{V} = \mathbf{I}_s \frac{(j\omega L)(1/j\omega C)}{j\omega L - j(1/\omega C)}$$

y puede expresarse como una impedancia de entrada

$$\mathbf{Z} = \frac{\mathbf{V}}{\mathbf{I}_s} = \frac{L/C}{j(\omega L - 1/\omega C)}$$

o

$$\mathbf{Z} = -j\,\frac{1}{C}\,\frac{\omega}{\omega^2 - 1/LC} \tag{6}$$

Figura 9-14

a) Un circuito LC en paralelo excitado senoidalmente. *b*) La magnitud de la impedancia de entrada, $\mathbf{Z} = \mathbf{V}/\mathbf{I}_s$, y *c*) el ángulo de la impedancia de entrada se graficaron como funciones de ω.

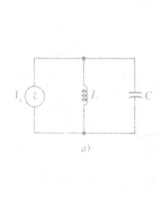

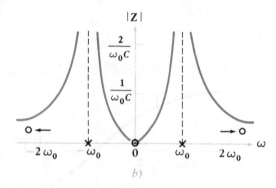

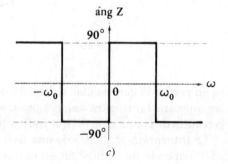

Definiendo,

$$\omega_0 = \frac{1}{\sqrt{LC}}$$

y factorizando la expresión de la impedancia de entrada, la magnitud de la impedancia puede escribirse de forma que permita identificar las frecuencias a las cuales la respuesta vale cero o infinito:

$$|\mathbf{Z}| = \frac{1}{C}\,\frac{|\omega|}{|(\omega - \omega_0)(\omega + \omega_0)|} \tag{7}$$

A dichas frecuencias se les llama *frecuencias críticas*, y su identificación simplifica la construcción de la curva de respuesta. Se observa primero que la amplitud de la respuesta es cero para $\omega = 0$; cuando esto sucede, se dice que la respuesta tiene un *cero* en $\omega = 0$, y también se describe la frecuencia a la que ocurre esto como un cero. Además, la respuesta tiene un valor infinito en $\omega = \omega_0$ y $-\omega_0$; estas frecuencias reciben el nombre de *polos*, y se dice que la respuesta tiene un polo en cada una de estas frecuencias. Finalmente, se observa que la respuesta tiende a cero conforme $\omega \to \infty$ y por lo tanto $\omega = \pm \infty$ es también un cero.[2]

Las localizaciones de las frecuencias críticas deben indicarse en el eje ω, usando circulitos para los ceros y cruces para los polos. Los polos o ceros para frecuencias infinitas deben indicarse con una flecha cerca del eje, como se muestra en la figura 9-14*b*. El trazado real de la gráfica se facilita colocando las asíntotas como líneas verticales a trazos en donde haya un polo. La gráfica completa de magnitud contra ω se muestra en la figura 9-14*b*; la pendiente en el origen *no es* cero.

Una inspección de la ecuación (6) muestra que el ángulo de fase de la impedancia de entrada debe ser $+90°$ o $-90°$; no hay otros valores posibles, tal como debe ser para cualquier circuito que se componga solamente de inductores y capacitores. Es por esto que una expresión analítica para áng $\mathbf{Z}$ deberá consistir en una serie de enunciados que indiquen que el ángulo es $+90°$ o $-90°$ en ciertos intervalos de frecuencia. Es más sencillo presentar la información gráficamente, como en la figura 9-14*c*. Aunque esta curva consiste únicamente en segmentos de recta horizontales, a menudo se cometen errores en su construcción, y es bueno cerciorarse de que puede dibujarse directamente sólo con observar la ecuación (6).

Ejemplo 9-5 Para el circuito LC de la figura 9-15, construya las gráficas de la amplitud y la fase para $\mathbf{Z}_{entrada}$ contra ω.

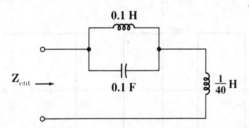

Figura 9-15

Un circuito LC cuya respuesta de frecuencia se determina en el ejemplo 9-5.

Solución: Se comienza por encontrar la expresión analítica para $\mathbf{Z}_{entrada}$

$$\mathbf{Z}_{ent} = \frac{(j\omega/10)(10/j\omega)}{j\omega/10 + 10/j\omega} + \frac{j\omega}{40} = \frac{1}{(100 - \omega^2)/j10\omega} + \frac{j\omega}{40}$$

$$= \frac{j10\omega}{100 - \omega^2} + \frac{j\omega}{40} = j\omega \left[\frac{100 - \omega^2 + 400}{40(100 - \omega^2)} \right]$$

$$= \frac{j\omega}{40} \left[\frac{\omega^2 - 500}{\omega^2 - 100} \right]$$

Por lo tanto

$$\mathbf{Z}_{ent} = j \frac{\omega(\omega - 22.4)(\omega + 22.4)}{40(\omega - 10)(\omega + 10)} \tag{8}$$

---

[2]   Es costumbre considerar que más infinito y menos infinito son el mismo punto. Sin embargo, el ángulo de fase de la respuesta para valores positivos y negativos muy grandes de ω no necesita ser el mismo.

Ahora puede escribirse una expresión para $\mathbf{Z}_{\text{entrada}}$,

$$|\mathbf{Z}_{\text{ent}}| = \left| \frac{\omega(\omega - 22.4)(\omega + 22.4)}{40(\omega - 10)(\omega + 10)} \right|$$

Se observa la presencia de ceros en $\omega = 0$, -22.4 y 22.4 rad/s; los polos se encuentran en $\omega = -10$ y 10 rad/s. Como $|\mathbf{Z}_{\text{ent}}|$ se acerca a infinito cuando ω tiende a infinito, también hay un polo en $\omega = \pm\infty$. Estos seis puntos críticos se indican en la figura 9-16a, en la que se bosquejó la curva de respuesta.

Figura 9-16

Para la red LC de la figura 9-15, se muestran bosquejos de a) $|\mathbf{Z}_{\text{ent}}|$ contra ω; b) áng $\mathbf{Z}_{\text{ent}}$ contra ω.

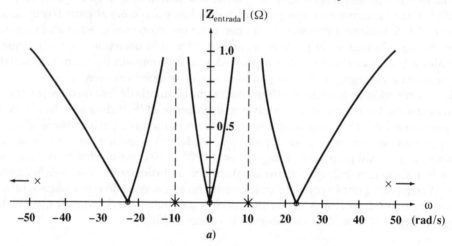

a)

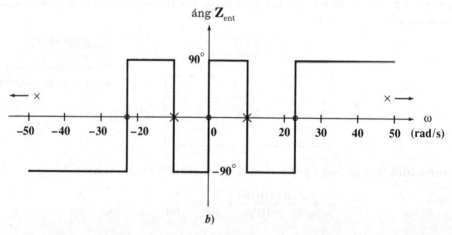

b)

De la ecuación (8) se puede observar que un valor negativo grande (en magnitud) de ω, como $\omega = -100$, produce una $\mathbf{Z}_{\text{ent}}$ negativa imaginaria, en este caso $\mathbf{Z}_{\text{ent}} = -j2.40\ \Omega$; así, el ángulo fase es $-90°$ para $-\infty < \omega < -22.4$. El ángulo alterna entre $-90°$ y $+90°$ cada vez que la frecuencia pasa por un polo o un cero. La fase resultante se muestra en la figura 9-16b.   ●

Ejercicios

9-7. Para el circuito que se muestra en la figura 9-17, bosqueje, como una función de ω: a) $|\mathbf{V}_1|$; b) áng $\mathbf{V}_1$; c) $|\mathbf{I}_2|$.

Resp: $|\mathbf{V}_1(j2)| = 33.8$ V; áng $\mathbf{V}_1(j2) = -5.44°$; $|\mathbf{I}_2(j2)| = 0.358$ A

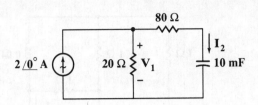

Figura 9-17

Para los ejercicios 9-7 y 9-8.

9-8. Sustituya los dos resistores en el circuito de la figura 9-17 con dos inductores de 10 mH y sea V_1 la respuesta buscada. Bosqueje $|V_1|$ y áng V_1 contra ω. Identifique todas las frecuencias críticas.

Resp: $V_1(j80) = 2.06\underline{/-90°}$ V; 0, ± 70.7 rad/s; ± 100 rad/s

1 Utilice el análisis fasorial y nodal en el circuito de la figura 9-18 para encontrar V_2.

Problemas

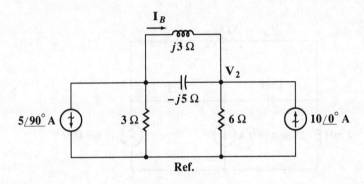

Figura 9-18

Para los problemas 1 y 2

2 Utilice análisis de malla y fasorial en el circuito de la figura 9-18 para encontrar I_B.

3 Encuentre $v_x(t)$ en el circuito de la figura 9-19 si $v_{s1} = 20 \cos 1000t$ V y $v_{s2} = 20 \sen 1000t$ V.

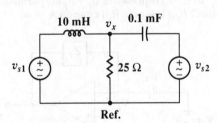

Figura 9-19

Para el problema 3.

4 *a)* Encuentre V_3 en el circuito que se muestra en la figura 9-20. *b)* ¿A qué valores idénticos deben cambiarse las impedancias de los tres capacitores para que V_3 sea 180° fuera de fase de la fuente de voltaje?

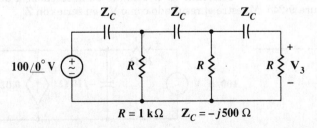

Figura 9-20

Para el problema 4.

5 Utilice el análisis de malla para encontrar $i_x(t)$ en el circuito de la figura 9-21.

Figura 9-21

Para los problemas 5 y 6.

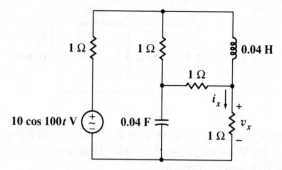

6 Encuentre $v_x(t)$ para el circuito de la figura 9-21 usando análisis de nodos y fasorial.

7 *a*) Construya un árbol para el circuito de la figura 9-22 de forma que i_1 sea una corriente de eslabón, asigne un conjunto completo de corrientes de eslabón y encuentre $i_1(t)$. *b*) Construya otro árbol en el que v_1 sea el voltaje de una rama, asigne un conjunto completo de voltajes de rama y encuentre $v_1(t)$.

Figura 9-22

Para los problemas 7 y 11.

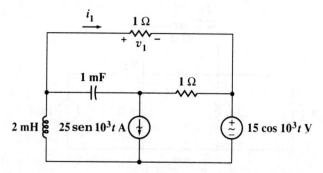

8 El op-amp que se muestra en la figura 9-23 tiene impedancia de entrada infinita, impedancia de salida cero y una ganancia grande pero finita (positiva, real), $A = -V_o/V_i$. *a*) Construya un derivador básico haciendo $Z_f = R_f$, encuentre V_o/V_s, después muestre que $V_o/V_s \to -j\omega C_1 R_f$ cuando $A \to \infty$. *b*) Si Z_f representa C_f y R_f en paralelo, encuentre V_o/V_s, y luego demuestre que $V_o/V_s \to -j\omega C_1 R_f/(1 + j\omega C_f R_f)$ cuando $A \to \infty$.

Figura 9-23

Para el problema 8.

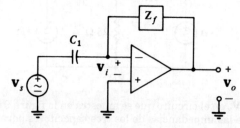

9 Encuentre el equivalente de Thévenin en el dominio de la frecuencia de la red que se muestra en la figura 9-24a. Muestre el resultado como V_{th} en serie con Z_{th}.

Figura 9-24

Para los problemas 9 y 10.

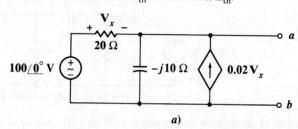

a)

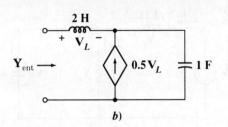

Figura 9-24

(continuación)

b)

10 Encuentre la impedancia de entrada del circuito que se muestra en la figura 9-24*b* y represéntela como la combinación en paralelo de una resistencia R y una inductancia L, dando los valores de R y L si $\omega = 1$ rad/s.

11 Según el circuito de la figura 9-22, piense en la superposición y encuentre la parte de $v_1(t)$ que se debe a *a*) la fuente de voltaje actuando sola; *b*) la fuente de corriente actuando sola.

12 Utilice $\omega = 1$ rad/s y encuentre el equivalente de Norton de la red que se muestra en la figura 9-25. Construya el equivalente de Norton como una fuente de corriente $\mathbf{I}_N$ en paralelo con una resistencia R_N y una inductancia L_N o una capacitancia C_N.

Figura 9-25

Para el problema 12.

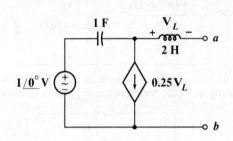

13 En el circuito de la figura 9-26, sea $i_{s1} = 2\cos 200t$ A, $i_{s2} = 1\cos 100t$ A y $v_{s3} = 2\operatorname{sen} 200t$ V. Encuentre $v_L(t)$.

Figura 9-26

Para el problema 13.

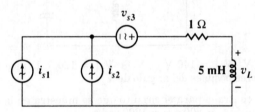

14 Encuentre el circuito equivalente de Thévenin para la figura 9-27.

Figura 9-27

Para el problema 14.

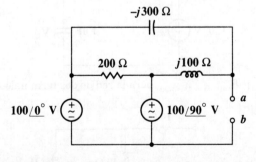

15 *a*) Calcule valores para $\mathbf{I}_L$, $\mathbf{I}_R$, $\mathbf{I}_C$, $\mathbf{V}_L$, $\mathbf{V}_R$ y $\mathbf{V}_C$ (además de $\mathbf{V}_s$) para el circuito que se muestra en la figura 9-28. *b*) Utilice escalas de 50 V a 1 in y 25 A a 1 in y muestre las siete cantidades en un diagrama fasorial e indique $\mathbf{I}_L = \mathbf{I}_R + \mathbf{I}_C$ y $\mathbf{V}_s = \mathbf{V}_L + \mathbf{V}_R$.

Figura 9-28

Para el problema 15.

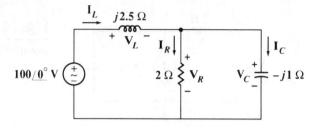

16 En el circuito de la figura 9-29, encuentre valores para *a*) I_1, I_2 e I_3. *b*) Muestre V_s, I_1, I_2 e I_3 en un diagrama fasorial (escalas de 50 V/in y 2 A/in funcionan bien). *c*) Encuentre I_s gráficamente y dé su amplitud y ángulo fase.

Figura 9-29

Para el problema 16.

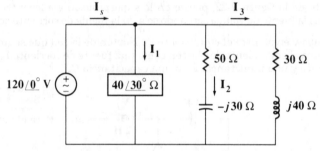

17 En el circuito dibujado en la figura 9-30, se sabe que $|I_1| = 5$ A y $|I_2| = 7$ A. Encuentre I_1 e I_2 con la ayuda de compás, regla, transportador y todas esas cosas divertidas.

Figura 9-30

Para el problema 17.

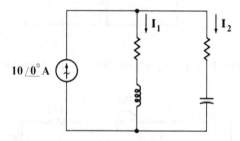

18 Sea $V_1 = 100\underline{/\,0^\circ}$ V, $|V_2| = 140$ V y $|V_1 + V_2| = 120$ V. Utilice métodos gráficos para encontrar los dos valores posibles del ángulo de V_2.

19 Grafique $|V_{salida}|$ contra ω para el circuito que se muestra en la figura 9-31. Cubra un intervalo de frecuencia de $\omega = 800$ a $\omega = 1200$ rad/s.

Figura 9-31

Para el problema 19.

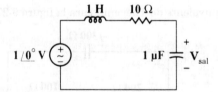

20 Bosqueje $|Z_{entrada}|$, $R_{entrada}$ y $X_{entrada}$ para la red de dos terminales de la figura 9-32.

Figura 9-32

Para los problemas 20 y 21.

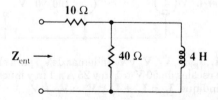

21 Sustituya el inductor de 4 H en el circuito que se muestra en la figura 9-32 con un capacitor de 2.5 μF y después resuelva de nuevo el problema 20.

22 a) Grafique una curva de $|\mathbf{Z}_{\text{entrada}}|$ contra ω para la red que se muestra en la figura 9-33. Cubra el intervalo de frecuencia $0.2 \leq \omega \leq 5$ rad/s. b) ¿A qué valor se acerca $|\mathbf{Z}_{\text{entrada}}|$ cuando ω tiende a infinito?

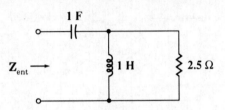

Figura 9-33

Para el porblema 22.

23 Determine las frecuencias críticas de la impedancia de entrada que se ilustra en la figura 9-34 y haga un bosquejo de $|\mathbf{Z}_{\text{entrada}}|$ contra ω, $-3000 < \omega < 3000$ rad/s.

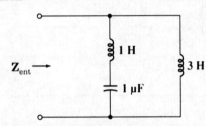

Figura 9-34

Para el problema 23.

24 Para la red que se muestra en la figura 9-35, bosqueje una curva de $|\mathbf{X}_{\text{entrada}}|$ contra ω, $-5 < \omega < 5$ rad/s.

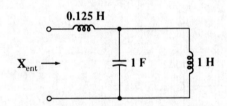

Figura 9-35

Para el problema 24.

25 Construya unos bosquejos tanto de la magnitud como del ángulo de fase contra ω para la impedancia de entrada de una red que consiste en una combinación en paralelo de dos ramas. Una rama es la combinación en serie de un resistor de 2 Ω y un inductor de 1 mH, y la otra rama es la combinación en serie de un resistor de 2 Ω y un capacitor de 0.25 mF.

26 (SPICE) Modifique la red de la figura 9-15 instalando un resistor de 0.1 Ω en serie con el inductor de 0.1 H. Un procedimiento para usar SPICE y obtener valores de $|\mathbf{Z}_{\text{entrada}}|$ es conectar una fuente de $1\underline{/0^\circ}$ A a las terminales de entrada y encontrar $|\mathbf{V}_{\text{entrada}}|$. a) Encuentre $|\mathbf{Z}_{\text{entrada}}|$ en $\omega = 5$ rad/s. b) Compare este valor con el que se obtiene sin agregar la resistencia.

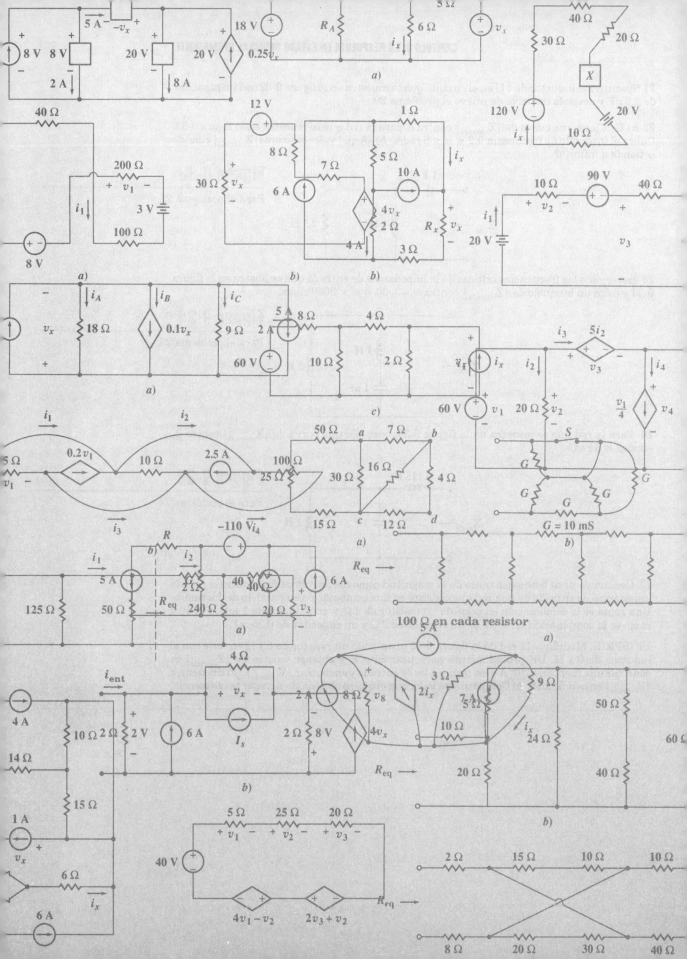

Potencia promedio y valores RMS

Casi todos los problemas en el análisis de circuitos consisten en aplicar una o más fuentes de energía eléctrica a un circuito y luego determinar cuantitativamente una o más respuestas del circuito. La respuesta puede ser una corriente o un voltaje, pero también se tiene interés en la cantidad de energía suministrada por las fuentes, la energía disipada o almacenada en el circuito, y la forma en que se entrega la energía a los puntos en los cuales se calculan las respuestas. Sin embargo, el interés está dirigido inicialmente a la *tasa* con la que se genera o absorbe la energía; ahora se prestará atención a la *potencia*.

Se empezará por considerar la potencia instantánea, que es el producto del voltaje y la corriente en el dominio del tiempo asociados con el elemento o red en los que se tiene interés. A veces la potencia instantánea es útil por sí misma, ya que su valor máximo debe ser limitado para no sobrepasar el rango de operación útil o seguro de un dispositivo. Por ejemplo, tanto los transistores como los tubos de vacío usados como amplificadores de potencia producirán una salida distorsionada y, en consecuencia, los altavoces darán un sonido distorsionado cuando el valor pico de la potencia exceda cierto valor límite. Sin embargo, la potencia instantánea es interesante por la sencilla razón de que proporciona un medio para calcular una cantidad mucho más importante: la potencia promedio. En forma análoga, el desarrollo de un viaje por carretera se describe mejor usando la velocidad promedio; el interés en la velocidad instantánea se limita a evitar las velocidades demasiado grandes que pudieran poner en peligro la seguridad, o que hicieran temer la aparición de la patrulla de caminos.

En problemas prácticos, se tratará con valores promedio de la potencia que van desde una fracción de picowatt disponible en una señal de telemetría procedente del espacio exterior, a los pocos watts de una señal de audio suministrada a los altavoces de un sistema estereofónico de alta fidelidad; desde los varios cientos de watts requeridos para hacer funcionar una cafetera eléctrica, hasta los 10 gigawatts generados en la presa Grand Coulee.

El análisis no se referirá únicamente a la potencia promedio entregada por un voltaje o una corriente senoidales, se definirá la cantidad llamada *valor efectivo*, medida matemática de la efectividad de otras formas de onda para entregar potencia. El estudio de la potencia se completará considerando dos cantidades, el factor de potencia y la potencia compleja, conceptos que tienen que ver con los aspectos prácticos y económicos asociados con la distribución de energía eléctrica.

10-2

Potencia instantánea

Como se sabe, la potencia entregada a cualquier dispositivo en función del tiempo está dada por el producto del voltaje instantáneo a través del dispositivo y la corriente instantánea que pasa por él; se usa la convención pasiva de los signos. Así,

$$p = vi \tag{1}$$

Se supone que el voltaje y la corriente son conocidos. Si el elemento en cuestión es un resistor de resistencia R, la potencia puede entonces expresarse únicamente en términos de la corriente, o bien del voltaje,

$$p = vi = i^2 R = \frac{v^2}{R} \tag{2}$$

Si el voltaje y la corriente están asociados con un dispositivo puramente inductivo, entonces

$$p = vi = Li\frac{di}{dt} = \frac{1}{L}v\int_{-\infty}^{t} v\, dt \tag{3}$$

donde se ha supuesto arbitrariamente que el valor del voltaje es cero en $t = -\infty$. En el caso de un capacitor,

$$p = vi = Cv\frac{dv}{dt} = \frac{1}{C}i\int_{-\infty}^{t} i\, dt \tag{4}$$

donde se ha hecho una suposición similar respecto a la corriente. Pero esta lista de ecuaciones para la potencia en términos sólo de voltajes o corrientes, se vuelve demasiado complicada conforme se consideran redes más generales. Además es innecesaria, ya que sólo se necesitan la corriente y el voltaje en las terminales de entrada. Como ejemplo, puede considerarse el circuito RL en serie que se muestra en la figura 10-1, excitado por una fuente de voltaje escalón. La familiar respuesta de corriente es

$$i(t) = \frac{V_0}{R}(1 - e^{-Rt/L})u(t)$$

Figura 10-1

La potencia instantánea entregada a R es $p_R = i^2 R = (V_0^2/R)(1 - e^{-Rt/L})^2 u(t)$.

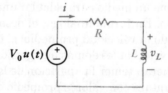

y por esto la potencia total entregada por la fuente o absorbida por la red pasiva es

$$p = vi = \frac{V_0^2}{R}(1 - e^{-Rt/L})u(t)$$

ya que el cuadrado de la función escalón unitario es obviamente la función escalón unitario misma.

La potencia entregada al resistor es

$$p_R = i^2 R = \frac{V_0^2}{R}(1 - e^{-Rt/L})^2 u(t)$$

Con el fin de determinar la potencia absorbida por el inductor, primero debe obtenerse el voltaje en el inductor:

$$v_L = L \frac{di}{dt}$$

$$= V_0 e^{-Rt/L} u(t) + \frac{LV_0}{R}(1 - e^{-Rt/L}) \frac{du(t)}{dt}$$

$$= V_0 e^{-Rt/L} u(t)$$

ya que $du(t)/dt$ vale cero para $t > 0$ y $(1 - e^{-Rt/L})$ vale cero en $t = 0$. Así, la potencia absorbida por el inductor es

$$p_L = v_L i = \frac{V_0^2}{R} e^{-Rt/L} (1 - e^{-Rt/L}) u(t)$$

Sólo son necesarias unas pocas manipulaciones algebraicas para mostrar que

$$p = p_R + p_L$$

que sirve para verificar el trabajo anterior.

Quizás la mayor parte de los problemas que emplean cálculos de potencia son aquellos que tratan con circuitos excitados por funciones senoidales en estado estable; como ya se mencionó, aun en el caso de que se utilicen funciones de excitación periódicas que no sean senoidales, es posible descomponer el problema en varios subproblemas en los que las excitaciones *son* senoidales. Es por esto que la senoidal merece una atención especial.

Ahora se cambiará la fuente de voltaje en el circuito de la figura 10-1 a la fuente senoidal $V_m \cos \omega t$. La respuesta en el dominio del tiempo es

$$i(t) = I_m \cos (\omega t + \phi)$$

donde

$$I_m = \frac{V_m}{\sqrt{R^2 + \omega^2 L^2}} \qquad \text{y} \qquad \phi = -\tan^{-1} \frac{\omega L}{R}$$

Por lo tanto, la potencia instantánea entregada a todo el circuito en estado senoidal permanente o estable es

$$p = vi = V_m I_m \cos (\omega t + \phi) \cos \omega t$$

la cual se reescribirá convenientemente en una forma obtenida usando la identidad trigonométrica para el producto de dos cosenos. Así,

$$p = \frac{V_m I_m}{2} [\cos (2\omega t + \phi) + \cos \phi]$$

$$= \frac{V_m I_m}{2} \cos \phi + \frac{V_m I_m}{2} \cos (2\omega t + \phi)$$

La última ecuación tiene varias características que son válidas en general para circuitos en estado senoidal permanente; el primer término no es función del tiempo, mientras que el segundo tiene una variación periódica al *doble* de la frecuencia aplicada. Como este término es una onda coseno, y dado que las ondas seno y coseno tienen valores promedio iguales a cero (cuando el promedio se toma sobre un número entero de periodos), este ejemplo inicial puede servir para indicar que la potencia *promedio* es $\frac{1}{2}V_m I_m \cos \phi$. Esto es cierto, y a continuación se establecerá esta relación en términos más generales.

Ejercicios

10-1. Una fuente de voltaje, $40 + 60u(t)$ V, un capacitor de 5 μF y un resistor de 200 Ω están en serie. En $t = 1.2$ ms, encuentre la potencia que está absorbiendo *a*) el capacitor; *b*) el resistor; *c*) la porción de $60u(t)$ V de la fuente.

Resp: 7.40 W; 1.633 W; –5.42 W

10-2. Una fuente de corriente de 12 cos 2000*t* A, un resistor de 200 Ω y un inductor de 0.2 H están en paralelo. Suponga que existen condiciones de estado estable. En $t = 1$ ms, encuentre la potencia absorbida por *a*) el resistor; *b*) el inductor; *c*) la fuente senoidal.

Resp: 13.98 kW; –5.63 kW; –8.35 kW

10-3

Potencia promedio

Cuando se habla del valor promedio de la potencia instantánea, debe especificarse claramente el intervalo sobre el que se toma el promedio. Primero se selecciona un intervalo general de tiempo de t_1 a t_2. Entonces puede obtenerse el promedio integrando $p(t)$ desde t_1 a t_2 y dividiendo el resultado entre $t_2 - t_1$. Así,

$$P = \frac{1}{t_2 - t_1} \int_{t_1}^{t_2} p(t)\, dt \qquad (5)$$

El valor promedio se denota por la letra mayúscula P ya que no es una función del tiempo, y generalmente aparece sin subíndices que la identifiquen como un valor promedio. Aun cuando P no es función del tiempo, sí *está* en función de t_1 y t_2, los dos instantes que definen el intervalo de integración. Esta dependencia de P sobre un intervalo específico de tiempo puede expresarse en forma simple si $p(t)$ es una función periódica. Este importante caso será considerado primero.

Supóngase que la excitación y las respuestas del circuito son todas periódicas; se ha llegado a una condición de estado estable, aunque no necesariamente senoidal. Se puede definir matemáticamente una función *periódica* $f(t)$ requiriendo que

$$f(t) = f(t + T) \qquad (6)$$

donde T es el periodo. Ahora se mostrará que el valor promedio de la potencia instantánea definido por la ecuación (5) puede evaluarse sobre un intervalo de un periodo que tiene un inicio arbitrario.

En la figura 10-2 se muestra una onda periódica cualquiera, y se identifica por $p(t)$. Primero se calculará la potencia promedio integrando de t_1 a un tiempo t_2 que ocurre un periodo después, $t_2 = t_1 + T$:

$$P_1 = \frac{1}{T} \int_{t_1}^{t_1 + T} p(t)\, dt$$

Figura 10-2

El valor promedio P de una función de potencia periódica $p(t)$ es el mismo en cualquier periodo T.

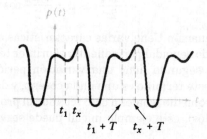

luego integrando desde algún otro tiempo t_x hasta $t_x + T$:

$$P_x = \frac{1}{T}\int_{t_x}^{t_x+T} p(t)\,dt$$

La igualdad de P_1 y P_x debe ser evidente a partir de la interpretación gráfica de las integrales; el área que representa la integral que debe evaluarse para determinar P_x es menor junto al área de t_1 a t_x pero mayor junto al área desde $t_1 + T$ hasta $t_x + T$. La naturaleza periódica de la curva exige que estas dos áreas sean iguales. Por lo tanto, la potencia promedio puede calcularse integrando la potencia instantánea sobre cualquier intervalo que tenga una longitud de un periodo y luego dividiendo entre el periodo:

$$P = \frac{1}{T}\int_{t_x}^{t_x+T} p\,dt \tag{7}$$

Es importante observar que también podría integrarse sobre cualquier número entero de periodos, siempre que se divida entre este mismo número de periodos. Así,

$$P = \frac{1}{nT}\int_{t_x}^{t_x+nT} p\,dt \qquad n = 1, 2, 3, \ldots \tag{8}$$

Si este concepto se lleva al extremo integrando sobre todo el intervalo, se obtiene otro resultado útil. Primero se establecen límites simétricos sobre la integral

$$P = \frac{1}{nT}\int_{-nT/2}^{nT/2} p\,dt$$

y luego se toma el límite conforme n tiende a infinito,

$$P = \lim_{n \to \infty}\frac{1}{nT}\int_{-nT/2}^{nT/2} p\,dt$$

Si $p(t)$ es una función matemáticamente bien comportada, como lo son todas las funciones de excitación y respuestas *físicas*, entonces también será evidente que si un entero grande n se sustituye por un número ligeramente mayor que no sea un entero, entonces el valor de la integral y el de P cambian en una cantidad despreciable; por otra parte, el error disminuye conforme n aumenta. Sin justificar rigurosamente este paso, se remplaza la variable discreta nT por la variable continua τ:

$$P = \lim_{\tau \to \infty}\frac{1}{\tau}\int_{-\tau/2}^{\tau/2} p\,dt \tag{9}$$

En muchas ocasiones será conveniente integrar funciones periódicas sobre este "periodo infinito". A continuación se dan ejemplos del uso de las ecuaciones (7), (8) y (9).

Se ilustrará el cálculo de la potencia promedio de una onda periódica, obteniendo la potencia promedio entregada a un resistor R por la corriente (periódica) de onda llamada *diente de sierra* mostrada en la figura 10-3a. Se tiene

$$i(t) = \frac{I_m}{T}\,t \qquad\qquad 0 < t \le T$$

$$i(t) = \frac{I_m}{T}\,(t - T) \qquad T < t \le 2T$$

Figura 10-3

a) Una corriente con forma de
onda de diente de sierra y *b*) la
forma de onda de potencia instantánea que se produce en un
resistor *R*.

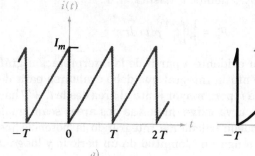
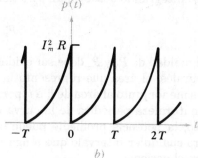

y así sucesivamente; y

$$p(t) = \frac{1}{T^2} I_m^2 R t^2 \qquad 0 < t \le T$$

$$p(t) = \frac{1}{T^2} I_m^2 R (t-T)^2 \qquad T < t \le 2T$$

etcétera, como se ilustra en la figura 10-3*b*. Al integrar sobre el intervalo más simple
de un periodo, desde $t = 0$ hasta $t = T$, se tiene

$$P = \frac{1}{T} \int_0^T \frac{I_m^2 R}{T^2} t^2 \, dt = \frac{1}{3} I_m^2 R$$

La elección de otros intervalos de un periodo, tales como $t = 0.1T$ hasta $t = 1.1T$,
producirán el mismo resultado. La integración de 0 a $2T$ y la división entre $2T$ —esto
es, la aplicación de la ecuación (8) con $n = 2$ y $t_x = 0$— dará también la misma
respuesta.

Ahora se obtendrá el resultado general para el estado senoidal permanente. Se
supondrá el voltaje senoidal general

$$v(t) = V_m \cos(\omega t + \theta)$$

y la corriente

$$i(t) = I_m \cos(\omega t + \phi)$$

asociados con el dispositivo en cuestión. La potencia instantánea es

$$p(t) = V_m I_m \cos(\omega t + \theta) \cos(\omega t + \phi)$$

Expresando de nuevo el producto de dos funciones coseno como la mitad de la suma
del coseno de la diferencia de ángulos y el coseno de la suma de ángulos,

$$p(t) = \tfrac{1}{2} V_m I_m \cos(\theta - \phi) + \tfrac{1}{2} V_m I_m \cos(2\omega t + \theta + \phi) \qquad (10)$$

se puede evitar un poco de la integración observando este resultado. El primer
término es una constante, independiente de t. El término restante es una función
coseno; por lo tanto, $p(t)$ es periódica, y su periodo es $\tfrac{1}{2}T$. Obsérvese que el periodo T
está asociado con la corriente y el voltaje, y no con la potencia; esta última tiene un
periodo igual a $\tfrac{1}{2}T$. Sin embargo, puede integrarse sobre un intervalo igual a T para
determinar el valor promedio si se desea; lo único que se necesita es también dividir
entre T. Sin embargo, la familiaridad con las ondas seno y coseno muestra que el
valor promedio de cualquiera de ellas en un periodo es cero, por lo que no hay
necesidad de integrar la ecuación (10) formalmente. Por inspección, el valor promedio

del segundo término es cero en un periodo T (o bien en $\frac{1}{2}T$), y el valor promedio del primer término, una constante, es la constante misma. Por tanto,

$$P = \tfrac{1}{2}V_m I_m \cos(\theta - \phi) \tag{11}$$

Este importante resultado, que se introdujo en la sección anterior para un circuito en particular, es totalmente general para el estado senoidal permanente. La potencia promedio es igual a un medio del producto de la amplitud máxima del voltaje, por la amplitud máxima de la corriente, y el coseno de la diferencia de los ángulos fase de la corriente y el voltaje; el sentido de la diferencia es intrascendente.

Se resolverá ahora un ejemplo numérico.

Ejemplo 10-1 Se proporciona el voltaje $v = 4 \cos(\pi t/6)$ V en el dominio del tiempo, y se quiere encontrar las relaciones de potencia que resultan cuando el voltaje fasorial correspondiente $\mathbf{V} = 4\underline{/\,0°}$ V se aplica a través de una impedancia $\mathbf{Z} = 2\underline{/\,60°}\ \Omega$.

Solución: La corriente fasorial es $\mathbf{V}/\mathbf{Z} = 2\underline{/\,-60°}$ A, y la potencia promedio es

$$P = \tfrac{1}{2}(4)(2) \cos 60° = 2\ \text{W}$$

El voltaje en el dominio del tiempo,

$$v(t) = 4 \cos \frac{\pi t}{6}$$

la corriente en el dominio del tiempo,

$$i(t) = 2 \cos \left(\frac{\pi t}{6} - 60° \right)$$

y la potencia instantánea,

$$p(t) = 8 \cos \frac{\pi t}{6} \cos \left(\frac{\pi t}{6} - 60° \right) = 2 + 4 \cos \left(\frac{\pi t}{3} - 60° \right)$$

todas están graficadas en el mismo eje de tiempo en la figura 10-4. En ella son evidentes tanto el valor promedio de 2 W de la potencia y su periodo de 6 s, como la mitad del periodo ya sea de la corriente o del voltaje. También puede observarse el valor de cero de la potencia instantánea cuando cualquiera, el voltaje o la corriente, se hacen cero.

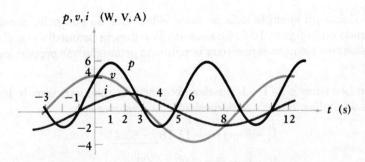

p, v, i (W, V, A)

Figura 10-4

Las curvas $v(t)$, $i(t)$ y $p(t)$ se graficaron como funciones del tiempo para un circuito sencillo en el que el voltaje fasorial $\mathbf{V} = 4\underline{/\,0°}$ V se aplica a la impedancia $\mathbf{Z} = 2\underline{/\,60°}\ \Omega$ con $\omega = \pi/6$ rad/s.

Dos casos especiales merecen considerarse por separado: la potencia promedio entregada a un resistor ideal y la entregada a un reactor ideal (cualquier arreglo que contenga sólo capacitores e inductores).

La diferencia de ángulos de fase entre la corriente y el voltaje en un resistor puro es cero, y por tanto

$$P_R = \tfrac{1}{2} V_m I_m$$

o
$$P_R = \tfrac{1}{2} I_m^2 R \tag{12}$$

o
$$P_R = \frac{V_m^2}{2R} \tag{13}$$

Las dos últimas fórmulas, que permiten obtener la potencia promedio entregada a una resistencia pura a partir del conocimiento ya sea de la corriente o el voltaje senoidales, son sencillas e importantes. Con frecuencia se usan equivocadamente. El error más común consiste en tratar de aplicarlas cuando, por ejemplo, el voltaje incluido en la ecuación (13) *no es el voltaje del resistor*. Si se tiene el cuidado de usar la corriente del resistor en la ecuación (12) y el voltaje del resistor en la (13), es seguro que se obtendrán resultados satisfactorios. ¡Tampoco debe olvidarse el factor de $\tfrac{1}{2}$!

La potencia promedio entregada a cualquier dispositivo puramente reactivo debe ser cero. Esto se evidencia por la diferencia de 90° que debe existir entre la corriente y el voltaje; así, cos $(\theta - \phi) = 0$ y

$$P_X = 0$$

La potencia *promedio* entregada a cualquier red formada solamente por capacitores e inductores ideales es cero; la potencia *instantánea* se hace cero sólo en instantes específicos. Por lo tanto, durante parte de un ciclo fluye potencia hacia la red, y durante la otra parte del ciclo la potencia abandona la red, *sin* pérdidas.

Ejemplo 10-2 Encuentre la potencia promedio entregada a una impedancia $\mathbf{Z}_L = 8 - j11\ \Omega$ por una corriente $\mathbf{I} = 5\ \underline{/20°}$ A

Solución: Se puede encontrar la solución bastante rápido usando la ecuación (12). Sólo el resistor de 8 Ω entra en los cálculos de la potencia promedio, y

$$P = \tfrac{1}{2}(5^2)8 = 100\ W$$

ya que el elemento $-j11\ \Omega$ no puede absorber potencia promedio. Nótese que si una corriente se da en forma rectangular, por decir algo, $\mathbf{I} = 2 + j5$ A, su magnitud al cuadrado es $2^2 + 5^2$, y la potencia promedio entregada a $\mathbf{Z}_L = 8 - j11\ \Omega$ sería

$$P = \tfrac{1}{2}(2^2 + 5^2)8 = 116\ W$$

Ejemplo 10-3 Como un ejemplo más de estas relaciones de potencia, considere el circuito mostrado en la figura 10-5. Se necesita la potencia promedio absorbida por cada uno de estos tres elementos pasivos y la potencia promedio que proporciona cada fuente.

Solución: Los valores de $\mathbf{I}_1$ e $\mathbf{I}_2$ pueden obtenerse usando varios métodos, como el análisis de mallas, nodos o superposición. Los valores son

$$\mathbf{I}_1 = 5 - j10 = 11.18\ \underline{/-63.4°}$$

$$\mathbf{I}_2 = 5 - j5 = 7.07\ \underline{/-45°}$$

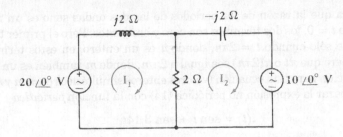

Figura 10-5

La potencia promedio entregada a cada elemento reactivo vale cero en el estado senoidal permanente o estable.

La corriente que fluye hacia abajo a través del resistor de 2 Ω es

$$\mathbf{I}_1 - \mathbf{I}_2 = -j5 = 5\underline{/-90°}$$

así que $I_m = 5$ A, y la potencia promedio absorbida por el resistor se calcula más fácilmente usando la ecuación (12):

$$P_R = \tfrac{1}{2}I_m^2 R = \tfrac{1}{2}(5^2)2 = 25 \text{ W}$$

Este resultado puede verificarse usando las ecuaciones (11) o (13). La potencia promedio absorbida por cada elemento reactivo es cero.

Ahora se dirige la atención a la fuente de la izquierda. El voltaje $20\underline{/\,0°}$ y la corriente $11.18\underline{/-63.4°}$ satisfacen la convención *activa* de los signos, por lo que la potencia *entregada por* esta fuente es

$$P_{izq} = \tfrac{1}{2}(20)(11.18) \cos (0° + 63.4°) = 50 \text{ W}$$

En forma similar, la potencia *absorbida* por la fuente de la derecha es,

$$P_{der} = \tfrac{1}{2}(10)(7.07) \cos (0° + 45°) = 25 \text{ W}$$

Como $50 = 25 + 25$, las relaciones de potencia concuerdan.

En la sección 2-5 del capítulo 2, se consideró el teorema de máxima transferencia de potencia para cargas resistivas y fuentes con impedancias resistivas. Puede mostrarse (problema 10) que para una fuente de Thévenin $\mathbf{V}_s$ y una impedancia $\mathbf{Z}_{th} = R_{th} + jX_{th}$ conectadas a una carga $\mathbf{Z}_L = R_L + jX_L$, la potencia promedio entregada a la carga será máxima cuando $R_L = R_{th}$ y $X_L = -X_{th}$; es decir, $\mathbf{Z}_L = \mathbf{Z}_{th}^*$. Este resultado recibe a menudo el nombre de *teorema de máxima transferencia de potencia para el estado senoidal permanente*:

> Una fuente independiente de voltaje en serie con una impedancia $\mathbf{Z}_{th}$ o una fuente independiente de corriente en paralelo con una impedancia $\mathbf{Z}_{th}$ entregan la máxima potencia promedio a aquella impedancia de carga $\mathbf{Z}_L$ que sea el conjugado de $\mathbf{Z}_{th}$, es decir, $\mathbf{Z}_L = \mathbf{Z}_{th}^*$.

Es evidente que la condición resistiva considerada en el capítulo 2 es sólo un caso especial.

Ahora se prestará un poco de atención a funciones *no periódicas*. Un ejemplo práctico de una función de potencia no periódica cuyo valor promedio se desea conocer, es la potencia de salida de un radiotelescopio dirigido hacia una "radioestrella". Otro ejemplo es la suma de varias funciones periódicas, cada una con un periodo diferente, de tal forma que no existe un periodo común máximo para todas ellas. Por ejemplo, la corriente

$$i(t) = \text{sen } t + \text{sen } \pi t \qquad\qquad (14)$$

es no periódica, ya que la razón de los periodos de las dos ondas seno es un número irracional. Cuando $t = 0$, los dos términos son cero y crecientes. Pero el primer término es cero y creciente sólo cuando $t = 2\pi n$, donde n es un entero, en estos términos la periodicidad requiere que πt o $\pi(2\pi n)$ sea igual a $2\pi m$, donde m también es un entero. No existe una solución para esta ecuación (valores enteros simultáneos para m y n). Será esclarecedor comparar la expresión no periódica (14) con la función *periódica*

$$i(t) = \operatorname{sen} t + \operatorname{sen} 3.14t \tag{15}$$

donde 3.14 es una expresión decimal exacta, y *no* el número $3.141592\ldots$ Con un poco de esfuerzo, puede demostrarse que el periodo de esta onda de corriente es 100π s.[1]

El valor promedio de la potencia entregada a un resistor de 1 Ω, ya sea por una corriente periódica como en la (15), o bien por una corriente no periódica como en (14), se puede encontrar integrando sobre un intervalo de longitud infinita; gran parte de la integración puede evitarse recurriendo al conocimiento adquirido acerca de valores promedio de funciones simples. Entonces, la potencia promedio entregada por la corriente dada en la ecuación (14) se puede obtener aplicando la ecuación (9):

$$P = \lim_{\tau \to \infty}\frac{1}{\tau} \int_{-\tau/2}^{\tau/2}(\operatorname{sen}^2 t + \operatorname{sen}^2 \pi t + 2 \operatorname{sen} t \operatorname{sen} \pi t)dt$$

Ahora debe considerarse P como la suma de tres valores promedio. El valor promedio de $\operatorname{sen}^2 t$ sobre un intervalo de longitud infinita se encuentra sustituyendo $\operatorname{sen}^2 t$ por $(\frac{1}{2} - \frac{1}{2}\cos 2t)$; obviamente el resultado es $\frac{1}{2}$. De manera similar, el valor promedio de $\operatorname{sen}^2 \pi t$ es también $\frac{1}{2}$. Y el último término puede expresarse como la suma de dos funciones coseno, cada una de las cuales tiene ciertamente un valor promedio igual a cero. Entonces,

$$P = \tfrac{1}{2} + \tfrac{1}{2} = 1 \text{ W}$$

Un resultado idéntico se obtiene para la corriente periódica, ecuación (15).

Aplicando este mismo método a una función de corriente que es la suma de varias senoidales con *periodos diferentes* y amplitudes arbitrarias,

$$i(t) = I_{m1} \cos \omega_1 t + I_{m2} \cos \omega_2 t + \cdots + I_{mN} \cos \omega_N t \tag{16}$$

se obtiene la potencia promedio entregada a una resistencia R,

$$P = \tfrac{1}{2}(I_{m1}^2 + I_{m2}^2 + \cdots + I_{mN}^2)R \tag{17}$$

Este resultado no se altera aun cuando cada componente de corriente tenga un ángulo fase arbitrario. Este importante resultado es sorprendentemente simple si se tiene en cuenta el proceso requerido para su deducción: elevar al cuadrado la función de la corriente, integrar y tomar el límite. El resultado también es sorprendente porque muestra que, *en el caso especial de una corriente como la de la ecuación* (16), *el principio de superposición es aplicable a la potencia*. La superposición *no* se puede aplicar a una corriente que sea la suma de dos corrientes directas, y tampoco es aplicable a una corriente que sea la suma de dos senoidales de la misma frecuencia.

Ejemplo 10-4 Encuentre la potencia promedio entregada a un resistor de 4 Ω por una corriente $i_1 = 2 \cos 10t - 3 \cos 20t$ A.

---

[1] $T_1 = 2\pi$ y $T_2 = 2\pi/3.14$. Por lo tanto, deben encontrarse valores enteros de m y n tales que $2\pi n = 2\pi m/3.14$, o $3.14n = m$, o $(314/100)n = m$, o $157n = 50m$. Entonces, los valores enteros más pequeños de n y m son $n = 50$ y $m = 157$. Por lo tanto, el periodo es $T = 2\pi n = 100\pi$, o bien $T = 2\pi(157/3.14) = 100\pi$ s.

Solución: Como los dos cosenos están en frecuencias diferentes, los dos valores de la potencia promedio se pueden calcular por separado y sumarse. Entonces, esta corriente entrega $\frac{1}{2}(2^2)4 + \frac{1}{2}(3^2)4 = 8 + 18 = 26$ W a un resistor de 4 Ω.   ●

Ejemplo 10-5 Encuentre la potencia entregada a un resistor de 4 Ω por una corriente $i_2 = 2 \cos 10t - 3 \cos 10t$ A.

Solución: Aquí las dos componentes de la corriente están en la misma frecuencia y deben, por lo tanto, combinarse en una sola senoidal a esa frecuencia. Así, $i_2 = 2 \cos 10t - 3 \cos 10t = - \cos 10t$ entrega sólo $\frac{1}{2}(1^2)4 = 2$ W de potencia promedio a ese mismo resistor.   ●

10-3. Determine la potencia promedio entregada a cada una de las tres redes encerradas en rectángulos en el circuito de la figura 10-6.

Resp: 208 W; 61.5 W; 123.1 W

Ejercicios

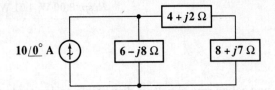

Figura 10-6

Para el ejercicio 3.

10-4. Encuentre la potencia promedio entregada a un resistor de 5 Ω por cada una de las ondas periódicas que se muestran en la figura 10-7.

Resp.: 208 W; 333 W; 160.0 W

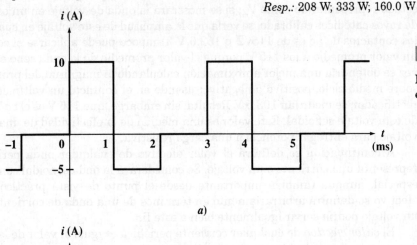

Figura 10-7

Para los ejercicios 4 y 6 y el problema 16.

Figura 10-7

(continuación)

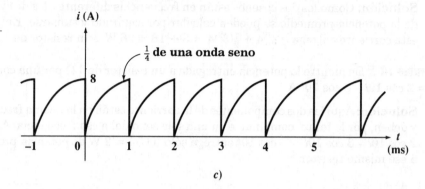

c)

10-5. Una fuente de corriente v_s se conecta a un resistor de 4 Ω. Encuentre la potencia promedio absorbida por el resistor si v_s es igual a: *a)* 8 sen 200*t* V; *b)* 8 sen 200*t* − 6 cos (200*t* − 45°) V; *c)* 8 sen 200*t* − 4 sen 100*t* V; *d)* 8 sen 200*t* − 6 cos (200*t* − 45°) − 5 sen 100*t* + 4 V.   *Resp:* 8.00 W; 4.01 W; 10.00 W; 11.14 W

10-4

Valores efectivos de la corriente y el voltaje

Casi todas las personas saben que el voltaje disponible en los contactos eléctricos de las casas es un voltaje senoidal, con una frecuencia de 60 Hz y un "voltaje" de 115 V. Pero ¿qué significa "115 volts"? Ciertamente no es el valor instantáneo del voltaje, ya que el voltaje no es constante. El valor de 115 V tampoco es la amplitud que se ha estado representando como V_m; si se mostrara la onda de voltaje en un osciloscopio de rayos catódicos calibrado, se vería que la amplitud de este voltaje en cualquiera de los contactos de ac es de 115√2 o 162.6 V. Tampoco puede aplicarse el concepto de un valor promedio a los 115 V, porque el valor promedio de la onda seno es cero. Tal vez se obtendría una mejor aproximación calculando la magnitud del promedio sólo sobre medio ciclo, positivo o negativo; usando en el contacto un voltímetro de tipo rectificador, se medirían 103.5 V. Resulta, sin embargo, que 115 V es el *valor efectivo* de este voltaje senoidal. Este valor es una medida de la efectividad de una fuente de voltaje para entregar potencia a una carga resistiva.

A continuación se definirá el valor efectivo de cualquier onda periódica que representa una corriente o un voltaje. Se considerará la onda senoidal como un caso especial, aunque también importante desde el punto de vista práctico. El valor efectivo se definirá arbitrariamente en términos de una onda de corriente, aunque un voltaje podría servir igualmente bien a este fin.

El *valor efectivo* de cualquier corriente periódica es igual al valor de la corriente directa que, fluyendo a través de un resistor de *R* ohms, entrega al resistor la misma potencia que la que le entrega la corriente periódica.

En otras palabras, se deja que la corriente periódica dada fluya a través del resistor, para obtener la potencia instantánea i^2R, y luego se calcula el valor promedio de i^2R en un periodo; ésta es la potencia promedio. Luego se hace que una corriente directa circule por ese mismo resistor y se ajusta el valor de la corriente directa hasta que se obtiene el mismo valor para la potencia promedio. La magnitud de la corriente directa es igual al valor efectivo de la corriente periódica dada. Estas ideas se ilustran en la figura 10-8.

Ahora puede obtenerse fácilmente la expresión matemática general para calcular

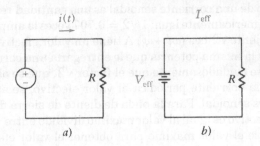

Figura 10-8

Si el resistor recibe la misma potencia promedio en *a*) que en *b*), entonces el valor efectivo de $i(t)$ es igual a I_{eff} y el valor efectivo de $v(t)$ es igual a V_{eff}.

el valor efectivo de $i(t)$. La potencia promedio entregada al resistor por la corriente periódica $i(t)$ es

$$P = \frac{1}{T}\int_0^T i^2 R\,dt = \frac{R}{T}\int_0^T i^2\,dt$$

donde T es el periodo de $i(t)$. La potencia entregada por la corriente directa es

$$P = I_{\text{eff}}^2 R$$

Igualando las expresiones para la potencia y despejando I_{eff} se tiene

$$\boxed{I_{\text{eff}} = \sqrt{\frac{1}{T}\int_0^T i^2\,dt}} \qquad (18)$$

El resultado es independiente del valor de la resistencia R, como debe ser si el concepto va a ser de utilidad. Se obtiene una expresión análoga para el valor efectivo de un voltaje periódico sustituyendo i e I_{eff} por v y V_{eff}, respectivamente.

Obsérvese que el valor efectivo se obtiene elevando primero al cuadrado la función del tiempo, luego tomando el valor promedio en un periodo de la funcion elevada al cuadrado, y finalmente obteniendo la raíz cuadrada de ese promedio. En menos palabras, la operación adecuada para calcular un valor efectivo es la *raíz* (cuadrada) de la *media* del *cuadrado*; por esto, el valor efectivo recibe con frecuencia el nombre de *raíz media cuadrática*, o simplemente valor rms (del inglés *root-mean-square*).

El caso especial más importante es el de una onda senoidal. Sea la corriente senoidal

$$i(t) = I_m \cos(\omega t + \phi)$$

cuyo periodo es

$$T = \frac{2\pi}{\omega}$$

al sustituirla en la ecuación (18) se obtiene el valor efectivo

$$I_{\text{eff}} = \sqrt{\frac{1}{T}\int_0^T I_m^2 \cos^2(\omega t + \phi)\,dt}$$

$$= I_m \sqrt{\frac{\omega}{2\pi}\int_0^{2\pi/\omega}\left[\frac{1}{2} + \frac{1}{2}\cos(2\omega t + 2\phi)\right]dt}$$

$$= I_m \sqrt{\frac{\omega}{4\pi}[t]_0^{2\pi/\omega}} = \frac{I_m}{\sqrt{2}}$$

Así el valor efectivo de una corriente senoidal es una cantidad real independiente del ángulo de fase, y numéricamente igual $1/\sqrt{2} = 0.707$ veces la amplitud de la corriente. Entonces, una corriente $\sqrt{2}\cos(\omega t + \phi)$ A tiene un valor efectivo de 1 A y entregará a cualquier resistor la misma potencia que le entregaría una corriente directa de 1 A.

Debe observarse cuidadosamente que el factor $\sqrt{2}$, que se obtuvo como la razón de la amplitud de la corriente periódica al valor efectivo, se aplica sólo cuando la función periódica es senoidal. Para la onda de diente de sierra de la figura 10-3, por ejemplo, el valor efectivo es igual al valor máximo dividido entre $\sqrt{3}$. El número entre el que debe dividirse el valor máximo para obtener el valor efectivo depende de la forma matemática de la función periódica dada; puede ser racional o irracional, dependiendo de la naturaleza de la función.

El uso de valores efectivos simplifica un poco la expresión de la potencia promedio entregada por corrientes o voltajes senoidales, ya que elimina el factor $\frac{1}{2}$. Por ejemplo, la potencia promedio entregada a un resistor de R ohms por una corriente senoidal es

$$P = \tfrac{1}{2}I_m^2 R$$

Como $I_{\text{eff}} = I_m/\sqrt{2}$, la potencia promedio puede escribirse como

$$P = I_{\text{eff}}^2 R \tag{19}$$

Las otras expresiones para la potencia también pueden escribirse en términos de valores efectivos:

$$P = V_{\text{eff}}I_{\text{eff}}\cos(\theta - \phi) \tag{20}$$

$$P = \frac{V_{\text{eff}}^2}{R} \tag{21}$$

El hecho de que el valor efectivo se defina en términos de una cantidad de cd equivalente, proporciona fórmulas de la potencia promedio para circuitos resistivos que son idénticas a las fórmulas usadas en el análisis de cd.

Aunque se ha logrado eliminar el factor $\frac{1}{2}$ de las relaciones de potencia promedio, debe tenerse cuidado al determinar si una cantidad senoidal está expresada en función de su amplitud o de su valor efectivo. En la práctica, se usan valores efectivos en los campos de transmisión o distribución de potencia y maquinaria rotatoria; en las áreas de electrónica y comunicaciones se acostumbra más usar la amplitud. Aquí se supondrá que la amplitud está especificada a menos que se use el término rms en forma explícita.

En estado senoidal permanente, los voltajes y corrientes fasoriales pueden darse en términos de valores efectivos o de amplitudes; la única diferencia entre las dos expresiones es el factor $\sqrt{2}$. El voltaje $50/\underline{30°}$ V está expresado en términos de una amplitud; para expresarlo como un voltaje rms, debe describirse el mismo voltaje como $35.4/\underline{30°}$ V rms.

Con el objeto de determinar el valor efectivo de una onda periódica o no periódica compuesta por la suma de varias senoidales de diferentes frecuencias, puede usarse la relación apropiada de potencia promedio de la ecuación (17), desarrollada en la sección anterior, rescrita en términos de los valores efectivos de las distintas componentes:

$$P = (I_{1\,\text{eff}}^2 + I_{2\,\text{eff}}^2 + \cdots + I_{N\,\text{eff}}^2)R \tag{22}$$

Estos resultados indican que si una corriente senoidal de 5 A rms a 60 Hz circula a través de un resistor de 2 Ω, el resistor absorberá una potencia promedio de $5^2(2) = 50$ W; si una segunda corriente —3 A rms a 120 Hz— también está presente, la potencia absorbida es $3^2(2) + 50 = 68$ W; sin embargo, si la frecuencia de la segunda corriente también es de 60 Hz, entonces la potencia absorbida podrá tener cualquier valor entre 8 y 128 W, dependiendo de la fase relativa de las dos componentes de la corriente.

Entonces, se ha encontrado una expresión para el valor efectivo de una corriente compuesta por un número cualquiera de corrientes senoidales de frecuencias *diferentes*,

$$I_{\text{eff}} = \sqrt{I_{1\,\text{eff}}^2 + I_{2\,\text{eff}}^2 + \cdots + I_{N\,\text{eff}}^2} \qquad (23)$$

La corriente total puede o no ser periódica; el resultado es el mismo. El valor efectivo de la suma de las corrientes de 60 y 120 Hz en el ejemplo anterior es 5.83 A; el valor efectivo de la suma de dos corrientes de 60 Hz puede tener cualquier valor entre 2 y 8 A.

10-6. Use la ecuación (18) para calcular los valores efectivos de las tres ondas periódicas que se muestran en la figura 10-7.   *Resp:* 6.45 A; 8.16 A; 5.66 A

10-7. Calcule el valor efectivo de cada uno de los voltajes periódicos: *a)* 6 cos 25t; *b)* 6 cos 25t + 4 sen (25t + 30°); *c)* 6 cos 25t + 5 cos² 25t; *d)* 6 cos 25t + 5 sen 30t + 4 V.   *Resp:* 4.24 V; 6.16 V; 5.23 V; 6.82 V

10-5 Potencia aparente y factor de potencia

Tradicionalmente, la introducción de los conceptos de potencia aparente y factor de potencia puede relacionarse con la industria eléctrica, en la cual deben transferirse grandes cantidades de energía eléctrica de un punto a otro; la eficiencia con la que se lleva a cabo esta transferencia está directamente relacionada con el costo de la energía eléctrica que, a fin de cuentas, paga el consumidor. Un cliente que proporciona cargas que den como resultado una eficiencia de transmisión relativamente baja, debe pagar un precio mayor por cada kilowatthora (kWh) de la energía eléctrica que realmente recibe y usa. De igual forma, un cliente que requiere una inversión más costosa en equipo de transmisión y distribución por parte de la compañía eléctrica también pagará más por cada kilowatthora, a menos que a la compañía le guste perder dinero.

Primero se definirán la *potencia aparente* y el *factor de potencia*, y luego se mostrará brevemente cómo están relacionados estos términos con las situaciones de carácter económico que se mencionaron. Se supondrá que el voltaje senoidal

$$v = V_m \cos (\omega t + \theta)$$

se aplica a una red y que la corriente resultante es

$$i = I_m \cos (\omega t + \phi)$$

Entonces, el ángulo fase por el que el voltaje adelanta a la corriente es $(\theta - \phi)$. La potencia promedio entregada a la red, suponiendo que se usa la convención pasiva de los signos en sus terminales de entrada, puede expresarse ya sea en términos de valores máximos:

$$P = \tfrac{1}{2}V_m I_m \cos (\theta - \phi)$$

o en términos de valores efectivos:

$$P = V_{\text{eff}}I_{\text{eff}} \cos (\theta - \phi)$$

Si el voltaje aplicado y la respuesta de corriente hubiesen sido cantidades de cd, la potencia promedio entregada a la red estaría dada simplemente por el producto del voltaje y la corriente. Al aplicar esta técnica de cd al problema senoidal, debería obtenerse un valor para la potencia absorbida que "aparentemente" está dada por $V_{eff} I_{eff}$. Sin embargo, el producto de los valores efectivos del voltaje y la corriente no es la potencia promedio, la cual se define como la *potencia aparente*. Dimensionalmente, la potencia aparente debería tener las mismas unidades que la potencia real, ya que $\cos(\theta - \phi)$ es adimensional; sin embargo, para evitar confusiones, se reserva el término *voltamperes*, o VA, para la potencia aparente. Dado que $\cos(\theta - \phi)$ no puede tener una magnitud mayor que uno, es evidente que la magnitud de la potencia real nunca puede ser mayor que la magnitud de la potencia aparente.

La potencia aparente no es un concepto limitado a excitaciones y respuestas de tipo senoidal. Puede calcularse para cualesquiera ondas de corriente y de voltaje, tomando simplemente el producto de los valores efectivos de la corriente y el voltaje.

La razón de la potencia promedio o real a la potencia aparente recibe el nombre de *factor de potencia*, simbolizado por FP. Entonces,

$$FP = \frac{\text{potencia promedio}}{\text{potencia aparente}} = \frac{P}{V_{eff} I_{eff}}$$

En el caso senoidal, el factor de potencia es simplemente $\cos(\theta - \phi)$, donde $(\theta - \phi)$ es el ángulo por el que el voltaje adelanta a la corriente. Ésta es la razón por la que se dice con frecuencia que el ángulo $(\theta - \phi)$ es el *ángulo del FP*.

En una carga puramente resistiva, el voltaje y la corriente están en fase, $(\theta - \phi)$ vale cero, y el FP vale uno; la potencia promedio y la potencia aparente son iguales. Sin embargo, puede obtenerse un FP igual a uno para cargas que contengan inductancias y capacitancias, si los valores de los elementos y la frecuencia de operación se eligen para dar una impedancia de entrada con un ángulo de fase igual a cero.

Una carga puramente reactiva, esto es, una que no contenga resistencias, causará una diferencia de fase entre el voltaje y la corriente de más o menos 90°, por lo que el FP será igual a cero.

Entre estos dos casos extremos están las redes generales en las que el FP varía de cero a uno. Un FP de 0.5, por ejemplo, indica una carga cuya impedancia de entrada tiene un ángulo de fase de 60° o de –60°; el primero describe una carga inductiva, ya que el voltaje adelanta a la corriente por 60°, mientras que el segundo se refiere a una carga capacitiva. La ambigüedad acerca de la naturaleza exacta de la carga se elimina indicando si el FP está adelantado o atrasado, donde el *adelanto* o el *atraso* se refieren a la *fase de la corriente con respecto al voltaje*. Así, una carga inductiva tendrá un FP atrasado, y una carga capacitiva un FP adelantado.

Antes de considerar las consecuencias prácticas de estas ideas, pueden ejercitarse las técnicas necesarias analizando el circuito ilustrado en la figura 10-9.

Ejemplo 10-6 Calcule los valores de la potencia promedio entregada a cada una de las dos cargas que se muestran en la figura 10-9, la potencia aparente suministrada por la fuente, y el factor de potencia de las cargas combinadas.

Figura 10-9

Un circuito en el que se busca la potencia promedio entregada a cada elemento, la potencia aparente proporcionada por la fuente y el factor de potencia de la carga combinada.

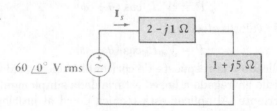

Solución: La corriente de la fuente es

$$\mathbf{I}_s = \frac{60\underline{/0^\circ}}{2 - j1 + 1 + j5} = 12\underline{/-53.1^\circ}\ \text{A rms}$$

Por lo tanto la fuente porporciona una potencia promedio de

$$P_s = (60)(12)\cos[0^\circ - (-53.1^\circ)] = 432\ \text{W}$$

La carga superior recibe una potencia promedio

$$P_{\text{superior}} = 12^2(2) = 288\ \text{W}$$

Para la carga de la derecha se encuentra una potencia promedio de

$$P_{\text{derecha}} = 12^2(1) = 144\ \text{W}$$

Así, la fuente proporciona 432 W, de los cuales 288 W se disipan en la carga superiror y 144 W en la de la derecha. El balance de la potencia es correcto.

La fuente proporciona una potencia aparente de 60(12) = 720 VA.

Por último, el factor de potencia de las cargas combinadas se encuentra considerando el voltaje y la corriente asociados con las cargas combinadas. Este factor de potencia es idéntico al factor de potencia de la fuente. Así,

$$\text{PF} = \frac{P}{V_{\text{eff}}I_{\text{eff}}} = \frac{432}{60(12)} = 0.6$$

También podrían combinarse las dos cargas en serie, para obtener $(3 + j4)\ \Omega$ o $5\underline{/53.1^\circ}\ \Omega$. Entonces se identifica 53.1° como el ángulo del FP, por lo que se tiene un FP igual a $\cos 53.1^\circ = 0.6$. También se observa que la carga combinada es inductiva, por lo que el FP está atrasado 0.6. ●

Los ejemplos que siguen ilustran la importancia práctica de estos nuevos términos. Primero se supondrá que se tiene un generador senoidal de ca, el cual es una máquina rotatoria excitada por algún otro dispositivo cuya salida es un par mecánico, como una turbina de vapor, por ejemplo, o un motor eléctrico o un motor de combustión interna. Se supondrá que el generador produce un voltaje de salida de 200 V rms a 60 Hz. Supóngase además que una especificación adicional del generador establece que la máxima potencia de salida es de 1 kW. Por tanto, el generador deberá ser capaz de entregar una corriente de 5 A rms a una carga resistiva. Sin embargo, si se conecta al generador una carga que requiera 1 kW con un FP atrasado de 0.5, se necesitará una corriente de 10 A rms. Conforme el FP disminuya, deberán entregarse corrientes más y más grandes a la carga si se va a mantener la operación a 200 V y 1 kW. Si el generador fue correcta y económicamente diseñado para soportar, en condiciones de seguridad, una corriente máxima de 5 A, entonces las corrientes mayores le causarán una mala marcha, tal como sobrecalentamiento del aislamiento y la producción de humo, que podrían ser perjudiciales para la máquina.

Las especificaciones del generador serán más significativas si se dan como una potencia aparente en voltamperes. Así, una especificación de 1000 VA a 200 V indica que el generador puede entregar una corriente máxima de 5 A al voltaje especificado; la potencia que entregue dependerá de la carga, y en un caso extremo podría llegar a ser cero. Cuando la operación se lleva a cabo a un voltaje constante, una especificación de potencia aparente es equivalente a una especificación de corriente.

Cuando se entrega potencia eléctrica a grandes consumidores industriales, se incluye con frecuencia una cláusula de FP en las tarifas que se cobran. Bajo esta cláusula, se hace un cargo adicional al consumidor si el FP cae por debajo de cierto valor estipulado, generalmente 0.85 de atraso. Se consume muy poca potencia industrial con FP adelantado debido a la naturaleza de las cargas industriales comunes. Hay varias razones que obligan a una compañía a hacer estos cargos adicionales por un FP bajo. En primer lugar, es evidente que la compañía debe tener una mayor capacidad de corriente instalada en sus generadores, para proporcionar la mayor cantidad de corriente que se requiere para la operación con factores de potencia más bajos, si el voltaje y la potencia son constantes. Otra razón se encuentra en las pérdidas mayores que se originan en los sistemas de transmisión y distribución.

Como un ejemplo, supóngase que un consumidor está usando una potencia promedio de 11 kW con un FP igual a uno y 220 V rms. Supóngase también una resistencia total de 0.2 Ω en las líneas de transmisión que llevan la potencia hasta el consumidor. Así, en las líneas y en la carga circula una corriente de 50 A rms, produciendo una pérdida en las líneas de 500 W. Para poder suministrar 11 kW al consumidor la compañía eléctrica deberá generar 11.5 kW (a un voltaje mayor de 230 V). Como la energía se mide en el lugar donde se consume, el cliente pagará sólo el 95.6% de la energía producida en realidad por la compañía eléctrica.

Ahora piénsese en otro consumidor que también necesita 11 kW, pero a un ángulo de factor de potencia de 60° atrasado. Este consumidor obliga a la compañía a enviar 100 A a través de la carga y (lo que es de particular interés para la compañía) a través de la resistencia de la línea. Las pérdidas en la línea son ahora de 2 kW, y el medidor del cliente indica sólo el 84.6% de la energía real generada. Esta cifra difiere de 100% en más de lo que la compañía puede tolerar. Por supuesto que las pérdidas por transmisión podrían reducirse usando líneas de transmisión más gruesas, que tuvieran una resistencia menor, pero esto también cuesta. La solución que la empresa da a este problema es instar al cliente a operar con factores de potencia mayores de 0.9 atrasados, ofreciéndole tarifas ligeramente reducidas, y desalentando la operación con factores de potencia menores de 0.85 atrasado y con tarifas más elevadas.

La potencia consumida en la mayor parte de las casas habitación se usa con FP razonablemente altos (y a niveles de potencia razonablemente bajos); por lo general no se hacen cargos por factores de potencia bajos.

Además de pagar por la energía consumida real y por la operación a niveles demasiado bajos del factor de potencia, los consumidores industriales también pagan por una *demanda* excesiva.[2] Es más económica la entrega de 100 kWh, distribuida como 5 kW durante 20 horas, que si se entrega como 20 kW en 5 horas, especialmente si los demás también requieren grandes cantidades de potencia al mismo tiempo.

Ejercicio

10-8. Una fuente de 440 V rms suministra potencia a la carga $Z_L = 10 + j2\ \Omega$ a través de una línea de transmisión que tiene una resistencia total de 1.5 Ω. Encuentre : *a)* la potencia promedio y aparente suministradas a la carga; *b)* la potencia promedio y aparente que se pierden en la línea de transmisión; *c)* la potencia promedio y aparente que proporciona la fuente; *d)* el factor de potencia al cual opera la fuente. *e)* ¿Son iguales la potencia promedio que proporciona la fuente y la suma de las potencias promedio que se pierden en la línea de transmisión y que se entregan a la carga? *f)* ¿Son iguales la potencia aparente que proporciona la fuente y la suma de las potencias aparentes que se pierden en la línea de transmisión y que se entregan a la carga?

Resp: 14 209 W, 14 491 VA; 2131 W, 2131 VA; 16 341 W, 16 586 VA; 0.985 atraso; sí; no

2   Varias compañías eléctricas han hecho instalaciones experimentales de medidores de kilowattshora en áreas de clientes residenciales.

Si la potencia se expresa como una cantidad compleja, entonces los cálculos de potencia pueden simplificarse algo. Se verá que la magnitud de la potencia compleja es la potencia aparente, y además se mostrará que la parte real de la potencia compleja es igual a la potencia promedio (real). La nueva cantidad, la parte imaginaria de la potencia compleja, recibirá el nombre de *potencia reactiva*.

La potencia compleja se define en relación a un voltaje senoidal general $\mathbf{V}_{eff} = V_{eff} \underline{/\theta}$ existente entre dos terminales, y una corriente senoidal general $\mathbf{I}_{eff} = I_{eff} \underline{/\phi}$ que entra a una de las terminales, satisfaciendo la convención pasiva de los signos. Entonces, la potencia promedio P absorbida por la red de dos terminales es

$$P = V_{eff} I_{eff} \cos{(\theta - \phi)}$$

A continuación se introduce la notación compleja utilizando la fórmula de Euler, como se hizo al comienzo del tema de los fasores. P se expresa como

$$P = V_{eff} I_{eff} \operatorname{Re}{[e^{j(\theta - \phi)}]}$$

o

$$P = \operatorname{Re}{[V_{eff} e^{j\theta} I_{eff} e^{-j\phi}]}$$

Los dos primeros factores dentro de los paréntesis cuadrados representan el voltaje fasorial, pero el segundo par de factores no corresponde exactamente a la corriente fasorial porque el ángulo incluye un signo menos que no se encuentra en la expresión para la corriente fasorial. Es decir, la corriente fasorial es

$$\mathbf{I}_{eff} = I_{eff} e^{j\phi}$$

por lo que debe usarse la notación del conjugado:

$$\mathbf{I}_{eff}^{*} = I_{eff} e^{-j\phi}$$

Entonces

$$P = \operatorname{Re}{[\mathbf{V}_{eff} \mathbf{I}_{eff}^{*}]}$$

y ahora la potencia puede volverse compleja definiendo la potencia compleja $\mathbf{S}$ como

$$\mathbf{S} = \mathbf{V}_{eff} \mathbf{I}_{eff}^{*} \tag{24}$$

Si se observan primero las formas polar o exponencial de la potencia compleja,

$$\mathbf{S} = V_{eff} I_{eff} e^{j(\theta - \phi)}$$

es evidente que la magnitud de $\mathbf{S}$ es la potencia aparente, y el ángulo de $\mathbf{S}$ es el ángulo del factor de potencia, esto es, el ángulo por el cual el voltaje adelanta a la corriente.

En forma rectangular,

$$\mathbf{S} = P + jQ \tag{25}$$

donde P es la potencia promedio real, como antes. La parte imaginaria de la potencia compleja se simboliza por Q y recibe el nombre de *potencia reactiva*. Las dimensiones de Q son obviamente las mismas que las de la potencia real P, la potencia compleja $\mathbf{S}$ y la potencia aparente $|\mathbf{S}|$. Para evitar confundirla con estas otras cantidades, la unidad de Q se define como el *var* (abreviado VAR), que significa voltamperes reactivos. De la ecuación (24), se ve que

$$Q = V_{eff} I_{eff} \operatorname{sen}{(\theta - \phi)}$$

10-6

Potencia compleja

Otra interpretación de la potencia reactiva se puede ver construyendo un diagrama fasorial que contenga $\mathbf{V}_{eff}$ e $\mathbf{I}_{eff}$ como se ve en la figura 10-10. Si la corriente fasorial se descompone en dos componentes, una en fase con el voltaje, con una magnitud $I_{eff} \cos(\theta - \phi)$, y otra 90° fuera de fase con el voltaje, con una magnitud I_{eff} sen $|\theta - \phi|$, entonces es claro que la potencia real está dada por el producto de la magnitud del voltaje fasorial y la componente de la corriente fasorial que está en fase con el voltaje. Es más, el producto de la magnitud del fasor de voltaje y la componente del fasor de corriente que está 90° desfasada con respecto al voltaje es la potencia reactiva Q. Es costumbre referirse a la componente del fasor que está 90° desfasado con algún otro fasor como la *componente en cuadratura*. Por lo tanto, Q es simplemente V_{eff} veces la componente de cuadratura de $\mathbf{I}_{eff}$; Q también se conoce como la *potencia en cuadratura*.

Figura 10-10

El fasor de corriente $\mathbf{I}_{eff}$, se resuelve en dos componentes, una en fase con el voltaje fasorial $\mathbf{V}_{eff}$ y otra 90° fuera de fase con el fasor de voltaje Esta última componente recibe el nombre de *componente en cuadratura*.

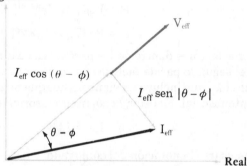

El signo de la potencia reactiva caracteriza la naturaleza de la carga pasiva a la que están especificados $\mathbf{V}_{eff}$ e $\mathbf{I}_{eff}$. Si la carga es inductiva, entonces $(\theta - \phi)$ es un ángulo entre 0 y 90°, el seno de este ángulo es positivo y la potencia reactiva es positiva. Una carga capacitiva se traduce en una potencia reactiva negativa.

Igual que un wattmetro indica la potencia promedio real absorbida por una carga, un varmetro indicará la potencia reactiva promedio Q absorbida por la carga. Ambas cantidades pueden medirse simultáneamente. Además, pueden usarse watthorímetros y varhorímetros al mismo tiempo para indicar la energía real y reactiva usada por cualquier consumidor durante cualquier intervalo deseado. A partir de esas lecturas puede calcularse el FP para ajustar consecuentemente la cuenta del consumidor.

Es fácil hacer ver que la potencia compleja entregada a varias cargas interconectadas es la suma de las potencias complejas entregadas a cada una de las cargas individuales, independientemente de cómo estén interconectadas. Considérense, por ejemplo, las dos cargas conectadas en paralelo, que se muestran en la figura 10-11. Si se suponen valores rms, la potencia compleja absorbida por la carga combinada es

$$\mathbf{S} = \mathbf{V}\mathbf{I}^* = \mathbf{V}(\mathbf{I}_1 + \mathbf{I}_2)^* = \mathbf{V}(\mathbf{I}_1^* + \mathbf{I}_2^*)$$

Figura 10-11

Circuito usado para mostrar que la potencia compleja absorbida por dos cargas conectadas en paralelo es igual a la suma de las potencias complejas absorbidas por las cargas individuales.

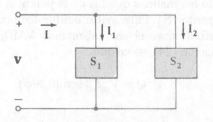

y así,

$$\mathbf{S} = \mathbf{VI}_1^* + \mathbf{VI}_2^*$$

como se dijo.

Estas nuevas ideas pueden aclararse con un ejemplo numérico práctico.

Ejemplo 10-7 Supóngase que un consumidor industrial está usando un motor de inducción de 50 kW (67.1 hp) con un FP atrasado de 0.8. La fuente de voltaje es 230 V rms. Para obtener tarifas eléctricas más bajas, el cliente desea elevar el FP a 0.95, atrasado. Especifique un arreglo con el que se pueda hacer esto.

Solución: Aunque podría elevarse el FP aumentando la potencia real y manteniendo constante la potencia reactiva, esto no se traduciría en una cuenta más baja; por lo tanto, al consumidor no le interesa esa solución. Debe añadirse una carga puramente reactiva al sistema, y es claro que debe conectarse en paralelo, ya que el voltaje de alimentación del motor no debe variar. Por lo tanto, se puede aplicar el circuito de la figura 10-11 si se interpreta $\mathbf{S}_1$ como la potencia compleja del motor de inducción y $\mathbf{S}_2$ como la potencia compleja absorbida por el elemento correctivo.

La potencia compleja entregada al motor de inducción debe tener una parte real de 50 kW y un ángulo de $\cos^{-1}$ (0.8), o sea, 36.9°. Así,

$$\mathbf{S}_1 = \frac{50\,\underline{/36.9°}}{0.8} = 50 + j37.5 \text{ kVA}$$

Para lograr un factor de potencia de 0.95, la potencia compleja total debe ser

$$\mathbf{S} = \frac{50}{0.95}\,\underline{/\cos^{-1}(0.95)} = 50 + j16.43 \text{ kVA}$$

Entonces, la potencia compleja absorbida por la carga correctiva es

$$\mathbf{S}_2 = -j21.07 \text{ kVA}$$

La impedancia de carga necesaria $\mathbf{Z}_2$ puede encontrarse siguiendo varios pasos sencillos. Se selecciona un ángulo fase de 0° para la fuente de voltaje y, por lo tanto, la corriente absorbida por $\mathbf{Z}_2$ es

$$\mathbf{I}_2^* = \frac{\mathbf{S}_2}{\mathbf{V}} = \frac{-j21\,070}{230} = -j91.6 \text{ A}$$

o

$$\mathbf{I}_2 = j91.6 \text{ A}$$

Entonces,

$$\mathbf{Z}_2 = \frac{\mathbf{V}_2}{\mathbf{I}_2} = \frac{230}{j91.6} = -j2.51 \text{ }\Omega$$

Si la frecuencia de operación es de 60 Hz, esta carga se puede proporcionar por un capacitor de 1056 μF conectado en paralelo con el motor. ●

Una carga capacitiva también puede simularse por medio de un capacitor sincrónico, un tipo de máquina rotatoria. Generalmente, éste es el procedimiento más económico para pequeñas reactancias capacitivas (grandes capacitancias). Sea cual sea el dispositivo elegido, su costo inicial, su mantenimiento y la depreciación que sufra deben cubrirse por la reducción en la cuenta de energía eléctrica.

Ejercicio

10-9. Para el circuito de la figura 10-12, encuentre la potencia compleja absorbida por un: *a*) resistor de 1 Ω; *b*) capacitor de –*j*10 Ω; *c*) impedancia de 5+*j*10 Ω; *d*) fuente
Resp: 26.6 + *j*0 VA; 0 – *j*1331 VA; 532 + *j*1065 VA; –559 + *j*266 VA

Figura 10-12

Para el ejercicio 9.

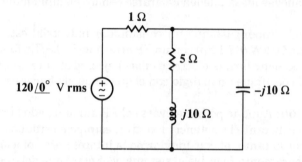

Problemas

1 Una fuente de corriente, $i_s(t) = 2 \cos 500t$ A, un resistor de 50 Ω y un capacitor de 25 μF están conectados en paralelo. Encuentre la potencia suministrada por la fuente, absorbida por el resistor y absorbida por el capacitor, todos en $t = \pi/2$ ms.

2 La corriente $i = 2t^2 – 1$ A, en el intervalo $1 \le t \le 3$ s, fluye a través de un cierto elemento del circuito. *a*) Si el elemento es un inductor de 4 H, ¿cuál es la energía que se le entrega en el intervalo dado? *b*) Si el elemento es un capacitor de 0.2 F con $v(1) = 2$ V, ¿cuál es la potencia que se le entrega en $t = 2$ s?

3 Si $v_C(0) = –2$ V e $i(0) = 4$ A en el circuito de la fig. 10-13, encuentre la potencia que absorbe el capacitor en *t* igual a *a*) 0^+; *b*) 0.2 s; *c*) 0.4 s.

Figura 10-13

Para el problema 3.

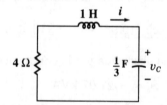

4 El circuito mostrado en la fig. 10-14 ha alcanzado las condiciones de estado permanente. Encuentre la potencia que absorbe cada uno de los cuatro elementos del circuito en $t = 0.1$ s.

Figura 10-14

Para el problema 4.

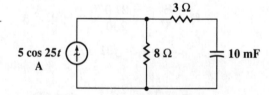

5 Encuentre la potencia absorbida por cada uno de los cinco elementos del circuito mostrado en la fig. 10-15.

Figura 10-15

Para el problema 5.

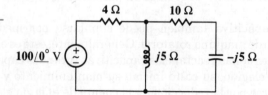

6 Calcule la potencia promedio generada por cada fuente y la potencia promedio entregada a cada impedancia en el circuito de la figura 10-16.

Figura 10-16

Para el problema 6.

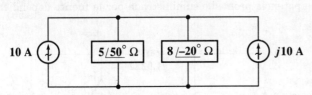

7 En el circuito mostrado en la figura 10-17, encuentre la potencia promedio *a*) disipada en el resistor de 3 Ω; *b*) generada por la fuente.

Figura 10-17

Para el problema 7.

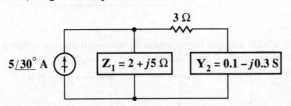

8 Encuentre la potencia promedio absorbida por cada uno de los cinco elementos del circuito mostrado en la figura 10-18.

Figura 10-18

Para el problema 8.

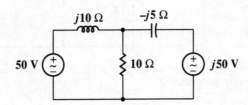

9 Determine la potencia promedio suministrada por la fuente dependiente en el circuito de la figura 10-19.

Figura 10-19

Para el problema 9.

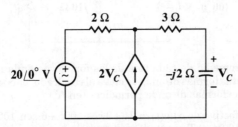

10 Un circuito equivalente de Thévenin en el dominio de la frecuencia consiste en una fuente senoidal $\mathbf{V}_{th}$ en serie con una impedancia $\mathbf{Z}_{th} = R_{th} + jX_{th}$. Especifique las condiciones sobre una carga $\mathbf{Z}_L = R_L + jX_L$ si debe recibir una potencia promedio máxima sujeta a la restricción: *a*) $X_{th} = 0$; *b*) R_L y X_L pueden elegirse de manera independiente; *c*) R_L es constante (diferente de R_{th}); *d*) X_L es constante (independiente de X_{th}); *e*) $X_L = 0$.

11 Para el circuito de la figura 10-20: *a*) ¿qué valor de $\mathbf{Z}_L$ absorberá la máxima potencia promedio? *b*) ¿Cuál es valor de esta potencia máxima?

Figura 10-20

Para los problemas 11 y 12.

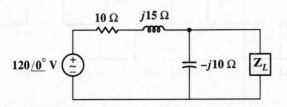

12 Para el circuito de la figura 10-20 se requiere que la carga sea puramente resistiva R_L. ¿Qué valor de R_L absorberá la máxima potencia promedio y cuál es el valor de esta potencia?

13 Encuentre la máxima potencia promedio suministrada por la fuente dependiente en la figura 10-21.

Figura 10-21

Para el problema 13.

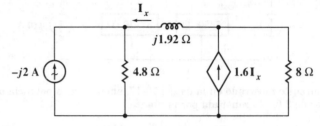

14 Para la red de la figura 10-22: a) ¿qué impedancia Z_L debe conectarse entre a y b para que absorba la máxima potencia promedio? b) ¿Cuál es esta máxima potencia promedio?

Figura 10-22

Para el problema 14.

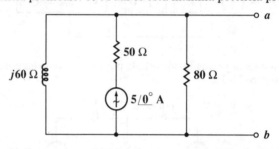

15 Encuentre el valor de R_L en el circuito de la figura 10-23, que absorberá la máxima potencia y especifique el valor de esta potencia.

Figura 10-23

Para el problema 15.

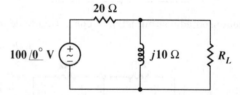

16 a) Calcule el valor promedio de cada una de las formas de onda mostradas en la figura 10-7. b) Si cada una de estas formas de onda se eleva al cuadrado, encuentre el valor promedio de cada una de las nuevas formas de onda periódicas (en A^2).

17 Encuentre el valor efectivo de a) $v(t) = 10+9 \cos 100t +6$ sen $100t$; b) la forma de onda que aparece en la figura 10-24. c) También encuentre el valor promedio de esta forma de onda.

Figura 10-24

Para el problema 17.

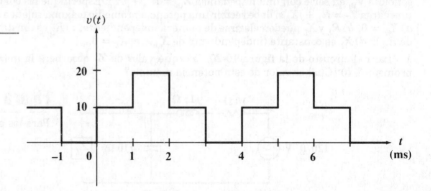

18 Encuentre el valor efectivo de *a*) $g(t) = 2 + 3\cos 100t + 4\cos(100t - 120°)$; *b*) $h(t) = 2 + 3\cos 100t + 4\cos(101t - 120°)$; *c*) la onda de la figura 10-25.

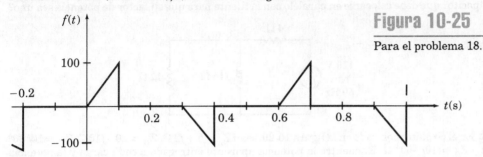

Figura 10-25

Para el problema 18.

19 Dada la onda periódica $f(t) = (2 - 3\cos 100t)^2$, encuentre *a*) el valor promedio; *b*) su valor rms.

20 Una forma de onda de voltaje tiene un periodo de 5 s y está expresado como $v(t) = 10t[u(t) - u(t - 2)] + 16e^{-0.5(t-3)}[u(t - 3) - u(t - 5)]$ V en el intervalo $0 < t < 5$ s. Encuentre el valor efectivo de la onda.

21 Cuatro fuentes ideales e independientes de voltaje, $A\cos 10t$, $B \operatorname{sen}(10t + 45°)$, $C\cos 40t$ y la constante D se conectan en serie con un resistor de 4 Ω. Encuentre la potencia promedio disipada en el resistor si *a*) $A = B = 10$ V, $C = D = 0$; *b*) $A = C = 10$ V, $B = D = 0$; *c*) $A = 10$ V, $B = -10$ V, $C = D = 0$; *d*) $A = B = C = 10$ V, $D = 0$; *e*) $A = B = C = D = 10$ V.

22 Cada una de las formas de onda mostradas en la figura 10-26 tiene un periodo de 3 s. También son similares. *a*) Calcule el valor promedio de cada uno. *b*) Determine los dos valores efectivos.

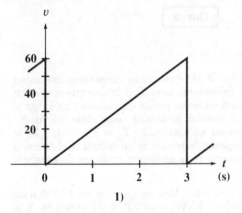

1)

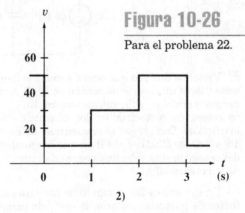

Figura 10-26

Para el problema 22.

2)

23 En la figura 10-27, sea $\mathbf{I} = 4\underline{/35°}$ A rms, encuentre la potencia promedio que está siendo suministrada: *a*) por la fuente; *b*) al resistor de 20 Ω; *c*) a la carga. Encuentre la potencia aparente que está siendo suministrada: *d*) por la fuente; *e*) al resistor de 20 Ω; *f*) a la carga. *g*) ¿Cuál es el FP de la carga?

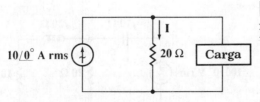

Figura 10-27

Para el problema 23.

24 *a*) Encuentre el factor de potencia al que opera la fuente del circuito de la figura 10-28. *b*) Encuentre la potencia promedio que proporciona la fuente. *c*) ¿Cuál es el tamaño del capacitor que debe colocarse en paralelo con la fuente para que su factor de potencia sea uno?

Figura 10-28

Para el problema 24.

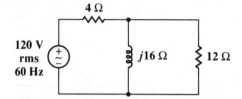

25 En el circuito mostrado en la figura 10-29, sean $Z_A = 5 + j2\ \Omega$, $Z_B = 20 - j10\ \Omega$, $Z_C = 10\underline{/\,30°}$ Ω y $Z_D = 10\underline{/\,-60°}\ \Omega$. Encuentre la potencia aparente entregada a cada carga y la potencia aparente generada por la fuente.

Figura 10-29

Para el problema 25.

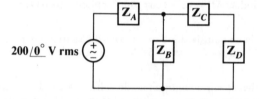

26 La carga en la figura 10-30 maneja 10 kVA con FP = 0.8 atrasado. Si $|I_L| = 40$ A rms, ¿cuál debe ser el valor de C para que la fuente opere con un FP = 0.9 atrasado?

Figura 10-30

Para el problema 26.

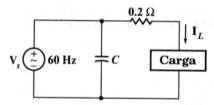

27 Visualice una red que opera a una frecuencia $f = 50$ Hz que utiliza cargas conectadas en serie y lleva una corriente común de $10\underline{/\,0°}$ A rms. Tal sistema es el dual de uno que opera con cargas paralelas y un voltaje común. En el sistema en serie, puede cancelarse una carga si se coloca en cortocircuito; los circuitos abiertos pueden provocar toda clase de fuegos artificiales. Dos cargas se encuentran en este sistema en particular: $Z_1 = 30\underline{/\,15°}\ \Omega$ y $Z_2 = 40\underline{/\,40°}\ \Omega$. *a*) ¿Cuál es el FP en que se encuentra operando la fuente? *b*) ¿Cuál es el tamaño del capacitor que debe instalarse en el circuito en serie para provocar un factor de potencia de 0.9 atrasado?

28 Un sistema de 250 V rms alimenta tres cargas paralelas. Una carga consume 20 kW a un factor de potencia unitaria, la segunda carga utiliza 25 kVA a un FP = 0.8 atrasado y la tercera carga requiere una potencia de 30 kW a un FP atrasado de 0.75. *a*) Encuentre la potencia total suministrada por la fuente. *b*) Encuentre la potencia aparente total suministrada por la fuente. *c*) ¿A qué FP opera la fuente?

29 Analice el circuito de la figura 10-31 para determinar la potencia compleja absorbida por cada uno de los cinco elementos del circuito.

Figura 10-31

Para el problema 29.

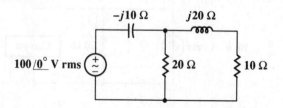

30 Ambas fuentes mostradas en la figura 10-32 operan a la misma frecuencia. Encuentre la potencia compleja generada por cada fuente y la potencia compleja absorbida por cada uno de los elementos pasivos del circuito.

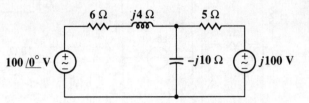

Figura 10-32

Para el problema 30.

31 Encuentre la potencia compleja que se entrega a una carga que a) consume 500 VA a un FP adelantado de 0.75; b) consume 500 W a un FP adelantado de 0.75; c) consume –500 VAR a un FP de 0.75.

32 Una impedancia capacitiva, $Z_C = -j120$ Ω está en paralelo con una carga Z_L. La combinación en paralelo es alimentada por una fuente, $V_s = 400/\underline{0°}$ V rms, que genera una potencia compleja de $1.6 + j0.5$ kVA. Encuentre a) la potencia compleja entregada a la carga Z_L; b) el FP de la carga Z_L; c) el FP de la fuente.

33 Una fuente de 230 V rms alimenta a tres cargas en paralelo: 1.2 kVA a un FP de 0.8 atrasado, 1.6 kVA a un FP de 0.9 atrasado y 900 W a un FP unitario. Encuentre a) la amplitud de la corriente de la fuente; b) el FP al que opera la fuente; c) la potencia compleja que está suministrando la fuente.

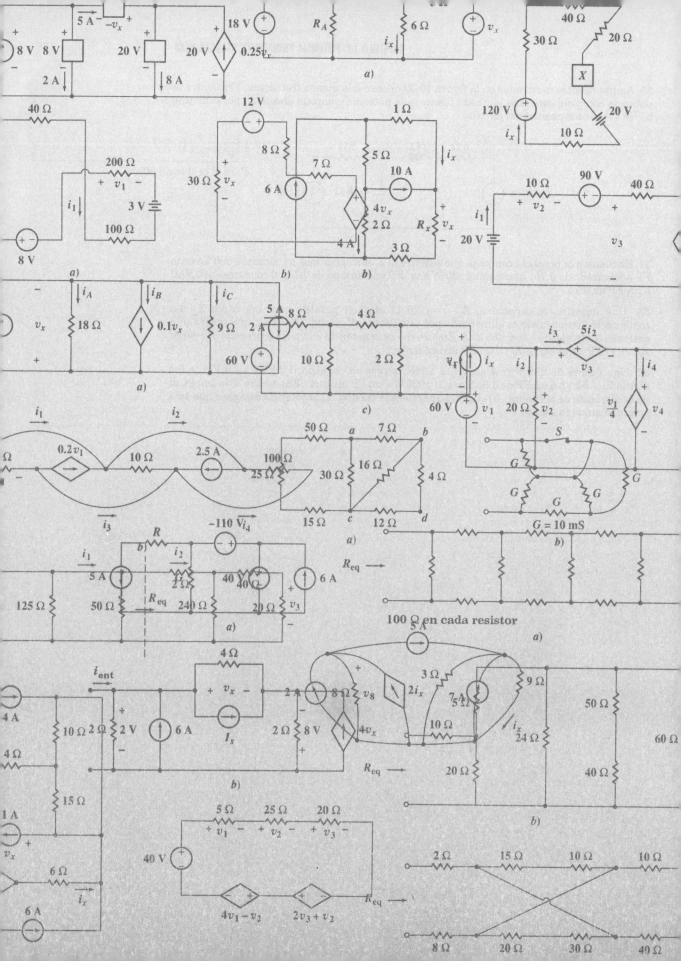

Circuitos polifásicos

Una de las razones para estudiar el estado senoidal permanente es que la mayor parte de la energía eléctrica para la industria y los hogares se usa en forma de corriente alterna. La onda senoidal es una función matemática muy particular, pero representa una función de excitación bastante común y sumamente útil. En forma análoga, una fuente *polifásica* es un caso aún más particular, pero se estudiará porque casi toda la salida de la industria de energía eléctrica se genera y distribuye como potencia polifásica con una frecuencia de 60 Hz. Antes de dar definiciones cuidadosas de los conceptos se dará un vistazo rápido al sistema polifásico más común: el sistema trifásico balanceado. La fuente tendrá probablemente tres terminales, y las medidas con un voltímetro mostrarán que entre dos de esas tres terminales existen voltajes senoidales de igual amplitud. Sin embargo, esos voltajes no están en fase; más adelante será sencillo hacer ver que cualquiera de los voltajes está 120° desfasado con cualquiera de los otros dos, donde el signo del ángulo de fase dependerá del sentido de los voltajes. Una carga balanceada absorbe la misma cantidad de potencia de cada una de las tres fases, pero cuando uno de los voltajes vale instantáneamente cero, la relación de fases muestra que cada uno de los otros dos se encuentra a la mitad de su amplitud. En ningún momento vale cero la potencia instantánea absorbida por la carga total; de hecho, la potencia instantánea total es constante. En máquinas rotatorias esto constituye una ventaja, ya que el par sobre el motor es mucho más constante de lo que sería si se usara una fuente monofásica. Hay menos vibración.

También hay ventajas al usar máquinas rotatorias para generar potencia trifásica en lugar de potencia monofásica, y también existen ventajas económicas que favorecen la transmisión de potencia en un sistema trifásico.

El uso de un mayor número de fases, como sistemas de 6 y 12 fases, se limita casi por completo al suministro de energía a grandes rectificadores. Aquí, los rectificadores transforman la corriente alterna en corriente directa, que se necesita para ciertos procesos como la electrólisis. La salida del rectificador es una corriente directa más una componente pulsante más pequeña, o rizo, que disminuye conforme aumenta el número de fases.

Casi sin excepción, los sistemas polifásicos en la práctica contienen fuentes que se aproximan muy de cerca a las fuentes ideales de voltaje o a las fuentes ideales de voltaje en serie con pequeñas impedancias internas. Las fuentes de corriente trifásica son muy poco comunes.

Para describir corrientes y voltajes polifásicos es conveniente usar una notación de doble subíndice. Con esta notación, un voltaje o una corriente, como V_{ab} o I_{aA}, tiene más significado que si se indican simplemente como $\mathbf{V}_3$ o $\mathbf{I}_x$. Por definición, $\mathbf{V}_{ab}$ es el voltaje del punto a con respecto al punto b. Así, el signo más se localiza en el punto a, como se indica en la figura 11-1a. Por tanto, los subíndices dobles *equivalen* a un par de signos más-menos. El uso de ambos sería redundante. Refiriéndose a la figura 11-1b, ahora es obvio que $\mathbf{V}_{ad} = \mathbf{V}_{ab} + \mathbf{V}_{bd}$. La ventaja de esta notación de doble subíndice está en el hecho de que la ley de voltajes de Kirchhoff requiere que el voltaje entre dos puntos sea el mismo, independientemente de la trayectoria elegida para unirlos; así, $\mathbf{V}_{ad} = \mathbf{V}_{ab} + \mathbf{V}_{bd} = \mathbf{V}_{ac} + \mathbf{V}_{cd} = \mathbf{V}_{ab} + \mathbf{V}_{bc} + \mathbf{V}_{cd}$, etcétera. Es evidente que la LVK se puede satisfacer aun sin referirse al diagrama del circuito; se pueden escribir ecuaciones correctas incluso si un punto, o letra de subíndice, se incluye y no aparece en el diagrama. Por ejemplo, pudo haberse escrito $\mathbf{V}_{ad} = \mathbf{V}_{ax} + \mathbf{V}_{xd}$, donde x representa cualquier punto que se desee.

Figura 11-1

a) Definición del voltaje $\mathbf{V}_{ab}$. b) $\mathbf{V}_{ad} =$ $\mathbf{V}_{ab} + \mathbf{V}_{bc} + \mathbf{V}_{cd} = \mathbf{V}_{ab} + \mathbf{V}_{cd}$.

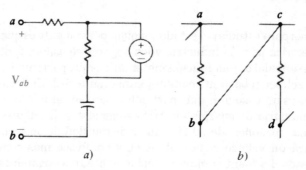

$a)$ $b)$

Una representación posible de un sistema trifásico de voltajes[1] podría ser el de la figura 11-2. Supóngase que los voltajes $\mathbf{V}_{an}$, $\mathbf{V}_{bn}$ y $\mathbf{V}_{cn}$ son conocidos:

$$\mathbf{V}_{an} = 100 \underline{/0°} \text{ V rms}$$

$$\mathbf{V}_{bn} = 100 \underline{/-120°}$$

$$\mathbf{V}_{cn} = 100 \underline{/-240°}$$

Figura 11-2

Una red usada como un ejemplo numérico de la notación de doble subíndice para el voltaje.

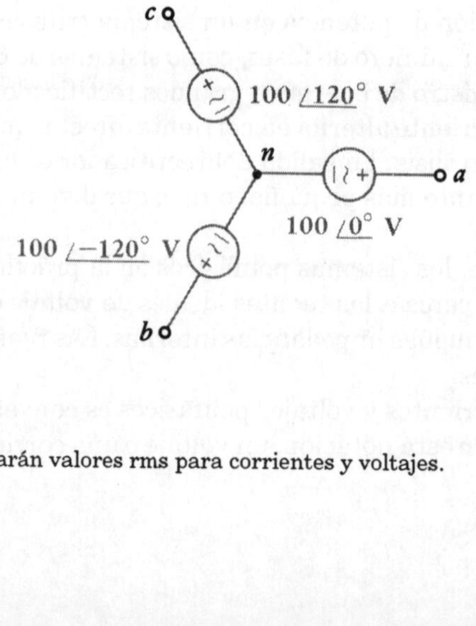

c

$100 \underline{/120°}$ V

n

$100 \underline{/0°}$ V a

$100 \underline{/-120°}$ V

b

[1] En todo este capítulo se usarán valores rms para corrientes y voltajes.

y por lo tanto, el voltaje $\mathbf{V}_{ab}$ se puede encontrar observando los subíndices:

$$\mathbf{V}_{ab} = \mathbf{V}_{an} + \mathbf{V}_{nb} = \mathbf{V}_{an} - \mathbf{V}_{bn}$$
$$= 100\,\underline{/0°} - 100\,\underline{/-120°}$$
$$= 100 - (-50 - j86.6)$$
$$= 173.2\,\underline{/30°}$$

Los tres voltajes dados y la construcción del fasor $\mathbf{V}_{ab}$ se muestran en el diagrama fasorial de la figura 11-3.

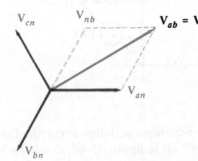

Figura 11-3

Este diagrama fasorial ilustra el uso gráfico de la convención de doble subíndice para el voltaje, para obtener $\mathbf{V}_{ab}$ en la red de la figura 11-2.

También es posible aplicar una notación de doble subíndice a las corrientes. La corriente $\mathbf{I}_{ab}$ se define como la corriente que circula de a hacia b *a través de la trayectoria directa*. En todo circuito completo que se analice, deberá haber por lo menos dos trayectorias posibles entre los puntos a y b, y no se usará la notación de doble subíndice a menos que sea obvio que una de las trayectorias es mucho más corta, o mucho más directa. Generalmente, esta trayectoria pasa a través de un solo elemento. Entonces, la corriente $\mathbf{I}_{ab}$ está correctamente indicada en la figura 11-4. De hecho, cuando se hace referencia a esta corriente no se necesita la flecha de dirección; los subíndices *indican* la dirección. Sin embargo, si se indica a una corriente simplemente como $\mathbf{I}_{cd}$ podría causar confusión.

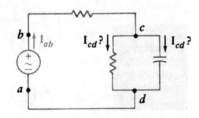

Figura 11-4

Ilustración de los usos correcto e incorrecto de la convención de doble subíndice para las corrientes.

Antes de considerar sistemas polifásicos, se usará la notación de doble subíndice para analizar un sistema monofásico en particular.

Ejercicios

11-1. Sea $\mathbf{V}_{ab} = 100\,\underline{/0°}$ V, $\mathbf{V}_{bd} = 40\,\underline{/80°}$ V y $\mathbf{V}_{ca} = 70\,\underline{/200°}$ V. Encuentre *a)* $\mathbf{V}_{ad}$; *b)* $\mathbf{V}_{bc}$; *c)* $\mathbf{V}_{cd}$.
Resp: $114.0\,\underline{/20.2°}$ V; $41.8\,\underline{/145.0°}$ V; $44.0\,\underline{/20.6°}$ V

11-2. Según el circuito mostrado en la figura 11-5 y con $I_{fj} = 3$ A, $I_{de} = 2$ A e $I_{hd} = -6$ A encuentre *a)* I_{cd}; *b)* I_{ef}; *c)* I_{ij}.
Resp: -3 A; 7 A; 7 A

Figura 11-5

Para el ejercicio 11-2.

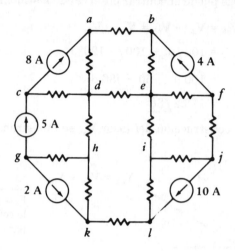

11-2

Sistemas monofásicos de tres conductores

Una fuente monofásica de tres conductores se define como una fuente que tiene tres terminales de salida, como a, n y b en la figura 11-6a, donde los voltajes fasoriales $\mathbf{V}_{an}$ y $\mathbf{V}_{nb}$ son iguales. Esta fuente puede representarse por la combinación de dos fuentes de voltaje idénticas; en la figura 11-6b, $\mathbf{V}_{an} = \mathbf{V}_{nb} = \mathbf{V}_1$. Es evidente que $\mathbf{V}_{ab} = 2\mathbf{V}_{an} = 2\mathbf{V}_{nb}$, por tanto, se tiene una fuente a la que se pueden conectar cargas que operen con cualquiera de los dos voltajes. El sistema doméstico usual es monofásico con tres alambres, con lo que operan aparatos de 115 V y 230 V. Los aparatos de mayor voltaje son generalmente aquellos que absorben mayores cantidades de potencia, por lo que las corrientes que originan son sólo la mitad de la corriente que se necesitaría al operar con la misma potencia y la mitad del voltaje. Esto significa que el diámetro de los alambres en el aparato, en la instalación eléctrica de la casa y en el sistema de distribución de la compañía eléctrica puede ser menor.

Figura 11-6

a) Fuente monofásica de tres conductores. b) Representación de una fuente monofásica de tres conductores por medio de dos fuentes de voltaje idénticas.

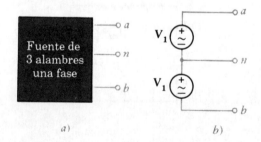

El nombré *monofásico* surge porque, al ser iguales los voltajes $\mathbf{V}_{an}$ y $\mathbf{V}_{nb}$, deben tener el mismo ángulo de fase. Sin embargo, desde otro punto de vista, los voltajes entre los alambres exteriores y el alambre central, que usualmente recibe el nombre de *neutro*, están exactamente 180° desfasados. Es decir, $\mathbf{V}_{an} = -\mathbf{V}_{bn}$ y $\mathbf{V}_{an} + \mathbf{V}_{bn} = 0$. Más adelante se verá que los sistemas polifásicos balanceados se caracterizan por un conjunto de voltajes de igual *amplitud* cuya suma (fasorial) es igual a cero. Desde esa perspectiva, entonces, el sistema monofásico de tres alambres es realmente un sistema bifásico balanceado. Sin embargo, el término *bifásico* se reserva, por tradición, para un sistema desbalanceado de poca importancia relativa, que usa dos fuentes de voltaje 90° fuera de fase; no se profundizará más en esto.

Ahora se analizará un sistema monofásico de tres conductores que contiene cargas idénticas $\mathbf{Z}_p$ entre cada alambre exterior y el neutro (figura 11-7). Primero se supondrá que los alambres que conectan la fuente a la carga son conductores

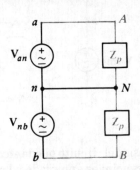

Figura 11-7

Sistema monofásico de tres conductores. Las dos cargas son idénticas y la corriente en el neutro vale cero.

perfectos. Como

$$\mathbf{V}_{an} = \mathbf{V}_{nb}$$

entonces,

$$\mathbf{I}_{aA} = \frac{\mathbf{V}_{an}}{\mathbf{Z}_p} = \mathbf{I}_{Bb} = \frac{\mathbf{V}_{nb}}{\mathbf{Z}_p}$$

y por lo tanto,

$$\mathbf{I}_{nN} = \mathbf{I}_{Bb} + \mathbf{I}_{Aa} = \mathbf{I}_{Bb} - \mathbf{I}_{aA} = 0$$

Así, la corriente vale cero en el conductor neutro, y éste podría quitarse sin cambiar ninguna corriente o voltaje en el sistema. Esto es el resultado de la igualdad de las dos cargas y de las dos fuentes.

A continuación se analiza el efecto de una impedancia finita en cada uno de los alambres. Si cada una de las líneas aA y bB tienen la misma impedancia, ésta puede añadirse a $\mathbf{Z}_p$, y producir dos cargas iguales una vez más y una corriente igual a cero en el neutro. Supóngase ahora que el conductor neutro tiene alguna impedancia $\mathbf{Z}_n$. Sin llevar a cabo un análisis detallado la superposición muestra que debido a la simetría del circuito la corriente en el neutro sigue siendo igual a cero. Es más, si se agrega cualquier impedancia conectada directamente de una línea externa a la otra línea externa, también produce un circuito simétrico y una corriente de neutro igual a cero. Así, una corriente del neutro igual a cero es una consecuencia de una carga balanceada o simétrica; ningún valor de impedancia en el neutro destruye la simetría.

El sistema monofásico de tres alambres más general contendrá cargas distintas entre cada línea externa y el neutro, y otra carga conectada directamente entre las dos líneas externas; puede esperarse que las impedancias de las dos líneas externas sean casi iguales, pero la impedancia del neutro puede ser ligeramente mayor. Se considerará un ejemplo de este tipo de sistema.

Ejemplo 11-1 Se desea analizar el sistema que se muestra en la figura 11-8 para determinar la potencia disipada por cada una de las tres cargas y la potencia perdida en el cable neutro y en las dos líneas.

figura 11-8

Sistema monofásico de tres alambres característico.

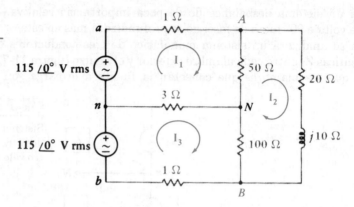

Solución: El análisis del circuito puede efectuarse asignando corrientes de malla y escribiendo las ecuaciones apropiadas. Las tres corrientes de malla son

$$I_1 = \cfrac{\begin{vmatrix} 115 & -50 & -3 \\ 0 & 170+j10 & -100 \\ 115 & -100 & 104 \end{vmatrix}}{\begin{vmatrix} 54 & -50 & -3 \\ -50 & 170+j10 & -100 \\ -3 & -100 & 104 \end{vmatrix}} = 11.24\underline{/-19.83°} \text{ A rms}$$

$$I_2 = \cfrac{\begin{vmatrix} 54 & 115 & -3 \\ -50 & 0 & -100 \\ -3 & 115 & 104 \end{vmatrix}}{\text{denominador}} = 9.39\underline{/-24.47°}$$

$$I_3 = \cfrac{\begin{vmatrix} 54 & -50 & 115 \\ -50 & 170+j10 & 0 \\ -3 & -100 & 115 \end{vmatrix}}{\text{denominador}} = 10.37\underline{/-21.80°}$$

Las corrientes en las líneas externas son

$$I_{aA} = I_1 = 11.24\underline{/-19.83°} \text{ A rms}$$

$$I_{bB} = -I_3 = 10.37\underline{/158.20°}$$

y la corriente más pequeña en el neutro es

$$I_{nN} = I_3 - I_1 = 0.946\underline{/-177.7°} \text{ A rms}$$

Puede determinarse la potencia absorbida por cada carga,

$$P_{50} = |I_1 - I_2|^2(50) = 206 \text{ W}$$

que podría representar dos lámparas de 100 W en paralelo. También,

$$P_{100} = |I_3 - I_2|^2(100) = 117 \text{ W}$$

que podría representar una lámpara de 100 W. Finalmente,

$$P_{20+j10} = |\mathbf{I}_2|^2(20) = 1763 \text{ W}$$

que puede ser un motor de inducción de 2 hp. La potencia total de la carga es de 2086 W. A continuación se calculan las pérdidas en cada alambre:

$$P_{aA} = |\mathbf{I}_1|^2(1) = 126 \text{ W}$$

$$P_{bB} = |\mathbf{I}_3|^2(1) = 108 \text{ W}$$

$$P_{nN} = |\mathbf{I}_{nN}|^2(3) = 3 \text{ W}$$

que da una pérdida total de 237 W. Los alambres deben ser bastante largos, de otra forma, la pérdida de potencia relativamente grande en las dos líneas exteriores causaría una peligrosa elevación de la temperatura. Entonces, la potencia total generada debe ser 206 + 117 + 1763 + 237, o sea, 2323 W, y esto puede verificarse calculando la potencia entregada por cada fuente de voltaje:

$$P_{an} = 115(11.24) \cos 19.83° = 1216 \text{ W}$$

$$P_{bn} = 115(10.37) \cos 21.80° = 1107 \text{ W}$$

o un total de 2323 W. La eficiencia de transmisión para este sistema es

$$\text{Eff.} = \frac{2086}{2086 + 237} = 89.8\%$$

Este valor sería inimaginable para una máquina de vapor o un motor de combustión interna, pero es demasiado bajo para un sistema de distribución bien diseñado. Si la fuente y la carga no pueden instalarse más cerca la una de la otra, entonces deben usarse alambres de diámetro mayor.

En la figura 11-9 se ha construido un diagrama fasorial que muestra las dos fuentes de voltaje, las corrientes en las líneas exteriores y la corriente en el neutro. El hecho de que $\mathbf{I}_{aA} + \mathbf{I}_{bB} + \mathbf{I}_{nN} = 0$ se indica en el diagrama.

Figura 11-9

En este diagrama fasorial se muestran los voltajes de las fuentes y tres de las corrientes del circuito de la figura 11-8. Obsérvese que $\mathbf{I}_{aA} + \mathbf{I}_{bB} + \mathbf{I}_{nN} = 0$

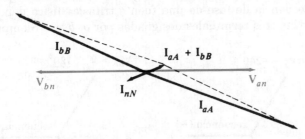

11-3. En la fig. 11-8, agregue una resistencia de 1.5 Ω a cada una de las dos líneas externas, y una resistencia de 2.5 Ω al cable neutro. Encuentre la potencia promedio disipada por cada una de las tres cargas.

Ejercicio

Resp: 153.1 W; 95.8 W; 1374 W

11-3

Conexión trifásica Y-Y

Las fuentes trifásicas tienen tres terminales llamadas de *línea* y pueden tener o no una cuarta terminal: la conexión *neutra*. Se comenzará por analizar una fuente trifásica que sí tiene una conexión neutra. Puede representarse como tres fuentes ideales de voltaje conectadas en Y, como se ve en la figura 11-10; se dispone de las terminales a, b, c y n. Sólo se considerarán fuentes trifásicas balanceadas, que pueden definirse como

$$|\mathbf{V}_{an}| = |\mathbf{V}_{bn}| = |\mathbf{V}_{cn}|$$

y

$$\mathbf{V}_{an} + \mathbf{V}_{bn} + \mathbf{V}_{cn} = 0$$

Estos tres voltajes, cada uno definido entre una línea y el neutro, reciben el nombre de *voltajes de fase*. Si arbitrariamente se escoge a $\mathbf{V}_{an}$ como referencia,

$$\mathbf{V}_{an} = V_p \underline{/0^\circ}$$

donde V_p representa la *amplitud* rms de cualquiera de los voltajes de fase; entonces, la definición de la fuente trifásica indica que

$$\mathbf{V}_{bn} = V_p \underline{/-120^\circ} \qquad \mathbf{V}_{cn} = V_p \underline{/-240^\circ}$$

o

$$\mathbf{V}_{bn} = V_p \underline{/120^\circ} \qquad \mathbf{V}_{cn} = V_p \underline{/240^\circ}$$

Figura 11-10

Fuente trifásica de cuatro alambres conectada en Y.

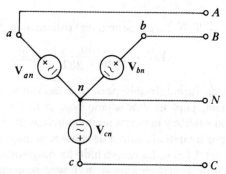

La primera se llama *secuencia de fase positiva*, o secuencia de fase *abc*, y se muestra en la figura 11-11*a*; la segunda recibe el nombre de *secuencia de fase negativa*, o secuencia de fase *cba*, y se indica por medio del diagrama fasorial de la figura 11-11*b*. Es evidente que la secuencia de fase de una fuente trifásica física depende de la elección arbitraria de las tres terminales designadas por *a, b* y *c*. Siempre pueden

Figura 11-11

a) Secuencia de fase positiva o *abc*,
b) Secuencia de fase negativa o *cba*.

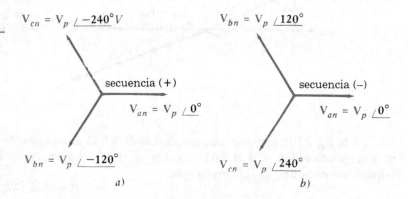

elegirse de manera que se tenga una secuencia de fase positiva, y se supondrá que esto se ha hecho en la mayor parte de los sistemas que se consideren.

A continuación, se determinarán los voltajes de línea a línea (o simplemente voltajes de "línea"), los cuales están presentes cuando los voltajes de fase son como los mostrados en la figura 11-11a. Es más fácil hacer esto con la ayuda de un diagrama fasorial, ya que todos los ángulos son múltiplos de 30°. En la figura 11-12 se muestra la construcción necesaria; el resultado es

$$\mathbf{V}_{ab} = \sqrt{3}V_p\,\underline{/30°}$$

$$\mathbf{V}_{bc} = \sqrt{3}V_p\,\underline{/-90°}$$

$$\mathbf{V}_{ca} = \sqrt{3}V_p\,\underline{/-210°} \cdot$$

La ley de voltajes de Kirchhoff requiere que esta suma sea cero y, en efecto, es igual a cero.

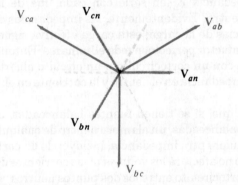

Figura 11-12

Diagrama fasorial usado para calcular los voltajes de línea a partir de los voltajes de fase dados.

Si la amplitud rms de cualquiera de los voltajes de línea se denota por V_L, entonces una de las características importantes de una fuente trifásica conectada en Y puede expresarse como

$$V_L = \sqrt{3}\,V_p$$

Obsérvese que, con la secuencia de fase positiva, $\mathbf{V}_{an}$ adelanta a $\mathbf{V}_{bn}$ y $\mathbf{V}_{bn}$ adelanta a $\mathbf{V}_{cn}$ por 120° en cada caso, y también que $\mathbf{V}_{ab}$ adelanta a $\mathbf{V}_{bc}$ y $\mathbf{V}_{bc}$ adelanta a $\mathbf{V}_{ca}$ de nuevo por 120°. Lo anterior es cierto para la secuencia negativa si "atrasa" se pone en lugar de "adelanta".

Ahora se conectará a la fuente una carga trifásica balanceada conectada en Y, usando tres líneas y un neutro, como se ve en la figura 11-13. La carga está representada por una impedancia $\mathbf{Z}_p$ conectada entre cada línea y el neutro. Las tres

Figura 11-13

Sistema trifásico balanceado conectado en Y-Y, incluyendo un neutro.

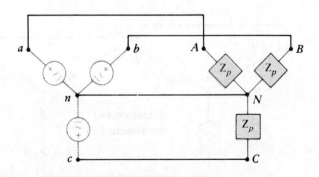

corrientes de línea se calculan muy fácilmente, ya que en realidad se tienen tres circuitos monofásicos con una conexión común:

$$\mathbf{I}_{aA} = \frac{\mathbf{V}_{an}}{\mathbf{Z}_p}$$

$$\mathbf{I}_{bB} = \frac{\mathbf{V}_{bn}}{\mathbf{Z}_p} = \frac{\mathbf{V}_{an}\underline{/-120°}}{\mathbf{Z}_p} = \mathbf{I}_{aA}\underline{/-120°}$$

$$\mathbf{I}_{cC} = \mathbf{I}_{aA}\underline{/-240°}$$

y por lo tanto,

$$\mathbf{I}_{Nn} = \mathbf{I}_{aA} + \mathbf{I}_{bB} + \mathbf{I}_{cC} = 0$$

Así, el neutro no lleva corriente si tanto la carga como la fuente están balanceadas y si los cuatro alambres tienen una impedancia igual a cero. ¿Cómo cambiaría esto si se insertara una impedancia $\mathbf{Z}_L$ en serie con cada una de las tres líneas y una impedancia $\mathbf{Z}_n$ en el neutro? Evidentemente, las impedancias de línea pueden reducirse con las impedancias de la carga; esta carga efectiva sigue estando balanceada y, si el neutro es un conductor perfecto, puede eliminarse. Entonces, si no se producen cambios en el sistema con un cortocircuito o un circuito abierto entre n y N, puede insertarse cualquier impedancia en el neutro y la corriente en el neutro seguirá siendo igual a cero.

Se tiene entonces que, si se tienen fuentes balanceadas, cargas balanceadas e impedancias de línea balanceadas, un alambre neutro de cualquier impedancia puede remplazarse por cualquiera otra impedancia, incluyendo un cortocircuito y un circuito abierto. El remplazo no afectará los voltajes ni las corrientes del sistema. A menudo es útil *visualizar* un cortocircuito entre los dos puntos neutros, ya sea que en realidad esté presente o no un alambre neutro; así, el problema se reduce a tres problemas monofásicos, todos idénticos excepto por las diferencias de fase. En este caso se dice que el problema se resuelve "por fases".

Ahora se resolverán varios problemas relativos a sistemas trifásicos balanceados con cargas conectadas en Y-Y.

Ejemplo 11-2 El circuito de la figura 11-14 es un problema de este tipo; se pide calcular varias corrientes y voltajes en el circuito, y la potencia total.

Solución: Como uno de los voltajes de fase está dado, y como se supone una secuencia de fase positiva, los tres voltajes de fase son

Figura 11-14

Sistema balanceado trifásico de tres conductores conectado en Y-Y.

$$\mathbf{V}_{an} = 200\underline{/0°} \qquad \mathbf{V}_{bn} = 200\underline{/-120°} \qquad \mathbf{V}_{cn} = 200\underline{/-240°}$$

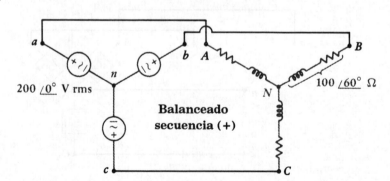

El voltaje de línea vale $200\sqrt{3}$, o 346 V rms; el ángulo de fase de cada voltaje de línea puede determinarse construyendo un diagrama fasorial, como se hizo antes. De hecho, puede aplicarse el diagrama de la figura 11-12, y $\mathbf{V}_{ab}$ es $346\underline{/\,30°}$ V.

Se resolverá la fase A. La corriente de línea es

$$\mathbf{I}_{aA} = \frac{\mathbf{V}_{an}}{\mathbf{Z}_p} = \frac{200\underline{/\,0°}}{100\underline{/\,60°}} = 2\underline{/\,-60°}\text{ A rms}$$

y la potencia absorbida por esta fase es, por lo tanto,

$$P_{AN} = 200(2)\cos(0° + 60°) = 200\text{ W}$$

Entonces, la potencia total absorbida por la carga trifásica es de 600 W. La solución del problema se completa dibujando un diagrama fasorial y obteniendo de éste los ángulos de fase apropiados que se aplican a los demás voltajes y corrientes de línea. El diagrama completo se muestra en la figura 11-15. ●

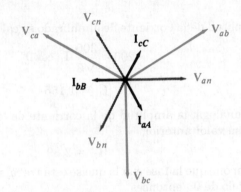

Figura 11-15

Diagrama fasorial aplicable al circuito de la figura 11-14.

Los métodos de solución por fase también se pueden usar para resolver problemas en lo que podría llamarse la dirección opuesta.

Ejemplo 11-3 Supóngase que se tiene un sistema trifásico balanceado con un voltaje de línea de 300 V rms, y que se sabe que está alimentando a una carga balanceada conectada en Y con 1200 W a un FP de 0.8 adelantado. ¿Cuál es la corriente de línea y la impedancia de carga, por fase?

Solución: Es evidente que el voltaje de fase vale $300/\sqrt{3}$ V rms y que la potencia por fase es de 400 W. Entonces la corriente de línea puede obtenerse a partir de la relación de potencia,

$$400 = \frac{300}{\sqrt{3}}(I_L)(0.8)$$

por lo que la corriente de línea vale 2.89 A rms. La impedancia de fase está dada por

$$|\mathbf{Z}_p| = \frac{V_p}{I_L} = \frac{300/\sqrt{3}}{2.89} = 60\ \Omega$$

Como el FP es de 0.8 adelantado, el ángulo de fase de la impedancia es $-36.9°$ y $\mathbf{Z}_p = 60\underline{/\,-36.9°}\ \Omega$. ●

Pueden manejarse cargas más complicadas con facilidad, ya que los problemas se reducen a problemas monofásicos más simples.

Ejemplo 11-4 Supóngase que una carga balanceada de alumbrado de 600 W se añade (en paralelo) al sistema del ejemplo 11-3. Determine de nuevo la corriente de línea.

Solución: Primero se dibuja un circuito por fase adecuado, como muestra la figura 11-16.

Figura 11-16

Circuito por fase que se usa para analizar un ejemplo de sistema trifásico balanceado.

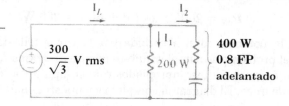

La amplitud de la corriente de alumbrado se calcula mediante

$$200 = \frac{300}{\sqrt{3}} |\mathbf{I}_1| \cos 0°$$

y
$$|\mathbf{I}_1| = 1.155$$

En forma análoga, la amplitud de la corriente de la carga capacitiva no varía respecto a su valor anterior,

$$|\mathbf{I}_2| = 2.89$$

Si se supone que la fase con la que se está trabajando tiene un voltaje de fase con un ángulo de 0°, entonces

$$\mathbf{I}_1 = 1.155\underline{/0°} \qquad \mathbf{I}_2 = 2.89\underline{/+36.9°}$$

y la corriente de línea es

$$\mathbf{I}_L = \mathbf{I}_1 + \mathbf{I}_2 = 3.87\underline{/+26.6°} \text{ A rms}$$

Más aún, la potencia generada por esta fase de la fuente es

$$P_p = \frac{300}{\sqrt{3}} 3.87 \cos(+26.6°) = 600 \text{ W}$$

lo cual está de acuerdo con la hipótesis original.   ●

Si una carga conectada en Y *desbalanceada* está conectada a un sistema trifásico que por lo demás está balanceado, el circuito aún puede analizarse por fases *si* el alambre neutro está presente y si tiene una impedancia igual a cero. Si cualquiera de estas dos condiciones no se cumple, deben usarse otros métodos, tales como el análisis de mallas o el de nodos. Sin embargo, aquellos ingenieros que traten la mayor parte del tiempo con sistemas trifásicos desbalanceados, verán que el uso de las *componentes simétricas* representa un gran ahorro de tiempo. Este método no se estudiará aquí.

Ejercicios

11-4. Un sistema de tres alambres trifásico balanceado tiene una carga conectada en Y. Cada una de las fases contiene tres cargas en paralelo: $-j100\ \Omega$, $100\ \Omega$ y $50 + j50\ \Omega$. Suponga una secuencia de fases positiva con $\mathbf{V}_{ab} = 400\underline{/0°}$ V. Encuentre a) $\mathbf{V}_{an}$; b) $\mathbf{I}_{aA}$; c) el factor de potencia de la carga balanceada; d) la potencia total consumida por la carga.
Resp: $231\underline{/-30°}$ V; $4.62\underline{/-30°}$ A; 1.000; 3200 W

11-5. Un sistema trifásico balanceado de tres alambres tiene un voltaje de línea de 500 V. Dos cargas balanceadas se encuentran conectadas en Y. Una de ellas es una carga capacitiva con $7 - j2$ Ω por fase y la otra es una carga inductiva con $4 + j2$ Ω por fase. Encuentre a) el voltaje de fase; b) la corriente de línea; c) la potencia total que consume por la carga; d) el factor de potencia al que está operando la fuente.
Resp: 289 V; 97.5 A; 83.0 kW; 0.983 atrasado

11-6. Tres cargas balanceadas conectadas en Y se instalan sobre un sistema trifásico balanceado de cuatro alambres. La carga 1 obtiene una potencia total de 6 kW con FP unitario, la carga 2 requiere 10 kVA con FP = 0.96 atrasado, y la carga 3 necesita 7 kW con FP = 0.85 atrasado. Si el voltaje de fase en las cargas es de 135 V, la resistencia en cada línea es 0.1 Ω y la resistencia del neutro es de 1 Ω, encuentre a) la potencia total que obtienen las cargas; b) el FP combinado de las cargas; c) la potencia total perdida en las tres líneas; d) el voltaje de fase de la fuente; e) el factor de potencia al que está operando la fuente.
Resp: 22.6 kW; 0.954 atrasado; 1027 W; 140.6 V; 0.957 atrasado

---

Es más probable encontrar cargas trifásicas conectadas en Δ que conectadas en Y. Una razón para ello, al menos en el caso de una carga desbalanceada, es la facilidad con la que pueden añadirse o quitarse cargas en una sola fase. Esto es difícil (o imposible) de hacer en una carga de tres conductores conectada en Y.

Considérese una carga balanceada conectada en Δ que consiste en una impedancia $\mathbf{Z}_p$ insertada entre cada par de líneas. Por razones obvias, se supondrá que se tiene un sistema de tres conductores. Según la figura 11-17, supóngase que los voltajes de línea son conocidos,

$$V_L = |\mathbf{V}_{ab}| = |\mathbf{V}_{bc}| = |\mathbf{V}_{ca}|$$

o bien los voltajes de fase son conocidos

$$V_p = |\mathbf{V}_{an}| = |\mathbf{V}_{bn}| = |\mathbf{V}_{cn}|$$

donde

$$V_L = \sqrt{3}V_p \qquad y \qquad \mathbf{V}_{ab} = \sqrt{3}V_p\underline{/30°}$$

y así sucesivamente, como antes. Como el voltaje en cada rama de la Δ es conocido, se pueden encontrar las *corrientes de fase*,

$$\mathbf{I}_{AB} = \frac{\mathbf{V}_{ab}}{\mathbf{Z}_p} \qquad \mathbf{I}_{BC} = \frac{\mathbf{V}_{bc}}{\mathbf{Z}_p} \qquad \mathbf{I}_{CA} = \frac{\mathbf{V}_{ca}}{\mathbf{Z}_p}$$

y sus diferencias dan las corrientes de línea, tales como

$$\mathbf{I}_{aA} = \mathbf{I}_{AB} - \mathbf{I}_{CA}$$

11-4

La conexión delta (Δ)

Figura 11-17

Una carga conectada en Δ balanceada está presente en un sistema trifásico de tres alambres. La fuente está conectada en Y.

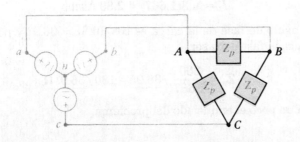

Las tres corrientes de fase tienen la misma amplitud,

$$I_p = |\mathbf{I}_{AB}| = |\mathbf{I}_{BC}| = |\mathbf{I}_{CA}|$$

Las corrientes de línea también son iguales en amplitud debido a que las corrientes de fase son iguales en amplitud y están 120° fuera de fase. La simetría es evidente en el diagrama fasorial de la figura 11-18. Entonces se tiene

$$I_L = |\mathbf{I}_{aA}| = |\mathbf{I}_{bB}| = |\mathbf{I}_{cC}|$$

y

$$I_L = \sqrt{3}\,I_p$$

Figura 11-18

Diagrama fasorial que podría aplicarse al circuito de la figura 11-17 si $\mathbf{Z}_p$ fuera una impedancia inductiva.

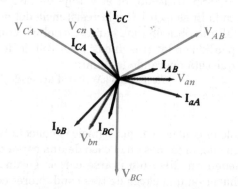

Por el momento se ignorará la fuente y se considerará sólo la carga balanceada. Si la carga está conectada en Δ, entonces el voltaje de fase y el voltaje de línea son indistinguibles el uno del otro, pero la corriente de línea es mayor que la corriente de fase por el factor $\sqrt{3}$; con una carga conectada en Y, sin embargo, la corriente de fase y la corriente de línea se refieren a la misma corriente, y el voltaje de línea es mayor que el voltaje de fase por el factor $\sqrt{3}$.

La solución de problemas trifásicos se puede efectuar rápidamente si $\sqrt{3}$ se usa en forma apropiada. Considérese un ejemplo numérico frecuente.

Ejemplo 11-5 Determine la amplitud de la corriente de línea en un sistema trifásico de 300 V rms que entrega 1200 W a una carga conectada en Δ con un factor de potencia de 0.8 atrasado.

Solución: De nuevo se considerará una sola fase. Ésta absorbe 400 W, con un factor de potencia de 0.8 atrasado, a un voltaje de línea de 300 V rms. Entonces,

$$400 = 300(I_p)(0.8)$$

y

$$I_p = 1.667 \text{ A rms}$$

y la relación entre corrientes de fase y corrientes de línea da

$$I_L = \sqrt{3}(1.667) = 2.89 \text{ A rms}$$

Aún más, el ángulo de fase de la carga es $\cos^{-1}(0.8) = 36.9°$ y por lo tanto, la impedancia en cada fase debe ser

$$\mathbf{Z}_p = \frac{300}{1.667}\underline{/36.9°} = 180\underline{/36.9°}\ \Omega$$

Ahora se cambiará un poco el enunciado del problema.

Ejemplo 11-6 La carga del ejemplo 11-5 está conectada en Y, en vez de en Δ. De nuevo determine las impedancia de fase.

Solución: En un análisis por fase, se tiene un voltaje de fase de $300/\sqrt{3}$ V rms, una potencia de 400 W, y un FP de 0.8 atrasado. Entonces,

$$400 = \frac{300}{\sqrt{3}} (I_p)(0.8)$$

y $\qquad\qquad\qquad\qquad I_p = 2.89 \qquad$ o $\qquad I_L = 2.89$ A rms

El ángulo de fase de la carga es otra vez 36.9°, por lo que la impedancia en cada fase de la Y es

$$\mathbf{Z}_p = \frac{300/\sqrt{3}}{2.89}\ \underline{/36.9°} = 60\ \underline{/36.9°}\ \Omega \qquad \bullet$$

El factor $\sqrt{3}$ no sólo relaciona cantidades de fase y de línea, sino que también aparece en una expresión útil de la potencia total absorbida por cualquier carga trifásica balanceada. Si se supone una carga conectada en Y con un ángulo θ del factor de potencia, entonces la potencia que toma cualquier fase es

$$P_p = V_p I_p \cos\theta = V_p I_L \cos\theta = \frac{V_L}{\sqrt{3}} I_L \cos\theta$$

y la potencia total es

$$P = 3P_p = \sqrt{3} V_L I_L \cos\theta$$

En forma similar, la potencia entregada a cada fase de una carga conectada en Δ es

$$P_p = V_p I_p \cos\theta = V_L I_p\ \cos\theta = V_L \frac{I_L}{\sqrt{3}}\ \cos\theta$$

lo que da una potencia total

$$P = 3P_p$$

$$P = \sqrt{3} V_L I_L\ \cos\theta \qquad\qquad\qquad (1)$$

Entonces (1) permite calcular la potencia total entregada a una carga balanceada si se conoce la magnitud de los voltajes de línea, de las corrientes de línea y del ángulo de fase de la impedancia (o admitancia) de la carga, independientemente de si la carga está conectada en Y o en Δ. Ahora puede obtenerse la corriente de línea en los ejemplos 11-5 y 11-6 en dos pasos sencillos:

$$1200 = \sqrt{3}(300)(I_L)(0.8)$$

Por lo tanto,

$$I_L = \frac{5}{\sqrt{3}} = 2.89\ \text{A rms}$$

La fuente también puede conectarse en una configuración Δ. Pero esto no es común, ya que un ligero desbalance en las fases de la fuente puede provocar que circulen grandes corrientes en el lazo en Δ. Como ejemplo, sean las tres fuentes monofásicas $\mathbf{V}_{ab}$, $\mathbf{V}_{bc}$ y $\mathbf{V}_{cd}$. Antes de cerrar la Δ conectando d a a, se calculará el desbalance midiendo la suma $\mathbf{V}_{ab} + \mathbf{V}_{bc} + \mathbf{V}_{cd}$. Supóngase que la amplitud de la resultante es sólo el 1% del voltaje de línea. Entonces la corriente que circula es aproximadamente $\frac{1}{3}\%$ del voltaje de línea dividido entre la impedancia interna de cualquiera de las fuentes. ¿Qué tan grande puede ser esta impedancia? Esto dependerá de la corriente que se espera que entregue la fuente, con una caída despreciable del voltaje en las terminales. Si se supone que esta corriente máxima causa una caída de un 1% en el voltaje en las terminales, entonces se ve que la corriente que circula es igual a un tercio de la corriente máxima. Esto reduce la capacidad útil de corriente de la fuente y también aumenta las pérdidas en el sistema.

También debe observarse que las fuentes trifásicas balanceadas pueden transformarse de Y a Δ, o viceversa, sin afectar las corrientes o los voltajes de la carga. Las relaciones necesarias entre los voltajes de línea y de fase se muestran en la figura 11-12 para el caso en el que V_{an} tiene un ángulo de fase de referencia de 0°. Esta transformación permite usar la conexión de fuentes que se prefiera, y todas las relaciones de la carga serán correctas. Por supuesto, no se puede especificar ninguna corriente o voltaje dentro de la fuente sino hasta que se sepa cómo está conectada realmente.

Ejercicios

11-7. Cada fase de una carga balanceada trifásica conectada en Δ consiste en un inductor de 0.2 H en serie con la combinación en paralelo de un capacitor de 5 μF y una resistencia de 200 Ω. Suponga una resistencia de línea igual a cero y un voltaje de fase de 200 V con ω = 400 rad/s. Encuentre a) la corriente de fase; b) la corriente de línea; c) la potencia total absorbida por la carga.

Resp: 1.158 A; 2.01 A; 693 W

11-8. Un sistema trifásico balanceado de tres alambres está terminado con dos cargas conectadas en Δ en paralelo. La carga 1 obtiene 40 kVA a un FP atrasado de 0.8, mientras que la carga 2 absorbe 24 kW con un FP adelantado de 0.9. Suponga que no hay resistencia en línea y sea V_{ab} = 440/30° V. Encuentre a) la potencia total que obtienen las cargas; b) la corriente de fase I_{AB1} para la carga atrasada; c) I_{AB2}; d) I_{aA}.

Resp: 56.0 kW; 30.3/–6.87° A; 20.2/55.8° A; 75.3/–12.46° A

Problemas

1 En la gráfica de circuito que se muestra en la figura 11-19, algunas corrientes son I_{14} = 5/0", I_{15} = 2/90°, I_{13} = 4/120°, I_{25} = 3/30°, I_{23} = –j4 e I_{34} = 1 –j1, todas en amperes. Encuentre a) I_{35}; b) I_{24}.

Figura 11-19

Para los problemas 1 y 2.

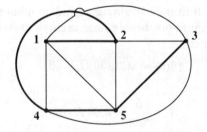

2 En la gráfica de circuito que se muestra en la figura 11-19, algunos voltajes son V_{12} = 100/0°, V_{45} = 60/75°, V_{42} = 80/120° y V_{35} = –j120, todos en volts. Encuentre a) V_{25}; b) V_{13}.

3 El sistema de tres alambres de 230/460 V rms 60 Hz que se muestra en la figura 11-20 suministra potencia a tres cargas: la carga AN obtiene una potencia compleja de 10/40° kVA, la carga NB utiliza 8/10° kVA y la carga AB requiere 4/–80° kVA. Encuentre las dos corrientes de línea y la corriente del neutro.

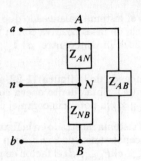

Figura 11-20

Para el problema 3.

4 Un sistema monofásico de tres alambres ineficiente tiene voltajes de fuente de $\mathbf{V}_{an} = \mathbf{V}_{nb}$ $= 720\underline{/\,0^\circ}$ V rms, las resistencias de línea $R_{aA} = R_{bB} = 1\ \Omega$ con $R_{nN} = 10\ \Omega$ y cargas $\mathbf{Z}_{AN} = 10$ $+ j3\ \Omega$, $\mathbf{Z}_{NB} = 8 + j2\ \Omega$ y $\mathbf{Z}_{AB} = 18 + j0\ \Omega$. Encuentre a) $\mathbf{I}_{aA}$; b) $\mathbf{I}_{nN}$; c) $P_{\text{alambres, total}}$; d) $P_{\text{gen, total}}$.

5 Un sistema monofásico balanceado de tres cables tiene cargas $\mathbf{Z}_{AN} = \mathbf{Z}_{NB} = 10\ \Omega$, y una carga $\mathbf{Z}_{AB} = 16 + j12\ \Omega$. Puede suponerse que en las tres líneas no existe resistencia. Sea $\mathbf{V}_{an} = \mathbf{V}_{nb} = 120\underline{/\,0^\circ}$ V rms. a) Encuentre I_{aA} e I_{nN}. b) El sistema se desbalancea al conectar otra resistencia de 10 Ω en paralelo con $\mathbf{Z}_{AN}$. Encuentre I_{aA}, I_{bB} e I_{nN}.

6 Un sistema monofásico balanceado de tres cables tiene fuentes de voltaje de $\mathbf{V}_{an} = \mathbf{V}_{nb} = 200\underline{/\,0^\circ}$ V rms, las resistencias de línea y neutra son cero y las cargas $\mathbf{Z}_{AN} = \mathbf{Z}_{NB} = 12 + j3\ \Omega$. Encuentre $\mathbf{Z}_{AB}$ de tal manera que: a) $X_{AB} = 0$ e $I_{aA} = 30$ A rms; b) $R_{AB} = 0$ y el ángulo de $\mathbf{I}_{aA} = 0^\circ$.

7 En el sistema monofásico balanceado de tres alambres de la figura 11-21, sea $V_{AN} = 220$ V rms a 60 Hz. a) ¿Cuál debe ser el valor de C para proporcionar un factor de potencia de carga unitario? b) ¿Cuántos kVA puede manejar C?

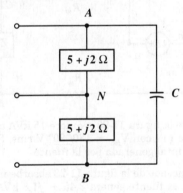

Figura 11-21

Para el problema 7.

8 La figura 11-22 muestra un sistema trifásico balanceado de tres alambres con una secuencia de fase positiva. Sea $\mathbf{V}_{BC} = 120\underline{/\,60^\circ}$ V rms y $R_w = 0.6\ \Omega$. Si la carga total (incluso la resistencia del alambre) absorbe 5 kVA a un FP = 0.8 atrasado, encuentre a) la potencia total que se pierde en la resistencia de las líneas y b) $\mathbf{V}_{an}$.

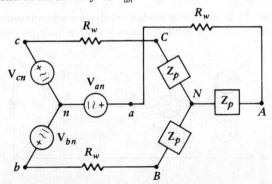

Figura 11-22

Para los problemas 8 a 13.

9 Sea $\mathbf{V}_{an} = 2300/\,0°$ V rms en el sistema balanceado que se muestra en la figura 11-22 y sea $R_W = 2\,\Omega$. Suponga una secuencia de fases positiva con la fuente suministrando una potencia compleja total de $\mathbf{S} = 100 + j30$ kVA. Encuentre *a*) $\mathbf{I}_{aA}$; *b*) $\mathbf{V}_{AN}$; *c*) $\mathbf{Z}_p$; *d*) la eficiencia de transmisión.

10 En el sistema trifásico balanceado de la figura 11-22, sean $\mathbf{Z}_p = 12 + j5\,\Omega$ e $\mathbf{I}_{bB} = 20/\,0°$ A rms con la secuencia de fase (+). Si la fuente opera con un factor de potencia de 0.935, encuentre *a*) R_W; *b*) $\mathbf{V}_{bn}$; *c*) $\mathbf{V}_{AB}$; *d*) la potencia compleja suministrada por la fuente.

11 La impedancia de fase $\mathbf{Z}_p$ en el sistema mostrado en la figura 11-22 consiste en una impedancia de $75/\,25°\,\Omega$ en paralelo con una capacitancia de $25\,\mu\mathrm{F}$. Sean $\mathbf{V}_{an} = 240/\,0°$ V rms a 60 Hz y $R_W = 2\,\Omega$. Encuentre *a*) $\mathbf{I}_{aA}$; *b*) P_{alambres}; *c*) P_{carga}; *d*) el factor de potencia de la fuente.

12 Se instala un conductor neutro libre de pérdidas entre los nodos *n* y *N* en el sistema trifásico que se muestra en la figura 11-22. Suponga un sistema balanceado con secuencia de fase (+); pero que se conecta con cargas desbalanceadas: $\mathbf{Z}_{AN} = 8 + j6\,\Omega$, $\mathbf{Z}_{BN} = 12 - j16\,\Omega$ y $\mathbf{Z}_{CN} = 5\,\Omega$. Si $\mathbf{V}_{an} = 120/\,0°$ V rms y $R_w = 0.5\,\Omega$, encuentre $\mathbf{I}_{nN}$.

13 El sistema trifásico balanceado que se muestra en la figura 11-22 tiene $R_w = 0$ y $\mathbf{Z}_p = 10 + j5\,\Omega$ por fase. *a*) ¿A qué valor del factor de potencia está operando la fuente? *b*) Suponga que $f = 60$ Hz, ¿cuál es el tamaño del capacitor que debe colocarse en paralelo con cada impedancia de fase para elevar el FP a 0.93 atrasado? *c*) ¿Cuánta potencia reactiva absorbe cada capacitor si el voltaje de línea en la carga es de 440 V rms?

14 La figura 11-23 muestra un circuito trifásico balanceado de tres alambres. Sean $R_w = 0$ y $\mathbf{V}_{an} = 200/\,60°$ V rms. Cada fase de la carga absorbe una potencia compleja, $\mathbf{S}_p = 2 - j1$ kVA. Si se supone una secuencia de fase (+), encuentre *a*) $\mathbf{V}_{bc}$; *b*) $\mathbf{Z}_p$; *c*) $\mathbf{I}_{aA}$.

Figura 11-23

Para los problemas 14 a 17.

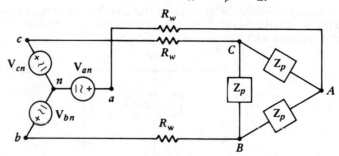

15 La carga balanceada en Δ de la figura 11-23 requiere 15 kVA con un FP de 0.8 atrasado. Suponga una secuencia de fase (+) con $\mathbf{V}_{BC} = 180/\,30°$ V rms. Si $R_w = 0.75\,\Omega$, encuentre *a*) $\mathbf{V}_{bc}$; *b*) la potencia compleja total generada por la fuente.

16 La carga en el sistema balanceado de la figura 11-23 absorbe una potencia compleja total de $3 + j1.8$ kVA, mientras que la fuente genera $3.45 + j1.8$ kVA. Si $R_w = 5\,\Omega$, encuentre *a*) I_{aA} *b*) I_{AB}; *c*) V_{an}.

17 La fuente trifásica balanceada conectada en Y de la figura 11-23 tiene $\mathbf{V}_{an} = 140/\,0°$ V rms con secuencia de fase (+). Sea $R_w = 0$. La carga trifásica balanceada absorbe 15 kW y +9 kVAR. Encuentre *a*) $\mathbf{V}_{AB}$; *b*) $\mathbf{I}_{AB}$; *c*) $\mathbf{I}_{aA}$.

18 La fuente en la figura 11-24 está balanceada y exhibe una secuencia de fase (+). Encuentre *a*) $\mathbf{I}_{aA}$; *b*) $\mathbf{I}_{bB}$; *c*) $\mathbf{I}_{cC}$; *d*) la potencia compleja total proporcionada por la fuente.

Figura 11-24

Para los problemas 18 y 19.

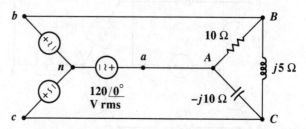

19 Agregue una resistencia de 1 Ω en cada una de las líneas de la figura 11-24 y resuelva otra vez el problema 18.

20 (SPICE) Sea $f = 60$ Hz en el circuito mostrado en la figura 11-25. Utilice SPICE para determinar el valor fasorial (rms) de la corriente: a) $\mathbf{I}_{aA}$; b) $\mathbf{I}_{bB}$; c) $\mathbf{I}_{nN}$.

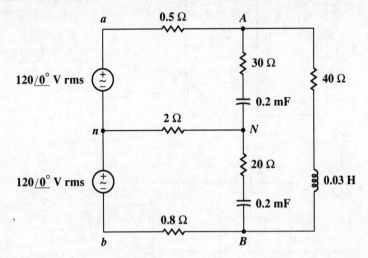

Figura 11-25

Para el problema 20.

21 (SPICE) En el sistema trifásico de la figura 11-26, suponga una fuente balanceada con una secuencia de fase (+). Sea $f = 60$ Hz. Encuentre la magnitud de a) $\mathbf{V}_{AN}$; b) $\mathbf{V}_{BN}$; c) $\mathbf{V}_{CN}$.

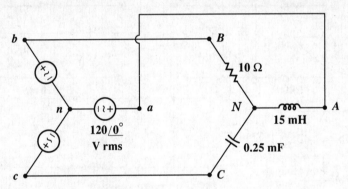

Figura 11-26

Para el problema 21.

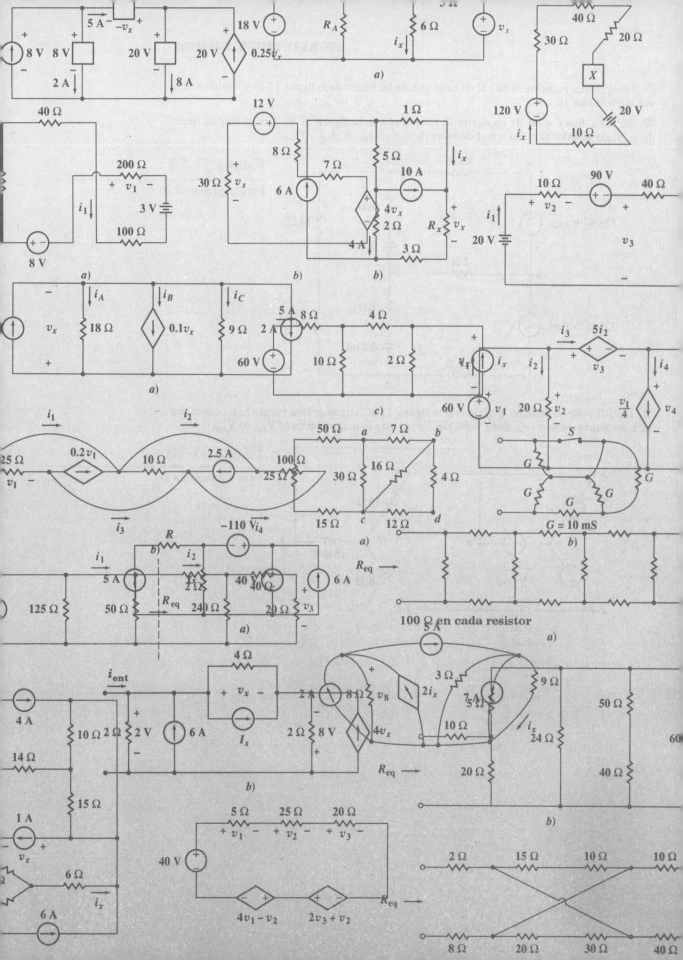

Cuarta parte:
Frecuencia compleja

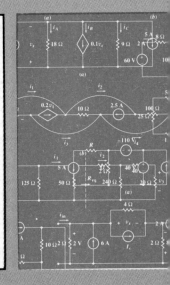

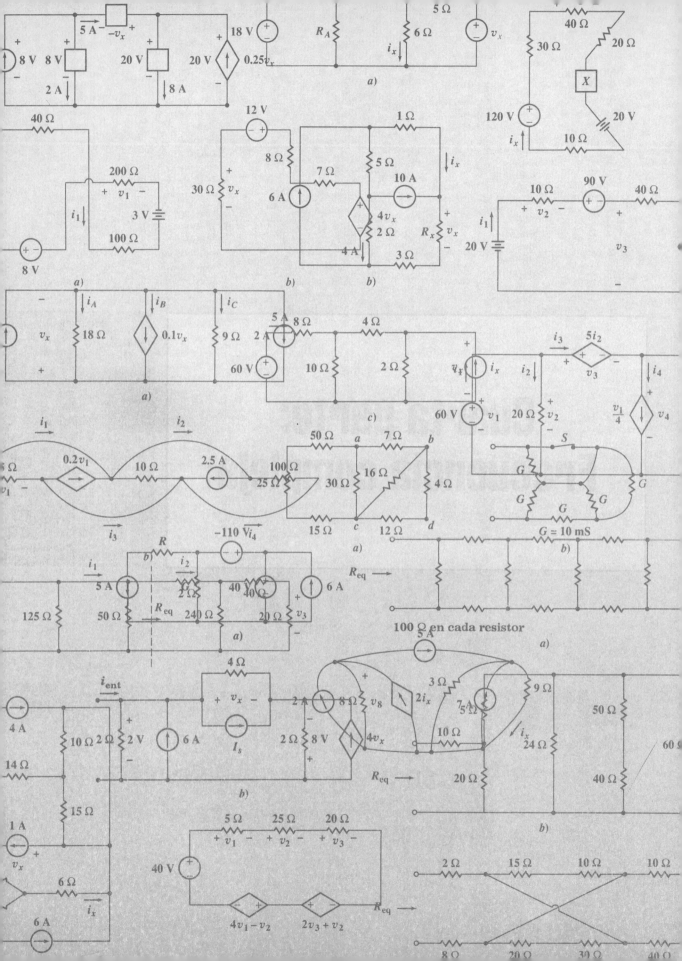

Frecuencia compleja

Está por comenzar la cuarta parte de nuestro estudio del análisis de circuitos: una exposición del tema de frecuencia compleja. Como se verá, éste es un concepto unificador que permitirá relacionar todas las técnicas analíticas estudiadas antes, uniéndolas en un solo paquete. El análisis de circuitos resistivos, el análisis en estado senoidal estable o permanente, el análisis de transitorio, la respuesta forzada, la respuesta completa y el análisis de circuitos alimentados por funciones de excitación exponenciales y funciones senoidales exponencialmente amortiguadas se convertirán todos en casos especiales de las técnicas generales para el análisis de circuitos asociados con el concepto de frecuencia compleja.

Se presentará la frecuencia compleja considerando una función senoidal exponencialmente amortiguada, como el voltaje

$$v(t) = V_m e^{\sigma t} \cos (\omega t + \theta) \qquad (1)$$

donde σ (sigma) es una cantidad real, generalmente negativa. Aunque se dice que esta función está "amortiguada", es posible que la amplitud de la senoidal aumente si σ es positiva; el caso más práctico corresponde al de la función amortiguada. El trabajo desarrollado con la respuesta natural del circuito RLC indica, por otra parte, que σ es el negativo del coeficiente de amortiguamiento exponencial.

Primero se construye un voltaje constante a partir de la ecuación (1) haciendo $\sigma = \omega = 0$:

$$v(t) = V_m \cos \theta = V_0 \qquad (2)$$

Si sólo σ se hace igual a cero, se obtiene un voltaje senoidal,

$$v(t) = V_m \cos (\omega t + \theta) \qquad (3)$$

Y si $\omega = 0$, se tiene el voltaje exponencial

$$v(t) = V_m (\cos \theta)e^{\sigma t} = V_0 e^{\sigma t} \qquad (4)$$

Así, la senoidal amortiguada de la ecuación (1) incluye como casos especiales las funciones de cd en la (2), la senoidal en la (3) y la exponencial en la (4).

Puede profundizarse un poco más sobre el significado de σ si se hace una comparación entre la función exponencial en la ecuación (4) y la representación compleja de la función senoidal con un ángulo de fase igual a cero,

$$v(t) = V_0 e^{j\omega t} \qquad (5)$$

Es evidente que las dos funciones descritas en las ecuaciones (4) y (5), tienen mucho en común. La única diferencia está en que el exponente en la ecuación (4) es real, mientras que el que aparece en la (5) es imaginario. El parecido entre ambas funciones se recalca al describir a σ como una "frecuencia". Esta elección de terminología se verá en detalle en las secciones siguientes, aunque por el momento sólo se necesita saber que σ es la *parte real* de la frecuencia compleja. Sin embargo, no deberá llamársele "frecuencia real", ya que éste es un término más adecuado para f (o menos rigurosamente, para ω). σ también se conoce como la *frecuencia de neper*, nombre que surge de la unidad adimensional del exponente de e. Entonces, dado e^{7t}, las dimensiones de $7t$ son nepers (Np), y 7 es la frecuencia de neper dada en nepers por segundo. El neper recibe su nombre en honor de Napier y su sistema de logaritmos neperianos; la ortografía de su nombre es históricamente incierta.

Ahora se pensará en términos de una función de excitación o fuente que tiene una forma amortiguada, senoidal o exponencial. Cuando $\sigma < 0$, la amplitud de la función de excitación puede tener valores muy grandes en tiempos del pasado remoto. Es decir, se ha considerado la respuesta forzada como la producida por una función de excitación aplicada desde $t = -\infty$; su aplicación en un tiempo finito origina una respuesta transitoria además de la respuesta forzada. Como la amplitud infinita de la función de excitación en $t = -\infty$ no es muy agradable, debe observarse que en cualquier circuito se pueden imponer condiciones iniciales de forma que al aplicar determinada función de excitación en un instante específico, se produzca de ahí en adelante una respuesta idéntica a la respuesta forzada, sin ninguna respuesta transitoria. Más adelante se verán ejemplos de estos. Se sabe que, aunque desde un punto de vista práctico puede ser imposible generar en el laboratorio funciones de excitación amortiguadas, senoidales o exponenciales, exactas o precisas para todo tiempo, pueden producirse aproximaciones satisfactorias para circuitos cuyas respuestas transitorias no duren mucho.

La respuesta forzada de una red ante una función de excitación general de la forma (l) se encuentra muy fácilmente usando un método casí idéntico al que se usó para la función de excitación senoidal; este método se estudiará en la sección 12-3. Cuando ya se pueda encontrar la respuesta forzada debida a esta senoidal amortiguada, se verá que también se ha obtenido la respuesta forzada debida a un voltaje de cd, un voltaje exponencial y un voltaje senoidal. A continuación se verá cómo σ y ω pueden considerarse las partes real e imaginaria de una frecuencia compleja.

12-2

Frecuencia compleja

Se dará primero una definición puramente matemática de la frecuencia compleja, para luego desarrollar, gradualmente conforme avance el capítulo, una interpretación física. Se dice que cualquier función que puede escribirse en la forma

$$\mathbf{f}(t) = \mathbf{K}e^{\mathbf{s}t} \tag{6}$$

donde $\mathbf{K}$ y $\mathbf{s}$ son constantes complejas (independientes del tiempo), está caracterizada por la *frecuencia compleja* $\mathbf{s}$. Por lo tanto, la frecuencia compleja $\mathbf{s}$ es simplemente el factor que multiplica a t en esta representación exponencial compleja. Hasta que sea posible determinar la frecuencia compleja de una función dada por inspección, será necesario escribir la función en la forma de la ecuación (6).

Esta definición puede aplicarse primero a las funciones de excitación más conocidas. Por ejemplo, un voltaje constante

$$v(t) = V_0$$

puede escribirse en la forma

$$v(t) = V_0 e^{(0)t}$$

La frecuencia compleja de un voltaje o una corriente de cd es cero; $\mathbf{s} = 0$.

El siguiente caso simple es la función exponencial

$$v(t) = V_0 e^{\sigma t}$$

la cual ya está en la forma requerida; por lo tanto, la frecuencia compleja de este voltaje es σ; $\mathbf{s} = \sigma + j0$.

Considérese ahora un voltaje senoidal, el cual tiene reservada una pequeña sorpresa. Dado

$$v(t) = V_m \cos(\omega t + \theta)$$

es necesario encontrar una expresión equivalente en términos de la exponencial compleja. De la experiencia adquirida, se puede usar la fórmula que se obtuvo para la identidad de Euler,

$$\cos(\omega t + \theta) = \tfrac{1}{2}(e^{j(\omega t + \theta)} + e^{-j(\omega t + \theta)})$$

y obtener

$$v(t) = \tfrac{1}{2} V_m (e^{j(\omega t + \theta)} + e^{-j(\omega t + \theta)})$$

$$= (\tfrac{1}{2} V_m e^{j\theta}) e^{j\omega t} + (\tfrac{1}{2} V_m e^{-j\theta}) e^{-j\omega t}$$

o

$$v(t) = \mathbf{K}_1 e^{\mathbf{s}_1 t} + \mathbf{K}_2 e^{\mathbf{s}_2 t}$$

Se tiene la *suma* de dos exponenciales complejas, por lo que hay *dos* frecuencias complejas, una para cada término. La frecuencia compleja del primer término es $\mathbf{s} = \mathbf{s}_1 = j\omega$ y la del segundo término es $\mathbf{s} = \mathbf{s}_2 = -j\omega$. Estos dos valores de $\mathbf{s}$ son conjugados, es decir $\mathbf{s}_2 = \mathbf{s}_1^*$; y los dos valores de $\mathbf{K}$ también son conjugados, $\mathbf{K}_1 = \tfrac{1}{2} V_m e^{j\theta}$ y $\mathbf{K}_2 = \mathbf{K}_1^* = \tfrac{1}{2} V_m e^{-j\theta}$. Por tanto, el primero y el segundo término son conjugados, lo cual era de esperarse ya que su suma debe ser una cantidad real.

Por último se determinará la frecuencia o frecuencias complejas asociadas con la función senoidal exponencialmente amortiguada, ecuación (1). De nuevo se usa la fórmula de Euler para obtener una representación exponencial compleja:

$$v(t) = V_m e^{\sigma t} \cos(\omega t + \theta)$$

$$= \tfrac{1}{2} V_m e^{\sigma t} (e^{j(\omega t + \theta)} + e^{-j(\omega t + \theta)})$$

y por tanto

$$v(t) = \tfrac{1}{2} V_m e^{j\theta} e^{j(\sigma + j\omega)t} + \tfrac{1}{2} V_m e^{-j\theta} e^{j(\sigma - j\omega)t}$$

De nuevo se encuentra que se necesitan un par de frecuencias complejas conjugadas, $\mathbf{s}_1 = \sigma + j\omega$ y $\mathbf{s}_2 = \mathbf{s}_1^* = \sigma - j\omega$, para describir a la senoidal exponencialmente amortiguada. En general, ni σ ni ω son cero, y se ve que el caso general es la onda senoidal con variación exponencial; las formas de onda constante, senoidal y exponencial son casos especiales.

Como ilustraciones numéricas, reconózcanse por inspección las frecuencias complejas asociadas con los voltajes siguientes:

$$v(t) = 100 \qquad \mathbf{s} = 0$$

$$v(t) = 5e^{-2t} \qquad \mathbf{s} = -2 + j0$$

$$v(t) = 2 \operatorname{sen} 500t \qquad \begin{cases} \mathbf{s}_1 = j500 \\ \mathbf{s}_2 = \mathbf{s}_1^* = -j500 \end{cases}$$

$$v(t) = 4e^{-3t} \operatorname{sen}(6t + 10°) \qquad \begin{cases} \mathbf{s}_1 = -3 + j6 \\ \mathbf{s}_2 = \mathbf{s}_1^* = -3 - j6 \end{cases}$$

También vale la pena considerar ejemplos de tipo inverso: dada una frecuencia compleja o un par de frecuencias complejas conjugadas, debe poder identificarse la naturaleza de la función con la que están asociadas. El caso más especial, $\mathbf{s} = 0$, define una constante, o función de cd. Respecto a la forma funcional de definición de la ecuación (6), es evidente que la constante $\mathbf{K}$ debe ser real si la función es real.

Considérense ahora valores reales para $\mathbf{s}$. Un valor real positivo, como $\mathbf{s} = 5 + j0$, identifica la función exponencial creciente $\mathbf{K}e^{+5t}$, donde de nuevo $\mathbf{K}$ debe ser real si la función va a representar a una función real. Un valor real negativo de $\mathbf{s}$, por ejemplo $\mathbf{s} = -5 + j0$, se refiere a la función exponencial decreciente $\mathbf{K}e^{-5t}$.

Un valor de $\mathbf{s}$ puramente imaginario, como $j10$, nunca puede asociarse con una cantidad real. La forma funcional es $\mathbf{K}e^{j10t}$, la que también puede escribirse como $\mathbf{K}(\cos 10t + j \operatorname{sen} 10t)$, que obviamente tiene parte real e imaginaria. Cada parte es senoidal. Para poder construir una función real es necesario considerar valores conjugados de $\mathbf{s}$, como $\mathbf{s}_{1,2} = \pm j10$, con los que deberán asociarse valores conjugados de $\mathbf{K}$. Hablando de manera informal, se puede identificar cualquiera de las frecuencias complejas $\mathbf{s}_1 = +j10$ o $\mathbf{s}_2 = -j10$, con un voltaje senoidal a la frecuencia angular de 10 rad/s. La presencia de la frecuencia conjugada compleja se sobrentiende. La amplitud y el ángulo de fase del voltaje senoidal dependen del valor de $\mathbf{K}$ para cada una de las dos frecuencias. Así, si se elige $\mathbf{s}_1 = j10$ y $\mathbf{K}_1 = 6 - j8$, donde

$$v(t) = \mathbf{K}_1 e^{\mathbf{s}_1 t} + \mathbf{K}_2 e^{\mathbf{s}_2 t} \qquad \mathbf{s}_2 = \mathbf{s}_1^* \qquad \text{y} \qquad \mathbf{K}_2 = \mathbf{K}_1^*$$

se obtiene la senoidal real $20 \cos(10t - 53.1°)$.

En una forma análoga, un valor cualquiera de $\mathbf{s}$, como $3 - j5$, puede asociarse con una cantidad real sólo si está acompañada de su conjugado $3 + j5$. De nuevo hablando informalmente, puede pensarse que cualquiera de estas dos frecuencias conjugadas describe una función senoidal con crecimiento exponencial, $e^{3t} \cos 5t$; la amplitud específica y el ángulo de fase otra vez dependerán de los valores específicos de los complejos conjugados $\mathbf{K}$.

Por el momento se tiene una idea acerca de la naturaleza física de la frecuencia compleja $\mathbf{s}$; en general, describe una senoidal que varía exponencialmente. La parte real de $\mathbf{s}$ está asociada con la variación exponencial; si es negativa, la función decrece conforme t aumenta; si es positiva, la función aumenta, y si es igual a cero, la amplitud de la senoidal es constante. Mientras mayor sea la *magnitud* de la parte real de $\mathbf{s}$, mayor será la rapidez del aumento o disminución exponencial. La parte imaginaria de $\mathbf{s}$ describe la variación senoidal; específicamente, representa la frecuencia angular. Una magnitud grande de la parte imaginaria de $\mathbf{s}$ indica una variación más rápida respecto al tiempo. Por lo tanto, valores mayores para la parte real de $\mathbf{s}$, la parte imaginaria de $\mathbf{s}$, o la magnitud de $\mathbf{s}$, indican una variación más rápida respecto al tiempo.

Se acostumbra denotar por σ a la parte real de $\mathbf{s}$, y por ω (no $j\omega$) a la parte imaginaria de $\mathbf{s}$:

$$\mathbf{s} = \sigma + j\omega \tag{7}$$

En ocasiones se da el nombre de "frecuencia real" a la frecuencia angular, pero esta terminología puede ser confusa cuando se tiene que decir que "¡la frecuencia real es la parte imaginaria de la frecuencia compleja!" Cuando sea necesario ser específico, **s** se llamará frecuencia compleja, σ será la frecuencia en nepers, ω la frecuencia angular, y f la frecuencia en ciclos; cuando no haya lugar a confusiones, será permisible usar la palabra "frecuencia" para referirse a cualquiera de estas cuatro cantidades. La frecuencia en nepers se mide en nepers por segundo, la frecuencia angular se mide en radianes por segundo, y la frecuencia compleja **s** se mide en unidades que pueden ser nepers complejos por segundo o radianes complejos por segundo.

12-1. Identifique todas las frecuencias complejas presentes en las funciones reales de tiempo: a) $(2e^{-100t} + e^{-200t})$ sen $2000t$; b) $(2 - e^{-10t})$ cos $(4t + \phi$; c) e^{-10t} cos $10t$ sen $40t$.

Resp: $-100 + j2000, -100 - j2000, -200 + j2000, -200 - j2000$ s^{-1}; $j4, -j4, -10 + j4, -10 - j4$ s^{-1}; $-10 + j30, -10 - j30, -10 + j50, -10 - j50$ s^{-1}

12-2. Utilice constantes reales A, B, C, ϕ y así sucesivamente, para construir la forma general de las funciones reales de tiempo para una corriente con componentes en estas frecuencias: a) $0, 10, -10$ s^{-1}; b) $-5, j8, -5 - j8$ s^{-1}; c) $-20, 20, -20 + j20, 20 - j20$ s^{-1}.

Resp: $A + Be^{10t} + Ce^{-10t}$; $Ae^{-5t} + B$ cos $(8t + \phi_1) + Ce^{-5t}$ cos $(8t + \phi_2)$; $Ae^{-20t} + Be^{20t} + Ce^{-20t}$ cos $(20t + \phi_1) + De^{20t}$ cos $(20t + \phi_2)$

Ejercicios

Ya se ha dedicado suficiente tiempo a la definición e interpretación inicial de la frecuencia compleja; ha llegado el momento de usar este concepto y familiarizarse con él, observando cómo se usará.

La senoidal general con variación exponencial, que por lo pronto puede representarse como un voltaje,

$$v(t) = V_m e^{\sigma t} \cos (\omega t + \theta) \tag{8}$$

puede expresarse en términos de la frecuencia compleja **s** haciendo uso de la identidad de Euler como antes:

$$v(t) = \text{Re} (V_m e^{\sigma t} e^{j(\omega t + \theta)}) \tag{9}$$

o

$$v(t) = \text{Re} (V_m e^{\sigma t} e^{j(-\omega t - \theta)}) \tag{10}$$

Cualquiera de las dos representaciones es adecuada, y las dos expresiones sirven para tener presente que hay un par de frecuencias complejas conjugadas asociadas con una senoidal o con una senoidal exponencialmente amortiguada. La ecuación (9) está relacionada más directamente con la senoidal amortiguada dada, y es a la que se le prestará más atención. Factorizando,

$$v(t) = \text{Re} (V_m e^{j\theta} e^{(\sigma + j\omega)t})$$

se sustituye **s** $= \sigma + j\omega$ y se obtiene

$$v(t) = \text{Re} (V_m e^{j\theta} e^{\mathbf{s}t}) \tag{11}$$

Antes de aplicar una función de excitación de esta forma a cualquier circuito, debe observarse el parecido de esta última representación de la senoidal amortiguada con

12-3

La función de excitación senoidal amortiguada

la representación correspondiente de la senoidal *no amortiguada* que se estudió en la sección 8-3,

$$\text{Re } (V_m e^{j\theta} e^{j\omega t})$$

La única diferencia es que ahora se tiene una **s** donde antes había $j\omega$. En vez de restringir el estudio a excitaciones senoidales y sus frecuencias angulares, se ha extendido ahora el concepto para incluir la excitación senoidal amortiguada con una frecuencia compleja. No deberá causar ninguna sorpresa el que más adelante, en esta misma sección y en la siguiente, se desarrolle una descripción en el *dominio de la frecuencia* de la senoidal exponencialmente amortiguada, exactamente en la misma forma en que se hizo para la senoidal; simplemente se omitirá la notación Re y se eliminará el factor e^{st}.

Ahora ya se puede aplicar la senoidal exponencialmente amortiguada, como se dio en las ecuaciones (8),(9), (10) y (11), a una red eléctrica. Lo que se busca es la respuesta forzada, —por ejemplo, una corriente en alguna rama de la red. Como la respuesta forzada tiene la forma de la función de excitación, su integral y sus derivadas, puede suponerse que la respuesta es

$$i(t) = I_m e^{\sigma t} \cos (\omega t + \phi)$$

o

$$i(t) = \text{Re } (I_m e^{j\phi} e^{st})$$

donde la frecuencia compleja de la fuente y la respuesta deben ser idénticas.

Recordando que la parte real de una función de excitación compleja produce la parte real de la respuesta, y que la parte imaginaria de dicha excitación es la que causa la parte imaginaria de la respuesta, entonces se llega de nuevo a la aplicación de una función de excitación *compleja* a la red. Se obtendrá una respuesta compleja cuya parte real es la respuesta real buscada. En realidad se trabajará omitiendo la notación Re, pero deberá tenerse en cuenta que podrá reinsertarse en cualquier momento, y que *deberá* reinsertarse siempre que se quiera obtener la respuesta en el dominio del tiempo. Entonces, dada la función de excitación real

$$v(t) = \text{Re } (V_m e^{j\theta} e^{st})$$

se aplica la función de excitación compleja $e^{j\theta} e^{st}$; la respuesta forzada que resulta $e^{j\phi} e^{st}$ es compleja, y su parte real debe ser la respuesta forzada deseada en el dominio del tiempo

$$i(t) = \text{Re } (I_m e^{j\phi} e^{st})$$

La solución de este problema de análisis de circuitos consiste en encontrar la amplitud de la respuesta, I_m, y el ángulo fase ϕ.

Antes de resolver con detalle un problema de análisis y ver qué tan bien sigue este procedimiento al usado en el análisis senoidal, vale la pena esbozar los pasos básicos del método. Primero se caracteriza al circuito por medio de un conjunto de ecuaciones integrodiferenciales de lazo o de nodo. Luego se sustituyen las funciones de excitación dadas en forma compleja y las respuestas forzadas supuestas (también en forma compleja) en las ecuaciones, y se realizan las integrales y derivadas indicadas. En todas las ecuaciones, cada término contendrá el mismo factor e^{st}. Entonces se divide todo entre este factor, o se "suprime e^{st}", sobrentendiéndose que deberá reinsertarse si se desea obtener la representación de la respuesta en el dominio del tiempo. Sin el operador Re y sin el factor e^{st}, se han transformado todos los voltajes y corrientes del dominio del tiempo al dominio de la frecuencia. Las ecuaciones integrodiferenciales se han transformado en ecuaciones algebraicas, y su solución se obtiene tan fácilmente como en el caso del estado senoidal permanente. A continuación se ilustrará este método básico con un ejemplo numérico.

Ejemplo 12-1 Aplique la función de excitación $v(t) = 60e^{-2t} \cos(4t + 10°)$ V al circuito *RLC* en serie mostrado en la figura 12-1, y especifique la respuesta forzada encontrando valores de I_m y ϕ en la expresión en el dominio del tiempo.

$$i(t) = I_m e^{-2t} \cos(4t + \phi)$$

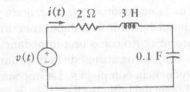

Figura 12-1

Un circuito *RLC* en serie al que se aplica una función de excitación senoidal amortiguada. Se busca la solución de $i(t)$ en el dominio de la frecuencia.

Solución: Primero se expresa la función de excitación usando la notación Re:

$$v(t) = 60e^{-2t} \cos(4t + 10°) = \text{Re}\,(60e^{-2t}e^{j(4t+10°)})$$
$$= \text{Re}\,(60e^{j10°}e^{(-2+j4)t})$$

o

$$v(t) = \text{Re}\,(\mathbf{V}e^{st})$$

donde

$$\mathbf{V} = 60\underline{/10°} \qquad y \qquad \mathbf{s} = -2 + j4$$

Después de eliminar Re, queda la función de excitación compleja

$$60\underline{/10°}e^{st}$$

De igual manera, la respuesta desconocida se representa por la cantidad compleja $\mathbf{I}e^{st}$, en donde $\mathbf{I} = I_m\underline{/\phi}$

Como el concepto de impedancia aún no se ha extendido a la senoidal con amortiguamiento exponencial y a la frecuencia compleja, este primer ejemplo ha de trabajarse por el método largo. El siguiente paso es la ecuación integrodiferencial del circuito. De la ley de voltajes de Kirchhoff se obtiene

$$v(t) = Ri + L\frac{di}{dt} + \frac{1}{C}\int i\,dt = 2i + 3\frac{di}{dt} + 10\int i\,dt$$

y en esta ecuación se sustituyen la función de excitación compleja dada y la respuesta forzada supuesta:

$$60\underline{/10°}e^{st} = 2\mathbf{I}e^{st} + 3\mathbf{s}\mathbf{I}e^{st} + \frac{10}{\mathbf{s}}\mathbf{I}e^{st}$$

A continuación se elimina el factor común e^{st}:

$$60\underline{/10°} = 2\mathbf{I} + 3\mathbf{s}\mathbf{I} + \frac{10}{\mathbf{s}}\mathbf{I}$$

y así,

$$\mathbf{I} = \frac{60\underline{/10°}}{2 + 3\mathbf{s} + 10/\mathbf{s}} \qquad\qquad (12)$$

Ahora con $\mathbf{s} = -2 + j4$ y despejando la corriente compleja $\mathbf{I}$:

$$\mathbf{I} = \frac{60\underline{/10°}}{2 + 3(-2 + j4) + 10/(-2 + j4)}$$

Después de trabajar un rato con los números complejos, se llega a

$$\mathbf{I} = 5.37\underline{/-106.6°}$$

Entonces, I_m vale 5.37 A, ϕ vale $-106.6°$ y la respuesta forzada es

$$i(t) = 5.37e^{-2t}\cos(4t - 106.6°) \qquad \bullet$$

Antes de seguir por este camino, será conveniente examinar la forma de la ecuación (12). El lado izquierdo de la ecuación es una corriente y el numerador del lado derecho es un voltaje, por lo que el denominador debe tener dimensiones de ohms; es evidente que pronto se interpretará esto como una impedancia. Es más, podrían formularse astutamente algunas conjeturas acerca de la impedancia de cada uno de los tres elementos pasivos a la frecuencia compleja $\mathbf{s}$. La impedancia del resistor de $2\ \Omega$ es simplemente $2\ \Omega$; la impedancia del inductor de 3 H es $3\mathbf{s}$ o $\mathbf{s}L$, y la impedancia del capacitor de 0.1 F es $10/\mathbf{s}$, es decir $1/\mathbf{s}C$. En la siguiente sección se demostrarán estas afirmaciones.

Ahora debe mostrarse que el concepto de impedancia puede extenderse a las frecuencias complejas. Excepto por la presencia de los números complejos, la solución real de las ecuaciones de circuito seguirá el mismo procedimiento que para circuitos puramente resistivos.

Ejercicios

12-3. Dada la corriente fasorial equivalente a la corriente en el dominio del tiempo: *a*) 24 sen $(90t + 60°)$ A; *b*) $24e^{-10t}\cos(90t + 60°)$ A; *c*) $24e^{-10t}\cos 60°\cos 90t$ A. Si $\mathbf{V} = 12\underline{/35°}$ V, encuentre $v(t)$ para $\mathbf{s}$ igual a *d*) 0; *e*) -20 s^{-1}; *f*) $-20 + j5$ s^{-1}.
Resp: $24\underline{/-30°}$ A; $24\underline{/60°}$ A; $12\underline{/0°}$ A; 9.83 V; $9.83e^{-20t}$ V; $12\,e^{-20t}\cos(5t + 35°)$ V

12-4. Especifique el valor numérico real de la corriente $i(t)$ en $t = 0.02$ s si *a*) $\mathbf{s} = -90$ s^{-1} e $\mathbf{I} = 50 + j20$ mA; *b*) $\mathbf{s} = -90 + j120$ s^{-1} e $\mathbf{I} = 50 + j20$ mA; *c*) $\mathbf{s} = -90 - j120$ s^{-1} e $\mathbf{I} = 50 + j20$ mA. *Resp:* 8.26 mA; -8.33 mA; -3.86 mA

12-4
Z(s) y Y(s)

Para poder aplicar las leyes de Kirchhoff directamente a funciones de excitación y respuestas forzadas complejas, es necesario conocer la constante de proporcionalidad entre el voltaje y la corriente complejos en un elemento de circuito. Esta constante de proporcionalidad es la impedancia o admitancia del elemento; se encuentra fácilmente para el resistor, el capacitor y el inductor.

Se estudiará en detalle al inductor, y luego sólo se presentarán los resultados, sin demostración para los otros dos elementos. Supóngase que una fuente de voltaje

$$v(t) = V_m e^{\sigma t}\cos(\omega t + \theta)$$

se aplica a un inductor L; la respuesta de corriente debe tener la forma

$$i(t) = I_m e^{\sigma t}\cos(\omega t + \phi)$$

Se usa la convención pasiva de los signos como se indica en el circuito en el dominio del tiempo de la figura 12-2*a*. Si el voltaje se representa como

$$v(t) = \mathrm{Re}\,(V_m e^{j\theta}e^{\mathbf{s}t}) = \mathrm{Re}\,(\mathbf{V}e^{\mathbf{s}t})$$

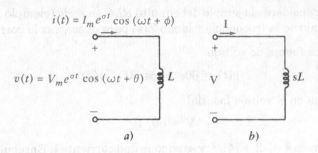

Figura 12-2

a) El voltaje y la corriente del inductor en el dominio del tiempo se relacionan por $v = L\,di/dt$. b) El voltaje y la corriente del inductor en el dominio de la frecuencia (compleja) se relacionan por $\mathbf{V} = \mathbf{s}L\mathbf{I}$.

y la corriente como

$$i(t) = \text{Re}\,(I_m e^{j\phi}e^{\mathbf{s}t}) = \text{Re}\,(\mathbf{I}e^{\mathbf{s}t})$$

entonces, al sustituir estas expresiones en la ecuación de definición de un inductor,

$$v(t) = L\frac{di(t)}{dt}$$

lleva a

$$\text{Re}\,(\mathbf{V}e^{\mathbf{s}t}) = \text{Re}\,(\mathbf{s}L\mathbf{I}e^{\mathbf{s}t})$$

Ahora se elimina Re, considerando así la respuesta compleja debida a una función de excitación compleja, y se elimina el factor superfluo $e^{\mathbf{s}t}$:

$$\mathbf{V} = \mathbf{s}L\mathbf{I}$$

La razón del voltaje complejo a la corriente compleja es otra vez la impedancia. Como en general depende de la frecuencia compleja $\mathbf{s}$, algunas veces se recalca esta dependencia funcional escribiendo

$$\mathbf{Z}(\mathbf{s}) = \frac{\mathbf{V}}{\mathbf{I}} = \mathbf{s}L$$

De igual manera, la admitancia de un inductor L es

$$\mathbf{Y}(\mathbf{s}) = \frac{1}{\mathbf{s}L}$$

Se seguirá llamando *fasores* a $\mathbf{V}$ e $\mathbf{I}$. Cada una de estas cantidades complejas tiene una amplitud y un ángulo de fase que, junto con un valor específico de la frecuencia compleja, permiten caracterizar por completo la onda senoidal con variación exponencial. El fasor sigue siendo una descripción en el dominio de la frecuencia, pero sus aplicaciones no se limitan al dominio de las frecuencias angulares. El equivalente en el dominio de la frecuencia de la figura 12-2a se muestra en la figura 12-2b; ahí se usan corrientes y voltajes fasoriales, así como impedancias y admitancias.

Siguiendo los mismos pasos, se obtienen las impedancias de resistores y capacitores a la frecuencia compleja $\mathbf{s}$. Sin entrar en detalles, se muestran a continuación los resultados para el resistor, el inductor y el capacitor.

	R	L	C
$\mathbf{Z}(\mathbf{s})$	R	$\mathbf{s}L$	$\dfrac{1}{\mathbf{s}C}$
$\mathbf{Y}(\mathbf{s})$	$\dfrac{1}{R}$	$\dfrac{1}{\mathbf{s}L}$	$\mathbf{s}C$

Ejemplo 12-2 Reconsidere el ejemplo del circuito RLC en serie (ejemplo 12-1 y figura 12-1) en el dominio de la frecuencia usando $\mathbf{Z(s)}$ para encontrar la corriente.

Solución: La fuente de voltaje

$$v(t) = 60e^{-2t} \cos (4t + 10°)$$

se transforma en el voltaje fasorial

$$\mathbf{V} = 60\underline{/10°}$$

a una frecuencia $\mathbf{s} = -2 + j4 \text{ s}^{-1}$, y se supone una corriente $\mathbf{I}$. Enseguida se calcula la impedancia de cada elemento a $\mathbf{s} = -2 + j4$. Para el resistor $\mathbf{Z}_R(\mathbf{s}) = 2$. La impedancia del inductor se convierte en $\mathbf{Z}_L(\mathbf{s}) = \mathbf{s}L = (-2 + j4)3 = -6 + j12$, mientras que $\mathbf{Z}_C = 1/\mathbf{s}C = 1/[(-2 + j4)0.1] = -1 - j2$. Estos valores se colocan en el diagrama del circuito en el dominio de la frecuencia, figura 12-3. La corriente desconocida se encuentra fácilmente dividiendo el voltaje fasorial entre la suma de las tres impedancias:

$$\mathbf{I} = \frac{60\underline{/10°}}{2 + (-6 + j12) + (-1 - j2)} = \frac{60\underline{/10°}}{-5 + j10}$$

$$= 5.37\underline{/-106.6°} \text{ A}$$

Así se obtiene el resultado previo, pero mucho más directa y rápidamente.   ●

Figura 12-3

El equivalente en el dominio de la frecuencia del circuito RLC en serie mostrado en la figura 12-1.

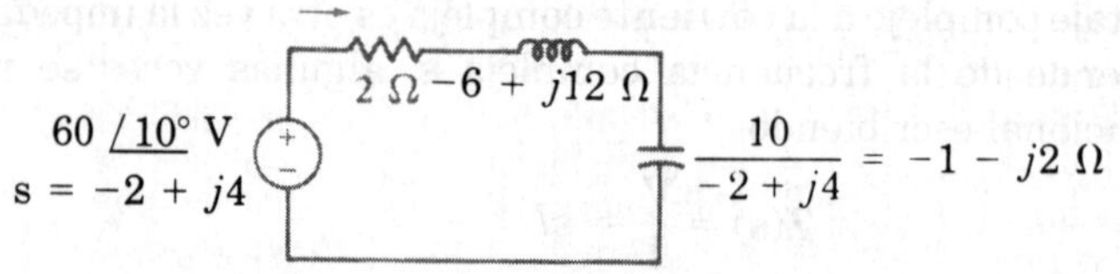

$60\underline{/10°}$ V
$\mathbf{s} = -2 + j4$

$2\,\Omega$ $-6 + j12\,\Omega$

$\dfrac{10}{-2 + j4} = -1 - j2\,\Omega$

Casi sobra mencionar que todas las técnicas que se usaron para simplificar el análisis en el dominio de la frecuencia, tales como análisis de mallas, de nodos, superposición, transformación de fuentes, dualidad, teoremas de Thévenin y Norton, siguen siendo válidas y útiles. Se ilustran utilizando el teorema de Thévenin.

Ejemplo 12-3 Encuentre el equivalente de Thévenin de la red mostrada en la figura 12-4a.

Figura 12-4

a) Una red dada de dos terminales. b) El equivalente Thévenin en el dominio de la frecuencia.

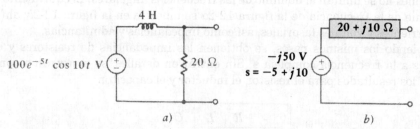

a)

b)

4 H

$100e^{-5t} \cos 10t$ V

$20\,\Omega$

$-j50$ V
$\mathbf{s} = -5 + j10$

$20 + j10\,\Omega$

Solución: La frecuencia compleja es $\mathbf{s} = -5 + j10$, y la fuente de voltaje en el dominio de la frecuencia es $\mathbf{V}_s = 100\underline{/0°}$ V. Así, la impedancia del inductor es

$$\mathbf{Z}_L(\mathbf{s}) = 4(-5 + j10) = -20 + j40$$

y la impedancia del resistor es $\mathbf{Z}_R(\mathbf{s}) = 20$.

La impedancia de Thévenin es el equivalente en paralelo de $\mathbf{Z}_L$ y $\mathbf{Z}_R$:

$$\mathbf{Z}_{th} = \frac{20(-20 + j40)}{20 - 20 + j40} = 20 + j10$$

El voltaje de circuito abierto se encuentra por medio del divisor de voltaje:

$$\mathbf{V}_{oc} = 100\underline{/0°}\,\frac{20}{20 - 20 + j40} = -j50$$

La red equivalente de Thévenin en el dominio de la frecuencia se muestra en la figura 12-4b. El paso al dominio del tiempo se da después de que se ha encontrado la respuesta buscada en el dominio de la frecuencia. Por ejemplo, si se coloca otro inductor de 4 H entre los extremos del circuito abierto, la corriente en el dominio de la frecuencia es

$$\mathbf{I} = \frac{-j50}{20 + j10 - 20 + j40} = -1\,\text{A}$$

que corresponde a la corriente en el dominio del tiempo

$$i(t) = -e^{-5t}\cos 10t\ \text{A}$$

●

12-5. Para el circuito de la figura 12-5, encuentre, en términos de $\mathbf{I}_s$: $a)\,\mathbf{V}_1(\mathbf{s})$; $b)\,\mathbf{V}_2(\mathbf{s})$.
Resp: $100\mathbf{I}_s(\mathbf{s} + 20)/(\mathbf{s}^2 + 20\mathbf{s} + 500)$; $100\mathbf{s}\mathbf{I}_s/(\mathbf{s}^2 + 20\mathbf{s} + 500)$

12-6. Encuentre el voltaje fasorial $\mathbf{V}_2$ en la figura 12-5 si $\mathbf{I}_s = 3\underline{/110°}$ A y $\mathbf{s}$ es igual a $a)\,0$; $b)\,-10\,\text{Np/s}$; $c)\,j10\,\text{s}^{-1}$; $d)\,-j10\,\text{s}^{-1}$; $e)\,-10 + j10\,\text{s}^{-1}$.
Resp: 0; $7.5\underline{/-70°}$ V; $6.71\underline{/173.4°}$ V; $6.71\underline{/46.6°}$ V; $14.14\underline{/-115°}$ V

12-7. La expresión en el dominio del tiempo para la corriente de la fuente en la figura 12-5 es $i_s(t) = 3e^{-5t}\cos(10t + 18°)$ A. Encuentre v_2 en t igual a $a)\,0$; $b)\,0.1$ s.
Resp: -4.55 V; -5.96 V

Ejercicios

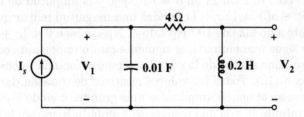

Figura 12-5

Para los ejercicios 12-5 a 12-7.

En la sección 9-5 se consideró la respuesta forzada de un circuito en función de la frecuencia angular ω. Cantidades tales como la impedancia, admitancia, voltajes o corrientes específicos, ganancias de voltaje y de corriente, y admitancias e impedancias de transferencia, también se representaron como funciones de ω. Luego se localizaron los polos y ceros de esas cantidades, y las respuestas se graficaron como funciones de ω. Antes de analizar el problema más general de la respuesta en frecuencia como una función de la frecuencia compleja $\mathbf{s}$ en la siguiente sección, se dedicará un poco de tiempo al problema más sencillo de la respuesta en frecuencia como función de σ. Este es un concepto muy útil cuando se trabaja en la síntesis de circuitos RL y RC, tema muy popular en los cursos más avanzados.

Como ejemplo sencillo puede tomarse al circuito RL en serie excitado por la fuente de voltaje en el dominio de la frecuencia $V_m\underline{/0°}$. La corriente se obtiene como

12-5

La respuesta en frecuencia como función de σ

una función de **s** dividiendo el voltaje de la fuente entre la impedancia de entrada:

$$\mathbf{I} = \frac{V_m \underline{/0°}}{R + \mathbf{s}L}$$

A continuación se hace $\omega = 0$, y $\mathbf{s} = \sigma + j0$, restringiendo el análisis a fuentes en el dominio del tiempo de la forma

$$v_s = V_m e^{\sigma t}$$

y por tanto,

$$I = \frac{V_m}{R + \sigma L}$$

o sea

$$I = \frac{V_m}{L} \frac{1}{\sigma + R/L} \tag{13}$$

Transformando al dominio del tiempo,

$$i(t) = \frac{V_m}{R + \sigma L} e^{\sigma t} \tag{14}$$

Sin embargo, toda la información necesaria acerca de esta respuesta forzada está contenida en la descripción en el dominio de la frecuencia de la ecuación (13). Es fácil obtener una descripción cualitativa de la respuesta conforme varía la frecuencia en nepers σ. Cuando σ es un número negativo grande, correspondiente a una función exponencial que decrece rápidamente, la respuesta de corriente en la ecuación (13) es negativa y relativamente pequeña en amplitud; desde luego, también es una función exponencial que decrece rápidamente (en magnitud). Conforme σ aumenta, volviéndose un número negativo más pequeño, la magnitud de la respuesta negativa aumenta. Puede obtenerse una respuesta arbitrariamente grande tomando σ lo suficientemente cerca de $-R/L$, un polo de la respuesta. Entonces, si $V_m = 1$ V, $L = 1$ H y $R = 1$ Ω, el polo se localiza en $\sigma = -1$ Np/s, y la amplitud de la respuesta de corriente, $V_m/(R + \sigma L) = 1/(\sigma + 1)$, tendrá una magnitud mayor que 1 000 000 A siempre que σ esté a no más de 10^{-6} Np/s de -1 Np/s, o bien $0 < |\sigma + 1| < 10^{-6}$.

Conforme σ sigue aumentando, el siguiente punto importante ocurre en $\sigma = 0$. Como $v_s = V_m$, se tiene el caso de la cd, y la respuesta forzada es obviamente V_m/R, que concuerda con (13). Todos los valores positivos de σ deben dar respuestas de amplitud positiva; se obtienen amplitudes más grandes cuando σ es menor. Finalmente, un valor infinito de σ da una respuesta de amplitud cero, por lo que ahí se tiene un cero. Las únicas frecuencias críticas son el polo, en $\sigma = -R/L$, y el cero en $\sigma = \pm\infty$.

Esta información se presenta en forma sencilla al graficar $|I|$, la magnitud de la corriente, en función de σ, como se muestra en la figura 12-6. Como preparación

Figura 12-6

Una gráfica de la magnitud de **I** contra la frecuencia neperiana σ, para un circuito RL en serie excitado por una fuente de voltaje exponencial, $V_m e^{\sigma t}$. El único polo se encuentra en $\sigma = -R/L$; el cero se encuentra en $\sigma = \pm\infty$.

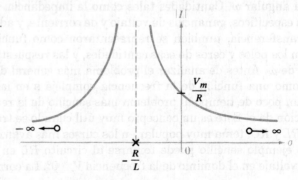

para la información de la respuesta más general, cuando **s** es variable, en la sección que sigue se muestra la *magnitud* de I contra σ; el ángulo de fase (que no se muestra) es, por supuesto, $0°$ o $180°$.

Ahora se centrará la atención en las dos frecuencias críticas de esta respuesta forzada. La única frecuencia crítica finita es el polo en $\sigma = -R/L$. La ecuación (13) implica que la aplicación de una función de excitación de amplitud finita a esta frecuencia ocasionará una respuesta de amplitud infinita. Desde luego, esto tiene el inconveniente de ser demasiado grande, así como el de ser matemáticamente inadecuado. Un enfoque mucho más informativo para la comprensión de la naturaleza del polo se basa en una consideración de la respuesta natural. Para este circuito RL en serie, una forma apropiada de la respuesta natural es

$$i_n(t) = I_m e^{-Rt/L} \tag{15}$$

donde I_m es la amplitud de la respuesta natural cuando $t = 0$. No se está aplicando ninguna función de excitación, por lo que la respuesta natural es la respuesta completa. Si ahora esta respuesta se interpreta como la *respuesta forzada* producida por una excitación de amplitud cero, se observa que la función de excitación de amplitud cero produce una respuesta forzada con amplitud diferente de cero. En lugar de aplicar una excitación de amplitud diferente de cero a la frecuencia del polo y obtener una respuesta de amplitud infinita, se aplica una excitación de amplitud cero y se obtiene una respuesta de amplitud finita. Es más, la forma de esta respuesta forzada es idéntica a la de la respuesta natural.

Se hará hincapié en esta idea con un ejemplo numérico.

Ejemplo 12-4 Considérese de nuevo el circuito en serie con $L = 1$ H, $R = 1$ Ω y un polo en $\sigma = -1$ Np/s. La excitación es $v_s = V_m e^{\sigma t}$, y se desea saber qué amplitud V_m ocasionará una corriente de amplitud igual a 1 A, es decir, se quiere la respuesta $i(t) = 1e^{\sigma t}$ A, a **s** $= \sigma + j0$.

Solución: Si se usa la ecuación (13) una vez más con $I = 1$, $R = 1$ y $L = 1$, se encuentra que

$$1 = \frac{V_m}{\sigma + 1}$$

o

$$V_m = \sigma + 1$$

Esta es la amplitud de la función de excitación que se requiere para mantener una corriente de amplitud 1 A en el circuito. Se observa que una excitación de amplitud cero, es decir, un cortocircuito, es suficiente a la frecuencia del polo. ●

La relación entre las frecuencias de los polos y la forma de la respuesta natural surge en varios ejemplos que se presentan en esta sección, pero no se profundizará en ella hasta la sección que sigue.

Ejemplo 12-5 Como segundo ejemplo, considérese el circuito dibujado en la figura 12-7a. La fuente de corriente exponencial $i_s(t) = 4e^{\sigma t}$ A se aplica al circuito RC, y la respuesta deseada es el voltaje de salida $v_o(t)$.

Solución: La impedancia de entrada de la red que está a la derecha de la fuente es:

$$Z_{\text{entrada}}(\sigma) = 5 \parallel \left(5 + \frac{1}{0.01\sigma} \right) = \frac{5(5 + 100/\sigma)}{5 + 5 + 100/\sigma}$$

Figura 12-7

a) Un circuito *RC* excitado por una fuente de corriente exponencial.
b) La magnitud de la respuesta de voltaje $|V_o|$ posee un polo en $\sigma = -10$ y un cero en $\sigma = -20$ Np/s.

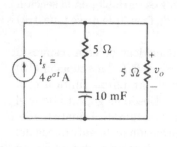

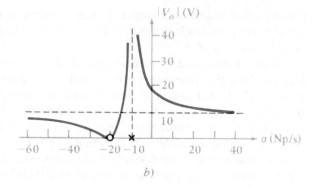

a)   *b*)

o

$$Z_{\text{entrada}} = 2.5\,\frac{\sigma + 20}{\sigma + 10}$$

Por lo tanto el voltaje de salida en el dominio de la frecuencia es

$$V_o = I_s\,Z_{\text{entrada}} = \frac{10(\sigma + 20)}{\sigma + 10} \tag{16}$$

Esta última forma de la respuesta forzada, escrita como una constante que multiplica a la razón de factores de la forma $(\sigma + \sigma_1)$, es obviamente muy adecuada para la localización de los polos y los ceros de la respuesta. La respuesta de voltaje indica que hay un polo en $\sigma = -10$ y un cero en $\sigma = -20$; la frecuencia infinita no es una frecuencia crítica. La magnitud de la respuesta $|V_o|$ se ha graficado en función de la frecuencia en la figura 12-7*b*. El polo en $\sigma = -10$ indica que esta excitación, cuya amplitud es de 4 A, puede causar un voltaje de salida de magnitud arbitrariamente grande si la frecuencia se acerca lo suficiente a -10 Np/s. Alternativamente, puede obtenerse una salida con una amplitud finita dada, usando una amplitud de entrada considerablemente pequeña para la cual σ tienda a -10 Np/s.

El cero en $\sigma = -20$ Np/s muestra que a esta frecuencia, ninguna amplitud finita de la fuente puede proporcionar una salida de voltaje.

Finalmente, el voltaje de salida deseado, en el dominio del tiempo, es

$$v_o(t) = \frac{10(\sigma + 20)}{\sigma + 10}\,e^{\sigma t} \tag{17}$$

El último ejemplo lleva a una curva de respuesta más complicada.

Ejemplo 12-6 Se quiere obtener una gráfica de $|I(\sigma)|$ contra σ para el circuito que se muestra en la figura 12-8*a*.

Solución: La corriente se encuentra fácilmente:

$$I = \frac{100}{6 + \sigma + 5/\sigma}$$

o

$$I = 100\,\frac{\sigma}{(\sigma + 1)(\sigma + 5)} \tag{18}$$

La curva de la respuesta se puede obtener indicando la localización de todos los polos y ceros en el eje σ, y colocando asíntotas verticales en los polos. Cuando se ha hecho esto, se ve que debe existir un mínimo relativo de la respuesta forzada

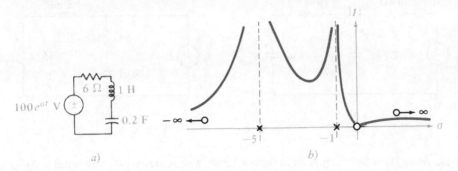

Figura 12-8

a) Un circuito *RLC* en serie excitado por una función exponencial. *b*) La gráfica de la magnitud de la respuesta de corriente muestra ceros en $\sigma = 0$ y en $\sigma = \pm\infty$ y polos en $\sigma = -5$ y en $\sigma = -1$ Np/s.

entre los dos polos, y a una frecuencia mayor que cero debe existir un máximo relativo. Derivando, se encuentra que el mínimo y el máximo relativo se localizan en $\sigma = -\sqrt{5}$ y $\sigma = \sqrt{5}$, respectivamente. El valor de la respuesta en el mínimo relativo es de 65.5, y en el máximo relativo es de 9.55. La curva de respuesta se muestra en la figura 12-8*b*.

Para recalcar la relación entre el dominio del tiempo y el dominio de la frecuencia una vez más, de la ecuación (18) se encuentra que la respuesta forzada en $\sigma = -3$ vale 75 A; por tanto, la excitación de la red por la función de excitación $v(t) = 100e^{-3t}$ produce la respuesta de corriente forzada $i(t) = 75e^{-3t}$.   ●

De nuevo pueden utilizarse los dos polos que ocurren en este ejemplo para construir la respuesta natural,

$$i_n = Ae^{-t} + Be^{-5t}$$

Los valores de estas dos frecuencias naturales pueden compararse con los obtenidos usando los métodos de la sección 6-6 para un circuito *RLC* en serie. Es decir,

$$i_n = A_1 e^{s_1 t} + A_2 e^{s_2 t}$$

donde

$$s_{1,2} = -\frac{R}{2L} \pm \sqrt{\left(\frac{R}{2L}\right)^2 - \frac{1}{LC}} = -1 \quad y \quad -5$$

Así, conforme la frecuencia de una excitación no nula se aproxima a cualquiera de estas dos frecuencias, $\sigma = -1$ o $\sigma = -5$, se obtiene una respuesta forzada arbitrariamente grande; puede asociarse una excitación de amplitud cero con una respuesta forzada de amplitud finita, la cual se puede ver como la respuesta natural del circuito.

Ejercicios

12-8. Encuentre V_{sal}/V_{ent} como función de σ para el circuito de la figura 12-9*a*, y después: *a*) determine todas las frecuencias críticas de la expresión. *b*) Evalúe V_{sal}/V_{ent} en $\sigma = -200, -80, -40$ y 0 Np/s y bosqueje $|V_{sal}/V_{ent}|$ contra σ.
Resp: $-\infty$, -100, -10 Np/s; 0.0526, -0.714; -0.556, 1.000

12-9. Encuentre una expresión para la impedancia de entrada vista por la fuente como una función de σ, para la red de la figura 12-9*a*, y después: *a*) especifique todas las frecuencias críticas. *b*) Evalúe Z_{ent} en $\sigma = -105, -95, -50$ y 10 Np/s y después bosqueje $|Z_{ent}|$ contra σ.
Resp: -100, -10, -90, 0 Np/s; 6.03, -17.89, 20.0, 44.0 kΩ

Figura 12-9

Para los ejercicios 12-8 a 12-10.

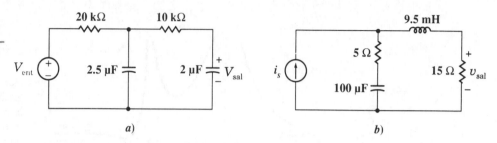

a)   *b)*

12-10. Sea $i_s(t) = 5e^{-1000t}$ mA en la figura 12.9*b*, encuentre $v_{sal}(t)$ en t igual a *a)* –1 ms; *b)* 0;   *c*= 1 ms.   *Resp:* –2.04 V; –0.750 V; –0.276 V

12-11. Especifique la admitancia $Y_1(\sigma)$ que tiene ceros en $\sigma = -2$ y –4 Np/s y polos en $\sigma = -1$ y –3 Np/s. Especifique la amplitud haciendo que $Y_1(\sigma)$ se acerque a 5 mS cuando $\sigma \rightarrow \pm\infty$. Ahora coloque una admitancia de 10 mS en serie con $Y_1(\sigma)$. Encuentre todas las frecuencias críticas de esta combinación en serie.

Resp: –3.22, –1.451, –2.00, –4.00 Np/s

12-6

El plano de la frecuencia compleja

Ahora que ya se ha estudiado la respuesta forzada de un circuito cuando ω varía (con $\sigma = 0$) y cuando σ varía (con $\omega = 0$), ya se está en la posibilidad de desarrollar una presentación gráfica más general graficando cantidades en función de **s**; esto es, se desea mostrar la respuesta como función de σ y de ω al mismo tiempo.

Esta representación gráfica de la respuesta forzada como una función de la frecuencia compleja **s** constituye una útil y esclarecedora técnica en el análisis de circuitos, así como en el diseño o la síntesis de circuitos. Una vez que se haya desarrollado el concepto del plano de la frecuencia compleja, o plano **s**, se verá cuán rápidamente puede aproximarse el comportamiento de un circuito a partir de una representación gráfica de sus frecuencias críticas en dicho plano. El procedimiento inverso también es útil; si se tiene una cierta curva de respuesta (la respuesta en frecuencia de un filtro, por ejemplo), será posible decidir sobre la localización necesaria de sus polos y sus ceros en el plano **s** y luego sintetizar el filtro. Este problema de síntesis es un tema de estudio detallado en cursos subsecuentes, y que se examina brevemente aquí. El plano **s** constituye también la herramienta básica con la que es posible investigar la presencia de oscilaciones indeseables en amplificadores con realimentación y sistemas de control automático.

A continuación se desarrollará un método para obtener la respuesta de un circuito como una función de **s** ampliando los métodos que se han usado para hallar la respuesta ya sea en función de σ o de ω. Para repasar estos métodos, se obtendrá la impedancia de entrada o entre dos terminales de una red formada por un resistor de 3 Ω en serie con un inductor de 4 H. Como función de **s**, se tiene

$$\mathbf{Z(s)} = 3 + 4\mathbf{s}$$

Si se desea obtener una interpretación gráfica de la variación de la impedancia con respecto a σ, se hace $\mathbf{s} = \sigma + j0$:

$$\mathbf{Z}(\sigma) = 3 + 4\sigma$$

de donde se infiere que hay un cero en $\sigma = -\frac{3}{4}$ y un polo en el infinito. Estas frecuencias críticas se marcan en el eje σ, y después de calcular el valor de $\mathbf{Z}(\sigma)$ en alguna frecuencia conveniente no crítica [quizá $\mathbf{Z}(0) = 3$], es fácil graficar $|\mathbf{Z}(\sigma)|$ contra σ.

Con el objeto de trazar la respuesta como una función de la frecuencia angular ω se hace $\mathbf{s} = 0 + j\omega$:

$$\mathbf{Z}(j\omega) = 3 + j4\omega$$

y luego se obtiene la magnitud y el ángulo de fase de $\mathbf{Z}(j\omega)$ como funciones de ω:

$$|\mathbf{Z}(j\omega)| = \sqrt{9 + 16\omega^2}$$

$$\text{áng } \mathbf{Z}(j\omega) = \tan^{-1}\frac{4\omega}{3}$$

La función de la magnitud muestra que hay un solo polo en el infinito y un mínimo en $\omega = 0$; puede graficarse fácilmente como una curva de $|\mathbf{Z}(j\omega)|$ contra ω. El ángulo fase es una función tangente inversa, que vale cero en $\omega = 0$ y $\pm 90°$ en $\omega = \pm\infty$; también ésta se muestra fácilmente como la gráfica de áng $\mathbf{Z}(j\omega)$ contra ω.

Para mostrar la respuesta $\mathbf{Z}(j\omega)$ como una función de ω, se necesitan dos gráficas bidimensionales, magnitud y ángulo de fase en función de ω. Cuando se supone una excitación exponencial, toda la información puede presentarse en una sola gráfica bidimensional si se permiten valores positivos y negativos de $\mathbf{Z}(\sigma)$ contra σ. Sin embargo, se decidió graficar la magnitud de $\mathbf{Z}(\sigma)$ para que los bosquejos tuvieran mayor parecido con los que representan la magnitud de $\mathbf{Z}(j\omega)$. El ángulo de fase (sólo $\pm 180°$) de $\mathbf{Z}(\sigma)$ simplemente se ignoró. El punto importante a observar es que hay una sola variable independiente, σ en el caso de la excitación exponencial y ω en el caso senoidal. Ahora se examinarán las alternativas disponibles si se desea graficar la respuesta en función de $\mathbf{s}$.

La frecuencia compleja $\mathbf{s}$ requiere dos parámetros σ y ω para especificarla por completo. La respuesta también es una función compleja, por lo que deben tomarse en cuenta las gráficas de la magnitud y el ángulo de fase como funciones de $\mathbf{s}$. Cualquiera de estas cantidades —por ejemplo, la magnitud— es una función de los dos parámetros σ y ω, y se puede graficar en dos dimensiones sólo como una familia de curvas, tales como magnitud contra ω, con σ como parámetro. Por otro lado, podría representarse la magnitud contra σ, con ω como el parámetro. Sin embargo, tal familia de curvas representa una cantidad enorme de trabajo, y eso es precisamente lo que se quiere evitar; también es objetable el que se pudiera obtener alguna conclusión útil de esta familia de curvas, aún después de obtenerlas.

Un método mejor para representar gráficamente la magnitud de una respuesta compleja consiste en utilizar un modelo *tridimensional*. Aunque es difícil dibujar un modelo así en un papel bidimensional, se verá que es sencillo visualizar; la mayor parte del dibujo se hará mentalmente, ya que la imaginación necesita pocos instrumentos, y la construcción y corrección se logran con agilidad. Se pensará en un eje σ y un eje $j\omega$, perpendiculares entre sí, tendidos sobre una superficie horizontal como el piso. Éste representa el *plano de frecuencia compleja* o *plano* $\mathbf{s}$, como se ilustra en la figura 12-10. A cada punto en este plano le corresponde exactamente un valor de $\mathbf{s}$, y con cada valor de $\mathbf{s}$ puede asociarse un solo punto en ese plano complejo.

Como ya se tiene mucha familiaridad con el tipo de función en el dominio del tiempo asociada con un valor particular de la frecuencia compleja $\mathbf{s}$, ahora es posible asociar la forma funcional de una excitación o de una respuesta forzada con una región específica del plano $\mathbf{s}$. El origen, por ejemplo, representa una cantidad de cd. Los puntos que están sobre el eje σ representan funciones exponenciales, decrecientes cuando $\sigma < 0$ y crecientes cuando $\sigma > 0$. Las senoidales puras están asociadas con los

Figura 12-10

El plano de la frecuencia compleja, o plano **s**.

puntos que están en el eje $j\omega$ positivo o negativo. La mitad derecha del plano **s** contiene puntos que describen frecuencias con partes reales positivas, por lo cual corresponde a cantidades en el dominio del tiempo que son senoidales exponencialmente crecientes, excepto sobre el eje σ. De manera análoga, los puntos en la mitad izquierda del plano **s** describen las frecuencias de senoidales exponencialmente decrecientes, exceptuando de nuevo al eje σ. En la figura 12-11 se resume la relación entre el dominio del tiempo y las diversas regiones del plano **s**.

Regresando a la búsqueda de un método conveniente para representar gráficamente la respuesta como función de la frecuencia compleja **s**, se ve que la magnitud de la respuesta se puede representar construyendo, por ejemplo, un modelo en yeso cuya altura sobre el piso en cada punto corresponde a la magnitud de la respuesta para ese valor de **s**. En otras palabras, se ha añadido un tercer eje, perpendicular a

Figura 12-11

La naturaleza de la función en el dominio del tiempo se bosqueja en la región del plano de la frecuencia compleja al que corresponde.

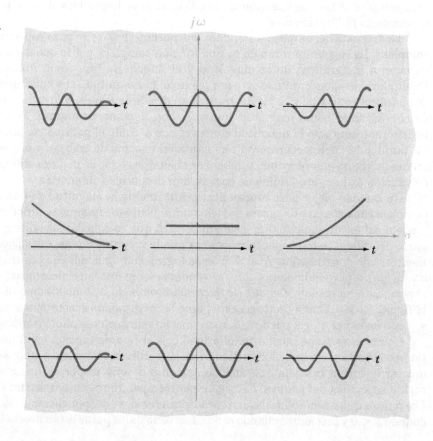

los ejes σ y $j\omega$ y que pasa por el origen; este eje representa $|\mathbf{Z}|$, $|\mathbf{Y}|$, $|\mathbf{V}_2/\mathbf{V}_1|$ o cualquier otra cantidad apropiada. Para cada valor de $\mathbf{s}$ se calcula la magnitud de la respuesta, y la gráfica resultante es una superficie por encima del plano $\mathbf{s}$ (o apenas tocándolo).

Estas ideas preliminares pueden ponerse en práctica viendo qué aspecto tendría el modelo de yeso.

Ejemplo 12-7 Considérese la admitancia del arreglo en serie de un inductor de 1 H y un resistor de 3 Ω.

Solución: La admitancia de estos dos elementos en serie es

$$\mathbf{Y(s)} = \frac{1}{\mathbf{s} + 3}$$

La magnitud, en términos de σ y ω, es

$$|\mathbf{Y(s)}| = \frac{1}{\sqrt{(\sigma + 3)^2 + \omega^2}}$$

Cuando $\mathbf{s} = -3 + j0$, la magnitud de la respuesta es infinita; y cuando $\mathbf{s}$ es infinita, la magnitud de $\mathbf{Y(s)}$ es cero. Por lo tanto el modelo debe tener una altura infinita sobre el punto $(-3 + j0)$, y su altura debe ser igual a cero sobre todos los puntos infinitamente alejados del origen. Una vista del corte de este modelo se muestra en la figura 12-12a.

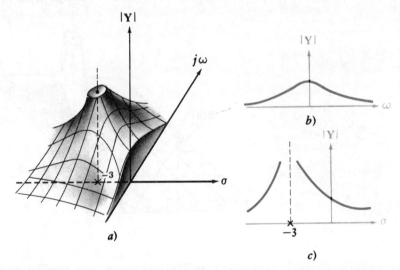

Figura 12-12

a) Una vista del corte de un modelo de yeso cuya superficie superior representa $|\mathbf{Y(s)}|$ para el arreglo en serie de un inductor de 1 H y un resistor de 3 Ω. b) $|\mathbf{Y(s)}|$ como función de ω. c) $|\mathbf{Y(s)}|$ como función de σ.

Una vez que se ha construido el modelo, es fácil observar la variación de $|\mathbf{Y}|$ como función de ω (con $\sigma = 0$), haciéndole un corte con un plano perpendicular que contenga al eje $j\omega$. En el modelo mostrado en la figura 12-12a se ha hecho este corte, y puede verse la gráfica deseada de $|\mathbf{Y}|$ contra ω; la curva también se ha dibujado en la figura 12-12b. En forma similar, un plano vertical que contiene al eje σ permite obtener $|\mathbf{Y}|$ contra σ (con $\omega = 0$), como se muestra en la figura 12-12c.

¿Cómo podría obtener cierta información cualitativa acerca de la respuesta sin tener que hacer todo este trabajo? Después de todo, la mayoría de las personas no tienen ni el tiempo ni la inclinación suficientes para ser buenos "yeseros", por lo que se necesita un método más práctico. Piénsese de nuevo en el plano **s** como si fuese el piso, e imagínese que se extiende una gran membrana de hule sobre él. Préstese atención a todos los polos y los ceros de la respuesta. En cada cero la respuesta vale cero, asimismo la altura de la capa de hule debe ser cero, y por tanto en ese punto se sujeta al piso. En cada valor de **s** correspondiente a un polo, la capa puede levantarse por medio de una delgada varilla vertical. Los ceros y polos en el infinito se pueden representar usando un anillo sujetador de radio muy grande o una cerca circular muy alta, respectivamente. Si se ha usado una membrana infinitamente grande, sin peso y perfectamente elástica, sujeta al piso por medio de alfileres infinitamente pequeños, y apuntalada con varillas infinitamente largas, de diámetro cero, entonces la membrana de hule adoptará una altura exactamente proporcional a la magnitud de la respuesta. Modelos reales de membrana de hule menos exactos se pueden, de hecho, construir en laboratorio; su ventaja principal es la facilidad para visualizar su construcción con el conocimiento de los polos y los ceros de la respuesta.

Estos comentarios se pueden ilustrar considerando la configuación de polos y ceros, llamada a veces *patrón de polos y ceros*, que localiza todas las frecuencias críticas de alguna cantidad en el dominio de la frecuencia —como la impedancia **Z(s)**. Tal patrón de polos y ceros se muestra en la figura 12-13*a*. Si se visualiza un modelo de membrana elástica, sujeta en **s** = –2 + *j*0 y apuntalada en **s** = –1 + *j*5 y en **s** = –1 –*j*5, se podrá ver un terreno caracterizado por dos montañas y una depresión. La parte del modelo del lado izquierdo superior se muestra en la figura 12-13*b*.

Figura 12-13

a) El patrón de polos y ceros de alguna impedancia **Z(s)**.
b) Una parte del modelo de membrana de hule para la magnitud de **Z(s)**.

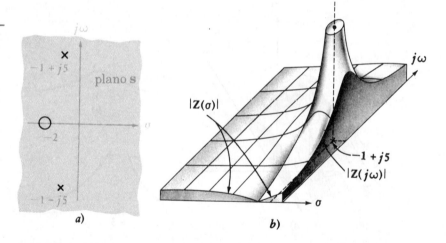

Ahora se construirá la expresión para **Z(s)** que origina esta configuración. El cero requiere un factor (**s** + 2) en el numerador, y los dos polos requieren los factores (**s** + 1 –*j*5) y (**s** + 1 +*j*5) en el denominador. Excepto por una constante multiplicativa *k*, ahora se conoce la forma de **Z(s)**:

$$\mathbf{Z(s)} = k\,\frac{\mathbf{s}+2}{(\mathbf{s}+1-j5)(\mathbf{s}+1+j5)}$$

o

$$\mathbf{Z(s)} = k\,\frac{\mathbf{s}+2}{\mathbf{s}^2+2\mathbf{s}+26} \tag{19}$$

Para elegir el valor de *k* se hará una suposicion adicional sobre **Z(s)**: sea **Z**(0) = 1. Por una sustitución directa en la ecuación (19), se tiene que *k* vale 13, y por lo tanto

$$\mathbf{Z}(\mathbf{s}) = 13 \, \frac{\mathbf{s} + 2}{\mathbf{s}^2 + 2\mathbf{s} + 26} \tag{20}$$

Las gráficas $|\mathbf{Z}(\sigma)|$ contra σ y $|\mathbf{Z}(j\omega)|$ contra ω pueden obtenerse de la ecuación (20), pero la forma general de la función es evidente a partir de la configuración de polos y ceros y la analogía con la membrana de hule. Partes de estas dos curvas aparecen a los lados del modelo mostrado en la figura 12-13b.

Hasta aquí se ha estado usando el plano **s** y el modelo de la membrana elástica para obtener información *cualitativa* acerca de la variación de la *magnitud* de la función en el dominio de la frecuencia, con respecto a la frecuencia. Sin embargo, es posible obtener información *cuantitativa* acerca de la variación de la *magnitud* y el *ángulo de fase*. El método proporciona una nueva herramienta poderosa.

Considérese la representación de una frecuencia compleja en forma polar, según lo sugiere una flecha dibujada desde el origen del plano **s** hasta la frecuencia compleja bajo consideración. La longitud de la fecha es igual a la magnitud de la frecuencia, y el ángulo que la flecha forma con la dirección positiva del eje σ es el ángulo de la frecuencia compleja. En la figura 12-14a se ilustra la frecuencia compleja $\mathbf{s}_1 = -3 + j4 = 5\underline{/126.9°}$.

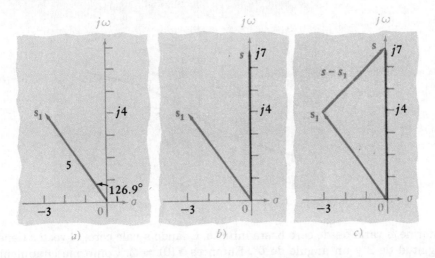

Figura 12-14

a) La frecuencia compleja $\mathbf{s}_1$ = $-3 + j4$ se indica dibujando una flecha desde el origen hasta $\mathbf{s}_1$. b) La frecuencia **s** = $j7$ también se representa vectorialmente. c) La diferencia **s** – $\mathbf{s}_1$ se representa por el vector que va de $\mathbf{s}_1$ a **s**.

También se necesita representar la diferencia entre dos valores de **s** como una flecha o vector en el plano complejo. Elíjase un valor de **s** que corresponda a la senoidal **s** = $j7$ y represéntese también como un vector, como se ve en la figura 12-14b. La *diferencia* **s** – $\mathbf{s}_1$ es el vector que va desde el punto $\mathbf{s}_1$ hasta el punto **s**; en la figura 12-14c se ha dibujado el vector **s** – $\mathbf{s}_1$. Obsérvese que $\mathbf{s}_1 + (\mathbf{s} - \mathbf{s}_1) = \mathbf{s}$. Numéricamente, $\mathbf{s} - \mathbf{s}_1 = j7 - (-3 + j4) = 3 + j3 = 4.24\underline{/45°}$, y este valor concuerda con la gráfica.

Ahora se verá cómo esta interpretación gráfica de la diferencia $(\mathbf{s} - \mathbf{s}_1)$ permite determinar la respuesta de la frecuencia. Considérese la admitancia

$$\mathbf{Y}(\mathbf{s}) = \mathbf{s} + 2$$

Esta expresión se puede interpretar como la diferencia entre una frecuencia de interés **s** y la localización de un cero. Por tanto, hay un cero en $\mathbf{s}_2 = -2 + j0$ y el factor **s** + 2, el cual puede escribirse como **s** – $\mathbf{s}_2$, que está representado por el vector dibujado desde la localización del cero $\mathbf{s}_2$ hasta la frecuencia **s** a la que se desea la respuesta. Si se desea la respuesta senoidal, **s** deberá estar sobre el eje $j\omega$, como se ilustra en la figura 12-15a. Ahora puede visualizarse el comportamiento de la magnitud de **s** + 2

Figura 12-15

a) El vector que representa a la admitancia $\mathbf{Y}(\mathbf{s}) = \mathbf{s} + 2$ se muestra para $\mathbf{s} = j\omega$. *b*) Gráficas de $|\mathbf{Y}(j\omega)|$ y áng $\mathbf{Y}(j\omega)$ que se pueden obtener a partir del comportamiento del vector cuando $\mathbf{s}$ se mueve hacia arriba o hacia abajo en el eje $j\omega$ a partir del origen.

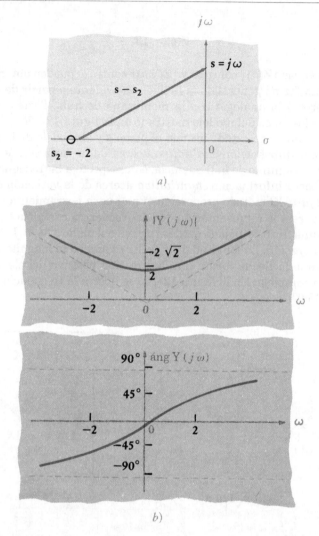

conforme ω varía desde cero hasta infinito. Cuando $\mathbf{s}$ vale cero, el vector tiene una magnitud de 2 y un ángulo de 0°. Entonces $\mathbf{Y}(0) = 2$. Conforme ω aumenta, la magnitud aumenta; al principio lentamente y después casi linealmente con ω; el ángulo de fase aumenta casi linealmente al principio y luego se acerca lentamente a 90° conforme ω tiende a infinito. En $\omega = 7$, $\mathbf{Y}(j7)$ tiene una magnitud de $\sqrt{2^2 + 7^2}$ y un ángulo de fase igual a $\tan^{-1}(3.5)$. La magnitud y la fase de $\mathbf{Y}(\mathbf{s})$ se representan como funciones de ω en la figura 12-15*b*.

Se construirá un ejemplo más realista al considerar una función en el dominio de la frecuencia dada por el cociente de dos factores

$$\mathbf{V}(\mathbf{s}) = \frac{\mathbf{s} + 2}{\mathbf{s} + 3}$$

Se elige de nuevo un valor de $\mathbf{s}$ que corresponda a una excitación senoidal y se dibujan los vectores $\mathbf{s} + 2$ y $\mathbf{s} + 3$, el primero desde el cero hasta el punto elegido sobre el eje $j\omega$ y el segundo desde el polo hasta el punto elegido. Los dos vectores se muestran en la figura 12-16*a*. El cociente de estos dos vectores tiene una magnitud igual al cociente de sus magnitudes, y un ángulo de fase igual a la diferencia entre los ángulos de fase del numerador y el denominador. El análisis de la variación de la magnitud de $\mathbf{V}(\mathbf{s})$

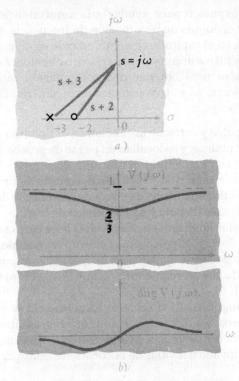

Figura 12-16

a) Vectores dibujados a partir de las dos frecuencias críticas de la respuesta de voltaje $\mathbf{V}(s) = (s + 2)/(s + 3)$.
b) Gráficas de la magnitud y el ángulo de fase de $\mathbf{V}(j\omega)$ obtenidas a partir del cociente de los dos vectores mostrados en el inciso a.

contra ω se hace permitiendo que $\mathbf{s}$ se desplace desde el origen hacia arriba por el eje $j\omega$, y considerando la razón de la distancia desde el cero hasta $\mathbf{s} = j\omega$ y la distancia desde el polo al mismo punto en el eje $j\omega$. Evidentemente esta razón vale $\frac{2}{3}$ para $\omega =$ 0 y tiende a uno cuando ω tiende a infinito. Si se considera la diferencia de los dos ángulos de fase se ve que áng $\mathbf{V}(j\omega)$ vale $0°$ para $\omega = 0$, y aumenta al principio conforme ω aumenta debido a que el ángulo del vector $\mathbf{s} + 2$ es mayor que el de $\mathbf{s} + 3$, y un aumento más de ω hace que decrezca, tendiendo finalmente a $0°$ para una frecuencia infinita, en donde ambos vectores tienen un ángulo de $90°$. Estos resultados se muestran en la figura 12-16b. Aunque en estos bosquejos no hay marcas cuantitativas, es importante observar que se pueden obtener fácilmente. Por ejemplo, la respuesta compleja a $\mathbf{s} = j4$ debe estar dada por el cociente

$$\mathbf{V}(j4) = \frac{\sqrt{4 + 16}\ \underline{/\tan^{-1}\left(\frac{4}{2}\right)}}{\sqrt{9 + 16}\ \underline{/\tan^{-1}\left(\frac{4}{3}\right)}}$$

$$= \sqrt{\tfrac{20}{25}}\ \underline{/\tan^{-1} 2 - \tan^{-1}\left(\tfrac{4}{3}\right)}$$

$$= 0.894\ \underline{/10.3°}$$

Al diseñar circuitos que produzcan alguna respuesta deseada, el comportamiento de los vectores dibujados desde cada frecuencia crítica hasta un punto cualquiera sobre el eje $j\omega$ representa una ayuda importante. Por ejemplo, si fuera necesario aumentar la joroba en la fase de la respuesta en la figura 12-16b, se observa que se debería tener una mayor diferencia en los ángulos de los dos vectores. En la figura 12-16a esto se puede lograr acercando el cero al origen, o bien alejando el polo del origen, o las dos cosas a la vez.

Las ideas que se han expuesto para ayudar a la determinación gráfica de la variación de la magnitud y el ángulo de una función de frecuencia en el dominio de la frecuencia se necesitarán en el capítulo siguiente, cuando se investigue el comportamiento en la frecuencia de filtros altamente selectivos, o circuitos resonantes. Estos conceptos son fundamentales para obtener una comprensión rápida y clara del comportamiento de redes eléctricas y otros sistemas en ingeniería. El procedimiento se resume brevemente como sigue:

1. Se dibuja el patrón de polos y ceros de la función en el dominio de la frecuencia bajo consideración en el plano **s**, y se localiza un punto de prueba correspondiente a la frecuencia a la cual se va a evaluar la función.
2. Se dibuja una flecha desde cada polo y cero hasta el punto de prueba.
3. Se determina la longitud de cada flecha de polo y de cada flecha de cero, y el valor de cada ángulo de las flechas de polo y de las flechas de cero.
4. Se divide el producto de las longitudes de las flechas a los ceros entre el producto de las longitudes de las flechas de polos. Este cociente representa la magnitud de la función en el dominio de la frecuencia para la frecuencia supuesta en el punto de prueba [o multiplicada por una constante, ya que $\mathbf{F(s)}$ y $k\mathbf{F(s)}$ tienen el mismo patrón de polos y ceros].
5. Se resta la suma de los ángulos de las flechas de los polos de la suma de los ángulos de las flechas de los ceros. La diferencia resultante representa el ángulo de la función en el dominio de la frecuencia, evaluado a la frecuencia en el punto de prueba. El ángulo no depende del valor de la constante multiplicativa real k.

Ejercicios

12-12. La combinación en paralelo de 0.25 mH y de 5 Ω está en serie con la combinación en paralelo de 40 μF y 5 Ω. *a*) Encuentre $\mathbf{Z}_{ent}(\mathbf{s})$, la impedancia de entrada de la combinación en serie. *b*) Especifique todos los ceros de $\mathbf{Z}_{ent}(\mathbf{s})$. *c*) Especifique todos los polos de $\mathbf{Z}_{ent}(\mathbf{s})$. *d*) Dibuje la configuración de polos y ceros.
Resp: $5(s^2 + 10\,000s + 10^8)/(s^2 + 25\,000s + 10^8)$ Ω; $-5 \pm j8.66$ krad/s; $-5, -20$ krad/s

12-13. En la figura 12-17 se muestran tres patrones de polos y ceros. Cada uno de ellos se aplica a una ganancia de voltaje $\mathbf{G}_V$. Obténgase una expresión para cada ganancia en la forma de cociente de polinomios en **s**.
Resp: $(15s^2 + 45s)/(s^2 + 6s + 8)$; $(2s^3 + 22s^2 + 88s + 120)/(s^2 + 4s + 8)$; $(3s^2 + 27)/(s^2 + 2s)$

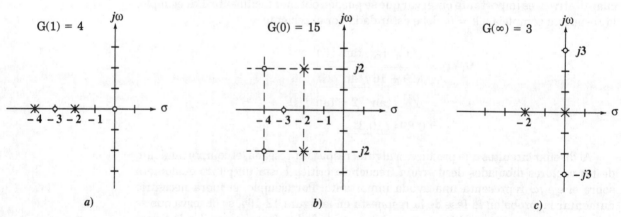

Figura 12-17

Para el ejercicio 12-13.

12-14. Un modelo en yeso de una impedancia muestra ceros en $\mathbf{s} = -1 \pm j5$ s^{-1} y polos en $\mathbf{s} = -3 \pm j4$ s^{-1}. Si la altura del modelo en el origen es de 6 cm, obtenga su altura en $\mathbf{s}$ igual a: *a*) $-2s^{-1}$; *b*) $j2$ s^{-1}; *c*) $-2 + j2$ s^{-1}; *d*) ∞.

Resp: 8.82 cm; 5.33 cm; 9.48 cm; 5.77 cm

12-15. La configuración de polos y ceros para una admitancia $\mathbf{Y}(\mathbf{s})$ tiene un polo en $\mathbf{s} = -10 + j0$ s^{-1} y un cero en $\mathbf{s} = z_1 + j0$, donde $z_1 < 0$. Sea $\overline{\mathbf{Y}}(0) = 0.1$ S. Encuentre el valor de z_1 si *a*) áng $\mathbf{Y}(j5) = 20°$; *b*) $|\mathbf{Y}(j5)| = 0.2$ S.   *Resp:* –4.73 Np/s; –2.50 Np/s

---

La gráfica de polos y ceros en el plano **s** de una respuesta forzada contiene una cantidad enorme de información. Se verá cómo una respuesta completa de corriente, natural más forzada, producida por una función de excitación arbitraria, puede escribirse rápidamente a partir de la configuración de polos y ceros de la respuesta forzada de la corriente, y de las condiciones iniciales; el método es igual de efectivo para obtener la respuesta completa de voltaje producido por una fuente arbitraria.

Para ilustrar el método considérese el ejemplo más simple, un circuito RL en serie como el que se ve en la figura 12-18. Una fuente de voltaje general $v_s(t)$ hace que circule la corriente $i(t)$ después de cerrarse el interruptor en $t = 0$. La respuesta completa $i(t)$ para $t > 0$ se compone de una respuesta natural y una respuesta forzada:

$$i(t) = i_n(t) + i_f(t) \tag{21}$$

12-7

Respuesta natural en el plano s

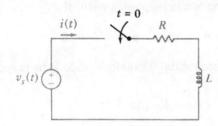

Figura 12-18

Ejemplo que ilustra el cálculo de la respuesta completa basándose en un conocimiento de las frecuencias críticas de la impedancia vista por la fuente.

La respuesta forzada se puede obtener trabajando en el dominio de la frecuencia suponiendo, desde luego, que $v_s(t)$ tiene una forma funcional que puede transformarse al dominio de la frecuencia; por ejemplo, si $v_s(t) = 1/(1 + t^2)$, debe procederse lo mejor que se pueda a partir de la ecuación diferencial básica del circuito. Para el circuito de la figura 12-18, se tiene

$$\mathbf{I}_f(\mathbf{s}) = \frac{\mathbf{V}_s}{R + \mathbf{s}L}$$

o
$$\mathbf{I}_f(\mathbf{s}) = \frac{1}{L} \frac{\mathbf{V}_s}{\mathbf{s} + R/L} \tag{22}$$

e $i_f(t)$ se obtiene al sustituir $\mathbf{s}$, L y R por sus valores, reinsertar $e^{\mathbf{s}t}$ y tomar la parte real. La respuesta puede incluso obtenerse como una función para valores cualesquiera ω, σ, R y L si se desea.

Ahora considérese la respuesta natural. Se sabe, por supuesto, que la forma será una exponencial decreciente con la constante de tiempo L/R, pero por ahora puede fingirse que se está calculando por primera vez. La forma de la respuesta, natural o *libre de fuentes* es, por definición, independiente de la función de excitación; la excitación, junto con las condiciones iniciales, sólo contribuye a la magnitud de la respuesta natural. Para obtener la forma adecuada se remplazan todas las fuentes independientes por sus impedancias internas; en este caso, $v_s(t)$ debe sustituirse por un cortocircuito. Ahora se intentará obtener esta respuesta natural como un caso límite de la respuesta forzada; volviendo a la expresión (22) en el dominio de la frecuencia, obedientemente se hace $\mathbf{V}_s = 0$. A primera vista, podría pensarse que $\mathbf{I}(\mathbf{s})$ también debería valer cero, pero esto no necesariamente es cierto si se está operando a una frecuencia compleja que es un polo simple de $\mathbf{I}(\mathbf{s})$. Es decir, el numerador y el denominador pueden ser ambos cero, por lo que $\mathbf{I}(\mathbf{s})$ no tiene que ser cero.

Ahora se considerará este nuevo concepto desde un punto de vista ventajoso y ligeramente diferente. Póngase atención a la razón de la respuesta forzada deseada entre la función de excitación. Este cociente se designa en general por $\mathbf{H}(\mathbf{s})$ y se le llama *función de transferencia*. Aquí,

$$\frac{\mathbf{I}_f(\mathbf{s})}{\mathbf{V}_s} = \mathbf{H}(\mathbf{s}) = \frac{1}{L(\mathbf{s} + R/L)}$$

En este ejemplo, la función de transferencia es la admitancia de entrada vista por $\mathbf{V}_s$. Se busca la respuesta natural, o libre de fuentes, haciendo $\mathbf{V}_s = 0$. Sin embargo, $\mathbf{I}_f(\mathbf{s}) = \mathbf{V}_s\mathbf{H}(\mathbf{s})$ y si $\mathbf{V}_s = 0$, sólo se podrá obtener un valor diferente de cero para la corriente si se trabaja en un polo de $\mathbf{H}(\mathbf{s})$. Por lo tanto, los polos de la función de transferencia juegan un papel muy importante.

Regresando al circuito RL en serie, se ve que el polo de la función de transferencia ocurre cuando la frecuencia de operación es $\mathbf{s} = -R/L + j0$. Entonces, una corriente finita a esta frecuencia representa a la respuesta natural

$$\mathbf{I}(\mathbf{s}) = A \qquad \text{en} \qquad \mathbf{s} = -\frac{R}{L} + j0$$

donde A es una constante desconocida. Transformando esta respuesta natural al dominio del tiempo,

$$i_n(t) = \text{Re}\,(Ae^{-Rt/L})$$

o
$$i_n(t) = Ae^{-Rt/L}$$

Para completar este ejemplo, la respuesta total es entonces

$$i(t) = Ae^{-Rt/L} + i_f(t)$$

y A puede calcularse una vez que se han especificado las condiciones iniciales para este circuito.

Ahora se generalizarán estos resultados. Las figuras 12-19a y b muestran fuentes únicas conectadas a redes que no contienen fuentes independientes. La respuesta deseada, que podría ser alguna corriente $\mathbf{I}_1(\mathbf{s})$ o algún voltaje $\mathbf{V}_2(\mathbf{s})$, puede expresarse

Figura 12-19

Los polos de la respuesta $\mathbf{I}_1(\mathbf{s})$ o $\mathbf{V}_2(\mathbf{s})$, producidas por una fuente de voltaje $\mathbf{V}_s$ a) o una fuente de corriente $\mathbf{I}_s$ b), determinan la forma de la respuesta natural $i_{1n}(t)$ o $v_{2n}(t)$ que ocurre cuando $\mathbf{V}_s$ se sustituye por un cortocircuito, o $\mathbf{I}_s$ por un circuito abierto, y si hay energía inicial disponible.

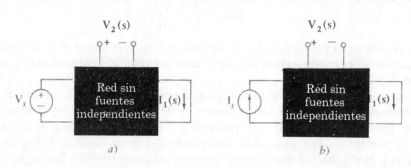

por medio de una función de transferencia que muestra todas las frecuencias críticas. Para ser específicos, se elige la respuesta $\mathbf{V}_2(\mathbf{s})$ de la figura 12-19a:

$$\frac{\mathbf{V}_2(\mathbf{s})}{\mathbf{V}_s} = \mathbf{H}(\mathbf{s}) = k\,\frac{(\mathbf{s} - \mathbf{s}_1)(\mathbf{s} - \mathbf{s}_3)\,\cdots}{(\mathbf{s} - \mathbf{s}_2)(\mathbf{s} - \mathbf{s}_4)\,\cdots} \qquad (23)$$

Los polos de $\mathbf{H}(\mathbf{s})$ ocurren en $\mathbf{s} = \mathbf{s}_2, \mathbf{s}_4, \ldots,$ y por lo tanto un voltaje finito $\mathbf{V}_2(\mathbf{s})$ en cada una de estas frecuencias debe ser una posible forma funcional para la respuesta natural. Por lo tanto, se piensa en una fuente de cero volts (que es sólo un cortocircuito) aplicada a las terminales de entrada; entonces, la respuesta natural que se obtiene cuando las terminales de entrada están en cortocircuito debe tener la forma

$$v_{2n}(t) = \mathbf{A}_2 e^{\mathbf{s}_2 t} + \mathbf{A}_4 e^{\mathbf{s}_4 t} + \cdots$$

donde cada $\mathbf{A}$ debe evaluarse en términos de las condiciones iniciales (que incluyen el valor inicial de cualquier fuente de voltaje aplicada en las terminales de entrada).

Para encontrar la forma de la respuesta natural $i_{1n}(t)$ en la figura 12-19a, deben determinarse los polos de la función de transferencia, $\mathbf{H}(\mathbf{s}) = \mathbf{I}_1(\mathbf{s})/\mathbf{V}_s$. Las funciones de transferencia aplicables a las situaciones ilustradas en la figura 12-19b deben ser, obviamente, $\mathbf{I}_1(\mathbf{s})/\mathbf{I}_s$ y $\mathbf{V}_2(\mathbf{s})/\mathbf{I}_s$ y sus polos determinan las respuestas naturales $i_{1n}(t)$ y $v_{2n}(t)$, respectivamente.

Si se requiere la respuesta natural de una red que no contiene ninguna fuente independiente, entonces puede insertarse una fuente $\mathbf{V}_s$ o $\mathbf{I}_s$ en cualquier punto conveniente, con la única restricción de que se obtenga la red original cuando se desactive la fuente. La función de transferencia correspondiente se determina a continuación y sus polos especifican las frecuencias naturales. Obsérvese que deben obtenerse las mismas frecuencias para cualquiera de las posibles localizaciones de la fuente. Si la red ya contiene una fuente, esa fuente puede igualarse a cero y colocarse otra fuente en algún punto más conveniente.

Antes de ilustrar este método con ejemplos, es necesario analizar a dos casos muy especiales que se pueden presentar. Uno de ellos ocurre cuando la red en la figura 12-19a o b contiene dos o más partes aisladas una de otra. Por ejemplo, podría tenerse el arreglo en paralelo de tres redes: R_1 en serie con C, R_2 en serie con L, y un cortocircuito. Obviamente, una fuente de voltaje en serie con R_1 y C no puede producir corriente alguna en R_2 y L; esa función de transferencia valdría cero. Para encontrar la forma de la respuesta natural del inductor, por ejemplo, la fuente de voltaje debería instalarse en la red R_2L. Un caso de este tipo puede a menudo reconocerse por inspección de la red antes de colocar la fuente, y de no hacerse así, se obtendrá una función de transferencia igual a cero. Cuando $\mathbf{H}(\mathbf{s}) = 0$, no se obtiene información sobre las frecuencias que caracterizan a la respuesta natural, por lo que debe elegirse una colocación más adecuada para la fuente. En los problemas al final del capítulo se encuentra una fuente de este tipo, pero por el momento los autores no recuerdan en qué problema.

El otro caso involucra polos múltiples en la función de transferencia. Es decir, podría encontrarse que en la ecuación (22), $\mathbf{s}_2$, $\mathbf{s}_4$ y $\mathbf{s}_{10}$ son idénticos. Las funciones de transferencia de este tipo se manejan mucho más fácilmente usando la transformada de Laplace, por lo que el estudio de todo ese tipo de problemas se postergará hasta el capítulo 19. Sin embargo, es interesante observar que los circuitos RLC críticamente amortiguados vistos en el capítulo 6 tienen un polo doble, y la forma de su respuesta natural da una pista que los curiosos pueden seguir para adivinar los resultados que se obtendrán más adelante.

Ahora se aplicarán estas técnicas en dos ejemplos.

Ejemplo 12-8   El primer ejemplo trata de un circuito que no tiene fuentes (figura 12-20). Se buscan expresiones para i_1 e i_2 para $t > 0$, dadas las condiciones iniciales $i_1(0) = i_2(0) = 11$ A.

Figura 12-20

Circuito para el que se quieren encontrar las respuestas naturales i_1 e i_2.

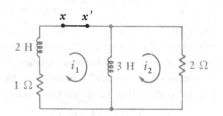

Solución: Se coloca una fuente de voltaje $\mathbf{V}_s$ entre los puntos x y x' y se encuentra la función de transferencia, $\mathbf{H(s)} = \mathbf{I}_1(\mathbf{s})/\mathbf{V}_s$, la cual es al mismo tiempo la admitancia vista por la fuente de voltaje. Se tiene

$$\mathbf{I}_1(\mathbf{s}) = \frac{\mathbf{V}_s}{2\mathbf{s} + 1 + 6\mathbf{s}/(3\mathbf{s} + 2)} = \frac{(3\mathbf{s} + 2)\mathbf{V}_s}{6\mathbf{s}^2 + 13\mathbf{s} + 2}$$

o

$$\mathbf{H(s)} = \frac{\mathbf{I}_1(\mathbf{s})}{\mathbf{V}_s} = \frac{\frac{1}{2}(\mathbf{s} + \frac{2}{3})}{(\mathbf{s} + 2)(\mathbf{s} + \frac{1}{6})}$$

Por tanto, i_1 debe tener la forma

$$i_1(t) = Ae^{-2t} + Be^{-t/6}$$

La solución se completa usando las condiciones iniciales dadas para establecer los valores de A y B. Aunque se pudo obtener la *forma* de la solución rápidamente, el procedimiento para evaluar las constantes desconocidas en este sistema de segundo orden es similar al usado antes para los circuitos *RLC* en el capítulo 6; cualquier ahorro de esfuerzo en este aspecto vendrá más adelante con el estudio de la transformada de Laplace.

Para practicar, se completará la solución para i_1. Como $i_1(0)$ tiene un valor de 11 A, entonces

$$11 = A + B$$

La ecuación adicional necesaria se obtiene al escribir la ecuación de la LVK alrededor del perímetro del circuito:

$$1i_1 + 2\frac{di_1}{dt} + 2i_2 = 0$$

y despejando la derivada:

$$\left.\frac{di_1}{dt}\right|_{t=0} = -\frac{1}{2}[2i_2(0) + 1i_1(0)] = -\frac{22 + 11}{2} = -2A - \frac{1}{6}B$$

Así, $A = 8$ y $B = 3$, y la solución deseada es

$$i_1(t) = 8e^{-2t} + 3e^{-t/6}$$

Las frecuencias naturales asociadas con i_2 son las mismas que las de i_1, y un procedimiento similar para evaluar las constantes arbitrarias da

$$i_2(t) = 12e^{-2t} - e^{-t/6}$$

Ejemplo 12-9   Como último ejemplo se encontrará la respuesta completa $v(t)$ del circuito mostrado en la figura 12-21. El interruptor usado garantiza que todas las corrientes y voltajes a la derecha de éste tendrán valores iniciales iguales a cero. En $t = 0$ el interruptor se desliza hacia arriba, y es necesario calcular el voltaje en el resistor de 3 Ω para $t > 0$.

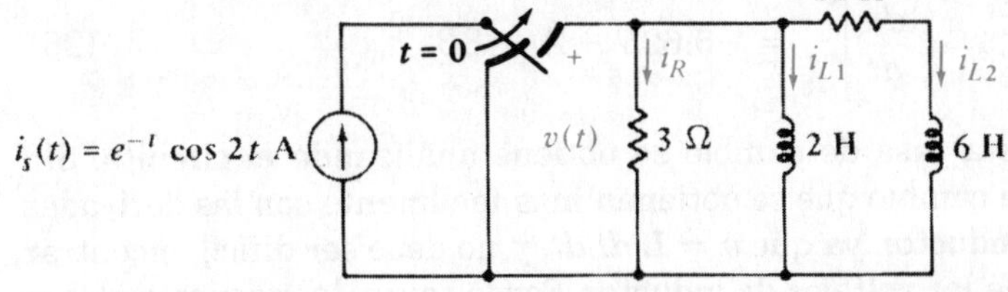

Figura 12-21

Un circuito para el que se hallará la respuesta completa estudiando sus frecuencias críticas.

Solución: Este resultado lo componen una respuesta natural y una forzada,

$$v(t) = v_f(t) + v_n(t)$$

Cada una de ellas puede calcularse si se conoce la configuración de polos y ceros de la función de transferencia, $\mathbf{H(s)} = \mathbf{V(s)/I_s}$, la que al mismo tiempo es la impedancia de entrada de la parte de la red localizada a la derecha del interruptor. Se tiene

$$\mathbf{V(s)} = \frac{\mathbf{I}_s}{\frac{1}{3} + 1/2\mathbf{s} + 1/(6\mathbf{s} + 12)}$$

o después de combinar y factorizar,

$$\mathbf{H(s)} = \frac{\mathbf{V(s)}}{\mathbf{I}_s} = \frac{3\mathbf{s(s} + 2)}{(\mathbf{s} + 1)(\mathbf{s} + 3)} \tag{24}$$

Ahora puede escribirse la forma de la respuesta natural

$$v_n(t) = Ae^{-t} + Be^{-3t}$$

Para poder obtener la respuesta forzada, la fuente de corriente en el dominio de la frecuencia $\mathbf{I}_s(\mathbf{s}) = 1$ a $\mathbf{s} = -1 + j2$ se puede multiplicar por la impedancia de entrada, o función de transferencia, evaluada en $\mathbf{s} = -1 + j2$,

$$\mathbf{V(s)} = \mathbf{I}_s(\mathbf{s})\mathbf{H(s)} = 3\frac{(-1 + j2)(1 + j2)}{j2(2 + j2)}$$

y por tanto

$$\mathbf{V(s)} = 1.875\sqrt{2}\ \underline{/45°}$$

Transformando al dominio del tiempo, se tiene

$$v_f(t) = 1.875\sqrt{2}e^{-t}\cos(2t + 45°)$$

La respuesta completa es por tanto

$$v(t) = Ae^{-t} + Be^{-3t} + 1.875\sqrt{2}e^{-t}\cos(2t + 45°)$$

Como las dos corrientes de inductor tienen valores iniciales iguales a cero, la corriente de la fuente inicial de 1 A debe circular a través del resistor de 3 Ω. Así,

$$v(0) = 3 = A + B + \frac{1.875\sqrt{2}}{\sqrt{2}} \tag{25}$$

De nuevo es necesario derivar para obtener una condición inicial para dv/dt. Primero se tiene

$$\left.\frac{dv}{dt}\right|_{t=0} = 1.875\sqrt{2}\left(-\frac{2}{\sqrt{2}} - \frac{1}{\sqrt{2}}\right) - A - 3B$$

o

$$\left.\frac{dv}{dt}\right|_{t=0} = -5.625 - A - 3B \tag{26}$$

El valor inicial de esta tasa de cambio se obtiene analizando el circuito. Sin embargo, las tasas de cambio que se obtienen más fácilmente son las derivadas de las corrientes de inductor, ya que $v = L\,di/dt$, y no debe ser difícil encontrar los valores iniciales de los voltajes de inductor. Por lo tanto, la respuesta $v(t)$ se expresa en términos de la corriente de resistor,

$$v(t) = 3i_R$$

y luego se aplica la ley de corriente de Kirchhoff:

$$v(t) = 3i_s - 3i_{L1} - 3i_{L2}$$

Ahora se toma la derivada,

$$\frac{dv}{dt} = 3\frac{di_s}{dt} - 3\frac{di_{L1}}{dt} - 3\frac{di_{L2}}{dt}$$

Al derivar la función de la fuente y evaluarla en $t = 0$ se obtiene un valor de -3 V/s para el primer término; el segundo término es igual a $\frac{3}{2}$ del voltaje inicial en el inductor de 2 H, o bien -4.5 V/s; y el último término vale -1.5 V/s. Entonces,

$$\left.\frac{dv}{dt}\right|_{t=0} = -9$$

y ahora pueden usarse las ecuaciones (25) y (26) para determinar las amplitudes desconocidas

$$A = 0 \qquad B = 1.125$$

La respuesta completa es

$$v(t) = 1.125e^{-3t} + 1.875\sqrt{2}\,e^{-t}\cos(2t + 45°)$$

El proceso que debe seguirse para evaluar la amplitud de los coeficientes de la respuesta natural es laborioso, excepto en aquellos casos donde los valores iniciales de la respuesta deseada y sus derivadas sean obvios. Sin embargo, no deben perderse de vista la facilidad y rapidez con las que puede obtenerse la *forma* de la respuesta natural.

Ejercicios

12-16. a) Si la fuente de corriente $i_1(t) = u(t)$ está presente en *a-b* de la figura 12-22, con la flecha entrando por *a*, encuentre $\mathbf{H}(\mathbf{s}) = \mathbf{V}_{cd}/\mathbf{I}_1$ y especifique las frecuencias naturales presentes en $v_{cd}(t)$. b) Repita el inciso a) para la fuente de voltaje $v_{ab}(t) = u(t)$ V, $\mathbf{H}(\mathbf{s}) = \mathbf{V}_{cd}/\mathbf{V}_{ab}$ y $v_{cd}(t)$.
Resp: $120\mathbf{s}/(\mathbf{s} + 20\,000)\ \Omega$, $-20\,000$ s^{-1}; $\mathbf{s}/(\mathbf{s} + 50\,000)\ \Omega$, $-50\,000$ s^{-1}

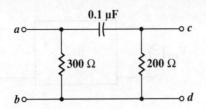

Figura 12-22

Para el ejercicio 12-16.

12-17. Encuentre las frecuencias naturales presentes en la respuesta natural del circuito de la figura 12-23: a) $i_1(t)$, si una fuente $v_s(t)$ se conecta repentinamente en lugar del cortocircuito entre a-b; b) $v_2(t)$, si una fuente $i_s(t)$ se conecta repentinamente entre c y d.   Resp: $-0.375 \pm j0.331 \text{ s}^{-1}$; $-0.375 \pm j0.331 \text{ s}^{-1}$

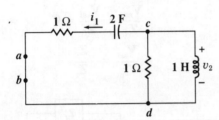

Figura 12-23

Para el ejercicio 12-17.

12-18. En la figura 12-24, la función de transferencia $\mathbf{I}_2/\mathbf{V}_1$ está dada por $8(\mathbf{s} + 5)/(\mathbf{s} + 20)$. a) Si $v_1(t) = 10e^{-8t}$ V, encuentre la respuesta forzada $i_{2f}(t)$. b) Si $v_1(t) = 20$ V, encuentre la respuesta forzada $i_{2f}(t)$. c) Si $v_1(t) = 10e^{-8t}u(t)$ V e $i_2(0^+) = 50$ A, determine la respuesta completa $i_2(t)$.   Resp: $-20e^{-8t}$ A; 40 A; $(70e^{-20t} - 20e^{-8t})u(t)$ A

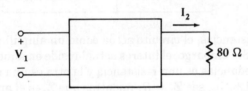

Figura 12-24

Para el ejercicio 12-18.

Gran parte del análisis de este capítulo se ha relacionado con los polos y los ceros de la función de transferencia. Se les localizó en el plano de la frecuencia compleja, se les utilizó para expresar funciones de transferencia como cocientes de factores o polinomios en **s**, se calcularon respuestas forzadas a partir de ellos, y en la sección anterior los polos se usaron para establecer la forma de la respuesta natural.

En esta sección se verá cómo se puede determinar una red que dé una función de transferencia deseada. Se considerará sólo una pequeña parte del problema general, trabajando con una función de transferencia $\mathbf{H}(\mathbf{s}) = \mathbf{V}_{\text{salida}}(\mathbf{s})/\mathbf{V}_{\text{entrada}}(\mathbf{s})$ como se indica en la figura 12-25. Por simplicidad, $\mathbf{H}(\mathbf{s})$ se restringirá a las frecuencias críticas en el eje de σ negativa (incluso el origen). Así, se considerarán funciones de transferencia tales como

$$\mathbf{H}_1(\mathbf{s}) = \frac{10(\mathbf{s} + 2)}{\mathbf{s} + 5} \qquad (27)$$

o

$$\mathbf{H}_2(\mathbf{s}) = \frac{-5\mathbf{s}}{(\mathbf{s} + 8)^2} \qquad (28)$$

o

$$\mathbf{H}_3(\mathbf{s}) = 0.1\mathbf{s}(\mathbf{s} + 2) \qquad (29)$$

12-8

Técnica para sintetizar la razón de voltaje H(s) = V_salida / V_entrada

Figura 12-25

Dado $\mathbf{H(s)} = \mathbf{V}_{salida}/\mathbf{V}_{entrada}$, se busca una red que tenga una $\mathbf{H(s)}$ especificada.

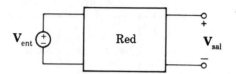

Se comenzará por encontrar la ganancia de voltaje en la red de la figura 12-26, la cual contiene un op-amp ideal. El voltaje entre las dos terminales de entrada del op-amp es esencialmente cero, y la impedancia de entrada es esencialmente infinita. Por lo tanto puede igualarse a cero la suma de las corrientes que entran a la terminal de entrada inversora:

$$\frac{\mathbf{V}_{ent}}{\mathbf{Z}_1} + \frac{\mathbf{V}_{sal}}{\mathbf{Z}_f} = 0$$

o

$$\frac{\mathbf{V}_{sal}}{\mathbf{V}_{ent}} = -\frac{\mathbf{Z}_f}{\mathbf{Z}_1} \tag{30}$$

Figura 12-26

Para un op-amp ideal, $\mathbf{H(s)} = \mathbf{V}_{salida}/\mathbf{V}_{entrada} = -\mathbf{Z}_f/\mathbf{Z}_1$.

Si $\mathbf{Z}_f$ y $\mathbf{Z}_1$ son resistencias, el circuito actúa como un amplificador inversor, o quizás como atenuador. Sin embargo, el interés actual reside en aquellos casos en los cuales una de estas impedancias es una resistencia y la otra es una red RC.

En la figura 12-27a, sea $\mathbf{Z}_1 = R_1$ mientras que $\mathbf{Z}_f$ es el arreglo en paralelo de R_f y C_f. Entonces,

$$\mathbf{Z}_f = \frac{R_f/\mathbf{s}C_f}{R_f + (1/\mathbf{s}C_f)} = \frac{R_f}{1 + \mathbf{s}C_fR_f} = \frac{1/C_f}{\mathbf{s} + (1/R_fC_f)}$$

y

$$\mathbf{H(s)} = \frac{\mathbf{V}_{sal}}{\mathbf{V}_{ent}} = -\frac{\mathbf{Z}_f}{\mathbf{Z}_1} = -\frac{1/R_1C_f}{\mathbf{s} + (1/R_fC_f)} \tag{31}$$

Se tiene una función de transferencia con una sola frecuencia crítica (finita), un polo en $\mathbf{s} = 1/R_fC_f$.

Figura 12-27

a) La función de transferencia $\mathbf{H(s)} = \mathbf{V}_{salida}/\mathbf{V}_{entrada}$ tiene un polo en $\mathbf{s} = -1/R_fC_f$. b) Aquí, hay un cero en $\mathbf{s} = -1/R_1C_1$.

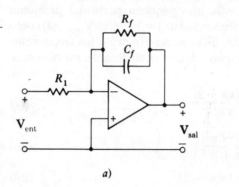

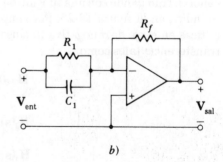

a)

b)

Cambiando a la figura 12-27b, $\mathbf{Z}_f$ es ahora resistiva mientras que $\mathbf{Z}_1$ es un arreglo RC en paralelo:

$$\mathbf{Z}_1 = \frac{1/C_1}{\mathbf{s} + (1/R_1C_1)}$$

y

$$\mathbf{H(s)} = \frac{\mathbf{V}_{sal}}{\mathbf{V}_{ent}} = -\frac{\mathbf{Z}_f}{\mathbf{Z}_1} = -R_fC_1\left(\mathbf{s} + \frac{1}{R_1C_1}\right) \tag{32}$$

La única frecuencia crítica finita es un cero en $\mathbf{s} = -1/R_1C_1$.

Para estos op-amps ideales, la impedancia de salida (o impedancia de Thévenin) vale cero, y por lo tanto $\mathbf{V}_{salida}$ y $\mathbf{V}_{salida}/\mathbf{V}_{entrada}$ no son funciones de ninguna carga $\mathbf{Z}_L$ que pueda conectarse entre las terminales de salida. Esto incluye también la entrada a otro op-amp y, por lo tanto, se pueden conectar circuitos que tengan polos y ceros en puntos específicos en cascada, donde la salida de un op-amp se conecta directamente a la entrada del que sigue, generando así cualquier función de transferencia que se desee.

Se resolverá un ejemplo numérico.

Ejemplo 12-10 Para ilustrar estas ideas, se sintetizará un circuito que producirá la función de trasferencia

$$\mathbf{H(s)} = \frac{\mathbf{V}_{salida}}{\mathbf{V}_{entrada}} = \frac{10(\mathbf{s} + 2)}{\mathbf{s} + 5}$$

Solución: El polo en $\mathbf{s} = -5$ se puede obtener con una red de la forma de la figura 12-27a. Denotando por A a esta red, se tiene $1/R_{fA}C_{fA} = 5$. Si arbitrariamente se elige $R_{fA} = 100$ kΩ; entonces se tiene que $C_{fA} = 2\,\mu$F. Para esta parte del circuito completo,

$$\mathbf{H}_A(\mathbf{s}) = -\frac{1/R_{1A}C_{fA}}{\mathbf{s} + (1/R_{fA}C_{fA})} = -\frac{5 \times 10^5/R_{1A}}{\mathbf{s} + 5}$$

A continuación se toma en cuenta el cero en $\mathbf{s} = -2$. De la figura 12-27b, $1/R_{1B}C_{1B} = 2$ y, con $R_{1B} = 100$ kΩ, se tiene $C_{1B} = 5\,\mu$F. Por tanto,

$$\mathbf{H}_B(\mathbf{s}) = -R_{fB}C_{1B}\left(\mathbf{s} + \frac{1}{R_{1B}C_{1B}}\right)$$

$$= -5 \times 10^{-6}R_{fB}(\mathbf{s} + 2)$$

y

$$\mathbf{H(s)} = \mathbf{H}_A(\mathbf{s})\mathbf{H}_B(\mathbf{s}) = 2.5\,\frac{R_{fB}}{R_{1A}}\,\frac{\mathbf{s} + 2}{\mathbf{s} + 5}$$

El diseño se completa haciendo $R_{fB} = 100$ kΩ y $R_{1A} = 25$ kΩ. El resultado se muestra en la figura 12-28. Los capacitores usados en este circuito son muy

Figura 12-28

Esta red contiene dos op-amps ideales, y produce la función de transferencia de voltaje $\mathbf{H(s)} = \mathbf{V}_{salida}/\mathbf{V}_{entrada} = 10(\mathbf{s} + 2)/(\mathbf{s} + 5)$.

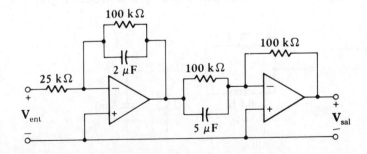

grandes, pero eso es una consecuencia directa de las bajas frecuencias escogidas para el polo y el cero de $H(s)$. Si $H(s)$ se cambiara a $10(s + 2000)/(s + 5000)$, podrían usarse valores de 2 y 5 nF.   •

Ejercicio

12-19. Especifique valores adecuados para los elementos de Z_1 y Z_f en cada una de las tres etapas en cascada para obtener la función de transferencia $H(s) = -20s^2/(s + 1000)$.   *Resp:* $1\,\mu F \parallel \infty$, 100 kΩ; $1\,\mu F \parallel \infty$, 100 kΩ; 100 kΩ $\parallel$ 10 nF, 50 kΩ

Problemas

1 Sea la parte real de la corriente compleja variante con el tiempo $\mathbf{i}(t)$, $i(t)$. Encuentre *a*) $i_x(t)$ si $\mathbf{i}_x(t) = (4 - j7)e^{(-3+j15)t}$; *b*) $i_y(t)$ si $\mathbf{i}_y(t) = (4 + j7)e^{-3t}(\cos 15t - j\,\text{sen}\,15t)$; *c*) $i_A(0.4)$ si $\mathbf{i}_A(t) = \mathbf{K}_A e^{\mathbf{s}_A t}$, donde $\mathbf{K}_A = 5 - j8$ y $\mathbf{s}_A = -1.5 + j12$; *d*) $i_B(0.4)$ si $\mathbf{i}_B(t) = \mathbf{K}_B e^{\mathbf{s}_B t}$, donde $\mathbf{K}_B$ es el conjugado de $\mathbf{K}_A$ y $\mathbf{s}_B$ es el conjugado de $\mathbf{s}_A$.

2 *a*) Encuentre v_x para $t < 0$ para el circuito de la figura 12-29. *b*) Encuentre v_x para $t > 0$. *c*) Enumere todas las frecuencias complejas que se encuentran en v_x para $t > 0$.

Figura 12-29

Para el problema 2.

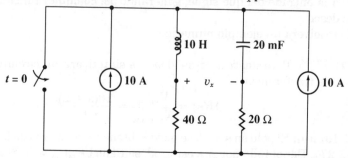

3 Sea $i_s(t) = 2u(t)$ A en el circuito que se muestra en la figura 12-30. *a*) Encuentre $v_x(t)$. *b*) Enumere todas las frecuencias complejas que se encuentran en $v_x(t)$.

Figura 12-30

Para el problema 3.

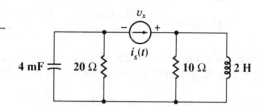

4 Si el voltaje complejo que varía con el tiempo está dado como $\mathbf{v}_s(t) = (20 - j30)e^{(-2+j50)t}$ V, encuentre *a*) $\mathbf{v}_s(0.1)$ en forma polar; *b*) Re $[\mathbf{v}_s(t)]$; *c*) Re $[\mathbf{v}_s(0.1)]$; *d*) $\mathbf{s}$; *e*) $\mathbf{s}^*$.

5 Un resistor de 20 Ω, un inductor de 80 mH y un capacitor de $0.1\,\mu F$ cargado, están en serie con un interruptor abierto. El interruptor se cierra de pronto en $t = 0$. Encuentre las frecuencias complejas que se encuentran presentes en la respuesta de corriente.

6 Según la figura 12-31, encuentre *a*) $Z_{ent}(s)$ como una razón de dos polinomios en s; *b*) $Z_{ent}(-80)$; *c*) $Z_{ent}(j80)$; *d*) la admitancia de la rama del paralelo de RL, $Y_{RL}(s)$, como una razón de polinomios en s. *e*) Repita el inciso anterior para $Y_{RC}(s)$. *f*) Muestre que $Z_{ent}(s) = (Y_{RL} + Y_{RC})/Y_{RL}Y_{RC}$.

Figura 12-31

Para el problema 6.

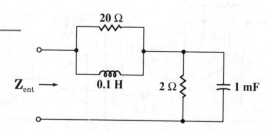

7 *a*) Encuentre $\mathbf{Z}_{ent}(\mathbf{s})$ para la red de la figura 12-32 como una razón de dos polinomios en **s**. *b*) Encuentre $\mathbf{Z}_{ent}(j8)$ en forma rectangular. *c*) Encuentre $\mathbf{Z}_{ent}(-2 + j6)$ en forma polar. *d*) ¿A qué valor debe cambiarse el resistor de 16 Ω para que $\mathbf{Z}_{ent} = 0$ en $\mathbf{s} = -5 + j0$? *e*) ¿A qué valor debe cambiarse el resistor de 16 Ω para que $\mathbf{Z}_{ent} = \infty$ en $\mathbf{s} = -5 + j0$?

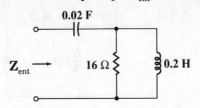

Figura 12-32

Para el problema 7.

8 *a*) Sea $v_x = 10e^{-2t} \cos(10t + 30°)$ V en el circuito de la figura 12-33, y trabaje en el dominio de la frecuencia para encontrar $\mathbf{I}_x$. *b*) Encuentre $i_x(t)$.

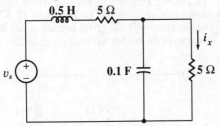

Figura 12-33

Para el problema 8.

9 Sean $i_{s1} = 20e^{-3t} \cos 4t$ A e $i_{s2} = 30e^{-3t} \operatorname{sen} 4t$ A en el circuito de la figura 12-34. *a*) Trabaje en el dominio de la frecuencia para determinar $\mathbf{V}_x$. *b*) Encuentre $v_x(t)$.

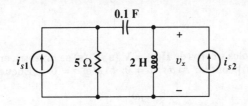

Figura 12-34

Para el problema 9.

10 La combinación en serie de una resistencia de 5 Ω y una capacitancia de 0.2 F está en paralelo con la combinación en serie de una resistencia de 2 Ω y una inductancia de 5 H. *a*) Encuentre la admitancia de entrada, $\mathbf{Y}_1(\mathbf{s})$, de esta combinación en paralelo como una razón de dos polinomios en **s**. *b*) Identifique todos los polos y ceros de $\mathbf{Y}_1(\mathbf{s})$. *c*) Identifique todos los polos de la admitancia de entrada que se obtiene de la combinación en paralelo de una resistencia de 10 Ω con $\mathbf{Y}_1(\mathbf{s})$. *d*) Identifique todos los ceros de la admitancia de entrada que se obtiene de la combinación en serie de una resistencia de 10 Ω con $\mathbf{Y}_1(\mathbf{s})$.

11 Una red está compuesta de un capacitor de $1\,\mu$F en paralelo con la combinación en serie de un inductor de 20 mH y de un resistor de 500 Ω. *a*) Encuentre $\mathbf{Z}_{ent}(\mathbf{s})$ para la red como una razón de dos polinomios en **s**. *b*) Sea $\mathbf{s} = \sigma + j0$ y encuentre el valor negativo de σ, $-20 < \sigma < -10$ kNp/s, en donde $|\mathbf{Z}_{ent}(\sigma)|$ es un mínimo. *c*) De nuevo sea $\mathbf{s} = \sigma + j0$, encuentre el valor negativo de σ, $\sigma < -30$ kNp/s, en donde $|\mathbf{Z}_{ent}(\sigma)|$ es un máximo.

12 Para la red que se muestra en la figura 12-35: *a*) determine $|\mathbf{Z}_{ent}(\sigma)|$ como una razón de polinomios en σ; *b*) determine todos los polos y ceros de $|\mathbf{Z}_{ent}(\sigma)|$; *c*) grafique $|\mathbf{Z}_{ent}(\sigma)|$ contra σ.

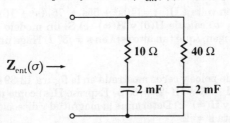

Figura 12-35

Para el problema 12.

13 a) Encuentre $\mathbf{Z}_{ent}(\sigma)$ como una función de σ para la red de la figura 12-36 y exprésela como una constante multiplicada por una razón de polinomios en σ. b) Encuentre todos los ceros y los polos de $\mathbf{Z}_{ent}(\sigma)$. c) Bosqueje $|\mathbf{Z}_{ent}(\sigma)|$ contra σ. d) Grafique áng $\mathbf{Z}_{ent}(\sigma)$ contra σ.

Figura 12-36

Para el problema 13.

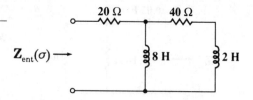

14 Una admitancia $\mathbf{Y}(\mathbf{s})$ tiene ceros en $\mathbf{s} = 0$ y $\mathbf{s} = -10$ y polos en $\mathbf{s} = -5$ y -20 s^{-1}. Si $\mathbf{Y}(\mathbf{s}) \rightarrow$ 12 S como $\mathbf{s} \rightarrow \infty$, encuentre a) $\mathbf{Y}(j10)$; b) $\mathbf{Y}(-j10)$; c) $\mathbf{Y}(-15)$; d) los polos y ceros de $5 + \mathbf{Y}(\mathbf{s})$.
15 a) Encuentre $\mathbf{Z}_{ent}(\mathbf{s})$ para la red que se muestra en la figura 12-37. b) Encuentre todas las frecuencias críticas de $\mathbf{Z}_{ent}(\mathbf{s})$. c) Bosqueje $|\mathbf{Z}_{ent}(\sigma)|$ contra σ. d) Repita los incisos a a c si se conecta un resistor de $2\ \Omega$ a través de las terminales de entrada.

Figura 12-37

Para el problema 15.

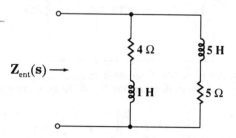

16 La configuración de polos y ceros de $\mathbf{H}(\mathbf{s}) = \mathbf{V}_2(\mathbf{s})/\mathbf{V}_1(\mathbf{s})$ se muestra en la figura 12-38. Sea $\mathbf{H}(0) = 1$. Bosqueje $|\mathbf{H}(\mathbf{s})|$ contra: a) σ si $\omega = 0$; b) ω si $\sigma = 0$. c) Encuentre $|\mathbf{H}(j\omega)|_{máx}$.

Figura 12-38

Para el problema 16.

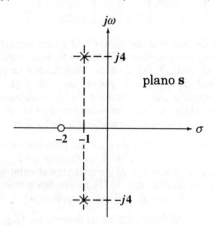

17 Dada la ganancia en voltaje $\mathbf{H}(\mathbf{s}) = (10\mathbf{s}^2 + 55\mathbf{s} + 75)/(\mathbf{s}^2 + 16)$: a) indique las frecuencias críticas en el plano $\mathbf{s}$; b) calcule $\mathbf{H}(0)$ y $\mathbf{H}(\infty)$. c) Si un modelo a escala de $\mathbf{H}(\mathbf{s})$ tiene una altura de 3 cm en el origen, ¿qué tan alto está en $\mathbf{s} = j3$? d) Haga un bosquejo de $|\mathbf{H}(\sigma)|$ contra σ y $|\mathbf{H}(j\omega)|$ contra ω.'

18 La configuración de polos y ceros mostrada en la figura 12-39 se aplica a una ganancia de corriente $\mathbf{H}(\mathbf{s}) = \mathbf{I}_{sal}/\mathbf{I}_{ent}$. Sea $\mathbf{H}(-2) = 6$. a) Exprese $\mathbf{H}(\mathbf{s})$ como una razón de polinomios en $\mathbf{s}$. b) Encuentre $\mathbf{H}(0)$ y $\mathbf{H}(\infty)$. c) Determine la magnitud y dirección de cada flecha desde una frecuencia crítica hasta $\mathbf{s} = j2$.

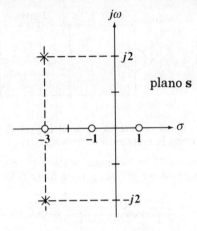

Figura 12-39

Para el problema 18.

19 Encuentre $\mathbf{H}(\mathbf{s}) = \mathbf{V}_{sal}/\mathbf{V}_{ent}$ para la red de la figura 12-40 y localice todas sus frecuencias críticas.

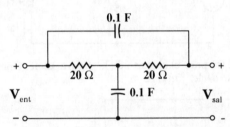

Figura 12-40

Para el problema 19.

20 Sea $\mathbf{H}(\mathbf{s}) = 100(\mathbf{s} + 2)/(\mathbf{s}^2 + 2\mathbf{s} + 5)$, a) muestre una gráfica de polos y ceros para $\mathbf{H}(\mathbf{s})$; b) encuentre $\mathbf{H}(j\omega)$; c) encuentre $|\mathbf{H}(j\omega)|$; d) bosqueje $|\mathbf{H}(j\omega)|$ contra ω; e) encuentre $\omega_{máx}$, la frecuencia en donde $|\mathbf{H}(j\omega)|$ es un máximo.

21 La red de tres elementos que se muestra en la figura 12-41 tiene una impedancia de entrada $\mathbf{Z}_A(\mathbf{s})$ que tiene un cero en $\mathbf{s} = -10 + j0$. Si se coloca un resistor de 20 Ω en serie con la red, el cero de la nueva impedancia cambia a $\mathbf{s} = -3.6 + j0$. Encuentre R y C.

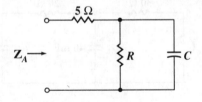

Figura 12-41

Para el problema 21.

22 Sea $\mathbf{Z}_{ent}(\mathbf{s}) = (5\mathbf{s} + 20)/(\mathbf{s} + 2)$ Ω para la red mostrada en la figura 12-42. Encuentre a) el voltaje $v_{ab}(t)$ entre las terminales en circuito abierto si $v_{ab}(0) = 25$ V; b) la corriente $i_{ab}(t)$ en un cortocircuito entre las terminales a y b si $i_{ab}(0) = 3$ A.

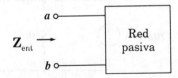

Figura 12-42

Para los problemas 22 y 23.

23 Sea $\mathbf{Z}_{ent}(\mathbf{s}) = 5(\mathbf{s}^2 + 4\mathbf{s} + 20)/(\mathbf{s} + 1)$ Ω para la red pasiva de la figura 12-42. Encuentre $i_a(t)$, la corriente instantánea que entra a la terminal a, dado $v_{ab}(t)$ igual a a) $160e^{-6t}$ V; b) $160e^{-6t}u(t)$ V, con $i_a(0) = 0$ y $di_a/dt = 32$ A/s en $t = 0$.

24 a) Determine $\mathbf{H}(\mathbf{s}) = \mathbf{I}_C/\mathbf{I}_s$ para el circuito mostrado en la figura 12-43. b) Encuentre los polos de $\mathbf{H}(\mathbf{s})$. c) Encuentre α, ω_0 y ω_d para el circuito RLC. d) Determine la respuesta

Figura 12-43

Para el problema 24.

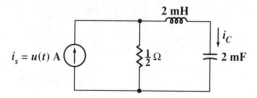

forzada $i_{Cf}(t)$. *e*) Dé la forma de la respuesta natural $i_{C_n}(t)$. *f*) Determine valores para $i_C(0^+)$ y di_C/dt en $t = 0^+$. *g*) Escriba la respuesta completa, $i_C(t)$.

25 Para el circuito de la figura 12-44: *a*) encuentre los polos de $\mathbf{H(s)} = \mathbf{I}_{ent}/\mathbf{V}_{ent}$. *b*) Sea $i_1(0^+) = 5$ A e $i_2(0^+) = 2$ A, y encuentre $i_{ent}(t)$ si $v_{ent}(t) = 500u(t)$ V.

Figura 12-44

Para el problema 25.

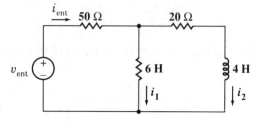

26 *a*) Encuentre $\mathbf{H(s)} = \mathbf{V(s)}/\mathbf{I}_s(\mathbf{s})$ para el circuito de la figura 12-45. Encuentre $v(t)$ si $i_s(t)$ es igual a *b*) $2u(t)$ A; *c*) $4e^{-10t}$ A; *d*) $4e^{-10t}u(t)$ A.

Figura 12-45

Para el problema 26.

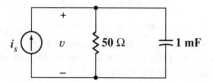

27 Para el circuito que se muestra en la figura 12-46: *a*) encuentre $\mathbf{H(s)} = \mathbf{V}_{C2}/\mathbf{V}_s$; *b*) sea $v_{C1}(0^+) = 0$ y $v_{C2}(0^+) = 0$, encuentre $v_{C2}(t)$ si $v_s(t) = u(t)$ V.

Figura 12-46

Para el problema 27.

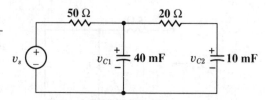

28 Según la figura 12-47, encuentre la impedancia $\mathbf{Z}_{ent}(\mathbf{s})$ vista por la fuente. Utilice esta expresión para ayudar a determinar $v_{ent}(t)$ para $t > 0$.

Figura 12-47

Para el problema 28.

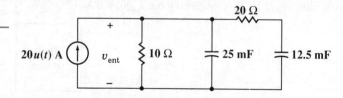

29 Para el circuito mostrado en la fig. 12-48, determine *a*) la función de transferencia $\mathbf{V}_2/\mathbf{I}_{s1}$ si $\mathbf{I}_{s1}$ está en paralelo con el inductor con su flecha dirigida hacia arriba: *b*) la función de transferencia $\mathbf{V}_2/\mathbf{I}_{s2}$ si $\mathbf{I}_{s2}$ con su flecha dirigida hacia arriba está en paralelo con el capacitor; *c*) la función de transferencia $\mathbf{V}_2/\mathbf{V}_{s1}$ si $\mathbf{V}_{s1}$ con su referencia positiva en la parte superior, está en serie con el inductor. *d*) Especifique la forma de la respuesta natural $v_{2n}(t)$.

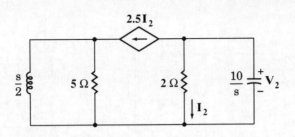

Figura 12-48

Para el problema 29.

30 En el circuito de op-amp de la figura 12-27a, sea $R_f = 20$ kΩ; especifique valores para R_1 y C_f de tal manera que $\mathbf{H}(\mathbf{s}) = \mathbf{V}_{\text{sal}}/\mathbf{V}_{\text{ent}}$ es igual a a) -50; b) $-10^3/(\mathbf{s} + 10^4)$; c) $-10^4/(\mathbf{s} + 10^3)$; d) $100/(\mathbf{s} + 10^5)$, utilizando dos etapas.

31 En el circuito de la figura 12-27b, sea $R_f = 20$ kΩ; especifique valores para R_1 y C_1 de tal manera que $\mathbf{H}(\mathbf{s}) = \mathbf{V}_{\text{out}}/\mathbf{V}_{\text{ent}}$ es igual a a) -50; b) $-10^{-3}(\mathbf{s} + 10^4)$; c) $-10^{-4}(\mathbf{s} + 10^3)$; d) $10^{-3}(\mathbf{s} + 10^5)$, utilizando dos etapas.

32 Encuentre $\mathbf{H}(\mathbf{s}) = \mathbf{V}_{\text{sal}}/\mathbf{V}_{\text{ent}}$ como una razón de polinomios en $\mathbf{s}$ para el circuito de op-amp de la figura 12-26, dados los valores de impedancias (en Ω): a) $\mathbf{Z}_1(\mathbf{s}) = 10^3 + (10^8\mathbf{s})$, $\mathbf{Z}_f(\mathbf{s}) = 5000$; b) $\mathbf{Z}_1(\mathbf{s}) = 5000$, $\mathbf{Z}_f(\mathbf{s}) = 10^3 + (10^8/\mathbf{s})$; c) $\mathbf{Z}_1(\mathbf{s}) = 10^3 + (10^8/\mathbf{s})$; $\mathbf{Z}_f(\mathbf{s}) = 10^4 + (10^8/\mathbf{s})$.

33 Utilice varios op-amps en cascada para realizar la función de transferencia $\mathbf{H}(\mathbf{s}) = \mathbf{V}_{\text{sal}}/\mathbf{V}_{\text{ent}} = -10^{-4}\mathbf{s}(\mathbf{s} + 10^2)/(\mathbf{s} + 10^3)$. Utilice sólo resistores de 10 kΩ, circuitos abiertos o cortocircuitos, pero especifique todos los valores de capacitancia.

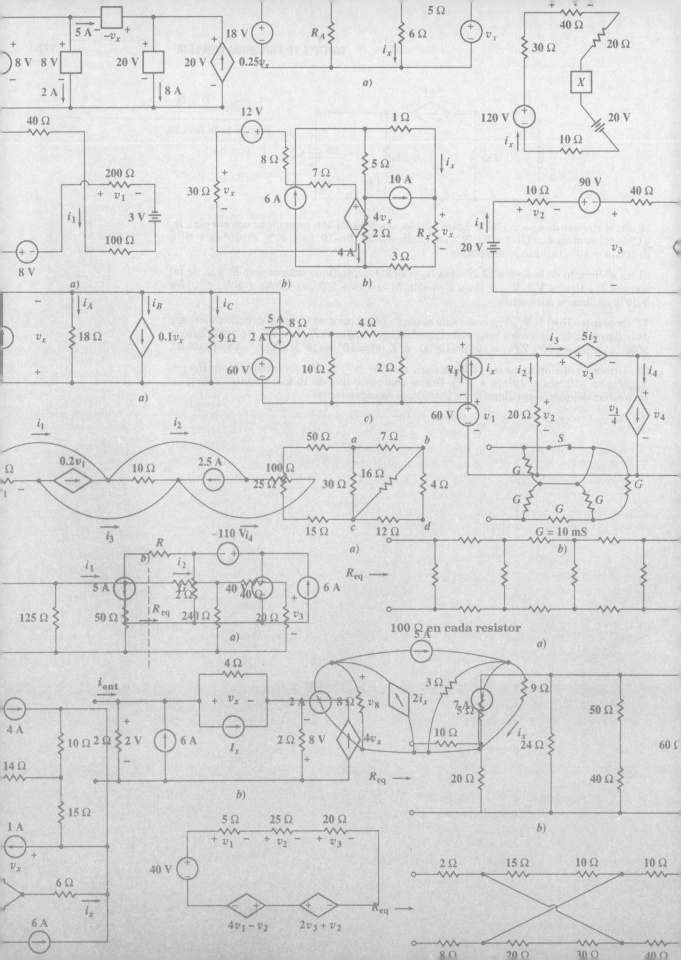

Respuesta en frecuencia

13-1

Introducción

La respuesta en frecuencia es un tema que ha surgido ya varias veces. En el capítulo 9 se dijo algo acerca de las gráficas de admitancia, impedancia, corriente y voltaje, en función de ω, y los conceptos de polos y ceros se presentaron como una ayuda para construir e interpretar curvas de respuesta. La respuesta en función de la frecuencia neperiana σ se vio en el capítulo anterior desde el mismo punto de vista. En ese entonces, también se amplió el concepto de frecuencia y se introdujo la frecuencia compleja **s** y el plano **s**. Se vio que una gráfica de las frecuencias críticas de una respuesta en el plano de la frecuencia compleja permitía unir la respuesta forzada y la respuesta natural; las frecuencias críticas mismas se presentaron casi directamente con la forma de la respuesta natural, y la visualización de un modelo tridimensional de membrana de hule, o del comportamiento de vectores dibujados desde cada frecuencia crítica hasta alguna frecuencia de prueba, daban información valiosa acerca de la variación de la respuesta forzada con respecto a la frecuencia.

En este capítulo, la atención se centrará de nuevo en la respuesta forzada, en particular se estudiará su variación con respecto a la frecuencia angular ω.

¿Por qué tanto interés en la respuesta debida a funciones de excitaciones senoidales, si rara vez se les encontrará en esa forma en la práctica? La industria de energía eléctrica es una excepción, ya que en ella las ondas senoidales aparecen en todas partes, aunque a veces es necesario considerar otras frecuencias debido a la no linealidad de algunos dispositivos. Pero en la mayor parte de los sistemas eléctricos restantes, las excitaciones y respuestas son no senoidales. En cualquier sistema en el que se transmita *información*, la senoidal en sí casi no tiene valor; no contiene información ya que sus valores futuros son exactamente predecibles a partir de sus valores pasados. Es más, una vez que se ha completado un periodo de cualquier función periódica no senoidal, tampoco ésta contiene información adicional.

Sin embargo, el análisis senoidal da la respuesta de una red en función de ω, y en el trabajo posterior de los capítulos 18 y 19 se desarrollarán métodos para determinar la respuesta de una red debida a señales aperiódicas (las cuales pueden tener un alto contenido de información) a partir de la respuesta en frecuencia senoidal conocida.

De todas maneras, la respuesta en frecuencia de una red proporciona información útil. Supóngase que se sabe que cierta función de excitación contiene componentes senoidales cuyas frecuencias están en el intervalo de 10 a 100 Hz. Ahora puede suponerse que esta excitación se aplica a una red con la propiedad de que todos los voltajes senoidales con frecuencias entre cero y 200 Hz, aplicados en las terminales de entrada, aparecen en las terminales de salida con sus amplitudes duplicadas pero sin cambio en sus ángulos de fase. Por lo tanto, la función de salida es un facsímil no distorsionado de la función de entrada, pero con una amplitud duplicada. Sin embargo, si la red tiene una respuesta en frecuencia tal que las magnitudes de las senoidales de entrada entre 10 y 50 Hz se multiplican por un factor diferente al que multiplica a las senoidales que están entre 50 y 100 Hz, entonces la salida estará, en general, distorsionada; ya no se trata de una versión amplificada de la entrada. Esta salida distorsionada puede ser deseable en algunos casos, e indeseable en otros. Es decir, la respuesta de frecuencia de la red puede ser elegida deliberadamente para rechazar algunas frecuencias que forman la excitación, o bien para hacer resaltar otras.

El comportamiento de este tipo es característico de circuitos sintonizados o circuitos resonantes, como se verá en este capítulo. Al estudiar la resonancia, podrán aplicarse todos los métodos expuestos al presentar la respuesta en frecuencia.

13-2

Resonancia en paralelo

En esta sección se iniciará el estudio de un fenómeno muy importante que puede presentarse en circuitos que contengan tanto inductores como capacitores. El fenómeno se llama *resonancia*, y puede definirse coloquialmente hablando como la condición que existe en todo sistema físico cuando una excitación senoidal de amplitud constante produce una respuesta de amplitud máxima. Sin embargo, a menudo se habla de resonancia aun cuando la función de excitación no sea senoidal. El sistema resonante puede ser eléctrico, mecánico, hidráulico, acústico, o de cualquier otro tipo, pero aquí se restringirá casi toda la atención a sistemas eléctricos. A continuación se definirá la resonancia con más precisión.

La resonancia es un fenómeno familiar. Al saltar hacia arriba y hacia abajo sobre la defensa de un automóvil, por ejemplo, puede lograrse que el vehículo adquiera un movimiento oscilatorio grande si el brincoteo se efectúa *a la frecuencia adecuada* (más o menos un salto por segundo), y si los amortiguadores están un poco viejos. Sin embargo, si la frecuencia de los saltos aumenta o disminuye, la respuesta de vibración del automóvil será considerablemente menor que antes. Otro ejemplo lo proporciona el caso de una cantante de ópera, quien puede ser capaz de romper una copa de vidrio por medio de una nota emitida *a la frecuencia adecuada*. En cada uno de esos ejemplos, se piensa en una frecuencia que se ajusta hasta que se obtiene la resonancia; también se pueden ajustar el tamaño, la forma y el material del objeto mecánico sujeto a vibración, aunque estas opciones no sean tan fáciles de llevar a cabo físicamente.

La condición de resonancia puede o no ser deseable, dependiendo del propósito de servicio del sistema físico. En el ejemplo del automóvil, una gran amplitud de vibración puede ser que ayude a separar dos defensas trabadas, pero sería bastante desagradable a 65 mi/h (105 km/h).

Ahora se definirá la resonancia con más cuidado. En una red eléctrica de dos terminales que contenga por lo menos un inductor y un capacitor, la *resonancia* se define como la condición que existe cuando la impedancia de entrada de la red es puramente resistiva. Así,

> una red está *en resonancia* (o es *resonante*) cuando el voltaje y la corriente de las terminales de entrada de la red se encuentran en fase.

También se verá que en la red se produce una respuesta de amplitud máxima cuando se encuentra en la condición resonante, o *casi en la condición resonante*.

La definición de resonancia se aplicará inicialmente a la red *RLC* en paralelo mostrada en la figura 13-1. En muchas situaciones prácticas, este circuito es una

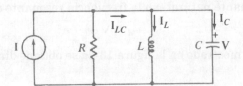

Figura 13-1

Arreglo en paralelo de un resistor, un inductor y un capacitor, frecuentemente llamado *circuito resonante en paralelo*.

muy buena aproximación del circuito que podría fabricarse en el laboratorio conectando un inductor físico en paralelo con un capacitor físico, donde este arreglo está excitado por una fuente de energía con una impedancia de salida muy alta. La admitancia presentada a la fuente ideal de corriente es

$$\mathbf{Y} = \frac{1}{R} + j\left(\omega C - \frac{1}{\omega L}\right) \tag{1}$$

por lo que la resonancia ocurre cuando

$$\omega C - \frac{1}{\omega L} = 0$$

La condición de resonancia puede obtenerse ajustando ω, L o C; se dedicará la atención al caso en el que la variable[1] es ω. Por tanto, la frecuencia resonante ω_0 es

$$\omega_0 = \frac{1}{\sqrt{LC}} \quad \text{rad/s} \tag{2}$$

o

$$f_0 = \frac{1}{2\pi\sqrt{LC}} \quad \text{Hz} \tag{3}$$

Esta frecuencia resonante ω_0 es idéntica a la frecuencia resonante definida por la ecuación (10) del capítulo 6.

También puede usarse la configuración de polos y ceros de la función de admitancia, con una ventaja considerable. Dada $\mathbf{Y}(\mathbf{s})$,

$$\mathbf{Y}(\mathbf{s}) = \frac{1}{R} + \frac{1}{sL} + sC$$

o

$$\mathbf{Y}(\mathbf{s}) = C\frac{\mathbf{s}^2 + \mathbf{s}/RC + 1/LC}{\mathbf{s}} \tag{4}$$

se pueden mostrar los ceros de $\mathbf{Y}(\mathbf{s})$ factorizando el numerador:

$$\mathbf{Y}(\mathbf{s}) = C\frac{(\mathbf{s} + \alpha - j\omega_d)(\mathbf{s} + \alpha + j\omega_d)}{\mathbf{s}}$$

donde α y ω_d representan las mismas cantidades que cuando se analizó la respuesta natural del circuito RLC en paralelo en la sección 6-2. Es decir, α es el coeficiente de amortiguamiento exponencial,

$$\alpha = \frac{1}{2RC}$$

[1] Las técnicas que permiten variar sistemáticamente la frecuencia aplicada son parte del programa SPICE y se describen en la sección A5-9 del apéndice 5.

y ω_d es la frecuencia resonante natural (*no* la frecuencia resonante ω_0),

$$\omega_d = \sqrt{\omega_0^2 - \alpha^2}$$

El patrón de polos y ceros mostrado en la figura 13-2*a* se obtiene directamente de la forma factorizada.

Figura 13-2

a) El patrón de polos y ceros de la admitancia de entrada de un circuito resonante en paralelo se muestra en el plano **s**; $\omega_0^2 = \alpha^2 + \omega_d^2$. *b*) Patrón de polos y ceros de la impedancia de entrada.

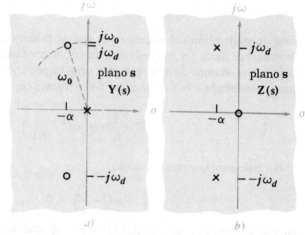

En vista de la relación que existe entre α, ω_d y ω_0, es evidente que la distancia que hay desde el origen del plano **s** hasta uno de los ceros de la admitancia es numéricamente igual a ω_0. Por tanto, dada la configuración de polos y ceros, la frecuencia resonante puede obtenerse a través de métodos puramente gráficos. Sólo se traza un arco, usando el origen del plano **s** como centro, a través de uno de los ceros. La intersección de este arco con la parte positiva del eje $j\omega$ localiza al punto **s** $= j\omega_0$. Es obvio que ω_0 es ligeramente mayor que la frecuencia resonante natural ω_d, pero su cociente tiende a uno conforme la razón de ω_d a α aumente.

Ahora se examinará la magnitud de la respuesta, el voltaje $\mathbf{V}(\mathbf{s})$ indicado en la figura 13-1, al variar la frecuencia de la función de excitación. Si se supone una fuente de corriente senoidal de amplitud constante, la respuesta de voltaje es proporcional a la impedancia de entrada. Esta respuesta puede entonces obtenerse de la gráfica de polos y ceros de la impedancia $\mathbf{Z}(\mathbf{s})$, mostrada en la figura 13-2*b*. La respuesta comienza en cero, alcanza un valor máximo cercano a la frecuencia resonante natural, y luego cae de nuevo a cero conforme ω tiende a infinito. La respuesta en frecuencia se muestra en la figura 13-3. El valor máximo de la respuesta se indica

Figura 13-3

La magnitud de la respuesta de voltaje de un circuito resonante en paralelo se muestra como una función de la frecuencia.

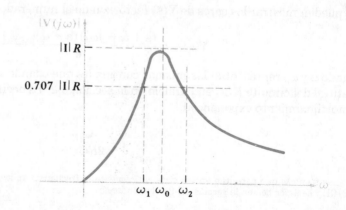

como R veces la amplitud de la fuente de corriente, lo que implica que la magnitud máxima de la impedancia del circuito vale R; es más, se observa que el máximo de la respuesta ocurre *exactamente* a la frecuencia de resonancia ω_0. También se muestran las dos frecuencias ω_1 y ω_2, que se usarán más adelante como una medida de la anchura de la curva de respuesta. Ahora se mostrará que la magnitud máxima de la impedancia es R, y que este máximo ocurre en resonancia.

La admitancia, definida por la ecuación (1), tiene una conductancia constante y una susceptancia que tiene una magnitud mínima (cero) en resonancia. Por tanto, la magnitud mínima de la admitancia ocurre en resonancia, y su valor es de $1/R$. Así, el valor máximo de la impedancia es R, y ocurre en resonancia.

Entonces, para la frecuencia resonante, el voltaje entre las terminales del circuito resonante en paralelo de la figura 13-1, es simplemente $\mathbf{I}R$, y toda corriente de la fuente $\mathbf{I}$ circula a través del resistor. Sin embargo, también hay corriente en L y C. Para la primera, $\mathbf{I}_{L,0} = \mathbf{I}R/j\omega_0 L$, mientras que la corriente del capacitor en resonancia es $\mathbf{I}_{C,0} = j\omega_0 CR\mathbf{I}$. Como en resonancia $1/\omega_0 C = \omega_0 L$, se encuentra que

$$\mathbf{I}_{C,0} = -\mathbf{I}_{L,0} = j\omega_0 CR\mathbf{I} \tag{5}$$
y
$$\mathbf{I}_{C,0} + \mathbf{I}_{L,0} = \mathbf{I}_{LC} = 0$$

El valor máximo de la magnitud de la respuesta y la frecuencia a la que ocurre no siempre se encuentran fácil. En circuitos resonantes menos comunes, puede ser necesario expresar la magnitud de la respuesta en forma analítica, generalmente como la raíz cuadrada de la suma del cuadrado de la parte real y el cuadrado de la parte imaginaria; luego hay que derivar esa expresión con respecto a la frecuencia, igualar la derivada a cero, despejar la frecuencia de respuesta máxima, y finalmente sustituir esta frecuencia en la expresión de la magnitud para obtener el valor de la respuesta de amplitud máxima. Este procedimiento puede aplicarse para el ejemplo anterior sólo como un ejercicio de comprobación, ya que, de hecho, no es necesario.

Cabe destacar que, aunque para una excitación de amplitud constante la altura de la curva de la respuesta de la figura 13-3 depende únicamente del valor de R, el ancho de la curva o la inclinación de sus lados también depende de los otros dos elementos. En breve se relacionará "el ancho de la curva de respuesta" con una cantidad definida más cuidadosamente, el ancho de banda, pero será útil expresar esta relación en términos de un parámetro muy importante, el *factor de calidad Q*.[2]

Se verá que la esbeltez de la curva de la respuesta de cualquier circuito resonante está determinada por la máxima cantidad de energía que puede almacenarse en el circuito, comparada con la energía que se pierde durante un periodo completo de la respuesta. Q se define como

$$Q = \text{factor de calidad} = 2\pi \frac{\text{máxima energía almacenada}}{\text{energía total perdida por periodo}} \tag{6}$$

En la definición se ha incluido la constante de proporcionalidad 2π para poder simplificar expresiones de Q que son más útiles, y que se obtendrán a continuación. Como la energía puede almacenarse solamente en el inductor y en el capacitor, y puede disiparse sólo en el resistor, Q puede expresarse en términos de la energía

[2] Esta Q no debe confundirse con la Q usada para carga, o la Q usada para la potencia reactiva.

instantánea asociada con cada uno de los elementos reactivos, y con la potencia promedio disipada por el resistor:

$$Q = 2\pi \frac{[w_L(t) + w_C(t)]_{\text{máx}}}{P_R T}$$

donde T es el periodo de la frecuencia senoidal a la cual se evalúa Q.

A continuación se aplicará esta definición al circuito RLC en paralelo de la figura 13-1, y se calculará el valor de Q para la frecuencia resonante. Este valor de Q se denotará por Q_0. Se elige la función de excitación de la corriente

$$i(t) = I_m \cos \omega_0 t$$

y se obtiene la respuesta de voltaje en resonancia correspondiente,

$$v(t) = Ri(t) = RI_m \cos \omega_0 t$$

La energía almacenada en el capacitor es

$$w_C(t) = \frac{1}{2} C v^2 = \frac{I_m^2 R^2 C}{2} \cos^2 \omega_0 t$$

La energía instantánea almacenada en el inductor se convierte en

$$w_L(t) = \frac{1}{2} L i_L^2 = \frac{1}{2} L \left(\frac{1}{L} \int_0^t v \, dt \right)^2$$

Por lo cual

$$w_L(t) = \frac{I_m^2 R^2 C}{2} \operatorname{sen}^2 \omega_0 t$$

Entonces la energía total *instantánea* almacenada es constante:

$$w(t) - w_L(t) + w_C(t) = \frac{I_m^2 R^2 C}{2}$$

y este valor constante es también el valor máximo. Con el objeto de encontrar la energía disipada por el resistor en un periodo se toma la potencia promedio absorbida por el resistor,

$$P_R = \tfrac{1}{2} I_m^2 R$$

y se multiplica por un periodo, para obtener

$$P_R T = \frac{1}{2f_0} I_m^2 R$$

Entonces se encuentra el factor de calidad en resonancia:

$$Q_0 = 2\pi \frac{I_m^2 R^2 C / 2}{I_m^2 R / 2f_0}$$

o

$$Q_0 = 2\pi f_0 RC = \omega_0 RC \tag{7}$$

Esta ecuación [lo mismo que las expresiones en la ecuación (8)] es válida sólo para el circuito RLC en paralelo de la figura 13-1. Por simple sustitución se pueden obtener expresiones equivalentes para Q_0 que con frecuencia son muy útiles:

$$Q_0 = R\sqrt{\frac{C}{L}} = \frac{R}{X_{C,0}} = \frac{R}{X_{L,0}} \tag{8}$$

Es fácil ver que Q_0 es una constante adimensional que es una función de los tres elementos en el circuito resonante en paralelo. Sin embargo, el concepto de Q no está limitado a circuitos eléctricos, o a sistemas eléctricos; sirve para describir cualquier fenómeno de resonancia. Por ejemplo, considérese una pelota de golf que rebota. Si la pelota tiene un peso W, y se suelta desde una altura h_1 sobre una superficie horizontal muy dura (sin pérdidas), entonces la pelota rebotará hasta una altura menor h_2. La energía almacenada inicialmente es Wh_1, y la energía perdida en un periodo es $W(h_1 - h_2)$. Por lo tanto, la Q_0 es

$$Q_0 = 2\pi \frac{h_1 W}{(h_1 - h_2)W} = \frac{2\pi h_1}{h_1 - h_2}$$

Una pelota de golf perfecta rebotaría hasta la altura inicial y su Q_0 tendría un valor infinito; un valor más común es 35. Debe observarse que en este ejemplo mecánico, Q se calculó a partir de la respuesta natural y no a partir de la respuesta forzada. La Q de un circuito eléctrico también puede calcularse si se conoce la respuesta natural; más adelante las ecuaciones (10) y (11) ilustran esto.

Otra interpretación útil de Q se obtiene cuando se inspeccionan las corrientes del inductor y del capacitor en resonancia, dadas por (5),

$$\mathbf{I}_{C,0} = -\mathbf{I}_{L,0} = j\omega_0 CR\mathbf{I} \tag{9}$$

Obsérvese que cada una es igual a Q_0 multiplicada por la amplitud de la corriente de la fuente, y que están 180° fuera de fase. Entonces, si se aplican 2 mA a la frecuencia resonante a un circuito resonante en paralelo con una Q_0 igual a 50, se encuentran 2 mA en el resistor y 100 mA tanto en el inductor como en el capacitor. Un circuito resonante en paralelo puede entonces actuar como un amplificador de corriente, pero obviamente no como un amplificador de potencia, ya que es una red pasiva.

Ahora se relacionarán los diversos parámetros que se han asociado con un circuito resonante en paralelo. Los tres parámetros α, ω_d y ω_0 se introdujeron mucho antes, en conexión con la respuesta natural. La resonancia, por definición, está asociada fundamentalmente con la respuesta forzada ya que está definida en términos de una impedancia de entrada puramente resistiva, un concepto del estado senoidal permanente. Quizás los dos parámetros más importantes de un circuito resonante son la frecuencia de resonancia ω_0, y el factor de calidad Q_0. Tanto el coeficiente de amortiguamiento exponencial como la frecuencia resonante natural pueden expresarse en términos de ω_0 y Q_0:

$$\alpha = \frac{1}{2RC} = \frac{1}{2(Q_0/\omega_0 C)C}$$

o

$$\alpha = \frac{\omega_0}{2Q_0} \tag{10}$$

y

$$\omega_d = \sqrt{\omega_0^2 - \alpha^2}$$

o

$$\omega_d = \omega_0 \sqrt{1 - \left(\frac{1}{2Q_0}\right)^2} \tag{11}$$

Para referencias posteriores puede ser de utilidad deducir una relación adicional que involucre a ω_0 y Q_0. El factor cuadrático que aparece en el numerador de (4),

$$\mathbf{s}^2 + \frac{1}{RC}\mathbf{s} + \frac{1}{LC}$$

puede escribirse en términos de α y ω_0:

$$\mathbf{s}^2 + 2\alpha\mathbf{s} + \omega_0^2$$

En los campos de la teoría de sistemas o la teoría del control automático es costumbre escribir este factor en una forma ligeramente diferente usando el parámetro adimensional ζ (zeta), llamado el *factor de amortiguamiento*:

$$\mathbf{s}^2 + 2\zeta\omega_0\mathbf{s} + \omega_0^2$$

La comparación de estas expresiones permite relacionar ζ con los otros parámetros:

$$\zeta = \frac{\alpha}{\omega_0} = \frac{1}{2Q_0} \tag{12}$$

Se evaluarán algunos de estos parámetros para un circuito resonante en paralelo sencillo.

Ejemplo 13-1 Calcule los valores numéricos de ω_0, α, ω_d y R para el circuito resonante en paralelo que tiene $L = 2.5$ mH, $Q_0 = 5$ y $C = 0.01\ \mu$F.

Solución: A partir de la ecuación (2), se ve que $\omega_0 = 1/\sqrt{LC} = 200$ krad/s, mientras que $f_0 = \omega_0/2\pi = 31.8$ kHz.

El valor de α se puede obtener mediante la ecuación (10), $\alpha = \omega_0/2Q_0 = 2 \times 10^5/(2 \times 5) = 2 \times 10^4$ Np/s. Ahora se puede hacer uso del viejo amigo del capítulo 6, $\omega_d = \sqrt{\omega_0^2 - \alpha^2}$, en donde $\omega_d = \sqrt{(2 \times 10^5)^2 - (2 \times 10^4)^2} = 199.00$ krad/s. Por último, se necesita un valor para la resistencia en paralelo, y la ecuación (7) proporciona la respuesta: $Q_0 = \omega_0 RC$, $R = Q_0/\omega_0 C = 5/(2 \times 10^5 \times 10^{-8}) = 2.5$ kΩ.

Se dará una interpretación de Q_0 en términos de las localizaciones de los polos y ceros de la admitancia $\mathbf{Y}(\mathbf{s})$ del circuito RLC en paralelo. ω_0 se mantendrá constante; esto se puede lograr, por ejemplo, variando R mientras L y C permanecen constantes. Conforme Q_0 aumenta, la relación que hay entre α, Q_0 y ω_0 indica que los dos ceros deben acercarse al eje $j\omega$. Estas relaciones también muestran que los ceros se deben alejar al mismo tiempo del eje σ. La naturaleza exacta de estos movimientos se hará más clara si se recuerda que el punto en el que $\mathbf{s} = j\omega_0$ podría localizarse en el eje $j\omega$ describiendo un arco centrado en el origen, que pasa por uno de los ceros hasta el eje $j\omega$ positivo; como ω_0 va a mantenerse constante, el radio debe ser constante, y por tanto los ceros deben moverse a lo largo de este arco hacia el eje $j\omega$ positivo conforme Q_0 aumenta.

Los dos ceros se indican en la figura 13-4, y las flechas muestran la trayectoria que siguen conforme R aumenta. Cuando R es infinita, Q_0 también es infinita y los dos ceros se encuentran en $\mathbf{s} = \pm j\omega_0$ sobre el eje $j\omega$. Conforme R disminuye, los ceros se desplazan hacia el eje a lo largo de la trayectoria circular, uniéndose hasta formar un doble cero en el eje σ en $\mathbf{s} = -\omega_0$ cuando $R = \frac{1}{2}\sqrt{L/C}$ o bien $Q_0 = \frac{1}{2}$. Esta situación es la misma que la del amortiguamiento crítico, de manera que $\omega_d = 0$ y $\alpha = \omega_0$. Valores menores de R y de Q_0 hacen que los ceros se separen y se muevan en direcciones opuestas sobre el eje σ negativo, pero estos valores tan bajos de Q_0 en realidad no son comunes en los circuitos resonantes, y no es necesario decir más.

Más adelante, se usará el criterio $Q_0 \geq 5$ para describir circuitos con un alto valor de Q. Cuando $Q_0 = 5$, los ceros se localizan en $\mathbf{s} = -0.1\omega_0 \pm j0.995\omega_0$, por lo que la diferencia entre ω_0 y ω_d será de sólo 0.50%.

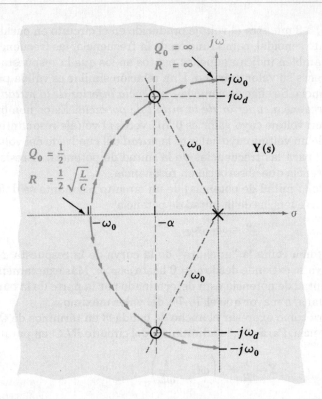

Figura 13-4

Los dos ceros de la admitancia $\mathbf{Y(s)}$, localizados en $s = -\alpha \pm j\omega_d$, generan un semicírculo cuando R aumenta desde $\frac{1}{2}\sqrt{L/C}$ hasta ∞.

13-1. Aplique la definición de resonancia a la red que se muestra en la figura 13-5 y encuentre a) la frecuencia de resonancia en radianes; b) el valor de $\mathbf{Z}_{ent}$ en resonancia.

Ejercicios

Resp: 100.79 rad/s; 128.0 + j0 Ω

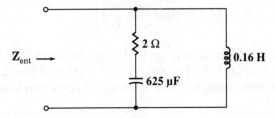

Figura 13-5

Para el ejercicio 13-1.

13-2. Un circuito resonante en paralelo está constituido por los elementos $R = 8$ kΩ, $L = 50$ mH y $C = 80$ nF. Encuentre: a) ω_0; b) Q_0; c) ω_d; d) α; e) ζ.

Resp: 15.811 krad/s; 10.12; 15.792 krad/s; 781 Np/s; 0.0494

13-3. Encuentre los valores de R, L y C en un circuito resonante en paralelo para el que $\omega_0 = 1000$ rad/s, $\omega_d = 998$ rad/s y $\mathbf{Y}_{ent} = 1$ mS en resonancia.

Resp: 1000 Ω; 126.4 mH; 7.91 μF

El estudio de la resonancia en paralelo sigue con la definición de las frecuencias de la mitad de potencia y ancho de banda, y luego se usan estos nuevos conceptos al obtener datos de respuesta aproximados para un valor alto de Q.

El "ancho" de la curva de respuesta resonante, como la que se ve en la figura 13-3 puede ahora definirse con más precisión y relacionarse con Q_0. Primero se definen las dos *frecuencias de la mitad de potencia*, ω_1 y ω_2, como las frecuencias a las cuales la magnitud de la admitancia de entrada de un circuito resonante en paralelo es mayor que su magnitud en resonancia por un factor de $\sqrt{2}$. Como la curva

13-3

Más resonancia en paralelo

de respuesta de la figura 13-3 muestra el voltaje producido en el circuito en paralelo por una fuente de corriente senoidal, como función de la frecuencia, las frecuencias de la mitad de potencia también indican aquellos puntos en los que la respuesta de voltaje es $1/\sqrt{2}$, o 0.707 veces su valor máximo. Una relación similar es válida para la magnitud de la impedancia. Se elige ω_1 como la *frecuencia inferior de la mitad de potencia*, y ω_2 como la *frecuencia superior de la mitad de potencia*. Estos nombres surgen del hecho de que un voltaje cuyo valor es 0.707 veces el voltaje resonante es equivalente al cuadrado de un voltaje cuyo valor es la *mitad* del cuadrado del voltaje en resonancia. Por tanto, para las frecuencias de la mitad de potencia, el resistor absorbe la mitad de la potencia que absorbería en resonancia.

El ancho de banda (de la mitad de potencia) de un circuito resonante se define como la diferencia de las frecuencias de la mitad de potencia,

$$\Re = \omega_2 - \omega_1 \tag{13}$$

Este ancho de banda se toma como la "anchura" de la curva de la respuesta, aun cuando en realidad la curva se extiende desde $\omega = 0$ hasta $\omega = \infty$. Más exactamente, el ancho de banda de la mitad de potencia está determinado por la parte de la curva de la respuesta que es igual a, o mayor que el 70.7% del valor máximo.

A continuación se verá cómo expresar el ancho de banda $\Re$ en términos de Q_0 y de la frecuencia de resonancia. Para ello, la admitancia del circuito RLC en paralelo

$$\mathbf{Y} = \frac{1}{R} + j\left(\omega C - \frac{1}{\omega L}\right)$$

en términos de Q_0:

$$\mathbf{Y} = \frac{1}{R} + j\frac{1}{R}\left(\frac{\omega \omega_0 CR}{\omega_0} - \frac{\omega_0 R}{\omega \omega_0 L}\right)$$

o

$$\mathbf{Y} = \frac{1}{R}\left[1 + jQ_0\left(\frac{\omega}{\omega_0} - \frac{\omega_0}{\omega}\right)\right] \tag{14}$$

De nuevo se observa que en resonancia la magnitud de la admitancia es $1/R$ y además que sólo puede obtenerse una magnitud de admitancia igual a $\sqrt{2}/R$ cuando se elige una frecuencia tal que la parte imaginaria de la cantidad entre corchetes tiene una magnitud igual a uno. Así,

$$Q_0\left(\frac{\omega_2}{\omega_0} - \frac{\omega_0}{\omega_2}\right) = 1 \qquad y \qquad Q_0\left(\frac{\omega_1}{\omega_0} - \frac{\omega_0}{\omega_1}\right) = -1$$

Al despejar, se tiene

$$\omega_1 = \omega_0\left[\sqrt{1 + \left(\frac{1}{2Q_0}\right)^2} - \frac{1}{2Q_0}\right] \tag{15}$$

$$\omega_2 = \omega_0\left[\sqrt{1 + \left(\frac{1}{2Q_0}\right)^2} + \frac{1}{2Q_0}\right] \tag{16}$$

Aunque estas últimas expresiones son un poco complicadas, su diferencia proporciona una expresión simple para el ancho de banda:

$$\Re = \omega_2 - \omega_1 = \frac{\omega_0}{Q_0} \tag{17}$$

Tomando el producto de las ecuaciones (15) y (16) se puede mostrar que ω_0 es exactamente igual a la media geométrica de las frecuencias de media potencia,

$$\omega_0^2 = \omega_1\omega_2$$

o

$$\omega_0 = \sqrt{\omega_1\omega_2}$$

Los circuitos con una Q_0 de valor más alto tienen un ancho de banda más angosto, o una curva de respuesta más afilada; tienen una mayor *selectividad de frecuencia,* o (un factor de) calidad más alta.

Muchos circuitos resonantes se diseñan deliberadamente para que tengan un valor alto de Q_0, con el fin de aprovechar el estrecho ancho de banda y la alta selectividad de frecuencia asociadas con estos circuitos. Cuando Q_0 es mayor que un valor alrededor de 5, se pueden hacer algunas aproximaciones muy útiles en las expresiones para las frecuencias superior e inferior de la mitad de potencia y en las expresiones generales para la respuesta, en las cercanías de la resonancia. De manera arbitraria se establecerá que un circuito con un valor alto de Q es aquel para el cual Q_0 es mayor que o igual a 5. En la figura 13-6 se muestra el patrón de polos y ceros de $\mathbf{Y}(\mathbf{s})$ para un circuito RLC en paralelo cuya Q_0 es de alrededor de 5.

Figura 13-6

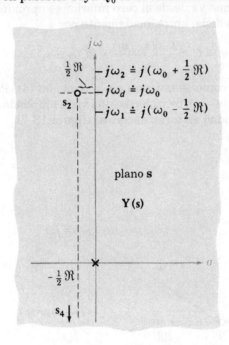

El patrón de polos y ceros de $\mathbf{Y}(\mathbf{s})$ para un circuito RLC en paralelo. Los dos ceros están exactamente $\frac{1}{2}\Re$ Np/s (o rad/s) a la izquierda del eje $j\omega$ y aproximadamente a $j\omega_0$ rad/s (o Np/s) del eje σ. Las frecuencias inferior y superior de mitad de potencia están separadas exactamente $\Re$ rad/s, y cada una de ellas se encuentra aproximadamente a $\frac{1}{2}\Re$ rad/s de la frecuencia de resonancia y de la frecuencia resonante natural.

Como

$$\alpha = \frac{\omega_0}{2Q_0}$$

entonces

$$\alpha = \tfrac{1}{2}\Re$$

y las localizaciones de los dos ceros se pueden aproximar por:

$$\mathbf{s}_{2,4} = -\alpha \pm j\omega_d \doteq -\tfrac{1}{2}\Re \pm j\omega_0$$

Además, la localización de las dos frecuencias de media potencia (en el lado positivo del eje $j\omega$) también se puede determinar de manera concisa:

$$\omega_{1,2} = \omega_0 \left[\sqrt{1 + \left(\frac{1}{2Q_0}\right)^2} \mp \frac{1}{2Q_0} \right] \doteq \omega_0 \left(1 \mp \frac{1}{2Q_0}\right)$$

o

$$\omega_{1,2} \doteq \omega_0 \mp \tfrac{1}{2}\Re \qquad (18)$$

Por tanto, en un circuito con un valor alto de Q, cada frecuencia de la mitad de potencia se localiza aproximadamente a la mitad de un ancho de banda de la frecuencia de resonancia; esto se indica en la figura 13-6.

Las relaciones aproximadas para ω_1 y ω_2 en la ecuación (18) pueden sumarse una y otra para mostrar que ω_0 es aproximadamente igual a la media aritmética de ω_1 y ω_2 en circuitos con un valor alto de Q:

$$\omega_0 \doteq \tfrac{1}{2}(\omega_1 + \omega_2)$$

Ahora visualícese un punto de prueba ligeramente arriba de $j\omega_0$, sobre el eje $j\omega$. Con el fin de saber cuál es la admitancia ofrecida por la red RLC en paralelo a esta frecuencia se construyen los tres vectores desde las frecuencias críticas hasta el punto de prueba. Si este punto está cercano a $j\omega_0$, entonces el vector desde el polo es aproximadamente $j\omega_0$, y el que va desde el cero inferior es aproximadamente $j2\omega_0$. Entonces la admitancia está dada, aproximadamente por

$$\mathbf{Y}(\mathbf{s}) \doteq C\frac{(j2\omega_0)(\mathbf{s} - \mathbf{s}_2)}{j\omega_0} \doteq 2C(\mathbf{s} - \mathbf{s}_2) \qquad (19)$$

donde C es la capacitancia, como se muestra en la ecuación (4). Para obtener una aproximación útil del vector $(\mathbf{s} - \mathbf{s}_2)$, considérese una vista ampliada de la porción del plano $\mathbf{s}$ que contiene la vecindad en torno al cero $\mathbf{s}_2$ (figura 13-7).

Figura 13-7

Una parte amplificada del patrón de polos y ceros para $\mathbf{Y}(\mathbf{s})$ de un circuito RLC en paralelo con un valor alto de Q_0.

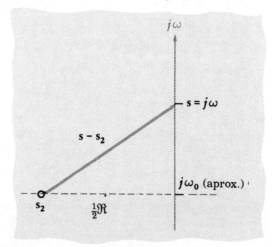

En términos de sus coordenadas cartesianas, se ve que

$$\mathbf{s} - \mathbf{s}_2 \doteq \tfrac{1}{2}\Re + j(\omega - \omega_0)$$

donde esta expresión sería exacta si ω_0 se reemplazara por ω_d. Ahora se sustituye esta ecuación en la aproximación anterior para $\mathbf{Y}(\mathbf{s})$, ecuación (19), y se factoriza $\tfrac{1}{2}\Re$:

$$\mathbf{Y}(\mathbf{s}) \doteq 2C\left(\frac{1}{2}\Re\right)\left(1 + j\frac{\omega - \omega_0}{\tfrac{1}{2}\Re}\right)$$

o
$$\mathbf{Y}(s) \doteq \frac{1}{R}\left(1 + j\,\frac{\omega - \omega_0}{\frac{1}{2}\Re}\right) \tag{20}$$

La fracción $(\omega - \omega_0)/(\frac{1}{2}\Re)$ puede interpretarse como "el número de semianchos de banda fuera de resonancia", y abreviarse por N. Así,

$$\mathbf{Y}(\mathbf{s}) \doteq \frac{1}{R}(1 + jN) \tag{21}$$

donde

$$N = \frac{\omega - \omega_0}{\frac{1}{2}\Re} \quad \text{(número de semianchos de banda fuera de resonancia)} \tag{22}$$

A la frecuencia superior de media potencia, $\omega_2 \doteq \omega_0 + \frac{1}{2}\Re$, $N = +1$, y está un semiancho de banda arriba de la resonancia. Para la frecuencia inferior de media potencia, $\omega_1 \doteq \omega_0 - \frac{1}{2}\Re$, así que $N = -1$, colocándola un semiancho de banda abajo de la resonancia.

Es más fácil usar la ecuación (21) que las relaciones exactas que se han manejado hasta ahora. Dicha ecuación muestra que la magnitud de la admitancia es

$$|\mathbf{Y}(j\omega)| \doteq \frac{1}{R}\sqrt{1 + N^2} \tag{23}$$

mientras que el ángulo de $\mathbf{Y}(j\omega)$ está dado por la tangente inversa de N:

$$\text{áng } \mathbf{Y}(j\omega) \doteq \tan^{-1} N \tag{24}$$

Ejemplo 13-2 Como un ejemplo del uso de estas aproximaciones, determine el valor aproximado de la admitancia de una red RLC en paralelo para la cual $R = 40$ kΩ, $L = 1$ H y $C = \frac{1}{64}\,\mu$F.

Solución: Entonces $Q_0 = 5$, $\omega_0 = 8$ krad/s, $\Re = 1.6$ krad/s, y $\frac{1}{2}\Re = 0.8$ krad/s.
Si la admitancia se evalúa a $\omega = 8.2$ krad/s,

$$N = \frac{8.2 - 8}{0.8} = 0.25$$

y se ve que se está operando 0.25 semianchos de banda por encima de la resonancia. Ahora se calcula

$$\text{áng } \mathbf{Y} \doteq \tan^{-1} 0.25 = 14.04°$$

y
$$|\mathbf{Y}| \doteq 25\sqrt{1 + (0.25)^2} = 25.77\ \mu\text{S}$$

Un cálculo exacto de la admitancia muestra que

$$\mathbf{Y}(j8200) = 25.75\underline{/13.87°}\ \mu\text{S}$$

Y es por eso que el método aproximado lleva a los valores de la magnitud y el ángulo de la admitancia a tener gran exactitud en este ejemplo. ●

La intención es usar esas aproximaciones para circuitos con valores altos de Q cerca de la resonancia. Ya que se ha convenido en que "valor alto de Q" significa $Q_0 \geq 5$, pero ¿qué tan cercanos deben tomarse los valores? Puede demostrarse que si $Q_0 \geq 5$ y $0.9\omega_0 \leq \omega \leq 1.1\omega_0$, el error en magnitud o en fase es menor que el 5%. Aunque puede parecer que esta estrecha banda de frecuencias es excesivamente pequeña, generalmente es más que suficiente para contener el rango de frecuencias de interés. Por ejemplo, un radio AM para la casa o el carro contiene generalmente un circuito sintonizado a una frecuencia de resonancia de 455 kHz, con un ancho de banda de la mitad de potencia de 10 kHz. Por tanto este circuito debe tener un valor de Q_0 igual a 45.5, y las frecuencias de la mitad de potencia son aproximadamente 450 y 460 kHz. Sin embargo, las aproximaciones son válidas desde 409.5 hasta 500.5 kHz (con errores menores del 5%), intervalo que cubre en esencia toda la parte puntiaguda de la curva de la respuesta; las aproximaciones producen errores muy grandes sólo en las "colas" lejanas de la curva de respuesta.[3]

Este análisis del circuito resonante en paralelo se cierra repasando las diversas conclusiones a las que se ha llegado. La frecuencia resonante ω_0 es la frecuencia a la cual la parte imaginaria de la admitancia de entrada se hace cero, o el ángulo de la admitancia se hace cero. Entonces, $\omega_0 = 1/\sqrt{LC}$. La cantidad significativa del circuito, Q_0, se define como 2π que multiplica al cociente de la máxima energía almacenada en el circuito, entre la energía perdida en cada periodo en el circuito. A partir de esta definición se encuentra que $Q_0 = \omega_0 RC$. Las dos frecuencias de la mitad de potencia ω_1 y ω_2 se definen como las frecuencias a las cuales la magnitud de la admitancia es $\sqrt{2}$ veces la magnitud mínima de la admitancia. Estas son también las frecuencias a las que la respuesta de voltaje es igual al 70.7% de la respuesta máxima. Las expresiones exacta y aproximada (para valores altos de Q_0) para estas dos frecuencias son

$$\omega_{1,2} = \omega_0 \left[\sqrt{1 + \left(\frac{1}{2Q_0}\right)^2} \mp \frac{1}{2Q_0} \right] \doteq \omega_0 \mp \frac{1}{2}\Re$$

donde $\Re$ es la diferencia entre las frecuencias superior e inferior de la mitad de potencia. Este ancho de banda de la mitad de potencia está dado por

$$\Re = \omega_2 - \omega_1 = \frac{\omega_0}{Q_0}$$

La admitancia de entrada también puede expresarse en forma aproximada para valores altos de Q

$$\mathbf{Y} \doteq \frac{1}{R}(1 + jN) - \frac{1}{R}\sqrt{1 + N^2} \underline{/\tan^{-1}N}$$

donde

$$N = \frac{\omega - \omega_0}{\frac{1}{2}\Re}$$

La aproximación es válida para frecuencias que no difieren de la frecuencia resonante en más de un décimo de la frecuencia de resonancia.

Ejercicios

13-4. Un circuito resonante en paralelo con una Q marginalmente alta tiene $f_0 = 440$ Hz con $Q_0 = 6$. Utilice las ecuaciones (15) y (16) para calcular: a) f_1; b) f_2. Ahora use la ecuación (18) para hallar valores aproximados para: c) f_1; d) f_2.
Resp: 478.2 Hz; 404.9 Hz; 476.7 Hz; 403.3 Hz

13-5. Los valores de los elementos de un circuito resonante en paralelo son L = 1 mH, $C = 1$ nF, $R = 20$ kΩ. Use las aproximaciones para valores altos de Q para calcular $\mathbf{Z}_{ent}$ para ω igual a: a) 1020 krad/s; b) 1040 krad/s; c) 960 krad/s.
Resp: 15.62$\underline{/-38.7°}$ kΩ; 10.60$\underline{/-58.0°}$ KΩ; 10.60$\underline{/58.0°}$ kΩ

13-6. Determine los valores exactos para los tres incisos del ejercicio 13-5.
Resp: 15.677$\underline{/-38.38°}$ kΩ; 10.748$\underline{/-57.49°}$ kΩ; 10.443$\underline{/58.52°}$ kΩ

---

[3] Para frecuencias muy lejanas de la resonancia es suficiente con resultados aproximados; no siempre es necesaria una gran exactitud.

Aunque probablemente son menos los usos que se pueden dar a un circuito RLC en serie que los que se pueden dar a un circuito RLC en paralelo, vale la pena estudiarlos. Se considerará el circuito mostrado en la figura 13-8. Se notará que a todos los elementos del circuito se les ha asignado el subíndice s (por *serie*), para evitar confundirlos con los elementos en paralelo cuando hayan de compararse los circuitos.

La presentación de la resonancia en paralelo necesitó dos secciones de extensión considerable. Ahora podría darse el mismo tipo de tratamiento al circuito RLC en serie, pero será mucho mejor evitar repeticiones innecesarias y usar el principio de dualidad. Por simplicidad, la atención se centrará en las conclusiones presentadas en el párrafo final de la sección anterior acerca de la resonancia en paralelo. En él se encuentran los resultados importantes, y el uso del lenguaje dual permite traducir dicho párrafo para presentar los resultados de interés para el circuito RLC en serie.

13-4

Resonancia en serie

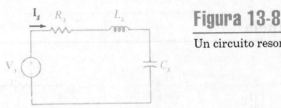

Figura 13-8

Un circuito resonante en serie.

Esta exposición del circuito resonante en serie terminará con un resumen de las diversas conclusiones a las que se llegó. La frecuencia de resonancia ω_{0s} es la frecuencia a la que la parte imaginaria de la impedancia de entrada se hace cero, o el ángulo de la impedancia se hace cero. Entonces $\omega_{0s} = 1/\sqrt{L_s C_s}$. La cantidad significativa del circuito, Q_{0s}, se define como 2π multiplicado por el cociente de la máxima energía almacenada en el circuito, entre la energía perdida durante cada periodo en el circuito. A partir de esta definición se encuentra que $Q_{0s} = \omega_{0s} L_s/R_s$. Las dos frecuencias de mitad de potencia ω_{1s} y ω_{2s} se definen como las frecuencias a las cuales la magnitud de la impedancia es $\sqrt{2}$ veces la magnitud mínima de la impedancia. Éstas son también las frecuencias a las cuales la respuesta de voltaje es igual al 70.7% de la respuesta máxima. Las expresiones exacta y aproximada (para valores altos de Q_{0s}) para estas dos frecuencias son

$$\omega_{1s,2s} = \omega_{0s}\left[\sqrt{1 + \left(\frac{1}{2Q_{0s}}\right)^2} \mp \frac{1}{2Q_{0s}}\right] \doteq \omega_{0s} \mp \frac{1}{2}\Re_s$$

donde $\Re_s$ es la diferencia entre las frecuencias superior e inferior de mitad de potencia. Este ancho de banda de mitad de potencia está dado por

$$\Re_s = \omega_{2s} - \omega_{1s} = \frac{\omega_{0s}}{Q_{0s}}$$

La impedancia de entrada también puede expresarse en forma aproximada para circuitos con valores altos de Q_s,

$$\mathbf{Z}_s \doteq R_s(1 + jN_s) = R_s\sqrt{1 + N_s^2}\ \underline{/\tan^{-1}N_s}$$

donde

$$N = \frac{\omega - \omega_{0s}}{\frac{1}{2}\Re_s}$$

La aproximación es válida para frecuencias que no difieren de la frecuencia resonante en más de un décimo de la frecuencia resonante.

El circuito resonante en serie se caracteriza por una baja impedancia en la resonancia, mientras que el circuito resonante en paralelo produce una alta impedancia resonante. Este último circuito da corrientes de inductor y de capacitor en resonancia que tienen amplitudes Q_0 veces mayores que la corriente de la fuente; el circuito resonante en serie da voltajes de inductor y capacitor que son mayores que el voltaje de la fuente por un factor Q_{0s}. De esta manera el circuito en serie da una amplificación de voltaje en la resonancia.

En la tabla 13-1 se da una comparación de los resultados de la resonancia en serie y en paralelo, así como las expresiones exactas y aproximadas que se desarrollaron.

A partir de este momento, ya no se usará el subíndice s para identificar a los circuitos resonantes en serie, a menos que se requiera por claridad.

Tabla 13-1

Un resumen de la resonancia

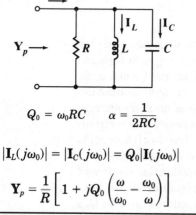

$$Q_0 = \omega_0 RC \qquad \alpha = \frac{1}{2RC}$$

$$|\mathbf{I}_L(j\omega_0)| = |\mathbf{I}_C(j\omega_0)| = Q_0|\mathbf{I}(j\omega_0)|$$

$$\mathbf{Y}_p = \frac{1}{R}\left[1 + jQ_0\left(\frac{\omega}{\omega_0} - \frac{\omega_0}{\omega}\right)\right]$$

$$Q_0 = \frac{\omega_0 L}{R} \qquad \alpha = \frac{R}{2L}$$

$$|\mathbf{V}_L(j\omega_0)| = |\mathbf{V}_C(j\omega_0)| = Q_0|\mathbf{V}(j\omega_0)|$$

$$\mathbf{Z}_s = R\left[1 + jQ_0\left(\frac{\omega}{\omega_0} - \frac{\omega_0}{\omega}\right)\right]$$

Expresiones exactas

$$\omega_0 = \frac{1}{\sqrt{LC}} = \sqrt{\omega_1\omega_2} \qquad \omega_d = \sqrt{\omega_0^2 - \alpha^2} = \omega_0\sqrt{1 - \left(\frac{1}{2Q_0}\right)^2}$$

$$\omega_{1,2} = \omega_0\left[\sqrt{1 + \left(\frac{1}{2Q_0}\right)^2} \mp \frac{1}{2Q_0}\right]$$

$$N = \frac{\omega - \omega_0}{\frac{1}{2}\mathfrak{R}} \qquad \mathfrak{R} = \omega_2 - \omega_1 = \frac{\omega_0}{Q_0} = 2\alpha$$

Expresiones aproximadas

$$(Q_0 \geq 5 \qquad 0.9\omega_0 \leq |\omega| \leq 1.1\omega_0)$$

$$\omega_d \doteq \omega_0 \qquad \omega_{1,2} \doteq \omega_0 \mp \tfrac{1}{2}\mathfrak{R}$$

$$\omega_0 \doteq \tfrac{1}{2}(\omega_1 + \omega_2)$$

$$\mathbf{Y}_p \doteq \frac{\sqrt{1 + N^2}}{R}\,\underline{/\tan^{-1}N} \qquad\qquad \mathbf{Z}_s \doteq R\sqrt{1 + N^2}\,\underline{/\tan^{-1}N}$$

13-7. Un circuito resonante en serie tiene un ancho de banda de 100 Hz y contiene una inductancia de 20 mH y una capacitancia de 2 μF. Determine *a*) f_0; *b*) Q_0; *c*) $\mathbf{Z}_{ent}$ en la resonancia; *d*) f_2.   *Resp:* 796 Hz; 7.96; 12.57 + *j*0 Ω; 846 Hz (aprox.)

Ejercicios

13-8. Se aplica un voltaje de $v_s = 100 \cos \omega t$ mV al circuito resonante en serie compuesto de una resistencia de 10 Ω, una capacitancia de 0.2 μF y una inductancia de 2 mH. Utilice ambos métodos, aproximado y exacto, para calcular la amplitud de la corriente si ω es igual a *a*) 48 krad/s; (b) 55 krad/s.
Resp: 7.745, 7.809 mA; 4.640, 4.472 mA

Los circuitos *RLC* en serie y en paralelo de las dos secciones anteriores representan circuitos resonantes *idealizados*; no son más que representaciones aproximadas útiles de un circuito físico que se podrían fabricar conectando una bobina de alambre, un resistor de carbón y un capacitor de tantalio en serie o en paralelo. El grado de precisión con el cual el modelo idealizado se ajusta al circuito real depende del intervalo de las frecuencias de operación, la *Q* del circuito, los materiales con que están hechos los elementos, el tamaño de éstos, y de muchos otros factores. Aquí no se estudian las técnicas para determinar el mejor modelo para un circuito físico dado, ya que eso requiere conocimientos de la teoría del campo electromagnético y de las propiedades de los materiales; sin embargo, se tiene el problema de reducir un modelo complicado a uno de los dos modelos más simples con los que se tiene familiaridad.

La red mostrada en la figura 13-9*a* es un modelo bastante fiel para la conexión en paralelo de un inductor, un capacitor y un resistor físicos. El resistor denotado por R_1, es un resistor hipotético que se incluye para tomar en cuenta las pérdidas óhmicas, las pérdidas en el núcleo y las pérdidas por radiación en la bobina física. Las pérdidas en el dieléctrico del capacitor físico, así como la resistencia del resistor físico en el circuito *RLC* dado, se toman en cuenta mediante el resistor R_2. En este modelo, no hay forma de conectar los elementos para producir un modelo más sencillo que sea equivalente al modelo original *para todas las frecuencias*. Sin embargo, se mostrará que puede construirse un equivalente más sencillo, válido para una banda de frecuencia que casi siempre puede incluir todas las frecuencias de interés. El equivalente tendrá la forma de la red mostrada en la figura 13-9*b*.

13-5
Otras formas resonantes

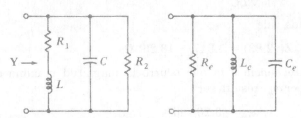

a)   *b*)

Figura 13-9

a) Un modelo útil de una red que consiste en un inductor, un capacitor y un resistor físicos en paralelo. *b*) Una red que puede ser equivalente al modelo anterior para una estrecha banda de frecuencias.

Antes de aprender cómo llegar a un circuito equivalente como el mencionado, se considerará primero el circuito dado, figura 13-9*a*. La frecuencia angular resonante para esta red *no* es $1/\sqrt{LC}$ aunque su valor puede ser muy cercano a éste si R_1 es suficientemente pequeño. La definición de resonancia sigue igual, y la frecuencia de resonancia se puede determinar igualando a cero la parte imaginaria de la admitancia de entrada:

$$\text{Im}\,[\mathbf{Y}(j\omega)] = \text{Im}\left(\frac{1}{R_2} + j\omega C + \frac{1}{R_1 + j\omega L}\right) = 0$$

Así,

$$C = \frac{L}{R_1^2 + \omega^2 L^2}$$

y

$$\omega_0 = \sqrt{\frac{1}{LC} - \left(\frac{R_1}{L}\right)^2}$$

Debe observarse que ω_0 es menor que $1/\sqrt{LC}$, pero si los valores de la razón R_1/L son suficientemente pequeños, la diferencia entre ω_0 y $1/\sqrt{LC}$ será despreciable.

La magnitud máxima de la impedancia de entrada también merece consideración. *No* es R_2, y *no* ocurre en ω_0 (o en $\omega = 1/\sqrt{LC}$). La demostración de estas afirmaciones no se incluirá aquí ya que el álgebra de las expresiones necesarias se complica enseguida; sin embargo, la teoría es directa. Baste con un ejemplo numérico.

Ejemplo 13-3 Se eligen los valores simples $R_1 = 2\ \Omega$, $L = 1$ H, $C = \frac{1}{8}$ F y $R_2 = 3\ \Omega$ en la figura 13-9a y se quiere determinar la frecuencia de resonancia.

Solución: Al sustituir los valores apropiados en la última ecuación, se encuentra

$$\omega_0 = \sqrt{8 - 2^2} = 2 \text{ rad/s}$$

esto permite calcular la admitancia de entrada,

$$\mathbf{Y} = \frac{1}{3} + j2\left(\frac{1}{8}\right) + \frac{1}{2 + j(2)(1)} = \frac{1}{3} + \frac{1}{4} = 0.583 \text{ S}$$

y después la impedancia de entrada en la resonancia

$$\mathbf{Z}(j2) = \frac{1}{0.583} = 1.714\ \Omega$$

A la frecuencia que sería la frecuencia resonante si R_1 fuera cero,

$$\frac{1}{\sqrt{LC}} = 2.83 \text{ rad/s}$$

la impedancia de entrada vale

$$\mathbf{Z}(j2.83) = 1.947\underline{/-13.26°}\ \Omega$$

Sin embargo, la frecuencia a la que ocurre la magnitud máxima de la impedancia, indicada por ω_m, resulta ser

$$\omega_m = 3.26 \text{ rad/s}$$

y la impedancia que tiene la magnitud máxima es

$$\mathbf{Z}(j3.26) = 1.980\underline{/-21.4°}\ \Omega$$

La magnitud de la impedancia en la resonancia y la magnitud máxima difieren en aproximadamente el 13%. Si bien es cierto que un error como éste en ocasiones se puede despreciar en la práctica, es demasiado grande para despreciarse en un examen en la escuela. Al final de esta sección se mostrará que la Q del arreglo inductor-resistor en 2 rad/s vale uno; este valor pequeño explica la diferencia del 13%.

Con el objeto de transformar el circuito dado de la figura 13-9a en un equivalente de la forma del circuito mostrado en la figura 13-9b, es necesario decir algo acerca de la Q del arreglo en serie o en paralelo de un resistor y un reactor (inductor o capacitor). Considérese primero el circuito en serie mostrado en la figura 13-10a. La Q de esta red de nuevo se define como 2π por el cociente de la energía máxima almacenada entre la energía perdida de cada periodo, pero la Q puede evaluarse a cualquier frecuencia que se desee. En otras palabras, Q es una función de ω. Es cierto que se elegirá evaluarla a la frecuencia que es, o aparenta ser, la frecuencia de resonancia de alguna red de la que forma parte la rama en serie. Esta frecuencia, sin embargo, no se conoce hasta que se dispone de un circuito más completo. El lector curioso puede demostrar que la Q de esta rama en serie es $|X_s|/R_s$ mientras que la Q de la red en paralelo de la figura 13-10b es $R_p/|X_p|$.

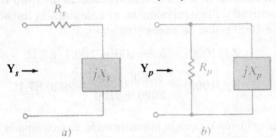

Figura 13-10

a) Una red en serie que consiste en una resistencia R_s y una reactancia inductiva o capacitiva X_s puede transformarse en b) una red en paralelo tal que $\mathbf{Y}_s = \mathbf{Y}_p$ a una frecuencia específica. La transformación inversa es igualmente posible.

Ahora se efectuarán los detalles necesarios para calcular valores de R_p y X_p para que la red en paralelo de la figura 13-10b sea el equivalente de la red en serie de la figura 13-10a para alguna única frecuencia específica. Se igualan $\mathbf{Y}_s$ y $\mathbf{Y}_p$,

$$\mathbf{Y}_s = \frac{1}{R_s + jX_s} = \frac{R_s - jX_s}{R_s^2 + X_s^2} = \mathbf{Y}_p = \frac{1}{R_p} - j\frac{1}{X_p}$$

y se obtiene

$$R_p = \frac{R_s^2 + X_s^2}{R_s} \qquad X_p = \frac{R_s^2 + X_s^2}{X_s^2}$$

Al dividir estas dos expresiones, se llega a

$$\frac{R_p}{X_p} = \frac{X_s}{R_s}$$

Por tanto las Q de las redes en serie y en paralelo deben ser iguales:

$$Q_p = Q_s = Q$$

Entonces pueden simplificarse las ecuaciones de transformación:

$$R_p = R_s\,(1 + Q^2) \tag{25}$$

$$X_p = X_s\left(1 + \frac{1}{Q^2}\right) \tag{26}$$

Es evidente que también pueden encontrarse R_s y X_s si los valores dados son R_p y X_p; la transformación puede efectuarse en cualquier dirección.

Si $Q \geq 5$, se introduce un error pequeño si se usan las relaciones aproximadas

$$R_p \doteq Q^2 R_s \tag{27}$$

$$X_p \doteq X_s \qquad (C_p \doteq C_s \qquad o \qquad L_p \doteq L_s) \tag{28}$$

Ejemplo 13-4 Se verá cómo funcionan algunas de estas relaciones encontrando el equivalente en paralelo del arreglo en serie de un inductor de 100 mH y un resistor de 5 Ω. La transformación se hará a la frecuencia de 1000 rad/s, valor que se ha elegido porque es aproximadamente la frecuencia de resonancia de la red (no mostrada) de la que forma parte esta rama en serie.

Solución: Se encuentra que X_s es 100 Ω y Q es 20. Como el valor de Q es suficientemente alto se usan las ecuaciones (27) y (28) para obtener

$$R_p \doteq Q^2 R_s = 2000\ \Omega \qquad L_p \doteq L_s = 100\ \text{mH}$$

La conclusión es que un inductor de 100 mH en serie con un resistor de 5 Ω da en esencia la misma impedancia de entrada que un inductor de 100 mH en paralelo con un resistor de 2000 Ω a la frecuencia de 1000 rad/s. Con el fin de verificar la exactitud de la equivalencia, se calculará la impedancia de entrada para cada red a 1000 rad/s. Se encuentra que

$$\mathbf{Z}_s(j1000) = 5 + j100 = 100.1\underline{/87.1°}$$

$$\mathbf{Z}_p(j1000) = \frac{2000(j100)}{2000 + j100} = 99.9\underline{/87.1°}$$

y se llega a la conclusión de que la aproximación es extremadamente exacta, a la frecuencia de transformación. A 900 rad/s la precisión sigue siendo bastante buena, porque

$$\mathbf{Z}_s(j900) = 90.1\underline{/86.8°}$$

$$\mathbf{Z}_p(j900) = 89.9\underline{/87.4°}$$

Si este inductor y resistor en serie se hubieran usado como parte de un circuito *RLC* en serie para el que la frecuencia de resonancia es 1000 rad/s, entonces el ancho de banda de la mitad de potencia hubiera sido

$$\Re = \frac{\omega_0}{Q_0} = \frac{1000}{20} = 50$$

y la frecuencia de 900 rad/s habría representado una frecuencia que estaría 4 semianchos de banda fuera de la resonancia. Así que las redes equivalentes con las que se trabajó en el ejemplo habrían sido adecuadas para reproducir esencialmente toda la porción puntiaguda de la curva de la respuesta.

Como un ejemplo adicional de la sustitución de un circuito resonante complicado por un circuito equivalente *RLC* en serie o en paralelo, se considerará un problema de instrumentación electrónica. La red *RLC* en serie de la figura 13-11a está excitada por una fuente de voltaje senoidal a la frecuencia de resonancia. El valor efectivo del voltaje de la fuente es 0.5 V, y se desea medir el valor efectivo del voltaje del capacitor con un voltímetro electrónico (VM) cuya resistencia interna es de 100 000 Ω. Es decir, una representación equivalente del voltímetro es un voltímetro ideal en paralelo con un resistor de 100 kΩ.

Antes de conectar el voltímetro, se encuentra que la frecuencia de resonancia es 10^5 rad/s, $Q_0 = 50$, la corriente es 25 mA, y el voltaje rms del capacitor es 25 V. Como se indicó al final de la sección 13-4, este voltaje es Q_0 veces el voltaje aplicado. Así, si el voltímetro fuera ideal, indicaría 25 V al estar conectado en paralelo al capacitor.

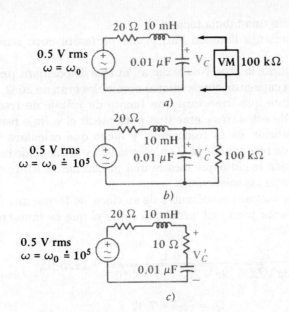

a)

b)

c)

Figura 13-11

a) Un circuito resonante en serie en el que se va a medir el voltaje del capacitor con un voltímetro electrónico no ideal. El efecto del voltímetro está incluido en el circuito; indica V_C' volts. *c)* Se obtiene un circuito resonante en serie cuando la red RC en paralelo del inciso *b* se sustituye por la red RC en serie, que es equivalente a 10^5 rad/s.

Sin embargo, cuando se conecta el voltímetro real, el resultado es el circuito de la figura 13-11*b*. Para obtener un circuito RLC en serie, es necesario sustituir la red RC en paralelo por una red RC en serie. Supóngase que la Q de esta red RC es suficientemente alta para que el capacitor equivalente en serie sea el mismo que el capacitor dado en paralelo. Esto se hace para obtener una aproximación a la frecuencia de resonancia del circuito final RLC en serie. Así, si el circuito RLC en serie también contiene un capacitor de 0.01 μF, la frecuencia de resonancia sigue siendo 10^5 rad/s. Es necesario conocer el valor estimado de esta frecuencia de resonancia para poder calcular la Q de la red RC en paralelo; ésta es

$$Q = \frac{R_p}{|X_p|} = \omega R_p C_p = 10^5(10^5)(10^{-8}) = 100$$

Como este valor es mayor que 5, se justifica el haber caído en un círculo vicioso de suposiciones, y la red equivalente RC en serie consta del capacitor

$$C_s = 0.01 \ \mu\text{F}$$

y el resistor

$$R_s \doteq \frac{R_p}{Q^2} = 10 \ \Omega$$

Entonces, se ha obtenido el circuito equivalente mostrado en la figura 13-11*c*. Ahora, el valor de la Q resonante de este circuito es sólo 33.3, por lo que el voltaje en el capacitor del circuito de la figura 13-11*c* es $16\frac{2}{3}$ V. Pero es necesario calcular $|\mathbf{V}_C|$, el voltaje entre los extremos del arreglo RC en serie; se obtiene

$$|\mathbf{V}_C| = \frac{0.5}{30}|10 - j1000| = 16.67 \text{ V}$$

El voltaje de capacitor y $|\mathbf{V}_C|$ son, en esencia, iguales ya que el voltaje en el resistor de 10 Ω es muy pequeño.

La conclusión final es que un voltímetro bueno en apariencia puede producir un efecto severo sobre la respuesta de un circuito resonante con Q alto. Un efecto similar puede producirse cuando se conecta un amperímetro no ideal al circuito.

Esta sección concluye con una fábula técnica.

Érase una vez un estudiante llamado Pat, y una profesora cuyo nombre es simplemente Dra. Noe.

Una tarde en el laboratorio, la Dra. Noe le dio a Pat tres dispositivos prácticos: un resistor, un inductor y un capacitor, cuyos valores nominales eran de 20 Ω, 20 mH y 1 μF. Le pidió al estudiante que conectara una fuente de voltaje de frecuencia variable al arreglo en serie de estos tres elementos, para medir el voltaje resultante en el resistor como una función de la frecuencia, y luego que calculara valores numéricos de la frecuencia de resonancia, la Q en resonancia y el ancho de banda de la mitad de potencia. También le pidió que hiciera una predicción de los resultados del experimento antes de hacer las mediciones.

Pat, quien no era de los mejores estudiantes de su clase, se formó una imagen mental del circuito equivalente para este problema como el que se muestra en la figura 13-12a y luego calculó:

$$f_0 = \frac{1}{2\pi\sqrt{LC}} = \frac{1}{2\pi\sqrt{20 \times 10^{-3} \times 10^{-6}}} = 1125\ \text{Hz}$$

$$Q_0 = \frac{\omega_0 L}{R} = 7.07$$

$$\Re = \frac{f_0}{Q_0} = 159\ \text{Hz}$$

Figura 13-12

a) Un primer modelo para un inductor de 20 mH en serie con un capacitor de 1 μF, un resistor de 20 Ω y un generador de voltaje. b) Un modelo mejorado en el que se usan valores más exactos y que toma en cuenta las pérdidas en el inductor y el capacitor. c) El modelo final contiene además la resistencia de salida de la fuente de voltaje.

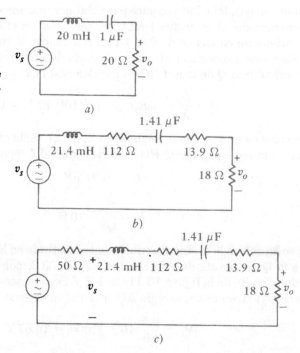

Pat hizo las mediciones que la Dra. Noe le pidiera, calculó los valores numéricos, los comparó con las predicciones, y después sintió una fuerte necesidad de cambiarse a la carrera de leyes. Los resultados fueron:

$$f_0 = 1000\ \text{Hz} \qquad Q_0 = 0.625 \qquad \Re = 1600\ \text{Hz}$$

El mismo Pat se dio cuenta de que diferencias de esta magnitud no podían tolerarse "dentro de la precisión en ingeniería", o "debido a errores en los aparatos de medición". Con tristeza le enseñó sus resultados a la profesora.

Recordando que ella misma había cometido muchos errores en el pasado, la Dra. Noe sonrió benevolente y llamó su atención acerca del medidor de Q (o puente de impedancia), que tienen en la mayor parte de los laboratorios bien equipados, y le sugirió que podía usarlo para encontrar los valores reales de los elementos prácticos a alguna frecuencia conveniente cercana a la resonancia, por ejemplo 1000 Hz.

Al hacer eso, Pat descubrió que el valor medido para el resistor era18 Ω, 21.4 mH para el inductor y 1.2 para Q, mientras que la capacitancia era de 1.41 μF y su factor de disipación (el recíproco de Q) era 0.123.

Así, con la llama de la esperanza que arde en todo pecho humano, Pat razonó que un modelo mejor para el inductor práctico sería 21.4 mH en serie con ωL/Q = 112 Ω, mientras que un modelo más apropiado para el capacitor sería 1.41 μF en serie con l/ωCQ = 13.9 Ω. Con estos datos, Pat preparó el modelo del circuito modificado que se muestra en la figura 13-12b, y calculó un nuevo conjunto de predicciones:

$$f_0 = \frac{1}{2\pi\sqrt{21.4 \times 10^{-3} \times 1.41 \times 10^{-6}}} = 916\,\text{Hz}$$

$$Q_0 = \frac{2\pi \times 916 \times 21.4 \times 10^{-3}}{143.9} = 0.856$$

$$\Re = \frac{916}{0.856} = 1070\,\text{Hz}$$

Como estos resultados eran mucho más cercanos a los valores medidos, Pat se sintió más contento. Sin embargo, la Dra. era muy cuidadosa con los detalles, y miró con suspicacia las diferencias entre las predicciones y los valores medidos, tanto de Q_0 como del ancho de banda. "¿Has tomado en cuenta la impedancia de salida de la fuente de voltaje?", preguntó la Dra. "Todavía no", consteló Pat y regresó a la mesa del laboratorio.

Resultó que la impedancia en cuestión era de 50 Ω, así que Pat sumó ese valor al diagrama del circuito, como se ve en la figura 13-12c. Con el nuevo valor de la resistencia equivalente de 193.9 Ω, obtuvo valores mejorados para Q_0 y $\Re$:

$$Q_0 = 0.635 \qquad \Re = 1442\,\text{Hz}$$

Como ahora todos los valores teóricos y medidos tenían una diferencia no mayor del 10%, Pat sintió de nuevo el gozo de ser un estudiante de ingeniería eléctrica. La Dra. Noe simplemente movía la cabeza asintiendo, mientras sentenciaba:

Cuando uses dispositivos reales,
fíjate en los modelos que eliges;
piensa bien antes de calcular,
y ¡que Z y Q hay que recordar!

Ejercicios

13-9. En ω = 1000 rad/s, encuentre las redes en paralelo que son equivalentes a las combinaciones en serie en las figuras 13-13a y b, y encuentre los equivalentes en serie para las redes en paralelo de las figuras 13-13c y d.
Resp: 8 H, 640 kΩ; 0.5 μF, 100 kΩ; 5 H, 250 Ω; 1 μF, 33.3 Ω

Figura 13-13

Para el ejercicio 13-9.

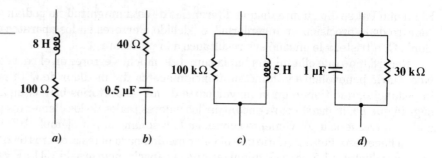

a)   b)   c)   d)

13-10. A una frecuencia de 50 krad/s, encuentre la Q de a) un capacitor de 0.1 μF en serie con una resistencia de 2 Ω; b) una resistencia de 80 k Ω en paralelo con la red del inciso a; c) una resistencia de 2 Ω en serie con la red del inciso b.

Resp: 100; 80; 44.4

13-11. La combinación en serie de 10 Ω y 10 nF está en paralelo con la combinación en serie de 20 Ω y 10 mH. a) Encuentre la frecuencia resonante aproximada de la red en paralelo. b) Encuentre la Q de la rama RC. c) Encuentre la Q de la rama RL. d) Encuentre el equivalente de los tres elementos de la red original.

Resp: 10^5 rad/s; 100; 50; 10nF $\parallel$ 10 mH $\parallel$ 33.3 kΩ

13-6

Cambio de escala

Algunos de los problemas y ejemplos que se han resuelto han involucrado circuitos que contienen elementos pasivos cuyos valores son de unos cuantos ohms, unos cuantos henrys y unos cuantos farads. Las frecuencias aplicadas han sido de unos cuantos radianes por segundo. Estos valores numéricos en particular se usaron, no por su aparición común en la práctica, sino porque los cálculos aritméticos son mucho más fáciles de lo que serían si hubiera que acarrear varias potencias de 10 todo el tiempo. Los procedimientos de cambio de escala que se verán en esta sección permiten analizar redes formadas por elementos con valores prácticos haciendo un cambio de escala para permitir cálculos numéricos más convenientes. Se considerará el cambio de escala tanto en magnitud como en frecuencia.

Se tomará como ejemplo el circuito resonante en paralelo de la figura 13-14a. Los valores poco prácticos de sus elementos llevan a la improbable curva de respuesta de la figura 13-14b; la impedancia máxima es de 2.5 Ω, la frecuencia de resonancia es 1 rad/s, Q_0 vale 5 y el ancho de banda es 0.2 rad/s. Estos valores numéricos son mucho más característicos del análogo eléctrico de algún sistema mecánico que de cualquier dispositivo eléctrico básico. Se tienen números convenientes para hacer cálculos, pero un circuito poco práctico que construir.

Figura 13-14

a) Circuito resonante en paralelo utilizado como ejemplo para ilustrar los cambios de escala en magnitud y frecuencia. b) La magnitud de la impedancia de entrada se muestra como una función de la frecuencia.

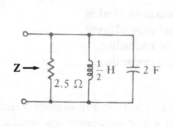

a)

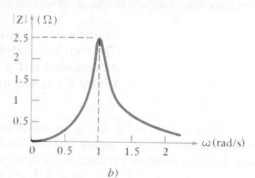

b)

Supóngase que la finalidad es hacer un cambio de escala en esta red, de tal forma que se obtenga una impedancia máxima de 5000 Ω a una frecuencia de resonancia de 5×10^6 rad/s, o 796 kHz. En otras palabras, puede usarse la misma curva de respuesta mostrada en la figura 13-14b si cada número en la escala vertical aumenta por un factor de 2000, y cada cantidad del eje horizontal aumenta por un factor de 5×10^6. Esto se dividirá en dos problemas: 1) cambiar la escala de magnitud por un factor de 2000 y 2) cambiar la escala de frecuencia por un factor de 5×10^6.

El *cambio de escala en magnitud* se define como el proceso por medio del cual la *impedancia* de una red de dos terminales aumenta por un factor de K_m y la frecuencia permanece constante. El factor K_m es real y positivo; puede ser mayor o menor que uno. Se sobrentenderá que la afirmación "la red sufre un cambio de escala en magnitud por un factor de 2", significa que la impedancia de la nueva red será el *doble* de la impedancia de la red original a cualquier frecuencia. Se verá cómo se lleva a cabo el cambio de escala para cada tipo de elemento pasivo. Para aumentar la impedancia de entrada de una red por un factor K_m basta con aumentar la impedancia de cada elemento en la red por ese mismo factor. Por tanto, un resistor R deberá sustituirse por un resistor $K_m R$. Cada inductor deberá tener también una impedancia que sea K_m veces mayor a cualquier frecuencia. Para aumentar una impedancia sL por el factor K_m, cuando s permanece constante, el inductor L deberá sustituirse por una inductancia $K_m L$. En forma similar, cada capacitor C deberá remplazarse por una capacitancia C/K_m. En resumen, estos cambios darán como resultado una red con otra escala en magnitud por el factor K_m:

$$\left. \begin{array}{l} R \to K_m R \\ L \to K_m L \\ C \to \dfrac{C}{K_m} \end{array} \right\} \quad \text{cambio de escala en magnitud}$$

Cuando cada elemento en la red de la figura 13-14a haya sufrido un cambio de escala en magnitud por un factor de 2000, se obtendrá la red mostrada en la figura 13-15a. La curva de respuesta de la figura 13-15b indica que, aparte de un cambio de escala en el eje vertical, no es necesario hacer ningún otro cambio en la curva de respuesta que se ha dibujado anteriormente.

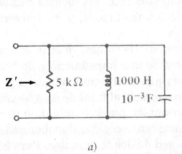
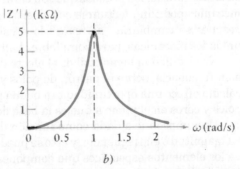

a) b)

Figura 13-15

a) La red de la figura 13-14a después de hacerle un cambio de escala en magnitud por un factor $K_m = 2000$.
b) La curva de respuesta correspondiente.

Ahora se tomará esta nueva red y se cambiará de escala en frecuencia. El *cambio de escala en frecuencia* se define como el proceso por medio del cual la frecuencia a la que ocurre cualquier impedancia aumenta por un factor K_f. De nuevo, se usará la expresión corta "la red sufre un cambio de escala en frecuencia por un factor de 2", para indicar que ahora se obtendrá la misma impedancia al doble de la frecuencia. El cambio de escala en frecuencia se logra cambiando la escala en frecuencia de cada elemento pasivo. En primer lugar, ningún resistor sufre alteraciones. La impedancia de cualquier inductor es sL, y si se va a obtener esta misma impedancia a una frecuencia K_f veces mayor, entonces la inductancia L debe remplazarse por L/K_f. Similarmente, una capacitancia C deberá sustituirse por otra C/K_f. Por tanto, si se aplica a una red un cambio de escala en frecuencia por un factor K_f, entonces los cambios necesarios en cada elemento pasivo son

$$\left. \begin{array}{c} R \to R \\[2mm] L \to \dfrac{L}{K_f} \\[3mm] C \to \dfrac{C}{K_f} \end{array} \right\} \quad \text{cambio de escala en frecuencia}$$

Cuando a cada elemento de la red de la figura 13-15a se le cambia de escala en frecuencia por un factor de 5×10^6, se obtiene la red de la figura 13-16a. La curva de respuesta correspondiente se muestra en la figura 13-16b.

Figura 13-16

a) La red de la figura 13-15a después que se cambió de escala en frecuencia por un factor $K_f = 5 \times 10^6$. b) La curva de respuesta correspondiente.

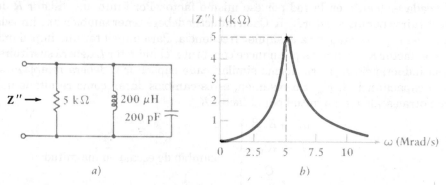

Los elementos de circuito en esta última red tienen valores que se encuentran comúnmente en circuitos físicos; de hecho la red puede fabricarse y probarse. Se infiere que si la red original de la figura 13-14a fuera realmente el análogo de algún sistema mecánico resonante, podría aplicarse un cambio de escala a este análogo, tanto en magnitud como en frecuencia, para obtener una red que pudiera construirse en el laboratorio; las pruebas que son caras o inconvenientes de ejecutar en el sistema mecánico podrían efectuarse con el sistema eléctrico, con las escalas cambiadas, y después se cambiaría "al revés" la escala de los resultados, y se convertirían a unidades mecánicas, para completar el análisis.

No es difícil indagar cuál es el efecto de cambios de escala, ya sean en magnitud o en frecuencia, sobre el patrón de polos y ceros de una impedancia y, de hecho, ese cálculo ofrece una oportunidad tan buena para repasar el significado de la gráfica de polos y ceros en el plano s que es la base de un ejercicio al final de esta sección.

Una impedancia dada como función de s también puede cambiar su escala, sea en magnitud o en frecuencia, y esto se puede hacer sin necesidad de saber nada acerca de los elementos específicos que componen la red de dos terminales. Para hacer un cambio de escala en magnitud de $\mathbf{Z}(s)$, la definición correspondiente indica que sólo se necesita multiplicar $\mathbf{Z}(s)$ por K_m, para obtener la impedancia con el cambio de escala en magnitud. Así, la impedancia del circuito resonante en paralelo que se muestra en la figura 13-14a es

$$\mathbf{Z(s)} = \frac{s}{2s^2 + 0.4s + 2}$$

o $$\mathbf{Z(s)} = (0.5)\frac{\mathbf{s}}{(\mathbf{s} + 0.1 + j0.995)(\mathbf{s} + 0.1 - j0.995)}$$

La impedancia $\mathbf{Z'(s)}$ de la red con cambio de escala en magnitud es

$$\mathbf{Z'(s)} = K_m \mathbf{Z(s)}$$

Si se elige $K_m = 2000$, se tiene

$$\mathbf{Z'(s)} = (1000)\frac{\mathbf{s}}{(\mathbf{s} + 0.1 + j0.995)(\mathbf{s} + 0.1 - j0.995)}$$

Si ahora se cambia la escala en frecuencia de $\mathbf{Z'(s)}$ por el factor 5×10^6, entonces $\mathbf{Z''(s)}$ y $\mathbf{Z'(s)}$ deben dar valores idénticos de impedancia si $\mathbf{Z''(s)}$ se evalúa a una frecuencia K_f veces aquella a la que se evalúa $\mathbf{Z'(s)}$. Después de un poco de actividad cerebral cuidadosa, esta conclusión se puede enunciar en notación funcional:

$$\mathbf{Z''(s)} = \mathbf{Z'}\left(\frac{\mathbf{s}}{K_f}\right)$$

Obsérvese que $\mathbf{Z''(s)}$ se obtiene sustituyendo cada $\mathbf{s}$ en $\mathbf{Z'(s)}$ por $\mathbf{s}/K_f$. Entonces, la expresión analítica para la impedancia de la red mostrada en la figura 13-16a debe ser

$$\mathbf{Z''(s)} = (1000)\frac{\mathbf{s}/(5 \times 10^6)}{[\mathbf{s}/(5 \times 10^6) + 0.1 + j0.995][\mathbf{s}/(5 \times 10^6) + 0.1 - j0.995]}$$

o $$\mathbf{Z''(s)} = \frac{5 \times 10^9 \times \mathbf{s}}{(\mathbf{s} + 0.5 \times 10^6 + j4.975 \times 10^6)(\mathbf{s} + 0.5 \times 10^6 - j4.975 \times 10^6)}$$

Aunque el cambio de escala es un proceso que en general se aplica a elementos pasivos, también puede hacerse cambio de escala en magnitud y en frecuencia, a las fuentes dependientes. Se supone que la salida de cualquier fuente está dada como $k_x v_x$ o $k_y i_y$ donde k_x tiene dimensiones de admitancia para una fuente de corriente dependiente y es adimensional para una fuente de voltaje dependiente, mientras que k_y tiene dimensiones de ohms para una fuente de voltaje dependiente, y es adimensional para una fuente de corriente dependiente. Si se cambia la escala en magnitud de la red que contiene la fuente dependiente por K_m, sólo es necesario tratar a k_x o k_y como si fueran elementos consistentes con sus dimensiones. Es decir, si k_x (o k_y) es adimensional, se queda sin cambio; si es una admitancia se divide por K_m, y si es una impedancia, se multiplica por K_m. El cambio de escala en frecuencia no afecta a las fuentes dependientes.

Ejercicios

13-12. Un circuito resonante en paralelo está definido por $C = 0.01$ F, $\Re = 2.5$ rad/s y $\omega_0 = 20$ rad/s. Calcule los valores de R y L si se cambia la escala de la red en: a) en magnitud por un factor de 800; b) en frecuencia por un factor de 10^4; c) en magnitud por un factor de 800 y en frecuencia por un factor de 10^4.
Resp: 32 kΩ, 200 H; 40 Ω, 25 μH; 32 kΩ, 20 mH

13-13. El patrón de polos y ceros de cierta $\mathbf{H(s)}$ muestra un cero en $\mathbf{s} = -6 + j10$ y una magnitud de 80 en el origen. La red a la que corresponde ha tenido un cambio de escala en magnitud de $K_m = 4$ y en frecuencia $K_f = 20$. Especifique la localización del cero y la magnitud en el origen si $\mathbf{H(s)}$ es a) una impedancia; b) una ganancia en voltaje; c) una admitancia; d) una ganancia en corriente.
Resp: $-120 + j200$, 320; $-120 + j200$, 80; $-120 + j200$, 20; $-120 + j200$, 80

13-14. Cambie la escala de la red de la figura 13-17, por $K_m = 20$ y $K_f = 50$. *a*) Dé valores a los parámetros de los tres elementos y *b*) encuentre $\mathbf{Z}_{\text{ent}}(\mathbf{s})$ para la red con la nueva escala.   *Resp:* 50 μF, 0.01 $\mathbf{V}_1$, 0.2 H; $(0.2\mathbf{s}^2 - 40\mathbf{s} + 20\,000)/\mathbf{s}$

Figura 13-17

Para el ejercicio 13-14.

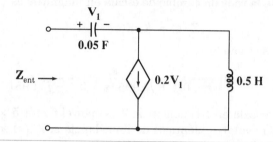

13-7

Diagramas de Bode

Este capítulo, como lo indica su título, está dedicado a la respuesta en frecuencia, y ya se han investigado varios temas que se han ilustrado con gráficas que muestran algunas respuestas como funciones de la frecuencia. Las curvas surgieron primero en el capítulo 9, cuando se introdujo la excitacion senoidal, y luego otra vez en el capítulo 12, cuando se estudió la frecuencia compleja.

En esta sección se mostrará un método rápido para obtener una descripción aproximada de la variación de amplitud y fase de una función de transferencia dada como función de ω. Pueden trazarse curvas precisas, claro, después de calcular valores con una calculadora programable o una computadora; también pueden producirse directamente en la computadora. Sin embargo, el objetivo de esta sección es obtener un mejor panorama de la respuesta que el que se obtuvo a partir de una gráfica de polos y ceros, pero sin entrar en los detalles de la programación de computadoras.

La curva de respuesta aproximada que se construirá recibe el nombre de *gráfica asintótica*, o *gráfica de Bode* o *diagrama de Bode*, en honor de su inventor, Hendrik W. Bode,[4] quien era un ingeniero electricista y matemático de Bell Telephone Laboratories. Tanto las curvas de la magnitud como las de fase se muestran usando una escala de frecuencia logarítmica para la abscisa, incluso la magnitud misma también se muestra en unidades logarítmicas llamadas *decibeles* (dB). El valor de $|\mathbf{H}(j\omega)|$ en dB se define como sigue:

$$H_{\text{dB}} = 20 \log |\mathbf{H}(j\omega)| \tag{29}$$

donde se usan logaritmos comunes (en base 10). Para cocientes de potencias se usa una definición diferente, pero no será necesaria aquí. La operación inversa es

$$|\mathbf{H}(j\omega)| = 10^{(H_{\text{dB}}/20)} \tag{30}$$

Antes de comenzar un estudio detallado de la técnica para dibujar los diagramas de Bode, y para tener una noción del tamaño del decibel, será muy útil conocer algunos de sus valores importantes, y recordar algunas de las propiedades de los logaritmos. Como $\log 1 = 0$, $\log 2 = 0.301\,03$ y $\log 10 = 1$, se tiene:

$$|\mathbf{H}(j\omega)| = 1 \Leftrightarrow H_{\text{dB}} = 0$$

$$|\mathbf{H}(j\omega)| = 2 \Leftrightarrow H_{\text{dB}} \doteq 6 \text{ dB}$$

$$|\mathbf{H}(j\omega)| = 10 \Leftrightarrow H_{\text{dB}} = 20 \text{ dB}$$

---

[4] Suena como "OK".

Un incremento de $|\mathbf{H}(j\omega)|$ por un factor de 10 corresponde a un aumento en H_{dB} por 20 dB. Además, $\log 10^n = n$, y por tanto $10^n \Leftrightarrow 20n$ dB, así que 1000 corresponde a 60 dB, mientras que 0.01 se representa por –40 dB. Usando sólo los valores dados, se puede ver también que $20 \log 5 = 20 \log \frac{10}{2} = 20 \log 10 - 20 \log 2 = 20 - 6 = 14$ dB, y por tanto $5 \Leftrightarrow 14$ dB. Además $\log \sqrt{x} = \frac{1}{2} \log x$, y por lo tanto $\sqrt{2} \Leftrightarrow 3$ dB y $1/\sqrt{2} \Leftrightarrow$ –3 dB.[5]

Las funciones de transferencia se escribirán en términos de $\mathbf{s}$, sustituyendo $\mathbf{s} = j\omega$ cuando se esté en posibilidad de calcular la magnitud o el ángulo de fase.

El siguiente paso será factorizar $\mathbf{H}(\mathbf{s})$ para mostrar sus polos y ceros. Se considerará primero un cero en $\mathbf{s} = -a$, escrito en forma estándar como

$$\mathbf{H}(\mathbf{s}) = 1 + \frac{\mathbf{s}}{a}$$

El diagrama de Bode para esta función consiste en dos curvas asintóticas a las que se aproxima H_{dB} para valores muy grandes y muy pequeños de ω. Entonces.

$$|\mathbf{H}(j\omega)| = \left| 1 + \frac{j\omega}{a} \right| = \sqrt{1 + \frac{\omega^2}{a^2}}$$

y

$$H_{dB} = 20 \log \left| 1 + \frac{j\omega}{a} \right| = 20 \log \sqrt{1 + \frac{\omega^2}{a^2}}$$

Cuando $\omega \ll a$,

$$H_{dB} \doteq 20 \log 1 = 0 \qquad (\omega \ll a)$$

Esta asíntota se muestra en la figura 13-18. Está representada por una línea continua para $\omega < a$, y como una línea punteada para $\omega > a$. Cuando $\omega \gg a$,

$$H_{dB} \doteq 20 \log \frac{\omega}{a} \qquad (\omega \gg a)$$

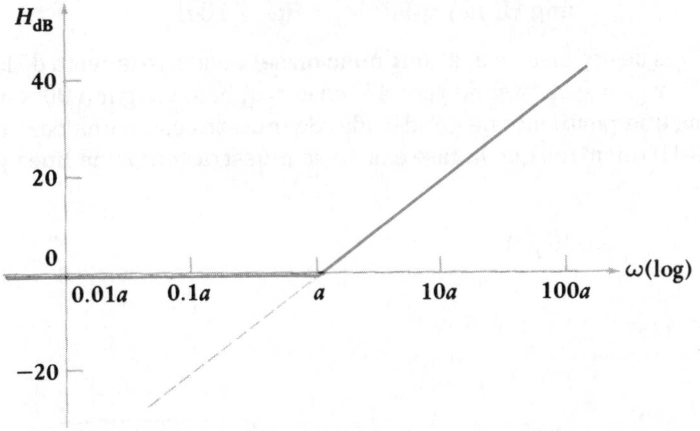

Figura 13-18

El diagrama de amplitud de Bode para $\mathbf{H}(\mathbf{s}) = 1 + \mathbf{s}/a$ consiste en las asíntotas de baja y alta frecuencia que se muestran con líneas continuas de otro tono. Se intersectan en la abscisa a la frecuencia de corte.

En $\omega = a$, $H_{dB} = 0$; en $\omega = 10a$, $H_{dB} = 20$ dB, y en $\omega = 100a$, $H_{dB} = 40$ dB. Por tanto, el valor de H_{dB} aumenta 20 dB cada vez que la frecuencia multiplica por 10 su valor. Por tanto, se dice que la asíntota tiene una pendiente de 20 dB/década. Como H_{dB} aumenta en 6 dB cuando ω se duplica, un valor alterno para la pendiente es 6 dB/octava. En la figura 13-18 también se muestra la asíntota de alta frecuencia, una línea

---

5 Obsérvese que es un poquito deshonesto tomar $20 \log 2 = 6$ dB en vez de 6.02 dB.

continua para $\omega > a$ y una línea punteada para $\omega < a$. Obsérvese que las dos asíntotas se cortan en $\omega = a$, la frecuencia del cero. Esta frecuencia se llama también de *esquina,* de *corte,* de 3 dB, o de la *mitad de potencia.*

El diagrama de Bode representa la respuesta en términos de dos asíntotas, ambas líneas rectas, y fáciles de dibujar.

Ahora se analizará cuál es el error que se introduce al usar la curva de respuesta asintótica. A la frecuencia de corte,

$$H_{dB} = 20 \log \sqrt{1 + \frac{a^2}{a^2}} = 3 \text{ dB}$$

comparado con un valor asintótico de 0 dB. En $\omega = 0.5a$, se tiene

$$H_{dB} = 20 \log \sqrt{1.25} \doteq 1 \text{ dB}$$

Por lo tanto, la respuesta exacta está representada por una curva sin quiebres localizada 3 dB por encima de la respuesta asintótica en $\omega = a$, y 1 dB arriba de ella en $\omega = 0.5a$ (y también en $\omega = 2a$). Si lo que se desea es una curva más exacta puede usarse la información anterior para suavizar la esquina.

Ahora se necesita la fase para el cero simple,

$$\text{áng } \mathbf{H}(j\omega) = \text{áng } \left(1 + \frac{j\omega}{a}\right) = \tan^{-1} \frac{\omega}{a}$$

Esta expresión también está representada por sus asíntotas, aunque son necesarios tres segmentos de recta. Para $\omega \ll a$, áng $\mathbf{H}(j\omega) \doteq 0°$, y se le puede usar como asíntota cuando $\omega < 0.1a$:

$$\text{áng } \mathbf{H}(j\omega) = 0° \qquad (\omega < 0.1a)$$

En el extremo alto, $\omega \gg a$, se tiene áng $\mathbf{H}(j\omega) \doteq 90°$, y se usa para valores por encima de $\omega = 10a$:

$$\text{áng } \mathbf{H}(j\omega) = 90° \qquad (\omega > 10a)$$

Como el ángulo es de 45° en $\omega = a$, a continuación se construye la recta de la asíntota que va desde 0° en $\omega = 0.1a$, pasando por 45° en $\omega = a$, hasta llegar a 90° en $\omega = 10a$. Esta recta tiene una pendiente de 45°/década. Se muestra como una curva continua en la figura 13-19 mientras que la fase exacta se muestra como una línea punteada.

Figura 13-19

La curva de fase asintótica para $\mathbf{H(s)} = 1 + \mathbf{s}/a$ se muestra como tres segmentos de recta continuos en color. Los extremos de la rampa son 0° en $0.1a$ y 90° en $10a$.

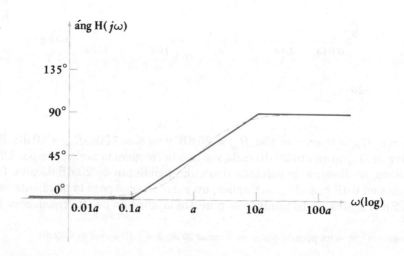

Las diferencias máximas entre la curva asintótica y la curva real son de ± 5.71° en $\omega = 0.1a$ y en $\omega = 10a$. También ocurren errores de ± 5.29° en $\omega = 0.394a$ y en $2.54a$; el error es igual a cero en $\omega = 0.159a$, a y $6.31a$.

A continuación se considera un polo simple,

$$\mathbf{H}(\mathbf{s}) = \frac{1}{1 + \mathbf{s}/a}$$

Como éste es el recíproco de un cero, la operación logarítmica conduce a una gráfica de Bode que es el negativo de la que se obtuvo antes. La amplitud es de 0 dB hasta $\omega = a$, y la pendiente es de –20 dB/década para $\omega > a$. El ángulo de la gráfica es de 0° para $\omega < 0.1a$, –90° para $\omega > 10a$, y –45° para $\omega = a$ y tiene una pendiente de –45°/década cuando $0.1a < \omega < 10a$.

Otro término que puede aparecer en $\mathbf{H}(\mathbf{s})$ es un factor de $\mathbf{s}$ en el numerador o en el denominador. Si $\mathbf{H}(\mathbf{s}) = \mathbf{s}$, entonces

$$H_{\mathrm{dB}} = 20 \log |\omega|$$

Por lo tanto se tiene una recta infinita que pasa por 0 dB en $\omega = 1$, y cuya pendiente es 20 dB/década en todos los puntos; esto se muestra en la figura 13-20a. Si el factor $\mathbf{s}$ aparece en el denominador, se obtiene una recta con una pendiente de –20 dB/década y que pasa por 0 dB en $\omega = 1$, como se ve en la figura 13-20b.

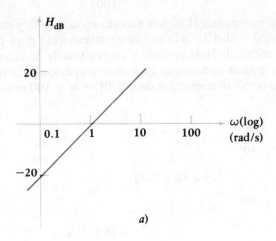

$a)$

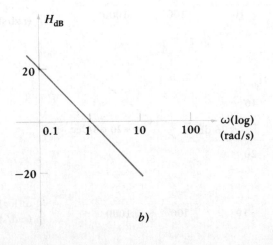

$b)$

Figura 13-20

Los diagramas asintóticos se muestran para $a)$ $\mathbf{H}(\mathbf{s}) = \mathbf{s}$ y $b)$ $\mathbf{H}(\mathbf{s}) = 1/\mathbf{s}$. Ambas son rectas infinitas que pasan por 0 dB en $\omega = 1$ y tienen pendientes de ±20 dB/década.

Otro término que está en $\mathbf{H}(\mathbf{s})$ es la constante multiplicativa K. Esto da una gráfica de Bode que es una recta horizontal colocada $20 \log |K|$ dB por encima de la abscisa. En realidad estará por debajo de la abscisa si $|K| < 1$.

Ahora se considerará un ejemplo en el cual se combinan en $\mathbf{H}(\mathbf{s})$ los diversos factores mencionados.

Ejemplo 13-5 Se busca la gráfica de Bode de la impedancia de entrada de la red mostrada en la figura 13-21.

Figura 13-21

Si se escoge $\mathbf{H}(\mathbf{s})$ como $\mathbf{Z}_{ent}(\mathbf{s})$ para esta red, entonces el diagrama de Bode para H_{dB} es el que se muestra en la figura 13-22b.

$$\mathrm{H}(s) = \mathrm{Z}_{ent}(s) \rightarrow$$

Solución: Se tiene la impedancia de entrada,

$$\mathbf{Z}_{ent}(\mathbf{s}) = \mathbf{H}(\mathbf{s}) = 20 + 0.2\mathbf{s}$$

Poniendo esto en forma estándar, se tiene:

$$\mathbf{H}(\mathbf{s}) = 20 \left(1 + \frac{\mathbf{s}}{100}\right)$$

Los dos factores que componen $\mathbf{H}(\mathbf{s})$ son un cero en $\omega = 100$, y una constante, equivalente a $20 \log 20 = 26$ dB. Cada uno se muestra en la figura 13-22a. Como se trabaja con el logaritmo de $\mathbf{H}(\mathbf{s})$, se suman las gráficas de Bode correspondientes a cada factor. La gráfica de magnitud resultante aparece en la figura 13-22b. No se muestra en la curva la corrección de $+3$ dB en $\omega = 100$ rad/s.

Figura 13-22

$a)$ Los diagramas de Bode para los factores de $\mathbf{H}(\mathbf{s}) = 20(1 + \mathbf{s}/100)$ están graficados individualmente.
$b)$ El diagrama de Bode compuesto se muestra como la suma de las gráficas del inciso a.

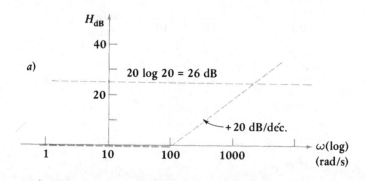

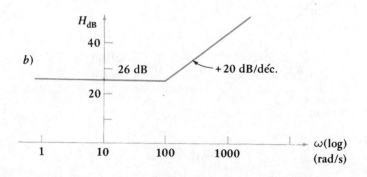

La gráfica de fase de Bode es simplemente el ángulo correspondiente al cero en $\omega = 100$. Por tanto, se tiene 0° debajo de $\omega = 10$, 90° arriba de $\omega = 1000$, 45° en $\omega = 100$, y una pendiente de 45°/década para $10 < \omega < 1000$. Este resultado se muestra en la figura 13-23.

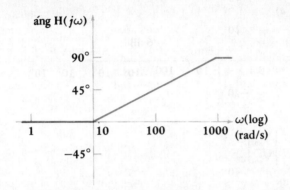

Figura 13-23

La gráfica de fase de Bode para $\mathbf{H}(\mathbf{s}) = 20(1 + \mathbf{s}/100)$.

Ejemplo 13-6. Como segundo ejemplo, se trabajará con un circuito similar a un amplificador con limitaciones de alta y baja frecuencia. Se necesita la gráfica de Bode para la ganancia del circuito que se muestra en la figura 13-24.

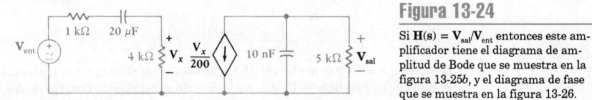

Figura 13-24

Si $\mathbf{H}(\mathbf{s}) = \mathbf{V}_{sal}/\mathbf{V}_{ent}$ entonces este amplificador tiene el diagrama de amplitud de Bode que se muestra en la figura 13-25*b*, y el diagrama de fase que se muestra en la figura 13-26.

Solución: Se trabaja de izquierda a derecha a través del circuito y se escriben las expresiones para la ganancia de voltaje,

$$\mathbf{H}(\mathbf{s}) = \frac{\mathbf{V}_{sal}}{\mathbf{V}_{ent}} = \frac{4000}{5000 + 10^6/20\mathbf{s}}\left(-\frac{1}{200}\right)\frac{(10^8/\mathbf{s})5000}{5000 + 10^8/\mathbf{s}}$$

$$= \frac{8 \times 10^4 \mathbf{s}}{10^6 + 10^5 \mathbf{s}}\left(-\frac{1}{200}\right)\frac{5 \times 10^{11}}{10^8 + 5000\mathbf{s}}$$

lo cual se simplifica a

$$\mathbf{H}(\mathbf{s}) = \frac{-2\mathbf{s}}{(1 + \mathbf{s}/10)(1 + \mathbf{s}/20\,000)}$$

Se observa una constante $20 \log |-2| = 6$ dB, polos en $\omega = 10$ y $\omega = 20\,000$, y un factor lineal $\mathbf{s}$. Cada uno está graficado en la figura 13-25*a*, y las cuatro gráficas sumadas dan el diagrama de magnitud de Bode de la figura 13-25*b*.

Antes de construir la gráfica de fase para este amplificador se investigarán varios detalles de la gráfica de magnitud.

En primer lugar, no conviene confiar plenamente en la suma gráfica de las curvas individuales de magnitud. Más bien se puede calcular el valor exacto de la gráfica de magnitud combinada en puntos selectos, tomando en cuenta el valor asintótico de cada factor de $\mathbf{H}(\mathbf{s})$ en el punto en cuestión. Por ejemplo, en la región plana de la figura 13-25*b* entre $\omega = 10$ y $\omega = 20\,000$, los valores están por debajo de la frecuencia

Figura 13-25

a) Gráficas de magnitud de Bode individuales para los factores (-2), (s), $(1 + s/10)^{-1}$ y $(1 + s/20\ 0000)^{-1}$. *b*) Las cuatro gráficas separadas del inciso *a* se suman para dar el diagrama de magnitud de Bode para el amplificador de la figura 13-24.

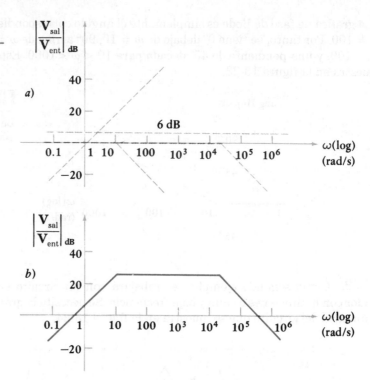

de corte en $\omega = 20\ 000$, por lo cual $(1 + s/20\ 000)$ se representa como 1, pero también se está por encima de $\omega = 10$, así que $(1 + s/10)$ se representa como $\omega/10$. Así,

$$H_{dB} = 20 \log \left| \frac{-2\omega}{(\omega/10)1} \right|$$

$$= 20 \log 20 = 26 \text{ dB} \qquad (10 < \omega < 20\ 000)$$

También podría ser que se deseara conocer la frecuencia a la cual la respuesta asintótica cruza la abscisa en el extremo elevado. Las dos esquinas se representan como $\omega/10$ y $\omega/20\ 000$; entonces

$$H_{dB} = 20 \log \left| \frac{-2\omega}{(\omega/10)(\omega/20\ 000)} \right| = 20 \log \left| \frac{400\ 000}{\omega} \right|$$

Como $H_{dB} = 0$ en el cruce con la abscisa, $400\ 000/\omega = 1$, y $\omega = 400\ 000$ rad/s.

Muchas veces puede no ser necesario un diagrama de Bode exacto trazado sobre papel semilogarítmico. En vez de eso se construye un eje aproximado de frecuencia logarítmica sobre papel rayado. Después de seleccionar el intervalo para una década —por decir, una distancia L que se extiende de $\omega = \omega_1$ a $\omega = 10\omega_1$, (donde ω_1 es casi siempre una potencia entera de 10)— entonces x designa la distancia que ω está a la derecha de ω_1, de forma que $x/L = \log (\omega/\omega_1)$. De especial ayuda es el conocimiento de que $x = 0.3L$ cuando $\omega = 2\omega_1$, $x = 0.6L$ en $\omega = 4\omega_1$ y $x = 0.7L$ en $\omega = 5\omega_1$.

Ahora se completará el ejemplo de la figura 13-24.

Ejemplo 13-6 (cont.) Trace la gráfica de fase para $H(s) = -2s/(1 + s/10)(1 + s/20\ 000)$.

Solución: Se inspecciona $H(j\omega)$:

$$\mathbf{H}(j\omega) = \frac{-j2\omega}{(1 + j\omega/10)(1 + j\omega/20\ 000)} \qquad (31)$$

El ángulo del numerador es una constante, –90°, y los factores restantes están representados como la suma de los ángulos de los polos simples en $\omega = 10$ y en $\omega = 20\ 000$. Estos tres términos se muestran como líneas punteadas asintóticas en la figura 13-26, y su suma es la curva continua. Se obtiene una representación equivalente si la curva se desplaza 360° hacia arriba.

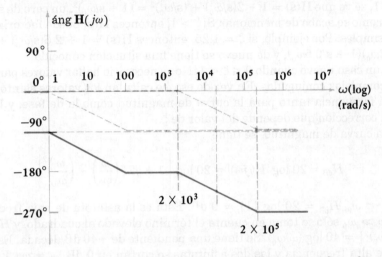

Figura 13-26

La curva continua muestra la curva de fase asintótica del amplificador de la figura 13-24.

Para la respuesta de fase asintótica también se pueden obtener valores exactos. Por ejemplo, en $\omega = 10^4$ rad/s, el ángulo en la figura 13-26 se obtiene de los términos del numerador y el denominador de la ecuación (31). El ángulo del numerador es de –90°. El ángulo para el polo en $\omega = 10$ es –90°, ya que ω es mayor que 10 veces la frecuencia de corte. Entre 0.1 y 10 veces la frecuencia de corte, como se recordará, la pendiente es de –45°/década para un polo simple. Para el polo a 20 000 rad/s se tiene por tanto un ángulo de $-45°\log(\omega/0.1a) = -45°\log$ $[10\ 000/(0.1 \times 20\ 000)] = -31.5°$. La suma algebraica de estas tres contribuciones es $-90° - 90° - 31.5° = -211.5°$, un valor moderadamente cercano a la curva de fase asintótica de la figura 13-26. ●

Los polos y ceros que se han estado considerando son todos ellos términos de primer orden, tales como $\mathbf{s}^{\pm1}$, $(1 + 0.2\mathbf{s})^{\pm1}$, y así por el estilo. El análisis para polos y ceros de mayor orden se puede extender fácilmente. Un término $\mathbf{s}^{\pm n}$ da una respuesta de magnitud que pasa a través de $\omega = 1$ con una pendiente de $\pm20n$ dB/década; la respuesta de fase es un ángulo constante de $(\pm90°)n$. Asimismo, un cero múltiple, $(1 + \mathbf{s}/a)^n$, debe representar la suma de n de las curvas de magnitud, o n de las curvas de fase del cero simple. Por lo tanto se obtiene una gráfica de magnitud asintótica que vale 0 dB para $\omega < a$ y que tiene una pendiente de $20n$ dB/década cuando $\omega > a$; el error es de $-3n$ dB en $\omega = a$, y de $-n$ dB en $\omega = 0.5a$ y $2a$. La gráfica de fase vale 0° para $\omega < 0.1a$, $(90°)n$ para $\omega > 10a$, $(45°)n$ en $\omega = a$, una recta con pendiente de $(45°)n$/década para $0.1a < \omega < 10a$, y tiene errores de hasta $(\pm5.71°)n$ a dos frecuencias.

Las curvas de fase y de magnitud asintótica para un factor tal como $(1 + \mathbf{s}/20)^{-3}$ pueden dibujarse rápidamente, pero deberán tenerse en cuenta los errores relativamente grandes asociados con potencias mayores.

El último tipo de factor que necesita considerarse representa un par complejo conjugado de polos o ceros. La siguiente forma se adoptará como la forma estándar para un par de ceros:

$$\mathbf{H(s)} = 1 + 2\zeta\left(\frac{\mathbf{s}}{\omega_0}\right) + \left(\frac{\mathbf{s}}{\omega_0}\right)^2$$

La cantidad ζ es el factor de amortiguamiento relativo presentado en la sección 13-2, y pronto se verá que ω_0 es la frecuencia de corte de la respuesta asintótica.[6]

Si $\zeta = 1$, se ve que $\mathbf{H(s)} = 1 + 2(\mathbf{s}/\omega_0) + (\mathbf{s}/\omega_0)^2 = (1 + \mathbf{s}/\omega_0)^2$, un cero de segundo orden, tal como se acaba de mencionar. Si $\zeta > 1$, entonces $\mathbf{H(s)}$ puede factorizarse en dos ceros simples. Por ejemplo, si $\zeta = 1.25$, entonces $\mathbf{H(s)} = 1 + 2.5(\mathbf{s}/\omega_0) + (\mathbf{s}/\omega_0)^2 = (1 + \mathbf{s}/2\omega_0)(1 + \mathbf{s}/0.5\omega_0)$, y de nuevo se tiene una situación conocida.

Surge un caso nuevo cuando $0 \leq \zeta < 1$. No es necesario hallar valores para el par de raíces complejas conjugadas. En vez de eso, se calculan los valores asintóticos de alta y baja frecuencia tanto para la curva de magnitud como la de fase, y luego se aplica una corrección que depende del valor de ζ.

Para la curva de magnitud, se tiene

$$H_{dB} = 20 \log |\mathbf{H}(j\omega)| = 20 \log \left| 1 + j2\zeta\left(\frac{\omega}{\omega_0}\right) - \left(\frac{\omega}{\omega_0}\right)^2 \right| \tag{32}$$

Cuando $\omega \ll \omega_0$, $H_{dB} \doteq 20 \log |1| = 0$ dB. Ésta es la asíntota de baja frecuencia. Luego, si $\omega \gg \omega_0$ sólo se toma en cuenta el término elevado al cuadrado, y $H_{dB} \doteq 20 \log | -(\omega/\omega_0)^2| = 40 \log (\omega/\omega_0)$. Se tiene una pendiente de $+40$ dB/década. Ésta es la asíntota de alta frecuencia y las dos asíntotas se cortan en 0 dB, $\omega = \omega_0$. La curva continua de la figura 13-27 muestra esta representación asintótica de la curva de magnitud. Sin embargo, debe aplicarse una corrección cerca de la frecuencia de corte. Sea $\omega = \omega_0$ en la ecuación (32); entonces,

$$H_{dB} = 20 \log \left| j2\zeta\left(\frac{\omega}{\omega_0}\right) \right| = 20 \log (2\zeta)$$

En el caso límite en el que $\zeta = 1$, la corrección es de $+6$ dB; para $\zeta = 0.5$ no se necesita corrección; y para $\zeta = 0.1$, la corrección es -14 dB. Sabiendo esto, a menudo es necesario sólo un valor de corrección para dibujar una curva de magnitud asintótica satisfactoria. La figura 13-27 muestra curvas más precisas para $\zeta = 1, 0.5, 0.25$ y 0.1, calculadas a partir de la ecuación (31). Por ejemplo, si $\zeta = 0.25$, el valor exacto de H_{dB} para $\omega = 0.5\omega_0$ es

$$H_{dB} = 20 \log |1 + j0.25 - 0.25| = 20 \log \sqrt{0.75^2 + 0.25^2} = -2.0 \text{ dB}$$

Los picos negativos no muestran un valor mínimo exactamente en $\omega = \omega_0$, como puede verse en la curva para $\zeta = 0.5$. La depresión se encuentra siempre a una frecuencia ligeramente menor.

Si $\zeta = 0$, entonces $\mathbf{H}(j\omega_0) = 0$ y $H_{dB} = -\infty$. Generalmente no se trazan diagramas de Bode para esta situación.

La última preocupación es trazar la curva de fase asintótica para $\mathbf{H}(j\omega) = 1 + j2\zeta(\omega/\omega_0) - (\omega/\omega_0)^2$. Debajo de $\omega = 0.1\omega_0$, se tomará áng $\mathbf{H}(j\omega) = 0°$; por encima de $\omega = 10\omega_0$, áng $\mathbf{H}(j\omega) \doteq$ áng $[-(\omega/\omega_0)^2] = 180°$. A la frecuencia de corte, áng $\mathbf{H}(j\omega_0)$ = áng $(j2\zeta) = 90°$. En el intervalo $0.1\omega_0 < \omega < 10\omega_0$, se comienza con la recta

---

6   También es la frecuencia de resonancia si $\zeta = 0$.

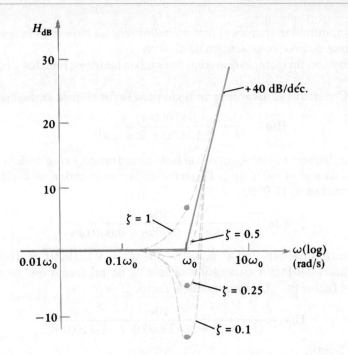

Figura 13-27

Diagramas de amplitud de Bode para la función $\mathbf{H}(\mathbf{s}) = 1 + 2\zeta(\mathbf{s}/\omega_0) + (\mathbf{s}/\omega_0)^2$ para varios valores del factor de amortiguamiento ζ.

mostrada como una línea continua en la figura 13-28. Se extiende desde $(0.1\omega_0, 0°)$, pasa por $(\omega_0, 90°)$ y termina en $(10\omega_0, 180°)$ y tiene una pendiente de $90°$/década.

Ahora hay que hacer algunas correcciones a esta curva básica para varios valores de ζ. De la ecuación (32), se tiene

$$\text{áng } \mathbf{H}(j\omega) = \tan^{-1} \frac{2\zeta(\omega/\omega_0)}{1 - (\omega/\omega_0)^2}$$

Un valor exacto arriba y otro abajo de $\omega = \omega_0$ son suficientes para dar una forma aproximada a la curva. Si se toma $\omega = 0.5\omega_0$, se encuentra que áng $\mathbf{H}(j0.5\omega_0) = \tan^{-1}(4\zeta/3)$, mientras que para $\omega = 2\omega_0$, el ángulo es de $180° - \tan^{-1}(4\zeta/3)$. Las curvas de fase se muestran como líneas punteadas en la figura 13-28 para $\zeta = 1, 0.5, 0.25$ y 0.1; los puntos gruesos identifican valores exactos en $\omega = 0.5\omega_0$ y en $\omega = 2\omega_0$.

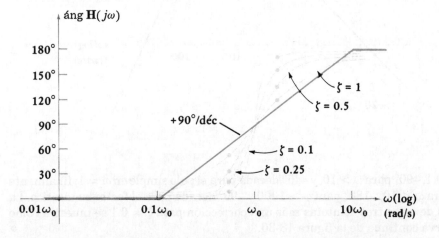

Figura 13-28

La aproximación lineal a la característica de fase para $\mathbf{H}(j\omega) = 1 + j2\,\zeta(\omega/\omega_0) - (\omega/\omega_0)^2$ se muestra como una curva continua, y la respuesta de fase real se muestra para $\zeta = 1, 0.5, 0.25$ y 0.1 como líneas punteadas.

Si en el denominador aparece el factor cuadrático, las curvas de magnitud y fase son los negativos de las que se acaban de discutir.

Se concluirá con un ejemplo que contiene ambos factores: lineales y cuadráticos.

Ejemplo 13-7   Construya el diagrama de Bode para la función de transferencia

$$\mathbf{H(s)} = \frac{100\,000\,\mathbf{s}}{(\mathbf{s} + 1)(10\,000 + 20\mathbf{s} + \mathbf{s}^2)}$$

Solución: Primero se trabajará con el factor cuadrático, arreglándolo de manera que se pueda ver el valor de ζ. El factor de segundo orden se divide entre su término constante, 10 000:

$$\mathbf{H(s)} = \frac{10\mathbf{s}}{(1 + \mathbf{s})(1 + 0.002\mathbf{s} + 0.0001\mathbf{s}^2)}$$

Una inspección del término $\mathbf{s}^2$ muestra que $\omega_0 = \sqrt{1/0.0001} = 100$. Luego el término lineal del factor cuadrático se escribe de tal forma que se muestre el factor 2, el factor $(\mathbf{s}/\omega_0)$, y finalmente el factor ζ:

$$\mathbf{H(s)} = \frac{10\mathbf{s}}{(1 + \mathbf{s})[1 + 2(0.1)(\mathbf{s}/100) + (\mathbf{s}/100)^2]}$$

Se ve que $\zeta = 0.1$.

Las asíntotas de la curva de magnitud se grafican con rayas punteadas claras en la figura 13-29: 20 dB para el factor de 10, una recta infinita que pasa por $\omega = 1$ con una pendiente de $+20$ dB/década para el factor $\mathbf{s}$, un corte en $\omega = 1$ para el polo simple, y un corte en $\omega = 100$ con una pendiente de -40 dB/década para el término de segundo orden en el denominador. Sumando estas cuatro curvas y haciendo una corrección de $+14$ dB para el factor cuadrático, se obtiene la curva continua gruesa de la figura 13-29.

La gráfica de fase consta de tres componentes: $+90°$ para el factor $\mathbf{s}$; $0°$ para

Figura 13-29

La gráfica de magnitud de Bode para la función de transferencia
$$\mathbf{H(s)} = \frac{100\,000\mathbf{s}}{(\mathbf{s} + 1)(10\,000 + 20\mathbf{s} + \mathbf{s}^2)}.$$

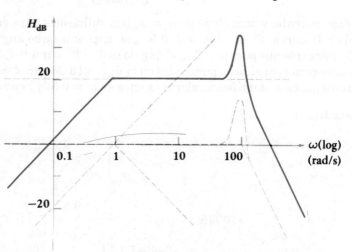

$\omega < 0.1$, $-90°$ para $\omega > 10$, y $-45°$/década para el polo simple en $\omega = 1$; finalmente $0°$ para $\omega < 10$, $-180°$ para $\omega > 1000$ y $-90°$/década para el factor cuadrático. La suma de estas tres asíntotas más una corrección para $\zeta = 0.1$ se muestra como la curva continua de la figura 13-30.

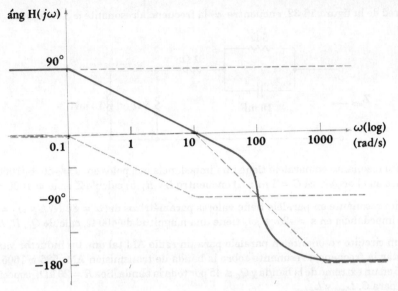

Figura 13-30

La gráfica de fase de Bode para la función de transferencia

$$H(s) = \frac{100\,000s}{(s + 1)(10\,000 + 20s + s^2)}.$$

13-15. Calcule H_{dB} en $\omega = 146$ rad/s si $H(s)$ es igual a $a)$ 20/$(s + 100)$; $b)$ 20$(s + 100)$; $c)$ 20s. Calcule $|H(j\omega)|$ si H_{dB} es igual a $d)$ 29.2 dB; $e)$ –15.6 dB; $f)$ –0.318 dB.

Resp: –18.94 dB; 71.0 dB; 69.3 dB; 28.8; 0.1660; 0.964

Ejercicios

13-16. Construya una gráfica de magnitud de Bode para $H(s)$ igual a $a)$ 50/$(s + 100)$; $b)$ $(s + 10)$/$(s + 100)$; $c)$ $(s + 10)$/s.

Resp: a) –6 dB, $\omega < 100$; –20 dB/década, $\omega > 100$; $b)$ –20 dB, $\omega < 10$; +20 dB/década, $10 < \omega < 100$; 0 dB, $\omega > 100$; $c)$ 0 dB, $\omega > 10$; –20 dB/década, $\omega < 10$

13-17. Dibuje el diagrama de fase de Bode para cada $H(s)$ dada en el ejercicio 13-16.

Resp: a) 0°, $\omega < 10$; –45°/década, $10 < \omega < 100$; –90°, $\omega > 1000$; $b)$ 0°, $\omega < 1$; +45°/década, $1 < \omega < 10$; 45°, $10 < \omega < 100$; –45°/década, $100 < \omega < 1000$; 0°, $\omega > 1000$; $c)$ –90°, $\omega < 1$; +45°/década, $1 < \omega < 100$; 0°, $\omega > 100$

13-18. Si $H(s) = 1000s^2$ /$(s^2 + 5s + 100)$, dibuje el diagrama de amplitud de Bode y calcule el valor para $a)$ ω cuando $H_{dB} = 0$; $b)$ H_{dB} en $\omega = 1$; $c)$ H_{dB} cuando $\omega \to \infty$.

Resp: 0.316 rad/s; 20 dB; 60 dB

1 Encuentre la frecuencia resonante de la red de dos terminales mostrada en la fig. 13-31.

2 Sean $R = 1$ MΩ, $L = 1$ H, $C = 1\,\mu$F e $I = 10/\underline{0°}\,\mu$A en el circuito de la fig. 13-1. $a)$ Encuentre ω_0 y Q_0. $b)$ Grafique $|V|$ como una función de ω, $995 < \omega < 1005$ rad/s.

Problemas

Figura 13-31

Para el problema 1.

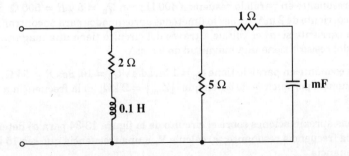

3 Para la red de la figura 13-32, encuentre $a)$ la frecuencia resonante ω_0; $b)$ $\mathbf{Z}_{\text{ent}}(j\omega_0)$.

Figura 13-32

Para los problemas 3 y 42.

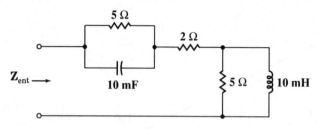

4 Un circuito resonante en paralelo tiene una impedancia con polos en $\mathbf{s} = -50 \pm j1000s^{-1}$, y tiene un cero en el origen. Si $C = 1\,\mu\text{F}$: $a)$ encuentre L y R; $b)$ calcule $\mathbf{Z}$ en $\omega = 1000$ rad/s.

5 Un circuito resonante en paralelo tiene valores paramétricos de: $\alpha = 80$ Np/s y $\omega_d = 1200$ rad/s. Si la impedancia en $\mathbf{s} = -2\alpha + j\omega_d$ tiene una magnitud de $400\,\Omega$, calcule Q_0, R, L y C.

6 Diseñe un circuito resonante en paralelo para un radio AM tal que un inductor variable pueda ajustar la frecuencia resonante sobre la banda de transmisión AM, 535 a 1605 kHz, con $Q_0 = 45$ en un extremo de la banda y $Q_0 \leq 45$ por toda la banda. Sea $R = 20$ kΩ, especifique los valores para C, $L_{\text{mín}}$ y $L_{\text{máx}}$.

7 $a)$ Encuentre $\mathbf{Y}_{\text{ent}}$ para la red mostrada en la figura 13-33. $b)$ Determine ω_0 y $\mathbf{Z}_{\text{ent}}(j\omega_0)$ para la red.

Figura 13-33

Para el problema 7.

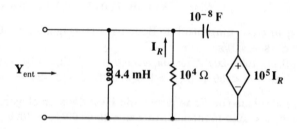

8 Un circuito resonante en paralelo tiene $\omega_0 = 1000$ rad/s, $Q_0 = 80$ y $C = 0.2\,\mu\text{F}$. $a)$ Encuentre R y L. $b)$ Utilice los métodos aproximados para graficar $|\mathbf{Z}|$ contra ω.

9 Utilice las relaciones exactas para determinar R, L y C para un circuito resonante en paralelo que tiene $\omega_1 = 103$ rad/s, $\omega_2 = 118$ rad/s y $|\mathbf{Z}(j105)| = 10\,\Omega$.

10 Sean $\omega_0 = 30$ krad/s, $Q_0 = 10$ y $R = 600\,\Omega$ para cierto circuito resonante en paralelo. $a)$ Encuentre el ancho de banda. $b)$ Calcule N en $\omega = 28$ krad/s. $c)$ Utilice los métodos aproximados para determinar $\mathbf{Z}_{\text{ent}}(j28\,000)$. $d)$ Encuentre el valor verdadero de $\mathbf{Z}_{\text{ent}}(j28\,000)$. $e)$ Establezca el porcentaje de error que se incurre al utilizar las relaciones aproximadas para calcular $|\mathbf{Z}_{\text{ent}}|$ y áng $\mathbf{Z}_{\text{ent}}$ en 28 krad/s.

11 Un circuito resonante en paralelo resuena a 400 Hz con $Q_0 = 8$ y $R = 500\,\Omega$. Si se aplica al circuito una corriente de 2 mA, utilice los métodos aproximados para encontrar la frecuencia cíclica de la corriente si $a)$ el voltaje a través del circuito tiene una magnitud de 0.5 V; $b)$ la corriente del resistor tiene una magnitud de 0.5 mA.

12 Un circuito resonante en paralelo tiene $\omega_0 = 1$ Mrad/s y $Q_0 = 10$. Sea $R = 5$ kΩ, encuentre $a)$ L; $b)$ la frecuencia por encima de ω_0 en que $|\mathbf{Z}_{\text{ent}}| = 2$ kΩ; $c)$ la frecuencia a la que áng $\mathbf{Z}_{\text{ent}} = -30°$.

13 Utilice buenas aproximaciones sobre el circuito de la figura 13-34 para $a)$ determinar ω_0; $b)$ calcule $\mathbf{V}_1$ a la frecuencia resonante; $c)$ calcule $\mathbf{V}_1$ a una frecuencia que sea 15 krad/s más alta que la resonancia.

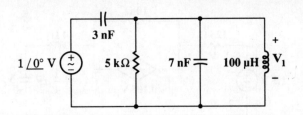

Figura 13-34

Para el problema 13.

14 *a*) Aplique la definición de resonancia para determinar ω_0 para la red de la figura 13-35.
b) Encuentre $\mathbf{Z}_{ent}(j\omega_0)$.

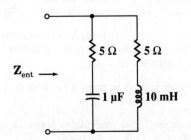

Figura 13-35

Para el problema 14.

15 Un circuito resonante en paralelo se caracteriza por $f_0 = 1000$ Hz, $Q_0 = 40$ y $|\mathbf{Z}_{ent}(j\omega_0)|$ $= 2$ kΩ. Utilice las relaciones aproximadas para determinar *a*) $\mathbf{Z}_{ent}$ a 1010 Hz; *b*) el rango de frecuencias sobre el cual las aproximaciones son razonablemente exactas.

16 *a*) Utilice las técnicas aproximadas para graficar $|\mathbf{V}_{sal}|$ contra ω para el circuito mostrado en la figura 13-36. *b*) Encuentre el valor exacto para $\mathbf{V}_{sal}$ en $\omega = 9$ rad/s.

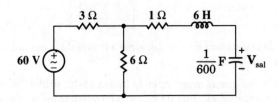

Figura 13-36

Para el problema 16.

17 Una red resonante en serie consiste de un resistor de 50 Ω, un inductor de 4 mH y un capacitor de 0.1 μF. Calcule valores para *a*) ω_0; *b*) f_0; *c*) Q_0; *d*) $\Re$; *e*) ω_1; *f*) ω_2; *g*) $\mathbf{Z}_{ent}$ a 45 krad/s; *h*) la relación de magnitudes de la impedancia del capacitor a la impedancia del resistor a 45 krad/s.

18 Después de determinar $\mathbf{Z}_{ent}(\mathbf{s})$ en la figura 13-37, encuentre: *a*) ω_0; *b*) Q_0.

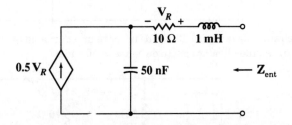

Figura 13-37

Para el problema 18.

19 Inspeccione el circuito de la figura 13-38, señalando la amplitud de la fuente de voltaje. Decida ahora si colocaría confiadamente sus manos sin guantes a través del capacitor si el circuito se construye realmente en el laboratorio. Grafique $|\mathbf{V}_C|$ contra ω para justificar su respuesta.

Figura 13-38

Para el problema 19.

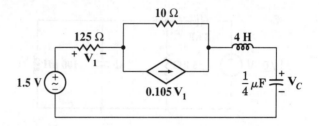

20 Un cierto circuito resonante en serie tiene $f_0 = 500$ Hz, $Q_0 = 10$ y $X_L = 500\,\Omega$ a la frecuencia resonante. *a)* Encuentre R, L y C. *b)* Si la fuente $\mathbf{V}_s = 1\underline{/\,0°}$ V se conecta en serie con el circuito, encuentre los valores exactos para $|\mathbf{V}_C|$ a $f = 450$, 500 y 550 Hz.

21 Una red de tres elementos tiene una impedancia de entrada $\mathbf{Z(s)}$ que muestra polos en $\mathbf{s} = 0$ e infinito, y un par de ceros en $\mathbf{s} = -20\,000 \pm j80\,000$ s^{-1}. Especifique los valores de los tres elementos si $\mathbf{Z}_{ent}$ $(-10\,000) = -20 + j0\,\Omega$.

22 Resuelva de nuevo el ejercicio 13-8*a* con un resistor de 1 kΩ conectado en paralelo con el capacitor.

23 Elabore algunas aproximaciones razonables sobre la red de la figura 13-39 y obtenga valores para ω_0, Q_0, $\mathfrak{R}$, $\mathbf{Z}_{ent}(j\omega_0)$ y $\mathbf{Z}_{ent}(j99\,000)$.

Figura 13-39

Para los problemas 23 y 24.

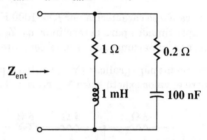

24 ¿Qué valor de resistencia debe conectarse a través de la entrada de la red de la figura 13-39 para provocar una Q_0 de 50?

25 Respecto a la red que se muestra en la figura 13-40, utilice las técnicas aproximadas para determinar la magnitud mínima de $\mathbf{Z}_{ent}$ y la frecuencia en la que ocurre.

Figura 13-40

Para el problema 25.

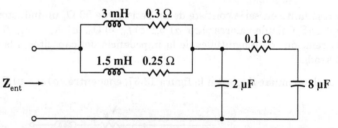

26 Para el circuito de la figura 13-41: *a)* prepare una curva de respuesta aproximada de $|\mathbf{V}|$ contra ω y *b)* calcule el valor exacto de $\mathbf{V}$ a $\omega = 50$ rad/s.

Figura 13-41

Para el problema 26.

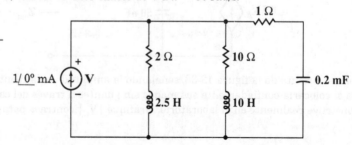

27 *a*) Utilice los métodos aproximados para calcular $|\mathbf{V}_x|$ en $\omega = 2000$ rad/s para el circuito de la figura 13-42. *b*) Obtenga el valor exacto de $|\mathbf{V}_x(j2000)|$.

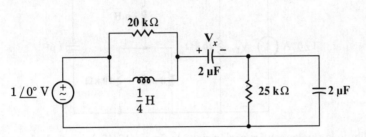

Figura 13-42

Para el problema 27.

28 El filtro mostrado en la figura 13-43*a* tiene la curva de respuesta mostrada en la figura 13-43*b*. *a*) Adapte el filtro de manera que opere entre la fuente de 50 Ω y una carga de 50 Ω y que tenga una frecuencia de corte de 20 kHz. *b*) Dibuje una nueva curva de respuesta.

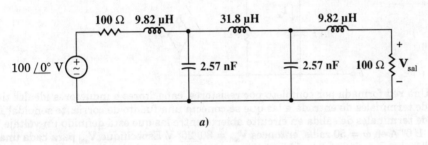

a)

Figura 13-43

Para el problema 28.

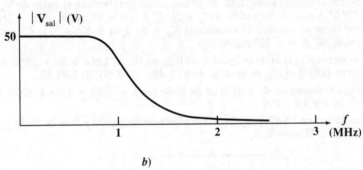

b)

29 *a*) Encuentre $\mathbf{Z}_{ent}(\mathbf{s})$ para la red que se muestra en la figura 13-44. *b*) Escriba una expresión para $\mathbf{Z}_{ent}(\mathbf{s})$ una vez que se ha dado una nueva escala por $K_m = 2$, $K_f = 5$. *c*) Dé una nueva escala para los elementos de la red por $K_m = 2$, $K_f = 5$ y dibuje la nueva red..

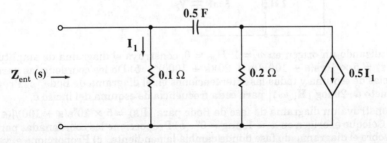

Figura 13-44

Para el problema 29.

30 *a*) Utilice buenas aproximaciones para determinar ω_0 y Q_0 para el circuito de la figura 13-45. *b*) Dé una nueva escala para la red a la derecha de la fuente de manera que sea resonante a 1 Mrad/s. *c*) Especifique ω_0 y $\Re$ para el circuito adaptado.

Figura 13-45

Para el problema 30.

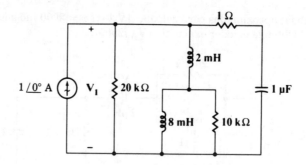

31 a) Dibuje la nueva configuración para la figura 13-46 después de dar una nueva escala con $K_m = 250$ y $K_f = 400$. b) Determine el equivalente de Thévenin para la red adaptada en $\omega = 1$ krad/s.

Figura 13-46

Para el problema 31.

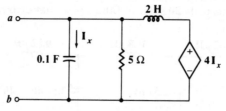

32 Una red formada por completo por resistores, capacitores e inductores ideales tiene un par de terminales de entrada a las que se conecta una fuente de corriente senoidal, $\mathbf{I}_s$, y un par de terminales de salida en circuito abierto entre las que está definido un voltaje $\mathbf{V}_{sal}$. Si $\mathbf{I}_s = 1\underline{/\,0^\circ}$ A en $\omega = 50$ rad/s, entonces $\mathbf{V}_{sal} = 30\underline{/\,25^\circ}$ V. Especifique $\mathbf{V}_{sal}$ para cada una de las condiciones descritas enseguida. Si es imposible determinar el valor de $\mathbf{V}_{sal}$, escriba OTSK.[7]
a) $\mathbf{I}_s = 2\underline{/\,0^\circ}$ A en $\omega = 50$ rad/s; b) $\mathbf{I}_s = 2\underline{/\,40^\circ}$ A a $\omega = 50$ rad/s; c) $\mathbf{I}_s = 2\underline{/\,40^\circ}$ A a 200 rad/s; d) la red tiene un cambio de escala con $K_m = 30$, $\mathbf{I}_s = 2\underline{/\,40^\circ}$ A, $\omega = 50$ rad/s; e) $K_m = 30$, $K_f = 4$, $\mathbf{I}_s = 2\underline{/\,40^\circ}$ A, $\omega = 200$ rad/s.

33 Encuentre H_{dB} si $\mathbf{H}(\mathbf{s})$ es igual a a) 0.2; b) 50; c) $12/(\mathbf{s} + 2) + 26/(\mathbf{s} + 20)$ para $\mathbf{s} = j10$. Encuentre $|\mathbf{H}(\mathbf{s})|$ si H_{dB} es igual a d) 37.6 dB; e) –8 dB; f) 0.01 dB.

34 Dibuje el diagrama de amplitud de Bode para a) $20(\mathbf{s} + 1)/(\mathbf{s} + 100)$; b) $2000(\mathbf{s} + 1)\mathbf{s}/(\mathbf{s} + 100)^2$; c) $\mathbf{s} + 45 + 200/\mathbf{s}$.

35 Para la figura 13-47, prepare las gráficas de amplitud y fase de Bode y para la función de transferencia, $\mathbf{H}(\mathbf{s}) = \mathbf{V}_C/\mathbf{I}_s$.

Figura 13-47

Para el problema 35.

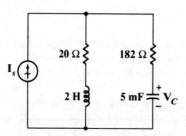

36 a) Utilizando un origen en $\omega = 1$, $H_{dB} = 0$, construya el diagrama de amplitud de Bode para $\mathbf{H}(\mathbf{s}) = 5 \times 10^8 \mathbf{s}(\mathbf{s} + 100)/[(\mathbf{s} + 20)(\mathbf{s} + 1000)^3]$. b) Dé las coordenadas para todas las frecuencias de esquina y todas las intercepciones en el diagrama de Bode. c) Proporcione el valor exacto de $20 \log |\mathbf{H}(j\omega)|$ para cada frecuencia de esquina del inciso b.

37 a) Construya un diagrama de fase de Bode para $\mathbf{H}(\mathbf{s}) = 5 \times 10^8 \mathbf{s}(\mathbf{s} + 100)/[(\mathbf{s} + 20)(\mathbf{s} + 1000)^3]$. Coloque el origen en $\omega = 1$, áng $= 0^\circ$. b) Proporcione las coordenadas para todos los puntos sobre el diagrama de fase donde cambia la pendiente. c) Proporcione el valor exacto de áng $\mathbf{H}(j\omega)$ para cada una de las frecuencias enlistadas en el inciso b.

---

[7] Sólo las tinieblas saben (siglas del inglés Only The Shadow Knows).

38 *a*) Elabore un diagrama de magnitud de Bode para la función de transferencia $\mathbf{H(s)} = 1 + 20/s + 400/s^2$. *b*) Compare el diagrama de Bode y los valores exactos en $\omega = 5$ y 100 rad/s.

39 *a*) Encuentre $\mathbf{H(s)} = \mathbf{V}_R/\mathbf{V}_s$ para el circuito mostrado en la figura 13-48. *b*) Dibuje los diagramas de Bode de amplitud y fase para $\mathbf{H(s)}$. *c*) Calcule los valores exactos de H_{dB} y áng $\mathbf{H}(j\omega)$ en $\omega = 20$ rad/s.

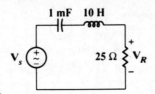

Figura 13-48

Para el problema 39.

40 Construya un diagrama de magnitud de Bode para la función de transferencia $\mathbf{H(s)} = \mathbf{V}_{sal}/\mathbf{V}_{ent}$ de la red mostrada en la figura 13-49.

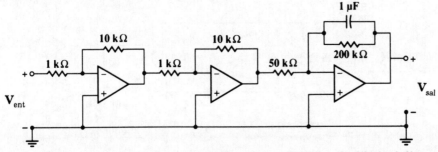

Figura 13-49

Para el problema 40.

41 Para la red de la figura 13-50: *a*) encuentre $\mathbf{H(s)} = \mathbf{V}_{sal}/\mathbf{V}_{ent}$; *b*) dibuje el diagrama de amplitud de Bode para H_{dB}; *c*) dibuje el diagrama de fase de Bode para $\mathbf{H}(j\omega)$.

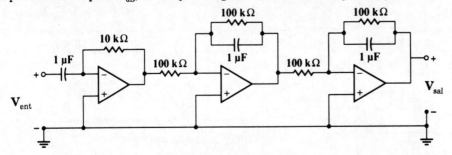

Figura 13-50

Para el problema 41.

42 (SPICE) Aplique una fuente de voltaje senoidal, $20\underline{/0°}$ V, a la red de la figura 13-32, y utilice el programa de SPICE para calcular la magnitud de la corriente de entrada en las frecuencias $f = 10, 11, 12, \ldots, 20, 21$ y 22 Hz.

43 (SPICE) Utilice el programa de SPICE para determinar la magnitud de $\mathbf{V}_{ent}$ en la figura 13-51 para las frecuencias obtenidas al dividir la década de frecuencias de $500 \leq f \leq 5000$ Hz en 10 intervalos logarítmicos iguales, 500, 629.5, 792.4, . . . Hz.

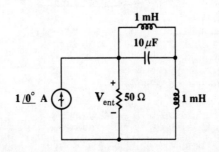

Figura 13-51

Para el problema 43.

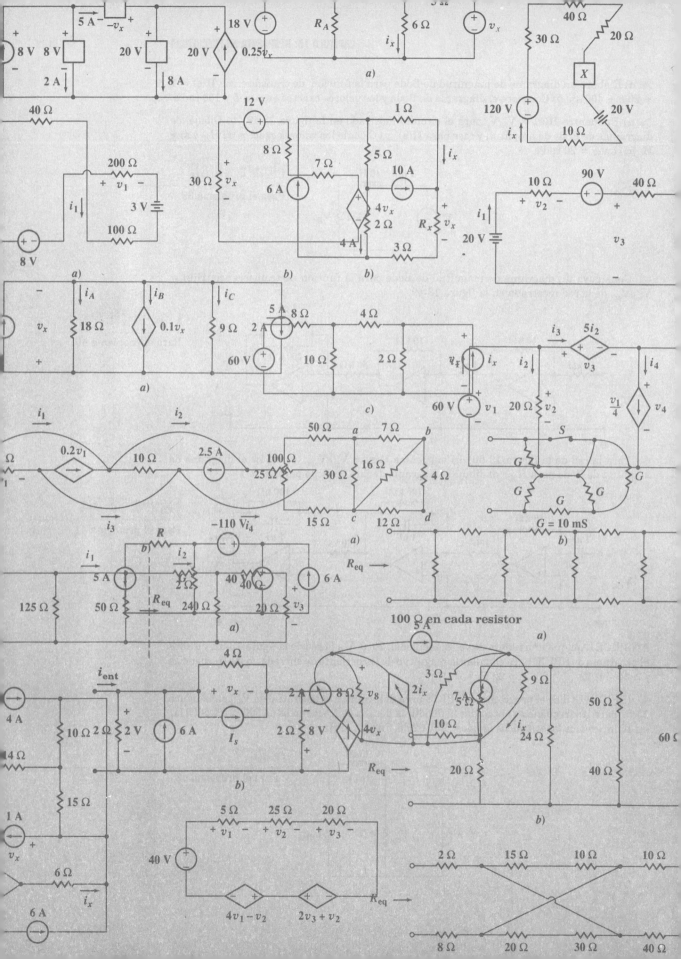

Quinta parte:
Redes de dos puertos

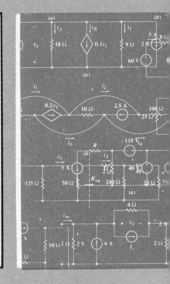

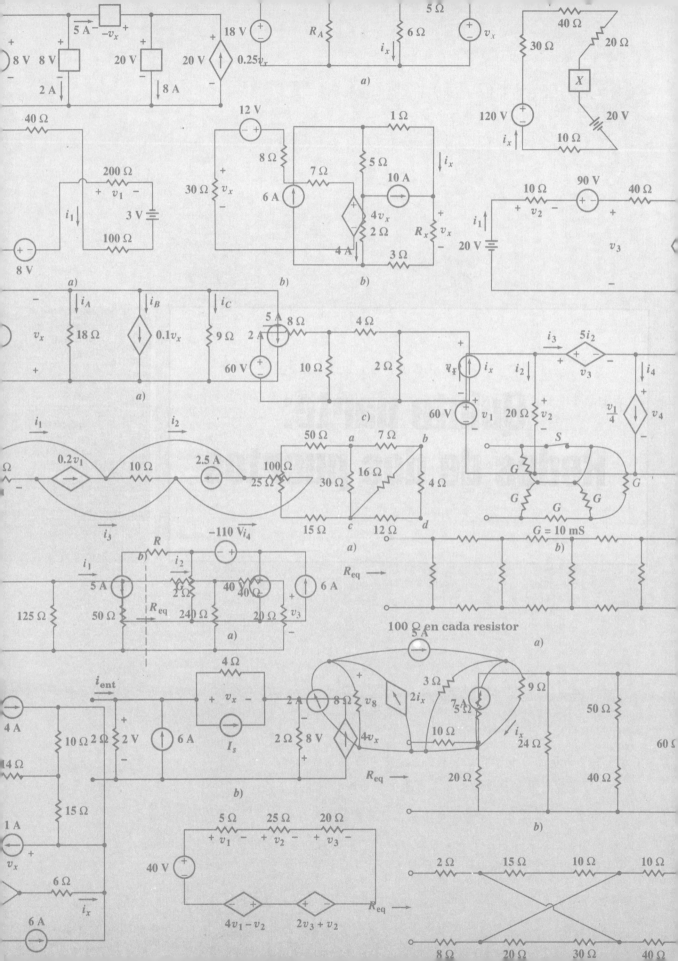

Circuitos acoplados magnéticamente

En capítulos anteriores se presentó al inductor como un elemento de circuito, y se definió en términos del voltaje entre sus terminales y la tasa de cambio de la corriente que pasa a través de ellas. Hablando estrictamente, esa fue la definición de la *autoinductancia*, pero en lenguaje común se le llamó sólo *inductancia*. Ahora es preciso considerar la inductancia mutua, una propiedad que está asociada mutuamente con dos o más bobinas que se encuentren físicamente cercanas entre sí. No existe ningún elemento de circuito llamado "inductor mutuo"; lo que es más, la inductancia mutua no es una propiedad asociada con un solo par de terminales, sino que se define con respecto a dos pares de terminales.

La inductancia mutua es el resultaao de la presencia de un flujo magnético común que enlaza a dos bobinas. Puede definirse en términos de este flujo magnético común, tal como se definió la autoinductancia en términos del flujo magnético que rodeaba a una sola bobina. Sin embargo, como se ha convenido en restringir la atención sólo a los conceptos de circuitos, las cantidades como flujo magnético y enlaces de flujo se mencionarán sólo superficialmente; por el momento, esas cantidades no se pueden definir de manera fácil o precisa y deberá aceptárseles como conceptos nebulosos que sólo son útiles para establecer cierta referencia.

El dispositivo físico cuya operación se basa de manera inherente en la inductancia mutua es el transformador. Los sistemas de potencia de 60 Hz usan muchos transformadores, variando en tamaño desde las dimensiones de un cuarto hasta las del cesto de basura del mismo cuarto. Se usan para cambiar la amplitud del voltaje, aumentándola para hacer más económica la transmisión, y luego disminuyéndola para una operación más segura, sea de equipo eléctrico doméstico o industrial. La mayor parte de los radios contienen uno o más transformadores, así como los receptores de televisión, los equipos de alta fidelidad, algunos teléfonos, automóviles y los tranvías eléctricos.

Se definirá primero la inductancia mutua y se estudiarán los métodos por medio de los cuales sus efectos se incluyen en las ecuaciones de circuito. Se concluirá con un estudio de las características importantes de un transformador lineal y una aproximación importante a un buen transformador de núcleo de hierro, el cual se conoce como *transformador ideal*.

14-1
Introducción

14-2

Inductancia mutua

Cuando se definió la inductancia, se hizo especificando la relación entre el voltaje y la corriente en las terminales,

$$v(t) = L\,\frac{di(t)}{dt}$$

donde se ha adoptado la convención pasiva de los signos. Sin embargo, se vio que el fundamento físico para esas características corriente-voltaje es por un lado la producción de un flujo magnético por una corriente, donde el flujo es proporcional a la corriente en inductores lineales, y por otro lado la producción de un voltaje por el campo magnético variable con el tiempo, donde el voltaje es proporcional a la tasa de cambio del campo magnético o del flujo magnético. Por esto se hace evidente la proporcionalidad entre el voltaje y la tasa dé cambio de la corriente.

La inductancia mutua es el resultado de una ligera extensión de este mismo argumento. Una corriente que fluye en una bobina establece un flujo magnético alrededor de esa bobina y también alrededor de una segunda bobina que se encuentre cerca; el flujo variable con el tiempo que rodea a la segunda bobina produce un voltaje entre las terminales de esta segunda bobina, este voltaje es proporcional a la tasa de cambio en el tiempo de la corriente que circula en la primera bobina. La figura 14-1*a* muestra un modelo simple de dos bobinas L_1 y L_2, colocadas lo suficientemente cerca una de la otra para que el flujo producido por una corriente $i_1(t)$ que circula a través de L_1 establezca un voltaje de circuito abierto $v_2(t)$ entre las terminales de L_2. Sin

Figura 14-1

a) La corriente i_1 en L_1 produce el voltaje de circuito abierto v_2 en L_2. *b*) La corriente i_2 en L_2 produce el voltaje de circuito abierto v_1 en L_1.

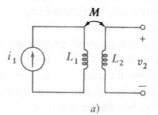 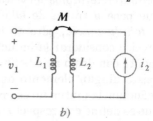

a)   *b*)

tomar en cuenta, por ahora, el signo algebraico adecuado para la relación, se define el *coeficiente de inductancia mutua*, o simplemente la *inductancia mutua*, M_{21},

$$v_2(t) = M_{21}\,\frac{di_1(t)}{dt} \tag{1}$$

El orden de los subíndices en M_{21} indica que en L_2 se produce una respuesta de voltaje debido a una fuente de corriente en L_1. Si el sistema se invierte, como se ve en la figura 14-1*b*, y en L_1 se produce una respuesta de voltaje debido a una fuente de corriente en L_2, entonces se tiene

$$v_1(t) = M_{12}\,\frac{di_2(t)}{dt} \tag{2}$$

Sin embargo, no se necesitan dos coeficientes de inductancia mutua; más adelante se recurrirá a relaciones de energía para demostrar que M_{12} y M_{21} son iguales. Por lo tanto, $M_{12} = M_{21} = M$. La existencia de un acoplamiento mutuo entre dos bobinas se indica por una flecha doble, como se muestra en las figuras 14-1*a* y *b*.

La inductancia mutua se mide en henrys y siempre es positiva, igual que la resistencia, la inductancia y la capacitancia.[1] Sin embargo, el voltaje $M\,di/dt$ puede ser una cantidad positiva o negativa, en la misma forma en la que lo es $v = -Ri$.

---

[1] No siempre se supone que la inductancia mutua sea positiva. Es en especial conveniente permitir que "lleve su propio signo" cuando se trata de tres o más bobinas y cada bobina interactúa con las demás. En este texto se restringirá la atención al caso simple más importante de dos bobinas.

El inductor es un elemento de dos terminales, y puede usarse la convención pasiva de los signos para elegir el signo correcto para el voltaje $L\,di/dt$, $j\omega L\mathbf{I}$, o $\mathbf{s}L\mathbf{I}$. Si la corriente entra por la terminal de referencia positiva del voltaje, entonces se usa el signo positivo. Sin embargo, la inductancia mutua no puede manejarse justo en la misma forma, ya que están involucradas cuatro terminales. La elección del signo correcto se establece usando una de las varias posibilidades que incluyen la "convención de los puntos", o una extensión de la convención de los puntos que incluye el uso de una variedad más grande de símbolos especiales, o por una inspección de la forma particular en la que está arrollada cada bobina. Aquí se usará la convención de los puntos, y sólo se echará vistazo a la construcción física de las bobinas; cuando sólo se tiene el acoplamiento de dos bobinas, no es necesario usar otros símbolos especiales.

La convención de los puntos hace uso de un punto grande colocado en uno de los extremos de cada una de las dos bobinas que están mutuamente acopladas. El signo del voltaje mutuo se determina como sigue:

> Una corriente que entra por la terminal punteada de una bobina produce un voltaje de circuito abierto entre las terminales de la segunda bobina, cuyo sentido es el de la dirección indicada por una referencia de voltaje positiva en la terminal punteada en esta segunda bobina.

Por lo tanto, en la figura 14-2a, i_1 entra por la terminal punteada de L_1; el sentido positivo de v_2 está en la terminal punteada de L_2 y $v_2 = M\,di_1/dt$. Ya se vio que no siempre es posible seleccionar los voltajes o las corrientes en un circuito de tal forma que la convención pasiva de los signos se satisfaga en todas partes; con el acoplamiento mutuo se presenta la misma situación. Por ejemplo, puede ser más conveniente representar a v_2 por una referencia de voltaje positiva en la terminal que no está punteada, como se muestra en la figura 14-2b, y entonces $v_2 = -M\,di_1/dt$. No siempre es posible que las corrientes entren por las terminales punteadas, tal como lo indican las figuras 14-2c y d. Se observa entonces que:

> Una corriente que entra por la terminal *no punteada* de una bobina proporciona un voltaje con la referencia positiva en la terminal *no punteada* de la segunda bobina.

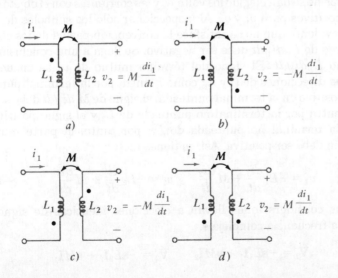

a)

b)

c)

d)

Figura 14-2

Una corriente que entra por la terminal punteada de una bobina produce un voltaje cuya referencia positiva está en la terminal punteada de la segunda bobina. Una corriente que entra por la terminal no punteada de una bobina produce un voltaje cuya referencia positiva está en la terminal no punteada de la segunda bobina

Hasta aquí sólo se ha considerado un voltaje mutuo presente en una bobina en *circuito abierto*. En general, estará circulando una corriente diferente de cero en cada una de las dos bobinas, y se producirá un voltaje mutuo en cada una de ellas debido a la corriente que circula en la otra bobina. *Este voltaje mutuo está presente independientemente de, y en adición a, cualquier voltaje de autoinducción.* En otras palabras, el voltaje entre las terminales de L_1 estará compuesto por dos términos, $L_1\, di_1/dt$ y $M\, di_2/dt$, cada uno con un signo que depende de las direcciones de las corrientes, la polaridad adoptada para el voltaje y la colocación de los dos puntos. En la porción de un circuito dibujada en la figura 14-3a se muestran las corrientes i_1 e i_2, suponiéndose arbitrariamente que cada una de ellas entra por la terminal punteada. Entonces el voltaje en L_1 está compuesto de dos partes,

$$v_1 = L_1 \frac{di_1}{dt} + M \frac{di_2}{dt}$$

al igual que el voltaje en L_2,

$$v_2 = L_2 \frac{di_2}{dt} + M \frac{di_1}{dt}$$

Figura 14-3

a) Como cada uno de los pares v_1, i_1 y v_2, i_2 satisface la convención pasiva de los signos, los dos voltajes de autoinducción son positivos; como i_1 e i_2 entran cada una por terminales punteadas, y como v_1 y v_2 tienen ambos referencia positiva en las terminales punteadas, los voltajes de inductancia mutua también son positivos. *b*) Como los pares v_1, i_1 y v_2, i_2 no obedecen a la convención pasiva de los signos, los dos voltajes de autoinducción son negativos; como i_1 entra por la terminal punteada y el signo de v_2 es positivo en la terminal punteada, el término mutuo de v_2 es positivo; como i_2 entra por la terminal no punteada y el signo de v_1 es positivo en la terminal no punteada, el término mutuo de v_1 también es positivo.

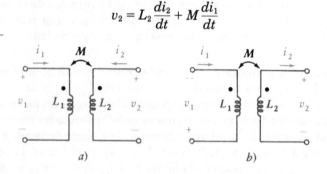

a)   *b*)

En la figura 14-3*b* no se han elegido los voltajes y las corrientes con el objeto de obtener sólo términos positivos para v_1 y v_2. Al inspeccionar sólo los símbolos de referencia para i_1 y v_1, es evidente que no se satisface la convención pasiva de los signos y que por tanto el signo de $L_1\, di_1/dt$ debe ser negativo. Se llega a una conclusión idéntica para el término $L_2\, di_2/dt$. El signo del término mutuo de v_2 se encuentra si se inspeccionan las direcciones de i_1 y v_2; como i_1 entra por la terminal punteada y v_2 tiene su signo positivo en la terminal punteada, el signo de $M\, di_1/dt$ debe ser positivo. Por último, i_2 entra por la terminal no punteada de L_2 y el signo positivo de v_1 se encuentra en la terminal no punteada de L_1; por tanto, la parte mutua de v_1, $M\, di_2/dt$ también debe ser positiva. Así, se tiene,

$$v_1 = -L_1 \frac{di_1}{dt} + M \frac{di_2}{dt} \qquad v_2 = -L_2 \frac{di_2}{dt} + M \frac{di_1}{dt}$$

Las mismas consideraciones llevan a elecciones idénticas de signos para la excitación a una frecuencia compleja **s**,

$$\mathbf{V}_1 = -\mathbf{s}L_1\mathbf{I}_1 + \mathbf{s}M\mathbf{I}_2 \qquad \mathbf{V}_2 = -\mathbf{s}L_2\mathbf{I}_2 + \mathbf{s}M\mathbf{I}_1$$

o en estado senoidal permanente, donde $s = j\omega$,

$$V_1 = -j\omega L_1 I_1 + j\omega M I_2 \qquad V_2 = -j\omega L_2 I_2 + j\omega M I_1$$

Antes de aplicar la convención de los puntos al análisis de un ejemplo numérico, puede obtenerse una comprensión más completa del simbolismo con puntos, dando una ojeada a la base física de la convención. Ahora se interpretará el significado de los puntos en términos del flujo magnético. En la figura 14-4 se muestran dos bobinas arrolladas en forma cilíndrica, y es evidente la dirección de cada arrollamiento. Supóngase que la corriente i_1 es positiva y creciente en el tiempo. El flujo magnético que i_1 produce dentro de la barra se puede encontrar usando la regla de la mano derecha: cuando la mano derecha se cierra alrededor de la bobina, con los dedos apuntando en la dirección en la que circula la corriente, el pulgar indica la dirección del flujo dentro de la bobina. Entonces i_1 produce un flujo dirigido abajo; como i_1 es creciente en el tiempo, el flujo, que es proporcional a i_1, también aumenta en el tiempo. Pasando ahora a la segunda bobina, supóngase que i_2 también es positiva y creciente; la aplicación de la regla de la mano derecha muestra que i_2 también produce un flujo magnético creciente y dirigido hacia abajo. En otras palabras, las corrientes supuestas i_1 e i_2 producen flujos *aditivos*.

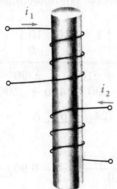

Figura 14-4

Estructura física de dos bobinas acopladas mutuamente. A partir de la consideración de la dirección del flujo magnético producido por cada bobina, se puede mostrar que los puntos pueden colocarse ya sea en la terminal superior de cada bobina o en la terminal inferior de cada una.

El voltaje en las terminales de cualquiera de las bobinas es el resultado de la tasa de cambio en el tiempo del flujo que enlaza esa bobina. Por lo tanto, el voltaje en las terminales de la primera bobina es mayor cuando i_2 está fluyendo que cuando i_2 vale cero. Así, i_2 induce un voltaje en la primera bobina que tiene el mismo sentido que el voltaje autoinducido en esa bobina. El signo del voltaje autoinducido es conocido debido a la convención pasiva de los signos, y así se obtiene el signo del voltaje mutuo.

La convención de los puntos simplemente permite eliminar los aspectos de la construcción física de las bobinas, colocando un punto en una de las terminales de cada una de las dos bobinas de tal forma que las corrientes que entren por las terminales punteadas produzcan flujos aditivos. Es evidente que siempre hay dos colocaciones posibles de los puntos, ya que ambos puntos siempre pueden cambiarse a los otros extremos de las bobinas y obtenerse todavía flujos aditivos.

Se apreciará la sencillez de este procedimiento mediante un ejemplo numérico.

Ejemplo 14-1 Se considerará el circuito mostrado en la figura 14-5. Se desea conocer la razón del voltaje de salida en el resistor de 400 Ω al voltaje de la fuente.

Solución: Se establecen dos corrientes de malla convencionales y se aplica la LVK a cada malla. En la malla de la izquierda, el signo del término mutuo se determina aplicando la convención de los puntos. Como I_2 entra por la terminal

Figura 14-5

Circuito que contiene inductancia mutua y en el que se desea calcular la razón de voltaje $\mathbf{V}_2/\mathbf{V}_1$.

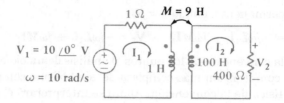

no punteada de L_2, el voltaje mutuo en L_1 debe tener la referencia positiva en la terminal no punteada. Entonces,

$$\mathbf{I}_1(1 + j10) - j90\mathbf{I}_2 = 10$$

El signo del término mutuo en la segunda malla se determina en forma análoga. Como $\mathbf{I}_1$ entra por la terminal punteada, el término mutuo en la malla de la derecha tiene su referencia positiva en la terminal punteada del inductor de 100 H. Por tanto, puede escribirse

$$\mathbf{I}_2(400 + j1000) - j90\mathbf{I}_1 = 0$$

Las dos ecuaciones pueden resolverse por determinantes (o por una eliminación simple de $\mathbf{I}_1$):

$$\mathbf{I}_2 = \frac{\begin{vmatrix} 1 + j10 & 10 \\ -j90 & 0 \end{vmatrix}}{\begin{vmatrix} 1 + j10 & -j90 \\ -j90 & 400 + j1000 \end{vmatrix}}$$

o

$$\mathbf{I}_2 = 0.1724\underline{/-16.7°} \text{ A}$$

y por tanto

$$\frac{\mathbf{V}_2}{\mathbf{V}_1} = \frac{400(0.1724\underline{/-16.7°})}{10} = 6.90\underline{/-16.7°}$$

El voltaje de salida es mayor en magnitud que el voltaje de entrada, porque con el acoplamiento mutuo es posible obtener una ganancia de voltaje igual que en un circuito resonante. Sin embargo, la ganancia de voltaje disponible en este circuito está presente sobre un intervalo de frecuencias relativamente amplio; en un circuito resonante con una Q moderadamente alta, la elevación del voltaje es porporcional a Q y ocurre sólo sobre un intervalo de frecuencia que es inversamente proporcional a Q. Tratará de aclararse este punto haciendo referencia al plano complejo.

Se calcula $\mathbf{I}_2(\mathbf{s})$ para este circuito en particular

$$\mathbf{I}_2(\mathbf{s}) = \frac{\begin{vmatrix} 1 + \mathbf{s} & \mathbf{V}_1 \\ -9\mathbf{s} & 0 \end{vmatrix}}{\begin{vmatrix} 1 + \mathbf{s} & -9\mathbf{s} \\ -9\mathbf{s} & 400 + 100\mathbf{s} \end{vmatrix}}$$

y se obtiene la razón del voltaje de salida al de entrada en función de $\mathbf{s}$,

$$\frac{\mathbf{V}_2}{\mathbf{V}_1} = \frac{3600\mathbf{s}}{19\mathbf{s}^2 + 500\mathbf{s} + 400} = (189.5)\frac{\mathbf{s}}{(\mathbf{s} + 0.826)(\mathbf{s} + 25.5)}$$

La gráfica de polos y ceros de esta función de transferencia se muestra en la figura 14-6. La localización del polo en $\mathbf{s} = -25.5$ se ha distorsionado con afán de mostrar claramente los dos polos; la razón de las distancias de los dos polos al origen es en

Figura 14-6

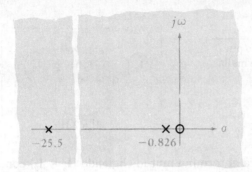

Gráfica de polos y ceros de la función de transferencia V_2/V_1 del circuito mostrado en la figura 14-5. La gráfica es útil ya que muestra que la magnitud de la función de transferencia es relativamente grande desde $\omega = 1$ o 2 hasta $\omega = 15$ o 20 rad/s.

realidad de aproximadamente 30:1. Una inspección de esta gráfica muestra que la función de transferencia vale cero a la frecuencia cero, pero que en cuanto ω es mayor que 1 o 2, la razón de las distancias del cero y el polo más cercano al origen vale esencialmente uno. Así, la ganancia de voltaje sólo se ve afectada por el polo distante en el eje negativo σ, y esta distancia no aumenta apreciablemente sino hasta que ω se aproxima a 15 o 20.

Estas conclusiones tentativas están avaladas por la curva de respuesta de la figura 14-7, la cual muestra que la magnitud de la ganancia de voltaje es mayor que 0.707 veces su valor máximo desde $\omega = 0.78$ hasta $\omega = 27$.

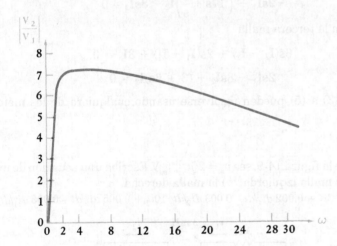

Figura 14-7

La ganancia de voltaje $|V_2/V_1|$ del circuito mostrado en la figura 14-5 es graficada como una función de ω. La ganancia de voltaje es mayor que 5 desde alrededor de $\omega = 0.75$ hasta $\omega = 28$ rad/s, aproximadamente.

El circuito sigue siendo pasivo excepto por la fuente de voltaje, y la ganancia de voltaje no debe confundirse con una ganancia de potencia. Para $\omega = 10$, la ganancia de voltaje es de 6.90, pero la fuente ideal de voltaje, teniendo un voltaje de 10 V, entrega una potencia total de 8.07 W, de los cuales sólo 5.94 W llegan al resistor de 400 Ω. La razón de la potencia de salida a la potencia de la fuente, que se puede definir como la ganancia de potencia, es por tanto igual a 0.736.

Se considerará brevemente un ejemplo adicional.

Ejemplo 14-2 Se trata de escribir un conjunto correcto de ecuaciones para el circuito que se ilustra en la figura 14-8.

Solución: El circuito contiene tres mallas, y están definidas tres corrientes de malla. Al aplicar la ley de voltajes de Kirchhoff a la primera malla, se asegura un

Figura 14-8

Un circuito de tres mallas con acoplamiento mutuo puede analizarse más fácilmente usando corrientes de malla o de lazo.

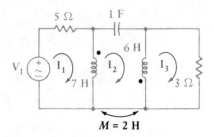

signo positivo para el término mutuo eligiendo $(\mathbf{I}_3 - \mathbf{I}_2)$ como la corriente que circula en la segunda bobina. Entonces,

$$5\mathbf{I}_1 + 7\mathbf{s}(\mathbf{I}_1 - \mathbf{I}_2) + 2\mathbf{s}(\mathbf{I}_3 - \mathbf{I}_2) = \mathbf{V}_1$$

o $$(5 + 7\mathbf{s})\mathbf{I}_1 - 9\mathbf{s}\mathbf{I}_2 + 2\mathbf{s}\mathbf{I}_3 = \mathbf{V}_1 \tag{3}$$

La segunda malla requiere dos términos de autoinductancia y dos términos de inductancia mutua; la ecuación debe escribirse con mucho cuidado. Se obtiene

$$7\mathbf{s}(\mathbf{I}_2 - \mathbf{I}_1) + 2\mathbf{s}(\mathbf{I}_2 - \mathbf{I}_3) + \frac{1}{\mathbf{s}}\mathbf{I}_2 + 6\mathbf{s}(\mathbf{I}_2 - \mathbf{I}_3) + 2\mathbf{s}(\mathbf{I}_2 - \mathbf{I}_1) = 0$$

o $$-9\mathbf{s}\mathbf{I}_1 + \left(17\mathbf{s} + \frac{1}{\mathbf{s}}\right)\mathbf{I}_2 - 8\mathbf{s}\mathbf{I}_3 = 0 \tag{4}$$

Finalmente, para la tercera malla

$$6\mathbf{s}(\mathbf{I}_3 - \mathbf{I}_2) + 2\mathbf{s}(\mathbf{I}_1 - \mathbf{I}_2) + 3\mathbf{I}_3 = 0$$

o $$2\mathbf{s}\mathbf{I}_1 - 8\mathbf{s}\mathbf{I}_2 + (3 + 6\mathbf{s})\mathbf{I}_2 = 0 \tag{5}$$

Las ecuaciones (3) a (5) pueden resolverse usando cualquiera de los métodos convencionales.   ●

Ejercicios

14-1. En el circuito de la figura 14-9, sea $v_s = 20e^{-1000t}$ V. Escriba una ecuación de malla apropiada para a) la malla izquierda; b) la malla derecha.

Resp: $20e^{-1000t} = 3i_1 + 0.002\, di_1/dt - 0.003\, di_2/dt;\ 10i_2 + 0.005\, di_2/dt - 0.003\, di_1/dt = 0$

Figura 14-9

Para los ejercicios 14-1 a 14-3.

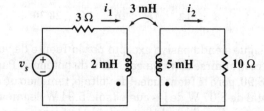

14-2. En el circuito de la fig. 14-9, sea $\mathbf{V}_s = 20$ V y $\mathbf{s} = -1000 + j0$ s^{-1}. Escriba apropiadamente una ecuación de malla en términos de las corrientes fasoriales $\mathbf{I}_1$ e $\mathbf{I}_2$ para la a) malla izquierda; b) malla derecha. Resuelva estas dos ecuaciones para c) $\mathbf{I}_1$; d) $\mathbf{I}_2$.   *Resp:* $20 = 3\mathbf{I}_1 - 2\mathbf{I}_2 + 3\mathbf{I}_2;\ 10\mathbf{I}_2 - 5\mathbf{I}_2 + 3\mathbf{I}_1 = 0; -25$ A; 15 A

14-3. Un inductor de 15 mH se conecta en serie con el resistor de 10 Ω de la figura 14.9. Encuentre todas las frecuencias críticas de $\mathbf{H}(\mathbf{s}) = \mathbf{V}_s(\mathbf{s})/\mathbf{I}_1(\mathbf{s})$.

Resp: -455 Np/s; -2130 Np/s; -500 Np/s; $\pm\infty$ Np/s

Ahora se tomará en cuenta la energía almacenada en un par de inductores acoplados mutuamente. Los resultados serán útiles en varias formas diferentes. Primero se justificará la suposición de que $M_{12} = M_{21}$ y luego se determinará el máximo valor posible de la inductancia mutua entre dos inductores dados.

En la figura 14-3a se muestra un par de bobinas acopladas, indicándose las corrientes, los voltajes y los puntos de polaridad. Para mostrar que $M_{12} = M_{21}$, se comenzará por hacer cero todas las corrientes y los voltajes, estableciendo así una energía inicial almacenada igual a cero en la red. Primero se pone en circuito abierto el par de terminales que está a la derecha, y se aumenta i_1 desde cero hasta algún valor constante I_1 en el tiempo $t = t_1$. La potencia que en cualquier instante entra a la red desde la izquierda es

$$v_1 i_1 = L_1 \frac{di_1}{dt} i_1$$

y la que entra desde la derecha es

$$v_2 i_2 = 0$$

porque $i_2 = 0$.

Entonces, la energía almacenada dentro de la red cuando $i_1 = I_1$ es

$$\int_0^{t_1} v_1 i_1 \, dt = \int_0^{I_1} L_1 i_1 \; di_1 = \frac{1}{2} L_1 I_1^2$$

Ahora se mantiene i_1 constante, $i_1 = I_1$ y se deja que i_2 varíe desde cero en $t = t_1$ hasta algún valor constante I_2 en $t = t_2$. La energía entregada por la fuente de la derecha es:

$$\int_{t_1}^{t_2} v_2 i_2 \, dt = \int_0^{I_2} L_2 i_2 \, di_2 = \frac{1}{2} L_2 I_2^2$$

Sin embargo, aun cuando el valor de i_1 permanece constante, la fuente de la izquierda también entrega energía a la red durante este intervalo de tiempo:

$$\int_{t_1}^{t_2} v_1 i_1 dt = \int_{t_1}^{t_2} M_{12} \frac{di_2}{dt} i_1 \, dt = M_{12} I_1 \int_0^{I_2} di_2 = M_{12} I_1 I_2$$

La energía total almacenada en la red cuando ambas i_1 e i_2 han alcanzado valores constantes es

$$W_{\text{total}} = \tfrac{1}{2} L_1 I_1^2 + \tfrac{1}{2} L_2 I_2^2 + M_{12} I_1 I_2$$

Ahora se pueden establecer las mismas corrientes finales en esta red permitiendo que las corrientes alcancen sus valores finales en sentido contrario, es decir, aumentando primero i_2 desde cero hasta I_2, y luego manteniendo constante a i_2 mientras i_1 aumenta desde cero hasta I_1. Si se calcula la energía total almacenada para este experimento, el resultado de dicho cálculo es

$$W_{\text{total}} = \tfrac{1}{2} L_1 I_1^2 + \tfrac{1}{2} L_2 I_2^2 + M_{21} I_1 I_2$$

La única diferencia es el intercambio de las inductancias mutuas M_{21} y M_{12}. Sin embargo, las condiciones iniciales y finales en la red son las mismas, y los dos valores de la energía almacenada deben ser idénticos. Entonces,

$$M_{12} = M_{21} = M$$

y
$$W = \tfrac{1}{2} L_1 I_1^2 + \tfrac{1}{2} L_2 I_2^2 + M I_1 I_2 \qquad (6)$$

14-3

Considera-ciones de energía

Si una de las corrientes entra por una terminal punteada mientras la otra sale también por una terminal punteada, el signo del término de la energía mutua se invierte:

$$W = \tfrac{1}{2}L_1 I_1^2 + \tfrac{1}{2}L_2 I_2^2 - M I_1 I_2 \tag{7}$$

Aunque las ecuaciones (6) y (7) se dedujeron tratando a los valores finales de las dos corrientes como constantes, es evidente que estas "constantes" pueden tener cualquier valor, y las expresiones de energía representan correctamente la energía almacenada cuando los valores *instantáneos* de i_1 e i_2 son I_1 e I_2, respectivamente. En otras palabras, también podrían usarse símbolos escritos en cursivas minúsculas,

$$w(t) = \tfrac{1}{2}L_1[i_1(t)]^2 + \tfrac{1}{2}L_2[i_2(t)]^2 \pm M[i_1(t)][i_2(t)] \tag{8}$$

La única suposición sobre la que se basa la ecuación (8) es el enunciado lógico de un nivel de referencia de energía cero cuando ambas corrientes valen cero.

Ahora puede usarse la ecuación (8) para establecer un límite superior para el valor de M. Como $w(t)$ representa la energía almacenada en una red *pasiva*, no puede ser negativa para ningún valor de i_1, i_2, L_1, L_2 o M. Se supondrá primero que i_1 e i_2 son ambas positivas, o ambas negativas; por lo tanto, su producto es positivo. De la ecuación (8), el único caso en el que la energía podría ser negativa es

$$w = \tfrac{1}{2}L_1 i_1^2 + \tfrac{1}{2}L_2 i_2^2 - M i_1 i_2$$

lo cual, completando el cuadrado, puede escribirse como

$$w = \tfrac{1}{2}(\sqrt{L_1}\,i_1 - \sqrt{L_2}\,i_2)^2 + \sqrt{L_1 L_2}\,i_1 i_2 - M i_1 i_2$$

Pero la energía no puede ser negativa, por lo que el lado derecho de esta ecuación no puede ser negativo. Sin embargo, el valor del primer término puede valer inclusive cero, por lo cual la suma de los dos últimos términos no puede ser negativa. Entonces,

$$\sqrt{L_1 L_2} \geq M$$

o

$$M \leq \sqrt{L_1 L_2} \tag{9}$$

Por lo tanto, hay un límite superior para la magnitud de la inductancia mutua posible; ésta no puede ser mayor que la media geométrica de las inductancias de las dos bobinas entre las que existe la inductancia mutua. Aunque esta desigualdad se ha derivado bajo la suposición de que i_1 e i_2 tenían el mismo signo algebraico, es posible un desarrollo totalmente similar si los signos son opuestos; en ese caso, sólo es necesario elegir el signo positivo en la ecuación (8).

También se ha demostrado la validez de la desigualdad, ecuación (9), a partir de una consideración física del acoplamiento magnético; si se piensa que i_2 vale cero y que es la corriente i_1 la que genera el flujo magnético que enlaza a L_1 y L_2, es evidente que el flujo que enlaza L_2 no puede ser mayor que el flujo que enlaza L_1 que representa el flujo total. Por tanto, desde un punto de vista cualitativo hay un límite superior para la magnitud de la inductancia mutua posible entre dos inductores dados. Por ejemplo, si $L_1 = 1$ H y $L_2 = 10$ H, entonces $M \leq 3.16$ H.

El coeficiente de acoplamiento describe en forma exacta el grado en el que M se aproxima a su valor máximo. El *coeficiente de acoplamiento*, simbolizado por k, se define como:

$$k = \frac{M}{\sqrt{L_1 L_2}} \tag{10}$$

Es evidente que

$$0 \leq k \leq 1$$

Los valores mayores del coeficiente de acoplamiento se obtienen con bobinas cercanas físicamente, las cuales se arrollan u orientan para dar un flujo magnético común más grande, o bien se les proporciona una trayectoria común a través de un material que sirve para concentrar y localizar el flujo magnético (un material de alta permeabilidad). Se dice que las bobinas que tienen un coeficiente de acoplamiento cercano a uno están *fuertemente acopladas*.

Ejercicios

14-4. En la figura 14-3a sean $L_1 = 0.4$ H, $L_2 = 2.5$ H, $k = 0.6$ e $i_1 = 4i_2 = 20 \cos (500t - 20°)$ mA. Evalúe las siguientes cantidades en $t = 0$: *a*) i_2; *b*) v_1; *c*) la energía total almacenada en el sistema. *Resp*: 4.70 mA; 1.881 V; 151.2 μJ

14-5. Sea $i_s = 2 \cos 10t$ A en la figura 14-10, encuentre la energía total almacenada en la red pasiva en $t = 0$ si $k = 0.6$ y las terminales x y y se dejan *a*) en circuito abierto; *b*) en cortocircuito. *Resp*: 0.8 J; 0.512 J

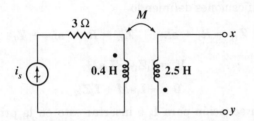

Figura 14-10

Para el ejercicio 14-5.

14-4

El transformador lineal

En este punto ya se puede aplicar el conocimiento del acoplamiento magnético a una descripción analítica del funcionamiento de dos dispositivos prácticos específicos, cada uno de los cuales se puede representar por un modelo que contiene inductancia mutua. Los dos dispositivos son *transformadores*, un término que puede definirse como una red que contiene dos o más bobinas que deliberadamente están acopladas magnéticamente. En esta sección se considerará el transformador lineal, el cual es un excelente modelo para el transformador lineal práctico usado a radiofrecuencias, o frecuencias más altas. En la sección que sigue se considerará el transformador ideal, que es un modelo idealizado de acoplamiento unitario de un transformador físico que tiene un núcleo hecho de algún material magnético, como una aleación de hierro.

En la figura 14-11 se muestra un transformador con dos corrientes de malla. La primera malla, que por lo general contiene a la fuente, recibe el nombre de *primario*, mientras que la segunda malla, que es la que casi siempre contiene la carga, recibe el nombre de *secundario*. Los inductores designados por L_1 y L_2 también se conocen como primario y secundario, respectivamente, del transformador. Se supondrá que el transformador es lineal. Esto significa que no se usa un material magnético que origine una relación no lineal de flujo contra corriente. Sin embargo, sin un material así es difícil lograr coeficientes de acoplamiento mayores que algunas décimas. Los dos resistores sirven para tomar en cuenta la resistencia del alambre con el que están arrollados el primario y el secundario, y cualesquiera otras pérdidas.

En muchas aplicaciones, el transformador lineal se usa con un secundario sintonizado, o resonante; el arrollamiento primario también se opera a menudo en

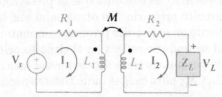

Figura 14-11

Transformador lineal que contiene una fuente en el circuito primario y una carga en el circuito secundario. También se incluyen resistencias en los circuitos primario y secundario.

una condición resonante sustituyendo la fuente ideal de voltaje por una fuente de corriente en paralelo con una resistencia y una capacitancia grandes. El análisis de tales circuitos monosintonizados o bisintonizados es un proceso bastante largo, y no se abordará por el momento. Sin embargo, puede señalarse que la respuesta del secundario se caracteriza por la ya conocida curva de resonancia para coeficientes de acoplamiento relativamente pequeños, pero que es posible un mayor control de la forma de la curva de respuesta en función de la frecuencia para mayores coeficientes de acoplamiento. Con el circuito bisintonizado es posible obtener curvas de respuesta con máximos más planos y caídas más verticales.

Considérese la impedancia de entrada en las terminales del circuito primario. Las dos ecuaciones de malla son

$$\mathbf{V}_s = \mathbf{I}_1(R_1 + \mathbf{s}L_1) - \mathbf{I}_2\mathbf{s}M \tag{11}$$

$$0 = -\mathbf{I}_1\mathbf{s}M + \mathbf{I}_2(R_2 + \mathbf{s}L_2 + \mathbf{Z}_L) \tag{12}$$

Pueden hacerse simplificaciones definiendo

$$\mathbf{Z}_{11} = R_1 + \mathbf{s}L_1 \qquad \mathbf{Z}_{22} = R_2 + \mathbf{s}L_2 + \mathbf{Z}_L$$

y entonces

$$\mathbf{V}_s = \mathbf{I}_1\mathbf{Z}_{11} - \mathbf{I}_2\mathbf{s}M \tag{13}$$

$$0 = -\mathbf{I}_1\mathbf{s}M + \mathbf{I}_2\mathbf{Z}_{22} \tag{14}$$

Al resolver la segunda ecuación para $\mathbf{I}_2$ e insertar esto en la primera ecuación se encuentra la impedancia de entrada,

$$\mathbf{Z}_{\text{ent}} = \frac{\mathbf{V}_s}{\mathbf{I}_1} = \mathbf{Z}_{11} - \frac{\mathbf{s}^2M^2}{\mathbf{Z}_{22}} \tag{15}$$

Antes de manipular más esta ecuación, se pueden extraer varias conclusiones emocionantes. En primer lugar, este resultado es independiente de la localización de los puntos en cualquiera de los dos arrollamientos, ya que si cualquier punto se cambia al otro extremo de la bobina, el resultado es un cambio en el signo de cada término que contiene una M en las ecuaciones (11) a (14). Se podría obtener este mismo efecto sustituyendo M por $(-M)$, y un cambio así no afecta a la impedancia de entrada, como se puede ver en la ecuación (15). También se puede observar en (15) que la impedancia de entrada es simplemente $\mathbf{Z}_{11}$ si el acoplamiento se reduce a cero. Conforme el acoplamiento aumenta desde cero, la impedancia de entrada difiere de $\mathbf{Z}_{11}$ por la cantidad $-\mathbf{s}^2M^2/\mathbf{Z}_{22}$, llamada la *impedancia reflejada*. La naturaleza de este cambio es más evidente si se examina bajo la operación en estado senoidal permanente o estable. Si $\mathbf{s} = j\omega$,

$$\mathbf{Z}_{\text{ent}}(j\omega) = \mathbf{Z}_{11}(j\omega) + \frac{\omega^2M^2}{R_{22} + jX_{22}}$$

y racionalizando la impedancia reflejada,

$$\mathbf{Z}_{\text{ent}} = \mathbf{Z}_{11} + \frac{\omega^2M^2R_{22}}{R_{22}^2 + X_{22}^2} + \frac{-j\omega^2M^2X_{22}}{R_{22}^2 + X_{22}^2}$$

Como $\omega^2M^2R_{22}/(R_{22}^2 + X_{22}^2)$ debe ser positivo, es evidente que la presencia del secundario aumenta las pérdidas en el circuito primario. En otras palabras, la presencia del secundario podría tomarse en cuenta en el circuito primario aumentando el valor de R_1. Además, la reactancia que el secundario *refleja* en el circuito primario tiene un signo opuesto al de X_{22}, que es la reactancia neta alrededor del lazo secundario. Esta reactancia X_{22} es la suma de ωL_2 y X_L; para cargas inductivas es necesariamente positiva, y para cargas capacitivas puede ser positiva o negativa, dependiendo de la magnitud de la reactancia de la carga.

Los efectos de esta reactancia y resistencia reflejadas se considerarán tomando el caso especial en el que el primario y el secundario son circuitos resonantes en serie idénticos. Esto es, $R_1 = R_2 = R$, $L_1 = L_2 = L$, y la impedancia de carga $\mathbf{Z}_L$ es producida por una capacitancia C, idéntica a una capacitancia conectada en serie en el circuito primario. La frecuencia de resonancia en serie del primario o del secundario, por separado, es entonces $\omega_0 = 1/\sqrt{LC}$. A esta frecuencia resonante la reactancia neta del secundario vale cero, la reactancia neta del primario vale cero, y el secundario no produce ninguna reactancia reflejada en el primario. Por tanto la impedancia de entrada es una resistencia pura, por lo que se tiene una condición resonante. A una frecuencia un poco mayor, las reactancias netas en el primario y el secundario son ambas inductivas, por esto la reactancia reflejada es capacitiva. Si el acoplamiento magnético es suficientemente grande, la impedancia de entrada puede ser de nuevo una resistencia pura; se obtiene así otra condición resonante, pero a una frecuencia un poco mayor que ω_0. A una frecuencia ligeramente por debajo de ω_0 ocurrirá una condición similar. Entonces cada circuito por separado será capacitivo, la reactancia reflejada será inductiva, y de nuevo habrá cancelación.

Aunque se está pasando directo a las conclusiones, parece posible que estas tres resonancias adyacentes, cada una similar a una resonancia en serie, puedan permitir que circule una corriente bastante grande en el primario debida a la fuente de voltaje. A su vez, la gran corriente en el primario produce un gran voltaje inducido en el circuito secundario, y una gran corriente de secundario. La corriente grande en el secundario se presenta sobre una banda de frecuencias que se extiende desde un poco abajo hasta un poco arriba de ω_0, por lo que se logra una respuesta máxima en un intervalo de frecuencias más amplio que el que se puede obtener en un circuito resonante simple. Es obvio que se desea esta curva de respuesta si la fuente del primario es alguna señal de información que contiene energía distribuida en toda una banda de frecuencias, no sólo en una frecuencia. Señales de ese tipo están presentes en las ondas de radio de AM y FM, televisión, telemetría, radar, y otros sistemas de comunicaciones.

A menudo resulta conveniente remplazar un transformador por una red equivalente en forma de T o Π. Si las resistencias del primario y el secundario se separan del transformador, sólo queda el par de inductores acoplados mutuamente, como se

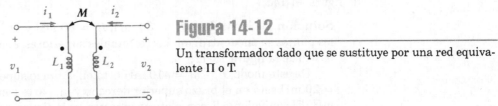

Figura 14-12

Un transformador dado que se sustituye por una red equivalente Π o T.

muestra en la figura 14-12. Obsérvese que las dos terminales inferiores del transformador están conectadas una con otra formando una red de tres terminales. Esto se hace porque ambas redes equivalentes son también redes de tres terminales. De nuevo, las ecuaciones diferenciales que describen a este circuito son

$$v_1 = L_1 \frac{di_1}{dt} + M \frac{di_2}{dt} \tag{16}$$

y

$$v_2 = M \frac{di_1}{dt} + L_2 \frac{di_2}{dt} \tag{17}$$

La forma de estas dos ecuaciones es conocida y puede interpretarse en términos del análisis de mallas. Tómese i_1 en sentido horario e i_2 en sentido antihorario, de tal forma que i_1 e i_2 se identifiquen exactamente con las corrientes de la figura 14-12. Entonces los términos $M\,di_2/dt$ en (16) y $M\,di_1/dt$ en (17) indican que las dos mallas deben tener una *auto*inductancia común M. Como la inductancia total para la malla izquierda es L_1 debe insertarse una autoinductancia $L_1 - M$ en la primera malla, pero no en la segunda. De manera similar, en la segunda malla se necesita una autoinductancia $L_2 - M$, pero no se necesita en la primera malla. La red equivalente resultante se muestra en la figura 14-13. La equivalencia está garantizada por los pares idénticos de ecuaciones que relacionan a v_1, i_1, v_2 e i_2 para las dos redes.

Figura 14-13

El equivalente T del transformador mostrado en la figura 14-12.

Si cualquiera de los puntos en los arrollamientos del transformador dado se coloca en el extremo opuesto de su respectiva bobina, el signo de los términos mutuos en las ecuaciones (16) y (17) será negativo. Esto es lo mismo que si se remplaza M por $-M$, y tal sustitución en la red de la figura 14-13 lleva al equivalente correcto para este caso. Los tres valores de autoinductancia son ahora $L_1 + M$, $-M$ y $L_2 + M$.

Las inductancias en el equivalente T son todas autoinductancias; no hay inductancia mutua. Puede llegar a suceder que se obtengan valores negativos de la inductancia para el circuito equivalente, pero esto es intrascendente si lo único que se desea hacer es un análisis matemático; por supuesto que si la red equivalente contiene inductancias negativas, su construcción en la realidad es imposible. Sin embargo, hay ocasiones en las que los procedimientos para sintetizar redes que den una cierta función de transferencia conducen a circuitos que contienen una red T con inductancia negativa; entonces esta red puede realizarse usando un transformador lineal adecuado.

Ejemplo 14-3. Encuentre el equivalente T para el transformador ideal mostrado en la figura 14-14*a*.

Solución: Se identifican $L_1 = 30$ mH, $L_2 = 60$ mH y $M = 40$ mH; observe que los puntos se encuentran en las terminales superiores, como están en el circuito básico de la figura 14-12.

De este modo, $L_1 - M = -10$ mH está en el brazo superior izquierdo, $L_2 - M = 20$ mH está en el brazo superior derecho y la parte central contiene $M = 40$ mH. El equivalente T completo se muestra en la figura 14-14*b*.

Figura 14-14

a) Un transformador lineal que se usa como ejemplo. *b*) La red equivalente T del transformador.

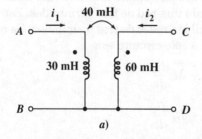
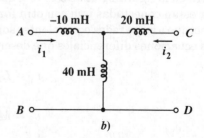

Para demostrar la equivalencia, déjense en circuito abierto las terminales C y D y aplicando el voltaje $v_{AB} = 10 \cos 100t$ V a la entrada en la figura 14-14a. Así,

$$i_1 = \frac{1}{30 \times 10^{-3}} \int 10 \cos 100t \, dt = 3.33 \operatorname{sen} 100t \quad \text{V}$$

y
$$v_{CD} = M\frac{di_1}{dt} = 40 \times 10^{-3} \times 3.33 \times 100 \cos 100t$$

$$= 13.33 \cos 100t \quad \text{V}$$

Aplicando el mismo voltaje en el equivalente T, se encuentra que

$$i_1 = \frac{1}{(-10+40)10^{-3}} \int 10 \cos 100t \, dt = 3.33 \operatorname{sen} 100t \quad \text{V}$$

una vez más. También, el voltaje en C y D es igual al voltaje a través del inductor de 40 mH. De esta manera,

$$v_{CD} = 40 \times 10^{-3} \times 3.33 \times 100 \cos 100t = 13.33 \cos 100t \quad \text{V}$$
y en las dos redes proporcionan resultados iguales.   ●

La red equivalente Π no se obtiene tan fácilmente; es más complicada, y no se usa mucho. Se desarrollará despejando di_2/dt en (17) y sustituyendo el resultado en (16):

$$v_1 = L_1\frac{di_1}{dt} + \frac{M}{L_2}v_2 - \frac{M^2}{L_2}\frac{di_1}{dt}$$

o
$$\frac{di_1}{dt} = \frac{L_2}{L_1L_2 - M^2}v_1 - \frac{M}{L_1L_2 - M^2}v_2$$

Si ahora se integra de 0 a t, se obtiene

$$i_1 - i_1(0)u(t) = \frac{L_2}{L_1L_2 - M^2}\int_0^t v_1\, dt - \frac{M}{L_1L_2 - M^2}\int_0^t v_2\, dt \qquad (18)$$

En forma similar, también se tiene

$$i_2 - i_2(0)u(t) = \frac{-M}{L_1L_2 - M^2}\int_0^t v_1\, dt + \frac{L_1}{L_1L_2 - M^2}\int_0^t v_2\, dt \qquad (19)$$

Las ecuaciones (18) y (19) pueden interpretarse como un par de ecuaciones de nodos. En cada nodo debe instalarse una fuente de corriente escalón que suministre las condiciones iniciales adecuadas. Los factores que multiplican a cada integral son evidentemente los recíprocos de ciertas inductancias equivalentes. Por lo tanto, el segundo coeficiente en (18), $M/(L_1L_2-M^2)$, es $1/L_B$, o sea el recíproco de la inductancia que se extiende entre los nodos 1 y 2, como se muestra en la red Π equivalente, figura 14-15. Así

$$L_B = \frac{L_1L_2 - M^2}{M}$$

El primer coeficiente en (18), $L_2/(L_1L_2 - M^2)$, es $1/L_A + 1/L_B$. Entonces

$$\frac{1}{L_A} = \frac{L_2}{L_1L_2 - M^2} - \frac{M}{L_1L_2 - M^2}$$

o
$$L_A = \frac{L_1L_2 - M^2}{L_2 - M}$$

Figura 14-15

La red Π que es equivalente al transformador mostrado en la figura 14-12.

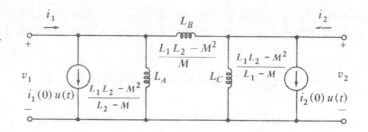

Finalmente,

$$L_C = \frac{L_1 L_2 - M^2}{L_1 - M}$$

En el circuito equivalente no existe acoplamiento magnético entre los inductores, y las corrientes iniciales valen cero *en las tres autoinductancias.*

Para compensar un cambio de cualquiera de los puntos en el transformador dado, simplemente se cambia el signo de M en la red equivalente. Y, al igual que como se vio en el equivalente T, pueden aparecer autoinductancias negativas en la red equivalente Π.

Ejemplo 14-4 Nuevamente regrésese al transformador de la figura 14-14*a*, esta vez encontrando la red equivalente Π. Supóngase corrientes iniciales iguales a cero.

Solución: Primero se evalúa el término $L_1 L_2 - M^2$, obteniendo $30 \times 10^{-3} \times 60 \times 10^{-3} - (40 \times 10^{-3})^2 = 2 \times 10^{-4}$ H². Así, $L_A = (L_1 L_2 - M^2)/(L_2 - M) = 2 \times 10^{-4}/(20 \times 10^{-3}) = 10$ mH, $L_C = (L_1 L_2 - M^2)/(L_1 - M) = -20$ mH, y $L_B = (L_1 L_2 - M^2)/M = 5$ mH. La red equivalente Π se muestra en la figura 14-16.

Figura 14-16

El equivalente Π del transformador lineal que se muestra en la figura 14-14*a*. Se supone que $i_1(0) = 0$ e $i_2(0) = 0$.

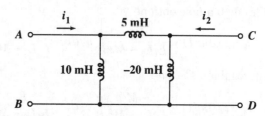

Se verifica nuevamente el resultado al hacer el voltaje $v_{AB} = 10 \cos 100t$ V con las terminales C y D en circuito abierto, y se obtiene fácil el voltaje de salida mediante el divisor de voltaje:

$$v_{CD} = \frac{-20 \times 10^{-3}}{5 \times 10^{-3} - 20 \times 10^{-3}} 10 \cos 100t = 13.33 \cos 100t \qquad V \qquad \bullet$$

Ejercicios

14-6. Los valores de los elementos en un transformador lineal son $R_1 = 3$ Ω, $R_2 = 6$ Ω, $L_1 = 2$ mH, $L_2 = 10$ mH y $M = 4$ mH. Si $\omega = 5000$ rad/s, encuentre $\mathbf{Z}_{ent}$ para $\mathbf{Z}_L$ igual a *a*) 10 Ω; *b*) *j*20 Ω; *c*) 10 + *j*20 Ω; *d*) –*j*20 Ω.
Resp: 5.32 + *j*2.74 Ω; 3.49 + *j*4.33 Ω; 4.24 + *j*4.57 Ω; 5.56 – *j*2.82 Ω

14-7. *a*) Si las redes de las figuras 14-17*a* y *b* son equivalentes, especifique valores para L_x, L_y y L_z. *b*) Repita el inciso *a* si el punto donde define la polaridad sobre el secundario en la figura 14-17*b* se localiza en la parte inferior de la bobina.
Resp: –1.5, 2.5, 3.5 H; 5.5, 9.5, –3.5 H

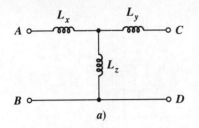

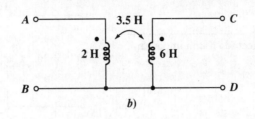

Figura 14-17

Para el ejercicio 7.

14-8. Determine el equivalente T para los dos arreglos de puntos en un transformador lineal sin pérdidas, para el que $L_1 = 4$ mH, $L_2 = 18$ mH y $M = 8$ mH, y luego utilice las T para encontrar las tres inductancias de entrada equivalentes obtenidas con el secundario en circuito abierto y cortocircuito, conectado en paralelo con el primario.

Resp: 4, 0.444, 1.333 mH; 4, 0.444, 0.211 mH

Un transformador ideal es una aproximación útil de un transformador fuertemente acoplado, en el cual el coeficiente de acoplamiento es casi igual a uno y las reactancias inductivas tanto del primario como del secundario son en extremo grandes en comparación con las impedancias terminales. Estas características se aproximan bien por la mayor parte de los transformadores con núcleo de hierro bien diseñados, sobre un intervalo razonable de frecuencias para un intervalo razonable de impedancias terminales. El análisis aproximado de un circuito que contiene un transformador con núcleo de hierro puede efectuarse en forma muy simple sustituyendo ese transformador por un transformador ideal; puede pensarse que un transformador ideal es un modelo de primer orden de un transformador con núcleo de hierro.

Con el transformador ideal surge un concepto nuevo, la *relación (o cociente) de vueltas a.* La autoinductancia de las bobinas primaria o secundaria es proporcional al cuadrado del número de vueltas de alambre que forman la bobina. Esta relación sólo es válida si todo el flujo establecido por la corriente que circula en la bobina enlaza todas las vueltas. Con el objeto de obtener esto como un resultado lógico es necesario utilizar conceptos de campo magnético, materia que no está incluida en el análisis de circuitos. Sin embargo, es suficiente con dar un argumento cualitativo. Si una corriente I circula a través de una bobina de N vueltas, entonces se producirá un flujo igual a N veces el flujo magnético de una sola vuelta. Si se supone que las N vueltas son coincidentes, entonces se puede asegurar que todo el flujo enlaza todas las vueltas. Conforme la corriente y el flujo varían con el tiempo, se induce un voltaje *en cada* vuelta que es N veces mayor que el voltaje originado por una bobina de una sola vuelta. Finalmente, el voltaje inducido *en la bobina de N vueltas* debe ser N^2 veces el voltaje de una sola vuelta. De aquí surge la proporcionalidad entre la inductancia y el cuadrado del número de vueltas. Se tiene entonces que

$$\frac{L_2}{L_1} = \frac{N_2^2}{N_1^2} = a^2$$

donde

$$a = \frac{N_2}{N_1}$$

La figura 14-18 muestra un tranformador ideal al cual está conectada una carga en el secundario. La naturaleza ideal del transformador se establece por medio de varias convenciones: el uso de las rayas verticales entre las dos bobinas para indicar las laminaciones de hierro presentes en muchos transformadores de núcleo de hierro,

14-5

El transformador ideal

Figura 14-18

Un transformador ideal conectado a una impedancia de carga general.

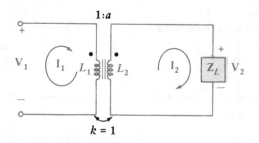

el valor unitario del coeficiente de acoplamiento, y la presencia del símbolo $1{:}a$, indicando la razón de vueltas N_1 a N_2.

Ahora se analizará este transformador en estado senoidal estable para poder interpretar las suposiciones en el contexto más simple. Las dos ecuaciones de malla son

$$\mathbf{V}_1 = \mathbf{I}_1 j\omega L_1 - \mathbf{I}_2 j\omega M \tag{20}$$

$$0 = -\mathbf{I}_1 j\omega M + \mathbf{I}_2(\mathbf{Z}_L + j\omega L_2) \tag{21}$$

Primero se determina la impedancia de entrada de un transformador ideal. Aunque se permitirá que la autoinductancia de cada arrollamiento sea infinita, el valor de la impedancia de entrada permanecerá finito. Al despejar $\mathbf{I}_2$ de la ecuación (21) y sustituir en la (20), se obtiene

$$\mathbf{V}_1 = \mathbf{I}_1 j\omega L_1 + \mathbf{I}_1 \frac{\omega^2 M^2}{\mathbf{Z}_L + j\omega L_2}$$

y
$$\mathbf{Z}_{\text{entrada}} = \frac{\mathbf{V}_1}{\mathbf{I}_1} = j\omega L_1 + \frac{\omega^2 M^2}{\mathbf{Z}_L + j\omega L_2}$$

Como $k = 1$, $M^2 = L_1 L_2$ y

$$\mathbf{Z}_{\text{entrada}} = j\omega L_1 + \frac{\omega^2 L_1 L_2}{\mathbf{Z}_L + j\omega L_2}$$

Ahora debe dejarse que L_1 y L_2 tiendan a infinito. Sin embargo, su cociente permanece finito, tal como lo especifica la razón de vueltas. Entonces,

$$L_2 = a^2 L_1$$

y
$$\mathbf{Z}_{\text{entrada}} = j\omega L_1 + \frac{\omega^2 a^2 L_1^2}{\mathbf{Z}_L + j\omega a^2 L_1}$$

Si en este momento L_1 tiende a infinito, los dos términos del lado derecho de la expresión anterior tienden a infinito, y el resultado es indeterminado. Es necesario combinar primero estos dos términos:

$$\mathbf{Z}_{\text{entrada}} = \frac{j\omega L_1 \mathbf{Z}_L - \omega^2 a^2 L_1^2 + \omega^2 a^2 L_1^2}{\mathbf{Z}_L + j\omega a^2 L_1} \tag{22}$$

o
$$\mathbf{Z}_{\text{entrada}} = \frac{j\omega L_1 \mathbf{Z}_L}{\mathbf{Z}_L + j\omega a^2 L_1} \tag{23}$$

Ahora, conforme L_1 tiende a infinito, es evidente que $\mathbf{Z}_{\text{entrada}}$ tiende a

$$\mathbf{Z}_{\text{entrada}} = \frac{\mathbf{Z}_L}{a^2} \tag{24}$$

para $\mathbf{Z}_L$ finita.

Este resultado tiene algunas implicaciones interesantes, y por lo menos una de ellas parece estar en contradicción con una de las características de un transformador lineal. Por supuesto que no debe ser así, ya que el transformador ideal representa el caso más general. La impedancia de entrada del transformador ideal es una impedancia proporcional a la impedancia de carga, donde la constante de proporcionalidad es el recíproco del cuadrado de la razón de vueltas. En otras palabras, si la impedancia de carga es una impedancia capacitiva, entonces la impedancia de entrada es una impedancia igual. Sin embargo, en el transformador lineal la impedancia reflejada sufría un cambio de signo en su parte reactiva; una carga capacitiva llevaba a una contribución inductiva para la impedancia de entrada. La explicación de esto se logra observando, en primer lugar, que $\mathbf{Z}_L/a^2$ *no* es la impedancia reflejada, aunque a menudo se le llama así. En el transformador ideal la impedancia reflejada verdadera es infinita; si no fuera así no podría "cancelar" la impedancia infinita de la inductancia del primario. Esta cancelación ocurre en el numerador de (22). La impedancia $\mathbf{Z}_L/a^2$ representa un pequeño término que es la cantidad por la que la cancelación no es exacta. La impedancia reflejada verdadera en el transformador ideal *sí* cambia de signo en su parte reactiva; sin embargo, conforme las inductancias del primario y el secundario tienden a infinito, el efecto de la reactancia infinita del primario, y la reactancia reflejada infinita pero negativa del secundario, es un efecto de cancelación.

Por tanto la primera característica importante de un transformador ideal es su capacidad para cambiar la magnitud de una impedancia, o para cambiar el nivel de impedancia. Un transformador ideal que tenga 100 vueltas en el primario y 10 000 vueltas en el secundario tiene una razón de vueltas de 10 000/100, o 100. Entonces cualquier impedancia colocada en paralelo con el secundario aparece reducida en magnitud, en las terminales del primario, por un factor de 100^2, o 10 000. Un resistor de 20 000 Ω parece uno de 2 Ω, un inductor de 200 mH parece de 20 μH, y un capacitor de 100 pF parece uno de 1 μF. Si los arrollamientos del primario y el secundario se intercambian, entonces $a = 0.01$ y la impedancia de carga aparentemente aumenta en magnitud. En la práctica, este cambio exacto en magnitud no siempre ocurre, ya que como se recordará, al efectuar el último paso en la derivación y dejar que L_1 tendiese a infinito en la ecuación (23), fue necesario despreciar a $\mathbf{Z}_L$ en comparación con $j\omega L_1$. Como L_2 nunca puede ser infinita, es evidente que el modelo del transformador ideal no será válido si las impedancias de carga son muy grandes.

Un ejemplo práctico del uso de un transformador de núcleo de hierro como un dispositivo para cambiar el nivel de impedancia se tiene en el acoplamiento de un amplificador de potencia de audio con un sistema de bocinas. Con el objeto de obtener la máxima transferencia de potencia, se sabe que la resistencia de la carga debería ser igual a la resistencia interna de la fuente; generalmente la bocina tiene una magnitud de impedancia (la que a menudo se supone que es una resistencia) de sólo unos pocos ohms, mientras que el amplificador de potencia tiene una resistencia interna de varios miles de ohms. Entonces se requiere un transformador en el que $N_2 < N_1$. Por ejemplo, si la impedancia interna del amplificador (o generador) es de 4000 Ω y la impedancia de la bocina es 8 Ω, entonces se desea que

$$\mathbf{Z}_g = 4000 = \frac{\mathbf{Z}_L}{a^2} = \frac{8}{a^2}$$

o

$$a = \frac{1}{22.4}$$

y así

$$\frac{N_1}{N_2} = 22.4$$

También existe una relación simple entre las corrientes I_1 e I_2 del primario y el secundario. De la ecuación (21),

$$\frac{I_2}{I_1} = \frac{j\omega M}{Z_L + j\omega L_2}$$

Se hace que L_2 tienda a infinito y se tiene

$$\frac{I_2}{I_1} = \frac{j\omega M}{j\omega L_2} = \sqrt{\frac{L_1}{L_2}}$$

o
$$\frac{I_2}{I_1} = \frac{1}{a} \tag{25}$$

El cociente de las corrientes en el primario y el secundario es igual a la razón de vueltas. Si $N_2 > N_1$, entonces $a > 1$ y es evidente que circula la corriente mayor en el arrollamiento con el menor número de vueltas. En otras palabras,

$$N_1 I_1 = N_2 I_2$$

También debe notarse que la razón de las corrientes es el negativo de la razón de vueltas si cualquiera de las corrientes se invierte, o si se cambia la posición de cualquiera de los puntos.

En el ejemplo anterior en el que se usó un transformador ideal para cambiar el nivel de impedancia para acoplar en forma eficiente a una bocina con un amplificador de potencia, una corriente rms de 50 mA a 1000 Hz en el primario causa una corriente rms de 1.12 A a 1000 Hz en el secundario. La potencia entregada a la bocina es de $(1.12)^2(8)$ o 10 W, y la potencia entregada al transformador por el amplificador de potencia es de $(0.05)^2 4000$ o 10 W. El resultado es confortador, ya que el transformador ideal no contiene ni un dispositivo activo que pueda generar potencia, ni un resistor que pueda disipar potencia.

Como la potencia entregada al transformador ideal es idéntica a la potencia entregada a la carga, y las corrientes del primario y el secundario están relacionadas por la razón de vueltas, es obvio que también los voltajes del primario y el secundario deben estar relacionados a través de la razón de vueltas. Si se define el voltaje del secundario, o voltaje de la carga como

$$V_2 = I_2 Z_L$$

y el voltaje del primario como el voltaje entre las terminales de L_1, entonces

$$V_1 = I_1 Z_{\text{ent}} = I_1 \frac{Z_L}{a^2}$$

El cociente de los dos voltajes es

$$\frac{V_2}{V_1} = a^2 \frac{I_2}{I_1}$$

es decir,
$$\frac{V_2}{V_1} = a = \frac{N_2}{N_1} \tag{26}$$

El cociente del voltaje del secundario al primario es igual a la razón de vueltas. Este cociente también puede ser negativo si se invierte cualquiera de los voltajes, o si se cambia la localización de cualquiera de los puntos.

Combinando los cocientes de voltaje y de corriente en las ecuaciones (25) y (26),

$$V_2 I_2 = V_1 I_1$$

y se ve que los voltamperes complejos en el primario y el secundario son iguales. Generalmente se especifica la magnitud de este producto como un valor máximo permisible en transformadores de potencia. Si la carga tiene un ángulo de fase θ, o

$$\mathbf{Z}_L = |\mathbf{Z}_L| \underline{/\theta}$$

entonces $\mathbf{V}_2$ adelanta a $\mathbf{I}_2$ por un ángulo θ. Además, la impedancia de entrada es $\mathbf{Z}_L/a^2$, y por tanto $\mathbf{V}_1$ también adelanta a $\mathbf{I}_1$ por el mismo ángulo θ. Si el voltaje y la corriente representan valores rms, entonces $|\mathbf{V}_2||\mathbf{I}_2| \cos \theta$ debe ser igual a $|\mathbf{V}_1||\mathbf{I}_1| \cos \theta$ y toda la potencia entregada a las terminales del primario llega a la carga; nada de dicha potencia es absorbida o disipada por el transformador ideal.

Todas las características que se han obtenido para el transformador ideal se han determinado usando el análisis en el dominio de la frecuencia. Es cierto que son válidas para el estado senoidal permanente, pero no hay razón para suponer que son correctas al describir la respuesta completa. En realidad, su aplicabilidad es de carácter general, y la demostración de esto es mucho más sencilla que el análisis que se ha llevado a cabo en el dominio de la frecuencia. Sin embargo, ese análisis ha servido para recalcar las aproximaciones específicas que deben efectuarse en un modelo más exacto de un transformador real, si lo que se quiere obtener es un transformador ideal. Por ejemplo, se ha visto que la reactancia del arrollamiento secundario debe ser mucho mayor en magnitud que la impedancia de cualquier carga que esté conectada al secundario. Entonces se tiene alguna idea de las condiciones de operación bajo las cuales un transformador deja de comportarse como un transformador ideal.

A continuación se determinará cómo se relacionan con un transformador ideal las cantidades en el dominio del tiempo v_1 y v_2. Regresando al circuito de la figura 14-12 y a las dos ecuaciones que lo describen, (16) y (17), puede resolverse la segunda ecuación para di_2/dt y sustituirse en la primera ecuación,

$$v_1 = L_1 \frac{di_1}{dt} + \frac{M}{L_2} v_2 - \frac{M^2}{L_2} \frac{di_1}{dt}$$

Sin embargo, para un acoplamiento unitario, $M^2 = L_1 L_2$, y entonces

$$v_1 = \frac{M}{L_2} v_2 = \sqrt{\frac{L_1}{L_2}} v_2 = \frac{1}{a} v_2$$

Entonces se encuentra que la relación entre los voltajes del primario y el secundario se aplica a la respuesta completa en el dominio del tiempo.

La expresión que relaciona las corrientes en el primario y el secundario en el dominio del tiempo se obtiene dividiendo toda la ecuación (16) entre L_1

$$\frac{v_1}{L_1} = \frac{di_1}{dt} + \frac{M}{L_1} \frac{di_2}{dt} = \frac{di_1}{dt} + a \frac{di_2}{dt}$$

y luego haciendo uso de una de las hipótesis hechas para el transformador ideal: L_1 debe ser infinita. Si se supone que v_1 no es infinito, entonces

$$\frac{di_1}{dt} = -a \frac{di_2}{dt}$$

Al integrar,

$$i_1 = -ai_2 + A$$

donde A es una constante de integración independiente del tiempo. De este modo, si se desprecian todas las corrientes directas en los dos arrollamientos y se concentra la atención sólo sobre la parte de la respuesta dependiente del tiempo, entonces

$$i_1 = -ai_2$$

El signo menos surge, por supuesto, de la localización de los puntos y de la elección de la dirección de las corrientes en la figura 14-12.

Por tanto, se obtienen las mismas relaciones de voltaje y corriente en el dominio del tiempo que las que se obtienen en el dominio de la frecuencia, suponiendo que se desprecian los componentes de cd. Los resultados en el dominio del tiempo son más generales, pero se han obtenido por medio de un proceso menos informativo.

Las características establecidas para el transformador ideal pueden utilizarse para simplificar circuitos en los que existan transformadores ideales. Con el propósito de ilustrar esto, se supone que todo lo que está a la izquierda de las terminales del primario se ha sustituido por su equivalente de Thévenin, lo mismo que la red que está a la derecha de las terminales del secundario. Se considera entonces el circuito de la figura 14-19. Se supone una excitación a cualquier frecuencia compleja **s**.

Figura 14-19

Las redes conectadas a las terminales del primario y el secundario de un transformador ideal están representadas por sus equivalentes Thévenin.

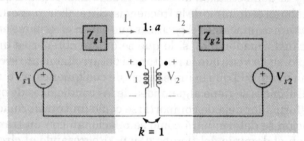

Ahora se pueden usar los teoremas de Thévenin o Norton para obtener un circuito equivalente que no contenga un transformador. Por ejemplo, se quiere determinar el equivalente de Thévenin de la red que está a la izquierda de las terminales del secundario. Poniendo al secundario en circuito abierto, $\mathbf{I}_2 = 0$ y por tanto $\mathbf{I}_1 = 0$ (recuérdese que L_1 es infinita). En las terminales de $\mathbf{Z}_{g1}$ no aparece ningún voltaje, y por tanto $\mathbf{V}_1 = \mathbf{V}_{s1}$ y $\mathbf{V}_{2oc} = a\mathbf{V}_{s1}$. La impedancia de Thévenin se obtiene eliminando $\mathbf{V}_{s1}$ y utilizando el cuadrado de la razón de vueltas, teniendo cuidado de usar el recíproco de la razón de vueltas ya que se está trabajando en las terminales del secundario. Entonces, $\mathbf{Z}_{th2} = \mathbf{Z}_{g1}a^2$. Como comprobación del equivalente obtenido, se determinará también la corriente del secundario en cortocircuito $\mathbf{I}_{2sc}$. Con el secundario en cortocircuito, el generador en el primario enfrenta a una impedancia $\mathbf{Z}_{g1}$ así que $\mathbf{I}_1 = \mathbf{V}_{s1}/\mathbf{Z}_{g1}$. Por lo tanto, $\mathbf{I}_{2sc} = \mathbf{V}_{s1}/a\mathbf{Z}_{g1}$. La razón del voltaje de circuito abierto a la corriente de cortocircuito es $a^2\mathbf{Z}_{g1}$, tal como debe ser. En la figura 14-20 se muestran el equivalente de Thévenin del transformador y el circuito en el primario.

Figura 14-20

El equivalente de Thévenin de la red que se halla a la izquierda de las terminales del secundario, en la figura 14-19, se usa para simplificar ese circuito.

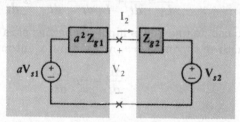

Por lo tanto, los voltajes, las corrientes y las impedancias dadas, mas el transformador, pueden sustituirse por cada voltaje en el primario multiplicado por la razón de vueltas, cada corriente en el primario dividida entre la razón de vueltas y cada impedancia en el primario multiplicada por el cuadrado de la razón de vueltas. Si cualquiera de los puntos se intercambia, el equivalente puede obtenerse usando el negativo de la razón de vueltas.

Obsérvese que esta equivalencia, como se ilustra en la figura 14-20, es posible sólo si la red conectada a las dos terminales del primario, así como la red conectada a las dos terminales del secundario, pueden remplazarse por sus equivalentes de Thévenin. Es decir, cada una debe ser una red de dos terminales. Por ejemplo, si se cortan los dos alambres del primario en el transformador, el circuito deberá dividirse en dos redes separadas; no puede haber ninguna red o elemento punteado a través del transformador entre el primario y el secundario, tal como se ve en las figuras 14-52 o14-54 en los problemas al final del capítulo.

Un análisis similar del transformador y de la red del secundario muestra que todo lo que esté a la derecha de las terminales del primario puede remplazarse por una red idéntica sin el transformador, dividiendo cada voltaje entre a, multiplicando cada corriente por a, y dividiendo cada impedancia entre a^2. Una inversión de cualquiera de los arrollamientos corresponde al uso de una razón de vueltas igual a $-a$.

Ejemplo 14-5 Como un ejemplo sencillo de esta aplicación de circuitos equivalentes, considere el circuito dado en la figura 14-21. Se busca el circuito equivalente en donde se remplazan el transformador y el circuito del secundario, y también en donde se remplazan el transformador y el circuito del primario.

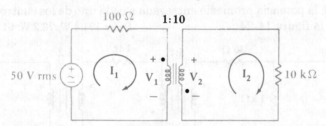

Figura 14-21

Un circuito sencillo en el que una carga resistiva se acopla a la impedancia de la fuente por medio de un transformador ideal.

Solución: Sea $a = 10$. La impedancia de entrada es $10\,000/(10)^2$, o sea, $100\ \Omega$. Por lo tanto, $\mathbf{I}_1 = 0.25$ A, $\mathbf{V}_1 = 25$ V, y la fuente entrega 12.5 W, de los cuales 6.25 W se disipan en la resistencia interna de la fuente, y 6.25 W se entregan a la carga. Esta es la condición para transferir la máxima potencia a la carga.

Si el circuito secundario y el transformador ideal se eliminan usando el equivalente de Thévenin, se obtiene el circuito simplificado de la figura 14-22a. Ahora son evidentes de inmediato, el voltaje y la corriente del primario.

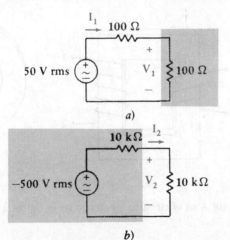

Figura 14-22

El circuito de la figura 14-21 se simplifica sustituyendo a) el transformador y el circuito secundario por el equivalente de Thévenin o b) el transformador y el circuito primario por el equivalente de Thévenin.

De otra manera, si la red que está a la izquierda de las terminales del secundario se sustituye por su equivalente Thévenin, se obtiene el circuito más sencillo de la figura 14-22b. Debe verificarse la presencia del signo menos en la fuente equivalente. También se pueden obtener fácilmente los equivalentes de Norton correspondientes.

Ejercicios

14-9. Sea $N_1 = 1000$ vueltas y $N_2 = 5000$ vueltas en el transformador ideal que se muestra en la figura 14-23. Si $\mathbf{Z}_L = 500 - j400\ \Omega$, encuentre la potencia promedio entregada a $\mathbf{Z}_L$ para a) $\mathbf{I}_2 = 1.4\underline{/20°}$ A rms; b) $\mathbf{V}_2 = 900\underline{/40°}$ V rms; c) $\mathbf{V}_1 = 80\underline{/100°}$ V rms; d) $\mathbf{I}_1 = 6\underline{/45°}$ A rms; e) $\mathbf{V}_s = 200\underline{/0°}$ V rms.

Resp: 980 W; 988 W; 195.1 W; 720 W; 692 W

Figura 14-23

Para el ejercicio 14-9.

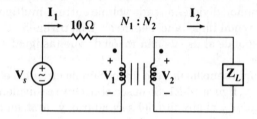

14-10. Encuentre la potencia promedio entregada a cada uno de los cuatro resistores en el circuito de la figura 14-24.   *Resp:* 191.4 W; 73.2 W; 61.0 W; 549 W

Figura 14-24

Para el ejercicio 14-10.

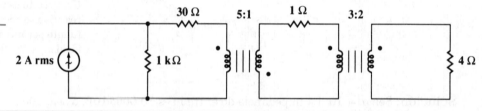

Problemas

1 En la figura 14-25 se muestra la estructura física de tres pares de bobinas acopladas. Señale las dos localizaciones posibles para los dos puntos en cada par de bobinas.

Figura 14-25

Para el problema 1.

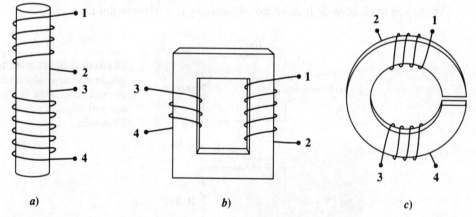

a)   b)   c)

2 Sea $i_{s1}(t) = 4t$ A e $i_{s2}(t) = 10t$ A en el circuito mostrado en la figura 14-26. Encuentre a) v_{AG}; b) v_{CG}; c) v_{BG}.

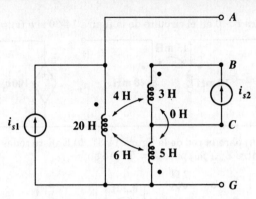

Figura 14-26

Para el problema 2.

3 En el circuito de la fig. 14-27, encuentre la potencia promedio absorbida por *a*) la fuente; *b*) cada uno de los dos resistores; *c*) cada una de las dos inductancias; *d*) la inductancia mutua.

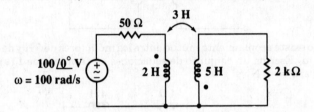

Figura 14-27

Para los problemas 3 y 5.

4 *a*) Escriba un conjunto de ecuaciones de malla como funciones de $I_1(s)$, $I_2(s)$ e $I_3(s)$ para el circuito mostrado en la fig. 14-28. *b*) Encuentre I_3 si $s = -1$ Np/s.

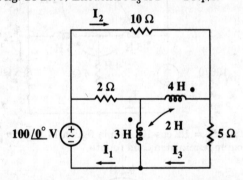

Figura 14-28

Para el problema 4.

5 *a*) Encuentre la red equivalente de Thévenin vista por el resistor de 2 kΩ en el circuito del problema 3. *b*) ¿Cuál es la máxima potencia promedio que puede obtenerse de la red mediante un valor óptimo de Z_L (en lugar de 2 kΩ)?

6 Según la red que se muestra en la figura 14-29, *a*) escriba dos ecuaciones que den $v_A(t)$ y $v_B(t)$ como funciones de $i_1(t)$ e $i_2(t)$ para la red de la figura 14-29*a*; *b*) escriba dos ecuaciones que den $V_1(s)$ y $V_2(s)$ como funciones de $I_A(s)$ e $I_B(s)$ para la red de la figura 14-29*b*.

Figura 14-29

Para el problema 6.

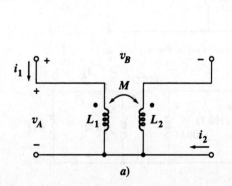

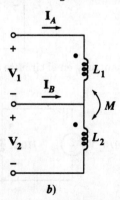

a)   *b*)

7 Encuentre $i_C(t)$ para $t > 0$ en el circuito de la figura 14-30 si $v_s(t) = 10t^2u(t)/(t^2 + 0.01)$ V.

Figura 14-30

Para el problema 7.

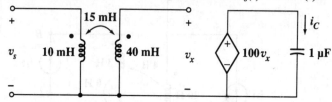

8 *a*) Encuentre $\mathbf{Z}_{ent}(\mathbf{s})$ para la red de la figura 14-31. *b*) Enliste todas las frecuencias críticas de $\mathbf{Z}_{ent}(\mathbf{s})$. *c*) Encuentre $\mathbf{Z}_{ent}(j\omega)$ para $\omega = 50$ rad/s.

Figura 14-31

Para el problema 8.

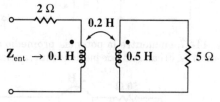

9 Observe que no existe acoplamiento mutuo entre los inductores de 5 H y de 6 H en el circuito de la fig. 14-32. *a*) Escriba un conjunto de ecuaciones en términos de $\mathbf{I}_1(\mathbf{s})$, $\mathbf{I}_2(\mathbf{s})$ e $\mathbf{I}_3(\mathbf{s})$. *b*) Encuentre $\mathbf{I}_3(\mathbf{s})$ si $\mathbf{s} = -2$ Np/s.

Figura 14-32

Para el problema 9.

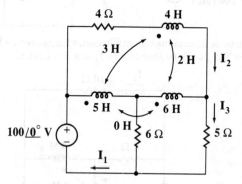

10 Sean $i_{s1} = 2\cos 10t$ A e $i_{s2} = 1.2\cos 10t$ A en la figura 14-33. Encuentre *a*) $v_1(t)$; *b*) $v_2(t)$; *c*) la potencia promedio que suministra cada fuente.

Figura 14-33

Para el problema 10.

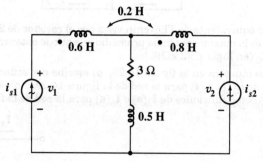

11 Encuentre $\mathbf{I}_L$ en el circuito que se muestra en la figura 14-34.

Figura 14-34

Para el problema 11.

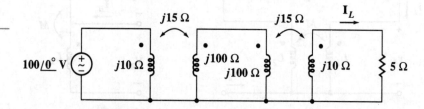

12 Sea $i_s = 2 \cos 10t$ A en el circuito de la figura 14-35. Encuentre la energía total almacenada en $t = 0$ si *a*) *a-b* están en circuito abierto como se muestra; *b*) *a-b* están en corto circuito.

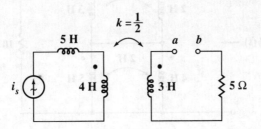

Figura 14-35

Para el problema 12.

13 Sea $\mathbf{V}_s = 12\underline{/\,0^\circ}$ V rms en el transformador lineal de la figura 14-36. Con $\omega = 100$ rad/s, encuentre la potencia promedio suministrada al resistor de 24 Ω como una función de *k*.

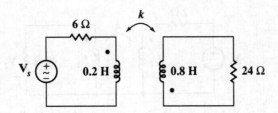

Figura 14-36

Para el problema 13.

14 Si $i_1 = 2 \cos 500t$ A en la red de la figura 14-37, encuentre el valor de la máxima energía almacenada en la red.

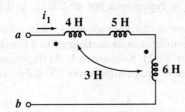

Figura 14-37

Para el problema 14.

15 Sea $\omega = 100$ rad/s en el circuito de la figura 14-38 y encuentre la potencia promedio: *a*) entregada a la carga de 10 Ω; *b*) suministrada a la carga de 20 Ω; *c*) generada por la fuente.

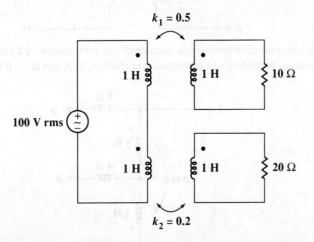

Figura 14-38

Para los problemas 15 y 36.

16 Utilice el equivalente T como ayuda para determinar la impedancia de entrada $\mathbf{Z}(\mathbf{s})$ para la red que se muestra en la figura 14-39.

Figura 14-39

Para el problema 16.

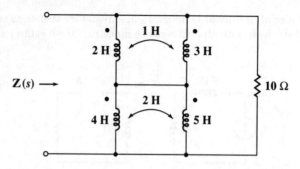

$\mathbf{Z}(s) \longrightarrow$

17 Sea $\omega = 1000$ rad/s para el circuito de la figura 14-40, determine el valor de la razón $\mathbf{V}_2/\mathbf{V}_s$ si $a)$ $L_1 = 1$ mH, $L_2 = 25$ mH y $k = 1$; $b)$ $L_1 = 1$ H, $L_2 = 25$ H y $k = 0.99$; (c) $L_1 = 1$ H, $L_2 = 25$ H y $k = 1$.

Figura 14-40

Para el problema 17.

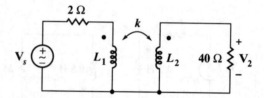

18 Una carga $\mathbf{Z}_L$ está conectada al secundario de un transformador lineal que se caracteriza por las inductancias $L_1 = 1$ H y $L_2 = 4$ H y un coeficiente de acoplamiento unitario. Si $\omega = 1000$ rad/s, encuentre la red equivalente en serie (valores de R, L y C) vista a través de las terminales de entrada si $\mathbf{Z}_L$ se representa por $a)$ $100\,\Omega$; $b)$ 0.1 H; $c)$ $10\,\mu$F.

19 $a)$ Un puente de inductancias utilizado sobre las bobinas acopladas de la figura 14-41 mide los siguientes valores bajo condiciones de cortocircuito o circuito abierto: $L_{AB,CD\,oc} = 10$ mH, $L_{CD,AB\,oc} = 5$ mH, $L_{AB,CD\,sc} = 8$ mH. Encuentre k. $b)$ Suponiendo los puntos en A y D, y con $i_1 = 5$ A, ¿qué valor debe tener i_2 para almacenar 100 mJ de energía en el sistema?

Figura 14-41

Para el problema 19.

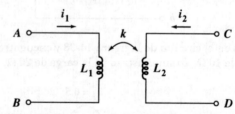

20 Encuentre la inductancia equivalente vista desde las terminales 1 y 2 en la red de la figura 14-42 si las siguientes terminales se conectan: $a)$ ninguna; $b)$ A con B; $c)$ B con C; $d)$ A con C.

Figura 14-42

Para el problema 20.

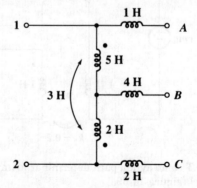

21 *a*) Según la figura 14-43, utilice el equivalente T como ayuda para encontrar la razón $\mathbf{I}_L(\mathbf{s})/\mathbf{V}_s(\mathbf{s})$. *b*) Haga $v_s(t) = 100u(t)$ V y encuentre $i_L(t)$. [Sugerencia: Puede escribir las dos ecuaciones diferenciales del circuito como ayuda para determinar di_L/dt en $t = 0^+$.]

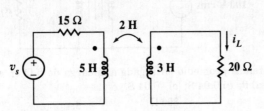

Figura 14-43

Para el problema 21.

22 Un transformador lineal tiene $L_1 = 6$ H, $L_2 = 12$ H y $M = 5$ H. Encuentre los ocho valores distintos de L_{entrada} que pueden obtenerse por los ocho métodos posibles para obtener una red de dos terminales (inductancias solas, combinaciones en serie y en paralelo, transformadores en cortocircuito, varias combinaciones de puntos). Muestre cada red y dé su L_{entrada}.

23 Encuentre $\mathbf{H}(\mathbf{s}) = \mathbf{V}_o/\mathbf{V}_s$ para el circuito que se muestra en la figura 14-44.

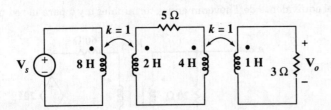

Figura 14-44

Para el problema 23.

24 Sean $\mathbf{V}_s = 100/\underline{0°}$ V rms y $\omega = 100$ rad/s en el circuito de la figura 14-45. Encuentre el equivalente de Thévenin de la red: *a*) a la derecha de las terminales *a* y *b*; *b*) a la izquierda de las terminales *c* y *d*.

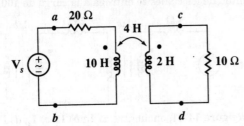

Figura 14-45

Para el problema 24.

25 Repita el problema 24 si L_1 aumenta a 125 H, L_2 aumenta a 20 H y M aumenta hasta $k = 1$.

26 Sea $\mathbf{V}_s = 50/\underline{0°}$ V rms con $\omega = 100$ rad/s en el circuito de la figura 14-46. Encuentre la potencia promedio entregada a cada resistor.

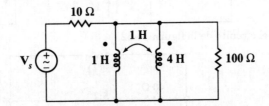

Figura 14-46

Para el problema 26.

27 *a*) ¿Cuál es el máximo valor de la potencia promedio que puede entregarse a R_L en el circuito de la figura 14-47? *b*) Sea $R_L = 100$ Ω, conecte un resistor de 40 Ω entre las terminales superiores del primario y del secundario. Encuentre P_L.

Figura 14-47

Para el problema 27.

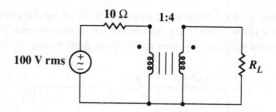

28 Encuentre la potencia promedio entregada a la carga de 8 Ω en el circuito de la figura 14-48 si c es igual a a) 0; b) 0.04 S; c) –0.04 S.

Figura 14-48

Para el problema 28.

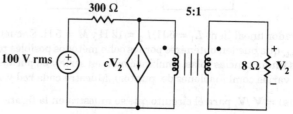

29 Encuentre el equivalente de Thévenin en las terminales a y b para la red mostrada en la figura 14-49.

Figura 14-49

Para el problema 29.

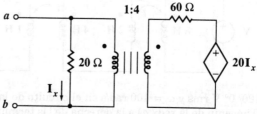

30 Elija valores para a y b en el circuito de la figura 14-50 de manera que la fuente ideal suministre 1000 W, la mitad de los cuales se entrega a la carga de 100 Ω.

Figura 14-50

Para el problema 30.

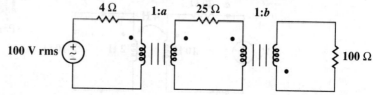

31 Para el circuito en la figura 14-51, encuentre a) I_1; b) I_2; c) I_3; d) $P_{25\Omega}$; e) $P_{2\Omega}$; f) $P_{3\Omega}$.

Figura 14-51

Para el problema 31.

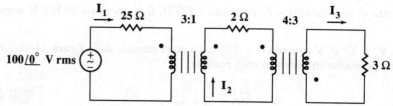

32 Encuentre V_2 en el circuito de la figura 14-52.

Figura 14-52

Para el problema 32.

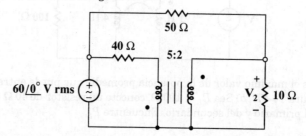

33 Encuentre la potencia que está disipando cada resistor en el circuito de la figura 14-53.

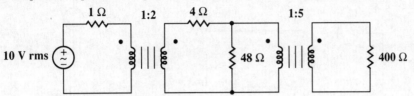

Figura 14-53

Para el problema 33.

34 Encuentre $\mathbf{I}_x$ en el circuito de la figura 14-54.

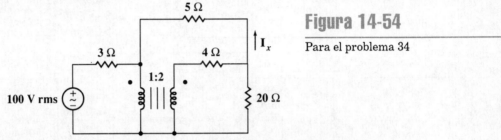

Figura 14-54

Para el problema 34

35 *a*) Encuentre la potencia promedio entregada a cada resistor de 10 Ω en el circuito mostrado en la figura 14-55. *b*) Repita el inciso *a* después de conectar *A* a *C* y *B* a *D*.

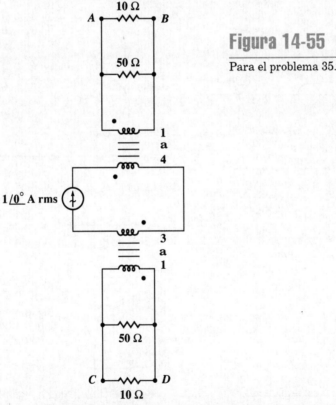

Figura 14-55

Para el problema 35.

36 (SPICE) Sea $\omega = 100$ rad/s en el circuito que de la figura 14-38. Utilice un análisis en SPICE para encontrar la amplitud de la corriente rms que sale por la terminal superior de la fuente si se modifica el circuito colocando un resistor pequeño de 10^{-6} Ω en serie con la fuente y *a*) conectando las terminales inferiores de las dos bobinas secundarias y la terminal inferior de la fuente; *b*) igual que en el inciso *a*, pero se coloca también un capacitor de $1\,\mu$F en paralelo con la carga de 10 Ω.

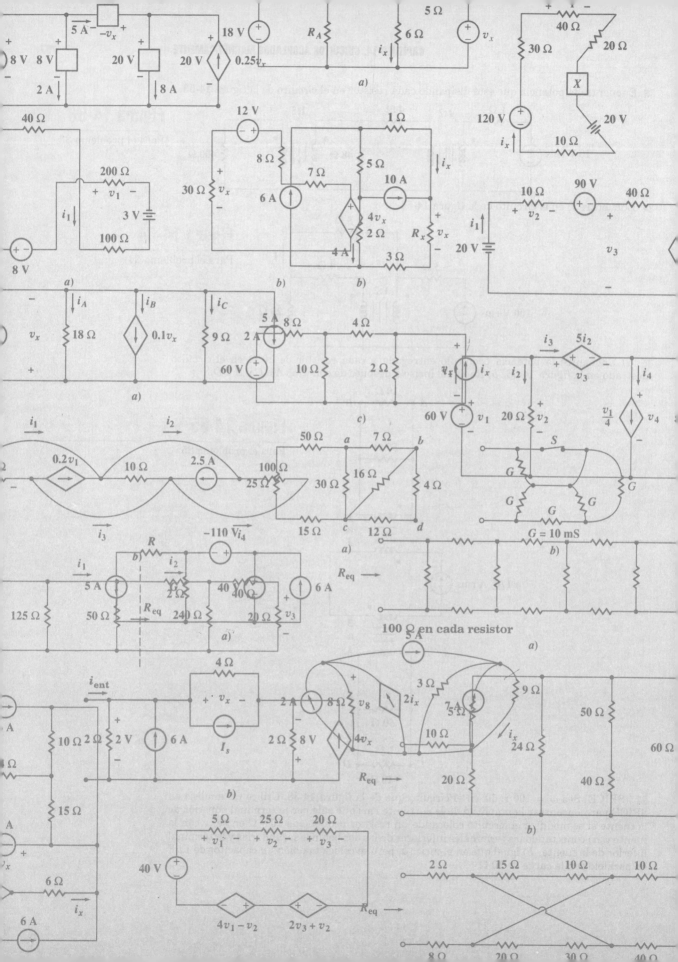

Redes generales de dos puertos o bipuertos

15-1

Introducción

Una red cualquiera que tenga dos pares de terminales, uno de ellos denominado quizás "terminales de entrada", y el otro "terminales de salida", es un elemento muy importante en sistemas electrónicos, sistemas de comunicación, sistemas de control automático, sistemas de distribución y transmisión, u otros sistemas en los que una señal eléctrica o la energía eléctrica entra por las terminales de entrada, sufre la acción de la red y la abandona por las terminales de salida. El par de terminales de salida puede estar conectado con las terminales de entrada de alguna otra red. Un par de terminales por las que entra o sale una señal de la red recibe el nombre de *puerto*, y una red que sólo tenga un par de dichas terminales recibe el nombre de *red de un puerto*, o simplemente *un puerto*. No pueden hacerse conexiones a ningún otro nodo interno a la red de un puerto, por lo cual es evidente que en la figura 15-1a, i_a debe ser igual a i_b. Cuando está presente más de un par de terminales, la red recibe el nombre de *red de varios puertos*. En la figura 15-1b se muestra la red de dos puertos a la cual está dedicada principalmente este capítulo. Las corrientes en los dos alambres que integran cada puerto deben ser iguales, por consiguiente $i_a = i_b$ e $i_c = i_d$ en la red de dos puertos mostrada en la figura 15-1b. Las fuentes y las cargas deben conectarse directamente entre las dos terminales de un puerto si se van a usar los métodos de este capítulo. En otras palabras, cada puerto puede conectarse sólo a una red de un puerto o a un puerto de una red de varios puertos. Por ejemplo, no puede conectarse ningún dispositivo entre las terminales a y c de la red de dos puertos de la figura 15-1b. Si debe analizarse un circuito así, generalmente deben escribirse ecuaciones de lazos o de nodos.

Los métodos especiales de análisis que se desarrollan para redes de dos puertos, o simplemente bipuertos, hacen resaltar las relaciones de voltaje y corriente en las terminales de las redes y eliminan la naturaleza específica de las corrientes y voltajes dentro de las redes. Este estudio introductorio sirve para familiarizar al lector con varios parámetros importantes y su uso va dirigido a simplificar y sistematizar el análisis de redes lineales de dos puertos.

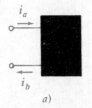

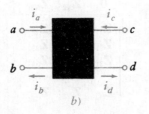

Figura 15-1

a) Red de un puerto; *b*) red de dos puertos o bipuertos.

15-2

Redes de un puerto

Parte del estudio introductorio de las redes de uno y dos puertos se efectúa mejor utilizando una notación de redes generalizada y la nomenclatura abreviada para los determinantes que se presenta en el apéndice 1. En consecuencia, si se escribe un sistema de ecuaciones de lazos para una red pasiva,

$$\mathbf{Z}_{11}\mathbf{I}_1 + \mathbf{Z}_{12}\mathbf{I}_2 + \mathbf{Z}_{13}\mathbf{I}_3 + \cdots + \mathbf{Z}_{1N}\mathbf{I}_N = \mathbf{V}_1$$

$$\mathbf{Z}_{21}\mathbf{I}_1 + \mathbf{Z}_{22}\mathbf{I}_2 + \mathbf{Z}_{23}\mathbf{I}_3 + \cdots + \mathbf{Z}_{2N}\mathbf{I}_N = \mathbf{V}_2$$

$$\mathbf{Z}_{31}\mathbf{I}_1 + \mathbf{Z}_{32}\mathbf{I}_2 + \mathbf{Z}_{33}\mathbf{I}_3 + \cdots + \mathbf{Z}_{3N}\mathbf{I}_N = \mathbf{V}_3 \qquad (1)$$

$$\cdots \cdots \cdots \cdots$$

$$\mathbf{Z}_{N1}\mathbf{I}_1 + \mathbf{Z}_{N2}\mathbf{I}_2 + \mathbf{Z}_{N3}\mathbf{I}_3 + \cdots + \mathbf{Z}_{NN}\mathbf{I}_N = \mathbf{V}_N$$

el coeficiente de cada corriente será una impedancia $\mathbf{Z}_{ij}(\mathbf{s})$, y el determinante del circuito, o determinante de los coeficientes, será

$$\Delta_{\mathbf{z}} = \begin{vmatrix} \mathbf{Z}_{11} & \mathbf{Z}_{12} & \mathbf{Z}_{13} & \cdots & \mathbf{Z}_{1N} \\ \mathbf{Z}_{21} & \mathbf{Z}_{22} & \mathbf{Z}_{23} & \cdots & \mathbf{Z}_{2N} \\ \mathbf{Z}_{31} & \mathbf{Z}_{32} & \mathbf{Z}_{33} & \cdots & \mathbf{Z}_{3N} \\ \cdots & \cdots & \cdots & \cdots & \cdots \\ \mathbf{Z}_{N1} & \mathbf{Z}_{N2} & \mathbf{Z}_{N3} & \cdots & \mathbf{Z}_{NN} \end{vmatrix} \qquad (2)$$

donde se ha supuesto que se tienen N lazos, las corrientes aparecen en el orden de los subíndices en cada ecuación, y el orden de las ecuaciones es el mismo que el de las corrientes. También se supone que la LVK se aplica de forma que el signo de cada término $\mathbf{Z}_{ii}$ ($\mathbf{Z}_{11}, \mathbf{Z}_{22}, \ldots, \mathbf{Z}_{NN}$) sea positivo; el signo de cualquier $\mathbf{Z}_{ij}$ ($i \neq j$) o término mutuo puede ser positivo o negativo, dependiendo de las direcciones de referencia asignadas a $\mathbf{I}_i$ e $\mathbf{I}_j$.

Si hay fuentes dependientes dentro de la red, entonces no todos los coeficientes en las ecuaciones de lazos tienen por qué ser resistencias o impedancias, como se vio en el capítulo 2. Aún así, al determinante del circuito se le seguirá llamando $\Delta_{\mathbf{Z}}$.

El uso de la notación de menores (apéndice 1) permite expresar de manera muy concisa la impedancia de entrada o excitación para las redes de un *puerto*. El resultado también es aplicable a redes de *dos puertos* si uno de los dos puertos termina en una impedancia pasiva, incluyendo un circuito abierto o un cortocircuito.

Supóngase que la red de un puerto que se muestra en la figura 15-2a tiene sólo elementos pasivos y fuentes dependientes; también se supone aplicable la linealidad. Una fuente ideal de voltaje $\mathbf{V}_1$ está conectada al puerto, y la corriente de la fuente se identifica como la corriente en el lazo 1. Entonces, por el proceso ya conocido,

$$\mathbf{I}_1 = \frac{\begin{vmatrix} \mathbf{V}_1 & \mathbf{Z}_{12} & \mathbf{Z}_{13} & \cdots & \mathbf{Z}_{1N} \\ 0 & \mathbf{Z}_{22} & \mathbf{Z}_{23} & \cdots & \mathbf{Z}_{2N} \\ 0 & \mathbf{Z}_{32} & \mathbf{Z}_{33} & \cdots & \mathbf{Z}_{3N} \\ \cdots & \cdots & \cdots & \cdots & \cdots \\ 0 & \mathbf{Z}_{N2} & \mathbf{Z}_{N3} & \cdots & \mathbf{Z}_{NN} \end{vmatrix}}{\begin{vmatrix} \mathbf{Z}_{11} & \mathbf{Z}_{12} & \mathbf{Z}_{13} & \cdots & \mathbf{Z}_{1N} \\ \mathbf{Z}_{21} & \mathbf{Z}_{22} & \mathbf{Z}_{23} & \cdots & \mathbf{Z}_{2N} \\ \mathbf{Z}_{31} & \mathbf{Z}_{32} & \mathbf{Z}_{33} & \cdots & \mathbf{Z}_{3N} \\ \cdots & \cdots & \cdots & \cdots & \cdots \\ \mathbf{Z}_{N1} & \mathbf{Z}_{N2} & \mathbf{Z}_{N3} & \cdots & \mathbf{Z}_{NN} \end{vmatrix}}$$

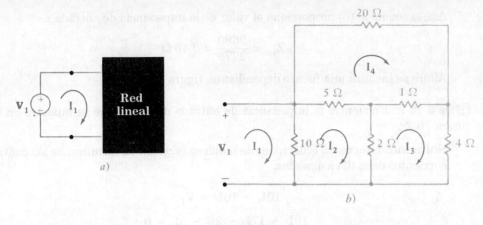

Figura 15-2

a) La fuente ideal de voltaje $\mathbf{V}_1$ está conectada al único puerto de una red de un puerto lineal que no contiene fuentes independientes; $\mathbf{Z}_{ent} = \Delta_\mathbf{Z}/\Delta_{11}$. *b*) Se usa como ejemplo una red de un puerto resistiva. *c*) Se usa como ejemplo una red de un puerto que contiene una fuente dependiente.

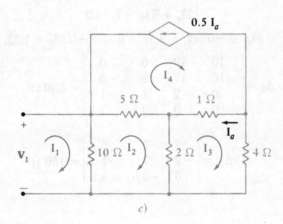

o de manera más breve,

$$\mathbf{I}_1 = \frac{\mathbf{V}_1 \Delta_{11}}{\Delta_\mathbf{Z}}$$

Por lo tanto,

$$\mathbf{Z}_{ent} = \frac{\mathbf{V}_1}{\mathbf{I}_1} = \frac{\Delta_\mathbf{Z}}{\Delta_{11}} \tag{3}$$

Ejemplo 15-1 Utilice este resultado para calcular la impedancia de entrada para la red de un puerto resistiva que se muestra en la figura 15-2*b*.

Solución: Primero se asignan las cuatro corrientes de malla como se muestra y después se escribe el determinante del circuito por inspección:

$$\Delta_\mathbf{Z} = \begin{vmatrix} 10 & -10 & 0 & 0 \\ -10 & 17 & -2 & -5 \\ 0 & -2 & 7 & -1 \\ 0 & -5 & -1 & 26 \end{vmatrix}$$

su valor es 9680 Ω^4. Al eliminar el primer renglón y la primera columna, se tiene

$$\Delta_{11} = \begin{vmatrix} 17 & -2 & -5 \\ -2 & 7 & -1 \\ -5 & -1 & 26 \end{vmatrix} = 2778 \ \Omega^3$$

Así, la ecuación (3) proporciona el valor de la impedancia de entrada,

$$\mathbf{Z}_{ent} = \frac{9680}{2778} = 3.48\ \Omega$$

Ahora se incluirá una fuente dependiente, figura 15-2c.

Ejemplo 15-2 Encuentre la impedancia de entrada de la red que se muestra en la figura 15-2c.

Solución: Las cuatro ecuaciones de malla se escriben en términos de las cuatro corrientes de malla asignadas:

$$10\mathbf{I}_1 - 10\mathbf{I}_2 = \mathbf{V}_1$$
$$-10\mathbf{I}_1 + 17\mathbf{I}_2 - 2\mathbf{I}_3 - 5\mathbf{I}_4 = 0$$
$$-2\mathbf{I}_2 + 7\mathbf{I}_3 - \mathbf{I}_4 = 0$$
$$\mathbf{I}_4 = -0.5\mathbf{I}_a = -0.5(\mathbf{I}_4 - \mathbf{I}_3) \quad \text{o} \quad -0.5\mathbf{I}_3 + 1.5\mathbf{I}_4 = 0$$

y

$$\Delta_{\mathbf{Z}} = \begin{vmatrix} 10 & -10 & 0 & 0 \\ -10 & 17 & -2 & -5 \\ 0 & -2 & 7 & -1 \\ 0 & 0 & -0.5 & 1.5 \end{vmatrix} = 590\ \Omega^3$$

mientras que

$$\Delta_{11} = \begin{vmatrix} 17 & -2 & -5 \\ -2 & 7 & -1 \\ 0 & -0.5 & 1.5 \end{vmatrix} = 159\ \Omega^2$$

lo que da

$$\mathbf{Z}_{ent} = \frac{590}{159} = 3.71\ \Omega$$

También puede optarse por un procedimiento similar que usa ecuaciones de nodo, y que da la admitancia de entrada:

$$\mathbf{Y}_{ent} = \frac{1}{\mathbf{Z}_{ent}} = \frac{\Delta_{\mathbf{Y}}}{\Delta_{11}} \tag{4}$$

en donde Δ_{11} ahora se refiere al menor de $\Delta_{\mathbf{Y}}$.

Ejemplo 15-8 Use la ecuación (4) para determinar otra vez la impedancia de entrada de la red que se muestra en la figura 15-2b.

Solución: Para el ejemplo de la figura 15-2b se ordenan los voltajes en los nodos $\mathbf{V}_1$, $\mathbf{V}_2$ y $\mathbf{V}_3$ de izquierda a derecha, se elige la referencia en el nodo inferior, y se escribe la matriz de admitancias del sistema por inspección:

$$\Delta_{\mathbf{Y}} = \begin{vmatrix} 0.35 & -0.2 & -0.05 \\ -0.2 & 1.7 & -1 \\ -0.05 & -1 & 1.3 \end{vmatrix} = 0.347\ S^3$$

$$\Delta_{11} = \begin{vmatrix} 1.7 & -1 \\ -1 & 1.3 \end{vmatrix} = 1.21\ S^2$$

de forma que

$$Y_{ent} = \frac{0.347}{1.21} = 0.287 \text{ S}$$

lo que corresponde a

$$Z_{ent} = \frac{1}{0.287} = 3.48 \text{ }\Omega$$

de nuevo.

Los problemas 7 y 8 al final del capítulo dan redes de un puerto que pueden construirse usando amplificadores operacionales. Estos problemas ilustran que resistencias *negativas* pueden obtenerse a partir de redes cuyos únicos elementos pasivos son resistores, y que los inductores pueden simularse con sólo resistores y capacitores.

15-1. Calcule la impedancia de entrada de la red mostrada en la figura 15-3 si se transforma en una red de un puerto cortándola en las terminales: *a*) *a* y *a'*; *b*) *b* y *b'*; *c*) *c* y *c'*.   *Resp:* 9.47 Ω; 10.63 Ω; 7.58 Ω.

Ejercicios

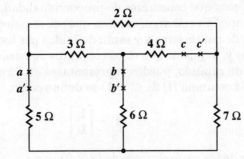

Figura 15-3

Para el ejercicio 15-1.

15-2. Escriba un conjunto de ecuaciones de nodos para el circuito de la figura 15-4, calcule Δ_Y y luego determine la admitancia de entrada de la red vista entre *a*) el nodo 1 y el de referencia; *b*) el nodo 2 y el de referencia.   *Resp:* 10.68 S; 13.80 S

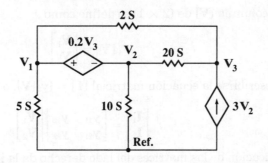

Figura 15-4

Para el ejercicio 15-2.

15-3

Parámetros de admitancia

Ahora se dirigirá la atención a las redes de dos puertos o bipuertos. En todo lo que sigue se supondrá que la red está compuesta de elementos lineales y no contiene fuentes independientes; las fuentes dependientes *sí* están permitidas. En algunos casos especiales se impondrán condiciones adicionales a la red.

Se considerará la red de dos puertos que se muestra en la figura 15-5; el voltaje y la corriente en las terminales de entrada son V_1 e I_1 y V_2 e I_2 y están definidas en

Figura 15-5

Una red de dos puertos general con corrientes y voltajes terminales especificados. La red de dos puertos está compuesta por elementos lineales incluyendo tal vez fuentes dependientes, pero no contiene fuentes independientes.

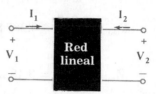

el puerto de salida. Por costumbre, las direcciones de I_1 e I_2 se eligen *entrando* a la red por los conductores superiores (y saliendo de los conductores inferiores). Como la red es lineal y no contiene fuentes independientes dentro de ella, puede considerarse que I_1 es la superposición de dos componentes, una de ellas causada por V_1 y la otra por V_2. Cuando se aplica el mismo argumento a I_2 puede comenzarse con el sistema de ecuaciones

$$I_1 = y_{11}V_1 + y_{12}V_2 \qquad (5)$$

$$I_2 = y_{21}V_1 + y_{22}V_2 \qquad (6)$$

donde las **y** no son más que constantes de proporcionalidad, o coeficientes desconocidos, por el momento. Sin embargo, es obvio que sus dimensiones deben ser A/V o S. Reciben el nombre de parámetros **y** y están definidos por las ecuaciones (5) y (6).

Los parámetros **y**, lo mismo que otros conjuntos de parámetros que se definirán más adelante en este capítulo, pueden representarse en forma concisa como matrices.[1] Aquí, la matriz columna **[I]** de (2×1) se define como,

$$[\mathbf{I}] = \begin{bmatrix} \mathbf{I}_1 \\ \mathbf{I}_2 \end{bmatrix} \qquad (7)$$

la matriz cuadrada de los parámetros **y** de (2×2) como

$$[\mathbf{y}] = \begin{bmatrix} \mathbf{y}_{11} & \mathbf{y}_{12} \\ \mathbf{y}_{21} & \mathbf{y}_{22} \end{bmatrix} \qquad (8)$$

y la matriz columna **[V]** de (2×1) se define como

$$[\mathbf{V}] = \begin{bmatrix} \mathbf{V}_1 \\ \mathbf{V}_2 \end{bmatrix} \qquad (9)$$

Así, puede escribirse la ecuación matricial $[\mathbf{I}] = [\mathbf{y}][\mathbf{V}]$, o bien

$$\begin{bmatrix} \mathbf{I}_1 \\ \mathbf{I}_2 \end{bmatrix} = \begin{bmatrix} \mathbf{y}_{11} & \mathbf{y}_{12} \\ \mathbf{y}_{21} & \mathbf{y}_{22} \end{bmatrix} \begin{bmatrix} \mathbf{V}_1 \\ \mathbf{V}_2 \end{bmatrix}$$

y la multiplicación de las matrices del lado derecho da la igualdad

$$\begin{bmatrix} \mathbf{I}_1 \\ \mathbf{I}_2 \end{bmatrix} = \begin{bmatrix} \mathbf{y}_{11}\mathbf{V}_1 + \mathbf{y}_{12}\mathbf{V}_2 \\ \mathbf{y}_{21}\mathbf{V}_1 + \mathbf{y}_{22}\mathbf{V}_2 \end{bmatrix}$$

Estas matrices de (2×1) deben ser iguales, elemento por elemento, por lo que se llega a las ecuaciones de definición (5) y (6).

---

[1] El uso de las matrices en este texto es muy elemental. En el apéndice 2 se encuentra una breve presentación de las técnicas necesarias.

La forma más útil e informativa de dar un significado físico a los parámetros **y** es mediante una inspección directa de las ecuacioines (5) y (6). Considérese (5), por ejemplo; si $\mathbf{V}_2$ es igual a cero, se ve entonces que $\mathbf{y}_{11}$ debe estar dada por la razón de $\mathbf{I}_1$ a $\mathbf{V}_1$. Por tanto, se describe $\mathbf{y}_{11}$ como la admitancia medida en las terminales de entrada con las terminales de salida en *cortocircuito* ($\mathbf{V}_2 = 0$). Como no puede haber duda acerca de cuáles son las terminales en cortocircuito, $\mathbf{y}_{11}$ se describe mejor como la *admitancia de entrada de cortocircuito*. De otra manera, $\mathbf{y}_{11}$ podría describirse como el recíproco de la impedancia de entrada medida con las terminales de salida en cortocircuito, pero es evidente que la descripción como admitancia es más directa. No es el *nombre* del parámetro lo importante; más bien son las condiciones que deben imponerse a (5) y (6), y por lo tanto a la red, las que tienen significado; cuando las condiciones se han determinado, el parámetro puede calcularse directamente a partir de un análisis del circuito (o por medio de un experimento con el circuito físico). Cada uno de los parámetros **y** puede describirse como una razón corriente-voltaje ya sea con $\mathbf{V}_1 = 0$ (las terminales de entrada en cortocircuito), o bien con $\mathbf{V}_2 = 0$ (las terminales de salida en cortocircuito):

$$\mathbf{y}_{11} = \left.\frac{\mathbf{I}_1}{\mathbf{V}_1}\right|_{\mathbf{V}_2=0} \tag{10}$$

$$\mathbf{y}_{12} = \left.\frac{\mathbf{I}_1}{\mathbf{V}_2}\right|_{\mathbf{V}_1=0} \tag{11}$$

$$\mathbf{y}_{21} = \left.\frac{\mathbf{I}_2}{\mathbf{V}_1}\right|_{\mathbf{V}_2=0} \tag{12}$$

$$\mathbf{y}_{22} = \left.\frac{\mathbf{I}_2}{\mathbf{V}_2}\right|_{\mathbf{V}_1=0} \tag{13}$$

Debido a que cada parámetro es una admitancia que se obtiene poniendo en corto-circuito el puerto de entrada o el de salida, los parámetros **y** reciben el nombre de *parámetros de admitancia de cortocircuito*. El nombre específico de $\mathbf{y}_{11}$ es el de *admitancia de entrada de cortocircuito*, $\mathbf{y}_{22}$ es la *admitancia de salida de cortocir-cuito*, y $\mathbf{y}_{12}$ y $\mathbf{y}_{21}$ son las *admitancias de transferencia de cortocircuito*.

Ejemplo 15-4 Encuentre los cuatro parámetros de admitancia de corto circuito para la red de dos puertos resistiva de la figura 15-6*a*.

Solución: Los valores de los parámetros pueden obtenerse aplicando las ecua-ciones de la (10) a la (13), que se obtuvieron directamente de las ecuaciones de definición (5) y (6). Para determinar $\mathbf{y}_{11}$, la salida se conecta en cortocircuito y se calcula la razón de $\mathbf{I}_1$ a $\mathbf{V}_1$. Esto puede lograrse haciendo $\mathbf{V}_1 = 1$ V, ya que entonces $\mathbf{y}_{11} = \mathbf{I}_1$. Por inspección de la figura 15-6*a*, es evidente que 1 V aplicado a la entrada, con la salida en cortocircuito, causará una corriente de entrada de $(\frac{1}{5} + \frac{1}{10}) = 0.3$ A. En consecuencia,

$$\mathbf{y}_{11} = 0.3 \text{ S}$$

Para obtener $\mathbf{y}_{12}$, las terminales de entrada se ponen en cortocircuito y se aplica 1 V a las terminales de salida. La corriente de entrada circula a través del cortocircuito y vale $\mathbf{I}_1 = -\frac{1}{10}$ A. Así,

$$\mathbf{y}_{12} = -0.1 \text{ S}$$

Figura 15-6

a) Red de dos puertos resistiva. *b*) La red de dos puertos resistiva está terminada o conectada con redes de un puerto específicas .

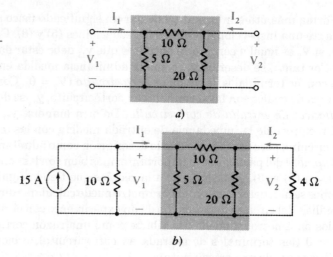

a)

b)

Usando métodos similares,

$$\mathbf{y}_{21} = -0.1 \text{ S} \qquad \mathbf{y}_{22} = 0.15 \text{ S}$$

Por lo tanto, las ecuaciones que describen esta red de dos puertos en términos de los parámetros de admitancia son

$$\mathbf{I}_1 = 0.3\mathbf{V}_1 - 0.1\mathbf{V}_2 \tag{14}$$

$$\mathbf{I}_2 = -0.1\mathbf{V}_1 + 0.15\mathbf{V}_2 \tag{15}$$

y
$$[\mathbf{y}] = \begin{bmatrix} 0.3 & -0.1 \\ -0.1 & 0.15 \end{bmatrix} \quad \text{(todos en S)}$$

Sin embargo, no es necesario calcular uno por uno estos parámetros usando las ecuaciones (10) a (13). Se pueden encontrar todas al mismo tiempo.

Ejemplo 15-5 Asigne voltajes de nodos $\mathbf{V}_1$ y $\mathbf{V}_2$ en la red de dos puertos de la figura 15-6*a* y escriba las expresiones para $\mathbf{I}_1$ e $\mathbf{I}_2$ en términos de ellos.

Solución: Se tiene

$$\mathbf{I}_1 = \frac{\mathbf{V}_1}{5} + \frac{\mathbf{V}_1 - \mathbf{V}_2}{10} = 0.3\mathbf{V}_1 - 0.1\mathbf{V}_2$$

y
$$\mathbf{I}_2 = \frac{\mathbf{V}_2 - \mathbf{V}_1}{10} + \frac{\mathbf{V}_2}{20} = -0.1\mathbf{V}_1 + 0.15\mathbf{V}_2$$

Estas ecuaciones son idénticas a (14) y (15), y los cuatro parámetros **y** pueden leerse directamente a partir de ellas.

En general, cuando sólo se desea un parámetro, es más fácil usar (10), (11), (12) o (13). Sin embargo, si se necesitan todos ellos, es mejor asignar $\mathbf{V}_1$ y $\mathbf{V}_2$ a los nodos de entrada y salida, asignar otros voltajes de nodo a referencia a cualesquiera nodos interiores, y luego efectuar toda la solución general.

Para ver qué uso puede darse a tal sistema de ecuaciones, cada puerto se terminará o conectará con alguna red específica de un puerto. El ejemplo simple de la figura 15-6*b* muestra una fuente práctica de corriente conectada al puerto de entrada, y una carga resistiva al puerto de salida. Ahora debe encontrarse una relación entre V_1 e I_1, que sea independiente de la red de dos puertos. Esta relación puede obtenerse solamente a partir de este circuito externo. Si se aplica la LCK (o si se escribe una sola ecuación de nodos) a la entrada,

$$I_1 = 15 - 0.1V_1$$

Para la salida, la ley de Ohm da

$$I_2 = -0.25V_2$$

Al sustituir estas expresiones para I_1 e I_2 en las ecuaciones (14) y (15), se tiene

$$15 = 0.4V_1 - 0.1V_2$$

$$0 = -0.1V_1 + 0.4V_2$$

de las cuales se obtiene

$$V_1 = 40 \text{ V} \qquad V_2 = 10 \text{ V}$$

Las corrientes de entrada y salida también se obtienen fácilmente,

$$I_1 = 11 \text{ A} \qquad I_2 = -2.5 \text{ A}$$

y entonces ya se conocen las características terminales completas de esta red de dos puertos resistiva.

Las ventajas del análisis de los bipuertos no se aprecian muy claramente con un ejemplo tan simple, pero debería ser evidente que una vez que se han determinado los parámetros **y** para una red de dos puertos más complicada, el comportamiento de la red de dos puertos para condiciones terminales diferentes se determina fácilmente; sólo se necesita relacionar V_1 con I_1 en la entrada y V_2 con I_2 en la salida.

En el ejemplo que se acaba de resolver, los valores de y_{12} y y_{21}, fueron ambos de –0.1 S. No es difícil mostrar que también se obtiene esta igualdad si esta red Π contiene tres impedancias cualesquiera Z_A, Z_B y Z_C. Es un poco más difícil determinar las condiciones específicas necesarias para que $y_{12} = y_{21}$, aunque el uso de la notación de determinantes puede ser de alguna utilidad. A continuación se investigará si las relaciones de la (10) a la (13) pueden expresarse en términos del determinante de impedancias y sus menores.

Como la preocupación es sobre la red de dos puertos y no sobre las redes específicas con que aquella termina, V_1 y V_2 estarán representadas por dos fuentes ideales de voltaje. La ecuación (10) se aplica haciendo $V_2 = 0$ (poniendo en cortocircuito la salida) y obteniendo la admitancia de entrada. Sin embargo, la red es ahora de un solo puerto, y ya en la sección anterior se calculó la impedancia de entrada de una red de un puerto. Se elige el lazo 1 como aquel que incluye las terminales de entrada, e I_1 es la corriente en ese lazo; se identifica a $(-I_2)$ como la corriente de lazo en el lazo 2, y las corrientes de lazo restantes se asignan de cualquier manera conveniente. En consecuencia,

$$Z_{\text{ent}}\Big|_{V_2=0} = \frac{\Delta_z}{\Delta_{11}}$$

y, por tanto,

$$y_{11} = \frac{\Delta_{11}}{\Delta_z} \tag{16}$$

De manera similar,

$$\mathbf{y}_{22} = \frac{\Delta_{22}}{\Delta_{\mathbf{Z}}} \qquad (17)$$

Para obtener $\mathbf{y}_{12}$, se hace $\mathbf{V}_1 = 0$, y se encuentra $\mathbf{I}_1$ como función de $\mathbf{V}_2$. Se ve que $\mathbf{I}_1$ está dada por el cociente

$$\mathbf{I}_1 = \frac{\begin{vmatrix} 0 & \mathbf{Z}_{12} & \cdots & \mathbf{Z}_{1N} \\ -\mathbf{V}_2 & \mathbf{Z}_{22} & \cdots & \mathbf{Z}_{2N} \\ 0 & \mathbf{Z}_{32} & \cdots & \mathbf{Z}_{3N} \\ \cdots & \cdots & \cdots & \cdots \\ 0 & \mathbf{Z}_{N2} & \cdots & \mathbf{Z}_{NN} \end{vmatrix}}{\begin{vmatrix} \mathbf{Z}_{11} & \mathbf{Z}_{12} & \cdots & \mathbf{Z}_{1N} \\ \mathbf{Z}_{21} & \mathbf{Z}_{22} & \cdots & \mathbf{Z}_{2N} \\ \mathbf{Z}_{31} & \mathbf{Z}_{32} & \cdots & \mathbf{Z}_{3N} \\ \cdots & \cdots & \cdots & \cdots \\ \mathbf{Z}_{N1} & \mathbf{Z}_{N2} & \cdots & \mathbf{Z}_{NN} \end{vmatrix}}$$

Así,

$$\mathbf{I}_1 = -\frac{(-\mathbf{V}_2)\Delta_{21}}{\Delta_{\mathbf{Z}}}$$

y

$$\mathbf{y}_{12} = \frac{\Delta_{21}}{\Delta_{\mathbf{Z}}} \qquad (18)$$

En forma similar, se puede mostrar que

$$\mathbf{y}_{21} = \frac{\Delta_{12}}{\Delta_{\mathbf{Z}}} \qquad (19)$$

Por tanto, la igualdad de $\mathbf{y}_{12}$ y $\mathbf{y}_{21}$ depende de la igualdad de los dos menores de $\Delta_{\mathbf{Z}}$, Δ_{12} y Δ_{21}. Estos dos menores son

$$\Delta_{21} = \begin{vmatrix} \mathbf{Z}_{12} & \mathbf{Z}_{13} & \mathbf{Z}_{14} & \cdots & \mathbf{Z}_{1N} \\ \mathbf{Z}_{32} & \mathbf{Z}_{33} & \mathbf{Z}_{34} & \cdots & \mathbf{Z}_{3N} \\ \mathbf{Z}_{42} & \mathbf{Z}_{43} & \mathbf{Z}_{44} & \cdots & \mathbf{Z}_{4N} \\ \cdots & \cdots & \cdots & & \cdots \\ \mathbf{Z}_{N2} & \mathbf{Z}_{N3} & \mathbf{Z}_{N4} & \cdots & \mathbf{Z}_{NN} \end{vmatrix}$$

y

$$\Delta_{12} = \begin{vmatrix} \mathbf{Z}_{21} & \mathbf{Z}_{23} & \mathbf{Z}_{24} & \cdots & \mathbf{Z}_{2N} \\ \mathbf{Z}_{31} & \mathbf{Z}_{33} & \mathbf{Z}_{34} & \cdots & \mathbf{Z}_{3N} \\ \mathbf{Z}_{41} & \mathbf{Z}_{43} & \mathbf{Z}_{44} & \cdots & \mathbf{Z}_{4N} \\ \cdots & \cdots & \cdots & & \cdots \\ \mathbf{Z}_{N1} & \mathbf{Z}_{N3} & \mathbf{Z}_{N4} & \cdots & \mathbf{Z}_{NN} \end{vmatrix}$$

Su igualdad se demuestra intercambiando primero los renglones y las columnas de un menor, por ejemplo Δ_{21}; una operación cuya validez se demuestra en cualquier libro de álgebra, y luego remplazando cada impedancia mutua $\mathbf{Z}_{ij}$ por $\mathbf{Z}_{ji}$. Por tanto,

$$\mathbf{Z}_{12} = \mathbf{Z}_{21} \qquad \mathbf{Z}_{23} = \mathbf{Z}_{32} \qquad \text{etc.}$$

Esta igualdad de $\mathbf{Z}_{ij}$ y $\mathbf{Z}_{ji}$ es definitivamente obvia para los tres elementos pasivos: el resistor, el capacitor y el inductor, y también es cierta para la inductancia mutua, como se vio en el capítulo anterior. Sin embargo, no es válida para todo tipo de dispositivo que pueda desearse colocar en una red de dos puertos. Específicamente, no es cierta para fuentes dependientes en general, y tampoco es válida para el girador, un modelo útil para dispositivos de efecto Hall y para secciones de guías de onda que contengan ferritas. Sobre un estrecho intervalo de frecuencias angulares, el girador suministra un desplazamiento de fase adicional de 180° para una señal que pasa de la salida a la entrada, con respecto a una señal que circule directamente, y por tanto $\mathbf{y}_{12} = -\mathbf{y}_{21}$. Sin embargo, el tipo de elemento pasivo más común que conduce a la desigualdad de $\mathbf{Z}_{ij}$ y $\mathbf{Z}_{ji}$ es un elemento no lineal.

Cualquier dispositivo para el cual $\mathbf{Z}_{ij} = \mathbf{Z}_{ji}$ recibe el nombre de *elemento bilateral,* y un circuito que contiene sólo elementos bilaterales se llama *circuito bilateral.* Por lo tanto, se ha demostrado que una propiedad importante de una red bilateral de dos puertos es

$$\mathbf{y}_{12} = \mathbf{y}_{21}$$

y se le distingue llamándole *teorema de reciprocidad:*

> En cualquier red bilateral lineal pasiva, si la única fuente de voltaje $\mathbf{V}_x$ en la rama x produce la respuesta de corriente $\mathbf{I}_y$ en la rama y, entonces al quitar la fuente de voltaje de la rama x y colocarla en la rama y producirá la respuesta de corriente $\mathbf{I}_y$ en la rama x.

Una forma simple de enunciar este teorema es diciendo que el intercambio de una fuente ideal de voltaje y un amperímetro ideal en cualquier circuito bilateral lineal pasivo no alterará la lectura del amperímetro.

Si se hubiese estado trabajando con el determinante de admitancias del circuito, y se hubiese demostrado que los menores Δ_{21} y Δ_{12} del determinante de admitancias Δ_Y eran iguales, entonces se habría obtenido el teorema de reciprocidad en su forma dual:

> En cualquier red bilateral lineal pasiva, si la única fuente de corriente $\mathbf{I}_x$ entre los nodos x y x' produce la respuesta de voltaje $\mathbf{V}_y$ entre los nodos y y y', entonces al quitar la fuente de corriente de los nodos x y x' y colocarla entre los nodos y y y' producirá la respuesta de voltaje $\mathbf{V}_y$ entre los nodos x y x'.

En otras palabras, el intercambio de una fuente ideal de corriente y un voltímetro ideal en cualquier circuito bilateral lineal pasivo no alterará la lectura del voltímetro.

Redes de dos puertos con fuentes dependientes se enfatizan en la siguiente sección.

15-3. Aplicando las fuentes de 1 V y los cortocircuitos apropiados al circuito que se muestra en la figura 15-7, determine *a)* $\mathbf{y}_{11}$; *b)* $\mathbf{y}_{21}$; *c)* $\mathbf{y}_{22}$; *d)* $\mathbf{y}_{12}$.

Resp: 0.1192 S; −0.1115 S; 0.1269 S; −0.1115 S

Ejercicios

Figura 15-7

Para los ejercicios 15-3 y 15-4.

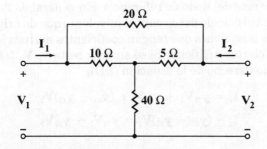

15-4. En el circuito de la figura 15-7, I_1 e I_2 representan fuentes ideales de corriente. Asigne el voltaje de nodo V_1 a la entrada, V_2 a la salida y V_x desde el nodo central hasta el nodo de referencia común. Escriba tres ecuaciones de nodo, elimine V_x para obtener dos ecuaciones, y luego arregle estas ecuaciones en la forma de (5) y (6) para que los cuatro parámetros de admitancia de cortocircuito se puedan leer directamente en las ecuaciones.

$$Resp: \begin{bmatrix} 0.1192 & -0.1115 \\ -0.1115 & 0.1269 \end{bmatrix} \text{(todas en S)}$$

15-5. Obtenga [**y**] para la red de dos puertos mostrada en la figura 15-8.

$$Resp: \begin{bmatrix} 0.6 & 0 \\ -0.2 & 0.2 \end{bmatrix} \text{(todas en S)}$$

Figura 15-8

Para el ejercicio 15-5.

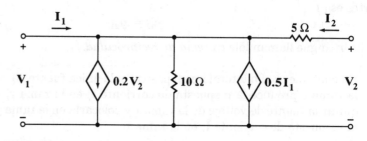

15-4

Algunas redes equivalentes

Al analizar circuitos electrónicos, generalmente es necesario remplazar el dispositivo activo (y probablemente también algo de la circuitería pasiva asociada a él) por una red equivalente de dos puertos que contenga sólo tres o cuatro impedancias. La validez del equivalente puede estar restringida a amplitudes de señal pequeña y una sola frecuencia, o tal vez un intervalo limitado de frecuencias. Además, el equivalente es una aproximación lineal de un circuito no lineal. Sin embargo, si se tiene una red que contenga varios resistores, capacitores, inductores, más un transistor 2N3823, entonces el circuito no puede analizarse con ninguna de las técnicas que se han estudiado hasta ahora; primero debe sustituirse el transistor por un modelo lineal, como se sustituyó el op-amp por un modelo lineal. Los parámetros **y** proporcionan un modelo en la forma de una red de dos puertos que se usa a menudo a altas frecuencias. Otro modelo lineal de mucho uso para un transistor aparece en la sección 15-6.

Las dos ecuaciones básicas que determinan los parámetros de admitancia de cortocircuito,

$$I_1 = y_{11}V_1 + y_{12}V_2 \tag{20}$$

$$I_2 = y_{21}V_1 + y_{22}V_2 \tag{21}$$

tienen la forma de un par de ecuaciones de nodos escritas para un circuito que contiene dos nodos además del nodo de referencia. En general, la desigualdad entre y_{12} y y_{21} hace más difícil el cálculo del circuito equivalente que da origen a (20) y (21); para obtener un par de ecuaciones que tengan coeficientes mutuos iguales puede ser de utilidad recurrir a ciertos artificios. Si se suma y resta $y_{12}V_1$ [el término que se preferiría ver en el lado derecho de la ecuación (21)]:

$$I_2 = y_{12}V_1 + y_{22}V_2 + (y_{21} - y_{12})V_1 \tag{22}$$

o

$$I_2 - (y_{21} - y_{12})V_1 = y_{12}V_1 + y_{22}V_2 \tag{23}$$

Ahora los lados derechos de (20) y (23) tienen la simetría adecuada para un circuito bilateral; el lado izquierdo de (23) puede interpretarse como la suma algebraica de dos fuentes de corriente, donde una de ellas es una fuente independiente I_2 que entra al nodo 2, y la otra una fuente dependiente $(y_{21} - y_{12})V_1$ que sale del nodo 2.

Ahora se "leerá" la red equivalente a partir de (20) y (23). Primero se asigna un nodo de referencia, y luego un nodo denominado V_1 y otro denominado V_2. De la ecuación (20), la corriente I_1 fluye hacia el nodo 1; se tiene una admitancia mutua $(-y_{12})$ entre los nodos 1 y 2, y se tiene una admitancia de $(y_{11} + y_{12})$ entre el nodo 1 y el de referencia. Con $V_2 = 0$, la razón de I_1 a V_1 es entonces y_{11}, como debe ser. Ahora considérese la ecuación (23); se hace que la corriente I_2 fluya hacia el segundo nodo, que la corriente $(y_{21} - y_{12})V_1$ salga del nodo; se observa que existe la admitancia apropiada $(-y_{12})$ entre los nodos, y el circuito se completa colocando la admitancia $(y_{22} + y_{12})$ del nodo 2 al nodo de referencia. El circuito completo se muestra en la figura 15-9a.

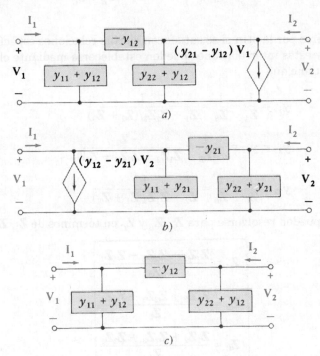

a)

b)

c)

Figura 15-9

a) y b) Redes de dos puertos que son equivalentes a cualquier red de dos puertos lineal general. La fuente dependiente en el inciso a depende de V_1 y la de b depende de V_2. c) Un equivalente para una red bilateral.

Se obtiene otra forma de red equivalente restando y sumando $y_{21}V_2$ en (20); este circuito equivalente se muestra en la figura 15-9b.

Si la red de dos puertos es bilateral, entonces $y_{12} = y_{21}$ y cualquiera de los equivalentes se reduce a una red Π pasiva simple. La fuente dependiente desaparece. Este equivalente de la red bilateral de dos puertos se muestra en la figura 15-9c.

Hay varios usos que pueden darse a estos circuitos equivalentes. En primer lugar, se ha podido demostrar que por muy complicada que sea una red lineal de dos puertos, *existe* un equivalente para ella. No importa cuántos nodos o lazos haya en la red; el equivalente no será más complicado que los circuitos de la figura 15-9. Alguno de ellos puede ser mucho más fácil de usar que el circuito dado si sólo se tiene interés en las características terminales de la red dada.

Con frecuencia, la red de tres terminales mostrada en la figura 15-10a recibe el nombre de Δ de impedancias, mientras que la red de la figura 15-10b se llama **Y**. Una

Figura 15-10

La red Δ de tres terminales en *a*) y la red Y de tres terminales en *b*) son equivalentes si las seis impedancias satisfacen las condiciones de la transformación Y-Δ (o Π-T), ecuaciones (24) a (29).

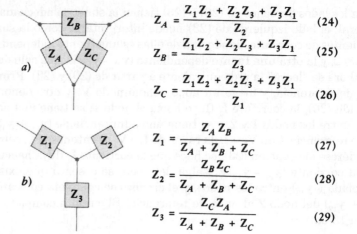

$$Z_A = \frac{Z_1 Z_2 + Z_2 Z_3 + Z_3 Z_1}{Z_2} \quad (24)$$

$$Z_B = \frac{Z_1 Z_2 + Z_2 Z_3 + Z_3 Z_1}{Z_3} \quad (25)$$

$$Z_C = \frac{Z_1 Z_2 + Z_2 Z_3 + Z_3 Z_1}{Z_1} \quad (26)$$

$$Z_1 = \frac{Z_A Z_B}{Z_A + Z_B + Z_C} \quad (27)$$

$$Z_2 = \frac{Z_B Z_C}{Z_A + Z_B + Z_C} \quad (28)$$

$$Z_3 = \frac{Z_C Z_A}{Z_A + Z_B + Z_C} \quad (29)$$

red puede sustituirse por la otra si se satisfacen ciertas relaciones específicas entre las impedancias, y estas interrelaciones pueden establecerse mediante el uso de los parámetros **y**. Se tiene que

$$\mathbf{y}_{11} = \frac{1}{\mathbf{Z}_A} + \frac{1}{\mathbf{Z}_B} = \frac{1}{\mathbf{Z}_{1} + \mathbf{Z}_2 \mathbf{Z}_3/(\mathbf{Z}_2 + \mathbf{Z}_3)}$$

$$\mathbf{y}_{12} = \mathbf{y}_{21} = -\frac{1}{\mathbf{Z}_B} = \frac{-\mathbf{Z}_3}{\mathbf{Z}_1 \mathbf{Z}_2 + \mathbf{Z}_2 \mathbf{Z}_3 + \mathbf{Z}_3 \mathbf{Z}_1}$$

$$\mathbf{y}_{22} = \frac{1}{\mathbf{Z}_C} + \frac{1}{\mathbf{Z}_B} = \frac{1}{\mathbf{Z}_2 + \mathbf{Z}_1 \mathbf{Z}_{3/}(\mathbf{Z}_1 + \mathbf{Z}_3)}$$

Estas ecuaciones pueden resolverse para $\mathbf{Z}_A$, $\mathbf{Z}_B$ y $\mathbf{Z}_C$ en términos de $\mathbf{Z}_1$, $\mathbf{Z}_2$ y $\mathbf{Z}_3$:

$$\mathbf{Z}_A = \frac{\mathbf{Z}_1 \mathbf{Z}_2 + \mathbf{Z}_2 \mathbf{Z}_3 + \mathbf{Z}_3 \mathbf{Z}_1}{\mathbf{Z}_2} \quad (24)$$

$$\mathbf{Z}_B = \frac{\mathbf{Z}_1 \mathbf{Z}_2 + \mathbf{Z}_2 \mathbf{Z}_3 + \mathbf{Z}_3 \mathbf{Z}_1}{\mathbf{Z}_3} \quad (25)$$

$$\mathbf{Z}_C = \frac{\mathbf{Z}_1 \mathbf{Z}_2 + \mathbf{Z}_2 \mathbf{Z}_3 + \mathbf{Z}_3 \mathbf{Z}_1}{\mathbf{Z}_1} \quad (26)$$

o para las relaciones inversas,

$$\mathbf{Z}_1 = \frac{\mathbf{Z}_A \mathbf{Z}_B}{\mathbf{Z}_A + \mathbf{Z}_B + \mathbf{Z}_C} \quad (27)$$

$$\mathbf{Z}_2 = \frac{\mathbf{Z}_B \mathbf{Z}_C}{\mathbf{Z}_A + \mathbf{Z}_B + \mathbf{Z}_C} \quad (28)$$

$$\mathbf{Z}_3 = \frac{\mathbf{Z}_C \mathbf{Z}_A}{\mathbf{Z}_A + \mathbf{Z}_B + \mathbf{Z}_C} \quad (29)$$

Estas ecuaciones permiten hacer fácilmente transformaciones entre las redes Δ y las Y equivalentes, este proceso se conoce como transformación Y–Δ (o transformación Π-T si las redes se dibujan con la forma de esas letras). Al pasar de Y a Δ, ecuaciones (24) a (26), se obtiene primero el valor del numerador común como la suma de los productos de las impedancias de la Y tomadas de dos en dos. Luego se calcula cada impedancia de la Δ dividiendo el numerador entre la impedancia de ese elemento de la Y que no tiene nodo común con el elemento deseado de la Δ. Recíprocamente, dada la Δ, primero se suman las tres impedancias de la periferia de la Δ; luego se divide el producto de las dos impedancias de la Δ que tienen un nodo común con el elemento deseado de la Y, entre esa suma obtenida.

Estas transformaciones con frecuencia son útiles al simplificar redes pasivas, particularmente las resistivas, ya que evitan la necesidad de efectuar análisis de mallas o de nodos.

Ejemplo 15-6 Encuentre la resistencia de entrada del circuito de la figura 15-11a.

Solución: Primero se hace una transformación Δ-Y sobre la Δ superior que aparece en la figura 15-11a. La suma de las tres resistencias que forman esta Δ es $1 + 4 + 3 = 8\ \Omega$. El producto de los dos resistores conectados en el nodo superior es $1 \times 4 = 4\ \Omega^2$. De este modo, el resistor superior de la Y es $\frac{4}{8}$, o $\frac{1}{2}\ \Omega$. Si se repite este procedimiento para los otros dos resistores se obtiene la red que se muestra en la figura 15-11b.

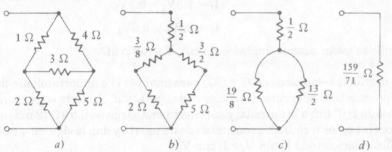

a)   b)   c)   d)

Figura 15-11

a)Una red resistiva dada cuya resistencia de entrada se busca. b) La Δ superior se ha sustituido por una Y equivalente. c) y d) Combinaciones en serie y en paralelo dan la resistencia de entrada equivalente de $\frac{159}{71}\ \Omega$.

Después se hacen las combinaciones en serie y en paralelo indicadas, y se obtienen una después de otra las figuras 15-11c y d. Entonces, la resistencia de entrada del circuito de la figura 15-11a es $\frac{159}{71}$, o $2.24\ \Omega$.   •

Ahora se verá un ejemplo ligeramente más complicado, mostrado en la figura 15-12. Obsérvese que el circuito contiene una fuente dependiente, y por lo tanto no se aplica la transformación de Y-Δ.

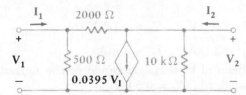

Figura 15-12

El equivalente lineal de un transistor en la configuración de emisor común con realimentación resistiva entre el colector y la base. Se usa como ejemplo de una red de dos puertos.

Ejemplo 15-7 El circuito que se muestra en la figura 15-12 puede considerarse como un equivalente lineal aproximado del amplificador de un transistor en el que la terminal del emisor es el nodo inferior, la terminal de la base es el nodo de entrada superior, y la terminal del colector es el nodo de salida superior. Se conecta un resistor de 2000 Ω entre el colector y la base para alguna aplicación especial, y esto hace más difícil el análisis del circuito. Determine los parámetros y para este circuito.

Solución: Este circuito se puede ver desde varios puntos de vista. Si se le reconoce en la forma del circuito equivalente mostrado en la figura 15-9a, entonces se pueden deducir inmediatamente los valores de los parámetros **y**. Si no se reconocen de inmediato, entonces se pueden calcular para la red de dos puertos aplicando las relaciones de las ecuaciones (10) a (13). También podría evitarse el uso del análisis de redes de dos puertos y escribirse las ecuaciones directamente para el circuito tal como está.

Se comparará la red con el circuito equivalente de la figura 15-9a. En consecuencia, primero se obtiene

$$\mathbf{y}_{12} = -\tfrac{1}{2000} = -0.5 \text{ mS}$$

y por tanto,

$$\mathbf{y}_{11} = \tfrac{1}{500} - (-\tfrac{1}{2000}) = 2.5 \text{ mS}$$

Luego,

$$\mathbf{y}_{22} = \tfrac{1}{10\,000} - (-\tfrac{1}{2000}) = 0.6 \text{ mS}$$

y

$$\mathbf{y}_{21} = 0.0395 + (-\tfrac{1}{2000}) = 39 \text{ mS}$$

Entonces deben ser aplicables las ecuaciones siguientes:

$$\mathbf{I}_1 = 2.5\mathbf{V}_1 - 0.5\mathbf{V}_2 \tag{30}$$

$$\mathbf{I}_2 = 39\mathbf{V}_1 + 0.6\mathbf{V}_2 \tag{31}$$

donde se están usando unidades de mA, V y mS o kΩ.   ●

Se usarán las ecuaciones (30) y (31) para analizar el comportamiento de esta red de dos puertos bajo diferentes condiciones de operación. Primero se porporciona una corriente de $1\underline{/0°}$ mA a la entrada, y se conecta una carga de 0.5 kΩ (2 mS) a la salida. Entonces las redes terminales son ambas de un puerto y dan la siguiente información específica relacionando $\mathbf{I}_1$ con $\mathbf{V}_1$ e $\mathbf{I}_2$ con $\mathbf{V}_2$:

$$\mathbf{I}_1 = 1 \text{ (para cualquier } \mathbf{V}_1) \qquad \mathbf{I}_2 = -2\mathbf{V}_2$$

Se tienen ahora cuatro ecuaciones con cuatro incógnitas, $\mathbf{V}_1$, $\mathbf{V}_2$, $\mathbf{I}_1$ e $\mathbf{I}_2$. Sustituyendo las dos relaciones de un puerto en (30) y (31), se obtienen dos ecuaciones que relacionan a $\mathbf{V}_1$ y $\mathbf{V}_2$:

$$1 = 2.5\mathbf{V}_1 - 0.5\mathbf{V}_2 \qquad 0 = 39\mathbf{V}_1 + 2.6\mathbf{V}_2$$

Resolviendo se encuentra

$$\mathbf{V}_1 = 0.1 \text{ V} \qquad \mathbf{V}_2 = -1.5 \text{ V}$$

$$\mathbf{I}_1 = 1 \text{ mA} \qquad \mathbf{I}_2 = 3 \text{ mA}$$

Estos cuatro valores se aplican al bipuerto operando con la entrada establecida ($\mathbf{I}_1 = 1$ mA) y una carga especificada ($R_L = 0.5$ kΩ).

La operación de un amplificador se describe con frecuencia proporcionando unos cuantos valores específicos. Calcúlense cuatro de estos valores para este bipuerto con sus terminaciones. Se definen y se evalúan la ganancia de voltaje, la ganancia de corriente, la ganancia de potencia y la impedancia de entrada.

La *ganancia de voltaje* $\mathbf{G}_V$ es

$$\mathbf{G}_V = \frac{\mathbf{V}_2}{\mathbf{V}_1}$$

Es fácil ver de los resultados numéricos que $\mathbf{G}_V = -15$.

La *ganancia de corriente* $\mathbf{G}_I$ se define como

$$\mathbf{G}_I = \frac{\mathbf{I}_2}{\mathbf{I}_1}$$

y se tiene

$$\mathbf{G}_I = 3$$

Si se define y calcula la *ganancia de potencia* G_p para una excitación senoidal, se tiene

$$G_p = \frac{P_{\text{sal}}}{P_{\text{ent}}} = \frac{\text{Re}\,[-\frac{1}{2}\mathbf{V}_2\mathbf{I}_2^*]}{\text{Re}\,[\frac{1}{2}\mathbf{V}_1\mathbf{I}_1^*]} = 45$$

El dispositivo podría llamarse lo mismo un amplificador de corriente, de voltaje o de potencia, ya que todas las ganancias son mayores que uno. Si se eliminara el resistor de 2 kΩ, la ganancia de potencia se elevaría a 354.

A menudo se desea conocer las impedancias de entrada y salida en el amplificador, con el objeto de que pueda obtenerse una transferencia máxima de potencia hacia o desde una red de dos puertos adyacente. La *impedancia de entrada* $\mathbf{Z}_{\text{ent}}$ es la razón del voltaje a la corriente de entrada:

$$\mathbf{Z}_{\text{ent}} = \frac{\mathbf{V}_1}{\mathbf{I}_1} = 0.1\ \text{kΩ}$$

Ésta es la impedancia que se presenta a la fuente de corriente cuando la carga de 500 Ω se conecta a la salida. (Con la salida en cortocircuito, la impedancia de entrada es necesariamente $1/y_{11}$, o sea 400 Ω.)

Debe observarse que la impedancia de entrada *no puede* calcularse sustituyendo cada fuente por su impedancia interna y haciendo luego reducciones de conductancias o resistencias. En el circuito dado, este procedimiento daría un valor de 416 Ω. El error, por supuesto, se origina al querer tratar a la fuente dependiente como si fuese independiente. Si se piensa que la impedancia de entrada es numéricamente igual al voltaje de entrada producido por una corriente de entrada de 1 A, la aplicación de la fuente de 1 A produce un voltaje de entrada $\mathbf{V}_1$, y el valor de la fuente dependiente $(0.0395\mathbf{V}_1)$ no puede ser cero. Debe recordarse que cuando se obtiene la impedancia equivalente de Thévenin de un circuito que contiene una fuente dependiente junto con una o más fuentes independientes, las fuentes independientes deben sustituirse por cortocircuitos o circuitos abiertos, pero una fuente dependiente no se debe eliminar. Por supuesto, si el voltaje o la corriente del que depende la fuente dependiente vale cero, la fuente dependiente estará inactiva; ocasionalmente se puede simplificar un circuito si se reconoce tal cosa.

Además de las ganancias $\mathbf{G}_V$, $\mathbf{G}_I$, G_p y $\mathbf{Z}_{\text{ent}}$, existe otro parámetro que es bastante útil. Este es la *impedancia de salida* $\mathbf{Z}_{\text{sal}}$, y se determina para una configuración diferente del circuito.

La impedancia de salida es sólo otro nombre de la impedancia de Thévenin que aparece en el circuito equivalente de Thévenin de la parte de la red vista por la carga. En el circuito que se considera, al cual se ha supuesto excitado por una fuente de corriente de $1/\underline{0^\circ}$ mA, se sustituye la fuente independiente por un circuito abierto, se deja sola a la fuente dependiente, y se busca la impedancia de *entrada* vista hacia la izquierda desde las terminales de salida (con la carga removida). Así, se define

$$\mathbf{Z}_{\text{salida}} = \mathbf{V}_2 \Big|_{\substack{\mathbf{I}_2=1\ \text{A con todas las demás fuentes independientes eliminadas y } R_L \text{ removida}}}$$

Entonces se elimina el resistor de carga, se aplica $1\underline{/0^{\circ}}$ mA (ya que se está trabajando en V, mA y en kΩ) en las terminales de salida y se calculará V_2. Estas condiciones se introducen en las ecuaciones (30) y (31), y se obtiene

$$0 = 2.5V_1 - 0.5V_2 \qquad 1 = 39V_1 + 0.6V_2$$

Al resolver,

$$V_2 = 0.1190 \text{ V}$$

y así

$$Z_{sal} = 0.1190 \text{ k}\Omega$$

Un procedimiento alternativo podría ser obtener el voltaje de salida de circuito abierto y la corriente de salida de cortocircuito. Es decir, la impedancia de Thévenin es la impedancia de salida:

$$Z_{sal} = Z_{th} = -\frac{V_{2oc}}{I_{2sc}}$$

Este procedimiento se lleva a cabo, primero volviendo a encender la fuente independiente de manera que $I_1 = 1$ mA, y entonces se coloca la carga en circuito abierto de forma que $I_2 = 0$. Se tiene

$$1 = 2.5V_1 - 0.5V_2 \qquad 0 = 39V_1 + 0.6V_2$$

y así

$$V_{2oc} = -1.857 \text{ V}$$

Después se aplican las condiciones de corto circuito al hacer $V_2 = 0$ y otra vez la corriente $I_1 = 1$ mA. Se encuentra que

$$I_1 = 1 = 2.5V_1 - 0 \qquad I_2 = 39V_1 + 0$$

y entonces

$$I_{2oc} = 15.6 \text{ mA}$$

Por tanto, para las direcciones supuestas de V_1 e I_2 resulta una impedancia de Thévenin, o de salida,

$$Z_{sal} = -\frac{V_{2oc}}{I_{2sc}} = -\frac{-1.857}{15.6} = 0.1190 \text{ k}\Omega$$

como antes.

Ahora se tiene la información suficiente que permite dibujar los equivalentes de Thévenin o de Norton para la red de dos puertos de la figura 15-12 excitada por una fuente de corriente de $1\underline{/0^{\circ}}$ mA y terminada en una carga de 500 Ω. En consecuencia, el equivalente Norton presentado a la carga debe tener una fuente de corriente igual a la corriente de corto circuito I_{2sc} en paralelo con la impedancia de salida; este equivalente se muestra en la figura 15-13a. El equivalente Thévenin presentado a la fuente de entrada de $1\underline{/0^{\circ}}$ mA debe consistir sólo en la impedancia de entrada, como se dibujó en la figura 15-13b.

Figura 15-13

a) El equivalente Norton de la red (figura 15-12) que está a la izquierda de las terminales de salida, con $I_1 = 1\underline{/0^{\circ}}$ mA. b) El equivalente Thévenin de la parte de la red que está a la derecha de las terminales de entrada, si $I_2 = -2V_2$ mA.

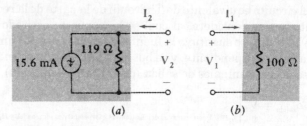

(a)   (b)

Antes de dejar los parámetros **y**, debe considerarse su utilidad para describir las conexiones en paralelo de redes de dos puertos, como se indica en la figura 15-14. Cuando primero se definió un puerto, en la sección 15-1, se observó que las corrientes que entraban y salían de las dos terminales de un puerto tenían que ser iguales, y no podían existir conexiones externas que unieran a dos puertos. Aparentemente, la conexión en paralelo de la figura 15-14 viola esta condición. Sin embargo, si cada bi-

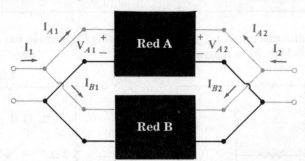

Figura 15-14

La conexión en paralelo de dos redes de dos puertos. Si el nodo de referencia es el mismo para las entradas y las salidas, entonces $[\mathbf{y}] = [\mathbf{y}_A] + [\mathbf{y}_B]$.

puerto tiene un nodo de referencia común a sus puertos de entrada y salida, y si los bipuertos están conectados en paralelo de forma que tienen un nodo de referencia común, entonces todos los puertos siguen siendo puertos después de la conexión. Entonces, para la red A,

$$[\mathbf{I}_A] = [\mathbf{y}_A][\mathbf{V}_A]$$

donde

$$[\mathbf{I}_A] = \begin{bmatrix} \mathbf{I}_{A1} \\ \mathbf{I}_{A2} \end{bmatrix} \qquad \text{y} \qquad [\mathbf{V}_A] = \begin{bmatrix} \mathbf{V}_{A1} \\ \mathbf{V}_{A2} \end{bmatrix}$$

y para la red B,

$$[\mathbf{I}_B] = [\mathbf{y}_B][\mathbf{V}_B]$$

Pero,

$$[\mathbf{V}_A] = [\mathbf{V}_B] = [\mathbf{V}] \qquad \text{y} \qquad [\mathbf{I}] = [\mathbf{I}_A] + [\mathbf{I}_B]$$

Así que

$$[\mathbf{I}] = ([\mathbf{y}_A] + [\mathbf{y}_B])[\mathbf{V}]$$

y se ve que cada parámetro **y** de la red en paralelo está dado como la suma de los parámetros correspondientes de las redes individuales,

$$[\mathbf{y}] = [\mathbf{y}_A] + [\mathbf{y}_B] \tag{32}$$

Obviamente, esto puede extenderse a cualquier cantidad de redes de dos puertos conectadas en paralelo.

15-6. Un bipuerto lineal (como el que se muestra en la figura 15-5) se describe por medio de las ecuaciones $\mathbf{I}_1 = 0.25\mathbf{V}_1 - 0.4\mathbf{V}_2$ e $\mathbf{I}_2 = 40\mathbf{V}_1 + 0.5\mathbf{V}_2$, donde todos los valores de la admitancia están en mS. Se conecta al puerto de entrada una fuente ideal $\mathbf{I}_s$, con su flecha hacia arriba, en paralelo con 2500 Ω, y se conecta a la salida una carga $R_L = 500\ \Omega$. Encuentre valores para a) $\mathbf{G}_V$; b) $\mathbf{G}_I$; c) G_P. *Resp:* −16; 4.81; 77.0

Ejercicios

15-7. Si se pone un puerto de entrada y un puerto de salida en lugar del bipuerto del ejercicio 15-6, calcule a) $\mathbf{Z}_{\text{ent}}$; b) $\mathbf{Z}_{\text{sal}}$. *Resp:* 0.1504 kΩ; 39.8 Ω

15-8. Encuentre [**y**] y $\mathbf{Z}_{\text{sal}}$ para la red de dos puertos de la figura 15-15.

$$\textit{Resp:} \begin{bmatrix} 2\times10^{-4} & -10^{-4} \\ -4\times10^{-3} & 20.3\times10^{-3} \end{bmatrix} \text{(S)}; 51.1\ \Omega$$

Figura 15-15

Para el ejercicio 15-8.

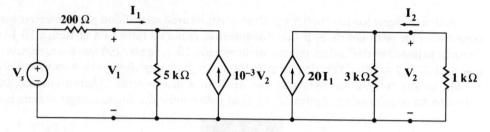

15-9. Utilice transformaciones Δ-Y y Y-Δ para calcular R_{ent} para la red que se muestra en *a*) la figura 15-16*a*; *b*) la figura 15-16*b*.   *Resp:* 11.43 Ω; 1.311 Ω

Figura 15-16

Para el ejercicio 15-9.

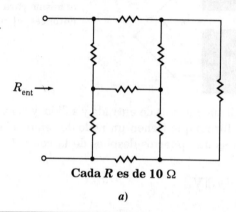

Cada *R* es de 10 Ω

a)

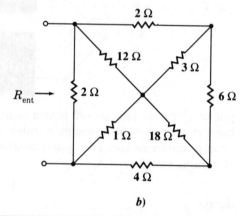

b)

15-5

Parámetros de impedancia

El concepto de parámetros de bipuertos se ha presentado en términos de los paráme-tros de admitancia de cortocircuito. Sin embargo, existen otros conjuntos de pará-metros, y cada uno de esos conjuntos está asociado con una clase particular de redes para las cuales su uso se traduce en un análisis más simple. Se considerarán otros tres tipos de parámetros: los parámetros de impedancia de circuito abierto, que son el tema de esta sección, y los parámetros híbridos y de transmisión que se estudian en secciones posteriores.

De nuevo se comienza con la red de dos puertos lineal general que no contiene ninguna fuente independiente; las corrientes y voltajes se definen como se hizo antes (figura 15-5). Considérese ahora el voltaje $\mathbf{V}_1$ como la respuesta producida por las dos fuentes de corriente $\mathbf{I}_1$ e $\mathbf{I}_2$. Entonces para $\mathbf{V}_1$ se escribe

$$\mathbf{V}_1 = \mathbf{z}_{11}\mathbf{I}_1 + \mathbf{z}_{12}\mathbf{I}_2 \tag{33}$$

y para $\mathbf{V}_2$

$$\mathbf{V}_2 = \mathbf{z}_{21}\mathbf{I}_1 + \mathbf{z}_{22}\mathbf{I}_2 \tag{34}$$

o

$$[\mathbf{V}] = \begin{bmatrix} \mathbf{V}_1 \\ \mathbf{V}_2 \end{bmatrix} = [\mathbf{z}][\mathbf{I}] = \begin{bmatrix} \mathbf{z}_{11} & \mathbf{z}_{12} \\ \mathbf{z}_{21} & \mathbf{z}_{22} \end{bmatrix} \begin{bmatrix} \mathbf{I}_1 \\ \mathbf{I}_2 \end{bmatrix} \tag{35}$$

Por supuesto, al usar estas ecuaciones no es necesario que $\mathbf{I}_1$ e $\mathbf{I}_2$ sean fuentes de corriente, como tampoco es necesario que $\mathbf{V}_1$ y $\mathbf{V}_2$ sean fuentes de voltaje. En general, puede tenerse cualquier red como terminación del bipuerto en cualquier extremo. Según se escriben las ecuaciones, tal vez se piense que $\mathbf{V}_1$ y $\mathbf{V}_2$ son cantidades dadas, o variables independientes, y que $\mathbf{I}_1$ e $\mathbf{I}_2$ son incógnitas, o sea variables dependientes.

Las seis formas en las que pueden escribirse estas dos ecuaciones relacionando a estas cuatro cantidades definen los diferentes sistemas de parámetros. Se estudiarán los cuatro más importantes de estos seis sistemas de parámetros.

La descripción más informativa de los parámetros **z**, definidos en las ecuaciones (33) y (34), se obtiene igualando a cero cada una de las corrientes. Así,

$$\mathbf{z}_{11} = \frac{\mathbf{V}_1}{\mathbf{I}_1}\bigg|_{\mathbf{I}_2=0} \tag{36}$$

$$\mathbf{z}_{12} = \frac{\mathbf{V}_1}{\mathbf{I}_2}\bigg|_{\mathbf{I}_1=0} \tag{37}$$

$$\mathbf{z}_{21} = \frac{\mathbf{V}_2}{\mathbf{I}_1}\bigg|_{\mathbf{I}_2=0} \tag{38}$$

$$\mathbf{z}_{22} = \frac{\mathbf{V}_2}{\mathbf{I}_2}\bigg|_{\mathbf{I}_1=0} \tag{39}$$

Ya que una corriente igual a cero es el resultado de una terminación de circuito abierto, los parámetros **z** se conocen como *parámetros de impedancia de circuito abierto*. Se pueden relacionar fácilmente con los parámetros de admitancia de cortocircuito despejando $\mathbf{I}_1$ e $\mathbf{I}_2$ de las ecuaciones (33) y (34):

$$\mathbf{I}_1 = \frac{\begin{vmatrix} \mathbf{V}_1 & \mathbf{z}_{12} \\ \mathbf{V}_2 & \mathbf{z}_{22} \end{vmatrix}}{\begin{vmatrix} \mathbf{z}_{11} & \mathbf{z}_{12} \\ \mathbf{z}_{21} & \mathbf{z}_{22} \end{vmatrix}}$$

o

$$\mathbf{I}_1 = \left(\frac{\mathbf{z}_{22}}{\mathbf{z}_{11}\mathbf{z}_{22} - \mathbf{z}_{12}\mathbf{z}_{21}}\right)\mathbf{V}_1 + \left(-\frac{\mathbf{z}_{12}}{\mathbf{z}_{11}\mathbf{z}_{22} - \mathbf{z}_{12}\mathbf{z}_{21}}\right)\mathbf{V}_2$$

Usando la notación de determinantes, y teniendo cuidado de que el subíndice sea una **z** minúscula, se supone que $\Delta_z \neq 0$ y se obtiene

$$\mathbf{y}_{11} = \frac{\Delta_{11}}{\Delta_\mathbf{z}} = \frac{\mathbf{z}_{22}}{\Delta_\mathbf{z}} \qquad \mathbf{y}_{12} = -\frac{\Delta_{21}}{\Delta_\mathbf{z}} = -\frac{\mathbf{z}_{12}}{\Delta_\mathbf{z}}$$

y al depejar $\mathbf{I}_2$,

$$\mathbf{y}_{21} = -\frac{\Delta_{12}}{\Delta_\mathbf{z}} = -\frac{\mathbf{z}_{21}}{\Delta_\mathbf{z}} \qquad \mathbf{y}_{22} = \frac{\Delta_{22}}{\Delta_\mathbf{z}} = \frac{\mathbf{z}_{11}}{\Delta_\mathbf{z}}$$

En forma similar, los parámetros **z** pueden expresarse en términos de los parámetros de admitancia. Las transformaciones de este tipo son posibles entre cualquiera de los diversos sistemas de parámetros, y puede obtenerse una considerable colección de fórmulas que ocasionalmente son útiles. En la tabla 15-1 se dan las transformaciones entre los parámetros **y** y **z** (al igual que entre los parámetros **h** y **t** que se considerarán en las siguientes secciones) como una referencia de ayuda.

Si la red de dos puertos es una red bilateral, se encuentra presente la reciprocidad; es fácil demostrar que esto conduce a la igualdad entre $\mathbf{z}_{12}$ y $\mathbf{z}_{21}$.

De nuevo pueden obtenerse circuitos equivalentes a partir de una inspección de (33) y (34); su construcción se facilita sumando y restando $\mathbf{z}_{12}\mathbf{I}_1$ en la ecuación (34) o $\mathbf{z}_{21}\mathbf{I}_2$ en (33). Cada uno de los circuitos equivalentes contiene una fuente de voltaje dependiente.

Tabla 15-1

Transformaciones entre los parámetros $\mathbf{y}$, $\mathbf{z}$, $\mathbf{h}$ y $\mathbf{t}$

	y		**z**		**h**		**t**	
y	y_{11}	y_{12}	$\dfrac{z_{22}}{\Delta_z}$	$\dfrac{-z_{12}}{\Delta_z}$	$\dfrac{1}{h_{11}}$	$\dfrac{-h_{12}}{h_{11}}$	$\dfrac{t_{22}}{t_{12}}$	$\dfrac{-\Delta_t}{t_{12}}$
	y_{21}	y_{22}	$\dfrac{-z_{21}}{\Delta_z}$	$\dfrac{z_{11}}{\Delta_z}$	$\dfrac{h_{21}}{h_{11}}$	$\dfrac{\Delta_h}{h_{11}}$	$\dfrac{-1}{t_{12}}$	$\dfrac{t_{11}}{t_{12}}$
z	$\dfrac{y_{22}}{\Delta_y}$	$\dfrac{-y_{12}}{\Delta_y}$	z_{11}	z_{12}	$\dfrac{\Delta_h}{h_{22}}$	$\dfrac{h_{12}}{h_{22}}$	$\dfrac{t_{11}}{t_{21}}$	$\dfrac{\Delta_t}{t_{21}}$
	$\dfrac{-y_{21}}{\Delta_y}$	$\dfrac{y_{11}}{\Delta_y}$	z_{21}	z_{22}	$\dfrac{-h_{21}}{h_{22}}$	$\dfrac{1}{h_{22}}$	$\dfrac{1}{t_{21}}$	$\dfrac{t_{22}}{t_{21}}$
h	$\dfrac{1}{y_{11}}$	$\dfrac{-y_{12}}{y_{11}}$	$\dfrac{\Delta_z}{z_{22}}$	$\dfrac{z_{12}}{z_{22}}$	h_{11}	h_{12}	$\dfrac{t_{12}}{t_{22}}$	$\dfrac{\Delta_t}{t_{22}}$
	$\dfrac{y_{21}}{y_{11}}$	$\dfrac{\Delta_y}{y_{11}}$	$\dfrac{-z_{21}}{z_{22}}$	$\dfrac{1}{z_{22}}$	h_{21}	h_{22}	$\dfrac{-1}{t_{22}}$	$\dfrac{t_{21}}{t_{22}}$
t	$\dfrac{-y_{22}}{y_{21}}$	$\dfrac{-1}{y_{21}}$	$\dfrac{z_{11}}{z_{21}}$	$\dfrac{\Delta_z}{z_{21}}$	$\dfrac{-\Delta_h}{h_{21}}$	$\dfrac{-h_{11}}{h_{21}}$	t_{11}	t_{12}
	$\dfrac{-\Delta_y}{y_{21}}$	$\dfrac{-y_{11}}{y_{21}}$	$\dfrac{1}{z_{21}}$	$\dfrac{z_{22}}{z_{21}}$	$\dfrac{-h_{22}}{h_{21}}$	$\dfrac{-1}{h_{21}}$	t_{21}	t_{22}

Para todos los conjuntos de parámetros: $\Delta_p = p_{11}p_{22} - p_{12}p_{21}$.

La deducción de un equivalente de ese tipo se dejará para otro momento. A continuación se considerará un ejemplo de tipo general. ¿Puede construirse un equivalente de Thévenin general de la red de dos puertos, tal como se le ve desde las terminales de salida? Primero necesita suponerse una configuración específica del circuito de entrada, y se seleccionará una fuente de voltaje independiente $\mathbf{V}_s$ (signo positivo en la parte superior) en serie con una impedancia de generador $\mathbf{Z}_g$. Así,

$$\mathbf{V}_s = \mathbf{V}_1 + \mathbf{I}_1\mathbf{Z}_g$$

Al combinar este resultado con (33) y (34), pueden eliminarse $\mathbf{V}_1$ e $\mathbf{I}_1$ y se obtiene

$$\mathbf{V}_2 = \frac{\mathbf{z}_{21}}{\mathbf{z}_{11} + \mathbf{Z}_g}\mathbf{V}_s + \left(\mathbf{z}_{22} - \frac{\mathbf{z}_{12}\mathbf{z}_{21}}{\mathbf{z}_{11} + \mathbf{Z}_g}\right)\mathbf{I}_2$$

El circuito equivalente de Thévenin se puede dibujar directamente de esta ecuación; se muestra en la figura 15-17. La impedancia de salida, expresada en términos de los parámetros $\mathbf{z}$, es

$$\mathbf{Z}_{sal} = \mathbf{z}_{22} - \frac{\mathbf{z}_{12}\mathbf{z}_{21}}{\mathbf{z}_{11} + \mathbf{Z}_g}$$

Figura 15-17

El equivalente de Thévenin de una red de dos puertos general, vista desde las terminales de salida, expresado en términos de los parámetros de impedancia de circuito abierto.

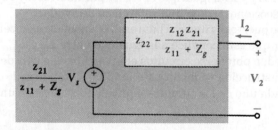

Si la impedancia de generador vale cero, se obtiene la expresión más sencilla

$$\mathbf{Z}_{sal} = \frac{\mathbf{z}_{11}\mathbf{z}_{22} - \mathbf{z}_{12}\mathbf{z}_{21}}{\mathbf{z}_{11}} = \frac{\Delta_z}{\mathbf{z}_{11}} = \frac{1}{\mathbf{y}_{22}} \qquad (\mathbf{Z}_g = 0)$$

Para este caso especial, la *admitancia* de salida es idéntica a $\mathbf{y}_{22}$, como lo indica la relación básica de la ecuación (13).

Ejemplo 15-8 Dado el conjunto de parámetros de impedancia

$$[\mathbf{z}] = \begin{bmatrix} 10^3 & 10 \\ -10^6 & 10^4 \end{bmatrix} \quad \text{(todos en } \Omega\text{)}$$

que son representativos de un transistor que opera en la configuración de emisor común; se buscan las ganancias de voltaje, de corriente y de potencia, además de las impedancias de entrada y de salida. Se considerará que la red de dos puertos está excitada por una fuente de voltaje senoidal $\mathbf{V}_s$ en serie con un resistor de 500 Ω, y terminada en un resistor de carga de 10 kΩ.

Solución: Las dos ecuaciones que describen a la red de dos puertos son

$$\mathbf{V}_1 = 10^3\mathbf{I}_1 + 10\mathbf{I}_2 \tag{40}$$

$$\mathbf{V}_2 = -10^6\mathbf{I}_1 + 10^4\mathbf{I}_2 \tag{41}$$

y las ecuaciones que caracterizan a las redes de entrada y salida son

$$\mathbf{V}_s = 500\mathbf{I}_1 + \mathbf{V}_1 \tag{42}$$

$$\mathbf{V}_2 = -10^4\mathbf{I}_2 \tag{43}$$

A partir de estas últimas cuatro ecuaciones se pueden obtener fácilmente expresiones para $\mathbf{V}_1$, $\mathbf{I}_1$, $\mathbf{V}_2$ e $\mathbf{I}_2$, en términos de $\mathbf{V}_s$:

$$\mathbf{V}_1 = 0.75\mathbf{V}_s \qquad \mathbf{I}_1 = \frac{\mathbf{V}_s}{2000}$$

$$\mathbf{V}_2 = -250\mathbf{V}_s \qquad \mathbf{I}_2 = \frac{\mathbf{V}_s}{40}$$

Con esta información, es fácil determinar la ganancia de voltaje,

$$\mathbf{G}_V = \frac{\mathbf{V}_2}{\mathbf{V}_1} = -333$$

la ganancia de corriente,

$$\mathbf{G}_I = \frac{\mathbf{I}_2}{\mathbf{I}_1} = 50$$

la ganancia de potencia,

$$G_P = \frac{\text{Re}\left[-\frac{1}{2}\mathbf{V}_2\mathbf{I}_2^*\right]}{\text{Re}\left[\frac{1}{2}\mathbf{V}_1\mathbf{I}_1^*\right]} = 16\,670$$

y la impedancia de entrada,

$$\mathbf{Z}_{ent} = \frac{\mathbf{V}_1}{\mathbf{I}_1} = 1500\ \Omega$$

La impedancia de salida se puede obtener consultando la figura 15-17:

$$\mathbf{Z}_{sal} = \mathbf{z}_{22} - \frac{\mathbf{z}_{12}\mathbf{z}_{21}}{\mathbf{z}_{11} + \mathbf{Z}_g} = 16.67 \text{ k}\Omega$$

De acuerdo a las predicciones del teorema de la máxima transferencia de potencia, la ganancia de potencia alcanza un valor máximo cuando $\mathbf{Z}_L = \mathbf{Z}_{sal} = 16.67$ kΩ; dicho valor máximo es de 17 045.   •

Los parámetros **y** son útiles cuando los bipuertos están conectados en paralelo y, en forma dual, los parámetros **z** simplifican el problema de una conexión en serie de redes, como se ve en la figura 15-18. Obsérvese que la conexión en serie *no* es la misma

Figura 15-18

La conexión en serie de dos redes de dos puertos se efectúa conectando juntos los cuatro nodos de referencia común; entonces, $[\mathbf{z}] = [\mathbf{z}_A] + [\mathbf{z}_B]$.

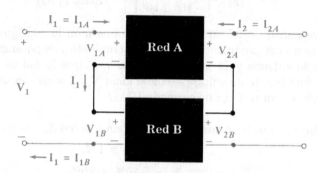

que la conexión en cascada de la que se hablará más adelante en relación con los parámetros de transmisión. Si cada una de las redes de dos puertos tiene un nodo de referencia común para su entrada y su salida, y si estas referencias están conectadas entre sí como se indica en la figura 15-18, entonces $\mathbf{I}_1$ circula a través de los puertos de entrada de las dos redes en serie. Un enunciado similar es válido para $\mathbf{I}_2$. En consecuencia, los puertos siguen siendo puertos después de la interconexión. Se deduce que $[\mathbf{I}] = [\mathbf{I}_A] = [\mathbf{I}_B]$ y

$$[\mathbf{V}] = [\mathbf{V}_A] + [\mathbf{V}_B] = [\mathbf{z}_A][\mathbf{I}_A] + [\mathbf{z}_B][\mathbf{I}_B]$$

$$= ([\mathbf{z}_A] + [\mathbf{z}_B])[\mathbf{I}] = [\mathbf{z}][\mathbf{I}]$$

donde

$$[\mathbf{z}] = [\mathbf{z}_A] + [\mathbf{z}_B] \tag{44}$$

de tal manera que $\mathbf{z}_{11} = \mathbf{z}_{11A} + \mathbf{z}_{11B}$ y así sucesivamente.

Ejercicios

15-10. Encuentre [z] para la red de dos puertos mostrada en: *a*) la figura 15-19*a*; *b*) la figura 15-19*b*.

Resp: $\begin{bmatrix} 45 & 25 \\ 25 & 75 \end{bmatrix} (\Omega)$; $\begin{bmatrix} 21.2 & 11.76 \\ 11.76 & 67.6 \end{bmatrix} (\Omega)$

15-11. Encuentre [z] para la red de dos puertos mostrada en la figura 15-19*c*.

Resp: $\begin{bmatrix} 70 & 100 \\ 50 & 150 \end{bmatrix} (\Omega)$

15-12. El determinante de las impedancias de circuito abierto del amplificador mostrado en la figura 15-19*d* es $[\mathbf{z}] = \begin{bmatrix} 20 & 3 \\ 100 & 5 \end{bmatrix} (\Omega)$. Encuentre *a*) $\mathbf{G}_I$; *b*) $\mathbf{G}_V$; *c*) G_P; *d*) $\mathbf{Z}_{ent}$; *e*) $\mathbf{Z}_{sal}$.

Resp: −0.952; 5.56; 5.29; 17.14 Ω; 0.714 Ω

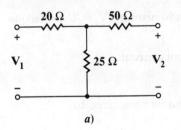

a)

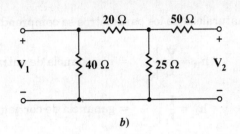

b)

Figura 15-19

Para los ejercicios 15-10 a 15-12.

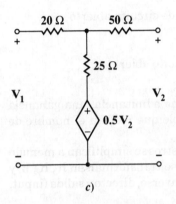

c)

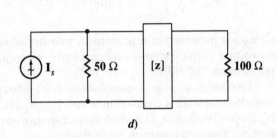

d)

15-13. Encuentre los parámetros $\mathbf{z}$ de una red de dos puertos para la cual a) $[\mathbf{y}] = \begin{bmatrix} 4 & -1 \\ 1 & 20 \end{bmatrix}$ (mS); b) $\mathbf{V}_1 = \mathbf{V}_2 + \mathbf{I}_2$ e $\mathbf{I}_1 = \mathbf{I}_2 + \mathbf{V}_1 + \mathbf{V}_2$ (V y A).

Resp: $\begin{bmatrix} 247 & 12.35 \\ -12.35 & 49.4 \end{bmatrix}$ (Ω); $\begin{bmatrix} 0.5 & 0 \\ 0.5 & -1 \end{bmatrix}$ (Ω)

El uso de los parámetros híbridos es muy adecuado para los circuitos con transistores ya que estos parámetros se cuentan entre los más convenientes para hacer mediciones experimentales en transistores. La dificultad para medir, por ejemplo los parámetros de impedancia de circuito abierto, surge cuando se debe medir un parámetro como el $\mathbf{z}_{21}$. Es fácil proporcionar una corriente senoidal conocida a las terminales de entrada, pero debido a la impedancia de salida excesivamente grande del transistor, es difícil poner en circuito abierto las terminales de salida y seguir suministrando los voltajes de polarización de cd necesarios, y medir el voltaje de salida senoidal. Es mucho más fácil llevar a cabo una medición de corriente de cortocircuito en las terminales de salida.

Los parámetros híbridos se definen escribiendo el par de ecuaciones que relacionan a $\mathbf{V}_1$, $\mathbf{I}_1$, $\mathbf{V}_2$ e $\mathbf{I}_2$ como si $\mathbf{V}_1$ e $\mathbf{I}_2$ fuesen las variables independientes:

$$\mathbf{V}_1 = \mathbf{h}_{11}\mathbf{I}_1 + \mathbf{h}_{12}\mathbf{V}_2 \tag{45}$$

$$\mathbf{I}_2 = \mathbf{h}_{21}\mathbf{I}_1 + \mathbf{h}_{22}\mathbf{V}_2 \tag{46}$$

o

$$\begin{bmatrix} \mathbf{V}_1 \\ \mathbf{I}_2 \end{bmatrix} = [\mathbf{h}] \begin{bmatrix} \mathbf{I}_1 \\ \mathbf{V}_2 \end{bmatrix} \tag{47}$$

15-6

Parámetros híbridos

La naturaleza de los parámetros se comprende haciendo primero $V_2 = 0$. Se ve que

$$h_{11} = \frac{V_1}{I_1}\bigg|_{V_2=0} = \text{impedancia de entrada de cortocircuito}$$

$$h_{21} = \frac{I_2}{I_1}\bigg|_{V_2=0} = \text{ganancia de corriente directa de cortocircuito}$$

Haciendo $I_1 = 0$ se obtiene

$$h_{12} = \frac{V_1}{V_2}\bigg|_{I_1=0} = \text{ganancia de voltaje inverso de circuito abierto}$$

$$h_{22} = \frac{I_2}{V_2}\bigg|_{I_1=0} = \text{admitancia de salida de circuito abierto}$$

Como los parámetros representan una impedancia, una admitancia, una ganancia de voltaje y una ganancia de corriente, es comprensible que reciban el nombre de parámetros "híbridos".

Las designaciones con subíndices para estos parámetros se simplifican a menudo cuando se aplican a transistores. Así, h_{11}, h_{12}, h_{21} y h_{22} se transforman en h_i, h_r, h_f y h_o, respectivamente, y los subíndices denotan entrada, inverso, directo y salida (input, reverse, forward y output, en inglés).

Ejemplo 15-9 Con el fin de ilustrar la facilidad con la que se pueden calcular estos parámetros, se considerará el circuito resistivo bilateral de la figura 15-20. Se busca [**h**].

Figura 15-20

Una red bilateral para la cual se calculan los parámetros **h**; $h_{12} = -h_{21}$.

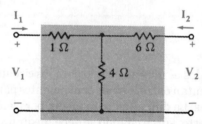

Solución: Con la salida en cortocircuito ($V_2 = 0$), la aplicación de una fuente de 1 A en la entrada ($I_1 = 1$ A) produce un voltaje de entrada de 3.4 V ($V_1 = 3.4$ V); así, $h_{11} = 3.4\ \Omega$. Bajo estas mismas condiciones, la corriente de salida se obtiene fácilmente por el divisor de corriente, $I_2 = -0.4$ A; entonces, $h_{21} = -0.4$.

Los dos parámetros restantes se obtienen con la entrada en circuito abierto ($I_1 = 0$). Aplíquese un voltaje de 1 V a las terminales de salida ($V_2 = 1$ V). La respuesta en las terminales de entrada es 0.4 V ($V_1 = 0.4$ V), y por tanto $h_{12} = 0.4$. La corriente entregada por esta fuente a las terminales de salida es de 0.1 A ($I_2 = 0.1$ A), y por tanto $h_{22} = 0.1$ S.

Por lo tanto se tiene $[\mathbf{h}] = \begin{bmatrix} 3.4\ \Omega & 0.4 \\ -0.4 & 0.1\ S \end{bmatrix}$. El que $h_{12} = -h_{21}$ es una consecuencia del teorema de reciprocidad para redes bilaterales.   •

El circuito que se muestra en la figura 15-21 es una interpretación directa de las dos ecuaciones de definición (45) y (46). La primera representa la LVK alrededor del

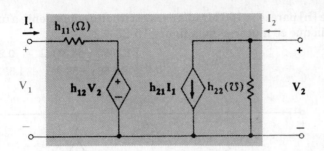

Figura 15-21

Los cuatro parámetros **h** se refieren a una red de dos puertos. Las ecuaciones pertinentes son: $V_1 = h_{11}I_1 + h_{12}V_2$, $I_2 = h_{21}I_1 + h_{22}V_2$.

lazo de entrada, mientras que la segunda se obtiene al aplicar la LCK al nodo de salida superior. Este circuito, asimismo, es un modelo equivalente muy popular de un transistor. Se supondrán algunos valores razonables para la configuración del emisor común: $h_{11} = 1200\ \Omega$, $h_{12} = 2 \times 10^{-4}$, $h_{21} = 50$, $h_{22} = 50 \times 10^{-6}$ S, un generador de voltaje de $1/\underline{0°}$ mV en serie con 800 Ω, y una carga de 5 kΩ. Para la entrada,

$$10^{-3} = (1200 + 800)I_1 + 2 \times 10^{-4}V_2$$

y a la salida

$$I_2 = -2 \times 10^{-4}V_2 = 50I_1 + 50 \times 10^{-6}V_2$$

Al resolver,

$$I_1 = 0.510\ \mu A \qquad V_1 = 0.592\ mV$$

$$I_2 = 20.4\ \mu A \qquad V_2 = -102\ mV$$

En el transistor se tiene una ganancia de corriente igual a 40, una ganancia de voltaje de –172 y una ganancia de potencia de 6880. La impedancia de entrada al transistor es de 1160 Ω, y unos cuantos cálculos más demuestran que la impedancia de salida es de 22.2 kΩ.

Los parámetros híbridos pueden sumarse directamente cuando dos puertos están conectados en serie a la entrada y en paralelo a la salida. Recibe el nombre de interconexión en serie-paralelo, y no se usa con frecuencia.

Ejercicios

15-14. Encuentre [**h**] para la red de dos puertos en: *a*) la figura 15-22*a*; *b*) la figura 15-22*b*.

$$Resp:\ \begin{bmatrix} 20\ \Omega & 1 \\ -1 & 0.025\ S \end{bmatrix};\ \begin{bmatrix} 8\ \Omega & 0.8 \\ -0.8 & 0.02\ S \end{bmatrix}$$

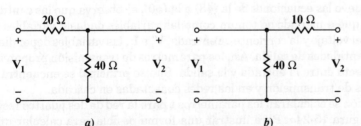

Figura 15-22

Para el ejercicio 15-14.

a)   *b*)

15-15. Si [**h**] = $\begin{bmatrix} 5\ \Omega & 2 \\ -0.5 & 0.1\ S \end{bmatrix}$, encuentre *a*) [**y**]; *b*) [**z**].

$$Resp.:\ \begin{bmatrix} 0.2 & -0.4 \\ -0.1 & 0.3 \end{bmatrix} \text{(todas en S)};\ \begin{bmatrix} 15 & 20 \\ 5 & 10 \end{bmatrix} \text{(todas en } \Omega)$$

15-16. Encuentre [**h**] para $\omega = 100$ Mrad/s para el circuito equivalente a un transistor de alta frecuencia que se muestra en la figura 15-23.

$$Resp: \begin{bmatrix} 1.109 \underline{/-56.3°} \text{ k}\Omega & 0.277 \underline{/33.7°} \\ 5.55 \underline{/-59.2°} & 1.532 \underline{/38.9°} \text{ mS} \end{bmatrix}$$

Figura 15-23

Para el ejercicio 15-16.

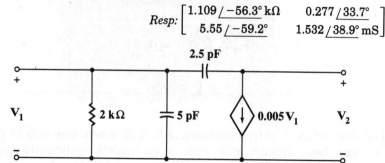

15-17. Encuentre G_V y Z_{sal} para un amplificador que tiene [**h**] = $\begin{bmatrix} 5\ \Omega & 0.5 \\ 10 & 2\ \text{S} \end{bmatrix}$, si está excitado por una fuente que tiene una resistencia interna de 10 Ω y está terminado en una resistencia de carga $R_L = 1\ \Omega$.   *Resp:* -1.000; $0.6\ \Omega$

15-7

Parámetros de transmisión

El último conjunto de parámetros de bipuertos que se estudiará recibe el nombre de *parámetros* **t**, parámetros **ABCD**, o simplemente *parámetros de transmisión*. Se definen por

$$V_1 = t_{11}V_2 - t_{12}I_2 \tag{48}$$

$$I_1 = t_{21}V_2 - t_{22}I_2 \tag{49}$$

o

$$\begin{bmatrix} V_1 \\ I_1 \end{bmatrix} = [\mathbf{t}] \begin{bmatrix} V_2 \\ -I_2 \end{bmatrix} \tag{50}$$

donde V_1, V_2, I_1 e I_2 están definidos como de costumbre (figura 15-5). Los signos menos que aparecen en las ecuaciones (48) y (49) deben asociarse con la corriente de salida, como $(-I_2)$. En consecuencia, tanto I_1 como $-I_2$ están dirigidos hacia la derecha, es decir, hacia la dirección de la energía o transmisión de la señal.

Otra nomenclatura de uso muy difundido para estos parámetros es

$$\begin{bmatrix} t_{11} & t_{12} \\ t_{21} & t_{22} \end{bmatrix} = \begin{bmatrix} \mathbf{A} & \mathbf{B} \\ \mathbf{C} & \mathbf{D} \end{bmatrix} \tag{51}$$

Obsérvese que en las matrices **t** o **ABCD** no hay signos menos.

Viendo de nuevo las ecuaciones de la (48) a la (50), se observa que las cantidades de la izquierda, que a menudo se toman como las variables dadas o variables independientes, son el voltaje y la corriente de entrada, V_1 e I_1; las variables dependientes, V_2 e I_2, son las cantidades de salida. Así, los parámetros de transmisión proporcionan una relación directa entre la entrada y la salida. Su uso principal se encuentra en el análisis de líneas de transmisión y en las redes conectadas en cascada.

A continuación se calcularán los parámetros **t** para la red de dos puertos resistiva bilateral de la figura 15-24*a*. Para ilustrar una forma posible para calcular un solo parámetro, considérese

$$t_{12} = \left.\frac{V_1}{-I_2}\right|_{V_2=0}$$

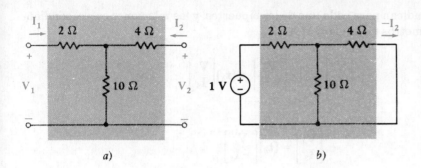

Figura 15-24

a) Una red de dos puertos resistiva para la cual se van a calcular los parámetros **t**.
b) Para obtener $\mathbf{t}_{12}$, se hace $\mathbf{V}_2 = 1$ V; entonces $\mathbf{t}_{12} = 1/(-\mathbf{I}_2) = 6.8$ Ω.

Por tanto, la salida se conecta en cortocircuito ($\mathbf{V}_2 = 0$) y se hace $\mathbf{V}_1 = 1$ V, como se muestra en la figura 15-24b. Obsérvese que el denominador no se puede igualar a uno colocando una fuente de corriente de 1 A en la salida; ahí ya se tiene un cortocircuito. La resistencia equivalente ofrecida a la fuente de 1 V es $R_{eq} = 2 + (4 \parallel 10)$ Ω, y luego se aplica el divisor de corriente para obtener

$$-\mathbf{I}_2 = \frac{1}{2 + (4 \parallel 10)} \times \frac{10}{10 + 4} = \frac{5}{34}\ \text{A}$$

Así,

$$\mathbf{t}_{12} = \frac{1}{-\mathbf{I}_2} = \frac{34}{5} = 6.8\ \Omega$$

Si es necesario obtener los cuatro parámetros, se escribe cualquier par conveniente de ecuaciones usando las cuatro cantidades terminales, $\mathbf{V}_1$, $\mathbf{V}_2$, $\mathbf{I}_1$ e $\mathbf{I}_2$. De la figura 15-24a, se tienen dos ecuaciones de mallas:

$$\mathbf{V}_1 = 12\mathbf{I}_1 + 10\mathbf{I}_2 \tag{52}$$

$$\mathbf{V}_2 = 10\mathbf{I}_1 + 14\mathbf{I}_2 \tag{53}$$

Despejando $\mathbf{I}_1$ de (53),

$$\mathbf{I}_1 = 0.1\mathbf{V}_2 - 1.4\mathbf{I}_2$$

de donde $\mathbf{t}_{21} = 0.1$ S y $\mathbf{t}_{22} = 1.4$. Sustituyendo la expresión para $\mathbf{I}_1$ en (52), se encuentra

$$\mathbf{V}_2 = 12(0.1\mathbf{V}_2 - 1.4\mathbf{I}_2) + 10\mathbf{I}_2 = 1.2\mathbf{V}_2 - 6.8\mathbf{I}_2$$

y $\mathbf{t}_{11} = 1.2$ y $\mathbf{t}_{12} = 6.8$ Ω, una vez más.

Para redes recíprocas, el determinante de la matriz **t** es igual a uno:

$$\Delta_t = \mathbf{t}_{11}\mathbf{t}_{22} - \mathbf{t}_{12}\mathbf{t}_{21} = 1 \tag{54}$$

En el ejemplo resistivo de la figura 15-24, $\Delta_t = 1.2 \times 1.4 - 6.8 \times 0.1 = 1$. ¡Bien!

La presentación de redes de dos puertos se concluirá conectando dos puertos en cascada, como se ilustra para dos redes en la figura 15-25. Los voltajes y las corrientes

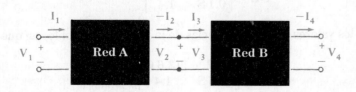

Figura 15-25

Las redes de dos puertos A y B se conectan en cascada, la matriz de parámetros **t** para la red combinada está dada por el producto matricial $[\mathbf{t}] = [\mathbf{t}_A][\mathbf{t}_B]$.

terminales se indican para cada uno de los bipuertos, y las relaciones correspondientes de los parámetros **t** son, para la red A,

$$\begin{bmatrix} \mathbf{V}_1 \\ \mathbf{I}_1 \end{bmatrix} = [\mathbf{t}_A] \begin{bmatrix} \mathbf{V}_2 \\ -\mathbf{I}_2 \end{bmatrix} = [\mathbf{t}_A] \begin{bmatrix} \mathbf{V}_3 \\ \mathbf{I}_3 \end{bmatrix}$$

y para la red B,

$$\begin{bmatrix} \mathbf{V}_3 \\ \mathbf{I}_3 \end{bmatrix} = [\mathbf{t}_B] \begin{bmatrix} \mathbf{V}_4 \\ -\mathbf{I}_4 \end{bmatrix}$$

Combinando estos resultados, se tiene

$$\begin{bmatrix} \mathbf{V}_1 \\ \mathbf{I}_1 \end{bmatrix} = [\mathbf{t}_A][\mathbf{t}_B] \begin{bmatrix} \mathbf{V}_4 \\ -\mathbf{I}_4 \end{bmatrix}$$

Por tanto, los parámetros **t** para las redes en cascada se calculan mediante el producto matricial

$$[\mathbf{t}] = [\mathbf{t}_A] \, [\mathbf{t}_B]$$

Este producto *no* se obtiene multiplicando elementos correspondientes de las dos matrices. Si se juzga necesario, debe repasarse el procedimiento correcto para la multiplicación de matrices en el apéndice 2.

Ejemplo 15-10 Como ejemplo de estos cálculos, considérese la conexión en cascada mostrada en la figura 15-26. Se quieren encontrar los parámetros **t** para las redes en cascada.

Figura 15-26

Una conexión en cascada para la cual [**t**] =

$$\begin{bmatrix} 1.2 & 6.8 \\ 0.1 & 1.4 \end{bmatrix} \begin{bmatrix} 1.2 & 13.6 \\ 0.05 & 1.4 \end{bmatrix} = \begin{bmatrix} 1.78 & 25.84 \\ 0.19 & 3.32 \end{bmatrix}$$

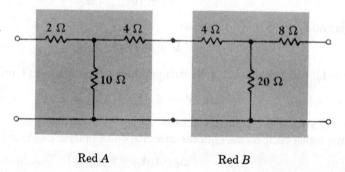

Red A Red B

Solución: La red A es la red de dos puertos de la figura 15-24, y por lo tanto

$$[\mathbf{t}_A] = \begin{bmatrix} 1.2 & 6.8\,\Omega \\ 0.1\,\text{S} & 1.4 \end{bmatrix}$$

mientras que los valores de las resistencias de la red B son el doble, así que

$$[\mathbf{t}_B] = \begin{bmatrix} 1.2 & 13.6\,\Omega \\ 0.05\,\text{S} & 1.4 \end{bmatrix}$$

Para la red combinada,

$$[\mathbf{t}] = [\mathbf{t}_A][\mathbf{t}_B] = \begin{bmatrix} 1.2 & 6.8 \\ 0.1 & 1.4 \end{bmatrix} \begin{bmatrix} 1.2 & 13.6 \\ 0.05 & 1.4 \end{bmatrix}$$

$$= \begin{bmatrix} 1.2 \times 1.2 + 6.8 \times 0.05 & 1.2 \times 13.6 + 6.8 \times 1.4 \\ 0.1 \times 1.2 + 1.4 \times 0.05 & 0.1 \times 13.6 + 1.4 \times 1.4 \end{bmatrix}$$

y $\qquad [\mathbf{t}] = \begin{bmatrix} 1.78 & 25.84\,\Omega \\ 0.19\,\text{S} & 3.32 \end{bmatrix}$

15-18. Determine [t] para la red de dos puertos mostrada en: *a)* la figura 15-27*a*; *b)* la figura 15-27*b*.

$$Resp: \begin{bmatrix} 1.6 & 25.2\,\Omega \\ 0.1\,\text{S} & 2.2 \end{bmatrix}; \begin{bmatrix} 1 & 10\,\Omega \\ 0.1\,\text{S} & 2.2 \end{bmatrix}$$

Ejercicios

Figura 15-27

Para el ejercicio 15-18.

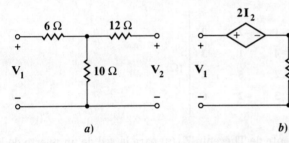

a)   *b)*

15-19. Dados $[\mathbf{t}] = \begin{bmatrix} 3.2 & 8\,\Omega \\ 0.2\,\text{S} & 4 \end{bmatrix}$, obtenga: *a)* [z]; *b)* [t] para dos redes idénticas conectadas en cascada; *c)* [z] para dos redes idénticas conectadas en cascada.

$$Resp: \begin{bmatrix} 16 & 56 \\ 5 & 20 \end{bmatrix}(\Omega); \begin{bmatrix} 11.84 & 57.6\,\Omega \\ 1.44\,\text{S} & 17.6 \end{bmatrix}; \begin{bmatrix} 8.22 & 87.1 \\ 0.694 & 12.22 \end{bmatrix}(\Omega)$$

---

1 Encuentre $\Delta_\mathbf{z}$ para la red mostrada en la figura 15-28, y luego utilícela como una ayuda para determinar la potencia generada por la fuente de cd de 100 V insertada en la rama exterior de la malla: *a)* 1; *b)* 2; *c)* 3.

Problemas

Figura 15-28

Para el problema 1.

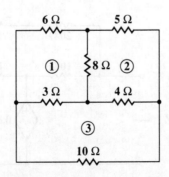

2 Encuentre Δ_Y para la red mostrada en la figura 15-29 y después utilícela como ayuda para determinar la potencia generada por la fuente de cd de 10 A insertada entre el nodo de referencia y el nodo: *a*) 1; *b*) 2; *c*) 3.

Figura 15-29

Para el problema 2.

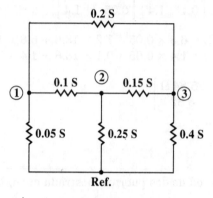

3 La matriz resistiva de cierta red de un puerto está dada en la figura 15-30. Encuentre R_{ent} para la fuente insertada sólo en la malla 1.

Figura 15-30

Para el problema 3.

$$[\mathbf{R}] = \begin{bmatrix} 3 & -1 & -2 & 0 \\ -1 & 4 & 1 & 3 \\ -2 & 2 & 5 & 2 \\ 0 & 3 & -2 & 6 \end{bmatrix} (\Omega)$$

4 Encuentre la impedancia equivalente de Thévenin $Z_{th}(s)$ para la red de un puerto de la figura 15-31.

Figura 15-31

Para el problema 4.

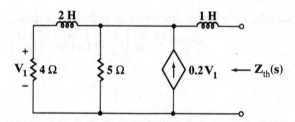

5 Encuentre Z_{ent} para la red de un puerto de la figura 15-32 encontrando: *a*) Δ_Z; *b*) Δ_Y y Y_{ent} primero, y luego Z_{ent}.

Figura 15-32

Para el problema 5.

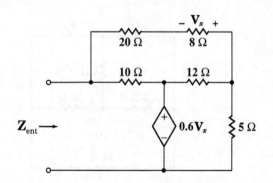

6 Encuentre la impedancia de salida para la red de la figura 15-33, como una función de **s**.

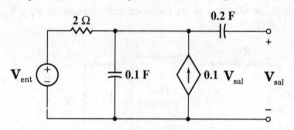

Figura 15-33

Para el problema 6.

7 Si se supone que el op-amp mostrado en la figura 15-34 es ideal ($R_i = \infty$, $R_o = 0$ y $A = \infty$), encuentre R_{ent}.

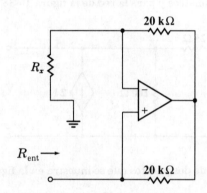

Figura 15-34

Para el problema 7.

8 *a*) Si se supone que los dos op-amps que se muestran en la figura 15-35 son ideales ($R_i = \infty$, $R_o = 0$ y $A = \infty$), encuentre $\mathbf{Z}_{ent}$. *b*) Sea $R_1 = 4$ kΩ, $R_2 = 10$ kΩ, $R_3 = 10$ kΩ, $R_4 = 1$ kΩ y $C = 200$ pF, y muestre que $\mathbf{Z}_{ent} = j\omega L_{ent}$, donde $L_{ent} = 0.8$ mH.

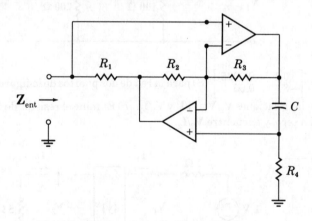

Figura 15-35

Para el problema 8.

9 Encuentre $\mathbf{y}_{11}$ y $\mathbf{y}_{12}$ para el bipuerto mostrado en la figura 15-36.

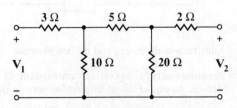

Figura 15-36

Para el problema 9.

10 Si la red de dos puertos mostrada en la figura 15-37 tiene los siguientes valores paramétricos $y_{11} = 10$, $y_{12} = -5$, $y_{21} = 50$ y $y_{22} = 20$, todos en mS, encuentre V_1 y V_2 cuando $V_s = 100$ V, $R_s = 25\ \Omega$ y $R_L = 100\ \Omega$.

Figura 15-37

Para el problema 10.

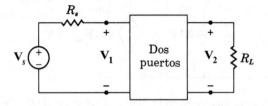

11 Encuentre los cuatro parámetros **y** para la red de la figura 15-38.

Figura 15-38

Para el problema 11.

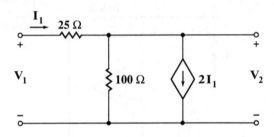

12 Encuentre [**y**] para la red de dos puertos que se muestra en la figura 15-39.

Figura 15-39

Para el problema 12.

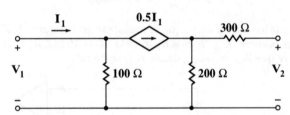

13 Sea $[\mathbf{y}] = \begin{bmatrix} 0.1 & -0.0025 \\ -8 & 0.05 \end{bmatrix}$ (S) para la red de dos puertos de la figura 15-40. *a*) Encuentre valores para las relaciones V_2/V_1, I_2/I_1 y V_1/I_1. *b*) Elimine el resistor de 5 Ω, coloque la fuente de 1 V igual a cero, y encuentre V_2/I_2.

Figura 15-40

Para el problema 13.

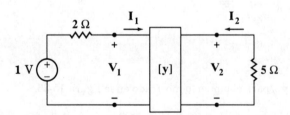

14 Los parámetros de admitancia de cierta red de dos puertos son $[\mathbf{y}] = \begin{bmatrix} 10 & -5 \\ -20 & 2 \end{bmatrix}$ (mS).

Encuentre los nuevos parámetros [**y**] si se conecta un resistor de 100 Ω: *a*) en serie con una de las terminales de entrada; *b*) en serie con una de las terminales de salida.

15 Complete la tabla dada como parte de la figura 15-41 y también dé valores para los parámetros **y**.

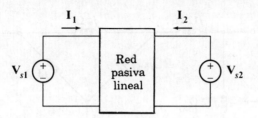

Figura 15-41

Para el problema 15.

	V_{s1} (V)	V_{s2} (V)	I_1 (A)	I_2 (A)
Exp't #1	100	50	5	−32.5
Exp't #2	50	100	−20	−5
Exp't #3	20	0		
Exp't #4			5	0
Exp't #5			5	15

16 Encuentre R_{ent} para la red de un puerto mostrada en la figura 15-42 usando las transformaciones de Y-Δ y Δ-Y.

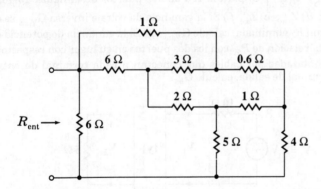

Figura 15-42

Para el problema 16.

17 Utilice las transformaciones de Y-Δ y Δ-Y para encontrar la resistencia de entrada de la red de un puerto mostrada en la figura 15-43.

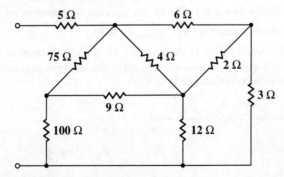

Figura 15-43

Para el problema 17.

18 Encuentre Z_{ent} para la red de la figura 15-44.

Figura 15-44

Para el problema 18.

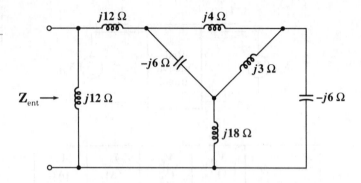

19 Sea $[\mathbf{y}] = \begin{bmatrix} 0.4 & -0.002 \\ -5 & 0.04 \end{bmatrix}$ (S) para la red de dos puertos de la figura 15-45 y encuentre *a*) $\mathbf{G}_V$; *b*) $\mathbf{G}_I$; *c*) G_P; *d*) $\mathbf{Z}_{ent}$; *e*) $\mathbf{Z}_{sal}$.

Figura 15-45

Para el problema 19.

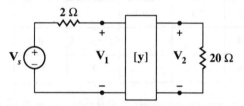

20 Sea $[\mathbf{y}] = \begin{bmatrix} 0.1 & -0.05 \\ -0.5 & 0.2 \end{bmatrix}$ (S) para la red de dos puertos de la figura 15-46. Encuentre *a*) $\mathbf{G}_V$; *b*) $\mathbf{G}_I$; *c*) G_P; *d*) $\mathbf{Z}_{ent}$; *e*) $\mathbf{Z}_{sal}$. *f*) Si la ganancia de voltaje inversa $\mathbf{G}_{V,inv}$ se define como $\mathbf{V}_1/\mathbf{V}_2$ con $\mathbf{V}_s = 0$ y con R_L eliminada, calcule $\mathbf{G}_{V,inv}$. *g*) Si la ganancia de potencia de inserción G_{ins} se define como la relación de $P_{5\Omega}$ con los dos puertos en su lugar con respecto a $P_{5\Omega}$ y con los dos puertos remplazados por cables que conectan a cada terminal de entrada con su correspondiente terminal de salida, calcule G_{ins}.

Figura 15-46

Para el problema 20.

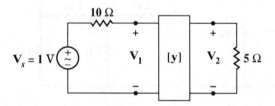

21 *a*) Dibuje un circuito equivalente en la forma de la figura 15-9*b* para el que $[\mathbf{y}] = \begin{bmatrix} 1.5 & -1 \\ 4 & 3 \end{bmatrix}$ (mS). *b*) Si dos de estas redes de dos puertos se conectan en paralelo, dibuje el nuevo circuito equivalente y muestre que $[\mathbf{y}]_{nueva} = 2[\mathbf{y}]$.

22 *a*) Encuentre $[\mathbf{y}]_a$ para el bipuerto de la figura 15-47*a*. *b*) Encuentre $[\mathbf{y}]_b$ para la figura 15-47*b*. *c*) Dibuje la red que se obtiene cuando estos dos puertos se conectan en paralelo, y muestre que $[\mathbf{y}]$ para esta red es igual a $[\mathbf{y}]_a + [\mathbf{y}]_b$.

Figura 15-47

Para el problema 22.

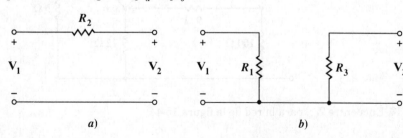

a)   *b*)

23 Encuentre [z] para el bipuerto de la figura 15-48.

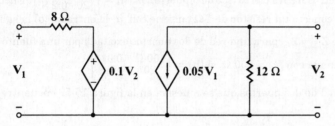

24 *a)* Encuentre [z] para el bipuerto de la figura 15-49. *b)* Si $I_1 = I_2 = 1$ A, encuentre la ganancia de voltaje G_V.

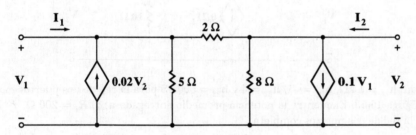

25 Cierta red de dos puertos se describe por medio de $[z] = \begin{bmatrix} 4 & 1.5 \\ 10 & 3 \end{bmatrix} (\Omega)$. La entrada consta de una fuente V_s en serie con 5 Ω, mientras que la salida es $R_L = 2$ Ω. Encuentre *a)* G_I; *b)* G_V; *c)* G_P; *d)* Z_{ent}; *e)* Z_{sal}.

26 Sea $[z] = \begin{bmatrix} 1000 & 100 \\ -2000 & 400 \end{bmatrix} (\Omega)$ para el bipuerto de la figura 15-50. Encuentre la potencia promedio entregada al *a)* resistor de 200 Ω; *b)* resistor de 500 Ω; *c)* bipuerto.

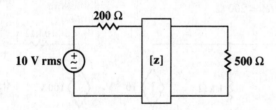

27 Encuentre los cuatro parámetros z para $\omega = 10^8$ rad/s para el circuito equivalente del transistor de alta frecuencia que se muestra en la figura 15-51.

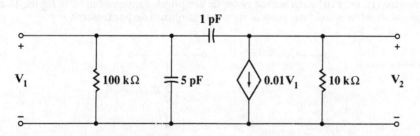

28 Una red de dos puertos para la cual $[z] = \begin{bmatrix} 20 & 2 \\ 40 & 10 \end{bmatrix} (\Omega)$ se excita por medio de una fuente $V_s = 100\underline{/\ 0°}$ V en serie con 5 Ω y termina en un resistor de 25 Ω. Encuentre el circuito equivalente de Thévenin que se presenta a la resistencia de 25 Ω.

29 Los parámetros **h** para cierto tipo de bipuerto son $[\mathbf{h}] = \begin{bmatrix} 9\ \Omega & -2 \\ 20 & 0.2\ \mathrm{S} \end{bmatrix}$. Encuentre la nueva [**h**] cuando se conecta un resistor de 1 Ω en serie con a) la entrada; b) la salida.

30 Encuentre $\mathbf{Z}_{\text{ent}}$ y $\mathbf{Z}_{\text{sal}}$ para una red de dos puertos excitada por una fuente que tiene $R_s = 100\ \Omega$ y terminada con $R_L = 500\ \Omega$, si $[\mathbf{h}] = \begin{bmatrix} 100\ \Omega & 0.01 \\ 20 & 1\ \mathrm{mS} \end{bmatrix}$.

31 Según la red de dos puertos que se muestra en la figura 15-52 encuentre a) $\mathbf{h}_{12}$; b) $\mathbf{z}_{12}$; c) $\mathbf{y}_{12}$.

Figura 15-52

Para el problema 31.

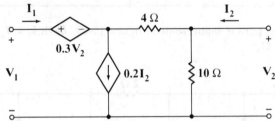

32 Sean $\mathbf{h}_{11} = 1\ \mathrm{k}\Omega$, $\mathbf{h}_{12} = -1$, $\mathbf{h}_{21} = 4$ y $\mathbf{h}_{22} = 500\ \mu\mathrm{S}$ para la red de dos puertos mostrada en la figura 15-53. Encuentre la potencia promedio entregada a a) $R_s = 200\ \Omega$; b) $R_L = 1\ \mathrm{k}\Omega$; c) la red de dos puertos completa.

Figura 15-53

Para el problema 32.

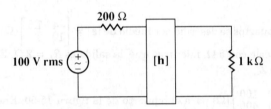

33 a) Encuentre $|\mathbf{h}|$ para el bipuerto de la figura 15-54. b) Encuentre $\mathbf{Z}_{\text{sal}}$ si la entrada contiene $\mathbf{V}_s$ en serie con $R_s = 200\ \Omega$.

Figura 15-54

Para el problema 33.

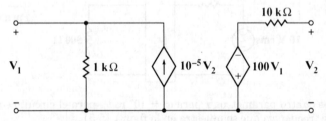

34 Encuentre $|\mathbf{y}|$, $[\mathbf{z}]$ y $[\mathbf{h}]$ para ambas redes de dos puertos mostradas en la figura 15-55. Si cualquier parámetro es infinito, pase al siguiente conjunto de parámetros.

Figura 15-55

Para el problema 34.

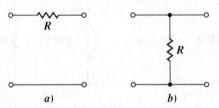

a)   b)

35 Dados $|\mathbf{y}| = \begin{bmatrix} 1 & -2 \\ 3 & 4 \end{bmatrix}$, $[\mathbf{b}] = \begin{bmatrix} 4 & 6 \\ -1 & 5 \end{bmatrix}$, $[\mathbf{c}] = \begin{bmatrix} 3 & 2 & 4 & -1 \\ -2 & 3 & 5 & 0 \end{bmatrix}$ y $[\mathbf{d}] = \begin{bmatrix} 1 & 2 & -1 \\ 3 & 0 & 5 \\ -2 & -3 & 1 \\ 4 & -4 & 2 \end{bmatrix}$, calcule: *a*) [**y**][**b**]; *b*) [**b**][**y**]; *c*) [**b**][**c**]; *d*) [**c**][**d**]; *e*) [**y**][**b**][**c**][**d**].

36 *a*) Encuentre [**t**] para el bipuerto mostrado en la figura 15-56. *b*) Calcule Z_{sal} para este bipuerto si $R_s = 15\ \Omega$ para la fuente.

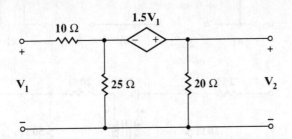

Figura 15-56

Para el problema 36.

37 Encuentre [**t**] para el bipuerto que se muestra en la figura 15-57.

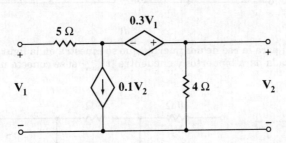

Figura 15-57

Para el problema 37.

38 *a*) Encuentre $[\mathbf{t}]_A$, $[\mathbf{t}]_B$ y $[\mathbf{t}]_C$ para los bipuertos conectados en cascada de la figura 15-58.
b) Encuentre [**t**] para el bipuerto de seis resistores.

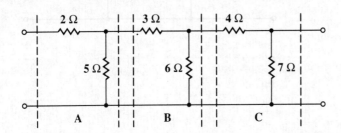

Figura 15-58

Para el problema 38.

39 *a*) Encuentre $[\mathbf{t}]_A$ para el resistor simple de $2\ \Omega$ de la figura 15-59. *b*) Muestre que puede obtenerse [**t**] para un resistor sencillo de $10\ \Omega$ por medio de $([\mathbf{t}]_A)^5$.

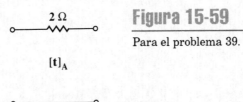

Figura 15-59

Para el problema 39.

40 Encuentre $[\mathbf{t}]_a$, $[\mathbf{t}]_b$ y $[\mathbf{t}]_c$ para las redes que se muestran en la figura 15-60*a*, *b* y *c*. *b*) Utilice las reglas de interconexión de bipuertos en cascada para encontrar [**t**] de la red de la figura 15-60*d*.

Figura 15-60

Para el problema 40.

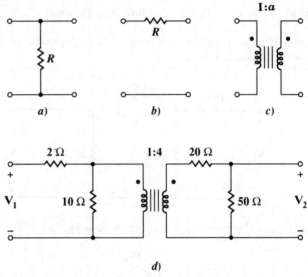

a)   b)   c)

d)

41 *a)* Encuentre [**t**] para la red de dos puertos que se muestra en la figura 15-61. *b)* Utilice las técnicas de cascada para bipuertos y encuentre [**t**]$_{nueva}$ si se conecta un resistor de 20 Ω en la salida.

Figura 15-61

Para el problema 41.

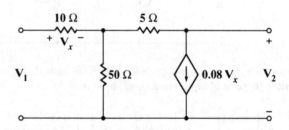

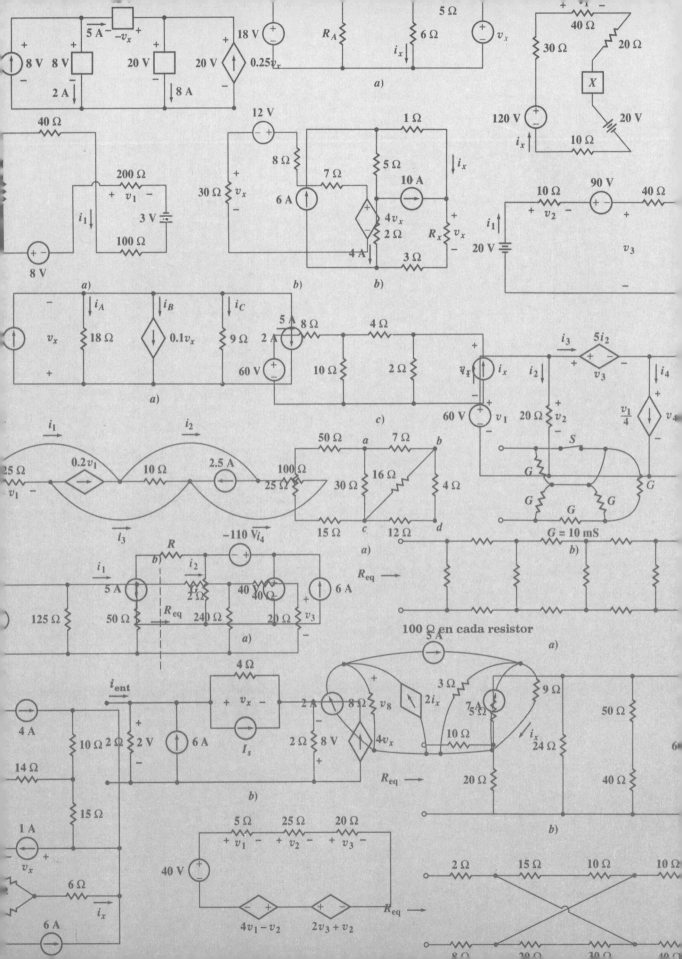

Sexta parte:
Análisis de señales

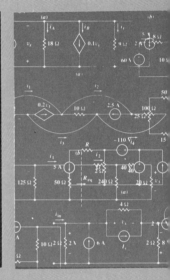

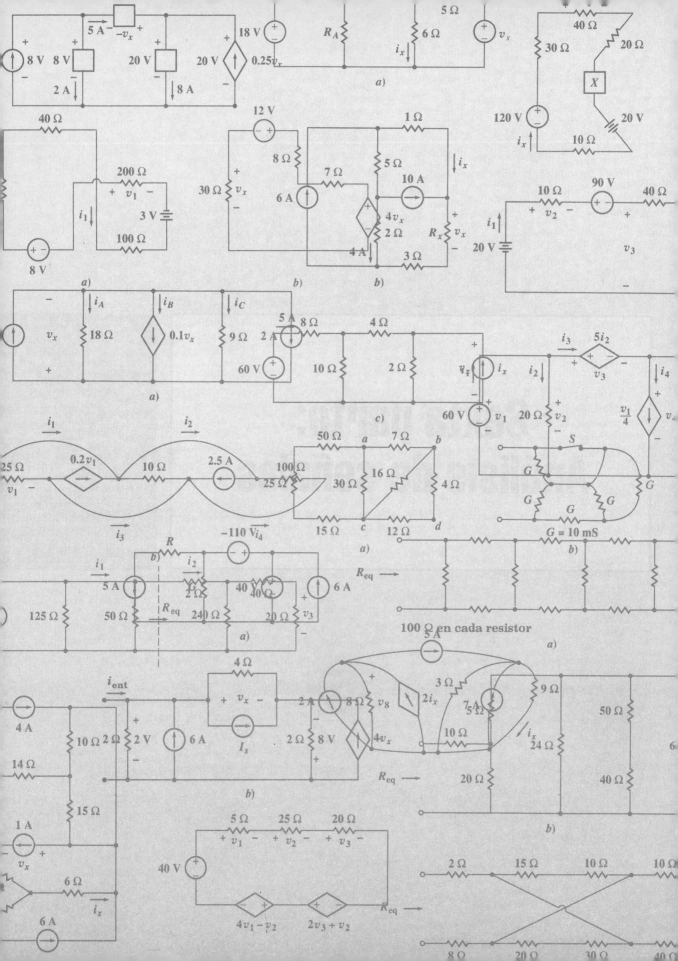

Análisis de variables de estado

16-1

Introducción

Hasta aquí se han visto diferentes métodos, por medio de los cuales pueden analizarse los circuitos. Primero se estudió el circuito resistivo y se escribió para él un conjunto de ecuaciones algebraicas, muchas veces arregladas en forma de ecuaciones de nodo o de malla. Sin embargo, también se encontró que pueden seleccionarse otras variables más convenientes de voltaje o de corriente después de dibujar un árbol apropiado para la red. El árbol se usa de nuevo en este capítulo, en la selección de las variables de circuito.

Después se agregaron los inductores y los capacitores a las redes y esto produjo las ecuaciones que contienen derivadas e integrales con respecto al tiempo. A excepción de los sistemas de primero y segundo orden sin fuentes o con sólo fuentes de cd, no se intentó resolver estas ecuaciones. Los resultados obtenidos se determinaron por medio de los métodos en el dominio del tiempo.

Las funciones de excitación senoidales llevaron al uso de fasores y ecuaciones algebraicas complejas en el dominio de la frecuencia. Todavía fue posible utilizar las técnicas que se desarrollaron para circuitos resistivos, aun en presencia de cantidades complejas que dificultaron su uso.

En esta última parte del libro se verán métodos más generales y más poderosos del análisis de circuitos. Se regresa al dominio del tiempo en este capítulo a medida que se introduce el uso de las variables de estado. Una vez más no se obtendrán muchas soluciones explícitas para circuitos incluso de complejidad moderada, pero se escribirán conjuntos de ecuaciones compatibles con programas que se encuentran disponibles para computadoras digitales. Estos programas utilizan técnicas de análisis numérico y el procedimiento se indicará hacia el final del capítulo. Se aplica también el SPICE, pero cuando se usa este programa, los procedimientos de variables de estado no son necesarios.

Se escribirán algunas de estas ecuaciones para describir circuitos que ya se han analizado por otros métodos; ahora se resolverán por medio de las técnicas desarrolladas en este capítulo. A medida que se avanza a través de estas secciones puede verse que las soluciones se vuelven más complicadas que antes y se puede pensar que los métodos anteriores son mejores. No obstante, se debe recordar continuamente, que estos métodos nuevos de análisis de circuitos en los que se usan las variables de estado permitirán analizar circuitos cuya complejidad hace que los otros métodos de solución sean completamente inútiles. El lema es ¡paciencia!

En el capítulo 17 se regresa de nuevo al dominio de la frecuencia y se consideran los métodos para describir funciones periódicas en términos de sus componentes senoidales, un proceso conocido como *análisis de Fourier*. Los dos capítulos finales se dedican a las transformadas de Fourier y de Laplace, cada uno de ellos proporciona un enlace más entre el dominio del tiempo y el dominio de la frecuencia.

Ahora se verá qué son las variables de estado y cómo se utilizan.

16-2
Variables de estado y ecuaciones en forma normal

El análisis de variables de estado, o análisis del espacio de estados, como se le llama algunas veces, es un procedimiento que puede aplicarse a circuitos lineales y, con algunas modificaciones, a los no lineales, así como a los circuitos que contienen parámetros que varían con el tiempo, como la capacitancia $C = 50 \cos 20t$ pF. La atención, sin embargo, se restringirá a circuitos lineales invariantes con el tiempo.

Se introducen algunas ideas que sirven de fundamento a las variables de estado observando un circuito RLC general que apareció por primera vez en el capítulo 3 en la figura 3-18. Se vuelve a dibujar en la figura 16-1. Cuando se escribieron las ecuaciones para este circuito, arbitrariamente se escogió el análisis de nodos, las dos variables dependientes eran los voltajes de nodo en los nodos central y derecho. Pudo haberse optado también por el análisis de mallas y utilizar dos corrientes de malla como las variables. Por último, pudo haberse dibujado primero un árbol y después elegido un conjunto de voltajes de rama o corrientes de eslabón como las variables dependientes. Es posible que cada enfoque lleve a un número diferente de variables, aunque dos parece ser el número más probable para este circuito.

Figura 16-1

Un circuito RLC de cuatro nodos que se vio por primera vez en la figura 3-18.

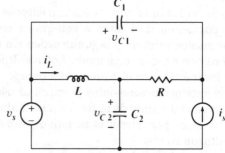

El conjunto de variables que se seleccionará en el análisis de variables de estado es un conjunto híbrido que puede incluir voltajes y corrientes. Éstas son las *corrientes de inductor* y los *voltajes de capacitor*. Cada una de estas cantidades puede utilizarse en forma directa para expresar la energía almacenada en el inductor o en el capacitor en cualquier instante. Es decir, colectivamente describen el *estado de la energía* del sistema y por esta razón, se les llama *variables de estado*.

Se intentará escribir un conjunto de ecuaciones para el circuito de la figura 16-1 en términos de las variables de estado i_L, v_{C1} y v_{C2}, como se definen en el diagrama del circuito. El método que se utiliza se describirá de manera formal en la siguiente sección, pero de momento se usará la LVK una vez por cada inductor y la LCK una vez por cada capacitor.

Comenzando con el inductor, la suma de voltajes alrededor de la malla izquierda inferior se iguala a cero:

$$Li'_L + v_{C2} - v_s = 0 \tag{1}$$

Se presume que la fuente de voltaje v_s y la fuente de corriente i_s se conocen y, por lo tanto, se tiene una ecuación en función de las variables de estado seleccionadas.

Después, se considera al capacitor C_1. Como la terminal izquierda de C_1 también es una terminal de una fuente de voltaje, se convierte en parte de un supernodo. Por lo tanto, se selecciona la terminal derecha de C_1 como el nodo al que se aplica la LCK. La corriente que fluye hacia abajo a través de la rama del capacitor es $C_1 v'_{C1}$, la corriente de la fuente que fluye hacia arriba es i_s y la corriente en R se obtiene notando que el voltaje a través de R, con referencia positiva a la izquierda, es $(v_{C2} - v_s + v_{C1})$ y, por lo tanto, la corriente hacia la derecha en R es $(v_{C2} - v_s + v_{C1})/R$. Así,

$$C_1 v'_{C1} + \frac{1}{R}(v_{C2} - v_s + v_{C1}) + i_s = 0 \tag{2}$$

De nuevo se ha podido escribir una ecuación sin introducir nuevas variables, aunque tal vez no se hubiera podido expresar la corriente a través de R directamente en términos de las variables de estado si el circuito fuera más complicado.

Por último, se aplica la LCK a la terminal superior de C_2:

$$C_2 v'_{C2} - i_L + \frac{1}{R}(v_{C2} - v_s + v_{C1}) = 0 \tag{3}$$

Las ecuaciones (1) a (3) se escriben sólo en términos de las tres variables de estado, los valores conocidos de los elementos y las dos funciones de excitación conocidas. No obstante, no están escritas en la forma estándar para el análisis de variables de estado. Se dice que las ecuaciones de estado están en *forma normal* cuando la derivada de cada variable de estado se expresa como una combinación lineal de todas ellas y de las funciones de excitación. El orden de las ecuaciones que definen las derivadas y el orden en que aparecen las variables en cada ecuación debe ser el mismo. Se selecciona arbitrariamente el orden i_L, v_{C1}, v_{C2} y se reescribe la ecuación (1) como

$$i'_L = -\frac{1}{L} v_{C2} + \frac{1}{L} v_s \tag{4}$$

Entonces la ecuación (2) tiene la forma

$$v'_{C1} = -\frac{1}{RC_1} v_{C1} - \frac{1}{RC_1} v_{C2} + \frac{1}{RC_1} v_s - \frac{1}{C_1} i_s \tag{5}$$

mientras que la ecuación (3) se vuelve

$$v'_{C2} = \frac{1}{C_2} i_L - \frac{1}{RC_2} v_{C1} - \frac{1}{RC_2} v_{C2} + \frac{1}{RC_2} v_s \tag{6}$$

Nótese que estas ecuaciones definen, en orden, i'_L, v'_{C1} y v'_{C2}, con un orden correspondiente para las variables en el lado derecho de i_L, v_{C1} y v_{C2}. Las funciones de excitación vienen al último y pueden escribirse en cualquier orden que convenga.

Otro ejemplo de la determinación de un conjunto de ecuaciones en forma normal, se ve en el circuito mostrado en la figura 16-2a. Como el circuito tiene un capacitor y un inductor, se esperan dos variables de estado, el voltaje del capacitor y la corriente del inductor. Para facilitar la escritura de las ecuaciones en forma normal, se construye un árbol para este circuito que siga todas las reglas para la construcción de árboles presentadas en la sección 2-7, y que además requiera que todos los capacitores se encuentren en el árbol y todos los inductores se encuentren en el coárbol. Esto casi siempre es posible y conduce a un *árbol normal*. En aquellos casos excepcionales en donde no es posible trazar un árbol normal, se utiliza un método ligeramente diferente, que se estudiará al final de la sección 16-3. Aquí, se puede colocar a C en el árbol y a L e i_s en el coárbol, como se muestra en la figura 16-2b. Éste es el único árbol normal posible para este circuito. Las cantidades de las fuentes

Figura 16-2

a) Un circuito *RLC* que requiere dos variables de estado. *b*) Un árbol normal que muestra las variables de estado v_C e i_L. *c*) La corriente en cada eslabón y el voltaje en cada rama expresados en términos de las variables de estado.

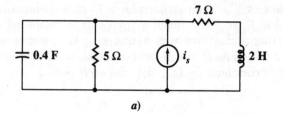

a)

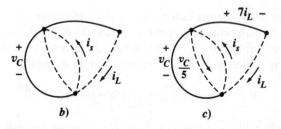

b)   *c*)

y las variables de estado se indican en el árbol y en el coárbol.

Después, se determina la corriente en todos los eslabones y el voltaje a través de cada rama del árbol en términos de las variables de estado. Para un circuito sencillo como éste, es posible hacerlo si se empieza con cualquier resistor para el que la corriente o el voltaje sean obvios. Los resultados se muestran en el árbol de la figura 16-2*c*.

Se pueden escribir ahora las ecuaciones en forma normal al aplicar la LCK en la terminal superior del capacitor:

$$0.4v_C' + 0.2v_C - i_s + i_L = 0$$

o en la forma normal,

$$v_C' = -0.5v_C - 2.5i_L + 2.5i_s \tag{7}$$

Alrededor del lazo externo, se tiene

$$2i_L' - v_C + 7i_L = 0$$

o

$$i_L' = 0.5v_C - 3.5i_L \tag{8}$$

Las ecuaciones (7) y (8) son las ecuaciones en forma normal deseadas. Su solución proporciona toda la información necesaria para un análisis completo del circuito dado. Por supuesto, se pueden obtener expresiones explícitas para las variables de estado sólo si se da una función específica de $i_s(t)$. Por ejemplo, más adelante se mostrará que si

$$i_s(t) = 12 + 3.2e^{-2t}u(t) \quad \text{A} \tag{9}$$

entonces

$$v_C(t) = 35 + (10e^{-t} - 12e^{-2t} + 2e^{-3t})u(t) \quad \text{V} \tag{10}$$

y

$$i_L(t) = 5 + (2e^{-t} - 4e^{-2t} + 2e^{-3t})u(t) \quad \text{A} \tag{11}$$

Sin embargo, las soluciones distan mucho de ser obvias y se desarrollará la técnica para obtenerlas a partir de las ecuaciones en forma normal en la sección 16-7.

En la siguiente sección se verá si se puede organizar el procedimiento que se ha seguido para obtener el conjunto de ecuaciones en forma normal.

16-1. Escriba un conjunto de ecuaciones en forma normal para el circuito mostrado en la figura 16-3. Ordene las variables de estado como i_{L1}, i_{L2} y v_C.

Ejercicio

Resp: $i'_{L1} = -0.8i_{L1} + 0.8i_{L2} - 0.2v_C + 0.2v_s$; $i'_{L2} = 2i_{L1} - 2i_{L2}$; $v'_C = 10i_{L1}$

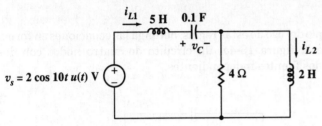

Figura 16-3

Para el ejercicio 16-1.

En los dos ejemplos considerados en la sección anterior, los métodos mediante los cuales se obtuvo un conjunto de ecuaciones en forma normal pueden parecer más un arte que una ciencia. Para poner un poco de orden al caos, se intentará seguir el procedimiento utilizado cuando se estudiaron el análisis de nodos, el análisis de mallas y el uso de árboles en el análisis de lazos generales y análisis general de nodos. Se buscará un conjunto de herramientas que sistematicen el procedimiento. Después se aplicarán estas reglas a tres ejemplos, cada uno un poco más difícil que el anterior.

Los seis pasos que se han seguido son los siguientes:

16-3

Conjunto de ecuaciones en forma normal

1 *Establecer un árbol normal.* Se colocan los capacitores y las fuentes de voltaje en el árbol y los inductores y las fuentes de corriente en el coárbol; se colocan los voltajes de control en el árbol y las corrientes de control en el coárbol, si es posible. Puede ser que haya más de un árbol normal. Cierto tipo de redes no permiten dibujar un árbol normal; estas excepciones se consideran al final de esta sección.

2 *Asignar las variables de voltaje y de corriente.* Se asigna un voltaje (con referencia de polaridad) a todos los capacitores y una corriente (con sentido de la flecha) a todos los inductores; estos voltajes y corrientes son las variables de estado. Se indica el voltaje a través de cada rama del árbol y la corriente en todos los eslabones en función de las fuentes de voltaje, las fuentes de corrientes y las variables de estado, si es posible; de lo contrario, se asigna una variable de voltaje o de corriente a esta rama de árbol o eslabón resistivo.

3 *Escribir las ecuaciones de C.* Se utiliza la LCK para escribir una ecuación para cada capacitor. Se hace Cv'_C igual a la suma de las corrientes de eslabón obtenidas al considerar el nodo (o supernodo) en cualquier extremo del capacitor. El supernodo se identifica como el conjunto de todas las ramas del árbol conectadas a esta terminal del capacitor. No deben introducirse variables nuevas.

4 *Escribir las ecuaciones de L.* Se utiliza la LVK para escribir una ecuación por cada inductor. Se hace Li'_L igual a la suma de los voltajes de rama del árbol que se obtiene al considerar la única trayectoria cerrada que consiste en el eslabón en donde está L y un conjunto conveniente de ramas de árbol. No deben introducirse variables nuevas.

5 *Escribir las ecuaciones de R (si es necesario).* Si se asignó una nueva variable de voltaje a los resistores en el paso 2, se utiliza la LCK para igualar v_R/R a la suma de las corrientes de eslabón. Si se asignó una nueva variable de corriente a los resistores en el paso 2, se utiliza la LVK para igualar $i_R R$ a la suma de los voltajes de rama. Se resuelven las ecuaciones simultáneas de resistor para despejar cada v_R e i_R en términos de las variables de estado y de las cantidades de las fuentes.

6   *Escribir las ecuaciones en forma normal.* Se sustituyen las expresiones para cada v_R e i_R en las ecuaciones obtenidas en los pasos 3 y 4, de esta manera se eliminan todas las variables del resistor. Se escriben las ecuaciones resultantes en forma normal.

Ejemplo 16-1 Como un ejemplo del uso de estas reglas, obtenga las ecuaciones en forma normal para el circuito de la figura 16-4*a*, un circuito de cuatro nodos con dos capacitores, un inductor y dos fuentes independientes.

Figura 16-4

a) Un circuito dado para el que deben escribirse las ecuaciones en forma normal. *b*) Sólo existe un árbol normal. *c*) Voltajes de rama y corrientes de eslabón asignados.

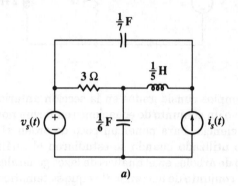

a)

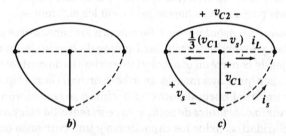

b)   *c*)

Solución: Siguiendo el paso 1, se dibuja un árbol normal. Nótese que sólo un árbol de este tipo puede dibujarse, como se muestra en la figura 16-4*b*, ya que los dos capacitores y la fuente de voltaje deben estar en el árbol y el inductor y la fuente de corriente en el coárbol.

A continuación se define como v_{C1} el voltaje a través del capacitor de $\frac{1}{6}$ F, el voltaje a través del capacitor de $\frac{1}{7}$ F como v_{C2} y la corriente en el inductor como i_L. En la rama del árbol restante se indica la fuente de voltaje, la fuente de corriente se asigna sobre su eslabón y sólo el eslabón del resistor queda sin una variable asignada. La corriente dirigida a la izquierda en este eslabón obviamente es el voltaje $v_{C1} - v_s$ dividida entre 3 Ω y se ve que no es necesario introducir variables adicionales. Los voltajes de rama y las corrientes de eslabón se muestran en la figura 16-4*c*.

Deben escribirse dos ecuaciones para el paso 3. Para el capacitor de $\frac{1}{6}$ F, se aplica la LCK al nodo central:

$$\frac{v'_{C1}}{6} + i_L + \frac{1}{3}(v_{C1} - v_s) = 0$$

mientras que el nodo de la derecha es más conveniente para el capacitor de $\frac{1}{7}$ F:

$$\frac{v'_{C2}}{7} + i_L + i_s = 0$$

Al continuar con el paso 4, se aplica la LVK al eslabón del inductor y al árbol completo en este caso:

$$\frac{i'_L}{5} - v_{C2} + v_s - v_{C1} = 0$$

Como no hay nuevas variables asignadas al resistor, se omite el paso 5 y simplemente se vuelven a arreglar las tres ecuaciones anteriores para obtener las ecuaciones en la forma normal deseada,

$$v'_{C1} = -2v_{C1} - 6i_L + 2v_s \tag{12}$$

$$v'_{C2} = -7i_L - 7i_s \tag{13}$$

$$i'_L = 5v_{C1} + 5v_{C2} - 5v_s \tag{14}$$

Las variables de estado se han ordenado arbitrariamente como v_{C1}, v_{C2} e i_L. Si se hubiera seleccionado el orden i_L, v_{C1} y v_{C2}, las ecuaciones en forma normal serían:

$$i'_L = 5v_{C1} + 5v_{C2} - 5v_s$$

$$v'_{C1} = -6i_L - 2v_{C1} + 2v_s$$

$$v'_{C2} = -7i_L - 7i_s$$

Nótese que el orden de los términos del lado derecho de las ecuaciones se ha cambiado para coincidir con el orden de las ecuaciones. •

Ejemplo 16-2 Escriba un conjunto de ecuaciones en forma normal para el circuito de la figura 16-5a.

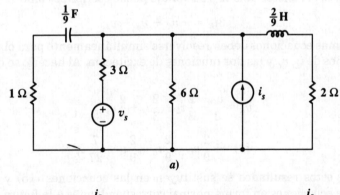

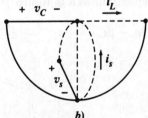

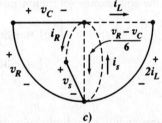

Figura 16-5

a) El circuito dado. b) Uno de los árboles normales posibles. c) Los voltajes y corrientes asignados.

Solución: Este circuito contiene varios resistores y esta vez será necesario introducir variables de resistores. Pueden construirse muchos árboles normales diferentes para esta red, y con frecuencia vale la pena graficar varios árboles posibles para observar qué voltajes y corrientes de resistor se pueden evitar mediante una selección adecuada. Se utilizará el árbol que se muestra en la figura 16-5b. Las variables de estado v_C e i_L y las funciones de excitación v_s e i_s se indican en la gráfica.

Aunque se podría estudiar este circuito y el árbol en pocos minutos y llegar a un método que evite la introducción de nuevas variables, se supondrá que no se sabe cómo y se asignará el voltaje de rama v_R y la corriente de eslabón i_R a las ramas de los resistores de 1 Ω y de 3 Ω, respectivamente. El voltaje a través del resistor de 2 Ω es igual a $2i_L$, mientras que la corriente que se dirige hacia abajo en el resistor de 6 Ω es $(v_R - v_C)/6$. Todas las corrientes de eslabón y los voltajes de rama se indican en la figura 16-5c.

La ecuación del capacitor se puede escribir como

$$\frac{v_C'}{9} = i_R + i_L - i_s + \frac{v_R - v_C}{6} \tag{15}$$

y la del inductor es

$$\tfrac{2}{9} i_L' = -v_C + v_R - 2i_L \tag{16}$$

Se inicia el paso 5 con el resistor de 1 Ω. Como está en el árbol, su corriente se iguala a la suma de las corrientes de eslabón. Ambas terminales del capacitor se doblan o se pliegan dentro de un supernodo, y se tiene

$$\frac{v_R}{1} = i_s - i_R - i_L - \frac{v_R - v_C}{6}$$

El siguiente es el resistor de 3 Ω y su voltaje puede escribirse como

$$3i_R = -v_C + v_R - v_s$$

Las dos últimas ecuaciones deben resolverse simultáneamente para obtener v_R e i_R en términos de i_L, v_C y las dos funciones de excitación. Al hacerlo se encuentra que

$$v_R = \frac{v_C}{3} - \frac{2}{3} i_L + \frac{2}{3} i_s + \frac{2}{9} v_s$$

$$i_R = -\frac{2}{9} v_C - \frac{2}{9} i_L + \frac{2}{9} i_s - \frac{7}{27} v_s$$

Por último, estos resultados se sustituyen en las ecuaciones (15) y (16) y se obtienen las ecuaciones en forma normal correspondientes a la figura 16-5:

$$v_C' = -3v_C + 6i_L - 2v_s - 6i_s \tag{17}$$

$$i_L' = -3v_C - 12i_L + v_s + 3i_s \tag{18}$$

Hasta ahora se han estudiado sólo circuitos en los que las fuentes de voltaje y de corriente son fuentes independientes. Ahora se observará un circuito que contenga una fuente dependiente.

Ejemplo 16-3 Introduzca una fuente dependiente de voltaje en serie con el capacitor de $\frac{1}{7}$ F de la figura 16-4a, como se muestra en la figura 16-6a. Busque un conjunto de ecuaciones en forma normal para este circuito.

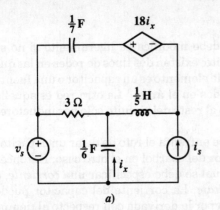

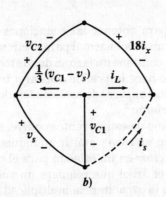

Figura 16-6

a) Un circuito con una fuente dependiente de voltaje. *b*) El árbol normal para este circuito con voltajes de rama y corrientes de eslabón asignados.

Solución: En la figura 16-6*b* se muestra el único árbol normal posible y se ve que no es posible colocar la corriente de control i_x en un eslabón. Los voltajes de rama del árbol y las corrientes de eslabón se muestran en la gráfica lineal y son las mismas del primer ejemplo excepto por la fuente de voltaje adicional, $18i_x$.

Para el capacitor de $\frac{1}{6}$ F, de nuevo se encuentra que

$$\frac{v'_{C1}}{6} + i_L + \frac{1}{3}(v_{C1} - v_s) = 0 \tag{19}$$

Al dejar que la fuente de voltaje dependiente se contraiga dentro de un supernodo, también se encuentra que la relación para el capacitor de $\frac{1}{7}$ F no cambia

$$\frac{v'_{C2}}{7} + i_L + i_s = 0 \tag{20}$$

Sin embargo, el resultado previo del inductor se modifica puesto que existe una rama más en el árbol:

$$\frac{i'_L}{5} - 18i_x - v_{C2} + v_s - v_{C1} = 0$$

Finalmente, se debe escribir una ecuación de control que exprese i_x en función de los voltajes de rama y las corrientes de eslabón. Esto es

$$i_x = i_L + \frac{v_{C1} - v_s}{3}$$

y de esta manera la ecuación del inductor se convierte en

$$\frac{i'_L}{5} - 18i_L - 6v_{C1} + 6v_s - v_{C2} + v_s - v_{C1} = 0 \tag{21}$$

Cuando las ecuaciones (19) a (21) se escriben en forma normal, se tiene

$$v'_{C1} = -2v_{C1} - 6i_L + 2v_s \tag{22}$$

$$v'_{C2} = -7i_L - 7i_s \tag{23}$$

$$i'_L = 35v_{C1} + 5v_{C2} + 90i_L - 35v_s \tag{24}$$

El proceso para obtener las ecuaciones debe modificarse ligeramente si no se puede construir un árbol normal para el circuito; existen dos tipos de redes en las que ocurre esto. Una contiene un lazo en donde todo elemento es un capacitor o una fuente de voltaje, lo que hace imposible colocar a todos en el árbol.[1] La otra red es aquella en la que un nodo o supernodo está conectado al resto del circuito sólo por inductores y fuentes de corriente.[2]

Cuando alguno de estos eventos ocurre, se enfrenta el reto de dejar un capacitor fuera del árbol en un caso y omitir un inductor del coárbol en el otro caso. Entonces se tiene un *capacitor* en un eslabón para el cual se debe especificar una *corriente*, o un *inductor* en el árbol que requiere un *voltaje*. La corriente del capacitor puede expresarse como la capacitancia multiplicada por la derivada con respecto al tiempo del voltaje a través de él y que se define como una secuencia de voltajes de rama; el voltaje del inductor está dado como la inductancia multiplicada por la derivada con respecto al tiempo de la corriente que entra o sale de un nodo o supernodo en cualquier terminal del inductor.

Ejemplo 16-4 Como ejemplo de un circuito en el que debe colocarse un inductor en el árbol, escriba un conjunto de ecuaciones en forma normal para la red mostrada en la figura 16-7a.

Figura 16-7

a) Un circuito para el que no se puede dibujar un árbol normal. *b*) Se construye un árbol en el que un inductor debe ser una rama.

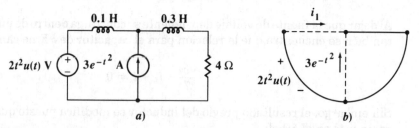

a)   *b)*

Solución: Los únicos elementos conectados al nodo superior central son los dos inductores y la fuente de corriente y por lo tanto debe colocarse un inductor en el árbol, como se ilustra en la figura 16-7b. Las dos funciones de excitación y la única variable de estado, la corriente i_1, se muestran en la gráfica. Nótese que la corriente en el inductor de la derecha se conoce en términos de i_1 y de $i_s(t)$. Por lo que no se podrían especificar los estados de energía de los dos inductores en forma independiente, y este sistema requiere sólo la única variable de estado i_1. Por supuesto, si se hubiera colocado el inductor de 0.1 H en el árbol (en lugar del inductor de 0.3 H), la corriente en el inductor del lado derecho se podría seleccionar como la única variable de estado.

Deben asignarse todavía los voltajes a las dos ramas restantes del árbol de la figura 16-7b. Puesto que la corriente dirigida hacia la derecha en el inductor de 0.3 H es $i_1 + 3e^{-t^2}$, los voltajes que aparecen a través del inductor y el resistor de 4 Ω son $0.3\, d(i_1 + 3e^{-t^2})/dt = 0.3i'_1 - 1.8te^{-t^2}$ y $4i_1 + 12e^{-t^2}$, respectivamente.

---

[1] Recuérdese que un árbol, por definición, no contiene trayectorias cerradas (lazos).

[2] Y cada nodo debe tener al menos una rama del árbol conectada a él.

La única ecuación en forma normal se obtiene en el paso 4 del procedimiento:

$$0.1i_1' + 0.3i_1' - 1.8te^{-t^2} + 4i_1 + 12e^{-t^2} - 2t^2u(t) = 0$$

o

$$i_1' = -10i_1 + e^{-t^2}(4.5t - 30) + 5t^2u(t) \tag{25}$$

Nótese que uno de los términos en el lado derecho de la ecuación es proporcional a la derivada de una de las funciones de la fuente.

En este ejemplo, los dos inductores y la fuente de corriente estaban conectados a un nodo común. Con circuitos que contienen más ramas y más nodos, la conexión puede hacerse a un supernodo. Para ilustrar una red de este tipo, la figura 16-8 muestra un ligero rearreglo de los dos elementos que aparecen en la figura 16-7a. Nótese que, una vez más, los estados de energía de los dos inductores no se pueden especificar de manera independiente; si se especifica uno y se da la corriente de la fuente, el otro queda también especificado. El método para obtener la ecuación en forma normal es el mismo.

Figura 16-8

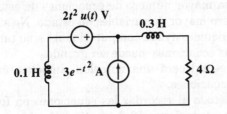

El circuito de la figura 16-7a se redibuja de forma que el supernodo que contiene la fuente de voltaje quede conectado al resto de la red sólo a través de los dos inductores y de la fuente de corriente.

La excepción creada por un lazo de capacitores y fuentes de voltajes se maneja en un procedimiento similar (dual) y el estudiante responsable no debe tener mayor problema. Será bueno resolver el ejercicio 16-4.

Ejercicios

16-2. Escriba las ecuaciones en forma normal para el circuito de la figura 16-9a.
Resp: $i_1' = -20\,000i_1 - 20\,000i_5 + 1000\cos 2t\,u(t)$; $i_5' = -4000i_1 - 14\,000i_5 + 200\cos 2t\,u(t)$ [utilizando $i_1 \downarrow$ e $i_5 \downarrow$]

Figura 16-9

a) Para el ejercicio 16-2.
b) Para el ejercicio 16-3.

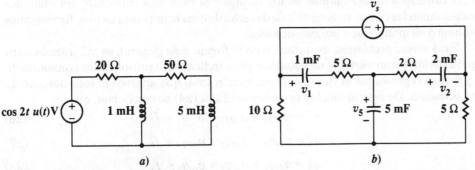

a)

b)

16-3. Escriba las ecuaciones en forma normal para el circuito de la figura 16-9b utilizando el orden de variables de estado v_1, v_2, v_5.
Resp: $v_1' = -160v_1 - 100v_2 - 60v_5 - 140v_s$; $v_2' = -50v_1 - 125v_2 + 75v_5 - 75v_s$; $v_5' = -12v_1 + 30v_2 - 42v_5 + 2v_s$

16-4. Encuentre la ecuación en forma normal para el circuito mostrado en la figura 16-10 utilizando la variable de estado: a) v_{C1}; b) v_{C2}.
Resp: $v_{C1}' = -6.67v_{C1} + 6.67v_s + 0.333v_s'$; $v_{C2}' = -6.67v_{C2} + 0.667v_s'$

Figura 16-10

Para el ejercicio 16-4.

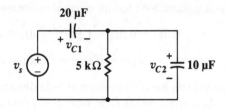

16-4

El uso de la notación matricial

En los ejemplos que se estudiaron en las dos secciones anteriores, las variables de estado seleccionadas eran los voltajes de los capacitores y las corrientes de los inductores, excepto para el caso final, en donde no era posible trazar un árbol normal y sólo se podía seleccionar como variable de estado a una corriente del inductor. Conforme el número de capacitores y de inductores en una red se incrementa, es evidente que el número de variables de estado también aumentará. Así, circuitos más complicados requieren un mayor número de ecuaciones de estado, cada una de las cuales contiene un número mayor de variables de estado. No sólo la solución de tal conjunto de ecuaciones requiere ayuda computacional,[3] sino también el esfuerzo de escribir en papel todas las ecuaciones puede ser grande.

En esta sección se establecerá una notación simbólica útil que minimiza el esfuerzo de escribir las ecuaciones.

Se introduce este método al recordar las ecuaciones en forma normal que se obtuvieron para el circuito de la figura 16-6, que tiene dos fuentes independientes, v_s e i_s. Dichos resultados se dieron en las ecuaciones (22) a (24) de la sección 16-3:

$$v'_{C1} = -2v_{C1} - 6i_L + 2v_s \qquad (22)$$

$$v'_{C2} = -7i_L - 7i_s \qquad (23)$$

$$i'_L = 35v_{C1} + 5v_{C2} + 90i_L - 35v_s \qquad (24)$$

Dos de las variables de estado son voltajes, la otra variable es una corriente; una de las funciones de las fuentes es un voltaje y la otra una corriente; las unidades asociadas con las constantes en el lado derecho de esas ecuaciones tienen dimensiones de ohms o siemens, o son adimensionales.

Para evitar problemas de notación en la forma más general, se utilizará la letra q para denotar una variable de estado, a para indicar un multiplicador constante de q, y f para representar la función de excitación total que aparece al lado derecho de una ecuación. De este modo, las ecuaciones (22) a (24) se convierten en

$$q'_1 = a_{11}q_1 + a_{12}q_2 + a_{13}q_3 + f_1 \qquad (26)$$

$$q'_2 = a_{21}q_1 + a_{22}q_2 + a_{23}q_3 + f_2 \qquad (27)$$

$$q'_3 = a_{31}q_1 + a_{32}q_2 + a_{33}q_3 + f_3 \qquad (28)$$

donde

$q_1 = v_{C1}$	$a_{11} = -2$	$a_{12} = 0$	$a_{13} = -6$	$f_1 = 2v_s$
$q_2 = v_{C2}$	$a_{21} = 0$	$a_{22} = 0$	$a_{23} = -7$	$f_2 = -7i_s$
$q_3 = i_L$	$a_{31} = 35$	$a_{32} = 5$	$a_{33} = 90$	$f_3 = -35v_s$

[3] Aunque SPICE se puede utilizar para analizar los circuitos de este capítulo, otros programas de computadora se usan específicamente para resolver ecuaciones que están en forma normal.

Se regresa ahora al uso de matrices y del álgebra lineal para simplificar nuestras ecuaciones y además generalizar los métodos.[4] Primero se define una matriz **q** que se llama *vector de estado*:

$$\mathbf{q}(t) = \begin{bmatrix} q_1(t) \\ q_2(t) \\ \cdot \\ \cdot \\ \cdot \\ q_n(t) \end{bmatrix} \qquad (29)$$

La derivada de una matriz se obtiene al derivar cada elemento de esa matriz. De este modo,

$$\mathbf{q}'(t) = \begin{bmatrix} q_1'(t) \\ q_2'(t) \\ \cdot \\ \cdot \\ \cdot \\ q_n'(t) \end{bmatrix}$$

Se representarán todas las matrices y vectores en este capítulo por letras minúsculas negritas, como **q** o **q**(t), con la excepción de la matriz identidad **I**, que se definirá en la sección 16-6. Los elementos de cualquier matriz son escalares y se simbolizan por las letras minúsculas cursivas, como q_1 o $q_1(t)$.

También se define el conjunto de las funciones de excitación, $f_1, f_2, \ldots, f_n$ como una matriz **f** llamada la *matriz de la función de excitación*:

$$\mathbf{f}(t) = \begin{bmatrix} f_1(t) \\ f_2(t) \\ \cdot \\ \cdot \\ \cdot \\ f_n(t) \end{bmatrix} \qquad (30)$$

Se enfocará la atención a los coeficientes a_{ij}, que representan los elementos en la matriz cuadrada **a**, $(n \times n)$,

$$\mathbf{a} = \begin{bmatrix} a_{11} & a_{12} & \cdots & a_{1n} \\ a_{21} & a_{22} & \cdots & a_{2n} \\ \cdots\cdots\cdots\cdots\cdots\cdots\cdots \\ a_{n1} & a_{n2} & \cdots & a_{nn} \end{bmatrix} \qquad (31)$$

A la matriz **a** se le llama *matriz del sistema*.

Utilizando las matrices definidas en los párrafos anteriores, se pueden combinar estos resultados para obtener una representación compacta y concisa de las ecuaciones de estado,

$$\mathbf{q}' = \mathbf{aq} + \mathbf{f} \qquad (32)$$

4 Es deseable tener un conocimiento elemental de la notación matricial para asimilar más fácilmente el resto del capítulo, sin embargo la ausencia de tal conocimiento no debe frenar el estudio; proceda a su estudio con más lentitud, más cuidadosamente y con más obstinación.

Las matrices $\mathbf{q}'$, $\mathbf{f}$ y la matriz producto $\mathbf{aq}$ son todas matrices columna de $(n \times 1)$.

Las ventajas de esta representación son obvias, puesto que en un sistema de 100 ecuaciones con 100 variables de estado tiene exactamente la misma forma que una ecuación de una variable de estado.

Para el ejemplo de las ecuaciones (22) a (24), las cuatro matrices en la ecuación (32) pueden escribirse en forma explícita como

$$\begin{bmatrix} v'_{C1} \\ v'_{C2} \\ i'_L \end{bmatrix} = \begin{bmatrix} -2 & 0 & -6 \\ 0 & 0 & -7 \\ 35 & 5 & 90 \end{bmatrix} \begin{bmatrix} v_{C1} \\ v_{C2} \\ i_L \end{bmatrix} + \begin{bmatrix} 2v_s \\ -7i_s \\ -35v_s \end{bmatrix} \tag{33}$$

Todo el mundo, excepto los expertos en matrices, debe tomarse unos cuantos minutos para desarrollar la ecuación (33) y verificar los resultados con las ecuaciones (22) a (24); deben obtenerse tres ecuaciones idénticas.

¿Cuál es ahora la posición del lector respecto al análisis de variables de estado? En cualquier circuito, el lector debe ser capaz de construir un árbol normal, especificar un conjunto de variables de estado, ordenarlas como un vector de estado, escribir un conjunto de ecuaciones en forma normal y finalmente especificar la matriz del sistema y el vector de la función de excitación a partir de las ecuaciones.

El siguiente problema es la obtención de las funciones de tiempo explícitas que representan las variables de estado.

Ejercicio

16-5. *a*) Utilizando el vector de estado $\mathbf{q} = \begin{bmatrix} i \\ v \end{bmatrix}$, determine la matriz del sistema y el vector de la función de excitación para el circuito de la figura 16-11. *b*) Repita para el vector de estado $\mathbf{q} = \begin{bmatrix} v \\ i \end{bmatrix}$.

$$Resp: \begin{bmatrix} -3.33 & 0.333 \\ -1.667 & -0.833 \end{bmatrix}, \begin{bmatrix} 43.3u(t) \\ -8.33u(t) \end{bmatrix}; \begin{bmatrix} -0.833 & -1.667 \\ 0.333 & -3.33 \end{bmatrix}, \begin{bmatrix} -8.33u(t) \\ 43.3u(t) \end{bmatrix}$$

Figura 16-11

Para el ejercicio 16-5.

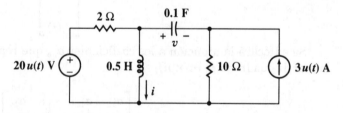

16-5

Solución de la ecuación de primer orden

La ecuación matricial que representa el conjunto de ecuaciones en forma normal de un sistema general de orden n se obtuvo en la sección anterior, ecuación (32), y se repite como la ecuación (34):

$$\mathbf{q}' = \mathbf{aq} + \mathbf{f} \tag{34}$$

Los elementos de la matriz del sistema $\mathbf{a}$ de $(n \times n)$ son constantes para circuitos invariantes en el tiempo, y $\mathbf{q}'$, $\mathbf{q}$ y $\mathbf{f}$ son matrices columna $(n \times 1)$. Se necesita despejar $\mathbf{q}$ de esta ecuación matricial, cuyos elementos son $q_1, q_2, \ldots, q_n$. Cada uno de estos elementos debe determinarse como una función del tiempo. Recuérdese que son variables de estado y que tal conjunto permite especificar cada voltaje y cada corriente en un circuito dado.

Tal vez el enfoque más sencillo para este problema es el método por el cual se resolvió la ecuación de primer orden (escalar) en la sección 5-4. Se repetirá en forma breve este proceso, pero al hacerlo no debe perderse de vista que se ampliará el procedimiento a una ecuación matricial.

Si cada matriz en la ecuación (34) tiene solamente un renglón y una columna, entonces se escribe la ecuación matricial como

$$[q_1'(t)] = [a_{11}][q_1(t)] + [f_1(t)]$$
$$= [a_{11}q_1(t)] + [f_1(t)]$$
$$= [a_{11}q_1(t) + f_1(t)]$$

y por lo tanto, se tiene la ecuación de primer orden

$$q_1'(t) = a_{11}q_1(t) + f_1(t) \tag{35}$$

o
$$q_1'(t) - a_{11}q_1(t) = f_1(t) \tag{36}$$

La ecuación (36) tiene la misma forma que la ecuación (2) de la sección 5-4 y por lo tanto se procede con un método de solución similar multiplicando ambos lados de la ecuación por el factor de integración $e^{-ta_{11}}$:

$$e^{-ta_{11}}q_1'(t) - e^{-ta_{11}}a_{11}q_1(t) = e^{-ta_{11}}f_1(t)$$

El lado izquierdo de esta ecuación de nuevo es una derivada exacta, así, se tiene

$$\frac{d}{dt}[e^{-ta_{11}}q_1(t)] = e^{-ta_{11}}f_1(t) \tag{37}$$

El orden en que se han escrito los factores en la ecuación (37) puede parecer un poco extraño, porque en un término, que es el producto de una constante y una función del tiempo, normalmente se escribe primero la constante y luego la función. En las ecuaciones escalares, la multiplicación es conmutativa y así el orden en el que aparecen los factores no tiene consecuencias. Sin embargo, en las ecuaciones matriciales que se considerarán enseguida, los factores correspondientes serán matrices y la multiplicación matricial *no* es conmutativa. Esto es, se sabe que

$$\begin{bmatrix} 2 & 4 \\ 6 & 8 \end{bmatrix}\begin{bmatrix} a & b \\ c & d \end{bmatrix} = \begin{bmatrix} (2a + 4c) & (2b + 4d) \\ (6a + 8c) & (6b + 8d) \end{bmatrix}$$

mientras que

$$\begin{bmatrix} a & b \\ c & d \end{bmatrix}\begin{bmatrix} 2 & 4 \\ 6 & 8 \end{bmatrix} = \begin{bmatrix} (2a + 6b) & (4a + 8b) \\ (2c + 6d) & (4c + 8d) \end{bmatrix}$$

Se obtienen resultados diferentes y por lo tanto debe tenerse cuidado del orden en que se escriben los factores matriciales.

Continuando con la ecuación (37), integrando ambos miembros de la ecuación con respecto al tiempo desde $-\infty$ hasta un tiempo general t:

$$e^{-ta_{11}}q_1(t) = \int_{-\infty}^{t} e^{-za_{11}}f_1(z)\,dz \tag{38}$$

donde z es simplemente una variable muda de integración y donde se supone que $e^{-ta_{11}}q_1(t)$ tiende a cero tanto conforme t tiende a $-\infty$. Multiplicando ahora (premultiplicando, si se trata de una ecuación matricial) ambos miembros de la ecuación (38) por el factor exponencial $e^{ta_{11}}$, se obtiene

$$q_1(t) = e^{ta_{11}} \int_{-\infty}^{t} e^{-za_{11}} f_1(z) \, dz \tag{39}$$

que es la expresión deseada para la variable de estado desconocida.

No obstante, en muchos circuitos, particularmente en aquellos que tienen interruptores y que se reconfiguran en algún instante (con frecuencia en $t = 0$), no se conoce la función de excitación o la ecuación en forma normal antes de ese instante. Por lo tanto se incorpora todo su comportamiento anterior en una integral desde $-\infty$ hasta ese instante, que se supuso $t = 0$; si se hace $t = 0$ en la ecuación (39):

$$q_1(0) = \int_{-\infty}^{0} e^{-za_{11}} f_1(z) \, dz$$

Entonces se utiliza este valor inicial en la solución general de $q_1(t)$:

$$q_1(t) = e^{ta_{11}} q_1(0) + e^{ta_{11}} \int_{0}^{t} e^{-za_{11}} f_1(z) \, dz \tag{40}$$

Esta última expresión muestra que la variable de estado en función del tiempo puede interpretarse como la suma de dos términos. El primero es la respuesta que surge si la función de excitación es cero [$f_1(t) = 0$] y en el lenguaje del análisis de variables de estado se le llama *respuesta de entrada cero*; tiene la *forma* de la respuesta natural, aunque puede no tener la misma amplitud que el término que se ha venido llamando respuesta natural. La respuesta de entrada cero también es la solución de la ecuación homogénea en forma normal que se obtiene cuando $f_1(t) = 0$ en la ecuación (36).

La segunda parte de la solución puede representar la respuesta completa·si $q_1(0)$ fuera cero y se le llama la *respuesta de estado cero*. Como se ve en el siguiente ejemplo, lo que se ha llamado repuesta forzada aparece como parte de la respuesta de estado cero.

Se utilizarán las ecuaciones (39) y (40) en los dos ejemplos de primer orden.

Ejemplo 16-5. El primer ejemplo se muestra en la figura 16-12. Se busca $v_C(t)$.

Figura 16-12

Un circuito de primer orden para el que se encuentra $v_C(t)$ por medio de los métodos de análisis de variables de estado.

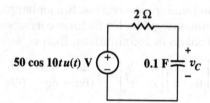

Solución: La ecuación en forma normal es

$$v_C' = -5v_C + 250 \cos 10t \, u(t)$$

De esta manera, $a_{11} = -5$, $f_1(t) = 250 \cos 10t \, u(t)$ y puede sustituirse directamente en la ecuación (39) para obtener la solución:

$$v_C(t) = e^{-5t} \int_{-\infty}^{t} e^{5z} 250 \cos 10z \, u(z) \, dz$$

La función escalón unitario dentro de la integral puede remplazarse por $u(t)$ fuera de la integral si el límite inferior se cambia a cero:

$$v_C(t) = e^{-5t} u(t) \int_{0}^{t} e^{5z} 250 \cos 10z \, dz$$

Integrando, se tiene:

$$v_C(t) = e^{-5t}u(t) \left[\frac{250e^{5z}}{5^2 + 10^2} (5 \cos 10z + 10 \operatorname{sen} 10z) \right]_0^t$$

o
$$v_C(t) = [-10e^{-5t} + 10(\cos 10t + 2 \operatorname{sen} 10t)]u(t) \qquad (41)$$

Puede obtenerse el mismo resultado con la ecuación (40). Como $v_C(0) = 0$, se tiene

$$v_C(t) = e^{-5t}(0) + e^{-5t} \int_0^t e^{5z} 250 \cos 10z \, u(z) \, dz$$

$$= e^{-5t}u(t) \int_0^t e^{5z} 250 \cos 10z \, dz$$

es claro que esto conduce a la solución anterior. Sin embargo, también se ve que la solución completa para $v_C(t)$ es la respuesta de estado cero y no existe una respuesta de entrada cero. Es interesante notar que, si se resolviera este problema por los métodos del capítulo 5, se obtendría la respuesta natural,

$$v_{C,n}(t) = Ae^{-5t}$$

y se calcularía la respuesta forzada por los métodos del dominio de la frecuencia.

$$V_{C,f} = \frac{50}{2 - j1} (-j1) = 10 - j20$$

de esta manera

$$v_{C,f}(t) = 10 \cos 10t + 20 \operatorname{sen} 10t$$

Así,
$$v_C(t) = Ae^{-5t} + 10(\cos 10t + 2 \operatorname{sen} 10t) \qquad (t > 0)$$

y la condición inicial, $v_C(0) = 0$, conduce a $A = -10$ y a una expresión idéntica a la ecuación (41), de nuevo. Al observar las respuestas parciales obtenidas con los dos métodos, se encuentra que

$$v_{C,\text{entrada cero}} = 0$$

$$v_{C,\text{estado cero}} = [-10e^{-5t} + 10(\cos 10t + 2 \operatorname{sen} 10t)]u(t)$$

$$v_{C,n} = -10e^{-5t}$$

$$v_{C,f} = 10(\cos 10t + 2 \operatorname{sen} 10t) \qquad \bullet$$

Se considerará un ejemplo en donde se encuentra presente la respuesta de entrada cero.

Ejemplo 16-6. El interruptor en el circuito de la figura 16-13 se cierra en $t = 0$ y la forma del circuito cambia en ese instante. Encuentre $i_L(t)$ para $t > 0$.

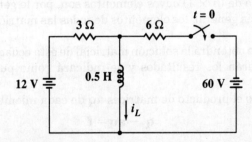

Figura 16-13

Un ejemplo de primer orden en el que la forma de circuito cambia en $t = 0$.

Solución: Todo lo ocurrido antes de $t = 0$ se representa con $i_L(0) = 4$ A, y se obtiene la ecuación en forma normal para el circuito en la configuración que tiene *después* de $t = 0$. Esto es

$$i_L'(t) = -4i_L(t) - 24$$

Esta vez, debe utilizarse la ecuación (40), ya que no se tiene una ecuación en forma normal que sea válida para todo tiempo. El resultado es

$$i_L(t) = e^{-4t}(4) + e^{-4t} \int_0^t e^{-z}(-24)\, dz$$

o $$i_L(t) = 4e^{-4t} - 6(1 - e^{-4t}) \qquad (t > 0)$$

Los componentes de la respuesta se identifican ahora como:

$$i_{L,\text{entrada cero}} = 4e^{-4t} \qquad (t > 0)$$

$$i_{L,\text{estado cero}} = -6(1 - e^{-4t}) \qquad (t > 0)$$

mientras que con los primeros métodos analíticos se obtendría

$$i_{L,n} = 10e^{-4t} \qquad (t > 0)$$

$$i_{L,f} = -6 \qquad (t > 0) \qquad\qquad\bullet$$

Ciertamente las redes de primer orden no requieren el uso de variables de estado para su análisis. Sin embargo, el método con el cual se resolvió la ecuación en forma normal da una idea para obtener la solución de la ecuación de n-ésimo orden. Se continuará con este orden de ideas en la siguiente sección.

Ejercicio

16-6. *a*) Escriba la ecuación en forma normal para el circuito de la figura 16-14. Encuentre $v_C(t)$ para $t > 0$ por medio de *b*) la ecuación (39); *c*) la ecuación (40).

         Resp: $v_C' = -4v_C - 120 + 200u(t)$; $20 - 50e^{-4t}$ V; $20 - 50\, e^{-4t}$ V

Figura 16-14

Para el ejercicio 16-6.

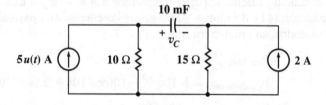

16-6

Solución de la ecuación matricial

La ecuación matricial general para el sistema de orden n que se quiere resolver está dada por la ecuación (32) de la sección 16-4,

$$\mathbf{q}' = \mathbf{aq} + \mathbf{f} \qquad\qquad (34)$$

donde $\mathbf{a}$ es una matriz cuadrada de $(n \times n)$ de elementos constantes y las otras tres son matrices columna de $(n \times 1)$ cuyos elementos son, por lo general, funciones del tiempo. En el caso más general, los elementos de todas las matrices serían funciones del tiempo.

En esta sección se obtendrá la solución matricial de esta ecuación. En la siguiente sección se interpretarán los resultados y se indicará cómo puede obtenerse una solución útil para $\mathbf{q}$.

Se inicia restando el producto de matrices $\mathbf{aq}$ de cada miembro de (34):

$$\mathbf{q}' - \mathbf{aq} = \mathbf{f} \qquad\qquad (42)$$

Recordando el factor de integración $e^{-ta_{11}}$ en el caso del sistema de primer orden, se premultiplican ambos lados de la ecuación (42) por $e^{-t\mathbf{a}}$:

$$e^{-t\mathbf{a}}\mathbf{q}' - e^{-t\mathbf{a}}\mathbf{a}\mathbf{q} = e^{-t\mathbf{a}}\mathbf{f} \tag{43}$$

Aunque la presencia de una matriz en el exponente puede parecer algo extraño, la función $e^{-t\mathbf{a}}$ puede expandir en su serie infinita de potencias en t,

$$e^{-t\mathbf{a}} = \mathbf{I} - t\mathbf{a} + \frac{t^2}{2!}(\mathbf{a})^2 - \frac{t^3}{3!}(\mathbf{a})^3 + \cdots \tag{44}$$

Se identifica a $\mathbf{I}$ como la matriz identidad de $(n \times n)$,

$$\mathbf{I} = \begin{bmatrix} 1 & 0 & \cdots & 0 \\ 0 & 1 & \cdots & 0 \\ \cdots\cdots\cdots\cdots\cdots\cdots \\ 0 & 0 & \cdots & 1 \end{bmatrix}$$

tal que

$$\mathbf{Ia} = \mathbf{aI} = \mathbf{a}$$

Los productos $(\mathbf{a})^2$, $(\mathbf{a})^3$ etcétera en la ecuación (44) pueden obtenerse al repetir la multiplicación de la matriz $\mathbf{a}$ por sí misma y, por lo tanto, cada término en la expansión es también una matriz de $(n \times n)$. De este modo, es evidente que el factor $e^{-t\mathbf{a}}$ es una matriz cuadrada de $(n \times n)$, pero sus elementos en general son funciones del tiempo.

Siguiendo otra vez el procedimiento del primer orden, puede mostrarse que el lado izquierdo de la ecuación (43) es igual a la derivada con respecto al tiempo de $e^{-t\mathbf{a}}\mathbf{q}$. Debido a que este es un producto de dos funciones del tiempo, se tiene

$$\frac{d}{dt}(e^{-t\mathbf{a}}\mathbf{q}) = e^{-t\mathbf{a}}\frac{d}{dt}(\mathbf{q}) + \left[\frac{d}{dt}(e^{-t\mathbf{a}})\right]\mathbf{q}$$

La derivada de $e^{-t\mathbf{a}}$ se obtiene al considerar la serie infinita de la ecuación (44) y se encuentra que está dada por $-\mathbf{a}e^{-t\mathbf{a}}$. La expansión en serie puede utilizarse también para mostrar que $-\mathbf{a}e^{-t\mathbf{a}} = -e^{-t\mathbf{a}}\mathbf{a}$. Así

$$\frac{d}{dt}(e^{-t\mathbf{a}}\mathbf{q}) = e^{-t\mathbf{a}}\mathbf{q}' - e^{-t\mathbf{a}}\mathbf{a}\mathbf{q}$$

y la ecuación (43) ayuda a simplificar esta expresión a la forma

$$\frac{d}{dt}(e^{-t\mathbf{a}}\mathbf{q}) = e^{-t\mathbf{a}}\mathbf{f}$$

Al multiplicar por dt e integrar de $-\infty$ a t, se tiene

$$e^{-t\mathbf{a}}\mathbf{q} = \int_{-\infty}^{t} e^{-z\mathbf{a}}\mathbf{f}(z)\,dz \tag{45}$$

Para despejar $\mathbf{q}$, se premultiplica el lado izquierdo de la ecuación (45) por la matriz inversa de $e^{-t\mathbf{a}}$. Esto es, cualquier matriz cuadrada $\mathbf{b}$ tiene una matriz inversa $\mathbf{b}^{-1}$ de tal modo que $\mathbf{b}^{-1}\mathbf{b} = \mathbf{b}\mathbf{b}^{-1} = \mathbf{I}$. En este caso, otra expansión en series de potencias muestra que la inversa de $e^{-t\mathbf{a}}$ es $e^{t\mathbf{a}}$, o sea

$$e^{t\mathbf{a}}e^{-t\mathbf{a}}\mathbf{q} = \mathbf{Iq} = \mathbf{q}$$

y por lo tanto se puede escribir la solución como

$$\mathbf{q} = e^{t\mathbf{a}} \int_{-\infty}^{t} e^{-z\mathbf{a}} \mathbf{f}(z)\, dz \tag{46}$$

En términos del valor inicial del vector de estado,

$$\mathbf{q} = e^{t\mathbf{a}} \mathbf{q}(0) + e^{t\mathbf{a}} \int_{0}^{t} e^{-z\mathbf{a}} \mathbf{f}(z)\, dz \tag{47}$$

La función $e^{t\mathbf{a}}$ es una cantidad muy importante en el análisis del espacio de estados. Se le llama *matriz de transición de estados*, porque describe cómo cambia el estado del sistema desde su estado cero o inicial hasta el estado en el tiempo t. Las ecuaciones (46) y (47) son las ecuaciones matriciales de orden n que corresponden a los resultados de primer orden en (39) y (40). Aunque tales expresiones representan las "soluciones" para $\mathbf{q}$, el hecho de que $e^{t\mathbf{a}}$ y $e^{-t\mathbf{a}}$ se puedan expresar sólo como una serie infinita es un serio inconveniente para hacer un uso ágil de ellas. Se tendría una serie infinita de potencias en t para cada $q_i(t)$ y mientras que la computadora puede encontrar este procedimiento compatible con su memoria y velocidad, tal vez se pudiera encontrar tareas más importantes que llevar a cabo dicha suma.

Por lo tanto se obtendrá una representación más satisfactoria para $e^{-t\mathbf{a}}$ y $e^{t\mathbf{a}}$ en la siguiente sección. Sea paciente.

Ejercicio

16-7. Sea $\mathbf{a} = \begin{bmatrix} 0 & 2 \\ -1 & 1 \end{bmatrix}$ y $t = 0.1$ s. Use la expansión en serie de potencias para determinar a) la matriz $e^{-t\mathbf{a}}$; b) la matriz $e^{t\mathbf{a}}$; c) el valor del determinante de $e^{-t\mathbf{a}}$; d) el valor del determinante de $e^{t\mathbf{a}}$; e) el producto de los dos últimos resultados.

Resp: $\begin{bmatrix} 0.9903 & -0.1897 \\ 0.0948 & 0.8955 \end{bmatrix}$; $\begin{bmatrix} 0.9897 & 0.2097 \\ -0.1048 & 1.0945 \end{bmatrix}$; 0.9048; 1.1052; 1.0000

16-7
Estudio adicional de la matriz de transición de estados

En esta sección se busca una representación más satisfactoria para $e^{t\mathbf{a}}$ y $e^{-t\mathbf{a}}$. Si la matriz del sistema $\mathbf{a}$ es una matriz cuadrada de $(n \times n)$, entonces cada una de estas exponenciales es una matriz cuadrada de $(n \times n)$ de funciones del tiempo, y una de las consecuencias del teorema desarrollado en álgebra lineal (conocido como el teorema de Cayley-Hamilton) muestra que tal matriz puede expresarse como un polinomio en la matriz $\mathbf{a}$ de grado $(n-1)$. Esto es,

$$e^{t\mathbf{a}} = u_0 \mathbf{I} + u_1 \mathbf{a} + u_2 (\mathbf{a})^2 + \cdots + u_{n-1}(\mathbf{a})^{n-1} \tag{48}$$

donde cada u_i es una función escalar del tiempo que se determinará después; las $\mathbf{a}^i$ son matrices constantes de $(n \times n)$. El teorema establece también que la ecuación (48) mantiene una igualdad si $\mathbf{I}$ se sustituye por la unidad y $\mathbf{a}$ se remplaza por una de las raíces escalares s_i de la ecuación escalar de grado n,

$$\det(\mathbf{a} - s\mathbf{I}) = 0 \tag{49}$$

La expresión $\det(\mathbf{a} - s\mathbf{I})$ indica el determinante de la matriz $(\mathbf{a} - s\mathbf{I})$. Este determinante es un polinomio en s de grado n. Se supondrá que las n raíces son diferentes. La ecuación (49) se llama *ecuación característica* de la matriz $\mathbf{a}$ y los valores de s, que son las raíces de la ecuación, se conocen como los *eigenvalores* de $\mathbf{a}$.

Estos valores de s son idénticos a las frecuencias naturales que se trataron en el capítulo 12 como polos de una función de transferencia apropiada. Esto es, si la variable de estado es $v_{C1}(t)$, entonces los polos de $\mathbf{H(s)} = \mathbf{V}_{C1}(\mathbf{s})/\mathbf{I}_s$ o de $\mathbf{V}_{C1}(\mathbf{s})/\mathbf{V}_s$ también son los eigenvalores de la ecuación característica.

Así, éste es el procedimiento para obtener una forma más simple de $e^{t\mathbf{a}}$:

> 1 Dado $\mathbf{a}$, se forma la matriz $(\mathbf{a} - s\mathbf{I})$.
> 2 Se iguala a cero el determinante de la matriz.
> 3 Se obtienen las n raíces del polinomio resultante de grado n, s_1, s_2, ..., s_n.
> 4 Se escriben las n ecuaciones escalares de la forma
>
> $$e^{ts_i} = u_0 + u_1 s_i + \ldots + u_{n-1} s_i^{n-1} \qquad (50)$$
>
> 5 Se obtienen las n funciones de tiempo $u_0, u_1, \ldots, u_{n-1}$.
> 6 Se sustituyen estas funciones de tiempo en la ecuación (48) para obtener la matriz $e^{t\mathbf{a}}$ de $(n \times n)$.

Para ilustrar este procedimiento, se usa la matriz del sistema que corresponde a las ecuaciones (7) y (8) de la sección 16-2 y el circuito de la figura 16-2a:

$$\mathbf{a} = \begin{bmatrix} -0.5 & -2.5 \\ 0.5 & -3.5 \end{bmatrix}$$

Por lo tanto,

$$(\mathbf{a} - s\mathbf{I}) = \begin{bmatrix} -0.5 & -2.5 \\ 0.5 & -3.5 \end{bmatrix} - s\begin{bmatrix} 1 & 0 \\ 0 & 1 \end{bmatrix} = \begin{bmatrix} (-0.5 - s) & -2.5 \\ 0.5 & (-3.5 - s) \end{bmatrix}$$

y la expansión del determinante de (2×2) correspondiente da

$$\det \begin{bmatrix} (-0.5 - s) & -2.5 \\ 0.5 & (-3.5 - s) \end{bmatrix} = \begin{vmatrix} (-0.5 - s) & -2.5 \\ 0.5 & (-3.5 - s) \end{vmatrix}$$

$$= (-0.5 - s)(-3.5 - s) + 1.25$$

por lo que

$$\det (\mathbf{a} - s\mathbf{I}) = s^2 + 4s + 3$$

Las raíces de este polinomio son $s_1 = -1$ y $s_2 = -3$ y se sustituyen estos valores en la ecuación (50), para obtener las dos ecuaciones

$$e^{-t} = u_0 - u_1 \qquad \text{y} \qquad e^{-3t} = u_0 - 3u_1$$

Restando, se encuentra que

$$u_1 = 0.5e^{-t} - 0.5e^{-3t}$$

y, por lo tanto,

$$u_0 = 1.5e^{-t} - 0.5e^{-3t}$$

Nótese que cada u_i tiene la forma general de la respuesta natural.

Cuando estas dos funciones se sustituyen en la ecuación (48), se tiene

$$e^{t\mathbf{a}} = (1.5e^{-t} - 0.5e^{-3t})\mathbf{I} + (0.5e^{-t} - 0.5e^{-3t})\begin{bmatrix} -0.5 & -2.5 \\ 0.5 & -3.5 \end{bmatrix}$$

se realizan las operaciones indicadas para encontrar la expresión deseada de $e^{t\mathbf{a}}$,

$$e^{t\mathbf{a}} = \begin{bmatrix} (1.25e^{-t} - 0.25e^{-3t}) & (-1.25e^{-t} + 1.25e^{-3t}) \\ (0.25e^{-t} - 0.25e^{-3t}) & (-0.25e^{-t} + 1.25e^{-3t}) \end{bmatrix} \tag{51}$$

Teniendo $e^{t\mathbf{a}}$ se forma $e^{-t\mathbf{a}}$ remplazando cada t en la ecuación (51) por $-t$. Para completar este ejemplo, se identifican $\mathbf{q}$ y $\mathbf{f}$ a partir de las ecuaciones (7), (8) y (9):

$$\mathbf{q} = \begin{bmatrix} v_C \\ i_L \end{bmatrix}$$

$$\mathbf{f} = \begin{bmatrix} 30 + 80e^{-2t}u(t) \\ 0 \end{bmatrix} \tag{52}$$

Como parte del vector de la función de excitación está presente en $t < 0$, puede utilizarse también la ecuación (46) para encontrar el vector de estado:

$$\mathbf{q} = e^{t\mathbf{a}} \int_{-\infty}^{t} e^{-z\mathbf{a}} \mathbf{f}(z)\, dz \tag{46}$$

El producto matricial $e^{-z\mathbf{a}}\mathbf{f}(z)$ se forma al remplazar t por $-z$ en la ecuación (51) y postmultiplicar por la ecuación (52) con z en lugar de t. Con sólo un trabajo moderado, se encuentra que

$$e^{-z\mathbf{a}}\mathbf{f} = \begin{bmatrix} 37.5e^z - 7.5e^{3z} + (10e^{-z} - 2e^z)u(z) \\ 7.5e^z - 7.5e^{3z} + (2e^{-z} - 2e^z)u(z) \end{bmatrix}$$

Al integrar los dos primeros términos de cada elemento de $-\infty$ a t y los dos últimos términos de 0 a t, se tiene

$$\int_{-\infty}^{t} e^{-z\mathbf{a}}\mathbf{f}\, dz = \begin{bmatrix} 35.5e^t - 2.5e^{3t} - 10e^{-t} + 12 \\ 5.5e^t - 2.5e^{3t} - 2e^{-t} + 4 \end{bmatrix} \quad (t > 0)$$

Por último, debe premultiplicarse esta matriz por la ecuación (51) y esta multiplicación de matrices incluye un gran número de multiplicaciones de escalares y sumas algebraicas de funciones del tiempo. El resultado es el vector de estado deseado

$$\mathbf{q} = \begin{bmatrix} 35 + 10e^{-t} - 12e^{-2t} + 2e^{-3t} \\ 5 + 2e^{-t} - 4e^{-2t} + 2e^{-3t} \end{bmatrix} \quad (t > 0)$$

Éstas son las expresiones que fueron dadas sin justificación en las ecuaciones (10) y (11) al final de la sección 16-2.

Se tiene ahora una técnica general que se puede aplicar a problemas de orden superior. Tal procedimiento es teóricamente posible, pero la labor involucrada pronto se vuelve monumental. En lugar de esto, se utilizan programas de computadora que trabajan directamente a partir de las ecuaciones en forma normal y los valores iniciales de las variables de estado. Conociendo $\mathbf{q}(0)$, se calcula $\mathbf{f}(0)$ y se resuelven las ecuaciones para obtener $\mathbf{q}'(0)$. Entonces $\mathbf{q}(\Delta t)$ puede aproximarse por su valor inicial y su derivada: $\mathbf{q}(\Delta t) \doteq \mathbf{q}(0) + \mathbf{q}'(0)\,\Delta t$. Con este valor para $\mathbf{q}(\Delta t)$, las ecuaciones en forma normal se usan para determinar un valor para $\mathbf{q}'(\Delta t)$ y el proceso continúa con incrementos de tiempo Δt. Con valores pequeños de Δt se tiene mayor exactitud para $\mathbf{q}(t)$ en cualquier tiempo $t > 0$, pero a costa de tiempo y de requerimientos de almacenamiento de la computadora.

Con este ejemplo, se completa la introducción al tema de las variables de estado y es bueno preguntar cuáles han sido los logros. El primero, y quizá el más importante, es el haber aprendido algo sobre los términos e ideas de esta rama de análisis de sistemas, y esto debe hacer el estudio futuro de este campo algo más significativo y agradable.

Otro logro es la solución general para el caso de primer orden en la forma matricial.

También se obtuvo la solución matricial para el caso general. Esta introducción al uso de matrices en el análisis de circuitos y sistemas es una herramienta que se vuelve cada vez más necesaria, en estudios más avanzados en estas áreas.

Para terminar, se ha indicado cómo puede obtenerse una solución numérica utilizando métodos numéricos, apoyándose en una computadora digital. En el siguiente capítulo se incluyen las funciones de excitación que tienen naturaleza periódica.

Ejercicio

16-8. Dados $\mathbf{q} = \begin{bmatrix} v_C \\ i_L \end{bmatrix}$, $\mathbf{a} = \begin{bmatrix} 0 & -27 \\ \frac{1}{3} & -10 \end{bmatrix}$, $\mathbf{f} = \begin{bmatrix} 243u(t) \\ 40u(t) \end{bmatrix}$ y $\mathbf{q}(0) = \begin{bmatrix} 150 \\ 5 \end{bmatrix}$, utilice un Δt de 0.001 s y calcule: a) $v_C(0.001)$; b) $i_L(0.001)$; c) $v_C'(0.001)$; d) $i_L'(0.001)$; e) $v_C(0.002)$; f) $i_L(0.002)$.

Resp: 150.108 V; 5.04 A; 106.92 V/s; 39.636 A/s; 150.2149 V; 5.0796 A

Problemas

1 Utilice el orden i_1, i_2, i_3 y escriba las siguientes ecuaciones como un conjunto de ecuaciones en forma normal: $-2i_1' - 6i_3' = 5 + 2\cos 10t - 3i_1 + 2i_2$, $4i_2 = 0.05i_1' - 0.15i_2' + 0.25i_3'$, $i_2 = -2i_1 - 5i_3 + 0.4\int_0^t (i_1 - i_3)dt + 8$.

2 Dadas dos ecuaciones diferenciales lineales $x' + y' = x + y + 1$ y $x' - 2y' = 2x - y - 1$: a) escriba las dos ecuaciones en forma normal, con el orden x, y; b) obtenga una sola ecuación diferencial que sólo incluya a $x(t)$ y sus derivadas. c) Si $x(0) = 2$ y $y(0) = -5$, encuentre $x'(0)$, $x''(0)$ y $x'''(0)$.

3 Escriba las siguientes ecuaciones en forma normal; use el orden x, y, z: $x' - 2y - 3z' = f_1(t)$, $2x' + 5z = 3$, $z' - 2y' - x = 0$.

4 Si $x' = -2x - 3y + 4$ y $y' = 5x - 6y + 7$, sea $x(0) = 2$ y $y(0) = \frac{1}{3}$, encuentre a) $x''(0)$; b) $y''(0)$; c) $y'''(0)$.

5 Si $v_s = 100\cos 120\pi t$ V, escriba un conjunto de ecuaciones en forma normal para el circuito que se muestra en la figura 16-15. Use i_L y v_C como las variables de estado.

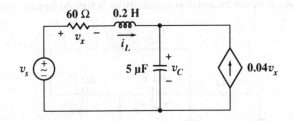

Figura 16-15

Para el problema 5.

6 a) Dibuje un árbol normal para el circuito de la figura 16-16 y asigne las variables de estado necesarias (por uniformidad, coloque la referencia + arriba o a la izquierda de un elemento y las flechas dirigidas hacia abajo o hacia la derecha). b) Especifique todas las corrientes de eslabón y los voltajes de rama del árbol en función de las fuentes, valores de elemento y las variables de estado. c) Escriba las ecuaciones en forma normal utilizando el orden i_L, v_x, v_{2F}.

Figura 16-16

Para el problema 6.

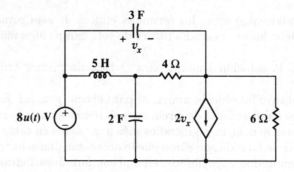

7 Escriba un conjunto de ecuaciones en forma normal para cada uno de los circuitos mostrados en la figura 16-17. Utilice el orden de las variables de estado dado en la parte inferior del circuito.

Figura 16-17

Para los problemas 7, 8 y 14.

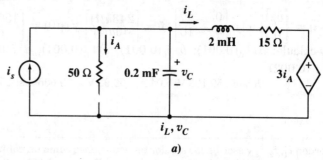

a)

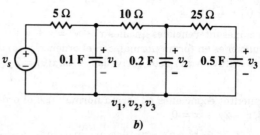

b)

8 Un resistor de 12.5 Ω se coloca en serie con un capacitor de 0.2 mF en el circuito de la figura 16-17a. Utilizando una corriente y un voltaje, en este orden, escriba un conjunto de ecuaciones en forma normal para este circuito.

9 *a*) Escriba las ecuaciones en forma normal en las variables de estado v_1, v_2, i_1 e i_2 para la figura 16-18. *b*) Repita el inciso anterior si se sustituye la fuente de corriente por un resistor de 3 Ω.

Figura 16-18

Para el problema 9.

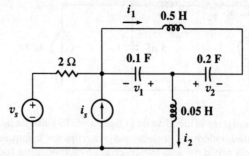

10 Escriba un conjunto de ecuaciones en forma normal en el orden de i_L, v_C para cada uno de los circuitos mostrados en la figura 16-19.

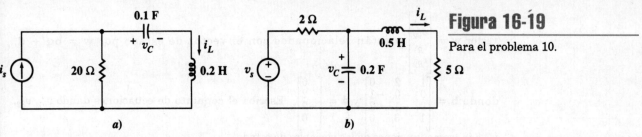

a)   b)

Figura 16-19

Para el problema 10.

11 Escriba un conjunto de ecuaciones en forma normal para el circuito mostrado en la figura 16-20. Utilice el orden de las variables v, i.

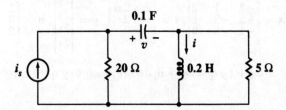

Figura 16-20

Para el problema 11.

12 Si $v_S = 5$ sen $2t\, u(t)$ V, escriba un conjunto de ecuaciones en forma normal para el circuito de la figura 16-21.

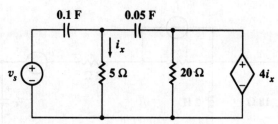

Figura 16-21

Para el problema 12.

13 a) Dados $\mathbf{q} = \begin{bmatrix} i_{L1} \\ i_{L2} \\ v_C \end{bmatrix}$, $\mathbf{a} = \begin{bmatrix} -1 & -2 & -3 \\ 4 & -5 & 6 \\ 7 & -8 & -9 \end{bmatrix}$ y $\mathbf{f} = \begin{bmatrix} 2t \\ 3t^2 \\ 1+t \end{bmatrix}$, escriba las tres ecuaciones en forma

normal. b) Si $\mathbf{q} = \begin{bmatrix} i_L \\ v_C \end{bmatrix}$, $\mathbf{a} = \begin{bmatrix} 0 & -6 \\ 4 & 0 \end{bmatrix}$ y $\mathbf{f} = \begin{bmatrix} 1 \\ 0 \end{bmatrix}$, muestre las variables de estado y los

elementos (con sus valores) sobre el esqueleto del diagrama del circuito de la figura 16-22.

14 Remplace los capacitores en el circuito de la figura 16-17b por inductores de 0.1 H, 0.2 H y 0.5 H y encuentre $\mathbf{a}$ y $\mathbf{f}$ si i_{L1}, i_{L2} e i_{L3} son las variables de estado.

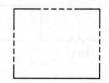

Figura 16-22

Para el problema 13.

15 Dado el vector de estado $\mathbf{q} = \begin{bmatrix} v_{C1} \\ v_{C2} \\ i_L \end{bmatrix}$, sea la matriz del sistema $\mathbf{a} = \begin{bmatrix} -3 & 3 & 0 \\ 2 & -1 & 0 \\ 1 & 4 & -2 \end{bmatrix}$ y el vector

de la función de excitación $\mathbf{f} = \begin{bmatrix} 10 \\ 0 \\ 0 \end{bmatrix}$. Otros voltajes y corrientes en el circuito aparecen en el vector $\mathbf{w} = \begin{bmatrix} v_{o1} \\ v_{o2} \\ i_{R1} \\ i_{R2} \end{bmatrix}$ y están relacionados con el vector de estado por $\mathbf{w} = \mathbf{bq} + \mathbf{d}$,

donde $\mathbf{b} = \begin{bmatrix} 1 & 2 & 0 \\ 0 & 0 & -1 \\ 0 & -1 & 2 \\ 1 & 3 & 0 \end{bmatrix}$ y $\mathbf{d} = \begin{bmatrix} 0 \\ 2 \\ -2 \\ 0 \end{bmatrix}$ Escriba el conjunto de ecuaciones dando v_{o1}', v_{o2}',

i_{R1}' e i_{R2}' como funciones de las variables de estado.

16 Sea $\mathbf{q} = \begin{bmatrix} q_1 \\ q_2 \\ q_3 \end{bmatrix}$, $\mathbf{a} = \begin{bmatrix} -3 & 1 & 2 \\ -2 & -2 & 1 \\ -1 & 3 & 0 \end{bmatrix}$, $\mathbf{f} = \begin{bmatrix} \cos 2\pi t \\ \operatorname{sen} 2\pi t \\ 0 \end{bmatrix}$, $\mathbf{y} = \begin{bmatrix} y_1 \\ y_2 \\ y_3 \\ y_4 \end{bmatrix}$, $\mathbf{b} = \begin{bmatrix} 1 & 2 & 0 & 3 \\ 0 & -1 & 1 & 1 \\ 2 & -1 & -1 & 3 \end{bmatrix}$ y $\mathbf{d} = $

$\begin{bmatrix} 2 \\ 1 \\ 3 \end{bmatrix}$. Entonces si $\mathbf{q}' = \mathbf{aq} + \mathbf{f}$ y $\mathbf{q} = \mathbf{by} + \mathbf{d}$, determine $\mathbf{q}(0)$ y $\mathbf{q}'(0)$ si $\mathbf{y}(0) = \begin{bmatrix} 10 \\ -10 \\ -5 \\ 5 \end{bmatrix}$.

17 Encuentre $\mathbf{a}$ y $\mathbf{f}$ para el circuito mostrado en la figura 16-23 si $\mathbf{q} = \begin{bmatrix} v_C \\ i_L \end{bmatrix}$.

Figura 16-23

Para el problema 17.

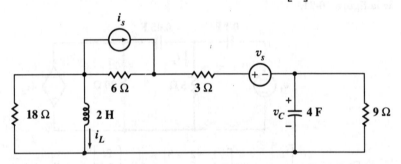

18 Para el circuito mostrado en la figura 16-24: a) escriba la ecuación en forma normal para i, $t > 0$; b) resuelva esta ecuación para i; c) identifique las respuestas de estado cero y de entrada cero; d) encuentre i por los métodos del capítulo 5 y especifique las respuestas natural y forzada.

Figura 16-24

Para el problema 18.

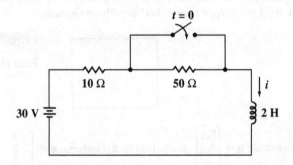

19 Sea $v_s = 2t\, u(t)$ V en el circuito mostrado en la figura 16-25. Encuentre $i_2(t)$.

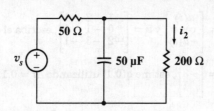

Figura 16-25

Para el problema 19.

20 *a*) Utilice los métodos de variables de estado para encontrar $i_L(t)$ para todo t en el circuito de la figura 16-26. *b*) Identifique las respuestas de entrada cero, estado cero, natural y forzada.

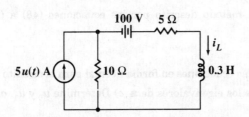

Figura 16-26

Para el problema 20.

21 Sea $v_s = 100[u(t) - u(t - 0.5)] \cos \pi t$ V en la figura 16-27. Encuentre v_C para $t > 0$.

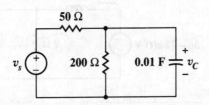

Figura 16-27

Para el problema 21.

22 *a*) Escriba la ecuación en forma normal para el circuito mostrado en la figura 16-28. *b*) Encuentre $v(t)$ para $t < 0$ y $t > 0$. *c*) Identifique la respuesta forzada, la respuesta natural, la respuesta de estado cero y la respuesta de entrada cero.

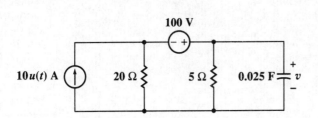

Figura 16-28

Para el problema 22.

23 Sea $v_s = 90e^{-t}[u(t) - u(t - 0.5)]$ V en el circuito de la figura 16-29. Encuentre $i_L(t)$.

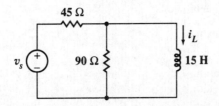

Figura 16-29

Para el problema 23.

24 Dada la matriz del sistema $\mathbf{a} = \begin{bmatrix} -8 & 5 \\ 10 & -10 \end{bmatrix}$, sea $t = 10$ ms, utilice la serie infinita de potencia para la exponencial y encuentre *a*) $e^{-t\mathbf{a}}$; *b*) $e^{t\mathbf{a}}$; *c*) $e^{-t\mathbf{a}}e^{t\mathbf{a}}$

25 *a*) Si $\mathbf{q} = \begin{bmatrix} x \\ y \\ z \end{bmatrix}$, $\mathbf{f} = \begin{bmatrix} u(t) \\ \cos t \\ -u(t) \end{bmatrix}$ y $\mathbf{a} = \begin{bmatrix} 1 & 2 & -1 \\ 0 & -1 & 3 \\ -2 & -3 & -1 \end{bmatrix}$, escriba el conjunto de ecuaciones en forma

normal. *b*) Si $\mathbf{q}(0) = \begin{bmatrix} 2 \\ -3 \\ 1 \end{bmatrix}$, estime $\mathbf{q}(0.1)$ utilizando $\Delta t = 0.1$. *c*) Repita el inciso anterior para

$\Delta t = 0.05$.

26 Determine los eigenvalores de la matriz $\mathbf{a} = \begin{bmatrix} -1 & 2 & 3 \\ 0 & -1 & 2 \\ 3 & 1 & -1 \end{bmatrix}$. Como una ayuda, una raíz es cercana a $s = -3.5$.

27 Utilizando el método descrito por las ecuaciones (48) a (50), encuentre $e^{t\mathbf{a}}$ si $\mathbf{a} = \begin{bmatrix} -3 & 2 \\ 1 & -4 \end{bmatrix}$.

28 *a*) Encuentre las ecuaciones en forma normal para el circuito de la figura 16-30. Sea $\mathbf{q} = \begin{bmatrix} i \\ v \end{bmatrix}$. *b*) Encuentre los eigenvalores de $\mathbf{a}$. *c*) Determine u_0 y u_1. *d*) Especifique $e^{t\mathbf{a}}$. *e*) Utilice $e^{t\mathbf{a}}$ para determinar $\mathbf{q}$ para $t > 0$.

Figura 16-30

Para el problema 28.

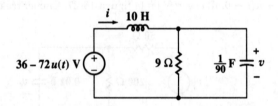

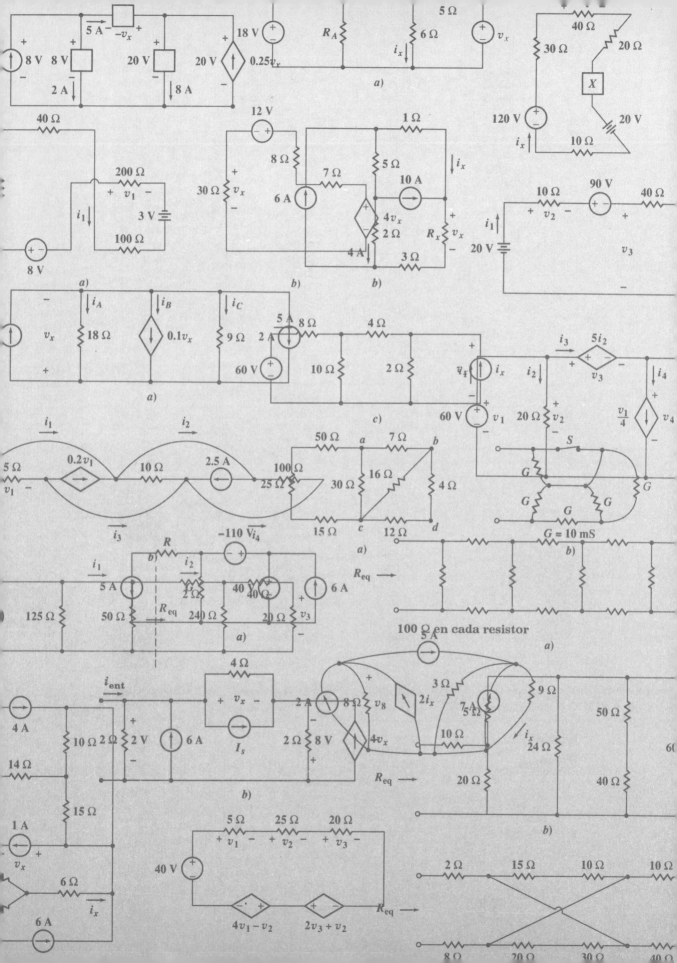

Análisis de Fourier

En este capítulo continúa la presentación del análisis de circuitos, se estudian las funciones periódicas tanto en el dominio del tiempo como en el de la frecuencia.

Se sabe que la respuesta completa de un circuito lineal, debida a una función de excitación arbitraria, está compuesta de la suma de una respuesta forzada y una respuesta natural. La respuesta natural se tomó en consideración inicialmente en los capítulos del 4 al 6, pero con pocas excepciones, sólo se examinaron circuitos simples *RL, RC o RLC*, en serie o en paralelo. Más adelante, el concepto de la frecuencia compleja, que se vio en el capítulo 12, proporcionó un método general para obtener la respuesta natural; se descubrió que la forma de la respuesta natural podía escribirse después de obtener los polos de una función de transferencia apropiada de la red. Así, se encontró un poderoso método general para determinar la respuesta natural.

Un segundo método general para obtener la respuesta natural (así como la respuesta forzada) se basa en la teoría de variables de estado, un tema que se vio en el capítulo 16 y al que sin duda se tendrá que estudiar más a fondo en un curso posterior.

Considérese ahora la situación respecto a la respuesta forzada. Según lo aprendido hasta aquí, es posible obtener la respuesta forzada en cualquier circuito lineal únicamente resistivo, esto, independiente de la naturaleza de la función de excitación, lo cual difícilmente podría ser un gran logro científico. Si el circuito contiene elementos que almacenan energía, entonces puede encontrarse con certeza la respuesta forzada para aquellos circuitos y aquellas funciones de excitación a las que pueda aplicarse el concepto de impedancia; es decir, siempre que la función de excitación sea una corriente directa, exponencial, senoidal, o senoidal con variación exponencial.

En este capítulo se considerarán las funciones de excitación que son *periódicas* y cuya naturaleza funcional satisface ciertas restricciones matemáticas que son características de cualquier función que pueda generarse en el laboratorio. Cualquiera de tales funciones puede representarse como la suma de un número infinito de funciones seno y coseno, relacionadas armónicamente. Por tanto, ya que la respuesta forzada debida a cada componente senoidal puede determinarse usando el análisis en estado senoidal permanente, la respuesta de la red lineal debida a la función de excitación periódica general puede obtenerse superponiendo las respuestas parciales.

Puede obtenerse cierta idea intuitiva de la validez de representar una función periódica general por medio de una suma infinita de funciones seno y coseno considerando un ejemplo sencillo. Supóngase primero una función coseno de frecuencia angular ω_0,

$$v_1(t) = 2 \cos \omega_0 t$$

17-1

Introducción

donde

$$\omega_0 = 2\pi f_0$$

y el periodo T es

$$T = \frac{1}{f_0} = \frac{2\pi}{\omega_0}$$

Aunque usualmente T no lleva el subíndice cero, representa el periodo de la frecuencia fundamental. Las *armónicas* de esta senoidal tienen frecuencias $n\omega_0$, donde ω_0 es la frecuencia fundamental y $n = 1, 2, 3, \ldots$ La frecuencia fundamental es la frecuencia de la primera armónica.

Ahora selecciónese la tercera armónica del voltaje

$$v_{3a}(t) = \cos 3\omega_0 t$$

La fundamental $v_l(t)$, la tercera armónica $v_{3a}(t)$ y la suma de estas dos ondas se muestran como funciones del tiempo en la figura 17-1a. Debe observarse que la suma es periódica y que su periodo es $T = 2\pi/\omega_0$.

Figura 17-1

Algunas ondas diferentes del número infinito de ellas que se pueden obtener combinando una fundamental y una tercera armónica. La fundamental es: $v_1 = 2 \cos \omega_0 t$ y la tercera armónica es $a)$ $v_{3a} = \cos 3\omega_0 t$; $b)$ $v_{3b} = 1.5 \cos 3\omega_0 t$; $c)$ $v_{3c} = \operatorname{sen} 3\omega_0 t$.

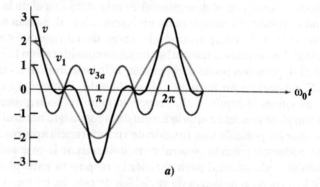

$a)$

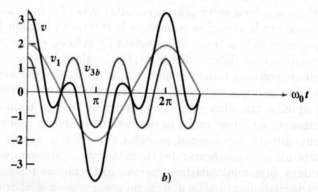

$b)$

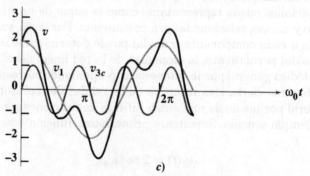

$c)$

La forma de la función periódica resultante cambia conforme cambian la amplitud y la fase de la tercera armónica. En consecuencia, la figura 17-1b muestra el efecto de combinar $v_1(t)$ y una tercera armónica de amplitud ligeramente mayor,

$$v_{3b}(t) = 1.5 \cos 3\omega_0 t$$

Al desplazar la fase de la tercera armónica, se obtiene

$$v_{3c}(t) = \text{sen } 3\omega_0 t$$

la suma, mostrada en la figura 17-1c, toma un carácter aún más diferente. En todos los casos, el periodo de la onda resultante es el mismo que el periodo de la onda fundamental. La naturaleza de la onda depende de la amplitud y la fase de cada componente armónica posible, y se verá que se pueden generar ondas con características en extremo diferentes a las senoidales, por medio de la combinación apropiada de funciones senoidales.

Después de familiarizarse con el uso de la suma de un número infinito de senos y cosenos para representar ondas periódicas, se considerará la representación en el dominio de la frecuencia de una onda no periódica de carácter general, en el capítulo siguiente.

17-1. El voltaje de la tercera armónica se agrega a la fundamental para producir $v = 2 \cos \omega_0 t + V_{m3} \text{ sen } 3\omega_0 t$, la forma de onda mostrada en la figura 17-1c para $V_{m3} = 1$. a) Encuentre el valor de V_{m3} de forma que $v(t)$ tenga una pendiente de cero en $\omega_0 t = 2\pi/3$. b) Evalúe $v(t)$ en $\omega_0 t = 2\pi/3$.   *Resp:* 0.577; −1.000

Ejercicio

Se considerará primero una función *periódica* f(t), definida en la sección 10-3 por la relación funcional

$$f(t) = f(t + T)$$

donde T es el periodo. Además se supondrá que la función f(t) satisface las propiedades siguientes:

1 $f(t)$ es univaluada en todo punto; es decir, $f(t)$ satisface la definición matemática de función.

2 La integral $\int_{t_0}^{t_0+T} |f(t)| \, dt$ existe (esto es, no es infinita) para cualquier valor t_0.

3 $f(t)$ tiene un número finito de discontinuidades en un periodo.

4 $f(t)$ tiene un número finito de máximos y mínimos en un periodo.

Se considerará que $f(t)$ representa una onda de voltaje o de corriente, y cualquier onda de voltaje o de corriente que se pueda producir en la realidad deberá satisfacer estas condiciones. Puede ser que ciertas funciones matemáticas que se pueden plantear no satisfagan estas condiciones, pero se supondrá que siempre se satisfacen las cuatro condiciones que se acaban de enunciar.

Dada una función periódica $f(t)$ con esas características, el teorema de Fourier[1] establece que $f(t)$ puede representarse por la serie infinita

$$f(t) = a_0 + a_1 \cos \omega_0 t + a_2 \cos 2\omega_0 t + \cdots$$
$$+ b_1 \text{ sen } \omega_0 t + b_2 \text{ sen } 2\omega_0 t + \cdots$$
$$= a_0 + \sum_{n=1}^{\infty} (a_n \cos n\omega_0 t + b_n \text{sen} n\omega_0 t) \qquad (1)$$

17-2

Forma trigonométrica de la serie de Fourier

---

[1] Jean Baptiste Joseph Fourier publicó este teorema en 1822.

donde la frecuencia fundamental ω_0 está relacionada con el periodo T por

$$\omega_0 = \frac{2\pi}{T}$$

y donde a_0, a_n y b_n son constantes que dependen de n y $f(t)$. La ecuación (1) es la forma trigonométrica de la *serie de Fourier para f(t)*, y el proceso de determinar los valores de a_0, a_n y b_n recibe el nombre de *análisis de Fourier*. El objetivo no es la demostración de este teorema, sino sólo un desarrollo sencillo de los procedimientos del análisis de Fourier y de que intuitivamente el teorema es plausible.

Antes de pasar a la evaluación de las constantes que aparecen en la serie de Fourier, se reunirá un conjunto útil de integrales trigonométricas. Los números n y k representarán a cualquier elemento del conjunto de los enteros 1, 2, 3, . . . En las integrales que siguen, 0 y T se usan como límites de integración, pero se entiende que cualquier otro intervalo de un periodo de longitud es igualmente correcto. Como el valor promedio de una senoidal sobre un periodo vale cero,

$$\int_0^T \operatorname{sen} n\omega_0 t \, dt = 0 \tag{2}$$

y
$$\int_0^T \cos n\omega_0 t \, dt = 0 \tag{3}$$

También es algo sencillo demostrar que las siguientes integrales definidas son iguales a cero:

$$\int_0^T \operatorname{sen} k\omega_0 t \cos n\omega_0 t \, dt = 0 \tag{4}$$

$$\int_0^T \operatorname{sen} k\omega_0 t \operatorname{sen} n\omega_0 t \, dt = 0 \qquad (k \neq n) \tag{5}$$

$$\int_0^T \cos k\omega_0 t \cos n\omega_0 t \, dt = 0 \qquad (k \neq n) \tag{6}$$

También es fácil evaluar los casos excluidos en las ecuaciones (5) y (6); se obtiene

$$\int_0^T \operatorname{sen}^2 n\omega_0 t \, dt = \frac{T}{2} \tag{7}$$

$$\int_0^T \cos^2 n\omega_0 t \, dt = \frac{T}{2} \tag{8}$$

Ahora puede efectuarse la evaluación de las constantes desconocidas de la serie de Fourier. Se empezará con a_0. Si se integra cada lado de la ecuación (1) sobre un periodo completo, se obtiene

$$\int_0^T f(t) \, dt = \int_0^T a_0 \, dt + \int_0^T \sum_{n=1}^{\infty} (a_n \cos n\omega_0 t + b_n \operatorname{sen} n\omega_0 t) \, dt$$

Pero como cada término en la suma es de la forma de las ecuaciones (2) o (3), entonces

$$\int_0^T f(t) \, dt = a_0 T$$

o
$$a_0 = \frac{1}{T} \int_0^T f(t) \, dt \tag{9}$$

Esta constante a_0 es simplemente el valor promedio de $f(t)$ sobre un periodo, por lo cual se le describe como la componente de cd de $f(t)$.

Para evaluar uno de los coeficientes de los cosenos —por ejemplo a_k, el coeficiente de $\cos k\omega_0 t$— se multiplica primero cada lado de la ecuación (1) por $\cos k\omega_0 t$ y luego ambos miembros de la ecuación se integran sobre un periodo completo:

$$\int_0^T f(t) \cos k\omega_0 t \, dt = \int_0^T a_0 \cos k\omega_0 t \, dt$$

$$+ \int_0^T \sum_{n=1}^{\infty} a_n \cos k\omega_0 t \cos n\omega_0 t \, dt$$

$$+ \int_0^T \sum_{n=1}^{\infty} b_n \cos k\omega_0 t \operatorname{sen} n\omega_0 t \, dt$$

De las ecuaciones (3), (4) y (6) se observa que cada uno de los términos del segundo miembro de la ecuación vale cero, excepto para el término a_n cuando $k = n$. Ese término se evalúa por medio de la ecuación (8) y al hacerlo se obtiene a_k, o a_n:

$$a_n = \frac{2}{T} \int_0^T f(t) \cos n\omega_0 t \, dt \tag{10}$$

Este resultado es el *doble* del valor promedio del producto $f(t) \cos n\omega_0 t$ en un periodo.

En forma similar, b_k se obtiene al multiplicar por $\operatorname{sen} k\omega_0 t$, integrar sobre un periodo, observar que todos menos uno de los términos en el segundo miembro se hacen cero, y calcular la única integral de la ecuación (7). El resultado es

$$b_n = \frac{2}{T} \int_0^T f(t) \operatorname{sen} n\omega_0 t \, dt \tag{11}$$

lo cual es el *doble* del valor promedio de $f(t) \operatorname{sen} n\omega_0 t$ sobre un periodo.

Ahora las ecuaciones (9) a (11) permiten determinar los valores de a_0 y los de todos los a_n y b_n en la serie de Fourier (1):

$$f(t) = a_0 + \sum_{n=1}^{\infty} (a_n \cos n\omega_0 t + b_n \operatorname{sen} n\omega_0 t) \tag{1}$$

$$\omega_0 = \frac{2\pi}{T} = 2\pi f_0$$

$$a_0 = \frac{1}{T} \int_0^T f(t) \, dt \tag{9}$$

$$a_n = \frac{2}{T} \int_0^T f(t) \cos n\omega_0 t \, dt \tag{10}$$

$$b_n = \frac{2}{T} \int_0^T f(t) \operatorname{sen} n\omega_0 t \, dt \tag{11}$$

Considérese el siguiente ejemplo numérico.

Ejemplo 17-1 La onda "semisenoidal" de la figura 17-2a representa la respuesta de voltaje obtenida a la salida de un circuito rectificador de media onda, un circuito no lineal cuya finalidad es convertir un voltaje de entrada senoidal en un voltaje de salida de cd (pulsante). Encuentre la representación como serie de Fourier de esta forma de onda.

Figura 17-2

a) Salida de un rectificador de media
onda al cual se aplica una entrada
senoidal. *b)* El espectro discreto de la
onda en el inciso *a.*

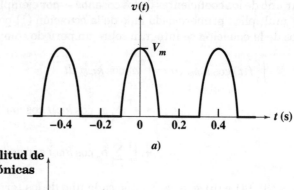

a)

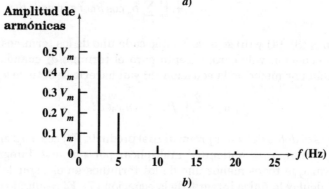

b)

Solución: Para representar a este voltaje como una serie de Fourier, primero
debe evaluarse el periodo y luego expresar la gráfica del voltaje como una función
analítica de tiempo. De la gráfica, se ve que el periodo es

$$T = 0.4 \text{ s}$$

y así

$$f_0 = 2.5 \text{ Hz}$$

y

$$\omega_0 = 5\pi \text{ rad/s}$$

Una vez calculadas estas tres cantidades, se busca ahora una expresión apropiada
para $f(t)$ o $v(t)$ que sea válida en todo el periodo. Para muchos estudiantes, la
obtención de esta ecuación o conjunto de ecuaciones suele ser la parte más difícil
del análisis de Fourier. Parece que el origen de la dificultad es la falta de habilidad
para reconocer la curva dada, o bien la falta de cuidado al determinar las constantes multiplicativas dentro de la expresión funcional, o negligencia al no escribir la expresión completa. En este ejemplo, el enunciado del problema implica
que la forma funcional es una senoidal cuya amplitud es V_m. La frecuencia
angular ya se calculó y es de 5π, y sólo está presente la parte positiva de la onda
coseno. La expresión funcional sobre el periodo $t = 0$ hasta $t = 0.4$ es entonces

$$v(t) = \begin{cases} V_m \cos 5\pi t & 0 \le t \le 0.1 \\ 0 & 0.1 \le t \le 0.3 \\ V_m \cos 5\pi t & 0.3 \le t \le 0.4 \end{cases}$$

Es evidente que si se escoge el periodo que se extiende de $t = -0.1$ a $t = 0.3$ se
obtendrán menos ecuaciones y, por tanto, menos integrales:

$$v(t) = \begin{cases} V_m \cos 5\pi t & -0.1 \le t \le 0.1 \\ 0 & 0.1 \le t \le 0.3 \end{cases} \tag{12}$$

Esta forma es preferible, aunque cualquiera de las descripciones dará el resultado correcto.

La componente de frecuencia cero se obtiene fácilmente:

$$a_0 = \frac{1}{0.4}\int_{-0.1}^{0.3} v(t)\, dt$$

$$= \frac{1}{0.4}\left[\int_{-0.1}^{0.1} V_m \cos 5\pi t\, dt + \int_{0.1}^{0.3} (0)\, dt\right]$$

y

$$a_0 = \frac{V_m}{\pi} \tag{13}$$

Obsérvese que la integración sobre un periodo completo debe dividirse en subintervalos del periodo, en cada uno de los cuales se conoce la forma de $v(t)$.

La amplitud de un término coseno general es

$$a_n = \frac{2}{0.4}\int_{-0.1}^{0.1} V_m \cos 5\pi t \cos 5\pi nt\, dt$$

La forma de la función que se obtiene después de integrar es diferente cuando n vale uno que para cualquier otro valor de n. Si $n = 1$, se tiene

$$a_1 = 5V_m \int_{-0.1}^{0.1} \cos^2 5\pi t\, dt = \frac{V_m}{2} \tag{14}$$

mientras que si n es diferente de uno, se tiene

$$a_n = 5V_m \int_{-0.1}^{0.1} \cos 5\pi t \cos 5\pi nt\, dt$$

$$= 5V_m \int_{-0.1}^{0.1} \frac{1}{2}\left[\cos 5\pi(1 + n)t + \cos 5\pi(1 - n)t\right] dt$$

o

$$a_n = \frac{2V_m}{\pi}\frac{\cos(\pi n/2)}{1 - n^2} \qquad (n \ne 1) \tag{15}$$

Algunos detalles de la integración se han dejado para quienes prefieren efectuar por ellos mismos los pequeños y tediosos pasos. Incidentalmente, debe señalarse que la expresión para a_n cuando $n \ne 1$ dará el resultado correcto para $n = 1$ en el límite cuando $n \to 1$.

Una integración similar muestra que $b_n = 0$ para cualquier valor de n, por lo cual esta serie de Fourier no contiene términos seno. Por consiguiente, de las ecuaciones (13), (14) y (15) se obtiene la serie de Fourier:

$$v(t) = \frac{V_m}{\pi} + \frac{V_m}{2}\cos 5\pi t + \frac{2V_m}{3\pi}\cos 10\pi t - \frac{2V_m}{15\pi}\cos 20\pi t$$

$$+ \frac{2V_m}{35\pi}\cos 30\pi t - \cdots \tag{16}$$

En la figura 17-2a se muestra una gráfica de $v(t)$ como función del tiempo; en (12), $v(t)$ se expresa como una función analítica del tiempo. Cualquiera de estas representaciones está en el dominio del tiempo. La representación de $v(t)$ en serie de Fourier, ecuación (16), también es una expresión en el dominio del tiempo, pero puede transformarse fácilmente en una representación en el dominio de la frecuencia. Por ejemplo, podrían localizarse en el plano **s** los puntos que representan las frecuencias presentes en (16). El resultado sería una marca en el origen y marcas simétricas en el eje $j\omega$ positivo y negativo. Un método más acostumbrado para presentar esta información, y que muestra la amplitud de cada una de las componentes de frecuencia es el del *espectro de líneas*. En la figura 17-2*b* se muestra un espectro de líneas para la ecuación (16); la longitud de la línea vertical colocada en la frecuencia correspondiente indica la amplitud de cada componente de frecuencia. Este espectro también recibe el nombre de *espectro discreto* ya que cualquier intervalo finito de frecuencia contiene sólo un número finito de componentes de frecuencias.

Aquí es conveniente hacer un llamado de atención. El ejemplo con el que se ha trabajado no contiene términos seno, por lo que la amplitud de la n-ésima armónica es $|a_n|$. Si b_n no fuera cero, entonces la amplitud de la componente de frecuencia $n\omega_0$ sería $\sqrt{a_n^2 + b_n^2}$. Ésta es la cantidad general que debe aparecer en un espectro de líneas. Cuando se discuta la forma compleja de la serie de Fourier, se verá que esta amplitud puede obtenerse en forma más directa.

Además del espectro de amplitud, también puede construirse un *espectro de fase* discreto. A la frecuencia $n\omega_0$ los términos seno y coseno se combinan para determinar el ángulo de fase ϕ_n:

$$a_n \cos n\omega_0 t + b_n \,\text{sen}\, n\omega_0 t = \sqrt{a_n^2 + b_n^2} \cos\left(n\omega_0 t + \tan^{-1}\frac{-b_n}{a_n}\right)$$

$$= \sqrt{a_n^2 + b_n^2} \cos\left(n\omega_0 t + \phi_n\right)$$

o
$$\phi_n = \tan^{-1}\frac{-b_n}{a_n}$$

En la ecuación (16), $\phi_n = 0°$ o $180°$ para toda n.

La serie de Fourier obtenida para este ejemplo no incluye términos seno ni armónicas impares (excepto la fundamental) entre los términos coseno. Es posible anticipar la ausencia de ciertos términos en una serie de Fourier, antes de llevar a cabo cualquier integración, inspeccionando la simetría de la función del tiempo dada. En la sección que sigue se investigará el uso de la simetría.

Ejercicios

17-2. Una onda periódica $f(t)$ está descrita como sigue: $f(t) = -4$, $0 < t < 0.3$; $f(t) = 6$, $0.3 < t < 0.4$; $f(t) = 0$, $0.4 < t < 0.5$; $T = 0.5$. Calcule: *a*) a_0; *b*) a_3; *c*) b_1.
Resp: -1.200; 1.383; -4.44

17-3. Escriba las series de Fourier para las tres ondas de voltaje mostradas en la figura 17-3.

Resp: $\dfrac{4}{\pi}\left(\text{sen}\,\pi t + \dfrac{1}{3}\,\text{sen}\,3\pi t + \dfrac{1}{5}\,\text{sen}\,5\pi t + \ldots\right)$ V;

$\dfrac{4}{\pi}\left(\cos \pi t - \dfrac{1}{3}\cos 3\pi t + \dfrac{1}{5}\cos 5\pi t - \ldots\right)$ V;

$\dfrac{8}{\pi^2}\left(\text{sen}\,\pi t - \dfrac{1}{9}\,\text{sen}\,3\pi t + \dfrac{1}{25}\,\text{sen}\,5\pi t - \ldots\right)$ V

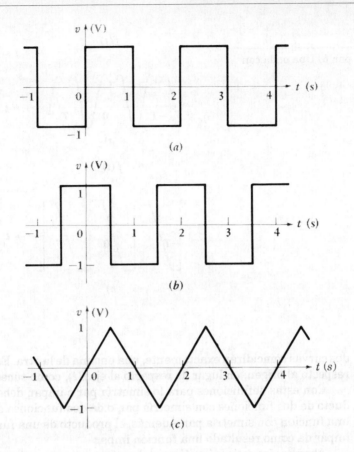

Figura 17-3

Para los ejercicios
17-3 y 17-7.

(a)

(b)

(c)

Los dos tipos de simetría que se reconocen mejor son la *simetría de las funciones pares* y la *simetría de las funciones impares*, o simplemente *simetría par* y *simetría impar*. Se dice que $f(t)$ tiene la propiedad de la simetría par si

$$f(t) = f(-t) \tag{17}$$

Funciones tales como t^2, $\cos 3t$, $\ln (\cos t)$, $\text{sen}^2 7t$ y una constante C tienen todas simetría par; la sustitución de t por $(-t)$ no altera el valor de ninguna de estas funciones. Este tipo de simetría también se puede reconocer gráficamente, ya que si $f(t) = f(-t)$, entonces existe simetría espejo con respecto al eje $f(t)$. La función mostrada en la figura 17-4a tiene simetría par; si la figura se doblase a lo largo del eje $f(t)$, entonces las partes de la gráfica de la función para tiempos positivos y negativos coincidirían exactamente, una encima de otra.

La simetría impar se define diciendo que si $f(t)$ tiene simetría impar, entonces

$$f(t) = -f(-t) \tag{18}$$

En otras palabras, si t se sustituye por $(-t)$, entonces se obtiene el negativo de la función dada; por ejemplo, t, $\text{sen } t$, $t \cos 70t$, $t\sqrt{1 + t^2}$ y la función graficada en la figura 17-4b son todas funciones impares y tienen simetría impar. Las características gráficas de la simetría impar son evidentes si la parte de $f(t)$ para $t > 0$ se gira alrededor del eje t positivo, y luego la figura resultante se gira alrededor del eje $f(t)$; las

17-3

El uso de la simetría

Figura 17-4

a) Una onda con simetría par. *b)* Una onda con simetría impar.

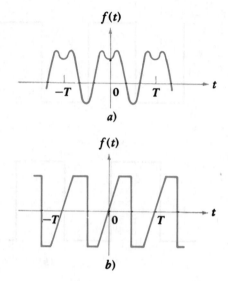

dos curvas coincidirán exactamente, una encima de la otra. Es decir, se tiene simetría respecto al origen, en lugar de respecto al· eje $f(t)$, como sucede con la simetría par.

Con estas definiciones para la simetría par e impar, debe observarse que el producto de dos funciones con simetría par, o de dos funciones con simetría impar, dan una función con simetría par. Además, el producto de una función par y una función impar da como resultado una función impar.

Ahora se investigará cuáles son los efectos que una simetría par produce en una serie de Fourier. Si se piensa en la expresión que iguala a una función par $f(t)$ con la suma de un número infinito de funciones seno y coseno, entonces es evidente que la suma también debe ser una función par. Sin embargo, una onda seno es impar, y ninguna suma de ondas seno puede producir más función par que la función constante cero (la cual es par e impar a la vez). Por tanto es posible que la serie de Fourier de cualquier función par esté compuesta de sólo una constante y funciones coseno. A continuación se mostrará detalladamente que $b_n = 0$. Se tiene

$$b_n = \frac{2}{T} \int_{-T/2}^{T/2} f(t)\, \mathrm{sen}\, n\omega_0 t\, dt$$

$$= \frac{2}{T} \left[\int_{-T/2}^{0} f(t)\, \mathrm{sen}\, n\omega_0 t\, dt + \int_{0}^{T/2} f(t)\, \mathrm{sen}\, n\omega_0 t\, dt \right]$$

Ahora se sustituye la variable t en la primera integral por $-\tau$, es decir, $\tau = -t$, y se usa la igualdad $f(t) = f(-t) = f(\tau)$:

$$b_n = \frac{2}{T} \left[\int_{T/2}^{0} f(-\tau)\, \mathrm{sen}\, (-n\omega_0\tau)\, (-d\tau) + \int_{0}^{T/2} f(t)\, \mathrm{sen}\, n\omega_0 t\, dt \right]$$

$$= \frac{2}{T} \left[-\int_{0}^{T/2} f(\tau)\, \mathrm{sen}\, n\omega_0\tau\, d\tau + \int_{0}^{T/2} f(t)\, \mathrm{sen}\, n\omega_0 t\, dt \right]$$

Pero el símbolo usado para identificar a la variable de integración no puede afectar el valor de la integral. En consecuencia,

$$\int_0^{T/2} f(\tau) \operatorname{sen} n\omega_0\tau \, d\tau = \int_0^{T/2} f(t) \operatorname{sen} n\omega_0 t \, dt$$

y

$$b_n = 0 \qquad \text{(simetría par)} \qquad (19)$$

No hay términos seno presentes. Por tanto, si $f(t)$ tiene simetría par, entonces $b_n = 0$; recíprocamente, si $b_n = 0$, entonces $f(t)$ debe tener simetría par.

Un examen similar de la expresión para a_n lleva a una integral sobre el *medio periodo* que se extiende desde $t = 0$ hasta $t = \frac{1}{2}T$:

$$a_n = \frac{4}{T} \int_0^{T/2} f(t) \cos n\omega_0 t \, dt \qquad \text{(simetría impar)} \qquad (20)$$

El hecho de que a_n pueda obtenerse para una función par tomando "dos veces la integral sobre la mitad del intervalo" debería parecer lógico.

Una función con simetría impar no puede contener un término constante o términos coseno en su expansión de Fourier. Se demostrará la segunda parte de esta aseveración. Se tiene

$$a_n = \frac{2}{T} \int_{-T/2}^{T/2} f(t) \cos n\omega_0 t \, dt$$

$$= \frac{2}{T} \left[\int_{-T/2}^{0} f(t) \cos n\omega_0 t \, dt + \int_0^{T/2} f(t) \cos n\omega_0 t \, dt \right]$$

y ahora se hace $t = -\tau$ en la primera integral,

$$a_n = \frac{2}{T} \left[\int_{T/2}^{0} f(-\tau) \cos(-n\omega_0\tau)(-d\tau) + \int_0^{T/2} f(t) \cos n\omega_0 t \, dt \right]$$

$$= \frac{2}{T} \left[\int_0^{T/2} f(-\tau) \cos n\omega_0\tau \, d\tau + \int_0^{T/2} f(t) \cos n\omega_0 t \, dt \right]$$

Pero $f(-\tau) = -f(\tau)$ y por lo tanto

$$a_n = 0 \qquad \text{(simetría impar)} \qquad (21)$$

Una prueba similar, pero más sencilla, muestra que

$$a_0 = 0 \qquad \text{(simetría impar)}$$

Por tanto, con simetría impar $a_n = 0$ y $a_0 = 0$ y, recíprocamente, si $a_n = 0$ y $a_0 = 0$, se tiene simetría impar.

Los valores de b_n pueden de nuevo obtenerse integrando sobre la mitad del intervalo:

$$b_n = \frac{4}{T} \int_0^{T/2} f(t) \operatorname{sen} n\omega_0 t \, dt \qquad \text{(simetría impar)} \qquad (22)$$

En el ejercicio 17-3, se pueden ver ejemplos de simetría par e impar. En los incisos *a* y *b*, la función dada es una onda cuadrada de la misma amplitud y periodo. Sin embargo, el origen del tiempo se ha seleccionado para dar simetría impar en el inciso *a* y simetría par en el inciso *b* y las series resultantes respectivas contienen sólo términos seno y sólo términos coseno. También es importante observar que el origen, $t = 0$, podría elegirse de tal forma que no se tuviera simetría par ni impar; entonces el cálculo de los coeficientes de los términos en la serie de Fourier tomaría el doble de tiempo y de esfuerzo.

Las series de Fourier para estas dos ondas cuadradas tienen otra característica interesante; ninguna de las dos series contienen *armónicas* pares.[2] Es decir, las únicas componentes de frecuencia presentes en las series tienen frecuencias que son múltiples impares de la frecuencia fundamental; a_n y b_n valen cero para n par. Este resultado se debe a otro tipo de simetría, llamada simetría de media onda. Se dice que $f(t)$ tiene *simetría de media onda* si

$$f(t) = -f(t - \tfrac{1}{2}T)$$

o la expresión equivalente

$$f(t) = -f(t + \tfrac{1}{2}T)$$

Excepto por un cambio de signo, cada medio ciclo es igual a los medios ciclos adyacentes. La simetría de media onda, a diferencia de la simetría par e impar, no es una función del punto en el que se elija $t = 0$. Por tanto, puede decirse la onda cuadrada (figura 17-3a o b) tiene simetría de media onda. Ninguna de las ondas mostradas en la figura 17-4 tiene simetría de media onda, pero las dos funciones algo similares dibujadas en la figura 17-5 sí tienen simetría de media onda.

Figura 17-5

a) Una onda parecida a la que se muestra en la figura 17-4a, pero con simetría de media onda. *b)* Una onda parecida a la que se muestra en la figura 17-4b, pero con simetría de media onda.

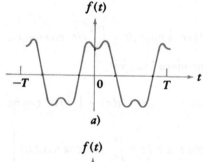

a)

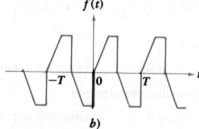

b)

Puede mostrarse que la serie de Fourier de cualquier función que tiene simetría de media onda sólo contiene armónicas impares. A continuación se considerarán los coeficientes a_n. De nuevo se tiene

$$a_n = \frac{2}{T} \int_{-T/2}^{T/2} f(t) \cos n\omega_0 t \, dt$$

$$= \frac{2}{T} \left[\int_{-T/2}^{0} f(t) \cos n\omega_0 t \, dt + \int_{0}^{T/2} f(t) \cos n\omega_0 t \, dt \right]$$

---

[2] Se requiere una atención constante para evitar la confusión entre una función par y una armónica par, o entre una función impar y una armónica impar. Por ejemplo, b_{10} es el coeficiente de una armónica par, y vale cero si $f(t)$ es una función par.

que puede representarse como

$$a_n = \frac{2}{T}(I_1 + I_2)$$

Ahora se sustituye la nueva variable $\tau = t + \frac{1}{2}T$ en la integral I_1:

$$I_1 = \int_0^{T/2} f\left(\tau - \frac{1}{2}T\right) \cos n\omega_0 \left(\tau - \frac{1}{2}T\right) d\tau$$

$$= \int_0^{T/2} -f(\tau)\left(\cos n\omega_0\tau \cos \frac{n\omega_0 T}{2} + \operatorname{sen} n\omega_0\tau \operatorname{sen}\frac{n\omega_0 T}{2}\right) d\tau$$

Pero $\omega_0 T$ es 2π, así que

$$\operatorname{sen} \frac{n\omega_0 T}{2} = \operatorname{sen} n\pi = 0$$

En consecuencia,

$$I_1 = -\cos n\pi \int_0^{T/2} f(\tau) \cos n\omega_0\tau \, d\tau$$

Después de observar la forma de I_2, se puede escribir

$$a_n = \frac{2}{T}(1 - \cos n\pi) \int_0^{T/2} f(t) \cos n\omega_0 t \, dt$$

El factor $(1 - \cos n\pi)$ indica que a_n vale cero si n es par. Entonces,

$$a_n = \begin{cases} \dfrac{4}{T}\displaystyle\int_0^{T/2} f(t) \cos n\omega_0 t \, dt & n \text{ impar} \\ 0 & n \text{ par} \end{cases} \quad \text{(simetría de media onda)} \qquad (23)$$

Una investigación similar muestra que b_n también vale cero para toda n, y así

$$b_n = \begin{cases} \dfrac{4}{T}\displaystyle\int_0^{T/2} f(t) \operatorname{sen} n\omega_0 t \, dt & n \text{ impar} \\ 0 & n \text{ par} \end{cases} \quad \text{(simetría de media onda)} \qquad (24)$$

Debe observarse que la simetría de media onda puede estar presente en una onda que también tenga simetría par o impar. La onda mostrada en la figura 17-5a, por ejemplo, tiene tanto simetría par como simetría de media onda. Cuando una onda tiene simetría de media onda y simetría par o impar, entonces es posible reconstruir la onda si se conoce la función en un intervalo de un cuarto de periodo. Los valores de a_n o b_n también se pueden encontrar integrando sobre cualquier cuarto de periodo. Así,

$$\left.\begin{array}{ll} a_n = \dfrac{8}{T}\displaystyle\int_0^{T/4} f(t) \cos n\omega_0 t \, dt & n \text{ impar} \\[2mm] a_n = 0 & n \text{ par} \\[2mm] b_n = 0 & \text{toda } n \end{array}\right\} \begin{array}{c} \text{(simetría de} \\ \text{media onda y par)} \end{array} \qquad (25)$$

$$a_n = 0 \qquad\qquad \text{toda } n$$

$$b_n = \frac{8}{T}\int_0^{T/4} f(t)\,\mathrm{sen}\,n\omega_0 t\,dt \quad n \text{ impar}$$

$$b_n = 0 \qquad\qquad n \text{ par}$$

(simetría de media onda e impar)   (26)

Siempre vale la pena dedicar unos instantes a investigar la simetría de una función para la cual se quiere hallar la serie de Fourier correspondiente.

Ejercicios

17-4. Grafique cada una de las funciones descritas, diga si tienen o no simetría par, impar o simetría de media onda, y encuentre el periodo: $a)\ v = 0,\ -2 < t < 0$ y $2 < t < 4;\ v = 5,\ 0 < t < 2;\ v = -5,\ 4 < t < 6;$ se repite; $b)\ v = 10,\ 1 < t < 3;\ v = 0,\ 3 < t < 7;\ v = -10,\ 7 < t < 9;$ se repite; $c)\ v = 8t,\ -1 < t < 1;\ v = 0,\ 1 < t < 3;$ se repite.

Resp: No, no, sí, 8; no, no, no, 8; no, sí, no, 4

17-5. Determine la serie de Fourier para cada una de las ondas descritas en el ejercicio 17-4a y b.

$$\textit{Resp: } \sum_{\substack{n=1 \\ (\text{impar})}}^{\infty} \frac{10}{n\pi}\left(\mathrm{sen}\,\frac{n\pi}{2}\cos\frac{n\pi t}{4} + \mathrm{sen}\,\frac{n\pi t}{4}\right);$$

$$\sum_{n=1}^{\infty} \frac{10}{n\pi}\left[\left(\mathrm{sen}\,\frac{3n\pi}{4} - 3\,\mathrm{sen}\,\frac{n\pi}{4}\right)\cos\frac{n\pi t}{4} + \left(\cos\frac{n\pi}{4} - \cos\frac{3n\pi}{4}\right)\mathrm{sen}\,\frac{n\pi t}{4}\right]$$

17-4

Respuesta completa debida a funciones de excitación periódicas

Por medio del uso de la serie de Fourier, ahora es posible expresar una función de excitación periódica arbitraria como la suma de un número infinito de excitaciones senoidales. La respuesta forzada debida a cada una de estas funciones puede encontrarse por medio del análisis convencional en estado permanente, y la forma de la respuesta natural puede determinarse a partir de los polos de la función de transferencia apropiada de la red. Las condiciones iniciales existentes en la red, incluyendo el valor inicial de la respuesta forzada, permiten elegir la amplitud de la respuesta natural; y luego se obtiene la respuesta completa como la suma de las respuestas natural y forzada. A continuación se ilustrará este procedimiento general con un ejemplo específico.

Ejemplo 17-2 Encuentre la respuesta periódica que se obtiene cuando la onda cuadrada de la figura 17-6a, incluyendo su componente de cd, se aplica al circuito RL en serie mostrado en la figura 17-6b. La excitación se aplica en $t = 0$, y la respuesta deseada es la corriente. Su valor inicial es cero.

Figura 17-6

$a)$ Una función de excitación de voltaje de onda cuadrada.
$b)$ La función de excitación del inciso a se aplica a este circuito RL en serie, en $t = 0$; se busca la respuesta completa $i(t)$.

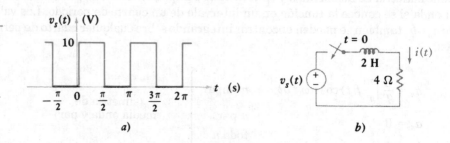

$a)$ $b)$

Solución: La función de excitación tiene una frecuencia fundamental $\omega_0 = 2$ rad/s, y su serie de Fourier se puede escribir por comparación con la serie de Fourier, que fue desarrollada para la forma de onda de la figura 17-3a en la solución del ejercicio 17-3.

$$v_s(t) = 5 + \frac{20}{\pi} \sum_{\substack{n=1 \\ (\text{impar})}}^{\infty} \frac{\text{sen } 2nt}{n}$$

La respuesta forzada de la n-ésima armónica se encontrará trabajando en el dominio de la frecuencia. Por consiguiente,

$$v_{sn}(t) = \frac{20}{\pi n} \text{sen } 2nt$$

y

$$\mathbf{V}_{sn} = \frac{20}{\pi n} (-j1)$$

La impedancia presentada por el circuito RL a esta frecuencia es

$$\mathbf{Z}_n = 4 + j(2n)2 = 4 + j4n$$

y entonces la componente de la respuesta forzada a esta frecuencia es

$$\mathbf{I}_{fn} = \frac{\mathbf{V}_{sn}}{\mathbf{Z}_n} = \frac{-j5}{\pi n(1 + jn)}$$

Si se transforma al dominio del tiempo, se tiene

$$i_{fn}(t) = \frac{5}{\pi n} \frac{1}{\sqrt{1 + n^2}} \cos(2nt - 90° - \tan^{-1} n)$$

$$= \frac{5}{\pi(1 + n^2)} \left(\frac{\text{sen } 2nt}{n} - \cos 2nt \right)$$

Como la respuesta a la componente de cd es obviamente 1.25 A, la respuesta forzada puede expresarse como la suma

$$i_f(t) = 1.25 + \frac{5}{\pi} \sum_{\substack{n=1 \\ (\text{impar})}}^{\infty} \left[\frac{\text{sen } 2nt}{n(1 + n^2)} - \frac{\cos 2nt}{1 + n^2} \right]$$

La conocida respuesta natural de este circuito simple es el término exponencial [que caracteriza el único polo de la función de transferencia, $\mathbf{I}_f/\mathbf{V}_s = 1/(4 + 2\mathbf{s})$]

$$i_n(t) = Ae^{-2t}$$

Por lo tanto la respuesta completa es la suma

$$i(t) = i_f(t) + i_n(t)$$

y, como $i(0) = 0$, es necesario elegir A tal que

$$A = -i_f(0)$$

Haciendo $t = 0$, se encuentra que $i_f(0)$ está dada por

$$i_f(0) = 1.25 - \frac{5}{\pi} \sum_{\substack{n=1 \\ (\text{impar})}}^{\infty} \frac{1}{1 + n^2}$$

Aunque A podría expresarse en términos de esta suma, es más conveniente usar su valor numérico. La suma de los primeros cinco términos de $\sum 1/(1+n^2)$ es 0.671, la suma de los primeros diez términos es 0.695, la suma de los primeros veinte términos es 0.708, y el valor exacto de la suma[3] es 0.720 hasta tres números significativos. Entonces,

$$A = -1.25 + \frac{5}{\pi}(0.720) = -0.104$$

y así:
$$i(t) = -0.104e^{-2t} + 1.25 + \frac{5}{\pi}\sum_{\substack{n=1 \\ (\text{impar})}}^{\infty}\left[\frac{\sen 2nt}{n(1+n^2)} - \frac{\cos 2nt}{1+n^2}\right]$$

Al obtener esta solución, se han tenido que utilizar muchos conceptos generales presentados en éste y en los 16 capítulos anteriores. Algunos de ellos no se utilizaron dada la naturaleza sencilla de este circuito en particular, pero se indicó su utilidad en el análisis general. En este sentido, la solución de este problema puede verse como un logro significativo en este estudio introductorio del análisis de circuitos. Sin embargo, a pesar de esta gloriosa sensación de triunfo, debe señalarse que la respuesta completa, tal como se obtuvo en forma analítica, no es de mucho valor; no da una idea clara de la naturaleza de la respuesta. Lo que se necesita realmente es una gráfica de $i(t)$ en función del tiempo. Esto puede lograrse por medio de cálculos laboriosos para un número suficiente de valores de t; una computadora digital o una calculadora programable puede ser de gran ayuda. Un bosquejo aproximado puede hacerse sumando gráficamente la respuesta natural, el término de cd, y unas cuantas primeras armónicas; esta es una tarea sin recompensa. Cuando todo se ha dicho y hecho, la solución más informativa de este problema se obtiene tal vez haciendo un análisis transitorio iterativo. Es decir, la forma de la respuesta puede ciertamente calcularse en el intervalo de $t = 0$ a $t = \pi/2$ s; es una exponencial creciente hacia 2.5 A. Después de calcular el valor al final de este intervalo, se tiene una condición inicial para el siguiente intervalo de $\pi/2$ s de anchura. El proceso se repite, por lo general, hasta que la respuesta adopta una naturaleza periódica. El método es eminentemente adecuado para este ejemplo, ya que hay un cambio despreciable de la onda de corriente en los periodos sucesivos $\pi/2 < t < 3\pi/2$ y $3\pi/2 < t < 5\pi/2$. La respuesta de corriente completa se muestra en la figura 17-7.   •

Figura 17-7

Parte inicial de la respuesta completa del circuito de la figura 17-6b debida a la función de excitación de la figura 17-6a.

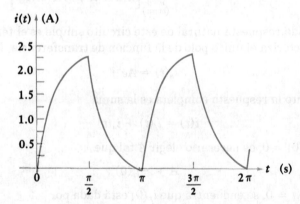

---

[3] La expresión compacta de la suma de esta serie es conocida

$$\sum_{\substack{n=1 \\ (\text{impar})}}^{\infty}\frac{1}{1+n^2} = \frac{\pi}{4}\tanh\frac{\pi}{2}$$

17-6. Utilice los métodos del capítulo 5 para calcular el valor de la corriente graficada en la figura 17-7 en t igual a: $a)$ $\pi/2$; $b)$ π; $c)$ $3\pi/2$.

Resp: 2.392 A; 0.1034 A; 2.396 A

Al obtener un espectro de frecuencias, se ha visto que la amplitud de cada componente de frecuencia depende tanto de a_n como de b_n; es decir, tanto el término seno como el término coseno contribuyen a la amplitud. La expresión exacta para esta amplitud es $\sqrt{a_n^2 + b_n^2}$. También es posible obtener directamente la amplitud usando una forma de la serie de Fourier en la cual cada término es una función coseno con un ángulo de fase; la amplitud y el ángulo de fase son funciones de $f(t)$ y n.

Una forma todavía más conveniente y concisa de la serie de Fourier se obtiene si los senos y cosenos se expresan como funciones exponenciales con constantes multiplicativas complejas.

Tómese primero la forma trigonométrica de la serie de Fourier:

$$f(t) = a_0 + \sum_{n=1}^{\infty} (a_n \cos n\omega_0 t + b_n \sin n\omega_0 t)$$

y luego sustitúyanse las formas exponenciales para el seno y el coseno. Después de reordenar,

$$f(t) = a_0 + \sum_{n=1}^{\infty} \left(e^{jn\omega_0 t} \frac{a_n - jb_n}{2} + e^{-jn\omega_0 t} \frac{a_n + jb_n}{2} \right)$$

Ahora se define una constante compleja $\mathbf{c}_n$:

$$\mathbf{c}_n = \tfrac{1}{2}(a_n - jb_n) \qquad (n = 1, 2, 3, \dots) \tag{27}$$

Los valores de a_n, b_n y $\mathbf{c}_n$ dependen todos de n y de $f(t)$. Supóngase ahora que n se sustituye por $(-n)$; ¿cómo cambian los valores de las constantes? Los coeficientes a_n y b_n están definidos por las ecuaciones (10) y (11), y es evidente que

$$a_{-n} = a_n$$

pero

$$b_{-n} = -b_n$$

De la ecuación (27), entonces,

$$\mathbf{c}_{-n} = \tfrac{1}{2}(a_n + jb_n) \qquad (n = 1, 2, 3, \dots) \tag{28}$$

Así,

$$\mathbf{c}_n = \mathbf{c}_{-n}^*$$

También se hace

$$\mathbf{c}_0 = a_0$$

Por tanto $f(t)$ puede expresarse como

$$f(t) = \mathbf{c}_0 + \sum_{n=1}^{\infty} \mathbf{c}_n e^{jn\omega_0 t} + \sum_{n=1}^{\infty} \mathbf{c}_{-n} e^{-jn\omega_0 t}$$

o

$$f(t) = \sum_{n=0}^{\infty} \mathbf{c}_n e^{jn\omega_0 t} + \sum_{n=1}^{\infty} \mathbf{c}_{-n} e^{-jn\omega_0 t}$$

Por último, en lugar de sumar en la segunda serie sobre los enteros positivos de 1 a ∞, se sumará sobre los enteros negativos, de -1 a $-\infty$:

$$f(t) = \sum_{n=0}^{\infty} \mathbf{c}_n e^{jn\omega_0 t} + \sum_{n=-1}^{-\infty} \mathbf{c}_n e^{jn\omega_0 t}$$

o

$$f(t) = \sum_{n=-\infty}^{\infty} \mathbf{c}_n e^{jn\omega_0 t} \tag{29}$$

Por convención, se sobrentiende que una suma de $-\infty$ a ∞ incluye un término para $n = 0$.

La ecuación (29) es la forma compleja de la serie de Fourier para $f(t)$; su forma concisa es una de las razones más importantes para usarla. Para obtener la expresión que evalúe un coeficiente complejo en particular $\mathbf{c}_n$, se sustituyen las ecuaciones (10) y (11) en la (27):

$$\mathbf{c}_n = \frac{1}{T} \int_{-T/2}^{T/2} f(t) \cos n\omega_0 t \, dt - j\frac{1}{T} \int_{-T/2}^{T/2} f(t) \operatorname{sen} n\omega_0 t \, dt$$

y luego se utilizan los equivalentes exponenciales del seno y el coseno, y se simplifica:

$$\mathbf{c}_n = \frac{1}{T} \int_{-T/2}^{T/2} f(t) e^{-jn\omega_0 t} \, dt \tag{30}$$

Así, una sola ecuación compacta sustituye a las dos ecuaciones requeridas para la forma trigonométrica de la serie de Fourier. En lugar de evaluar dos integrales para encontrar los coeficientes de Fourier, se necesita sólo una; además, casi siempre se trata de una integral más sencilla. Debe observarse que la integral de la ecuación (30) contiene el factor $1/T$, mientras que las integrales para a_n y b_n contienen el factor $2/T$.

Reuniendo las dos relaciones básicas para la forma exponencial de la serie de Fourier, se tiene

$$\boxed{\begin{array}{ll} f(t) = \displaystyle\sum_{n=-\infty}^{\infty} \mathbf{c}_n e^{jn\omega_0 t} & (29) \\[3mm] \mathbf{c}_n = \dfrac{1}{T} \displaystyle\int_{-T/2}^{T/2} f(t) e^{-jn\omega_0 t} \, dt & (30) \end{array}}$$

donde, como de costumbre, $\omega_0 = 2\pi/T$.

La amplitud de la componente de la serie exponencial de Fourier en $\omega = n\omega_0$ donde $n = 0, \pm 1, \pm 2, \ldots$, es $|\mathbf{c}_n|$. Puede graficarse un espectro de frecuencia discreto dando $|\mathbf{c}_n|$ contra $n\omega_0$ o nf_0 con una abscisa que muestre valores positivos y negativos, y la gráfica será simétrica con respecto al origen, ya que las ecuaciones (27) y (28) muestran que $|\mathbf{c}_n| = |\mathbf{c}_{-n}|$.

También se observa en las ecuaciones (29) y (30) que la amplitud de la componente senoidal en $\omega = n\omega_0$, donde $n = 1, 2, 3, \ldots$, es $\sqrt{a_n^2 + b_n^2} = 2|\mathbf{c}_n| = 2|\mathbf{c}_{-n}| = |\mathbf{c}_n| + |\mathbf{c}_{-n}|$.

Para la componente de cd, $a_0 = \mathbf{c}_0$.

Los coeficientes exponenciales de Fourier, dados por (30), también son afectados por la presencia de ciertas simetrías en la función $f(t)$. De este modo, las expresiones apropiadas para $\mathbf{c}_n$ son

$$\mathbf{c}_n = \frac{2}{T} \int_0^{T/2} f(t) \cos n\omega_0 t \, dt \qquad \text{(simetría par)} \tag{31}$$

$$c_n = \frac{-j2}{T} \int_0^{T/2} f(t)\,\text{sen}\,n\omega_0 t\,dt \qquad \text{(simetría impar)} \qquad (32)$$

$$c_n = \begin{cases} \dfrac{2}{T} \displaystyle\int_0^{T/2} f(t)e^{-jn\omega_0 t}\,dt & (n\text{ impar, simetría de media onda}) & (33a) \\[2mm] 0 & (n\text{ par, simetría de media onda}) & (33b) \end{cases}$$

$$c_n = \begin{cases} \dfrac{4}{T} \displaystyle\int_0^{T/4} f(t)\cos n\omega_0 t\,dt & (n\text{ impar, media onda y par}) & (34a) \\[2mm] 0 & (n\text{ par, media onda y par}) & (34b) \end{cases}$$

$$c_n = \begin{cases} \dfrac{-j4}{T} \displaystyle\int_0^{T/4} f(t)\,\text{sen}\,n\omega_0 t\,dt & (n\text{ impar, media onda e impar}) & (35a) \\[2mm] 0 & (n\text{ par, media onda e impar}) & (35b) \end{cases}$$

Ejemplo 17-3 Como un ejemplo sencillo de una serie exponencial de Fourier, determine c_n para la onda cuadrada de la figura 17-3b.

Solución: Esta onda cuadrada posee ambas simetrías, par y de media onda. Si se ignoran estas simetrías y se utiliza la ecuación general (30), se hace $T = 2$, $\omega_0 = 2\pi/2 = \pi$, y se tiene

$$c_n = \frac{1}{T} \int_{-T/2}^{T/2} f(t)e^{-jn\omega_0 t}\,dt$$

$$= \frac{1}{2}\left[\int_{-1}^{-0.5} -e^{-jn\pi t}\,dt + \int_{-0.5}^{0.5} e^{-jn\pi t}\,dt - \int_{0.5}^{1} e^{-jn\pi t}\,dt \right]$$

$$= \frac{1}{2}\left[\frac{-1}{-jn\pi}(e^{-jn\pi t})_{-1}^{-0.5} + \frac{1}{-jn\pi}(e^{-jn\pi t})_{-0.5}^{0.5} + \frac{-1}{-jn\pi}(e^{-jn\pi t})_{0.5}^{1} \right]$$

$$= \frac{1}{j2n\pi}(e^{jn\pi/2} - e^{jn\pi} - e^{-jn\pi/2} + e^{jn\pi/2} + e^{-jn\pi} - e^{-jn\pi/2})$$

$$= \frac{1}{j2n\pi}(2e^{jn\pi/2} - 2e^{-jn\pi/2}) = \frac{2}{n\pi}\,\text{sen}\,\frac{n\pi}{2}$$

Entonces, se encuentra, que $c_0 = 0$, $c_1 = 2/\pi$, $c_2 = 0$, $c_3 = -2/3\pi$, $c_4 = 0$, $c_5 = 2/5\pi$ y así sucesivamente. Estos valores coinciden con la serie trigonométrica de Fourier que se dio como respuesta al ejercicio 17-3 para la forma de onda mostrada en la figura 17-3b si se recuerda que $a_n = 2c_n$ cuando $b_n = 0$.

Al utilizar las simetrías de la forma de onda (par y media onda) hay menos trabajo cuando se aplican las ecuaciones (34a) y (34b), lo que conduce a

$$c_n = \frac{4}{T} \int_0^{T/4} f(t)\cos n\omega_0 t\,dt$$

$$= \frac{4}{2} \int_0^{0.5} \cos n\pi t\,dt = \frac{2}{n\pi}(\text{sen}\,n\pi t)_0^{0.5}$$

$$= \begin{cases} \dfrac{2}{n\pi}\,\text{sen}\,\dfrac{n\pi}{2} & (n\text{ par}) \\[2mm] 0 & (n\text{ impar}) \end{cases}$$

Estos resultados son los mismos que se obtuvieron justo cuando no se tomaron en cuenta las simetrías de la forma de onda.

Considérese un ejemplo más interesante y más difícil.

Ejemplo 17-4 La función $f(t)$ es un tren de pulsos rectangulares de amplitud V_0 y duración τ, que se repite periódicamente cada T segundos, como se muestra en la figura 17-8a. Determine la serie exponencial de Fourier para $f(t)$.

Figura 17-8

a) Sucesión periódica de pulsos rectangulares. *b*) El espectro discreto correspondiente para $|c_n|$, $f = nf_0$, $n = 0, \pm 1, \pm 2, \ldots$ *c*) $\sqrt{a_n^2 + b_n^2}$ contra $f = nf_0$, $n = 0, 1, 2, \ldots$.

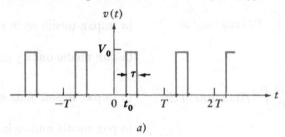

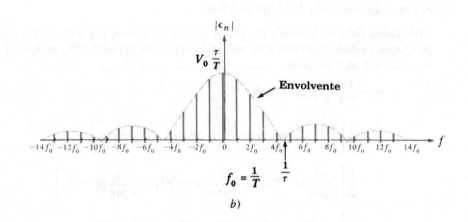

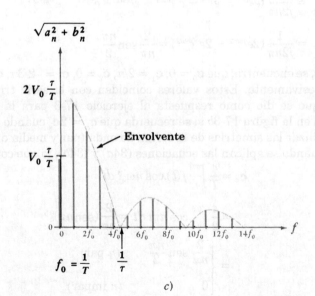

Solución: La frecuencia fundamental es $f_0 = 1/T$. No existe simetría y el valor de un coeficiente complejo general se encuentra con la ecuación (30):

$$\mathbf{c}_n = \frac{1}{T} \int_{-T/2}^{T/2} f(t) e^{-jn\omega_0 t}\, dt = \frac{V_0}{T} \int_{t_0}^{t_0+\tau} e^{-jn\omega_0 t}\, dt$$

$$= \frac{V_0}{-jn\omega_0 T} \left(e^{-jn\omega_0(t_0+\tau)} - e^{-jn\omega_0 t_0} \right)$$

$$= \frac{2V_0}{n\omega_0 T} e^{-jn\omega_0(t_0+\tau/2)} \operatorname{sen}\left(\frac{1}{2} n\omega_0 \tau\right)$$

$$= \frac{V_0 \tau}{T} \frac{\operatorname{sen}(\tfrac{1}{2}n\omega_0\tau)}{\tfrac{1}{2}n\omega_0\tau} e^{-jn\omega_0(t_0+\tau/2)}$$

Entonces la magnitud de $\mathbf{c}_n$ es

$$|\mathbf{c}_n| = \frac{V_0 \tau}{T} \left| \frac{\operatorname{sen}(\tfrac{1}{2}n\omega_0\tau)}{\tfrac{1}{2}n\omega_0\tau} \right| \qquad (36)$$

y el ángulo de $\mathbf{c}_n$ es

$$\operatorname{áng} \mathbf{c}_n = -n\omega_0\left(t_0 + \frac{\tau}{2}\right) \qquad \text{(posiblemente más 180°)} \qquad (37)$$

Las ecuaciones (36) y (37) representan la solución a este problema de la serie exponencial de Fourier. ●

El factor trigonométrico en la ecuación (36) aparece con frecuencia en la teoría moderna de comunicaciones, y recibe el nombre de *función de muestreo*. El "muestreo" se refiere a la función del tiempo de la figura 17-8a de la cual se deriva la función de muestreo. El producto de esta sucesión de pulsos y cualquier otra función $f(t)$ representa *muestras* de $f(t)$ cada T segundos si τ es pequeño y $V_0 = 1$. Se define

$$\operatorname{Sa}(x) = \frac{\operatorname{sen} x}{x}$$

Debido a la manera en que ayuda a determinar la amplitud de las distintas componentes de frecuencia en $f(t)$, vale la pena investigar las características importantes de esta función. Primero, se observa que $\operatorname{Sa}(x)$ vale cero siempre que x sea un múltiplo entero de π; es decir,

$$\operatorname{Sa}(n\pi) = 0 \qquad n = 1, 2, 3, \ldots$$

Cuando x vale cero, la función es indeterminada, pero es fácil mostrar que su valor es uno:

$$\operatorname{Sa}(0) = 1$$

Por lo tanto la magnitud de $\operatorname{Sa}(x)$ disminuye de uno en $x = 0$ a cero en $x = \pi$. Conforme x aumenta de π a 2π, $|\operatorname{Sa}(x)|$ aumenta de cero a un máximo menor que uno, y luego cae de nuevo a cero. Conforme x sigue aumentando, los máximos sucesivos continuamente se hacen más pequeños pues el numerador de $\operatorname{Sa}(x)$ no puede exceder a uno y el denominador sigue aumentando. Además, $\operatorname{Sa}(x)$ tiene simetría par.

Ahora se obtendrá el espectro discreto. Se considera primero $|\mathbf{c}_n|$, se escribe la ecuación (36) en términos de la frecuencia cíclica fundamental f_0:

$$|\mathbf{c}_n| = \frac{V_0\tau}{T}\left|\frac{\text{sen }(n\pi f_0\tau)}{n\pi f_0\tau}\right| \tag{38}$$

La amplitud de cualquier $\mathbf{c}_n$ se obtiene de la ecuación (38) usando los valores conocidos τ y $T = 1/f_0$ y eligiendo el valor deseado de n, $n = 0, \pm1, \pm2, \ldots$. En vez de evaluar (38) en estas frecuencias discretas, se trazará la *envolvente* de $|\mathbf{c}_n|$ considerando que la frecuencia nf_0 es una variable continua. Es decir, f, que es nf_0, en realidad sólo puede tomar los valores discretos de las frecuencias armónicas $0, \pm f_0, \pm 2f_0, \pm 3f_0$, etcétera, pero por el momento puede pensarse que n es una variable continua. Cuando f vale cero, es evidente que $|\mathbf{c}_n|$ vale $V_0\tau/T$ y cuando f aumenta a $1/\tau$, $|\mathbf{c}_n|$ vale cero. La envolvente que resulta se bosquejó como la línea punteada de la figura 17-8b. A continuación se obtiene el espectro discreto o de líneas levantando líneas verticales a cada frecuencia armónica, como se ve en la gráfica. Las amplitudes mostradas son las de $\mathbf{c}_n$. El caso particular bosquejado se aplica al caso en el que $\tau/T = 1/(1.5\pi) = 0.212$. En este ejemplo, sucede que no hay una armónica exactamente en la frecuencia a la cual la envolvente vale cero; sin embargo, esto podría lograrse mediante una elección diferente de τ o de T.

En la figura 17-8c, la amplitud de la componente senoidal se ha graficado en función de la frecuencia. Obsérvese de nuevo que $a_0 = \mathbf{c}_0$ y $\sqrt{a_n^2 + b_n^2} = |\mathbf{c}_n| + |\mathbf{c}_{-n}|$.

Hay varias observaciones y conclusiones que pueden hacerse acerca del espectro discreto de una sucesión periódica de pulsos rectangulares, tal como el de la figura 17-8c. Con respecto a la envolvente del espectro discreto, es evidente que la "anchura" de la envolvente depende de τ, y no de T. De hecho, la forma de la envolvente no es una función de T. Se concluye que el ancho de banda de un filtro diseñado para dejar pasar los pulsos periódicos es una función de la anchura τ del pulso, pero no del periodo T del pulso; al observar la figura 17-8c se ve que el ancho de banda requerido es de alrededor de $1/\tau$ Hz. Si el periodo T del pulso aumenta (o si disminuye la frecuencia f_0 de repetición del pulso), el ancho de banda $1/\tau$ no cambia, pero el número de líneas espectrales entre la frecuencia cero y $1/\tau$ Hz aumenta, aunque de manera discontinua; la amplitud de cada línea es inversamente proporcional a T. Finalmente, un desplazamiento del origen del tiempo no cambia el espectro discreto; es decir, $|\mathbf{c}_n|$ no es una función de t_0. Las fases relativas de las componentes de frecuencia cambian con la elección de t_0.

Ejercicio

17-7. Determine el coeficiente general $\mathbf{c}_n$ en la serie compleja de Fourier para la forma de onda mostrada en a) la figura 17-3a; b) 17-3c.

Resp: $-j2/(n\pi)$ para n impar, 0 para n par; $-j\,[4/(n^2\pi^2)]$ sen $n\pi/2$ para toda n

Problemas

1 Sea $v(t) = 3 - 3\cos(100\pi t - 40°) + 4\text{ sen}(200\pi t - 10°) + 2.5\cos 300\pi t$ V. Encuentre a) V_{prom}; b) V_{eff}; c) T; d) $v(18\text{ ms})$.

2 a) Haga una gráfica de una forma de onda de voltaje $v(t) = 2\cos 2\pi t + 1.8\text{ sen }4\pi t$ en el intervalo $0 < t < T$. b) Encuentre el máximo valor de $v(t)$ en este intervalo. c) Encuentre la magnitud del valor más negativo de $v(t)$ en este intervalo.

3 La forma de onda que se muestra en la figura 17-9 es periódica con $T = 10$ s. Encuentre a) el valor promedio; b) el valor efectivo; c) el valor de a_3.

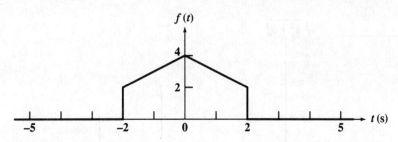

Figura 17-9

Para el problema 3.

4 Para la forma de onda periódica que se muestra en la figura 17-10, encuentre *a*) T; *b*) f_0; *c*) ω_0; *d*) a_0; *e*) b_2.

Figura 17-10

Para los problemas 4 y 5.

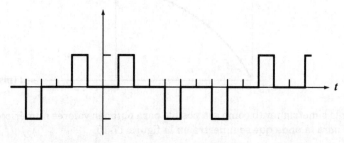

5 Encuentre a_3, b_3 y $\sqrt{a_3^2 + b_3^2}$ para la forma de onda que se muestra en la figura 17-10.

6 Obtenga la forma trigonométrica de la serie de Fourier, dé el valor de T y determine el valor promedio de cada una de estas funciones periódicas de tiempo: *a*) $3.8 \cos^2 80\pi t$; *b*) $3.8 \cos^3 80\pi t$; *c*) $3.8 \cos 79\pi t - 3.8 \operatorname{sen} 80\pi t$.

7 Una función periódica de tiempo con $T = 2$ s tiene los siguientes valores: $f(t) = 0$, $-1 < t < 0$; $f(t) = 1$, $0 < t < t_1$; y $f(t) = 0$, $t_1 < t < 1$. *a*) ¿Cuál es el valor de t_1 que maximiza b_4? *b*) Encuentre $b_{4,\text{máx}}$.

8 Se describe una señal eléctrica por $g(t) = -5 + 8 \cos 10t - 5 \cos 15t + 3 \cos 20t - 8 \operatorname{sen} 10t - 4 \operatorname{sen} 15t + 2 \operatorname{sen} 20t$. Encuentre *a*) el periodo de $g(t)$; *b*) el ancho de banda (en hertz) de la señal; *c*) el valor promedio de $g(t)$; *d*) el valor efectivo de $g(t)$; *e*) el espectro discreto de amplitud y de fase de la señal.

9 La forma de onda del ejemplo 17-1 (mostrado en la figura 17-2) es la salida de un rectificador de media onda. Si la media senoidal ocupa todos los intervalos $-0.5 < t < -0.3$, $-0.3 < t < -0.1$, $-0.1 < t < 0.1$, y así sucesivamente, entonces la salida es de un rectificador de onda completa. Encuentre la serie trigonométrica de Fourier para este caso.

10 *a*) Identifique los tipos de simetría de la onda mostrada en la figura 17-11. *b*) ¿Cuál o cuáles de a_n, b_n o a_0 valen cero? *c*) Calcule a_1, b_1, a_2, b_2, a_3 y b_3.

Figura 17-11

Para el problema 10.

11 Se sabe que cierta función periódica $y(t)$ tiene simetría impar y su espectro de amplitud se muestra en la figura 17-12. Si toda a_n y b_n son no negativas: *a*) determine la serie de Fourier para $y(t)$; *b*) encuentre el valor efectivo de $y(t)$; *c*) calcule el valor de $y(0.2$ ms$)$.

Figura 17-12

Para el problema 11.

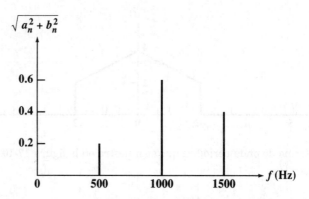

12 Utilice la forma de onda dada para $f(t)$ en el intervalo $0 < t < 3$ en la figura 17-13 para graficar una nueva función $g(t)$ que sea igual a $f(t)$ para $0 < t < 3$ pero que tiene también $a)$ $T = 6$ y simetría par; $b)$ $T = 6$ y simetría impar; $c)$ $T = 12$ y simetría par y de media onda; $d)$ $T = 12$ y simetría impar y de media onda. $e)$ Evalúe a_5 y b_5 para cada caso.

Figura 17-13

Para el problema 12.

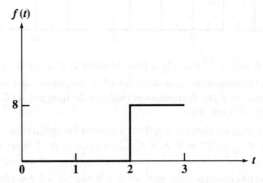

13 La forma de onda mostrada en la figura 17-14 se repite cada 4 ms. $a)$ Encuentre la componente de cd, a_0. $b)$ Especifique los valores de a_1 y b_1. $c)$ Especifique una función $f_x(t)$ que sea igual a $f(t)$ en el intervalo mostrado de 4 ms, pero que tenga un periodo de 8 ms y muestre simetría par. $d)$ Encuentre a_1 y b_1 para $f_x(t)$.

Figura 17-14

Para el problema 13.

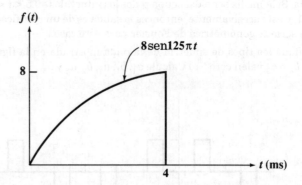

14 Utilice la simetría tanto como sea posible para obtener valores numéricos de a_0, a_n y b_n, $1 \le n \le 10$, para la onda que se muestra en la figura 17-15.

15 Una función $f(t)$ tiene ambas simetrías, impar y de media onda. El periodo es de 8 ms. También se sabe que $f(t) = 10^3 t$, $0 < t < 1$ ms y $f(t) = 0$, $1 < t < 2$ ms. Encuentre valores para b_n, $1 \le n \le 5$.

Figura 17-15

Para el problema 14.

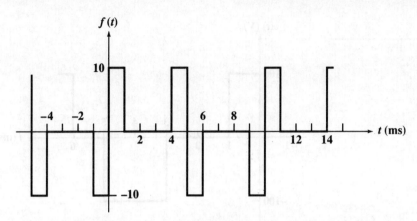

16 Una porción de $f(t)$ se muestra en la figura 17-16. Muestre $f(t)$ en el intervalo $0 < t < 8$ s si $f(t)$ tiene *a*) simetría impar y $T = 4$ s; *b*) simetría par y $T = 4$ s; *c*) simetrías impar y de media onda y $T = 8$ s; *d*) simetrías par y de media onda y $T = 8$ s.

Figura 17-16

Para el problema 16.

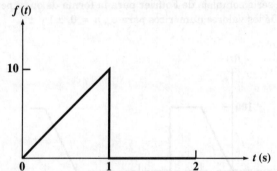

17 Remplace la onda cuadrada de la figura 17-6*a* con la que se muestra en la figura 17-17 y repita el análisis de la sección 17-4 para obtener una nueva expresión para *a*) $i_f(t)$; *b*) $i(t)$.

Figura 17-17

Para los problemas 17 al 19.

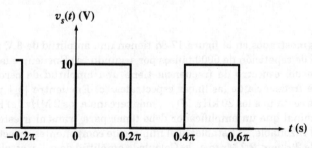

18 La forma de onda para $v_s(t)$ que se muestra en la figura 17-17 se aplica al circuito de la figura 17-6*b*. Utilice los métodos estándar del análisis transitorio para calcular $i(t)$ en t igual a *a*) 0.2π s; *b*) 0.4π s; *c*) 0.6π s.

19 Una fuente ideal de voltaje v_s, un interruptor abierto, un resistor de $2\ \Omega$ y un capacitor de 2 F están en serie. El voltaje de la fuente se muestra en la figura 17-17. El interruptor se cierra en $t = 0$ y el voltaje del capacitor es la respuesta deseada. *a*) Trabaje en el dominio de la frecuencia de la n-ésima armónica para determinar la respuesta forzada como una serie trigonométrica de Fourier. *b*) Especifique la forma funcional de la respuesta natural. *c*) Determine la respuesta completa.

20 Sea $T = 6$ ms para la forma de onda periódica que se muestra en la figura 17-18. Encuentre c_3, c_{-3}, $|c_3|$, a_3, b_3 y $\sqrt{a_3^2 + b_3^2}$.

Figura 17-18

Para el problema 20.

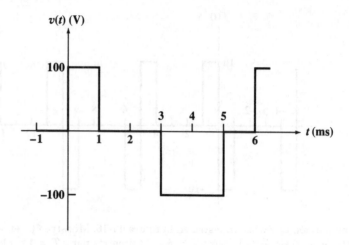

21 *a*) Encuentre la serie compleja de Fourier para la forma de onda periódica mostrada en la figura 17-19. *b*) Dé los valores numéricos para c_n, $n = 0$, ± 1 y ± 2.

Figura 17-19

Para el problema 21.

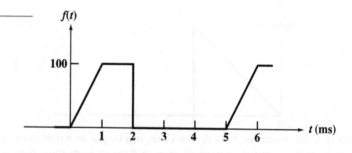

22 Los pulsos mostrados en la figura 17-8*a* tienen una amplitud de 8 V, una duración de 0.2 μs y una tasa de repetición de 6000 pulsos por segundo. a) Encuentre la frecuencia a la que la envolvente del espectro de frecuencia tiene una amplitud de cero. *b*) Determine la separación de frecuencia de las líneas espectrales. *c*) Encuentre $|c_n|$ para la componente espectral más cercana a los 20 kHz. *d*) . . . más cercana a los 2 MHz. *e*) Especifique el ancho de banda nominal que un amplificador debe tener para transmitir este tren de pulsos con una fidelidad razonable. *f*) Establezca el número de componentes espectrales en el rango de frecuencias de $2 < \omega < 2.2$ Mrad/s. *g*) Calcule la amplitud de c_{227} y establezca su frecuencia.

23 Una forma de onda de voltaje tiene un periodo $T = 5$ ms y los valores de los coeficientes complejos $c_0 = 1$, $c_1 = 0.2 - j0.2$, $c_2 = 0.5 + j0.25$, $c_3 = -1 - j2$ y $c_n = 0$ para $|n| \geq 4$. *a*) Encuentre $v(t)$. *b*) Calcule $v(1 \text{ ms})$.

24 Una secuencia de pulsos tiene un periodo de 5 μs, una amplitud unitaria para $-0.6 < t < -0.4 \mu$s y para $0.4 < t < 0.6 \mu$s, y una amplitud de cero en cualquier otra parte del intervalo. Esta serie de pulsos podrían representar el número decimal 3 que se transmite en forma binaria por una computadora digital. *a*) Encuentre c_n. *b*) Evalúe c_4. *c*) Evalúe c_0. *d*) Encuentre $|c_n|_{máx}$. *e*) Encuentre N tal que $|c_n| \leq 0.01|c_n|_{máx}$ para toda $n > N$. *f*) ¿Cuál es el ancho de banda que se requiere para transmitir esta porción del espectro?

25 Sea un voltaje periódico $v_s(t) = 40$ V para $0 < t < \frac{1}{96}$ s y 0 para $\frac{1}{96} < t < \frac{1}{16}$ s. Si $T = \frac{1}{16}$ s, encuentre a) $\mathbf{c}_3$; b) la potencia entregada a la carga en el circuito de la figura 17-20.

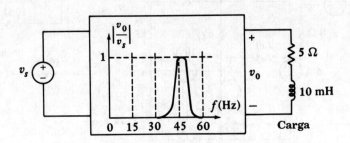

Figura 17-20

Para el problema 25.

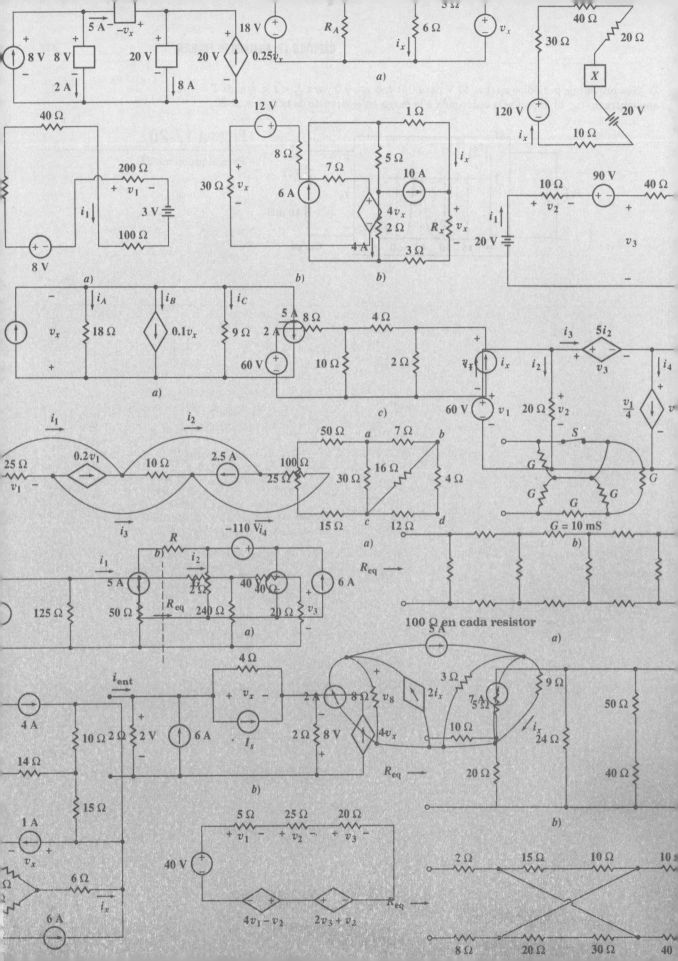

La transformada de Fourier

En este capítulo se estudia el uso de los métodos de transformadas para analizar el comportamiento de circuitos lineales por medio del análisis de la transformada de Fourier. La transformada de Laplace es el tema del capítulo siguiente.

Las transformadas de Fourier y de Laplace son operaciones que cambian una función del tiempo en una función de $j\omega$ (transformada de Fourier) o de $\mathbf{s}$ (transformada de Laplace). Dada una función del tiempo adecuada, hay una y sólo una transformada de Fourier que le corresponde; una correspondencia única similar existe para la transformada de Laplace. Es más, para la transformada inversa también existe una relación uno a uno; es decir, dada una función de $j\omega$ adecuada, o de $\mathbf{s}$ para la transformada de Laplace, hay una y sólo una función del tiempo que le corresponde.

Las transformadas de Fourier y de Laplace son *transformadas integrales* muy importantes en el estudio de muchos tipos de sistemas en ingeniería, incluyendo los circuitos eléctricos lineales. Hasta aquí no se les ha necesitado realmente, ya que la mayor parte de los circuitos, junto con sus funciones de excitación y respuestas, han sido más bien simples. Si se usaran técnicas de transformadas integrales relativamente poderosas para dichos circuitos sería parecido a usar una locomotora diesel para partir nueces; podría perderse de vista el objetivo. Pero ahora ya se ha progresado al punto en el que las funciones de excitaciones, y tal vez los circuitos, se complican demasiado para las herramientas que se han desarrollado. Se desea estudiar funciones de excitación que no sean periódicas, y más adelante también funciones de excitación o señales (aleatorias) que no puedan expresarse como funciones del tiempo. Este deseo a menudo se satisface por medio del uso de métodos de transformadas integrales cuyo estudio ahora se comienza.

La transformada de Fourier se definirá recordando primero el espectro del tren de pulsos rectangulares periódico obtenido al final del capítulo 17. Ese era un espectro de líneas *discreto,* que es el que se obtendrá siempre para las funciones del tiempo periódicas. El espectro era discreto en el sentido de que no era una función suave o continua de la frecuencia; en lugar de ello, tenía valores diferentes de cero sólo a frecuencias específicas.

Sin embargo, existen muchas funciones de excitación importantes que no son funciones del tiempo periódicas, tales como un solo pulso rectangular, una función escalón, una función rampa, o un tipo raro de función llamada *función impulso* la cual se definirá en este capítulo. Para estas funciones no periódicas puede obtenerse

18-1

Introducción

18-2

Definición
de la
transformada
de Fourier

el espectro de frecuencia, pero serán espectros *continuos* en los cuales podrá encontrarse, en general, energía en cualquier intervalo de frecuencia diferente a cero, por pequeño que éste sea.

Este concepto se desarrollará a partir de una función periódica y haciendo que el periodo tienda a infinito. La experiencia con los pulsos rectangulares periódicos al final del capítulo 17 indica que la envolvente disminuirá en amplitud sin ningún otro cambio de forma, y que en cualquier intervalo de frecuencia dado se encontrarán más y más componentes de frecuencia. En el límite, cabría esperar una envolvente de amplitud infinitesimal que contiene un número infinito de componentes de frecuencia separadas por intervalos de frecuencia infinitesimal. Por ejemplo, el número de componentes de frecuencia entre 0 y 100 Hz tiende a infinito, pero la amplitud de cada uno de ellos tiende a cero. A primera vista, un espectro de amplitud cero es un concepto poco claro. Se sabe que el espectro de líneas o discreto de una función de excitación periódica muestra la amplitud de cada componente de frecuencia. Pero, ¿qué significa el espectro continuo de amplitud cero de una función de excitación no periódica? La respuesta a esta pregunta se dará en la sección que sigue; por el momento se efectuará el proceso de límite delineado anteriormente.

Se comienza con la forma exponencial de la serie de Fourier:

$$f(t) = \sum_{n=-\infty}^{\infty} \mathbf{c}_n e^{jn\omega_0 t} \tag{1}$$

donde

$$\mathbf{c}_n = \frac{1}{T} \int_{-T/2}^{T/2} f(t) e^{-jn\omega_0 t} \, dt \tag{2}$$

y

$$\omega_0 = \frac{2\pi}{T} \tag{3}$$

Ahora

$$T \to \infty$$

y en consecuencia, de la ecuación (3), ω_0 debe hacerse infinitesimalmente pequeña. Este límite se representa por un diferencial

$$\omega_0 \to d\omega$$

Entonces

$$\frac{1}{T} = \frac{\omega_0}{2\pi} \to \frac{d\omega}{2\pi} \tag{4}$$

Finalmente, la frecuencia de cualquier "armónica" $n\omega_0$ debe ahora corresponder a la variable de frecuencia que describe el espectro continuo. En otras palabras, n debe tender a infinito conforme ω_0 tiende a cero, de tal forma que su producto permanezca finito:

$$n\omega_0 \to \omega \tag{5}$$

Cuando estas cuatro operaciones de límite se aplican a (2), se encuentra que $\mathbf{c}_n$ debe tender a cero, tal como se había supuesto. Si cada lado de (2) se multiplica por el periodo T y luego se aplica el proceso de límite, se obtiene un resultado no trivial:

$$\mathbf{c}_n T \to \int_{-\infty}^{\infty} f(t) e^{-j\omega t} \, dt$$

El segundo miembro de esta expresión es una función de ω (*no* de t), y se le representa por $\mathbf{F}(j\omega)$:

$$\mathbf{F}(j\omega) = \int_{-\infty}^{\infty} f(t)e^{-j\omega t}\,dt \qquad (6)$$

Ahora se aplica el proceso de límite a la ecuación (1). Primero se multiplica y divide la suma entre T,

$$f(t) = \sum_{n=-\infty}^{\infty} \mathbf{c}_n Te^{jn\omega_0 t}\frac{1}{T}$$

luego se sustituye $\mathbf{c}_n T$ por la nueva cantidad $\mathbf{F}(j\omega)$, y se usan (4) y (5). En el límite, la suma se convierte en una integral, y

$$f(t) = \frac{1}{2\pi}\int_{-\infty}^{\infty} \mathbf{F}(j\omega)e^{j\omega t}\,d\omega \qquad (7)$$

Las ecuaciones (6) y (7) reciben el nombre de *par de transformación de Fourier*. La función $\mathbf{F}(j\omega)$ es la *transformada de Fourier* de $f(t)$, y $f(t)$ es la transformada *inversa* de Fourier de $\mathbf{F}(j\omega)$.

¡Esta relación del par de transformación es importante! Debe memorizarse, marcarse con flechas y mantenerse mentalmente en el nivel consciente de aquí a la eternidad.[1] La importancia de estas relaciones se queda grabada repitiéndolas:

$$\boxed{\begin{aligned}\mathbf{F}(j\omega) &= \int_{-\infty}^{\infty} e^{-j\omega t}f(t)\,dt \qquad &(8a)\\[2mm] f(t) &= \frac{1}{2\pi}\int_{-\infty}^{\infty} e^{j\omega t}\mathbf{F}(j\omega)\,d\omega \qquad &(8b)\end{aligned}}$$

Los términos exponenciales en estas dos ecuaciones llevan signos opuestos para los exponentes. Para ponerlos en el lugar correcto, puede ser útil observar que el signo positivo está asociado con la expresión para $f(t)$, tal como sucede con la serie compleja de Fourier en la ecuación (1).

En este punto, es apropiado hacer la siguiente pregunta: para las relaciones de la transformada de Fourier dadas antes, ¿puede obtenerse la transformada de Fourier de *cualquier* $f(t)$, elegida de manera arbitraria? Resulta que la respuesta es afirmativa sobre todo para cualquier corriente o voltaje que pueda producirse en realidad. Una condición suficiente para la existencia de $\mathbf{F}(j\omega)$ es que

$$\int_{-\infty}^{\infty} |f(t)|\,dt < \infty$$

Sin embargo, esta condición no es necesaria, ya que algunas funciones que no la satisfacen sí tienen una transformada de Fourier; la función escalón es un ejemplo. Más adelante se verá que $f(t)$ ni siquiera necesita ser no periódica para poder tener una transformada de Fourier; la representación en serie de Fourier para una función del tiempo periódica es sólo un caso especial de la representación más general de la transformada de Fourier.

Como se indicó antes, la relación del par de transformación de Fourier es única. Para una $f(t)$ dada existe una $\mathbf{F}(j\omega)$ específica; y para una $\mathbf{F}(j\omega)$ dada existe una $f(t)$ específica.

---

[1] Los futuros vendedores de autos y los políticos pueden olvidarla.

Ejemplo 18-1   A continuación se usará la transformada de Fourier para obtener el espectro continuo de un solo pulso rectangular. Se tomará el pulso de la figura 17-8a (repetido como figura 18-1a), el cual ocurre en el intervalo $t_0 < t < t_0 + \tau$.

Solución: El pulso se describe por

$$f(t) = \begin{cases} V_0 & t_0 < t < t_0 + \tau \\ 0 & t < t_0 \quad \text{y} \quad t > t_0 + \tau \end{cases}$$

La transformada de Fourier de $f(t)$ se calcula a partir de la ecuación (8a):

$$\mathbf{F}(j\omega) = \int_{t_0}^{t_0+\tau} V_0 e^{-j\omega t}\, dt$$

y esto se puede integrar y simplificar fácilmente:

$$\mathbf{F}(j\omega) = V_0\tau\, \frac{\operatorname{sen}\frac{1}{2}\omega\tau}{\frac{1}{2}\omega\tau}\, e^{-j\omega(t_0 + \tau/2)}$$

La magnitud de $\mathbf{F}(j\omega)$ da el espectro continuo de frecuencia, y obviamente se ve que tiene la forma de la función de muestreo. El valor de $\mathbf{F}(0)$ es $V_0\tau$. La forma del espectro es idéntica a la envolvente de la figura 18-1b. Una gráfica de $|\mathbf{F}(j\omega)|$ en función de ω *no* indica la magnitud del voltaje presente a una frecuencia dada. ¿Qué representa, entonces? Un examen de la ecuación (7) muestra que si $f(t)$ es una onda de voltaje, entonces las dimensiones de $\mathbf{F}(j\omega)$ son "voltios por unidad de frecuencia", un concepto que a muchos les parecerá extraño. Con el objeto de comprender mejor esto, enseguida se analizarán algunas de las propiedades de $\mathbf{F}(j\omega)$.   •

Figura 18-1

a) Sucesión periódica de pulsos rectangulares. b) El espectro de líneas o discreto correspondiente para $|\mathbf{c}_n|$.

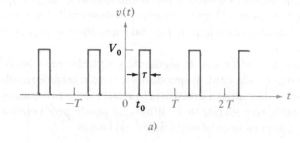

a)

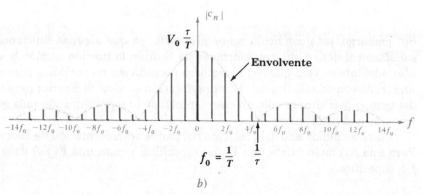

$$f_0 = \frac{1}{T}$$

b)

18-1. Si $f(t) = -10$ V, $-0.2 < t < -0.1$ s, $f(t) = 10$ V, $0.1 < t < 0.2$ s, y $f(t) = 0$ para otros valores de t, evalúe $\mathbf{F}(j\omega)$ para ω igual a a) 0; b) 10π rad/s; c) -10π rad/s; d) 15π rad/s; e) -20π rad/s.   *Resp:* 0; $j1.273$ V/(rad/s); $-j$ 1.273 V/(rad/s); $-j0.424$ V/(rad/s); 0

Ejercicios

18-2. Si $\mathbf{F}(j\omega) = -10$ V/(rad/s) para $-4 < \omega < -2$ rad/s, $+10$ V/(rad/s) para $2 < \omega < 4$ rad/s, y 0 para otros valores de ω, encuentre el valor numérico de $f(t)$ para t igual a a) 10^{-4} s; b) 10^{-2} s; c) $\pi/4$ s; d) $\pi/2$ s; e) π s.
Resp: $j1.9099 \times 10^{-3}$ V; $j0.1910$ V; $j4.05$ V; $-j4.05$ V; 0

El objetivo en esta sección es establecer algunas de las propiedades matemáticas de la transformada de Fourier y, aún más importante, entender su significado físico.

Se comenzará utilizando la identidad de Euler para sustituir $e^{-j\omega t}$ en ($8a$):

18-3

Algunas propiedades de la transformada de Fourier

$$\mathbf{F}(j\omega) = \int_{-\infty}^{\infty} f(t) \cos \omega t \, dt - j \int_{-\infty}^{\infty} f(t) \operatorname{sen} \omega t \, dt \qquad (9)$$

Como $f(t)$, $\cos \omega t$ y sen ωt son todas funciones reales del tiempo, las dos integrales en la ecuación (9) son funciones reales de ω. En consecuencia, si se hace

$$\mathbf{F}(j\omega) = A(\omega) + jB(\omega) = |\mathbf{F}(j\omega)|e^{j\phi(\omega)} \qquad (10)$$

se tiene

$$A(\omega) = \int_{-\infty}^{\infty} f(t) \cos \omega t \, dt \qquad (11)$$

$$B(\omega) = -\int_{-\infty}^{\infty} f(t) \operatorname{sen} \omega t \, dt \qquad (12)$$

$$|\mathbf{F}(j\omega)| = \sqrt{A^2(\omega) + B^2(\omega)} \qquad (13)$$

y

$$\phi(\omega) = \tan^{-1} \frac{B(\omega)}{A(\omega)} \qquad (14)$$

Al sustituir ω por $-\omega$ se comprueba que $A(\omega)$ y $|\mathbf{F}(j\omega)|$ son ambas funciones pares de ω, mientras que $B(\omega)$ y $\phi(\omega)$ son funciones impares de ω.

Ahora bien, si $f(t)$ es una función par de t, entonces el integrado de (12) es una función impar de t, y la simetría de los límites hace que $B(\omega)$ sea cero; entonces, si $f(t)$ es par, su transformada de Fourier $\mathbf{F}(j\omega)$ es una función real, par de ω, y la función de fase $\phi(\omega)$ vale cero o π para toda ω. No obstante, si $f(t)$ es una función impar de t, entonces $A(\omega) = 0$ y $\mathbf{F}(j\omega)$ es una función imaginaria pura e impar de ω; $\phi(\omega)$ vale $\pm \pi/2$. En general, sin embargo, $\mathbf{F}(j\omega)$ será una función compleja de ω.

Por último, se observa que la sustitución de ω por $-\omega$ en la ecuación (9) da el conjugado de $\mathbf{F}(j\omega)$. Entonces,

$$\mathbf{F}(-j\omega) = A(\omega) - jB(\omega) = \mathbf{F}^*(j\omega)$$

y se tiene

$$\mathbf{F}(j\omega)\mathbf{F}(-j\omega) = \mathbf{F}(j\omega)\mathbf{F}^*(j\omega) = A^2(\omega) + B^2(\omega) = |\mathbf{F}(j\omega)|^2$$

Con estas propiedades matemáticas básicas de la transformada de Fourier en mente, se está ahora en posibilidad de considerar su significado físico. Supóngase que $f(t)$ representa ya sea el voltaje o bien la corriente en un resistor de 1 Ω, de tal forma que $f^2(t)$ es la potencia instantánea entregada por $f(t)$ al resistor de 1 Ω. Integrando esta potencia sobre todo el tiempo, se obtiene la energía total entregada por $f(t)$ al resistor de 1 Ω,

$$W_{1\Omega} = \int_{-\infty}^{\infty} f^2(t)\, dt \tag{15}$$

Ahora se recurrirá a un pequeño artificio. Al pensar en el integrando en (15) como el producto de $f(t)$ por sí misma, se sustituye una de esas funciones por (8b),

$$W_{1\Omega} = \int_{-\infty}^{\infty} f(t) \left[\frac{1}{2\pi} \int_{-\infty}^{\infty} e^{j\omega t} \mathbf{F}(j\omega)\, d\omega \right] dt$$

Como $f(t)$ no es función de la variable de integración ω, puede trasladarse a la integral entre corchetes, y luego intercambiar el orden de integración,

$$W_{1\Omega} = \frac{1}{2\pi} \int_{-\infty}^{\infty} \left[\int_{-\infty}^{\infty} \mathbf{F}(j\omega) e^{j\omega t} f(t)\, dt \right] d\omega$$

Luego se desplaza a $\mathbf{F}(j\omega)$ fuera de la integral interior, haciendo que esa integral se transforme en $\mathbf{F}(-j\omega)$:

$$W_{1\Omega} = \frac{1}{2\pi} \int_{-\infty}^{\infty} \mathbf{F}(j\omega) \mathbf{F}(-j\omega)\, d\omega = \frac{1}{2\pi} \int_{-\infty}^{\infty} |\mathbf{F}(j\omega)|^2\, d\omega$$

Reuniendo estos resultados,

$$\int_{-\infty}^{\infty} f^2(t)\, dt = \frac{1}{2\pi} \int_{-\infty}^{\infty} |\mathbf{F}(j\omega)|^2\, d\omega \tag{16}$$

La ecuación (16) es una expresión muy útil conocida como teorema de Parseval.[2] Este teorema, junto con la ecuación (15), indica que la energía asociada con $f(t)$ puede obtenerse ya sea por medio de una integración sobre todo tiempo en el dominio del tiempo, o bien por $1/(2\pi)$ veces la integración sobre toda la frecuencia (angular) en el dominio de la frecuencia.

El teorema de Parseval también lleva hacia una mejor comprensión e interpretación del significado de la transformada de Fourier. Considérese un voltaje $v(t)$ cuya transformada de Fourier es $\mathbf{F}_v(j\omega)$ y una energía $W_{1\Omega}$ de 1 Ω:

$$W_{1\Omega} = \frac{1}{2\pi} \int_{-\infty}^{\infty} |\mathbf{F}_v(j\omega)|^2\, d\omega = \frac{1}{\pi} \int_{0}^{\infty} |\mathbf{F}_v(j\omega)|^2\, d\omega$$

donde la igualdad de la extrema derecha se obtiene de que $|\mathbf{F}_v(j\omega)|^2$ es una función par de ω. Entonces, como $\omega = 2\pi f$, puede escribirse

$$W_{1\Omega} = \int_{-\infty}^{\infty} |\mathbf{F}_v(j\omega)|^2\, df = 2 \int_{0}^{\infty} |\mathbf{F}_v(j\omega)|^2\, df \tag{17}$$

La figura 18-2 ilustra una gráfica general de $|\mathbf{F}_v(j\omega)|^2$ como una función tanto de ω como de f. Si la escala de frecuencia se divide en incrementos infinitesimales df, la ecuación (17) muestra que el área de una franja diferencial bajo la curva $|\mathbf{F}_v(j\omega)|^2$, con una anchura df, es $|\mathbf{F}_v(j\omega)|^2\, df$. Esta área se muestra sombreada. La suma de todas esas áreas, conforme f varía de menos a más infinito, es el total de la energía de 1 Ω contenida en $v(t)$. Entonces, $|\mathbf{F}_v(j\omega)|^2$ es la *densidad de energía* (de 1 Ω) o energía por unidad de ancho de banda (J/Hz) de $v(t)$, y esta densidad de energía siempre es una función real, par, no negativa, de ω. Integrando $|\mathbf{F}_v(j\omega)|^2$ sobre un

---

[2] Marc Antoine Parseval-Deschenes fue un oscuro matemático, geógrafo, y poeta ocasional francés, quien publicó estos resultados en 1805, diecisiete años antes de que Fourier publicara su teorema.

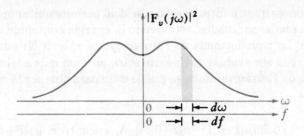

Figura 18-2

El área de la franja $|\mathbf{F}_v(j\omega)|^2$ es la energía de 1 Ω asociada con $v(t)$ comprendida en el ancho de banda df.

intervalo de frecuencia apropiado, se puede calcular la parte de la energía total contenida en el intervalo elegido. Obsérvese que la densidad de energía no es una función de la fase de $\mathbf{F}_v(j\omega)$, por lo que existe un número infinito de funciones del tiempo y transformadas de Fourier que tienen funciones idénticas de densidad de energía.

Ejemplo 18-2 Como ejemplo de un cálculo de densidad de energía, supóngase que el pulso exponencial de un sólo lado [por ejemplo, $v(t) = 0$ para $t < 0$]

$$v(t) = 4e^{-3t}u(t)$$

se aplica a la entrada de un filtro pasabanda ideal.[3] Con el filtro pasabanda definido por $1 < |f| < 2$ Hz, calcule la energía total de salida.

Solución: Llámese $v_o(t)$ al voltaje de salida del filtro. La energía en $v_o(t)$ será igual a la energía de la parte de $v(t)$ que tiene componentes de frecuencia en los intervalos $1 < f < 2$ y $-2 < f < -1$. Se calcula la transformada de Fourier de $v(t)$,

$$\mathbf{F}_v(j\omega) = 4\int_{-\infty}^{\infty} e^{-j\omega t}e^{-3t}u(t)\,dt$$

$$= 4\int_{0}^{\infty} e^{-(3+j\omega)t}\,dt = \frac{4}{3+j\omega}$$

y luego se puede calcular la energía total de 1 Ω en la señal de entrada por

$$W_{1\Omega} = \frac{1}{2\pi}\int_{-\infty}^{\infty} |\mathbf{F}_v(j\omega)|^2\,d\omega$$

$$= \frac{8}{\pi}\int_{-\infty}^{\infty}\frac{d\omega}{9+\omega^2} = \frac{16}{\pi}\int_{0}^{\infty}\frac{d\omega}{9+\omega^2} = \frac{8}{3}\ \text{J}$$

o

$$W_{1\Omega} = \int_{-\infty}^{\infty} v^2(t)\,dt = 16\int_{0}^{\infty} e^{-6t}\,dt = \frac{8}{3}\ \text{J}$$

Sin embargo, la energía total en $v_o(t)$ es menor:

$$W_{o1} = \frac{1}{2\pi}\int_{-4\pi}^{-2\pi}\frac{16\,d\omega}{9+\omega^2} + \frac{1}{2\pi}\int_{2\pi}^{4\pi}\frac{16\,d\omega}{9+\omega^2}$$

$$= \frac{16}{\pi}\int_{2\pi}^{4\pi}\frac{d\omega}{9+\omega^2} = \frac{16}{3\pi}\left(\tan^{-1}\frac{4\pi}{3} - \tan^{-1}\frac{2\pi}{3}\right) = 0.358\,\text{J}$$

[3] Un filtro pasabanda ideal es una red de dos puertos que permite que todas las componentes de frecuencia de la señal de entrada para las cuales $\omega_1 < |\omega| < \omega_2$, pasen sin atenuación desde las terminales de entrada hasta las terminales de salida; todas las componentes cuya frecuencia está fuera de la llamada *banda de paso* se atenúan por completo.

Se ve entonces que un filtro pasabanda ideal permite quitar energía de intervalos de frecuencia predeterminados, reteniendo la energía contenida en otros intervalos de frecuencia. La transformada de Fourier ayuda a describir cuantitativamente la acción de filtrado sin evaluar realmente $v_o(t)$, aunque más adelante se verá que la transformada de Fourier también se puede usar para obtener la expresión para $v_o(t)$ si así se desea.

Ejercicios

18-3. Si $i(t) = 10e^{20t}[u(t+0.1)-u(t-0.1)]$ A, encontrar: a) $\mathbf{F}_i(j0)$; b) $\mathbf{F}_i(j10)$; c) $A_i(10)$; d) $B_i(10)$; e) $\phi_i(10)$.
Resp: 3.63 A/(rad/s); 3.33 /$-31.7°$ A/(rad/s); 2.83 A/(rad/s); –1.749 A/(rad/s); –31.7°

18-4. Encuentre la energía de 1 Ω asociada a la corriente $i(t) = 20e^{-10t}u(t)$ A en el intervalo: a) $-0.1 < t < 0.1$ s; b) $-10 < \omega < 10$ rad/s; c) $10 < \omega < \infty$ rad/s.
Resp: 17.29 J; 10 J; 5 J

18-4

La función impulso unitario

Antes de continuar el estudio de la transformada de Fourier, es necesario hacer una breve pausa para definir una nueva función singular llamada la *función impulso unitario* o *función delta*. Se verá que la función impulso unitario permite confirmar el enunciado anterior de que las funciones del tiempo periódicas, así como las no periódicas, tienen transformadas de Fourier. Además de esto, el análisis de los circuitos RLC puede mejorarse utilizando el impulso unitario. Se ha evitado la posibilidad de que el voltaje de un capacitor o la corriente de un inductor puedan cambiar en una cantidad finita en un tiempo igual a cero, ya que en esos casos la corriente del capacitor o el voltaje del inductor tendrían valores infinitos. Aunque esto no es posible físicamente, sí lo es matemáticamente. Por tanto, si un voltaje escalón $V_0 u(t)$ se aplica en forma directa a un capacitor descargado C, la constante de tiempo es cero, ya que R_{eq} es cero y C es finita. Esto significa que en el capacitor se acumulará la carga CV_0 en un tiempo infinitesimal. Podría decirse, con más intuición que rigor, que "la corriente infinita que circula en un tiempo cero produce una carga finita" en el capacitor. Este tipo de fenómenos pueden describirse mediante la función impulso unitario.

El impulso unitario se definirá como una función del tiempo que vale cero cuando su argumento, casi siempre $(t - t_0)$ es menor que cero; que vale cero cuando su argumento es mayor que cero; que es infinito cuando su argumento vale cero, y que tiene un área unitaria. Matemáticamente, esta definicion se enuncia como

$$\delta(t - t_0) = 0 \qquad t \neq t_0 \tag{18}$$

y

$$\int_{-\infty}^{\infty} \delta(t - t_0) \, dt = 1 \tag{19}$$

donde el símbolo δ (delta minúscula) se usa para representar el impulso unitario. En vista de los valores funcionales expresados por la ecuación (18), es evidente que los límites de la integral que aparece en la (19) pueden ser cualquier valor menor que t_0 y mayor que t_0. En particular, t_{0^-} y t_{0^+} pueden representar valores del tiempo arbitrariamente cercanos a t_0 y la ecuación (19) se puede entonces expresar como

$$\int_{t_0^-}^{t_0^+} \delta(t - t_0) \, dt = 1 \tag{20}$$

La mayor parte de las veces se tratará con señales que tengan una sola discontinuidad, y la escala del tiempo se seleccionará de tal forma que la operación de conmutación ocurra en $t = 0$. Para este caso especial, las ecuaciones de definición son

$$\delta(t) = 0 \qquad t \neq 0 \tag{21}$$

y
$$\int_{-\infty}^{\infty} \delta(t)\, dt = 1 \tag{22}$$

o
$$\int_{0^-}^{0^+} \delta(t)\, dt = 1 \tag{23}$$

El impulso unitario también se puede multiplicar por una constante; por supuesto, eso no puede afectar a la ecuación (18) o a la (21), ya que el valor seguirá siendo cero cuando el argumento sea diferente a cero. Sin embargo, la multiplicación de cualquiera de las expresiones integrales por una constante hará que el área bajo el impulso sea igual al factor multiplicativo constante; esta área recibe el nombre de *intensidad* o *peso* del impulso. En consecuencia, el impulso $5\delta(t)$ tiene una intensidad igual a 5, y el impulso $-10\delta(t-2)$ tiene una intensidad de –10. Si el impulso unitario se multiplica por una función del tiempo, entonces la intensidad del impulso debe ser igual al valor de esa función en el instante en el que vale cero el *argumento* del impulso. En otras palabras, la intensidad del impulso $e^{-t/2}\delta(t-2)$ es $e^{-2/2} = 0.368$, y la intensidad del impulso sen $(5\pi t + \pi/4)\, \delta(t)$ es 0.707. Por lo tanto se pueden escribir las siguientes integrales[4] que dicen lo mismo pero en forma matemática:

$$\int_{-\infty}^{\infty} f(t)\delta(t)\, dt = f(0) \tag{24}$$

o
$$\int_{-\infty}^{\infty} f(t)\, \delta(t - t_0)\, dt = f(t_0) \tag{25}$$

El símbolo gráfico de un impulso se muestra en la figura 18-3 donde $f(t) = 4\delta(t + 1) - 3\delta(t)$ se graficó en función del tiempo. Es costumbre indicar la intensidad del impulso entre paréntesis al lado del mismo. Obsérvese que no se debe intentar indicar la intensidad de un impulso ajustando su amplitud; cada pico tiene una amplitud infinita, y todos los impulsos deben dibujarse como flechas con la misma amplitud. Los impulsos positivos y negativos deben dibujarse por encima y por debajo del eje del tiempo, respectivamente. Para evitar confusiones con la ordenada, las líneas y puntas de flecha que representan los impulsos deben dibujarse más gruesas que los ejes.

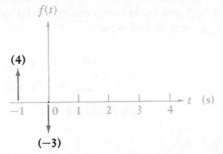

Figura 18-3

Un impulso positivo y otro negativo graficados en función del tiempo. Las intensidades de los impulsos son 4 y –3, respectivamente, y por lo tanto $f(t) = 4\delta(t + 1) - 3\delta(t)$.

Es conveniente familiarizarse con algunas otras interpretaciones del impulso unitario. Se buscarán formas gráficas que no tengan amplitudes infinitas, pero que se aproximen a un impulso conforme aumente su amplitud. Se considerará primero un pulso rectangular, tal como el que se muestra en la figura 18-4. La anchura del pulso es Δ y su amplitud es $1/\Delta$, forzando a que el área del pulso sea igual a uno, independientemente de la magnitud de Δ. Conforme Δ disminuye, la amplitud $1/\Delta$

---

[4] Reciben el nombre de *integrales filtro* ya que la integral filtra un valor particular de $f(t)$.

Figura 18-4

Un pulso rectangular de área unitaria que tiende a un impulso unitario conforme $\Delta \to 0$.

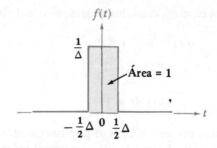

aumenta, y el pulso rectangular pasa a ser una mejor aproximación de un impulso unitario. La respuesta de un elemento de circuito a un impulso unitario puede determinarse encontrando su respuesta a este pulso rectangular y haciendo luego que Δ tienda a cero. Sin embargo, como la respuesta impulso se encuentra fácilmente, debe ser claro que esta respuesta puede ser en sí misma una aproximación aceptable de la respuesta producida por un pulso rectangular estrecho.

También puede usarse un pulso triangular, graficado en la figura 18-5, como una aproximación al impulso unitario. Como de nuevo se antepone un área unitaria, un pulso de amplitud $1/\Delta$ deberá tener una anchura total de 2Δ. Conforme Δ tiende a cero, el pulso triangular se aproxima al impulso unitario.

Figura 18-5

Un pulso triangular de área unitaria que tiende al impulso unitario conforme $\Delta \to 0$.

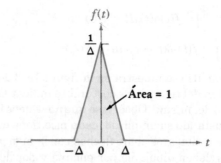

Hay muchas otras formas de pulsos que, en el límite, tienden al impulso unitario, pero como último ejemplo de forma límite se tomará la exponencial decreciente. Primero se construye una onda como esa con área unitaria calculando el área bajo una exponencial general, descrita por

$$f(t) = \begin{cases} 0 & t < 0 \\ Ae^{-t/\tau} & t > 0 \end{cases}$$

o

$$f(t) = Ae^{-t/\tau}u(t)$$

En consecuencia,

$$\text{Área} = \int_0^\infty Ae^{-t/\tau}\,dt = -\tau Ae^{-t/\tau}\Big|_0^\infty = \tau A$$

y por tanto $A = 1/\tau$. La constante de tiempo será muy pequeña, y de nuevo se usará Δ para representar este tiempo pequeño. Por tanto, la función exponencial

$$f(t) = \frac{1}{\Delta}e^{-t/\Delta}u(t)$$

tiende al impulso unitario conforme $\Delta \to 0$. Esta representación del impulso unitario indica que el decaimiento exponencial de una corriente o un voltaje en un circuito tiende a un impulso (pero no necesariamente a un impulso unitario) conforme se reduce la constante de tiempo.

Para la interpretación final del impulso unitario, se intentará establecer una relación con la función escalón unitario. La función mostrada en la figura 18-6a es casi un escalón unitario; sin embargo, se requieren Δ segundos para completar el cambio lineal desde cero hasta uno. Debajo de esta función escalón unitario modificada, la figura 18-6b muestra su derivada; como la parte lineal del escalón modificado asciende con una rapidez de 1 unidad cada Δ segundos, la derivada debe ser un pulso rectangular de amplitud $1/\Delta$ y anchura Δ. Sin embargo, ésta fue la primera función

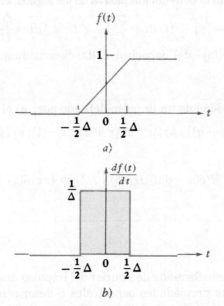

Figura 18-6

a) Función escalón unitario modificada; la transición de cero a uno es lineal en un intervalo de Δ segundos. *b)* Derivada del escalón unitario modificado. Conforme $\Delta \to 0$, la gráfica del inciso *a* se transforma en un escalón unitario y la del inciso *b* tiende al impulso unitario.

que se consideró como una aproximación del impulso unitario, y se sabe que tiende al impulso unitario conforme Δ tiende a cero. Pero el escalón unitario modificado tiende al escalón unitario mismo conforme Δ tiende a cero, y se concluye que el impulso unitario se puede considerar como la derivada respecto al tiempo de la función escalón unitario.[5] Matemáticamente,

$$\delta(t) = \frac{du(t)}{dt} \qquad (26)$$

y recíprocamente

$$u(t) = \int_{0^-}^{t} \delta(t)\, dt \qquad t > 0 \qquad (27)$$

donde el límite inferior, en general, puede ser cualquier valor de t menor que cero. Cualquiera de las dos ecuaciones, (26) o (27), puede utilizarse como la definición del impulso unitario si así se desea.

Por tanto se tiene otro método que se sugiere por sí mismo para determinar la respuesta a un impulso unitario. Si se puede calcular la respuesta a un escalón uni-

---

[5] El hecho de que la derivada del escalón unitario no exista en el punto de discontinuidad provoca una actitud escéptica en muchos matemáticos; sin embargo, el impulso es una función analítica muy útil .

tario, entonces la naturaleza lineal de los circuitos requiere que la respuesta a un impulso unitario sea la derivada de la respuesta al escalón unitario. Desde el punto de vista opuesto, si se conoce la respuesta a un impulso unitario, entonces la integral de esta respuesta desde $-\infty$ hasta t debe ser la respuesta al escalón unitario.

A continuación se aplicará la ecuación (27) para mostrar como un impulso de corriente puede colocar una carga inmediata en un capacitor. Como la intensidad de un impulso puede interpretarse como el área bajo el impulso, un impulso de corriente debe tener una intensidad cuyas unidades sean corriente por tiempo, es decir, carga. Entonces, se aplica el impulso

$$i(t) = Q_0 \delta(t - t_0)$$

a un capacitor C. Según la convención pasiva de los signos, el voltaje del capacitor es:

$$v(t) = \frac{1}{C} \int_{-\infty}^{t} i(t)\, dt = \frac{Q_0}{C} \int_{-\infty}^{t} \delta(t - t_0)\, dt = \frac{Q_0}{C} u(t - t_0)$$

Se observa que el voltaje del capacitor salta discontinuamente desde cero hasta Q_0/C en $t = t_0$.

Ejercicios

18-5. Calcule la intensidad de un impulso definido por: a) el límite cuando $a \to 0$ de $\dfrac{5x}{x^2 + a^2}[u(x) - u(x - a)]$; b) $2e^{-x}\ln(x + 2)\delta(x - 1)$; c) la parte de $f'(t)$ si $f(t) = 5[\operatorname{sen}(t + 1)]u(t)$.   *Resp:* 1.733; 0.808; 4.21

18-6. Evalúe: a) $\displaystyle\int_{-\infty}^{\infty} 8e^{-2\pi x}\delta(x - 0.2)\, dx$; b) $\displaystyle\int_{-1}^{1} 2\cos 4\pi x\,[\delta(x) - \delta(x - 0.1)]\, dx$; c) $\displaystyle\int_{-0.1}^{0.8} \pi t\delta(\operatorname{sen} 4\pi t)\, dt$.   *Resp:* 2.28; 1.382; 4.71

18-5

Pares de transformadas de Fourier para algunas funciones del tiempo simples

Ahora se buscará la transformada de Fourier del impulso unitario $\delta(t - t_0)$. Es decir, se tiene interés en las propiedades espectrales o descripción en el dominio de la frecuencia de esta función singular. Si se usa la notación $\mathcal{F}\{\ \}$ para simbolizar "la transformada de Fourier de $\{\ \}$", entonces

$$\mathcal{F}\{\delta(t - t_0)\} = \int_{-\infty}^{\infty} e^{-j\omega t}\delta(t - t_0)\, dt$$

Del análisis anterior de este tipo de integrales, y en particular de la ecuación (25), se tiene

$$\mathcal{F}\{\delta(t - t_0)\} = e^{-j\omega t_0} = \cos \omega t_0 - j\operatorname{sen}\omega t_0 \qquad (28)$$

Esta función compleja de ω lleva a la función de densidad de energía de 1 Ω,

$$|\mathcal{F}\{\delta(t - t_0)\}|^2 = \cos^2 \omega t_0 + \operatorname{sen}^2 \omega t_0 = 1$$

Este notable resultado dice que la energía (1 Ω) por unidad de ancho de banda vale uno en *todas las frecuencias,* y que la energía total en el impulso unitario es infinitamente grande.[6] No extrañará, entonces, que se concluya que el impulso unitario es "impráctico" en el sentido de que no puede ser generado en el laboratorio.

---

6   Obsérvese en la figura 18-4, por ejemplo, que la energía total en el impulso unitario es

$$\lim_{\Delta \to 0} \int_{-\Delta/2}^{\Delta/2} \left(\frac{1}{\Delta}\right)^2 dt = \lim_{\Delta \to 0} \frac{1}{\Delta} = \infty$$

Además, aun cuando se dispusiera de uno de ellos, aparecería distorsionado después de sujetarlo al ancho de banda finito de cualquier instrumento de laboratorio.

Como existe una correspondencia uno a uno entre una función del tiempo y su transformada de Fourier, puede decirse que la transformada inversa de Fourier de $e^{-j\omega t_0}$ es $\delta(t - t_0)$. Utilizando el símbolo $\mathcal{F}^{-1}\{\ \}$ para la transformada inversa, se tiene

$$\mathcal{F}^{-1}\{e^{-j\omega t_0}\} = \delta(t - t_0)$$

Entonces, ahora se sabe que

$$\frac{1}{2\pi}\int_{-\infty}^{\infty} e^{j\omega t}e^{-j\omega t_0}\,d\omega = \delta(t - t_0)$$

aun cuando no se tuviera éxito al intentar evaluar directamente esta integral impropia. Simbólicamente, puede escribirse

$$\delta(t - t_0) \Leftrightarrow e^{-j\omega t_0} \tag{29}$$

donde $\Leftrightarrow$ indica que las dos funciones forman un par de transformación de Fourier.

Continuando con el estudio de la función impulso unitario, se considerará una transformada de Fourier de la forma

$$\mathbf{F}(j\omega) = \delta(\omega - \omega_0)$$

la cual es un impulso unitario *en el dominio de la frecuencia* localizado en $\omega = \omega_0$. Entonces $f(t)$ debe ser

$$f(t) = \mathcal{F}^{-1}\{\mathbf{F}(j\omega)\} = \frac{1}{2\pi}\int_{-\infty}^{\infty} e^{j\omega t}\delta(\omega - \omega_0)\,d\omega = \frac{1}{2\pi}e^{j\omega_0 t}$$

donde se ha utilizado la propiedad de filtrado del impulso unitario. Entonces ahora se puede escribir

$$\frac{1}{2\pi}e^{j\omega_0 t} \Leftrightarrow \delta(\omega - \omega_0)$$

o

$$e^{j\omega_0 t} \Leftrightarrow 2\pi\delta(\omega - \omega_0) \tag{30}$$

También, por un simple cambio de signo, se obtiene

$$e^{-j\omega_0 t} \Leftrightarrow 2\pi\delta(\omega + \omega_0) \tag{31}$$

Es claro que la función del tiempo es compleja tanto en la ecuación (30) como en la (31), y no existe en el mundo real del laboratorio. Funciones del tiempo tales como $\cos \omega_0 t$ por ejemplo, pueden producirse con equipo de laboratorio, pero lo que no se puede es producir una función como $e^{-j\omega_0 t}$.

Sin embargo, se sabe que

$$\cos \omega_0 t = \tfrac{1}{2}e^{j\omega_0 t} + \tfrac{1}{2}e^{-j\omega_0 t}$$

y de la definición de la transformada de Fourier se ve que

$$\mathcal{F}\{f_1(t)\} + \mathcal{F}\{f_2(t)\} = \mathcal{F}\{f_1(t) + f_2(t)\} \tag{32}$$

Por lo tanto,

$$\mathcal{F}\{\cos \omega_0 t\} = \mathcal{F}\{\tfrac{1}{2}e^{j\omega_0 t}\} + \mathcal{F}\{\tfrac{1}{2}e^{-j\omega_0 t}\}$$

$$= \pi\delta(\omega - \omega_0) + \pi\delta(\omega + \omega_0)$$

lo cual indica que la descripción en el dominio de la frecuencia de $\cos \omega_0 t$ muestra *dos* impulsos, localizados en $\omega = \pm\omega_0$. Esto no debe ser motivo de sorpresa, ya que en la discusión inicial sobre la frecuencia compleja, en la sección 12-2, se observó que una función senoidal del tiempo estaba representada siempre por un par de frecuencias imaginarias localizadas en $\mathbf{s} = \pm j\omega_0$. Por consiguiente, se tiene

$$\cos \omega_0 t \Leftrightarrow \pi[\delta(\omega + \omega_0) + \delta(\omega - \omega_0)] \tag{33}$$

Antes de establecer la transformada de Fourier de cualquier otra función del tiempo, debe comprenderse hacia dónde se dirigen los esfuerzos, y por qué. Hasta aquí se han calculado varios pares de transformación de Fourier. Conforme aumenta el conocimiento de dichos pares, pueden utilizarse para obtener más pares, y eventualmente se llegará a tener un catálogo de la mayor parte de las funciones del tiempo comunes en el análisis de circuitos, junto con sus correspondientes transformadas de Fourier. Entonces no sólo se tendrá la descripción en el dominio del tiempo de esas funciones, sino también su descripción en el dominio de la frecuencia. Igual que el uso de las transformaciones fasoriales simplificó el cálculo de la respuesta en estado senoidal permanente, se verá que el uso de la transformada de Fourier para varias funciones de excitación puede simplificar el cálculo de la respuesta completa, incluyendo las componentes natural y forzada. Cuando el concepto se extienda al uso de la transformada de Laplace, en el capítulo siguiente, se podrá incluso tomar en cuenta las problemáticas condiciones iniciales que han sido una plaga en el pasado. Con estas ideas en mente, se considerarán algunos pares de transformación más, y se hará una lista de lo encontrado en una forma que resulte útil para consultas posteriores.

La primera función de excitación que se consideró hace muchos capítulos fue un voltaje o una corriente de cd. Para encontrar la transformada de Fourier de una función del tiempo constante, $f(t) = K$, la primera tentación sería sustituir esta constante en la ecuación de definición de la transformada de Fourier y evaluar la integral resultante. Si así se hiciera, se tendría una expresión indeterminada. Pero por fortuna ya se resolvió este problema, puesto que de la ecuación (31),

$$e^{-j\omega_0 t} \Leftrightarrow 2\pi\delta(\omega + \omega_0)$$

Obsérvese que si se hace simplemente $\omega_0 = 0$, el par de transformación resultante es

$$1 \Leftrightarrow 2\pi\delta(\omega) \tag{34}$$

de donde se tiene que

$$K \Leftrightarrow 2\pi K\delta(\omega) \tag{35}$$

y el problema está resuelto. El espectro de frecuencia de una función constante del tiempo consiste en una sola componente en $\omega = 0$, la cual ya se conocía.

Como otro ejemplo, se obtendrá la transformada de Fourier de una función singular conocida como la *función signo*, sgn(t), definida por

$$\text{sgn}\,(t) = \begin{cases} -1 & t < 0 \\ 1 & t > 0 \end{cases} \tag{36}$$

o

$$\text{sgn}\,(t) = u(t) - u(-t)$$

De nuevo, si se intentara sustituir esta función del tiempo en la ecuación de definición de la transformada de Fourier, se enfrentaría a una expresión indeterminada al sustituir los límites de integración. Este mismo problema surgirá cada vez que se intente obtener la transformada de Fourier de una función del tiempo que no tienda a cero conforme $|t|$ tiende a infinito. Más adelante, esta situación se evitará utilizando la *transformada de Laplace,* ya que contiene un factor de convergencia que evitará muchos inconvenientes asociados con la evaluación de ciertas transformadas de Fourier.

La función signo bajo consideración se puede escribir como

$$\text{sgn}(t) = \lim_{a \to 0} [e^{-at}u(t) - e^{at}u(-t)]$$

Obsérvese que la expresión entre corchetes tiende a cero conforme $|t|$ se hace muy grande. Utilizando la definición de la transformada de Fourier, se obtiene

$$\mathscr{F}\{\text{sgn}(t)\} = \lim_{a \to 0} \left[\int_0^\infty e^{-j\omega t}e^{-at}\, dt - \int_{-\infty}^0 e^{-j\omega t}e^{at}\, dt \right]$$

$$= \lim_{a \to 0} \frac{-j2\omega}{\omega^2 + a^2} = \frac{2}{j\omega}$$

La componente real vale cero, ya que $\text{sgn}(t)$ es una función impar de t. Así,

$$\text{sgn}(t) \Leftrightarrow \frac{2}{j\omega} \tag{37}$$

Como un último ejemplo en esta sección, se verá la conocida función escalón unitario, $u(t)$. Utilizando el trabajo anterior con la función signo, el escalón unitario se representa por

$$u(t) = \tfrac{1}{2} + \tfrac{1}{2}\text{sgn}(t)$$

y se obtiene el par de transformación de Fourier

$$u(t) \Leftrightarrow \left[\pi\delta(\omega) + \frac{1}{j\omega} \right] \tag{38}$$

La tabla 18-1 presenta las conclusiones obtenidas de los ejemplos estudiados en esta sección, junto con algunas otras que no se han detallado aquí.

Ejemplo 18-3   Utilice la tabla 18-1 para encontrar la transformada de Fourier de la función del tiempo $3e^{-t}\cos 4t\, u(t)$.

Solución: Del penúltimo registro de la tabla, se tiene

$$e^{-\alpha t}\cos \omega_d t\, u(t) \Leftrightarrow \frac{\alpha + j\omega}{(\alpha + j\omega)^2 + \omega_d^2}$$

Por lo tanto se identifica a α como 1 y a ω_d como 4, y se tiene

$$\mathbf{F}(j\omega) = (3)\frac{1 + j\omega}{(1 + j\omega)^2 + 16}$$

•

18-7. Evalúe la transformada de Fourier en $\omega = 12$ para la función en tiempo: *a)* $4u(t) - 10\delta(t)$; *b)* $5e^{-8t}u(t)$; *c)* $4\cos 8t\, u(t)$; *d)* $-4\,\text{sgn}(t)$.

Ejercicios

Resp: 10.01; $\underline{/-178.1°}$; 0.347 $\underline{/-56.3°}$; $-j0.6$; $j0.667$

18-8. Encuentre $f(t)$ en $t = 2$ si $\mathbf{F}(j\omega)$ es *a)* $5e^{-j3\omega} - j(4/\omega)$; *b)* $8[\delta(\omega - 3) + \delta(\omega + 3)]$; *c)* $(8/\omega)\,\text{sen}\,5\omega$.   *Resp:* 2.00; 2.45; 0.800

Tabla 18-1

Algunos pares de transformación de Fourier comunes.

$f(t)$	$f(t)$	$\mathscr{F}\{f(t)\} = \mathbf{F}(j\omega)$	$\lvert \mathbf{F}(j\omega) \rvert$
	$\delta(t - t_0)$	$e^{-j\omega t_0}$	
Complejo	$e^{j\omega_0 t}$	$2\pi\delta(\omega - \omega_0)$	
	$\cos \omega_0 t$	$\pi[\delta(\omega + \omega_0) + \delta(\omega - \omega_0)]$	
	1	$2\pi\delta(\omega)$	
	$\mathrm{sgn}(t)$	$\dfrac{2}{j\omega}$	
	$u(t)$	$\pi\delta(\omega) + \dfrac{1}{j\omega}$	
	$e^{-\alpha t}u(t)$	$\dfrac{1}{\alpha + j\omega}$	
	$e^{-\alpha t}\cos \omega_d t \cdot u(t)$	$\dfrac{\alpha + j\omega}{(\alpha + j\omega)^2 + \omega_d{}^2}$	
	$u(t + \tfrac{1}{2}T) - u(t - \tfrac{1}{2}T)$	$T\dfrac{\mathrm{sen}\,\dfrac{\omega T}{2}}{\dfrac{\omega T}{2}}$	

En la sección 18-2 se recalcó que más adelante sería posible mostrar que las funciones periódicas del tiempo, así como las funciones no periódicas, tienen una transformada de Fourier. Como una promesa hecha es una deuda no pagada, se establecerá lo anterior sobre una base rigurosa. Considérese una función periódica del tiempo $f(t)$ con periodo T y expansión en serie de Fourier, según las ecuaciones (1), (2) y (3),

$$f(t) = \sum_{n=-\infty}^{\infty} \mathbf{c}_n e^{jn\omega_0 t} \tag{1}$$

$$\mathbf{c}_n = \frac{1}{T} \int_{-T/2}^{T/2} f(t) e^{-jn\omega_0 t}\, dt \tag{2}$$

y

$$\omega_0 = \frac{2\pi}{T} \tag{3}$$

18-6

La transformada de Fourier de una función periódica en el tiempo cualquiera

Teniendo en cuenta que la transformada de Fourier de una suma es la suma de las transformadas de cada uno de los términos de la suma, y $\mathbf{c}_n$ no es una función del tiempo, se puede escribir

$$\mathcal{F}\{f(t)\} = \mathcal{F}\left\{ \sum_{n=-\infty}^{\infty} \mathbf{c}_n e^{jn\omega_0 t} \right\} = \sum_{n=-\infty}^{\infty} \mathbf{c}_n \mathcal{F}\{e^{jn\omega_0 t}\}$$

Después de obtener, por medio de la ecuación (30), la transformada de $e^{jn\omega_0 t}$ se tiene

$$f(t) \Leftrightarrow 2\pi \sum_{n=-\infty}^{\infty} \mathbf{c}_n \delta(\omega - n\omega_0) \tag{39}$$

Esto muestra que $f(t)$ tiene un espectro discreto consistente en impulsos localizados en puntos sobre el eje ω dados por $\omega = n\omega_0$, $n = \ldots, -2, -1, 0, 1, \ldots$ La intensidad de cada impulso es igual a 2π veces el valor del coeficiente de Fourier correspondiente que aparece en la forma compleja de la expansión en serie de Fourier para $f(t)$.

Como verificación, se investigará si la transformada inversa de Fourier del lado derecho de la ecuación (39) es de nuevo $f(t)$. Esta transformada inversa se puede escribir como

$$\mathcal{F}^{-1}\{\mathbf{F}(j\omega)\} = \frac{1}{2\pi} \int_{-\infty}^{\infty} e^{j\omega t} \left[2\pi \sum_{n=-\infty}^{\infty} \mathbf{c}_n \delta(\omega - n\omega_0) \right] d\omega \stackrel{?}{=} f(t)$$

Como el término exponencial no contiene el índice n, de los términos de la suma, el orden de las operaciones de suma e integración se puede intercambiar,

$$\mathcal{F}^{-1}\{\mathbf{F}(j\omega)\} = \sum_{n=-\infty}^{\infty} \int_{-\infty}^{\infty} \mathbf{c}_n e^{j\omega t} \delta(\omega - n\omega_0)\, d\omega \stackrel{?}{=} f(t)$$

Como no es una función de la variable de integración, $\mathbf{c}_n$, se puede tratar como una constante. Al usar la propiedad de filtrado o muestreo del impulso, se obtiene

$$\mathcal{F}^{-1}\{\mathbf{F}(j\omega)\} = \sum_{n=-\infty}^{\infty} \mathbf{c}_n e^{jn\omega_0 t} \stackrel{?}{=} f(t)$$

que es exactamente igual a (1), la expansión en serie compleja de Fourier de $f(t)$. Ahora se pueden eliminar los signos de interrogación en las ecuaciones precedentes, con lo que se establece la existencia de la transformada de Fourier para una función periódica del tiempo. Sin embargo, esto no debe causar una gran sorpresa. En la sección anterior se evaluó la transformada de Fourier de una función coseno, la cual es ciertamente periódica, aunque no se hizo referencia directa a su periodicidad. Sin embargo, se utilizó un enfoque indirecto para obtener la transformada. Pero ahora se tiene una herramienta matemática con la cual se puede obtener la transformada en forma más directa. Para ilustrar este procedimiento, considérese $f(t) = \cos \omega_0 t$ una vez más. Primero se evalúan los coeficientes de Fourier $\mathbf{c}_n$:

$$\mathbf{c}_n = \frac{1}{T} \int_{-T/2}^{T/2} \cos \omega_0 t \, e^{-jn\omega_0 t} \, dt = \begin{cases} \frac{1}{2} & n = \pm 1 \\ 0 & \text{de otra manera} \end{cases}$$

Luego

$$\mathcal{F}\{f(t)\} = 2\pi \sum_{n=-\infty}^{\infty} \mathbf{c}_n \delta(\omega - n\omega_0)$$

Esta expresión sólo tiene valores diferentes de cero cuando $n = \pm 1$, y de ahí se sigue que toda la sumatoria se reduce a

$$\mathcal{F}\{\cos \omega_0 t\} = \pi[\delta(\omega - \omega_0) + \delta(\omega + \omega_0)]$$

que es precisamente la expresión que se obtuvo antes. ¡Qué alivio!

Ejercicios

18-9. Encuentre $a)$ $\mathcal{F}\{5 \operatorname{sen}^2 3t\}$; $b)$ $\mathcal{F}\{A \operatorname{sen} \omega_0 t\}$; $c)$ $\mathcal{F}\{6 \cos(8t + 0.1\pi)\}$.
Resp: $2.5\,\pi[2\delta(\omega) + \delta(\omega + 6) + \delta(\omega - 6)]$; $j\pi A[\delta(\omega + \omega_0) - \delta(\omega - \omega_0)]$;
$[18.85\,\underline{/\,18°}\,]\delta(\omega - 8) + [18.85\,\underline{/\,-18°}\,]\delta(\omega + 8)$

18-7

Convolución y respuesta del circuito en el dominio del tiempo

Antes de continuar el análisis de la transformada de Fourier, se hará una pausa para ver a dónde lleva todo esto. El objetivo es una técnica para simplificar aquellos problemas en el análisis de circuitos lineales que tienen que ver con el cálculo de funciones explícitas para las funciones de respuesta causada por la aplicación de una o más funciones de excitación. Esto se logra utilizando una función de transferencia llamada la *función del sistema* del circuito. Resulta que esta función del sistema es la transformada de Fourier de la respuesta al impulso unitario del circuito.

La técnica analítica específica que se usará requiere la evaluación de la transformada de Fourier de la función de excitación, la multiplicación de esta transformada por la función del sistema para obtener la transformada de la función de respuesta, y la aplicación de la transformada inversa para obtener la función de respuesta. Por este camino algunas expresiones integrales relativamente complicadas se reducirán a simples funciones de ω, y las operaciones matemáticas de integración y derivación serán sustituidas por las operaciones más sencillas de multiplicación y división algebraicas. Con estas observaciones en mente, se examinará la respuesta de un circuito al impulso unitario para finalmente establecer su relación con la función del sistema. Luego se podrán ver algunos problemas de análisis específicos.

Considérese una red eléctrica lineal N sin energía inicial almacenada a la cual se aplica la excitación $x(t)$. En algún punto de este circuito está presente la función de respuesta $y(t)$. Esto se muestra en el diagrama de bloques de la figura 18-7a, junto con el trazo general de funciones del tiempo comunes. Arbitrariamente se supone que la función de excitación existe sólo en el intervalo $a < t < b$. Entonces, $y(t)$ sólo puede existir para $t > a$.

La pregunta para la que ahora se busca una respuesta es ésta: si se conoce la forma de $x(t)$, ¿cómo se describe $y(t)$? Para responder a esta pregunta es obvio que necesita conocerse algo acerca de N. Supóngase, entonces, que lo que se conoce de N es la forma en que responde cuando la excitación es un impulso unitario. Es decir, se está suponiendo que se conoce a $h(t)$, la función de respuesta que resulta de aplicar

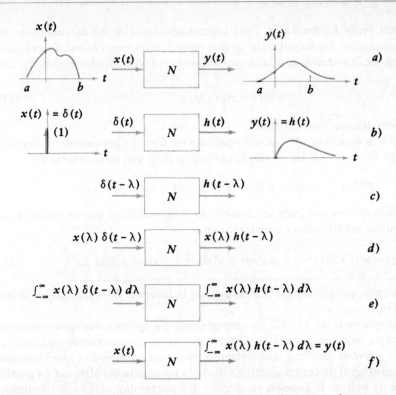

Figura 18-7

Desarrollo conceptual de la integral de convolución,

$$y(t) = \int_{-\infty}^{\infty} x(\lambda)h(t - \lambda)\, d\lambda$$

como función de excitación a un impulso unitario en $t = 0$, como se muestra en la figura 18-7b. $h(t)$ se conoce como la función de respuesta al impulso unitario o bien *respuesta impulso*. Ésta constituye una importante propiedad descriptiva de un circuito eléctrico.

En lugar de aplicar el impulso unitario en el tiempo $t = 0$, supóngase que se aplica en el tiempo $t = \lambda$ (lambda). Se observa que el único cambio en la salida es un retraso en el tiempo. Entonces, la salida se convierte en $h(t - \lambda)$ cuando la entrada es $\delta(t - \lambda)$, como se muestra en la figura 18-7c. A continuación, supóngase que el impulso de entrada tiene una intensidad diferente a uno. En particular, supóngase que la intensidad del impulso es numéricamente igual al valor de $x(t)$ cuando $t = \lambda$. Este valor $x(\lambda)$ es una constante; ya se sabe que la multiplicación de una sola función de excitación en un circuito lineal por una constante simplemente hace que la respuesta cambie proporcionalmente. Así, si la entrada cambia a $x(\lambda)\delta(t - \lambda)$ la respuesta se convierte en $x(\lambda)h(t - \lambda)$, como se muestra en la figura 18-7d.

Ahora se sumará esta última entrada sobre todos los valores posibles de λ y se usará el resultado como función de excitación para N. La linealidad ordena que la salida debe ser igual a la suma de las respuestas que resulten del uso de todos los valores posibles de λ. Hablando sin rigor, la integral de la entrada produce la integral de la salida, como se muestra en la figura 18-7e. ¿Pero cuál es ahora esta entrada? Dada la propiedad de muestreo o filtrado del impulso unitario, se ve que la entrada es simplemente $x(t)$, es decir, la entrada original.

Ahora la pregunta ya tuvo una respuesta. Cuando se conocen $x(t)$, la entrada de N y $h(t)$, la respuesta impulso de N, entonces $y(t)$, o sea la salida (o función de respuesta) está expresada por

$$y(t) = \int_{-\infty}^{\infty} x(\lambda)h(t - \lambda)\, d\lambda \qquad (40)$$

como se muestra en la figura 18-7*f*. Esta importante relación se conoce como la *integral de convolución*. En palabras, la última ecuación dice que *la salida es igual a la convolución de la entrada con la respuesta impulso*. A menudo se abrevia por medio de

$$y(t) = x(t) * h(t) \tag{41}$$

donde el asterisco denota "convolución".

En ocasiones la ecuación (40) puede aparecer en forma ligeramente diferente, pero equivalente. Si $z = t - \lambda$, $d\lambda = -dz$, la expresión para $y(t)$ se convierte en

$$y(t) = \int_{\infty}^{-\infty} -x(t-z)h(z)\, dz = \int_{-\infty}^{\infty} x(t-z)h(z)\, dz$$

y, como el símbolo que se usa para la variable de integración es intrascendente, la ecuación (40) puede modificarse y escribirse como

$$y(t) = x(t) * h(t) = \int_{-\infty}^{\infty} x(z)h(t-z)\, dz = \int_{-\infty}^{\infty} x(t-z)h(z)\, dz \tag{42}$$

Es muy conveniente memorizar las dos formas de la integral de convolución dadas por la ecuación (42).

El resultado que se tiene en (42) es muy general. Se aplica a cualquier sistema lineal. Sin embargo, casi siempre se tiene interés en sistemas *físicamente realizables*, los que *existen o podrían* existir, y esos sistemas tienen una propiedad que modifica ligeramente a la integral de convolución. Es decir, la respuesta del sistema no puede comenzar antes de aplicar la función excitación. En particular, $h(t)$ es la respuesta del sistema al aplicar un impulso unitario en $t = 0$. Por tanto, $h(t)$ no puede existir para $t < 0$. Se deduce entonces que en la segunda integral de la ecuación (42) el integrando vale cero cuando $z < 0$; en la primera integral, el integrando vale cero cuando $(t - z)$ es negativo, es decir, cuando $z > t$. Por tanto, para sistemas realizables los límites de integración cambian en las integrales de convolución:

$$y(t) = x(t) * h(t) = \int_{-\infty}^{t} x(z)h(t-z)\, dz = \int_{0}^{\infty} x(t-z)h(z)\, dz \tag{43}$$

Las ecuaciones (42) y (43) son válidas, pero la última es más específica cuando se habla de sistemas lineales *realizables*.

Antes de estudiar más a fondo el significado de la respuesta de impulso de un circuito, se considerará un ejemplo numérico que dará una idea de cómo se puede evaluar la integral de convolución. Aunque la expresión en sí es muy sencilla, su evaluación es a veces problemática, en especial en lo que se refiere a los valores usados como límites de integración.

Supóngase que la entrada es un pulso rectangular de voltaje que comienza en $t = 0$, tiene una duración de 1 s y su amplitud es de 1 V,

$$x(t) = v_i(t) = u(t) - u(t - 1)$$

Supóngase también que se sabe que la respuesta impulso de este circuito es una función exponencial de la forma:[7]

$$h(t) = 2e^{-t}u(t)$$

7 En el problema 35 se desarrolla una descripción de un circuito al que posiblemente se le podría aplicar esta respuesta impulso.

Se desea evaluar el voltaje de salida $v_0(t)$, y la respuesta se puede escribir inmediatamente en forma integral:

$$y(t) = v_o(t) = v_i(t) * h(t) = \int_0^\infty v_i(t-z)h(z)\,dz$$

$$= \int_0^\infty [u(t-z) - u(t-z-1)][2e^{-z}u(z)]\,dz$$

Obtener esta expresión para $v_0(t)$ es muy fácil, pero la presencia de las funciones escalón unitario tiende a hacer confusa su evaluación. Debe tenerse cuidado al determinar las partes del intervalo de integración en donde el integrando vale cero.

Para poder entender lo que dice la integral de convolución, se recurrirá al auxilio de gráficas. Primero se dibujarán varios ejes z alineados uno arriba de otro, como se ve en la figura 18-8. Ya se sabe cuál es el aspecto de $v_i(t)$, así que también se sabe cuál es el aspecto de $v_i(z)$; esto se graficó en la figura 18-8a. La función $v_i(-z)$ es simplemente $v_i(z)$ recorrida hacia atrás con respecto a z, o bien, girada alrededor del eje vertical; se muestra en la figura 18-8b. A continuación se representará $v_i(t-z)$, que es igual a $v_i(-z)$ después de haber sido desplazada hacia la derecha en la cantidad $z = t$ como se muestra en la figura 18-8c. En el siguiente eje z en la figura 18-8d, se ha dibujado la respuesta impulso hipotética.

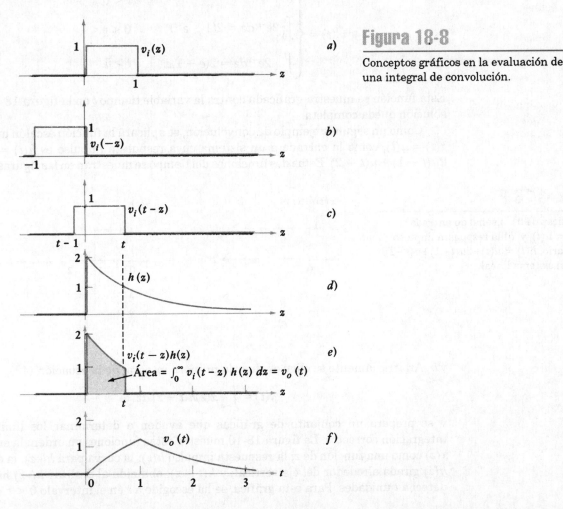

Figura 18-8

Conceptos gráficos en la evaluación de una integral de convolución.

Por último, se multiplican las dos funciones $v_i(t - z)$ y $h(z)$. El resultado se muestra en la figura 18-8e. Como $h(z)$ no existe antes de $t = 0$ y $v_i(t - z)$ no existe para $z > t$, se observa que el producto de estas dos funciones tiene valores diferentes a cero sólo en el intervalo $0 < z < t$ para el caso mostrado en donde $t < 1$; cuando $t > 1$, los valores diferentes a cero para el producto se obtienen en el intervalo $(t - 1) < z < t$. El *área* bajo la curva del producto (que se muestra sombreada en la figura) es numéricamente igual al valor de v_0 correspondiente al valor específico de t seleccionado en la figura 18-8c. Conforme t aumenta desde cero hasta uno, el área bajo la curva del producto continúa aumentando, y por tanto $v_0(t)$ sigue aumentando. Pero conforme t aumenta más allá de $t = 1$, el área bajo la curva del producto, que es igual a $v_0(t)$ comienza a disminuir y tiende a cero. Para $t < 0$, las curvas que representan a $v_i(t - z)$ y $h(z)$ no se traslapan en lo más mínimo, así que el área bajo la curva del producto obviamente es igual a cero. Ahora se utilizarán estos conceptos gráficos para obtener una expresión explícita para $v_0(t)$.

Para valores de t entre cero y uno, se debe integrar desde $z = 0$ hasta $z = t$; para valores de t mayores que uno, el intervalo de integración es $t - 1 < z < t$. En consecuencia, se puede escribir

$$v_o(t) = \begin{cases} 0 & t < 0 \\ \int_0^t 2e^{-z}\, dz = 2(1 - e^{-t}) & 0 < t < 1 \\ \int_{t-1}^t 2e^{-z}\, dz = 2(e - 1)e^{-t} & t > 1 \end{cases}$$

Esta función se muestra graficada contra la variable tiempo t en la figura 18-8f, y la solución queda completa.

Como un segundo ejemplo de convolución, se aplicará la función escalón unitario $x(t) = u(t)$, como la entrada a un sistema cuya respuesta impulso es $h(t) = u(t) - 2u(t - 1) + u(t - 2)$. Estas dos funciones del tiempo se muestran en las figuras 18-9a

Figura 18-9

Gráficas de a) la señal de entrada, $x(t) = u(t)$, y b) la respuesta impulso unitario, $h(t) = u(t) - 2u(t-1) + u(t-2)$, de un sistema lineal.

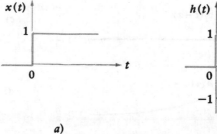

a)

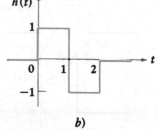

b)

y b. Arbitrariamente se elige evaluar la primera integral de la ecuación (43),

$$y(t) = \int_{-\infty}^t x(z)h(t - z)\, dz$$

y se prepara un conjunto de gráficas que ayuden a determinar los límites de integración correctos. La figura 18-10 muestra estas funciones en orden: la entrada $x(z)$ como una función de z; la respuesta impulso $h(z)$; la curva para $h(-z)$, la cual es $h(z)$ girada alrededor del eje vertical; y $h(t - z)$, obtenida al deslizar $h(-z)$ hacia la derecha t unidades. Para esta gráfica, se ha escogido a t en el intervalo $0 < t < 1$.

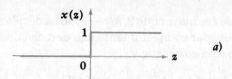

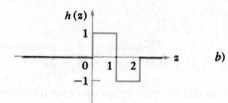

Figura 18-10

a) La señal de entrada, y *b*) la respuesta impulso graficadas como funciones de *z*. *c*) $h(-z)$ se obtiene girando $h(z)$ alrededor del eje vertical, y *d*) $h(t-z)$ resulta cuando $h(-z)$ se desliza *t* unidades hacia la derecha.

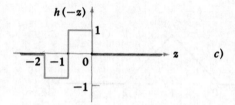

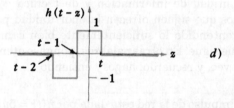

Ahora es fácil visualizar el producto de la primera gráfica, $x(z)$, y la última, $h(t-z)$, para los diversos intervalos de *t*. Cuando *t* es menor que cero no hay traslape, y

$$y(t) = 0 \qquad t < 0$$

Para el caso graficado en la figura 18-10*d*, las curvas se traslapan desde $z = 0$ hasta $z = t$, y cada una de ellas tiene un valor de uno. Así,

$$y(t) = \int_0^t 1 \times 1 \, dz = t \qquad 0 < t < 1$$

Cuando *t* está entre 1 y 2, $h(t-z)$ se ha deslizado lo suficiente hacia la derecha como para haber colocado bajo la función escalón la parte de la onda cuadrada negativa que se extiende desde $z = 0$ hasta $z = t-1$. Se tiene

$$y(t) = \int_0^{t-1} 1 \times (-1) \, dz + \int_{t-1}^t 1 \times 1 \, dz$$

$$= -z \Big|_{z=0}^{z=t-1} + z \Big|_{z=t-1}^{z=t}$$

Por lo tanto,

$$y(t) = -(t-1) + t - (t-1) = 2 - t \qquad 1 < t < 2$$

Finalmente, cuando t es mayor que 2, $h(t-z)$ se ha desplazado lo suficiente hacia la derecha como para quedar completamente a la derecha de $z = 0$. La intersección con el escalón unitario está completa, y

$$y(t) = \int_{t-2}^{t-1} 1 \times (-1)\, dz + \int_{t-1}^{t} 1 \times 1\, dz$$

$$= -z \Big|_{z=t-2}^{z=t-1} + z \Big|_{z=t-1}^{z=t}$$

o $$y(t) = -(t-1) + (t-2) + t - (t-1) = 0 \qquad t > 2$$

Estos cuatro segmentos de $y(t)$ se unen como una curva continua en la figura 18-11.

Figura 18-11

El resultado de la convolución de la $x(t)$ y la $h(t)$ mostradas en la figura 18-9.

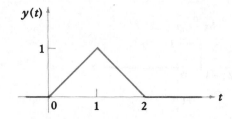

Hay una gran cantidad de información y de técnica contenida en estos dos ejemplos. Los ejercicios que siguen ofrecen la oportunidad para cerciorarse que el procedimiento se ha entendido lo suficientemente bien como para poder pasar a estudiar el material que sigue. En otras palabras, póngase atención al viejo proverbio chino: "oigo, y olvido; veo, y recuerdo; hago, y entiendo".

Ejercicios

18-10. La respuesta al impulso de la red está dada por $h(t) = 5u(t-1)$. Si se aplica una señal de entrada $x(t) = 2[u(t) - u(t-3)]$, determine la salida $y(t)$ en t igual a a) –0.5; b) 0.5; c) 1.5; d) 2.5; e) 3.5; f) 4.5. *Resp: 0; 0; 5; 15; 25; 30*

18-11. Sea $h(t) = 0.5[u(t) - u(t-0.7)]$ y $x(t) = 0.8e^{-2t}$. Encontrar $y(t)$ para t igual a a) –0.2; b) 0.5; c) 0.7; d) 1. *Resp: 0; 0.1264; 0.1507; 0.0827*

18-8

La función del sistema y la respuesta en el dominio de la frecuencia

En la sección anterior se resolvió el problema de determinar la salida de un sistema físico en términos de la entrada y la respuesta impulso, utilizando la integral de convolución y trabajando enteramente en el dominio del tiempo. La entrada, la salida, y la respuesta impulso son todas funciones del tiempo. Ahora se verá si puede obtenerse alguna simplificación analítica trabajando con las descripciones en el dominio de la frecuencia de estas tres funciones.

Para lograrlo se examina la transformada de Fourier de la salida del sistema. Suponiendo de manera arbitraria que la entrada y la salida son voltajes, se aplica la definición básica de la transformada de Fourier y la salida se expresa por medio de la integral de convolución dada por la ecuación (42),

$$\mathscr{F}\{v_o(t)\} = \mathbf{F}_o(j\omega) = \int_{-\infty}^{\infty} e^{-j\omega t}\left[\int_{-\infty}^{\infty} v_i(t-z)h(z)\, dz\right] dt$$

donde de nuevo se supone que inicialmente no hay energía almacenada. A primera vista esta expresión puede parecer complicada, pero puede reducirse a un resultado sorprendentemente sencillo. El término exponencial se puede introducir en la integral interior ya que no es función de la variable de integración z. Después se invierte el orden de integración, obteniéndose

$$\mathbf{F}_o(j\omega) = \int_{-\infty}^{\infty} \left[\int_{-\infty}^{\infty} e^{-j\omega t} v_i(t-z)h(z)\, dt \right] dz$$

Como $h(z)$ no es una función de t, se le puede extraer de la integral interior y simplificar la integración respecto a t por medio de un cambio de variable, $t - z = x$:

$$\mathbf{F}_o(j\omega) = \int_{-\infty}^{\infty} h(z) \left[\int_{-\infty}^{\infty} e^{-j\omega(x+z)} v_i(x)\, dx \right] dz$$

$$= \int_{-\infty}^{\infty} e^{-j\omega z} h(z) \left[\int_{-\infty}^{\infty} e^{-j\omega x} v_i(x)\, dx \right] dz$$

Esta integral tiene una solución sencilla, ya que la integral interior es simplemente la transformada de Fourier de $v_i(t)$. Aún más, no contiene términos en z, por lo que se le puede tratar como a una constante en la integración respecto a z. Por tanto, esta transformada $\mathbf{F}_i(j\omega)$ se puede escribir fuera de todos los signos de integración,

$$\mathbf{F}_o(j\omega) = \mathbf{F}_i(j\omega) \int_{-\infty}^{\infty} e^{-j\omega z} h(z)\, dz$$

Para terminar, la integral restante muestra a una vieja conocida una vez más, ¡otra transformada de Fourier! Ésta es la transformada de Fourier de la respuesta impulso, la cual se designará por $\mathbf{H}(j\omega)$. Por tanto, todo el trabajo se resume en un resultado simple:[8]

$$\mathbf{F}_o(j\omega) = \mathbf{F}_i(j\omega)\mathbf{H}(j\omega) = \mathbf{F}_i(j\omega)\mathcal{F}\{h(t)\} \qquad (44)$$

Éste es otro resultado importante: define a la *función del sistema* $\mathbf{H}(j\omega)$ como la razón de la transformada de Fourier de la función de respuesta a la transformada de Fourier de la función de excitación. Además, la función del sistema y la respuesta impulso forman un par de transformadas de Fourier:

$$h(t) \Leftrightarrow \mathbf{H}(j\omega) \qquad (45)$$

El desarrollo en el párrafo anterior sirve también para demostrar el enunciado general que dice que la transformada de Fourier de la convolución de dos funciones del tiempo es igual al producto de sus transformadas de Fourier.

$$\boxed{\mathcal{F}\{f(t) * g(t)\} = \mathbf{F}_f(j\omega)\mathbf{F}_g(j\omega)} \qquad (46)$$

Para recapitular, si se conocen las transformadas de Fourier de la función de excitación y de la respuesta impulso, entonces su producto representa la transformada de Fourier de la función de la respuesta. El resultado es una descripción de la función de la respuesta en el dominio de la frecuencia; si se desea, puede obtenerse la descripción en el dominio del tiempo de la función de la respuesta obteniendo su transformada inversa de Fourier. Entonces se ve que el proceso de convolución en el dominio del tiempo es equivalente a la operación relativamente simple de la multiplicación en el dominio de la frecuencia. Éste es uno de los hechos que hace tan atractivo el uso de las transformadas integrales.

Los comentarios anteriores deberían hacer que uno se pregunte de nuevo por qué debe trabajarse en el dominio del tiempo, pero siempre se debe recordar que rara

[8] No debe confundirse con la ley de Boyle que se ve en clase de física.

vez, se obtiene algo por nada. Un poeta dijo una vez: "Nuestra sonrisa más sincera se paga con un poco de dolor".[9] El dolor aquí es la dificultad ocasional que se tiene para obtener la transformada inversa de Fourier de una función de respuesta, por razones de complejidad matemática. Por otra parte, una computadora digital moderna puede efectuar la convolución de dos funciones del tiempo con una gran rapidez. Asimismo, se puede obtener una FFT (transformada rápida de Fourier, o "fast Fourier transform", en inglés)[10] rápidamente. En consecuencia, no hay una clara ventaja entre trabajar en el dominio del tiempo o en el dominio de la frecuencia. Cada vez que se resuelve un problema debe optarse por uno de los métodos; la decisión deberá basarse en la información disponible y en las facilidades computacionales de que se disponga.

Ahora se intentará hacer un análisis en el dominio de la frecuencia del problema que se resolvió en la sección anterior con la integral de convolución. Se tenía una función de excitación de la forma

$$v_i(t) = u(t) - u(t - 1)$$

y una respuesta al impulso unitario definida por

$$h(t) = 2e^{-t}u(t)$$

Primero se obtienen las transformadas de Fourier correspondientes. La función de excitación es la diferencia entre dos funciones escalón unitario. Estas dos funciones son idénticas, excepto por el hecho de que una de ellas comienza 1 s después que la otra. Se evaluará la respuesta debida a $u(t)$, y la respuesta debida a $u(t - 1)$ es la misma, pero retrasada 1 s en el tiempo. La diferencia entre estas dos respuestas parciales será la respuesta total debida a $v_i(t)$.

La transformada de Fourier de $u(t)$ se obtuvo en la sección 18-5:

$$\mathcal{F}\{u(t)\} = \pi\delta(\omega) + \frac{1}{j\omega}$$

La función del sistema se obtiene efectuando la transformada de Fourier de $h(t)$, listada en la tabla 18-1,

$$\mathcal{F}\{h(t)\} = \mathbf{H}(j\omega) = \mathcal{F}\{2e^{-t}u(t)\} = \frac{2}{1 + j\omega}$$

La transformada inversa del producto de estas dos funciones da la componente de $v_0(t)$ causada por $u(t)$,

$$v_{o1}(t) = \mathcal{F}^{-1}\left\{ \frac{2\pi\delta(\omega)}{1 + j\omega} + \frac{2}{j\omega(1 + j\omega)} \right\}$$

Usando la propiedad de filtrado o muestreo del impulso unitario, la transformada inversa del primer término es precisamente una constante igual a uno. Así,

$$v_{o1}(t) = 1 + \mathcal{F}^{-1}\left\{ \frac{2}{j\omega(1 + j\omega)} \right\}$$

El segundo término contiene un producto de términos en el denominador, cada uno de ellos de la forma $(\alpha + j\omega)$, y es más fácil encontrar su transformada inversa

[9]   Un mensaje cultural de P. B. Shelley, "A una alondra", 1821.

[10]   La transformada rápida de Fourier es un tipo de transformada discreta de Fourier, la cual es una aproximación numérica a la transformada (continua) de Fourier que se ha estado considerando. En G. D. Bergland, "A Guided Tour of the Fast Fourier Transform", *IEEE Spectrum*, vol. 6, núm. 7, pp. 41-52, julio de 1969, se dan muchas referencias respecto a dicha transformada.

usando de la expansión en fracciones parciales que se conoce desde los primeros cursos de cálculo. La técnica que se seleccionará para obtener una expansión en fracciones parciales tiene una gran ventaja: siempre es aplicable, aunque en general existen métodos más rápidos para la mayor parte de las situaciones.[11] Se asigna una cantidad desconocida en el numerador de cada fracción, en este caso dos,

$$\frac{2}{j\omega(1 + j\omega)} = \frac{A}{j\omega} + \frac{B}{1 + j\omega}$$

y luego se sustituye un número correspondiente de valores simples de $j\omega$. En este caso se ha tomado $j\omega = 1$,

$$1 = A + \frac{B}{2}$$

y luego $j\omega = -2$:

$$1 = -\frac{A}{2} - B$$

Esto da $A = 2$ y $B = -2$. Entonces,

$$\mathscr{F}^{-1}\left\{\frac{2}{j\omega(1 + j\omega)}\right\} = \mathscr{F}^{-1}\left\{\frac{2}{j\omega} - \frac{2}{1 + j\omega}\right\} = \operatorname{sgn}(t) - 2e^{-t}u(t)$$

así que

$$v_{o1}(t) = 1 + \operatorname{sgn}(t) - 2e^{-t}u(t)$$
$$= 2u(t) - 2e^{-t}u(t)$$
$$= 2(1 - e^{-t})u(t)$$

Por tanto $v_{o2}(t)$, la componente de $v_o(t)$ producida por $u(t - 1)$, es

$$v_{o2}(t) = 2(1 - e^{-(t-1)})u(t - 1)$$

Por consiguiente,

$$v_o(t) = v_{o1}(t) + v_{o2}(t)$$
$$= 2(1 - e^{-t})u(t) - 2(1 - e^{-t+1})u(t - 1)$$

Las discontinuidades en $t = 0$ y $t = 1$ obligan a hacer una separación en tres intervalos de tiempo:

$$v_o(t) = \begin{cases} 0 & t < 0 \\ 2(1 - e^{-t}) & 0 < t < 1 \\ 2(e - 1)e^{-t} & t > 1 \end{cases}$$

Este es el mismo resultado que se obtuvo al resolver este problema con la integral de convolución en el dominio del tiempo.

Aparentemente es más fácil obtener la solución al trabajar con este problema en particular en el dominio de la frecuencia y no en el dominio del tiempo. Se pudo cambiar una integración en el dominio del tiempo relativamente complicada por una simple multiplicación de dos transformadas de Fourier en el dominio de la frecuencia,

---

[11] Urge revisar el viejo libro de cálculo.

y (esto es algo notable) no se tuvo que pagar el precio de tener que invertir una transformada de Fourier difícil para determinar $v_o(t)$.

Ejercicios

18-12. La respuesta al impulso de una cierta red lineal es $h(t)=6e^{-20t}u(t)$. La señal de entrada es $3e^{-6t}u(t)$ V. Encuentre a) $\mathbf{H}(j\omega)$; b) $\mathbf{V}_i(j\omega)$; c) $\mathbf{V}_o(j\omega)$; d) $v_o(0.1)$; e) $v_o(0.3)$; f) $v_{o,máx}$.   *Resp:* $6/(20 + j\omega)$; $3/(6 + j\omega)$; $18/[(20 + j\omega)(3 + j\omega)]$; 0.532 V; 0.209 V; 0.5372 V

18-13. Un cierto sistema lineal tiene la función del sistema $(10 - j2\omega)/(4 + j\omega)$. Trabaje en el dominio de la frecuencia para encontrar la salida en el dominio del tiempo si el voltaje de entrada es a) un impulso unitario; b) una función escalón unitario; c) $2e^{-5t}u(t)$ V.   *Resp:* $-2\delta(t) + 18e^{-4t}u(t)$ V; $(2.5 - 4.5e^{-4t})u(t)$ V; $(36e^{-4t} - 40e^{-5t})u(t)$ V

18-9

El significado físico de la función del sistema

En esta sección se tratará de enlazar varios conceptos de la transformada de Fourier con trabajo ya hecho en capítulos anteriores.

Dada una red de dos puertos N lineal general sin energía inicial almacenada, se suponen excitaciones y respuestas senoidales, las cuales se considera arbitrariamente que son voltajes, como se muestra en la figura 18-12. El voltaje de entrada es simplemente $A \cos(\omega_x t + \theta)$, y la salida puede describirse en términos generales como $v_o(t) = B \cos(\omega_x t + \phi)$; donde la amplitud B y el ángulo de fase ϕ son funciones de ω_x. En forma fasorial, las funciones de excitación y de respuesta se pueden escribir como $\mathbf{V}_i = Ae^{j\theta}$ y $\mathbf{V}_o = Be^{j\phi}$. La razón de la respuesta fasorial a la función de excitación fasorial es un número complejo que es función de ω_x:

$$\frac{\mathbf{V}_o}{\mathbf{V}_i} = \mathbf{G}(\omega_x) = \frac{B}{A}e^{j(\phi - \theta)}$$

donde B/A es la amplitud de $\mathbf{G}$ y $\phi - \theta$ es su ángulo de fase. Esta función de transferencia $\mathbf{G}(\omega_x)$ se podría obtener en el laboratorio variando ω_x sobre un gran rango de valores, y midiendo la amplitud B/A y la fase $\phi - \theta$ para cada valor de ω_x. Si luego se graficase cada uno de estos parámetros en función de la frecuencia, el par de curvas resultantes describiría completamente la función de transferencia.

Figura 18-12

Se puede utilizar el análisis senoidal para encontrar la función de transferencia $\mathbf{H}(j\omega_x) = (B/A)e^{j(\phi - \theta)}$, donde B y ϕ son funciones de ω_x.

$$v_i(t) = A \cos(\omega_x t + \theta) \qquad N \qquad v_o(t) = B \cos(\omega_x t + \phi)$$

Ahora se guardarán estos comentarios por un rato y se considerará un aspecto ligeramente diferente del mismo problema de análisis.

Para el circuito con entrada y salida senoidales mostrado en la figura 18-12 ¿cuál es la función del sistema $\mathbf{H}(j\omega)$? Para responder a esta pregunta, hay que comenzar por la definición de $\mathbf{H}(j\omega)$ como la razón de las transformadas de Fourier de la salida y la entrada. Esas dos funciones del tiempo contienen la forma funcional $\cos(\omega_x t + \beta)$, cuyas transformadas de Fourier aún no se evalúan, aunque se puede manejar $\cos \omega_x t$. La transformada que se necesita es

$$\mathscr{F}\{\cos(\omega_x t + \beta)\} = \int_{-\infty}^{\infty} e^{-j\omega t} \cos(\omega_x t + \beta)\, dt$$

Si se hace la sustitución $\omega_x t + \beta = \omega_x \tau$ entonces

$$\mathcal{F}\{\cos(\omega_x t + \beta)\} = \int_{-\infty}^{\infty} e^{-j\omega\tau + j\omega\beta/\omega_x} \cos \omega_x \tau \, d\tau$$

$$= e^{j\omega\beta/\omega_x} \mathcal{F}\{\cos \omega_x t\}$$

$$= \pi e^{j\omega\beta/\omega_x} [\delta(\omega - \omega_x) + \delta(\omega + \omega_x)]$$

Éste es un nuevo par de transformación de Fourier,

$$\cos(\omega_x t + \beta) \Leftrightarrow \pi e^{j\omega\beta/\omega_x}[\delta(\omega - \omega_x) + \delta(\omega + \omega_x)] \tag{47}$$

que ahora se puede utilizar para evaluar la función del sistema deseado,

$$\mathbf{H}(j\omega) = \frac{\mathcal{F}\{B\cos(\omega_x t + \phi)\}}{\mathcal{F}\{A\cos(\omega_x t + \theta)\}}$$

$$= \frac{\pi B e^{j\omega\phi/\omega_x}[\delta(\omega - \omega_x) + \delta(\omega + \omega_x)]}{\pi A e^{j\omega\theta/\omega_x}[\delta(\omega - \omega_x) + \delta(\omega + \omega_x)]}$$

$$= \frac{B}{A} e^{j\omega(\phi - \theta)/\omega_x}$$

Ahora se recuerda la expresión para $\mathbf{G}(\omega_x)$

$$\mathbf{G}(\omega_x) = \frac{B}{A} e^{j(\phi - \theta)}$$

donde B y ϕ se evaluaron en $\omega = \omega_x$ y se ve que al evaluar $\mathbf{H}(j\omega)$ en $\omega = \omega_x$ se obtiene

$$\mathbf{H}(\omega_x) = \mathbf{G}(\omega_x) = \frac{B}{A} e^{j(\phi - \theta)}$$

Como el subíndice x no tiene nada de especial, se concluye que la función del sistema y la función de transferencia son idénticas:

$$\mathbf{H}(j\omega) = \mathbf{G}(\omega) \tag{48}$$

El hecho de que uno de los argumentos sea ω mientras el otro esté indicado por $j\omega$ es intrascendente y arbitrario; la j simplemente hace posible una comparación más directa entre las transformadas de Fourier y de Laplace.

La ecuación (48) representa una conexión directa entre las técnicas de la transformada de Fourier y el análisis en estado senoidal permanente o estable. El trabajo anterior con el análisis en estado senoidal permanente usando fasores no fue sino un caso especial de las técnicas más generales del análisis de la transformada de Fourier. Fue "especial" en el sentido de que las entradas y salidas fueron senoidales, mientras que el uso de las transformadas de Fourier y funciones del sistema permiten manejar excitaciones y respuestas no senoidales.

Por tanto, para encontrar la función del sistema $\mathbf{H}(j\omega)$ de una red, todo lo que se necesita hacer es determinar la función de transferencia senoidal correspondiente como una función de ω (o $j\omega$).

Ejemplo 18-4 Como un ejemplo de la aplicación de estas profundas generalidades, se estudiará el circuito RL en serie mostrado en la figura 18-13a. Se busca el voltaje en el inductor cuando el voltaje de entrada es un pulso exponencial decreciente.

Figura 18-13

a) Se busca la respuesta $v_o(t)$ causada por $v_i(t)$. *b*) La función del sistema $\mathbf{H}(j\omega)$ se puede calcular por medio del análisis en estado senoidal permanente: $\mathbf{H}(j\omega) = \mathbf{V}_o/\mathbf{V}_i$.

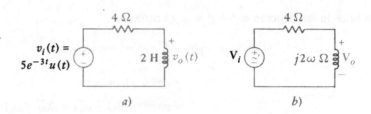

a)   *b)*

Solución: Se necesita la función del sistema; pero no es necesario aplicar un impulso, encontrar la respuesta impulso y luego calcular su transformada inversa. En lugar de eso se utilizará la ecuación (48) para obtener la función del sistema $\mathbf{H}(j\omega)$ suponiendo que los voltajes de entrada y salida son senoidales descritas por sus fasores correspondientes, como se muestra en la figura 18-13*b*. Usando el divisor de voltaje, se tiene

$$\mathbf{H}(j\omega) = \frac{\mathbf{V}_o}{\mathbf{V}_i} = \frac{j2\omega}{4 + j2\omega}$$

La transformada de la función de excitación es

$$\mathcal{F}\{v_i(t)\} = \frac{5}{3 + j\omega}$$

y por tanto la transformada de $v_o(t)$ está dada por

$$\mathcal{F}\{v_o(t)\} = \mathbf{H}(j\omega)\mathcal{F}\{v_i(t)\}$$

$$= \frac{j2\omega}{4 + j2\omega}\frac{5}{3 + j\omega}$$

$$= \frac{15}{3 + j\omega} - \frac{10}{2 + j\omega}$$

donde las fracciones parciales que aparecen en el último paso ayudan a determinar la transformada inversa de Fourier

$$v_o(t) = \mathcal{F}^{-1}\left\{\frac{15}{3 + j\omega} - \frac{10}{2 + j\omega}\right\}$$

$$= 15e^{-3t}u(t) - 10e^{-2t}u(t)$$

$$= 5(3e^{-3t} - 2e^{-2t})u(t)$$

El problema se ha resuelto en forma sencilla, sin convolución o ecuaciones diferenciales.   ●

Volviendo a la ecuación (48), la identidad entre la función del sistema $\mathbf{H}(j\omega)$ y la función de transferencia en estado senoidal permanente $\mathbf{G}(\omega)$, puede ahora considerarse a la función del sistema como la razón de la salida fasorial a la entrada fasorial. Supóngase que la amplitud del fasor de entrada se mantiene como la unidad y el ángulo de fase en cero. Entonces el fasor de salida es $\mathbf{H}(j\omega)$. Bajo estas condiciones, si la amplitud y la fase de salida se registran como funciones de ω, para toda ω, entonces se ha hecho un registro de la función del sistema $\mathbf{H}(j\omega)$ como una función de ω, para toda ω. Por tanto se ha examinado la respuesta del sistema bajo la condición de que un número infinito de senoidales, todas con amplitud unitaria y fase nula, se han aplicado sucesivamente a la entrada. Ahora suponiendo que la entrada es un solo impulso unitario y observando la respuesta impulso $h(t)$, ¿es la información que se examina realmente diferente de la que ya se obtuvo? La transformada de Fourier del impulso unitario es una constante igual a uno, indicando que están presentes todas las componentes de frecuencia, todas con la misma magnitud, y todas con un ángulo de fase nulo. La respuesta del sistema es la suma de las respuestas a todas estas componentes. El resultado podría verse en la salida de un osciloscopio. Es evidente que la función del sistema y la función de la respuesta impulso contienen información equivalente respecto a la respuesta del sistema.

Así, se tienen dos métodos para describir la respuesta de un sistema a una función de excitación general; uno de ellos es una descripción en el dominio del tiempo, y el otro una descripción en el dominio de la frecuencia. Trabajando en el dominio del tiempo, se efectúa la convolución de la función de excitación con la respuesta impulso del sistema para obtener la función de la respuesta. Tal como se vio antes, este procedimiento puede interpretarse imaginando que la entrada es un continuo de impulsos de diferentes intensidades e instantes de aplicación; la salida que resulta es un continuo de respuestas impulso.

En el dominio de la frecuencia, sin embargo, la respuesta se determina multiplicando la transformada de Fourier de la función de excitación por la función del sistema. En este caso, la transformada se interpreta como un espectro de frecuencia, o sea un continuo de senoidales. Multiplicando este espectro por la función del sistema, se obtiene la función de respuesta, también como un continuo de senoidales.

Ya sea que se piense que la salida es un continuo de respuestas impulso o un continuo de respuestas senoidales, la linealidad de la red y el principio de superposición permiten determinar la salida total como una función del tiempo sumando sobre todas las frecuencias (la transformada inversa de Fourier), o como una función de la frecuencia sumando sobre todo el tiempo (la transformada de Fourier).

Desafortunadamente, cada una de estas técnicas tiene algunas dificultades o limitaciones. Al usar la convolución, a menudo es difícil evaluar la integral cuando están presentes funciones de excitación o respuestas impulso complicadas. Además, desde el punto de vista experimental, no se puede medir la respuesta impulso de un sistema ya que un impulso no se puede generar en la realidad. Aun si el impulso se aproxima por medio de un pulso angosto de gran amplitud, el sistema probablemente se saturará y se saldrá de su rango de operación lineal.

En cuanto al dominio de la frecuencia, se encuentra una limitación absoluta en el hecho de que se podría pensar en excitaciones que se fueran a aplicar teóricamente para las cuales no existe la transformada de Fourier. Además, si se desea encontrar la descripción en el dominio del tiempo de la función de la respuesta, debe evaluarse una transformada inversa de Fourier, y algunas de estas inversiones pueden llegar a ser muy complicadas.

Por último, ninguna de estas técnicas ofrece un método muy conveniente para manejar condiciones iniciales.

Los mayores beneficios derivados del uso de la transformada de Fourier surgen de la abundancia de información útil que proporciona sobre las propiedades espectrales de una señal, en particular la energía o potencia por unidad de ancho de banda.

La mayor parte de las dificultades y limitaciones asociadas con la transformada de Fourier, se superan con el uso de la transformada de Laplace. Se verá que ésta se define de tal forma que hay un factor de convergencia que permite obtener transformadas para un rango mucho más amplio de funciones de entrada en el tiempo, que lo que se puede obtener con la transformada de Fourier. Es más, se verá que las condiciones se pueden manejar de tal manera que el lector se preguntará por qué esta maravillosa técnica no se presentó antes del capítulo anterior. Finalmente, la información espectral que se obtiene tan fácilmente con la transformada de Fourier también se puede obtener con la transformada de Laplace, al menos para la mayor parte de las funciones del tiempo que aparecen en problemas reales de ingeniería.

Bien, ¿por qué se *ha* guardado todo esto hasta ahora? La mejor respuesta es que porque quizás estas poderosas técnicas pueden sobrecomplicar la solución de problemas sencillos y oscurecer la interpretación física del comportamiento de redes simples. Por ejemplo, si se tiene interés sólo en la respuesta forzada, entonces no hay una razón muy poderosa para usar la transformada de Laplace y obtener tanto la respuesta forzada como la natural después de vencer las dificultades de una transformación inversa.

Suficientes generalidades de la transformada de Laplace.

Ejercicio

18-14. Aplique las técnicas de la transformada de Fourier al circuito de la figura 18-14 para encontrar $i_1(t)$ en $t = 1.5$ ms si i_s es igual a: *a*) $\delta(t)$ A; *b*) $u(t)$ A; *c*) $\cos 500t$ A.

Resp: −141.7 A; 0.683 A; 0.308 A

Figura 18-14

Para el ejercicio 18-14.

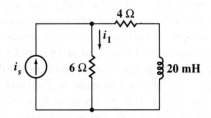

Problemas

1 Dada la función de tiempo $f(t) = 5[\,u(t + 3) + u(t + 2) - u(t - 2) - u(t - 3)]$: *a*) grafique $f(t)$; *b*) utilice la definición de la transformada de Fourier para encontrar $\mathbf{F}(j\omega)$.

2 Utilice las ecuaciones que definen la transformada de Fourier para encontrar $\mathbf{F}(j\omega)$ si $f(t)$ es igual a: *a*) $e^{-at}u(t)$, $a > 0$; *b*) $e^{-a(t - t_0)}\,u(t - t_0)$, $a > 0$; *c*) $te^{-at}u(t)$, $a > 0$.

3 Encuentre la transformada de Fourier del pulso triangular en la figura 18-15.

Figura 18-15

Para el problema 3.

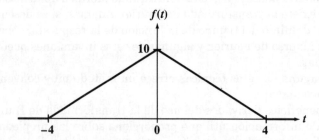

4 Calcule la transformada de Fourier del pulso senoidal en la figura 18-16.

5 Sea $f(t) = (8 \cos t)[\,(u(t + 0.5\pi) - u(t - 0.5\pi)]$. Calcule $\mathbf{F}(j\omega)$ para ω igual a: *a*) 0; *b*) 0.8; *c*) 3.1.

6 Utilice las ecuaciones que definen a la transformada inversa de Fourier para determinar $f(t)$, y entonces evalúela en $t = 0.8$ para $\mathbf{F}(j\omega)$ igual a: *a*) $4[\,u(\omega + 2) - u(\omega - 2)]$; *b*) $4e^{-2|\omega|}$; *c*) $(4 \cos \pi\omega)[\,u(\omega + 0.5) - u(\omega - 0.5)]$.

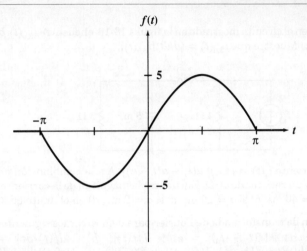

Figura 18-16

Para el problema 4.

7 Dado el voltaje $v(t) = 20e^{1.5t} u(-t - 2)$ V, encuentre a) $\mathbf{F}_v(j0)$; b) $A_v(2)$; c) $B_v(2)$; d) $|\mathbf{F}_v(j2)|$; e) $\phi_v(2)$.

8 Sea $i(t)$ una corriente que varía con el tiempo a través de un resistor de 4 Ω. Si la magnitud de la transformada de Fourier de $i(t)$ se conoce y es $|\mathbf{I}(j\omega)| = (3 \cos 10\omega)[u(\omega + 0.05\pi) - u(\omega - 0.05\pi)]$ A/(rad/s), encuentre a) la energía total presente en la señal; b) la frecuencia ω_x tal que la mitad de la energía total esté en el intervalo $|\omega| < \omega_x$.

9 Sea $f(t) = 10te^{-4t}u(t)$, y encuentre a) la energía de 1 Ω asociada con esta señal; b) $|\mathbf{F}(j\omega)|$; c) la densidad de la energía en $\omega = 0$ y $\omega = 4$ rad/s.

10 Si $v(t) = 8e^{-2|t|}$ V, encuentre a) la energía de 1 Ω asociada con esta señal; b) $|\mathbf{F}_v(j\omega)|$; c) el intervalo de frecuencia $|\omega| < \omega_1$ en el cual se encuentra 90% de la energía.

11 Encuentre la intensidad o peso del impulso que se define por a) el límite cuando $a \to 0$ de $(1/a)[\cos(\pi t/2a)][u(t + a) - u(t - a)]$; b) el límite cuando $a \to 0$ de $(\pi/a)[u(t + a) + u(t + 0.4a) - u(t - 0.4a) - u(t - a)]$; c) $(\tan t)[\delta(t - 1)][u(t + 1.5) - u(t - 1.5)]$.

12 a) Encuentre $i_R(t)$, $i_C(t)$ e $i_s(t)$ para el circuito de la figura 18-17. Exprese todas las corrientes en términos de funciones singulares. b) Especifique valores numéricos para las diferencias $i_R(0^+) - i_R(0^-)$, $i_C(0^+) - i_C(0^-)$, $i_s(0^+) - i_s(0^-)$ y $q_C(0^+) - q_C(0^-)$

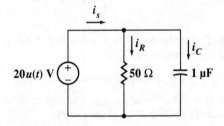

Figura 18-17

Para el problema 12.

13 a) Encuentre $v_2(t)$, $i_6(t)$, $v_5(t)$ y $v_s(t)$ para el circuito de la figura 18-18. Exprese cada respuesta en términos de funciones singulares. b) Muestre que $v_5(t) = 6\,di_6/dt$. Recuerde que $(d/dt)(uv) = u\,dv/dt + v\,du/dt$.

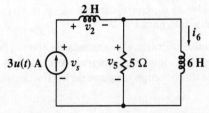

Figura 18-18

Para el problema 13.

14 *a*) Sea $i_s = 2\delta(t)$ A en el circuito mostrado en la figura 18-19, encuentre $i_{3,a}(t)$. *b*) Encuentre $i_{3,b}(t)$ si $i_s = 2u(t)$ A. *c*) Muestre que $i_{3,a}(t) = (d/dt)[i_{3,b}(t)]$.

Figura 18-19

Para el problema 14.

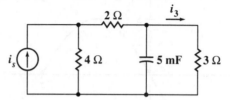

15 Se aplica una corriente $i_s(t) = (4/a)[u(t) - u(t - a)]$ A a la combinación en paralelo de un inductor de 0.5 H y un resistor de 10 Ω. Encuentre la magnitud de la corriente del inductor en $t = 30$ ms: *a*) si $a = 40$ ms; *b*) si $a = 20$ ms; *c*) si $a = 2$ ms; *d*) en el límite cuando $a \to 0$.

16 Utilice la definición de transformada de Fourier para demostrar los siguientes resultados:
$\mathcal{F}\{f(t)\} = \mathbf{F}(j\omega)$: *a*) $\mathcal{F}\{f(t - t_0)\} = e^{-j\omega t_0}\,\mathcal{F}\{f(t)\}$; *b*) $\mathcal{F}\{df(t)/dt\} = j\omega\,\mathcal{F}\{f(t)\}$; *c*) $\mathcal{F}\{f(kt)\} = (1/|k|)\mathbf{F}(j\omega/k)$; *d*) $\mathcal{F}\{f(-t)\} = \mathbf{F}(-j\omega)$; *e*) $\mathcal{F}\{tf(t)\} = j\,d[\mathbf{F}(j\omega)]/d\omega$.

17 Encuentre $\mathcal{F}\{f(t)\}$ si $f(t)$ está dado como *a*) $4[\text{sgn }(t)]\delta(t - 1)$; *b*) $4[\text{sgn }(t - 1)]\delta(t)$; *c*) $4[\text{sen }(10t - 30°)]$.

18 Encuentre $\mathbf{F}(j\omega)$ si $f(t)$ es igual a: *a*) $A\cos(\omega_0 t + \phi)$; *b*) $3\text{ sgn }(t - 2) - 2\delta(t) - u(t - 1)$; *c*) $(\text{senh }kt)u(t)$.

19 Encuentre $f(t)$ en $t = 5$ si $\mathbf{F}(j\omega)$ es igual a: *a*) $3u(\omega + 3) - 3u(\omega - 1)$; *b*) $3u(-3 - \omega) + 3u(\omega - 1)$; *c*) $2\delta(\omega) + 3u(-3 - \omega) + 3u(\omega - 1)$.

20 Encuentre $f(t)$ si $\mathbf{F}(j\omega)$ es igual a: *a*) $3/(1 + j\omega) + 3/j\omega + 3 + 3\delta(\omega - 1)$; *b*) $(5\text{ sen }4\omega)/\omega$; *c*) $6(3 + j\omega)/[(3 + j\omega)^2 + 4]$.

21 Encuentre la transformada de Fourier de la función de tiempo periódica de la figura 18-20.

Figura 18-20

Para el problema 21.

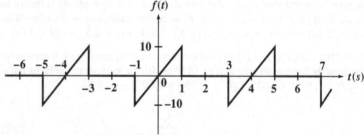

22 La función periódica $f(t)$ se define sobre el periodo $0 < t < 4$ ms como $f_1(t) = 10u(t) - 6u(t - 0.001) - 4u(t - 0.003)$. Encuentre $\mathbf{F}(j\omega)$.

23 Si $\mathbf{F}(j\omega) = 20\sum_{n=1}^{\infty}\dfrac{1}{|n|! + 1}\delta(\omega - 20n)$, encuentre el valor de $f(0.05)$.

24 Dada una entrada $x(t) = 5[u(t) - u(t - 1)]$, utilice convolución para encontrar la salida $y(t)$ si $h(t)$ es igual a *a*) $2u(t)$; *b*) $2u(t - 1)$; *c*) $2u(t - 2)$.

25 Sea $x(t) = 5[u(t) - u(t - 2)]$ y $h(t) = 2[u(t - 1) - u(t - 2)]$. Encuentre $y(t)$ en $t = -0.4$, 0.4, 1.4, 2.4, 3.4, y 4.4 utilizando: *a*) la primera integral de la ecuación (43); *b*) la segunda integral de la ecuación (43).

26 La respuesta al impulso de un cierto sistema lineal es $h(t) = 3(e^{-t} - e^{-2t})$. Dada la entrada $x(t) = u(t)$, encuentre la salida para t > 0.

27 La respuesta al impulso unitario y la entrada de cierto sistema lineal se muestra en la figura 18-21. *a*) Obtenga una expresión integral para la salida que sea válida en el intervalo $4 < t < 6$, y además que no contenga ninguna de las funciones de singularidad; *b*) Evalúe la salida en $t = 5$.

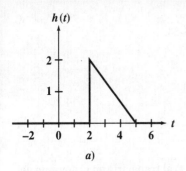

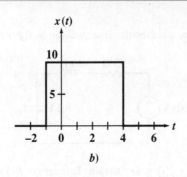

a)   *b)*

Figura 18-21

Para el problema 27.

28   Dada una señal de entrada $x(t) = 5e^{-(t-2)}u(t-2)$ y la respuesta al impulso $h(t) = (4t - 16)[u(t-4) - u(t-7)]$, encuentre el valor de la señal de salida en *a)* $t = 5$; *b)* $t = 8$; *c)* $t = 10$.

29   Cuando se aplica una señal de entrada $\delta(t)$ a un sistema lineal, la salida es sen t para $0 < t < \pi$, y cero para cualquier otro valor de t. Ahora, si se aplica a la entrada $e^{-t}u(t)$, especifique el valor numérico de la salida en t igual a *a)* 1; *b)* 2.5; *c)* 4.

30   Sea $x(t) = 0.8(t-1)[u(t-1) - u(t-3)]$ y $h(t) = 0.2(t-2)[u(t-2) - u(t-3)]$. Evalúe $y(t)$ para *a)* $t = 3.8$; *b)* $t = 4.8$.

31   Se aplica una señal $x(t) = 10e^{-2t}u(t)$ a un sistema lineal para el cual la respuesta al impulso es $h(t) = 10e^{-2t}u(t)$. Encuentre la salida $y(t)$.

32   Se aplica un impulso a un sistema lineal, generando la salida $h(t) = 5e^{-4t}u(t)$ V. Encuentre el porcentaje de la energía de 1 Ω de esta respuesta: *a)* que ocurre durante el intervalo $0.1 < t < 0.8$ s; *b)* que está en la banda de frecuencia $-2 < \omega < 2$ rad/s.

33   Si $\mathbf{F}(j\omega) = 2/[(1 + j\omega)(2 + j\omega)$, encuentre: *a)* la energía total de 1 Ω presente en la señal; *b)* el valor máximo de $f(t)$.

34   Encuentre $\mathbf{F}^{-1}(j\omega)$ si $\mathbf{F}(j\omega)$ es igual a *a)* $1/[(j\omega)(2 + j\omega)(3 + j\omega)]$; *b)* $(1 + j\omega)/[(j\omega)(2 + j\omega)(3 + j\omega)]$; *c)* $(1 + j\omega)^2/[(j\omega)(2 + j\omega)(3 + j\omega)]$; *d)* $(1 + j\omega)^3/[(j\omega)(2 + j\omega)(3 + j\omega)]$.

35   En la sección 18-7 se planteó la hipótesis sobre la respuessta al impulso $h(t) = 2e^{-t}u(t)$. Para desarrollar una red que tenga esa respuesta: *a)* determine $\mathbf{H}(j\omega) = \mathbf{V}_o(j\omega)/\mathbf{V}_i(j\omega)$. *b)* Por inspección de $h(t)$ o de $\mathbf{H}(j\omega)$, observe que la red tiene un solo elemento que almacena energía. Elija arbitrariamente un circuito RC con $R = 1$ Ω, $C = 1$ F, para suministrar la constante de tiempo necesaria, determine la forma del circuito de $\frac{1}{2}h(t)$ o $\frac{1}{2}\mathbf{H}(j\omega)$; *c)* Coloque un amplificador ideal de voltaje en cascada con la red para proporcionar la constante multiplicativa adecuada. ¿Cuál es la ganancia del amplificador?

36   Sea $h(t) = 10e^{-20(t-5)}u(t-5)$ para cierto sistema lineal. *a)* Utilice los enunciados del problema 16 (si es necesario) para ayudar a encontrar $\mathbf{H}(j\omega)$. *b)* Encuentre la salida del sistema $y(t)$ si la entrada es $x(t) = \text{sgn}(t)$.

37   Un sistema lineal tiene la siguiente función del sistema $\mathbf{H}(j\omega) = 20/(j\omega + 8)$. Encuentre la salida del sistema $v_o(t)$ si la entrada $v_i(t)$ es igual a *a)* $\delta(t)$ V; *b)* $u(t)$ V; *c)* $100 \cos 6t$ V.

38   Encuentre $v_o(t)$ para el circuito de la figura 18-22.

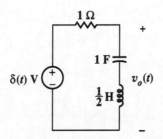

Figura 18-22

Para el problema 38.

39 Encuentre $v_C(t)$ para el circuito ilustrado en la figura 18-23.

Figura 18-23

Para el problema 39.

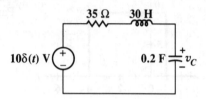

40 Sea $f(t) = 5e^{-2t}u(t)$ y $g(t) = 4e^{-3t}u(t)$. *a*) Encuentre $f(t) * g(t)$ al trabajarlo en el dominio del tiempo. *b*) Encuentre $f(t) * g(t)$ al utilizar la convolución en el dominio de la frecuencia.

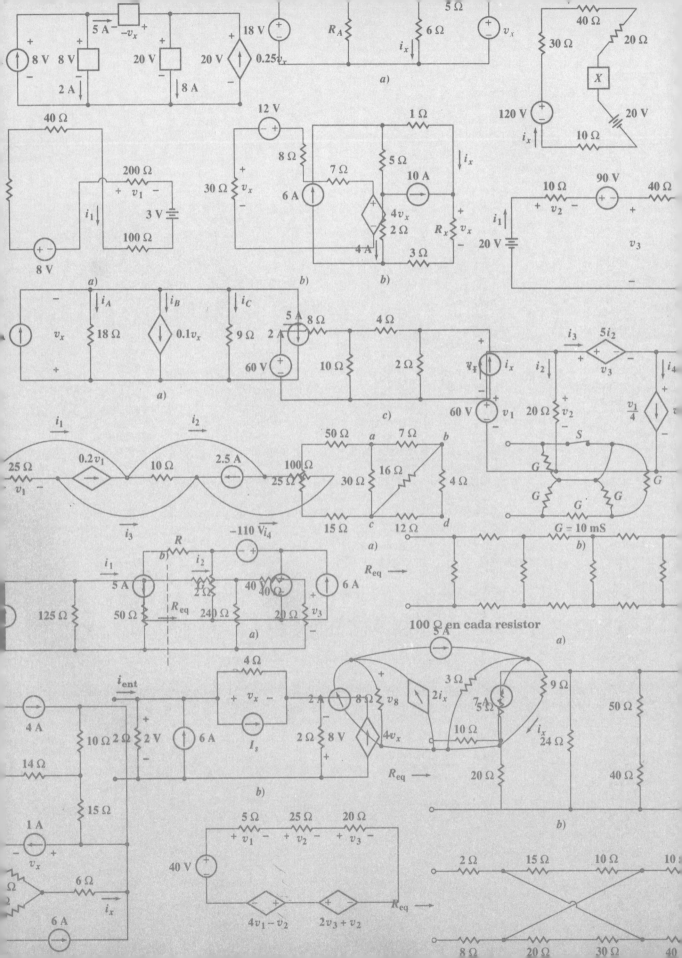

El uso de las técnicas de la transformada de Laplace

Al comienzo de este último capítulo que trata la transformada de Laplace, puede ser útil detenerse a revisar los progresos logrados hasta este momento, en primer lugar porque se ha recorrido una gran parte del camino desde que se comenzó en la página 1 y es aconsejable hacer cierta integración, y en segundo lugar porque es necesario saber qué lugar ocupa la transformada de Laplace en la jerarquía de los métodos analíticos.

El objetivo ha sido todo el tiempo el del análisis: dada una función de excitación en un punto de un circuito lineal, se determina la respuesta en otro punto. En los primeros capítulos, se tomaron en cuenta sólo excitaciones de cd y respuestas de la forma $V_0 e^0$. Sin embargo, después de la presentación de la inductancia y la capacitancia, la excitación súbita de circuitos RL y RC por medio de fuentes de cd producía respuestas que variaban exponencialmente con el tiempo: $V_0 e^{\sigma t}$. Cuando se consideró el circuito RLC, las respuestas tomaron la forma de una senoidal con variación exponencial $V_0 e^{\sigma t} \cos(\omega t + \theta)$. Todo ese trabajo se llevó a cabo en el dominio del tiempo, y la excitación de cd fue la única que se consideró.

Conforme se avanzó en el uso de la excitación senoidal, el tedio y la complejidad para resolver las ecuaciones integrodiferenciales llevaron a meditar sobre una forma más fácil para resolver los problemas. El resultado fue la transformada fasorial, y debe recordarse que se llegó a ella a través de la consideración de una excitación compleja de la forma $V_0 e^{j\theta} e^{j\omega t}$. Tan pronto se vio que el factor que contenía a t era innecesario, se retuvo sólo el fasor $V_0 e^{j\theta}$; se había llegado al dominio de la frecuencia.

Después de familiarizarse con el análisis en estado senoidal permanente, un poco de razonamiento llevó a aplicar una función de excitación de la forma $V_0 e^{j\theta} e^{(\sigma + j\omega t)}$ y por tanto se inventó la frecuencia compleja $\mathbf{s}$, relegando todas las formas funcionales anteriores a ser casos especiales: cd ($\mathbf{s} = 0$), exponencial ($\mathbf{s} = \sigma$), senoidal ($\mathbf{s} = j\omega$) y senoidal exponencial ($\mathbf{s} = \sigma + j\omega$). Ese era el estado de cosas al final del capítulo 15.

Se regresó entonces al dominio del tiempo y se dedicó algún tiempo en aprender cómo modelar nuestras ecuaciones en la forma estándar requerida por los métodos de variables de estado. Para circuitos de la complejidad de primer orden, se pudieron resolver las ecuaciones resultantes para una gran variedad de funciones de excitación, incluyendo las formas que se habían evitado. Aunque se consideraron sistemas de orden más alto sólo en forma breve, se observó que se puede programar una computadora digital para usar métodos numéricos para expresiones matriciales.

Continuando con la lucha por el dominio de un número aun mayor de diferentes tipos de funciones de excitación, se pasó luego a funciones periódicas no senoidales. Aquí se encontró que la serie infinita desarrollada por Fourier, $a_0 + \sum(a_n \cos n\omega_0 t + b_n \operatorname{sen} n\omega_0 t)$, era capaz de representar casi cualquier función periódica en la cual se tuviese interés. Gracias a la linealidad y la superposición, se pudo encontrar la respuesta como la suma de las respuestas a los términos senoidales individuales.

Recordando el éxito alcanzado con la función exponencial compleja, se desarrolló después la forma compleja de la serie de Fourier, $\sum c_n e^{jn\omega_0 t}$, de nuevo adecuada sólo para funciones periódicas. Sin embargo, dejando que el periodo de una sucesión periódica de pulsos aumentara sin límite, se llegó a una forma aplicable a un solo pulso, la transformada inversa de Fourier:

$$v(t) = \frac{1}{2\pi} \int_{-\infty}^{\infty} e^{j\omega t} \mathbf{V}(j\omega)\, d\omega$$

Ésta es la situación presente. ¿Qué más se podría necesitar? Pues varias cosas, en primer lugar, hay algunas funciones del tiempo para las cuales no existe la transformada de Fourier, como la exponencial creciente, muchas señales aleatorias, y otras funciones del tiempo que no son absolutamente integrables. En segundo lugar no se ha permitido aún que haya energía inicial almacenada en las redes cuyas respuestas transitoria o completa se deseaba calcular por medio de la transformada de Fourier. Estas dos objeciones se superan al usar la transformada de Laplace, que además tiene una nomenclatura más sencilla y una mayor facilidad de manejo.

19-2

Definición de la transformada de Laplace

La transformada de Laplace se presentará como un desarrollo o evolución de la transformada de Fourier, aunque se podría definir directamente. Para aquellos que prefieren adelantarse, las ecuaciones (5) y (6) son las definiciones de la transformada bilateral de Laplace, mientras que la (7) y (8) proporcionan la transformada unilateral de Laplace utilizada en lo que resta del capítulo.

El desarrollo de la transformada de Laplace se comenzará utilizando la transformada inversa de Fourier para interpretar a $v(t)$ como la suma (integral) de un número infinito de términos, cada uno de la forma

$$\left[\frac{\mathbf{V}(j\omega)\, d\omega}{2\pi} \right] e^{j\omega t}$$

Al comparar esto con la forma de la función de excitación compleja

$$[V_0 e^{j\theta}] e^{j\omega t}$$

la cual llevó al fasor $V_0 e^{j\theta}$, se observa que en general las dos cantidades entre corchetes son términos complejos; por tanto, $(1/2\pi)\mathbf{V}(j\omega)\, d\omega$ también se puede interpretar como cierta clase de fasor. Por supuesto, la diferencial de frecuencia indica una amplitud infinitesimal, pero cuando se integra se suma un número infinito de tales términos.

El último paso, por lo tanto, es similar al efectuado cuando se presentaron los fasores en el dominio de la frecuencia compleja; ahora se hace que la variación en el tiempo sea de la forma $e^{(\sigma + j\omega)t}$.

Para lograr esto, considérese la transformada de Fourier de $e^{-\sigma t} v(t)$, en lugar de $v(t)$ únicamente. Para $v(t)$ sola se tiene

$$\mathbf{V}(j\omega) = \int_{-\infty}^{\infty} e^{-j\omega t} v(t)\, dt \tag{1}$$

y

$$v(t) = \frac{1}{2\pi} \int_{-\infty}^{\infty} e^{j\omega t} \mathbf{V}(j\omega) \, d\omega \tag{2}$$

Haciendo

$$g(t) = e^{-\sigma t} v(t) \tag{3}$$

se ve que

$$\mathbf{G}(j\omega) = \int_{-\infty}^{\infty} e^{-j\omega t} e^{-\sigma t} v(t) \, dt$$

$$= \int_{-\infty}^{\infty} e^{-(\sigma + j\omega)t} v(t) \, dt$$

o

$$\mathbf{G}(j\omega) = \mathbf{V}(\sigma + j\omega) = \int_{-\infty}^{\infty} e^{-(\sigma + j\omega)t} v(t) \, dt \tag{4}$$

al comparar con la ecuación (1). Tomando la transformada inversa de Fourier se obtiene

$$g(t) = \frac{1}{2\pi} \int_{-\infty}^{\infty} e^{j\omega t} \mathbf{G}(j\omega) \, d\omega$$

$$= \frac{1}{2\pi} \int_{-\infty}^{\infty} e^{j\omega t} \mathbf{V}(\sigma + j\omega) \, d\omega$$

Con la ayuda de la ecuación (3) se tiene

$$e^{-\sigma t} v(t) = \frac{1}{2\pi} \int_{-\infty}^{\infty} e^{j\omega t} \mathbf{V}(\sigma + j\omega) \, d\omega$$

o, después de escribir $e^{-\sigma t}$ dentro de la integral,

$$v(t) = \frac{1}{2\pi} \int_{-\infty}^{\infty} e^{(\sigma + j\omega)t} \mathbf{V}(\sigma + j\omega) \, d\omega$$

Ahora se sustituye $\sigma + j\omega$ por la variable compleja **s**, y como σ es una constante, $d\mathbf{s} = j\,d\omega$, se tiene

$$v(t) = \frac{1}{2\pi j} \int_{\sigma_0 - j\infty}^{\sigma_0 + j\infty} e^{\mathbf{s}t} \mathbf{V}(\mathbf{s}) \, d\mathbf{s} \tag{5}$$

donde la constante real σ_0 se incluye en los límites para garantizar la convergencia de la integral impropia. En términos de **s**, la ecuación (4) se puede escribir como

$$\mathbf{V}(\mathbf{s}) = \int_{-\infty}^{\infty} e^{-\mathbf{s}t} v(t) \, dt \tag{6}$$

La ecuación (6) define la *transformada bilateral de Laplace* de $v(t)$. Se emplea el término *bilateral* para recalcar el hecho de que en el intervalo de integración se incluyen valores de t tanto positivos como negativos. La ecuación (5) es la trasformada inversa de Laplace, y las dos ecuaciones constituyen el par de transformación bilateral de Laplace.

Si se continúa el proceso que se inició antes en esta sección, se podrá observar que $v(t)$ está ahora representada como la sumatoria (integral) de términos de la forma

$$\left[\frac{\mathbf{V}(\mathbf{s}) \, d\mathbf{s}}{2\pi j} \right] e^{\mathbf{s}t} = \left[\frac{\mathbf{V}(\mathbf{s}) \, d\omega}{2\pi} \right] e^{\mathbf{s}t}$$

Tales términos tienen la misma forma que los términos encontrados cuando se emplearon fasores para representar senoidales con variación exponencial,

$$[\mathbf{V}_0 e^{j\theta}]e^{st}$$

donde el término entre corchetes era una función de **s**. Por tanto, puede pensarse que la transformada bilateral de Laplace expresa a $v(t)$ como la sumatoria (integral) de un número infinito de términos infinitesimalmente pequeños cuya frecuencia compleja es $\mathbf{s} = \sigma + j\omega$. La variable es **s** u ω, y debe pensarse que σ gobierna al factor de convergencia $e^{-\sigma t}$. Es decir, al incluir este término exponencial en la ecuación (6), valores positivos de σ garantizan que la función $e^{-\sigma t}v(t)u(t)$ es absolutamente integrable para casi cualquier función $v(t)$ que se pueda encontrar. Los valores negativos de σ se necesitan cuando $t < 0$. En consecuencia, la transformada bilateral de Laplace existe para una clase más amplia de funciones $v(t)$ que para las que existe la transformada de Fourier. Las condiciones exactas requeridas para la existencia de la transformada (unilateral) de Laplace se dan en la sección que sigue.

En gran parte de los problemas de análisis de circuitos, las funciones de excitación y de respuesta no existen indefinidamente en el tiempo, sino que comienzan en algún instante específico al que generalmente se elige como $t = 0$. Entonces, para funciones del tiempo que no existen para $t < 0$, o para aquellas funciones del tiempo cuyo comportamiento para $t < 0$ no es de interés, su descripción en el dominio del tiempo se puede representar por $v(t)u(t)$. La integral de definición para la transformada de Laplace se toma con el límite inferior en $t = 0^-$ con el fin de incluir cualquier discontinuidad en $t = 0$, tal como un impulso o una función singular de orden superior. La transformada de Laplace correspondiente es

$$\mathbf{V}(\mathbf{s}) = \int_{-\infty}^{\infty} e^{-\mathbf{s}t}v(t)u(t)\,dt = \int_{0^-}^{\infty} e^{-\mathbf{s}t}v(t)\,dt$$

Esto define la *transformada unilateral de Laplace* de $v(t)$, o simplemente la *transformada de Laplace* de $v(t)$, sobrentendiéndose que es unilateral. La expresión para la transformada inversa sigue inalterada, pero al evaluarse, se entenderá que es válida sólo para $t > 0$. Por tanto, a continuación se da la definición del par de transformación de Laplace que se empleará de ahora en adelante:

$$\mathbf{V}(\mathbf{s}) = \int_{0^-}^{\infty} e^{-\mathbf{s}t}v(t)\,dt \qquad (7)$$

$$v(t) = \frac{1}{2\pi j}\int_{\sigma_0-j\infty}^{\sigma_0+j\infty} e^{\mathbf{s}t}\mathbf{V}(\mathbf{s})\,d\mathbf{s} \qquad (8)$$

$$v(t) \Leftrightarrow \mathbf{V}(\mathbf{s})$$

Éstas son expresiones para recordar.

También se puede usar el símbolo $\mathscr{L}$ para indicar la transformada directa o inversa de Laplace:

$$\mathbf{V}(\mathbf{s}) = \mathscr{L}\{v(t)\} \qquad \text{y} \qquad v(t) = \mathscr{L}^{-1}\{\mathbf{V}(\mathbf{s})\}$$

Ejercicios

19-1. Sea $f(t) = -6e^{-2t}[u(t+3) - u(t-2)]$. Encuentre a) $\mathbf{F}(j\omega)$; b) $\mathbf{F}(\mathbf{s})$ bilateral; c) $\mathbf{F}(\mathbf{s})$ unilateral.

Resp: $\dfrac{6}{2+j\omega}\,[e^{-4-j2\omega} - e^{6+j3\omega}]$; $\dfrac{6}{2+\mathbf{s}}\,[e^{-4-2\mathbf{s}} - e^{6+3\mathbf{s}}]$; $\dfrac{6}{2+\mathbf{s}}\,[e^{-4-2\mathbf{s}} - 1]$

19-2. Encuentre la transformada de Laplace de cada una de las funciones siguientes y diga el valor mínimo de σ para el cual existe la transformada: *a*) $2u(t-3)$; *b*) $5u(t+3)$; *c*) $4e^{-3t}$; *d*) $6e^{-3t}u(t)$; *e*) $7e^{-3t}u(t-3)$.

Resp: $\dfrac{2}{s}e^{-3s}$, $\sigma > 0$; $\dfrac{5}{s}$, $\sigma > 0$; $\dfrac{4}{s+3}$, $\sigma > -3$; $\dfrac{6}{s+3}$, $\sigma > -3$; $\dfrac{7}{s+3}e^{-3s-9}$, $\sigma > -3$

En esta sección se empezará a elaborar una tabla de transformadas de Laplace para aquellas funciones del tiempo que se encuentran con más frecuencia en el análisis de circuitos, tal como se hizo con las transformadas de Fourier. Esto se hará, en un principio, empleando la definición,

$$\mathbf{V(s)} = \int_{0^-}^{\infty} e^{-st}v(t)\,dt = \mathscr{L}\{v(t)\}$$

la cual, junto con la expresión para la transformada inversa,

$$v(t) = \frac{1}{2\pi j} \int_{\sigma_0 - j\infty}^{\sigma_0 + j\infty} e^{st}\mathbf{V(s)}\,d\mathbf{s} = \mathscr{L}^{-1}\{\mathbf{V(s)}\}$$

establece una correspondencia uno a uno entre $v(t)$ y $\mathbf{V(s)}$. Es decir, para toda $v(t)$ para la cual $\mathbf{V(s)}$ existe, esta $\mathbf{V(s)}$ es única. En este punto, ya debe haber causado espanto la forma siniestra de la transformada inversa. ¡No hay que temer! Tal como se verá en breve, un estudio introductorio de la teoría de la transformada de Laplace no requiere que se evalúe realmente esa integral. Al pasar del dominio del tiempo al dominio de la frecuencia y sacar provecho de la ya mencionada unicidad, podrá elaborarse una tabla de pares de transformación que contenga la función de tiempo correspondiente para casi cualquier transformada que se desee invertir.

Antes de comenzar a evaluar algunas transformadas, se hará una pausa para considerar si hay posibilidades de que no tenga transformada la función de interés $v(t)$. En el estudio de las transformadas de Fourier. Hubo la necesidad de hacer algo así como un enfoque secreto para poder encontrar varias transformadas. Esto ocurrió con funciones del tiempo que no eran absolutamente integrables, como la función escalón unitario, por ejemplo. En el caso de la transformada de Laplace, el uso de circuitos lineales realizables y funciones de excitación con existencia en el mundo real casi nunca lleva a funciones del tiempo problemáticas. Técnicamente, un conjunto de condiciones suficientes para garantizar la convergencia absoluta de la integral de Laplace para $\mathrm{Re}(\mathbf{s}) > \sigma_0$ es:

1 La función $v(t)$ es integrable en todo intervalo finito $t_1 < t < t_2$, donde $0 \le t_1 < t_2 < \infty$.

2 El $\lim\limits_{t \to \infty} e^{-\sigma_0 t}\,|v(t)|$, existe para algún valor de σ_0.

El analista de circuitos rara vez encontrará funciones del tiempo que no satisfagan estas condiciones.[1]

Ahora se considerarán algunas transformadas específicas. De manera un poco

19-3

Transformadas de Laplace de algunas funciones del tiempo simples

---

[1] Ejemplos de tales funciones son e^{t^2} y e^{e^t}, pero no t^n o n^t. Para un análisis un poco más detallado de la transformada de Laplace y sus aplicaciones, consúltese a Clare D. McGillem y George R. Cooper, *"Continuous and Discrete Signal and System Analysis"*, 2ª ed., cap. 5, Holt, Rinehart, and Winston, Nueva York, 1984.

vengativa, se examinará primero la transformada de Laplace de la función escalón unitario $u(t)$ que antes causó algunos problemas. De la ecuación de definición, se puede escribir

$$\mathscr{L}\{u(t)\} = \int_{0^-}^{\infty} e^{-st}u(t)\,dt = \int_0^{\infty} e^{-st}\,dt$$

$$= -\frac{1}{\mathbf{s}}e^{-st}\Big|_0^{\infty} = \frac{1}{\mathbf{s}}$$

ya que Re $(\mathbf{s}) > 0$, para satisfacer la condición 2. Así,

$$u(t) \Leftrightarrow \frac{1}{\mathbf{s}} \tag{9}$$

y el primer par de transformación de Laplace queda establecido con gran facilidad.

Otra función singular cuya transformada es de gran interés es la función impulso unitario $\delta(t-t_0)$ donde $t_0 > 0^-$:

$$\mathscr{L}\{\delta(t - t_0)\} = \int_{0^-}^{\infty} e^{-st}\delta(t - t_0)\,dt = e^{-st_0}$$

$$\delta(t - t_0) \Leftrightarrow e^{-st_0} \tag{10}$$

En particular, se obtiene

$$\delta(t) \Leftrightarrow 1 \tag{11}$$

para $t_0 = 0$.

Recordando el interés anterior en la función exponencial, se examinará su transformada,

$$\mathscr{L}\{e^{-\alpha t}u(t)\} = \int_{0^-}^{\infty} e^{-\alpha t}e^{-st}\,dt$$

$$= -\frac{1}{\mathbf{s} + \alpha}e^{-(\mathbf{s}+\alpha)t}\Big|_0^{\infty} = \frac{1}{\mathbf{s} + \alpha}$$

y por lo tanto

$$e^{-\alpha t}u(t) \Leftrightarrow \frac{1}{\mathbf{s} + \alpha} \tag{12}$$

Se sobrentiende que Re $(\mathbf{s}) > -\alpha$.

Como ejemplo final, por el momento, considérese la función rampa $tu(t)$. Se obtiene

$$\mathscr{L}\{tu(t)\} = \int_{0^-}^{\infty} te^{-st}\,dt = \frac{1}{\mathbf{s}^2}$$

$$tu(t) \Leftrightarrow \frac{1}{\mathbf{s}^2} \tag{13}$$

ya sea por una integración por partes o bien empleando una tabla de integrales definidas.

Para acelerar el proceso de obtención de más pares de transformación de Laplace, se hará una pausa para enunciar varios teoremas que serán útiles en la sección que sigue.

19-3. Determine $\mathbf{F(s)}$ si $f(t)$ es igual a $a)$ $4\delta(t) - 3u(t)$; $b)$ $4\delta(t-2) - 3tu(t)$; $c)$ $[u(t)][u(t-2)]$.   Resp: $(4s-3)/s$; $4e^{-2s} - (3/s^2)$; e^{-2s}/s

19-4. Determine $f(t)$ si $\mathbf{F(s)}$ es igual a $a)$ 10; $b)$ 10/s; $c)$ $10/s^2$; $d)$ $10/[s(s+10)]$; $e)$ $10s/(s+10)$.   Resp: $10\delta(t)$; $10u(t)$; $10tu(t)$; $u(t) - e^{-10t}u(t)$; $10\delta(t) - 100e^{-10t}u(t)$

La evaluación posterior de transformadas de Laplace se facilita aplicando varios teoremas básicos. Uno de los más simples y de los más obvios es el teorema de linealidad: la transformada de Laplace de la suma de dos o más funciones del tiempo es igual a la suma de las transformadas de las funciones del tiempo individuales. Para dos funciones se tiene

19-4

Varios problemas básicos de la transformada de Laplace

$$\mathcal{L}\{f_1(t) + f_2(t)\} = \int_{0^-}^{\infty} e^{-st}[f_1(t) + f_2(t)]\,dt$$

$$= \int_{0^-}^{\infty} e^{-st}f_1(t)\,dt + \int_{0^-}^{\infty} e^{-st}f_2(t)\,dt$$

$$= \mathbf{F_1(s)} + \mathbf{F_2(s)}$$

Como un ejemplo del uso de este teorema, supóngase que se tiene la transformada de Laplace $\mathbf{V(s)}$ y que se quiere conocer la función del tiempo correspondiente $v(t)$. Frecuentemente será posible descomponer a $\mathbf{V(s)}$ como la suma de dos o más funciones, como $\mathbf{V_1(s)}$ y $\mathbf{V_2(s)}$, por ejemplo, cuyas transformadas inversas, $v_1(t)$ y $v_2(t)$ ya se encuentran tabuladas. En ese caso ya es muy simple aplicar el teorema de linealidad y escribir

$$v(t) = \mathcal{L}^{-1}\{\mathbf{V(s)}\} = \mathcal{L}^{-1}\{\mathbf{V_1(s)} + \mathbf{V_2(s)}\}$$

$$= \mathcal{L}^{-1}\{\mathbf{V_1(s)}\} + \mathcal{L}^{-1}\{\mathbf{V_2(s)}\} = v_1(t) + v_2(t)$$

Como ejemplo específico, se determinará la transformada inversa de

$$\mathbf{V(s)} = \frac{1}{(s+\alpha)(s+\beta)}$$

Aunque esta expresión se puede sustituir en la definición de la transformada inversa, resulta mucho más fácil hacer uso del teorema de linealidad. Haciendo una expansión en fracciones parciales, la transformada dada se puede separar en la suma de dos transformadas más simples,

$$\mathbf{V(s)} = \frac{A}{(s+\alpha)} + \frac{B}{(s+\beta)}$$

donde A y B se pueden evaluar con cualquiera de los métodos conocidos. Probablemente la solución más rápida se obtiene reconociendo que

$$A = \lim_{s \to -\alpha}\left[(s+\alpha)\mathbf{V(s)} - \frac{(s+\alpha)}{(s+\beta)}B\right]$$

$$= \lim_{s \to -\alpha}\left[\frac{1}{(s+\beta)} - 0\right] = \frac{1}{\beta - \alpha}$$

De manera similar,

$$B = \frac{1}{\alpha - \beta}$$

y por tanto,

$$\mathbf{V(s)} = \frac{1/(\beta - \alpha)}{(\mathbf{s} + \alpha)} + \frac{1/(\alpha - \beta)}{(\mathbf{s} + \beta)}$$

Ya se han evaluado transformadas inversas de la forma mostrada en el segundo miembro, así que

$$v(t) = \frac{1}{\beta - \alpha} e^{-\alpha t}u(t) + \frac{1}{\alpha - \beta} e^{-\beta t}u(t)$$

$$= \frac{1}{\beta - \alpha} (e^{-\alpha t} - e^{-\beta t})u(t)$$

Si se deseara se podría ahora incluir esto como un nuevo elemento en la tabla de pares de Laplace,

$$\frac{1}{\beta - \alpha} (e^{-\alpha t} - e^{-\beta t})u(t) \Leftrightarrow \frac{1}{(\mathbf{s} + \alpha)(\mathbf{s} + \beta)} \qquad (14)$$

Es notable que una función trascendente de t en el dominio del tiempo se transforme en una función racional más sencilla de $\mathbf{s}$ en el dominio de la frecuencia. Simplificaciones de esta clase son de capital importancia en la teoría de transformadas. También se puede observar que en este ejemplo se tuvo en cuenta que

$$kv(t) \Leftrightarrow k\mathbf{V(s)} \qquad (15)$$

donde k es una constante de proporcionalidad. Obviamente este resultado es una consecuencia directa de la definición de la transformada de Laplace.

Ahora se considerarán dos teoremas que pueden verse colectivamente como la *razón de ser* de la transformada de Laplace en el análisis de circuitos: los teoremas de derivación e integración con respecto al tiempo. Estos ayudarán a transformar las derivadas e integrales que aparecen en las ecuaciones del circuito en el dominio del tiempo.

Primero se verá la derivación respecto al tiempo considerando la función del tiempo $v(t)$ cuya transformada de Laplace $\mathbf{V(s)}$ se sabe que existe. Se desea la transformada de la primera derivada de $v(t)$,

$$\mathcal{L}\left\{\frac{dv}{dt}\right\} = \int_{0^-}^{\infty} e^{-\mathbf{s}t} \frac{dv}{dt}\, dt$$

Esto se puede integrar por partes,

$$U = e^{-\mathbf{s}t} \qquad dV = \frac{dv}{dt}\, dt$$

con el resultado

$$\mathcal{L}\left\{\frac{dv}{dt}\right\} = v(t)e^{-\mathbf{s}t} \Big|_{0^-}^{\infty} + \mathbf{s} \int_{0^-}^{\infty} e^{-\mathbf{s}t}v(t)\, dt$$

El primer término del segundo miembro debe tender a cero conforme t aumenta sin límite, ya que de lo contrario $\mathbf{V(s)}$ no existiría. Por lo tanto,

$$\mathcal{L}\left\{\frac{dv}{dt}\right\} = 0 - v(0^-) + \mathbf{s}\mathbf{V(s)}$$

y

$$\frac{dv}{dt} \Leftrightarrow \mathbf{s}\mathbf{V(s)} - v(0^-) \qquad (16)$$

Se pueden deducir relaciones similares para derivadas de orden superior

$$\frac{d^2v}{dt^2} \Leftrightarrow \mathbf{s}^2\mathbf{V}(\mathbf{s}) - \mathbf{s}v(0^-) - v'(0^-) \tag{17}$$

$$\frac{d^3v}{dt^3} \Leftrightarrow \mathbf{s}^3\mathbf{V}(\mathbf{s}) - \mathbf{s}^2v(0^-) - \mathbf{s}v'(0^-) - v''(0^-) \tag{18}$$

donde $v'(0^-)$ es el valor de la primera derivada de $v(t)$ evaluada en $t = 0^-$, $v''(0^-)$ es el valor inicial de la segunda derivada de $v(t)$, y así sucesivamente. Cuando todas las condiciones iniciales son iguales a cero, se ve que derivar una vez con respecto a t en el dominio del tiempo equivale a una multiplicación por $\mathbf{s}$ en el dominio de la frecuencia; derivar dos veces en el dominio del tiempo equivale a una multiplicación por $\mathbf{s}^2$ en el dominio de la frecuencia, y así sucesivamente. Por tanto, la derivación en el dominio del tiempo es equivalente a una multiplicación en el dominio de la frecuencia. ¡Ésta es una gran simplificación! También debería comenzarse a ver que, cuando las condiciones iniciales no son iguales a cero, su presencia se sigue tomando en cuenta. Un ejemplo sencillo servirá para ilustrar esto.

Ejemplo 19-1 Supóngase que se tiene el circuito RL en serie mostrado en la figura 19-1. Se desea encontrar $i(t)$.

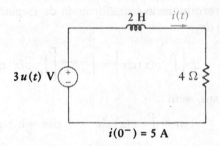

Figura 19-1

Un circuito que se analiza transformando la ecuación diferencial $2\,di/dt + 4i = 3u(t)$ en $2[\mathbf{sI}(\mathbf{s}) - i(0^-)] + 4\mathbf{I}(\mathbf{s}) = 3/\mathbf{s}$.

Solución: La red está excitada por un escalón de voltaje y se dará un valor inicial de la corriente (en $t = 0^-$) de 5 A.[2] Empleando la LVK para escribir la ecuación de malla en el dominio del tiempo, se tiene

$$2\frac{di}{dt} + 4i = 3u(t)$$

En vez de resolver esta ecuación diferencial como se ha hecho antes, se transformará primero al dominio de la frecuencia tomando la transformada de Laplace de cada término,

$$2[\mathbf{sI}(\mathbf{s}) - i(0^-)] + 4\mathbf{I}(\mathbf{s}) = \frac{3}{\mathbf{s}}$$

A continuación se despeja $\mathbf{I}(\mathbf{s})$, sustituyendo $i(0^-) = 5$,

$$(2\mathbf{s} + 4)\mathbf{I}(\mathbf{s}) = \frac{3}{\mathbf{s}} + 10$$

y

$$\mathbf{I}(\mathbf{s}) = \frac{1.5}{\mathbf{s}(\mathbf{s} + 2)} + \frac{5}{\mathbf{s} + 2}$$

---

[2] Esta corriente se pudo haber establecido haciendo que la fuente fuera $20u(-t) + 3u(t)$ V, o $20 - 17u(t)$ V, o cualquiera otra expresión de esa naturaleza.

Ahora,

$$\lim_{s \to 0} [\mathbf{sI(s)}] = 0.75$$

y

$$\lim_{s \to -2} [(s + 2)\mathbf{I(s)}] = -0.75 + 5$$

y así

$$\mathbf{I(s)} = \frac{0.75}{s} + \frac{4.25}{s + 2}$$

Ahora se emplean los pares de transformación conocidos para invertir:

$$i(t) = 0.75u(t) + 4.25e^{-2t}u(t)$$

$$= (0.75 + 4.25e^{-2t})u(t)$$

La solución para $i(t)$ está completa. Están presentes tanto la respuesta forzada $0.75u(t)$ como la respuesta natural $4.25e^{-2t}u(t)$, y la condición inicial se incorporó automáticamente en la solución. El método ilustra una forma muy fácil de obtener la solución completa de muchas ecuaciones diferenciales.   ●

El mismo tipo de simplificación se puede llevar a cabo cuando se encuentra la operación de integración con **respecto al tiempo** en las ecuaciones de circuitos. A continuación se determinará la **transformada** de Laplace de la función del tiempo descrita por $\int_{0^-}^{t} v(x)\, dx$,

$$\mathcal{L}\left\{ \int_{0^-}^{t} v(x)\, dx \right\} = \int_{0^-}^{\infty} e^{-st} \left[\int_{0^-}^{t} v(x)\, dx \right] dt$$

Integrando por partes, sean

$$u = \int_{0^-}^{t} v(x)\, dx \qquad dw = e^{-st}\, dt$$

$$du = v(t)\, dt \qquad w = -\frac{1}{s7} e^{-st}$$

Entonces

$$\mathcal{L}\left\{ \int_{0^-}^{t} v(x)\, dx \right\} = \left\{ \left[\int_{0^-}^{t} v(x)\, dx \right] \left[-\frac{1}{s} e^{-st} \right] \right\}_{t=0^-}^{t=\infty} - \int_{0^-}^{\infty} -\frac{1}{s} e^{-st} v(t)\, dt$$

$$= \left[-\frac{1}{s} e^{-st} \int_{0^-}^{t} v(x)\, dx \right]_{0^-}^{\infty} + \frac{1}{s} \mathbf{V(s)}$$

Pero como $e^{-st} \to 0$ conforme $t \to \infty$, el primer término del lado derecho se anula en el límite superior, y cuando $t \to 0^-$, la integral en ese término también se anula. Esto deja sólo el término $\mathbf{V(s)/s}$, así que

$$\int_{0^-}^{t} v(x)\, dx \Leftrightarrow \frac{\mathbf{V(s)}}{s} \tag{19}$$

de esta manera, la integración en el dominio del tiempo equivale a una división entre **s** en el dominio de la frecuencia. Una vez más, una operación de cálculo relativamente complicada en el dominio del tiempo se simplifica en una operación algebraica en el dominio de la frecuencia.

Ejemplo 19-2 Como un ejemplo de cómo puede ayudar lo anterior en el análisis de circuitos, se determinará $v(t)$ para $t > 0$ en el circuito RC en serie mostrado en la

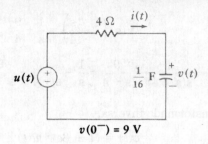

Figura 19-2

Circuito que ilustra el uso del par de transformación de Laplace $\int_{0^-}^{t} i(t)\,dt \Leftrightarrow (1/s)\mathbf{I(s)}$.

figura 19-2. Se supondrá que había energía almacenada en el capacitor antes de $t = 0^-$, de tal forma que $v(0^-) = 9$ V.

Solución: Primero se escribe la ecuación de malla,

$$u(t) = 4i(t) + 16 \int_{-\infty}^{t} i(t)\,dt$$

Con el objeto de utilizar el teorema de integración, el límite inferior debe ajustarse para que sea 0^-. Entonces, se escribe

$$16 \int_{-\infty}^{t} i(t)\,dt = 16 \int_{-\infty}^{0^-} i(t)\,dt + 16 \int_{0^-}^{t} i(t)\,dt$$

$$= v(0^-) + 16 \int_{0^-}^{t} i(t)\,dt$$

Por tanto,

$$u(t) = 4i(t) + v(0^-) + 16 \int_{0^-}^{t} i(t)\,dt$$

A continuación se obtiene la transformada de Laplace en ambos lados de esta ecuación. Como se está empleando la transformada unilateral, $\mathcal{F}\{v(0^-)\}$ es simplemente $\mathcal{F}\{v(0^-)u(t)\}$, y entonces

$$\frac{1}{s} = 4\mathbf{I(s)} + \frac{9}{s} + \frac{16}{s}\mathbf{I(s)}$$

y despejando a $\mathbf{I(s)}$,

$$\mathbf{I(s)} = \frac{-2}{s + 4}$$

se obtiene inmediatamente el resultado,

$$i(t) = -2e^{-4t}u(t) \qquad \bullet$$

Ejemplo 19-3 Encuentre $v(t)$ para este mismo circuito.

Solución: Esta vez se escribe una sola ecuación de nodo,

$$\frac{v(t) - u(t)}{4} + \frac{1}{16}\frac{dv}{dt} = 0$$

Tomando la transformada de Laplace, se obtiene

$$\frac{\mathbf{V(s)}}{4} - \frac{1}{4s} + \frac{1}{16}s\mathbf{V(s)} - \frac{v(0^-)}{16} = 0$$

o
$$\mathbf{V(s)}\left(1 + \frac{\mathbf{s}}{4}\right) = \frac{1}{\mathbf{s}} + \frac{9}{4}$$

Por tanto, $\mathbf{V(s)} = \dfrac{4}{\mathbf{s(s + 4)}} + \dfrac{9}{\mathbf{s + 4}} = \dfrac{1}{\mathbf{s}} - \dfrac{1}{\mathbf{s + 4}} + \dfrac{9}{\mathbf{s + 4}} = \dfrac{1}{\mathbf{s}} + \dfrac{8}{\mathbf{s + 4}}$

y tomando la transformada inversa,

$$v(t) = (1 + 8e^{-4t})u(t)$$

se obtiene rápidamente el voltaje de capacitor deseado sin recurrir a la solución usual con ecuaciones diferenciales.

Para verificar este resultado, se observa que $(\frac{1}{16})\ dv/dt$ debería llevar a la expresión anterior de $i(t)$. Para t > 0,

$$\frac{1}{16}\frac{dv}{dt} = \frac{1}{16}(-32)e^{-4t} = -2e^{-4t}$$

que es correcta.   ●

Para ilustrar el uso del teorema de linealidad y del teorema de la derivación respecto al tiempo, sin mencionar aún la incorporación a la tabla de un par de transformación de Laplace muy importante, se establecerá la transformada de Laplace de sen $\omega t\ u(t)$. Se podría emplear la expresión integral de definición e integrar por partes, pero no hay necesidad de algo tan difícil. En su lugar, se utilizará la relación

$$\text{sen } \omega t = \frac{1}{2j}(e^{j\omega t} - e^{-j\omega t})$$

La transformada de la suma de estos dos términos es simplemente la suma de sus transformadas, y cada uno de los términos es una función exponencial para la cual ya se tiene la transformada. Se puede escribir inmediatamente

$$\mathscr{L}\{\text{sen}\,\omega t\ u(t)\} = \frac{1}{2j}\left(\frac{1}{\mathbf{s} - j\omega} - \frac{1}{\mathbf{s} + j\omega}\right) = \frac{\omega}{\mathbf{s}^2 + \omega^2}$$

$$\text{sen } \omega t\ u(t) \Leftrightarrow \frac{\omega}{\mathbf{s}^2 + \omega^2} \tag{20}$$

Enseguida se aplica el teorema de la derivación respecto al tiempo para determinar la transformada de cos $\omega t\ u(t)$, que es proporcional a la derivada de sen ωt. Es decir,

$$\mathscr{L}\{\cos \omega t\ u(t)\} = \mathscr{L}\left\{\frac{1}{\omega}\frac{d}{dt}[\text{sen}\omega t\ u(t)]\right\} = \frac{1}{\omega}\,\mathbf{s}\,\frac{\omega}{\mathbf{s}^2 + \omega^2}$$

y
$$\cos \omega t\ u(t) \Leftrightarrow \frac{\mathbf{s}}{\mathbf{s}^2 + \omega^2} \tag{21}$$

Ejercicios

19-5. Encuentre $f(t)$ si $\mathbf{F(s)}$ es igual a $a)$ $1/[s(s + 1)(s + 2)]$; $b)$ $s/[(s + 1)(s + 2)]$; $c)$ $(s + 1)/[s(s + 2)]$.   *Resp:* $(0.5 - e^{-t} + 0.5e^{-2t})\,u(t)$; $(-e^{-t} + 2\,e^{-2t})u(t)$; $0.5\,(1 + e^{-2t})u(t)$

19-6. Utilice los métodos de la transformada de Laplace para encontrar $i(t)$ si $a)$ $2(di/dt) + 8i = 6e^{-2t}u(t), i(0^-) = 1$ A; $b)$ $d^2i/dt^2 + 3(di/dt) + 2i = 4u(t), i'(0^-) = 5$ A/s, $i(0^-) = 0$; $c)$ $i(t)$ es la corriente indicada en la figura 19-3a.
Resp: $(1.5e^{-2t} - 0.5e^{-4t})u(t)$; $(2 + e^{-t} - 3e^{-2t})u(t)$; $(0.25 + 4.75e^{-20t})u(t)$ (todas en A)

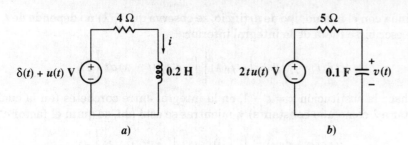

Figura 19-3

a) Para el ejercicio 19-6. *b*) Para el ejercicio 19-7.

19-7. Encuentre $v(t)$ en $t = 0.8$ s si *a*) $1.5\int_0^t v(t)dt + 6(dv/dt) = u(t)$ y $v(0^-) = 0.5$ V; *b*) $10\int_{-\infty}^t v(t)dt + 4v(t) = 8 + 2\delta(t)$, $\int_{-\infty}^{0^-} v(t)dt = 0.8$; *c*) $v(t)$ es el voltaje definido en la figura 19-3*b*.   *Resp:* 0.590; –0.1692; 0.802 (todos en V)

En el capítulo anterior se descubrió que la transformada de Fourier de $f_1(t) * f_2(t)$, la convolución de dos funciones del tiempo, era simplemente el producto de las transformadas de las funciones individuales. Entonces se llegó al útil concepto de la función del sistema, definida como la razón de la transformada de la salida del sistema a la transformada de la entrada del mismo. Como se verá ahora, al trabajar con la transformada de Laplace se da exactamente la misma afortunada circunstancia.

La convolución se definió primero por medio de la ecuación (40) del capítulo 18, por lo que se puede escribir

$$f_1(t) * f_2(t) = \int_{-\infty}^{\infty} f_1(\lambda)f_2(t - \lambda)\, d\lambda$$

Ahora sean $\mathbf{F}_1(\mathbf{s})$ y $\mathbf{F}_2(\mathbf{s})$ las transformadas de Laplace de $f_1(t)$ y $f_2(t)$, respectivamente, considérese la transformada de Laplace de $f_1(t) * f_2(t)$,

$$\mathscr{L}\{f_1(t) * f_2(t)\} = \mathscr{L}\left\{\int_{-\infty}^{\infty} f_1(\lambda)f_2(t - \lambda)\, d\lambda\right\}$$

Tal como se descubrió al estudiar la convolución, una de estas funciones del tiempo será a menudo la excitación aplicada a las terminales de entrada de un circuito lineal, y la otra será la respuesta al impulso unitario del circuito. Es decir, la respuesta de un circuito lineal es precisamente la convolución de la entrada y de la respuesta al impulso.

Como ahora se está tratando con funciones del tiempo que no existen para $t = 0^-$ (la definición de la transformada de Laplace fuerza a suponer eso), el límite inferior de integración se puede cambiar a 0^-. Entonces, aplicando la definición de la transformada de Laplace, se tiene

$$\mathscr{L}\{f_1(t) * f_2(t)\} = \int_{0^-}^{\infty} e^{-st}\left[\int_{0^-}^{\infty} f_1(\lambda)f_2(t - \lambda)\, d\lambda\right] dt$$

Como e^{-st} no depende de λ, este factor se puede escribir dentro de la integral interior. Si se hace esto y al mismo tiempo se invierte el orden de integración, el resultado es

$$\mathscr{L}\{f_1(t) * f_2(t)\} = \int_{0^-}^{\infty}\left[\int_{0^-}^{\infty} e^{-st}f_1(\lambda)f_2(t - \lambda)\, dt\right] d\lambda$$

19-5

La convolución de nuevo

Si se continúa con el mismo tipo de artificio, se observa que $f_1(\lambda)$ no depende de t, así que puede escribirse fuera de la integral interior:

$$\mathscr{L}\{f_1(t) * f_2(t)\} = \int_{0^-}^{\infty} f_1(\lambda) \left[\int_{0^-}^{\infty} e^{-st}f_2(t - \lambda)\, dt \right] d\lambda$$

Luego se hace la sustitución $x = t - \lambda$, en la integral entre corchetes (en la cual se puede tratar a λ como una constante) y, mientras se está ahí, se quita el factor $e^{-s\lambda}$:

$$\mathscr{L}\{f_1(t) * f_2(t)\} = \int_{0^-}^{\infty} e^{-s\lambda}f_1(\lambda) \left[\int_{0^-}^{\infty} e^{-sx}f_2(x)\, dx \right] d\lambda$$

El término entre corchetes es $\mathbf{F}_2(\mathbf{s})$, no está en función de t o λ. Por lo tanto se puede extraer el integrando que tiene a λ como su variable. Lo que queda es la transformada de Laplace $\mathbf{F}_1(\mathbf{s})$, y se tiene

$$f_1(t) * f_2(t) \Leftrightarrow \mathbf{F}_1(\mathbf{s})\mathbf{F}_2(\mathbf{s}) \tag{22}$$

que es el resultado deseado. Enunciado en forma ligeramente diferente, puede concluirse que la transformada inversa del producto de dos transformadas es igual a la convolución de las transformadas inversas individuales, un resultado que a veces sirve para obtener transformadas inversas.

Se aplicará el teorema de convolución al primer ejemplo de la sección 19-4, en el cual se tenía la transformada

$$\mathbf{V}(\mathbf{s}) = \frac{1}{(\mathbf{s} + \alpha)(\mathbf{s} + \beta)}$$

y la transformada inversa se obtuvo mediante una expansión en fracciones parciales. En esta ocasión se considera a $\mathbf{V}(\mathbf{s})$ como el producto de dos transformadas,

$$\mathbf{V}_1(\mathbf{s}) = \frac{1}{\mathbf{s} + \alpha}$$

$$\mathbf{V}_2(\mathbf{s}) = \frac{1}{\mathbf{s} + \beta}$$

donde

$$v_1(t) = e^{-\alpha t}u(t)$$

y

$$v_2(t) = e^{-\beta t}u(t)$$

La función $v(t)$ deseada puede expresarse inmediatamente como

$$v(t) = \mathscr{L}^{-1}\{\mathbf{V}_1(\mathbf{s})\mathbf{V}_2(\mathbf{s})\} = v_1(t) * v_2(t) = \int_{0^-}^{\infty} v_1(\lambda)v_2(t - \lambda)\, d\lambda$$

$$= \int_{0^-}^{\infty} e^{-\alpha\lambda}u(\lambda)e^{-\beta(t-\lambda)}u(t - \lambda)\, d\lambda = \int_{0}^{t} e^{-\alpha\lambda}e^{-\beta t}e^{\beta\lambda}\, d\lambda$$

$$= e^{-\beta t}\int_{0^-}^{t} e^{(\beta-\alpha)\lambda}d\lambda = e^{-\beta t}\frac{e^{(\beta-\alpha)t} - 1}{\beta - \alpha}u(t)$$

y finalmente,

$$v(t) = \frac{1}{\beta - \alpha}(e^{-\alpha t} - e^{-\beta t})u(t)$$

que es el mismo resultado que se obtuvo antes empleando la expansión en fracciones parciales. Obsérvese que es necesario insertar el escalón unitario $u(t)$ en el resultado ya que todas las transformadas (unilaterales) de Laplace son validas sólo para tiempos no negativos.

¿Fue más fácil obtener el resultado con este método? No, a menos que uno esté enamorado de las integrales de convolución. El método de la expansión en fracciones parciales es generalmente más simple, suponiendo que la expansión en sí misma no sea demasiado complicada.

Tal como se ha señalado ya, la salida $v_o(t)$ en algún punto de un circuito lineal puede obtenerse efectuando la convolución de la entrada $v_i(t)$ con la respuesta al impulso unitario $h(t)$. Sin embargo, debe recordarse que la respuesta impulso resulta al aplicar un impulso unitario en $t = 0$ con *todas las condiciones iniciales igualadas a cero*. Bajo estas condiciones, la transformada de Laplace de la salida es

$$\mathscr{L}\{v_o(t)\} = \mathbf{V}_o(\mathbf{s}) = \mathscr{L}\{v_i(t) * h(t)\} = \mathbf{V}_i(\mathbf{s})[\mathscr{L}\{h(t)\}]$$

En consecuencia, la razón $\mathbf{V}_o(\mathbf{s})/\mathbf{V}_i(\mathbf{s})$ es igual a la transformada de la respuesta impulso, la cual se denotará por $\mathbf{H}(\mathbf{s})$,

$$\mathscr{L}\{h(t)\} = \mathbf{H}(\mathbf{s}) = \frac{\mathbf{V}_o(\mathbf{s})}{\mathbf{V}_i(\mathbf{s})} \tag{23}$$

La expresión $\mathbf{H}(\mathbf{s})$ se presentó inicialmente en la sección 12-7 como la razón de la respuesta forzada a la función de excitación que la causaba, y se le llamó *función de transferencia*. Ahora se usa el mismo símbolo $\mathbf{H}(\mathbf{s})$ y el mismo nombre para representar la razón de la transformada de Laplace de la salida (o respuesta) a la transformada de Laplace de la entrada (o función de excitación) cuando todas las condiciones iniciales son iguales a cero. La equivalencia de estas dos descripciones de la función de transferencia $\mathbf{H}(\mathbf{s})$ se demuestra en la penúltima sección de este capítulo.

De la ecuación (23) se puede ver que la respuesta impulso y la función de transferencia forman un par de transformación de Laplace,

$$h(t) \Leftrightarrow \mathbf{H}(\mathbf{s}) \tag{24}$$

Éste es un hecho importante al que más adelante se dará uso al analizar el comportamiento de algunos circuitos que anteriormente causaron frustración.

Es evidente que existe una gran similitud entre la función de transferencia de la teoría de la transformada de Laplace,

$$\mathbf{H}(\mathbf{s}) = \frac{\mathbf{V}_o(\mathbf{s})}{\mathbf{V}_i(\mathbf{s})} = \frac{\mathscr{L}\{v_o(t)\}}{\mathscr{L}\{v_i(t)\}}$$

y la función del sistema definida anteriormente para la transformada de Fourier,

$$\mathbf{H}(j\omega) = \frac{\mathbf{V}_o(j\omega)}{\mathbf{V}_i(j\omega)} = \frac{\mathscr{F}\{v_o(t)\}}{\mathscr{F}\{v_i(t)\}}$$

Tratados más avanzados de esta materia[3] muestran que $\mathbf{H}(j\omega) = \mathbf{H}(\mathbf{s})|_{\mathbf{s}=j\omega}$ si todos los polos de $\mathbf{H}(\mathbf{s})$ están en el semiplano izquierdo del plano $\mathbf{s}$. Si algún polo de $\mathbf{H}(\mathbf{s})$ se localiza en el eje $j\omega$, entonces $\mathbf{H}(j\omega)$ también contiene dos funciones delta para cada uno de estos polos. Y si $\mathbf{H}(\mathbf{s})$ tiene algún polo en el semiplano derecho entonces $\mathbf{H}(j\omega)$ no existe.

[3]   McGuillem y Cooper, op. cit., pp. 262-265.

Ejercicios

19-8. Utilice la convolución en el dominio del tiempo para encontrar la transformada inversa de Laplace de $\mathbf{F}_1(\mathbf{s})\mathbf{F}_2(\mathbf{s})$ igual a $a)$ $[5/\mathbf{s}][2/(5\mathbf{s}+1)]$; $b)$ $[5/\mathbf{s}^2][2/(5\mathbf{s}+1)]$. $c)$ Sea $f_1(t) = \cos 8t\, u(t)$, $f_2(t) = 5u(t)$, encuentre $f_1(t) * f_2(t)$.

Resp: $10(1 - e^{-0.2t})u(t)$; $50(0.2t - 1 + e^{-0.2t})u(t)$; $\frac{5}{8}$ sen $8t\, u(t)$

19-9. Encuentre $\mathbf{H}(\mathbf{s})$ y $h(t)$ para el circuito de la figura 19-4 si la salida es: $a)$ $v_L(t)$; $b)$ $i_L(t)$; $c)$ $i_s(t)$.

Resp: $0.8\mathbf{s}/(\mathbf{s}+2)$, $0.8\delta(t) - 1.6e^{-2t}u(t)$ V/V; $0.2/(\mathbf{s}+2)$, $0.2e^{-2t}u(t)$ A/V; $0.02(\mathbf{s}+10)/(\mathbf{s}+2)$, $0.02\delta(t) + 0.16e^{-2t}u(t)$ A/V

Figura 19-4

Para el ejercicio 19-9.

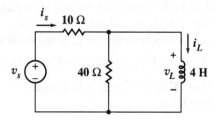

19-6

Desplazamiento en el tiempo y funciones periódicas

Hasta ahora se ha obtenido cierto número de pares de transformación de Laplace que se había acordado elaborar. Entre ellas se encuentran las transformadas de la función impulso, la función escalón, la función exponencial, la función rampa, las funciones seno y coseno, y la suma de dos exponenciales. Además, se han observado las consecuencias en el dominio $\mathbf{s}$ de las operaciones de integración, derivación y convolución en el dominio del tiempo; y se ha empleado la transformada de Laplace para definir lo que se entiende por una función de transferencia. Estos resultados, más algunos otros, se han reunido para una referencia rápida en las tablas 19-1 y 19-2. Sin embargo, algunas de las relaciones tabuladas no son familiares, y a continuación se deducirán unos cuantos teoremas útiles que ayudarán a obtener dichas relaciones.

Tal como se vio en los problemas anteriores, no todas las excitaciones comienzan en $t = 0$. ¿Qué sucede con la transformada de una función del tiempo si esa función simplemente se desplaza en el tiempo en una cantidad conocida? En particular, si la transformada de $f(t)u(t)$ es la función conocida $\mathbf{F}(\mathbf{s})$, ¿cuál es la transformada de $f(t - a)u(t - a)$, la función del tiempo original retrasada por a segundos (no existiendo para $t < a$)? Trabajando directamente con la definición de la transformada de Laplace, se tiene

$$\mathcal{L}\{f(t-a)u(t-a)\} = \int_{0^-}^{\infty} e^{-st}f(t-a)u(t-a)\,dt = \int_{a^-}^{\infty} e^{-st}f(t-a)\,dt$$

para $t \geq a^-$. Eligiendo una nueva variable de integración, $\tau = t - a$, se obtiene

$$\mathcal{L}\{f(t-a)u(t-a)\} = \int_{0^-}^{\infty} e^{-s(\tau+a)}f(\tau)\,d\tau = e^{-as}\mathbf{F}(\mathbf{s})$$

Por tanto,

$$f(t-a)u(t-a) \Leftrightarrow e^{-as}\mathbf{F}(\mathbf{s}) \qquad (a \geq 0) \tag{25}$$

Este resultado se conoce como *teorema del desplazamiento o traslación en el tiempo*, y establece que si una función del tiempo se retrasa en a unidades en el dominio del tiempo, el resultado en el dominio de la frecuencia es una multiplicación por e^{-as}.

$f(t) = \mathscr{L}^{-1}\{\mathbf{F(s)}\}$	$\mathbf{F(s)} = \mathscr{L}\{f(t)\}$
$\delta(t)$	1
$u(t)$	$\dfrac{1}{\mathbf{s}}$
$tu(t)$	$\dfrac{1}{\mathbf{s}^2}$
$\dfrac{t^{n-1}}{(n-1)!}\,u(t),\ n = 1, 2, \ldots$	$\dfrac{1}{\mathbf{s}^n}$
$e^{-\alpha t}u(t)$	$\dfrac{1}{\mathbf{s} + \alpha}$
$te^{-\alpha t}u(t)$	$\dfrac{1}{(\mathbf{s} + \alpha)^2}$
$\dfrac{t^{n-1}}{(n-1)!}\,e^{-\alpha t}u(t),\ n = 1, 2, \ldots$	$\dfrac{1}{(\mathbf{s} + \alpha)^n}$
$\dfrac{1}{\beta - \alpha}(e^{-\alpha t} - e^{-\beta t})u(t)$	$\dfrac{1}{(\mathbf{s} + \alpha)(\mathbf{s} + \beta)}$
$\operatorname{sen}\omega t\, u(t)$	$\dfrac{\omega}{\mathbf{s}^2 + \omega^2}$
$\cos \omega t\, u(t)$	$\dfrac{\mathbf{s}}{\mathbf{s}^2 + \omega^2}$
$\operatorname{sen}(\omega t + \theta)u(t)$	$\dfrac{\mathbf{s}\operatorname{sen}\theta + \omega\cos\theta}{\mathbf{s}^2 + \omega^2}$
$\cos(\omega t + \theta)u(t)$	$\dfrac{\mathbf{s}\cos\theta - \omega\operatorname{sen}\theta}{\mathbf{s}^2 + \omega^2}$
$e^{-\alpha t}\operatorname{sen}\omega t\, u(t)$	$\dfrac{\omega}{(\mathbf{s} + \alpha)^2 + \omega^2}$
$e^{-\alpha t}\cos \omega t\, u(t)$	$\dfrac{\mathbf{s} + \alpha}{(\mathbf{s} + \alpha)^2 + \omega^2}$

Tabla 19-1

Pares de transformación de Laplace

Ejemplo 19-4 Como un ejemplo de la aplicación de este teorema, determínese la transformada del pulso rectangular descrito por $v(t) = u(t - 2) - u(t - 5)$.

Solución: Este pulso tiene un valor de uno en el intervalo $2 < t < 5$, y un valor igual a cero en cualquier otro tiempo. Se sabe que la transformada de $u(t)$ es $1/\mathbf{s}$, y como $u(t - 2)$ es simplemente $u(t)$ retrasada 2 s, la transformada de esta función retrasada es $e^{-2\mathbf{s}}/\mathbf{s}$. De forma similar la transformada de $u(t - 5)$ es $e^{-5\mathbf{s}}/\mathbf{s}$. Se infiere entonces que la transformada buscada es

$$\mathbf{V(s)} = \frac{e^{-2\mathbf{s}} - e^{-5\mathbf{s}}}{\mathbf{s}}$$

No fue necesario recurrir a la definición de la transformada de Laplace para determinar $\mathbf{V(s)}$.   ●

El teorema de traslación en el tiempo también sirve para evaluar la transformada de funciones del tiempo periódicas. Supóngase que $f(t)$ es periódica con un periodo T

Tabla 19-2

Operaciones con la transformada de Laplace

Operación	$f(t)$	$F(s)$
Suma	$f_1(t) \pm f_2(t)$	$F_1(s) \pm F_2(s)$
Multiplicación escalar	$kf(t)$	$kF(s)$
Derivada respecto al tiempo	$\dfrac{df}{dt}$	$sF(s) - f(0^-)$
	$\dfrac{d^2 f}{dt^2}$	$s^2 F(s) - sf(0^-) - f'(0^-)$
	$\dfrac{d^3 f}{dt^3}$	$s^3 F(s) - s^2 f(0^-) - sf'(0^-) - f''(0^-)$
Integral respecto al tiempo	$\displaystyle\int_{0^-}^{t} f(t)\, dt$	$\dfrac{1}{s} F(s)$
	$\displaystyle\int_{-\infty}^{t} f(t)\, dt$	$\dfrac{1}{s} F(s) + \dfrac{1}{s}\displaystyle\int_{-\infty}^{0^-} f(t)\, dt$
Convolución	$f_1(t) * f_2(t)$	$F_1(s)F_2(s)$
Cambio de tiempo	$f(t-a)u(t-a),$ $\quad a \ge 0$	$e^{-as}F(s)$
Cambio de frecuencia	$f(t)e^{-at}$	$F(s+a)$
Derivada de la frecuencia	$-tf(t)$	$\dfrac{dF(s)}{ds}$
Integral de la frecuencia	$\dfrac{f(t)}{t}$	$\displaystyle\int_{s}^{\infty} F(s)\, ds$
Cambio de escala	$f(at),\ a \ge 0$	$\dfrac{1}{a} F\left(\dfrac{s}{a}\right)$
Valor inicial	$f(0^+)$	$\displaystyle\lim_{s\to\infty} sF(s)$
Valor final	$f(\infty)$	$\displaystyle\lim_{s\to 0} sF(s)$, todos los polos $sF(s)$ en LHP
Periodicidad	$f(t) = f(t+nT),$ $\quad n = 1, 2, \ldots$	$\dfrac{1}{1-e^{-Ts}} F_1(s),$ donde $F_1(s) = \displaystyle\int_{0^-}^{T} f(t)e^{-st}\, dt$

para valores positivos de t. El comportamiento de $f(t)$ para $t < 0$ no afecta a la transformada (unilateral) de Laplace, como se sabe. Entonces, $f(t)$ se puede escribir como

$$f(t) = f(t - nT) \qquad n = 0, 1, 2, \ldots$$

Si ahora se define una nueva función del tiempo que sea diferente de cero sólo en el primer periodo de $f(t)$,

$$f_1(t) = [u(t) - u(t - T)]\, f(t)$$

entonces la $f(t)$ original se puede representar como la suma de un número infinito de esas funciones, retrasadas en el tiempo en múltiplos enteros de T. Es decir,

$$f(t) = [u(t) - u(t-T)]f(t) + [u(t-T) - u(t-2T)]f(t)$$
$$+ [u(t-2T) - u(t-3T)]f(t) + \cdots$$
$$= f_1(t) + f_1(t-T) + f_1(t-2T) + \cdots$$

o
$$f(t) = \sum_{n=0}^{\infty} f_1(t - nT)$$

La transformada de Laplace de esta suma es igual a la suma de las transformadas,

$$\mathbf{F}(\mathbf{s}) = \sum_{n=0}^{\infty} \mathscr{L}\{f_1(t - nT)\}$$

por lo que el teorema de la traslación en el tiempo lleva a

$$\mathbf{F}(\mathbf{s}) = \sum_{n=0}^{\infty} e^{-nT\mathbf{s}}\mathbf{F}_1(\mathbf{s})$$

donde

$$\mathbf{F}_1(\mathbf{s}) = \mathscr{L}\{f_1(t)\} = \int_{0^-}^{T} e^{-\mathbf{s}t} f(t)\, dt$$

Como $\mathbf{F}_1(\mathbf{s})$ no es función de n, puede sacarse de la suma, y $\mathbf{F}(\mathbf{s})$ se convierte en

$$\mathbf{F}(\mathbf{s}) = \mathbf{F}_1(\mathbf{s})\, [1 + e^{-T\mathbf{s}} + e^{-2T\mathbf{s}} + \cdots]$$

Cuando se aplica el teorema del binomio a la expresión entre corchetes, se simplifica a $1/(1 - e^{-T\mathbf{s}})$. En consecuencia, se llega a la conclusión de que la función periódica $f(t)$, con periodo T, tiene una transformada de Laplace expresada por

$$\mathbf{F}(\mathbf{s}) = \frac{\mathbf{F}_1(\mathbf{s})}{1 - e^{-T\mathbf{s}}} \tag{26}$$

donde

$$\mathbf{F}_1(\mathbf{s}) = \mathscr{L}\{[u(t) - u(t - T)]f(t)\} \tag{27}$$

es la transformada del primer periodo de la función del tiempo.

Para ilustrar el empleo de este teorema de la transformada de funciones periódicas, se aplicará al ya conocido tren de pulsos rectangulares, figura 19-5. Esta función periódica se puede describir analíticamente así:

$$v(t) = \sum_{n=0}^{\infty} V_0[u(t - nT) - u(t - nT - \tau)] \qquad t > 0$$

Es fácil calcular la función $\mathbf{V}_1(\mathbf{s})$,

$$\mathbf{V}_1(\mathbf{s}) = V_0 \int_{0^-}^{\tau} e^{-\mathbf{s}t}\, dt = \frac{V_0}{\mathbf{s}}(1 - e^{-\mathbf{s}\tau})$$

Ahora, para obtener la transformada deseada, sólo se divide entre $(1 - e^{-\mathbf{s}T})$:

$$\mathbf{V}(\mathbf{s}) = \frac{V_0}{\mathbf{s}} \frac{(1 - e^{-\mathbf{s}\tau})}{(1 - e^{-\mathbf{s}T})} \tag{28}$$

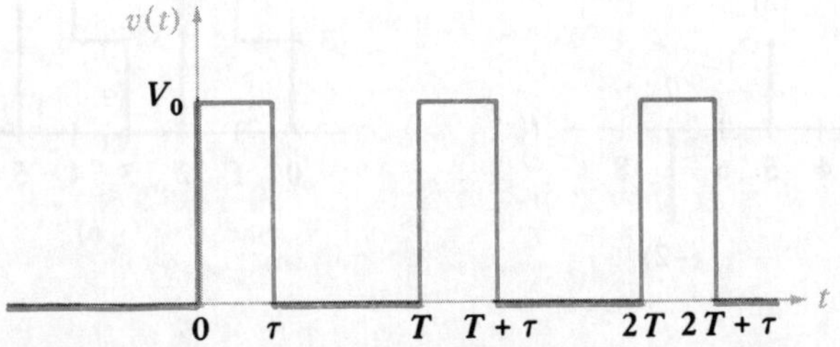

Figura 19-5

Tren periódico de pulsos rectangulares para el cual $\mathbf{F}(\mathbf{s}) = (V_0/\mathbf{s})(1 - e^{-\mathbf{s}\tau})/(1 - e^{-\mathbf{s}T})$.

Debe observarse cómo los dos teoremas descritos en esta sección aparecen en la transformada de la ecuación (28). El factor $(1 - e^{-sT})$ en el denominador toma en cuenta la periodicidad de la función, el término e^{-sr} en el numerador surge del retraso en el tiempo de la onda cuadrada negativa que cancela el pulso, y el factor V_0/s es, por supuesto, la transformada de las funciones escalón involucradas en $v(t)$.

Ejercicios

19-10. Encuentre la transformada de Laplace de la función del tiempo mostrada en: *a)* la figura 19-6*a*; *b)* la figura 19-6*b*; *c)* la figura 19-6*c*.

Resp: $(5/s)(2e^{-2s} - e^{-4s} - e^{-5s})$; $4e^{-\pi s} + 2[e^{-\pi s} + e^{-2\pi s}]/[s^2 + 1]$; $(2.5/s^2)(e^{-2s} - e^{-4s}) - (5/s)e^{-4s}$

Figura 19-6

Para el ejercicio 19-10.

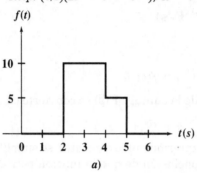

a)

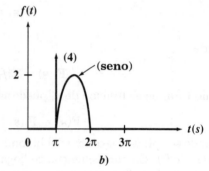

b)

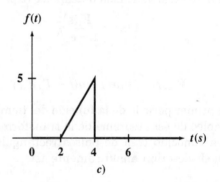

c)

19-11. Determine la transformada de Laplace de la función periódica mostrada en: *a)* la figura 19-7*a*; *b)* la figura 19-7*b*; *c)* la figura 19-7*c*.

Resp: $\dfrac{2e^{-s}}{1 + e^{-2s}}$; $\dfrac{3(1 + e^{-s} - 2e^{-2s})}{s(1 - e^{-3s})}$; $\dfrac{8}{s^2 + \pi^2/4} \dfrac{s + (\pi/2)e^{-s} + (\pi/2)e^{-3s} - se^{-4s}}{1 - e^{-4s}}$

Figura 19-7

Para el ejercicio 19-11.

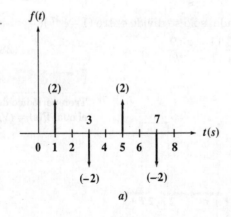

a)

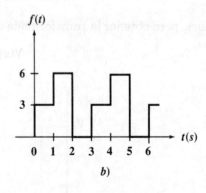

b)

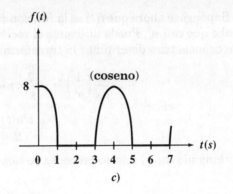

Figura 19-7

(continuación)

Otros teoremas que aparecen en la tabla 19-2 especifican los resultados en el dominio del tiempo para operaciones sencillas sobre $\mathbf{F}(\mathbf{s})$ en el dominio de la frecuencia. Varios de ellos se obtendrán fácilmente en esta sección y luego se verá cómo pueden aplicarse para deducir pares de transformación adicionales.

El primer teorema nuevo establece una relación entre $\mathbf{F}(\mathbf{s}) = \mathscr{L}\{f(t)\}$ y $\mathbf{F}(\mathbf{s} + a)$. Considérese la transformada de Laplace de $e^{-at}f(t)$,

$$\mathscr{L}\{e^{-at}f(t)\} = \int_{0^-}^{\infty} e^{-\mathbf{s}t}e^{-at}f(t)\,dt = \int_{0^-}^{\infty} e^{-(\mathbf{s}+a)t}f(t)\,dt$$

Al observar con cuidado este resultado, se ve que la integral de la derecha es idéntica a la que define a $\mathbf{F}(\mathbf{s})$ con una excepción: en lugar de $\mathbf{s}$ aparece $(\mathbf{s} + a)$. Entonces

$$e^{-at}f(t) \Leftrightarrow \mathbf{F}(\mathbf{s} + a) \tag{29}$$

Se concluye que la sustitución de $\mathbf{s}$ por $(\mathbf{s} + a)$ en el dominio de la frecuencia equivale a una multiplicación por e^{-at} en el dominio del tiempo. Esto se conoce como el teorema del *desplazamiento o traslación en la frecuencia*. Puede hacerse uso inmediato de él al evaluar la transformada de la función coseno amortiguada exponencialmente, la cual se usó ampliamente en el trabajo anterior. Comenzando con la transformada conocida de la función coseno,

$$\mathscr{L}\{\cos \omega_0 t\} = \mathbf{F}(\mathbf{s}) = \frac{\mathbf{s}}{\mathbf{s}^2 + \omega_0^2}$$

por lo que la transformada de $e^{-at}\cos \omega_0 t$ debe ser $\mathbf{F}(\mathbf{s} + a)$,

$$\mathscr{L}\{e^{-at}\cos \omega_0 t\} = \mathbf{F}(\mathbf{s} + a) = \frac{\mathbf{s} + a}{(\mathbf{s} + a)^2 + \omega_0^2} \tag{30}$$

Se examinarán las consecuencias de derivar $\mathbf{F}(\mathbf{s})$ respecto a $\mathbf{s}$. El resultado es

$$\frac{d}{d\mathbf{s}}\mathbf{F}(\mathbf{s}) = \frac{d}{d\mathbf{s}}\int_{0^-}^{\infty} e^{-\mathbf{s}t}f(t)\,dt = \int_{0^-}^{\infty} -te^{-\mathbf{s}t}f(t)\,dt = \int_{0^-}^{\infty} e^{-\mathbf{s}t}[-tf(t)]\,at$$

que es claramente la transformada de Laplace de $[-tf(t)]$. Por tanto se concluye que al derivar respecto a $\mathbf{s}$ en el dominio de la frecuencia se obtiene una multiplicación por $-t$ en el dominio del tiempo, o

$$-tf(t) \Leftrightarrow \frac{d}{d\mathbf{s}}\mathbf{F}(\mathbf{s}) \tag{31}$$

19-7

Desplazamiento, derivación, integración y cambio de escala en el dominio de la frecuencia

Supóngase ahora que $f(t)$ es la función rampa unitaria $tu(t)$, cuya transformada se sabe que es $1/\mathbf{s}^2$. Puede utilizarse el recién adquirido teorema de la derivación en la frecuencia para determinar la transformada inversa de $1/\mathbf{s}^3$ como sigue:

$$\frac{d}{d\mathbf{s}}\left(\frac{1}{\mathbf{s}^2}\right) = -\frac{2}{\mathbf{s}^3} \Leftrightarrow -t \,\mathscr{L}^{-1}\left\{\frac{1}{\mathbf{s}^2}\right\} = -t^2 u(t)$$

y
$$\frac{t^2 u(t)}{2} \Leftrightarrow \frac{1}{\mathbf{s}^3} \tag{32}$$

Continuando con el mismo proceder, se tiene

$$\frac{t^3}{3!}\,u(t) \Leftrightarrow \frac{1}{\mathbf{s}^4} \tag{33}$$

y en general

$$\frac{t^{(n-1)}}{(n-1)!}\,u(t) \Leftrightarrow \frac{1}{\mathbf{s}^n} \tag{34}$$

El efecto sobre $f(t)$ al integrar $\mathbf{F}(\mathbf{s})$ con respecto a $\mathbf{s}$ se puede mostrar comenzando una vez más por la definición,

$$\mathbf{F}(\mathbf{s}) = \int_{0^-}^{\infty} e^{-\mathbf{s}t} f(t)\,dt$$

efectuando la integración en la frecuencia desde $\mathbf{s}$ hasta ∞,

$$\int_{\mathbf{s}}^{\infty} \mathbf{F}(\mathbf{s})\,d\mathbf{s} = \int_{\mathbf{s}}^{\infty}\left[\int_{0^-}^{\infty} e^{-\mathbf{s}t} f(t)\,dt\right] d\mathbf{s}$$

intercambiando el orden de integración,

$$\int_{\mathbf{s}}^{\infty} \mathbf{F}(\mathbf{s})\,d\mathbf{s} = \int_{0^-}^{\infty}\left[\int_{\mathbf{s}}^{\infty} e^{-\mathbf{s}t}\,d\mathbf{s}\right] f(t)\,dt$$

y efectuando la integral interior,

$$\int_{\mathbf{s}}^{\infty} \mathbf{F}(\mathbf{s})\,d\mathbf{s} = \int_{0^-}^{\infty}\left[-\frac{1}{t}\,e^{-\mathbf{s}t}\right]_{\mathbf{s}}^{\infty} f(t)\,dt = \int_{0^-}^{\infty}\frac{f(t)}{t}\,e^{-\mathbf{s}t}\,dt$$

Entonces,

$$\frac{f(t)}{t} \Leftrightarrow \int_{\mathbf{s}}^{\infty} \mathbf{F}(\mathbf{s})\,d\mathbf{s} \tag{35}$$

Por ejemplo, ya se ha establecido el par de transformación

$$\operatorname{sen}\omega_0 t\,u(t) \Leftrightarrow \frac{\omega_0}{\mathbf{s}^2 + \omega_0^2}$$

Por lo tanto,

$$\mathscr{L}\left\{\frac{\operatorname{sen}\omega_0 t\,u(t)}{t}\right\} = \int_{\mathbf{s}}^{\infty}\frac{\omega_0\,d\mathbf{s}}{\mathbf{s}^2 + \omega_0^2} = \left.\tan^{-1}\frac{\mathbf{s}}{\omega_0}\right|_{\mathbf{s}}^{\infty}$$

y se tiene

$$\frac{\operatorname{sen}\omega_0 t\,u(t)}{t} \Leftrightarrow \frac{\pi}{2} - \tan^{-1}\frac{\mathbf{s}}{\omega_0} \tag{36}$$

A continuación se desarrollará el teorema de cambio de escala en el tiempo de la teoría de la transformada de Laplace evaluando la transformada de $f(at)$, suponiendo que $\mathcal{L}\{f(t)\}$ es conocida. El proceso es muy sencillo:

$$\mathcal{L}\{f(at)\} = \int_{0^-}^{\infty} e^{-st}f(at)\,dt = \frac{1}{a}\int_0^{\infty} e^{-(s/a)\lambda}\,d\lambda$$

donde se ha empleado el cambio de variable $at = \lambda$. La última integral es $1/a$ por la transformada de Laplace de $f(t)$, excepto que s se remplazó por s/a en la transformada. Se tiene que

$$f(at) \Leftrightarrow \frac{1}{a}\mathbf{F}\left(\frac{\mathbf{s}}{a}\right) \tag{37}$$

Como un ejemplo elemental de la aplicación de este teorema, considérese el cálculo de la transformada de una onda coseno de 1 kHz. Suponiendo que se conoce la transformada de una onda coseno de 1 rad/s,

$$\cos t\, u(t) \Leftrightarrow \frac{\mathbf{s}}{\mathbf{s}^2 + 1}$$

el resultado es

$$\mathcal{L}\{\cos 2000\pi t\, u(t)\} = \frac{1}{2000\pi}\,\frac{\mathbf{s}/2000\pi}{(\mathbf{s}/2000\pi)^2 + 1} = \frac{\mathbf{s}}{\mathbf{s}^2 + (2000\pi)^2}$$

el cual es correcto.

El teorema del cambio de escala en el tiempo ofrece algunas ventajas en cuanto al cálculo numérico, ya que permite trabajar inicialmente en un mundo muy lento, donde las funciones del tiempo se pueden extender durante varios segundos y donde las funciones periódicas tienen periodos del orden de magnitud de 1 segundo. Sin embargo, el trabajo práctico de ingeniería trata con funciones del tiempo que varían mucho más rápidamente que lo que podrían haber indicado los ejemplos. La lentitud del tiempo se emplea sólo para simplificar los aspectos numéricos de los problemas. Luego estos resultados se pueden trasladar fácilmente al mundo real si se aplica el teorema del cambio de escala en el tiempo.

El cambio de escala también es útil, y aún se diría esencial, al tratar con computadoras analógicas. En ese caso se debe trabajar con funciones del tiempo lentas debido a las limitaciones en la respuesta en frecuencia de la circuitería electrónica usada en las computadoras analógicas.

19-12. Encuentre a) $\mathcal{L}\{e^{-2t}\,\text{sen}\,(5t+0.2\pi)\,u(t)\}$; b) $\mathcal{L}\{t\,\text{sen}\,(5t+0.2\pi)\,u(t)\}$; c) $\mathcal{L}\{\text{sen}^2 5t\,u(t)\}$; d) $\mathcal{L}\{\text{sen}^2 5t\,u(t)/t\}$.

Resp: $\dfrac{0.588s + 4.05}{s^2 + 4s + 29}$; $\dfrac{0.588s^2 + 8.09s - 14.69}{(s^2 + 25)^2}$; $\dfrac{50}{s(s^2 + 100)}$; $\dfrac{1}{4}\ln\dfrac{s^2 + 100}{s^2}$

Ejercicios

19-13. Encuentre $f(t)$ si $\mathbf{F(s)}$ es igual a a) $\ln\dfrac{s+2}{s+3}$; b) $\dfrac{9}{s^2 + 10s + 50}$; c) $\dfrac{2s}{(s^2+4)^2}$.

Resp: $(1/t)(e^{-2t} - e^{-3t})u(t)$; $1.8e^{-5t}\,\text{sen}\,5t\,u(t)$; $\frac{1}{2}t\,\text{sen}\,2t\,u(t)$

19-14. Si $\mathcal{L}\{f(t)\} = 1/(s^2 + 2s + 2)$, encuentre a) $f(2t)$; b) $\mathcal{L}\{f(2t)\}$. c) Dado $\mathbf{F(s)} = 24/(s+3)^4$, encuentre $f(t)$.   Resp: $e^{-2t}\,\text{sen}\,2t\,u(t)$; $2/(s^2 + 4s + 8)$; $4t^3e^{-3t}u(t)$

19-8

Los teoremas del valor inicial y del valor final

Los últimos dos teoremas fundamentales que se discutirán se conocen como los teoremas del valor inicial y del valor final. Ellos permitirán evaluar $f(0^+)$ y $f(\infty)$ examinando los valores límite de $\mathbf{sF(s)}$.

Para deducir el teorema del valor inicial, se considerará la transformada de Laplace de la derivada una vez más,

$$\mathscr{L}\left\{\frac{df}{dt}\right\} = \mathbf{sF(s)} - f(0^-) = \int_{0^-}^{\infty} e^{-st}\frac{df}{dt}dt$$

Ahora se hace que $\mathbf{s}$ tienda a infinito. Separando la integral en dos partes,

$$\lim_{\mathbf{s}\to\infty}\left[\mathbf{sF(s)} - f(0^-)\right] = \lim_{\mathbf{s}\to\infty}\left(\int_{0^-}^{0^+} e^0 \frac{df}{dt}dt + \int_{0^+}^{\infty} e^{-st}\frac{df}{dt}dt\right)$$

se ve que la segunda integral debe tender a cero en el límite ya que el integrando mismo tiende a cero. Además, $f(0^-)$ no es función de $\mathbf{s}$, y puede quitarse del límite de la izquierda,

$$-f(0^-) + \lim_{\mathbf{s}\to\infty}\left[\mathbf{sF(s)}\right] = \lim_{\mathbf{s}\to\infty}\int_{0^-}^{0^+} df = \lim_{\mathbf{s}\to\infty}\left[f(0^+) - f(0^-)\right]$$

$$= f(0^+) - f(0^-)$$

y por último

$$f(0^+) = \lim_{\mathbf{s}\to\infty}\left[\mathbf{sF(s)}\right]$$

o
$$\lim_{t\to 0^+} f(t) = \lim_{\mathbf{s}\to\infty}\left[\mathbf{sF(s)}\right] \tag{38}$$

Este es el enunciado matemático del *teorema del valor inicial*. Establece que el valor inicial de la función del tiempo $f(t)$ puede obtenerse de su transformada de Laplace $\mathbf{F(s)}$ multiplicando primero por $\mathbf{s}$ y luego haciendo que $\mathbf{s}$ tienda a infinito. Obsérvese que el valor inicial que se obtiene para $f(t)$ es el límite por la derecha.

El teorema del valor inicial, junto con el teorema del valor final que se verá en un momento, sirve para comprobar los resultados de una transformación o de una transformación inversa. Por ejemplo, cuando se calculó por primera vez la transformada de $\cos \omega_0 t \, u(t)$, se obtuvo $\mathbf{s}/(\mathbf{s}^2 + \omega_0^2)$. Después de observar que $f(0^+) = 1$, se obtiene una comprobación parcial de la validez de este resultado aplicando el teorema del valor inicial,

$$\lim_{\mathbf{s}\to\infty}\left(\mathbf{s}\frac{\mathbf{s}}{\mathbf{s}^2 + \omega_0^2}\right) = 1$$

y la verificación se ha llevado a cabo.

El teorema del valor final no es tan útil como el teorema del valor inicial, ya que se puede utilizar sólo con cierta clase de transformadas, aquellas cuyos polos se encuentran todos completamente en el semiplano izquierdo del plano $\mathbf{s}$, excepto para un polo simple en $\mathbf{s} = 0$. De nuevo se considera la transformada de Laplace de df/dt,

$$\int_{0^-}^{\infty} e^{-st}\frac{df}{dt}dt = \mathbf{sF(s)} - f(0^-)$$

esta vez en el límite conforme $\mathbf{s}$ tiende a cero,

$$\lim_{\mathbf{s}\to 0}\int_{0^-}^{\infty} e^{-st}\frac{df}{dt}dt = \lim_{\mathbf{s}\to 0}\left[\mathbf{sF(s)} - f(0^-)\right] = \int_{0^-}^{\infty}\frac{df}{dt}dt$$

Se supondrá que tanto $f(t)$ como su primera derivada son transformables. Ahora, el último término de esta ecuación se expresa como un límite,

$$\int_{0^-}^{\infty} \frac{df}{dt} dt = \lim_{t \to \infty} \int_{0^-}^{t} \frac{df}{dt} dt = \lim_{t \to \infty} [f(t) - f(0^-)]$$

Al reconocer que $f(0^-)$ es una constante, la comparación de las últimas dos ecuaciones muestra que

$$\lim_{t \to \infty} f(t) = \lim_{s \to 0} [sF(s)] \tag{39}$$

que es el *teorema del valor final*. Al aplicar este teorema, es necesario saber que $f(\infty)$, el límite de $f(t)$ cuando t tiende a infinito, existe, o lo que es lo mismo, que todos los polos de $F(s)$ están *en* el semiplano izquierdo del plano s excepto para un polo simple en el origen. Por lo tanto, el producto $sF(s)$ tiene *todos* sus polos *dentro* del semiplano izquierdo del plano s.

Ejemplo 19-5 Como un ejemplo directo de la aplicación de este teorema, se considerará la función $f(t) = (1 - e^{-at})u(t)$, donde $a > 0$.

Solución: Se ve inmediatamente que $f(\infty) = 1$. La transformada de $f(t)$ es

$$F(s) = \frac{1}{s} - \frac{1}{s + a} = \frac{a}{s(s + a)}$$

Multiplicando por s y haciendo que s tienda a cero, se obtiene

$$\lim_{s \to 0} [sF(s)] = \lim_{s \to 0} \frac{a}{s + a} = 1$$

que concuerda con $f(\infty)$.   ●

Sin embargo, si $f(t)$ es una senoidal, de tal forma que $F(s)$ tiene polos en el eje $j\omega$, entonces un uso incorrecto del teorema del valor final podría llevar a la conclusión de que el valor final es cero. Pero se sabe que el valor final, ya sea de sen $\omega_0 t$ o de cos $\omega_0 t$ es indeterminado. Por tanto, ¡hay que tener cuidado con los polos sobre el eje $j\omega$!

Ahora ya se dispone de todas las herramientas necesarias para aplicar la transformada de Laplace a la solución de problemas que no se pudieron resolver anteriormente, o bien a aquellos problemas cuya solución exigió mucho esfuerzo y dedicación.

Ejercicio

19-15. Sin calcular $f(t)$ primero, determine $f(0^+)$ y $f(\infty)$ para cada una de las transformadas siguientes: a) $4e^{-2s}(s + 50)/s$; b) $(s^2 + 6)/(s^2 + 7)$; c) $(5s^2 + 10)/[2s(s^2 + 3s + 5)]$.
Resp: 0, 200; ∞, 0; 2.5, 1

19-9 La función de transferencia H(s)

Al principio de este capítulo la función de transferencia $H(s)$ se definió como la transformada de Laplace de la respuesta impulso $h(t)$ cuando es nula la energía inicial en todo el circuito. Antes de que pueda usarse mejor la función de transferencia, es necesario mostrar que se puede obtener de manera sencilla para cualquier circuito lineal por medio del análisis en el dominio de la frecuencia. Esto se logrará con un argumento similar al que se empleó para la transformada de Fourier y $H(j\omega)$ en la sección 18-9. Pero será breve.

Se trabaja en el dominio de la frecuencia compleja y se aplica una entrada $v_i(t) = Ae^{\sigma_x t} \cos(\omega_x t + \theta)$, que es igual a $V_i(s_x) = Ae^{j\theta}$ en forma fasorial. Tanto A como θ

son funciones de $\mathbf{s}_x = \sigma_x + j\omega_x$, la frecuencia compleja de la excitación. La respuesta es $v_o(t) = Be^{\sigma_x t}\cos(\omega_x t + \phi)$, $\mathbf{V}_o(\mathbf{s}_x) = Be^{j\phi}$. Entonces,

$$\frac{\mathbf{V}_o(\mathbf{s}_x)}{\mathbf{V}_i(\mathbf{s}_x)} = \mathbf{G}(\mathbf{s}_x) = \frac{B}{A}e^{j(\phi-\theta)} \tag{40}$$

Para determinar $\mathbf{H}(\mathbf{s})$, es necesario calcular la razón de la transformada de la salida a la transformada de la entrada,

$$\mathbf{H}(\mathbf{s}) = \frac{\mathcal{L}\{Be^{\sigma_x t}\cos(\omega_x t + \phi)\}}{\mathcal{L}\{Ae^{\sigma_x t}\cos(\omega_x t + \theta)\}}$$

La transformada requerida se obtiene de la tabla 19-1 sustituyendo $\mathbf{s}$ por $\mathbf{s} - \sigma_x$ en la transformada para $\cos(\omega t + \theta)$. Se tiene

$$\mathbf{H}(\mathbf{s}) = \frac{B\left\{\dfrac{(\mathbf{s}-\sigma_x)\cos\phi - \omega_x\,\mathrm{sen}\,\phi}{(\mathbf{s}-\sigma_x)^2 + \omega_x^2}\right\}}{A\left\{\dfrac{(\mathbf{s}-\sigma_x)\cos\theta - \omega_x\,\mathrm{sen}\,\theta}{(\mathbf{s}-\sigma_x)^2 + \omega_x^2}\right\}}$$

En $\mathbf{s} = \mathbf{s}_x$, esto se simplifica a

$$\mathbf{H}(\mathbf{s}_x) = \frac{B}{A}\frac{j\omega_x\cos\phi - \omega_x\,\mathrm{sen}\,\phi}{j\omega_x\cos\theta - \omega_x\,\mathrm{sen}\,\theta}$$

$$= \frac{B}{A}\frac{\cos\phi + j\,\mathrm{sen}\,\phi}{\cos\theta + j\,\mathrm{sen}\,\theta} = \frac{B}{A}e^{j(\phi-\theta)}$$

que es idéntica a la ecuación (40). Como el subíndice x no tiene ningún significado especial, se sigue que

$$\mathbf{H}(\mathbf{s}) = \mathbf{G}(\mathbf{s}) \tag{41}$$

Por tanto, $\mathbf{H}(\mathbf{s})$ se puede encontrar empleando los métodos normales en el dominio de la frecuencia, con todos los elementos expresados en términos de sus impedancias a una frecuencia compleja $\mathbf{s}$.

Obsérvese cómo ayudan estos resultados.

Ejemplo 19-6   A continuación se ilustrará cómo se puede aplicar esta técnica para encontrar tanto $h(t)$, así como un voltaje de salida para el circuito mostrado en la figura 19-8a. En esta ocasión se supondrá que no hay energía inicial almacenada en la red.

Solución: Primero se construye el circuito en el dominio de la frecuencia, como se ve en la figura 19-8b. La razón $\mathbf{V}_o(\mathbf{s})/\mathbf{V}_i(\mathbf{s})$ puede obtenerse calculando $\mathbf{Z}_i(\mathbf{s})$, la impedancia de las tres ramas en paralelo de la derecha,

$$\mathbf{Z}_i(\mathbf{s}) = \frac{1}{\mathbf{s}/24 + \frac{1}{30} + 1/(24 + 48/\mathbf{s})} = \frac{120(\mathbf{s}+2)}{5\mathbf{s}^2 + 19\mathbf{s} + 8}$$

y luego usando el divisor de voltaje,

$$\frac{\mathbf{V}_o(\mathbf{s})}{\mathbf{V}_i(\mathbf{s})} = \frac{\mathbf{Z}_i(\mathbf{s})}{20 + \mathbf{Z}_i(\mathbf{s})} = \frac{6(\mathbf{s}+2)}{5\mathbf{s}^2 + 25\mathbf{s} + 20}$$

Por lo tanto,

$$\mathbf{H}(\mathbf{s}) = \frac{1.2(\mathbf{s}+2)}{(\mathbf{s}+1)(\mathbf{s}+4)}$$

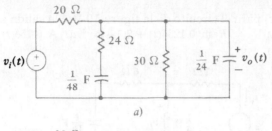

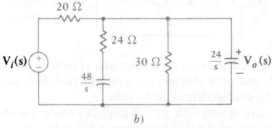

Figura 19-8

a) Un ejemplo en el cual la función de transferencia $\mathbf{H}(\mathbf{s}) = \mathbf{V}_o(\mathbf{s})/\mathbf{V}_i(\mathbf{s})$ se va a obtener por medio del análisis en el dominio de la frecuencia. Todas las condiciones iniciales son iguales a cero. *b*) El circuito en el dominio de la frecuencia.

Para obtener $h(t)$, se necesita $\mathcal{L}^{-1}\{\mathbf{H}(\mathbf{s})\}$:

$$\mathcal{L}^{-1}\{\mathbf{H}(\mathbf{s})\} = \mathcal{L}^{-1}\left\{\frac{0.4}{\mathbf{s}+1} + \frac{0.8}{\mathbf{s}+4}\right\}$$

y
$$h(t) = (0.4e^{-t} + 0.8e^{-4t})u(t)$$

Así, si $v_i(t) = \delta(t)$, entonces

$$v_o(t) = h(t) = (0.4e^{-t} + 0.8e^{-4t})u(t).$$

Ejemplo 19-7 Utilizando el mismo circuito, encuéntrese ahora la salida si la entrada es $v_i(t) = 50 \cos 2t\, u(t)$ V.

Solución: Ahora se puede usar el concepto de función de transferencia,

$$\mathbf{V}_o(\mathbf{s}) = \mathbf{H}(\mathbf{s})\, \mathbf{V}_i(\mathbf{s})$$

donde

$$\mathbf{V}_i(\mathbf{s}) = \mathcal{L}\{50 \cos 2t\, u(t)\} = \frac{50\mathbf{s}}{\mathbf{s}^2 + 4}$$

y
$$\mathbf{V}_o(\mathbf{s}) = \frac{1.2(\mathbf{s}+2)}{(\mathbf{s}+1)(\mathbf{s}+4)}\, \frac{50\mathbf{s}}{\mathbf{s}^2 + 4}$$

Expandiendo en fracciones parciales,

$$\mathbf{V}_o(\mathbf{s}) = \frac{-4}{\mathbf{s}+1} + \frac{-8}{\mathbf{s}+4} + \frac{6+j6}{\mathbf{s}+j2} + \frac{6-j6}{\mathbf{s}-j2}$$

$$= \frac{-4}{\mathbf{s}+1} + \frac{-8}{\mathbf{s}+4} + \frac{12\mathbf{s}+24}{\mathbf{s}^2+4}$$

y
$$v_o(t) = [-4e^{-t} - 8e^{-4t} + 12 \cos 2t + 12 \operatorname{sen} 2t]u(t)$$

La solución es directa, y el lector debe poder obtener la respuesta debida a cualquier entrada para la que exista la transformada de Laplace. En la siguiente (y última) sección se considera la presencia de energía inicial almacenada.

Ejercicio

19-16. Determine $h(t)$ para el circuito de la figura 19-9 si la salida es: *a*) i_s; *b*) v_L.

Resp: $0.125\delta(t) + 2(1-t)e^{-4t}u(t)$ A; $0.75\delta(t) + 4(t-1)e^{-4t}u(t)$ V

Figura 19-9

Para el ejercicio 19-16.

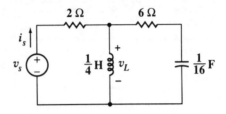

19-10

La respuesta completa

Cuando hay energía inicial presente en un circuito, el método de la transformada de Laplace puede emplearse para obtener la respuesta completa por medio de varios métodos diferentes. Se considerarán dos de ellos.

El primero es el más importante, ya que implica escribir las ecuaciones diferenciales para la red, y luego aplicar la transformada de Laplace a esas ecuaciones. Las condiciones iniciales aparecen cuando se aplica la transformada a una derivada o a una integral. La segunda técnica requiere que cada voltaje inicial de capacitor, o cada corriente inicial del inductor, se sustituyan por una fuente de cd equivalente, con frecuencia llamada *generador de condición inicial*. Entonces los elementos en sí no tienen energía inicial, y el procedimiento para la función de transferencia de la sección anterior puede ser aplicado.

Se ilustrará el enfoque de las ecuaciones diferenciales considerando el mismo circuito que se acaba de analizar, pero en esta ocasión con condiciones iniciales diferentes a cero.

Ejemplo 19-8 El circuito está mostrado en la figura 19-10. Sea $v_1(0^-) = 10$ V y $v_2(0^-) = 25$ V, busque $v_2(t)$.

Solución: Las ecuaciones diferenciales de este circuito se pueden obtener escribiendo ecuaciones de nodos en términos de v_1 y v_2. En el nodo v_1,

$$\frac{v_1 - v_2}{24} + \frac{1}{48} v_1' = 0$$

o

$$2v_2 = 2v_1 + v_1' \tag{42}$$

y en el nodo v_2,

$$\frac{v_2 - 50 \cos 2t \, u(t)}{20} + \frac{v_2 - v_1}{24} + \frac{v_2}{30} + \frac{v_2'}{24} = 0$$

o

$$v_1 = v_2' + 3v_2 - 60 \cos 2t \, u(t) \tag{43}$$

Figura 19-10

Para esta red, la respuesta $v_2(t)$ se obtiene con las condiciones iniciales $v_1(0^-) = 10$ V, $v_2(0^-) = 25$ V.

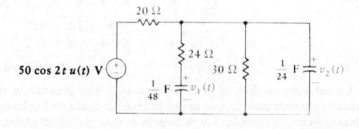

Identificando a v_2 como la respuesta deseada, se eliminan v_1 y v_1'; al derivar la ecuación (43), recordando que $du(t)/dt = \delta(t)$:

$$v_1' = v_2'' + 3v_2' + 120 \operatorname{sen} 2t \, u(t) - 60\delta(t) \tag{44}$$

y sustituyendo (43) y (44) en (42):

$$2v_2 = 2[v_2' + 3v_2 - 60 \cos 2t \, u(t)]$$

$$+ [v_2'' + 3v_2' + 120 \operatorname{sen} 2t \, u(t) - 60\delta(t)]$$

o $\qquad v_2'' + 5v_2' + 4v_2 = (120 \cos 2t - 120 \operatorname{sen} 2t)u(t) + 60\delta(t)$

Ahora se aplica la transformada de Laplace,

$$s^2 \mathbf{V}_2(\mathbf{s}) - \mathbf{s}v_2(0^-) - v_2'(0^-) + 5\mathbf{s}\mathbf{V}_2(\mathbf{s}) - 5v_2(0^-) + 4\mathbf{V}_2(\mathbf{s}) = \frac{120s - 240}{s^2 + 4} + 60$$

se agrupan términos,

$$(\mathbf{s}^2 + 5\mathbf{s} + 4)\mathbf{V}_2(\mathbf{s}) = \mathbf{s}v_2(0^-) + v_2'(0^-) + 5v_2(0^-) + \frac{120s - 240}{s^2 + 4} + 60$$

Como $v_2(0^-) = 25$, entonces

$$(\mathbf{s}^2 + 5\mathbf{s} + 4)\mathbf{V}_2(\mathbf{s}) = 25\mathbf{s} + 125 + v_2'(0^-) + \frac{120s - 240}{s^2 + 4} + 60$$

y se necesita el valor de $v_2'(0^-)$. Éste se puede obtener de las dos ecuaciones del circuito (42) y (43), evaluando cada término en $t = 0^-$. Realmente, en este problema sólo es necesario usar la ecuación (43):

$$v_1(0^-) = v_2'(0^-) + 3v_2(0^-) - 0$$

y $\qquad\qquad v_2'(0^-) = -65$

En consecuencia,

$$\mathbf{V}_2(\mathbf{s}) = \frac{25\mathbf{s} + 120 + 120[(\mathbf{s} - 2)/(\mathbf{s}^2 + 4)]}{(\mathbf{s} + 1)(\mathbf{s} + 4)}$$

$$= \frac{25\mathbf{s}^3 + 120\mathbf{s}^2 + 220\mathbf{s} + 240}{(\mathbf{s} + 1)(\mathbf{s} + 4)(\mathbf{s}^2 + 4)} \tag{45}$$

$$= \frac{\frac{23}{3}}{\mathbf{s} + 1} + \frac{\frac{16}{3}}{\mathbf{s} + 4} + \frac{12\mathbf{s} + 24}{\mathbf{s}^2 + 4}$$

a partir de lo cual se obtiene la respuesta en el dominio del tiempo:

$$v_2(t) = (\tfrac{23}{3}e^{-t} + \tfrac{16}{3}e^{-4t} + 12 \cos 2t + 12 \operatorname{sen} 2t)u(t) \qquad \bullet$$

Antes de considerar el uso de los generadores de condiciones iniciales se determinará el equivalente en el dominio de la frecuencia de un inductor L con corriente inicial $i(0^-)$. La red en el dominio del tiempo de la figura 19-11a está descrita por

Figura 19-11

a) Un inductor L con corriente inicial $i(0^-)$ se muestra en el dominio del tiempo. *b)* y *c)* Redes en el dominio de la frecuencia que son equivalentes al inciso *a* para el análisis mediante la transformada de Laplace.

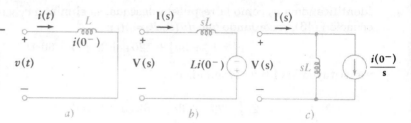

y, por tanto,

$$\mathbf{V}(\mathbf{s}) = \mathbf{s}L\mathbf{I}(\mathbf{s}) - Li(0^-) \tag{46}$$

o

$$\mathbf{I}(\mathbf{s}) = \frac{\mathbf{V}(\mathbf{s})}{\mathbf{s}L} + \frac{i(0^-)}{\mathbf{s}} \tag{47}$$

Los equivalentes en el dominio de la frecuencia pueden obtenerse directamente de las ecuaciones (46) y (47) que se muestran en las figuras 19-11*b* y *c*. Es útil notar que la fuente de voltaje en la figura 19-11*b* es la transformada de un impulso, mientras que la fuente de corriente en la 19-11*c* es la transformada de un escalón.

Por un procedimiento similar se pueden obtener las redes equivalentes para un capacitor cargado inicialmente; los resultados se muestran en la figura 19-12.

Figura 19-12

a) Un capacitor C con voltaje inicial $v(0^-)$ se muestra en el dominio del tiempo. *b)* y *c)* Redes en el dominio de la frecuencia que son equivalentes al inciso *a* en el análisis mediante la transformada de Laplace.

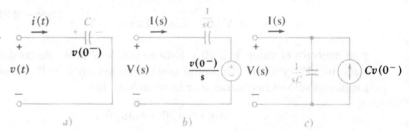

Se pueden emplear estos resultados para construir un equivalente en el dominio de la frecuencia del circuito mostrado en la figura 19-10, incluyendo el efecto de las condiciones iniciales. El resultado se muestra en la figura 19-13. Se han empleado fuentes de corriente para las condiciones iniciales para agilizar la escritura de las ecuaciones de nodo.

Figura 19-13

El equivalente en el dominio de la frecuencia del circuito de la figura 19-10. Las fuentes de corriente 10/48 y 25/24 suministran voltajes iniciales en el dominio del tiempo de 10 y 25 V en los capacitores de 1/48 F y 1/24 F, respectivamente.

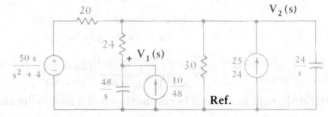

Ejemplo 19-9   Encuentre nuevamente $v_2(t)$, esta vez usando el circuito de la figura 19-13.

Solución: Ahora se debe utilizar el principio de superposición y el concepto de la función de transferencia para ver que $\mathbf{V}_2(\mathbf{s})$ está formada por la suma de tres términos, debidos a cada fuente que actúa sola. Además cada una de estas fuentes tiene una función de transferencia para $\mathbf{V}_2(\mathbf{s})$. Cada función de transferencia podría obtenerse aplicando los métodos comunes del análisis en el dominio de la frecuencia. Sin embargo, no es necesario resolver tres pequeños problemas, ya que el análisis en el dominio de la frecuencia se puede efectuar con las tres fuentes operando. Esto se logra escribiendo dos ecuaciones de nodo:

$$\frac{V_1(s) - V_2(s)}{24} + \frac{sV_1(s)}{48} - \frac{10}{48} = 0$$

o

$$(s + 2)V_1 - 2V_2 = 10 \tag{48}$$

y

$$\frac{V_2(s) - 50s/(s^2 + 4)}{20} + \frac{V_2(s) - V_1(s)}{24} + \frac{V_2(s)}{30} - \frac{25}{24} + \frac{sV_2(s)}{24} = 0$$

o

$$(s + 3)V_2 - V_1 = \frac{60s}{s^2 + 4} + 25 \tag{49}$$

Al usar la ecuación (48) para eliminar a V_1 en la ecuación anterior, se tiene

$$V_1 = \frac{10 + 2V_2}{s + 2}$$

y luego

$$V_2 = \frac{25s^3 + 120s^2 + 220s + 240}{(s + 1)(s + 4)(s^2 + 4)}$$

Esto concuerda con la ecuacion (45) y no es necesario repetir la operación de transformación inversa. Los dos métodos llegan a lo mismo.   ●

Al comparar su uso, tal vez sea cierto que el método de la función de transferencia con generadores de condición inicial sea un poco más rápido. Esta afirmación está más en lo correcto cuando aumenta la complejidad de la red. Sin embargo, también se debe tener en cuenta que mientras más cerca se está de los fundamentos, es menos probable confundirse por el uso de técnicas y procedimientos especiales. Es cierto que el enfoque de ecuaciones diferenciales es importante. Entonces puede decirse que el uso de la transformada de Laplace es una forma conveniente para resolver ecuaciones diferenciales lineales.

Para terminar el análisis de la transformada de Laplace será útil comparar sus aplicaciones con las de la transformada de Fourier. Esta última, por supuesto, no existe para muchas funciones del tiempo; también hay más índices j dispersos aquí y allá en las expresiones de las transformadas, y es más difícil aplicar la transformada de Fourier a circuitos que tienen energía inicial almacenada. Entonces, es más fácil manejar los problemas de transistorios con la transformada de Laplace. No obstante, cuando se desea información espectral de una señal, como la distribución de energía a través de una banda de frecuencia, la transformada de Fourier es más conveniente.

Se llega ya a los últimos párrafos de la última sección del último capítulo. Al voltear hacia atrás unas seiscientas páginas del análisis de circuitos lineales, cabe preguntarse qué es lo que se ha logrado. ¿Existe la preparación para afrontar un problema realmente práctico, o sólo se ha estado luchando contra quijotescos molinos de viento? ¿Se puede analizar un filtro activo de etapas múltiples, un complicado receptor de telemetría, o una gran red de potencia interconectada? Antes de confesar que no podemos, o por lo menos admitir que hay otras cosas que preferiríamos hacer, se verá qué tan lejos podría llegarse en un problema tan complejo.

Se han desarrollado habilidades importantes al escribir conjuntos precisos de ecuaciones para describir el comportamiento de circuitos lineales de complicación creciente. Esto en sí no es un logro importante, ya que se ha hecho lo mismo tanto en el dominio del tiempo como de la frecuencia. La limitación real radica en la dificultad para obtener resultados numéricos cuando aumenta la complejidad del circuito. Por eso se centró la atención en aquellos ejemplos adecuados a las habilidades computacionales del ser humano. Sin embargo, durante ese proceso se desarrolló un entendimiento creciente de las técnicas de análisis más importantes.

En los últimos capítulos se desarrollaron aquellas técnicas que facilitan el proceso de obtención de respuestas numéricas específicas. Ahora podría escribirse un conjunto de ecuaciones en el dominio del tiempo y en el dominio de la frecuencia para cualquier circuito de gran escala que se elija, pero la solución numérica afectaría la precisión y agotaría la paciencia. Si el estudio continuara, habría que recurrir a medios no humanos para resolver estas ecuaciones. Ese es el momento de recurrir a las computadoras. Su paciencia es prácticamente ilimitada, su precisión es sorprendente, y su velocidad casi está más allá de la comprensión. El procedimiento detallado por el que la computadora llega a sus resultados numéricos, sin embargo, lo generamos nosotros, y si se comete un error en el programa, la computadora procederá a generar resultados equivocados, también con velocidad, precisión y paciencia.

En resumen, ahora se pueden producir conjuntos de ecuaciones descriptivas precisas que caracterizan a casi cualquier configuración dada de circuitos lineales, y se poseen habilidades modestas para resolver los conjuntos más sencillos de esas ecuaciones. Asimismo se dio un paso más al utilizar técnicas de programación sencillas como el SPICE, que se describe en el apéndice 5, para analizar circuitos lineales. Los próximos pasos, si es que se va a continuar, consistirán en estudiar paquetes de computadora a gran escala que pueden convertir las ecuaciones de variables de estado, o un conjunto de ecuaciones de transformadas, en datos útiles. Pero por ahora habrá que detenerse en este punto.

Ejercicios

19-17. Sea $v_C(0^-) = 2$ V en el circuito mostrado en la figura 19-14. Escriba una ecuación diferencial apropiada, aplique la transformada de Laplace en ambos lados, y encuentre $v_C(t)$ si $v_s(t)$ es igual a: a) $9u(t)$ V; b) $9 \cos t\, u(t)$ V; c) $9e^{-t}u(t)$ V.

Resp: $(6 - 4e^{-5t})u(t)$; $\frac{1}{13}[-49e^{-5t} + 75 \cos t + 15 \operatorname{sen} t]u(t)$; $(7.5e^{-t} - 5.5e^{-5})u(t)$ (todas en V)

Figura 19-14

Para los ejercicios 19-17 y 19-18.

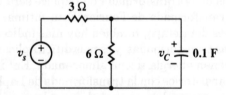

19-18. Resuelva de nuevo el ejercicio anterior instalando primero un generador de condición inicial adecuado en el circuito, y luego trabajando en el dominio de la frecuencia.   *Resp:* (La misma del ejercicio 19-17)

Problemas

1 Especifique el rango de σ para el cual la transformada de Laplace existe si $f(t)$ es igual a a) $t + 1$; b) $(t + 1)u(t)$; c) $e^{50t}u(t)$; d) $e^{50t}u(t - 5)$; e) $e^{-50t}u(t - 5)$.

2 Para cada una de las siguientes funciones, determine la transformada de Fourier, la transformada de Laplace bilateral y la transformada de Laplace unilateral: a) $8e^{-2t}[u(t + 3) - u(t - 3)]$; b) $8e^{-2t}[u(t + 3) - u(t - 3)]$; c) $8e^{-2|t|}[u(t + 3) - u(t - 3)]$.

3 Utilice la transformada de Laplace unilateral para encontrar $\mathbf{F(s)}$ si $f(t)$ es igual a a) $[2u(t - 1)][u(3 - t)]u(t^3)$; b) $2u(t - 4)$; c) $3e^{-2t}u(t - 4)$; d) $3\delta(t-5)$; e) $4\delta(t - 1)[\cos \pi t - \operatorname{sen} \pi t]$.

4 Utilice la definición de la transformada unilateral de Laplace para encontrar $\mathbf{F}(s)$ si $f(t)$ es igual a $a)$ $[u(5 - t)][u(t - 2)]u(t)$; $b)$ $4u(t - 2)$; $c)$ $4e^{-3t}u(t - 2)$; $d)$ $4\delta(t - 2)$; $e)$ $5\delta(t)\,\text{sen}\,(10t + 0.2\pi)$.

5 Determine $f(t)$ si $\mathbf{F}(s)$ es igual a $a)$ $[(s + 1)/s] + [2/(s + 1)]$; $b)$ $(e^{-s}+1)^2$; $c)$ $2e^{-(s+1)}$; $d)$ $2e^{-3s}$ cosh $2s$.

6 Utilice la definición de la transformada de Laplace para calcular el valor de $\mathbf{F}(1 + j2)$ si $f(t)$ es igual a $a)$ $2u(t - 2)$; $b)$ $2\delta(t - 2)$; $c)$ $e^{-t}u(t - 2)$.

7 Dadas las siguientes expresiones para $\mathbf{F}(s)$, encuentre $f(t)$: $a)$ $5/(s + 1)$; $b)$ $5/(s + 1) - 2/(s + 4)$; $c)$ $18/[(s + 1)(s + 4)]$; $d)$ $18s/[(s + 1)(s + 4)]$; $e)$ $18s^2/[(s + 1)(s + 4)]$.

8 Si $f(0^-) = -3$ y $15u(t) - 4\delta(t) = 8f(t) + 6f'(t)$, encuentre $f(t)$ al aplicar la transformada de Laplace a la ecuación diferencial, despejando $\mathbf{F}(s)$, e invirtiendo para encontrar $f(t)$.

9 $a)$ Encuentre $v_C(0^-)$ y $v_C(0^+)$ para el circuito mostrado en la figura 19-15. $b)$ Obtenga una ecuación para $v_C(t)$ que se cumpla para $t > 0$. $c)$ Utilice las técnicas de la transformada de Laplace para encontrar $\mathbf{V}_C(s)$ y obtenga entonces $v_C(t)$.

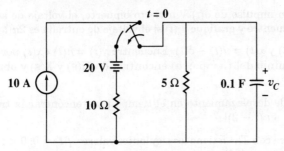

Figura 19-15

Para el problema 9.

10 Encuentre $f(t)$ si $\mathbf{F}(s)$ es igual a $a)$ $\dfrac{2}{s} - \dfrac{3}{s + 1}$; $b)$ $\dfrac{2s + 10}{s + 3}$; $c)$ $3e^{-0.8s}$; $d)$ $\dfrac{12}{(s + 2)(s + 6)}$; $e)$ $\dfrac{12}{(s + 2)^2(s + 6)}$.

11 Dada la ecuación diferencial $12u(t) = 20f_2'(t) + 3f_2(t)$, donde $f_2(0^-) = 2$, obtenga su transformada de Laplace, despeje $\mathbf{F}_2(s)$ y encuentre entonces $f_2(t)$.

12 $a)$ Determine $i_C(0^-)$ e $i_C(0^+)$ para el circuito de la figura 19-16. $b)$ Escriba una ecuación para $i_C(t)$ en el dominio de tiempo que sea válida para $t > 0$. $c)$ Utilice los métodos de la transformada de Laplace para obtener $\mathbf{I}_C(s)$ y luego encuentre la transformada inversa.

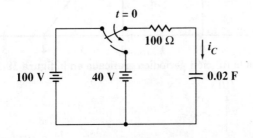

Figura 19-16

Para el problema 12.

13 Un resistor R, un capacitor C, un inductor L, y una fuente ideal de corriente $i_s = 100e^{-5t}u(t)$ A están en paralelo. Sea v el voltaje a través de la fuente con la referencia positiva en la terminal en donde $i_s(t)$ sale de la fuente. Entonces $i_s = v' + 4v + 3\int_{0^-}^{t} v\,dt$. $a)$ Encuentre R, L y C. $b)$ Utilice las técnicas de la transformada de Laplace para determinar $v(t)$.

14 Dadas dos ecuaciones diferenciales $x' + y = 2u(t)$ y $y' - 2x + 3y = 8u(t)$, donde $x(0^-) = 5$ y $y(0^-) = 8$, encuentre $x(t)$ y $y(t)$.

15 Escriba una sola ecuación integrodiferencial en términos de i_C para el circuito de la figura 19-17, tomando su transformada de Laplace, despeje $\mathbf{I}_C(\mathbf{s})$, y obtenga $i_C(t)$ aplicando la transformada inversa.

Figura 19-17

Para el problema 15.

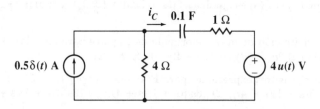

16 La respuesta al impulso de un cierto sistema lineal es $h(t) = 5 \operatorname{sen} \pi t \, [u(t) - u(t - 1)]$. Se aplica una señal de entrada $x(t) = 2[u(t) - u(t - 2)]$. Encuentre y grafique la salida $y(t)$.

17 Sean $f_1(t) = e^{-5t}u(t)$ y $f_2(t) = (1 - e^{-2t})u(t)$. Encuentre $y(t) = f_1(t) * f_2(t)$ por medio de a) la convolución en el dominio de tiempo; b) $\mathscr{L}^{-1}\{\mathbf{F}_1(\mathbf{s})\mathbf{F}_2(\mathbf{s})\}$.

18 Cuando se aplica un impulso de $\delta(t)$ V a cierto bipuerto, el voltaje de salida es $v_o(t) = 4u(t) - 4u(t - 2)$ V. Encuentre y grafique $v_o(t)$ si el voltaje de entrada es $2u(t - 1)$ V.

19 Sean $h(t) = 2e^{-3t}u(t)$ y $x(t) = u(t) - \delta(t)$. Encuentre $y(t) = h(t) * x(t)$ por medio de a) la convolución en el dominio del tiempo; b) encontrando $\mathbf{H}(\mathbf{s})$ y $\mathbf{X}(\mathbf{s})$ y obteniendo luego $\mathscr{L}^{-1}\{\mathbf{H}(\mathbf{s})\mathbf{X}(\mathbf{s})\}$.

20 Utilice el teorema de desplazamiento en el tiempo para encontrar la transformada de $f(t) = 5(t - 1)[u(t - 1) - u(t - 2)]$.

21 Una función periódica con $T = 5$ tiene los siguientes valores: $f(t) = 0$, $0 < t < 1$ y $3 < t < 5$, y $f(t) = 3 + \delta(t - 3)$, $1 < t < 3^+$. Encuentre su transformada de Laplace.

22 Encuentre $\mathbf{F}(\mathbf{s})$ para el pulso mostrado en la figura 19-18 al utilizar: a) el teorema de desplazamiento en el tiempo; b) la definición de la transformada de Laplace.

Figura 19-18

Para el problema 22.

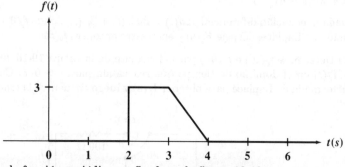

23 Encuentre $\mathbf{F}(\mathbf{s})$ para la función periódica graficada en la figura 19-19.

Figura 19-19

Para el problema 23.

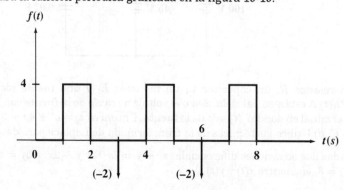

24 Sea $T = 4$ para la forma periódica mostrada en la figura 19-20. *a*) Encuentre $\mathbf{F}(\mathbf{s})$. *b*) Encuentre $\mathbf{F}(0.3)$.

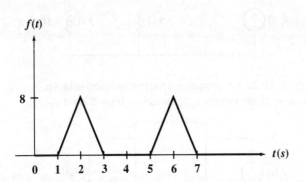

Figura 19-20

Para el problema 24.

25 Una función periódica con un periodo de $T = 6$ tiene una forma de onda que se define por medio de su primer periodo, $f_1(t) = 4[\text{sen } 0.4\pi t][u(t) - u(t - 2.5)]$. Encuentre $\mathbf{F}(\mathbf{s})$.

26 Determine $f(t)$ si $\mathbf{F}(\mathbf{s})$ es igual a *a*) $\dfrac{8}{\mathbf{s}^2 + 4}$; *b*) $\dfrac{8}{\mathbf{s}^2 + 4} e^{-0.5\pi \mathbf{s}}$; *c*) $\dfrac{8}{\mathbf{s}^2 + 4} (1 + e^{-0.5\pi \mathbf{s}})$; *d*) $\dfrac{8}{\mathbf{s}^2 + 4} (1 + e^{-0.5\pi \mathbf{s}})/(1 - e^{-1.25\pi \mathbf{s}})$.

27 Encuentre la transformada de Laplace de *a*) $(t - 2)u(t - 1)$; *b*) $20 \text{ sen } (5t - 1) u(t)$; *c*) $\sum_{n=0}^{\infty} 8(t - 5n)^2[u(t - 5n) - u(t - 1 - 5n)]$.

28 Encuentre la transformada de Laplace de $f(t)$ igual a *a*) $5t \cos (3t + \pi/3) u(t)$; *b*) $(4/t) \text{ sen}^2 3t \, u(t)$.

29 Encuentre $\mathbf{F}(\mathbf{s})$ si $f(t)$ es igual a *a*) $t \text{ sen } \omega t \, u(t)$; *b*) $(1/t) \text{ sen } \omega t \, u(t)$. *c*) Encuentre $f(t)$ si $\mathbf{F}(\mathbf{s}) = \mathbf{s}^2 e^{-2\mathbf{s}}/[(\mathbf{s} + 5)^2 + 100]$.

30 Encuentre $f(t)$ si $\mathbf{F}(\mathbf{s})$ es igual a *a*) $4 \ln (\mathbf{s} + 3) - 4 \ln (\mathbf{s} + 2)$; *b*) $(2\mathbf{s} + 50)/(\mathbf{s}^2 + 10\mathbf{s} + 50)$. *c*) Encuentre $f(3t)$ si $\mathbf{F}(\mathbf{s}) = 4/(\mathbf{s} + 2)^4$.

31 Si $f_1(t) = (t - 1)u(t)$ y $f_2(t) = (t - 1)u(t - 1)$, utilice cualquier método que desee para encontrar: *a*) $\mathbf{F}_1(\mathbf{s})$; *b*) $\mathbf{F}_2(\mathbf{s})$; *c*) $f_1(t) * f_2(t)$.

32 Dada la ecuación diferencial $v' + 6v + 9\int_{0^-}^{t} v(z) \, dz = 24(t - 2)u(t - 2)$, con $v(0^-) = 0$, encuentre $v(t)$.

33 Encuentre $f(0^+)$ y $f(\infty)$ para una función del tiempo cuya transformada de Laplace es *a*) $5(\mathbf{s}^2 + 1)/(\mathbf{s}^3 + 1)$; *b*) $5(\mathbf{s}^2 + 1)/(\mathbf{s}^4 + 16)$; *c*) $(\mathbf{s} + 1)(1 + e^{-4\mathbf{s}})/(\mathbf{s}^2 + 2)$.

34 Encuentre $f(\infty)$ y $f(0^+)$ para una función de tiempo cuya transformada de Laplace es *a*) $5(\mathbf{s}^2 + 1)/(\mathbf{s} + 1)^3$; *b*) $5(\mathbf{s}^2 + 1)/[\mathbf{s}(\mathbf{s} + 1)^3]$; *c*) $(1 - e^{-3\mathbf{s}})/\mathbf{s}^2$.

35 Encuentre los valores inicial y final (o muestre que no existen) de las funciones de tiempo correspondientes a *a*) $\dfrac{8\mathbf{s} - 2}{\mathbf{s}^2 + 6\mathbf{s} + 10}$; *b*) $\dfrac{2\mathbf{s}^3 - \mathbf{s}^2 - 3\mathbf{s} - 5}{\mathbf{s}^3 + 6\mathbf{s}^2 + 10\mathbf{s}}$; *c*) $\dfrac{8\mathbf{s} - 2}{\mathbf{s}^2 - 6\mathbf{s} + 10}$; *d*) $\dfrac{8\mathbf{s}^2 - 2}{(\mathbf{s} + 2)^2(\mathbf{s} + 1)(\mathbf{s}^2 + 6\mathbf{s} + 10)}$.

36 Sea $f(t) = (1/t) (e^{-at} - e^{-bt})u(t)$. *a*) Encuentre $\mathbf{F}(\mathbf{s})$. *b*) Evalúe ambos lados de la ecuación $\lim_{t \to 0^+} f(t) = \lim_{\mathbf{s} \to \infty} [\mathbf{s}\mathbf{F}(\mathbf{s})]$.

37 Encuentre $\mathbf{H}(\mathbf{s}) = \mathbf{V}_o(\mathbf{s})/\mathbf{V}_s(\mathbf{s})$ y $h(t)$ para el circuito mostrado en la figura 19-21. Suponga que todas las condiciones iniciales valen cero.

Figura 19-21

Para el problema 37.

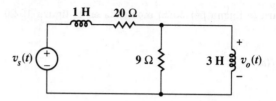

---

38 La red N en la figura 19-22 no contiene energía almacenada en $t = 0^-$. Si $\mathbf{H}(\mathbf{s}) = \mathbf{I}_o(\mathbf{s})/\mathbf{V}_s(\mathbf{s}) = 0.3/(\mathbf{s} + 1)(\mathbf{s} + 2)$, encuentre $i_o(t)$ cuando $v_s(t) = 2 \cos t\, u(t)$ V.

Figura 19-22

Para el problema 38.

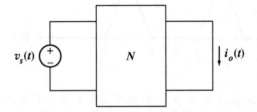

39 Según el circuito de la figura 19-23 encuentre a) $\mathbf{H}(\mathbf{s}) = \mathbf{I}_2(\mathbf{s})/\mathbf{V}_s(\mathbf{s})$; b) $h(t)$; c) $i_2(t)$ si $v_s(t) = 132u(t)$ V.

Figura 19-23

Para el problema 39.

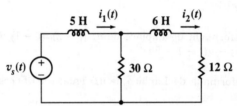

---

40 Encuentre $i(t)$ para el circuito mostrado en la figura 19-24.

Figura 19-24

Para el problema 40.

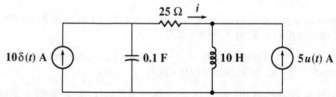

---

41 Se conectan en cascada dos bipuertos lineales. La entrada a la primera etapa es $x(t)$, su salida $y(t)$ es la entrada a la segunda etapa, y la salida de.la segunda etapa es $z(t)$. Se supone que no hay energía almacenada. Si $\mathbf{H}_1(\mathbf{s}) = \mathbf{Y}(\mathbf{s})/\mathbf{X}(\mathbf{s}) = 10/[\mathbf{s}(\mathbf{s} + 4)]$, mientras que $\mathbf{H}_2(\mathbf{s}) = \mathbf{Z}(\mathbf{s})/\mathbf{Y}(\mathbf{s}) = 20(\mathbf{s} + 8)/[\mathbf{s}(\mathbf{s} + 10)]$, encuentre $z(t)$ cuando $x(t) = \delta(t)$.

42 Determine $v_C(t)$ para el circuito de la figura 19-25 si $v_s(t) = 4te^{-t}u(t)$ V.

Figura 19-25

Para el problema 42.

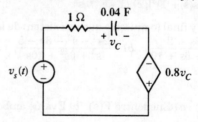

---

43 Sean $v_s(t) = 8t\,u(t)$ V y $v_C(0^-) = 5$ V en el circuito mostrado en la figura 19-26. a) Dibuje un equivalente en el dominio de la frecuencia para este circuito que incluya una fuente de voltaje para suministrar el voltaje inicial del capacitor. b) Encuentre $\mathbf{V}_C(\mathbf{s})$ y $v_C(t)$.

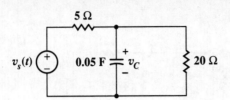

Figura 19-26

Para el problema 43.

44 Sean $i_{L2}(0^-) = 2$ A e $i_{L3}(0^-) = 0$ en el circuito de la figura 19-27. Encuentre $v_o(t)$.

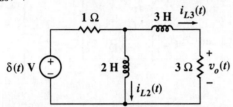

Figura 19-27

Para el problema 44.

45 Sean $i_s(t) = 3t\, u(t)$ A y $v_C(0^-) = 8$ V en el circuito de la figura 19-28. a) Construya un circuito equivalente en el dominio de la frecuencia que incluya una fuente de corriente para suministrar un voltaje inicial $v_C(0^-)$. b) Encuentre $\mathbf{V}_C(\mathbf{s})$ y $v_C(t)$.

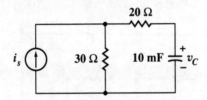

Figura 19-28

Para el problema 45.

46 Sea $v_s = -5 + 12u(t) + 3\delta(t)$ V para el circuito mostrado en la figura 19-29, utilice las técnicas de la transformada de Laplace para encontrar $i_L(t)$ para $t > 0$.

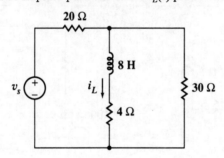

Figura 19-29

Para el problema 46.

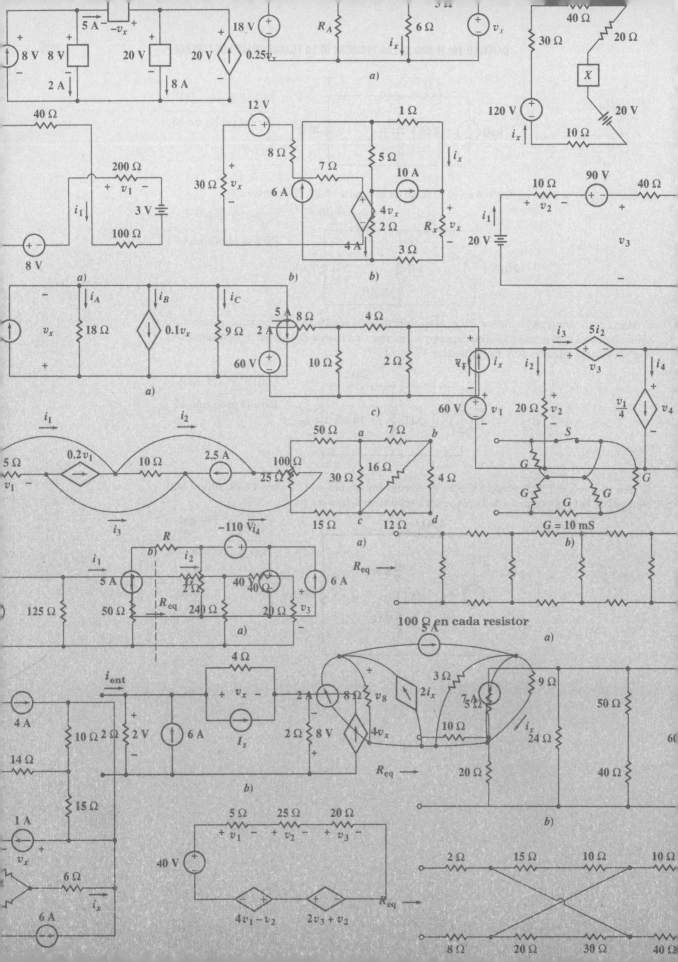

Séptima parte:
Apéndices

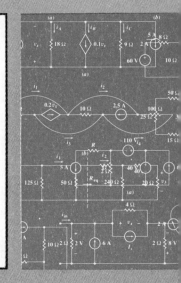

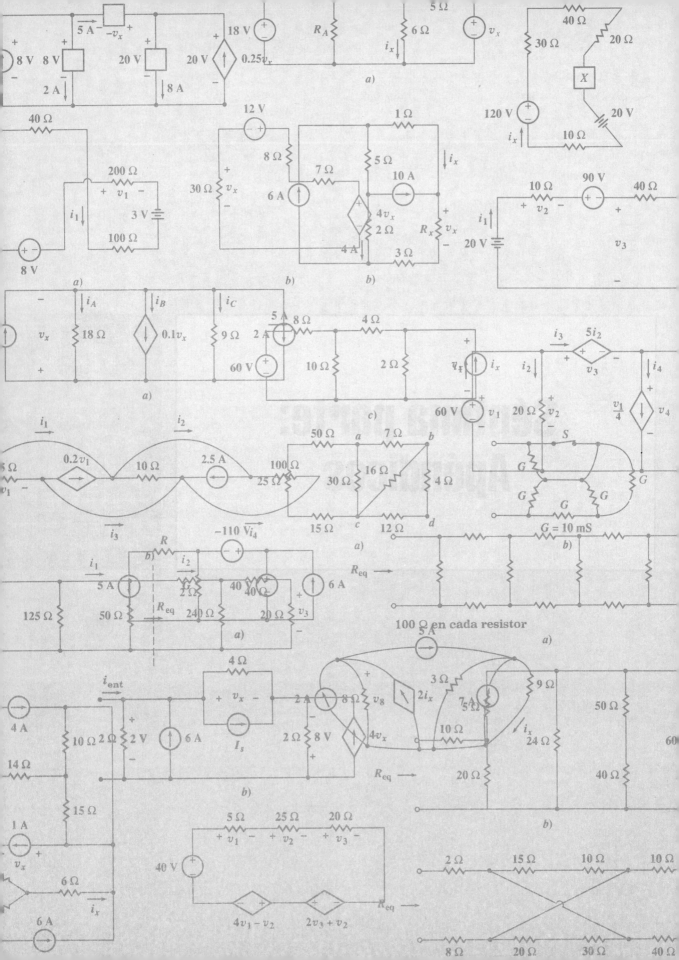

Determinantes

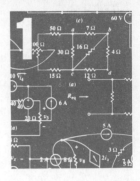

En la sección 2-2 del capítulo 2 se obtuvo un sistema de tres ecuaciones para el circuito de cuatro nodos de la figura 2-2:

$$7v_1 - 3v_2 - 4v_3 = -11 \tag{2-3}$$

$$-3v_1 + 6v_2 - 2v_3 = 3 \tag{2-4}$$

$$-4v_1 - 2v_2 + 11v_3 = 25 \tag{2-5}$$

Este conjunto de ecuaciones se podría haber resuelto por medio de una eliminación sistemática de las variables. Sin embargo, ese procedimiento es largo, y puede ser que nunca se llegue a la respuesta si se efectúa de manera no sistemática para un número mayor de ecuaciones simultáneas. Un método mucho más ordenado implica el uso de determinantes y la regla de Cramer, tal como se ve en la mayor parte de los cursos de álgebra universitaria. El empleo de determinantes tiene las ventajas adicionales de que llega en forma natural a la expresión de los elementos del circuito en términos de matrices, y establece un método para analizar un circuito en general que será útil para la demostración de teoremas de validez general. Debe señalarse que el número de pasos aritméticos requeridos para resolver un gran conjunto de ecuaciones simultáneas a través de determinantes es excesivo; una computadora digital debe programarse para usar otro método. Este apéndice consiste en un breve repaso del método y la nomenclatura de los determinantes.

Considérense las ecuaciones (2-3), (2-4) y (2-5). El arreglo de los coeficientes constantes de las ecuaciones recibe el nombre de *matriz*,

$$[\mathbf{G}] = \begin{bmatrix} 7 & -3 & -4 \\ -3 & 6 & -2 \\ -4 & -2 & 11 \end{bmatrix}$$

donde se ha empleado el símbolo $\mathbf{G}$ debido a que cada elemento de la matriz es un valor de conductancia. Una matriz no tiene un "valor"; es simplemente un arreglo ordenado de elementos. Se usan letras en negritas para representar a una matriz; y el arreglo mismo se encierra entre corchetes. Las operaciones algebraicas básicas con las matrices se presentan en el apéndice 2.

Sin embargo, el *determinante* de una matriz *sí* tiene un valor. Para precisar las cosas, debería decirse que el determinante de una matriz *es* un valor, pero el uso común permite llamar tanto al arreglo mismo como a su valor, el determinante. Los determinantes se simbolizarán por Δ, y se empleará un subíndice adecuado para denotar la matriz a la que se refiere el determinante. En consecuencia,

$$\Delta_G = \begin{vmatrix} 7 & -3 & -4 \\ -3 & 6 & -2 \\ -4 & -2 & 11 \end{vmatrix}$$

Obsérvese que para encerrar el determinante se usan sólo rayas verticales.

El valor de cualquier determinante se obtiene expandiéndolo en términos de sus menores. Para hacer esto, se elige cualquier renglón j o cualquier columna k, se multiplica cada elemento en ese renglón o columna por su menor y por $(-1)^{j+k}$, y luego se suman estos productos. El *menor* del elemento ubicado en el renglón j y la columna k es el determinante que se obtiene al eliminar el renglón j y la columna k; esto se indica por Δ_{jk}.

Como ejemplo, se efectuará la expansión del determinante Δ_G a lo largo de la columna 3. Primero se multiplica el (-4) que aparece en la parte superior de esta columna por $(-1)^{1+3} = 1$ y luego por su menor,

$$(-4)(-1)^{1+3} \begin{vmatrix} -3 & 6 \\ -4 & -2 \end{vmatrix}$$

y se repite para los otros dos elementos en la columna 3, sumando los resultados,

$$\Delta_G = (-4)\begin{vmatrix} -3 & 6 \\ -4 & -2 \end{vmatrix} - (-2)\begin{vmatrix} 7 & -3 \\ -4 & -2 \end{vmatrix} + 11\begin{vmatrix} 7 & -3 \\ -3 & 6 \end{vmatrix}$$

Ahora los menores sólo contienen dos **reng**lones y dos columnas. Son de *orden* 2, y sus valores se encuentran fácilmente expandiéndolos de nuevo en términos de sus menores, en este caso una operación trivial. Por tanto, para el primer determinante, la expansión se hace a lo largo de la primera columna multiplicando (-3) por $(-1)^{1+1}$ y su menor, que es simplemente el elemento (-2), y luego multiplicando (-4) por $(-1)^{2+1}$ y por 6. Entonces,

$$\begin{vmatrix} -3 & 6 \\ -4 & -2 \end{vmatrix} = (-3)(-2) - 6(-4) = 30$$

Generalmente es más fácil recordar el resultado para un determinante de segundo orden como "superior izquierdo por inferior derecho menos superior derecho por inferior izquierdo". Finalmente,

$$\Delta_G = -4[(-3)(-2) - 6(-4)] + 2[7(-2) - (-3)(-4)] + 11[7(6) - (-3)(-3)]$$
$$= -4(30) + 2(-26) + 11(33)$$
$$= 191$$

Como ejercicio, este determinante se desarrollará a lo largo del primer renglón,

$$\Delta_G = 7\begin{vmatrix} 6 & -2 \\ -2 & 11 \end{vmatrix} - (-3)\begin{vmatrix} -3 & -2 \\ -4 & 11 \end{vmatrix} + (-4)\begin{vmatrix} -3 & 6 \\ -4 & -2 \end{vmatrix}$$
$$= 7(62) + 3(-41) - 4(30)$$
$$= 191$$

La expansión por menores es válida para determinantes de cualquier orden.

Repitiendo en términos más generales estas reglas para evaluar un determinante, se dice, dada la matriz **[a]**,

$$[\mathbf{a}] = \begin{bmatrix} a_{11} & a_{12} & \cdots & a_{1N} \\ a_{21} & a_{22} & \cdots & a_{2N} \\ \cdots & \cdots & \cdots & \cdots \\ a_{N1} & a_{N2} & \cdots & a_{NN} \end{bmatrix}$$

entonces Δ_a puede obtenerse por expansión en términos de menores a lo largo de cualquier renglón j:

$$\Delta_a = a_{j1}(-1)^{j+1}\Delta_{j1} + a_{j2}(-1)^{j+2}\Delta_{j2} + \cdots + a_{jN}(-1)^{j+N}\Delta_{jN}$$

$$= \sum_{n=1}^{N} a_{jn}(-1)^{j+n}\Delta_{jn}$$

o a lo largo de cualquier columna k:

$$\Delta_a = a_{1k}(-1)^{1+k}\Delta_{1k} + a_{2k}(-1)^{2+k}\Delta_{2k} + \cdots + a_{Nk}(-1)^{N+k}\Delta_{Nk}$$

$$= \sum_{n=1}^{N} a_{nk}(-1)^{n+k}\Delta_{nk}$$

El *cofactor* C_{jk} del elemento que aparece en el renglón j y la columna k es simplemente $(-1)^{j+k}$ por el menor Δ_{jk}. Entonces $C_{11} = \Delta_{11}$ pero $C_{12} = -\Delta_{12}$. Ahora se puede escribir

$$\Delta_a = \sum_{n=1}^{N} a_{jn}C_{jn} = \sum_{n=1}^{N} a_{nk}C_{nk}$$

Como ejemplo, considérese el determinante de cuarto orden

$$\Delta = \begin{vmatrix} 2 & -1 & -2 & 0 \\ -1 & 4 & 2 & -3 \\ -2 & -1 & 5 & -1 \\ 0 & -3 & 3 & 2 \end{vmatrix}$$

Se tiene

$$\Delta_{11} = \begin{vmatrix} 4 & 2 & -3 \\ -1 & 5 & -1 \\ -3 & 3 & 2 \end{vmatrix} = 4(10 + 3) + 1(4 + 9) - 3(-2 + 15) = 26$$

$$\Delta_{12} = \begin{vmatrix} -1 & 2 & -3 \\ -2 & 5 & -1 \\ 0 & 3 & 2 \end{vmatrix} = -1(10 + 3) + 2(4 + 9) + 0 = 13$$

y $C_{11} = 26$, mientras que $C_{12} = -13$. Calculando el valor de Δ para practicar, se obtiene

$$\Delta = 2C_{11} + (-1)C_{12} + (-2)C_{13} + 0$$

$$= 2(26) + (-1)(-13) + (-2)(3) + 0 = 59$$

A continuación se considerará la regla de Cramer, la cual permite conocer los valores de variables incógnitas. Considérese de nuevo (2-3), (2-4) y (2-5); el determinante Δ_1 se define como el determinante que se obtiene cuando la primera columna de Δ_G se sustituye por las tres constantes en los lados derechos de las tres ecuaciones. Consecuentemente,

$$\Delta_1 = \begin{vmatrix} -11 & -3 & -4 \\ 3 & 6 & -2 \\ 25 & -2 & 11 \end{vmatrix}$$

Se desarrolla a lo largo de la primera columna:

$$\Delta_1 = -11 \begin{vmatrix} 6 & -2 \\ -2 & 11 \end{vmatrix} - 3 \begin{vmatrix} -3 & -4 \\ -2 & 11 \end{vmatrix} + 25 \begin{vmatrix} -3 & -4 \\ 6 & -2 \end{vmatrix}$$

$$= -682 + 123 + 750 = 191$$

Entonces la regla de Cramer establece que

$$v_1 = \frac{\Delta_1}{\Delta_G} = \frac{191}{191} = 1 \text{ V}$$

y
$$v_2 = \frac{\Delta_2}{\Delta_G} = \frac{\begin{vmatrix} 7 & -11 & -4 \\ -3 & 3 & -2 \\ -4 & 25 & 11 \end{vmatrix}}{191} = \frac{581 - 63 - 136}{191} = 2 \text{ V}$$

y finalmente,

$$v_3 = \frac{\Delta_3}{\Delta_G} = \frac{\begin{vmatrix} 7 & -3 & -11 \\ -3 & 6 & 3 \\ -4 & -2 & 25 \end{vmatrix}}{191} = \frac{1092 - 291 - 228}{191} = 3 \text{ V}$$

La regla de Cramer es aplicable a un sistema de N ecuaciones lineales simultáneas con N incógnitas; para la i-ésima variable v_i:

$$v_i = \frac{\Delta_i}{\Delta_G}$$

Ejercicio

A1-1. Evaluar: $a) \begin{vmatrix} 2 & -3 \\ -2 & 5 \end{vmatrix}$; $b) \begin{vmatrix} 1 & -1 & 0 \\ 4 & 2 & -3 \\ 3 & -2 & 5 \end{vmatrix}$; $c) \begin{vmatrix} 2 & -3 & 1 & 5 \\ -3 & 1 & -1 & 0 \\ 0 & 4 & 2 & -3 \\ 6 & 3 & -2 & 5 \end{vmatrix}$. $d)$ Encontrar

i_2 si $5i_1 - 2i_2 - i_3 = 100$, $-2i_1 + 6i_2 - 3i_3 - i_4 = 0$, $-i_1 - 3i_2 + 4i_3 - i_4 = 0$ y
$-i_2 - i_3 = 0$.   *Resp:* 4; 33; –411; 1.266

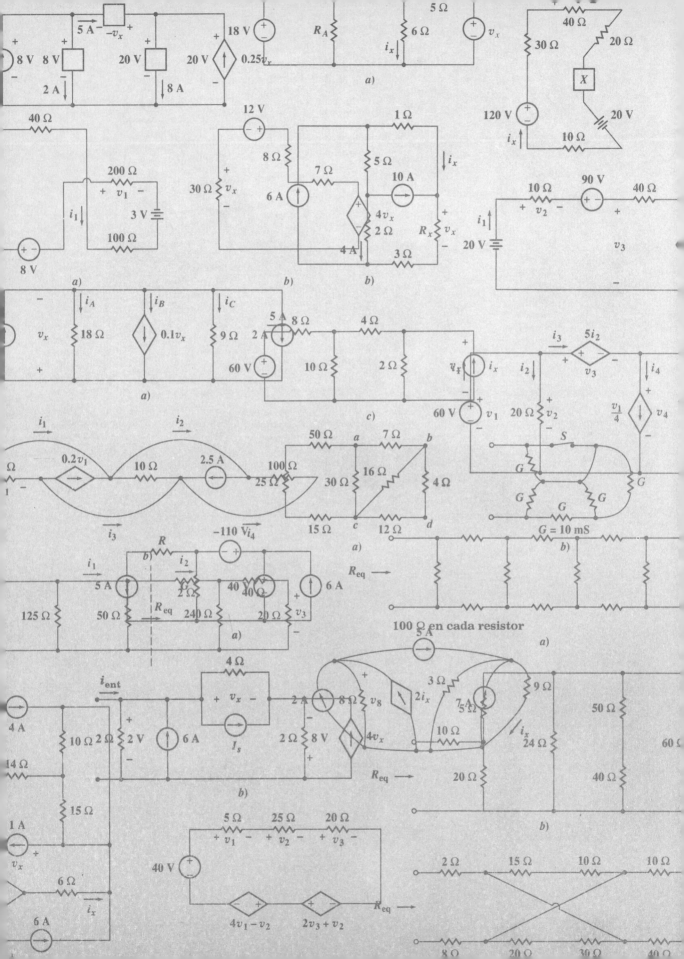

Matrices

En el apéndice 1 se definió a una matriz como un arreglo ordenado de elementos, tal como la matriz de conductancia [**G**],

$$[\mathbf{G}] = \begin{bmatrix} 7 & -3 & -4 \\ -3 & 6 & -2 \\ -4 & -2 & 11 \end{bmatrix}$$

Para representar a una matriz se utilizan letras en negritas y el símbolo se encierra entre corchetes, tal como se hace con el arreglo mismo.[1]

Una matriz de m renglones y n columnas recibe el nombre de matriz de m por n. Entonces,

$$[\mathbf{A}] = \begin{bmatrix} 2 & 0 & 5 \\ -1 & 6 & 3 \end{bmatrix}$$

es una matriz de (2×3), y la matriz [**G**] anterior es una matriz de (3×3). Una matriz de $(n \times n)$ es una *matriz cuadrada* de orden n.

Una matriz de $(m \times 1)$ recibe el nombre de *matriz columna* o *vector*. Así,

$$[\mathbf{V}] = \begin{bmatrix} \mathbf{V}_1 \\ \mathbf{V}_2 \end{bmatrix}$$

es una matriz columna de (2×1) de voltajes fasoriales, y

$$[\mathbf{I}] = \begin{bmatrix} \mathbf{I}_1 \\ \mathbf{I}_2 \end{bmatrix}$$

es un vector de corrientes fasoriales de (2×1).

Una matriz de $(1 \times n)$ se conoce como *vector renglón*.

Dos matrices de $(m \times n)$ son iguales si sus elementos correspondientes son iguales. Entonces, si a_{jk} es el elemento de [**A**] localizado en el renglón j y la columna k, y b_{jk} es el elemento en el renglón j y la columna k de la matriz [**B**], entonces [**A**] = [**B**] sí y sólo si $a_{jk} = b_{jk}$ para toda $1 \le j \le m$ y $1 \le k \le n$. Así, si

$$\begin{bmatrix} \mathbf{V}_1 \\ \mathbf{V}_2 \end{bmatrix} = \begin{bmatrix} \mathbf{z}_{11}\mathbf{I}_1 + \mathbf{z}_{12}\mathbf{I}_2 \\ \mathbf{z}_{21}\mathbf{I}_1 + \mathbf{z}_{22}\mathbf{I}_2 \end{bmatrix}$$

entonces $\mathbf{V}_1 = \mathbf{z}_{11}\mathbf{I}_1 + \mathbf{z}_{12}\mathbf{I}_2$ y $\mathbf{V}_2 = \mathbf{z}_{21}\mathbf{I}_1 + \mathbf{z}_{22}\mathbf{I}_2$.

---

[1] En el capítulo 16 se usa una notación más sencilla que se describe en la sección 16-4.

Dos matrices de $(m \times n)$ se pueden sumar, sumando los elementos correspondientes. Así,

$$\begin{bmatrix} 2 & 0 & 5 \\ -1 & 6 & 3 \end{bmatrix} + \begin{bmatrix} 1 & 2 & 3 \\ -3 & -2 & -1 \end{bmatrix} = \begin{bmatrix} 3 & 2 & 8 \\ -4 & 4 & 2 \end{bmatrix}$$

Una matriz cuadrada de n por n tiene una determinante cuyo valor está dado por las reglas en el apéndice 1 para desarrollar determinantes. El determinante de $[\mathbf{G}]$ se simboliza por Δ_G o bien por det $[\mathbf{G}]$. Por tanto, si

$$[\mathbf{G}] = \begin{bmatrix} 7 & -3 & -4 \\ -3 & 6 & -2 \\ -4 & -2 & 11 \end{bmatrix}$$

entonces

$$\Delta_G = \det[\mathbf{G}] = \begin{vmatrix} 7 & -3 & -4 \\ -3 & 6 & -2 \\ -4 & -2 & 11 \end{vmatrix}$$

Desarrollando a lo largo de la primera columna se encuentra que

$$\det[\mathbf{G}] = 7(66 - 4) + 3(-33 - 8) - 4(6 + 24) = 191$$

Sólo hay otra operación matricial que se necesita para los propósitos de este texto, y esa operación es la multiplicación matricial. Considérese el producto matricial $[\mathbf{A}][\mathbf{B}]$, donde $[\mathbf{A}]$ es una matriz de $(m \times n)$ y $[\mathbf{B}]$ es una matriz de $(p \times q)$. Si $n = p$, se dice que las matrices son conformables, y su producto existe. Es decir, la multiplicación matricial sólo está definida para el caso en el que el número de columnas de la primera matriz sea igual al número de renglones de la segunda matriz.

La definición formal de multiplicación matricial enuncia que el producto de la matriz $[\mathbf{A}]$ de $(m \times n)$ y la matriz $[\mathbf{B}]$ de $(n \times q)$ es una matriz de $(m \times q)$ cuyos elementos son c_{jk}, $1 \le j \le m$ y $1 \le k \le q$, donde

$$c_{jk} = a_{j1}b_{1k} + a_{j2}b_{2k} + \cdots + a_{jn}b_{nk}$$

Es decir, para calcular el elemento que se encuentra en el segundo renglón y la tercera columna del producto, se multiplica cada uno de los elementos del segundo renglón de $[\mathbf{A}]$ por el elemento correspondiente en la tercera columna de $[\mathbf{B}]$, y luego esos n resultados se suman. Por ejemplo, dada la matriz $[\mathbf{A}]$ de (2×3) y la matriz $[\mathbf{B}]$ de (3×2),

$$\begin{bmatrix} a_{11} & a_{12} & a_{13} \\ a_{21} & a_{22} & a_{23} \end{bmatrix} \begin{bmatrix} b_{11} & b_{12} \\ b_{21} & b_{22} \\ b_{31} & b_{32} \end{bmatrix}$$

$$= \begin{bmatrix} (a_{11}b_{11} + a_{12}b_{21} + a_{13}b_{31}) & (a_{11}b_{12} + a_{12}b_{22} + a_{13}b_{32}) \\ (a_{21}b_{11} + a_{22}b_{21} + a_{23}b_{31}) & (a_{21}b_{12} + a_{22}b_{22} + a_{23}b_{32}) \end{bmatrix}$$

El resultado es una matriz de (2×2).

Como un ejemplo numérico de la multiplicación matricial, sea

$$\begin{bmatrix} 3 & 2 & 1 \\ -2 & -2 & 4 \end{bmatrix} \begin{bmatrix} 2 & 3 \\ -2 & -1 \\ 4 & -3 \end{bmatrix} = \begin{bmatrix} 6 & 4 \\ 16 & -16 \end{bmatrix}$$

donde $6 = (3)(2) + (2)(-2) + (1)(4)$, $4 = (3)(3) + (2)(-1) + (1)(-3)$, y así por el estilo.

La multiplicación de matrices no es conmutativa. Por ejemplo, dada la matriz

[C] de (3 × 2) y la matriz [D] de (2 × 1), es evidente que el producto [C][D] sí se puede calcular, mientras que el producto [D][C] no está definido.

Como un ejemplo final, sean

$$[\mathbf{t}_A] = \begin{bmatrix} 2 & 3 \\ -1 & 4 \end{bmatrix}$$

y

$$[\mathbf{t}_B] = \begin{bmatrix} 3 & 1 \\ 5 & 0 \end{bmatrix}$$

de manera que están definidas tanto $[\mathbf{t}_A][\mathbf{t}_B]$ como $[\mathbf{t}_B][\mathbf{t}_A]$. Sin embargo,

$$[\mathbf{t}_A][\mathbf{t}_B] = \begin{bmatrix} 21 & 2 \\ 17 & -1 \end{bmatrix}$$

mientras que

$$[\mathbf{t}_B][\mathbf{t}_A] = \begin{bmatrix} 5 & 13 \\ 10 & 15 \end{bmatrix}$$

A2-1. Dadas $[\mathbf{A}] = \begin{bmatrix} 1 & -3 \\ 3 & 5 \end{bmatrix}$, $[\mathbf{B}] = \begin{bmatrix} 4 & -1 \\ -2 & 3 \end{bmatrix}$, $[\mathbf{C}] = \begin{bmatrix} 50 \\ 30 \end{bmatrix}$, y $[\mathbf{V}] = \begin{bmatrix} \mathbf{V}_1 \\ \mathbf{V}_2 \end{bmatrix}$, encontrar **Ejercicio**

a) $[\mathbf{A}] + [\mathbf{B}]$; *b)* $[\mathbf{A}][\mathbf{B}]$; *c)* $[\mathbf{B}][\mathbf{A}]$; *d)* $[\mathbf{A}][\mathbf{V}] + [\mathbf{B}][\mathbf{C}]$; *e)* $[\mathbf{A}]^2 = [\mathbf{A}][\mathbf{A}]$; *f)* det $[\mathbf{A}]$.

Resp: $\begin{bmatrix} 5 & -4 \\ 1 & 8 \end{bmatrix}$; $\begin{bmatrix} 10 & -10 \\ 2 & 12 \end{bmatrix}$; $\begin{bmatrix} 1 & -17 \\ 7 & 21 \end{bmatrix}$; $\begin{bmatrix} \mathbf{V}_1 - 3\mathbf{V}_2 + 170 \\ 3\mathbf{V}_1 + 5\mathbf{V}_2 - 10 \end{bmatrix}$; $\begin{bmatrix} -8 & -18 \\ 18 & 16 \end{bmatrix}$; 14

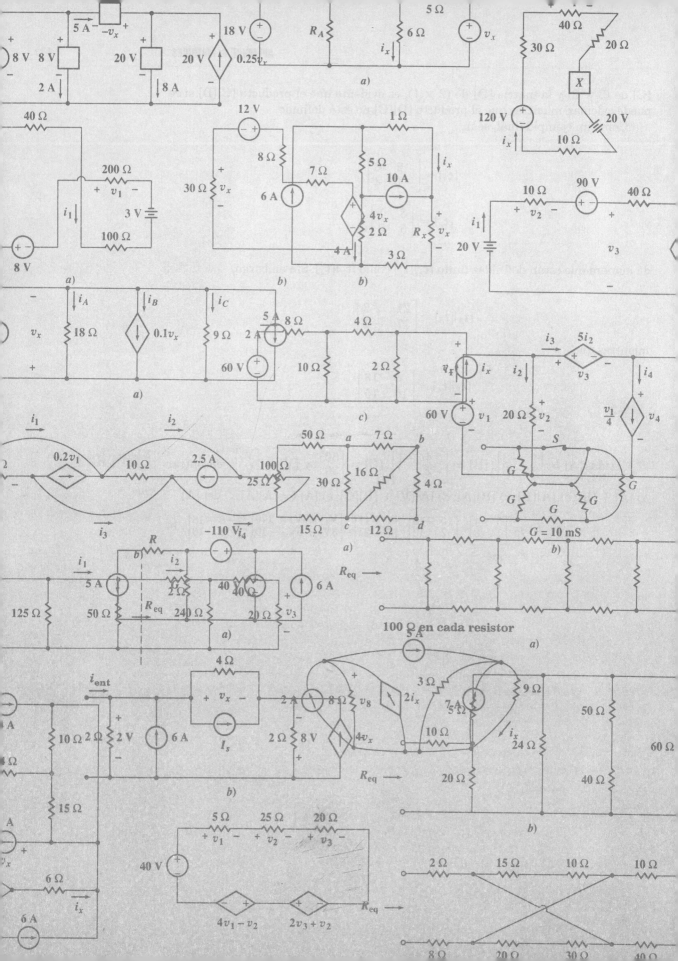

Una demostración del teorema de Thévenin

El teorema de Thévenin se demostrará en la misma forma en la que se enuncia en la sección 2-6 del capítulo 2, repetido aquí para referencia:

> Dado cualquier circuito lineal, vuélvase a arreglar en la forma de dos redes A y B que estén conectadas sólo por conductores perfectos. Si cualquiera de las redes contiene una fuente dependiente, su variable de control debe estar en esa misma red. Defínase el voltaje v_{oc} como el voltaje de circuito abierto que aparecería entre las terminales de A si se desconectara B de tal forma que no fluyera corriente de A. Entonces todas las corrientes y todos los voltajes en B permanecerán inalterados si se anula a A (todas las fuentes de voltaje independientes y todas las fuentes de corriente independientes en A sustituidas por cortocircuitos y circuitos abiertos, respectivamente) y una fuente de voltaje v_{oc} se conecta, con la polaridad adecuada, en serie con la red A inactiva.

La prueba se hará mostrando que la red original A y el equivalente Thévenin de la red A hacen que circule la misma corriente hacia las terminales de la red B. Si las corrientes son las mismas, entonces los voltajes deben ser los mismos; en otras palabras, si se aplica cierta corriente, la cual se puede pensar que es una fuente de corriente, a la red B, entonces la fuente de corriente y la red B constituyen un circuito que tiene como respuesta un voltaje de entrada específico. En consecuencia, la corriente determina el voltaje. Alternativamente se podría mostrar que el voltaje en las terminales de B permanece inalterado, ya que el voltaje también determina en forma única a la corriente. Si el voltaje y la corriente de entrada a la red B permanecen inalterados, entonces se concluye que las corrientes y los voltajes en *toda* la red B también permanecen inalterados.

Primero se demostrará el teorema para el caso en el que la red B es inactiva (sin fuentes independientes). Después de que se haya efectuado este paso, se podrá aplicar el principio de superposición para extender el teorema hasta incluir redes B que contengan fuentes independientes. Cada red puede contener fuentes dependientes, siempre y cuando sus variables de control se encuentren en la misma red.

La corriente i, que circula en el conductor superior de la red A a la red B en la figura A3-1a, se debe, entonces, por completo a las fuentes independientes presentes en la red A. Supóngase que se añade una fuente de voltaje v_x adicional, a la que se llamará la fuente de Thévenin, en el conductor en el que se mide i, como se muestra

Figura A3-1

a) Una red general lineal *A* y una red *B* que no contiene fuentes independientes. Las variables de control para las fuentes dependientes deben aparecer en la misma parte de la red. *b*) La fuente de Thévenin se inserta en el circuito y se ajusta hasta que *i* = 0. No aparece ningún voltaje entre las terminales de la red *B*, por lo que $v_x = v_{oc}$. Por tanto la fuente de Thévenin produce una corriente de –*i* mientras la red *A* produce *i*. *c*) La fuente Thévenin se invierte y la red *A* se anula. Por tanto la corriente es *i*.

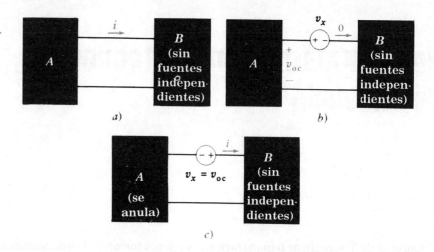

a)

b)

c)

en la figura A3-1*b*, y luego se ajustan la magnitud y la variación en el tiempo de v_x hasta que la corriente se reduzca a cero. Entonces, por la definición de v_{oc}, el voltaje en las terminales de *A* debe ser v_{oc} ya que *i* = 0. *B* no contiene fuentes independientes, y ninguna corriente está entrando a sus terminales; por tanto, no existe un voltaje en las terminales de la red *B*, y por la ley de voltajes de Kirchhoff, el voltaje de la fuente de Thévenin es v_{oc} volts, $v_x = v_{oc}$. Además, como la fuente de Thévenin y la red *A* juntas no entregan corriente a *B*, y como la red *A* sola suministra una corriente *i*, la superposición requiere que la fuente de Thévenin sola entregue a *B* una corriente – *i*. Por tanto, si la fuente actúa sola en dirección inversa, como se ve en la figura A3-1*c*, produce una corriente *i* en el conductor superior. Sin embargo, esta situación es la misma que la conclusión a la que llega el teorema de Thévenin: la fuente de Thévenin v_{oc} que actúa en serie con la red *A* inactiva es equivalente a la red dada.

Ahora se considerará el caso en el que la red *B* sea una red activa. Piénsese que la corriente *i*, que circula de la red *A* hacia la red *B* a través del conductor superior, está compuesta por las dos partes i_A e i_B donde i_A es la corriente producida por *A* actuando sola, y la corriente i_B se debe a *B* actuando sola. La habilidad para dividir

Figura A3-2

La superposición permite considerar a la corriente *i* como la suma de dos respuestas parciales.

Si:

y:

Entonces:

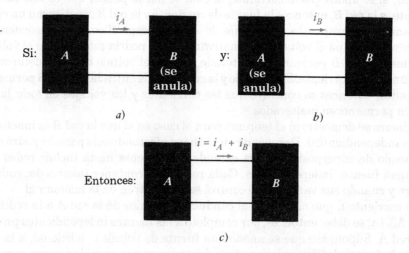

a)

b)

c)

a esta corriente en estas dos componentes es una consecuencia directa de la aplicabilidad del principio de superposición a estas dos redes *lineales*; la respuesta completa y las dos respuestas parciales se indican por medio de los diagramas de la figura A3-2.

La respuesta parcial i_A ya se ha considerado; si la red B es inactiva, se sabe que la red A puede sustituirse por la fuente de Thévenin y la red A inactiva. En otras palabras, de las tres fuentes que se deben tomar en cuenta, la que está en A, la que está en B y la fuente de Thévenin, la respuesta parcial i_A ocurre cuando A y B están inactivas y la fuente de Thévenin está activa. Considerando el teorema de la superposición, con A inactiva, se activa B y se cancela la fuente de Thévenin; por definición, lo que se obtiene es la respuesta parcial i_B. Superponiendo los resultados, la respuesta es $i_A + i_B$ cuando A está apagada y la fuente de Thévenin y B están activas. Esta suma es la corriente original i, y la situación en la que la fuente de Thévenin y B están activas, pero A está inactiva, es el circuito equivalente de Thévenin deseado. Por tanto la red A activa puede sustituirse por su fuente de Thévenin (el voltaje de circuito abierto), en serie con la red A inactiva, independientemente del estado de la red B; puede estar activa o inactiva.

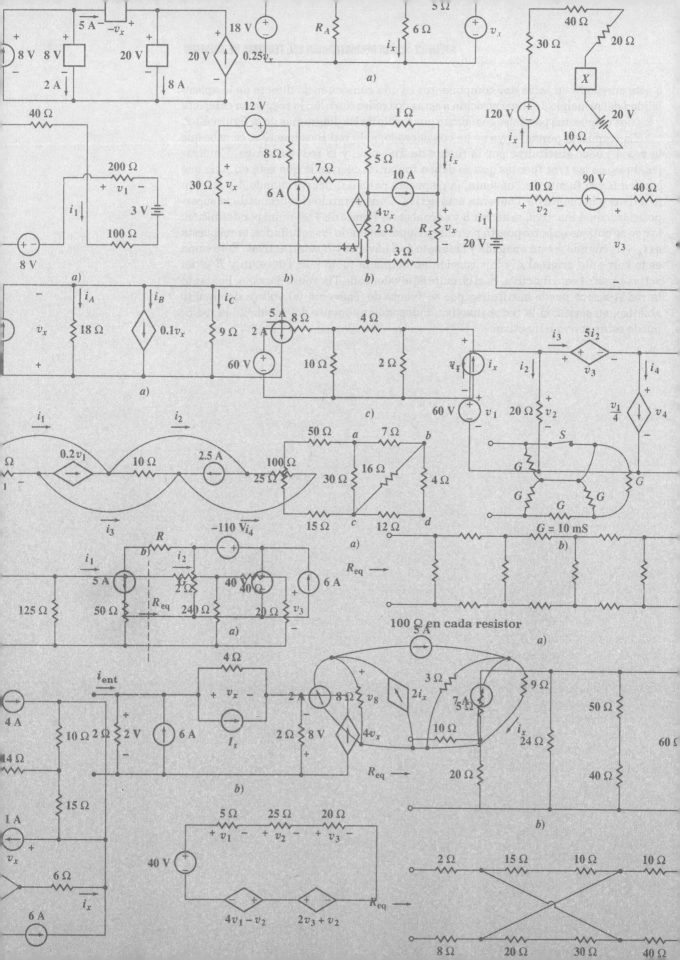

Números complejos

Este apéndice incluye secciones que dan la definición de un número complejo, las operaciones aritméticas básicas para los números complejos, la identidad de Euler, y las formas exponencial y polar de un número complejo. Primero se presenta el concepto de número complejo.

A4-1

El número complejo

El aprendizaje inicial del lector, en matemáticas, trató exclusivamente con números reales, tales como 4, $-\frac{2}{7}$ o π. Sin embargo, pronto se empezaron a encontrar ecuaciones algebraicas, tales como $x^2 = -3$, que ningún número real satisfacía. Una ecuación así se puede resolver con la introducción de la *unidad imaginaria* o el *operador imaginario,* el cual se designará[1] por el símbolo j. Por definición $j^2 = -1$, y en consecuencia $j = \sqrt{-1}$, $j^3 = -j$, $j^4 = 1$, etcétera. El producto de un número real y el operador imaginario recibe el nombre de *número imaginario,* y la suma de un número real y un número imaginario se llama *número complejo.* Por tanto, un número de la forma $a + jb$, donde a y b son números reales, es un número complejo.[2]

A los números complejos se les designará por medio de un solo símbolo especial; así, $\mathbf{A} = a + jb$. La naturaleza compleja del número se indica por el uso de negritas; cuando se escribe a mano, se acostumbra escribir una barra sobre la letra. El número complejo $\mathbf{A}$ descrito tiene una *componente real* o *parte real a,* y una *componente imaginaria* o *parte imaginaria b.* Esto también se expresa como

$$\mathrm{Re}\,[\mathbf{A}] = a \qquad \mathrm{Im}\,[\mathbf{A}] = b$$

La componente imaginaria de $\mathbf{A}$ *no es jb.* Por definición, la componente imaginaria es un número real.

Debe observarse que todos los números reales pueden ser considerados como números complejos cuyas partes imaginarias son iguales a cero. Por tanto los números

---

[1] Los matemáticos designan al operador imaginario por el símbolo i, pero se acostumbra emplear j en ingeniería eléctrica para evitar confusiones con el símbolo de la corriente.

[2] La elección de las palabras *imaginario* y *complejo* no es afortunada. Se utilizan, lo mismo aquí que en la literatura matemática, como términos técnicos para designar una clase de números. El interpretar imaginario como "no perteneciente al mundo físico" o complejo como "complicado", ni está justificado, ni se ha pretendido.

reales están incluidos en el sistema de los números complejos, y se les puede considerar como un caso especial. Por tanto, cuando se definan las operaciones aritméticas fundamentales para los números complejos, deberá esperarse que se reduzcan a las definiciones correspondientes para números reales si la parte imaginaria de todo número complejo se hace igual a cero.

Como cualquier número complejo está completamente caracterizado por un par de números reales, tales como a y b en el ejemplo anterior, puede obtenerse alguna ayuda representando gráficamente a un número complejo sobre un sistema de coordenadas cartesiano o rectangular. Dibujando un eje real y un eje imaginario, como se ve en la figura A4-1, se obtiene un *plano complejo* o *diagrama de Argand* sobre el cual puede representarse cualquier número complejo como un solo punto. Se indican los números complejos $\mathbf{M} = 3 + j1$ y $\mathbf{N} = 2 - j2$. Es importante comprender que este plano complejo es tan sólo una ayuda visual; no es de ningún modo esencial para los enunciados que siguen .

Figura A4-1

Los números complejos $\mathbf{M} = 3 + j1$ y $\mathbf{N} = 2 - j2$ se muestran en el plano complejo.

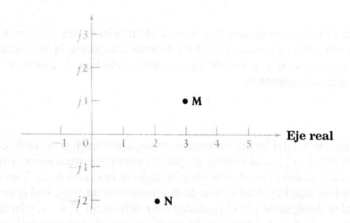

Se dice que dos números complejos son iguales si, y sólo si, sus partes reales son iguales y sus partes imaginarias son iguales. Gráficamente, entonces, a cada punto en el plano complejo le corresponde sólo un número complejo, y recíprocamente, a cada número complejo le corresponde sólo un punto en el plano complejo. Supóngase entonces que se dan los dos números complejos

$$\mathbf{A} = a + jb \qquad y \qquad \mathbf{B} = c + jd$$

Entonces, si

$$\mathbf{A} = \mathbf{B}$$

es necesario que

$$a = c \qquad y \qquad b = d$$

Se dice que un número expresado como la suma de un número real y un número imaginario, tal como $\mathbf{A} = a + jb$, está en forma *rectangular* o *cartesiana*. Pronto se verán otras formas de un número complejo.

A continuación se definirán las operaciones fundamentales de suma, resta, multiplicación y división para los números complejos. La suma de dos números complejos se define como el número complejo cuya parte real es la suma de las partes reales de los dos números complejos y la parte imaginaria es la suma de las partes imaginarias de los dos números complejos. En consecuencia,

$$(a + jb) + (c + jd) = (a + c) + j(b + d)$$

Por ejemplo,

$$(3 + j4) + (4 - j2) = 7 + j2$$

La diferencia de dos números complejos se toma en forma similar; por ejemplo,

$$(3 + j4) - (4 - j2) = -1 + j6$$

La suma y la resta de números complejos también se pueden efectuar gráficamente en el plano complejo. Cada número complejo se representa como un vector, o segmento de recta dirigido, y la suma se obtiene completando el paralelogramo, como se ilustra en la figura A4-2a, o conectando los vectores punta con cola, como se muestra en la figura A4-2b. Una gráfica es a menudo útil para verificar una solución numérica más exacta.

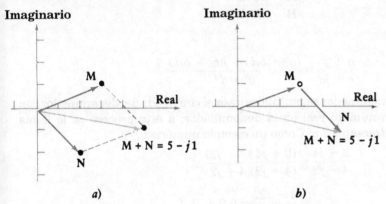

a)   b)

Figura A4-2

a) La suma de los números complejos $M = 3 + j1$ y $N = 2 - j2$ se obtiene construyendo un paralelogramo. b) La suma de los dos mismos números complejos se encuentra por una combinación punta con cola.

El producto de dos números complejos se define por

$$(a + jb)(c + jd) = (ac - bd) + j(bc + ad)$$

Este resultado se puede obtener fácilmente por una multiplicación directa de los dos términos binomiales, aplicando las reglas del álgebra de números reales, y luego simplificando el resultado al sustituir $j^2 = -1$. Por ejemplo,

$$(3 + j4)(4 - j2) = 12 - j6 + j16 - 8j^2$$
$$= 12 + j10 + 8$$
$$= 20 + j10$$

Es más fácil multiplicar los números complejos utilizando este método, en particular si inmediatamente se sustituye j^2 por -1, que hacer la sustitución en la fórmula general que define a la multiplicación.

Antes de definir la operación de división para los números complejos, se definirá el conjugado de un número complejo. El *conjugado* del número complejo $A = a + jb$ es $a - jb$ y se representa por A^*. Por tanto el conjugado de cualquier número complejo se obtiene fácilmente cambiando tan sólo el signo de la parte imaginaria del número complejo. Así, si

$$A = 5 + j3$$

entonces

$$\mathbf{A}^* = 5 - j3$$

Es evidente que el conjugado de cualquier expresión compleja complicada se puede obtener sustituyendo cada término complejo en la expresión por su conjugado, el cual se obtiene sustituyendo cada j en la expresión por $-j$.

Las definiciones de suma, resta y multiplicación muestran que los enunciados siguientes son ciertos: la suma de un número complejo y su conjugado es un número real; la diferencia de un número complejo y su conjugado es un número imaginario; el producto de un número complejo y su conjugado es un número real. También es evidente que si $\mathbf{A}^*$ es el conjugado de $\mathbf{A}$, entonces $\mathbf{A}$ es el conjugado de $\mathbf{A}^*$, o en otras palabras, $\mathbf{A} = (\mathbf{A}^*)^*$. Se dice que un número complejo y su conjugado forman un *par complejo conjugado* de números.

Ahora se define el cociente de dos números complejos:

$$\frac{\mathbf{A}}{\mathbf{B}} = \frac{(\mathbf{A})(\mathbf{B}^*)}{(\mathbf{B})(\mathbf{B}^*)}$$

y por tanto

$$\frac{a + jb}{c + jd} = \frac{(ac + bd) + j(bc - ad)}{c^2 + d^2}$$

El numerador y el denominador se multiplican por el conjugado del denominador con el fin de obtener un número real en el denominador; a este proceso se le llama *racionalización del denominador.* Como un ejemplo numérico,

$$\frac{3 + j4}{4 - j2} = \frac{(3 + j4)(4 + j2)}{(4 - j2)(4 + j2)}$$

$$= \frac{4 + j22}{16 + 4} = 0.2 + j1.1$$

La suma o resta de dos números complejos expresados en forma rectangular es una operación relativamente simple; sin embargo, la multiplicación o la división de dos números complejos en forma rectangular es un proceso no muy común. Se verá que estas dos últimas operaciones se pueden simplificar bastante cuando los números complejos se expresan ya sea en forma polar o en forma exponencial. Estas formas se presentarán en las secciones A4-3 y A4-4.

Ejercicios

A4-1. Dados $\mathbf{A} = -4 + j5$, $\mathbf{B} = 3 - j2$ y $\mathbf{C} = -6 - j5$, encuéntrese *a*) $\mathbf{C} - \mathbf{B}$; *b*) $2\mathbf{A} - 3\mathbf{B} + 5\mathbf{C}$; *c*) $j^5 \mathbf{C}^2 (\mathbf{A} + \mathbf{B})$; *d*) $\mathbf{B}$ Re $[\mathbf{A}] + \mathbf{A}$ Re $[\mathbf{B}]$.

Resp: $-9 - j3$; $-47 - j9$; $27 - j191$; $-24 + j23$

A4-2. Para los $\mathbf{A}$, $\mathbf{B}$, $\mathbf{C}$ dados en el ejercicio anterior, calcúlese: *a*) $[(\mathbf{A} - \mathbf{A}^*)(\mathbf{B} + \mathbf{B}^*)^*]^*$; *b*) $(1/\mathbf{C}) - (1/\mathbf{B})^*$; *c*) $(\mathbf{B} + \mathbf{C})/(2\mathbf{BC})$.
Resp: $-j60$; $-0.329 + j0.236$; $0.0662 + j0.1179$

A4-2

La identidad de Euler

En el capítulo 8 se encuentran funciones del tiempo que contienen números complejos, y la atención está puesta sobre la derivación e integración de estas funciones con respecto a la variable real t. Estas funciones se derivan y se integran con respecto a t exactamente en la misma forma en que se hace para las funciones reales del tiempo. Es decir, las constantes complejas se tratan tal como si fuesen constantes reales cuando se efectúan las operaciones de derivación e integración. Si $\mathbf{f}(t)$ es una función del tiempo compleja, tal como

$$\mathbf{f}(t) = a \cos ct + jb \operatorname{sen} ct$$

entonces

$$\frac{d\mathbf{f}(t)}{dt} = -ac \operatorname{sen} ct + jbc \cos ct$$

y

$$\int \mathbf{f}(t)\, dt = \frac{a}{c} \operatorname{sen} ct - j\frac{b}{c} \cos ct + \mathbf{C}$$

donde la constante de integración $\mathbf{C}$ es en general un número complejo.

En el capítulo 19 es necesario derivar o integrar una función de una variable compleja con respecto a esa variable compleja. En general, el logro exitoso de cualquiera de esas operaciones requiere que la función al ser integrada o derivada satisfaga ciertas condiciones. Todas las funciones en este texto reúnen esos requisitos, y la integración o derivación con respecto a una variable compleja se llevan a cabo empleando los mismos métodos que para las variables reales.

En este momento es preciso hacer uso de una relación fundamental muy importante conocida como la identidad de Euler (se pronuncia "oiler"). Se demostrará esta identidad, ya que es extremadamente útil para representar un número complejo en forma distinta a la rectangular.

La demostración se basa en la expansión en serie de potencias de $\cos\theta$, $\operatorname{sen}\theta$ y e^{z}, las cuales se pueden encontrar en el libro de cálculo preferido por el lector:

$$\cos\theta = 1 - \frac{\theta^2}{2!} + \frac{\theta^4}{4!} - \frac{\theta^6}{6!} + \cdots$$

$$\operatorname{sen}\theta = \theta - \frac{\theta^3}{3!} + \frac{\theta^5}{5!} - \frac{\theta^7}{7!} + \cdots$$

o

$$\cos\theta + j\operatorname{sen}\theta = 1 + j\theta - \frac{\theta^2}{2!} - j\frac{\theta^3}{3!} + \frac{\theta^4}{4!} + j\frac{\theta^5}{5!} - \cdots$$

y

$$e^{z} = 1 + z + \frac{z^2}{2!} + \frac{z^3}{3!} + \frac{z^4}{4!} + \frac{z^5}{5!} + \cdots$$

así que

$$e^{j\theta} = 1 + j\theta - \frac{\theta^2}{2!} - j\frac{\theta^3}{3!} + \frac{\theta^4}{4!} + \cdots$$

Se concluye que

$$e^{j\theta} = \cos\theta + j\operatorname{sen}\theta \qquad (1)$$

o, si se hace $z = -j\theta$, se encuentra que

$$e^{-j\theta} = \cos\theta - j\operatorname{sen}\theta \qquad (2)$$

Sumando y restando (1) y (2), se obtienen las dos expresiones que se emplearon sin demostración en el estudio de la respuesta natural subamortiguada de los circuitos *RLC* en serie y en paralelo,

$$\cos\theta = \tfrac{1}{2}(e^{j\theta} + e^{-j\theta}) \qquad (3)$$

$$\operatorname{sen}\theta = -j\tfrac{1}{2}(e^{j\theta} - e^{-j\theta}) \qquad (4)$$

Ejercicios

A4-3. Emplee de (1) a (4) para evaluar: *a*) e^{-j1}; *b*) e^{1-j1}; *c*) cos $(-j1)$; *d*) sen $(-j1)$.

Resp: $0.540 - j0.841$; $1.469 - j2.29$; 1.543; $-j1.175$

A4-4. Evalúe en $t = 0.5$: *a*) $(d/dt)(3 \cos 2t - j2 \operatorname{sen} 2t)$; *b*) $\int_0^t (3 \cos 2t - j2 \operatorname{sen} 2t)\, dt$. Evalúe en $\mathbf{s} = 1 + j2$: *c*) $\int_{\mathbf{s}}^{\infty} \mathbf{s}^{-3}\, d\mathbf{s}$; *d*) $(d/d\mathbf{s})[3/(\mathbf{s} + 2)]$.

Resp: $-5.05 - j2.16$; $1.262 - j0.460$; $-0.06 - j0.08$; $0.0888 + j0.213$

A4-3
La forma exponencial

Tómese la identidad de Euler

$$e^{j\theta} = \cos \theta + j \operatorname{sen} \theta$$

y multiplíquese cada miembro por el número real positivo C,

$$Ce^{j\theta} = C \cos \theta + jC \operatorname{sen} \theta \tag{5}$$

El segundo miembro de la ecuación (5) consiste en la suma de un número real y un número imaginario, por lo cual representa un número complejo en forma rectangular; sea $\mathbf{A}$ este número complejo, donde $\mathbf{A} = a + jb$. Igualando las partes reales,

$$a = C \cos \theta \tag{6}$$

y las partes imaginarias

$$b = C \operatorname{sen} \theta \tag{7}$$

elevando al cuadrado y sumando las ecuaciones (6) y (7)

$$a^2 + b^2 = C^2$$

o

$$C = +\sqrt{a^2 + b^2} \tag{8}$$

y dividiendo (7) entre (6),

$$\frac{b}{a} = \tan \theta$$

o

$$\theta = \tan^{-1} \frac{b}{a} \tag{9}$$

se obtienen las relaciones (8) y (9), las cuales permiten calcular C y θ si se conocen a y b. Por ejemplo, si $\mathbf{A} = 4 + j2$, entonces $a = 4$ y $b = 2$ y se calculan C y θ:

$$C = \sqrt{4^2 + 2^2} = 4.47$$

$$\theta = \tan^{-1} \tfrac{2}{4} = 26.6°$$

Esta nueva información se puede emplear para escribir $\mathbf{A}$ en la forma

$$\mathbf{A} = 4.47 \cos 26.6° + j4.47 \operatorname{sen} 26.6°$$

pero es la forma del primer miembro de la ecuación (5) la que será más útil:

$$\mathbf{A} = Ce^{j\theta} = 4.47e^{j26.6°}$$

Se dice que un número complejo expresado en esta forma está en *forma exponencial*. El factor positivo real C es la *amplitud* o *magnitud* y la cantidad real θ que aparece en el exponente es el *ángulo* o *argumento*. Los matemáticos expresan a θ siempre en radianes y escriben

$$\mathbf{A} = 4.47e^{j0.464}$$

pero los ingenieros electricistas trabajan por costumbre en términos de grados. El uso del símbolo de grados (°) en el exponente hace que sea imposible confundirse.

Para recapitular, si se tiene un número complejo dado en forma rectangular,

$$\mathbf{A} = a + jb$$

y se desea expresarlo en forma exponencial,

$$\mathbf{A} = Ce^{j\theta}$$

C y θ se pueden calcular usando (8) y (9). Si se tiene el número complejo en forma exponencial, entonces a y b se calculan usando (6) y (7).

Cuando $\mathbf{A}$ se expresa en términos de valores numéricos, la transformación entre las formas exponencial (o polar) y rectangular está disponible como una función integrada en la mayor parte de las calculadoras científicas de bolsillo.

Al calcular el ángulo θ utilizando la ecuación (9) puede surgir una pregunta. Esta función es multivaluada, y de entre varias posibilidades debe escogerse el ángulo correcto. Un método para hacer la elección consiste en seleccionar un ángulo para el cual el seno y el coseno tengan los signos apropiados para producir los valores requeridos para a y b de (6) y (7). Por ejemplo, conviértase

$$\mathbf{V} = 4 - j3$$

a la forma exponencial. La amplitud es

$$C = \sqrt{4^2 + (-3)^2} = 5$$

y el ángulo es

$$\theta = \tan^{-1}\frac{-3}{4} \tag{10}$$

Debe elegirse un valor de θ que dé un valor positivo para $\cos\theta$, ya que $4 = 5\cos\theta$, y un valor negativo para $\operatorname{sen}\theta$, ya que $-3 = 5\operatorname{sen}\theta$. Por tanto, se obtienen $\theta = -36.9°$, $323.1°$, $-396.9°$ y así sucesivamente. Cualquiera de estos ángulos es correcto, pero generalmente se escoge al más simple, en este caso $-36.9°$. Debe observarse que la solución $\theta = 143.1°$ para la ecuación (10), no es correcta porque en ese caso $\cos\theta$ es negativo y $\operatorname{sen}\theta$ es positivo.

Un método más fácil para seleccionar el ángulo correcto consiste en representar gráficamente el número complejo en el plano complejo. Se tomará primero el número complejo, dado en forma rectangular, $\mathbf{A} = a + jb$, el cual se encuentra en el primer cuadrante del plano complejo, como se ve en la figura A4-3. Si se traza una línea desde el origen hasta el punto que representa al número complejo, se tendrá un triángulo rectángulo cuya hipotenusa es evidentemente la amplitud de la representación exponencial del número complejo. En otras palabras, $C = \sqrt{a^2 + b^2}$. Además, el ángulo antihorario que forma la línea con el eje real positivo es el ángulo θ de la representación exponencial, ya que $a = C\cos\theta$ y $b = C\operatorname{sen}\theta$. Entonces, si se da un número complejo en forma rectangular en otro cuadrante, tal como $\mathbf{V} = 4 - j3$, ilustrado en

Figura A4-3

Un número complejo puede representarse por medio de un punto en el plano complejo eligiendo las partes real e imaginaria correctas de la forma rectangular, o seleccionando la magnitud y el ángulo de la forma exponencial.

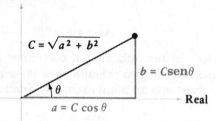

la figura A4-4, el ángulo correcto es gráficamente evidente, ya sea −36.9° o 323.1° para este ejemplo. La gráfica puede visualizarse y no necesita ser dibujada.

Figura A4-4

El número complejo $\mathbf{V} = 4 - j3 = 5e^{-j36.9°}$ representado en el plano complejo.

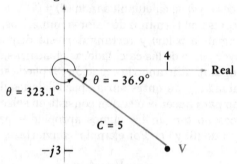

Si la forma rectangular del número complejo tiene una parte real negativa, a menudo es más fácil trabajar con el negativo del número complejo, evitándose así ángulos cuya magnitud sea mayor de 90°. Por ejemplo, dado

$$\mathbf{I} = -5 + j2$$

se escribe

$$\mathbf{I} = -(5 - j2)$$

y luego se transforma $(5 - j2)$ a la forma exponencial,

$$\mathbf{I} = -Ce^{j\theta}$$

donde

$$C = \sqrt{29} = 5.39 \qquad y \qquad \theta = \tan^{-1}\frac{-2}{5} = -21.8°$$

Por tanto se tiene

$$\mathbf{I} = -5.39e^{-j21.8°}$$

El signo negativo puede eliminarse del número complejo aumentando o disminuyendo el ángulo en 180°, como puede comprobarse haciendo una gráfica en el plano complejo. Por tanto, el resultado puede expresarse en forma exponencial como

$$\mathbf{I} = 5.39e^{j158.2°} \qquad o \qquad \mathbf{I} = 5.39e^{-j201.8°}$$

Obsérvese que el uso de una calculadora electrónica en el modo de tangente inversa siempre da ángulos cuyas magnitudes son menores que 90°. Así, $\tan^{-1}[(-3)/4]$

y $\tan^{-1}[3/(-4)]$ son $-36.9°$. Sin embargo, las calculadoras que hacen conversiones polar a rectangular dan el ángulo correcto en todos los casos.

Sólo queda por hacer una última observación acerca de la representación exponencial de un número complejo. Dos números complejos, ambos escritos en forma exponencial, son iguales si, y sólo si, sus amplitudes son iguales y sus ángulos son equivalentes. Angulos equivalentes son aquellos que difieren en múltiplos enteros de $360°$. Por ejemplo, si $\mathbf{A} = Ce^{j\theta}$ y $\mathbf{B} = De^{j\phi}$, entonces si $\mathbf{A} = \mathbf{B}$, es necesario que $C = D$ y $\theta = \phi \pm (360°)n$, donde $n = 0, 1, 2, 3, \ldots$.

A4-5. Exprese cada uno de los números complejos en forma exponencial, usando un ángulo que esté en el intervalo $-180° < \theta \leq 180°$: a) $-18.5 - j26.1$; b) $17.9 - j12.2$; c) $-21.6 + j31.2$.   *Resp:* $32.0e^{-j125.3°}$; $21.7e^{-j34.3°}$; $37.9e^{j124.7°}$

A4-6. Exprese en forma rectangular: a) $61.2e^{-j111.1°}$; b) $-36.2e^{j108°}$; c) $5e^{-j2.5°}$.
Resp: $-22.0 - j57.1$; $11.19 - j34.4$; $-4.01 - j2.99$

La tercera (y última) forma en la que se puede representar a un número complejo es esencialmente la misma que la forma exponencial, excepto por una ligera diferencia en el simbolismo. Se emplea un signo de ángulo ($\underline{/}$) para sustituir a la combinación (e^j). Así, la representación exponencial de un número complejo $\mathbf{A}$,

$$\mathbf{A} = Ce^{j\theta}$$

puede escribirse en forma más concisa como

$$\mathbf{A} = C\underline{/\theta}$$

En este caso se dice que el número complejo está escrito en *forma polar,* un nombre que sugiere la representación de un punto en un plano (complejo) mediante coordenadas polares.

Es evidente que la transformación de la forma rectangular a la polar o de la forma polar a la rectangular es básicamente la misma que la transformación entre las formas rectangular y exponencial. Existen las mismas relaciones entre C, θ, a y b.

El número complejo

$$\mathbf{A} = -2 + j5$$

se escribe entonces en forma exponencial como

$$\mathbf{A} = 5.39e^{j111.8°}$$

y en forma polar como

$$\mathbf{A} = 5.39\underline{/111.8°}$$

Para poder apreciar la utilidad de las formas polar y exponencial, se considerarán la multiplicación y la división de dos números complejos representados en forma polar o exponencial. Si se dan

$$\mathbf{A} = 5\underline{/53.1°} \qquad y \qquad \mathbf{B} = 15\underline{/-36.9°}$$

entonces las expresiones de estos dos números complejos en forma exponencial

$$\mathbf{A} = 5e^{j53.1°} \qquad y \qquad \mathbf{B} = 15e^{-j36.9°}$$

permiten escribir el producto como un número complejo en forma exponencial cuya amplitud es igual al producto de las amplitudes y cuyo ángulo es igual a la suma algebraica de los ángulos, de acuerdo a las reglas normales para la multiplicación de dos cantidades exponenciales,

$$(\mathbf{A})(\mathbf{B}) = (5)(15)e^{j(53.1° - 36.9°)}$$

o

$$\mathbf{AB} = 75e^{j16.2°} = 75\underline{/16.2°}$$

De la definición de la forma polar, es evidente que

$$\frac{\mathbf{A}}{\mathbf{B}} = 0.333\underline{/90°}$$

La suma y la resta de números complejos se efectúan más fácilmente trabajando con números complejos en forma rectangular, y la suma o resta de números complejos dados en forma exponencial o polar debe empezar por la conversión de los dos números complejos a la forma rectangular. La situación inversa es la que existe para la multiplicación y división; dos números dados en forma rectangular deben transformarse a la forma polar, a menos que los números sean enteros muy pequeños. Por ejemplo, si se desea multiplicar $(1 - j3)$ por $(2 + j1)$, es más fácil multiplicarlos directamente como están y obtener $(5 - j5)$. Si los números se pueden multiplicar mentalmente, entonces se desperdiciará tiempo al transformarlos a la forma polar.

Ahora, debe ponerse el máximo empeño en familiarizarse con las tres formas diferentes en que se pueden expresar los números complejos y con la rápida conversión de una forma a otra. Las relaciones entre las tres formas parecen interminables, y la larga ecuación que sigue resume las diversas relaciones:

$$\mathbf{A} = a + jb = \text{Re}\,[\mathbf{A}] + j\,\text{Im}\,[\mathbf{A}] = Ce^{j\theta} = \sqrt{a^2 + b^2}\,e^{j\tan^{-1}(b/a)}$$
$$= \sqrt{a^2 + b^2}\,\underline{/\tan^{-1}\,(b/a)}$$

La mayor parte de las conversiones de una forma a otra se pueden efectuar rápidamente con la ayuda de una calculadora.

Se verá que los números complejos son un artificio matemático conveniente que facilita el análisis de situaciones físicas reales.

Inevitablemente, en un problema físico un número complejo casi siempre irá acompañado de su conjugado.

Ejercicios

A4-7. Exprese el resultado de cada una de las manipulaciones siguientes con números complejos en forma polar, utilizando seis cifras significativas sólo por el placer de calcular: a) $[2 - (1\underline{/-41°})]/(0.3\,\underline{/41°})$; b) $50/(2.87\,\underline{/83.6°} + 5.16\,\underline{/63.2°})$; c) $4\,\underline{/18°} - 6\,\underline{/-75°} + 5\,\underline{/28°}$.

Resp: $4.691\,79\,\underline{/-13.2183°}$; $6.318\,33\,\underline{/-70.4626°}$; $11.5066\,\underline{/54.5969°}$

A4-8. Encuentre $\mathbf{Z}$ en forma rectangular si: a) $\mathbf{Z} + j2 = 3/\mathbf{Z}$; b) $\mathbf{Z} = 2\ln(2 - j3)$; c) sen $\mathbf{Z} = 3$.   *Resp:* $\pm 1.414 - j1$; $2.56 - j1.966$; $1.571 \pm j1.763$

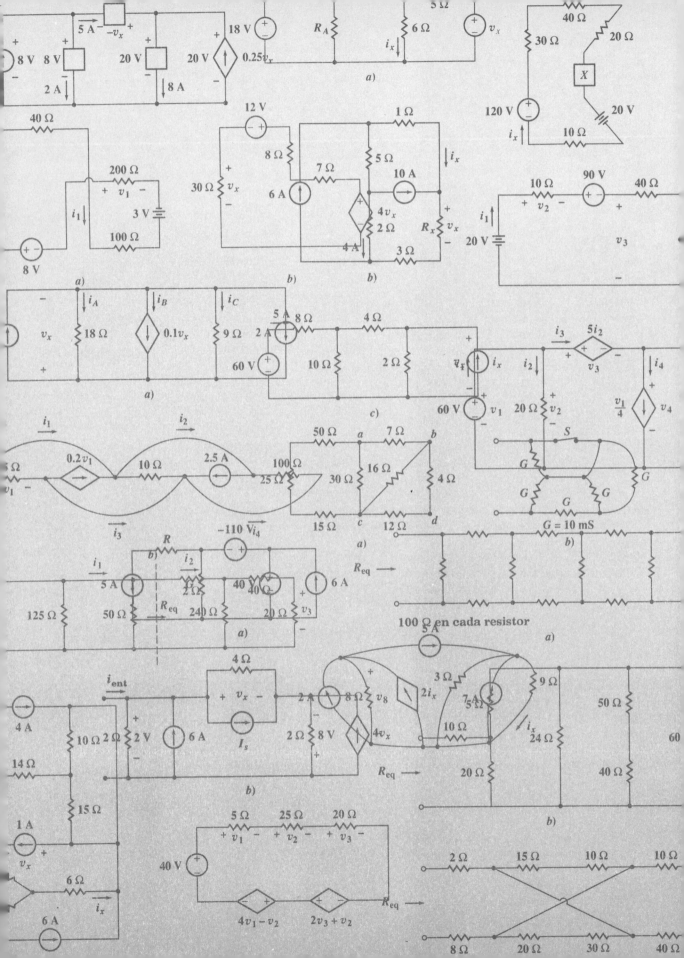

Manejo de SPICE

A5-1
Introducción

La palabra SPICE está compuesta por las iniciales de *S*imulation *P*rogram with *I*ntegrated *C*ircuit *E*mphasis y significa programa de simulación con énfasis en circuitos integrados. Es un programa muy poderoso que realiza muchos procedimientos diferentes, aunque se usará sólo para el análisis básico de cd, ca y transitorio. Este apéndice es meramente una introducción al análisis con SPICE, sin embargo se dispone de una gran cantidad de información en las referencias bibliográficas listadas al final. Por ejemplo, estas referencias describen cómo determinar qué tan sensible es un valor de salida a un cambio en el valor de un componente; cómo obtener las gráficas de salida contra un valor de la fuente; cómo encontrar una salida de ca en una función de la frecuencia de la fuente; cómo hacer análisis de ruido y de distorsión en los circuitos; cómo usar los modelos no lineales adecuados para dispositivos electrónicos y cómo mostrar los efectos de temperatura sobre un circuito electrónico.

Para utilizar el SPICE se necesita de una computadora digital. Muchos departamentos de ingeniería eléctrica en las universidades tienen instalado el SPICE en el sistema para uso de los estudiantes. Existen versiones de SPICE para computadoras personales (PC), como PSpice[1] para IBM-PC o compatibles, SPICE/STUDENT VERSION[2] para PC[3], así como PSpice para algunas computadoras Macintosh.

Se considerará primero el análisis de cd de un circuito lineal. Los métodos descritos en las secciones A5-2 y A5-3 son suficientes para utilizar SPICE y analizar cualquiera de los circuitos en los ejemplos y problemas de los capítulos 1 y 2.

A5-2
Análisis de cd: elementos del circuito

El circuito básico de cd para SPICE tiene sólo siete elementos de circuito. Estos son el resistor, las dos fuentes independientes y las cuatro fuentes dependientes: la fuente de voltaje con el voltaje como parámetro de control, la fuente de voltaje con la corriente como parámetro de control, la fuente de corriente con el voltaje como parámetro de control y la fuente de corriente con la corriente como parámetro de control.

La localización de un elemento en el circuito se especifica mediante los dos nodos a los que se encuentra conectado. Cada nodo se identifica por un número entero. Los enteros pueden ser o no consecutivos, pero el 0 se reserva para la tierra o nodo de referencia. Es importante el orden en que se dan los nodos de las terminales de un elemento. El primer nodo es en el que se localiza la referencia positiva de voltaje a

---

1   Se puede adquirir en Microsim Corporation, 2515 S. Western Ave., Suite 203, San Pedro, CA 90732.
2   Póngase en contacto con Intusoft Corporation, P. O. Box 6607, San Pedro, CA 90734.
3   Las letras PC se utilizan como una abreviatura de "personal computer" (computadora personal).

través del elemento del circuito. De esta manera, un elemento conectado entre los nodos 3 (mencionado primero) y 5 (mencionado después) tiene el voltaje v_{35} con la referencia positiva en el nodo 3. La corriente del elemento i_{35} fluye desde el nodo 3 (mencionado primero) por el elemento hasta el nodo 5 (mencionado después).

Un resistor se identifica por una letra mayúscula[4] R seguida de no más de siete letras o números enteros. Así, R1, ROUTPUT y R5PRIME son nombres adecuados para los resistores. No lo son R2-6, R5/0 y R5 0, puesto que cada nombre contiene un símbolo que no es una letra ni un número entero. La especificación para cada resistor aparece como un solo renglón de datos. Si la especificación es demasiado larga y no cabe en un renglón, debe utilizarse un signo de continuación (+) al inicio del siguiente renglón. Después del nombre del resistor debe haber uno o más espacios en blanco, seguidos por el número entero que identifica el primer nodo, después uno o más espacios en blanco y luego el número del segundo nodo. Al menos un espacio en blanco debe preceder al valor del resistor. El valor puede ser un entero, como 5 o 1000, un número decimal, como 87.25, o un número de punto flotante, como 5E1 o 1E3. El valor del resistor está en ohms a menos que vaya seguido de inmediato por una letra mayúscula que especifica un factor de escala. Dichas letras y factores de escala son

F	femto-	10^{-15}
P	pico-	10^{-12}
N	nano-	10^{-9}
U	micro-	10^{-6}
M	mili	10^{-3}
K	kilo-	10^{3}
MEG	mega-	10^{6}
G	giga-	10^{9}
T	tera-	10^{12}

Nótese que la letra M indica mili- o 10^{-3}; mega- o 10^{6} se muestra como MEG. Entonces el renglón de datos

```
ROUT 6 2 10K
```

especifica una resistencia llamada ROUT (R_{salida}), conectada entre los nodos 6 y 2, con un valor de 10 kΩ. Este valor puede expresarse en formas equivalentes: 10 000, 1E4, 0.01E6, .01MEG, etcétera. Las letras adicionales después del factor de escala no afectan el valor. Así, 10KOHM y 1E4OHMS también se refieren al mismo valor.

Pueden minimizarse los errores al dar a cada resistor un nombre que refleja su posición o localización en el circuito en lugar de su uso o valor. De esta manera, si el resistor se llamara R62 en vez de ROUT, sería poco probable que la especificación de los nodos sea incorrecta.

Hay dos fuentes independientes, la fuente independiente de voltaje y la fuente independiente de corriente. La primera se identifica por un nombre que comienza con V y le sigue una combinación de no más de siete letras o números. El nombre va seguido de un espacio en blanco, después el nodo al que está conectada la referencia positiva de la fuente, otro espacio y después el nodo en el que se encuentra la terminal negativa. Otro espacio en blanco precede a las letras DC (corriente directa, en inglés), que van seguidas por un espacio y el valor numérico del voltaje de la fuente en volts.

---

[4] La mayor parte de los programas SPICE y PSpice aceptan tanto letras minúsculas como mayúsculas. Los sistemas desarrollados para computadoras personales tienden a requerir letras mayúsculas. Como es más fácil mecanografiar letras minúsculas, es conveniente verificar los requerimientos del sistema que se usará.

También pueden usarse los nueve factores de escala dados en la tabla anterior. Así, los siguientes renglones de datos representan fuentes de voltaje de cd:

```
VIN 6 0 DC 1.5
V2 1 2 DC 10M
VCC 4 3 DC 9
```

El programa SPICE utiliza los voltajes de nodo como sus variables y estos voltajes son las salidas naturales de los cálculos. No obstante, con frecuencia se busca el valor de una corriente en una rama específica del circuito. La única corriente que el programa SPICE puede calcular es la corriente a través de una fuente independiente de voltaje. La dirección de referencia para esta corriente es a partir del nodo mencionado primero, *a través de la fuente*, hasta el nodo mencionado después. Entonces, si se quiere conocer el valor de la corriente en alguna rama del circuito que no contenga una fuente independiente de voltaje, se inserta ahí una fuente de 0 volts. Posteriormente se solicita el valor de esta corriente en la fuente al especificar las salidas que se desean. Tal fuente se puede dar como

```
VI3 2 24
```

De este modo, la fuente independiente de voltaje VI3 tiene su referencia positiva en el nodo 2 y su referencia negativa en el nodo 24. Este último nodo es uno de los que se introdujeron al circuito para determinar el valor de i_3. El término DC y el valor 0 pueden omitirse; se seleccionan por omisión (default).

Las fuentes independientes de corriente tienen nombres que comienzan con I. La corriente fluye del nodo que se da primero, *a través de la fuente*, hasta el nodo que se da al último. Los ejemplos de fuentes de corriente pueden ser

```
IIN 1 0 DC 1M
ISOURCE 2 5 DC .01
```

Como un ejemplo, considérese el circuito mostrado en la figura A5-1a. Se han numerado los tres nodos y se busca la corriente i_{30}. Se inserta entonces una fuente de voltaje de 0 volts llamada v_{30} en la rama que lleva i_{30}, como se muestra en la figura A5-1b. La lista de datos para este circuito es, por lo tanto,

```
VS 1 0 DC 80
IS 0 2 DC 5
R20 1 2 20
R30 2 4 30
V30 4 0
```

Se verán ahora las fuentes dependientes. Cada una depende de una corriente o un voltaje en algún otro punto del circuito. Se tienen entonces cuatro tipos diferentes

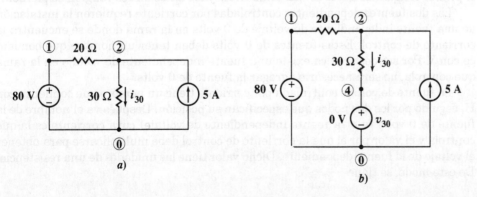

a)

b)

Figura A5-1

a) Ejemplo de circuito en el que se busca la corriente i_{30}. b) Se inserta una fuente de voltaje independiente de 0 V en serie con el resistor de 30 Ω y se crea un nuevo nodo 4.

de fuentes dependientes. Primero se consideran las dos fuentes controladas por voltaje.

Una fuente de voltaje controlado por voltaje tiene un nombre que comienza con E, seguido por no más de siete letras y números. Después está el nodo en el que se localiza la referencia +, y luego el segundo nodo. A continuación, los dos nodos que definen el voltaje de control, donde el primero es la referencia +. El último elemento es el factor numérico por el que debe multiplicarse el voltaje de control para obtener el voltaje de la fuente. En resumen, se tiene

Enombre + nodo – nodo + Nodo de control – Nodo de control Factor de ganancia

Una fuente de corriente controlada por voltaje tiene un nombre que comienza con G. Su posición se especifica por los dos nodos que definen la dirección en que pasa la corriente por la fuente. Los nodos que definen el control de voltaje vienen después y al último el valor de la conductancia (en siemens) por la que debe muliplicarse el voltaje de control para obtener la corriente de la fuente. En términos concisos,

Gnombre IentraFuente IsaleFuente + Nodo de control – Nodo de control Gfactor

La figura A5-2 muestra un circuito que contiene ambos tipos de fuentes dependientes controladas por voltaje. Si se dan los nombres de las fuentes con su posición en el circuito, los dos renglones de datos para las fuentes dependientes son

```
E3 0 3 0 2 0 0.8
G12 1 2 1 0 1M
```

Observe que Gfactor es 10^{-3} S, no 10^6 S.

Figura A5-2

Circuito utilizado como un ejemplo para ilustrar la presencia de las fuentes dependientes controladas por voltaje.

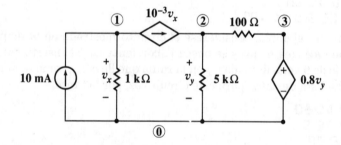

El orden en que se enlistan las fuentes (de ámbos tipos) y los resistores es indiferente. No obstante, el programa SPICE siempre interpreta el *primer* renglón de datos como el título del análisis. Así, si se olvida poner un título primero, entonces el primer renglón de datos se usa como título y los datos en ese renglón se pierden.

Las dos fuentes dependientes controladas por corriente requieren la instalación de una fuente independiente de voltaje de 0 volts en la rama donde se encuentra la corriente de control. Estas fuentes de 0 volts deben tener un nombre que comience con V. Por supuesto, si ya existe una fuente independiente de voltaje en la rama que controla, no será necesario agregar la fuente de 0 volts.

La fuente de voltaje controlada por corriente tiene un nombre que comienza con H, seguido por los dos nodos que especifican su posición. Después va el nombre de la fuente de 0 volts (u otra fuente independiente de voltaje) cuya corriente es la que controla y el valor por el que la corriente de control debe multiplicarse para obtener el voltaje de la fuente dependiente. Dicho valor tiene las unidades de una resistencia. De este modo, se tiene

Hnombre + nodo – nodo Vcontrol Corriente Rfactor

Por último, el nombre de la fuente de corriente controlada por corriente comienza con F, le siguen los dos nodos que definen la dirección del flujo de corriente a través de la fuente dependiente, el nombre de la fuente de 0 volts (u otra fuente independiente de voltaje) en la rama de control y el valor numérico por el que debe multiplicarse la corriente de control para obtener la corriente de la fuente dependiente. En resumen,

Fnombre IentraFuente IsaleFuente Vcontrol Corriente Factorganancia

Para ilustrar estos puntos, se modifica el último circuito al circuito que se muestra en la figura A5-3a, en donde ambas fuentes están controladas por corriente. Debido a que hay dos corrientes de control diferentes, es necesario instalar fuentes independientes de voltaje de 0 volts en esas ramas. Dichas fuentes son VX y VY según se muestra en la figura A5-3b. Los dos nodos nuevos son 10 y 11, sin razón específica.

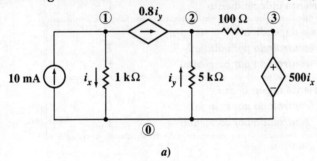

a)

Figura A5-3

a) Circuito que contiene dos fuentes dependientes controladas por corriente. *b)* Las fuentes independientes de 0-volt requeridas son insertadas en las ramas controladoras.

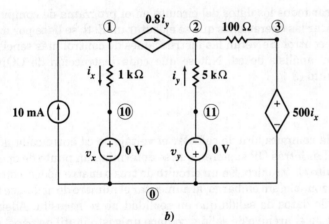

b)

Si el título del circuito es "Ejemplo de Control de Corriente", entonces los datos aparecen como sigue:

```
CURRENT-CONTROL EXAMPLE
ISOURCE 0 1 DC 10M
R1 1 10 1K
R5 2 11 5K
R100 2 3 100
VX 10 0
VY 0 11
F12 1 2 VY 0.8
H30 3 0 VX 500
```

Como una ayuda para otra persona que lea el programa, es útil escribir "comentarios" siempre que sea adecuada una pequeña explicación. Cualquier renglón que comience con un asterisco (*) se imprimirá o desplegará con el programa, pero será ignorado por la computadora para su ejecución. Por ejemplo, justo después del título, los siguientes comentarios pueden ser útiles:

```
*THIS CIRCUIT CONTAINS BOTH TYPES OF CURRENT-
*CONTROLLED SOURCES.
```

Como una ayuda para el recordatorio de los requisitos de la primera letra en el nombre de cada tipo de fuente, puede ser útil el siguiente diagrama.

Tipo de fuente	El nombre comienza con
Voltaje independiente	V
Corriente independiente	I
Voltaje dependiente	
(*controlada por voltaje*)	E
(*controlada por corriente*)	H
Corriente dependiente	
(*controlada por voltaje*)	G
(*controlada por corriente*)	F

A5-3

El análisis en cd: instrucciones de control y operación

Además de incorporar todos los datos del circuito en el programa de computadora, es necesario especificar las operaciones que se ejecutarán. Esto se hace por medio de las instrucciones de control. Se verán las instrucciones de control más sencillas que se requieren para el análisis de cd. Nótese que cada instrucción de CONTROL comienza con un punto (.).

El listado

```
.OP
```

da la instrucción a la computadora de calcular el voltaje de cd entre cada nodo y el nodo de referencia. Las letras OP sugieren que se determina un punto de operación, quizás para un circuito electrónico. En un circuito de tres o cuatro nodos, esto es una cantidad de datos razonable, sin embargo, al aumentar el número de nodos, se obtiene una gran cantidad de datos de salida que en realidad no se necesita. Además del aumento de tamaño en el archivo de salida, se hace un gasto inútil de papel cuando se imprimen los resultados. En vez de la instrucción .OP pueden pedirse resultados específicos con la instrucción .PRINT, que se describe a continuación.

La instrucción de control de impresión consiste en .PRINT seguido por un espacio y las letras DC, otro espacio y el voltaje de nodo deseado o voltajes de nodos (separados al menos por un espacio), donde cada voltaje se da en la forma V(1) o V(10), por ejemplo. Se puede nombrar también el voltaje entre dos nodos; esto es, V(1,3) proporciona el voltaje entre nodos $v_{1,3}$. Además, pueden pedirse los valores de corriente, siempre y cuando haya una fuente de voltaje independiente (0 volts o cualquiera) en la rama especificada. La forma apropiada es I(VX), donde VX es el nombre de la fuente de voltaje apropiada. De este modo, para obtener los valores del voltaje en el nodo 3, el voltaje entre los nodos 1 y 3 y la corriente i_x en el circuito de la figura A5-3, la instrucción de control podría ser

`.PRINT DC V(3) V(1,3) I(VX)`

Nótese que el comando .PRINT no imprime nada en el papel. Sólo se encuentra disponible en la memoria de la computadora. Si hay una impresora conectada a la computadora, entonces la producción de una salida impresa requiere comandos que no son parte del programa SPICE.

Quizás la instrucción de control más importante es

`.END`

que *debe* ponerse en el último renglón en todos los programas SPICE.

Así, el primer renglón debe ser un título adecuado y el último la instrucción .END. El resto del programa puede escribirse en cualquier orden.

Con todo este material, un programa adecuado para el circuito mostrado en la figura A5-3 puede ser

```
CURRENT-CONTROL EXAMPLE
*THIS CIRCUIT CONTAINS BOTH TYPES OF CURRENT-
*CONTROLLED SOURCES
ISOURCE 0 1 DC 10M
R1 1 10 1K
R5 2 11 5K
R100 2 3 100
VX 10 0
VY 0 11
F12 1 2 VY 0.8
H30 3 0 VX 500
.PRINT DC V(3) V(1,3) I(VX)
.END
```

En caso de que el lector quiera intentar este ejemplo, los valores son $V(3) = v_3 = 5.418$ V, $V(1,3) = v_1 - v_3 = 5.418$ V e $I(VX) = i_x = 10.837$ mA.

A5-1. Escriba un programa SPICE para el circuito que se muestra en la figura A5-4 y determine los valores de *a*) i_A; *b*) i_B; *c*) el voltaje a través de la fuente dependiente de corriente, con referencia positiva en la parte superior. *Resp:* 3 A; 2 A; –4.8 V

Ejercicio

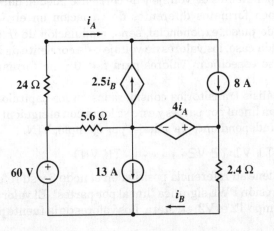

Figura A5-4

Para el ejercicio A5-1.

A5-4

Análisis transitorio: dos elementos de circuito más

Hasta aquí se tienen siete elementos de circuito: el resistor, dos fuentes independientes y cuatro fuentes dependientes. Ahora se agrega a este conjunto de elementos el inductor y el capacitor; después se proporcionarán algunas características de variación en el tiempo para las dos fuentes independientes. Las siguientes secciones sobre análisis transitorio en este apéndice presentan material que puede utilizarse para analizar cualquier ejercicio o problema de los capítulos 4 a 6.

La especificación para un inductor es igual a la de un resistor, excepto que debe elegirse un nombre que comience con L. De este modo, un inductor de 6 H conectado entre los nodos 5 y 9 puede aparecer como

```
LBIG 5 9 6
```

donde el valor está dado en henrys. Además de conocer esta información, puede ser deseable especificar el valor inicial de la corriente del inductor, $i_L(0^+)$. Así, con una corriente inicial de 10 mA fluyendo por el inductor del nodo 5 al nodo 9 en $t = 0^+$, el renglón previo de datos sería

```
LBIG 5 9 6 IC=10M
```

donde IC quiere decir "condición inicial". Si se especifica una condición inicial para cualquier inductor o capacitor en la lista de datos de un circuito, entonces los valores iniciales deben darse para todos los inductores y capacitores. Si no se dan condiciones iniciales, el programa de análisis transitorio realiza primero un análisis de CD (o DC en inglés) para determinarlas. Si se dan condiciones iniciales junto con los valores del elemento, entonces es necesario incluir el término específico UIC ("usar condiciones iniciales" en inglés) al pedir el análisis transitorio, se verá en la sección A5-6.

Un capacitor de 12 nF conectado entre los nodos 2 y 0, con un voltaje inicial de 10 V, $v_C(0^+) = 10$ V, requiere un nombre que comience con C, podría darse como

```
COUT 2 0 12N IC=10
```

si se planea utilizar el comando UIC, o

```
COUT 2 0 12N
```

si se desea que SPICE determine las condiciones iniciales en forma automática, al correr el análisis preliminar de cd.

A5-5

Análisis transitorio: fuentes variantes con el tiempo

Las fuentes independientes de voltaje y de corriente pueden darse cada una en cualquiera de los cinco formatos diferentes de variación en el tiempo. Esto incluye especificaciones de pulso, exponencial, seno, modulación de frecuencia y linealidad por partes. En cada caso, los valores de voltaje o de corriente de la fuente se dan sólo para $t > 0$. No se especifican valores para $t < 0$ y no forman parte del análisis transitorio.

Todos los análisis transitorios considerados en los capítulos 4, 5 y 6 requieren sólo la formulación lineal por partes y esto se logra con el siguiente tipo de instrucción para una fuente independiente de voltaje, por ejemplo, VIN:

```
VIN 3 1 PWL(T1 V1 T2 V2.......TN VN)
```

donde la fuente tiene su referencia positiva en el nodo 3 y su referencia negativa en el nodo 1. La expresión PWL significa "lineal por partes". El valor de VIN en el tiempo T1 es V1, en el tiempo T2 es V2, etcétera. Los valores de la fuente pueden ser positivos, negativos o cero; los valores sucesivos de tiempo deben formar una serie de valores positivos crecientes. Como un ejemplo sencillo, considérese la expresión

```
VIN 3 1 PWL(0 0 1U 100 1M 100)
```

Esta función lineal por partes es 0 en $t = 0$, aumenta linealmente a 100 V en $t = 1\,\mu s$, y se mantiene constante en 100 V hasta $t = 1$ ms, como se ve en la figura A5-5.

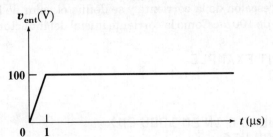

Figura A5-5

La expresión lineal por partes PWL (0 0 1U 100 1M 100) es una aproximación razonable para una función escalón de 100 V que ocurre en $t = 0$ en un circuito para el cual $1\,\mu s$ es un tiempo relativamente corto.

Este voltaje podría usarse como una aproximación razonable a una función escalón de 100 V que ocurre en $t = 0$. El tiempo de levantamiento de $1\,\mu s$ debe ser despreciable comparado con la constante de tiempo del circuito. También, la función está definida sólo hasta 1 ms. Se supone que este tiempo es mucho mayor que la constante de tiempo.

El análisis transitorio requiere un comando .PRINT similar al análisis de cd, excepto que el término DC se cambia por TRAN. Pueden solicitarse de una a ocho variables de salida que pueden ser voltajes de nodo, voltajes entre nodos o corrientes a través de las fuentes independientes de voltaje.

Sin embargo, en lugar de obtener un valor único, ahora se tienen valores transitorios y habrá de obtenerse un listado de valores en función del tiempo. Los parámetros que controlan el análisis y la salida se especifican con el comando .TRAN, frecuentemente representado en forma simbólica como

```
.TRAN TSTEP TSTOP TSTART TMAX UIC
```

El intervalo de tiempo que se emplea en la lista es TSTEP, el primer parámetro especificado. El segundo parámetro, TSTOP, es el máximo valor de tiempo a utilizar. El tercer parámetro, TSTART, es opcional; especifica el tiempo de inicio del análisis. Si se omite, $t = 0$ es el valor por omisión. TMAX también es un parámetro opcional. La técnica numérica utilizada en el análisis de SPICE emplea un intervalo de tiempo variable que es más grande cuando la salida es relativamente constante, y más pequeño cuando su cambio es más rápido. El valor máximo de este intervalo de análisis puede especificarse como TMAX. Si este valor se omite, el valor por omisión (default) es (TSTOP – TSTART)/50 o TSTEP, el que sea más pequeño. Por último, se incluye la instrucción UIC, ya que se darán valores iniciales. Así, para un circuito que tiene una constante de tiempo τ, podría seleccionarse TSTEP $= 0.1\tau$ y un tiempo máximo de 10τ. Si el valor de la constante de tiempo fuera 5 ms, el comando sería

```
.TRAN 0.5M 50M UIC
```

donde el intervalo o incremento de tiempo es 0.5 ms y el valor máximo de tiempo es 50 ms. Como TSTART no se especifica, el análisis comienza en $t = 0$; como TMAX no se especifica, el intervalo de tiempo más largo que se usa en el análisis numérico

A5-6

Análisis transitorio: instrucciones de operación y comandos

será TSTEP = 0.5 ms, este valor viene siendo menor que (50 – 0)/50 = 1 ms.

Como un primer ejemplo del análisis transitorio, se determinará el voltaje en el nodo 1 para el circuito que se muestra en la figura A5-6. La constante de tiempo es L/R_{eq}, donde $R_{eq} = 150 + 50 = 200\ \Omega$. De esta manera, tenemos una constante de tiempo de $0.005/200 = 25\ \mu s$. Se selecciona $2\ \mu s$ como el incremento de tiempo y $100\ \mu s$ como el tiempo final. También se especificará un tiempo de levantamiento de 1 ns para la función escalón de la corriente y se define el valor de la fuente durante un tiempo máximo de $100\ \mu s$. Como la corriente inicial del inductor es cero, el programa SPICE es

```
RL TRANSIENT EXAMPLE
R150 1 0 150
R50 1 2 50
L5 2 0 5M IC=0
ISTEP 0 1 PWL(0 0 1N 2M 100U 2M)
.TRAN 2U 100U UIC
.PRINT TRAN V(1)
.END
```

Figura A5-6

Circuito utilizado como un ejemplo del análisis transitorio de SPICE.

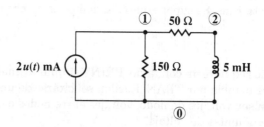

Este programa produce valores de v_1 en intervalos de $2\ \mu s$ de $t = 0$ a $t = 100\ \mu s$. Para indicar el grado de exactitud del programa SPICE, se pueden comparar varios valores de salida con los valores verdaderos calculados con la expresión $v_1 = (0.075 + 0.225e^{-t/25\times10^{-6}})u(t)$ V. En $t = 0$, cada valor es 0.3000 V; en $t = 10\ \mu s$, SPICE da 0.2261 V, comparado con el valor verdadero de 0.2258 V; en $t = 40\ \mu s$, ambos valores son 0.1204 V, y en $t = 100\ \mu s$, SPICE da 0.079 10 V, en contraste con 0.079 12 V.

Otro comando disponible en el análisis transitorio es el que grafica:

```
.PLOT TRAN V(1)
```

Pueden listarse hasta ocho variables de salida, separadas por espacios. Cada variable dada en el comando .PLOT debe aparecer también en el comando .PRINT. También hay una instrucción opcional en el comando .PLOT que especifica valores máximos y mínimos; esto es muy útil cuando aparecen varias variables en la misma gráfica, pero no se estudiará.

La gráfica resultante no tiene una calidad muy alta, en particular si se trata de computadoras grandes. Algunas de las rutinas para las computadoras personales son buenas.

Se selecciona un circuito libre de fuentes como un segundo ejemplo de transitorio. El circuito se muestra en la figura A5-7. El valor inicial de i_L que se elige es 80 mA. La corriente dirigida hacia abajo en el resistor de 50 Ω es $1.6i_L$ y el voltaje a través de este elemento es por lo tanto $80i_L$. La resistencia equivalente frente al inductor es

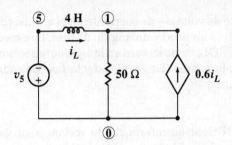

Figura A5-7

Circuito RL libre de fuentes con $i_L(0^+) = 80$ mA.

$80i_L/i_L = 80\ \Omega$. La solución exacta es entonces $i_L = 80e^{-20t}$ mA para $t > 0$. Los nodos se numeraron en la figura A5-7 y se tiene el siguiente programa SPICE

```
SOURCE-FREE RL CIRCUIT
R50 1 0 50
L4 5 1 4 IC=80M
V5 0 5
F1 0 1 V5 0.6
.TRAN 0.01 0.2 UIC
.PRINT TRAN I(V5)
.END
```

Nótese que la fuente controlada depende de la corriente del inductor y es necesario incluir la fuente V5 de 0 V en esa rama.

Se comparan en la siguiente tabla unos cuantos valores de i_L. Las pequeñas diferencias son despreciables.

t (s)	$i_{L,\text{exacto}}$(mA)	$i_{L,\text{SPICE}}$(mA)
0.01	65.5	65.5
0.02	53.6	53.65
0.05	29.4	29.4
0.1	10.83	10.82
0.15	3.98	3.98
0.2	1.465	1.462

A5-2. Escriba un programa SPICE para el circuito de la figura A5-8 para determinar valores de v_C en t igual a a) 5 ms; b) 10 ms; c) 50 ms. *Resp:* 150.2 V; 255 V; 486 V

Ejercicios

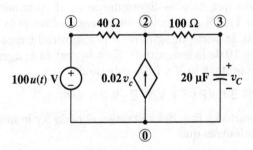

Figura A5-8

Para el ejercicio A5-2. Un ejemplo del transitorio de un RC.

A5-7

Análisis de ca: elementos del circuito básico

Cada fuente independiente de voltaje y de corriente en el análisis de ca se caracteriza como un fasor que tiene una amplitud y un ángulo de fase. Se especifica la frecuencia en la instrucción de CONTROL, como se verá en la siguiente sección. La frecuencia de todas las fuentes debe ser la misma. La amplitud y la fase de cada fuente está dada en la instrucción de la fuente:

```
VIN 6 0 AC 120 30
```

Así, la fuente llamada VIN tiene su referencia de voltaje positiva en el nodo 6 y su referencia negativa en el nodo 0. El término AC significa que es una fuente fasorial con una amplitud de 120 V y un ángulo de fase de 30°, o $\mathbf{V}_{ent} = 120\underline{/30°}$ V. Si se omite el ángulo de fase, se supone que vale cero. Si se omiten la amplitud y el ángulo de fase, el valor por omisión es $1\underline{/0°}$ V. Una fuente de 0 V insertada para medir la corriente debe ponerse como AC 0 0.

También se especifican las bobinas acopladas.[5] Así, si ya se han definido los inductores L5 y L8, entonces sólo resta nombrar un coeficiente de acoplamiento, tal como K58, y dar su valor, por ejemplo, 0.4:

```
K58 L5 L8 0.4
```

El coeficiente de acoplamiento debe ser mayor que cero y menor o igual que la unidad. La convención del punto se utiliza para definir los nodos de cada inductor con la terminal punteada que se listó primero.

A5-8

Análisis de ca: instrucciones de operación y comando, operación a una sola frecuencia

La instrucción de control de ca empieza con la especificación de .AC y continúa con los cuatro términos adicionales que describen el rango de frecuencias que se va a usar y la manera en que ese rango será cubierto. En esta sección se observará el caso más sencillo, en el que se selecciona una sola frecuencia. La especificación requerida es

```
.AC LIN 1 F F
```

El término LIN pide de hecho una variación lineal de la frecuencia (en Hz), utilizando aquí sólo un punto y cubriendo el rango desde F hasta F. Por ejemplo, para obtener un análisis fasorial de un circuito en $\omega = 100$ rad/s, se debe especificar

```
.AC LIN 1 15.9155 15.9155
```

ya que $100/2\pi = 15.9155$. Es obvio que el programa de SPICE fue escrito más para ingenieros prácticos que para estudiantes (y profesores) de ingeniería eléctrica.

Otro comando que cambia ligeramente es el comando .PRINT. La frase AC remplaza a DC o TRAN, y se puede elegir entre obtener la magnitud, el ángulo de fase, la parte real, la parte imaginaria o la magnitud expresada en dB (20 veces el logaritmo de base 10 de la magnitud). Esto se realiza al agregar las letras M, P, R, I o DB, respectivamente, a la V o I. De este modo,

```
.PRINT AC VM(3) VP(3) VM(2,4)
```

puede dar la magnitud y fase del voltaje en el nodo 3 y la magnitud del voltaje entre los nodos 2 y 4, mientras que

```
.PRINT AC IDB(VIN)
```

dará la magnitud de la corriente a través de VIN en dB.

---

[5] Se pueden incluir las bobinas acopladas en el análisis transitorio.

Esta sección del apéndice 5 bien puede posponerse hasta estudiar la respuesta en frecuencia en el capítulo 13 y en algunos de los capítulos siguientes.

Se ofrecen tres opciones: se pueden utilizar frecuencias linealmente espaciadas en un intervalo dado, o uniformemente espaciadas de manera logarítmica a lo largo de una década o a lo largo de una octava (intervalo de frecuencia de dos a uno). También se especifica el número de puntos que se van a usar en el intervalo lineal o se da el número de intervalos en los que se tiene que dividir una década o una octava. Para el análisis lineal, se da un valor de la frecuencia de arranque f_A y un valor final f_B. En cualquiera de los análisis logarítmicos se da el valor de la frecuencia de arranque f_A y un valor límite máximo f_B.

Considérense algunos ejemplos. La instrucción

`.AC LIN 6 2000 3000`

solicita el uso de 6 frecuencias uniformemente (linealmente) espaciadas entre 2000 y 3000 Hz. De nuevo nótese que todas las frecuencias en SPICE se dan en hertz, no en radianes por segundo. Este análisis, por lo tanto, proporciona resultados en las frecuencias de arranque y terminación y cuatro frecuencias intermedias que están uniformemente espaciadas. Las seis frecuencias usadas son 2000, 2200, 2400, 2600, 2800 y 3000 Hz. En general, si f_A y f_B son los límites inferior y superior del intervalo de frecuencias y si se desean N frecuencias, cualquier frecuencia f_i está dada por

$$f_i = f_A + (f_B - f_A)\frac{i-1}{N-1} \qquad i = 1, 2, 3, \ldots, N$$

Se observa que $f_1 = f_A$ y $f_N = f_B$. Nótese que el número de frecuencias seleccionadas siempre incluye los puntos extremos, f_A y f_B.

Si se opta por el análisis en décadas, N_D es el número de intervalos iguales en que se divide una década. Las frecuencias que se aplican incluyen la frecuencia de inicio f_A, y también las frecuencias de inicio de todos los intervalos restantes. La frecuencia máxima f_B también se aplica si es el punto extremo del último intervalo. Como ejemplo, considérese

`.AC DEC 10 2 20`

en donde cada década se divide en 10 intervalos iguales en una escala logarítmica. Como el rango especificado desde $f_A = 2$ Hz hasta $f_B = 20$ Hz es una década, los 10 intervalos iguales van de 2 Hz a 20 Hz. En general, las frecuencias que definen los puntos extremos de los intervalos pueden ser

$$f_i = (f_A)10^{(i-1)/N_D} \qquad i = 1, 2, 3, \ldots, N_D$$

tal que $f_1 = f_A$. Para este ejemplo, se tiene $f_i = (2)10^{(i-1)/10}$, así que $f_1 = 2, f_2 = 2.5179$, $f_3 = 3.1698$, etcétera, hasta $f_{10} = 15.8866$ y $f_{11} = 20$ Hz. Puesto que f_A y f_B están separadas por exactamente una década, se usan las 11 frecuencias de 2 a 20 Hz. Si f_B fuera igual a 30 Hz, entonces también se aplicaría la frecuencia $f_{12} = 25.179$. Como $f_{13} = 31.698$ es más grande el nuevo máximo especificado, $f_B = 30$ Hz no se usa.

Si se utiliza la formulación de octavas, N_O es el número de intervalos en los que se divide la octava. Así,

`.AC OCT 10 5 15`

utiliza 10 frecuencias por octava comenzando en 5 Hz y continuando hasta la frecuencia más alta que no debe superar 15 Hz. Las frecuencias individuales son

A5-9

Análisis de ca: análisis sobre un rango de frecuencias

$$f_i = (f_A) \, 2^{(i-1)/N_o} \qquad i = 1, 2, 3, \ldots, N_O$$

Los valores de las frecuencias para el comando anterior serán $f_1 = 5$, $f_2 = 5.3589$, $f_3 = 5.744\,35, \ldots, f_{11} = 10$, $f_{12} = 10.7177$, etcétera, hasta $f_{16} = 14.1421$. Como $f_{17} = 15.1572$ Hz, no se incluye. Nótese que se aplican las 16 frecuencias diferentes, 11 de las cuales aparecen en la octava entre 5 y 10 Hz.

En los tres casos generales, la primera frecuencia utilizada debe ser f_A, pero la última no necesariamente es f_B. Más bien, es la frecuencia más grande f_i que no es mayor que f_B. Con la escala lineal, se incluyen ambas frecuencias f_A y f_B.

Ahora se realizará un análisis de ca en donde se desean los resultados dentro de un intervalo de frecuencias. En la figura A5-9 se muestra un circuito RLC en serie que es resonante en $\omega = 50$ rad/s o $f = 7.9577$ Hz. Tiene una Q de 10 y un ancho de

Figura A5-9

Circuito resonante en serie que se utiliza como un ejemplo para ilustrar el análisis de frecuencias sobre varios rangos de frecuencias.

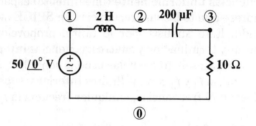

banda de 5 rad/s, o alrededor de 0.8 Hz. Se desea obtener datos sobre un intervalo lineal alrededor de tres anchos de banda centrados en 8 Hz, aproximadamente igual a la frecuencia resonante. Un programa adecuado de SPICE será

```
RLC EXAMPLE
VIN 1 0 AC 50
L1 1 2 2
C1 2 3 200U
R1 3 0 10
.AC LIN 11 7 9
.PRINT AC VM(3) VP(3)
.END
```

Las 11 frecuencias aplicadas son 7, 7.2, 7.4, . . . , 8.8, 9 Hz y los valores correspondientes de $\mathbf{V}_3$ se muestran en forma tabular como sigue:

f (Hz)	$\mathbf{V}_3$ (V)
7	$18.12\underline{/\,68.75°}$
7.2	$22.3\underline{/\,63.5°}$
7.4	$28.3\underline{/\,55.5°}$
7.6	$36.8\underline{/\,42.6°}$
7.8	$46.4\underline{/\,21.8°}$
8	$49.7\underline{/-6.05°}$
8.2	$42.9\underline{/-31.0°}$
8.4	$33.9\underline{/-47.3°}$
8.6	$27.1\underline{/-57.2°}$
8.8	$22.2\underline{/-63.6°}$
9	$18.78\underline{/-67.9°}$

Para cubrir un intervalo más amplio de frecuencias es aconsejable utilizar una de las secuencias logarítmicas. Por ejemplo, el comando

`.AC DEC 10 2 20`

puede dividir la década entre 2 y 20 Hz en 10 intervalos iguales, el primero iniciando en 2 Hz y el último terminando en 20 Hz. En 2 Hz, $V_3 = 1.341\underline{/\,88.5°}$; en 7.962 Hz (muy cerca de la resonancia), se tiene $50.0\underline{/\,-0.06°}$ V y en 20 Hz se obtiene un voltaje de salida de $2.361\underline{/\,-87.3°}$ V.

A5-3. Encuentre los voltajes fasoriales V_{salida} y V_x, y la corriente fasorial I_y en $\omega = 4$ krad/s en el circuito mostrado en la figura A5-10.

Ejercicios

Resp: $1.231\underline{/\,-28.0°}$ V; $0.627\underline{/\,45.5°}$ V; $10.39\underline{/\,-22.6°}$ mA

A5-4. Encuentre $|V_{sal}|$ en un intervalo logarítmico de frecuencias que se extiende desde 100 Hz hasta 10 kHz para el circuito de la figura A5-10.

Resp: 100 Hz: 1.007 V; 251 Hz: 1.045 V; 501 Hz: 1.163 V; 1995 Hz: 0.7865 V; 5010 Hz: 0.1029 V; 10 kHz: 0.008 98 V

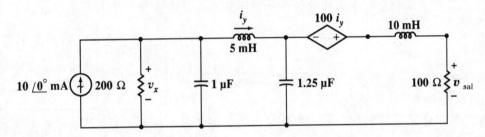

Figura A5-10

Para los ejercicios A5-3 y A5-4.

Conant, Roger C.: *Engineering Circuit Analysis with PSPICE and PROBE*, McGraw-Hill Book, 1993. (Este libro de pastas suaves cubre el uso del PSPICE y su compañero gráfico PROBE en análisis de circuitos lineales. Todas las características del PSPICE y PROBE que se aplican a circuitos lineales están incluidas haciendo hincapié en su utilidad al profundizar en el conocimiento del comportamiento de circuitos. El libro incluye un disco de $5\frac{1}{4}$ in de archivos de PSPICE.)

Meares, L. G., y C. E. Hymowitz: "Simulating with SPICE", Intusoft Corp., 1988. (Este libro acompaña la Versión IS-SPICE/Student, disponible en Intusoft Corp., 2515 S. Western Ave., Suite 203, San Pedro, CA 90732.)

Nagel, L. W.: "SPICE2: A Computer Program to Simulate Semiconductor Circuits", Memorándum ERL-M520, Electronics Research Laboratory, College of Engineering, University of California, Berkeley, CA 94720, 1975. (Ésta es la publicación original de SPICE2.)

Thorpe, Thomas W.: *Computerized Circuit Analysis with SPICE*, Wiley, 1992. (Este libro de pastas suaves describe el SPICE 2G.6, la versión del SPICE en uso en 1992. Incluye numerosos ejemplos.)

Tuinenga, Paul W.: *SPICE: A Guide to Circuit Simulation and Analysis using PSpice*, Prentice-Hall, Englewood Cliffs, N. J., 1992. (Este popular libro de pastas suaves es una introducción fácil de leer y un manual de PSpice. Incluye ejemplos de circuitos.)

Vladimirescu, A., K. Zhang, A. R. Newton, D. O. Pederson y A. Sangiovanni-Vincentelli: "SPICE Version 2G User's Guide", Dept. of E. E. and C. S., University of California, Berkeley, CA 94720, 1981. (Ésta es la publicación original de SPICE 2G.)

Referencias

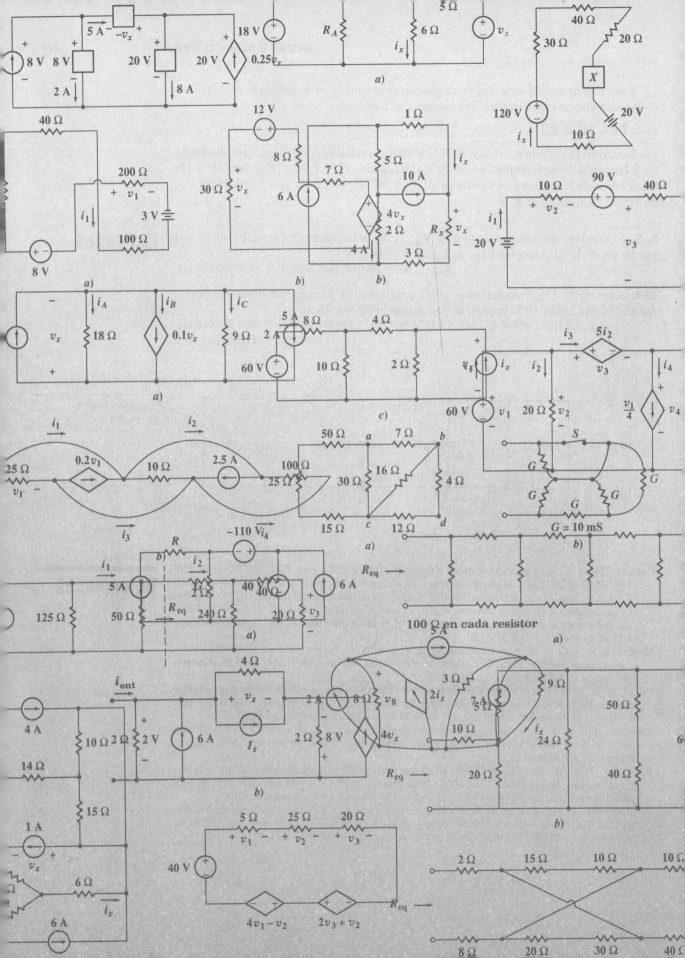

Respuestas a los problemas impares

Capítulo 1

1 (a) 1317 km/h; (b) 92.1 kJ; (c) 13.33 días; (d) planeta Kriptón

3   vea la figura P1-3

Figura P1-3

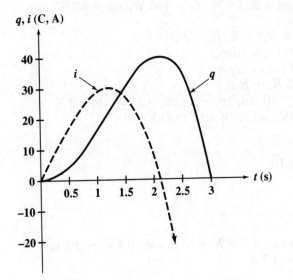

t (s)	q (C)	i (A)
0	0	0
0.25	1.117	8.875
0.5	4.375	17.00
0.75	9.49	23.6
1	16.00	28.0
1.25	23.2	29.4
1.5	30.4	27.0
1.75	36.4	20.1
2	40.0	8.00
2.25	40.0	−10.125
2.5	34.4	−35.0
2.75	21.7	−67.4
3	0	−108.0

5 (a) 0,8 A; (b) 0; (c) vea la figura P1-5

Figura P1-5

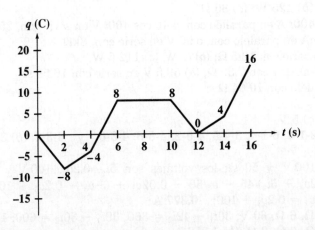

7 (a) 16.55 nW; (b) 0

9 (a) 72.7 W; (b) −36.3 W; (c) 27.6 W

11 (a) 10 V; (b) 0; (c) 0; (d) 2 W; (e) 2 W

13 34 Ω   y   0.09 S

15 (a) $v_1 = 60$ V, $v_2 = 60$ V, $i_2 = 3$ A, $v_3 = 15$ V, $v_4 = 45$ V, $v_5 = 45$ V, $i_5 = 9$ A, $i_4 = 15$ A, $i_3 = 24$ A, $i_1 = 27$ A; (b) $p_1 = -1620$ W, $p_2 = 180$ W, $p_3 = 360$ W, $p_4 = 675$ W, $p_5 = 405$ W; $\Sigma = 0$

17 (a) 8 V, −4 V, −12 V; (b) 14 V, 2 V, −6 V; (c) 2 V, −10 V, −18 V

19 (a) −1 A; (b) 1 A; (c) −2 A

21 (a) 0.57 Ω; (b) 1.003 Ω; (c) 0.12 Ω

23 $p_{40\,V} = 80$ W, $p_{5\,\Omega} = 20$ W, $p_{25\,\Omega} = 100$ W, $p_{20\,\Omega} = 80$ W, $p_{2v_3+v_2} = -260$ W, $p_{4v_1-v_2} = -20$ W

25 0.571 mA

27 (a) 0.4 W; (b) 0.6 W; (c) 0.556 W; (d) −0.6 W

29 (a) 3 A; (b) 24 V; (c) 15 W

31 (a) 60 Ω; (b) 213 Ω; (c) 51.8 Ω

33 $p_{2.5} = 250$ W, $p_{30} = 187.5$ W, $p_6 = 337.5$ W, $p_5 = 180$ W, $p_{20} = 45$ W

35 (a) 0.850 mS; (b) 135.9 mS

37 (a) $v_s R_2(R_3 + R_4)/[R_1(R_2 + R_3 + R_4) + R_2(R_3 + R_4)]$; (b) $v_s R_1(R_2 + R_3 + R_4)/[\text{den.}]$; (c) $v_s R_2/[\text{den.}]$

39 (a) 42 A; (b) 11.90 V; (c) 0.238 para ambos

41 $V_s R_3 R_5/[R_2(R_3 + R_4 + R_5) + R_3(R_4 + R_5)]$

43 (a) De izquierda a derecha: 10, −30, 16, 16, −21, 36, −27 W; (b) −2 V

45 (a) $1.000\,01V_s$; (b) $-0.000\,001V_s$; (c) $1.000\,01V_s$; (d) V_s

Capítulo 2

1 (a) −8.39 V; (b) 32

3 (a) 19.57, 18.71, −11.29 V; (b) 16

5 63.1 V

7 148.1 V, 178.3 W

9 2.79 A

11 −384 W

13 2 mA: 5 mW; 4 V: −6 mW; $1000i_3$: 4.5 mW; 6 V: 9 mW; $0.5i_2$: −5.62 mW

15 (a) 3 A; (b) 17 A; (c) −8 A; (d) −27 A

17 −0.75 A

19 (a) 1.3 A; (b) 1 A: 60 W; 200 Ω: 18 W; 100 V: −130 W; 50 Ω: 32 W; 0.5 A: 20 W

21 (a) 200 V; (b) 125 W; (c) 80 Ω

23 (a) 1.6 cos 400t A en paralelo con, o 40 cos 400t V en serie con, 25 Ω; (b) 11.25 mA en paralelo con, o 90 V en serie con, 8kΩ

25 (a) 75 V en serie con 12.5 Ω; (b)72 W; (c) 112.5 W

27 (a) 69.3 V en serie con 7.32 Ω; (b) 59.5 V en serie con 16.59 Ω

29 0 A en paralelo con 10.64 Ω

31 192.3 Ω

33 (a) 16 Ω; (b) 5 V

35 (a) 1-4-3, 2-1-4, 6-1-4, 3-4-5, 4-5-2, 4-5-6, 4-3-6, y   4-3-2; (b) 3-4-5, 3-5-6, y 3-4-6

37 $5i_2$, $0.2v_3$, 100 V y 50 Ω; los voltajes son $5i_2$, $0.2v_3$, 100 V y v_3; $(-v_3 + 0.2v_3 - 5i_2)/45 - v_3/50 - 0.02v_1 + (-v_3 + 0.2v_3 - 100)/30 = 0$, $v_3 = 50i_2$, $v_1 = 0.2v_3 - 100$; −0.377 A

39 240 V, 30 Ω, 6 Ω, 60 V; $30i_1 - 42i_2 = 360$, $39i_1 - 30i_2 = 600$; 19.51 A

41 (a) 3 Ω, 7 Ω, 6 Ω, 2 Ω; (b) 1.352 A

43 −2.5 V, 25 kΩ
45 3.3333 A

1 (a) Vea la figura P3-1; (b) 40^- ms; (c) 20^+ y 40^+ ms; (d) 2.5 J

Capítulo 3

Figura P3-1

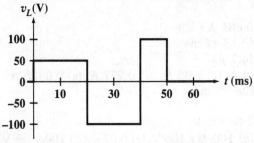

3 (a) $4t^2 + 4t$ V; (b) $4t + 4t^2 + 5$ A
5 (a) 2 A; (b) 5.63 J; (c) 1 A
7 (a) −0.12 sen $400t$
9 (a) 2 kΩ; b) demostración
11 (a) 10.005 sen $10t$ + 0.0005(1 − cos $10t$) V; (b) 10 sen $10t$ V
13 (a) 11.38 Ω; (b) 11.38 H; (c) 8.79 F
15 (a) (4 Cs en serie), en ∥ con C, en ∥ con C; (b) 1 C en serie con (3 Cs en ∥);
    (c) [(2 Cs en serie), en ∥ con 4 Cs], en serie con 2 Cs
17 (a) 20.5 mJ; (b) 91.6 mJ; (c) 3.28 J
19 (a) $-6.4e^{-80t}$ mA; (b) $80e^{-80t} - 60$ V; (c) $20e^{-80t} + 60$ V
21 (a) $v_{20}, i_L, i_C,$ y $v_C; i_L(0) = 12$ A y $v_C(0) = 2$ V; (b) $20v_{20} + [1/(5 \times 10^{-6})]$
    $\int_0^t (v_{20} - v_C)dt + 12 = i_s, [1/(5 \times 10^{-6})] \int_0^t (v_C - v_{20})dt - 12 + 10v_C +$
    $8 \times 10^{-3} dv_C/dt = 0$; (c) $(i_L - i_s)/20 + 5 \times 10^{-6} di_L/dt + (i_L - i_C)/10 = 0$,
    $(i_C - i_L)/10 + [1/(8 \times 10^{-3})] \int_0^t i_C dt + 2 = 0$

23 Vea el diagrama de circuito, figura 3-23.

Figura P3-23

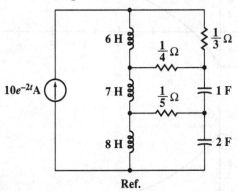

Ref.

25 Los voltajes de árbol son, comenzando arriba al centro: $0.2v_x$, v_x, v_C, y $-40e^{-20t}$.
    (a) $(1/0.05) \int_0^t (0.2v_x + v_x + v_C - 40e^{-20t})dt + (v_x/50) - 0.02e^{-20t} = 0$,
    $(-v_x/50) + 10^{-6}dv_C/dt + (v_C - 40e^{-20t})/100 = 0$; (b) $0.05di_L/dt + 0.2v_x +$
    $50(i_L + 0.02e^{-20t}) + 10^6 \int_0^t (i_L + i_{100} + 0.02e^{-20t})dt = 40e^{-20t}$, $100i_{100} +$
    $10^6 \int_0^t (i_L + i_{100} + 0.02e^{-20t})dt = 40e^{-20t}$
27 30.0000 V, 0.6000 A; (a) 0.900 J; (b) 0.009 J

Capítulo 4

1 (a) $2e^{-400t}$ A; (b) 36.6 mA; (c) 1.733 ms

3 (a) 1.289 mA; (b) 7.71 mA

5 (a) 2.68 A; (b) 1.889 A

7 (a) 2.30, 4.61, y 6.91; (b) $t/\tau = 2$

9 $R_1 = 7.82\ \Omega$, $R_2 = 13.86\ \Omega$

11 $10e^{-50t}$ A

13 (a) 0.893 A; (b) 0.661 A

15 (a) $192e^{-125t}$ V; (b) 18.42 ms

17 (a) 69.3 μs; (b) 34.7 μs

19 (a) 0.29 A; (b) 0.2 A; (c) 0.05 A; (d) 0.277 A; (e) 0.0335 A

21 (a) -6 mA; (b) $12e^{-100t}$ mA

23 $20e^{-250,000t}$ V

25 (a) 87.6 V; (b) $87.6e^{-2540t}$ V

27 (a) 100, 0 y 0 V; (b) 100, 0 y 100 V; (c) 0.08 s; (d) $100e^{-12.5t}$ V; (e) $5e^{-12.5t}$ mA; (f) $(20e^{-12.5t} + 80)$ y $(-80e^{-12.5t} + 80)$ V; $(64 + 16) + 20 = 100$ mJ

29 (a) 20 mA; (b) $20e^{-10,000t} - 2e^{-5000t}$ mA

Capítulo 5

1 1, 0.6, -0.4, 0.6 A

3 (a) 1; (b) 12; (c) 1.472

5 2.5, 3, 2.5, 2, -2 A

7 (a) $(2 - 2e^{-200,000t})u(t)$ mA; (b) $6e^{-200,000t}\,u(t)$ V

9 (a) 10 A; (b) $8 + 2e^{-10t}$ A

11 (a) 80 mA; (b) $80(1 - e^{-25t})$ mA, $t > 0$; (c) $80(2 - e^{-25t})$ mA, $t > 0$; (d) $16(\cos 50t + 2\,\text{sen}\,50t - e^{-25t})$ mA, $t > 0$

Figura P5-23

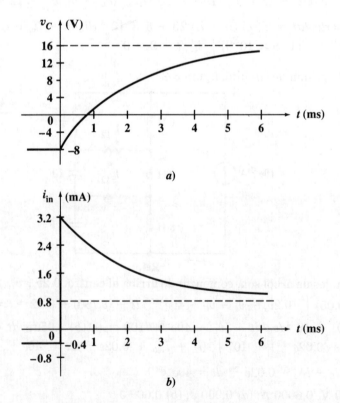

a)

b)

13 (a) 0, 0; (b) 0, 200 V; (c) 1 A, 100 V; (d) 0.551 A, 144.9 V
15 $0.1 + (0.1 - 0.1e^{-9000t})u(t)$ A
17 (a) 3 A; (b) 2.4 A; (c) 2.63 A
19 (a) $20(1 - e^{-40t})u(t)$ A; (b) $(10 - 8e^{-40t})u(t)$ A
21 $2.5u(-t) + (10 + 7.5e^{-100,000t})u(t)$ mA
23 (a) $-8u(-t) + (16 - 24e^{-500t})u(t)$ V, vea Fig. P5-23; (b) $-0.4u(-t) +$
    $(0.8 + 2.4e^{-500t})$ mA, vea Fig. P5-23
25 6.32 y 15.662 V
27 (a) 80 V; (b) $80 + 160e^{-100,000t}$ V; (c) 80 V; (d) $80 - 32e^{-20,000t}$ V
29 0.693 ms
31 $e^{-0.1t} u(t)$ V
33 $5(e^{-t} - 1)u(t)$ V
35 (a) −7.20 A; (b) 7.813 A

Capítulo 6

1 4.95 Ω, 1.443 H, 14.43 mF
3 (a) $-120e^{-2t} + 160e^{-8t}$ V; (b) $-16e^{-2t} + 3e^{-8t}$ A
5 $2u(-t) + (2.25e^{-2000t} - 0.25e^{-6000t})u(t)$ A
7 (a) $20.25e^{-4t} - 2.25e^{-36t}$ V; (b) $0.50625e^{-4t} - 0.00625e^{-36t}$ A; (c) 1.181 s
9 (a) 8 mH; (b) 0.931 A; (c) 24.0 ms
11 $e^{-4000t}(-2 \cos 2000t + 4 \operatorname{sen} 2000t)$ A
13 (a) $e^{-5000t}(200 \cos 10^4 t + 100 \operatorname{sen} 10^4 t)$ V;
    (b) $10 - e^{-5000t}(10 \cos 10^4 t - 7.5 \operatorname{sen} 10^4 t)$ mA
15 $0.6e^{-100t} \operatorname{sen} 1000t$ mA
17 $e^{-4t} (10 \cos 2t + 20 \operatorname{sen} 2t)$ A
19 $2u(-t) + (2.25e^{-2000t} - 0.25e^{-6000t})u(t)$ V
21 (a) $0.5e^{-10t}$ A; (b) $100e^{-10t}$ V
23 $[10 - e^{-4t} (20 \operatorname{sen} 2t + 10 \cos 2t)]u(t)$ A
25 $e^{-4000t} (2 \cos 2000t - 4 \operatorname{sen} 2000t)$ A
27 $12 - e^{-t} (t + 2)$ V
29 (a) $2.5e^{-500t} - 22.5e^{-1500t}$ mA; (b) $-2.5e^{-500t} + 22.5e^{-1500t}$ mA
31 10.378 Ω, 2.145 s
33 Vea el diagrama de la figura 6-33.
35 (a) 46.55 V, 11.03 V; (b) 46.77 V, 11.368 V

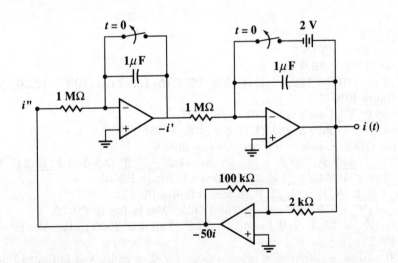

Figura P6-33

Capítulo 7

1 (a) 8.5 sen $(291t + 325°)$; (b) 8.5 cos $(291t - 125°)$;
   (c) -4.88 cos $291t + 6.96$ sen $291t$

3 (a) amplitud $f(t) = 58.3$, amplitud $g(t) = 57.0$; (b) 133.8°

5 0.671 cos $(500t - 26.6°)$ A

7 (a) 25.8 μs; (b) 10.12 y 25.8 μs; (c) 15.71 y 25.8 μs

9 5.88 cos $(500t - 61.9°)$ mA

11 1.414 cos $(400t - 45°) + 1.342$ cos $(200t - 26.6°)$ A

13 (a) $V_m \cos \omega t = Ri + \dfrac{1}{C} \int i \, dt$, $-\omega V_m \operatorname{sen} \omega t = R \, di/dt + i/C$;

   (b) $(\omega C V_m / \sqrt{1 + \omega^2 C^2 R^2}) \cos [\omega t + \tan^{-1} (1/\omega CR)]$

Capítulo 8

1 (a) $-1.710 - j4.70$; (b) $-5.64 + j2.05$; (c) $-5.34 + j12.31$; (d) $107.7\underline{/-158.2°}$;
   (e) $1.087\underline{/-101.4°}$

3 $34.9e^{j(40t+53.6°)}$ V

5 (a) 2.5 cos $(500t + 42°)$ A; (b) 2.5 cos $(500t - 48°)$ A; (c) $2.5e^{j(500t+42°)}$ A;
   (d) $3.37e^{j(500t+53.8°)}$ A

7 (a) -4.29 A; (b) 3.75 A; (c) $50\underline{/-130°}$ V; (d) $36.1\underline{/56.3°}$ V; (e) $72.3\underline{/-63.9°}$ V

9 35.5 cos $(500t + 58.9°)$ V

11 0.457 y 2.19 rad/s

13 $75.1\underline{/-4.11°}$ V

15 (a) $22 - j6 \; \Omega$; (b) $9.6 + j2.8 \; \Omega$

17 (a) $15.00\underline{/33.1°}$ V; (b) $15.00\underline{/-73.1°}$ V; (c) $9\underline{/-20°}$ V; (d) $20.1\underline{/43.4°}$ V

19 (a) 2260 rad/s; (b) 3220 rad/s; (c) 3350 rad/s; (d) 3930 y 573 rad/s

21 (a) 1.437 μF; (b) 8.96 μF

23 $0.5 - j0.5 \; \Omega$, $2 \; \Omega \parallel 2$ H

25 (a) 100 krad/s; (b) 100 krad/s; (c) 102.1 krad/s; (d) 52.2 y 133.0 krad/s

27 (a) 8 Ω y 250 μF; (b) 5 Ω y 100 μF

29 (a) $28.57\underline{/0°}$ V; (b) $90.24\underline{/25.52°}$ V; (c) $64.71\underline{/-49.67°}$ V

Capítulo 9

1 $34.4\underline{/23.6°}$ V

3 70.7 cos $(10^3 t - 45°)$ V

5 1.213 cos $(100t - 76.0°)$ A

7 (a) 15.72 cos $(10^3 t + 122.0°)$ A, vea Fig. P9-7; (b) 15.72 cos $(10^3 t + 122.0°)$ V,
   vea la figura P9-7.

9 $57.3\underline{/-55.0°}$ V en serie con $4.70 - j6.71 \; \Omega$

11 (a) 5 cos $(10^3 t + 90°)$ V; (b) 11.79 cos $(10^3 t + 135°)$ V

13 1.414 cos $(200t + 45°) + 0.5$ cos $(100t + 90°)$ V

15 (a) $57.3\underline{/-76.8°}$ A, $25.6\underline{/-140.2°}$ A, $51.2\underline{/-50.2°}$ A, $143.1\underline{/13.24°}$ V,
   $51.2\underline{/-140.2°}$ V, $51.2\underline{/-140.2°}$ V; (b) vea la figura P9-15.

17 $\mathbf{I}_1 = 5\underline{/-40.5°}$ A, $\mathbf{I}_2 = 7\underline{/27.7°}$ A, vea la figura P9-17.

19 Bosqueje ($|\mathbf{V}_{\text{sal}}| = 9.71$ V en $\omega = 1050$ rad/s). Vea la figura P9-19.

21 Bosqueje ($\mathbf{Z}_{\text{ent}} = 35.6 - j19.2 = 40.4\underline{/-28.3°} \; \Omega$ en $\omega = 7500$ rad/s). Vea la
   figura P9-21.

23 Ceros: 0, -1000, $+1000$ rad/s; polos: -500, $+500$, ∞ rad/s; vea la figura P9-23.

25 $\mathbf{Z}_{\text{ent}} = 2 + j0 = 2\underline{/0°} \; \Omega$, todas en ω

Figura P9-7

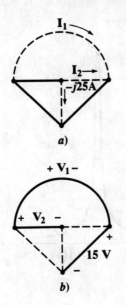

$a)$

$b)$

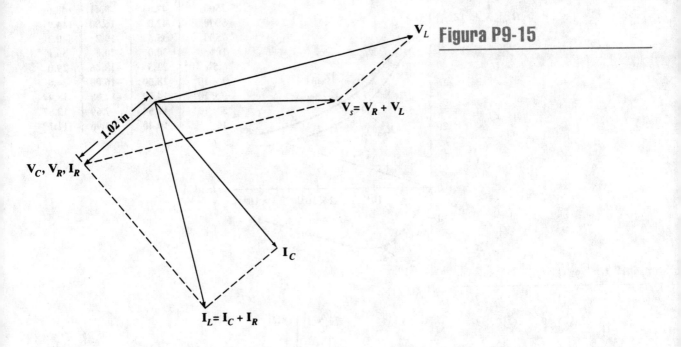

Figura P9-15

Figura P9-17

Figura P9-19

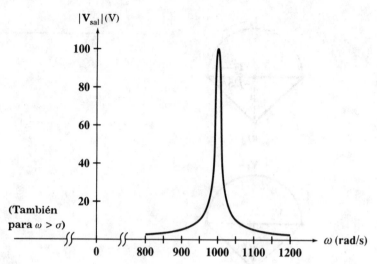

ω	$|V_{sal}|$
800	2.78
850	3.60
900	5.26
950	10.21
975	19.87
980	24.5
990	45.0
1000	100
1010	44.5
1020	24.0
1025	19.36
1050	9.71
1100	4.76
1150	3.10
1200	2.27

Figura P9-21

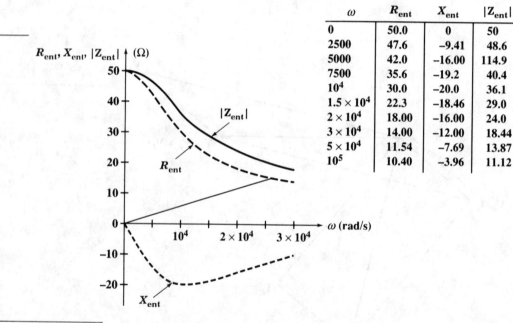

ω	R_{ent}	X_{ent}	$|Z_{ent}|$
0	50.0	0	50
2500	47.6	−9.41	48.6
5000	42.0	−16.00	114.9
7500	35.6	−19.2	40.4
10^4	30.0	−20.0	36.1
1.5×10^4	22.3	−18.46	29.0
2×10^4	18.00	−16.00	24.0
3×10^4	14.00	−12.00	18.44
5×10^4	11.54	−7.69	13.87
10^5	10.40	−3.96	11.12

Figura P9-23

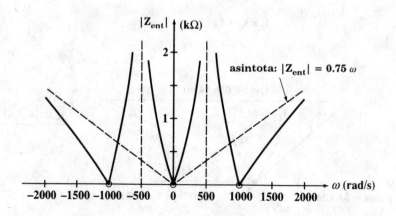

Capítulo 10

1   p_s = 116.9 W, p_R = 136.6 W, p_C = −19.69 W

3   (a) −8 W; (b) −0.554 W; (c) 0.422 W

5   −483, 297, 0, 185.9, 0 W

7   (a) 10.875 W; (b) 20.75 W

9   26.2 W

11 (a) 8 + $j14$ Ω; (b) 180 W

13 96 W

15 8.94 Ω, 38.6 W

17 (a) 12.59; (b) 12.25; (c) 10 V

19 (a) 8.5; (b) 12.42

21 (a) 42.7; (b) 25.0; (c) 7.32; (d) 55.2; (e) 80.2 W

23 (a) 655 W; (b) 320 W; (c) 335 W; (d) 800 VA; (e) 320 VA: (f) 568 VA;
    (g) 0.590 atraso

25 AP_A = 1229 VA, AP_B = 773 VA, AP_C = 865 VA, AP_D = 865 VA,
    AP_s = 3022 VA

27 (a) 0.872 atraso; b) 692 μF

29 −824 + $j294$, 0 − $j765$, 588 + $j0$, 0 + $j471$, 235 + $j0$ VA

31 (a) 375 − $j331$ VA; (b) 500 − $j441$ VA; (c) 567 − $j500$ VA

33 (a) 15.62 A rms; b) 0.919 atraso; c) 3.30 + $j1.417$ kVA

Capítulo 11

1   (a) 3.04$\underline{/171.2°}$ A; (b) 6.33$\underline{/-152.1°}$ A

3   39.8, 35.9, 21.9 A

5   (a) 22.8, 0 A; (b) 34.4, 22.8, 12 A

7   (a) 91.5 μF; (b) 6.68 kVA

9   (a) 15.13$\underline{/-16.70°}$ A; (b) 2270$\underline{/0.219°}$ V; (c) 143.6 + $j43.7$ Ω; (d) 98.6%

11 (a) 2.97$\underline{/16.99°}$ A; (b) 52.8 W; (c) 1991 W; (d) 0.956 adelanto

13 (a) 0.894 atraso; (b) 22.2 μF; (c) +541 VAR

15 (a) 233$\underline{/20.7°}$ V; (b) 17.21 + $j9.00$ kVA

17 (a) 242$\underline{/30°}$ V; (b) 24.0$\underline{/-0.964°}$ A; (c) 41.6$\underline{/-31.0°}$ A

19 (a) 33.9$\underline{/45.2°}$ A; (b) 53.0$\underline{/-157.0°}$ A; (c) 25.2$\underline{/-7.64°}$ A;
    (d) 6.10 + $j3.34$ kVA

21 (a) 81.06 V; (b) 245.6 V; (c) 165.3 V

Capítulo 12

1   (a) 8.06e^{-3t} cos (15t − 60.3°) A; (b) 8.06e^{-3t} cos (15t − 60.3°) A; (c) −4.13 A;
    (d) −4.13 A

3   (a) (40 − 40$e^{-12.5t}$ + 20e^{-5t})$u(t)$ V; (b) 0, −5, −12.5 s^{-1}

5   −125 ± $j11,180$ s^{-1}

7   (a) (16s^2 + 50s + 4000)/(s^2 + 80s) Ω; (b) 0.1584 − $j4.67$ Ω;
    (c) 6.85$\underline{/-114.3°}$ Ω; (d) 0.909 Ω; (e) 1 Ω

9   (a) 185.1$\underline{/-47.6°}$ V; (b) 185.1e^{-3t} cos (4t − 47.6°) V

11 (a) (10^6s + 25 × 10^9)/(s^2 + 25,000s + 5 × 10^7) Ω;
    (b) −32,071 y −17,929 Np/s

13 (a) 1.6(σ^2 + 32.5σ + 50)/(σ + 4) Ω; (b) ceros: − 1.619, − 30.9; polos: − 4,
    ± ∞ s^{-1}; c) y d) vea la figura P12-13.

15 (a) 5(s + 1)(s + 4)/6(s + 1.5) Ω; (b) polos: − 1.5, ± ∞; ceros: − 1, − 4 s^{-1};
    (c) vea la figura 12-15; (d) 2(s + 1)(s + 4)/(s^2 + 7.4s + 7.6), en − 1.232 y
    − 6.17 s^{-1}, ceros en − 1 y − 4 s^{-1}, vea la figura P12-15.

17 (a) ceros en s = − 2.5 y − 3, polos en s = ±$j4$; (b) 4.69, 10; (c) 15.15 cm;
    (d) vea la figura P12-17.

19 (s + 0.5)^2/[(s + 0.1910)(s + 1.309)], doble cero en −0.5, polos en − 1.309
    y − 0.1910 s^{-1}

Figura P12-13

σ	$|Z_{ent}(\sigma)|$
−50	32.2
−40	15.56
−20	20
−10	46.7
0	20
10	54.3
20	73.3

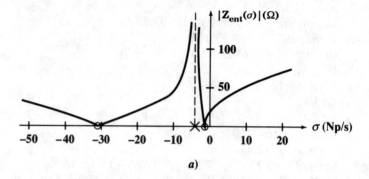

a)

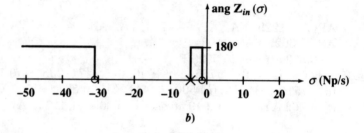

b)

Figura P12-15

σ	$|Z_{ent}(\sigma)|$
0	2.22
−0.5	1.46
−1.25	2.29
−2	3.33
−3	1.11
−5	0.95
1	3.33

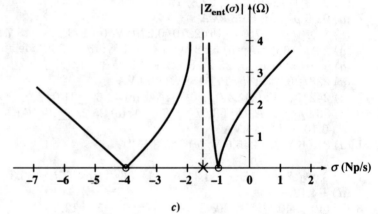

c)

σ	$|Z_{ent}|$
−8	4.52
−7	7.50
−6	25
−5	1.82
−3.5	0.41
−3	0.71
−2	1.25
0	1.05
1	1.25
2	1.36

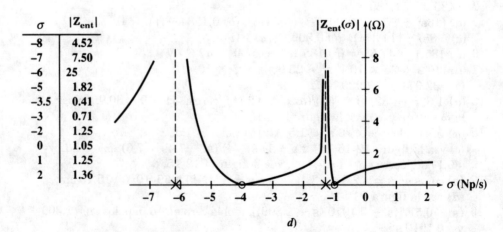

d)

Figura P12-17

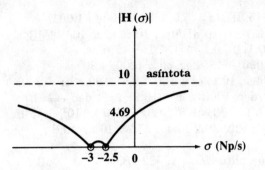

21 20 Ω y 25 mF
23 (a) $-5e^{-6t}$ A (para todo t); (b) $[-5e^{-6t} + e^{-2t}(5 \cos 4t + 3 \text{ sen } 4t)]\, u(t)$ A
25 (a) -1.729 y -24.1 s^{-1}; (b) $10 - 0.886e^{-1.729t} - 2.11e^{-24.1t}$ A, $t > 0$
27 (a) $2.5/(\mathbf{s}^2 + 6.75\mathbf{s} + 2.5)$; (b) $(1 - 1.066e^{-0.393t} + 0.0659e^{-6.36t})u(t)$ V
29 (a) 0; (b) $10/(\mathbf{s} + 17.5)$ Ω; (c) 0; (d) $Ae^{-17.5t}$
31 (a) 400 Ω y 0; (b) 2 kΩ y 50 nF; (c) 200 kΩ y 5 nF; (d) 20 kΩ y 0,
    200 Ω y 50 nF
33 (a) $R_{1A} = \infty$, $C_{1A} = 1$ nF, $R_{fA} = 10$ kΩ, $C_{fA} = 0$; $R_{1B} = 10$ kΩ, $C_{1B} = 1\ \mu$F,
    $R_{fB} = 10$ kΩ, $C_{fB} = 0$; $R_{1C} = 10$ kΩ, $C_{1C} = 0$, $R_{fC} = 10$ kΩ, $C_{fC} = 0.1\ \mu$F

Capítulo 13

1 98.5 rad/s
3 (a) 98.5 rad/s; (b) 2.29 Ω
5 7.52, 397 Ω, 43.9 mH, 15.75 μF
7 (a) $(1000 - 48.4 \times 10^{-8}\ \omega^2 + j4.4 \times 10^{-4}\ \omega)/j4.4\omega$; (b) 45.5 krad/s, 10^4 Ω
9 12.30 Ω, 15.18 mH, 5.42 mF
11 (a) 443 y 357 Hz; (b) 900 a 1100 Hz
13 (a) 10^6 rad/s; (b) $15\underline{/90°}$ V; (c) $8.32\underline{/33.7°}$ V
15 (a) $1562\underline{/-38.7°}$ Ω; (b) 900 a 1100 Hz
17 (a) 50 krad/s; (b) 7.96 kHz; (c) 4; (d) 12.5 krad/s; (e) 44.1 krad/s;
    (f) 56.6 krad/s; (g) $65.4\underline{/-40.2°}$ Ω; (h) 4.44
19 ¡No lo toque! Vea la figura P13-19.

Figura P13-19

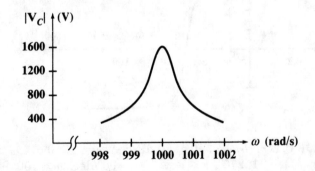

21 1.231 Ω, 30.8 μH, 4.78 μF
23 10^5 rad/s, 83.3, 1200 rad/s, 8.33 kΩ, $4.29\underline{/59.0°}$ kΩ
25 0.208 Ω en 10 krad/s
27 (a) 16.667 V; (b) 16.673 V
29 (a) $(\mathbf{s} + 10)/[20(\mathbf{s} + 5)]$; (b) $(\mathbf{s} + 50)/[10(\mathbf{s} + 25)]$;
    (c) $\mathbf{I}_1$ en 0.2 Ω, 0.05 F, 0.4 Ω, $0.5\ \mathbf{I}_1$
31 (a) $\mathbf{I}_x$ en 1 μF, 1250 Ω, 1.25 H, $10^3\mathbf{I}_x$; (b) $\mathbf{Z}_{th} = -j5$ kΩ, $\mathbf{V}_{oc} = 0$

33 (a) −13.98 dB; (b) 34.0 dB; (c) 6.45 dB; (d) 75.9; (e) 0.398; (f) 1.001
35 Amplitud: $\omega \le 1$: 26 dB, $1 < \omega < 10$: −20 dB/dec, $10 \le \omega \le 100$: 6 dB,
$\omega > 100$: −20 dB/dec; fase: $\omega \le 0.1$: 0°, $0.1 < \omega < 1$: −45°/dec,
$1 \le \omega \le 100$: −45°, $100 < \omega < 1000$: −45°/dec, $\omega \ge 1000$: −90°
37 (a) $\omega \le 2$: 90°, $2 < \omega < 10$: −45°/dec, $10 \le \omega \le 100$: 58.5°, $100 < \omega < 200$:
−135°/dec, $200 < \omega < 1000$: −90°/dec, $1000 < \omega < 10^4$: −135°/dec, $\omega \ge 10^4$:
−180°; (b) (2 rad/s, 90°), (10, 58.5°), (100, 58.5°), (200, 17.9°), (10^3, −45°),
(10^4, −180°); (c) 2: 85.1°, 10: 67.4°, 100: 39.2°, 200: 35.2°, 10^3: −49.6°, 10^4,
−163.3°
39 (a) $25s/(10s^2 + 25s + 1000)$; (b) amplitud: $\omega = 1$: −32 dB, $\omega < 10$: 20dB/dec,
$\omega > 10$: −20 dB/dec, $\omega = 10$: 0 dB con algo de redondeo; fase: vea la figura
P13-39; (c) −15.68 dB, −80.5°

Figura P13-39

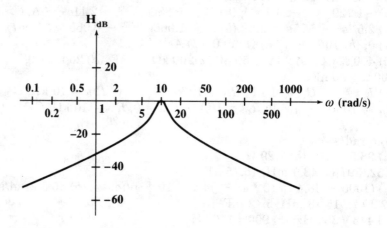

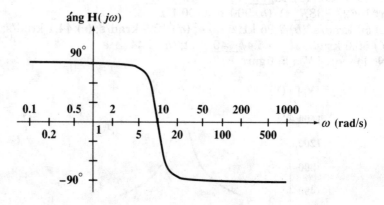

41 (a) $-0.1s/(1 + 0.1s)^2$; (b) $\omega < 10$: +20 dB/dec, $\omega = 10$: 0 dB, $\omega > 10$:
−20 dB/dec; (c) $\omega < 1$: 270°, $1 \le \omega \le 100$: −90°/dec, $\omega > 100$: 90°
43 6.570, 8.517, 11.30, 15.75, 24.96, 49.90, 9.484, 5.074, 12.63, 18.71, y
24.35 V

Capítulo 14

1 (a) 1 y 4, 2 y 3; (b) 3 y 1, 2 y 4; (c) 1 y 3, 2 y 4
3 (a) −10.40 W; (b) $P_{50} = 5.63$, $P_{2000} = 4.77$ W; (c) 0 cada uno; (d) 0
5 (a) $\mathbf{V}_{oc} = 145.5\underline{/-166.0°}$ V, $\mathbf{Z}_{th} = 105.9 + j76.5\ \Omega$; (b) 25.0 W
7 $30t/(t^2 + 0.01)^2\ \mu$A

9 (a) $100 = (6 + 5\mathbf{s})\mathbf{I}_1 - 2\mathbf{s}\mathbf{I}_2 - 6\mathbf{I}_3$, $-2\mathbf{s}\mathbf{I}_1 + (4 + 5\mathbf{s})\mathbf{I}_2$ $4\mathbf{s}\mathbf{I}_3 = 0$,
   $-6\mathbf{I}_1 - 4\mathbf{s}\mathbf{I}_2 + (11 + 6\mathbf{s})\mathbf{I}_3 = 0$; (b) -5 A

11 $1.260\underline{/-60.2°}$ A

13 $2.16k^2/(k^4 - 1.82k^2 + 1.188)$ W

15 (a) 0.842 W; (b) 0.262 W; (c) 1.104 W

17 (a) $1.661\underline{/41.6°}$; (b) $0.392\underline{/-79.7°}$; (c) $2.22\underline{/0.051°}$

19 (a) 0.447; (b) 3.16 A

21 (a) $2\mathbf{s}/(11\mathbf{s}^2 + 145\mathbf{s} + 300)$ S; (b) $2.26(e^{-2.57t} - e^{-10.61t})$ A

23 $3\mathbf{s}/(17\mathbf{s} + 15)$

25 (a) $\mathbf{V}_{oc} = 0$, $\mathbf{Z}_{th} = 82.5 + j0.312$ Ω; (b) $\mathbf{V}_{oc} = 40.0\underline{/0.0917°}$ V,
   $\mathbf{Z}_{th} = 3.20 + j0.00512$ Ω

27 (a) 250 W; (b) 68.0 W

29 $\mathbf{V}_{oc} = 0$, $\mathbf{Z}_{th} = 4 + j0$ Ω

31 (a) $1.099\underline{/0°}$ A; (b) $3.30\underline{/0°}$ A; (c) $4.40\underline{/180°}$ A; (d) 30.2 W; (e) 21.7 W;
   (f) 58.0 W

33 $P_1 = 4$, $P_4 = 4$, $P_{48} = 3$, $P_{400} = 9$ W

35 (a) $P_{AB} = 111.1$, $P_{CD} = 62.5$ W; (b) $P_{AB} = P_{CD} = 1.736$ W

Capítulo 15

1 (a) 851 W; (b) 873 W; (c) 701 W

3 2.21 Ω

5 (a) 6.71 Ω; (b) 6.71 Ω

7 $-R_x$

9 141.8 y -76.6 mS

11 $\begin{bmatrix} 0.04 & -0.04 \\ 0.04 & -0.03 \end{bmatrix}$ (S)

13 (a) 32, -320, y 50 Ω; (b) 60 Ω

15 Exp. 3: 4 A, -8 A; Exp. 4: -8.33 V, -22.2 V; Exp. 5: -58.3 V, -55.6 V;
   $\begin{bmatrix} 0.2 & -0.3 \\ -0.4 & 0.15 \end{bmatrix}$ (S)

17 9.90 Ω

19 (a) 55.6; (b) -9.62; (c) 534; (d) 3.46 Ω; (e) 34.6 Ω

21 (a) Vea la figura P15-21; (b) vea la figura P15-21, $[\mathbf{y}]_{nueva} = \begin{bmatrix} 3 & -2 \\ 8 & 6 \end{bmatrix}$ (mS)

Figura P15-21

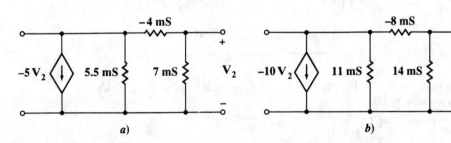

a)   b)

23 $\begin{bmatrix} 7.55 & 1.132 \\ -4.53 & 11.32 \end{bmatrix}$ (Ω)

25 (a) -2; (b) 4; (c) 8; (d) 1 Ω; (e) 1.333 Ω

27 $\begin{bmatrix} 133.1\underline{/-47.6°} & 94.2\underline{/-2.64°} \\ 9420\underline{/86.8°} & 565\underline{/-3.60°} \end{bmatrix}$ (Ω)

29 (a) $\begin{bmatrix} 10\,\Omega & -2 \\ 20 & 0.2\,\text{S} \end{bmatrix}$; (b) $\begin{bmatrix} 42.3\,\Omega & -1.667 \\ 16.67 & 0.1667\,\text{S} \end{bmatrix}$

31 (a) 1.2; (b) 9.6 Ω; (c) -0.24 S

33 (a) $\begin{bmatrix} 1000\,\Omega & 0.01 \\ 10 & 200\,\mu\text{S} \end{bmatrix}$; (b) 8.57 k$\Omega$

35 (a) $\begin{bmatrix} 6 & -4 \\ 8 & 38 \end{bmatrix}$; (b) $\begin{bmatrix} 22 & 16 \\ 14 & 22 \end{bmatrix}$; (c) $\begin{bmatrix} 0 & 26 & 46 & -4 \\ -13 & 13 & 21 & 1 \end{bmatrix}$;

(d) $\begin{bmatrix} -3 & -2 & 9 \\ -3 & -19 & 22 \end{bmatrix}$; (e) $\begin{bmatrix} -6 & 64 & -34 \\ -138 & -738 & 908 \end{bmatrix}$

37 $\begin{bmatrix} 2.12 & 3.85\,\Omega \\ 0.350\,\text{S} & 1 \end{bmatrix}$

39 (a) $\begin{bmatrix} 1 & 2\,\Omega \\ 0 & 1 \end{bmatrix}$; (b) demostración, $\begin{bmatrix} 1 & 10\,\Omega \\ 0 & 1 \end{bmatrix}$

41 (a) $\begin{bmatrix} 3.33 & 133.3\,\Omega \\ 0.1667\,\text{S} & 9.17 \end{bmatrix}$; (b) $\begin{bmatrix} 10 & 133.3\,\Omega \\ 0.625\,\text{S} & 9.17 \end{bmatrix}$

Capítulo 16

1 $i'_1 = -26.4i_1 + 260i_2 - 3.6i_3 + 50 + 20\cos 10t$; $i'_2 = 6.7i_1 - 85i_2 + 0.8i_3 - 12.5 - 5\cos 10t$; $i'_3 = 9.3i_1 - 87i_2 + 1.2i_3 - 17.5 - 7\cos 10t$

3 $x' = -2.5z + 1.5$, $y' = -\frac{1}{2}x - \frac{1}{3}y - \frac{5}{12}z + \frac{1}{4} - \frac{t}{6}$, $z' = -\frac{2}{3}y - \frac{5}{6}z + \frac{1}{2} - \frac{t}{3}$

5 $i'_L = -300i_L - 5v_C + 500\cos 120\pi t$, $v'_C = 6.8 \times 10^5 i_L$

7 (a) $i'_L = -7500i_L + 470v_C$, $v'_C = -5000i_L - 100v_C + 5000i_s$; (b) $v'_1 = -3v_1 + v_2 + 2v_s$, $v'_2 = 0.5v_1 - 0.7v_2 + 0.2v_s$, $v'_3 = 0.08v_2 - 0.08v_3$

9 (a) $v'_1 = 10i_1 - 10i_2$, $v'_2 = -5i_1$, $i'_1 = -2v_1 + 2v_2$, $i'_2 = 20v_1 - 40i_2 + 40i_s + 20v_s$; (b) $v'_1 = 10i_1 - 10i_2$, $v'_2 = -5i_1$, $i'_1 = -2v_1 + 2v_2$, $i'_2 = 20v_1 - 24i_2 + 12v_s$

11 $v' = -0.4v + 2i + 8i_s$, $i' = -v - 20i + 20i_s$

13 (a) $i'_{L1} = -i_{L1} - 2i_{L2} - 3v_C + 2t$, $i'_{L2} = 4i_{L1} - 5i_{L2} + 6v_C + 3t^2$, $v'_C = 7i_{L1} - 8i_{L2} - 9v_C + 1 + t$; (b) vea la figura P16-13.

Figura P16-13

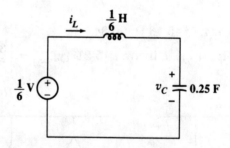

15 $v'_{o1} = v_{C1} + v_{C2} + 10$, $v'_{o2} = -v_{C1} - 4v_{C2} + 2i_L$, $i'_{R1} = 9v_{C2} - 4i_L$, $i'_{R2} = 3v_{C1} + 10$

17 $\mathbf{a} = \begin{bmatrix} -\frac{1}{27} & -\frac{1}{6} \\ \frac{1}{3} & -3 \end{bmatrix}$, $\mathbf{f} = \begin{bmatrix} -\frac{1}{108}v_s + \frac{1}{18}i_s \\ \frac{1}{3}v_s - 2i_s \end{bmatrix}$

19 $8 \times 10^{-3}t - 16 \times 10^{-6}(1 - e^{-5000t})$ A

21 $0 \le t \le 0.5$: $31.0\cos \pi t + 39.0\,\text{sen}\,\pi t - 31.0e^{-2.5t}$ V, $t \ge 0.5$: $105.0e^{-2.5t}$ V

23 $t < 0$: 0; $0 < t < 0.5$: $4(e^{-t} - e^{-2t})$; $t > 0.5$ s: $2.59e^{-2t}$ A

25 (a) $x' = x + 2y - z + u(t)$, $y' = -y + 3z + \cos t$, $z' = -2x - 3y - z - u(t)$; (b) $\begin{bmatrix} 1.6 \\ -2.3 \\ 1.3 \end{bmatrix}$; (c) $\begin{bmatrix} 1.6175 \\ -2.2951 \\ 1.26 \end{bmatrix}$

27 $\begin{bmatrix} \frac{2}{3}e^{-2t} + \frac{1}{3}e^{-5t} & \frac{2}{3}e^{-2t} - \frac{2}{3}e^{-5t} \\ \frac{1}{3}e^{-2t} - \frac{1}{3}e^{-5t} & \frac{1}{3}e^{-2t} + \frac{2}{3}e^{-5t} \end{bmatrix}$

Capítulo 17

1 (a) 3.00 V; (b) 4.96 V; (c) 0.02 s; (d) −2.46 V
3 (a) 1.200; (b) 1.932; (c) −0.0458
5 0, 1.061, 1.061
7 (a) $\frac{1}{8}$ s; (b) 0.0796
9 $\dfrac{2V_m}{\pi} + \dfrac{4V_m}{3\pi}\cos 10\pi t - \dfrac{4V_m}{15\pi}\cos 20\pi t + \dfrac{4V_m}{35\pi}\cos 30\pi t - \dfrac{4V_m}{63\pi}\cos 40\pi t + \ldots$
11 (a) 0.2 sen $1000\pi t$ + 0.6 sen $2000\pi t$ + 0.4 sen $3000\pi t$; (b) 0.529; (c) 1.069
12 (a) 5.09; (b) −0.679, −2.72; (c) −4 < t < 0 ms: 8 sen $125\pi|t|$; (d) −3.40, 0
15 b_{par} = 0, b_1 = 0.246, b_3 = 0.427, b_5 = 0.1342
17 (a) $1.25 + \displaystyle\sum_{(n=1,\text{impar})}^{\infty} \dfrac{0.255}{n^2 + 0.16}\left(\dfrac{1}{n}\text{ sen }5nt - 2.5\cos 5nt\right)$;

$\quad$ (b) $-0.554e^{-2t} + 1.25 + \displaystyle\sum_{(n=1,\text{impar})}^{\infty} \dfrac{0.255}{n^2 + 0.16}\left(\dfrac{1}{n}\text{ sen }5nt - 2.5\cos 5nt\right)$
19 (a) $5 + \dfrac{20}{\pi}\displaystyle\sum_{(n=1,\text{impar})}^{\infty} \dfrac{1}{1 + 400n^2}\left(\dfrac{1}{n}\text{ sen }5nt - 20\cos 5nt\right)$;

$\quad$ (b) $Ae^{-t/4}$; c) $-4.61e^{-t/4} + 5 + \dfrac{20}{\pi}\displaystyle\sum_{(n=1,\text{impar})}^{\infty} \dfrac{1}{1 + 400n^2}\left(\dfrac{1}{n}\text{ sen }5nt - 20\cos 5nt\right)$
21 $\mathbf{c}_n = 2 \times 10^4 \left\{ \dfrac{1}{160n^2\pi^2}[e^{-j0.4n\pi}(1 + j0.4n\pi) - 1] + \dfrac{j}{400n\pi}(e^{-j0.8n\pi} - e^{-j0.4n\pi}) \right\}$,

$\quad \mathbf{c}_0 = 30$, $\mathbf{c}_{\pm1} = 24.9\underline{/\mp 88.6°}$, $\mathbf{c}_{\pm2} = 13.31\underline{/\pm 177.4°}$
23 (a) $1 + 0.4\cos\omega_0 t + \cos 2\omega_0 t - 2\cos 3\omega_0 t + 0.4\text{ sen }\omega_0 t - 0.5\text{ sen }2\omega_0 t + 4$
$\quad$ sen $3\omega_0 t$, $\omega_0 = 400\pi$ rad/s; (b) −332 mV
25 (a) $-j4.24$ V; (b) 15.75 W

1 (a) Vea la figura P18-1; (b) $\dfrac{10}{\omega}$(sen 3ω + sen 2ω)

Capítulo 18

Figura P18-1

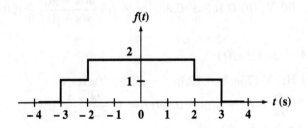

3 $\dfrac{5}{\omega^2}$(1 − cos 4ω) o 10(sen $2\omega/\omega)^2$

5 (a) 16; (b) 13.73; (c) −0.291
7 (a) 0.664; (b) 0.0849; (c) −0.389; (d) 0.398; (e) −77.7°
9 (a) 0.391 J; (b) $10/(\omega^2 + 16)$; (c) 0.391 y 0.0977 J/Hz
11 (a) 1.273; (b) 8.80; (c) 1.557
13 (a) $6\delta(t)$ V, $3(1 - e^{-5t/6})u(t)$ A, $15e^{-5t/6}u(t)$ V, y $6\delta(t) + 15e^{-5t/6}u(t)$ V;
$\quad$ (b) demostración
15 (a) 45.1; (b) 54.0; (c) 44.8; (d) 43.9 A
17 (a) $4e^{-j\omega}$; (b) −4; (c) $-j4\pi[e^{-j\pi/6}\delta(\omega - 10) - e^{j\pi/6}\delta(\omega + 10)]$
19 (a) $0.1039\underline{/-106.5°}$; (b) $-0.1039\underline{/-106.5°}$; (c) $0.362\underline{/15.99°}$

21 $2\pi \displaystyle\sum_{-\infty}^{\infty} \left[\dfrac{j10}{n\pi} \cos\dfrac{n\pi}{2} - \dfrac{j20}{n^2\pi^2} \operatorname{sen}\dfrac{n\pi}{2} \right] \delta\left(\omega - \dfrac{\pi n}{2}\right)$

23 1.386

25 (a) 0, 0, 4, 10, 6, 0; (b) 0, 0, 4, 10, 6, 0

27 (a) $\dfrac{20}{3}\displaystyle\int_2^5 (5 - z)dz$; (b) 30

29 (a) 0.335; (b) 0.741; (c) 0.221

31 $100te^{-2t}\,u(t)$

33 (a) $\frac{1}{3}$ J; (b) 0.5

35 (a) $\dfrac{2}{1 + j\omega}$; (b) vea la figura P18-35; (c) 2

Figura P18-35

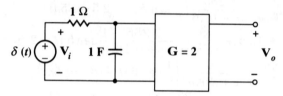

37 (a) $20e^{-8t}\,u(t)$ V; (b) $(2.5 - 2.5e^{-8t})u(t)$ V; (c) $200 \cos(6t - 36.9°)$ V

39 $2(e^{-t/6} - e^{-t})u(t)$ V

Capítulo 19

1 (a) $\sigma > 0$; (b) $\sigma > 0$; (c) $\sigma > 50$; (d) $\sigma > 50$; (e) $\sigma > 0$

3 (a) $\dfrac{1}{s}(e^{-s} - e^{-3s})$; (b) $\dfrac{2}{s}e^{-4s}$; (c) $\dfrac{3}{s+2}e^{-4s-8}$; (d) $3e^{-5s}$; (e) $-4e^{-s}$

5 (a) $\delta(t) + u(t) + 2e^{-t}u(t)$; (b) $\delta(t - 2) + 2\delta(t - 1) + \delta(t)$; (c) $2e^{-1}\delta(t - 1)$;
   (d) $\delta(t - 1) + \delta(t - 5)$

7 (a) $5e^{-t}\,u(t)$; (b) $(5e^{-t} - 2e^{-4t})u(t)$; (c) $6(e^{-t} - e^{-4t})u(t)$; (d) $6(4e^{-4t} - e^{-t})u(t)$;
   (e) $18\delta(t) + 6(e^{-t} - 16e^{-4t})u(t)$

9 (a) 50 V   y   50 V; (b) $0.1v_C' + 0.3v_C = 2$; (c) $\dfrac{50s + 20}{s(s + 3)}$, $\dfrac{1}{3}(20 + 130e^{-3t})$
   $u(t)$ V

11 $\dfrac{12 + 40s}{s(20s + 3)}$, $(4 - 2e^{-0.15t})u(t)$

13 (a) $\frac{1}{4}$ Ω, 1 F, $\frac{1}{3}$ H; (b) $(75e^{-3t} - 12.5e^{-t} - 62.5e^{-5t})u(t)$ V

15 $4u(t) + i_C + 10\displaystyle\int_{0^-}^{\infty} i_C\,dt + 4[i_C - 0.5\delta(t)] = 0$, $\dfrac{2s - 4}{5s + 10}$, $0.4\delta(t) - 1.6e^{-2t}\,u(t)$

17 (a) y (b) $(\frac{1}{5} - \frac{1}{3}e^{-2t} + \frac{2}{15}e^{-5t})u(t)$

19 (a) y (b) $(\frac{2}{3} - \frac{8}{3}e^{-3t})\dot{u}(t)$

21 $[3e^{-s} - 3e^{-3s} + se^{-3s}]/[s(1 - e^{-5s})]$

23 $\dfrac{4e^{-s} - 4e^{-2s} - 2se^{-3s}}{s(1 - e^{-3s})}$

25 $1.6\pi(1 + e^{-2.5s})/[(s^2 + 0.16\pi^2)(1 - e^{-6s})]$

27 (a) $e^{-s}\left(\dfrac{1}{s^2} - \dfrac{1}{s}\right)$; (b) $\dfrac{54.0 - 16.83s}{s^2 + 25}$; (c) $\dfrac{8[2 - e^{-s}(2 + 2s + s^2)]}{s^3(1 - e^{-5s})}$

29 (a) $2\omega s/(s^2 + \omega^2)^2$; (b) $\tan^{-1}\dfrac{\omega}{s}$; (c) $\delta(t - 2) - 10e^{-5(t-2)}[\cos 10(t - 2)]$
   $u(t - 2) - 7.5e^{-5(t-2)}\operatorname{sen}[10(t - 2)]\,u(t - 2)$

31 (a) $\dfrac{1}{s^2} - \dfrac{1}{s}$; (b) $e^{-s}\dfrac{1}{s^2}$; (c) $\left[\dfrac{(t - 1)^3}{6} - \dfrac{(t - 1)^2}{2}\right]u(t - 1)$

33 (*a*) 5, indeterminado; (*b*) 0, indeterminado; (*c*) 1, indeterminado

35 (*a*) $f(0^+) = 8$, $f(\infty) = 0$; (*b*) ∞, -0.5; (*c*) 8, indeterminado; (*d*) 0, 0

37 $\dfrac{9\mathbf{s}}{\mathbf{s}^2 + 32\mathbf{s} + 60}$ y $\dfrac{9}{14}(15e^{-30t} - e^{-2t})u(t)$

39 (*a*) $\dfrac{1}{\mathbf{s}^2 + 13\mathbf{s} + 12}$; (*b*) $\dfrac{1}{11}(e^{-t} - e^{-12t})u(t)$ A/V; (*c*) $(11 - 12e^{-t} + e^{-12t})u(t)$ A

41 $(-9 + 40t + 8.33e^{-4t} + 0.667e^{-10t})u(t)$

43 (*a*) Vea la figura P19-43; (*b*) $\dfrac{5(\mathbf{s}^2 + 6.4)}{\mathbf{s}^2(\mathbf{s} + 5)}$ y $(-1.28 + 6.4t + 6.28e^{-5t})u(t)$ V

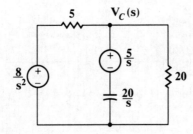

Figura P19-43

45 (*a*) Vea la figura P19-45; (*b*) $\dfrac{8\mathbf{s}^2 + 180}{\mathbf{s}^2(\mathbf{s} + 2)}$ y $(-45 + 90t + 53e^{-2t})u(t)$ V

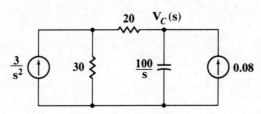

Figura P19-45

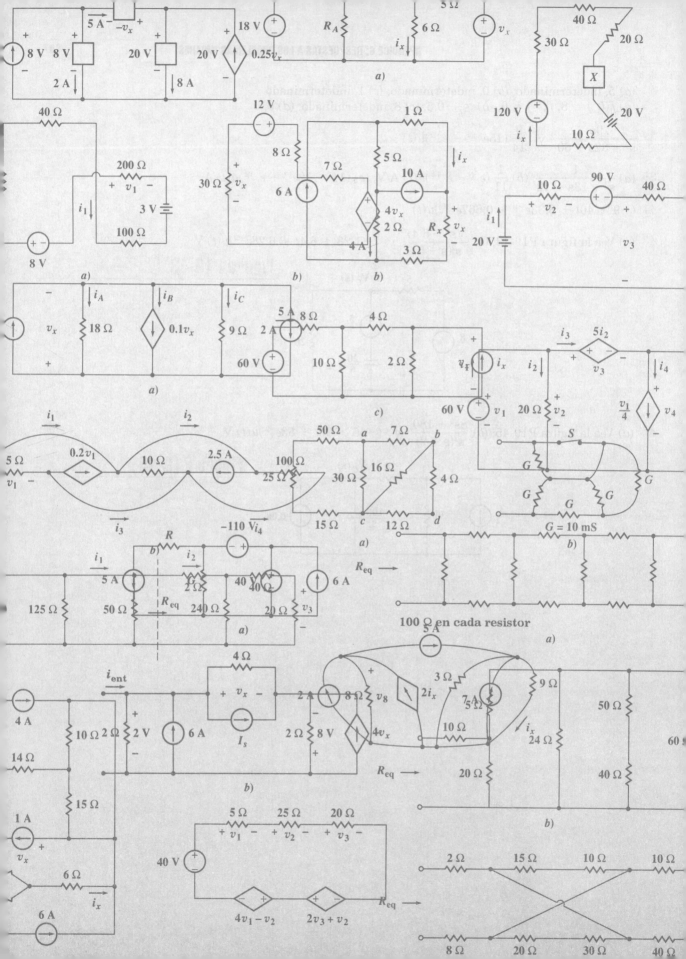

Índice

Abreviaturas estándar

corriente alterna	ca	metro-kilogramo-segundo	mks
ampere	A	mho (siemen)	S
coulomb	C	minuto	min
ciclo por segundo	cps (evitar)	neper	Np
decibel	dB	newton	N
grado Celsio	°C	newton-metro	N - m
corriente directa	cd	ohm	Ω
electrónvolt	eV	libra-fuerza	lbf
farad	F	factor de potencia	FP
pie	ft	radián	rad
gramo	g	resistencia-inductancia-	
henry	H	capacitancia	*RLC*
hertz	Hz	revoluciones por segundo	rps
hora	h	raíz media cuadrática	rms
pulgada	in	segundo	s
joule	J	volt	V
kelvin	K	voltampere	VA
kilogramo	kg	watt	W
metro	m	watthora	Wh

[Nota: la tabla de prefijos estándar del sistema decimal se da en la sección 1-2.]